面 ● 专 业 ● 实 用 ● 经 典 ● 艺 术 ● 厚 重 ● 超 值

- 视频文件 14个大型综合案例，时长600多分钟的视频教学文件，使您的学习更加快捷
- 内容超值 近4.5GB的DVD海量放送，帮您快速、独立地学习Maya 2011软件的全功能
- 附赠素材 超值赠送近30个CG动画素材、240个CG动态素材、近100个CG模型素材、1200多个CG贴图素材

Maya 2011 完全自学手册

赵俊昌 胡海静 秦 方 编著

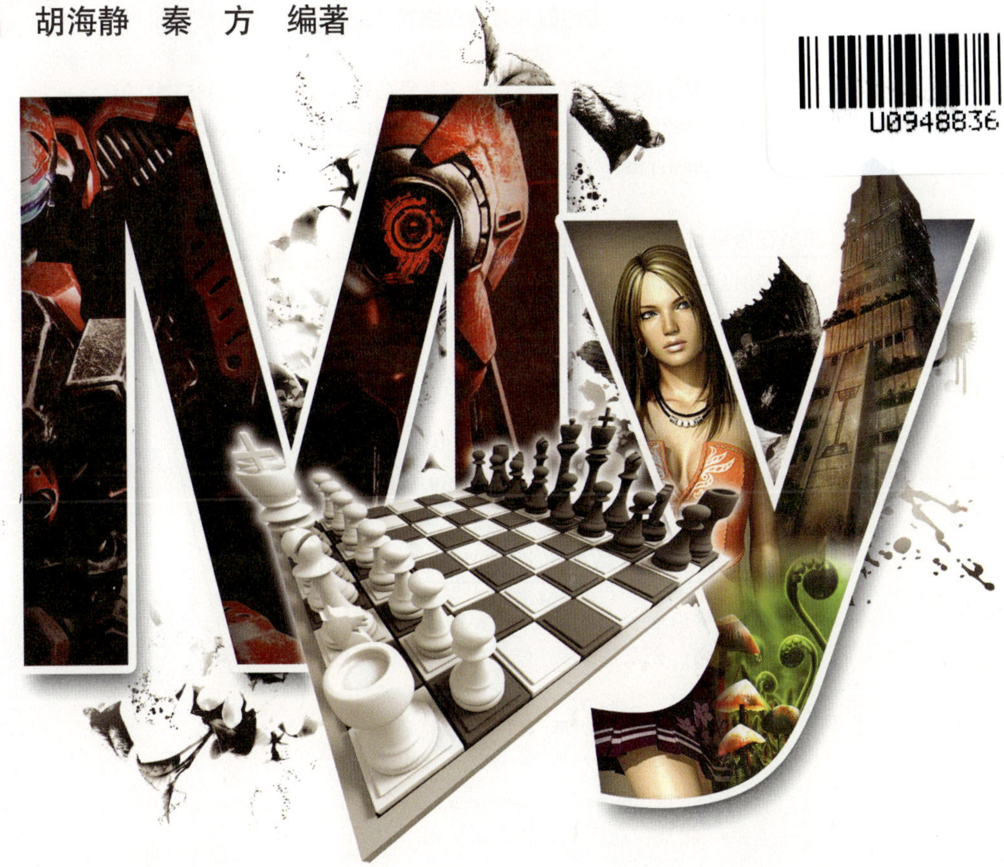

- 技术手册 15章600多页的手册篇幅，全面系统地归纳Maya 2011软件核心功能命令的实用方法以及操作技巧
- 操作技巧 11大核心功能讲解和320多个技能实例，技术与经验紧密结合，使您的学习变得轻松、简单、快捷
- 专业实用 充分展现Maya 2011的核心技术 新增功能和商业应用，全面提高动画、模型、影视特效技能

科学出版社

北京希望电子出版社
Beijing Hope Electronic Press
www.bhp.com.cn

内 容 简 介

本书根据资深动画设计师自身实践历程编写。在讲解的过程中，结合实战案例，采用理论结合实际、循序渐进的方式介绍Maya 2011的基础知识、建模思路、动画技巧等内容。

全书共分15章，分别对三维软件Maya中的建模、材质、灯光、摄像机、渲染、基础动画、角色动画、非线性动画、动力学等模块进行讲解。考虑到绝大多数制作人员的实际情况，本书选取的都是比较基础的内容，并在此基础上通过325个不同的动手操作和14个综合实战将基础知识与实际应用进行结合，并进行适当的扩展。

本书实例丰富、条理清晰、繁简得当、语言流畅、通俗易懂，适合三维造型、动画设计、影视特效和广告创意方面的初、中级读者，也可以作为高等院校电脑美术、影视动画等相关专业以及社会各类Maya培训班的基础教材。

随书光盘内容包括书中部分实例的素材及视频教学文件，同时还赠送大量素材文件。

需要本书或技术支持的读者，请与北京清河6号信箱（邮编：100085）发行部联系，电话：010-62978181（总机）转发行部、010-82702675（邮购），传真：010-82702698，E-mail：tbd@bhp.com.cn。

图书在版编目（CIP）数据

Maya 2011完全自学手册 / 赵俊昌，胡海静，秦方编著.
—北京：科学出版社，2011
ISBN 978-7-03-030801-6

Ⅰ.①M... Ⅱ. ①赵... ②胡... ③秦... Ⅲ. ①三维—动画—图形软件，Maya 2011—手册 Ⅳ. ①TP391.41-62

中国版本图书馆CIP数据核字（2011）第067471号

责任编辑：李　磊　　/责任校对：小　亚
责任印刷：合众伟业　　/封面设计：深度文化

科学出版社 出版
北京东黄城根北街16号
邮政编码：100717
http://www.sciencep.com

北京合众伟业印刷有限公司

科学出版社发行　各地新华书店经销

*

2011年6月第 1 版　　开本：787mm×1092mm 1/16
2011年6月第1次印刷　　印张：40.50（全彩印刷）
印数：1-3 000册　　字数：780千字

定价：118.00元（配1张DVD光盘）

前　言

PREFACE

Maya 2011是Autodesk公司的产品，是目前整合3D建模、动画、特效和渲染功能最好的软件之一。Maya因其强大的功能在3D动画界产生了巨大的影响，已经渗入到电影、广播电视、公司演示、游戏等各个领域，成为三维动画软件中的佼佼者。

本书分别对Maya中的建模、材质、灯光、摄像机、渲染、基础动画、角色动画、非线性动画、动力学等几个重要模块进行了深入的介绍和操作。书中的每一个实例都将作者的实际操作和软件操作结合起来，经过认真制作，力求深入浅出地将Maya软件的操作技巧介绍给读者。读者可以通过学习，熟练掌握Maya的基本操作。另外，作者在书中将自身的实践经验融合于实例中，使读者在掌握了Maya的基本操作后，能将书中的实例和经验应用于自己的动画创作中。

全书共15章，每一章通过Maya 2011软件的不同功能进行针对性讲解，具体内容如下。

- 第1章：主要对Maya 2011的应用领域、新功能和工作界面、界面的显示、视图的控制、显示和视图大小的调整；场景物体的基本操作方法，变换物体、缩放物体、复制物体、父子关系、捕捉，以及场景背景的设置等进行充分介绍。
- 第2章：主要对Polygon的种类、多边形的创建原则、多边形的显示、多边形的构成元素、多边形法线、多边形元素的选择，以及多边形的挤出、布尔运算、合并等基础工具的使用进行详细介绍。
- 第3章：主要对多边形的添加、多边形的缝合、分割多边形、剪切多边形、桥接多边形边等高级编辑工具进行充分介绍。
- 第4章：主要对Surface模块下NURBS曲线技术进行详细的介绍，包括NURBS曲线的分类、曲线的创建、曲线的链接和编辑，以及曲面的几种类型、曲面的几种成型方法、曲面基本编辑工具的使用。
- 第5章：主要对Surface模块下的NURBS曲面的复制、NURBS曲面布尔运算、曲面的连接和缝合、插入ISO参数线、分离曲面、修剪曲面、曲面圆角等进行充分介绍。
- 第6章：主要对细分模型的分类、细分模型的元素构成、细分模型的几种显示模式、细分模式与多边形模式的切换，以及细分模型的镜像、缝合和雕刻工具的使用等进行详细介绍。
- 第7章：主要对材质和渲染的基本知识、材质编辑器界面、材质节点的创建、材质的基本分类、节点的概念和编辑方法、渲染的类型，如Maya Software（软件渲染）、Maya Hardware（硬件渲染）和mental ray渲染器的使用，以及渲染的属性设置等进行充分介绍。
- 第8章：主要对UV和贴图的基本概念、纹理的分类和编辑、UV映射的几种类型、NURBSUV及多边形UV的展开和基本编辑方法、UV编辑工具的使用等进行详细介绍。
- 第9章：主要介绍了灯光的基本认识、灯光的类型、灯光创建和编辑方法，以及灯光阴影贴图、光影追踪和灯光特效的制作方法等。
- 第10章：主要对动画的基本原理和概念、关键帧动画的创建、关键帧的编辑、序列帧动画的创建和编辑、动画曲线的编辑、循环动画的制作以及动画的预览进行介绍。

- 第11章：主要对变形的概念、变形的类型，以及对融合变形工具、晶格变形工具、包裹变形工具和非线性变形工具进行详细介绍。
- 第12章：主要介绍路径动画约束技术的应用、路径动画的创建、路径动画的编辑、扫描动画，以及点约束、目标约束、表达式约束等几种约束工具的使用方法。
- 第13章：主要介绍骨骼的基本认识、创建角色骨骼的原理、骨骼的创建、骨骼的链接和镜像操作、骨骼的控制、骨骼的绑定、骨骼蒙皮的权重绘制等。
- 第14章：主要对角色姿态的分析、姿态关键帧的创建、非线性动画的创建和编辑，以及角色的创建、角色非线性动画的创建和编辑等进行详细介绍。
- 第15章：主要介绍粒子系统的基本认识、粒子发射器的创建、粒子的基本属性、粒子的发射方法、粒子碰撞、粒子替换、粒子的渲染类型、动力场、刚体以及柔体的创建。

本书由赵俊昌、胡海静、秦方编著，在编写过程中还得到祝红涛、陈军红、程朝斌、郝军启、王俊伟、张水波、唐有明、王咏梅、张浩华、段韶治、郭旭辉、王伟平等提供的各种帮助。书中难免有错误和疏漏之处，希望广大读者朋友批评、指正。

编著者

CONTENTS 目录

第1章 Maya基础

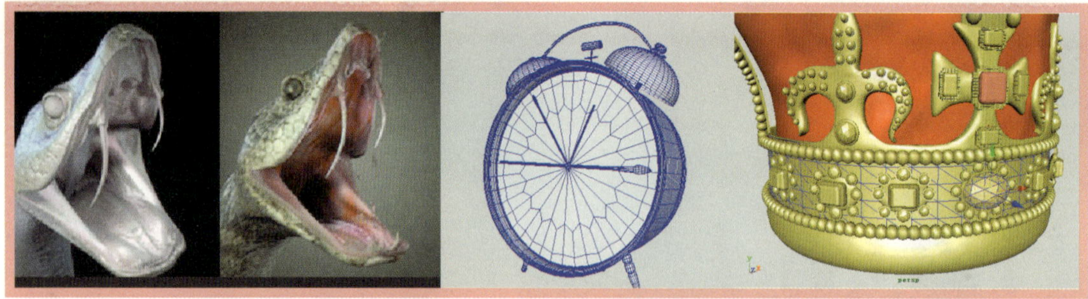

第2章　多边形建模

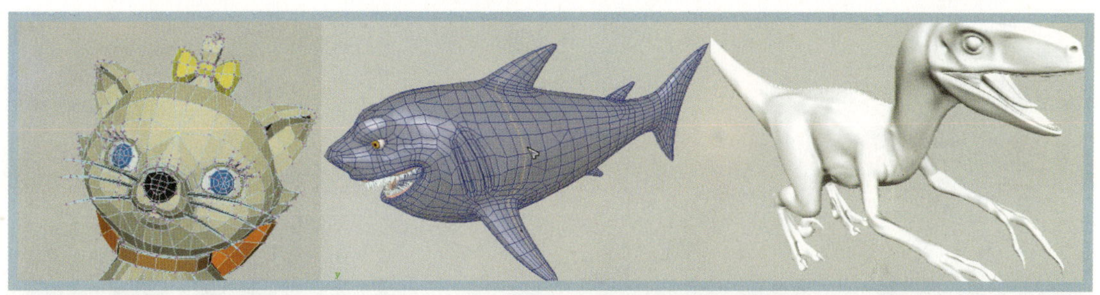

第3章 多边形高级建模

第4章 NURBS曲线和曲面

第5章 NURBS高级建模

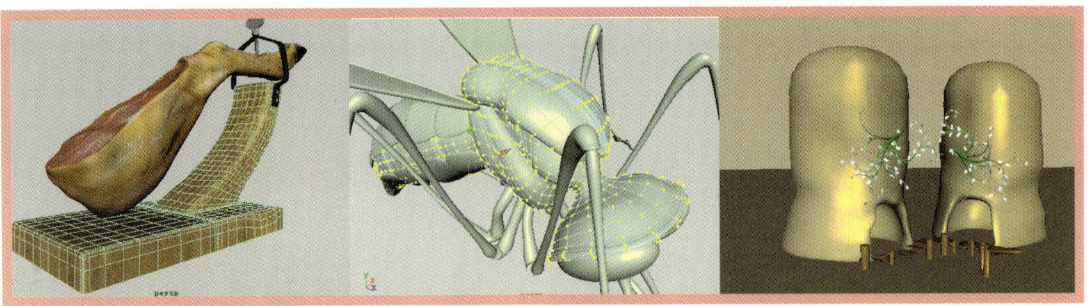

第6章 Subdivision建模

第7章 材质与渲染的艺术

第8章 纹理与贴图

第9章 灯光与摄像机

第10章 基础动画

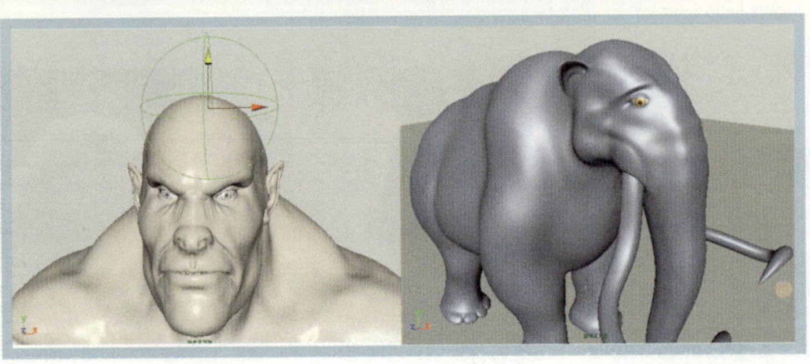

第11章 Maya变形技术

第12章 路径动画与约束

第13章 骨骼与绑定技术

第14章　角色动画技术

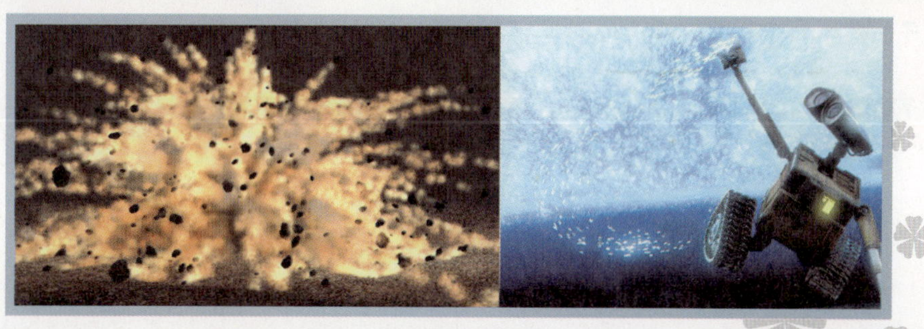

第15章 粒子动力学技术

第1章

Maya基础

三维动画已经发展成为一个比较成熟的独立行业，它被广泛应用到影视特技、广告、军事、医疗、教育、娱乐等行业中，三维效果所具有的强大视觉冲击力被越来越多的人们所喜爱，也让很多有志的热血青年踏上了三维创造之路。在众多的三维软件中（如Maya、3ds Max、SoftImage等），Maya是功能最为完善的软件，被广泛应用于机械设计、实体演示、模拟现实、商业、影视娱乐、广告制作、建筑设计、多媒体制作等诸多方面。

本章节中将对Maya 2011的基本认识、工作环境以及基础操作进行详细的介绍，使用户能够打好学习Maya的基础。

1.1 Maya基本认识

Maya是当前世界上最为流行的三维动画制作软件，由于其应用领域非常广泛以及强大的建模功能和更具人性化的操作系统，因此从它产生的第一天就获得了各界极高的赞誉。随着Maya版本的不断升级，Maya 2011的产生使其自身所支配的数据空间和运行速度得到了很大的提高，以至方便于更高精度模型或者更大场景的制作，从而为广大Maya爱好者提供了更大的操作平台。

1.1.1 Maya的工作流程

为了能够更好、更快地学习和使用Maya 2011，用户应该了解一些关于利用Maya制作动画的流程知识。根据大多数设计师的经验，一致认为：在拿到了设计方案或者自己确定了设计方案之后，应该根据实际需要确定一个工作流程，如图1-1所示。

图1-1 Maya工作流程

1. 制定方案

制定方案有时也被称为预制作阶段，它包括设定故事情节、考虑最终的视觉效果以及考虑所要使用的技术手段等。

所有的事情都以故事板开始的，没有故事板，也就没有方案。故事的质量是方案是否成功的关键所在，所以处理好这个阶段是至关重要的。如图1-2所示的是一个典型的故事情节。

图1-2 故事情节

2．制作模型

在Maya中，建模是制作作品的基础，如果没有模型则以后的工作将无法展开。Maya提供了多种建模方式，建模可以从不同的三维基本几何体开始，也可以使用二维图形通过一些专业的修改器来进行，甚至还可以将对象转换为多种可编辑的曲面类型进行建模。如图1-3所示的是利用Maya建模功能制作出来的模型。

图1-3 建模

3．制作材质

完成模型的创建工作后，需要使用Hypershade编辑命令来设计材质。再逼真的模型如果没有赋予适合的材质，都不是一件完整的作品。通过为模型设置材质能够使模型看起来更加逼真。Maya提供了许多材质类型，既有能够实现折射和反射的材质，也有能够表现凹凸不平表面的材质。如图1-4所示的是模型的材质效果。

图1-4 材质表现

实际上，材质就类似于物体表面的纹理和质感表现，通常利用Maya制作出来的模型是没有任何纹理的，只有通过为其设置材质，才能使其表现出真实世界中的外观。

4．布置灯光和定义视口

照明是一个场景中必不可少的元素，如果没有恰当的灯光，场景就会大为失色，优势甚至无法表现创作的意图。在Maya中既可以创建普通的灯光，也可以创建基于物理计算的光度学灯光或者天光、日光等真实世界的照明系统。有时还可以利用灯光制作一些特效，例如宇宙场景的特效等。如图1-5所示的是应用灯光系统模拟的照明效果。

图1-5 光照效果的模拟

同时通过为场景添加摄像机可以定义一个固定的视口，用于观察物体在虚拟三维空间中的运动，从而获取真实的视觉效果。

5. 渲染场景

完成前面的操作后，并不是作品就已经产生了。在Maya中还需要将场景渲染出来，在渲染过程中还可以为场景添加颜色或者环境效果。如图1-6所示的是一个典型的渲染效果。

图1-6 渲染场景

6. 后期合成

后期合成可以说是Maya制作的最后一个环节，通过该环节的操作后，制作出来的效果将变为一个完整的作品。

在大多数情况下需要对渲染效果图进行后期修饰、剪辑等操作，即利用二维图像编辑软件（如Photoshop等）进行修改，以去除由于模型或者材质、灯光等问题而导致渲染后出现的瑕疵。如图1-7所示的是通过合成后的作品效果。

图1-7 后期合成效果

除此之外，有时也将渲染后的图像作为素材应用于平面设计或者影视后期合成工作中。无论属于哪种情况，都应该了解后期修饰工作的要点或者流程，以便两项工作能够更好地衔接。

1.1.2 Maya常用术语

现在三维艺术铺天盖地的向我们袭来，大到国外的科幻大片，小到游戏中的CG动画，无不让人看了目眩。其中软件中所佩带的很多术语也常常出现在相关的文章中，由于这些术语都是冷门单词，不是专业人员，根本看不懂，即使拿了辞典来翻，这种新词汇在书中也很难翻到。因此，在这里笔者收集了一些这方面的资料，帮助大家阅读。

1.3D图形

3D实际上就是三维的意思，它是英文单词three-dimensional的缩写。在Maya 2011中指的是三维图形或者立体图形。而在一些图形图像处理软件中，看到的图形都是二维的，没有立体感。3D图形具有纵横深度。

2.2D贴图

2D表示的是二维图形和图案，关于这个概念在3D中曾经介绍到。而2D贴图则是需要贴图坐标才能很好的进行渲染或者显示在视图中，也可以将其理解为没有纵深深度的一种贴图。

3.帧

动画的原理和电影的原理相同，是由一系列连续的静态图片构成的，这些图片以一定的序列连续播放，根据人眼具有视觉暂留的特性，就会认为画面是连续运动的。这些静态图片就是帧，每一幅静态画面就是一帧。

4.关键帧

关键帧是相对于帧而言的，在制作动画的过程中，需要设置几个主要帧的运动来控制对象的运行形式，例如一个小球进行变形运动就是由关键帧来实现的。

5.快捷键

所谓的快捷键实际上就是键盘上的一些功能键，使用它们可以完成鼠标所能完成的一些工作任务。例如，按Ctrl+D键可以复制物体；按Delete键可以删除物体。

6.法线

法线的概念和几何中的垂线相同，它垂直于物体的表面，用于定义物体表面的内表面和外表面，以及表面的可见性。如果物体法线的方向设置错了，那么表面的材质将变为不可见，默认情况下模型表面的法线方向都是正确的。

7.全局坐标系

全局坐标系又被称为世界坐标。在Maya

2011中，有一个通用的坐标系，这个坐标系以及它所定义的空间是不变的。在全局坐标系中，X轴指向右侧，Y轴指向观察者的前方，Z轴指向上方。

7.局部坐标系

实际上，局部坐标系是相对于全局坐标系而言的，它指的是对象自身的坐标。有时可以通过局部坐标系来调整对象的方位。

8.Alpha通道

三维中的Alpha通道和平面图像中的Alpha通道相同。在制作三维效果时，可以根据图片是否有Alpha通道信息，从而可以为其指定透明度和不透明度。在Alpha通道中，黑色为图像的不透明区域，白色为图像的透明区域，介于其间的灰色为图像的半透明区域。

9.布尔运算

布尔运算是通过在两个对象上执行布尔操作将它们组合起来。在Maya 2011中，布尔运算是通过两个重叠运算生成的。原始的两个对象是操作对象，而布尔对象本身是操作的结果。

10.拓扑

创建对象和图形后，系统将会为每个顶点、线或者面指定一个编号。通常这些编号是内部使用的，它们可以确定在指定时间选择的顶点和面，这种数值型结构就叫做拓扑。

11.帧速率

实际上，视频的播放速度就是帧速率，也就是在一定的时间内播放多少张静态图片。亚洲的制式为每秒播放25帧。

12.连续性

这是一种曲线的属性，包括NURBS曲线。如果曲线没有产生断裂，则可以将其视为连续的。

关于Maya的概念还有很多，在学习之前基本上就了解这么多。随着讲解的深入，还将陆续补充一些重要的概念。

1.2 Maya 2011新功能

Maya 2011软件不仅仅只是改变了用户界面，在很多功能上也带给用户不小的惊喜。相对2010版本时增加的内核系统，Maya 2011在功能上出现了质的飞跃。但由于从Maya 2010到Maya 2011版本的过渡非常快，以致大部分用户无法快速熟悉Maya 2011。因此，为了让一些用户快速了解旧版本与新版本之间的操作差异，在深入学习Maya 2011之前，首先对新版本的一些新增功能进行详细的介绍。

1.2.1 Maya 2011界面

全新设计的用户界面，具备了可自由浮动的编辑窗口，极大地方便了工作流程中的烦琐切换。暗灰色的默认界面让用户能更集中于工作区中的元素，相对于以前的灰白色视觉上会柔和许多。拖拽出的属性编辑窗口，可以和通道栏窗口组合成新的标签面板。当然，这不等于说就能凌乱的摆放出各种窗口，比如左边的Tool Box（工具盒）就不能拖放到上下的区域中，而菜单中拖拽下的工具窗口也不能吸附到界面的区域。同时，文件浏览器、工具架编辑器、拾色器等元素也变得丰富，如图1-8所示。

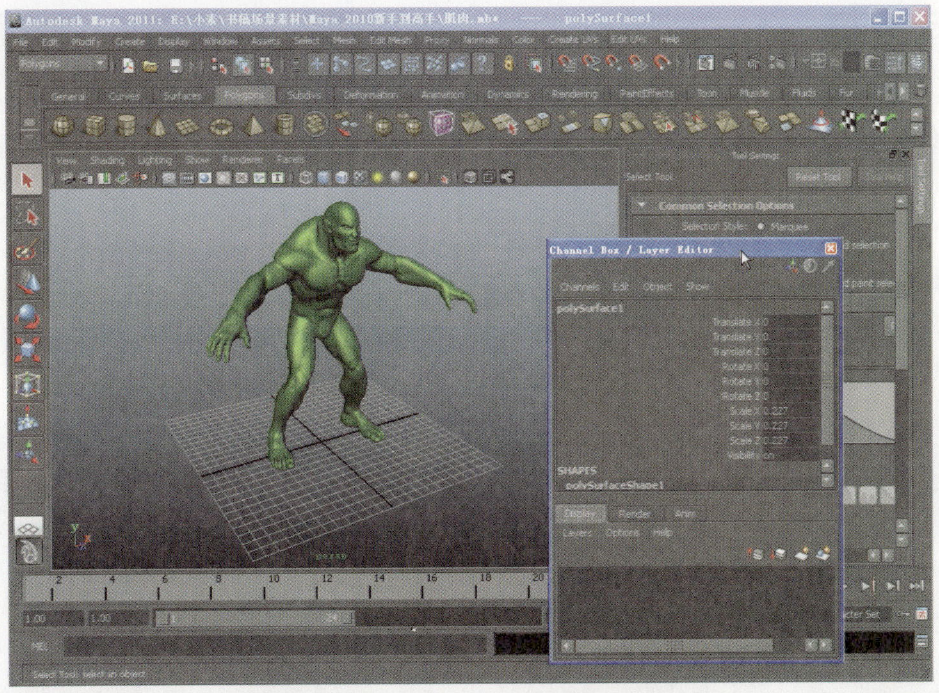

图1-8 变化的Maya 2011界面

1.2.2 Namespace Editor（名称间隔编辑器）

新加入的Namespace Editor（名称间隔编辑器），对于之前必须通过MEL语句来修改庞大的名称间隔来说，方便了大型场景的名称管理。而名称间隔指的是在导入外部场景文件时Maya自动添加的名称前缀，如图1-9所示。

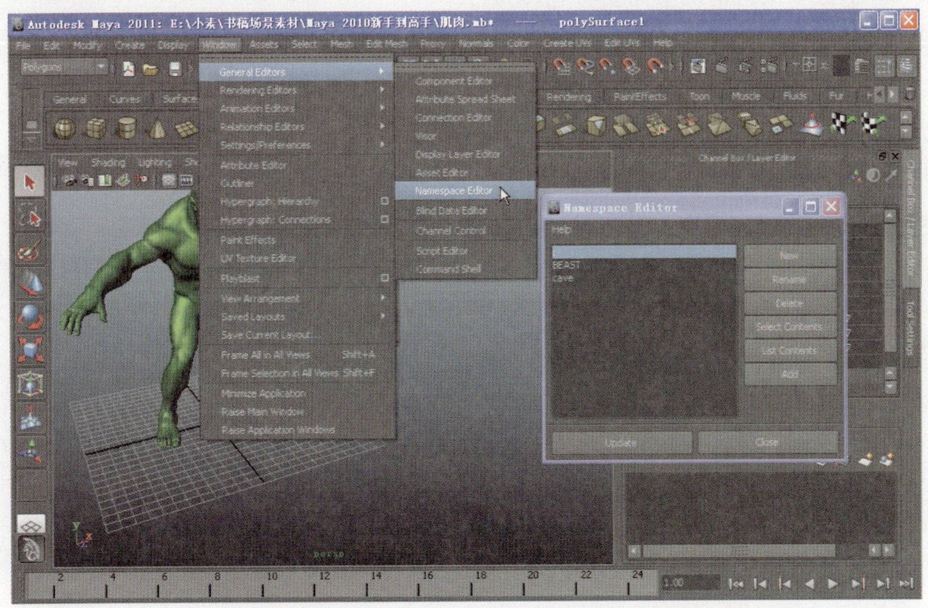

图1-9 打开的Namespace Editor（名称间隔编辑器）

1.2.3 建模

1.贝塞尔曲线

Maya第一次加入了贝塞尔曲线的创建，因此Surfaces（曲面）模块下的Edit Curves（编辑曲线）菜单也多了一个Bezier Curves（贝塞尔曲线）的功能选项。通过正切手柄，可以对贝塞尔曲线的切角进行调节，这是一项很重要的新功能，如图1-10所示。

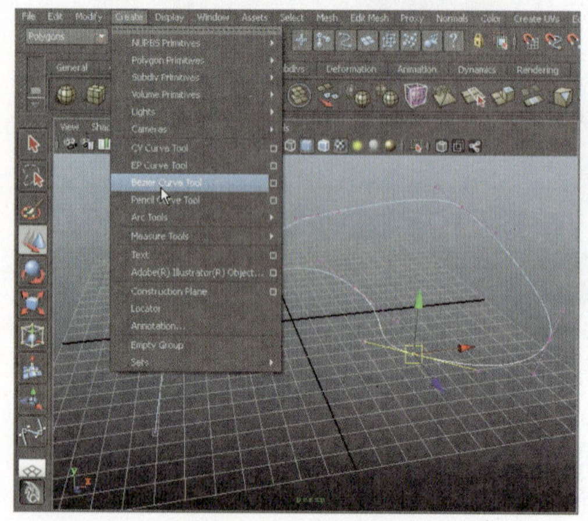

图1-10 贝塞尔曲线

但需要注意的是，贝塞尔曲线不完全等同于NURBS曲线，某些情况下需要将它转为常规的NURBS曲线才能正常使用，如Effects（特效）菜单下的Create Curve Flow（创建曲线流）要求对象必须是NURBS曲线。用户只需执行Modify（修改）|Convert（转换）|Bezier Curve to NURBS（贝塞尔曲线到NURBS）命令，即可将贝塞尔曲线转化为NURBS。

2.物体元素的连接

Edit Mesh（编辑网格）| Connect Components（连接组元）命令可以将临近的点和线进行连接，在多边形物体上直接添加线条（相当于Split Polygon Tool的另一种版本），如图1-11和1-12所示。

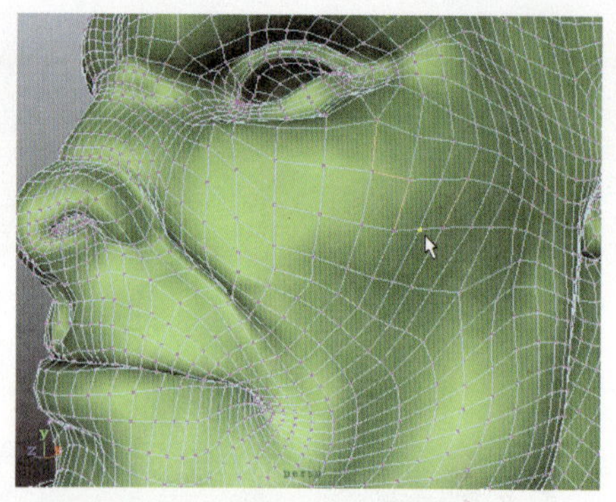

图1-11 选择要连接的临近元素

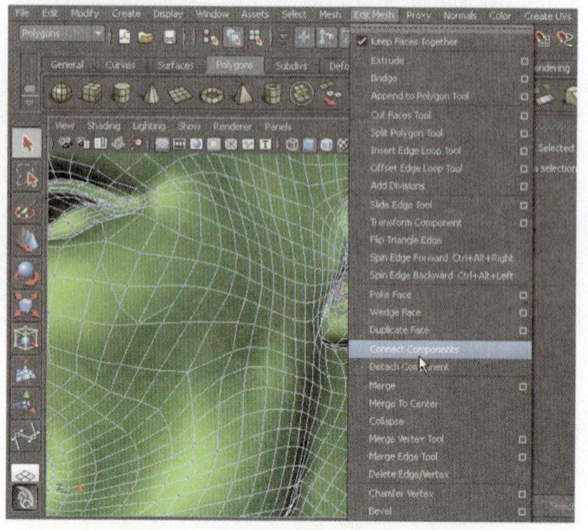

图1-12 所选元素的链接效果

3.旋转模型线条方向

Edit Mesh（编辑网格）|Spin Edge Forward(Backward)（旋转边线方向）命令可改变线条的朝向，常用于调整模型的布线走向。如图1-13和图1-14所示的是选择模型上的边，执行旋转线条操作后的效果。

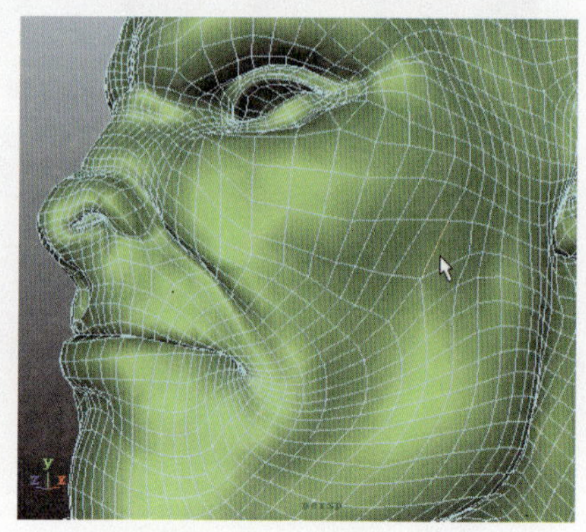

图1-13 选择模型的边

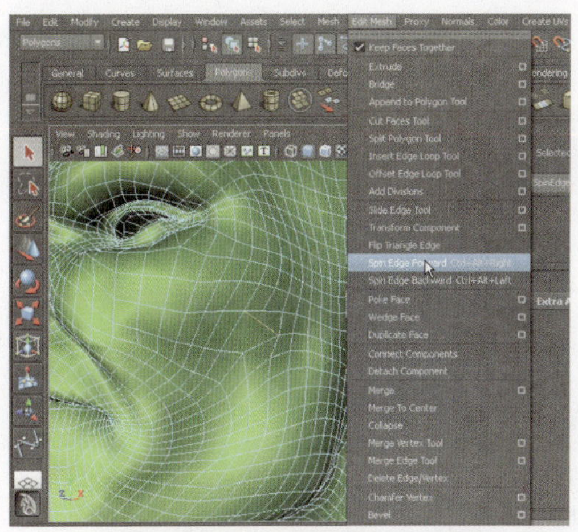

图1-14 所选曲线的旋转效果

4 多边形雕刻工具

Mesh下的Sculpt Geometry Tool中增加了一个Pinch（收缩）的笔刷模式，它可以将笔刷区域内的模型向笔刷中心收缩，如图1-15所示。

5 软选择

选择、旋转、缩放工具设置中的Soft Select（软选择），增加了一个Object（物体）的衰减模式，可以直接作用于多个不同的物体。与Global（全局）模式不同，Object模式不会改变物体的形态，仅改变它们的空间位置和大小。如图1-16所示，选择场景中的一个球体，再启用软选择中的Object模式。

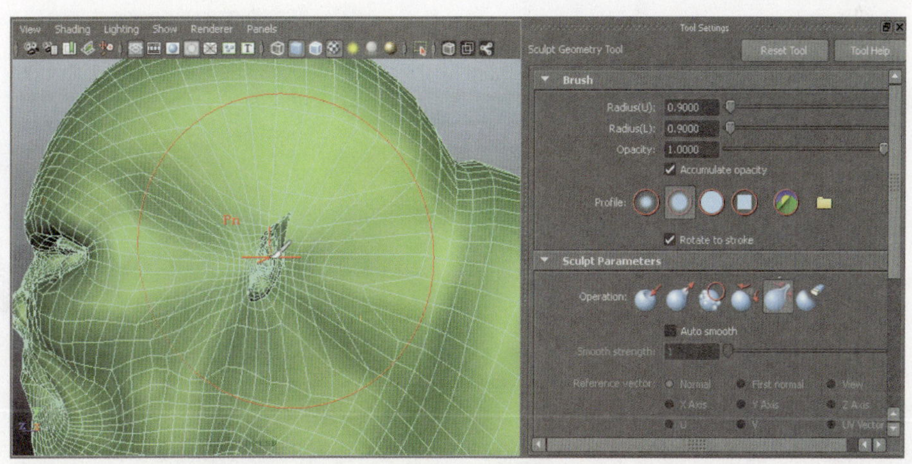

图1-15 多边形雕刻工具

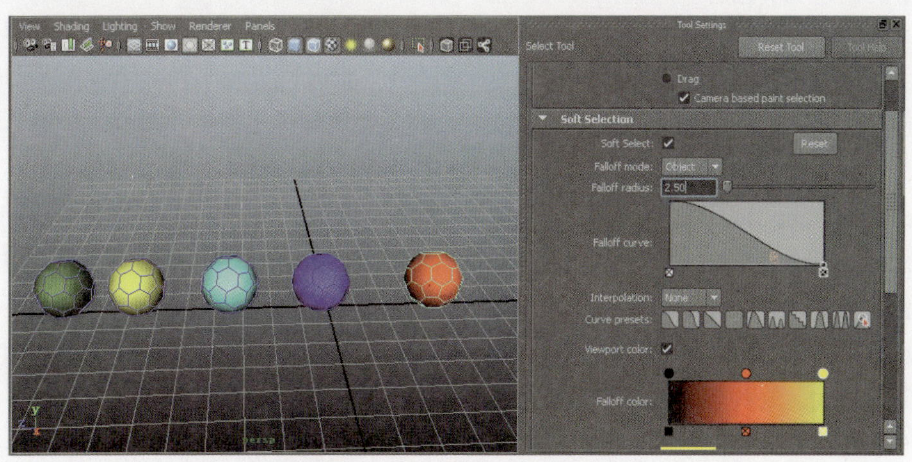

图1-16 启用Object软选择模式

然后，设置软选择的Falloff radius（衰减半径）参数值，再对选择的球体进行移动和缩放操作，观察其相邻球体之间的变化，如图1-17所示。

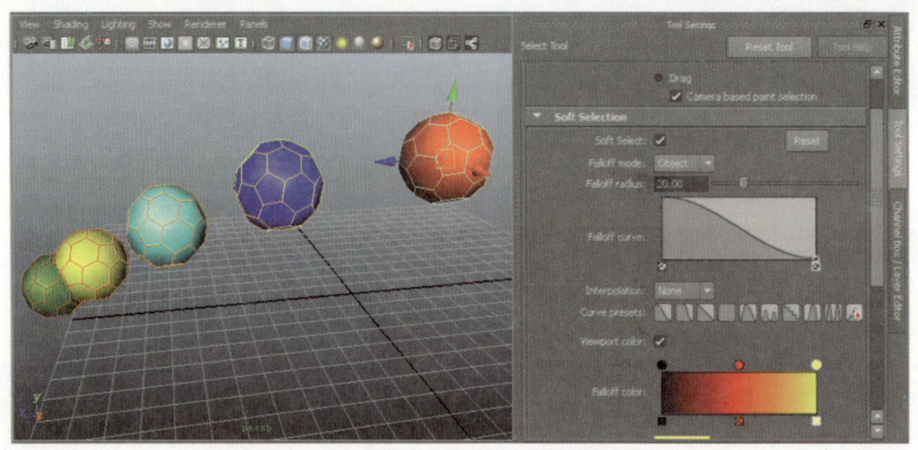

图1-17 软选择的最终效果

1.2.4 动画

1.摄像机序列

动画方面，Maya 2011增加了一个Camera Sequencer（摄像机队列管理器），可以实时管理摄像机快照。简单地说，就是根据台本的镜头时间安排相机队列。开始支持多音频轨道的导入，并增加了场景时间码的显示功能。动画曲线编辑器的显示和操作也得到了改善。

2.快速的蒙皮工作流程

更好的创建现实角色中的蒙皮效果，在一个相当短的时间内，实现了交互体结合，以画图工具增强皮肤重量，重量镜像变形双四元数的选择，表面衰减模式自动换变形。

并且在骨骼绑定方面，Maya 2011增加了一个Interactive Skin Bind（交互式蒙皮）的绑定方式，可以通过一个包裹物体来实时改变绑定的权重分配；同时还增加了一个用于解决关节处挤压变形的Dual Quaternion（双重四元法）蒙皮方式。这些都大大减少了权重分配的工作量，如图1-18所示。

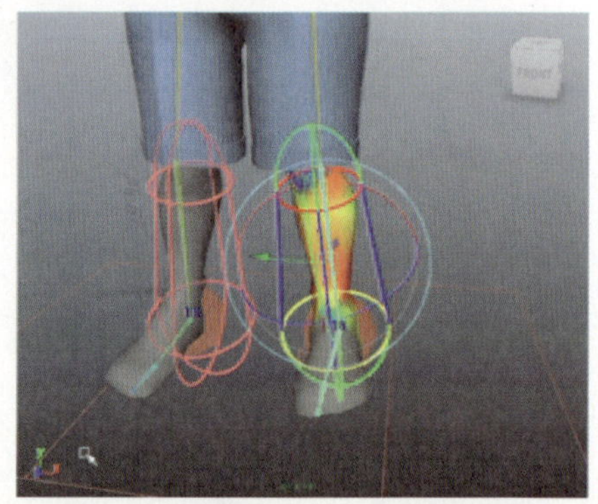

图1-18 交互式的蒙皮效果

3.新增的骨骼系统

在Maya 2011的Skeleton菜单下新增了一个HumanIK的骨骼系统，该系统能快速搭建人体骨骼并绑定控制器。HumanIK (HIK) 库的非破坏性重定向工作流程，能够更快、更轻松地重用、校正和改进运动捕捉及某些其他动画数据。在角色之间传递动画，实时调整重定向参数以观看和编辑结果，而无需重新烘焙。

1.2.5 动力学

作为影视动画用的三维软件，Maya一直在加强特效上的功能。在Maya 2009版增加了内核粒子之后，Maya 2011再次将内核系统进行了一些强化。n布料系统主要是在碰撞效果上的改善，而n粒子则增加了很多功能，如Rotation（旋转）属性，可用于控制粒子碰撞时产生的旋转；新加入的表面张力和粘性渐变，配合已改善的n粒子输出网格，在模拟流态效果上又提升不少；粒子UVW的功能可以直接对粒子进行纹理贴图，如图1-19所示。

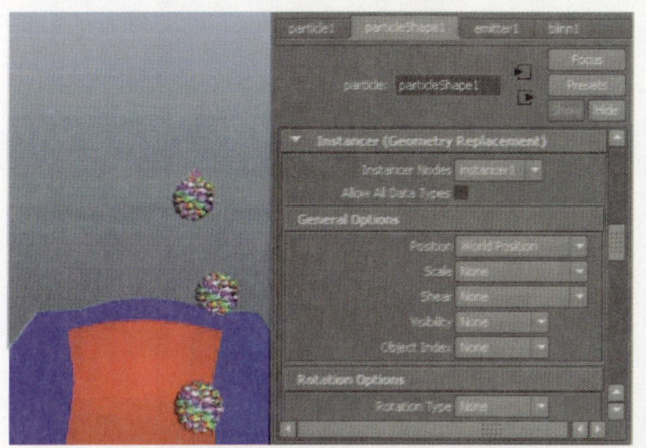

图1-19 粒子动力学的新增功能

1.2.6 PyMEL（脚本编辑器）

因为增加了不少功能，因此Maya的命令库也增加不少内容；同时，Maya脚本编辑器支持了语法的高亮显示，使命令输入更为直观，如图1-20所示。

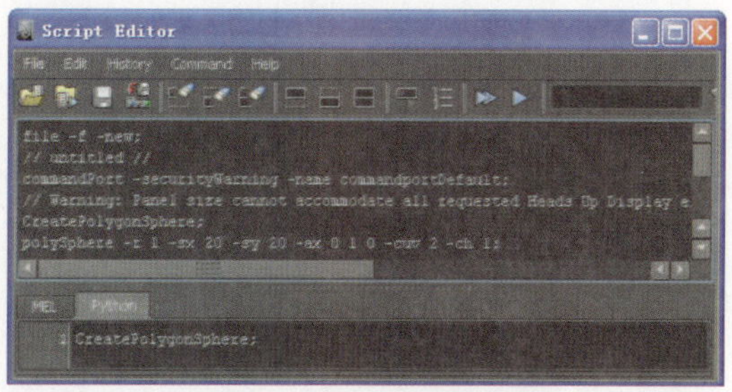

图1-20 脚本编辑器窗口

1.3 Maya工作环境

由于Maya 2011的界面构成比较复杂，因此在深入学习Maya 2011之前，首先要对Maya的工作界面进行认识，因为它将直接影响到用户的操作熟练程度，以使用户在以后的学习中能够快速操作Maya软件。

当安装好Maya 2011后，双击桌面上的Maya程序图标即可运行Maya软件。如图1-21所示，Maya启动后的画面显示，颜色由原来的红色变为漂亮的黑色。

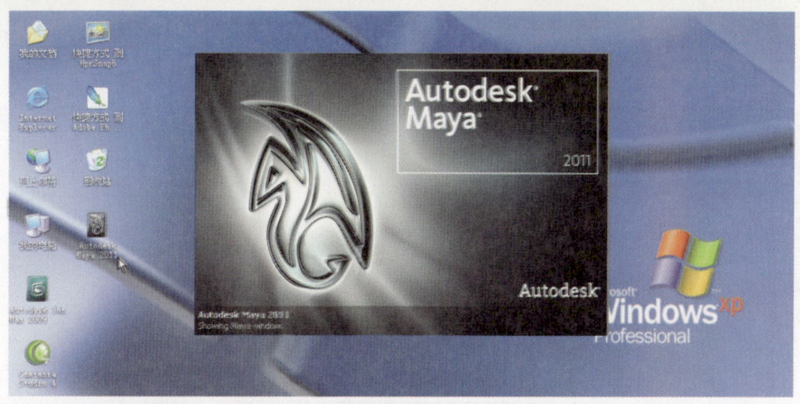

图1-21 启动Maya后的画面显示

1.3.1 Maya界面

当完全启动了Maya后就进入到了其主界面，该界面由多个部分组成，包含了所有的Maya工具，其主要包含有菜单栏、状态栏、工具架、常用工具栏、视图区、通道/属性栏、命令栏、时间范围滑块和帮助栏9大模块组成，如图1-22所示。

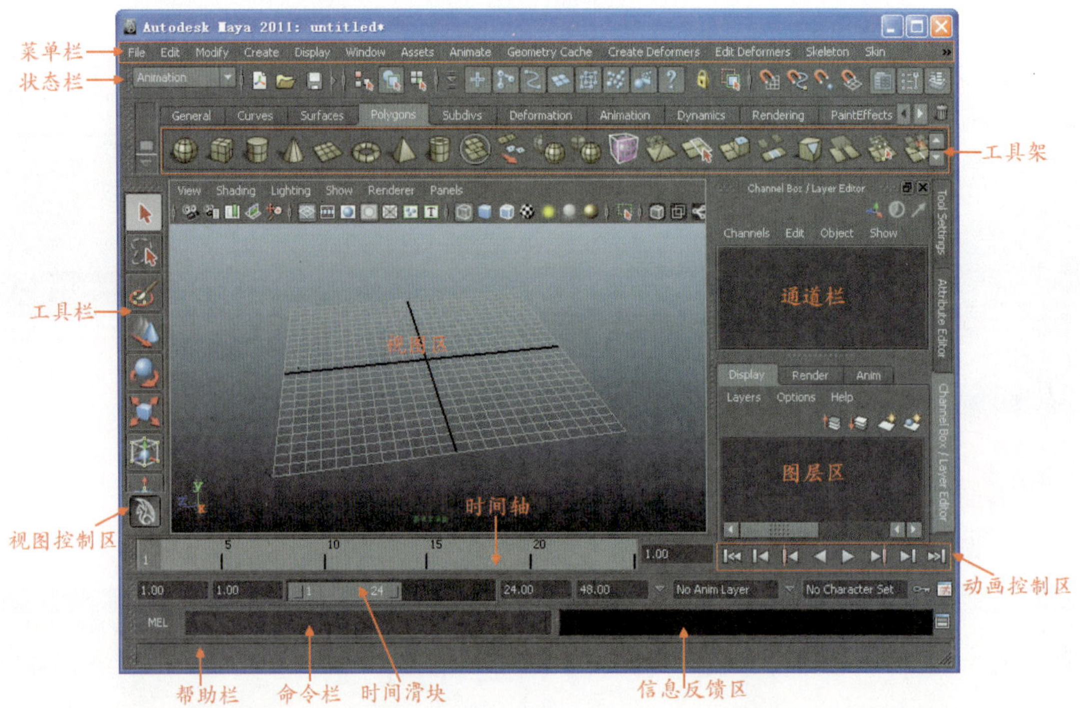

图1-22 Maya界面

下面对这些界面元素特有的功能进行详细介绍。

1.3.2 菜单栏

Maya的菜单栏被完全组合成了一系列的菜单组，并且集成了Maya所有的操作命令，每个菜单组对应一个Maya模块，不同的模块则可以实现不同的功能。Maya中的模块包括动画、多边形、NURBS、动力学、渲染、布料模拟等模块，如图1-23所示。

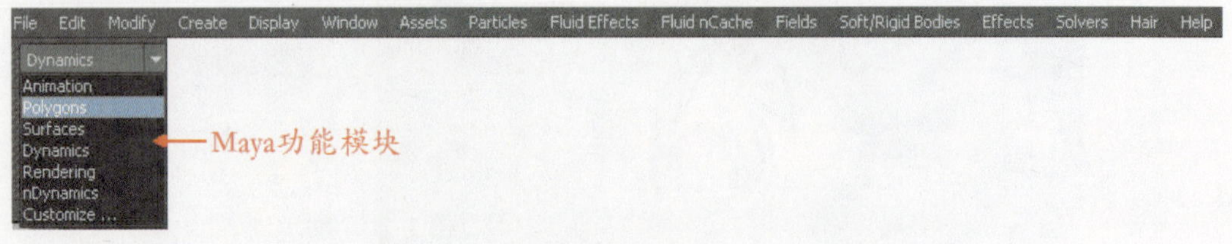

图1-23 菜单栏

在不同的模块中进行切换，将会切换到相应的菜单组，但几个模块所共用的菜单命令，包括File（文件）、Edit（编辑）、Modify（修改）、Create（创建）、Display（显示）、

Windows（窗口）、Assets等。

在切换Maya模块时，可以使用状态栏下的下拉菜单或者快捷键，其中F2切换到Animation（动画）模块、F3切换到Polygon（多边形）模块、F4切换到Surface（曲面）模块、F5切换到Dynamics（动力学）模块、F6切换到Rendering（渲染）模块。

1.3.3 状态栏

Maya的状态栏和其他软件的状态栏稍有区别，Maya的状态栏中包含了多种工具，如图1-24所示。这些工具中的大多数用于建模和渲染操作。

图1-24 状态栏

为了使用户使用起来更为方便，这些工具都是根据其作用属性被按组排列的，用户只需单击相应的按钮将其展开或者折叠。如图1-25所示的是展开的工具图标。

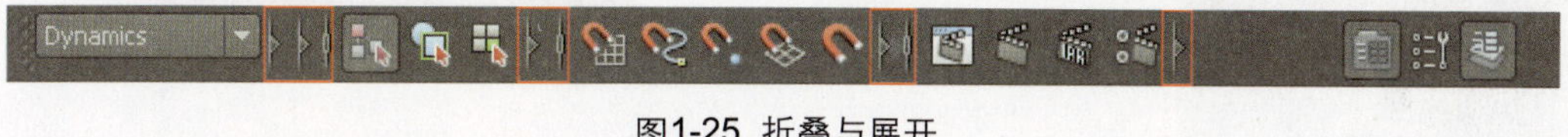

图1-25 折叠与展开

1.3.4 工具栏和工具架

在Maya中的工具箱包括两部分，如图1-26所示。一部分是位于状态栏下面的工具栏，另一部分是位于整个界面左侧的工具架。其中，工具栏中包含了常用工具和选择工具，而工具架则是一些为了特定操作而集成的工具集合。

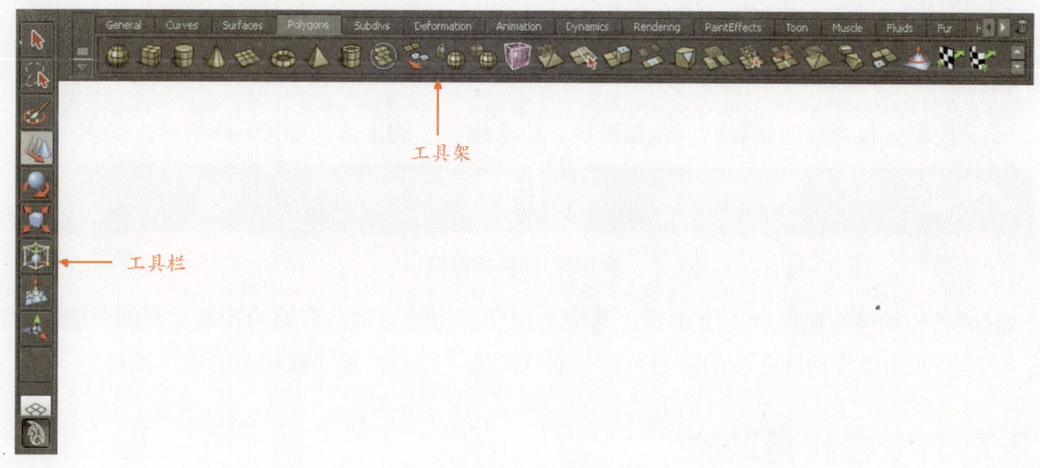

图1-26 工具箱

1.3.5 通道栏和图层区

通道栏是Maya所独有的工具栏，它的功能十分强大，用户可以利用它直接访问Maya场景中物体的构成元素，例如属性和节点等。它还可以显示关键帧的属性并且可以设置关键帧。如图1-27所示，选中场景中的一个球体后，通道栏中的属性显示。

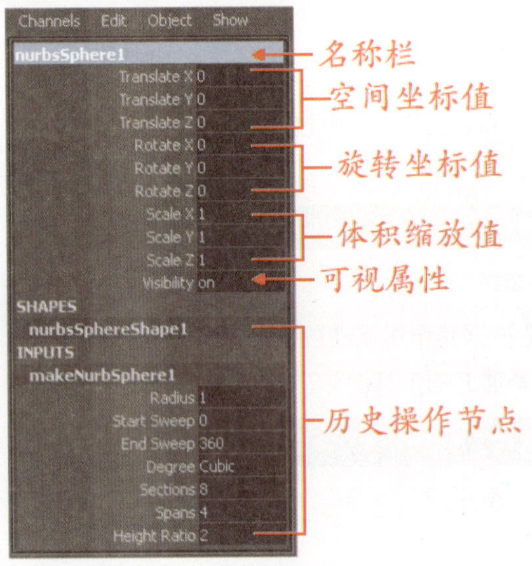

图1-27 通道栏

Maya中的图层区主要用于对场景中的物体进行隐藏、显示及保存等作用。根据需要用户可以单击按钮以创建多个图层，并且还可以对图层进行重命名，如图1-28所示。

图1-28 图层区

技巧

单击视图右上角的3个工具图标、和可以快速在对象属性编辑面板、工具设置面板和通道栏之间来回切换，以便于用户操作和使用。

1.3.6 时间轴和动画控制区

动画控制区包含时间轴和时间范围滑块，位于视图区的下方，如图1-29所示。

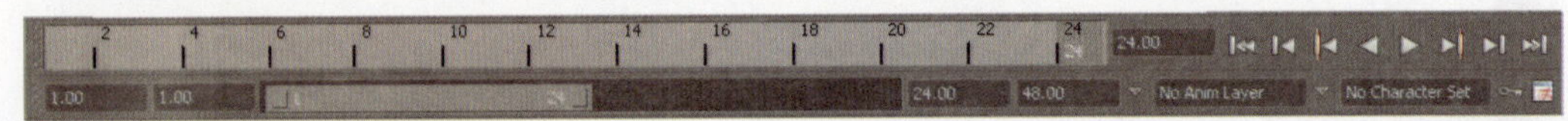

图1-29 动画控制区

时间轴和动画控制区分上下两层，其中上层左侧为时间轴，右侧为控制动画的一些播放按钮。下层左侧为设置动画播放的时间范围，右侧都是一些与设置动画相关的设置按钮。

1.3.7 命令栏和帮助栏

除了可以通过工具创建物体外，Maya还允许用户通过输入命令来创建物体，这一功能和AutoCAD软件的键盘输入功能有点类似。在Maya中，命令栏划分为命令输入区、信息反馈区以及帮助信息提示区，如图1-30所示。

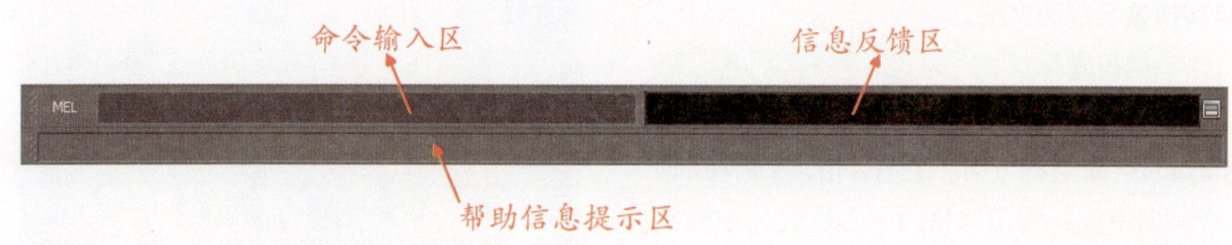

图1-30 命令栏

当在命令输入区中键入一个MEL命令后，场景中将执行相应的动作。例如，输入Create （创建）| Polygons （多边形）| Cube（立方体）命令，即可在场景中创建一个圆柱体。此外，当用户执行了相应的操作后，在信息反馈区中显示该操作相关的信息。

在对场景中的对象执行一项命令操作以后，会在帮助信息提示区中显示该命令工具相关的操作方法。

另外，单击信息反馈区右侧的▤按钮，即可打开Script Editor（脚本编辑器），如图1-31所示。

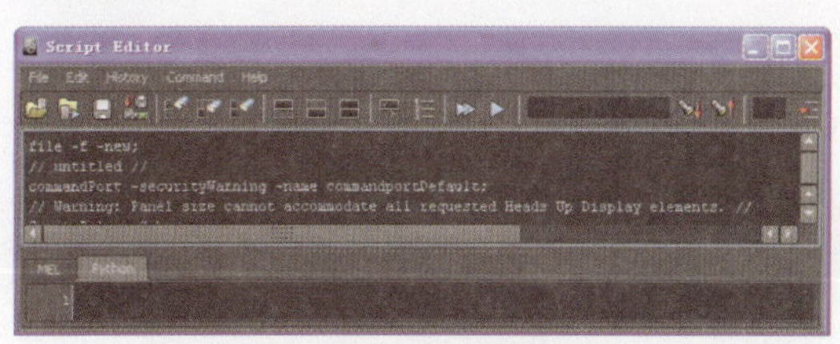

图1-31 脚本编辑器

在这里用户可以观察到已经执行的脚本程序（Mel语言）历史，也可以在这里直接执行脚本程序操作并对脚本程序进行编辑。

1.3.8 视图区

Maya视图区就像一台摄像机是使用非常广泛的区域，也是使用面积比较广泛的区域，几乎所有的工作都在这里完成，比如建模、动画、渲染等都是通过这个窗口来观察，如图1-32所示。

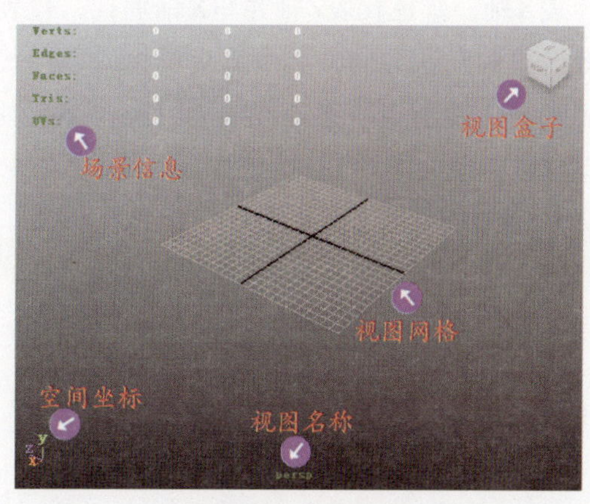

图1-32 场景视图区

下面对视图区进行说明如下。

1.场景信息

主要用于对场景中的模型对象元素数量进行显示，主要包括Verts（点数量）、Edges（边数量）、Faces（面数量）、Tirs（预测三角面数量）和UVs（UV点数量）5种对象元素。每个元素数据的右边有3组数据，第一组是指当前视图所有多边形在该元素下的总量；第二组数据单指用户所选择物体在该元素下的总量；第三组数据是指用户在该元素下的实际选择数量。

2.视图网格

在通常制作平面图时需要有一个平面坐标系作为参照。那么在三维软件的透视图中也需要一个空间坐标系作为参照，以用于建模和空间旋转为坐标参考。在透视图中央有一个方形的灰色网格就是Maya的视图网格，被两条相交的轴划分开。在长期的工作当中，用户可以单击视图菜单上的▦图标，来回切换显示视图网格。

3.空间坐标

视图左下角的图标所指的方向即为Maya的空间坐标方向，它有X轴、Y轴和Z轴3个轴向组成，视图网格的中心位置为坐标系的原点。绿色代表Y轴，表示高度方向；红色代表X轴，蓝色代表Z轴并与X轴垂直，代表摄像机的默认方向，其中箭头所指的方向代表正值。视图中的移动、缩放、旋转等工具以该坐标系来进行工作，如图1-33所示。

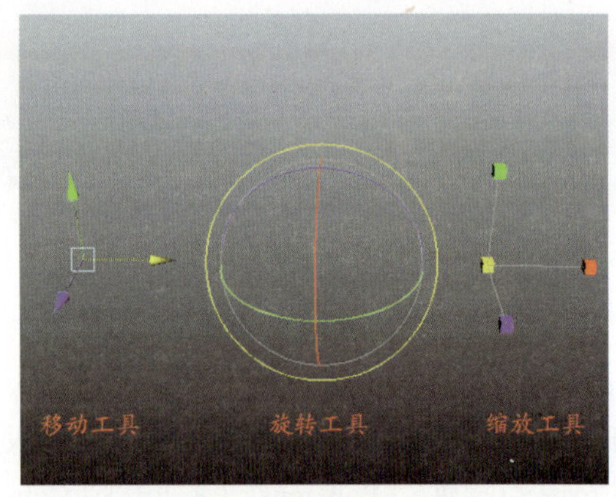

图1-33 基本的坐标系

4.视图导航器

视图右上角的图标为视图的导航器，主要用于快速切换各个视图角度，该导航器包含了透视图、顶视图、左视图、右视图、底视图、前视图和后视图7个视图。如图1-34所示，导航器在不同状态下对应的视图角度。

图1-34 视图角度的切换

我们可以单击该导航器周围的三角箭头或方向箭头来快速切换视图角度，也可以拖曳该导航器盒子上的任意棱角边切换视图角度，同时单击盒子上的视图名称或者单击小房子图标也可以切换视图。

提示

单击视图右下角的图标，打开Maya优先设置窗口，在窗口右侧的列表中单击View Cube选项，然后在列表右侧的窗口中取消Show the View Cube复选框的勾选，即可取消视图导航器的显示。

1.3.9 视图布局

使用四视图可以边创建模型边观察在各个角度的变化，以便确定所创建模型表现出的立体空间效果，所以学会四视图的观察与操作对于三维用户来说非常重要的。同属于三维软件的Maya也提供了四视图，可以通过空格键来切换四视图。

动手实践001——操作视图

1 单击状态栏上的图标，打开一个鲨鱼的模型，按空格键切换到四视图，可以看到鲨鱼的身体不同角度，如图1-35所示。

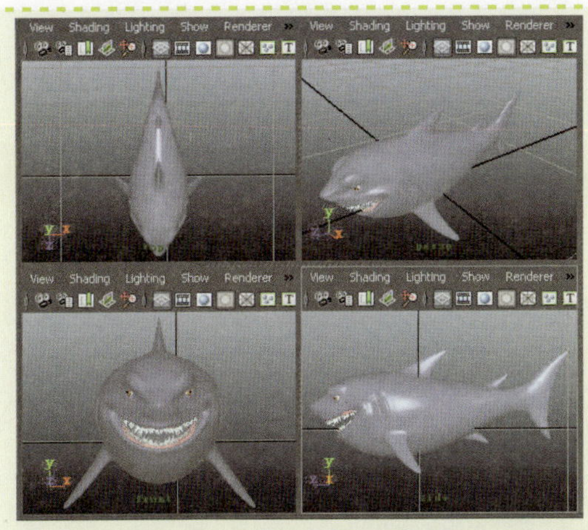

图1-35 四视图的显示效果

2 选中物体，使用缩放工具对其进行缩放，可以观察到物体在各个视图中的变化效果，如图1-36所示。

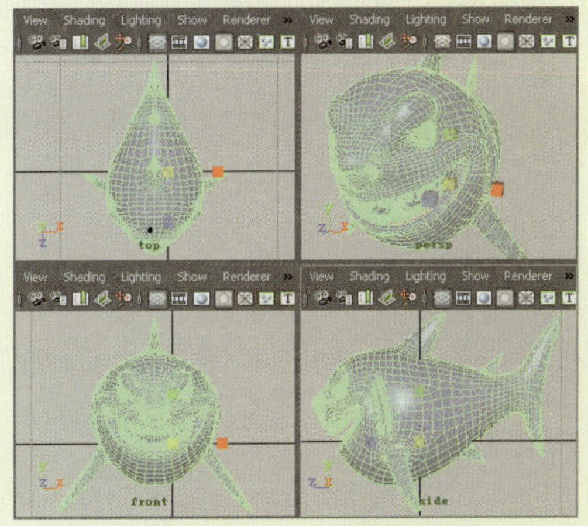

图1-36 物体在四视图中变化

提示

单击工具栏下方的和图标可以快速切换视图布局。例如单击图标可以将当前视图切换到四视图状态；单击图标可以将当前视图切换到透视图。同样单击任意视图，然后再按空格键，即可将当前视图与四视图之间切换。

1.3.10 大纲列表

不但通过单击工具栏下方视图布局框中的图标，可以打开大纲列表视图，也可以通过命令来打开。下面对大纲列表视图工具的使用进行介绍。

动手实践002——操作大纲列表视图

1 在透视图中执行Window（窗口）| Outliner（大纲栏）命令，即可将透视图划分为大纲列表视图和透视图。如图1-37所示，可以看到场景中没有任何物体时，列表中只包含了场景默认的属性。

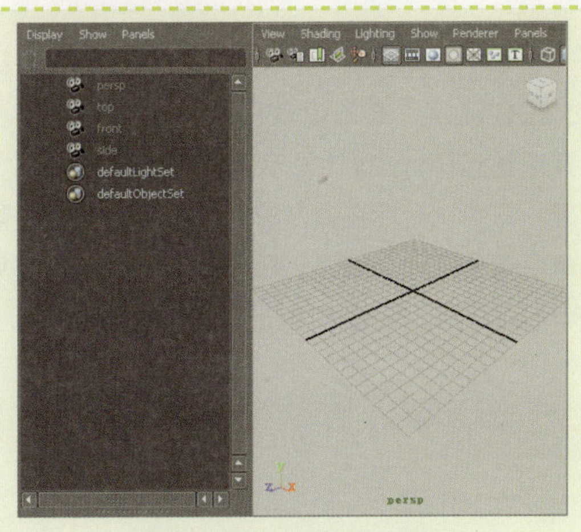

图1-37 打开大纲列表视图

2 在场景中导入一个角色模型，在大纲列表中就会显示模型的各部分名称，在列表中单击任意一种物体的属性名称，即可选中该物体，如图1-38所示。

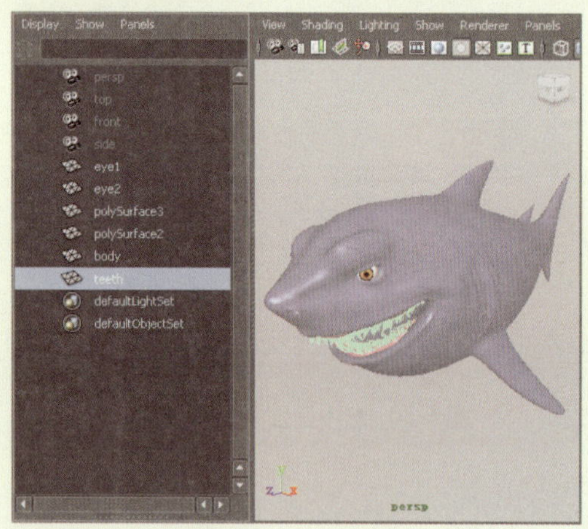

图1-38 选择列表物体

3 选中列表中所有物体，按Ctrl+D键，将其进行组合，即可产生一个组合层。双击该层可以对其进行重命名并且所有的物体都会被放置到该组合层里，如图1-39所示。

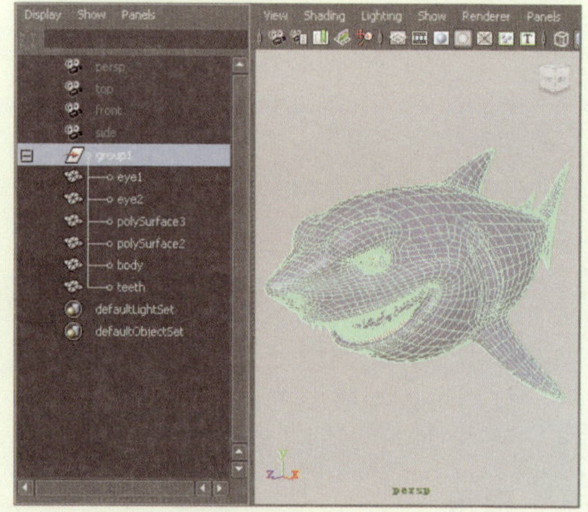

图1-39 群组列表物体

技巧

列表的功能与Photoshop图层类似，列表中的属性或物体都是分层存在的，可以对它们进行分组放置。列表中组内外的物体或属性层，都可以通过鼠标中键拖拉操作来决定所拖拉的层是否与该组结为组合关系。

1.4 自定义工作环境

在Maya中用户可以根据自己的工作风格来定义工作环境。通常设置只显示经常使用的视图元素。执行Display（显示）｜UI Elements（UI元素）命令，然后在弹出的列表中勾选掉所要隐藏的命令元素即可。如图1-40所示，在取消所有界面元素的选择后，场景视图元素的变化效果。

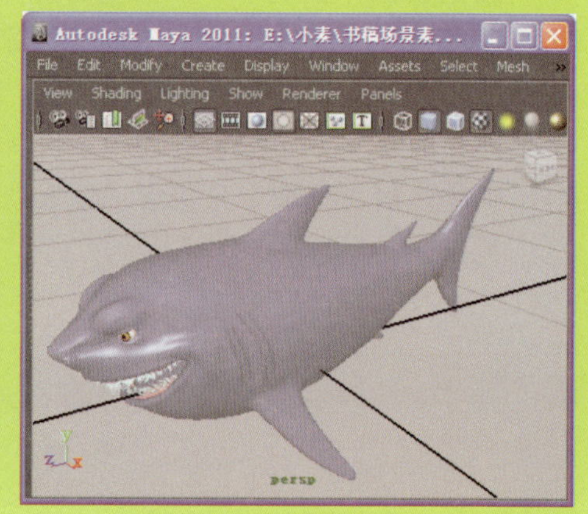

图1-40 界面元素的隐藏

1.4.1 切换视图面板

默认情况下，Maya的四视图包括顶、前、侧和透视图。并且每个视图都可以在这4个视图之间切换。下面介绍几种视图切换的方法。

动手实践003——切换视图面板

1 在任意视图区的命令栏上单击Panels（面板）| Orthographic（正交视图）命令，在打开的菜单中选择任意一项视图名称，即可将当前视图切换到选择的视图，如图1-41所示。

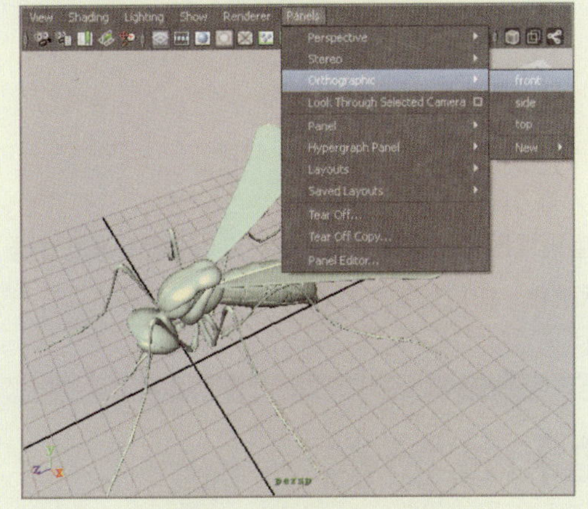

图1-41 切换视图名称

2 在视图区中执行Panels（面板）| Saved Layouts（保存布局）| Persp / Graph（透视/曲线）命令，即可将透视图划分为透视图和图形编辑视图，如图1-42所示。

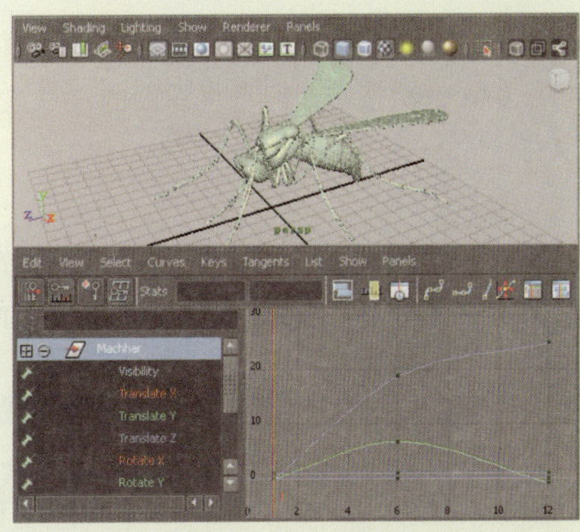

图1-42 切换视图

1.4.2 更改视图颜色

默认情况下，Maya视图背景的颜色是灰色的，但是可以根据自己的喜好来自行设置视图的颜色。下面介绍一下如何更改视图的背景颜色。

动手实践004——更改视图颜色

1 首先执行Window（窗口）| Settings/Preferences（设置/预设）| Color Settings（颜色设置）命令，打开Colors对话框，如图1-43所示。

2 在3D Views属性卷展栏下双击Background右侧的颜色框，即可打开Maya的拾色器窗口，并在该窗口中调整合适的颜色，如图1-44所示。

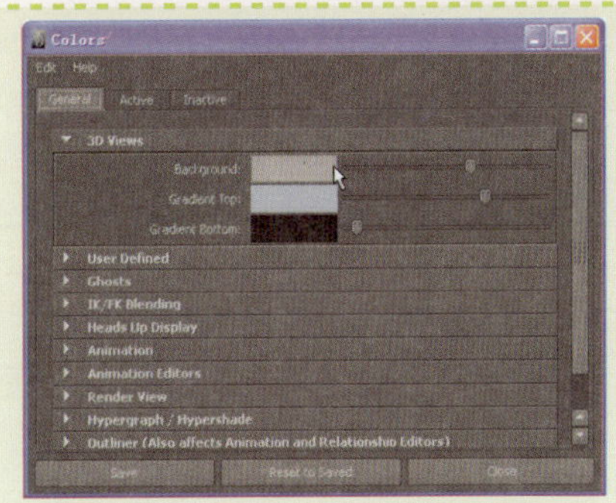

图1-43 执行Color Settings命令

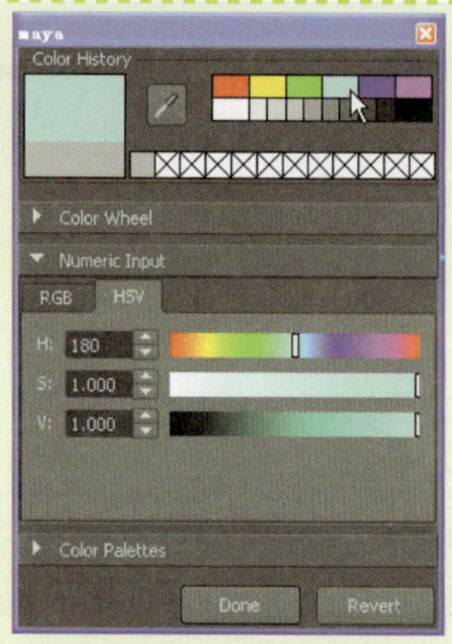

图1-44 选择颜色

3 当选择了一种较为喜欢的颜色后，单击Accept按钮，即可将视图的背景该为深蓝色，如图1-45所示。

图1-45 视图背景颜色

提示

在Color Settings命令属性窗口中，可以找到渲染视图、动画编辑器、IK/FK、轮廓图等属性选项并设置其颜色。例如，可以设置物体线框的显示颜色、曲线的颜色及选择物体的颜色等。

1.5 快捷菜单和快捷键

在视图窗口中进行操作，使用命令栏中的命令工具对场景中的物体进行操作是远远不能满足用户需求的。我们需要一种更为快捷的方法来执行相关的命令操作。此时Maya为我们提供了方便快捷的命令——快捷菜单，通过它可以使用户在操作视图中直接进行多种操作，从而节省大量的时间。

1.5.1 快捷菜单

快捷菜单是一种快速显示各种命令的菜单，而且包含了一些菜单栏中没有的命令。打开快捷菜单的方式是在视图中按空格键，在弹出的面板中选择任意一个选项，即可执行该选项命令操作。

动手实践005——快捷菜单的使用

1 将光标放置到任意视图的中心位置，按住空格键不放，即可在光标位置弹出Maya快捷菜单，如图1-46所示。

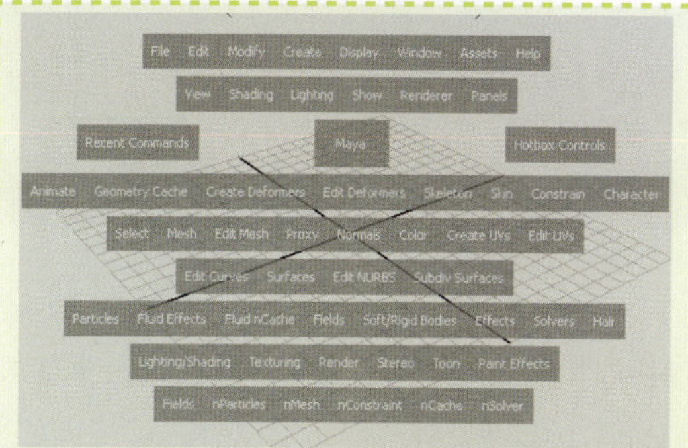

图1-46 打开快捷菜单

2 再移动鼠标在弹出的菜单中依次选择Create（创建）| NURBS Primitives（NURBS基本物体）| Sphere（球体）命令，即可在场景中创建一个NURBS球体，如图1-47所示。

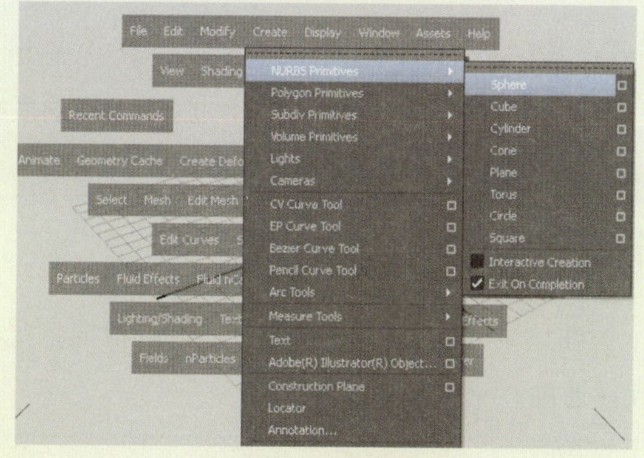

图1-47 创建物体

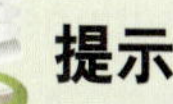

提示

在视图中按住空格键不放弹出快捷菜单，然后，在视图任意位置单击鼠标左键，即可打开作用不同的子命令快捷菜单组。

1.5.2 快捷键

快捷键是软件中所必备的，使用快捷键可以使用户直接执行想要执行的命令操作，它可以大大加快用户的操作速度，Maya也不例外。Maya的视图操作分为缩放视图、平移视图、旋转视图3类。但它们都要配合快捷键来完成。下面对几种快捷键进行介绍。

1.平移视图

按住Alt键+拖曳鼠标中键，即可将视图拖放到场景中的任意位置。

2.旋转视图

按住Alt键+拖曳鼠标左键，即可任意旋转视图的角度。

3.缩放视图

按住Alt键+拖曳鼠标右键，即可对视图中物体的大小进行缩放。

提示

其中选中场景中的物体，按R键即可将所选物体充满当前视图窗口。按A键，显示场景中所有物体。

4.四视图的切换

按空格键使当前视图与四视图之间来回切换。

5.物体的光滑显示

选中场景中的物体，按数字键1，表示该物体将被低质量显示；按数字键2，物体将被中等质量显示；按数字键3，高级质量——显示所选物体；按数字键4，将只显示所选物体线框；按数字键5，显示所选物体实体。如图1-48所示的是物体的几种显示效果。

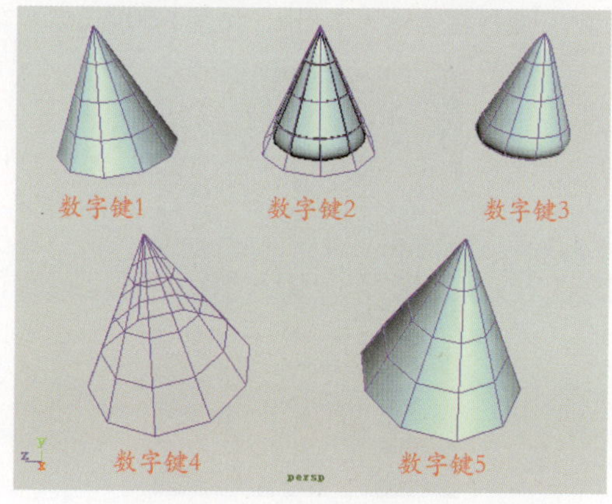

图1-48 物体的几种显示方式

提示

选中物体，按数字键6，将显示物体材质实体；按数字键7，显示场景灯光实体；按数字键8，将当前视图与画笔视图之间切换。

1.5.3 自定义快捷键

在场景的操作过程中，用户可以根据自己的操作习惯来自行定义快捷键，从而进一步加大操作速度。

动手实践006——自定义快捷键

1 执行Window（窗口）| Settings/Preferences（设置/预设）| Hotkeys（快捷键）命令，打开Hotkey Editor（快捷键编辑器），选择要编辑的命令选项，可以看到其默认的快捷键，如图1-49所示。

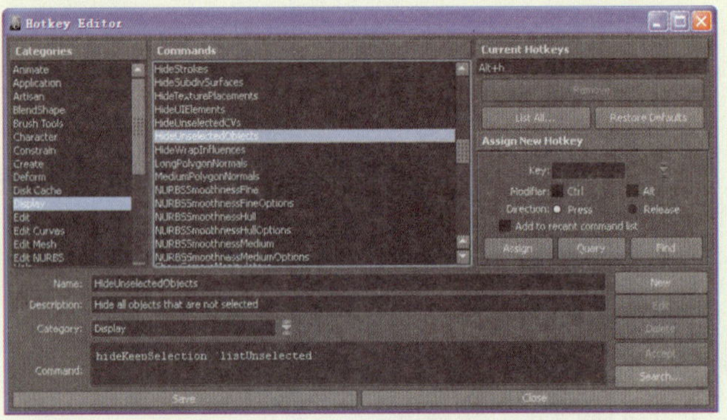

图1-49 快捷键编辑器

2 若想将当前命令的默认快捷键Alt+H定义为其他的快捷键，如Ctrl+H，可以启用Modifier属性中的Ctrl复选框，再在Key属性右侧输入字母h，如图1-50所示。

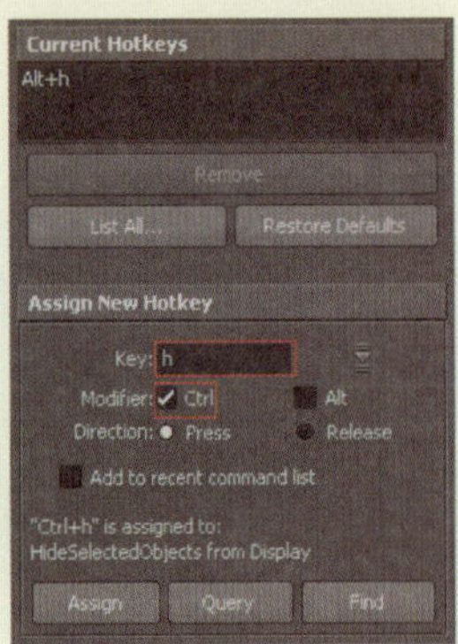

图1-50 指定新快捷键

3 然后单击Assign按钮，即可在Current Hotkeys（当前快捷键）列表中看到创建的快捷键Ctrl+h，如图1-51所示。还可以再选择Alt+h选项，再单击Remove按钮将其删除。

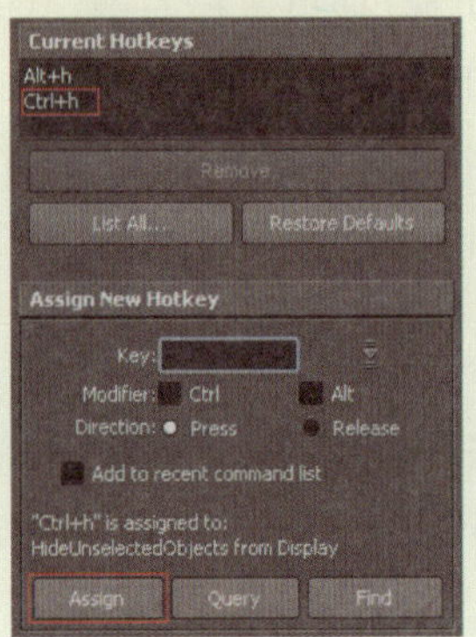

图1-51 定义新快捷键

1.6 Maya常规操作

Maya 2011不仅具有强大的操作功能，并且有关模型创建相关的操作也非常多。下面向用户介绍Maya中基础工程文件的创建、选择对象、变换对象、复制对象、组合对象、图层的操作以及编辑多个物体等多个工具的使用方法。

1.6.1 工程文件

通常一个完整的动画工程可能要用到建模、贴图、渲染、粒子特效等种类繁多的工序。每道工序可能需要用到各自不同的文件，如建模时的贴图连接，渲染工序中的出图以及动画的测试文件等。如果缺乏一个统一有效的项目文件管理结构，那么在制作复杂动画时，所有的文件就会乱成一团。所以在深入学习Maya之前首先要学习如何创建和编辑工程目录。

在安装好Maya后，Maya会自动在“我的文档”中创建一个Maya目录，在该目录下有一个名为Projects的文件夹，即为Maya默认的工程目录文件夹。在其子文件夹Default文件夹内包含多个分类明确的文件夹，如图1-52所示。

图1-52 生成的项目文件

技巧

Projects中的文件夹用来放置不同的工程项目文件资源。通常打开或创建的Maya场景文件，就被默认保存在名为Scenes的文件夹中，而场景文件中存放的其他资源的文件夹如贴图，会优先指向textures文件夹。Maya这样做的好处在于，当要将一个复杂动画工程从一台计算机复制到其他计算机上时，直接需要将整个Project文件夹复制即可，不容易造成文件资源的丢失。

在长期的工作当中，也可以根据自己的需要来自行创建一个固定的工程目录文件，以便于用户将需要保存的文件进行分类存放。

动手实践007——创建工程文件

1 执行File（文件）| Project（项目）| New（新建）命令，弹出如图1-53所示的New Project（新建项目）对话框。在Name（名称）文本框中输入“Maya 文件”，以定义工程文件的名称。

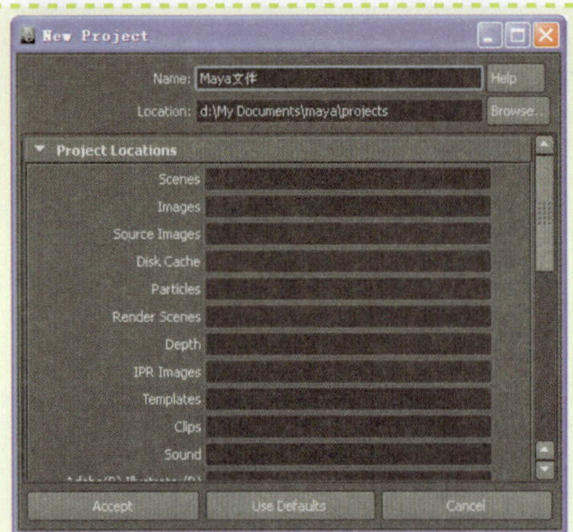

图1-53 设置目录文件名称

2 单击Browser按钮，在弹出的对话框中指定工程文件的路径。也可以单击Use Default按钮，使得各个分类文件夹使用Maya默认的分类名称，如图1-54所示。

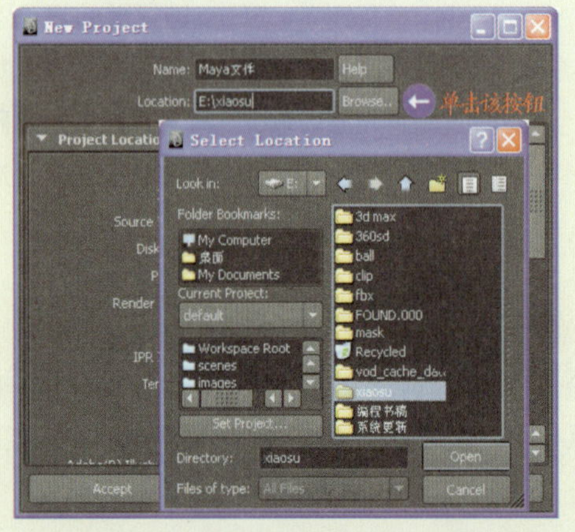

图1-54 自定义的目录文件名称

3 若设置指定项目文件的名称为“Maya文件”和存储路径为E盘，单击Accept按钮。在E盘即可找到名为“Maya文件”的文件夹，如图1-55所示。

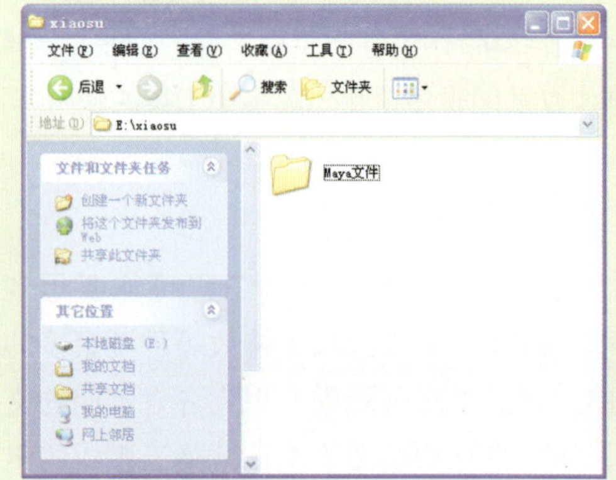

图1-55 创建的工程文件

4 双击“Maya 文件”文件夹，打开其子文件夹，可以看到自动生成的Maya默认文档文件，如图1-56所示。

图1-56 生成的默认文件

1.6.2 创建基础物体

Maya软件中创建物体的方法非常简单，用户可以直接执行命令栏中的命令即可创建出基础几何体模型，或者也可以在工具架上单击相应的模型图标创建模型。

动手实践008——创建基础物体

1 在Maya场景中，执行Create（创建）｜NURBS Primitives（NURBS基本物体）｜Sphere（球体）命令，然后在场景视图网格上单击，即可创建一个NURBS球体，如图1-57所示。

图1-57 创建的NURBS球体

2 同样，执行Create（创建）｜Lights（灯光）｜Volume Light（体积光）命令，即可在场景中创建一盏体积灯光，如图1-58所示。

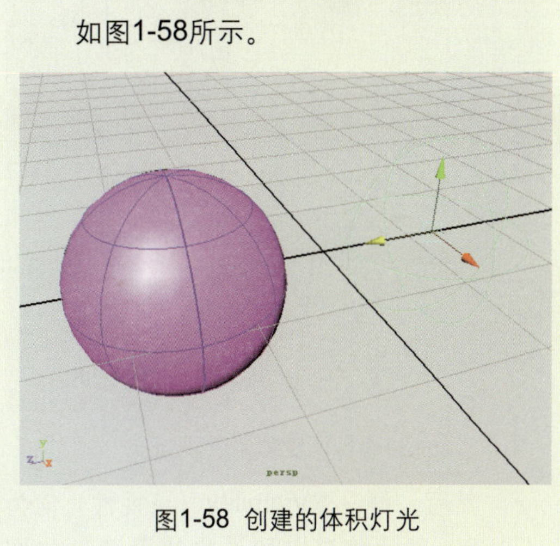

图1-58 创建的体积灯光

1.6.3 物体属性

前面介绍过，物体常用的各种属性都集合在通道栏中，下面对通道栏中的物体属性进行操作，但前提是物体的历史属性未被结束之前。

动手实践009——调整物体属性

1 选中场景中的多边形圆柱，即可在通道栏中观察到其属性参数选项，如图1-59所示。

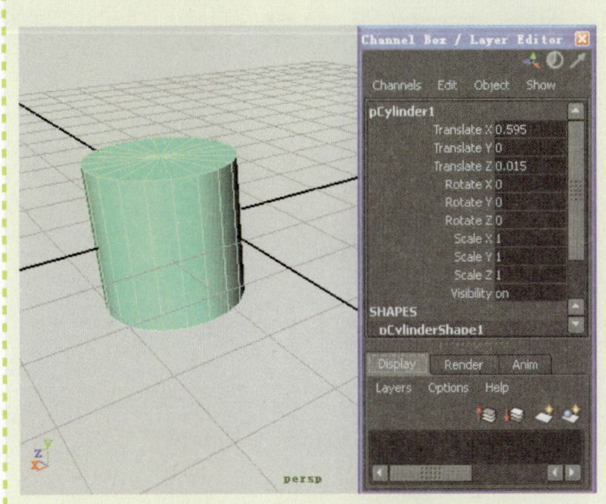

图1-59 物体的常用属性

2 在通道栏中，设置Rotate X/Y/X的参数值，此时观察物体的状态变化，如图1-60所示。

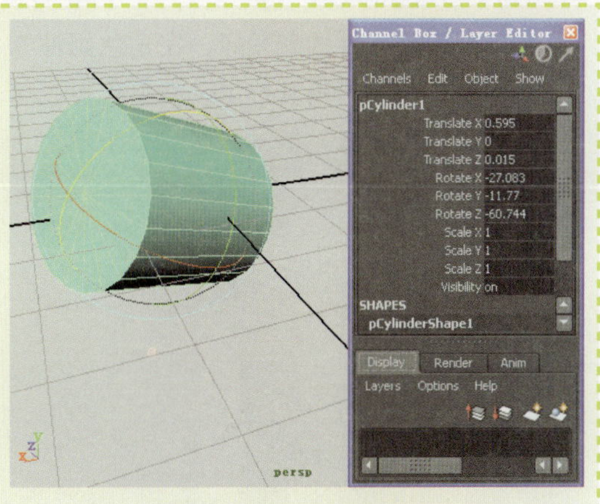

图1-60 调整物体的旋转属性

3 然后，在通道栏中展开物体常用属性下方的PolyCylinder1属性，设置物体自身的Subdivision Height（细分高度）值为20，此时观察物体表面的细分效果，如图1-61所示。

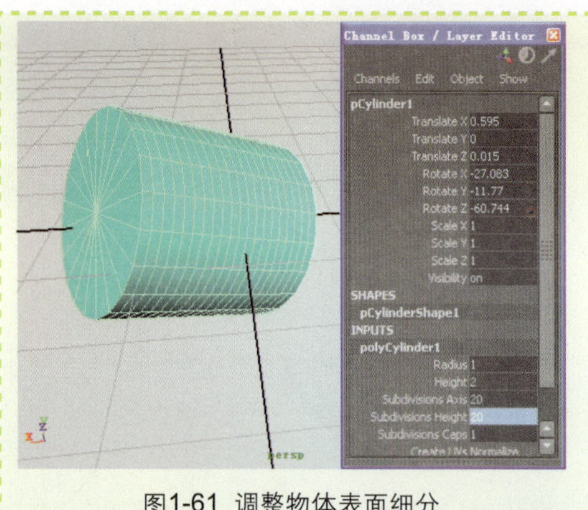
图1-61 调整物体表面细分

4 然后，再设置Visibility（可视性）值为0，即可将当前所选物体隐藏，如图1-62所示。若设置Visibility（可视性）值为1即可重新显示该物体。

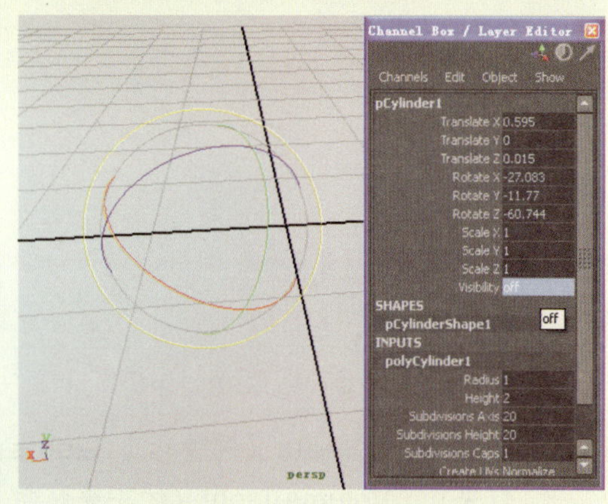
图1-62 设置Visibility属性

1.6.4 选择物体

如果要选择一个对象，那么只需在场景中单击需要选择的对象即可，选择的物体将会显示绿色或者白色的线框。下面对该工具的使用进行介绍。

动手实践010——选择物体

1 单击工具栏上的图标，在角色组件物体上单击即可将其选中。并且也可以单击并拖曳鼠标左键，如图1-63所示。

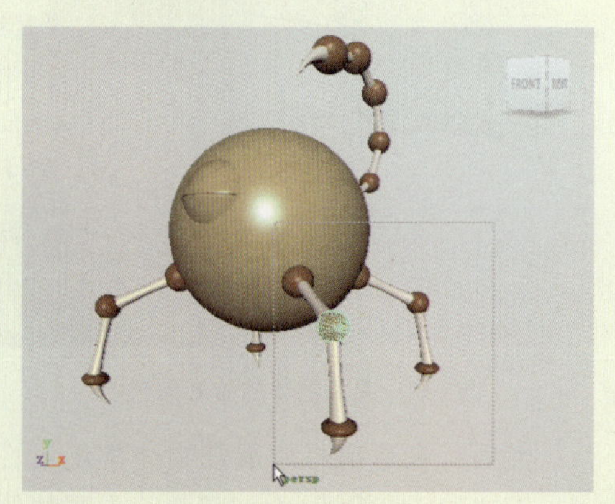
图1-63 选择物体

2 然后，释放鼠标左键，被虚线框所覆盖的物体都会被选中，如图1-64所示。

图1-64 被框选中的物体

技巧

可以先按Q键，然后单击想要选择的物体。使用该工具即可以选择单个物体，也可以在按Q键后，按住Shift键不放，再依次单击想要选择的多个物体。

1.6.5 变换操作

所谓变换物体，实际上就是改变物体在场景中的外形状态，包括移动物体、旋转物体、缩放物体等。这是一种很重要的操作，下面来介绍这几种工具的使用方法。

动手实践011——变换物体

1 首先单击图标，再在角色的球型模型上单击，即可显示平移工具的控制手柄，拖动手柄的中心或任意轴向的箭头，都可以移动该组件，如图1-65所示。

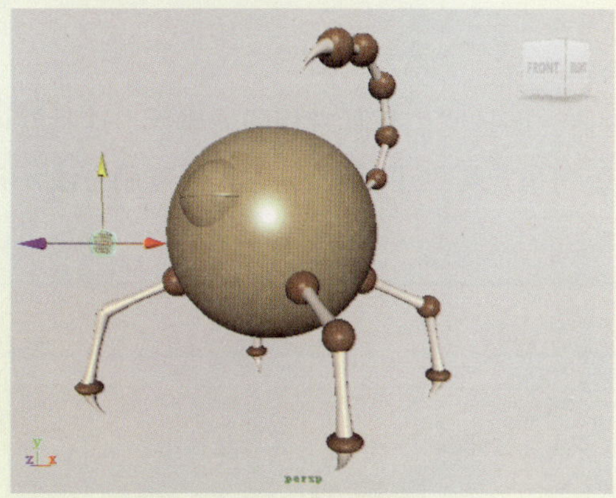

图1-65 移动物体

2 显示视图网格，然后单击图标启动移动工具，在按住X键的同时拖动物体，可以看到在拖动过程中物体会自动对齐到视图网格上，如图1-66所示。

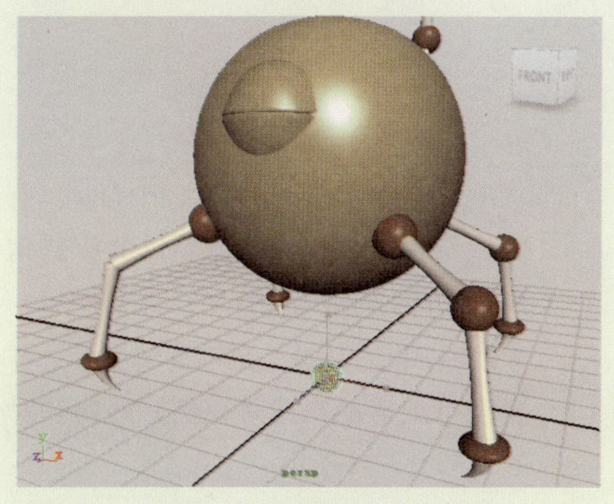

图1-66 吸附视图网格

技巧

通常情况下，还可以按W键启用移动工具。生成的移动控制箭头，绿轴代表Y轴方向，红轴代表X轴方向，黄轴代表Z轴方向，选中并拖动任意箭头即可移动所选物体。

3 选中角色的眼皮模型，单击图标，生成旋转命令控制手柄。图1-67所示的是拖动任意颜色的旋转控制手柄即可对物体进行旋转操作。

图1-67 执行旋转操作

提示

如果要快速启动Rotate Tool（旋转工具），则可以直接选择物体，然后再按E键，即可切换到物体的旋转状态。

4 选中物体并单击图标，生成缩放工具控制手柄。选中并拖动控制手柄中心位置的方体即可对物体执行整体缩放操作，选中并拖动手柄可沿单轴缩放，如图1-68所示。

图1-68 执行缩放操作

提示

缩放对象的快捷键是R。产生的控制手柄蓝色表示绕Z轴缩放，绿色表示沿Y轴缩放，红色代表绕X轴缩放。

1.6.6 复制物体

创建场景模型时，有时需要创建许多相同的物体，而且它们都具有相同的属性，这时就可以使用复制的方法进行创建。在Maya 2011中，系统向用户提供了3种不同方式的复制方法，其介绍如下。

动手实践012——常规复制

1 选中场景中的物体，执行Edit（编辑）| Duplicate（复制）命令或按Ctrl+D键，对其执行复制操作，即可在原始物体位置处复制一个模型副本，如图1-69所示。

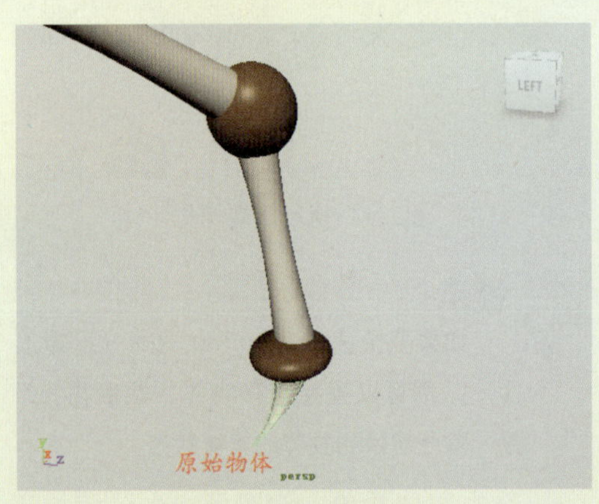

图1-69 快捷键复制

2 使用移动和旋转工具，调整所复制的副本模型的位置和角度，以观察模型的复制效果，如图1-70所示。

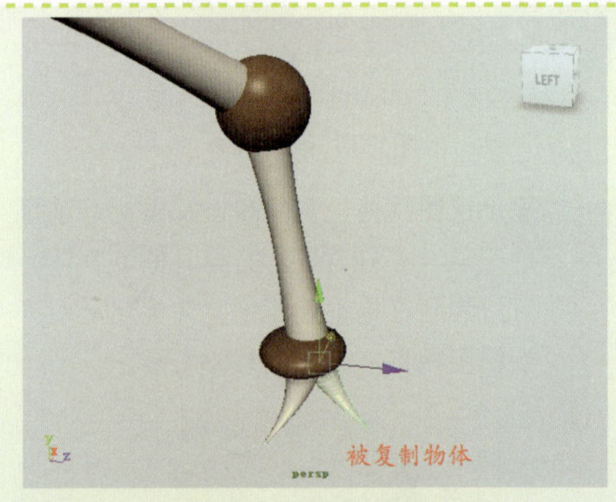

图1-70 被复制的物体

3 选中角色的眼睛模型并按Ctrl+D键，对其进行复制并调整复制物体的旋转角度，如图1-71所示。

4 多次按Shift+D键，即可复制出多个等角度（或等距离或等比例）的物体对象，如图1-72所示。

图1-71 复制模型组

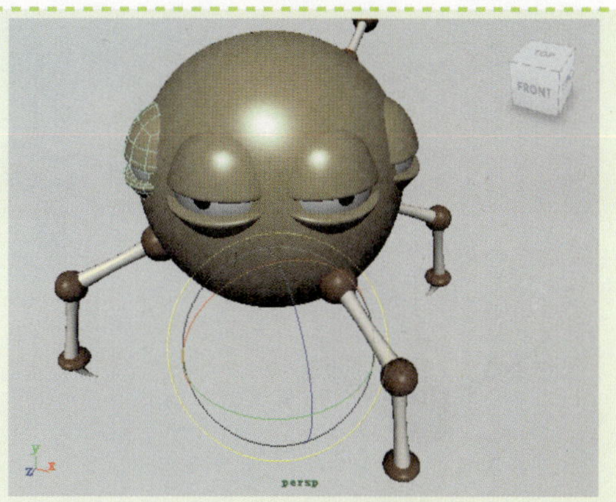
图1-72 变换复制模型

动手实践013——智能复制

1 选中场景中的物体，执行Edit（编辑）| Duplicate Special（智能复制）◻命令，在弹出的对话框中设置Rotate Y（旋转）为60，Number of Copies（复制数量）为6，如图1-73所示。

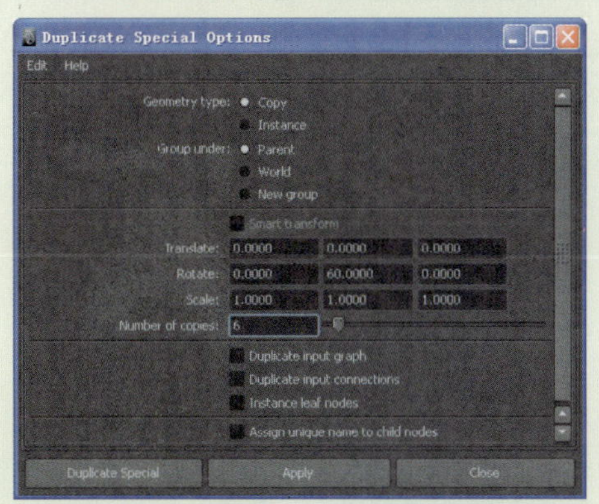

图1-73 设置智能复制参数

2 单击Duplicate Special（智能复制）按钮，即可将原始物体沿Y轴旋转并复制出6个副本，如图1-74所示。

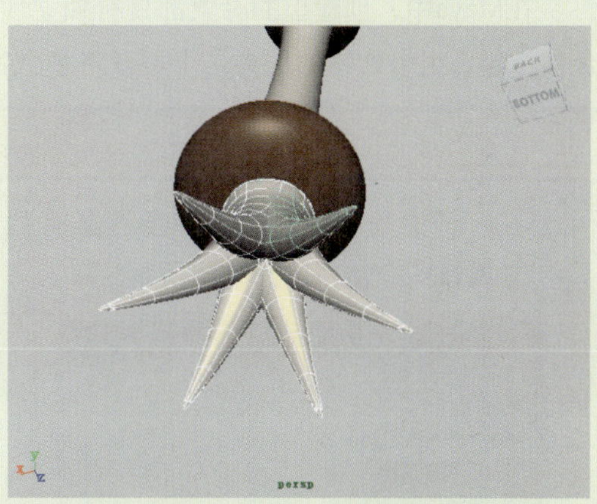
图1-74 物体的复制效果

动手实践014——镜像复制

1 选中场景中的轴对称物体，并调整其在场景中的中心点位置，如图1-75所示。

2 执行Mesh（网格）| Mirror Geometry（镜像）◻命令，在弹出的对话框中，选中Mirror Direction（镜像方向）属性中的-Z单选按钮，再单击Mirror按钮，即可对其执行镜像复制操作，如图1-76所示。

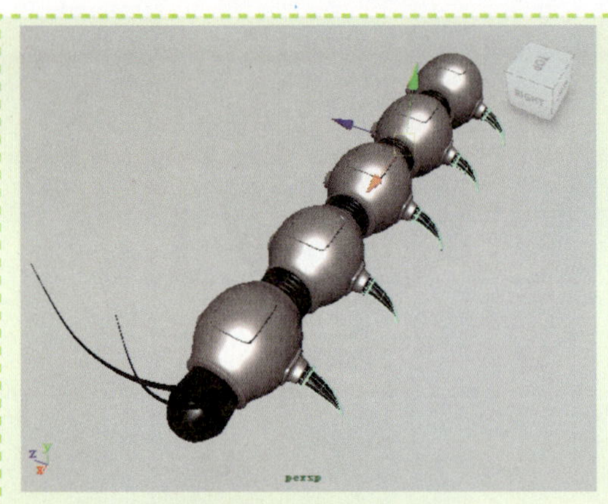

图1-75 选择镜像复制物体

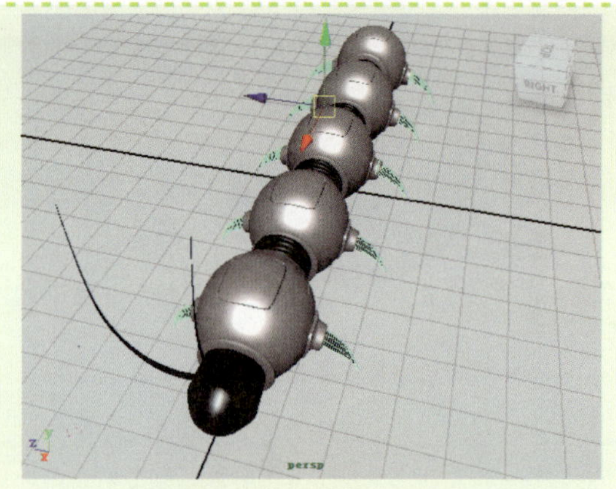

图1-76 镜像复制效果

问题：为什么有时所选择的物体不能执行镜像操作呢?

所选择的物体对象必须是多边形物体才能执行Mirror Geometry（镜像几何体）操作。

1.6.7 组合物体

在Maya中，创建出的对象都具有独立性，如果需要同时编辑多个物体，那就需要将其组合在一起。组合物体的优点在于可以将多个物体视为一个物体进行同时编辑。

动手实践015——组合物体

1 在打开的场景中，框选中所有具有独立属性的个体，如图1-77所示。

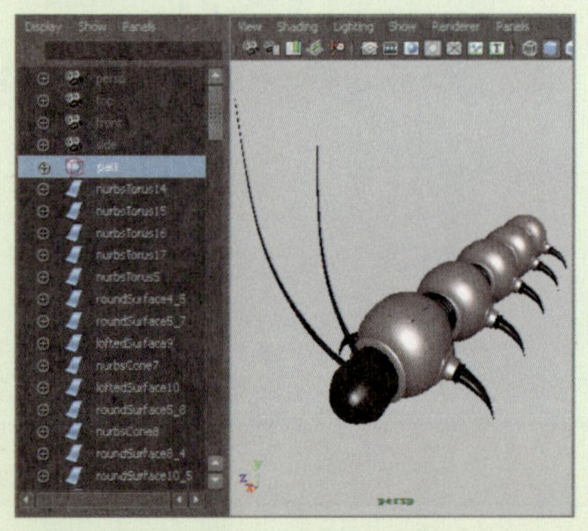

图1-77 选择独立物体

2 执行Edit（编辑）| Group（组）命令（或按Ctrl+G键），将它们进行群组，可以看到它们被组合到一个组合层中，并且能够被同时移动和缩放等操作，如图1-78所示。

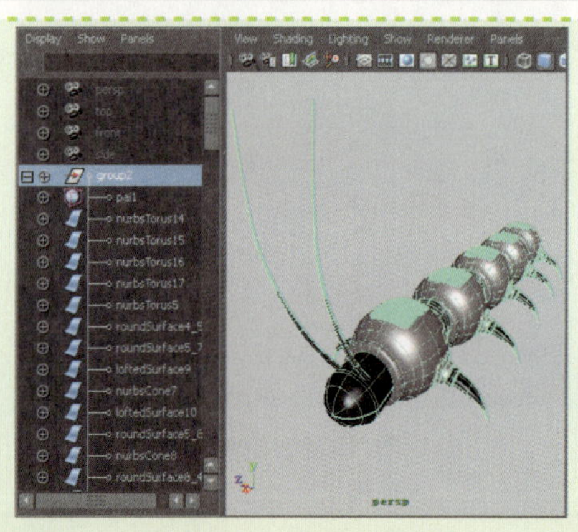

图1-78 物体的群组效果

技巧

对单个或多个物体进行群组操作后其中心会发生偏移，可以执行Modify（修改）| Center Pivot（轴心居中）命令，恢复物体中心位置。

1.6.8 父子关系

在Maya中，父子关系的使用非常广泛，比如说制作一个汽车跑动的动画，让汽车和轮胎一起运动，但又让轮胎自身产生移动和旋转，这就使用到了父子关系命令工具，这样可以为制作动画提供很大的便利。下面对该命令工具的操作方法进行详细的介绍。

动手实践016——父子关系

1 首先选中角色尾巴模型，按住Shift键加选球体，执行Edit（编辑）| Parent（父物体）命令，使尾巴成为球体的子物体，选中球体即可选中尾巴，如图1-79所示。

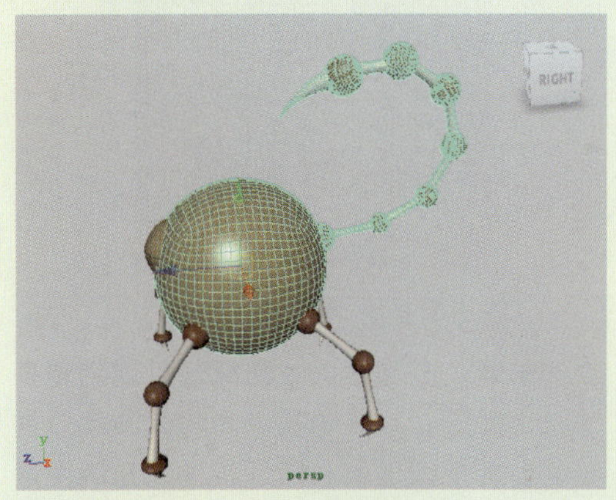

图1-79 执行Parent命令

2 对球体进行移动、旋转和缩放操作，可以看到作为子物体的尾巴也跟随着发生变化，而移动尾巴并不对球体产生任何影响，如图1-80所示。

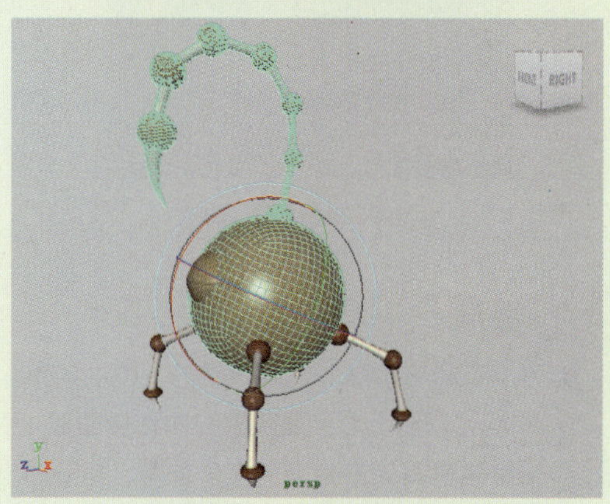

图1-80 父子关系后的效果

注意

在定义父子关系时，需要注意在视图中首先被选择的物体将被定义为子物体，而按住Shift键加选的物体将被定义为父物体。并且父物体的变化会影响到子物体，但子物体的变化不影响父物体。

问题：怎样解除物体间的父子约束关系呢?

可以选中作为子物体的盒子模型，执行Edit（编辑）| Unparent（解除父物体）命令（也可以直接按P键），将两物体间的父子关系进行解除。通过这些可以看出，父子关系命令对于创建一些约束性的动画是非常实用的，用户会在制作动画时广泛应用到该命令工具。

1.6.9 图层的操作

当在复杂的Maya场景中有大量物体的时候，可以使用图层来对这些物体进行分层管理，用户可以自行将这些物体设置到某一图层，然后通过图层决定这组物体是否被显示或者能够被选择。图层的操作并不对物体有任何实质上的操作和编辑，只是方便场景中有多个物体在进行自身编辑时不受到其他模型的影响。

动手实践017——创建图层

1 在视图区右侧通道栏的下方即为图层控制区，如图1-81所示。

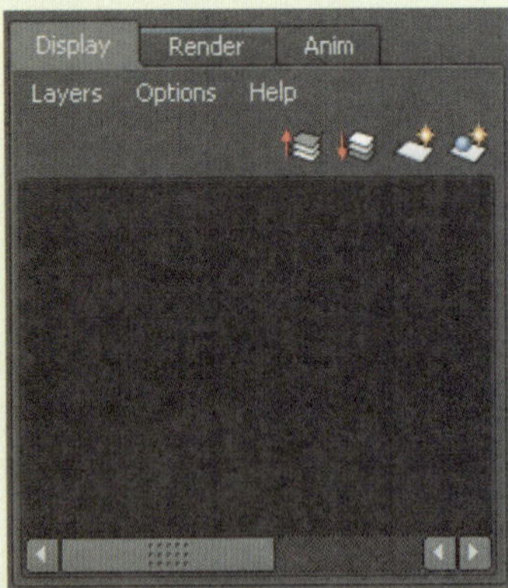

图1-81 Maya图层区

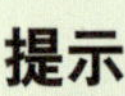

提示

在图层区的上端有Display、Render和Anim选项卡，它们是用来控制切换图层、渲染图层与动画图层的显示标签。默认选择Display选项卡，表示启用图层属性，而如果选择Render或Anim选项卡，则表示图层区显示为渲染图层区或动画图层区。

2 单击图层区左上方的图标，可以看到图层区已经被快速创建了一个名为Layer1的图层，如图1-82所示。

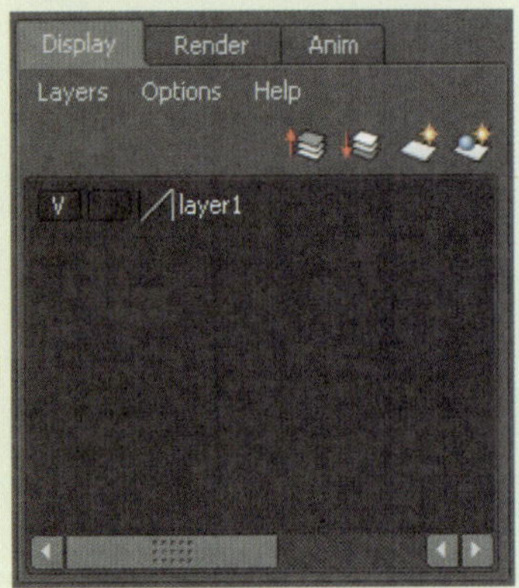

图1-82 创建图层

3 在该图层上右击，弹出快捷菜单，选择Add Selected Object（添加选择物体）命令，将所选物体添加到该图层，如图1-83所示。

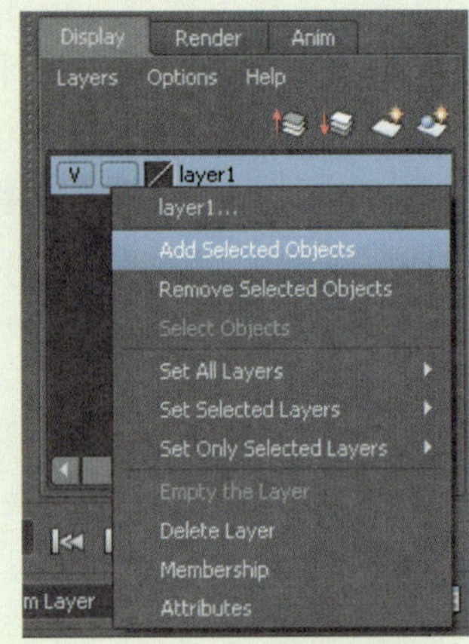

图1-83 调整图层属性

4 同理，多次单击图标，可以创建多个图层，以将场景中的物体分类添加到各个图层中。然后，在创建的图层上双击，弹出一个图层设置对话框，如图1-84所示。

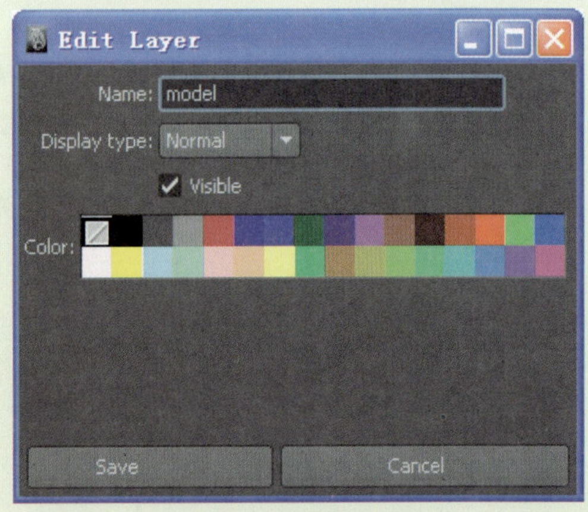

图1-84 设置图层颜色

5 在Name文本框中输入model，在Color栏中选中黄色，设置完成后单击Save

按钮以保存该设置。如图1-85所示为图层颜色变化的效果。

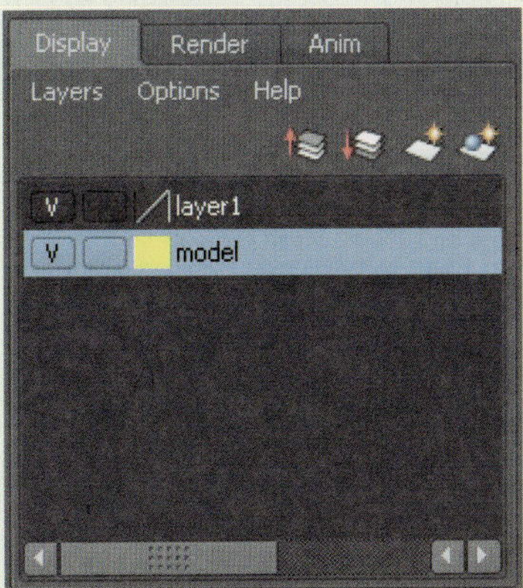

图1-85 图层的设置

6 同时可以看到，被添加到该model图层的物体组表面的网格颜色与图层颜色相同，如图1-86所示。

图1-86 图层物体的显示状态

动手实践018——管理图层

在每个图层前面都有一个大写的V，字母V实际是Visibility属性，即控制该层内的物体是否被显示。可以单击图层前的V标识，可以看到V字消失，该图层中的物体被隐藏。V字出现，该图层中的物体将再次被显示。

1 在V字母后面，有一个空白方格。单击该方格会出现大写字母T，T表示Template模式，即样板模式以使图层中物体只显示灰色线框，物体无法被选中编辑，如图1-87所示。

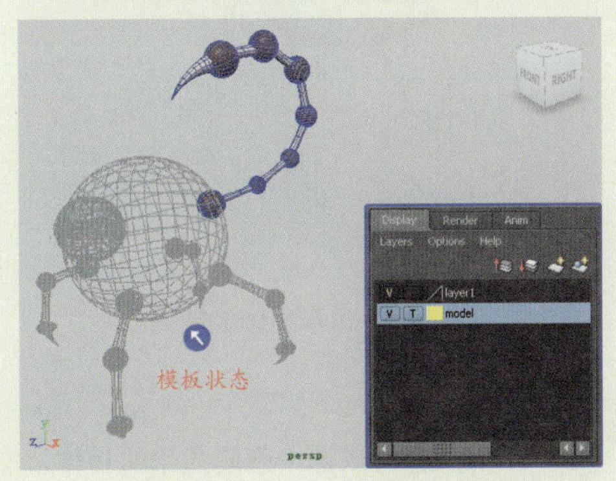

图1-87 切换Template模式

2 再次单击第二个空白方格，T字符变成了R，R表示Reference参考模式，显示物体实体，但无法被选择和编辑，如图1-88所示。

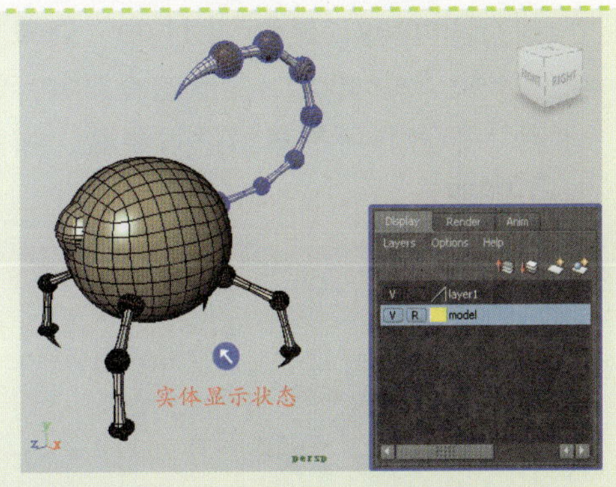

图1-88 切换Reference模式

技巧

使用图层管理物体的方法，大大方便了Maya编辑工作的进行，比如在制作人体角色模型时，可以根据各部分模型的特性将它们分层保存起来，如衣服可以保存到一个图层，配饰可以保存到一个图层，蒙皮可以保存到一个图层，从而将复杂的物体分开保存到各个图层。

1.6.10 物体的显示和隐藏

当操作场景中含有多个物体并且对其中一个物体进行编辑时，其他不被编辑物体的显示会影响要编辑物体的操作进程，因此就需要将不需要的物体进行隐藏。下面介绍如何对物体进行显示和隐藏。

动手实践019——显示和隐藏场景物体

1 在场景中导入一组角色模型，首先选中角色的眼睛模型，如图1-89所示。

图1-89 选择目标物体

2 执行Display（显示）| Hide（隐藏）| Hide Selection（隐藏选择对象）命令，即可将所选模型进行隐藏，如图1-90所示。

图1-90 执行Hide Selection命令

3 执行Display（显示）| Show（显示）| Show Last Hidden（显示隐藏物体）命令，即可将上次隐藏的物体再次显示出来，如图1-91所示。

图1-91 显示隐藏物体

4 在视图面板菜单中，执行Show（显示）| IK Handles（IK手柄）命令，即可将其原本隐藏的骨骼IK控制手柄显示出来，如图1-92所示。

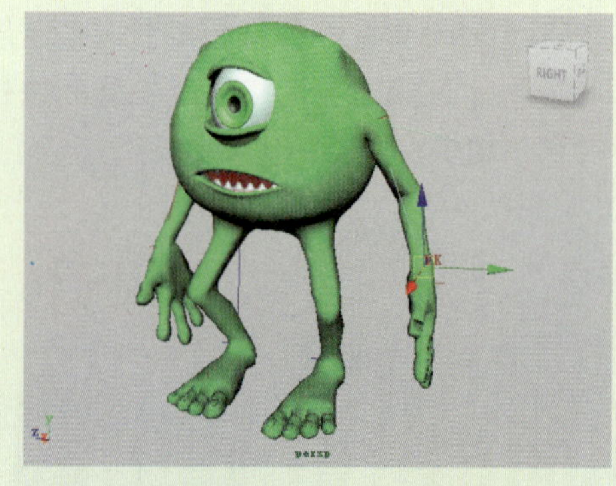

图1-92 显示物体控制器

提示

用户也可以选中想要显示的物体，然后执行视图菜单中的Show Isolate Select（显示孤立物体）| View Selected（可视选择）命令，场景所有未选择的模型将被隐藏。然后再执行该命令即可显示所有隐藏的模型。

1.6.11 捕捉和对齐工具

捕捉和对齐工具是每个三维软件中所必需的一种辅助工具，在Maya中有3个经常使用的捕捉工具，即网格捕捉、线捕捉和点捕捉。另外，Maya 2011中的对齐工具也有了很大的改进，本小节将分别介绍它们的特性及使用方法。

1.网格对齐

网格捕捉是一种特殊的捕捉形式，它可以使物体的顶点或者边线吸附到网格的交叉点上，从而进行精确定位。例如，在绘制曲线时，单击状态栏上的按钮或者按住X键进行绘制，即可将曲线上的点捕捉到网格上，如图1-93所示。

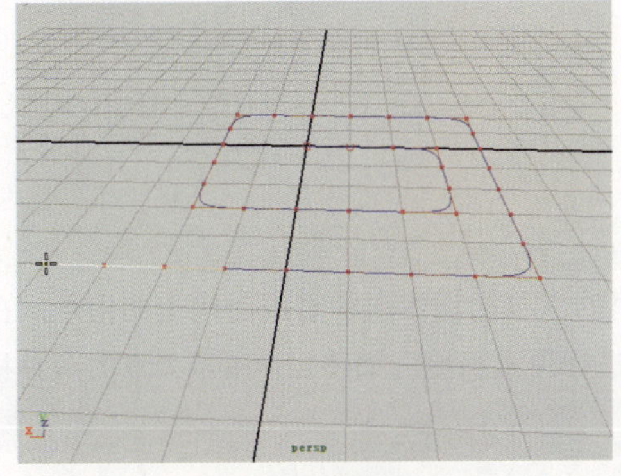

图1-93 网格捕捉

2.边线对齐

使用边线捕捉工具可以将物体的轴心点捕捉到边线上，也可以在创建物体时直接捕捉到边线。例如，要将一个球体的轴心点对齐到曲线上，可以先选择移动工具，然后单击按钮，或者按住C键将其移动到曲线上，此时球体会自动捕捉到曲线上，如图1-94所示。

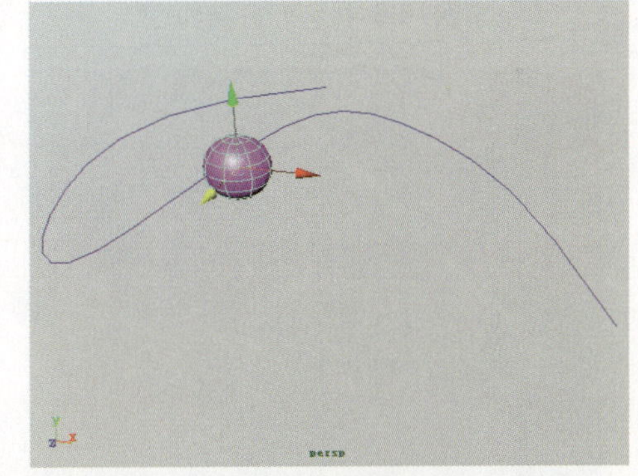

图1-94 边线捕捉

3.对齐工具

顾名思义，使用对齐工具可以快速将两个或者两个以上的物体进行轴向上的对齐。

动手实践020——对齐物体

1 在场景中导入一组物体，选中如图1-95所示的多个方体，执行Modify（修改）| Align Tool（对齐工具）命令，即可生成一个对齐控制器。

2 单击如图1-96所示的对齐控制器图标，即可将所选的多个方体进行对齐。

3 再选中如图1-97所示的两组模型，并且执行Align Tool命令以创建一个对齐控制器。

图1-95 执行Align Tool命令

图1-96 执行对齐操作

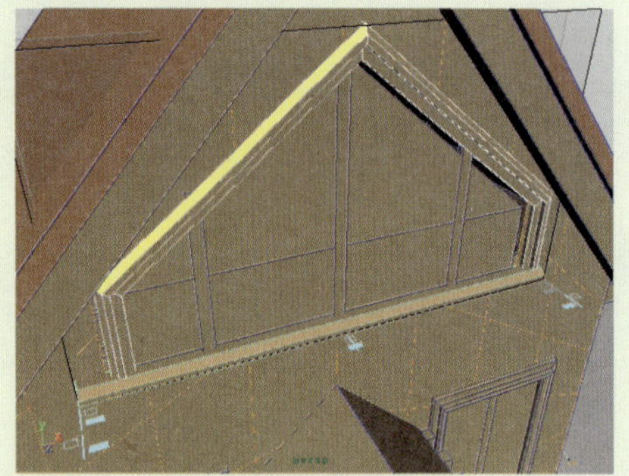
图1-97 执行Align Tool命令

4 单击如图1-98所示的对齐控制器图标，即可将所选择的两物体进行居中对齐。

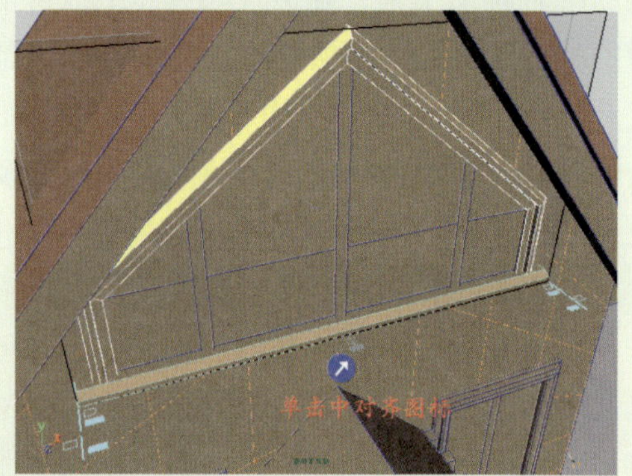

图1-98 执行居中对齐操作

4.点捕捉

使用点捕捉可以将对象捕捉到目标点上，这里的点包括物体上的点或曲线上的顶点。在操作时单击状态栏中的按钮，或者按住V键即可进行顶点捕捉。如图1-99所示为点的两种捕捉效果。

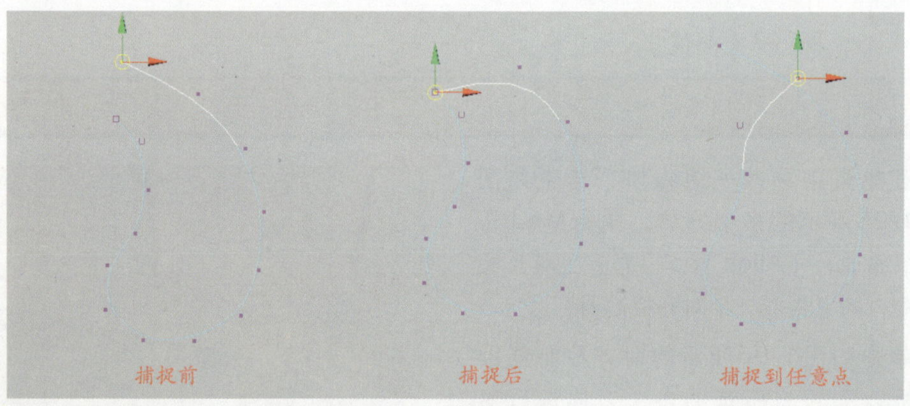

图1-99 点捕捉效果

5.吸附捕捉

使用吸附捕捉可以将一个对象吸附到另一物体上，从而达到很好的贴合效果。下面对该工具的使用进行介绍。

动手实践021——吸附捕捉

1 在场景中导入角色模型并将其选中，单击按钮，将其激活，从而变为不可编辑状态，如图1-100所示。

图1-100 激活所选物体

2 执行Create（创建）| CV Curve Tool（CV曲线工具）命令，在角色模型上连续单击以创建多个编辑点，用于绘制图形，并且编辑点会自动吸附到物体表面，如图1-101所示。

图1-101 绘制曲线

3 再单击按钮，取消物体的激活状态。选中曲线并按F8键，进入其编辑点状态，调整其编辑点位置，如图1-102所示。

图1-102 曲线的吸附效果

4 使用同样的方法，使用吸附工具将曲线吸附在NURBS物体上，然后移动曲面上的曲线，曲线会限制在曲面表面移动，如图1-103所示。

图1-103 NURBS曲线的吸附效果

1.7 使用图片素材

在三维软件中，不管是3ds Max还是Maya中，对于图片素材的使用都是不能忽视的，它对于实现场景起着至关重要的作用。在制作复杂的模型时，如果能提供好的模型参考图片可以使建模师对模型的细节和比例有很好的把握；同时也可以使用背景图片来模拟场景背景。下面来介绍一下关于图片素材使用的两个主要领域。

1.7.1 参考图片

参考图片的作用很大，在制作模型时，如果能提供好的参考图片，则可以大大降低对于模型的难度，从而像对着模特画画的大师一样，轻松完成自己的作品。本节主要介绍如何在Maya中导入参考图片。

动手实践022——导入参考图片

1 首先，切换到Side视图，然后再依次选择View（视图）｜Image Plane（图像面板）｜Import Image（导入图像）命令，如图1-104所示。

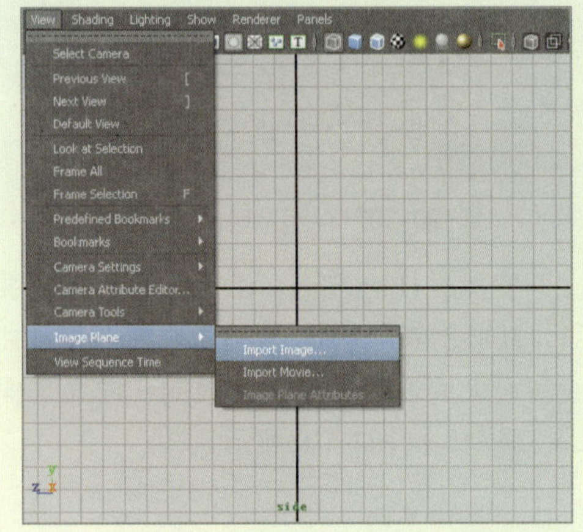

图1-104 执行Import Image命令

2 在打开的Open（打开）对话框中找到想要导入的图片文件，再选中相应的图片素材，如图1-105所示。

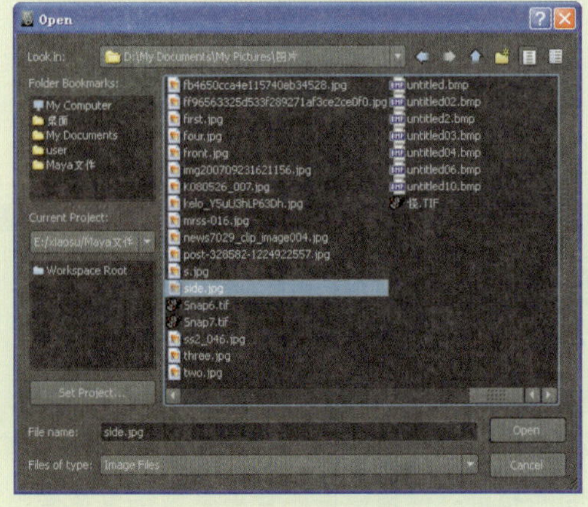

图1-105 选择图片路径

3 单击Open按钮，即可将其导入到Maya中，如图1-106所示。

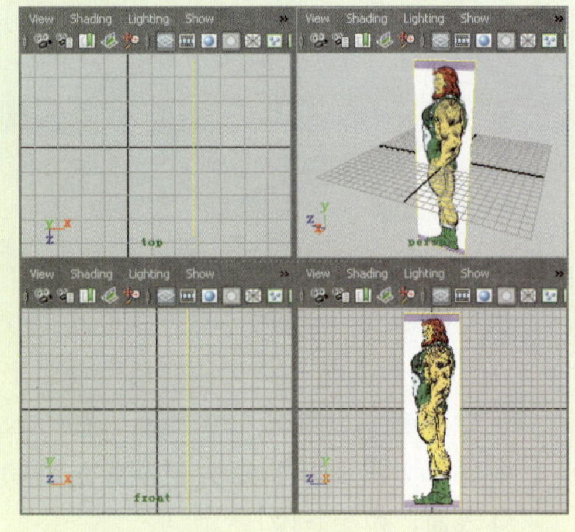

图1-106 导入素材图片

4 按Ctrl+A键打开通道栏并切换到ImagePlane1选项卡，单击Image Plane Attributes（图像模板）属性下的Looking Through Camera（通过摄像机观察）选项，只在摄像机视图显示，如图1-107所示。

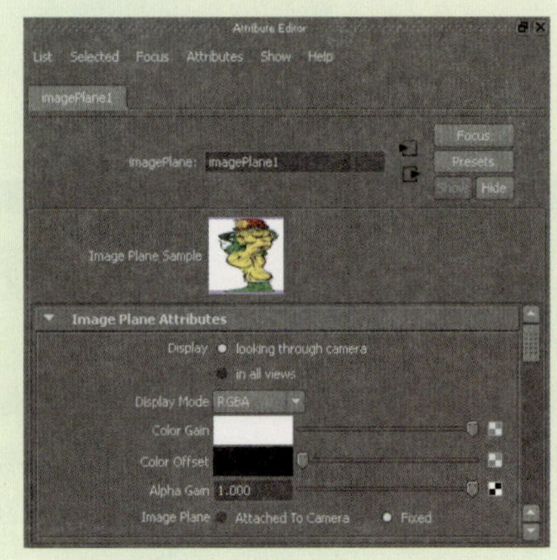

图1-107 设置图片的视图显示

5 同样的方法，在其他视图中也导入相应的图片素材，然后根据图片的外形轮廓来调整模型的形状，如图1-108所示。

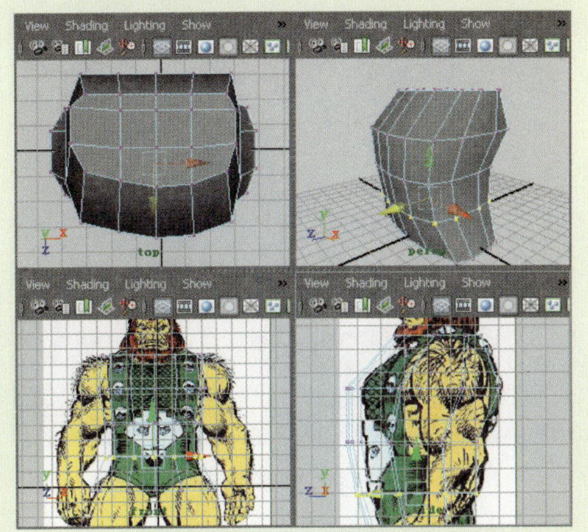

图1-108 调整模型状态

6 在Hypershade对话框中，切换到Cameras选项卡，单击相应图像面板节点即可快速选中导入的参考图片，如图1-109所示。

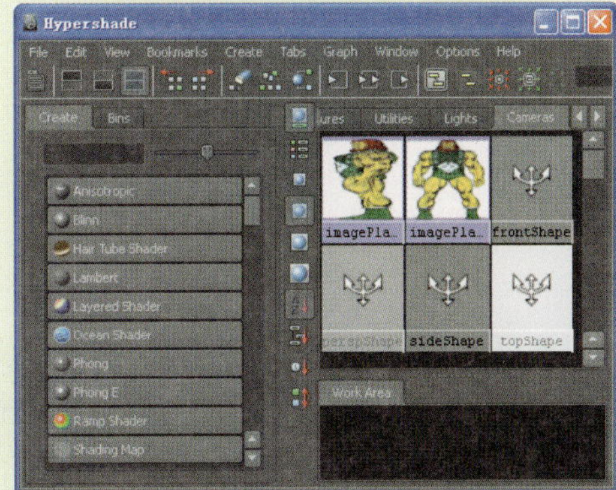

图1-109 选择参照图片

注意在

如果发现在各个视图导入的图片大小比例不一致，可以在ImagePlane1选项卡下找到Placement Extract属性中的Center、With、High选项，以用来设置图片的中心位置和尺寸大小。

问题：我们只能使用Import Image工具来导入参数图片吗？

当然，用户还可以通过其他的方法创建场景参考图片，可以在透视图中创建两个相交的平面，然后将两侧视图以纹理贴图的形式赋予两平面上，根据平面上的图片轮廓来创建模型，也可以用来作为场景背景。

1.7.2 场景背景图片

Maya的默认背景颜色是灰色的。有时由于环境的需要，或者为了产生更好的效果，就需要利用一些真实的图片作为整个场景的环境。下面通过简单的操作介绍如何设置环境的背景。

动手实践023——设置场景背景图片

1 首先，在新建场景中导入一组房屋的场景模型，如图1-110所示。

2 在Persp视图菜单中，依次执行View（视图）| Camera Attribute Editor（摄像机属性编辑器）命令，此时将打开摄像机的属性设置面板，如图1-111所示。展开Environment（环境）属性卷展栏。

图1-110 打开场景

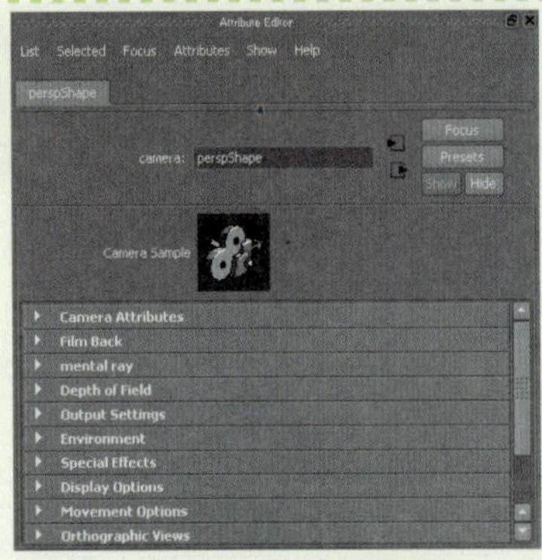

图1-111 摄像机属性面板

3 单击ImagePlane（图像面板）右侧的 Create 按钮，在弹出的面板中单击Image Name（图像名称）属性右侧的按钮，用于打开图像导入对话框，如图1-112所示。

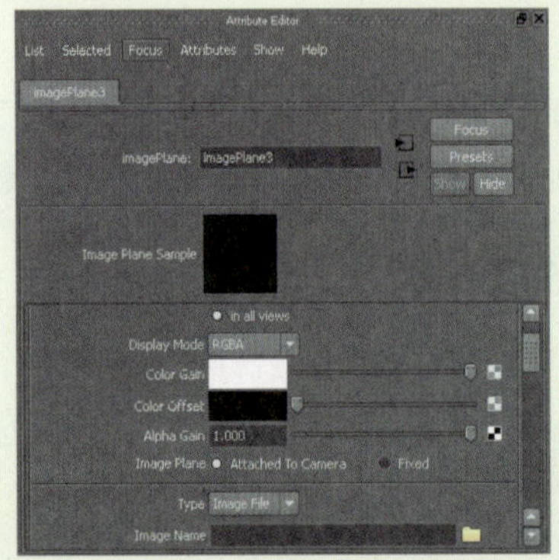

图1-112 单击图像导入按钮

4 在弹出的Open（打开）对话框中选择相应的素材文件，用来作为场景背景图片，如图1-113所示。

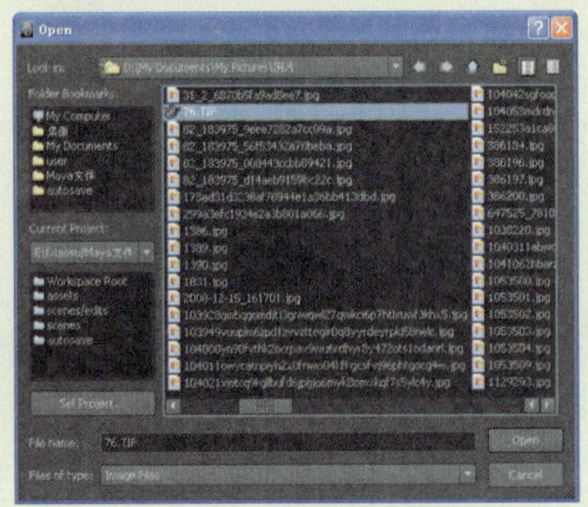

图1-113 选择素材图片

5 单击Open（打开）按钮，即可将所选图片素材导入到场景中，从而取代场景视图默认颜色，如图1-114所示。

图1-114 导入的场景背景图片

6 调整场景模型在视图背景图片上的角度和位置，然后将其渲染输出，效果如图1-115所示。

图1-115 场景背景的输出效果

提示

如果与背景产生不协调，例如场景小、背景大的问题，那么就可以利用缩放工具适当调整一下场景的大小，从而来改变这种状况。

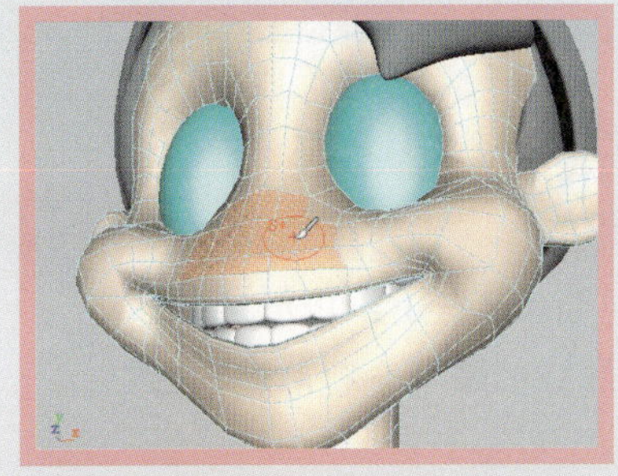

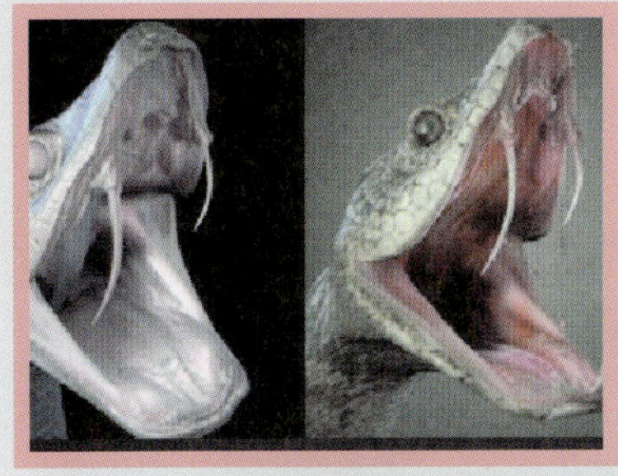

第2章

多边形建模

在三维软件中，建模是制作作品的基础，如果没有模型则以后的工作将无法展开。Maya提供了多种建模方式，可以从不同的三维基本几何体开始，也可以使用二维图形通过专业的修改器来进行，从而使建模工作的难度大大降低。本章将对Maya中的多边形建模进行详细的介绍。

2.1 建模的分类及要点

Maya是众多三维软件中建模功能最为强大的软件之一。Maya提供了多边形建模、NURBS建模和细分建模3种建模方式，它们都有各自的优势，在后续的章节中将对这3种建模类型进行详细的介绍。

2.1.1 Polygon建模基本认识

Polygon建模是非常直观的建模方法，可以通过控制三维空间中物体的点、线和面来塑造物体的外形。在塑造物体外形时，可以直观地对物体进行修改，面与面之间的连接很容易被建立。但是，创建出光滑的效果，也就是增加多边形的面数，这样会加重系统的运算负担，如图2-1所示。

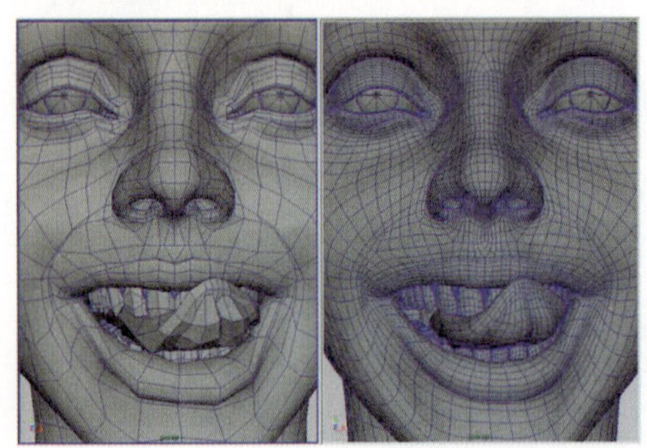

图2-1 模型的光滑

我们可以将多边形理解为有多条边组成的封闭图形，两个点形成一条线，3条线形成一个面，经过不断的积累，许多面可以形成物体的基本外形，再使用相关的工具，使表面光滑。多边形的边决定了面的结构，它可以由3条边组成一个面，也可以由多条边组成，如图2-2所示。

另外，多边形表面的UV可以被随意编辑，不同于NURBS物体的UV被锁定在物体表面，对于物体复杂贴图的绘制是十分有利的，可以将多边形表面的UV展开为平面，从而利于贴图的绘制，再通过赋予模型精确的纹理贴图，以使其更接近于电影级的效果，如图2-3所示。

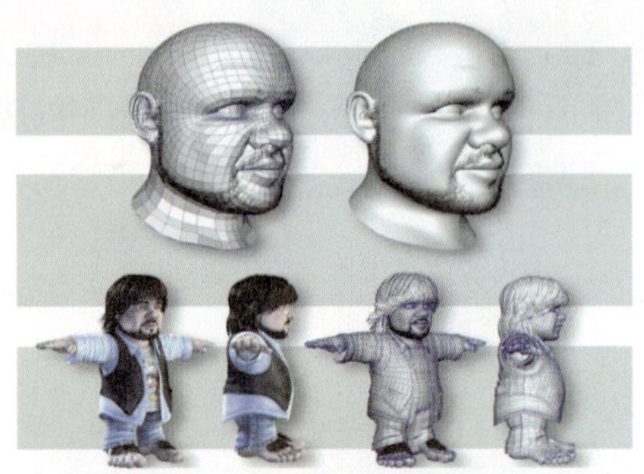

图2-2 多边形面的边数

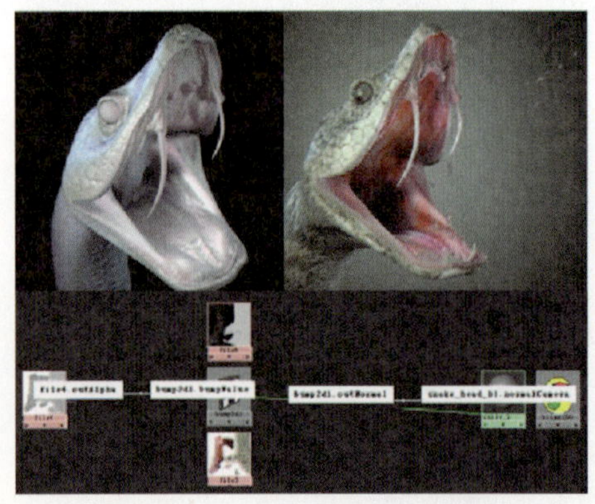

图2-3 多边形纹理贴图的编辑

由于多边形建模的实用性，从而使多边形建模应用于各个领域。其中游戏软件的设计主要使用的就是Polygon技术。如图2-4所示是使用多边形制作的角色模型，结构虽然很简单，但是用了最精简的线条勾画出了角色的体态以及配饰。

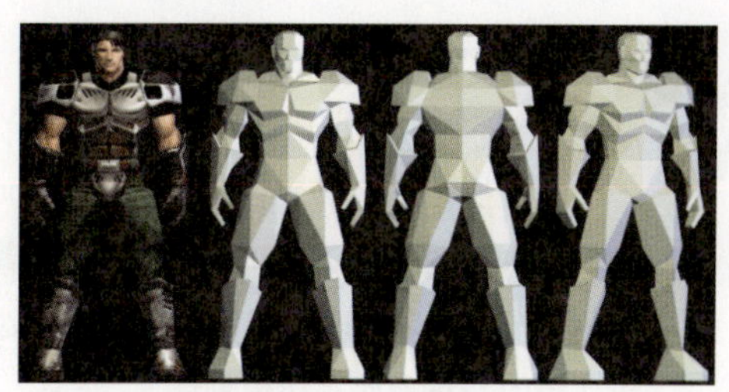
图2-4 游戏领域的应用

2.1.2 Polygon建模基本要点

在进行多边形建模时，一定要遵循相关的建模规律，以免含有较多错误的多边形模型会影响后期贴图的绘制以及动画工作的顺利进行。下面对多边形建模所要遵循的要点进行介绍。

- 创建多边形物体时，尽量保持多边形的面由4条边组成，也可以由3条边组成，但是不能使用超过4条边的面，因为超过4条边的面在渲染时会造成扭曲的现象。
- 在进行多边形建模时，应当由最简单的模型开始，再逐渐调整出理想的造型效果。在模型大致造型未调整出来之前，避免添加过多的布线，因为这样会大大增加建模工作的难度，并且也会影响工作的效率和造型的调整。如图2-5所示为模型的制作过程。

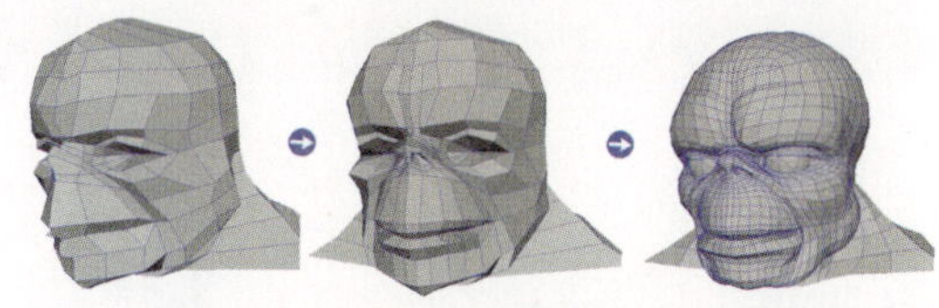
图2-5 模型的制作过程

- 在建模工作过程中，可以随时修改刚被建立的模型造型，但由于历史记录的累计，会使系统的速度变慢从而影响操作的快捷性，所以要将不需要保留的历史操作节点进行删除。可以选中要删除历史的模型，然后执行Edit（编辑）|Delete All By Type（按类型删除所有）| History（历史记录）命令，即可将其操作历史全部删除。
- 创建的多边形物体要保持法线的一致性，错误的法线方向会造成纹理的错误，也会造成多边形面与面之间无法缝合。

对于工作中其他的建模要点，在Maya建模实例中将进行具体的介绍。

2.2 多边形原始物体的创建与编辑

在多边形建模方法中，所有复杂的模型，比如大到一个辉煌的场景，复杂到一组精良的仪器，优美如角色的美貌，都可以通过最简单的几何体来逐渐修缮、逐渐细化而成。

Maya 2011中自带了12种基本原始多边形物体，包括Sphere（球体）、Cube（立方体）、Cylinder（圆柱体）、Cone（圆锥体）、Plane（平面）、Torus（圆环体）、Prism（棱柱体）、Pyramid（棱锥体）、Pipe（管状体）、Helix（螺旋体）、Soccer Ball（足球体）和Platonic Solids（理想形体）。如图2-6所示为12种原始物体的外形状态。

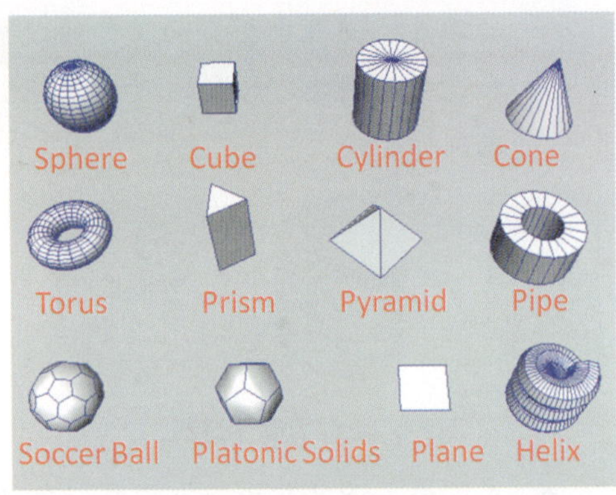

图2-6 多边形原始物体

技巧

通过执行Create（创建）| Polygon Primitives（多边形基本体）命令，在其右侧弹出的菜单列表中即可找到有关多边形建模的12种原始多边形物体。

2.2.1 创建Polygon原始物体

原始多边形物体的创建方法非常简单，可以通过菜单栏中的命令来创建，也可以通过命令栏和工具架来创建，下面对其创建方法进行介绍。

动手实践024——创建Polygon原始物体

1 切换到Polygon模块，执行Create（创建）| Polygon Primitives（多边形基本体）| Cone（圆锥体）命令，然后在场景中单击鼠标左键，即可创建一个锥体，如图2-7所示。

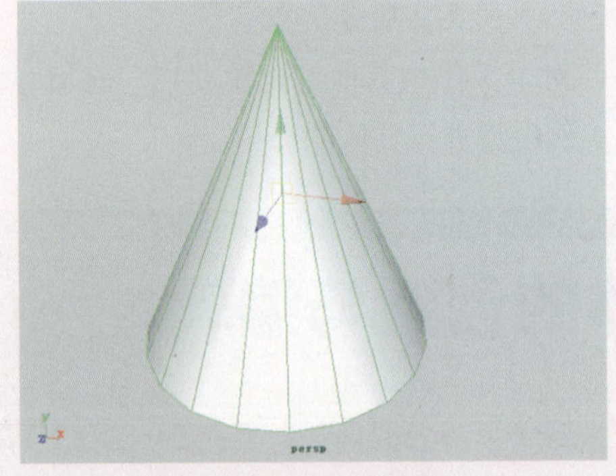

图2-7 创建锥体模型

2 选中锥体并按Ctrl+A键，打开其通道栏。选中Axis和Height属性选项，再在视图中单击并拖曳鼠标中键，即可改变物体的细分段数，如图2-8所示。

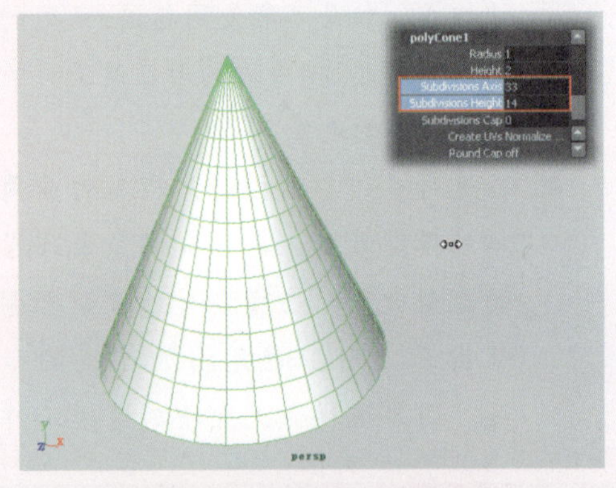

图2-8 调整原始物体属性参数

技巧

用户也可以通过直接设置属性选项的参数值大小来改变创建多边形物体的属性。

3 在工具架的上方，切换到Polygons标签，展开多边形工具架。在展开的工具架中单击图标。然后在场景中单击，即可创建一个圆柱体，如图2-9所示。

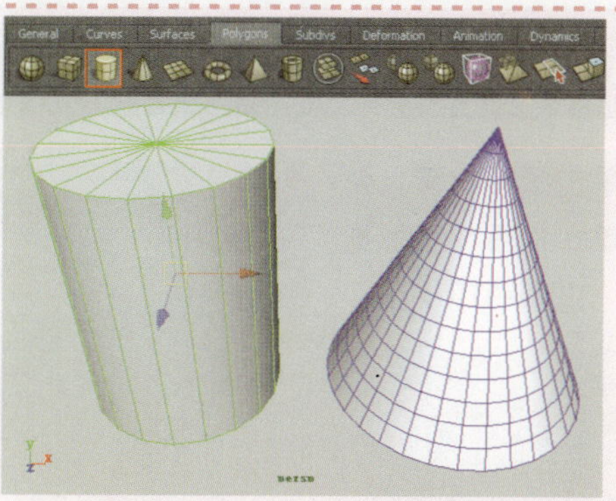

图2-9 工具架创建Polygon物体

在前文的操作中，原始多边形物体在创建以后，可以通过在通道栏中调整其属性参数以改变其状态，那么在创建物体之前，也可以事先设置所要创建原始物体的属性参数。单击Create（创建）| Polygon Primitives （多边形基本体）| Cone（圆锥体）命令右侧的方体按钮，打开其属性参数设置对话框，如图2-10所示。

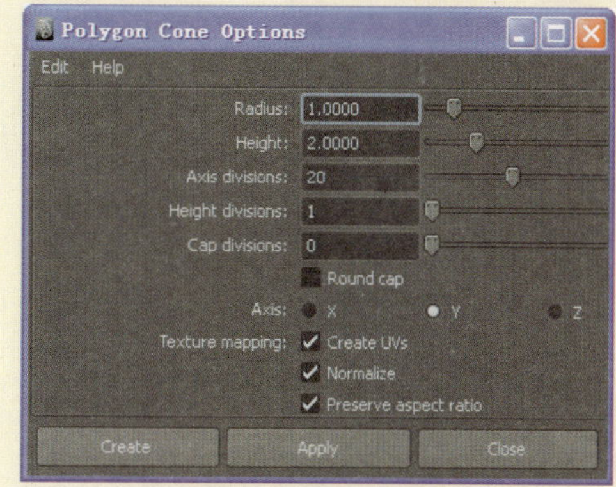

图2-10 多边形锥体属性对话框

对话框中的各选项介绍如下。

- Radius（半径）：用于表示圆柱体底面半径大小。
- Height（高度）：用于表示圆锥体的高度。
- Axis（轴向）：用于表示圆锥体所处的轴向。
- Axis divisions（轴向细分）：用于表示多边形沿水平方向的细分段数。
- Height divisions（高度细分）：用于表示多边形沿垂直方向的细分段数。
- Cap divisions（底部细分）：用于控制锥体底部同心部位的细分段数。
- Round cap（底部圆角）：用于控制是否创建锥体底部同心部位的圆角效果。
- Texture mapping（纹理贴图）：用来控制多边形纹理贴图属性。
  - ◎ Create UVs（创建UV点）：用于控制创建的UV顶点。
  - ◎ Normalize（统一法线）：用于正常化UV点。
  - ◎ Preserve Aspect Ratio（保持宽高比）用于保护UV的宽高对比度。

2.2.2 Polygon元素的显示与编辑

在建模过程中，直接选择多边形物体的元素来进行相关的建模修缮工作，是一种非常便捷的建模方法。下面对多边形元素的显示与编辑进行详细的介绍。

动手实践025——多边形元素的显示与编辑

1 在创建的锥体模型上单击鼠标右键，弹出其元素组件选择菜单。然后将鼠标拖动到Vertex命令选项，如图2-11所示。

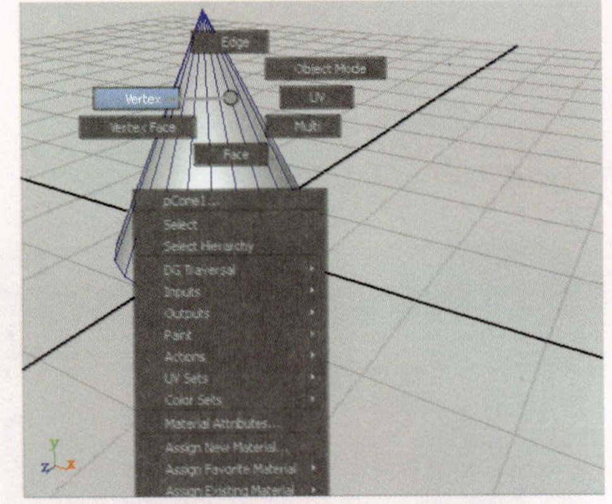

图2-11 进入多边形元素模式

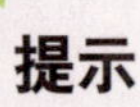

提示

Polygon物体的基本元素包括4种，分别是Vertices（点）、Edges（边）、Faces（面）和UVs（UV点）。在多边形建模中，可以通过这几种元素之间的来回切换来改变物体的外形状态。并且，直接按Delete键，可以将所选择的元素删除。

2 释放鼠标左键，即可进入多边形的顶点显示模式，选中并移动其顶部的顶点，可以看到多边形会发生变形，如图2-12所示。

3 撤销顶点的移动操作并进入模型的选择状态。然后，单击状态栏中的图标，在其右侧展开的子图标按钮中单击图标，即可进入其点的显示模式，如图2-13所示。

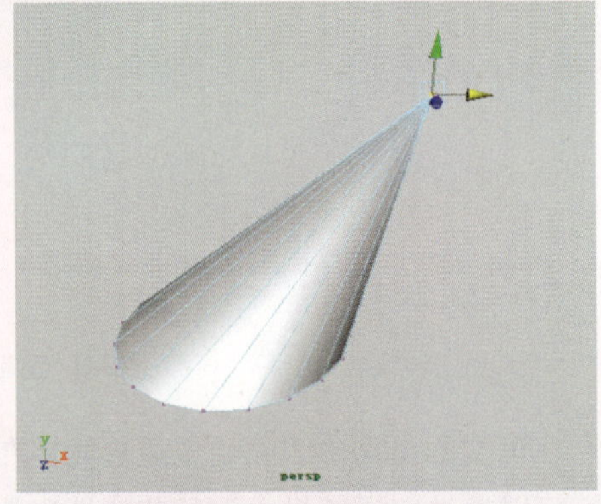

图2-12 移动多边形顶点

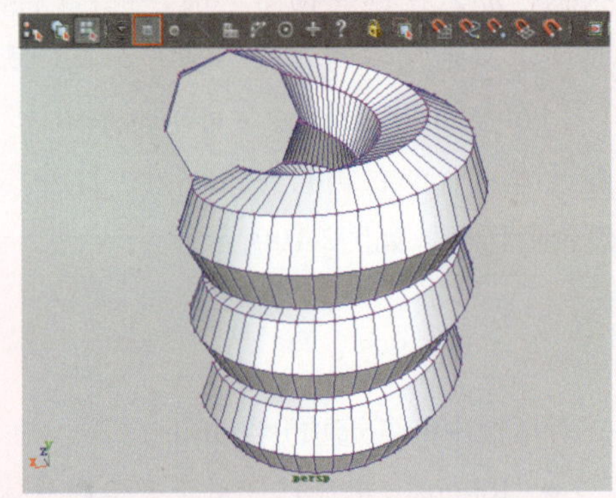

图2-13 状态栏切换点显示模式

4 单击图标以取消点的显示，再单击图标，即可进入模型边的显示模式，选中并移动其中一条边，即可对模型的边进行直接修改，如图2-14所示。

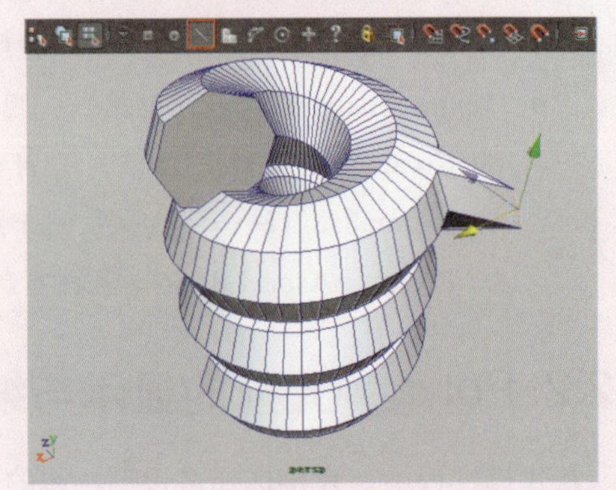

图2-14 状态栏切换边显示模式

提示

单击■图标，切换到UV点显示模式；单击■图标，切换到面显示模式；单击■图标，切换到边的显示模式。此外，也可以通过快捷键来快速切换元素的显示模式。按F9键进入Vertex显示模式；按F10键进入Edges模式；按F11进入Faces模式；按F12键进入UVs点的显示模式。被选中的元素将高亮显示，可以直接对其进行移动、旋转和缩放操作，其中Vertices、Edges和Faces可以在三维空间中直接被修改，UVs则只能在特定的UV Texture Editor中才能被移动和修改。

2.2.3 Polygon数据的显示

在制作一些比较特殊的模型，特别是一些高精度模型时，就需要了解所创建模型的各种结构数据。比如模型的点数、边数、面数等。此时就需要使用多边形数据显示工具。下面介绍如何使用该多边形数据显示命令工具。

执行Display（显示）| Head Up Display（题头显示）| Poly Count（多边形数据）命令，此时会在4个视图的左上角显示多边形元素数量动态列表，它们分别包括Verts（点数量）、Edges（边数量）、Faces（面数量）、Tirs（预测三角面数量）和UVs（UV点数量）。

动手实践026——多边形数据的显示

1 执行Display （显示）| Head Up display（题头显示）| Poly Count（多变形数据）命令，在场景中创建一个多边形球体，此时在视图左上角将显示该球体组件元素的数量信息，如图2-15所示。

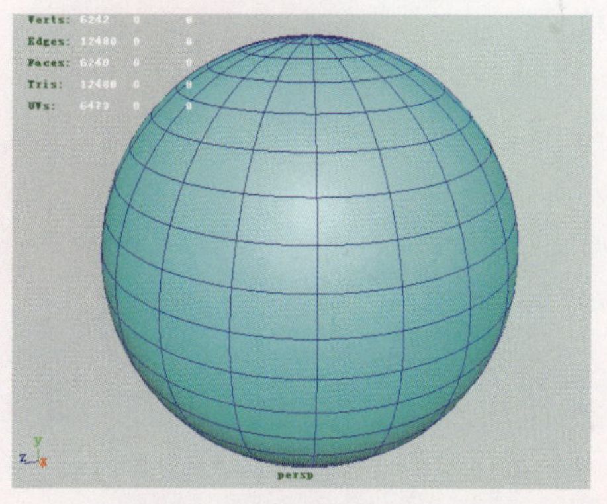

图2-15 模型元素数量的显示

2 选择球体的部分面、边和顶点，此时在第三组命令组会显示所选元素的数量，如图2-16所示。

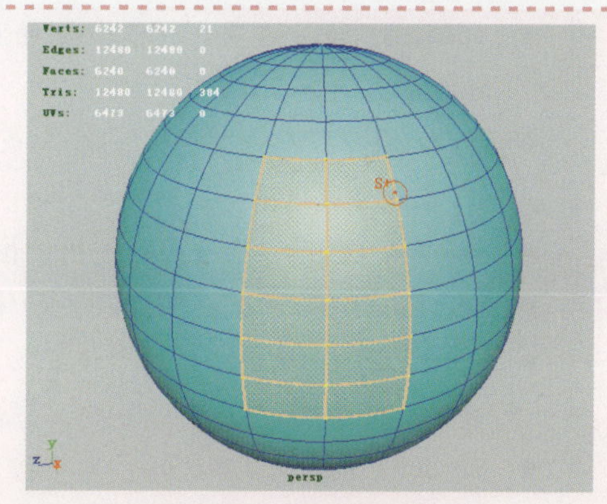

图2-16 所选元素的数量

提示

另外，在显示多边形数量信息时，每个元素数据的右边有3组数据，第1组是指当前视图中所有多边形在该元素下的总量；第二组数据单指用户所选择物体在该元素下的总量；第三组数据是指用户在该元素下的实际选择数量。

2.2.4 Polygon的显示模式

在创建多边形模型时，可以根据需要调整多边形的显示状态，以帮助用户建模。当在场景中创建大量的物体模型时，为了减少它们所占用的数据空间，此时可以通过设置多边形模型的显示来解决此种问题。

执行Display（显示）|Polygons（多边形）命令，弹出多边形的几种显示命令工具。下面对其中一些常用的显示工具进行说明。

- Backface Culling（背面剔除）：用于控制是否显示多边形的背面。隐藏多边形背面特别是精度很高的模型可以大大节省系统资源，并且也可以避免因选取模型上的多个点时，而错选其他不需要的点。如图2-17所示为所选半球体在执行该命令后的显示状态。

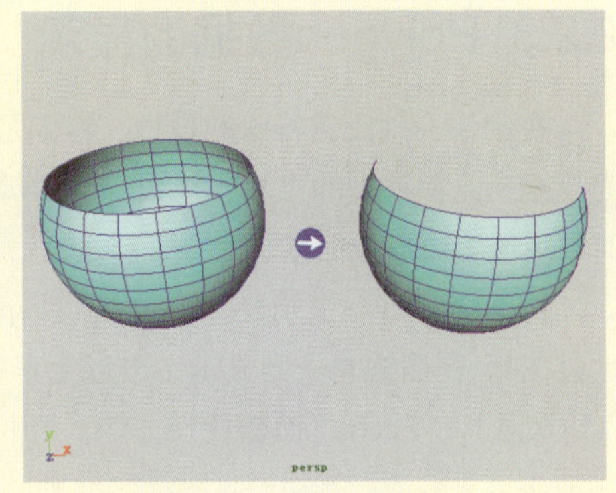

图2-17 隐藏物体的背面

- Culling Options（剔除选项）：用于设置是否显示保留元素。其中，Keep Wire用于设置是否显示背面的全部元素；Keep Hard Edges表示是否保留硬边显示；Keep Vertices表示是否保留点显示。
- Vertices（点）：用于设置物体的点是否永远被显示，若再次执行Vertices命令，则可取消点的显示状态。
- UVs（显示UV）：执行UVs命令表示物体的UV点永远被显示；再次执行UVs命令，UV点就会被隐藏。
- Standard Edges（标准边）：用于控制物体边的标准显示模式。
- Soft Edges（软边）：用于设置物体边为软边显示模式。
- Hard Edges（硬边）：用于设置物体边为硬边显示模式。
- Border Edges（边界边）：用于控制是否高亮显示边界边，该命令常用于检查物体是否完全闭合。选中被断开的两半球，然后执行Border Edges命令，此时物体被断开的边缘边被加粗显示，如图2-18所示。

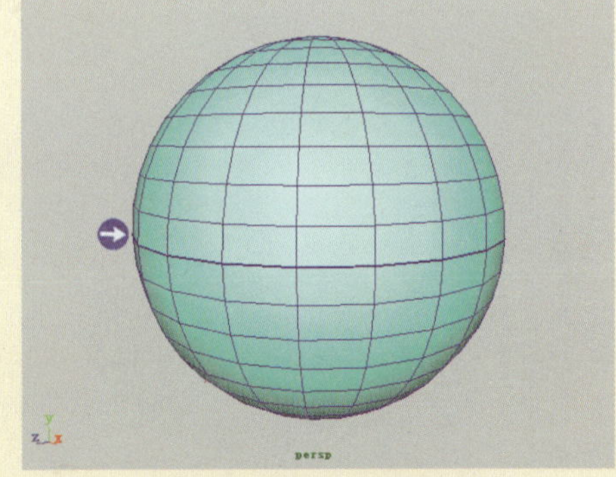

图2-18 边界边的高亮显示

- Texture Border Edges（纹理边）：用于控制高亮显示UV边界边。
- Reset Display（重置显示）：用于控制是否重设物体的显示模式，执行该命令可以使物体的显示恢复为默认状态。

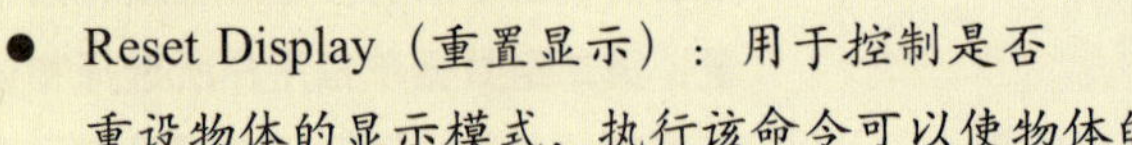

- Custom Polygon Display（自定义多边形显示）：自定义多边形的显示状态。在执行该命令后，可以在弹出的对话框中设置想要显示或隐藏的多边形属性。

动手实践027——Polygon物体的硬边显示

1 在场景中导入一个表面布线被塌陷过的齿轮模型，可以看到其布线非常复杂，然后选择该模型，如图2-19所示。

图2-19 塌陷的齿轮模型

2 执行Display（显示）|Polygons（多边形）| Hard Edges（硬边）命令，即可将该多边形边切换到硬边显示模式，此时再观察模型表面的布线显示效果，如图2-20所示。

图2-20 执行Hard Edges命令

2.2.5 Polygon的法线

多边形的法线决定了多边形面的正反方向。如果多边形的法线方向出现错误，会对模型自身的贴图造成不正常显示，并且也会使模型无法合并、动力学计算出现错误等。如果多边形的法线出现问题，则可以通过执行Normals命令来进行纠正。如图2-21所示的是多边形法线工具。

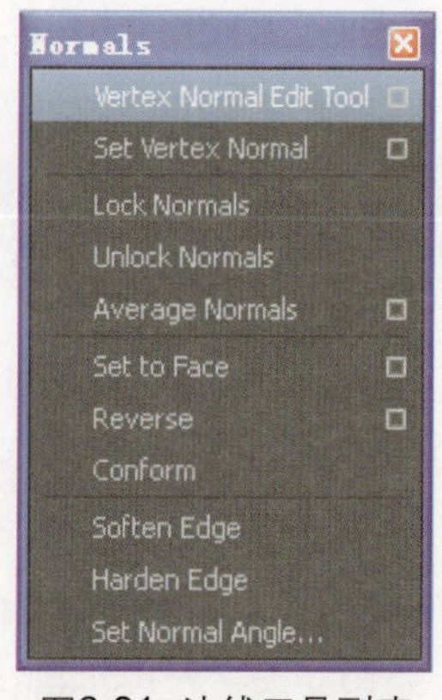

图2-21 法线工具列表

下面对多边形一些常用的法线工具进行说明。

- Vertex Normal Edit Tool（顶点法线编辑工具）：该命令用于控制显示物体点的法线方向，并可以旋转其法线方向。同时也可以选择部分的点或全部的点来改变其部分点或全部点的法线方向。

如图2-22所示，选中锥体并执行Normals（法线）| Vertex Normal Edit Tool（顶点法线编辑工具）命令，再选中并旋转其部分顶点，其法线方向也会跟随着变化。

- Set Vertex Normal（设置顶点发线）：用于通过设置顶点在X、Y、Z轴方向上的数值来改变物体点的法线方向。同时也可以只对物体部分顶点的法线方向进行修改。
- Lock Normals（锁定法线）：用于锁定法线方向。
- Unlock Normals（解除锁定）：用于取消法线的锁定。

图2-22 顶点法线方向的改变

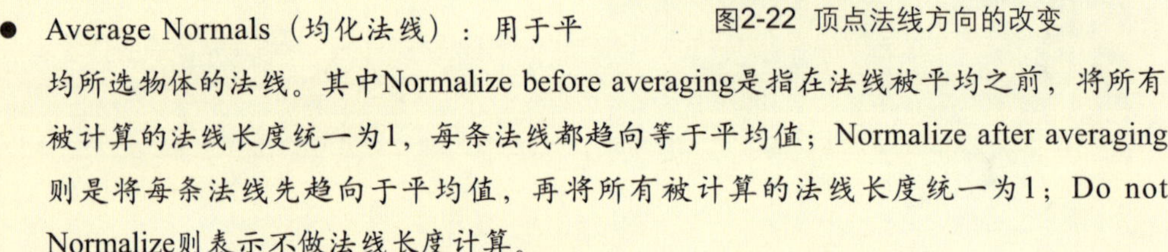

- Average Normals（均化法线）：用于平均所选物体的法线。其中Normalize before averaging是指在法线被平均之前，将所有被计算的法线长度统一为1，每条法线都趋向等于平均值；Normalize after averaging则是将每条法线先趋向于平均值，再将所有被计算的法线长度统一为1；Do not Normalize则表示不做法线长度计算。

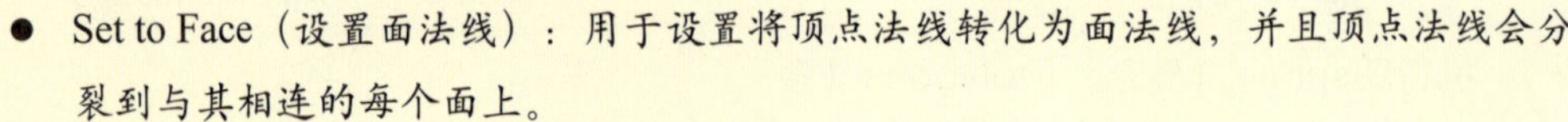

- Set to Face（设置面法线）：用于设置将顶点法线转化为面法线，并且顶点法线会分裂到与其相连的每个面上。
- Reverse（反转法线）：用来反转多边形面的法线方向。其中Selected Faces和then Extract是指用于反转所选面的法线方向，以及提取所选面和其面上的顶点或分裂顶点。Selected Faces表示反转选择面上的法线；All faces in the Shell只在一个Shell中起作用（Shell是物体网格的一部分）。
- Conform（统一法线）：用于将所有法线统一到一个方向。

2.2.6 Porxy（多边形代理）

Polygon命令主要用于在多边形上设置光滑代理。在对多边形进行编辑时，可以将其设置为光滑代理模式，以方便用户边创建模型边观察其光滑后的效果。在不需要观察其光滑效果时，还可以将其转化为多边形标准显示模式或多边形正常编辑状态。在Polygon模块下，执行Proxy命令，弹出所有的代理命令，如图2-23所示。

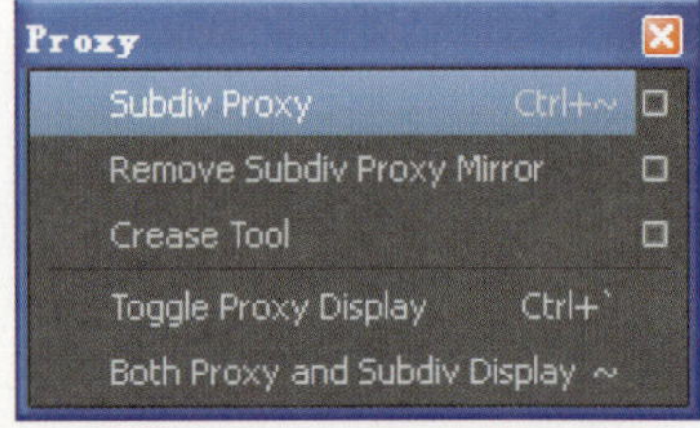

图2-23 代理命令列表

- Subdiv Proxy（光滑代理）：用于设置物体的光滑代理模式。

在为物体设置代理后，原始物体会变为默认的半透明状，原始物体的内部会显示其光滑后的效果，改变原始物体的状态会直接影响物体的最终状态。

执行Proxy（代理）| Subdiv Proxy（光滑代理）■命令，弹出其属性设置对话框，如图2-24所示。在该对话框中可以看到Subdiv Proxy有Exponential（指数）和Linaer（线性）两种

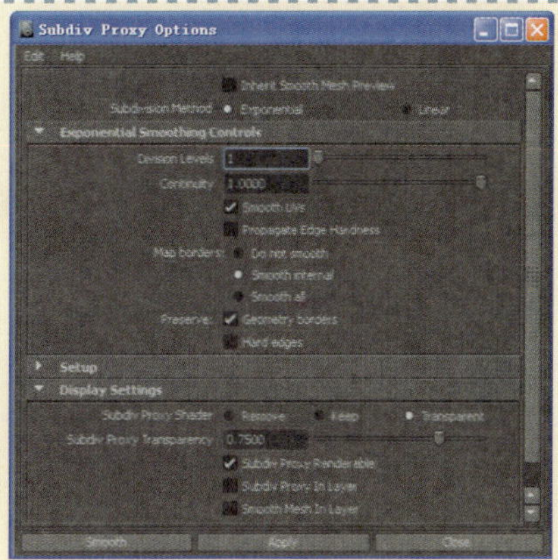
图2-24 光滑代理属性模式

代理模式。下面对其中的一些属性进行详细的介绍。

◎ Setup（设置）：主要用于对原始物体进行镜像设置。若要对原始物体进行镜像操作，只需设置该属性栏下的具体参数即可。

◎ Display Setting（显示模式）：该属性主要用于控制光滑代理的显示模式。其中Subdiv Proxy Shading用于控制原始物体转化代理后的显示模式，包括Remove、Keep和Transparent。如图2-25所示的是将两个棱锥体分别执行不同代理模式后的显示效果。

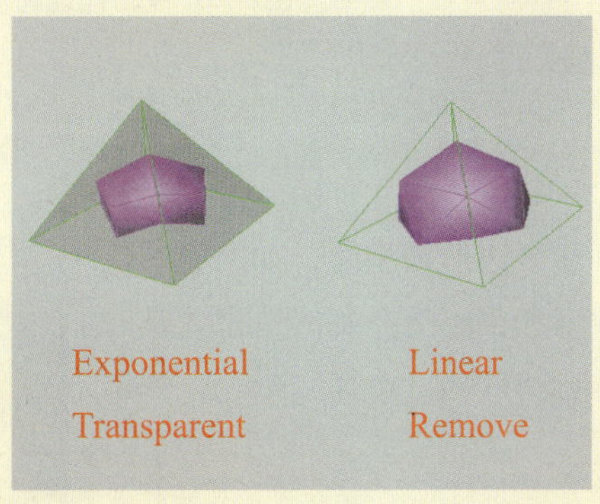

图2-25 不同代理的显示效果

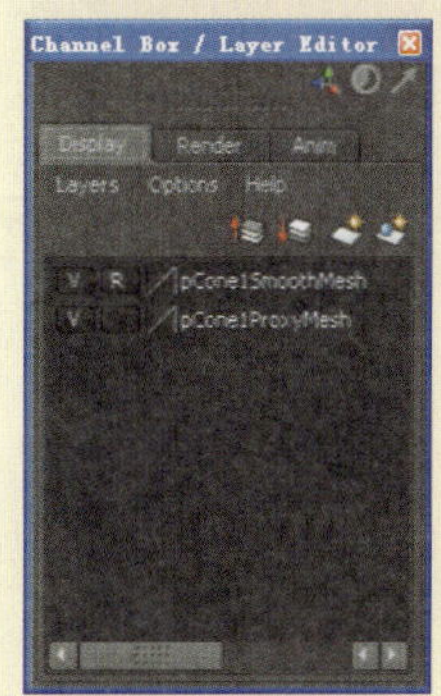

图2-26 创建代理层

◎ Subdiv Proxy Renderable：用于控制代理物体是否能被渲染。

◎ Subdiv Proxy in Layer：用于控制是否为代理物体创建图层。

◎ Subdiv Mesh in Layer：用于控制是否为光滑代理物体创建图层。如图2-26所示，在创建光滑代理物体时，启用该选项后，会在图层区相应的代理层。

- Remove Subdive Proxy Mirror（镜像时删除光滑物体）：表示移除原始物体内部的光滑物体，直接对代理做镜像处理。
- Crease Tool（褶皱工具）：用于设置代理物体的褶皱。
- Toggle Proxy Display（切换代理显示）：用于隐藏代理部分。
- Both Proxy and Subdiv Display（显示代理和光滑物体）：用于控制是否显示代理物体和光滑物体。

动手实践028——创建多边形光滑代理

1 在场景中创建一个螺旋体，将其选中并执行Proxy（代理）| Subdiv Proxy（细分光滑代理）命令，可以看到原始物体的变化效果，如图2-27所示。

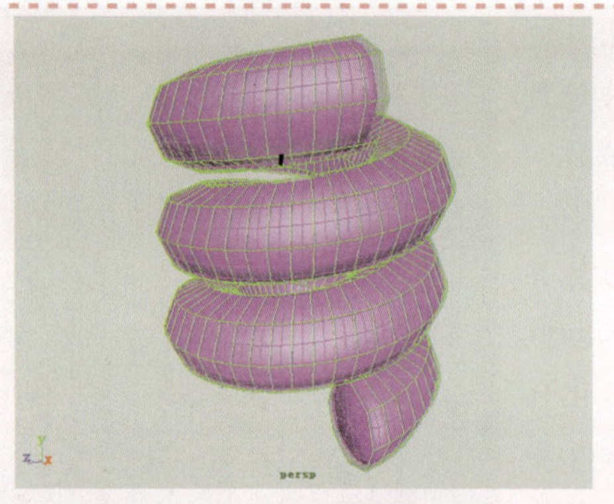

图2-27 执行Subdiv Proxy命令

2 选中并移动代理物体的两条边，观察代理物体内部光滑物体外形的变化效果，如图2-28所示。

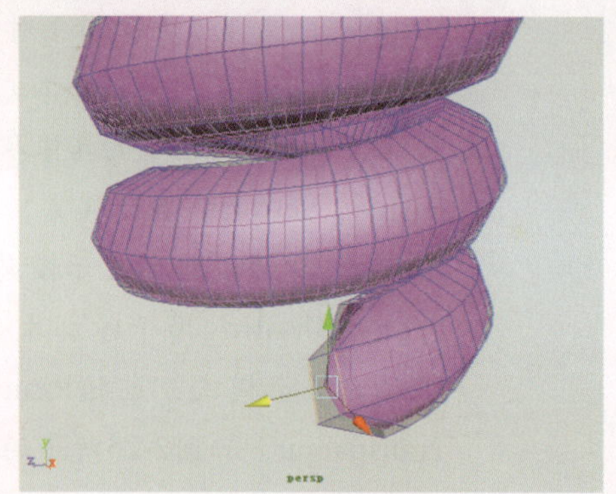

图2-28 移动代理物体的边

2.2.7 快速选择多边形元素

多边形主要有点、面、边组成。在创建多边形模型时，如果能够快速选择这些元素，对于提高建模的工作效率和创建更完美的造型，是非常重要的。首先切换到Polygon模块下，执行Select（选择）命令，弹出Select命令列表，如图2-29所示。

图2-29 选择命令列表

- Object / Component（物体/组元）：用于控制所选物体在被选择和其最后一次选择的元素之间快速切换，快速切换的元素可以是Vertex、Edge、Face、UV和Vertex Face。
- Select Edge Loop Tool（选择环形边工具）：用于控制是否选择相连接的循环边。在执行该命令后，进入物体的边编辑模式，再在模型其中一条边上连续单击，即可选择整个循环边。
- Select Edge Ring Tool（选择圈形边工具）：用于控制是否选择相连面上的环状循环边。
- Select Border Edge Tool（选择多边形边界具）：用于控制选择物体的边界边。图2-30所示的是在执行该命令后，在一个多边形柱体的断面边上连续单击，即可选择整条边界边。
- Convert Select（转化选择）：用于控制将所选择物体的元素转化为其他元素模式。
- Grow Selection Region（扩展选择区域）：用于扩充所选元素的范围。

- Shrink Selection Region（收缩选择区域）：用于缩减所选元素的范围。它的原理同Grow Selection Region命令正好相反。
- Select Selection Boundary（选择区域边界）：用于控制只选择元素所在的边界边。
- Select Contiguous Boundary（选择连续边界）：用于控制在所选元素条件限制下的连续元素。比如说，在选择模型面上的一条边后，执行Select Contiguous Boundary命令，会选择这条边所在的整条循环边。

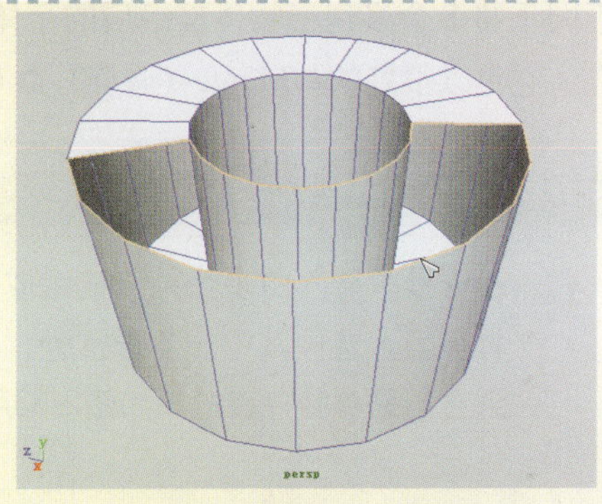
图2-30 选择断面处边界边

动手实践029——快速扩充选择区域

1 在场景中创建一个多边形圆环，进入其面的显示模式并选中其相邻的3个面，如图2-31所示。

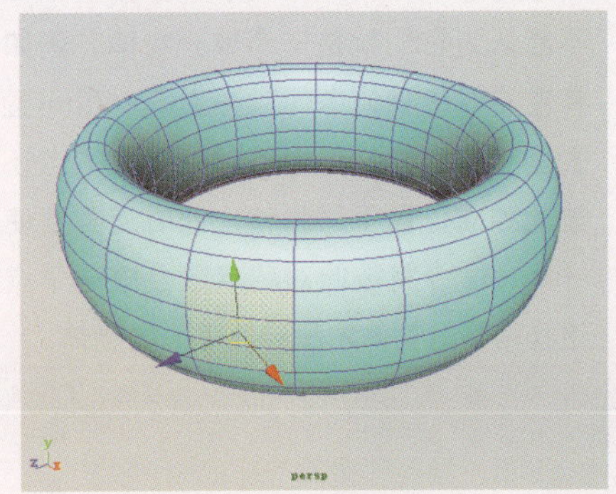
图2-31 选择模型面

2 执行Select（选择）| Grow Selection Region（扩展选择区域）命令，可以看到所选面的区域快速增加，如图2-32所示。

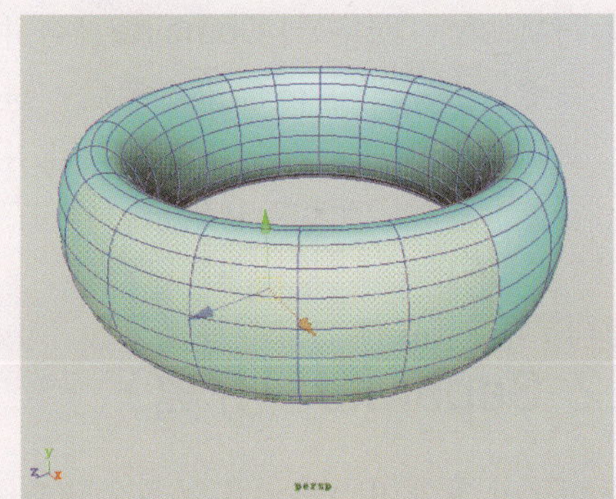
图2-32 所选面的增加

2.3 多边形编辑工具

在多边形建模过程中，仅仅使用多边形的基础物体远远不能满足工作中的模型需要，不仅需要对多边形的元素进行调整，还需要相关的多边形编辑工具来创建。在Maya 2011中提供了多种多边形编辑工具，下面对它们分别进行详细的介绍。

2.3.1 Combine（合并）

Combine（合并工具）可以将两个或多个不同的多边形合并成一个完整的多边形物体。它不同于将多个多边形物体群组后的个体组，在执行该命令后生成的多边形个体，只有一个中心点。它可以很好的与Merge（缝合）命令、连接多边形面命令结合使用。

动手实践030——合并多边形个体

1 在场景中导入由多个骨骼链组成的脊椎骨模型，选中其中一节脊椎骨，可以看到它们是单独存在的，如图2-33所示。

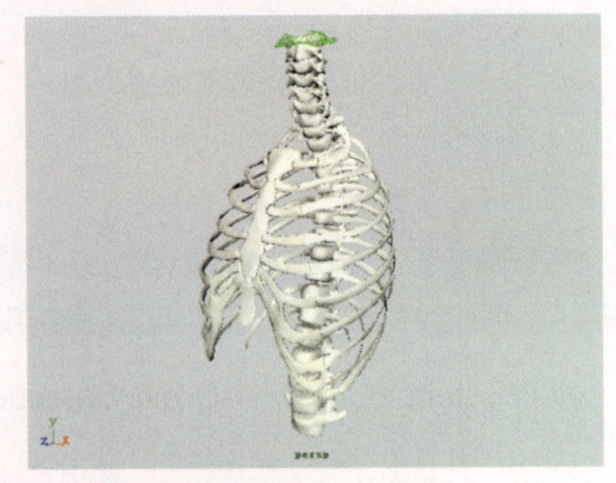

图2-33 导入模型

2 按住Shift键，加选所有的脊椎骨，执行Mesh（网格）| Combine（合并）命令，将它们进行合并。然后，进入其点显示模式，选中所有的顶点并进行缩放操作，如图2-34所示。

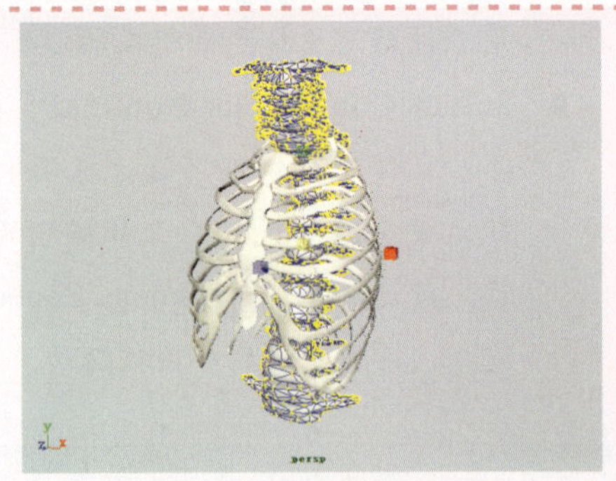

图2-34 执行Combine命令

注意

执行Combine操作后的多个物体虽然看上去是一个完整Polygon物体了，但还不能认为它们就是一个单一物体。例如，将左右对称物体中间对齐，Combine看上去是一个整体，但中间对成轴上的点还是彼此独立，属于原物体。此时还需要使用Merge命令将彼此对称点融合成一个点，这样得到的物体才是独立单一的物体。

2.3.2 Separate（分离）

Separate命令用于将包含有多个独立个体的单一多边形物体分离成多个个体，而Combine命令的作用则是将多个个体合并为一个单一的多边形物体。如果一个单一的多边形物体的各个部分之间有共同点、共同边或面，则该多边形物体不能被分离开。

可以选中上步合并后的脊椎骨链，再执行Mesh（网格）| Separate（分离）命令，即可将它们进行分离，再选择脊椎骨查看其分离效果，如图2-35所示。

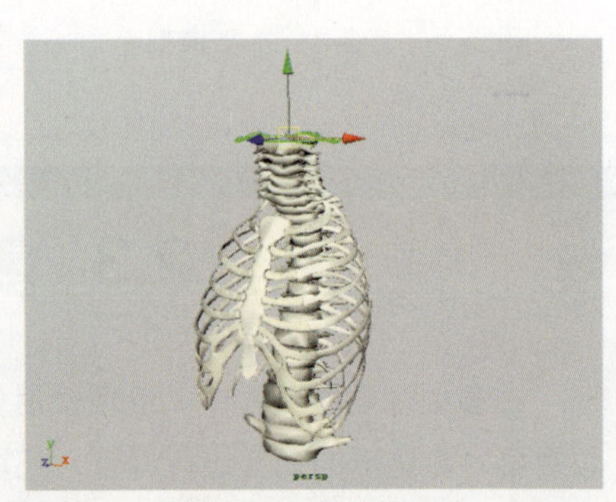

图2-35 分离后的个体

注意

在对物体进行合并或分离操作后，物体自身的中心点位置会发生变动，可以选中物体，执行Modify（修改）| Center Pivot（轴心点居中）命令，即可将物体的中心点恢复到中心位置。

问题：为什么有时选择的组合物体不能执行Separate命令呢？

通过群组命令组合成的组物体不能执行Separate命令，因为这些组物体是按照层级的方式存放到一个空组物体里，它们是单独存在的，并不是一个整体。

2.3.3 Extract（提取面）

Extract命令主要用于提取多边形物体上的面，可以是一个面或多个面，它不同于复制多边形面命令，该命令可以将所选面从原模型上切割开，并且如果原所选面之间彼此相邻，有共同的边，则被提取出的面依旧相连，但是它也受Keep Faces Together（共面）命令的影响。

动手实践031——提取多边形面

1 在场景中导入一个皇冠模型，选中与其外表面相连接的宝石模型部位的面，如图2-36所示。

图2-36 选择模型面

2 执行Mesh（网格）| Extract（提取）命令，将其从原物体上提取出来，可以为提取出的宝石面赋予一种颜色，如图2-37所示。

图2-37 执行Extract命令

在对物体进行提取操作时，可以根据需要来设置其属性参数，以使被提取面与原物体分离或者是否与原物体产生一定的偏移。执行Mesh （网格）| Extract（提取）▣命令，弹出其属性设置对话框，如图2-38所示。

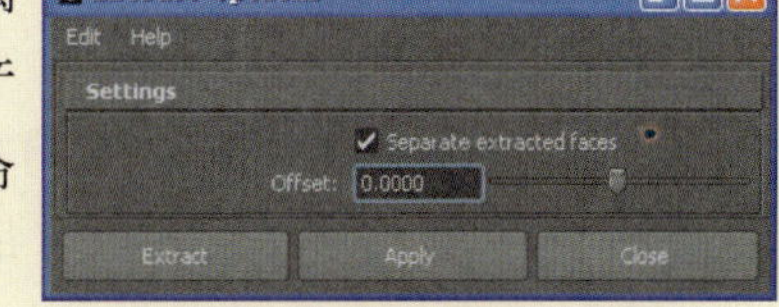

图2-38 提取属性对话框

对话框中的选项说明如下。

- Separate extracted faces（分离提取面）：表示是否将提取出的面与原物体分离开。默认是启用该复选框，则被提取的边独立于原物体，但拥有独立的点。可以使用Separate命令来将它们进行分离操作。
- Offset（偏移）：用于设置提取面与原物体之间的偏移数值，默认值为0，保持在原位置。

2.3.4 Booleans（布尔运算）

在建模中有时需要建出的模型，刚好是某两个物体相并后的效果或相交的部分，这时就可以使用布尔中的Union（并集）、Difference（差集）、Intersection（交集）工具来实现。使用布尔运算工具时，布尔运算的结果有主次之分，先选哪个物体，哪个物体就是主物体，运算后就保留哪个物体。

动手实践032——多边形布尔运算

1 打开一个风车模型，然后再创建几个立方体模型，并平均使其围绕在柱体的周围，如图2-39所示。

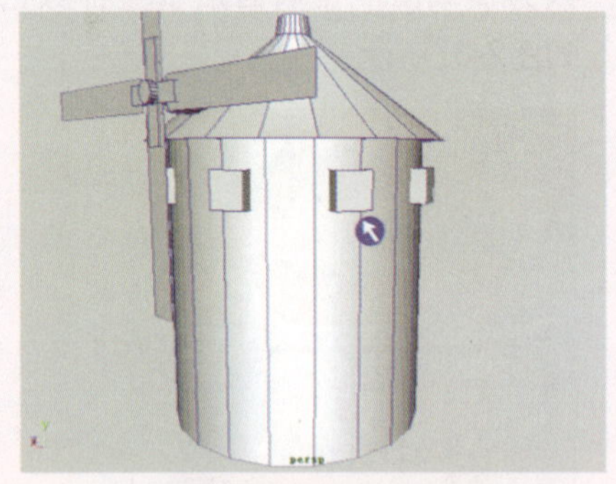

图2-39 简单的风车模型

2 先选中柱体，再选中立方体，执行Mesh （网格）|Booleans（布尔运算）|Difference（差集）命令，对其进行差集运算。此时，立方体会被修剪掉以体现出窗口的凹槽效果，如图2-40所示。

3 其他两种运算效果的使用方法也一样。分别选中场景中的每对“心型”模型，分别执行Mesh（网格）| Booleans（布尔运算）| Union（并集）/Difference（差集）/Intersection（交集）命令，对它们进行运算，如图2-41所示。

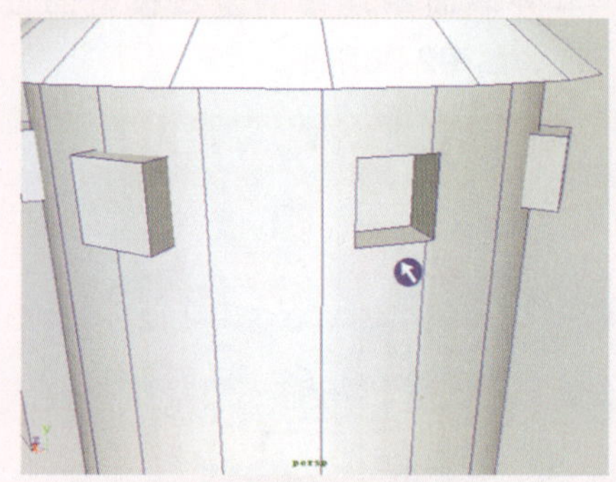

图2-40 运算后的效果

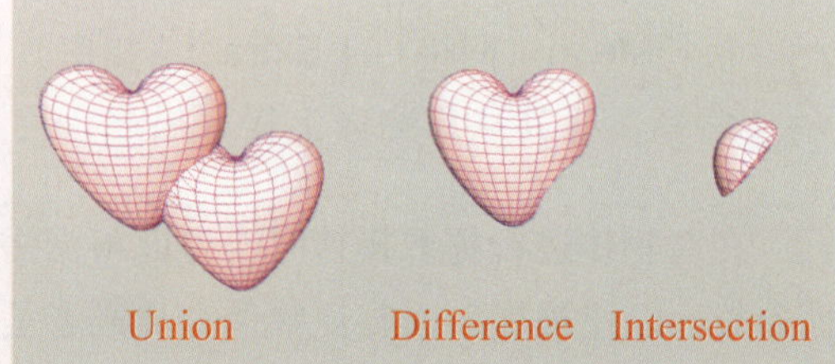

图2-41 运算后的效果

注意

Booleans运算对两个物体相交部分的表面拓扑结构要求比较严格，必须是闭合的面，有时会出现计算错误，运算结果无法显示等情况。如由NURBS转为Polygon的物体，进行Boleans运算可能无法得出正确结果，这时需要检查转换物体的表面结构，必要时需重新编辑。可以按Z键取消布尔操作，再检查物体的表面结构是否正确。

2.3.5 Smooth（平滑）

当一个多边形模型创建完成后，需要对其进行光滑处理才能达到更完美的造型效果。使用Smooth命令能够使模型基本的布线过渡更柔和，使物体所要表现的造型特质更为凸出。

动手实践033——平滑多边形物体

1 在场景中导入一个角色模型，并观察其表面的布线效果，如图2-42所示。

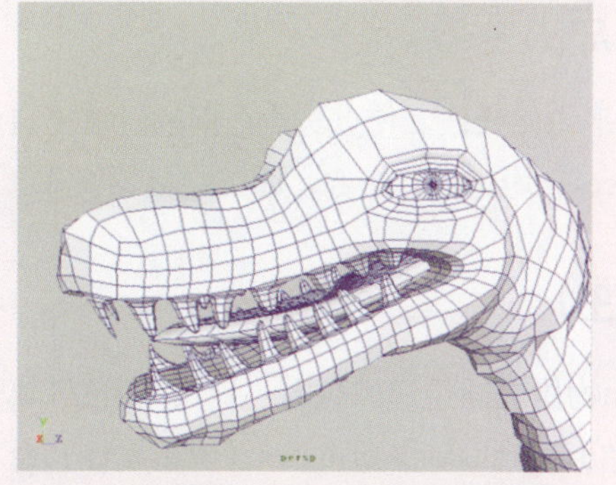

图2-42 导入角色模型

2 选中该模型，执行Mesh（网格）| Smooth（平滑）命令，对其进行光滑操作，此时再观察模型表面的布线，如图2-43所示。

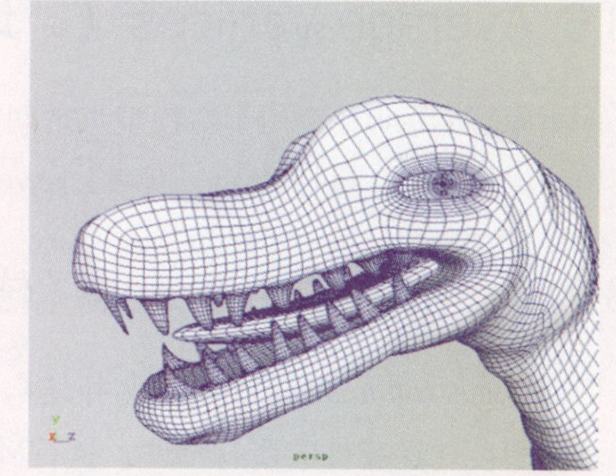

图2-43 执行Smooth命令

问题：在对模型执行一次Smooth操作后，若模型的布线过渡不够柔和，还可以对其进行Smooth操作吗？

可以对模型进行多次Smooth命令操作，直到模型布线达到理想的柔和效果为止，但是过多进行Smooth操作，会增加系统数据。

Smooth工具的计算方式分为Exponentially（指数模式）和Linear（线性模式）两种，其中Exponentially为最常用的光滑模式。在对物体进行Smooth操作时，也可以设置Smooth属性参数来调整对物体的光滑效果。执行Mesh（网格）| Smooth（平滑）□命令，打开其平滑属性对话框，如图2-44所示。

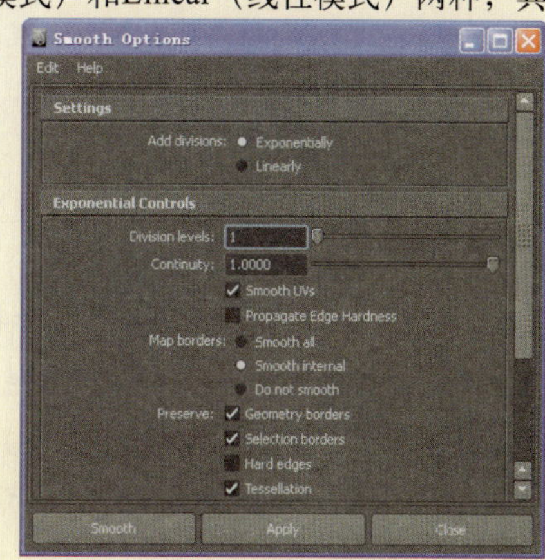

图2-44 平滑属性对话框

对话框中的部分选项说明如下。

- Division levels（细分级别）：用于设置细分级别，级别数值越高，物体表面就越光滑。
- Continuity（连续性）：用于控制物体光滑的连续性。但若该数值为0时，对物体表面做细分处理，并不能改变物体平滑度。
- Map borders（UV贴图边界）：用于控制是否对模型的UV纹理边界也进行光滑处

理。默认为启用该复选框，如此展开的UV片的边也是光滑过的，反之展开的UV片则保持原始状态不变。

- Preserve（保护）：用于控制是否对物体的边进行保护。
  - ◎ Geometry borders：用于保持物体边的状态不变。
  - ◎ Selection borders：用于控制对所选择的边界属性进行保护。
  - ◎ Hard edges：用于控制是否显示硬边。
  - ◎ Tessellation：用于控制物体在光滑之后是否还能对其顶点进行重新定位。

2.3.6 Average Vertices（“均化”点）

Average Vertices命令用于对模型点之间的距离做平均化处理，使点与点之间的过渡更自然。选中要均化的模型，执行Mesh（网格）| Average Vertices（均化点）命令，即可完成该操作。

2.3.7 Transfer Attributes（传递属性）

Transfer Attributes用于在不同拓扑结构的Polygon物体之间传递点位置、UV和颜色等属性。选中场景想要传递属性的所有物体，执行Mesh（网格）| Transfer Attributes（传递属性）命令，即可完成创建操作。

在对物体创建传递属性之前，可以事先设置传递属性的参数，以改变物体之间的传递效果，执行Mesh（网格）| Transfer Attributes（传递属性）□命令，如图2-45所示。

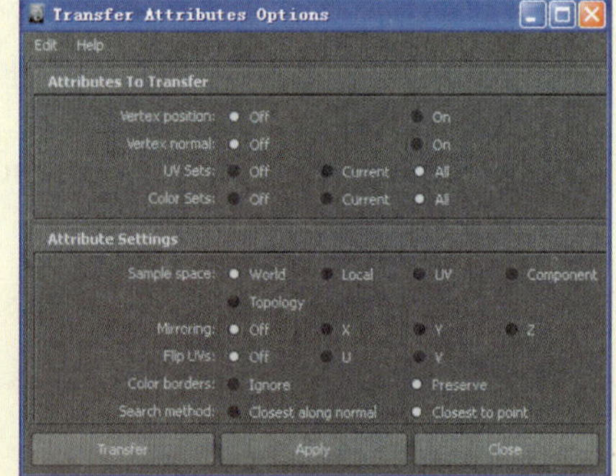

图2-45 传递属性对话框

对话框中的选项说明如下。

- Attributes To Transfer（变换属性）：用于控制传递属性的方式。
  - ◎ Vertex position（顶点位置）：用于控制是否启用顶点位置属性设置。
  - ◎ UV Sets（UV设置）：用于设置传递UV属性。
  - ◎ Color Sets（颜色设置）：用于设置传递色彩属性设置。
- Attribute Settings（属性设置）:用于设置属性传递。
  - ◎ Sample space（采样空间）：用于设置采样的空间。
  - ◎ Mirroring（镜像）：用于设置镜像方式。
  - ◎ Flip UVs（反转UV）：选项是镜像UV的方式。
  - ◎ Color borders（边界颜色）：用于设置边缘色彩。
  - ◎ Search method（关联方式）：用于控制从源模型到目标模型点之间的空间关联方式。

2.3.8 Paint Transfer Attributes Weights Tool（绘制传递属性权重）

Paint Transfer Attributes Weights Tool用于在不同拓扑结构的Polygon物体之间传递点位置等属性时，在Polygon物体上绘制传递部分区域的权重，这个命令配合Transfer Attributes命令使用，在执行完Transfer Attributes（传递属性）命令后，选中被传递物体，才可以在物体上绘制传递属性的权重。

2.3.9 Clipboard Actions（动态剪切板）

Clipboard Actions命令包含Copy Attributes（拷贝属性）、Paste Attributes（粘贴属性）和Clear Clipboard（清除动态剪切板）3个子目录，用于在物体之间快速的复制粘贴UV、Shade和Color数值。当用户将任意一个命令中任意一个选项关闭的时候，其他命令中的对应选项也会自定关闭。

选中其中一个物体的面，执行Mesh（网格）| Clipboard Action（动态剪切板）| Copy Attributes（拷贝属性）命令，再选中另一物体的面，执行Paste Attributes命令，即可将之前选择物体的属性复制给后选择的物体，也可以在选择面的同一个物体上进行复制粘贴。

注意

使用该命令复制和粘贴该颜色时，要确保颜色所在物体都在平滑材质上。

2.3.10 Reduce（简化）

Reduce命令用于对面数过多的模型面进行简化处理，以降低模型的面数和精度。在光滑后的物体被删除历史或者模型局部面数过多时，可以使用该命令将其面数精度降低，以便于再次对模型进行编辑。

动手实践034——简化多边形面

1 在场景中导入一个光滑后的多边形物体，如图2-46所示。

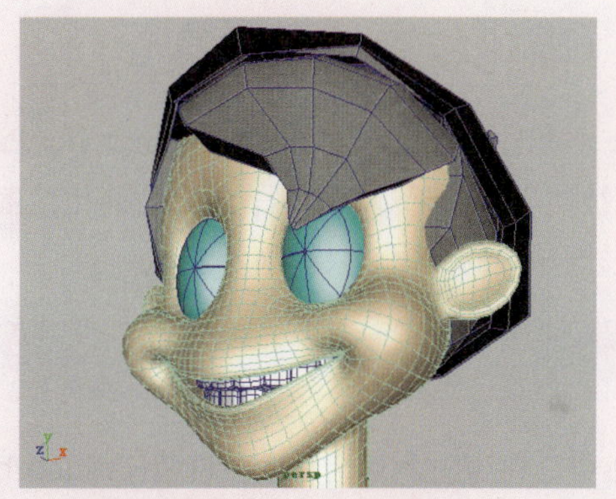

图2-46 导入光滑的物体

2 选中光滑模型，执行Mesh（网格）| Reduce（简化）命令，对其执行Reduce命令操作。此时光滑物体的面数明显降低，如图2-47所示。

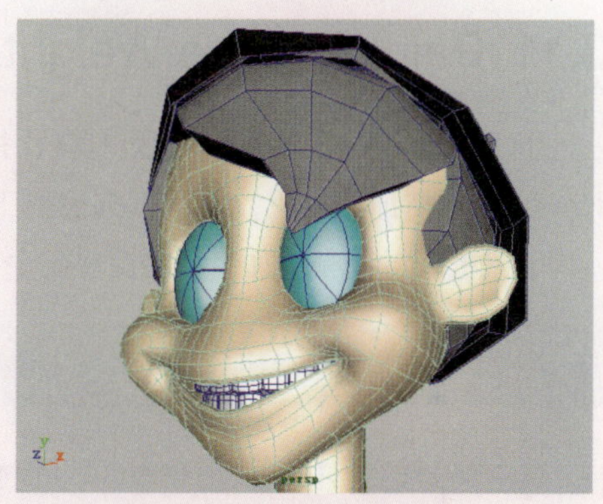

图2-47 执行Reduce命令

问题：如何减少模型局部面数分布较多的面呢？

可以先选中模型局部分布较多的面，然后执行Reduce命令，对其局部进行简化处理，以便于模型局部造型的修改。

可以通过设置其属性参数来控制模型简化的程度，执行Mesh（网格）| Reduce（简化）□命令，打开其简化属性对话框，如图2-48所示。

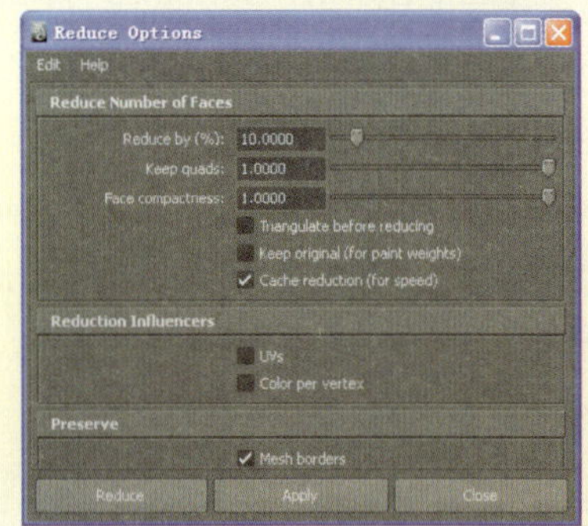

图2-48 简化属性对话框

对话框中一些常用选项的说明如下。

- Reduce by（%）（简化）：用于控制模型简化的百分比。默认值为50%。
- Keep quads（保留四边面）：用于控制所保留四边面的数量。
- Face compactness（面的紧凑性）：用于控制面的紧密性。
- Triangulate before reducing（简化为三角面）：用于控制是否在对模型简化之前对三角面进行处理。启用该复选框后，简化的模型会被转化为三角面。
- Keep Original（for Paint Weights）（保留原始物体）：用于控制在对物体进行简化操作时是否保留原始物体，只对复制物体进行简化。在启用该复选框后，即可使用Paint Transfer Attributes Weights Tool命令，来绘制模型简化的权重值。
- Cache reduction（for speed）（简化缓存速度）：用于控制是否简化缓存速度。
- Reduction Influencers（简化影响属性）：用于控制简化操作是否对模型的UV和Color per Vertex属性产生影响，默认为不启用这两个属性选项。
- Preserve（保护）：用于控制简化操作时，是否对模型的Mesh borders（网格边）、UV borders（UV边）、Hard edges（硬边）进行保护，默认为全部保护。

2.3.11 Paint Reduce Weight Tool（简化权重绘制工具）

Paint Reduce Weight Tool命令只有在执行Reduce（简化）操作时启用Keep original（for Paint Weights）（保持原始权重）复选框的前提下才可以被使用，用于对原物体表面进行简化范围绘制，其中黑色表示没有施加多余的简化，白色表示该区域内的简化效果被加强。

动手实践035——绘制简化权重

1 选中场景的物体，执行Reduce（简化）□命令，在弹出的对话框中，设置Reduce by（%）（简化）为50，并启用Keep original（for Paint Weights）（保持原始权重）复选框，此时会被创建出与其类似的黑色模型，如图2-49所示。

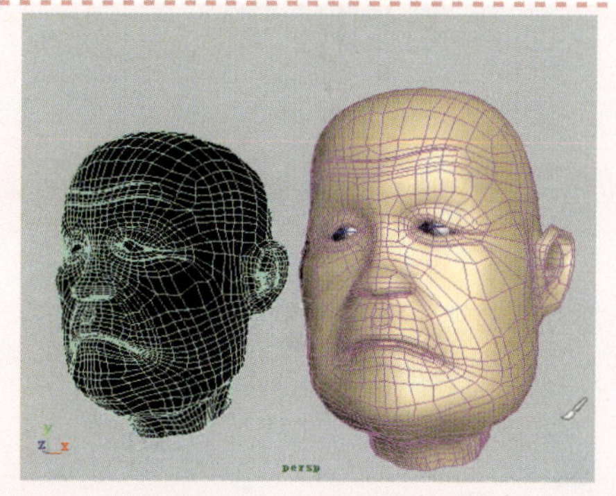

图2-49 创建类似模型

2 在视图右侧的属性设置面板中，选中Replace（替换）单选按钮并设置Value（值）为1。然后，在图2-50所示位置绘制并观察简化模型的变化。

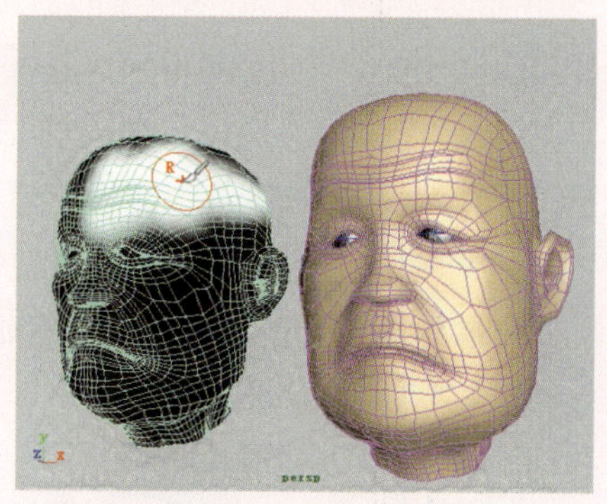

图2-50 绘制简化范围

2.3.12 Cleanup（清除）

Cleanup命令用于减少Polygon物体中多余的面和错误的面。选中要操作的多边形物体，执行Mesh（网格）| Cleanup（清除）命令，即可完成物体的清除操作。

单击Cleanup命令右侧的方体按钮，打开其属性对话框，如图2-51所示。

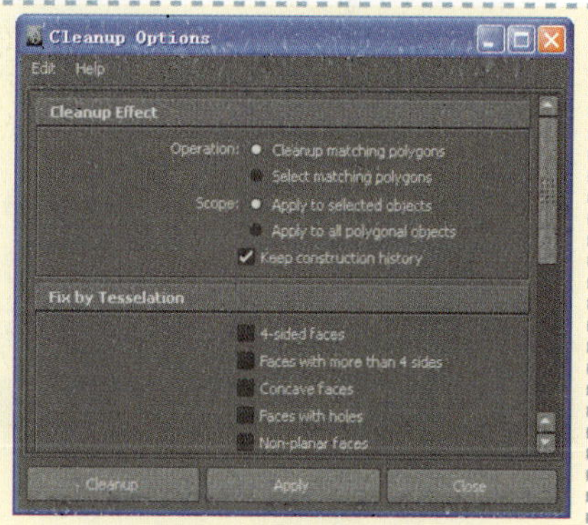

图2-51 清除属性对话框

对话框中的选项说明如下。

- Operation（运算类型）：用于设置清除操作类型。
  - ◎ Cleanup matching polygon：用于清除符合条件的Polygon物体。
  - ◎ Select matching polygon：用于选中符合条件的Polygon物体，但不清除。
- Scope（范围）：用于设置删除的范围。
  - ◎ Apply to selected objects：该选项是只对被选择物体应用Cleanup命令。
  - ◎ Apply to all polygonal objects：表示用于全部Polygon物体。
- Keep construction history（保留构建历史）：用于控制是否保存物体的构建历史。
- Fix by Tesselation（指定镶嵌类型）：用于选择需要清除面的类型，包括4-sided faces（4条边的面）、Faces With more than 4 sides（多于4条边的面）、Concave faces（凹面）、Faces with holes（有洞的面）和Non-planar faces（不在一个平面的面）。
- Remove Geometry（删除几何体）：用于设置被清除的物体的公差值。
  - ◎ Edges with zero length：用于设置在一定长度公差内的边。
  - ◎ Length tolerance：用于设置长度公差数值。
  - ◎ Faces with zero geometry area：用于设置在一定物体面积公差内的面。
  - ◎ Area tolerance：用于设置面积数值。
  - ◎ Faces with zero map area：用于设置在一定贴图范围内的面。
  - ◎ Area tolerance：用于设置贴图面积数值。

2.3.13 Triangulate/Quadrangulate（三角面/四边面）

三角面的转化命令在游戏模型的创建工作中非常实用，多用于保护模型的布线及造型效果。使用该命令可以将非三角面的多边形物体的面转化为三角面。该命令工具的操作原理是在非三角面上添加切割边将该非三角面分割为三角面。

动手实践036——三角面的转换

1 使用笔刷选择工具，选择模型相邻的多个面，如图2-52所示。

图2-52 选中模型的面

2 执行Mesh（网格）| Triangulate（三角面）命令，执行三角面转化操作，将其转化为三角面，如图2-53所示。

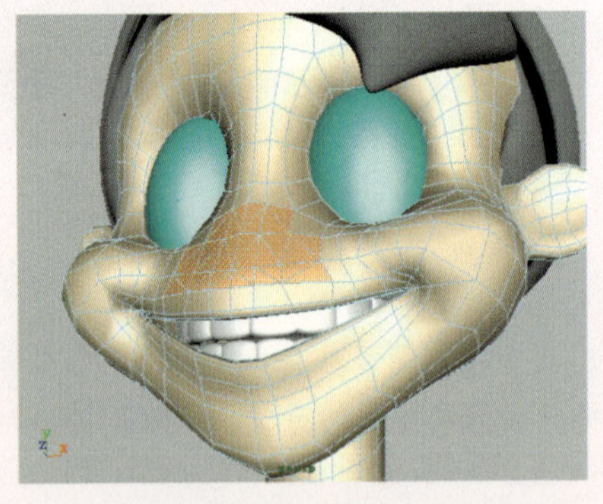

图2-53 执行Triangulate命令

技巧

在对模型进行三角面转化时，可以选择模型局部的面执行Triangulate命令将其部分面转化为三角面，也可以选择整个模型将其全部转化为三角面。所添加三角面的边与原非三角面的边共用一个顶点。

3 在将所选面转化为三角面后，选择三角面上的边并移动其位置，观察所添加三角面边的连接效果，如图2-54所示。

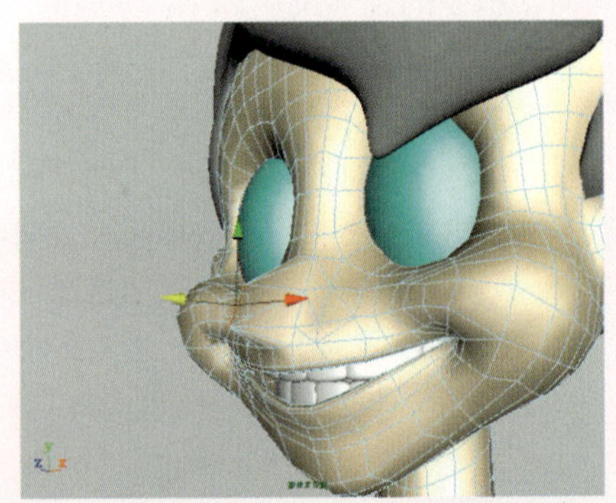

图2-54 观察三角面边的连接效果

Quadrangulate（四边面）主要用来将模型的三角面转化为四边面，对于有些五边或大于五边的模型面，可以先执行Triangulate（三角面）命令将其转化为三角面，然后再执行Quadrangulate（四边面）命令将其转化为四边面。

同样的方法，选中模型所要被转化的三角面，执行Mesh（网格）| Quadrangulate（四边面）命令，对它们执行四边面的转化操作，即可将其转化为四边面。

2.3.14 Full Hole（补洞）

当在Polygon物体表面有空缺的面时，使用补洞工具可以对空缺的面进行填补，以方便模型的快速编辑。

动手实践037——多边形补洞工具

1 在场景中的角色模型上，可以看到在某些表面上有一个空缺的面，如图2-55所示。

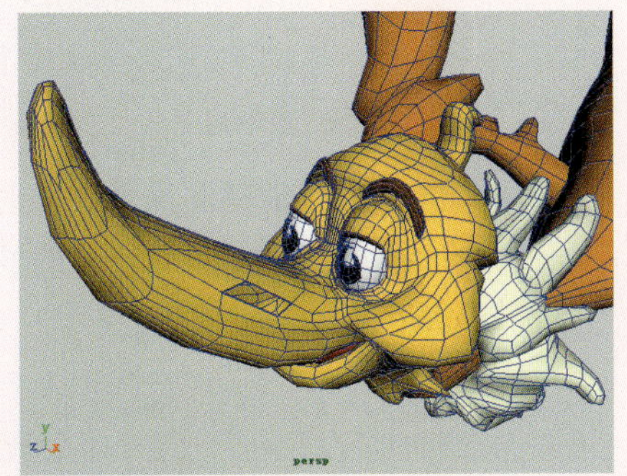

图2-55 空缺面的模型

2 选中此模型，执行Mesh（网格）|Fill Hole（补洞）命令，此时空缺的面已被填补上，如图2-56所示。新填补的面为Maya默认的灰色，用户可以为模型重新赋予颜色。

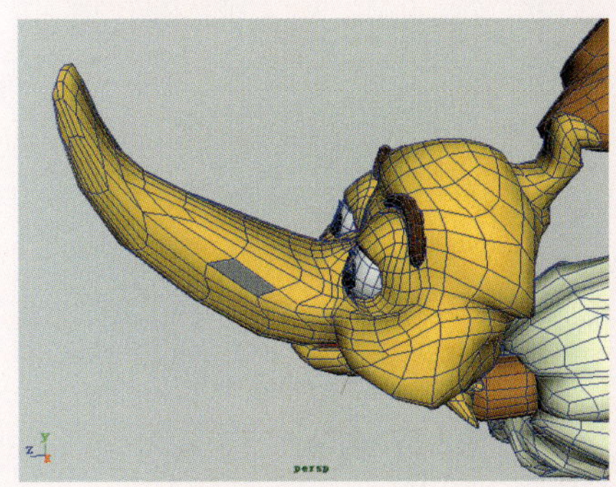

图2-56 填补后的效果

问题：如果不需要填补Polygon中所有的洞，只需要填补其中的一个洞，该怎样操作？

选中Polygon后右击，切换到边模式，选中其中一个洞的几条边，执行Fill Hole命令，即可填补选择边所在的洞。

2.3.15 Make Hole Tool（创建洞工具）

Make Hole Tool（创建洞工具）用于在Polygon物体表面创建一个洞。在一个面上建立一个洞不会改变这个面所在物体的其他属性，创建洞的面依旧还是一个面，不会增加新的面。

但是Make Hole Tool不能直接在物体的一个面上创建一个洞。而必须有一个作为映射的面，这个面的形状也就是洞的形状。用户可以在要创建洞的面上复制出一个面，用来作为映射面。也可以使用Create Polygon Tool（创建多边形工具）创建出任意形状的多边形物体，但是新创建的物体必须与需要创建洞的物体结成为一个Combine（合并）物体。先选中需要创建洞的面，再选中作为映射物体的面，执行Mesh（网格）| Make Hole Tool（创建洞工具）命令，即可创建洞。

动手实践038——创建洞

1 在场景中创建两个多边形“爆炸型”面，并且保证它们处在同一水平面上，大面用来作为创建洞的物体，小面用来作为映射物体，如图2-57所示。

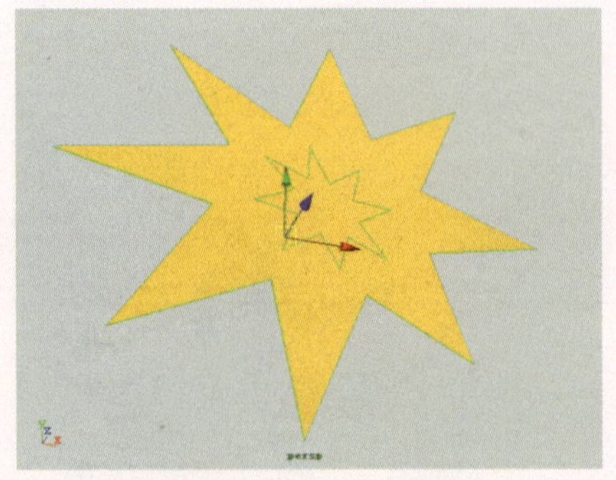

图2-57 创建两平面物体

2 选中两平面，执行Combine（合并）操作。然后再执行Mesh（网格）| Make Hole Tool（补洞工具）命令，在面的中心会出现两个蓝色的点，单击选中其中一个点，如图2-58所示。

图2-58 选中点

3 按Enter键，执行创建洞操作，此时大面的中心会被修剪出小面外形的洞，如图2-59所示。

图2-59 创建洞的效果

技巧

在使用创建多边形工具创建洞时，可以在创建出多边形的外形后，不要先急于按Enter键确定，可按住Ctrl键并同时在多边形内部单击鼠标左键，以先创建一个点，然后释放Ctrl键，再连续多次单击鼠标，创建出想要的洞的外形效果，再按Enter键确定即可。

2.3.16 Create Polygon Tool（创建多边形工具）

Create Polygon Tool命令是一种比较自由的创建多边形工具，用户可以在执行该命令后，手动逐个地在场景中创建多个点，根据这些点的位置来确定自己想要的造型效果。同时也可以在该命令的属性设置面板中设置所要创建的多边形的细分段数。该工具常用于制作造型轮廓比较凸出的物体模型。

动手实践039——创建自定义多边形

1 切换到Front视图，执行Mesh（网格）| Create Polygon Tool（创建多边形工具）命令，然后在如图2-60所示的位置创建两个顶点，并且两点间构成一条边。

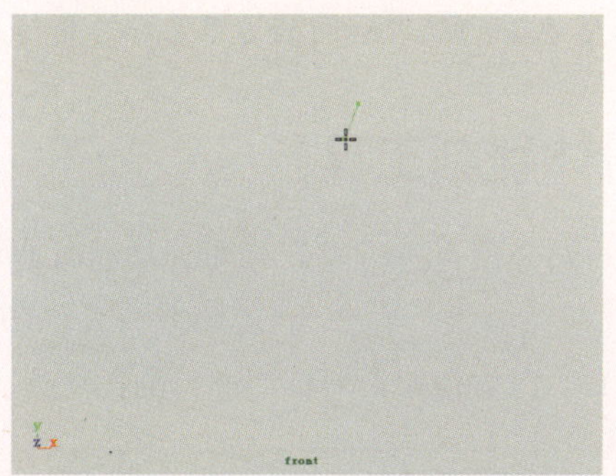

图2-60 创建多边形轮廓

2 在场景中连续多次单击，创建多个顶点并注意创建每个顶点时所要定位的位置，以构成想要的造型轮廓，如图2-61所示。

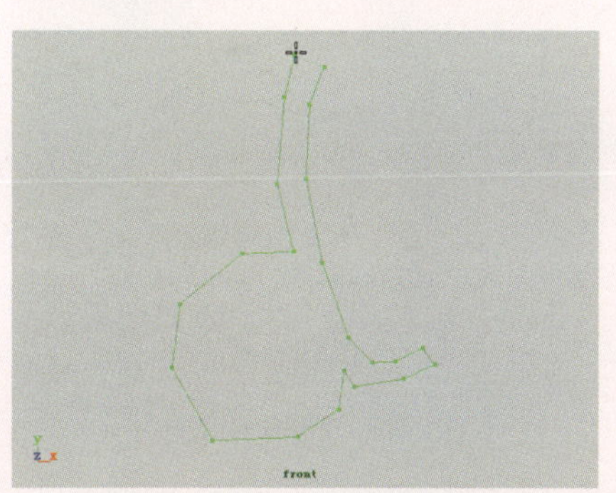

图2-61 创建的多边形效果

3 在顶点创建完成后，按Enter键确定创建多边形。若该模型的外形不够理想，可以进入其Vertex（点）编辑模式，选中并移动其部分顶点的位置，如图2-62所示。

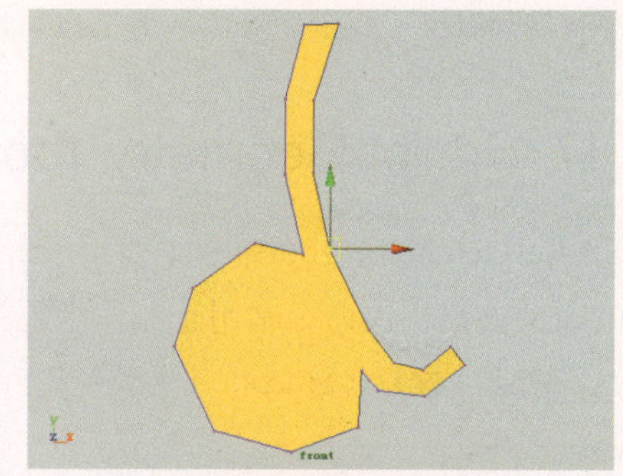

图2-62 编辑创建的多边形外形

技巧

在创建多边形顶点时，还可以使用创建NURBS曲线顶点操作所应用的一些吸附顶点的快捷键，比如按X键可以将点吸附到视图网格上；按C键可以将点吸附到场景物体的边上；按V键吸附到物体或曲线边的点上；按Ctrl键可以在已创建的模型上创建一个洞。并且创建出的模型可以使用所有多边形编辑工具。

在执行创建自定义多边形操作之前，可以设置其属性参数来改变所创建的多边形状态。执行Mesh（网格）| Create Polygon Tool（创建多边形工具）□命令，打开其属性对话框，如图2-63所示。

对话框中的选项说明如下。

- Divisions（细分）：用于设置每条边上点的数目。

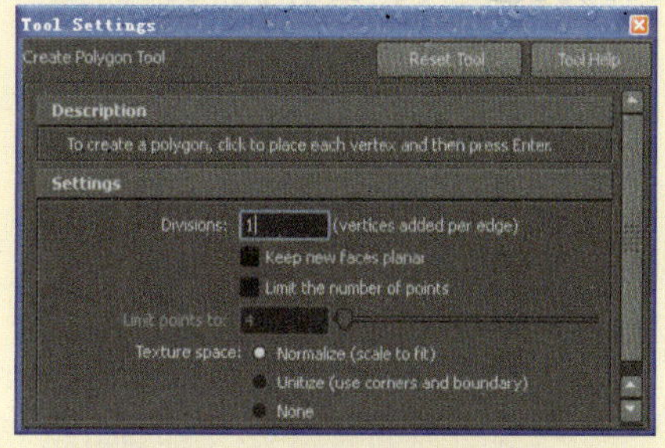

图2-63 工具设置属性对话框

- Keep new faces Planar（保持平面上的新面）：用于控制是否将新面保持在一个平面上。
- Limit the number of points（限制点数量）：用来控制新面边上的顶点数量。
- Limit points to（限制点数值）：用于限制点的数量。如数值为5，当创建物体的点数量达到5时，自动创建出一个独立物体。但是只要在启用Limit the number of points复选框后，才能设置该参数值。
- Normalize（正常化）：用于缩放纹理坐标，以匹配0到1的纹理空间。
- Unitize（单位空间）：用于控制纹理坐标放置在0到1纹理空间的边界边和边角处。

2.3.17 Sculpt Geometry Tool（几何体雕刻工具）

Sculpt Geometry Tool命令主要用于对物体表面的部分顶点进行重新分布，从而改变模型表面的造型效果。该命令常用于制作生物模型肌肉的凹凸效果。它分为4种雕刻方式，即Pull（拉）、Push（推）、Smooth（光滑）和Erase（擦除），以方便用户对模型进行细致修改。

动手实践040——雕刻多边形

1 选中场景中的模型，执行Mesh（网格）| Sculpt Geometry Tool（几何体雕刻工具）命令，此时在场景中会出现一个红色的笔刷控制器，如图2-64所示。

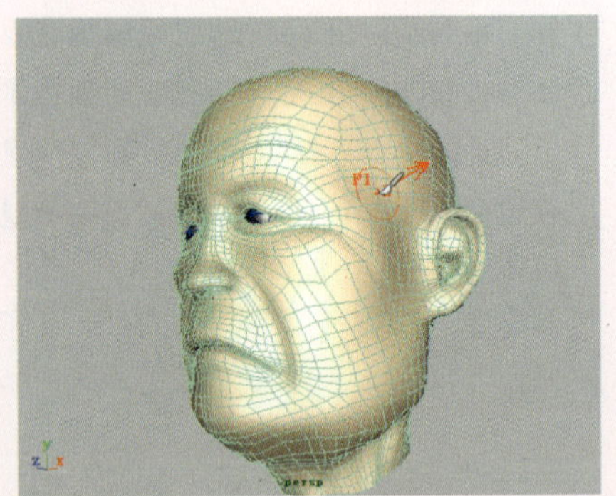

图2-64 出现红色笔刷控制器

2 按B键，同时按住鼠标中键并水平拖曳，可以调整笔刷半径的大小，如图2-65所示。

3 单击工具栏上的按钮，打开雕刻工具属性设置面板，再单击Sculpt Parameters（雕刻参数）属性下的图标，即选用Pull（拉）的雕刻方式。然后在模型上进行雕刻，如图2-66所示。

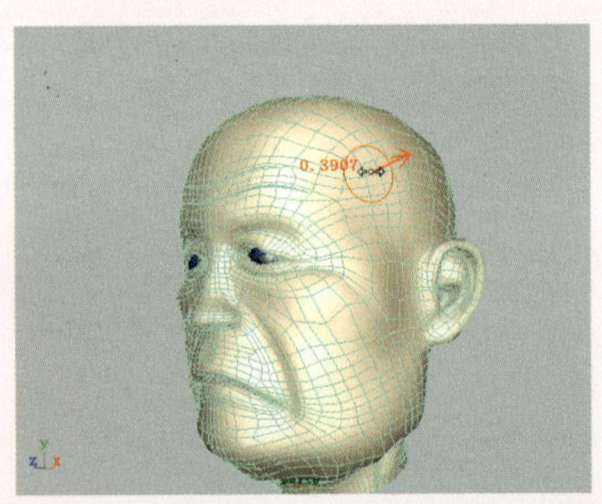

图2-65 调整笔刷大小

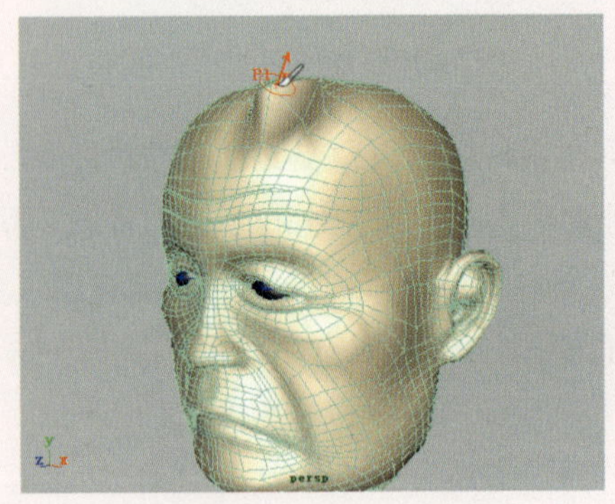

图2-66 雕刻的凹凸效果

2.3.18 Mirror Cut（镜像剪切）

Mirror Cut命令用来对原始物体制作镜像物体，以及镜像物体与原始物体制作剪切效果。当移动镜像剪切操作产生的控制手柄，若镜像物体与原始物体重合，则重合的部分会被剪切掉。若两物体不重合，则它们是各自独立并且共同构成一个完整的新个体。

动手实践041——镜像剪切

1 在场景中导入一个角色模型，并且删除其一侧的面，如图2-67所示。

图2-67 导入角色模型

2 选择该模型，执行Mesh（网格）|Mirror Cut（镜像剪切）命令，对其进行镜像剪切操作，此时会产生一个方形控制器和一个镜像物体，如图2-68所示。

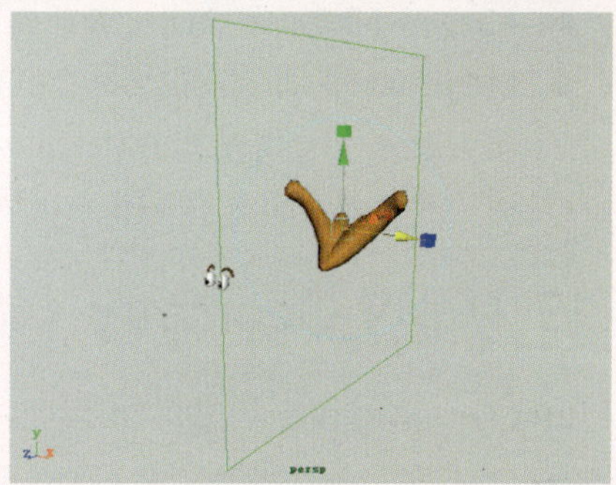

图2-68 镜像剪切操作

3 移动蓝色的控制手柄，观察原始物体与镜像物体之间距离的变化，如图2-69所示。

图2-69 修改原始物体

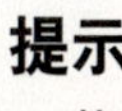

提示

执行镜像剪切时，处于镜像控制器水平面的物体顶点要保证处在同一平面上，以使镜像出的物体与原始物体很好地拼合在一起，以免产生不规则的洞。

问题：为什么有时在执行镜像剪切命令后，产生的镜像物体与原始物体是背离存在的，并不能产生想要的新物体？

此时可以翻转原始物体的坐标轴向。比如说原始物体处在X轴正半轴，要使其沿X轴由负半轴镜像到正半轴，就要将其镜像翻转到X轴负半轴，然后再执行镜像剪切命令。

如果需要自定义镜像类型，可以通过设置镜像剪切命令的属性参数来改变原始物体所产生镜像物体的状态。单击Mesh（网格）|Mirror Cut（镜像剪切）命令右侧的方体按钮，弹出其属性对话框，如图2-70所示。

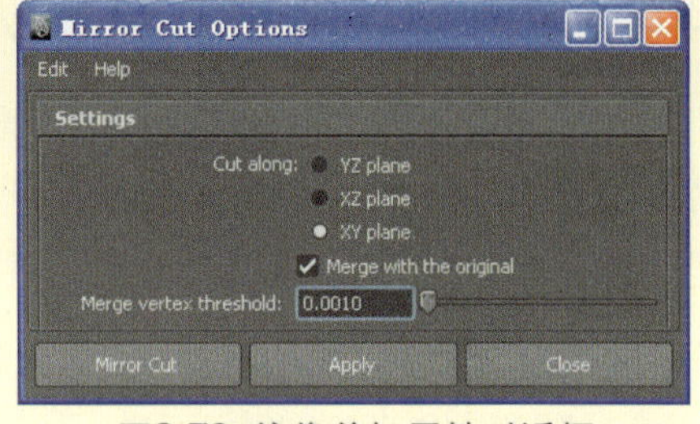

图2-70 镜像剪切属性对话框

对话框中的选项说明如下。

- Cut along（剪切角度）：用于设置剪切平面所处的位置。
- Merge with the original：用于设置是否将镜像部分与原始物体合并。
- Merge vertex threshold（缝合点阈值）：用于设置镜像部分与原始物体合并点的极限值。该属性必须在启用Merge with the original复选框后才能被使用。当设置该值为0时，镜像物体与原始物体独立存在。

2.3.19 Mirror Geometry（镜像几何体）

Mirror Geometry命令用来对物体边界的轴对称物体进行复制和镜像，并可以将镜像物体与原物体合并为一体。选中物体，执行Mesh（网格）| Mirror Geometry（镜像几何体）命令，即可完成物体的镜像操作。

动手实践042——镜像几何体

1 继续使用上个实例模型，单击Mirror Geometry命令右侧的方体按钮，打开其属性对话框，选中-X单选按钮并启用Merge With the Original（与原始物体缝合）复选框，如图2-71所示。

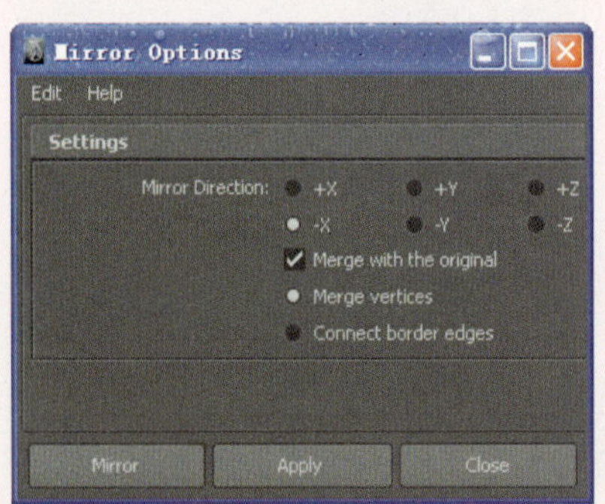

图2-71 镜像属性对话框

2 选中角色模型并单击Apply（应用）按钮，对其进行镜像操作。然后，移动镜像边界的一个顶点，观察镜像模型与原始模型顶点的连接效果，如图2-72所示。

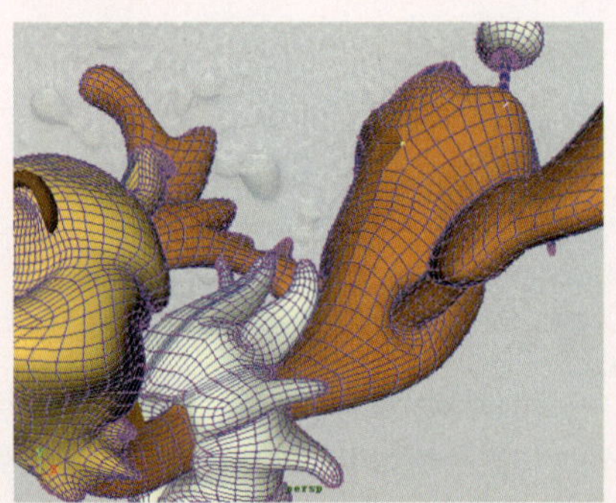
图2-72 物体的镜像效果

如果想要改变镜像物体与原始物体之间的连接关系，需要在执行镜像几何体操作之前，事先设置好镜像几何体属性参数。对话框中的选项说明如下。

- Mirror Direction（镜像方向）：用于设置物体镜像轴的方向。
- Merge with the original（与原对象合并）：用于将镜像部分与原物体合并。
- Merge vertices（缝合点）：用于将镜像部分与原物体的临近点合并，建立成独立物体。

- Connect border edges（连接边界边）：用于将原物体与镜像物体接近的边连接，并建立一个闭合的物体。

2.4 制作精致闹钟模型

通过前面对原始多边形和多边形基础工具的介绍，用户已经掌握了这些工具的使用方法。在本节中，将依照这些多边形工具来创建一个逼真的闹钟模型，以巩固对这些工具的掌握。

综合演练01——制作精致闹钟模型

操作时间	46分08秒
视　频	视频\第2章\02.avi

2.4.1 制作闹钟外壳

1 单击工具架中Polygon标签下的图标，然后在场景中单击创建一个圆柱体，如图2-73所示。

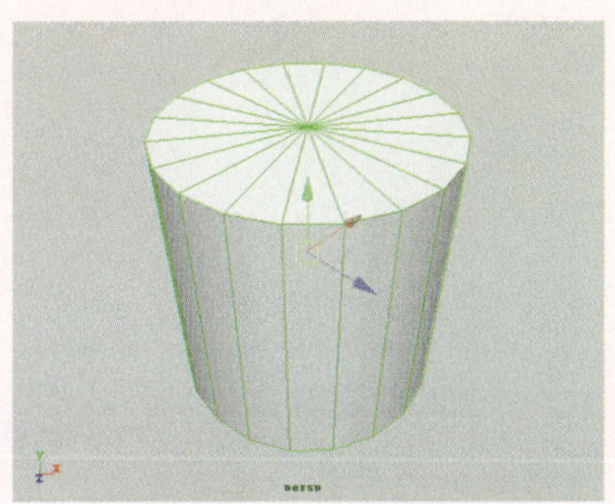

图2-73 创建圆柱体

2 选中圆柱体，在视图右侧的通道栏中找到并展开Polycylinder1属性卷展栏，设置其属性参数，如图2-74所示。

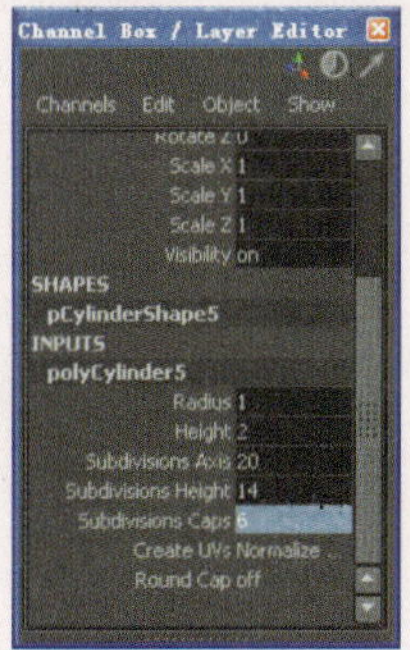

图2-74 调整圆柱属性参数

3 将创建的圆柱体沿X轴旋转90度并对其进行复制，将原始圆柱体保存到图层并隐藏该层。右键进入复制圆柱的面编辑模式，选中其两端的面，如图2-75所示。

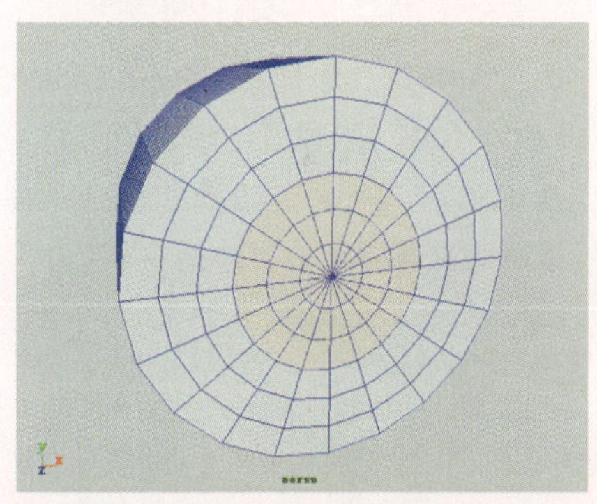

图2-75 选中复制模型的面

4 将所选的多边形面通过按Delete键删除。然后进入模型边编辑模式，选中如图2-76所示的边。

5 执行Select（选择）| Convert Selection（转换选择）|To Edge Loop（转环形边）命令，选中整条循环边。然后使用缩放工具对选中的整条循环边进行缩放，使选择的边靠近模型的侧面边，如图2-77所示。

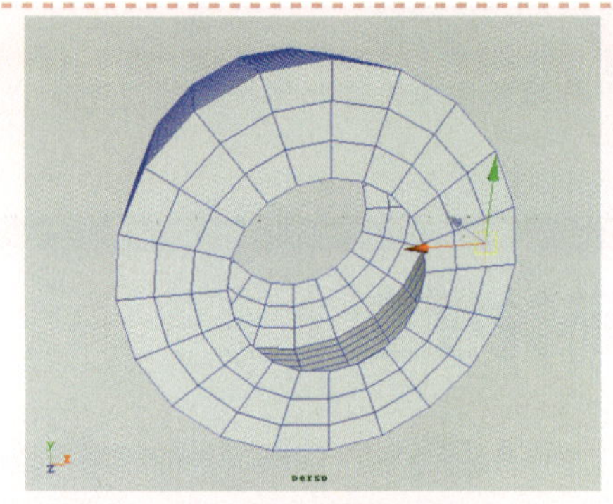

图2-76 选中多边形面

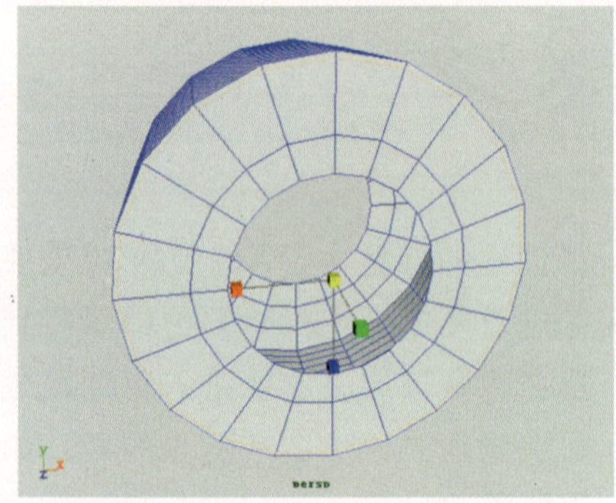

图2-77 执行To Edge Loop命令

6 执行Select（选择）| Select Border Edge Tool（选择多边形边界）命令，在如图2-78所示的边界边上连续单击以将其整条循环边界边选中。

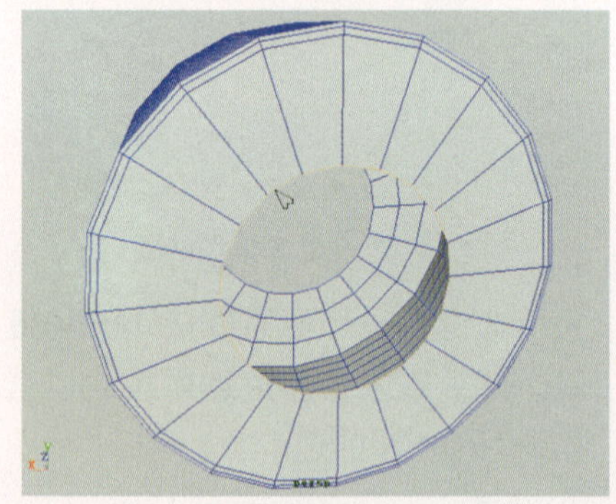

图2-78 选中边界边

7 按R键，对所选的循环边界边进行缩放，使其靠近模型的侧面边。然后移动边界边的位置，使其产生如图2-79所示的效果。

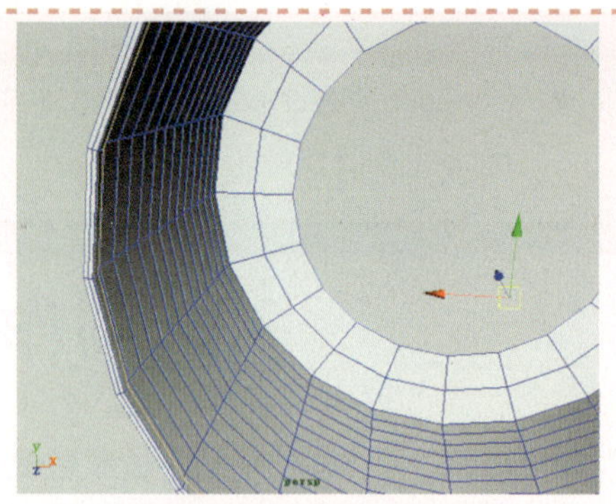

图2-79 移动边界边后的效果

8 显示之前隐藏的原始圆柱体层，进入其面的显示模式，将其多余的面删除，仅保留圆柱顶端的平面，如图2-80所示。

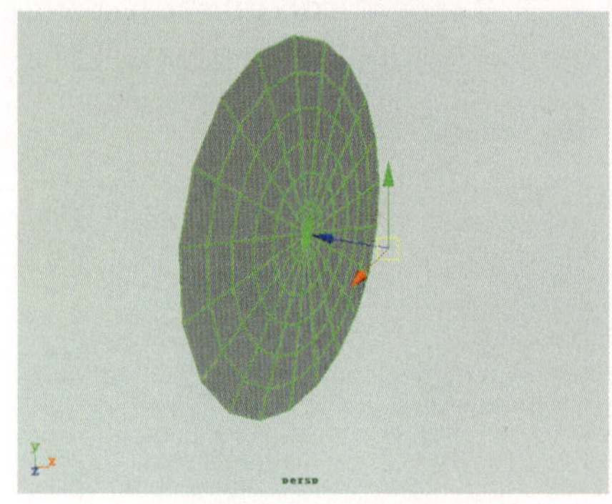

图2-80 删除多余的面

9 选择剩余的平面，将其放置到圆柱的内部。然后，选中其同心部位的循环边并使用缩放工具进行调整，使它们靠近平面的边界边，如图2-81所示。

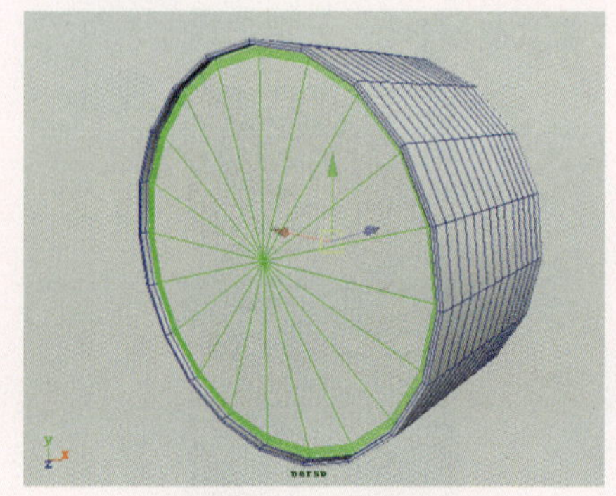

图2-81 移动平面的位置

10 放大视图角度，右键进入平面边的编辑模式，框选如图2-82所示的几条边线。

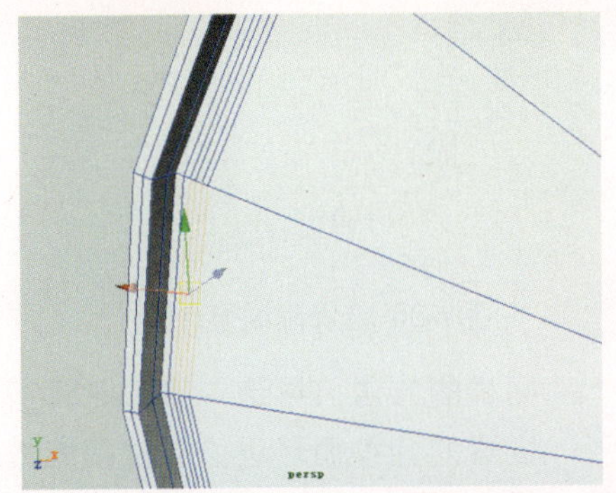

图2-82 选中平面上的边

11 执行Convert Selection（转换选择）|To Edge Loop（转环形边）命令，选中几条边所在的整条循环边，如图2-83所示。

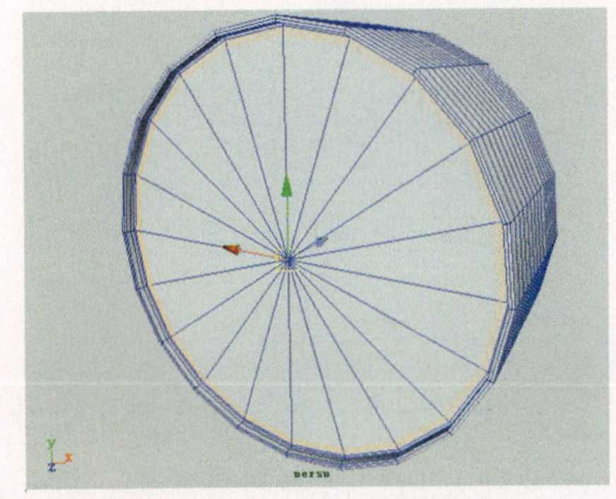

图2-83 选中平面的循环边

12 再执行Select（选择）| Convert Selection（转换选择）| To Vertices（转顶点）命令，将选择的边切换到其边上的顶点显示模式，如图2-84所示。

13 按住Shift键，加选平面中心位置的顶点，使用移动工具调整所选顶点的位置，用来作为表盘，如图2-85所示。

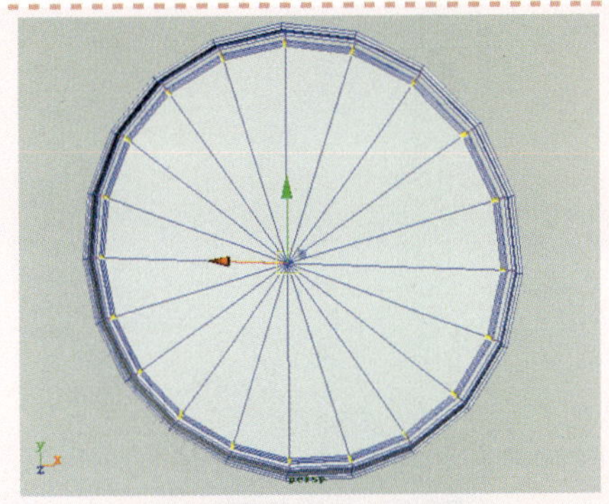

图2-84 移动循环边位置

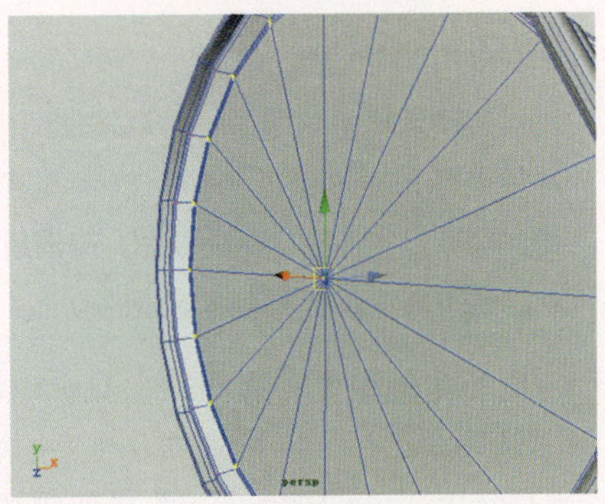

图2-85 移动顶点位置

14 选中创建的外壳模型，执行Display（显示）| Polygons（多边形）| Backface Culling（剔除背面）命令，隐藏其背面显示，如图2-86所示。以免后面选择模型元素时错选其他不需要的元素。

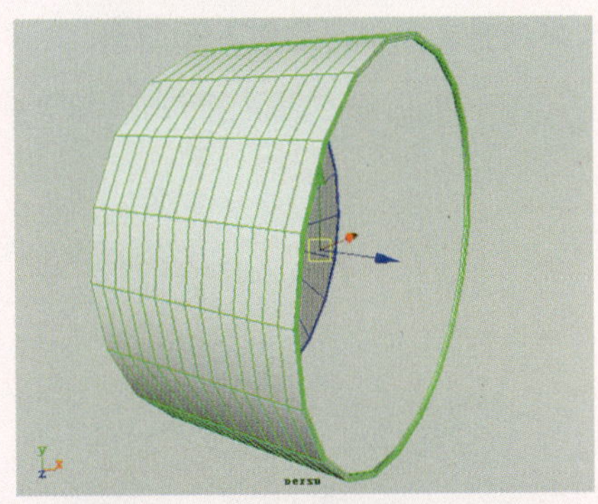

图2-86 执行Backface Culling命令

15 进入模型的边显示模式，框选如图2-87所示位置的边线。

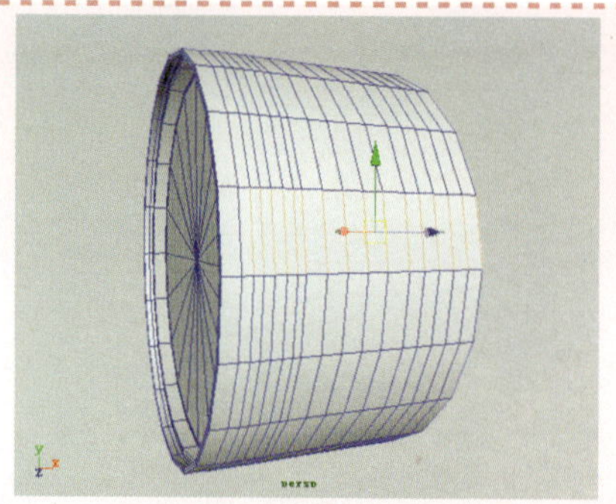
图2-87 选中模型的边

技巧

在错选模型的边后，可以按住Ctrl键并用鼠标单击该错选的边，以将其减选掉。也可以在视图空白处单击，取消所有选择的边再重新选择需要编辑的边。

16 执行Select（选择）| Convert Selection（转换选择）| Select Contiguous Edges（选择限定边）命令，选中其循环边，并对它们执行缩放操作，如图2-88所示。

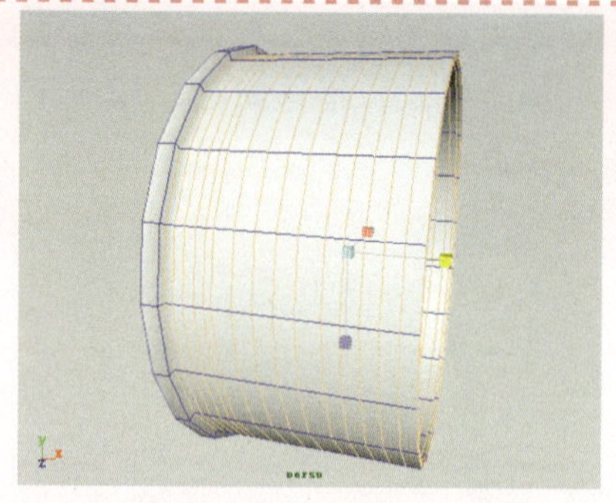
图2-88 选择限制循环边

17 同样的方法，再选中如图2-89所示位置的几条循环边，并使用缩放工具对其缩放。

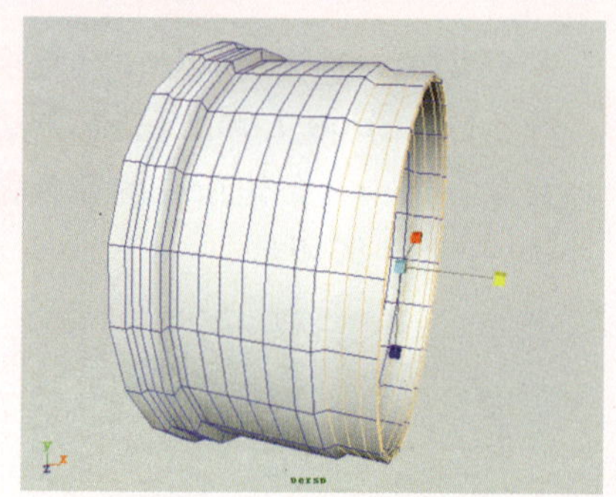
图2-89 调整模型造型

2.4.2 制作表盘和铃铛

1 选中表盘模型，按Ctrl+D键，将其复制并移动到外壳的另一端，使用缩放工具调整其大小，如图2-90所示。

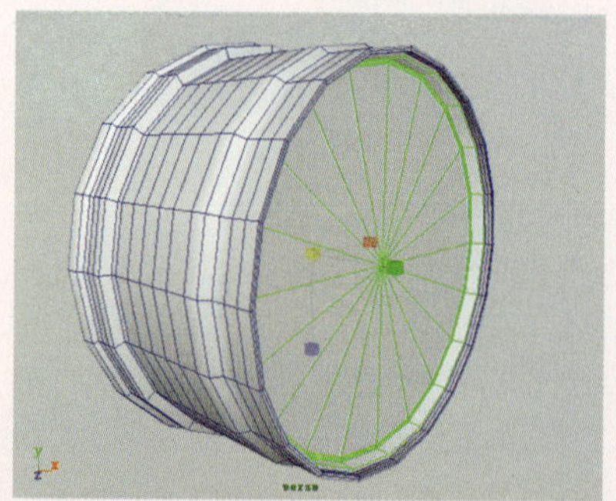
图2-90 复制表盘模型

2 执行Create（创建）| Polygon Primitives（多边形基本体）| Sphere（球体）命令，然后在场景中创建一个球体，切换到面编辑模式，选中其下半侧的面，如图2-91所示。

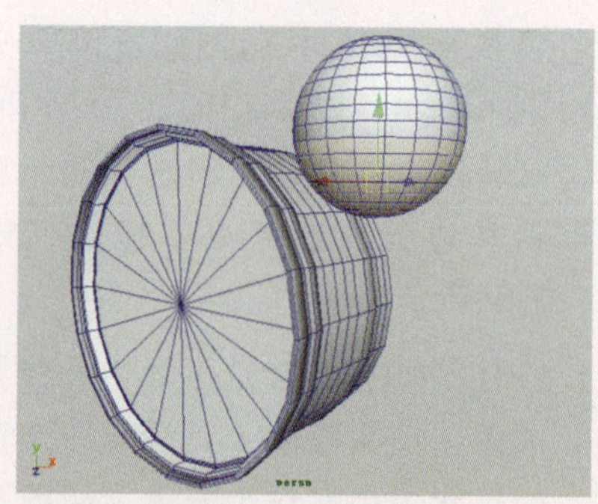
图2-91 创建球体

3 将选中的面删除。然后使用移动和旋转工具对模型进行移动和旋转操作，再使用缩放工具调整其高度，如图2-92所示。

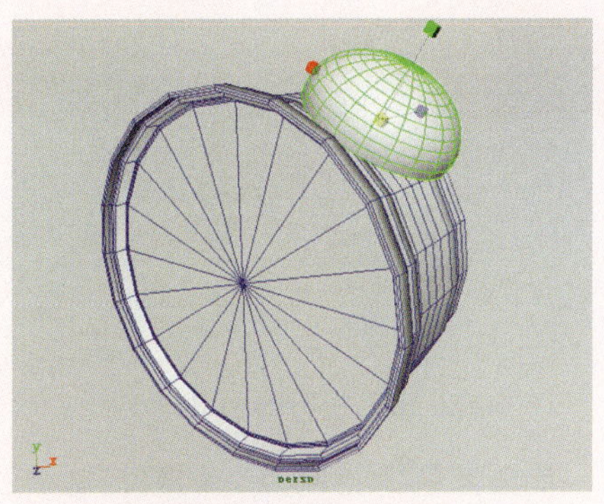

图2-92 调整半球高度

4 在场景中创建一个多边形圆柱，调整其端部的循环边，以使其端部变得圆滑，如图2-93所示。

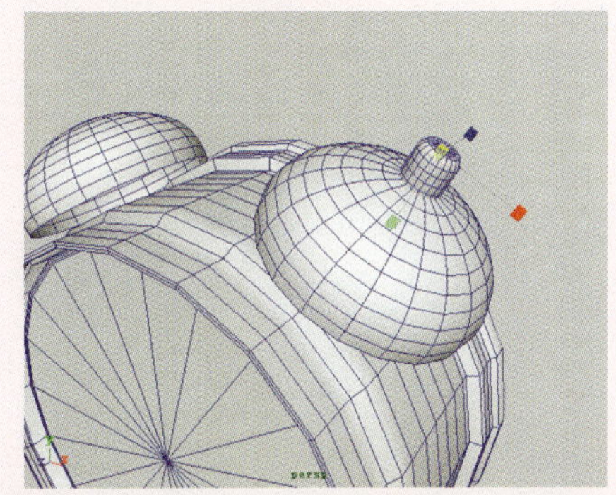

图2-93 调整圆柱体

5 再选中其中间部位的两条循环边，使用缩放工具对其进行调整，如图2-94所示。

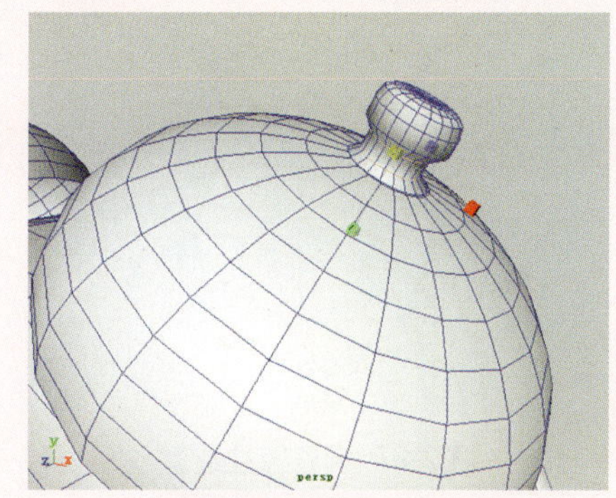

图2-94 调整圆柱造型

6 切换到Front视图，按数字键4，显示其网格，使用移动和缩放工具调整圆柱另一端的长度及半径大小，如图2-95所示。

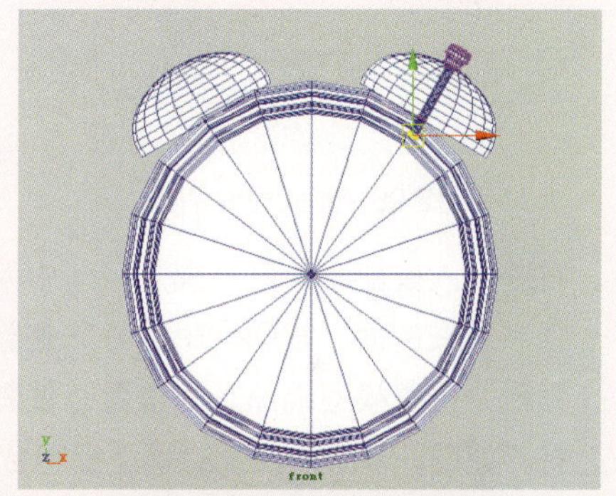

图2-95 调整圆柱长度

2.4.3 制作手柄和指针

1 在场景中创建一个圆柱体，调整其细分段数、长度及半径大小，用于制作闹钟手柄，如图2-96所示。

2 切换到Front视图，进入圆柱顶点显示模式，选中其中间部位的点，然后使其沿Y轴向上拖曳，如图2-97所示。

3 选中如图2-98所示的顶点，按R键并水平拖曳黄色的方体控制手柄，以调整所选顶点的缩放宽度。

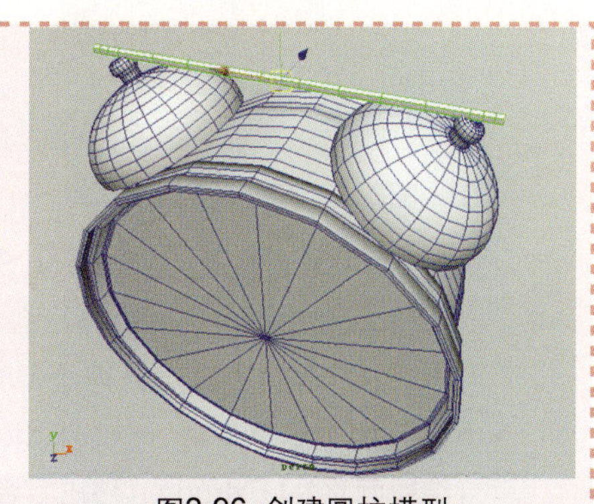

图2-96 创建圆柱模型

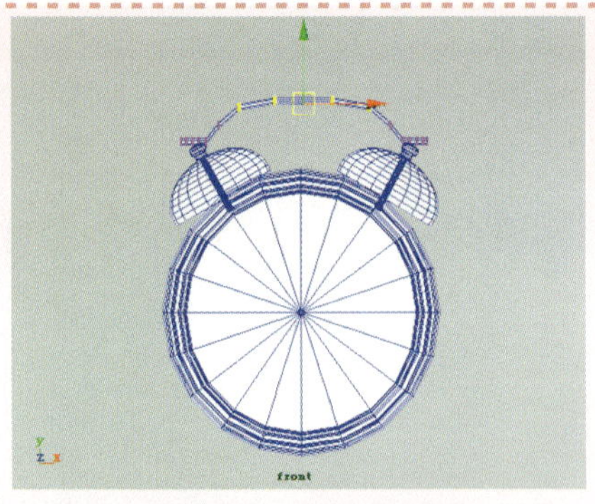

图2-97 调整圆柱造型

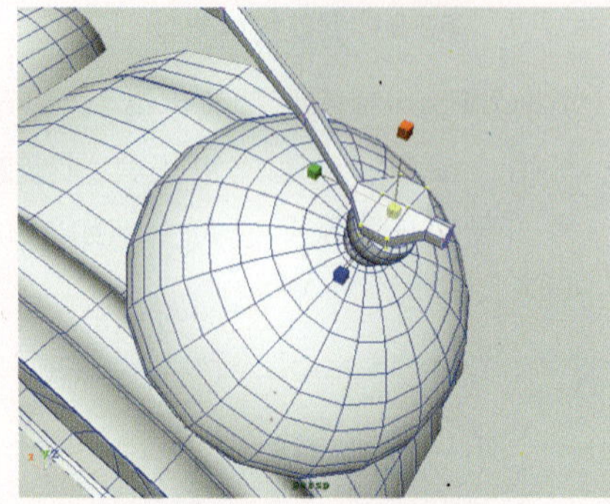

图2-98 缩放圆柱顶点

4 右键进入模型面的显示模式，选中缩放顶点所在的面，按Delete键将其删除。然后，调整模型端部点的位置，使其正好与如图2-99所示位置的模型相吻合。

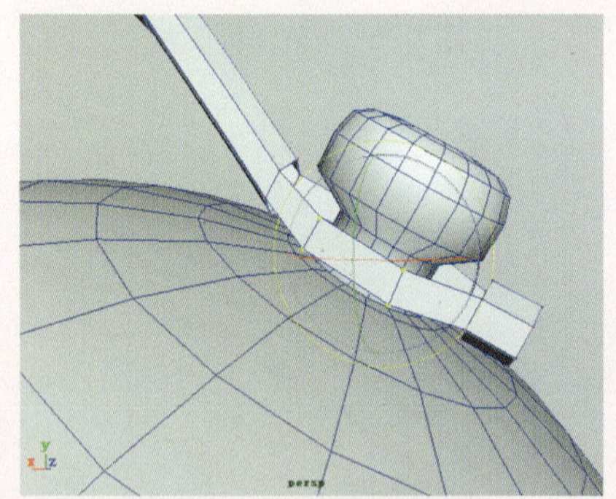

图2-99 调整模型端部顶点

5 执行Select（选择）| Select Border Edge Tool（选择多边形边界）命令，在图2-100所示的边界边处连续单击，选中该处的边界循环边，执行Edit Mesh（编辑网格）| Extrude（挤出）命令。

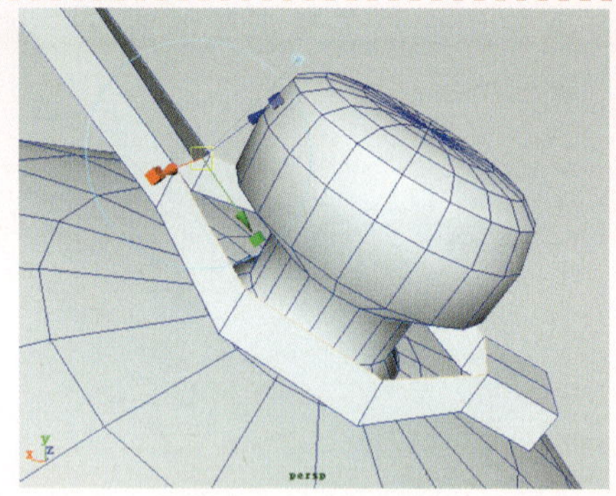

图2-100 执行Extrude命令

6 单击蓝色的控制点，调整控制器的中心。接着单击任意方体控制器，在中心位置产生一个黄色的方体控制器，中键水平拖曳该控制器以调整挤出面的拉伸，如图2-101所示。

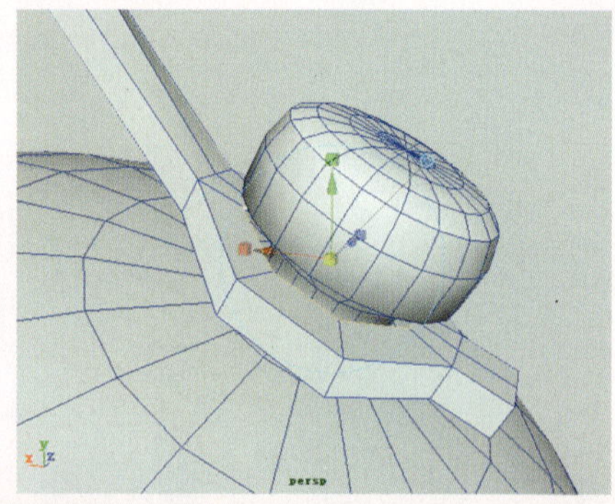

图2-101 调整挤出面

7 调整视图角度，选中如图2-102所示位置的面，执行Extrude命令。然后，拖曳蓝色箭头以对挤出面进行缩放和移动操作，从而制作出该处的凹陷效果。

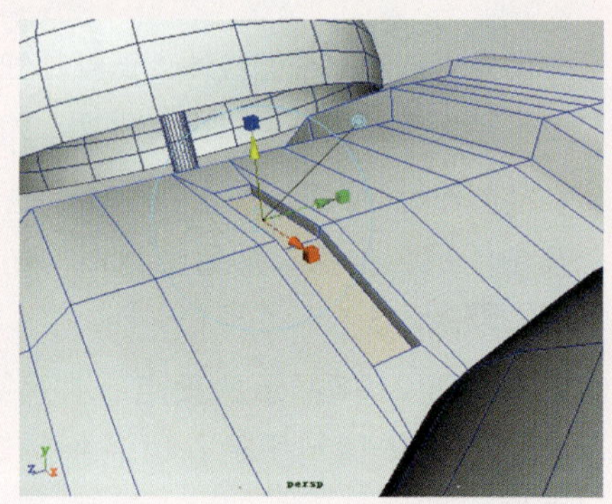

图2-102 调整挤出面位置

8 在场景中创建3个圆柱体，分别调整它们的半径大小及长度，用来作为闹钟的定时开关，如图2-103所示。

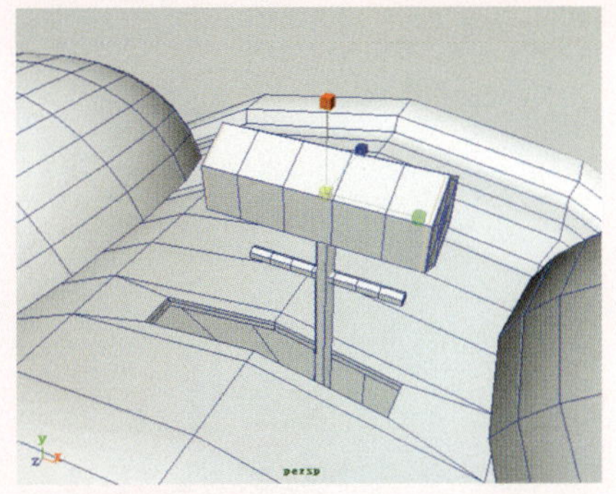

图2-103 创建闹钟定时开关

9 创建一个圆柱模型，调整其半径大小及外形，用来作为表针的旋转轴。再创建一个Cube模型，调整其长度、厚度及细分段数，用来作为表针，如图2-104所示。

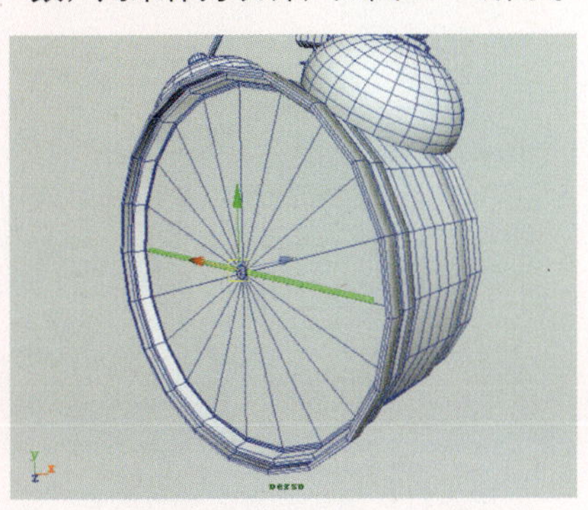

图2-104 制作表针模型

10 将创建的表针进行复制并调整复制物体的长度，用来作为闹钟的另外两个表针。然后，对表针模型的顶点进行缩放处理，如图2-105所示。

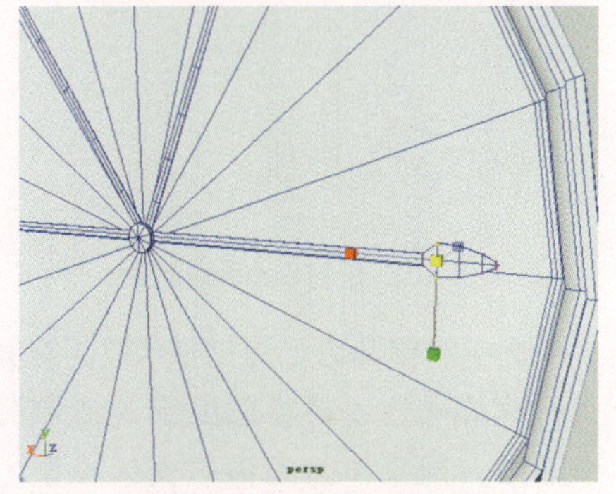

图2-105 调整表针顶点

11 同样的方法，调整另外一个指针的外形，如图2-106所示。

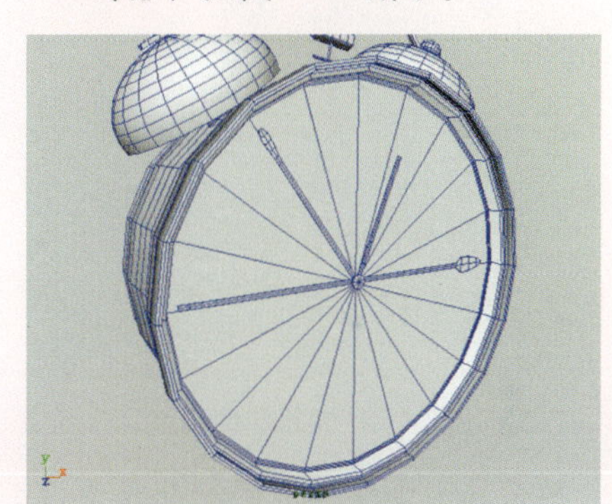

图2-106 制作其他表针外形

2.4.4 闹钟支架制作

1 在场景中创建一个圆柱，调整其Subdivisions Axis（轴向细分）为6、Subdivisions Height（细分高度）为12、Subdivisions Caps（细分盖）为2，并调整其上面几条循环边的间距及移动位置，如图2-107所示。

2 选择圆柱，执行Proxy（代理）| Subdiv Proxy（细分光滑代理）命令，将其转化为代理模式。然后执行Select Edge Loop Tool（选择环形边）命令，在图2-108所示的位置连续单击，选中其一条循环边。

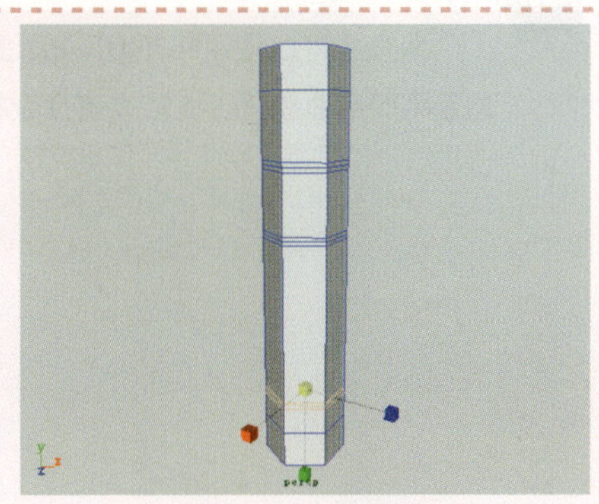

图2-107 创建圆柱

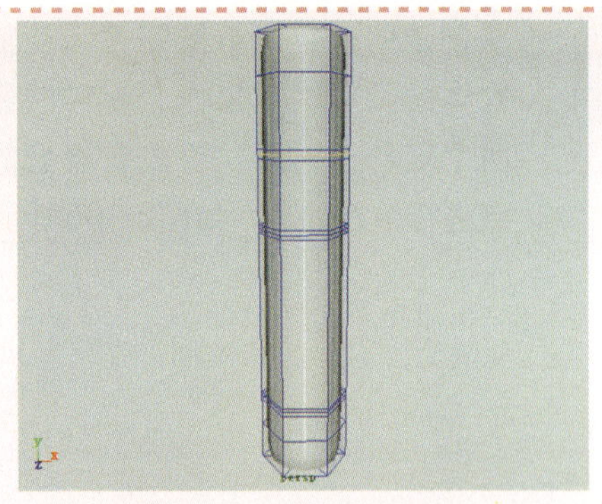

图2-108 执行Subdiv Proxy

3 将选中的循环边，通过按R键，对其进行缩放操作以将模型底部的边调整为圆形，用来作为闹钟的支架模型，如图2-109所示。

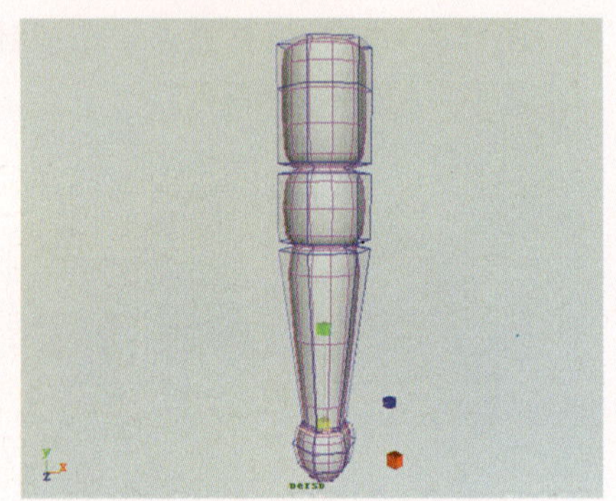

图2-109 调整模型造型

4 模型外形调整完成后，选择该模型，执行Proxy（细分） | Subdiv Proxy（细分光滑代理）命令，将其转化为正常模式，如图2-110所示。

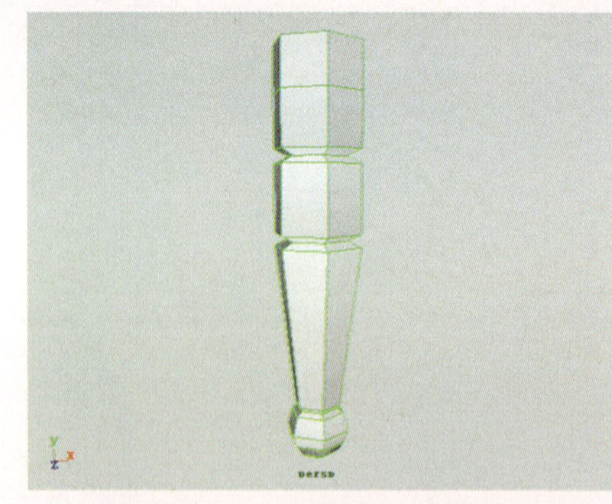

图2-110 代理模式转为正常模式

5 将制作的支架模型进行复制，并调整它们的放置位置。然后选中所有模型，单击工具架上的图标，将它们进行光滑处理，如图2-111所示。

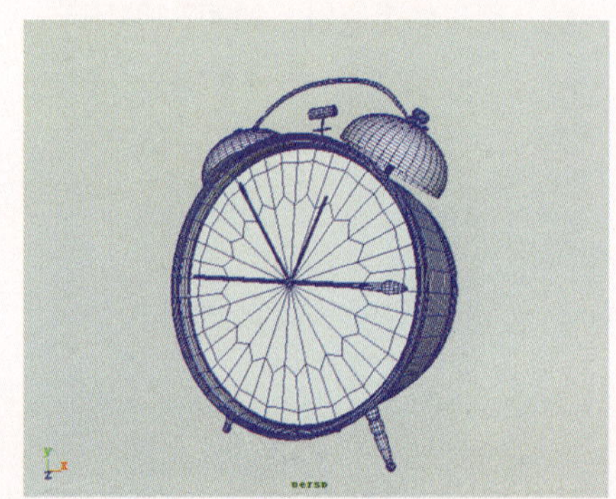

图2-111 闹钟的整体制作效果

技巧

用户也可以使用NURBS曲面的建模方法来创建该闹钟模型。首先通过创建一个轮廓曲线，然后将轮廓曲线通过旋转成面命令将其转化造型曲面，从而快速创建出精致的闹钟。

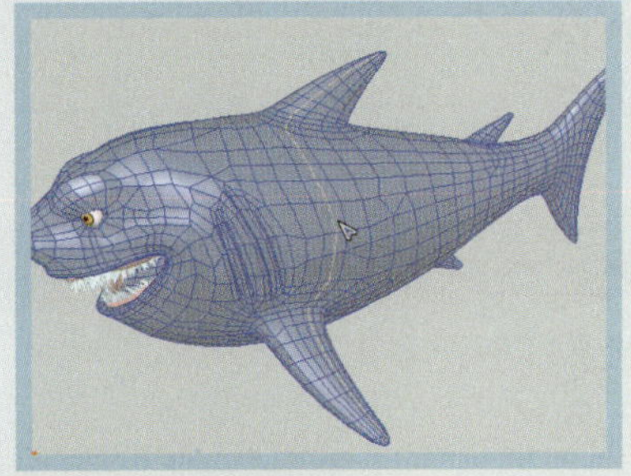
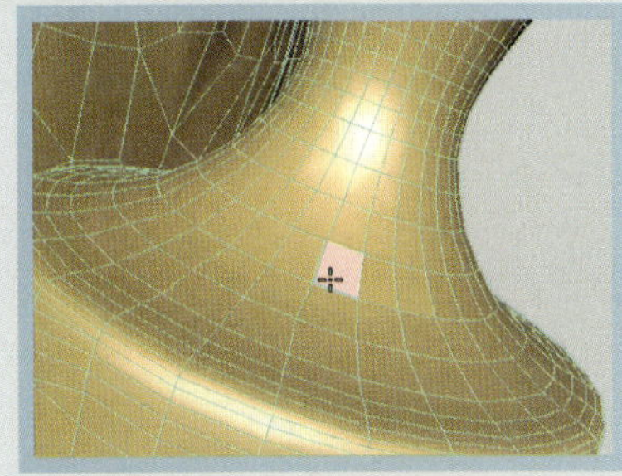

第3章 多边形高级建模

Maya的建模技术是非常强大的，被广泛应用于电视广告、影视特效以及专题制作等诸多方面。因此，Maya建模技术深受广大用户的喜爱，尤其是Maya多边形建模技术，可以使用户在三维空间中随意创建或修改各种模型造型。随着软件版本的不断升级，Maya软件可以支持更高精度的模型，其多边形高级建模已经成为三维领域倍受青睐的技术之一。本章对多边形的一些拓展工具的应用和多边形建模技术进行详细的介绍。

3.1 多边形扩展工具

在Maya 2011多边形建模中，除了提供的基础工具之外，还添加了许多功能更为强大的新工具，从而很大程度上降低了建模的难度。在本节中将对这些工具的使用方法进行详细的介绍。

3.1.1 Extrude（挤出）

Extrude命令为多边形建模中非常实用的工具，用户在快速选择指定的面后，执行该命令，即可挤出新的拉伸面，以创建出新的造型效果。

动手实践043——对所选面进行挤出操作

1 在场景中导入一个角色模型，切换到面的显示模式，选中如图3-1所示的面并执行Edit Mesh（编辑网格）|Extrude（挤出）命令。

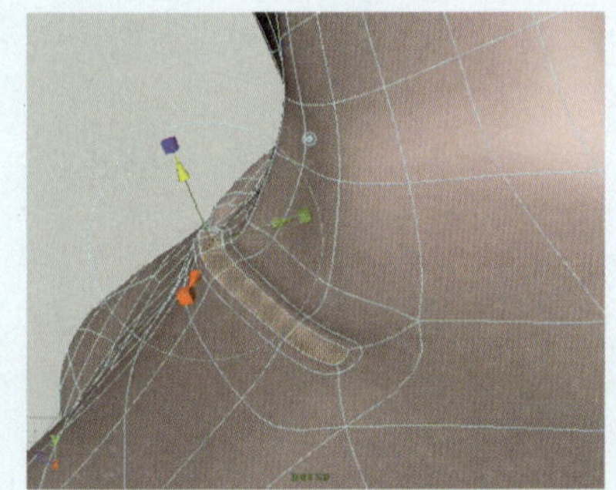

图3-1 执行Extrude命令

2 此时会出现3个坐标方向上的控制手柄，拖动蓝色的控制手柄，在模型所选面的基础之上会生产一个拉伸面，如图3-2所示。

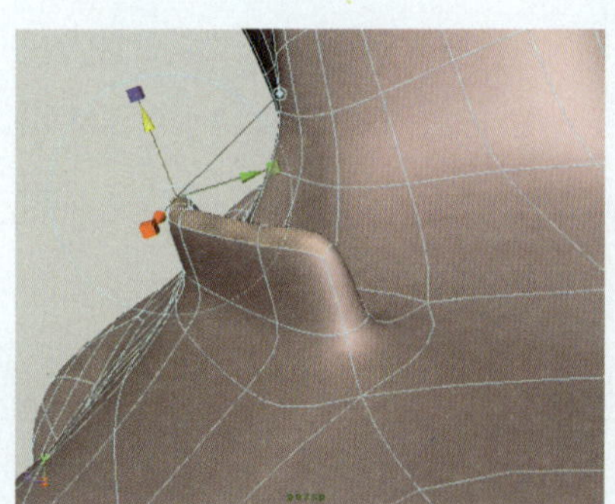

图3-2 调整挤出面的拉伸距离

提示

在对所选物体执行Extrude命令后，会产生3个轴向上的控制手柄和一个蓝色的环形控制器，拖曳控制手柄可以调整挤出面的拉伸效果，单击蓝色的环形控制器，可以使控制器所在的坐标方向恢复到与场景空间坐标方向相同，从而便于挤出面的调整。

根据建模需要，可以调整挤出工具的属性参数设置，以改变挤出面的状态，比如设置挤出面的细分段数、偏移及平滑角度等。单击Extrude命令右侧的□按钮，打开挤出面属性对话框，如图3-3所示。

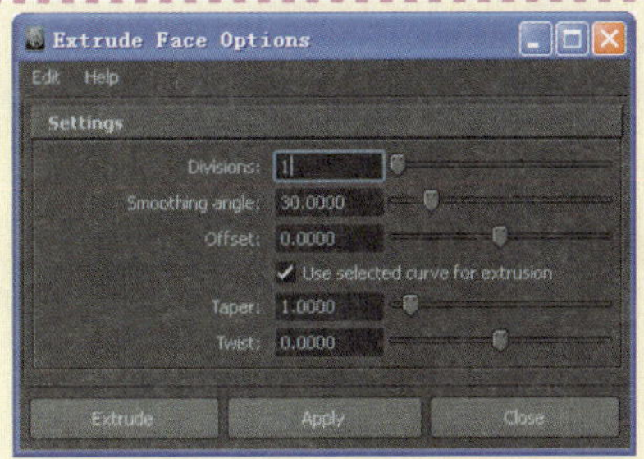

图3-3 挤出面属性对话框

- Divisions（细分）：用于控制挤出面的细分段数，默认为1。
- Offset（偏移）：用于设置拉伸面顶点与其中心点位置的偏移值。
- Use selected curve for extrusion（使用选定曲线挤出）：用于控制是否使用曲线作为拉伸参照路径。

在启用该复选框后，首先选中面片，再选中曲线，然后单击Extrude按钮，此时所选面会跟随路径，创建出曲线造型的模型效果。同时也可调整挤出模型的细分段数，该命令类似于NURBS挤出曲面工具。如图3-4所示，设置Divisions值分别为10和40的两种路径挤出效果。

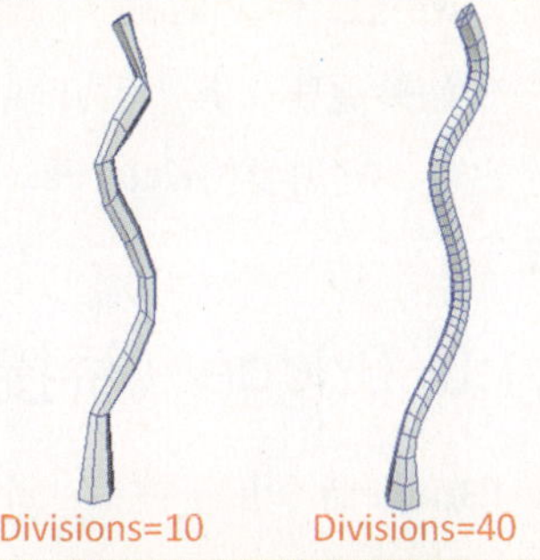

图3-4 路径挤出效果

- Taper（锥化）：用于改变拉伸面的末端大小，以产生锥体的效果。
- Twist（扭曲）：用于使拉伸面产生扭曲的螺旋效果。

3.1.2 Keep Faces Together（保持面与面合并）

在对模型进行挤出操作时，Keep Faces Together命令可以让多个相邻的挤出面拥有共同的公共边。这个命令是配合着挤出命令一起使用的。如果先启用Keep Faces Together命令，再执行Extrude命令，然后拖拉相邻的面或边，则相邻的面或边是连接在一起的；如果禁用这个命令，而选择直接执行Extrude命令，此时再拖拉相邻的面或边，则相邻的面或边是彼此独立的。

动手实践044——保持面与面合并

1 创建一个球体并选中其一半的面，禁用Edit Mesh（编辑网格）|Keep Faces Together（共面）命令，然后执行Extrude（挤出）命令，对其进行挤出操作并调整其挤出面的拉伸距离和缩放，效果如图3-5所示。

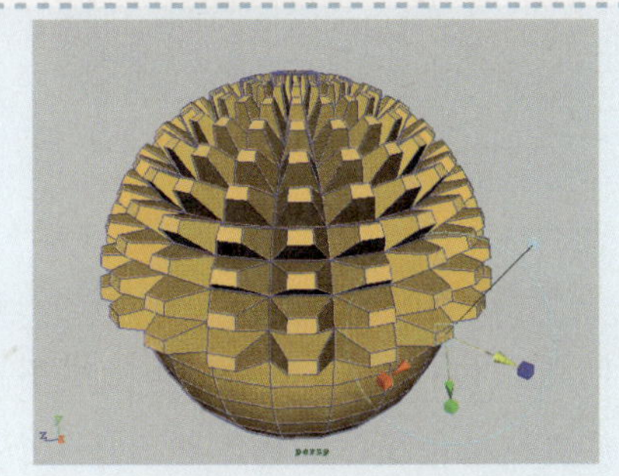

图3-5 禁用Keep Faces Together命令

2 按Z键取消挤出操作，启用Keep Faces Together（共面）命令。然后对所选面执行Extrude命令，对其进行挤出并调整挤出面的拉伸和缩放，如图3-6所示。

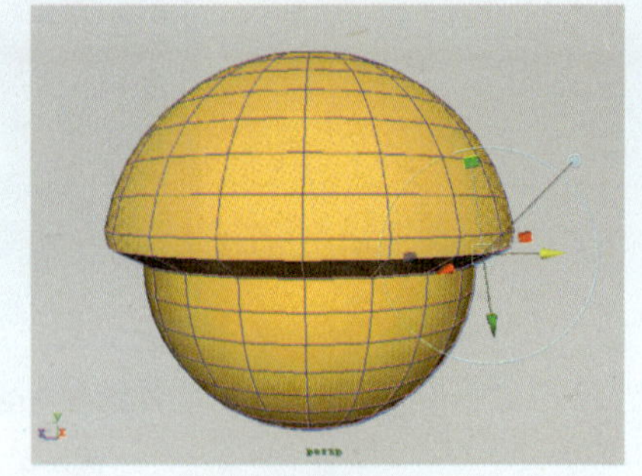
图3-6 启用Keep Faces Together命令

问题：如果需要多个相邻的边彼此独立挤出的话，该怎样操作？

如果需要多条边彼此独立挤出的话，选中模型，鼠标右击切换到Edge模式，选中多条相邻的边，只需要将Keep Faces Together命令勾选取消即可。然后再执行Extrude命令，进行挤出操作。

3.1.3 Bridge（桥接）

Bridge命令用于在同一个物体上不同面的两边之间形成一个过渡面，将两边连接起来。该命令通常结合Combine（合并）和Merge（缝合）命令使用，即将两个物体合并在一起，再对其进行桥接操作，然后再将桥接操作产生的过渡面的重合边进行缝合。

动手实践045——保持面与面合并

1 在场景中导入一个未连接的角色模型，进入其边的显示模式，然后选中其两对应边，如图3-7所示。

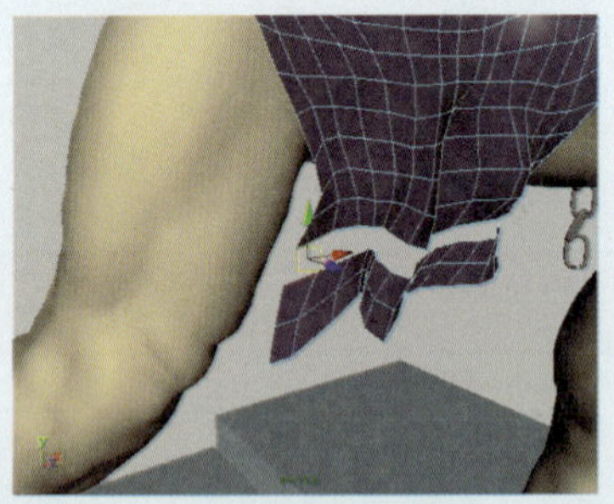
图3-7 选择模型对应边

2 执行Edit Mesh（编辑网格）| Bridge（桥接）命令，对所选边进行桥接操作。此时两边之间会产生一个过渡面，如图3-8所示。同样的方法，将其他位置的对应边也执行桥接操作，将它们连接起来。

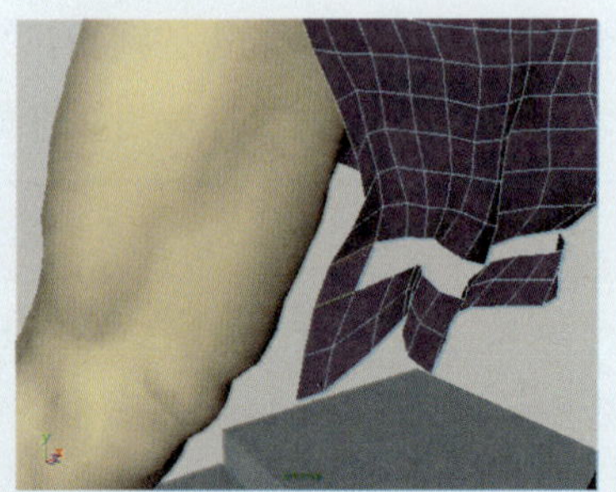
图3-8 执行Bridge命令

问题：为什么正确的选择物体不同面的两边，但不能执行桥接命令操作呢？

能进行桥接操作的物体必须是一个物体或是由多个个体经Combine命令组成的完整个体，并不是由多个个体组合而成的群组物体。

同时也可以通过设置桥接命令的具体属性参数来改变桥接操作所形成的过渡面的状态。执行Edit Mesh（编辑网格）| Bridge （桥接）■命令，打开桥接属性对话框，如图3-9所示。

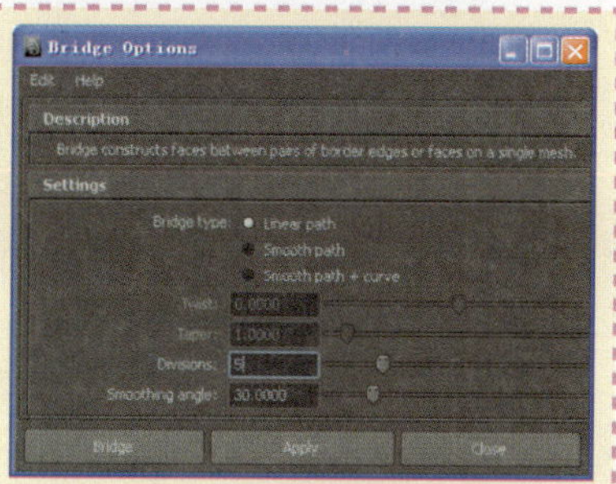

图3-9 桥接属性对话框

- Bridge Type（桥接模式）：用于设置桥接的模式。
  - ◎ Linear path：用于设置线性模式。
  - ◎ Smooth path：用于设置光滑模式。
  - ◎ Smooth path+curve：表示会产生路径曲线的光滑模式。其中使用Smooth path+curve模式形成的连接面，可以跟随曲线造型的改变而改变，如图3-10所示。
- Twist（扭曲）：用于控制连接面的扭曲程度，默认值为0，不产生扭曲效果。
- Taper（椎化）：用于设置是否产生锥体造型的连接面。
- Divisions（细分）：用于设置产生连接面的细分段数。
- Smoothing angle（平滑角度）：用于设置产生连接面的平滑角度。

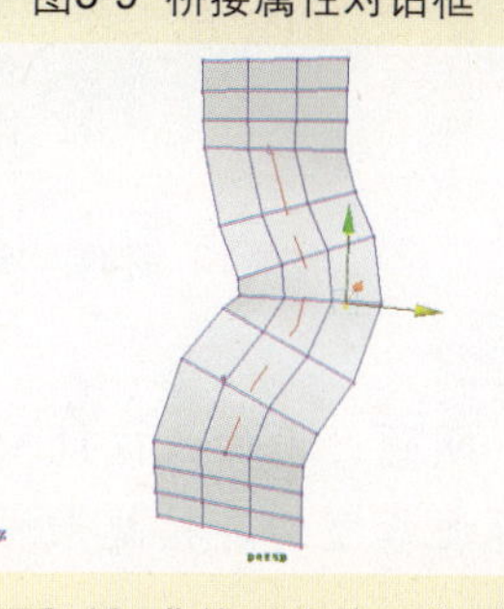

图3-10 曲线对连接面的影响

3.1.4 Append to Polygon Tool（添加到多边形工具）

Append to Polygon Tool命令可以将多边形同一个面上的边连接起来，也可以制作多边形的延伸部分，从而大大降低了工作的难度，使工作效率和质量得到有效的提高，以创建出理想的造型效果。

动手实践046——添加多边形面

1 在场景中导入一个角色模型。如图3-11所示，模型的部分面是断开的。

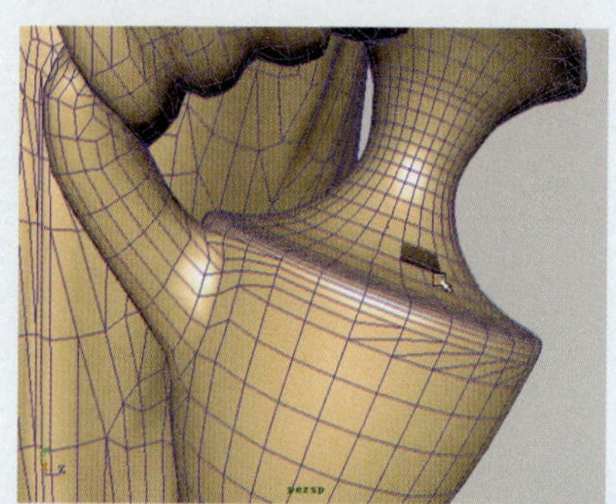

图3-11 导入角色模型

2 执行Edit Mesh（编辑网格）|Append to Polygon Tool（扩展多边形）命令，然后在断开的边缘边上单击，此时会出现红色的三角标记符，如图3-12所示。

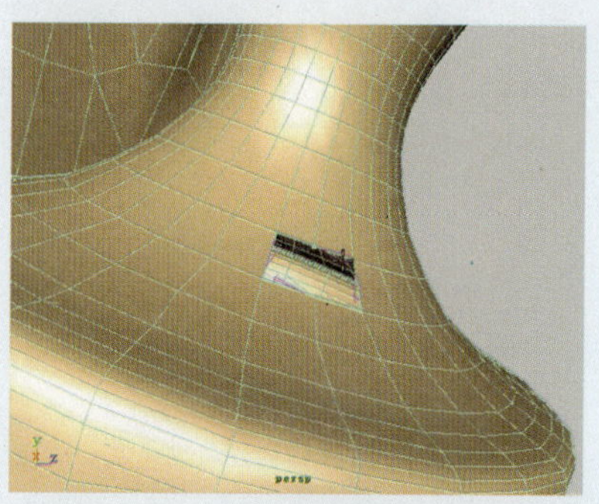

图3-12 执行添加多边形工具

3 然后，在同一面上的对应边处单击，产生一个红色的面，它可以将断开的对应边连接起来。再按Enter键，确定构成新的平面，如图3-13所示。

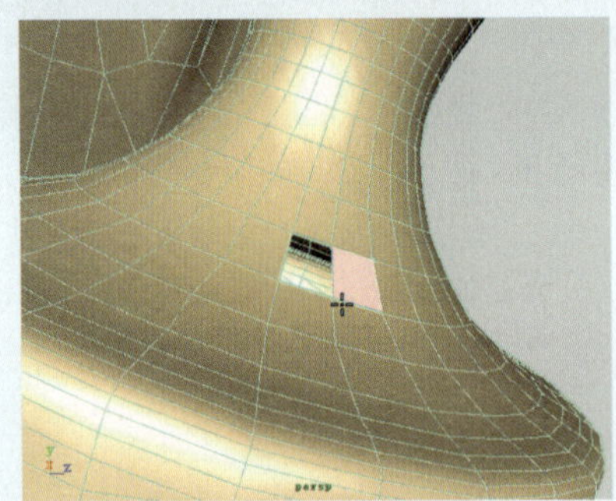

图3-13 面的连接效果

4 使用同样的方法，将相邻的断面也进行连接，以产生一个新的平面，如图3-14所示。

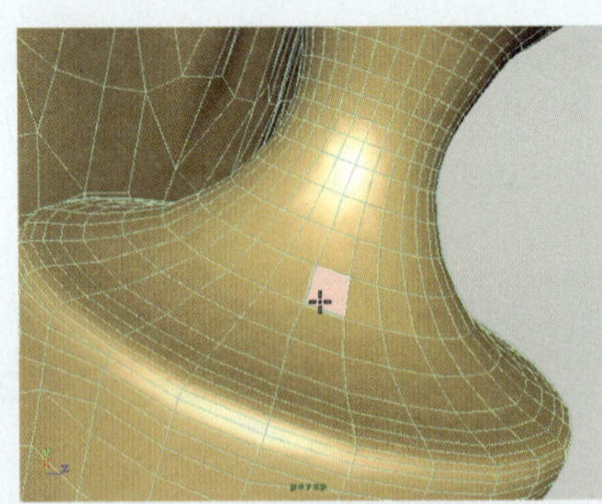

图3-14 产生新面

问题：为什么执行Append to Polygon Tool命令对多边形进行连接操作时，不能很好地把模型边连接起来呢？

该模型首先必须是一个整体，如果是两个独立的模型，那么它们必须是执行Combine命令合并在一起的。并且两合并模型的法线方向也要相同，以免在执行连接操作时，出现错误。

3.1.5 Cut Faces Tool（切面工具）

Cut Faces Tool 命令主要用于对模型的面添加切面边或将模型切割为两部分。但是被分割开的两物体依然是一个单一的多边形物体，可以执行Separate命令将其分离为两个独立的个体。

动手实践047——切割多边形面

1 选中鲨鱼模型，执行Edit Mesh（编辑网格）| Cut Faces Tool（剪切面）命令。然后在视图中按住鼠标不放，会出现一条灰色的切割线，拖曳鼠标旋转该切割线的位置，如图3-15所示。

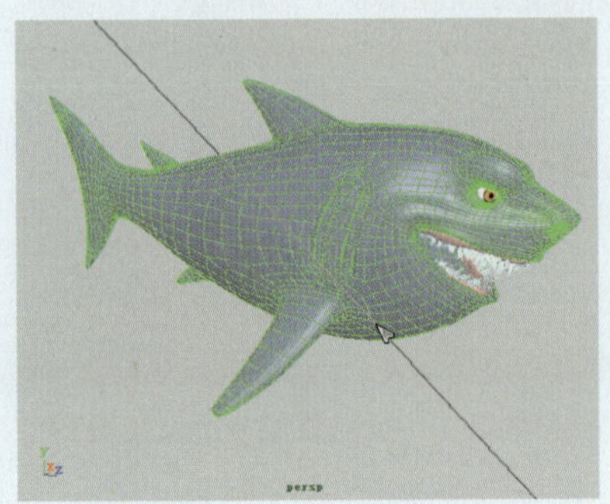

图3-15 执行Cut Faces Tool命令

2 确定切割线的角度后，释放鼠标，确定执行切割操作，此时模型在切割线位置出现一条切割线，如图3-16所示。

图3-16 模型的切割效果

问题：能否对执行Combine命令后的物体执行Cut Faces Tool命令操作？

执行Combine操作后的物体也可以执行该命令，并可以对其任一部分添加切面边或将其分割为两部分。

可以通过设置切割多边形命令属性参数，以改变执行该命令后的多边形被切割的状态。单击Cut Faces Tool命令右侧的方体按钮，弹出其属性设置窗口，如图3-17所示。

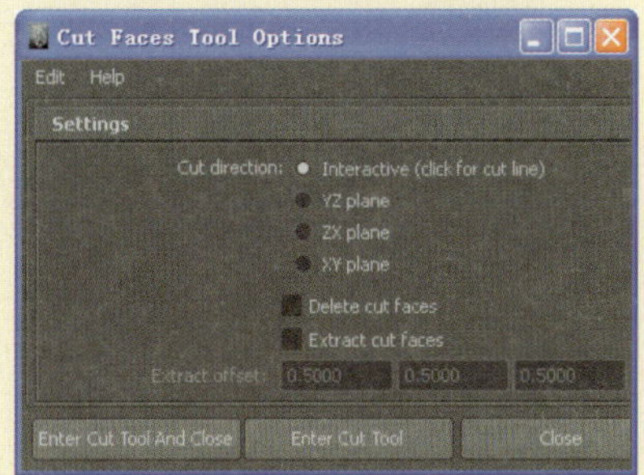

图3-17 切面工具属性对话框

对话框中的选项说明如下。

- Cut direction（切割方向）：用于控制切割方向。
  - ◎ Interactive：为默认的切割方式，即先定位一条切割线，然后手动调整切割线的位置，并按住Shift键可以限定切割线一次性旋转45度；YZ Plane、ZX Plane和XY Plane选项可以设置标准的剪切平面，用户可以随意调整剪切平面的位置、缩放和旋转角度。
  - ◎ Delete out faces：用于控制是否删除剪切部分。
  - ◎ Extract out faces：用于控制是否将剪切部分进行偏移。但是剪切偏移后的剪切部分与原物体仍为一个整体。
- Extract offset（偏移距离）：用于设置剪切部分在X、Y、Z轴向上的偏移距离，但是只有在启用Extract out faces复选框后，才可以修改该参数值。

3.1.6 Split Polygon Tool（分割多边形工具）

Split Polygon Tool多用于分割Polygon面上的边，即在Polygon模型边或面上创建点或边。要完成此命令操作，需要执行Edit Mesh（编辑网格）|Split Polygon Tool（分割多边形）命令，然后在模型边上单击即可创建点或边。

动手实践048——分割多边形边

1 选中创建中的角色模型，执行Edit Mesh（编辑网格）|Split Polygon Tool（分割多边形）命令，在模型的一条边上单击，创建一个点。然后再在另一条边上单击，即可形成一条直线，如图3-18所示。

2 使用同样的方法，连续在相邻的多条边上单击，以在模型上创建一条循环边，用来作为模型的布线，如图3-19所示。

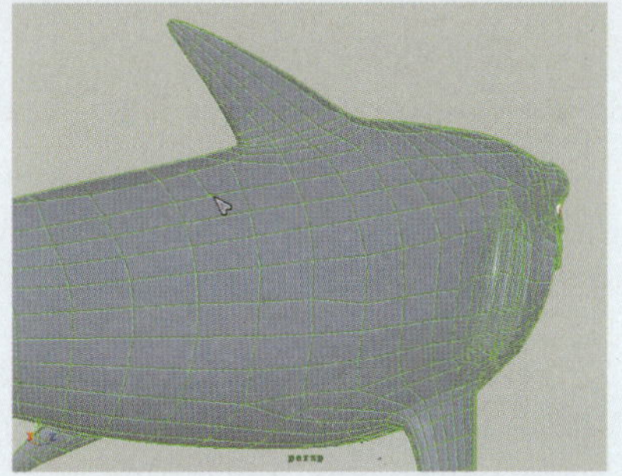
图3-18 执行Split Polygon Tool命令

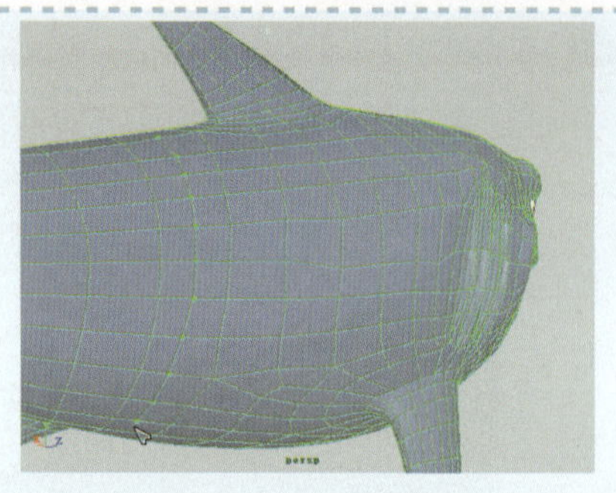

图3-19 分割边创建新边

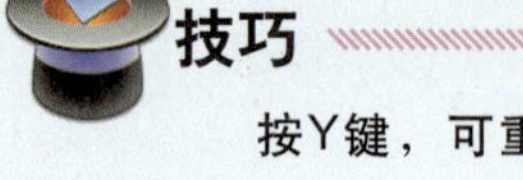

技巧

按Y键，可重新执行上次执行的命令。

问题：如果只想在物体上创建一个点而不是一条或多条边，该怎样操作？

执行Split Polygon Tool命令后，在物体的一条边上单击，然后按Enter键确定，可在物体上创建一个分割点。

在对物体执行添加切割边操作之前，可以事先设置其属性参数，以改变物体所添加切割边的状态。执行Split Polygon Tool命令，在视图右侧的属性面板中弹出其属性卷展栏，如图3-20所示。

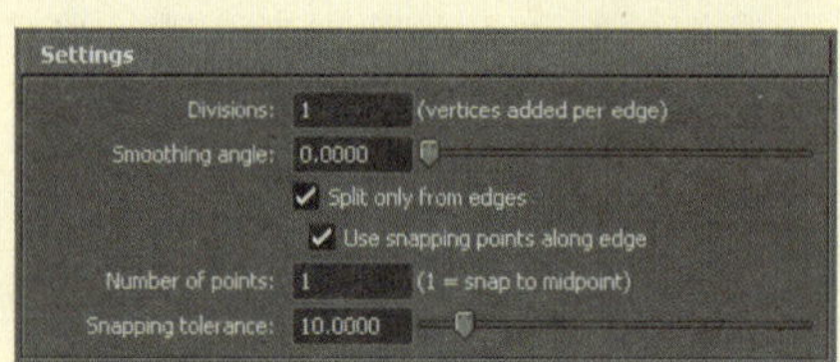

图3-20 添加分割边属性卷展栏

关于Split Polygon Tool的选项说明如下。

- Division（细分）：用来设置创建分割边上点的数量，默认值是1。
- Split only from edges（切割边）：用于设置是否在物体边上创建端点。默认是选中状态，只在物体的边上创建点，不启用该复选框时，可在物体表面的任意位置创建点，但起始位置必须在边上。
- Use snapping points along edge（在边上采样分段点）：用于控制是否在边上自动采样分段点。
- Number of points（点数）：用于设置切割边的分段点数，并且创建的每个点之间的距离都是等距的。设置参数值为多少，也就是在边上设置多少个等距点。
- Snapping tolerance（采样公差）：用于设置到采样点上的公差值，数值越大越准确。

3.1.7 Insert Edge Loop Tool（插入循环边工具）

Insert Edge Loop Tool和前面介绍的分割多边形工具都是为物体添加新边，但是插入循环边工具能一次为物体添加一条或多条循环边。在建模过程中，应根据不同的情况来选择适当的工具。

动手实践049——插入循环边

1 执行Edit Mesh（编辑网格）| Insert Edge Loop Tool（插入循环边工具）命令，在模型如图3-21所示位置单击并拖曳鼠标，以确定绿色虚线的位置。

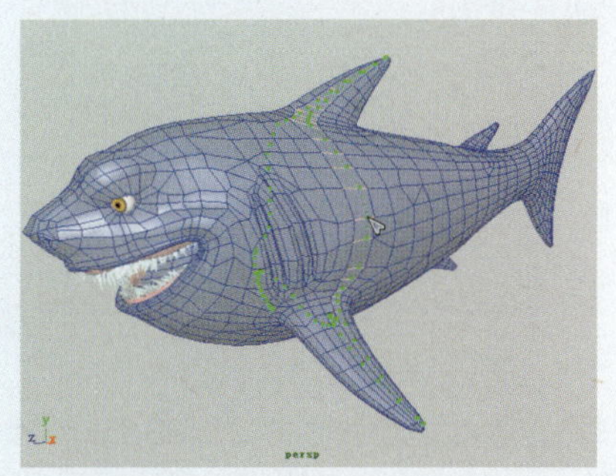

图3-21 执行Insert Edge Loop Tool命令

2 释放鼠标左键，即可在该处创建一条循环边，如图3-22所示。

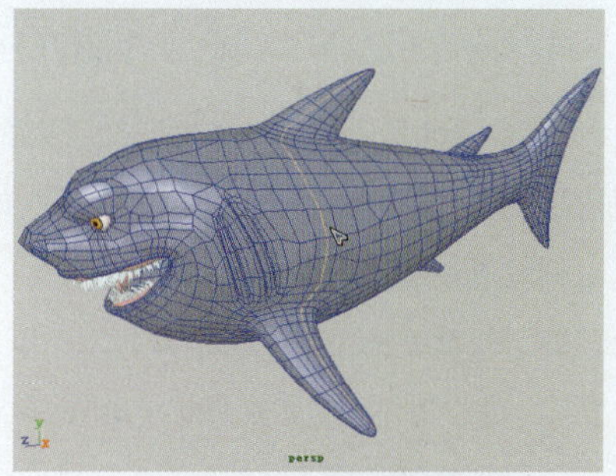

图3-22 添加的循环边

执行Insert Edge Loop Tool命令后，未对物体执行插入循环边操作之前，可以在视图右侧的属性卷展栏中设置相关的属性来改变所插入循环的状态，如图3-23所示。

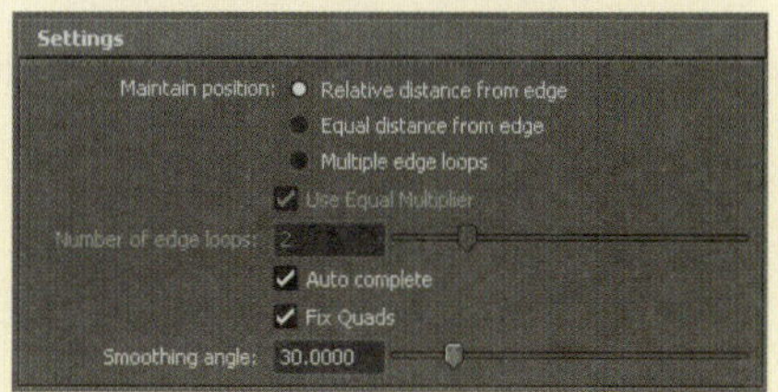

图3-23 插入循环边属性卷展栏

卷展栏中的选项说明如下。

- Relative distance from edge（相对边缘距离）：用于控制循环线上的每个点的位置和所在边长度的比例保持相同。
- Equal distance from edge（平等边缘距离）：循环边上每个点的位置与处于最短边上的点与最近端点距离相等。这样的循环线与边是平行的，特别是物体表面呈不规则形状时，激活该选项能快速找到平行线。
- Multiple edge loops（多重循环边）：用于控制是否同时添加多条等分边的循环线，每个点的位置处于等距点上。
- Use Equal Multiple（使用多重等距离）：用于控制是否使用多重添加循环边的方法，这样一次可以创建多个循环边。与Insert Edge Loop Tool具有相似功能的还有Offset Edge Loop Tool（偏移循环边工具），该工具是以一条边为基准向两侧偏移并创建循环边。
- Auto complete（自动完成）：用于控制是否完成整条边循环，默认为处于选中状态。当处于取消选中状态时，则可以控制线的数量，制作局部连接。
- Fix Quads（指定四边面）：用于控制四边面的产生，当要插入循环边的位置处于三边面上或五边面上时，插入的循环边会自动将它们分割为四边面，以便于动画的制作。默认为禁用该复选框。

3.1.8 Offset Edge Loop Tool（偏移循环边工具）

Offset Edge Loop Tool与Insert Edge Loop Tool（插入循环边工具）类似，都是为模型添加循环边，但是该命令是以模型上的一条边为基准，在与该边相连的相交面上添加循环边。选中物体，执行Edit Mesh（编辑网格）|Offset Edge Loop Tool（偏移循环边）命令，然后，以一条线为基准，再与该边相连的相交面上单击并拖曳鼠标，以确定偏移边的位置，然后释放鼠标即可。

单击Offset Edge Loop Tool（偏移循环边）命令右侧的方体按钮，打开其属性设置对话框，如图3-24所示。

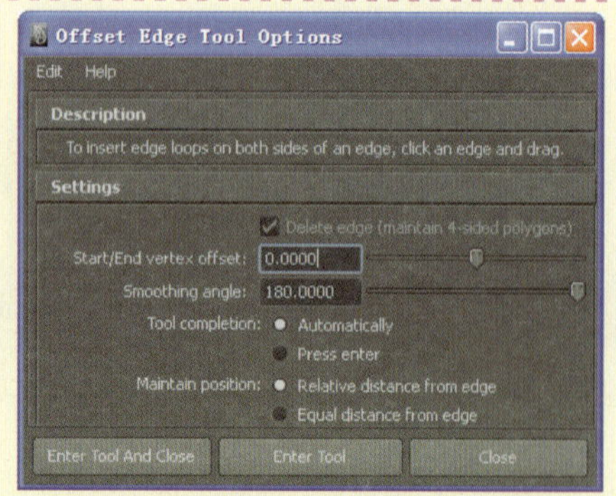

图3-24 偏移循环边属性对话框

对话框中的一些选项说明如下。

- Delete edge（删除边）：用于控制是否删除边，但是只有在Press enter单选按钮处于选中状态时才有用。
- Start/End vertex offset（起始点的偏移）：用于设置线上点的偏移程度，默认是0，即创建的线是平行线。
- Tool completion（工具完成方式）：用于控制偏移边工具的完成方式。其中Automatically是自动完成创建，释放鼠标就表示结束；Press enter是需要按Enter键才能完成操作。
- Maintain position（保持位置）：用来保持偏移边的位置，其中Relative distance from edge属性选项用来表示相对距离边缘。Equal distance from edge选项则表示同等距离边缘。

3.1.9 Add Divisions（添加细分段）

Add Division命令用于对多边形添加面的细分段数，并且所添加的细分段数是等距离分布的。使用该命令可以添加模型的细分，它与Smooth（平滑）命令类似，但该命令只会增加模型的面数而不改变模型的外形。

动手实践050——添加多边形细分

1 选中场景中的角色模型，切换到其Face的显示模式，选中如图3-25所示的几个相邻面。

2 执行Edit Mesh（编辑网格）| Add Division（添加细分）命令，对它们进行细分操作，此时所选面的分段数会增加，如图3-26所示。

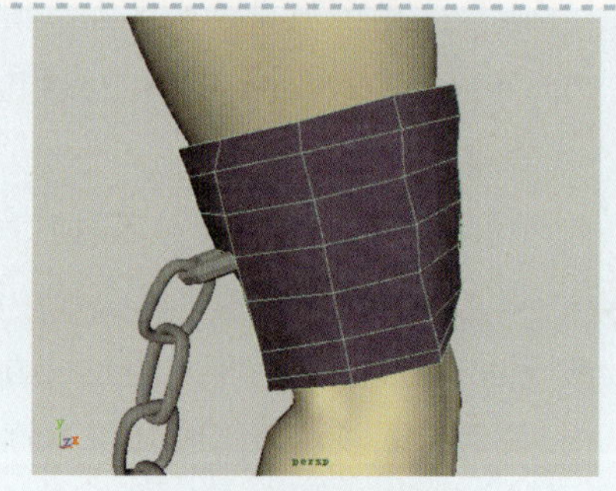
图3-25 选中模型的面

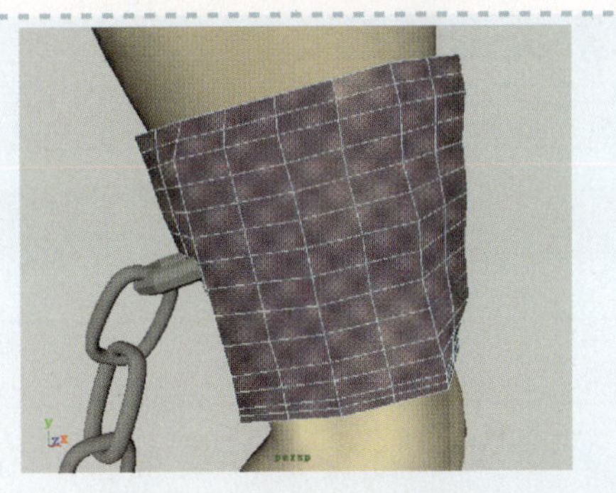

图3-26 所选面的细分效果

问题：可以选择整个模型并对其执行Add Division操作吗？

在对模型进行细分操作时，可以选中其局部的面进行细分操作，也可以选择其整体的模型进行细分操作，使用该命令可以快速增加模型的分段数。

在对所选模型进行细分操作时，可以设置其属性参数值来调整模型细分的段数和状态。执行Edit Mesh（编辑网格）| Add Division（添加细分）□命令，打开其属性对话框，如图3-27所示。

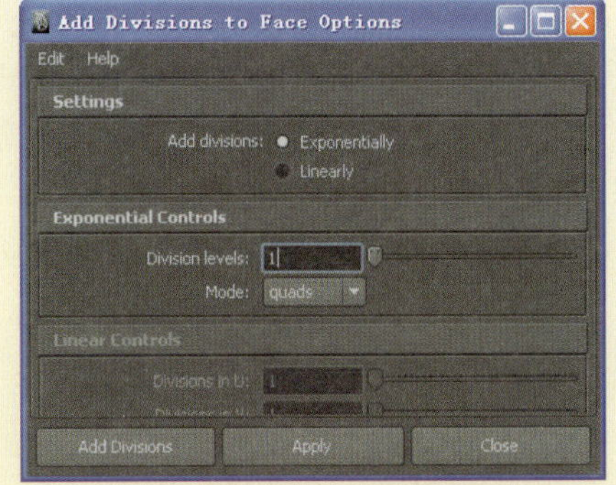

图3-27 细分属性对话框

对话框中的选项说明如下。

- Add divisions（添加细分）：用于控制模型的细分方式。其中Exponentially是指数方式，用于控制模型在单位面积内整体的细分，细分程度较强；Linearly是线性方式，是指模型在U向、V向的细分效果，细分强度较弱。
- Division levels（细分级别）：用于控制模型细分的级别，级别值越大，物体生成的细分段数越多。
- Mode（细分模式）：用于控制所产生细分面的模式。quads表示细分面为四角面；triangles表示细分面为三角面。

如图3-28所示，设置不同的Division Levels值和不同的细分面模式所产生的细分效果。

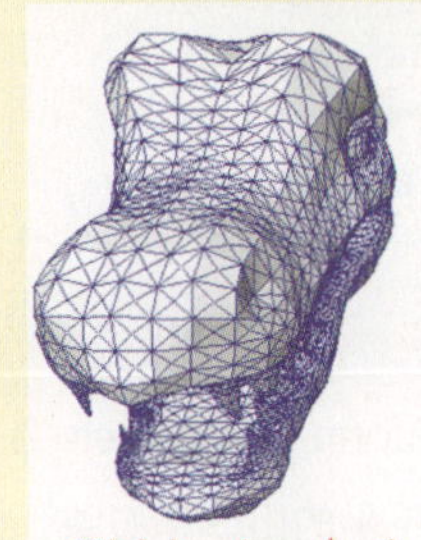

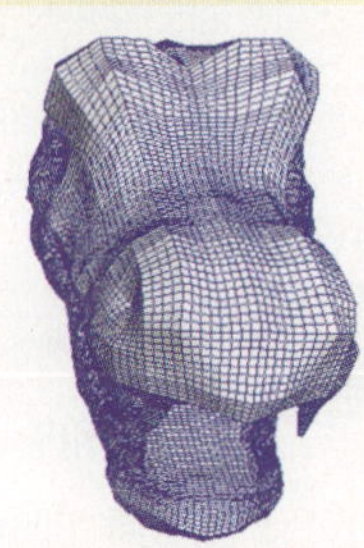

图3-28 模型的细分段效果

- Divisions in U（U向细分）：用于控制物体在U向的细分段数。
- Division in V（V向细分）：用于控制物体在V向的细分段数。

3.1.10 Slide Edge Tool（滑动边工具）

Slide Edge Tool用于对多边形物体上的边进行滑动操作。且与该边两侧相临的边之间所构成的平面内进行滑动操作，以便于用户快速调整模型上边的位置。可以选中模型上的一条边或整条循环边，执行Edit Mesh（编辑网格）| Slide Edge Tool（滑动边工具）命令，然后按住鼠标中键拖曳，即可移动所选边的位置。

3.1.11 Transform Component（元素类型转换）

Transform Component命令用于对多边形物体的边、顶点、面等元素，进行移动、旋转、缩放等变换操作。并且设置该命令为Random（随机值），可以对所选模型的元素进行随机的变换操作。

动手实践051——元素的随机变换

1 在场景中创建一个球体，执行Edit Mesh（编辑网格）| Transform Component（转换元素）■命令，对其执行变换操作，此时球体上会出现一个类似于挤出工具的控制器，如图3-29所示。

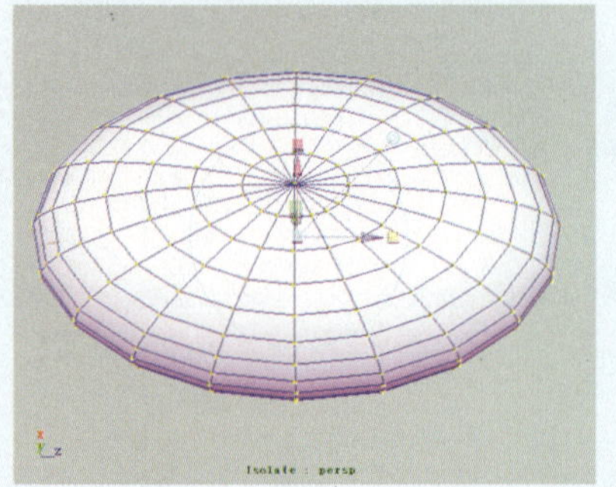

图3-29 模型的缩放效果

2 在弹出的属性对话框中，设置Random（随机值）值为0.5，单击Apply（应用）按钮。然后，拖动红色的控制箭头，观察模型的变化效果，如图3-30所示。

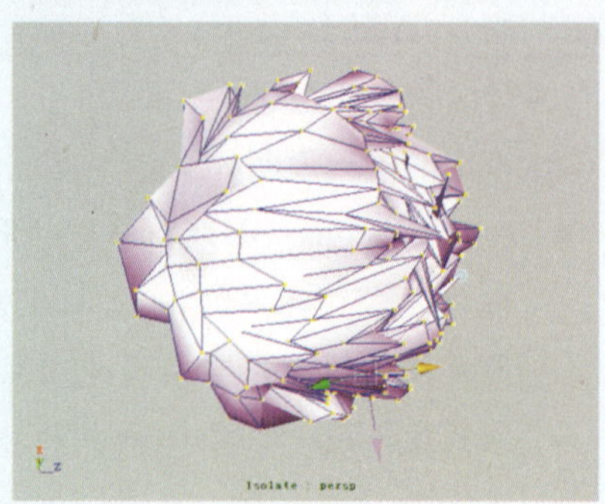

图3-30 模型的随机变化效果

技巧

使用Transform Component命令可以用来制作表面造型轮廓变化比较随机的物体。比如崎岖的地面、凹凸不平的山体和石头、海浪或水泊造型，由于其变化的随机性可以使模型表面的细节比较逼真。

3.1.12 Flip Triangle Edge（翻转三边面边）

Flip Triangle Edge命令用于改变物体三边面上边的排列方式，首先要选中三边面上的所有边，然后执行Edit Mesh（编辑网格）| Flip Triangle Edge（翻转三边面边）命令，即可完成该命令操作。但是与这些边相邻的面要尽量在同一水平面上，以免计算结果出错。

3.1.13 Poke Face（面突起）

Poke Face命令用于在所选面或整个物体上的每个面上创建一个点，该点到面的各个位置相等，并与面的每个顶点都有连接线。选中整个模型或模型上的面，然后执行Edit Mesh（编辑网格）| Poke Face（面突起）命令即可。

单击Poke Face命令右侧的方体按钮，打开其属性对话框，如图3-31所示。

对话框中的选项说明如下。

- Vertex offset（偏移点）：用于设置点的偏移值，默认点在面上。
- Offset Space（偏移空间）：用于选择偏移点的空间坐标系。其中World是世界坐标系，Local是局部坐标系。

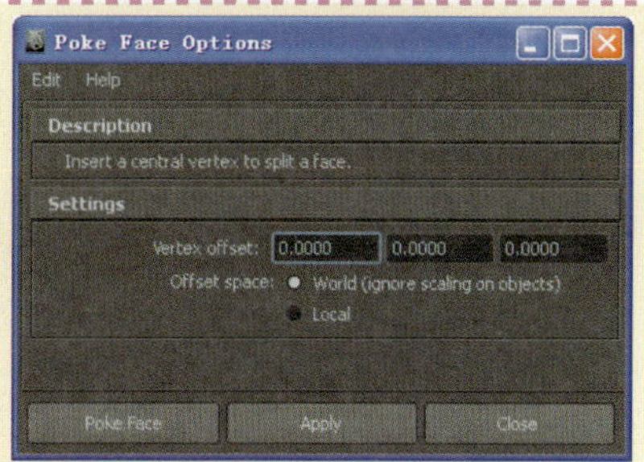

图3-31 面突起属性对话框

3.1.14 Wedge Face（楔入面）

使用Wedge Face命令可以以构成面的一个边为基准拉伸出一个共享的面。常用于工业器具的建模。

动手实践052——楔入多边形面操作

1 在场景中导入一个人体角色模型，再创建一个Cube模型并选中如图3-32所示的几条相邻边。

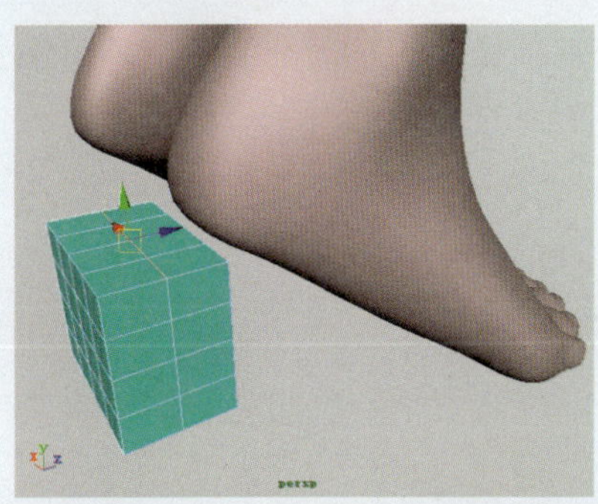

图3-32 选中Cube模型的边

2 执行Edit Mesh（编辑网格）| Wedge Face（楔入面）□命令，在弹出的对话框中设置Arc angle（起始角度）为180、Division（段数）为10，如图3-33所示。

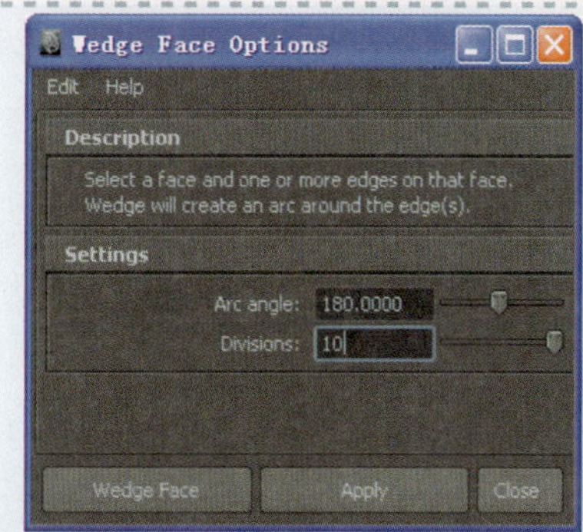

图3-33 楔入面属性对话框

3 然后再加选Cube模型其中一侧的面，如图3-34所示。

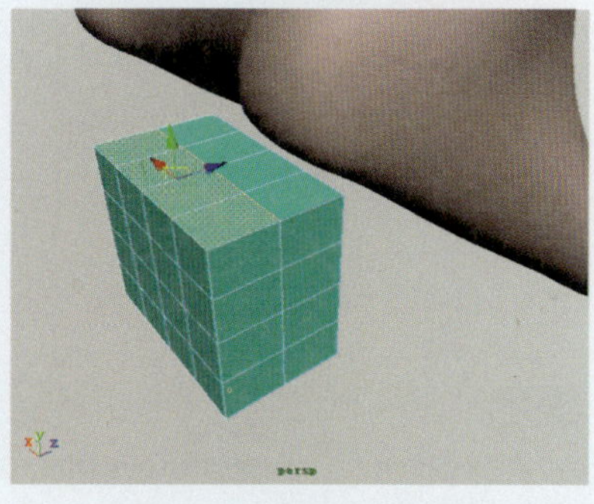

图3-34 选中要楔入的面

4 单击Apply按钮，执行面的楔入操作，此时观察模型的变化，如图3-35所示。

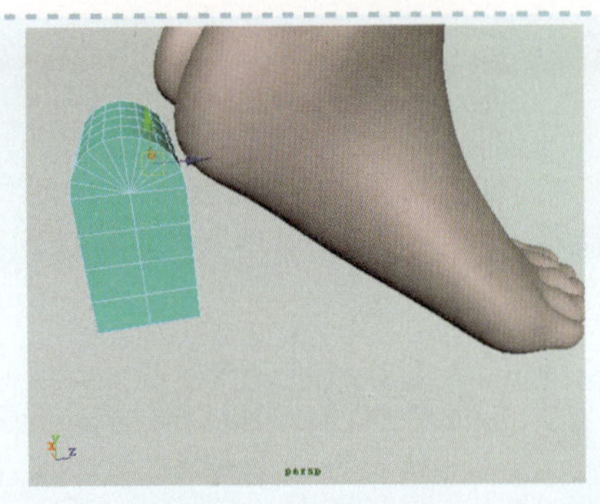

图3-35 模型面的变化

提示

在楔入面工具属性对话框中，其中Arc angle用于设置拉伸面的弧度值。Divisions用于设置拉伸段的分段数，数值越高分段越细，弧度越圆滑。

3.1.15 Duplicate Face（复制面）

Duplicate Face命令主要用来对所选的多边形面进行复制。可以选择所有的多边形面，也可以选择局部的多边形面进行复制操作，并且也可以对选择的多边形物体进行复制。下面介绍一下复制多边形面的操作方法。

动手实践053——复制多边形面

1 继续使用上节的角色模型，选中其中一个模型并进入其面的显示模式，以选中其所有面，如图3-36所示。

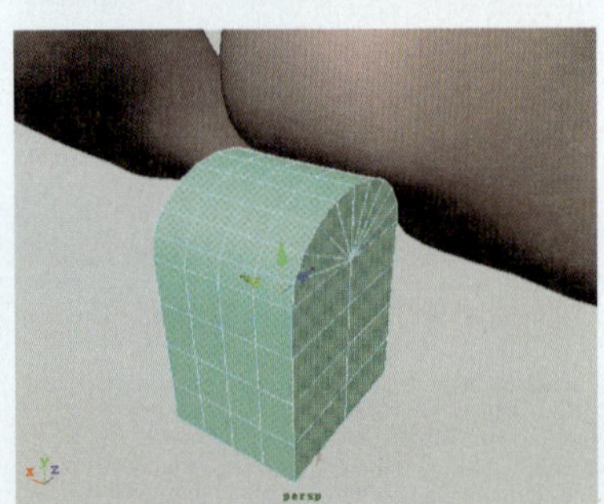

图3-36 选择模型面

2 执行Edit Mesh（编辑网格）| Duplicate Face（复制面）命令，对所选面执行复制操作，拖动控制手柄即可调整复制面的位置，如图3-37所示。

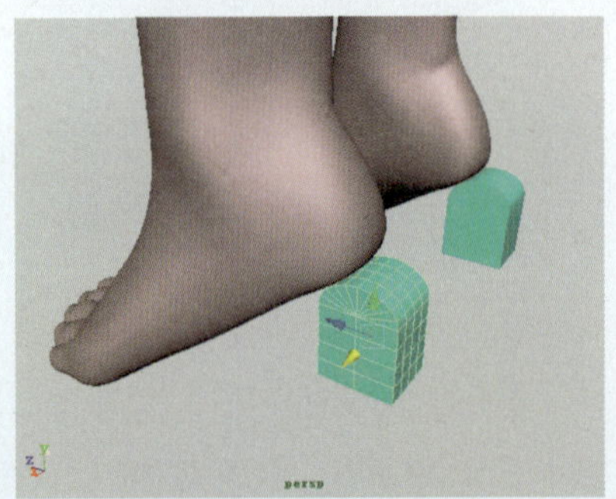

图3-37 复制的模型面

提示

在Duplicate Face属性对话框中，其中Separate duplicated faces 表示是否将复制出的面与原物体分离，默认为启用该复选框。若禁用该复选框，则复制出的面与原物体是一个整体；Offset用于设置复制的面与原物体的偏移距离，默认是0。复制的面与原始物体合并在一起，但可以通过移动工具移开。

3.1.16 Detach Component（拆分多边形）

Detach Component命令用于将物体拆分成独立的面，即所有的面、边、顶点被分离开，但所有的面还是一个整体，并不是独立的个体。还需要再通过Separate命令将所有的面独立出来。选中物体，执行Edit Mesh（编辑网格）| Detach Component（拆分多边形）命令，即可完成该操作。

3.1.17 Merge（缝合）

使用Maya中的Merge命令可以将模型上的两个或多个点合并成一个点。也可以使用Merge Edge Tool将两个或多个边合并成一个边，从而使多个物体合并成为一个整体。在Maya 2011中，多边形的缝合工具分为4种，即Merge（缝合）、Merge To Center（缝合到中心）、Merge Vertex Tool（缝合点工具）和Merge Edge Tool（缝合边工具）。下面首先对Merge工具进行介绍。

动手实践054——缝合模型

1 在场景中导入两个分离开的角色模型，再将它们进行Combine操作后，选中如图3-38所示的两组要合并的顶点。

图3-38 导入角色模型

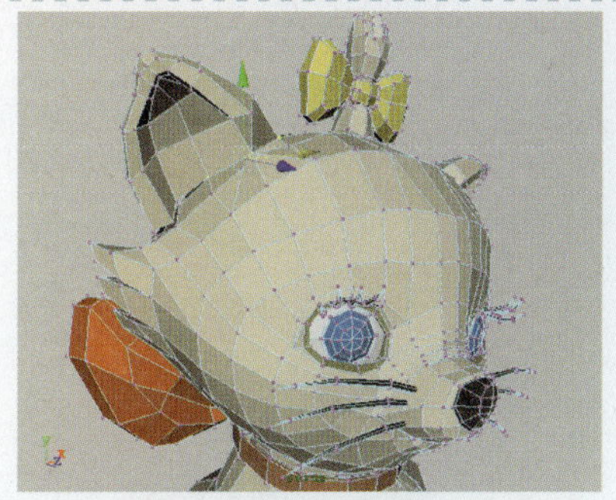

图3-39 执行Merge命令

2 执行Edit Mesh（编辑网格）| Merge（缝合）命令，对它们进行缝合操作，此时观察所选顶点的变化，如图3-39所示。

3 选中并移动其中一个缝合顶点，观察模型顶点的缝合效果，如图3-40所示。

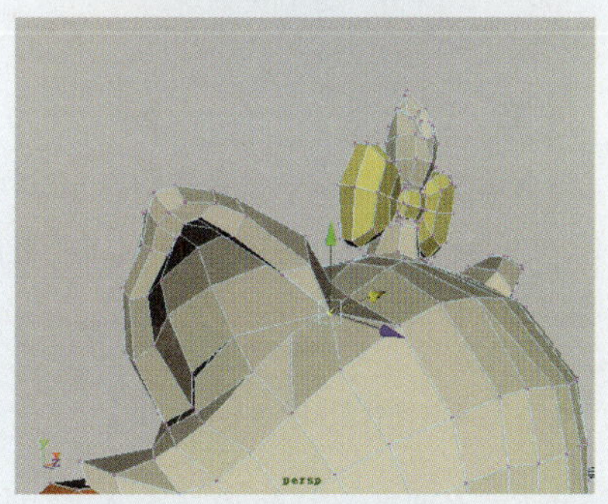

图3-40 移动模型顶点位置

在对所选模型顶点进行缝合操作时，一些距离比较远的顶点，可能不会缝合在一起，是因为缝合操作的缝合范围值太小。可以将选中的顶点在执行缝合操作前，事先单击Merger命令右侧的方体按钮，打开缝合点属性对话框，如图3-41所示，用于设置缝合的范围。

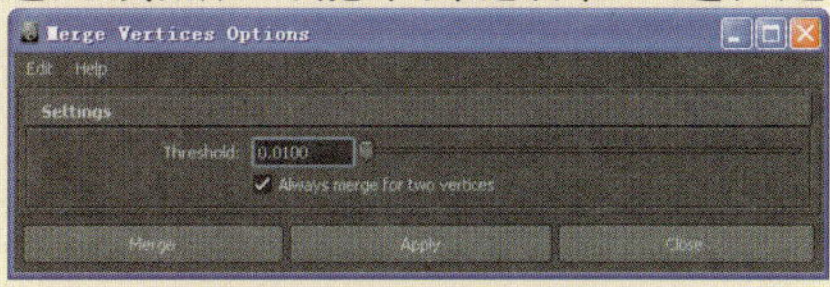

图3-41 缝合属性对话框

- Threshold（阈值）：用于设置合并元素之间距离的极限值，在这个范围值内的顶点将被合并。
- Always merge for two vertices（始终合并两个顶点）：用于控制合并边的同时也对UV进行合并。

3.1.18 Merge To Center（缝合到中心）

Merge to Center命令可以将选中的点、边、面等元素合并到一个中心，就是说如果选择两个物体上的边进行合并时，它会将所选择的这两条边合并成一个中心点。选择面、点进行合并时，道理相同，而且这些元素可以不在同一个物体上。

动手实践055——缝合多边形顶点到中心位置

1 进入模型点的显示模式，选中角色面部要缝合的多个顶点，如图3-42所示。

图3-42 选中模型顶点

2 执行Merge to Center（缝合到中心）命令，即可在所选几个顶点的中心位置形成一个合并点，如图3-43所示。

图3-43 形成合并点

注意

Merge to Center命令和Edit Mesh| Merge命令有点相似，都是合并命令。如果使用Merge to Center命令，所要合并的元素可以不在同一个物体上。但是使用Merge命令时，所合并元素就必须在同一个物体上。

3.1.19 Collapse（塌陷）

Collapse工具是一种很好的缝合工具，它可以将所选模型的多个面或边缝合在一起，以减少模型的面数或边数。在制作模型时，为避免三角面的产生会影响动画效果，可以使用这个工具来消除三角面。使用这个工具，需要执行Edit Mesh（编辑网格）|Collapse（塌陷）命令。

动手实践056——塌陷多边形工具

1 在制作卡通模型时，就可能会出现三角面。如图3-44所示，选中三角面上的边。

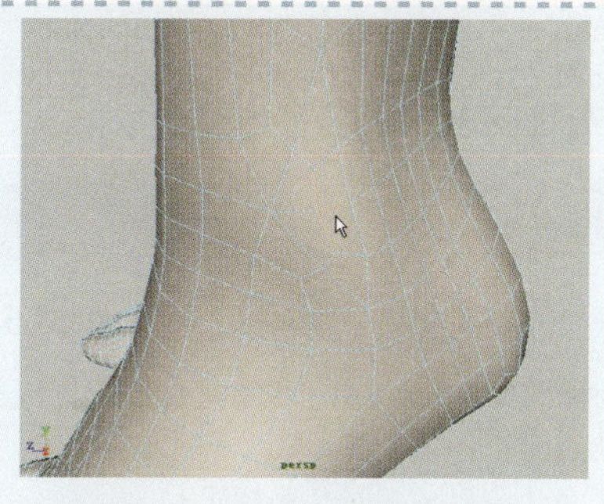
图3-44 选中三角面上的边

2 执行Edit Mesh（编辑网格）|Collapse（塌陷）命令，三角面即可被消除，如图3-45所示。

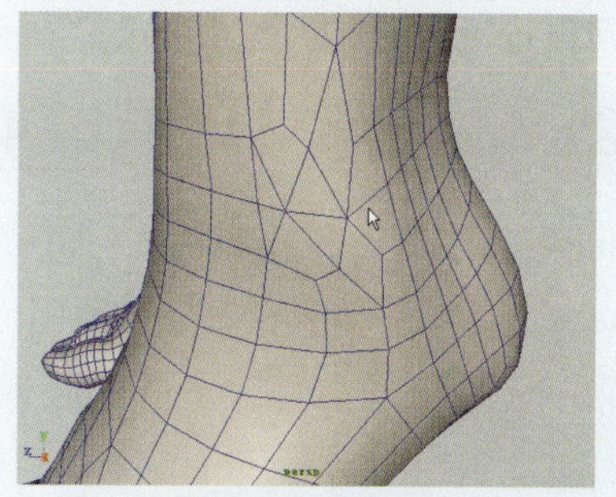
图3-45 消除三角面

3.1.20 Merge Vertex Tool（缝合点工具）

Merge Vertex Tool主要用于对物体模型上独立的点进行缝合操作，要缝合的点必须处于同一模型上，才能执行Edit Mesh（编辑网格）| Merge Vertex Tool（缝合点）命令操作，从而将独立的顶点缝合起来。

动手实践057——缝合多边形点

1 在场景导入分离的角色头部模型，并对它们执行Combine（合并）操作。然后右键进入模型点的显示模式，选中如图3-46所示的两对应点。

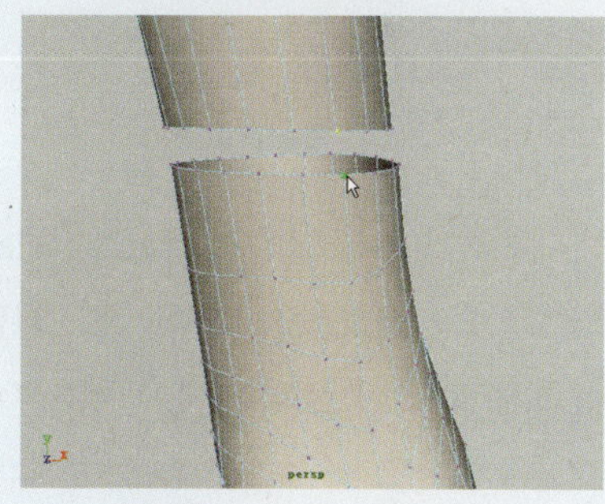
图3-46 选中模型顶点

2 执行Merge Vertex Tool（缝合点）命令，在视图中会出现一个十字光标。然后，再单击两点中的其中一个点，此时该点处出现一个红色的圆环，如图3-47所示。

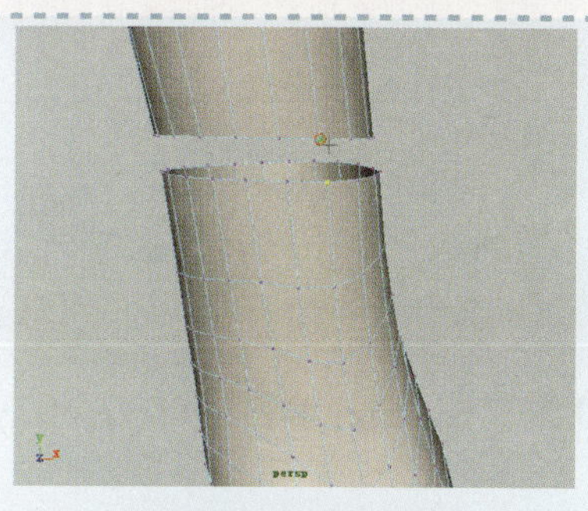
图3-47 确定缝合操作

3 释放鼠标的同时，所选的两点被缝合在一起，如图3-48所示。

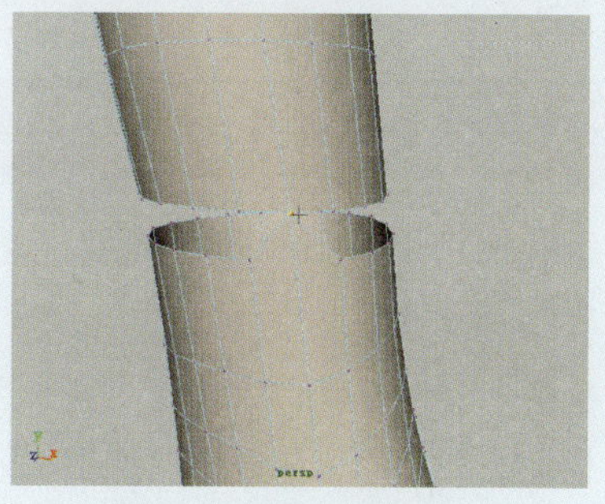
图3-48 两点缝合在一起

问题：只能对同一物体上的两个点执行Merge Vertex Tool命令进行缝合吗?

可以选择多个点，执行Merge Vertex Tool命令，将所选的多个点缝合为一个点。

3.1.21 Merge Edge Tool（缝合边工具）

Merge Edge Tool用于合并物体的边界边。该工具分为3种缝合模式，分别是Created between first and sccond cdgc在两选择边的中间位置合并、First selected becomes new edge将两选择边合并到第一个选择边位置、Second edge selected becomes new edge将两选择边合并到第二个选择边位置。

动手实践058——缝合多边形边

1 执行Edit Mesh（编辑网格）| Merge Edge Tool（缝合边）命令，分别在两对应边上单击，此时两边会变为黄色显示，如图3-49所示。

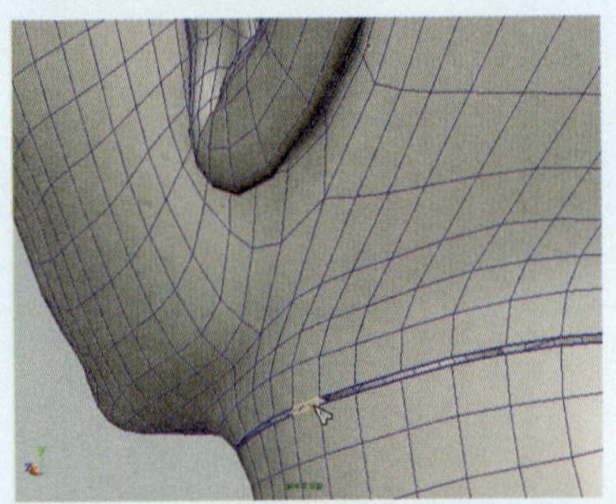

图3-49 执行Merge Edge Tool命令

2 然后按Enter（确定）键，确定两边的缝合操作，如图3-50所示。

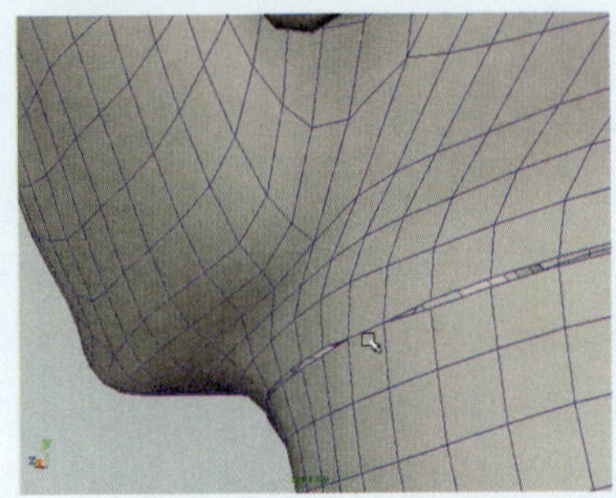

图3-50 边的缝合效果

3.1.22 Delete Edge/Vertex（删除边/点）

Delete Edge/Vertex命令用于删除物体上指定的点或边。通常选中模型的边后，按Delete键将其删除，但是再将其切换到点显示模式，这条边上的点依然存在，因此使用Delete键，只能删除两点之间所成的边，不能删除这条边上的顶点元素。此时就需要使用Delete Edge/Vertex命令来完成。

动手实践059——删除多边形边或点

1 继续使用上一节的角色模型。然后，选中角色模型面部的几个模型顶点，如图3-51所示。

2 执行Delete Edge/Vertex（删除边或点）命令，执行删除多边形边、点操作，此时观察模型边和点的变化效果，如图3-52所示。

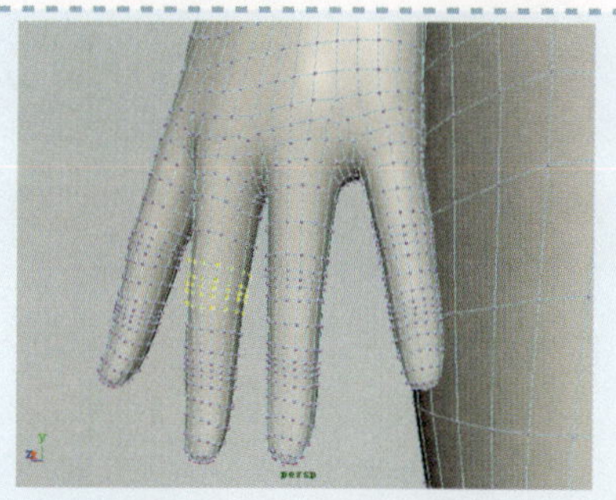
图3-51 选中模型顶点

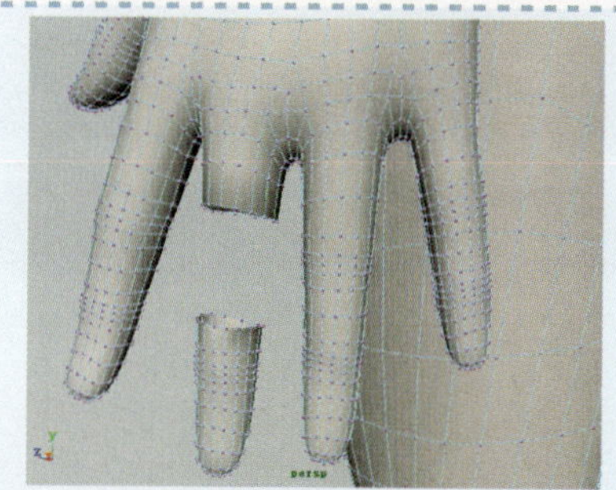
图3-52 删除多边形边或点

3.1.23 Chamfer Vertex（点切面转换）

Chamfer Vertex命令主要用于将一个顶点分散到各个与其相连的边上，也可以理解为使一个顶点转化为一个斜面。

动手实践060——点与切面的转换

1 在场景中创建一个球体并设置其细分段和大小，用来作为固定机械之用。然后，选中球体中心部位的顶点，如图3-53所示。

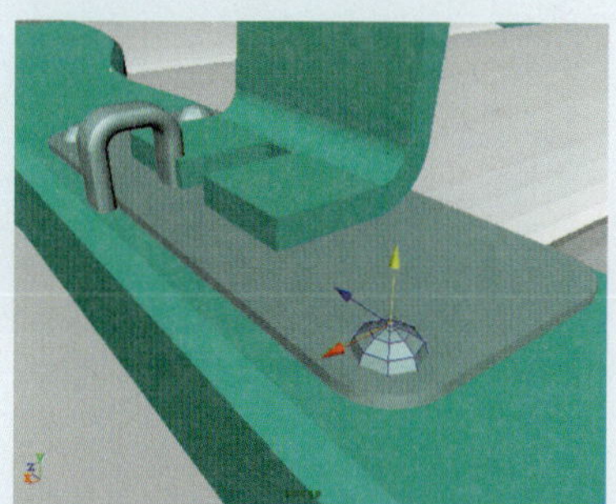
图3-53 选中模型顶点

2 执行Chamfer Vertex（点切面）命令，执行点与切面的转换操作。此时可以看到选择的顶点被转化为平面，如图3-54所示。

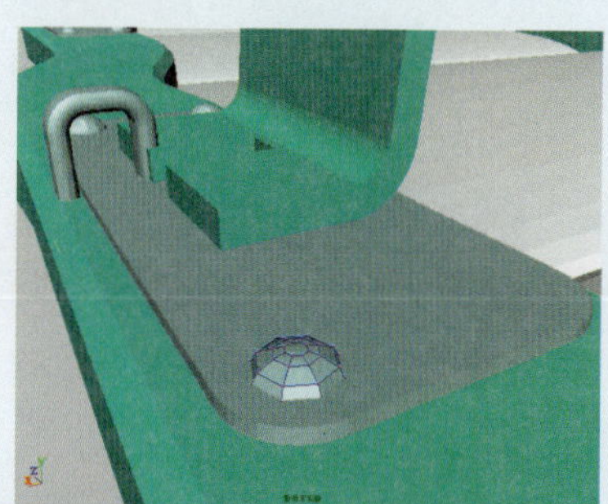
图3-54 转化为平面

提示

在Chamfer Vertex属性对话框中，Width用于设置分散点和原始点的距离，如果两个同边的分散点的Width值之和大于边的长度，则两个分散点在中心处合并。

Remove the face after chamfer表示是否将产生的斜面删除，默认处于取消选中状态。

3.1.24 Bevel（倒角）

Bevel工具可以对模型边缘比较尖锐的棱角进行倒角处理，以制作出光滑的棱角效果，同时又不影响模型大体的造型效果。

动手实践061——多边形倒角

1 在场景中导入一个房屋模型，首先选中需要倒角的模型，如图3-55所示。

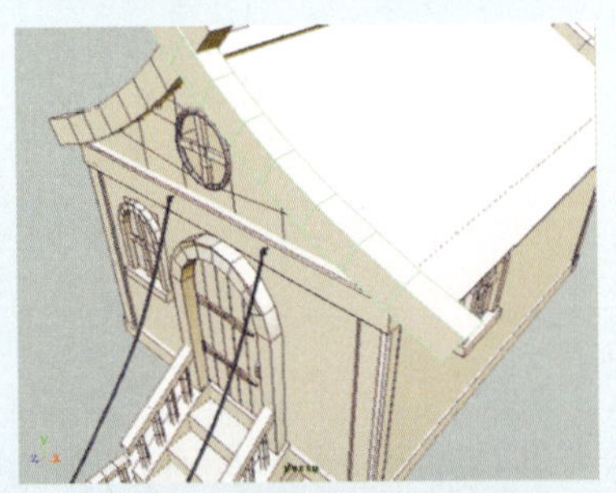

图3-55 选中要倒角的物体

2 执行Edit Mesh（编辑网格）| Bevel（倒角）命令，对其执行倒角操作。然后，观察物体边缘处的棱角变化，如图3-56所示。

图3-56 执行Bevel命令

在日常的工作中根据建模的需要，用户希望将选择的物体产生不同的倒角效果。那么在执行倒角操作之前，就要事先设置相关的倒角属性参数，即可改变物体的倒角效果，单击Bevel命令右侧的方体按钮，打开其属性对话框，如图3-57所示。

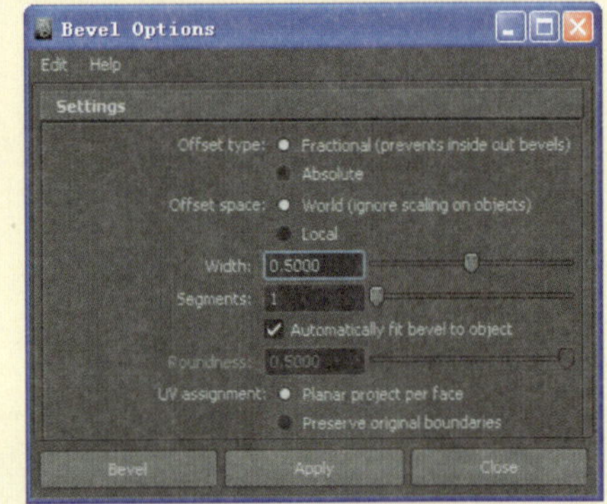

图3-57 倒角属性对话框

对话框中的选项说明如下。

- Offset type（扩展类型）：用来控制倒角的偏移方式。Fractional是指以倒角的边为中心向两边扩展；Absolute是指以倒角的边为起点向外进行扩展。
- Offset space（偏移空间）：用于设定倒角的坐标系，可以选择World和Local两种坐标系。
- Width（宽度）：用来决定倒角距离的大小，值越大倒角越大。
- Segments（细分段）：设定倒角面的细分段数，值越大，得到的倒角效果就越精确，当然倒角面上的边数也就越多。如图3-58所示，设置Segment值为2和4的两种不同倒角效果。

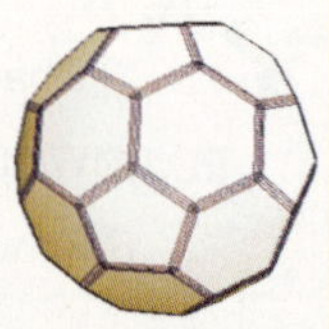

Segment=2　　Segment=4

图3-58 倒角偏移段数

- Automatically fit bevel to object（自动倒角对象）：该选项在默认状态下是被选中的，是用来选择是否自动计算倒角时的圆滑度。如果不选择此项的话，将以手动设置圆滑度的值。
- Roundness（圆化）：用来设定倒角的圆滑度，值越大倒角越圆滑。只有禁用

Automatically fit bevel to object选项后才能使用。

- UV assignment（UV分配）：用来控制UV的分布。其中Planar Project per face属性表示倒角模型的UV会根据每个面进行平面投射。Preserve original boundaries则表示保持原始边界。

3.1.25 Crease Tool（褶皱工具）

Crease Tool多用于快速地为多边形物体创建褶皱边。选中多边形物体将其切换到光滑代理模式，然后执行Crease Tool命令，再选中所要褶皱的边或点并拖曳鼠标中键，以调整物体的褶皱系数。该工具多用来模拟和制作物体表面的褶皱效果，如布料、皮肤等物体表面的折痕。

动手实践062——创建褶皱边

1 在场景中导入一个角色的腿部模型，然后将其切换到光滑代理模式，以便于制作褶皱效果，如图3-59所示。

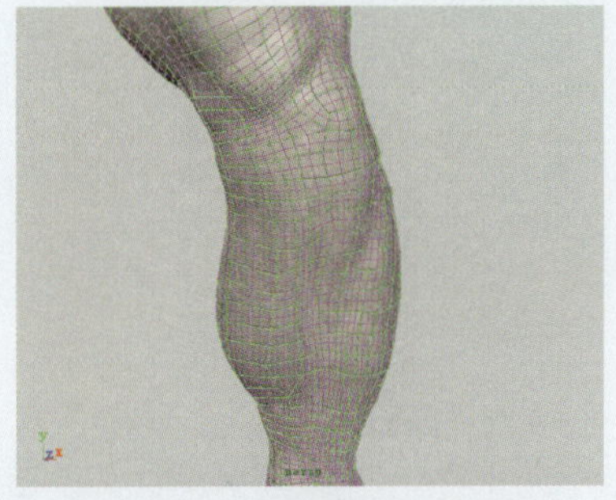

图3-59 切换到光滑代理模式

注意

在对多边形物体执行Crease Tool操作之前，必须将该多边形物体转化为多边形光滑代理物体。

2 执行Edit Mesh（编辑网格）| Crease Tool（褶皱）命令，对其进行褶皱操作。然后，单击模型上的边并按住Shift键加选与其相邻的边，如图3-60所示。

3 拖曳鼠标中键，以调整模型该处的褶皱变形效果，并且所选择的边会变为粗线显示状态，如图3-61所示。

4 隐藏光滑代理物体，再观察物体粗线显示部位的折痕效果，如图3-62所示。

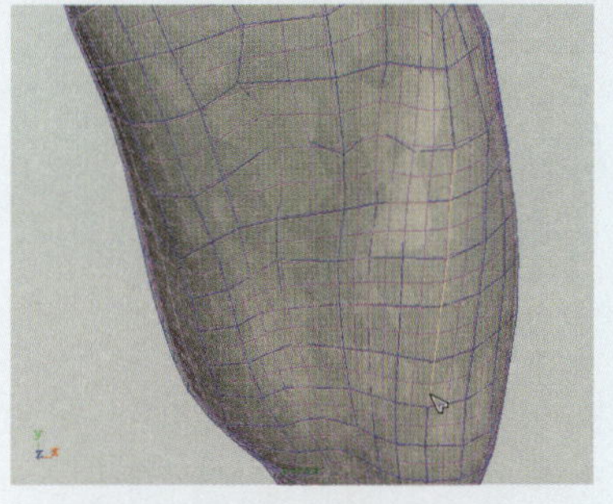

图3-60 执行Crease Tool命令

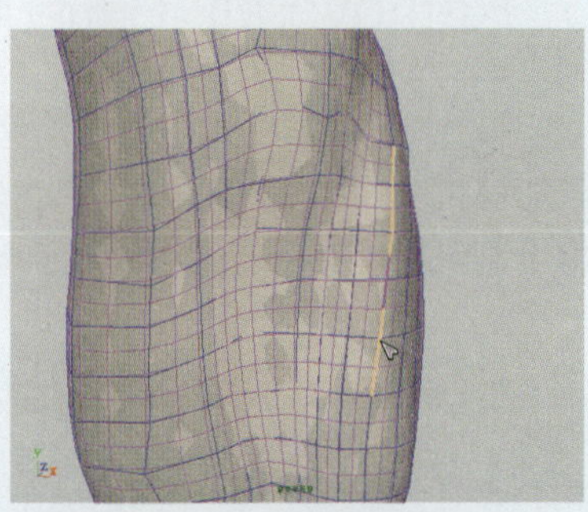

图3-61 调整褶皱变形

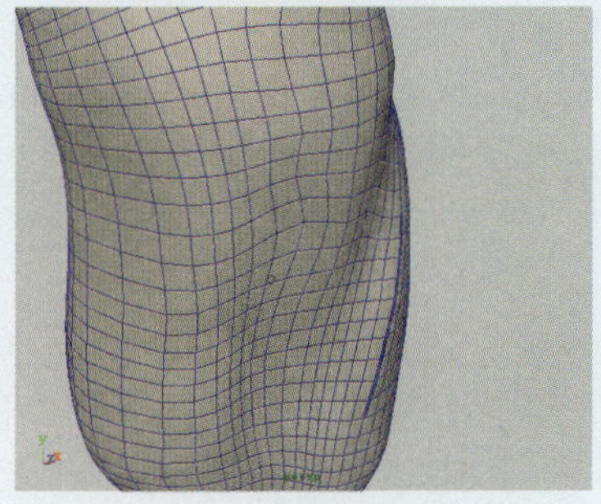

图3-62 物体表面的褶皱效果

3.1.26 Remove Selected（删除选择）

Remove Selected命令主要用于删除所选择的褶皱元素，而未被选择的褶皱元素不会被删除。下面对该工具的使用方法进行介绍。

动手实践063——删除所选褶皱元素

1 继续使用上一节的褶皱模型，显示光滑代理物体。然后，选中被添加过褶皱的模型边，如图3-63所示。

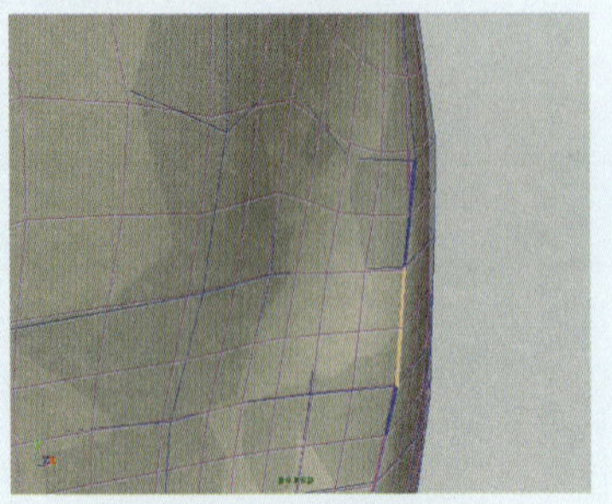

图3-63 选择褶皱边

2 执行Edit Mesh（编辑网格）| Remove Selected（删除选择）命令，执行删除所选褶皱元素操作。可以看到所选的模型边变为细线显示，表明褶皱效果删除成功，如图3-64所示。

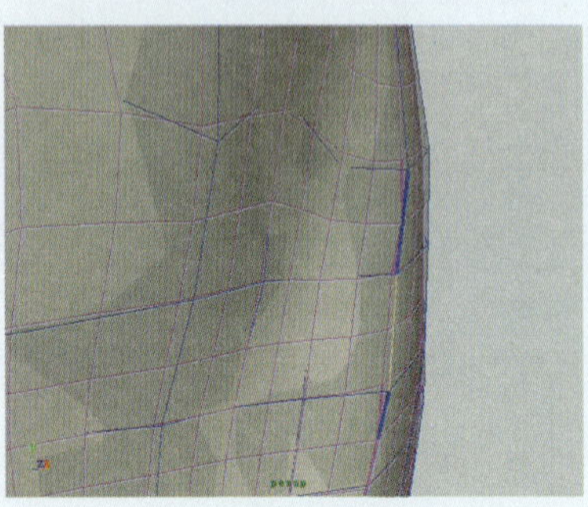

图3-64 执行Remove Selected命令

3.1.27 Remove all（删除所有）

Remove all命令也是用于删除模型褶皱元素，但是它不同于Remove Selected命令，它可以直接选择添加过褶皱的物体，然后执行Edit Mesh（编辑网格）| Remove all（删除所有）命令，即可将该物体上所包含的所有褶皱元素删除。

3.1.28 Crease Sets（褶皱集）

当用户在使用褶皱工具时，Crease Sets命令主要用于创建一个褶皱集，并且该褶皱集还包含当前被选择的褶皱元素，如多边形边和点，从而便于在以后的修改操作中快速的选择这些元素。当褶皱集被创建后，都会事先产生一个默认的褶皱设置，并且所有的褶皱设置都会出现在Outliner（大纲栏）或者Relationship Editor（关联编辑器）对话框中。

3.2 多边形实例应用——恐龙

本节通过恐龙模型的制作，来充分练习创建多边形工具的使用，以创建出想要的多边形造型。比如如何使用添加偏移边工具，在需要的位置添加模型边；如何使用元素变换工具创建出随机的造型效果；如何使用雕刻工具创建出理想的凹凸效果；如何使用缝合多边形边工具，对模型的边界边进行缝合处理。

综合实战02——制作恐龙模型

操作时间	3小时40分21秒
视　频	视频\第3章\03-1.avi~03-5.avi

3.2.1 创建身体模型

1 切换到Front视图，执行Mesh（编辑网格）| Create Polygon Tool（创建多边形）命令，然后连续在视图中单击，以创建多个节点，并且节点的位置决定了多边形的外形，如图3-65所示。

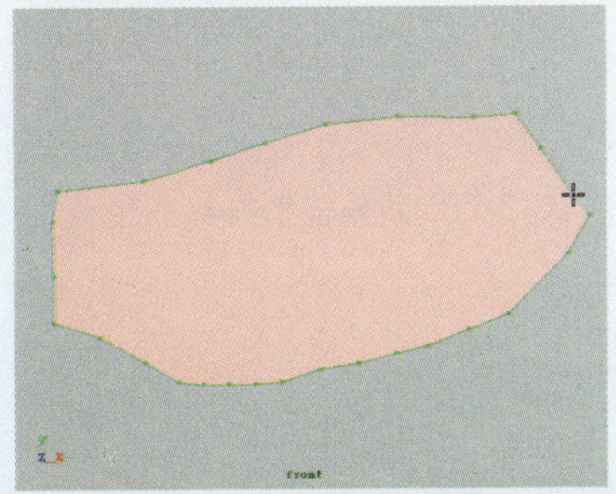

图3-65 创建多边形轮廓

提示

在创建模型时，如果所要创建的模型造型比较复杂，可以找到有关该角色模型的三视图素材图片，然后将它们导入到Maya视图中，用来作为模板图片。用户可以依照该模板图片的轮廓来创建出更理想的造型效果。

2 在确定好多边形轮廓后，按Enter键确定多边形的创建。同时也可以删除其多余的节点，以修改模型的外形，如图3-66所示。

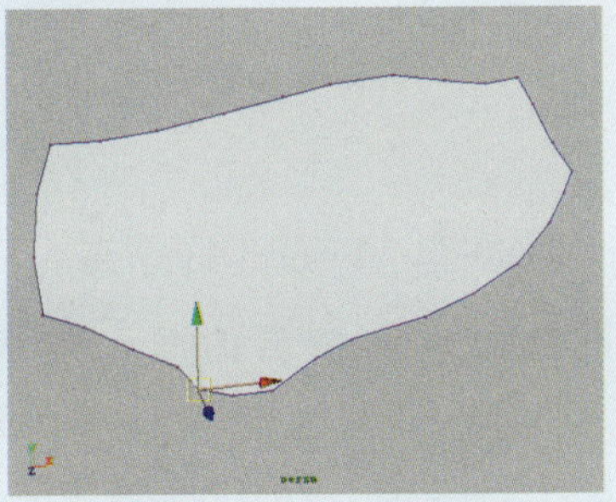

图3-66 调整多边形形状

技巧

手动自行创建的多边形模型，可以使用任何的多边形编辑工具对其进行编辑和调整。比如使用分割多边形工具，对创建的多边形进行分割；也可以使用挤出工具对模型进行创建与编辑；也可以使用缝合工具对其进行缝合操作，从而大大方便了多边形模型的创建。

3 执行Split Polygon Tool命令，在模型边上单击并拖曳鼠标，将创建的分割点捕捉到多边形其中一个点上，然后再在另一处单击并拖曳鼠标，将分割点捕捉到模型另一个点上，如图3-67所示。

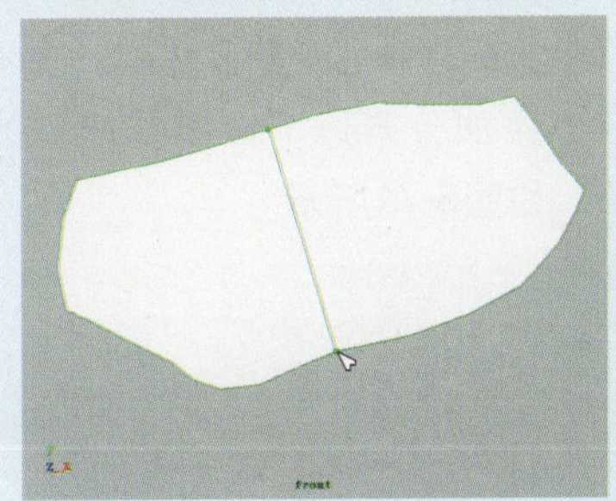

图3-67 捕捉模型点

4 选中多边形，执行Edit Mesh（编辑网格）| Insert Edge Loop Tool（插入循环边）命令，然后在模型分割边上单击，添加一条循环边，如图3-68所示。

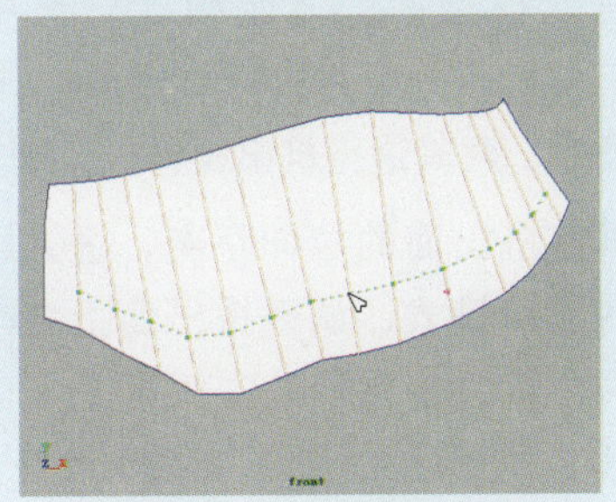

图3-68 添加循环边

5 将断边连接并调整模型的外形。执行Edit Mesh（编辑网格）| Offset Edge Loop Tool（偏移循环边）命令，然后在其中一条循环边上单击不放并拖曳鼠标，调整两虚线边的距离，如图3-69所示。

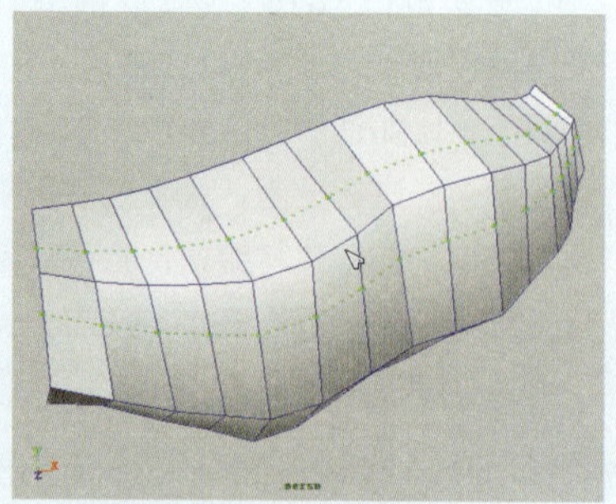

图3-69 调整虚线边距离

6 选中模型，在其局部添加循环边。然后，切换到点编辑模式，选中并移动模型顶点位置，以调整其造型轮廓，如图3-70所示。

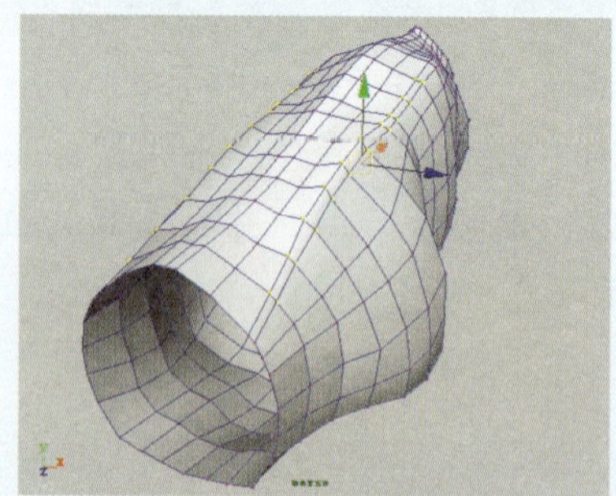

图3-70 调整模型布线的位置

3.2.2 创建腿部模型

1 旋转视图角度到模型的下方，执行Split Polygon Tool（分割多边形）命令，在该处添加分割边，以增加模型的细分段，如图3-71所示。

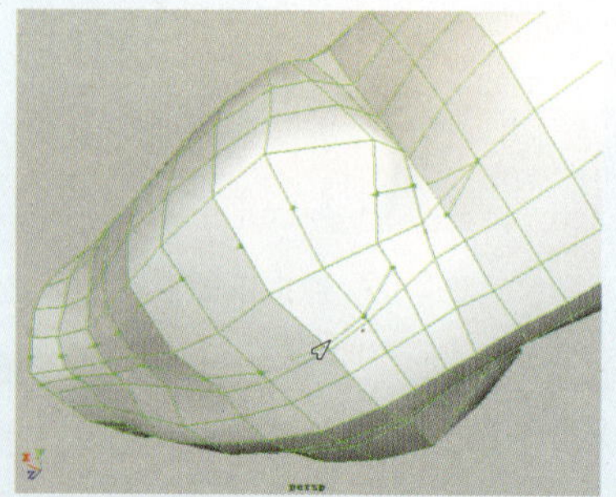

图3-71 添加分割边

2 进入模型面的显示模式，选中如图3-72所示的面并执行Extrude（挤出）命令，对其进行挤出操作。

3 调整挤出面的拉伸距离，进入模型点的显示模式，调整挤出面上各个顶点的位置，使它们处在同一个平面上以改变挤出面的外形，如图3-73所示。

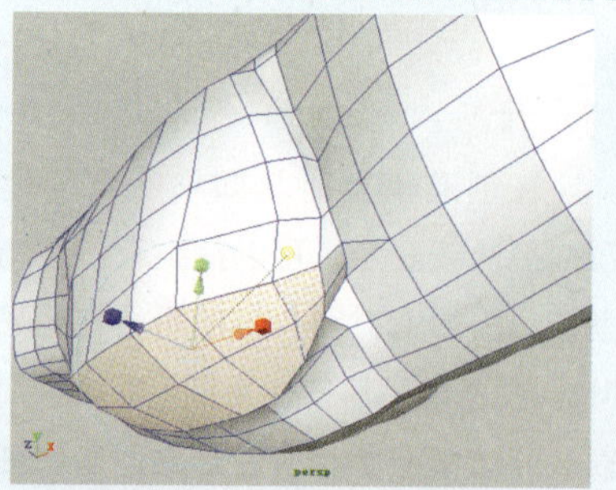

图3-72 执行Extrude命令

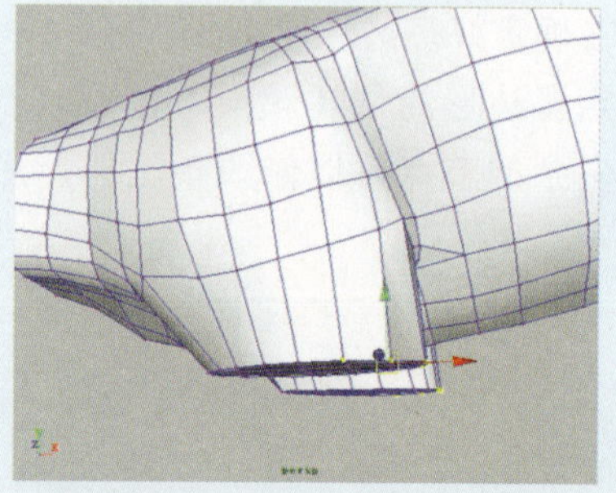

图3-73 调整挤出面的外形

4 再选中之前挤出的面，连续执行Extrude（挤出）命令，并且调整挤出面的拉伸距离、缩放和旋转角度，以创建出该处的弯曲效果，如图3-74所示。

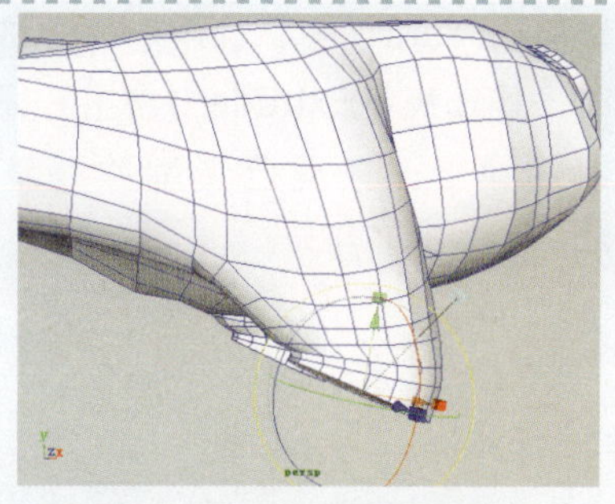

图3-74 创建腿部的弯曲部分

5 同样连续执行Extrude（挤出）命令，对所选面进行挤出操作并调整挤出面的拉伸距离、缩放和旋转角度，以完成角色腿部模型的创建，如图3-75所示。

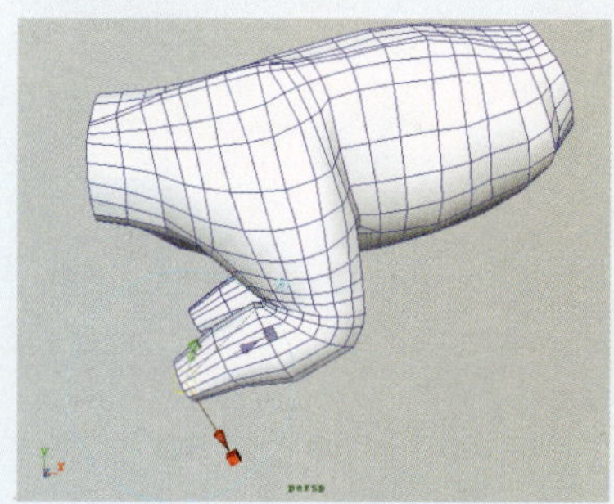

图3-75 角色腿部模型

6 移动视图，选中并移动模型侧面边的顶点，以调整角色前肢所处位置的布线。然后，选中轮廓内侧的面并执行Extrude（挤出）命令，对挤出面进行缩放操作，如图3-76所示。

7 连续执行Extrude（挤出）命令，对所选面进行挤出操作并调整挤出面的形状，以创建前肢关节处的弯曲效果，如图3-77所示。

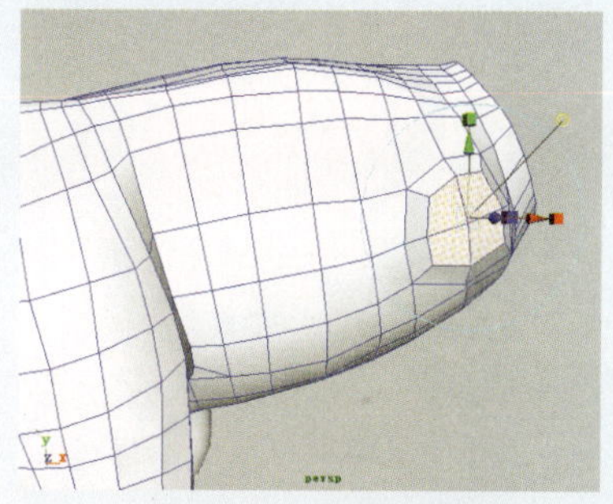

图3-76 执行挤出操作

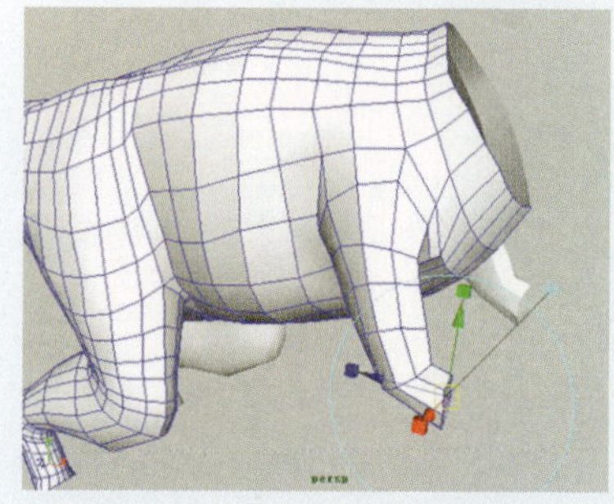

图3-77 重复执行挤出操作

8 同样，连续执行Extrude（挤出）命令并调整挤出面的拉伸距离，以创建出角色的前肢造型，如图3-78所示。

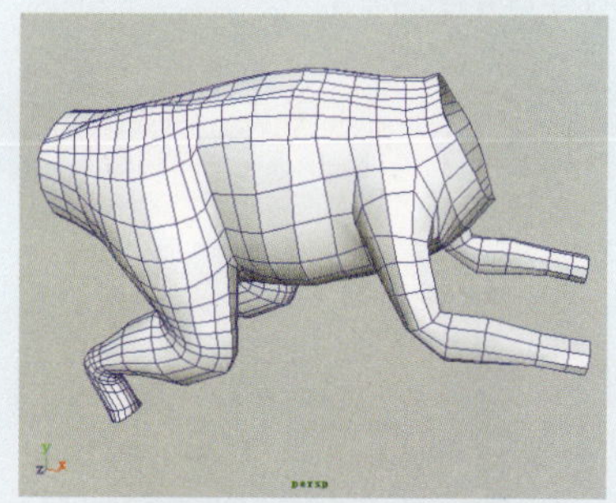

图3-78 前腿的造型效果

3.2.3 创建尾巴模型

1 执行Append to Polygon Tool命令，然后在如图3-79所示的对应边处分别单击添加一个多边形面，以将该处两对应边连接起来。

2 连续执行添加多边形操作，将断面连接起来。选中如图3-80所示的面，执行Extrude（挤出）命令，对其进行挤出操作并调整其拉伸，用于制作角色的尾巴造型。

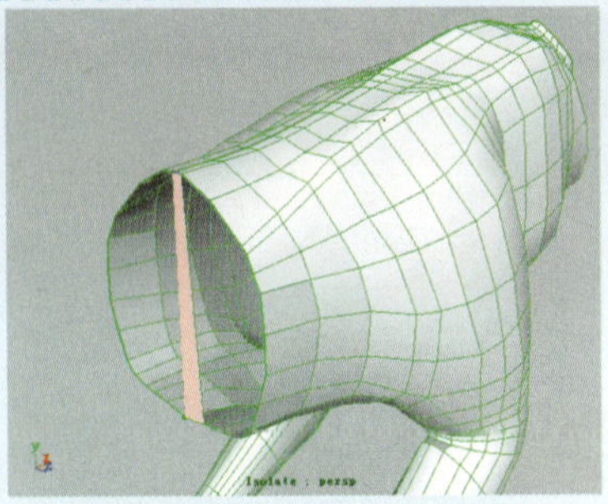

图3-79 执行添加多边形面操作

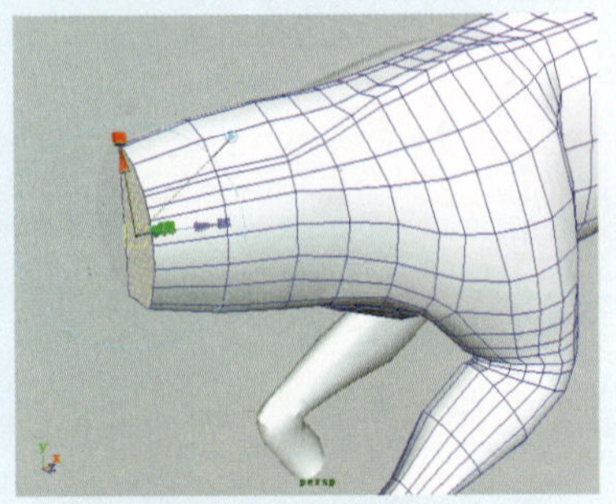

图3-80 调整挤出面的拉伸距离

3 切换到Front视图，选中上一步挤出的面，连续执行Extrude（挤出）操作，以创建出一条尾巴造型并调整其形状，如图3-81所示。

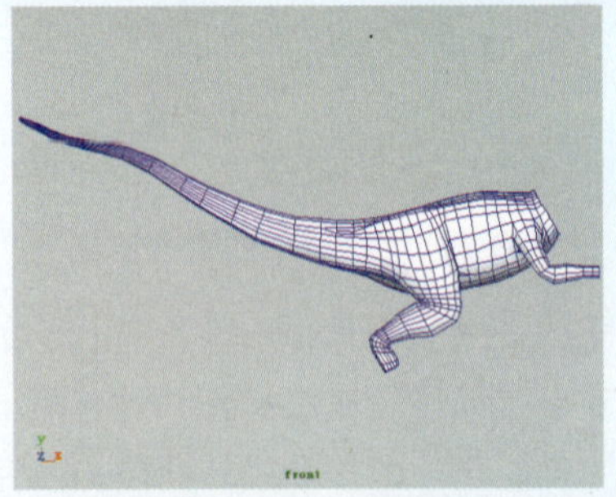

图3-81 连续执行Extrude命令

3.2.4 调整身体肌肉

1 旋转视图角度，在如图3-82所示的位置添加几条分割边，用于作为制作肌肉部位的轮廓线。

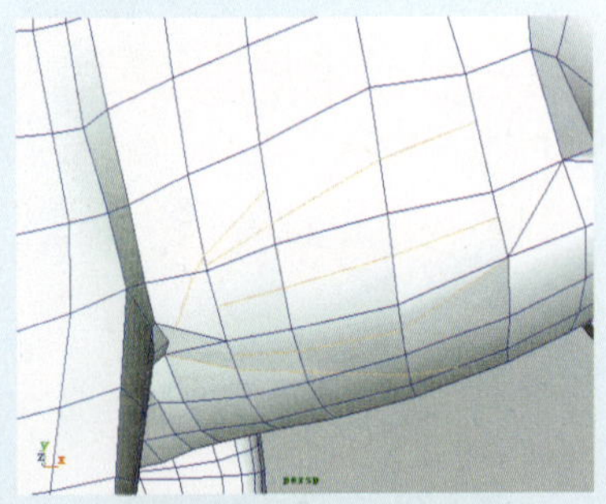

图3-82 添加分割边

2 同样，在模型所添加分割边的周围再添加几条分割边，以增加模型的细分段数，如图3-83所示。

3 适当调整模型布线及顶点位置，以制作出肌肉的凹凸效果。然后再执行Split Polygon Tool（分割多边形）命令，在如图3-83所示的位置添加一条

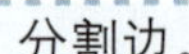

分割边。

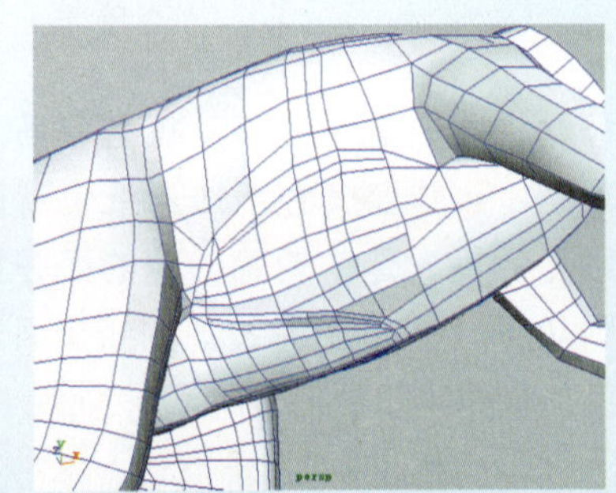

图3-83 连续添加分割边

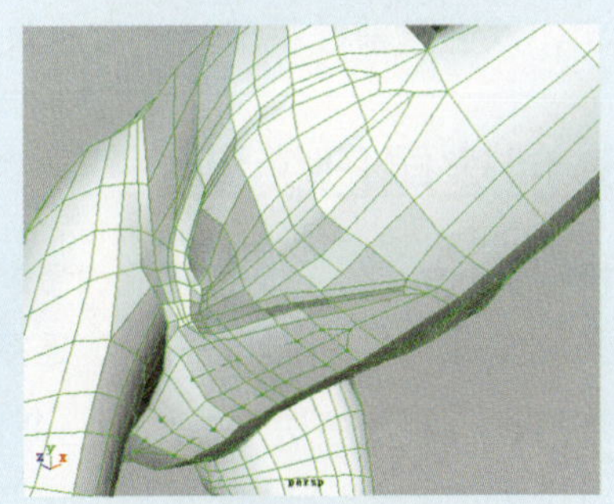

图3-84 添加分割边

4 旋转视图角度到模型的下方，框选如图3-85所示的点并向下移动鼠标，以调整出向外凸出的效果。

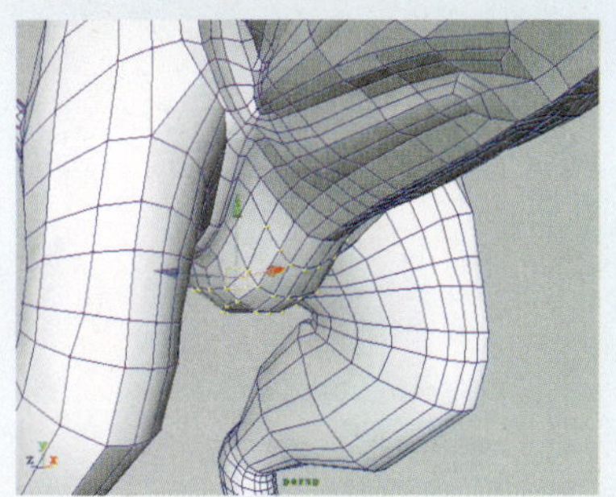

图3-85 移动模型顶点

5 选中拉伸顶点所在的面，执行Extrude（挤出）命令，对其进行挤出操作并调整挤出面的形状，如图3-85所示。

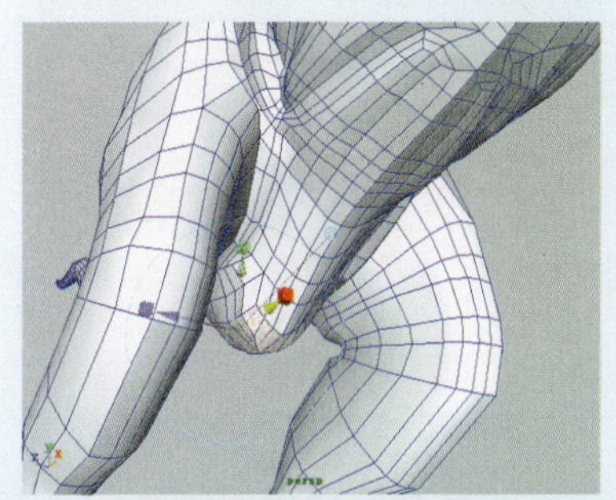

图3-86 执行挤出操作

6 执行Split Polygon Tool（分割多边形）命令，在如图3-87所示位置添加一条分割边，以优化模型的布线。

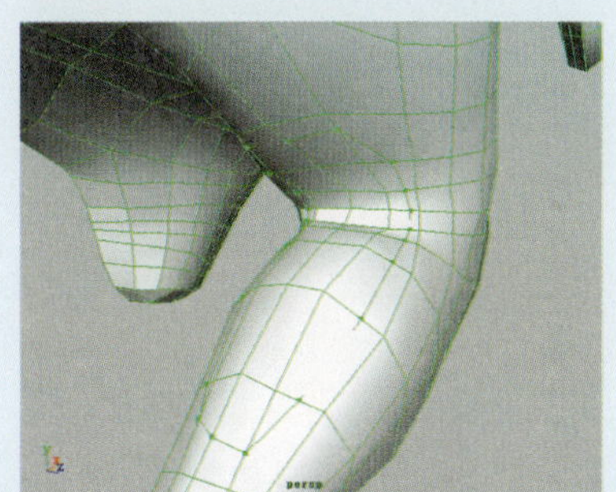

图3-87 添加分割边

7 在所添加分割边的位置再添加一条循环边，以增加该处的细分段数。然后调整如图3-88所示的顶点，以调整出该处的凹陷效果。

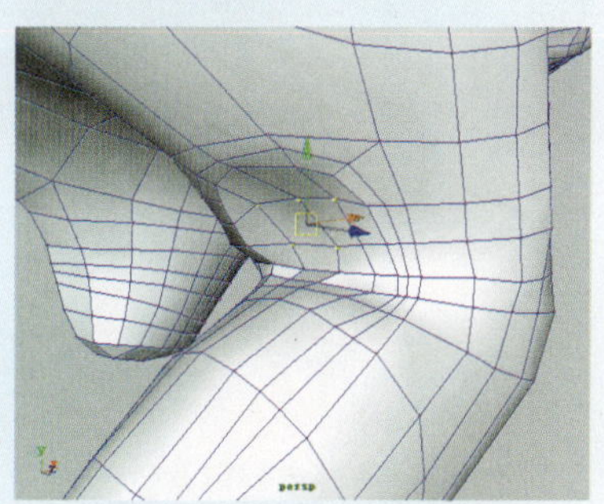

图3-88 调整模型凹陷效果

8 在所添加的分割边周围，添加一些分割边，以避免三角面的存在。然后选中并移动如图3-89所示的顶点，创建模型该处的凹陷效果。

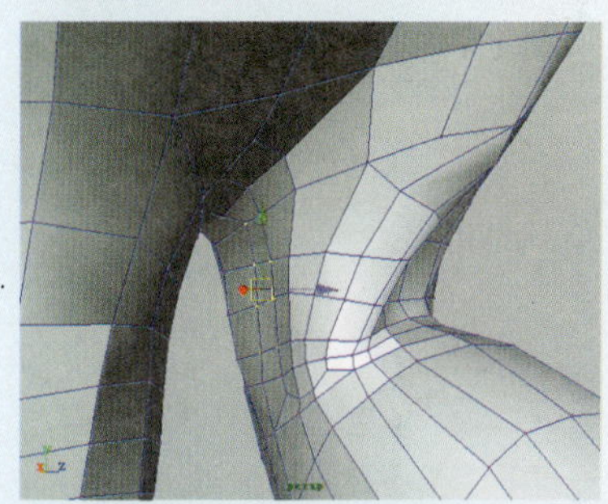

图3-89 移动模型顶点

9 旋转视图角度，选中并移动如图3-90所示的顶点，以创建出腿部肌肉的凸出和凹陷效果。

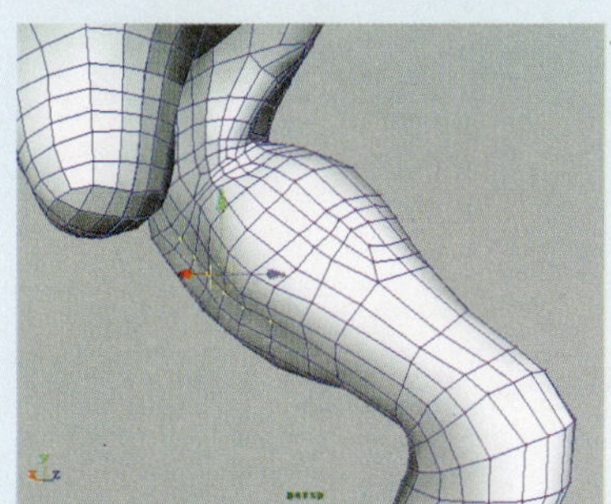

图3-90 调整肌肉的凹陷效果

10 旋转视图，在如图3-91所示位置添加一条分割边，以添加模型该处的布线并调整其顶点位置。

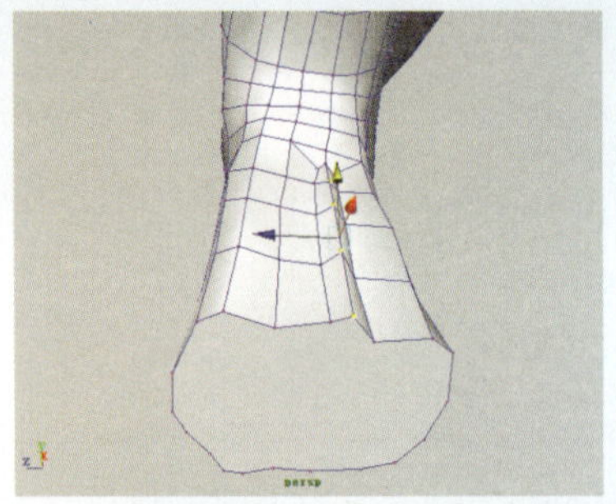

图3-91 调整模型顶点位置

11 旋转视图角度，在如图3-92所示位置添加一条分割边，以增加该处的布线并适当调整模型的布线以消除三角面。

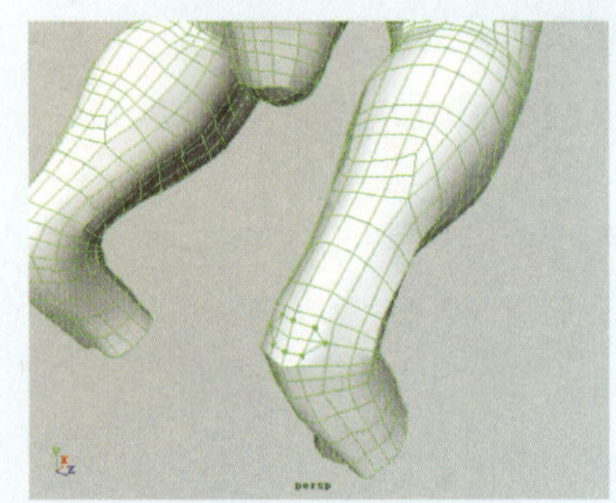

图3-92 添加分割边

12 然后对该处的顶点进行调整，以创建出凸出的关节造型，如图3-93所示。

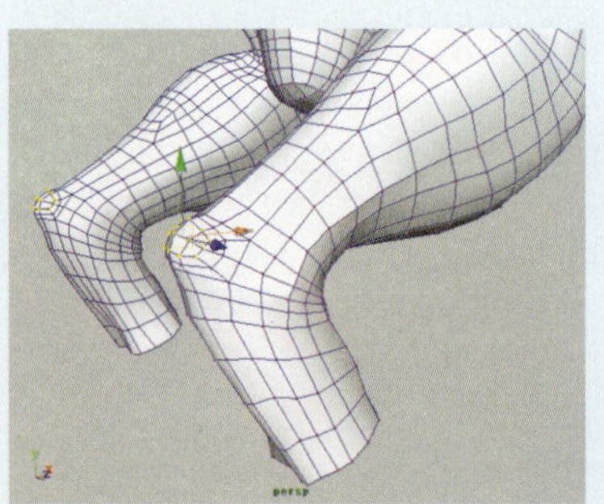

图3-93 添加分割边

13 旋转视图角度，对模型前肢根部的布线进行添加和调整，如图3-94所示。

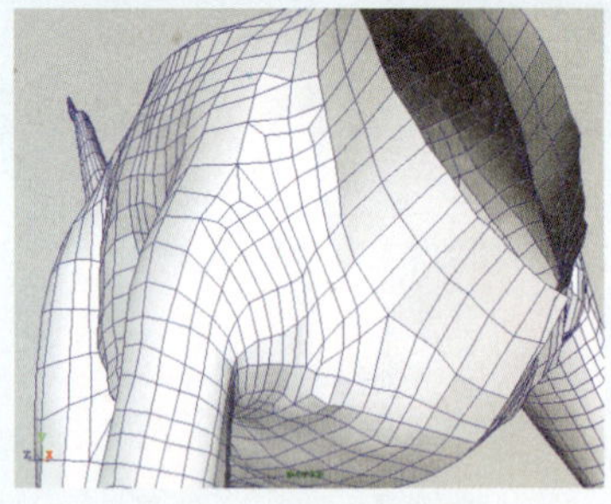

图3-94 添加模型布线

14 然后选中并移动如图3-95所示位置的顶点，以制作出模型凹凸不平的肌肉效果。

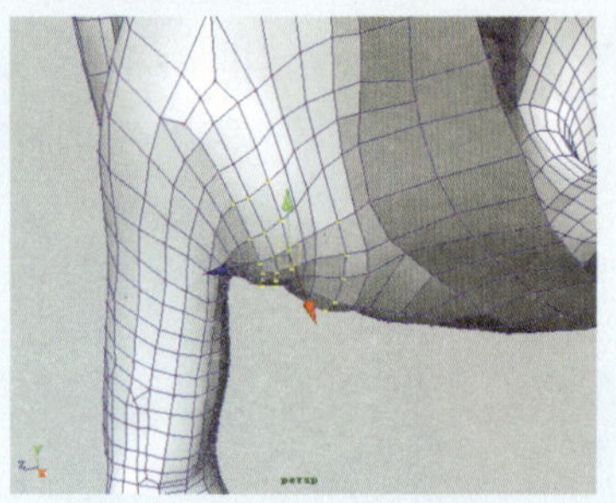

图3-95 调整模型肌肉效果

15 在角色肌肉调整完成后，选中模型并执行Mesh（编辑网格）| Smooth（平滑）命令，观察角色模型的整体肌肉效果，如图3-96所示。

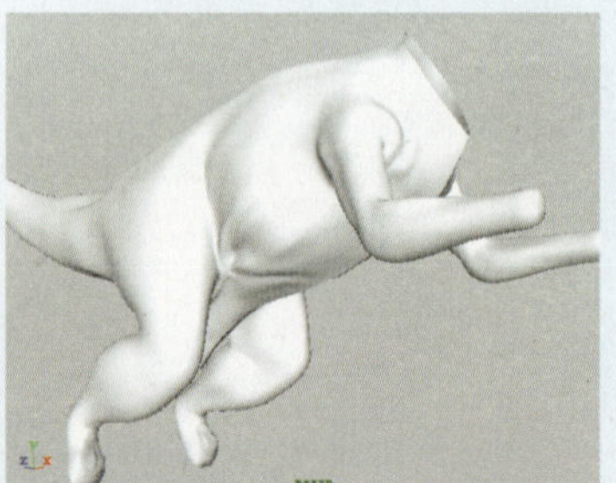

图3-96 角色身体的整体效果

3.2.5 制作爪子模型

1 旋转视图，对后肢端部的面执行Extrude（挤出）命令，以制作出该处的延伸部分。选中并移动如图3-97所示的顶点，以调整出该处的凹陷效果。

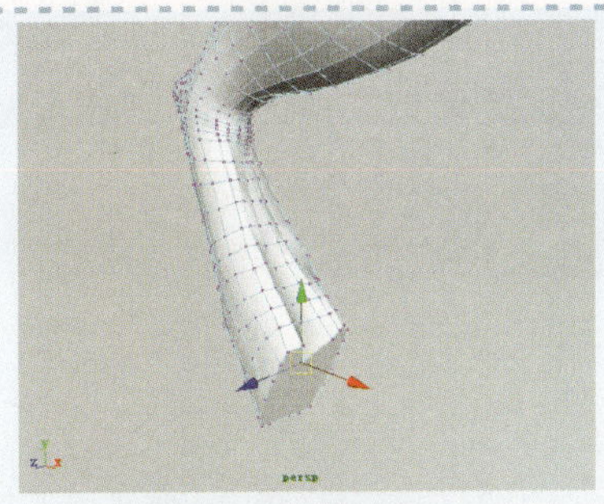
图3-97 调整模型造型

2 在挤出的面上创建一条分割边，以将其分割为两部分。然后，再选中其中一个面对其进行挤出操作并调整挤出面的拉伸距离，用于创建爪子模型，如图3-98所示。

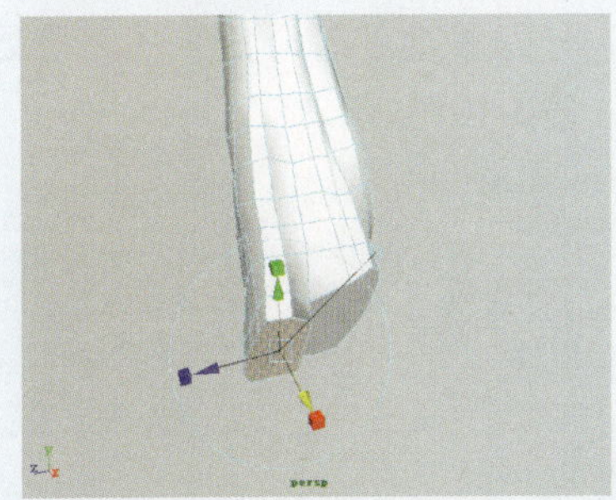
图3-98 创建爪子模型

3 连续执行Extrude（挤出）命令，对所选面执行挤出操作，并调整挤出面的形状，直至创建出角色的爪子造型，如图3-99所示。

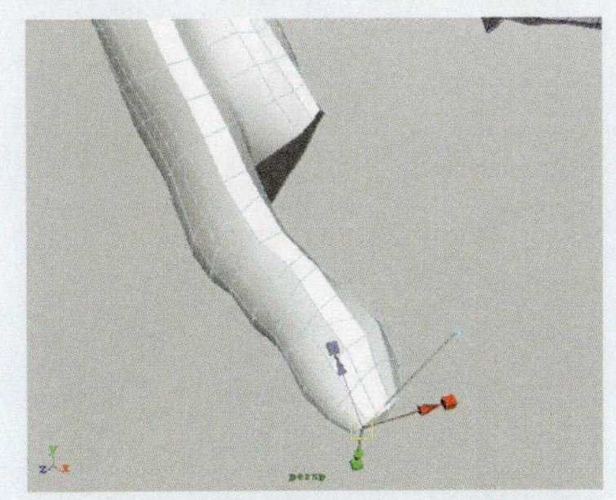
图3-99 创建角色的爪子造型

4 选中爪子端部的面，连续执行Extrude（挤出）命令，对所选面进行挤出命令操作，并调整挤出面的缩放和拉伸距离，以制作出趾甲的凹槽效果，如图3-100所示。

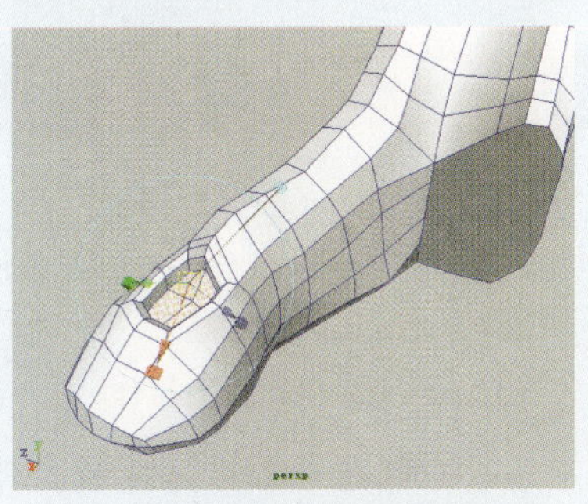
图3-100 创建趾甲的凹槽效果

5 同样，使用Extrude（挤出）命令创建出角色的其他几只爪子模型，如图3-101所示。

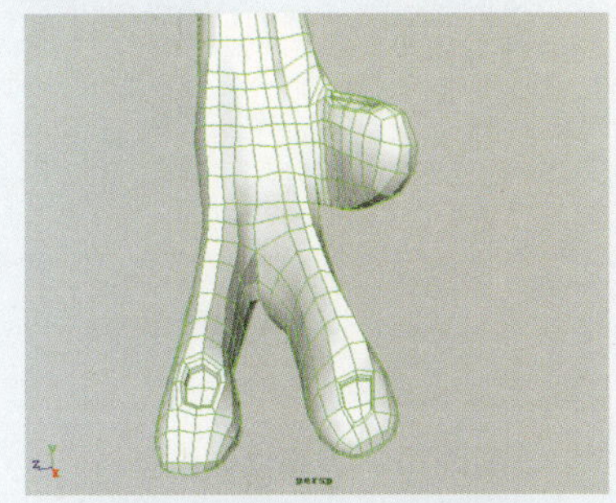
图3-101 角色的爪子造型

6 旋转视图角度，调整如图3-102所示位置的布线轮廓。

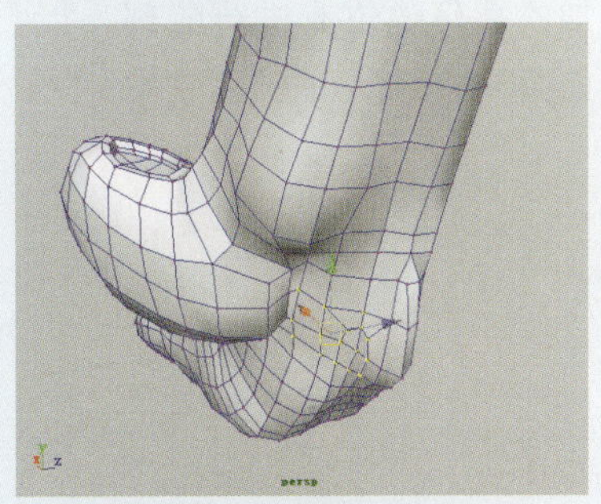
图3-102 移动模型布线顶点

7 选中凸起造型下方的面，连续执行Extrude（挤出）命令，对其进行挤出命令操作，以创建出如图3-103所示的凹陷效果。

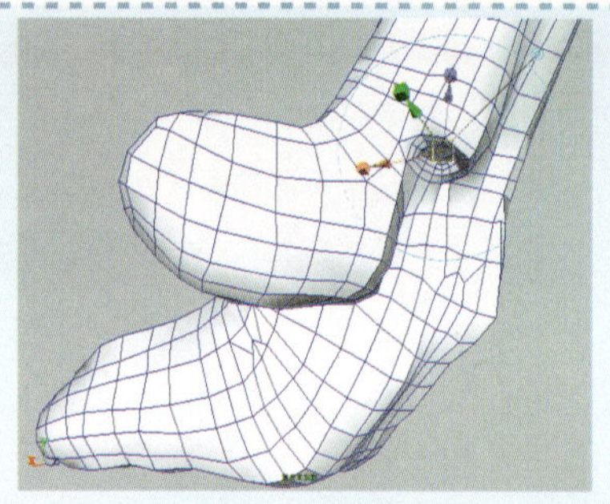

图3-103 执行挤出操作

8 在场景中创建一个锥体并调整其细分段数。然后选中每条循环边上的顶点并对其进行旋转操作，以改变该锥体的弯曲效果，如图3-104所示。

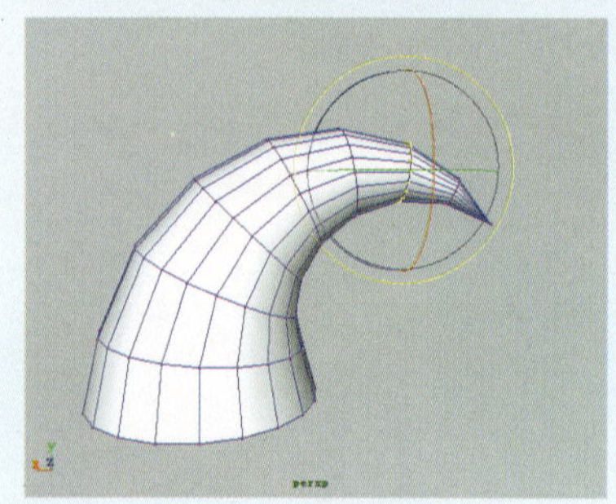

图3-104 调整锥体造型

9 在锥体两侧添加多条循环边，执行Mesh（网格）| Sculpt Geometry Tool（几何体雕刻工具）命令，在模型添加的循环边位置进行雕刻，以创建出如图3-105所示的凹陷效果。

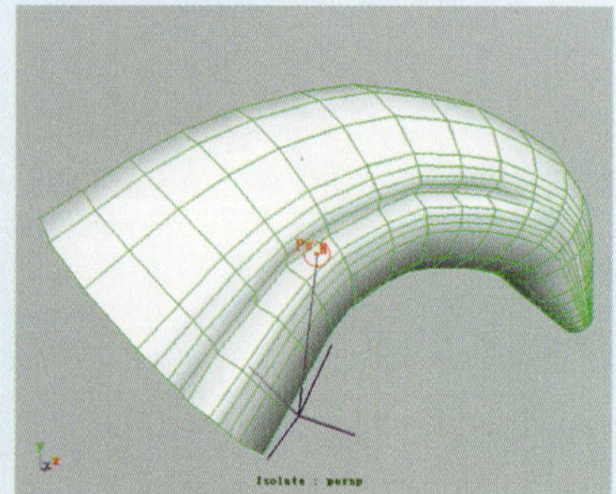

图3-105 雕刻模型的凹陷效果

10 在雕刻好模型的凹陷效果后，选中该模型并执行Mesh（网格）| Triangulate（三边面）命令，将其转化为三角面，用来作为趾甲模型，如图3-106所示。

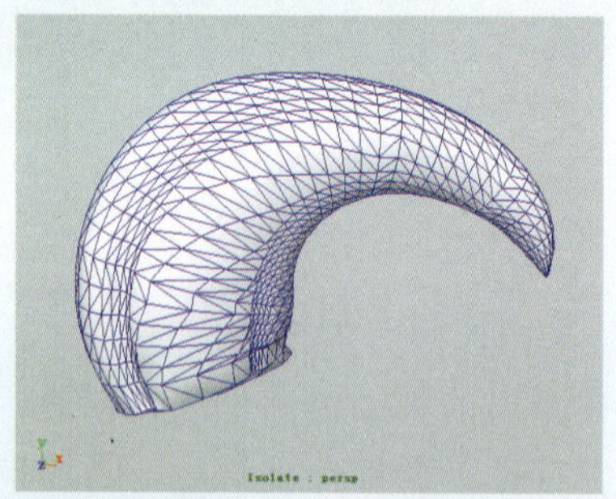

图3-106 执行三边面操作

11 使用同样的方法，创建出其他形状的趾甲造型并对其进行复制，然后分别移动到各个爪子的凹槽处，如图3-107所示。

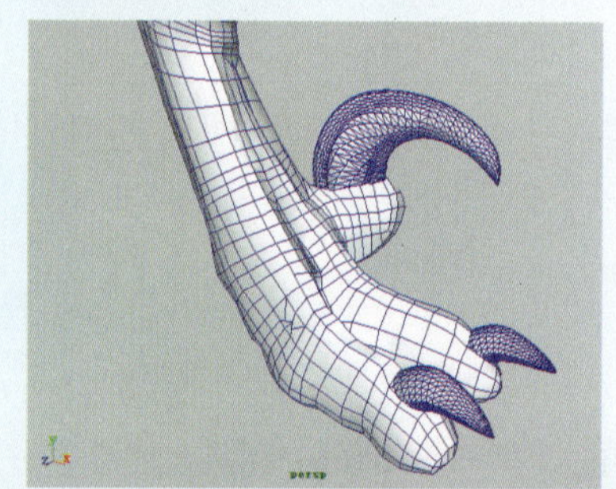

图3-107 角色的趾甲造型

12 同样，根据角色的特征，创建出其前爪的造型，如图3-108所示。

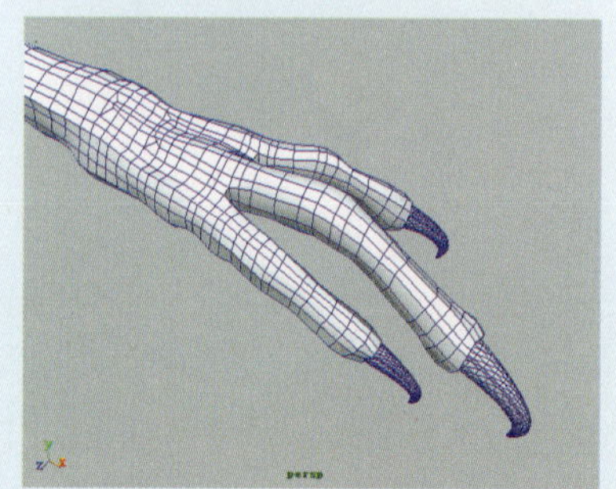

图3-108 角色的前爪造型

3.2.6 创建头部和口腔

1 切换到Front视图，执行Mesh（网格）| Create Polygon Tool（创建多边形）命令，然后在视图中连续单击，以创建出角色头部的侧面轮廓，如图3-109所示。

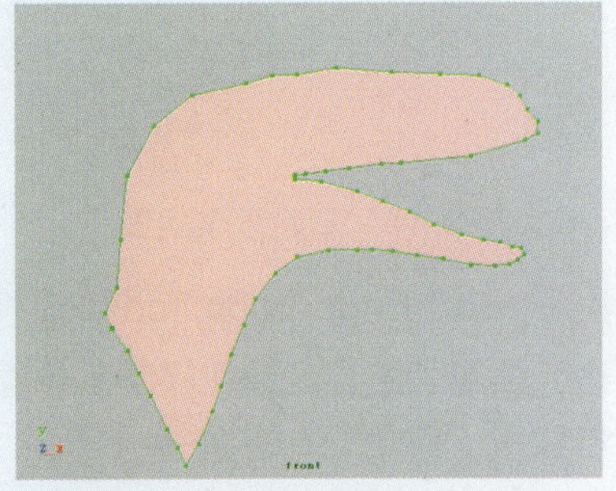

图3-109 创建头部侧面轮廓

2 执行Split Polygon Tool（分割多边形）命令，为创建的模型添加多条分割边，以增加模型的细分段数，如图3-110所示。

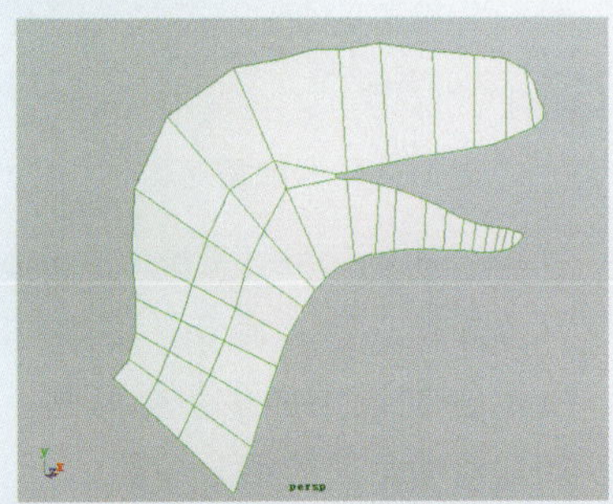

图3-110 添加多条分割边

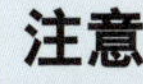

注意

在添加模型的分割边时，所创建分割点的位置直接影响了该分割边的轮廓。所以需要事先确定好分割点的位置从而创建出想要的分割边轮廓，以避免在添加模型的分割边后，还要再次调整分割边的外形轮廓。

3 选中模型所有的面，执行Extrude（挤出）命令，对其执行挤出操作并调整挤出面的形状和拉伸距离，以创建出模型的厚度，如图3-111所示。

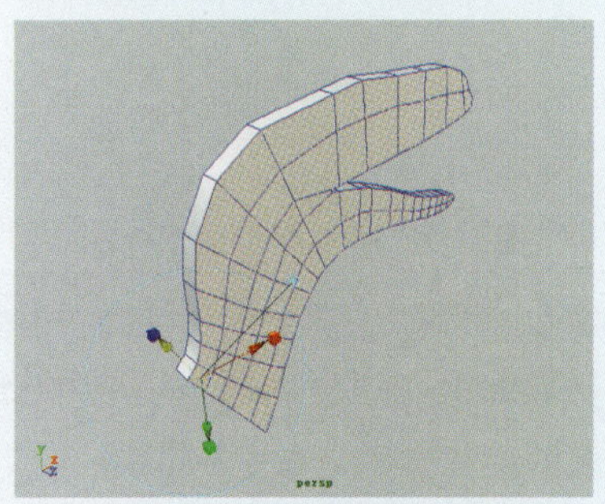

图3-111 执行挤出操作

4 连续执行Extrude（挤出）命令，并调整挤出面的形状，以创建出模型头部侧面的厚度。然后，再调整模型顶点位置以改变挤出面的外形，如图3-112所示。

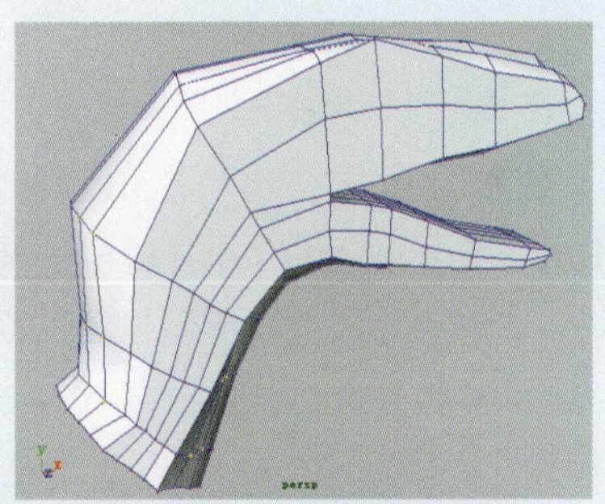

图3-112 连续执行挤出操作

技巧

在创建模型的造型轮廓时，如果因模型布线的过多而影响了模型造型的编辑与创建，可以删除模型一些分布较密的边，即可快速编辑和创建模型的外形状态。

5 移动视图位置，移动角色嘴部的顶点，以调整该处向外凸起的平滑过渡效果，如图3-113所示。

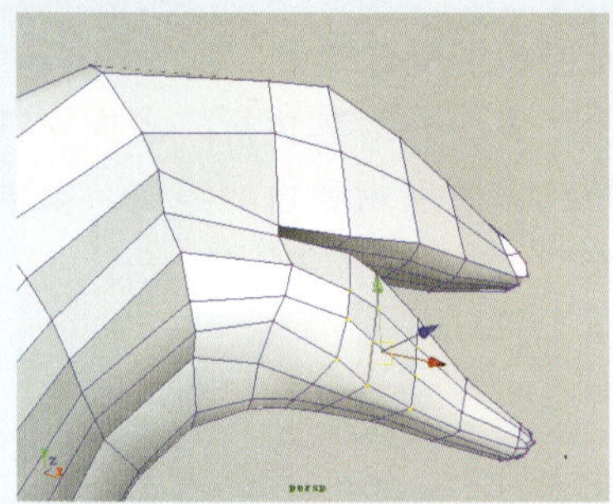

图3-113 调整模型嘴部外形

6 在模型需要调整的位置添加几条循环边并对其顶点进行调整，以制作出逼真的头部造型，如图3-114所示。

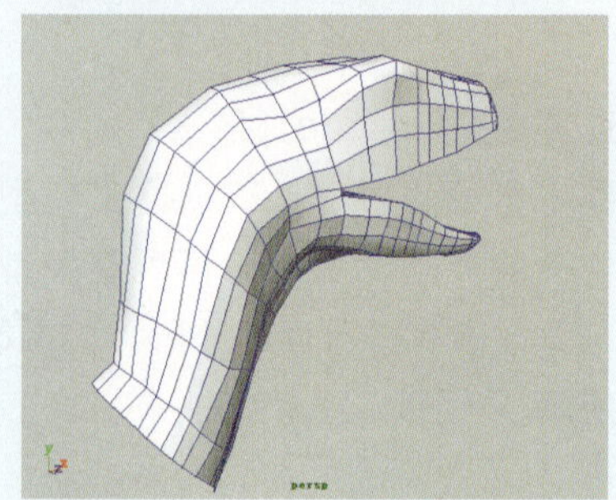

图3-114 角色的头部模型

7 旋转视图角度，执行Edit（编辑）|Paint Selection Tool（绘制选择）命令，选中如图3-115所示位置的面，执行Extrude（挤出）命令，对其进行挤出操作。

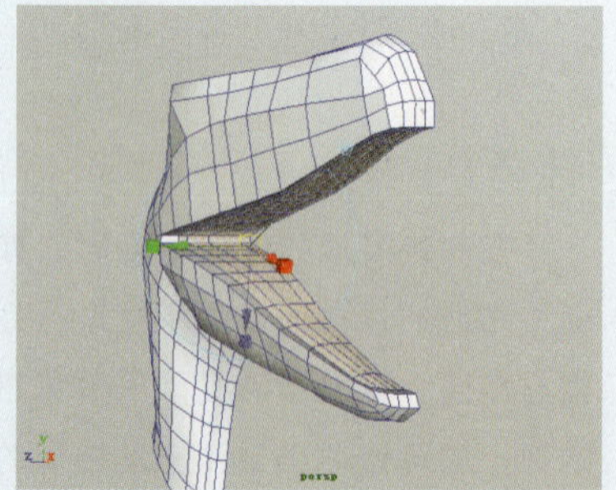

图3-115 执行挤出操作

8 调整挤出面的形状和拉伸距离，以制作出角色口腔的凹槽造型，然后选中并删除模型边界处的多余面，以避免其对模型的编辑造成不便，如图3-116所示。

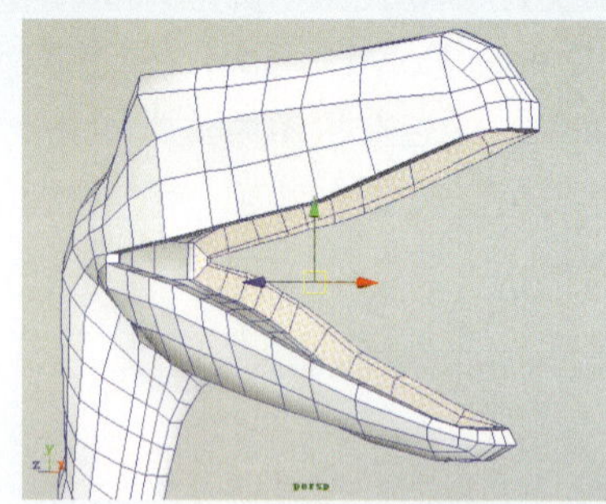

图3-116 删除多余的面

9 执行Insert Edge Loop Tool（添加循环边）命令，在如图3-117所示位置添加循环边，以增加该处的细分段。

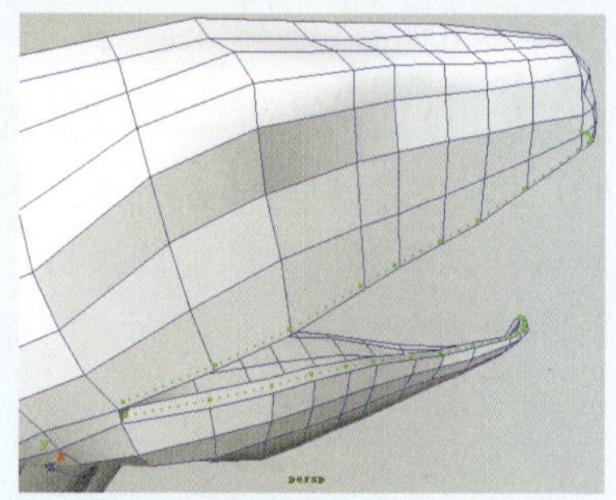

图3-117 添加循环边

10 同样，执行Insert Edge Loop Tool（添加循环边）命令，在如图3-118所示的位置添加多条循环边，以增加角色嘴角处的细分段数。

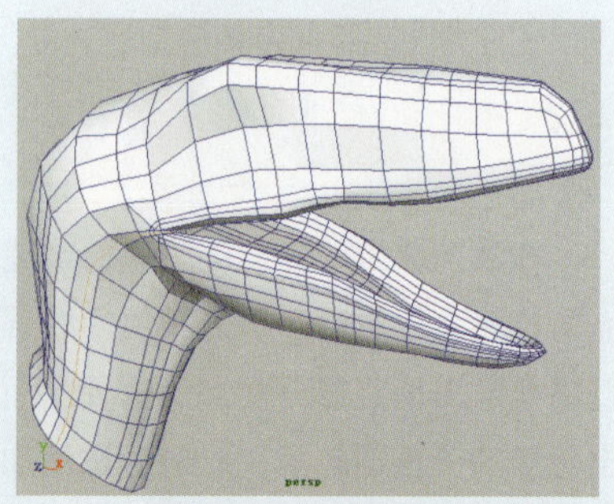

图3-118 添加循环边

11 选中角色口腔内的凹槽面，执行Mesh（网格）|Extract（提取）命

令，对其进行提取操作，以将所选面从模型上提出来，如图3-119所示。

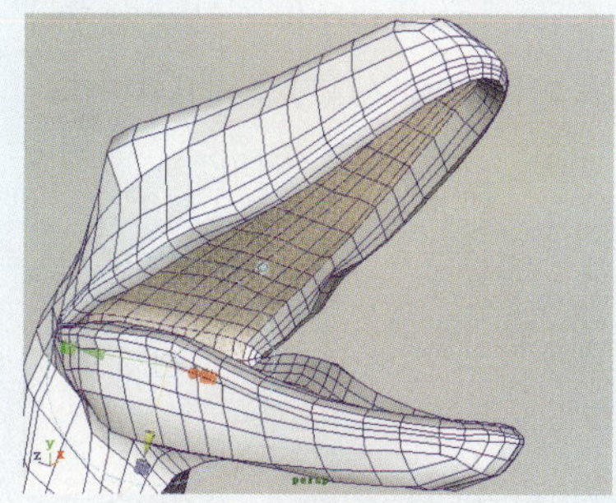

图3-119 执行提取操作

12 保存并隐藏头部模型到图层，只显示提取的面。然后选中如图3-120所示的面，执行Extrude（挤出）命令，对其进行挤出操作并调整挤出面的拉伸。

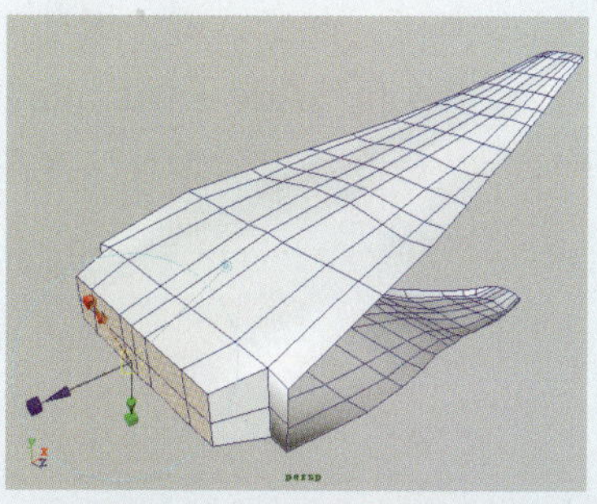

图3-120 执行挤出操作

13 连续执行Extrude（挤出）操作，以制作出口腔底部的喉咙造型。选中并移动如图3-121所示的顶点，改变模型的外形效果，以用于制作角色的口腔造型。

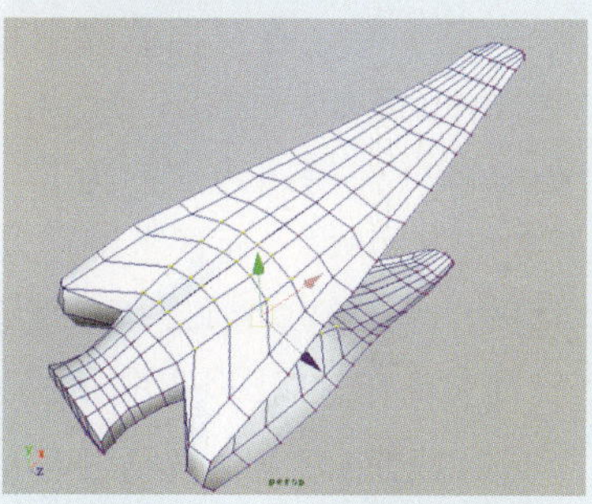

图3-121 调整模型外形

14 在模型上添加几条分割边，选中并移动模型所添加分割边上的顶点，以改变模型该处的造型效果，如图3-122所示。

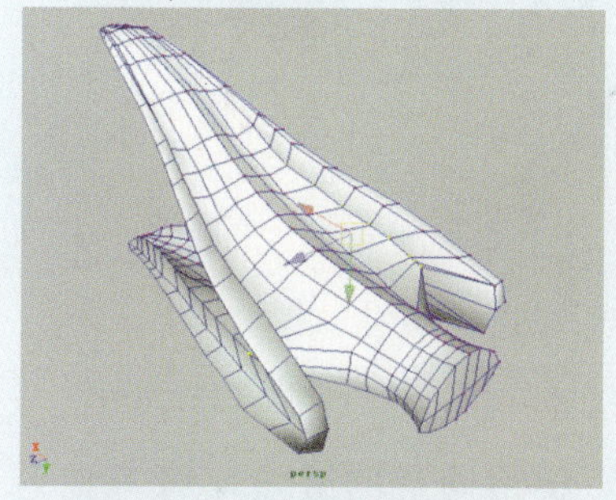

图3-122 移动模型顶点位置

15 旋转视图角度，选中如图3-123所示面上的点，对其进行移动和缩放调整，以使该模型轮廓更加自然、逼真。

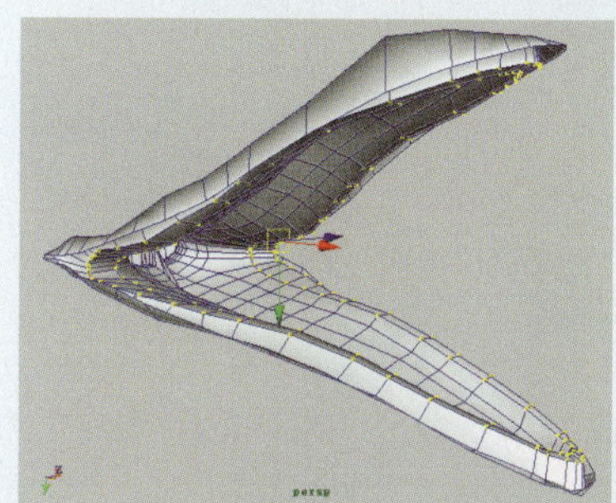

图3-123 调整模型顶点位置

16 旋转视图角度，选中如图3-124所示的面，按Delete键，将其删除。

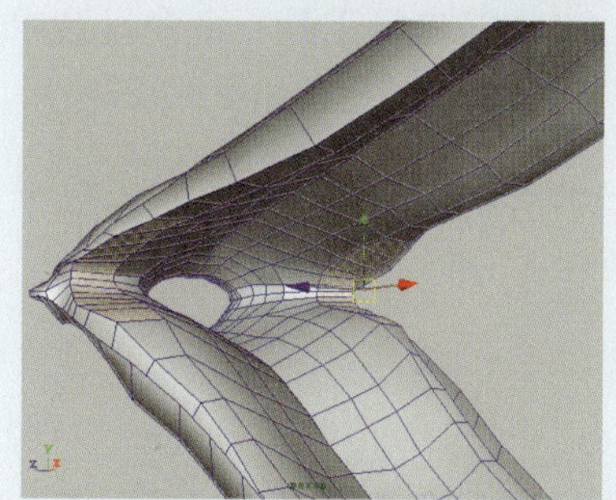

图3-124 删除所选面

17 执行Append to Polygon Tool（扩展多边形）命令，分别单击如图3-125

所示的两对应边，对其进行连接以产生一个多边形面。

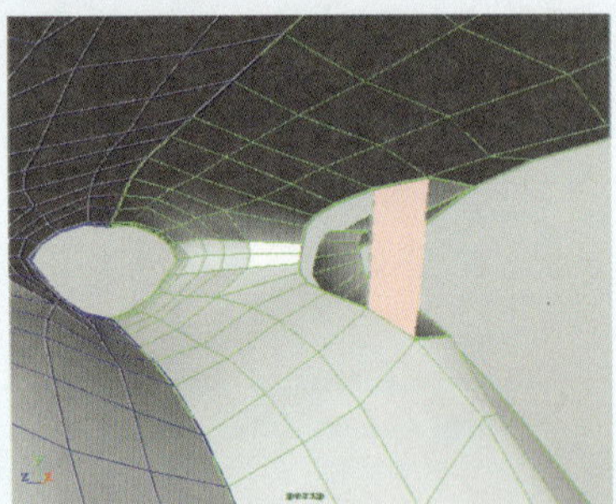

图3-125 执行添加多边形操作

18 使用同样的方法，将其他对应的边也进行连接。然后，执行Split Polygon Tool（分割多边形）命令，在如图3-126所示位置添加一条分割边。

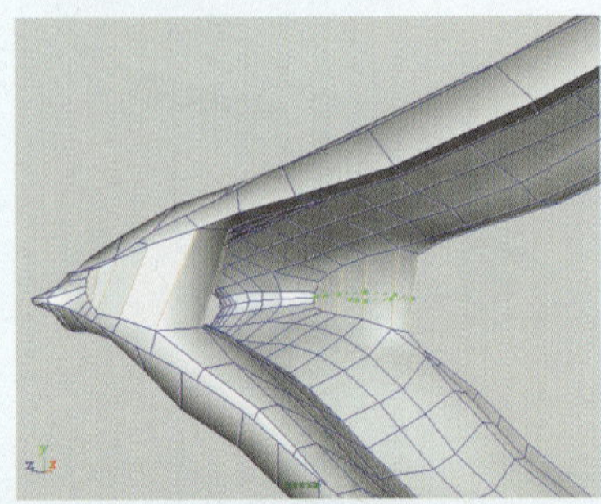

图3-126 添加循环边

19 同样，在连接面上添加多条分割边。然后执行Paint Selection Tool（画笔选择工具）命令，选中口腔边缘部位的面，如图3-127所示。

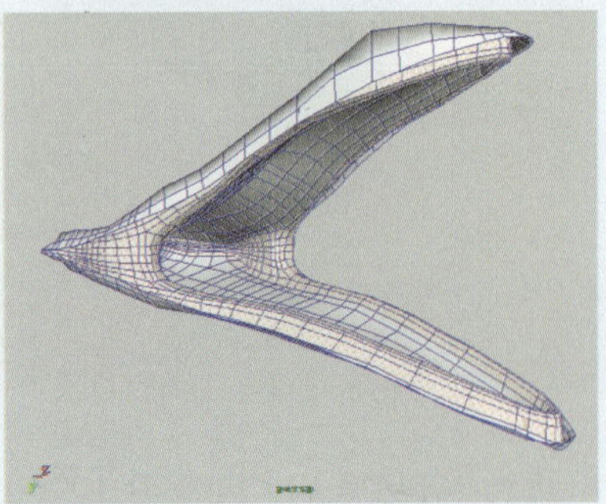

图3-127 选中口腔边缘部位的面

20 执行Add Divisions（添加细分）■命令，在弹出的对话框中设置Division Levels（细分级别）值为2，Mode（模式）为Quads（四边形），如图3-128所示。

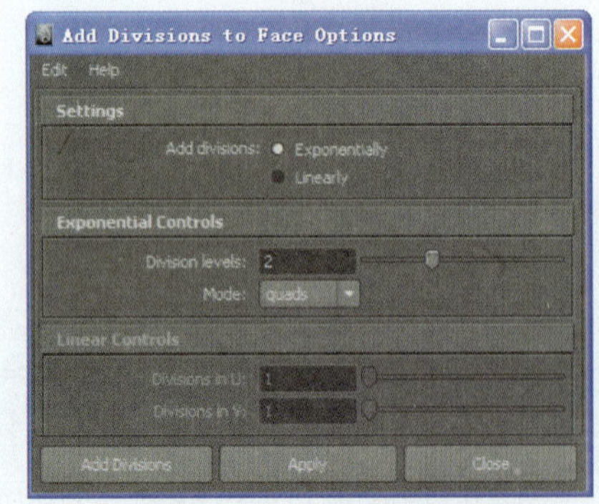

图3-128 设置细分参数值

21 单击Apply（应用）按钮，对其执行细分操作。此时，可以看到所选的模型面在执行Add Divisions（添加细分）命令后面数增加了两倍，如图3-129所示。

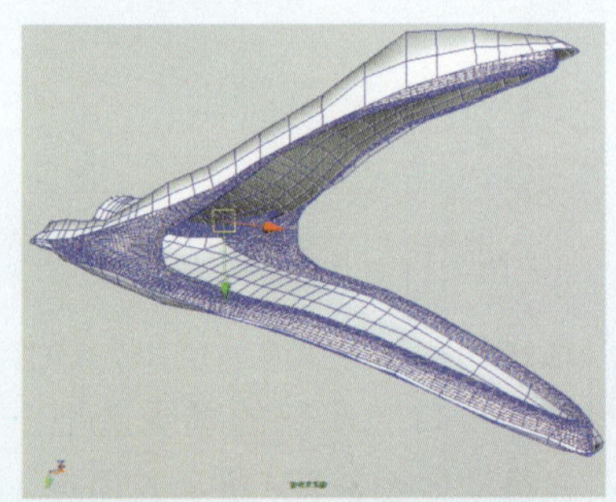

图3-129 面的细分效果

22 执行Mesh（网格）| Reduce（简化）■命令，在弹出的对话框中设置Reduce by（简化）为50、Keep quads（保持四边形）为1、Face Compactness（面紧密度）为0.5。然后，单击Apply（应用）按钮，执行简化操作，如图3-130所示。

23 将该口腔模型上的其他部位的面也进行简化操作，如图3-131所示。

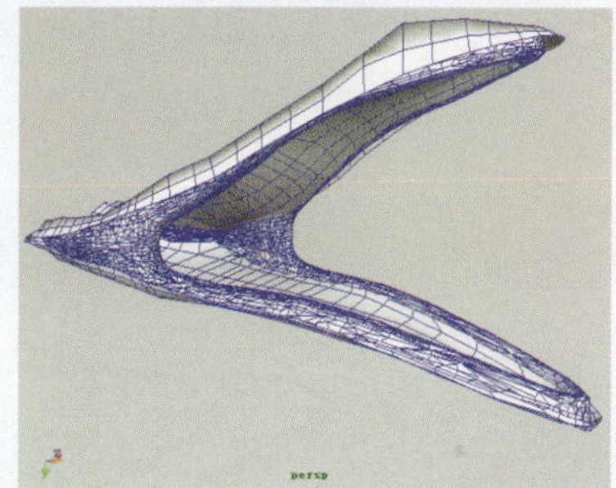

图3-130 执行简化操作

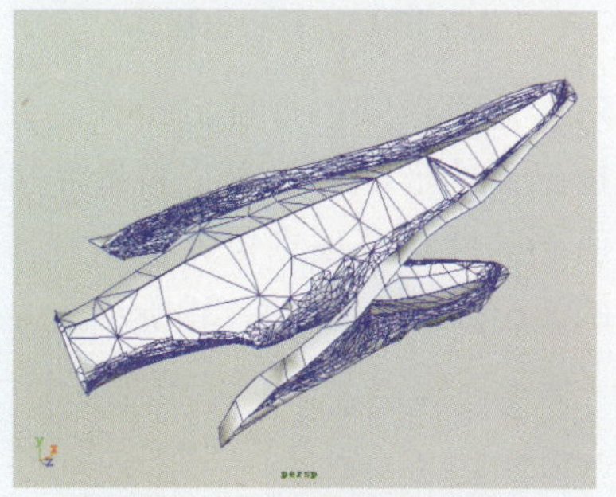

图3-131 口腔的简化效果

24 执行Sculpt Geometry Tool（几何体雕刻）命令，在视图右侧的属性栏中设置Radius（半径）为0.01、Opacity（不透明度）为0.001，单击选择图标，如图3-132所示。

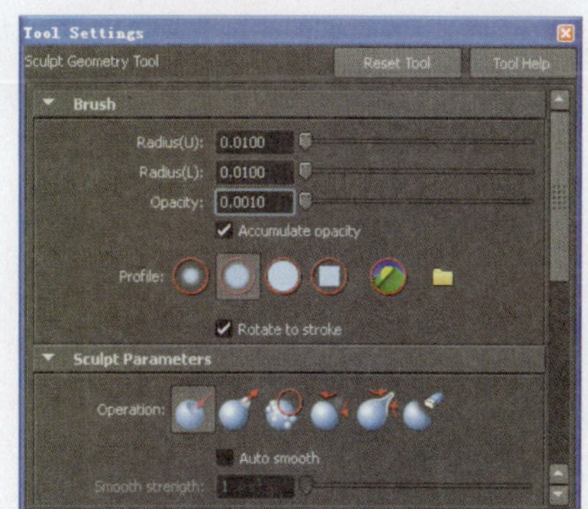

图3-132 设置属性参数值

25 然后在模型上进行涂绘雕刻，以创建出该处凹凸不平的造型效果，如图3-133所示。

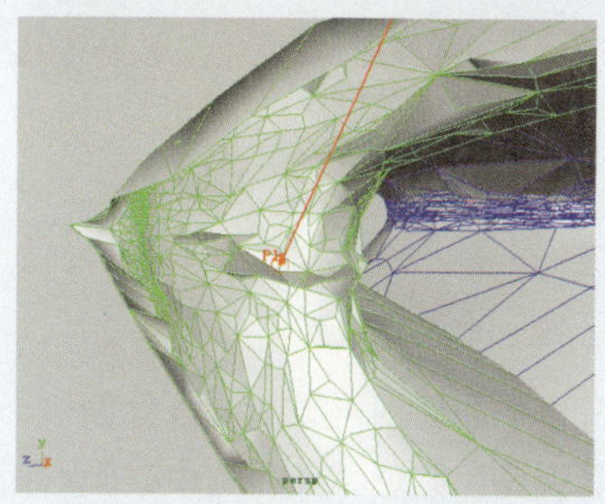

图3-133 雕刻凹凸效果

提示

按B键并水平拖曳鼠标中键，即可调整雕刻笔的大小，然后在模型上进行涂绘，以雕刻出模型的凹凸效果。同时可以使用该雕刻工具的几种雕刻方式对产生的凹凸效果进行处理。

26 在雕刻完成后，选中该模型并执行Mesh（网格）| Smooth（平滑）命令，对其进行光滑操作，观察模型的凹凸效果，如图3-134所示。

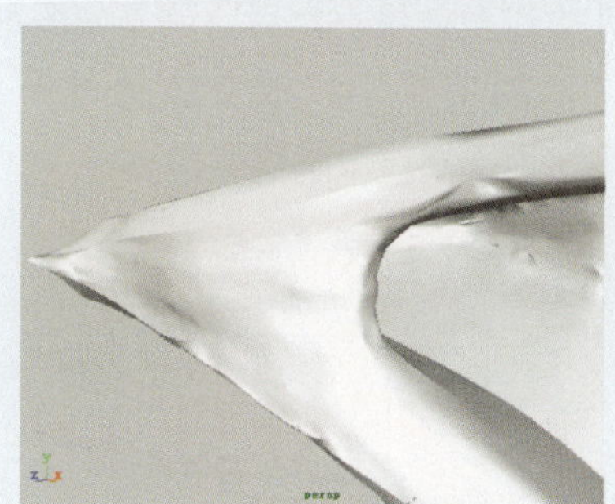

图3-134 光滑后的效果

3.2.7 创建鼻孔和眼睛

1 选中如图3-135所示的点，执行Edit Mesh（编辑网格）| Chamfer Vertex（切割点）命令，将该点转化为平面。

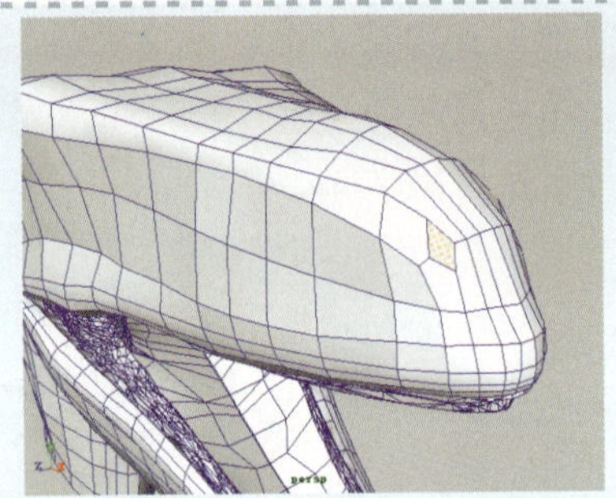
图3-135 转化为平面

2 在该平面周围再添加几条分割边，以将其调整为圆形。然后选中该圆形面，对其执行Extrude（挤出）操作，并调整挤出面的形状，如图3-136所示。

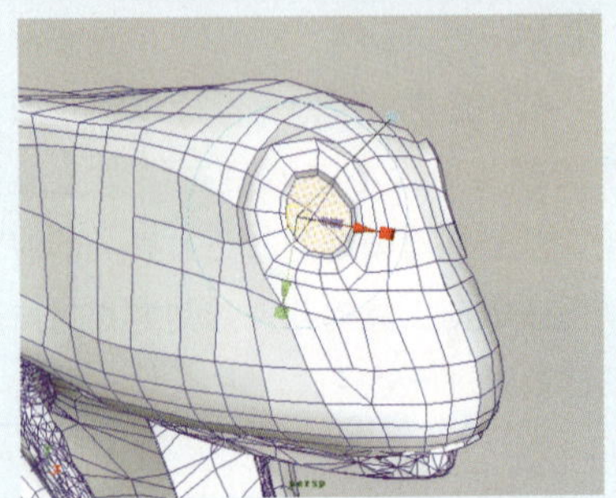
图3-136 挤出并调整面的形状

3 连续执行挤出命令，并调整对挤出面的拉伸距离和缩放，以制作出角色鼻孔的造型效果。然后，调整如图3-137所示的顶点，以改变该处的布线轮廓，用于制作眼睛模型。

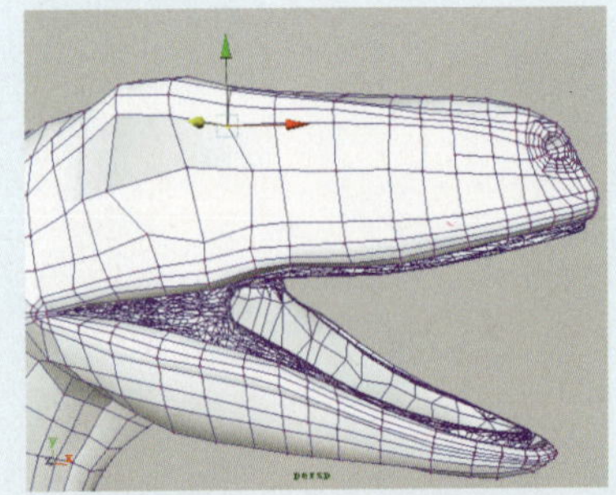
图3-137 调整模型布线

4 选中轮廓区域内侧的面，执行Extrude（挤出）命令，对其进行挤出操作，并调整挤出面的形状，如图3-138所示。

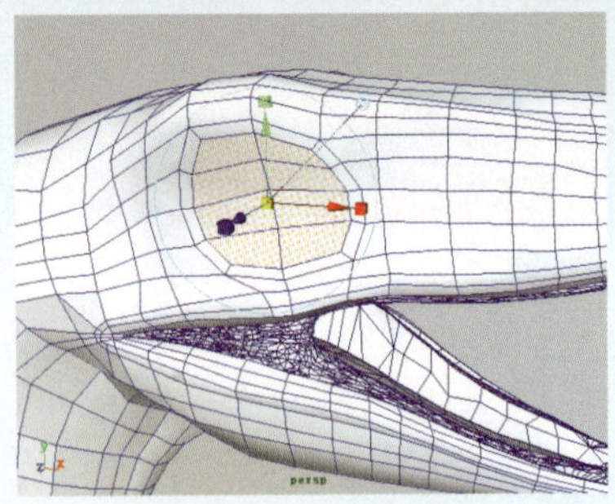
图3-138 执行挤出操作

5 对所选面连续执行挤出操作，并调整挤出面的形状。然后，将最后挤出的面删除并调整顶点位置，以制作模型的凹凸效果，如图3-139所示。

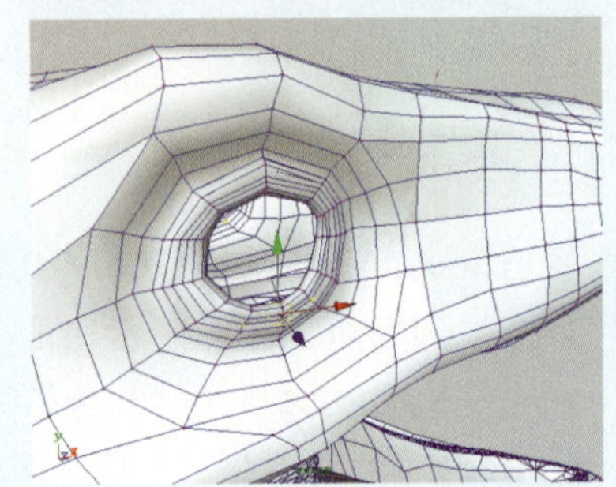
图3-139 连续执行挤出操作

6 在场景中创建两个多边形球体，并调整它们的大小及相对位置，用于制作眼球模型，如图3-140所示。

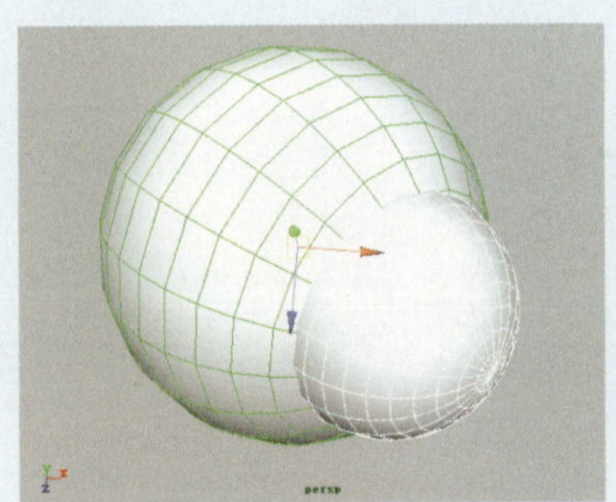
图3-140 创建原始球体

7 先选中大球体，再选中小球体，执行Mesh（网格）| Booleans（布尔）| Difference（差集）命令，对其进行布

尔运算中的差集运算，运算后的效果如图3-141所示。

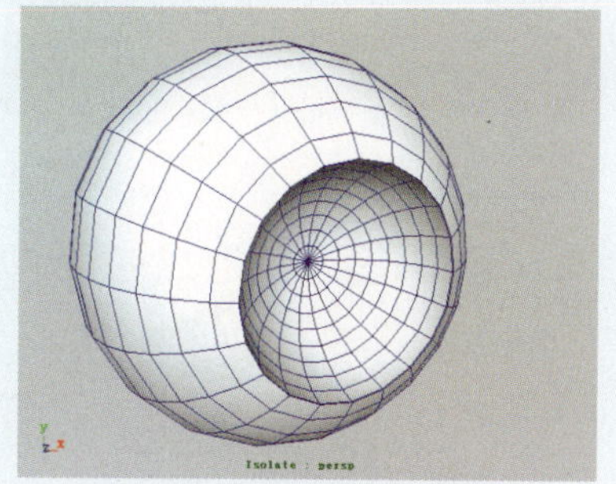

图3-141 执行差集运算

8 将运算后的球体放置到角色的眼睛部位。然后再创建一个球体，放置于球体中心的凹陷处，以增加眼球的立体层次感，如图3-142所示。

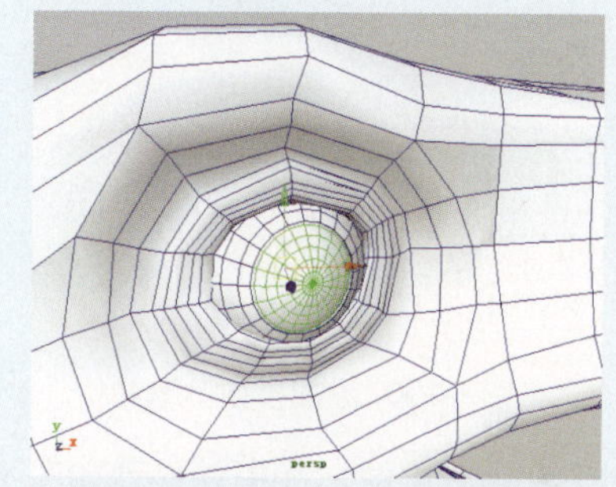

图3-142 调整眼球的放置位置

9 在场景中创建一个多边形锥体，选中该锥体模型循环边上的顶点。然后使用缩放工具对其厚度进行调整，如图3-143所示。

10 执行Insert Edge Loop Tool（插入循环边工具）命令，在锥体的顶端添加几条循环边，以增加该处的细分，以至于在对锥体进行光滑时，顶端外形的变化不至于太大，如图3-144所示。

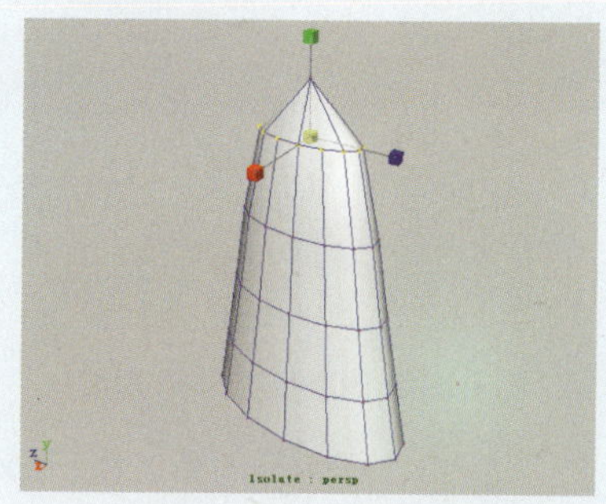

图3-143 调整锥体厚度

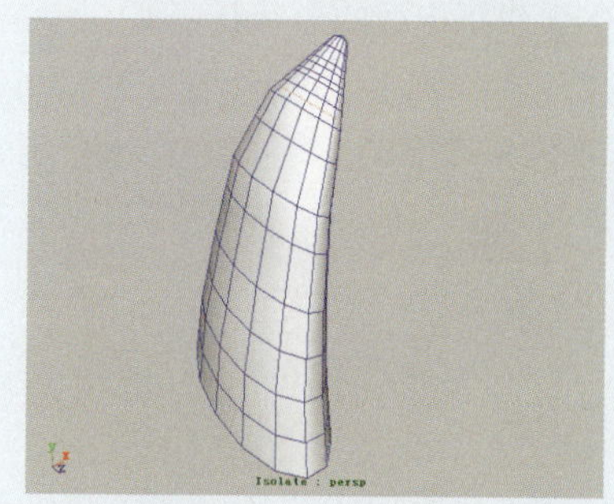

图3-144 添加循环边

11 按Ctrl+D键，对创建的锥体模型进行多次复制，并调整各个复制模型的放置位置，用来作为牙齿模型，如图3-145所示。

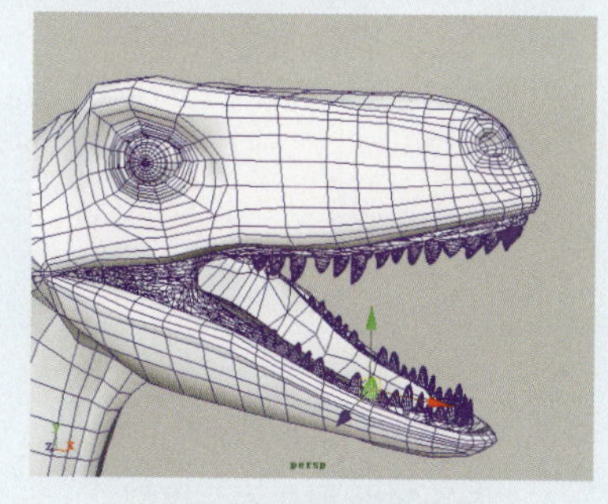

图3-145 复制牙齿模型

3.2.8 制作舌头和爪子

1 在场景中创建一个Cube模型并调整其细分段数。然后对其棱角边的顶点进行调整，以将该Cube模型调整为圆形，用于制作舌头模型，如图3-146所示。

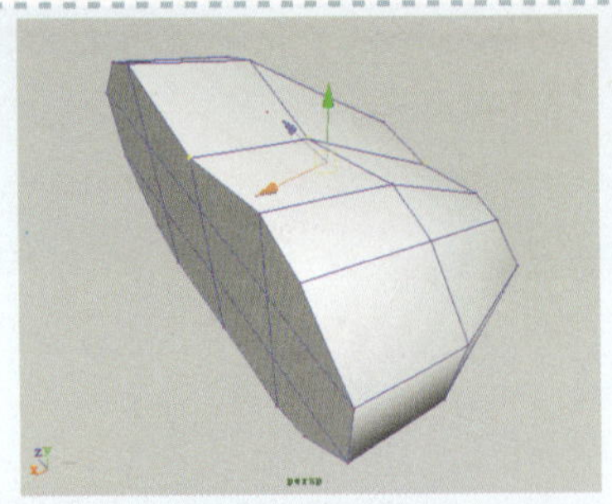

图3-146 调整模型外形效果

2 选中如图3-147所示的面，执行Extrude（挤出）命令，对其进行挤出命令操作并调整挤出面的形状及位置。

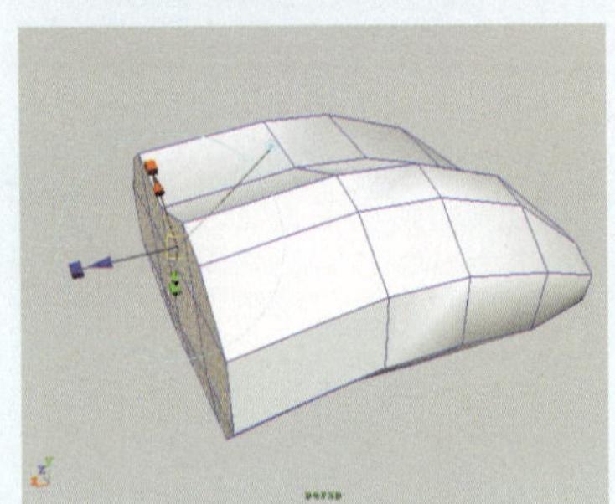

图3-147 执行挤出操作

3 连续执行Extrude（挤出）命令操作，并调整挤出面的形状，以创建出角色的舌头模型，如图3-148所示。

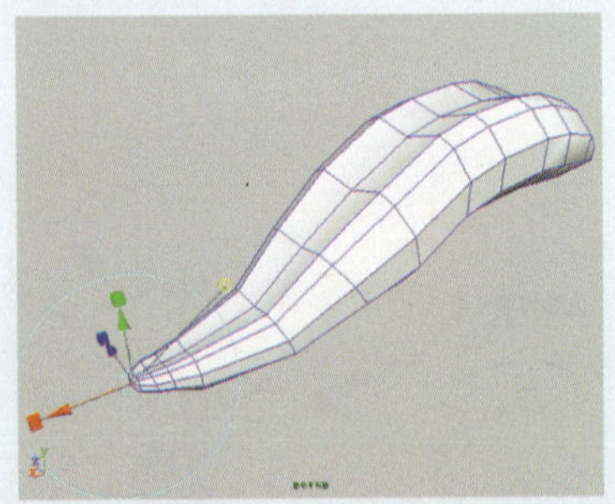

图3-148 创建舌头模型

4 执行Split Polygon Tool（分割多边形工具）命令，在模型如图3-149所示的位置添加一条分割边。

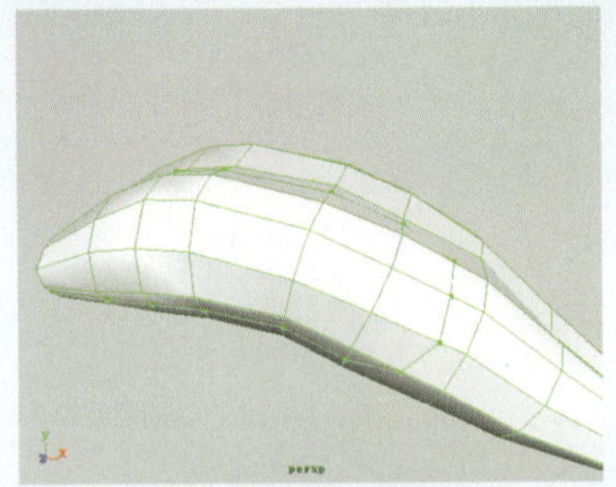

图3-149 添加分割边

5 连续在舌头上添加多条分割边，并且对模型所添加的分割边轮廓进行调整，如图3-150所示。

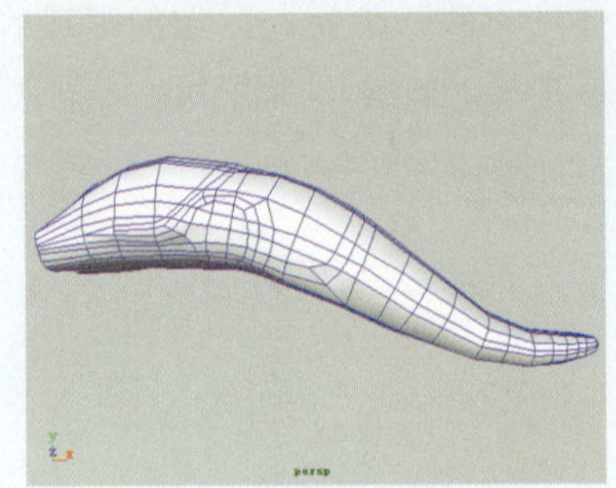

图3-150 添加多条分割边

6 旋转视图角度，选中并移动如图3-151所示的顶点，以制作出该处平滑、向外凸出的效果。

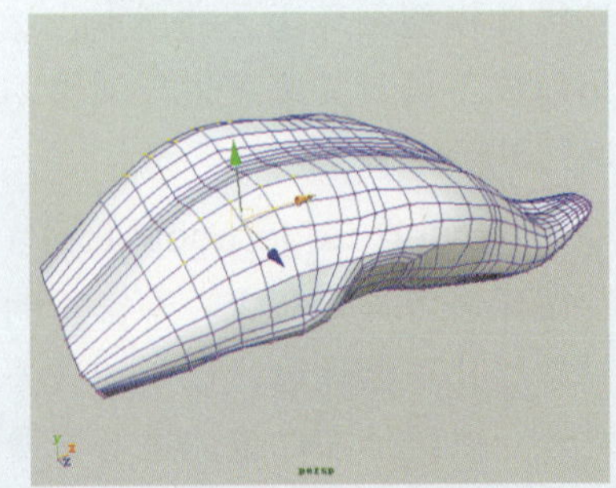

图3-151 移动模型顶点

3.2.9 模型的拼接

1 显示先前创建的头部和身体模型，执行Mesh（网格）| Combine（合并）命令，对它们进行合并。然后调整模型对接处的边界边顶点，以使其边数相等且位置对应，如图

3-152所示。

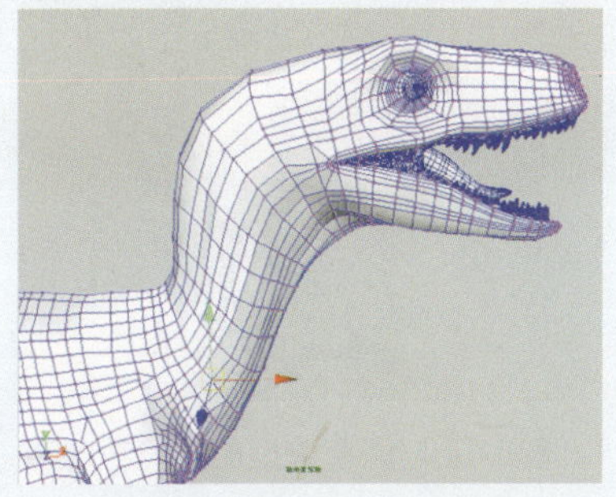

图3-152 调整模型对应边

2 执行Edit Mesh（编辑网格）| Merge Edge Tool（缝合边工具）命令，然后在模型接缝处的对应边上分别单击，此时两边会变成黄色显示，如图3-153所示。

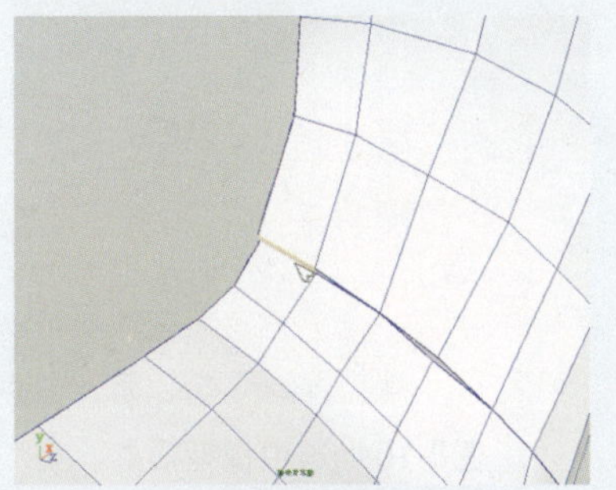

图3-153 合并对应边

3 然后按Enter键，两边自动缝合在一起。同样，将其他对应边也进行缝合，以使接缝处的边完全缝合在一起。然后将模型进行光滑，观察模型的缝合效果，如图3-154所示。

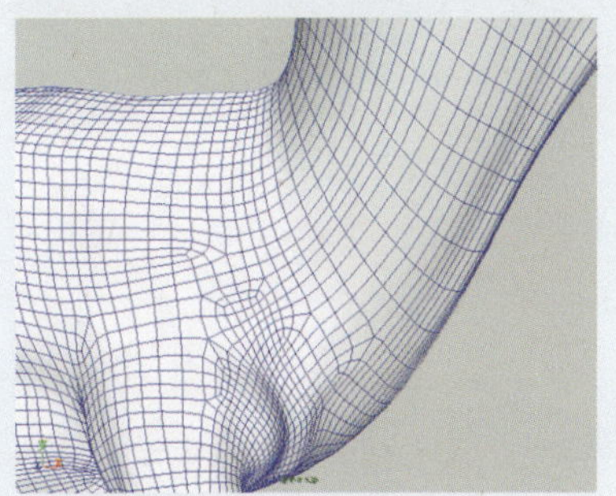

图3-154 模型的缝合效果

技巧

在对模型进行多次操作后，因其操作历史的存在而导致Maya软件的运行速度缓慢，此时可以选中不需要保留操作历史的模型，执行Edit | Delete By Type | History命令，将其操作历史进行删除，从而大大加快软件的运行速度。

4 旋转视图角度，在如图3-155所示位置添加几条分割边，用来作为模型的轮廓线。

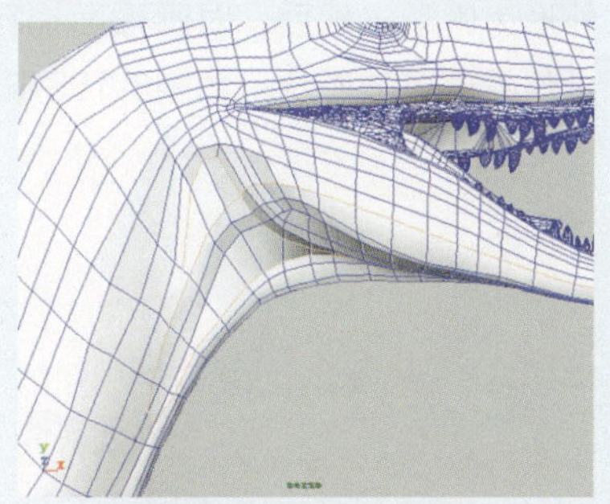

图3-155 添加模型布线

5 使用同样的方法，再添加几条分割边，以增加轮廓线处的细分段。然后选中并移动如图3-156所示的顶点，调整出该处的凹陷效果。

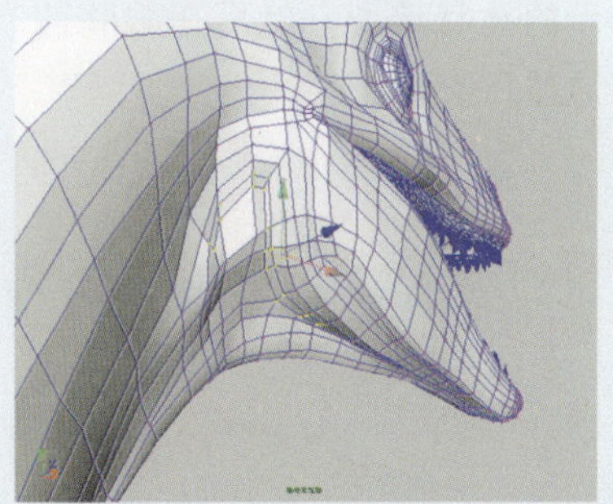

图3-156 调整模型凹陷效果

6 旋转视图角度，在如图3-157所示位置添加几条分割边，以增加面的细分。再调整其布线的分布和顶点位置，以创建该处的凹陷效果。

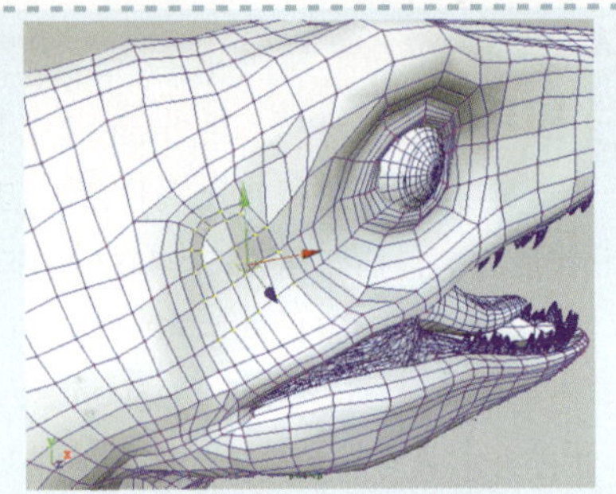

图3-157 移动模型顶点

7 选中凹陷处的一个点，执行Chamfer Vertex（切割点）命令，将其转化为平面。然后添加该平面上的分割边并调整外形为圆形。然后，对圆形面执行挤出操作并调整其形状，如图3-158所示。

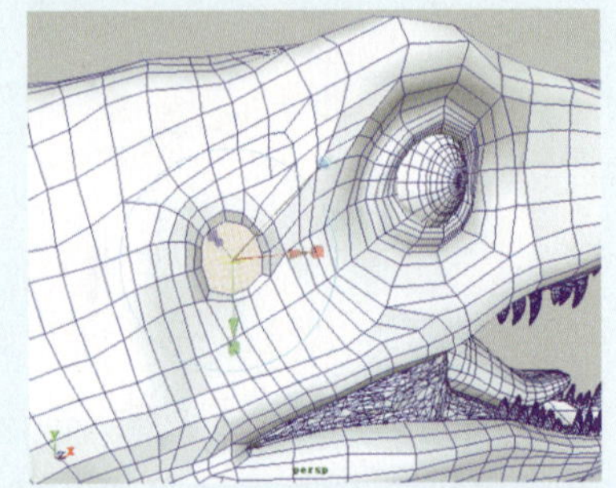

图3-158 执行挤出操作并调整形状

8 连续执行Extrude（挤出）操作并调整挤出面的形状，以创建出如图3-159所示的孔状造型。然后在眼睛前方部位添加几条分割边。

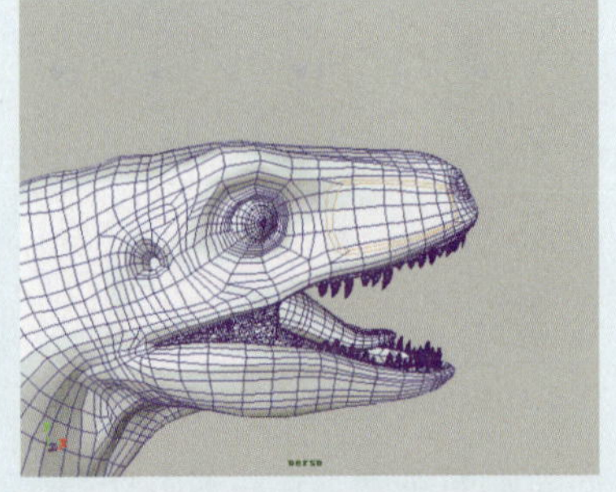

图3-159 添加分割边

9 选中并移动如图3-160所示的顶点，调整出该处的凹陷效果。

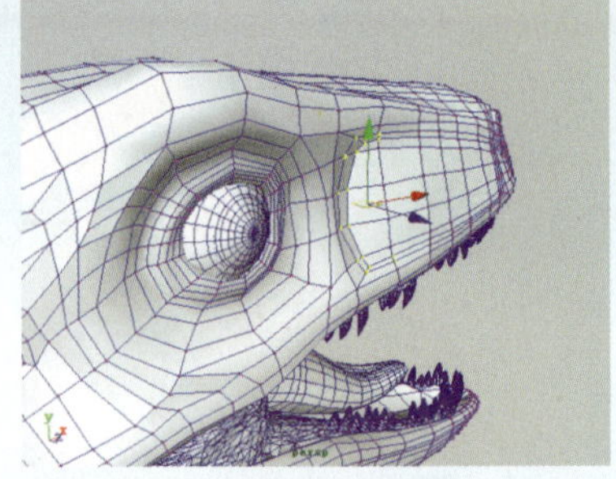

图3-160 调整模型的凹陷效果

10 在角色的背部添加多条分割边，并对分割边的两端进行处理，然后选中所添加分割边上的一排顶点，如图3-161所示。

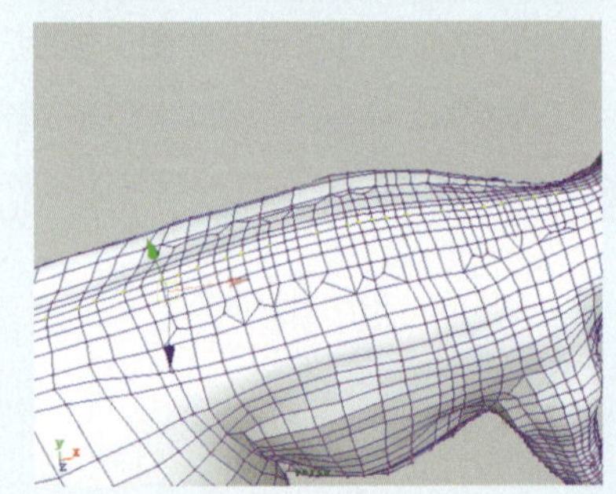

图3-161 选中模型顶点

11 执行Chamfer Vertex（切割点）命令，将其转化为平面。然后，选中该平面执行Extrude（挤出）命令，对其进行挤出操作并调整挤出面的拉伸距离，如图3-162所示。

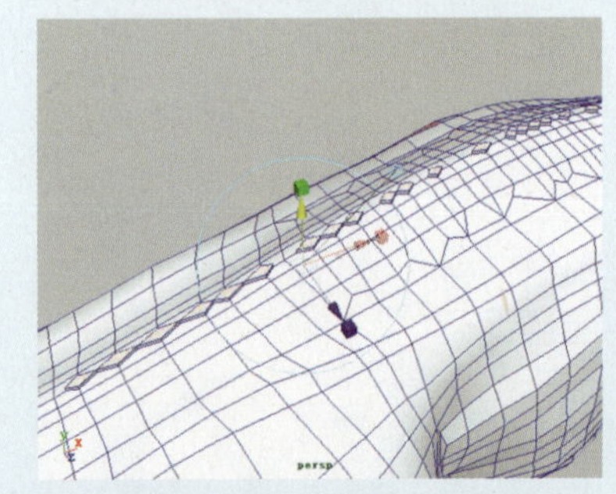

图3-162 调整挤出面

12 按G键，重复执行挤出命令，并调整挤出面的形状，以制作出如图3-163

所示的凸起效果。

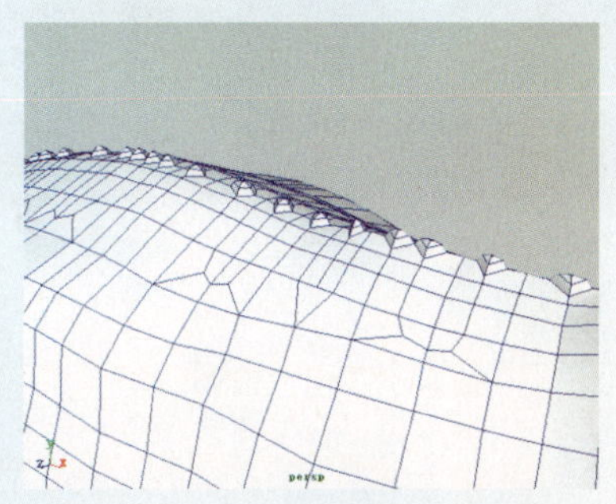
图3-163 创建模型的凸起效果

13 最后，将口腔和舌头模型也进行缝合操作。缩小视图，对模型进行光滑处理，观察角色的整体制作效果，如图3-164所示。

图3-164 整体模型的制作效果

第4章

NURBS曲线和曲面

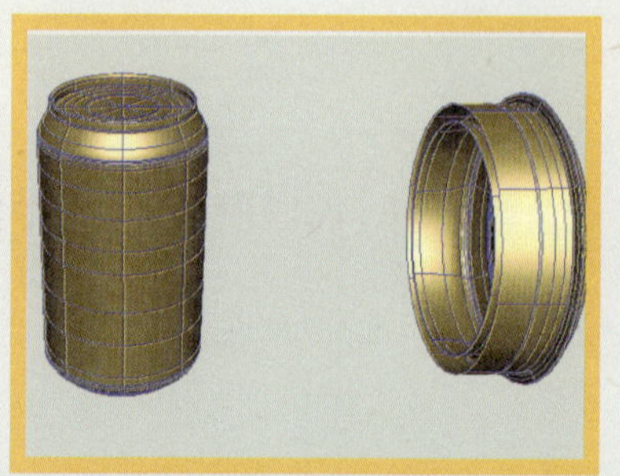

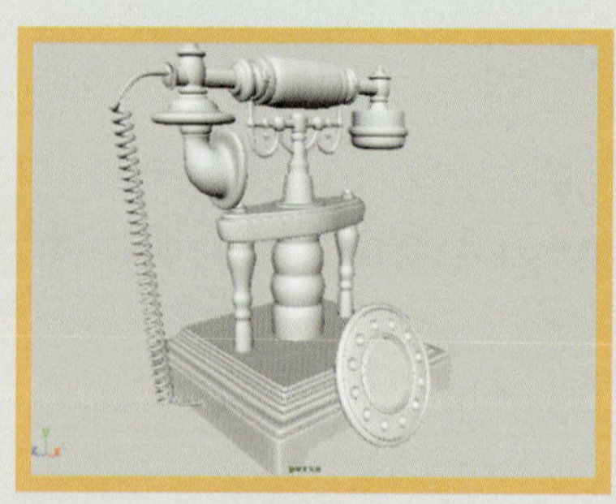

NURBS（Non-Uniform Rational B-Splines，非均匀有理B样条），可以用数学理念来定义和创建精确的表面。NURBS曲线和曲面建模是当今世界三维领域中非常流行的一种建模方法，它的用途非常广泛，不仅擅长于制作光滑表面，也适合于制作尖锐的边。NURBS最大的好处在于控制点少，易于在三维空间中进行造型调整，并具有多边形建模及其编辑的灵活性。

4.1 NURBS曲线和曲面基础

实际上，所谓的建模就是创建对象表面的过程。在这个过程中，用户需要做的就是调整模型表面的形状，至于模型的内部结构是不需要考虑的。曲线是曲面的构成基础，如果要成为曲面造型高手，那么就必须深入学习NURBS曲线。如图4-1所示为使用NURBS技术创建的光滑和流线型的机械产品造型。

图4-1 NURBS作品欣赏

4.1.1 NURBS曲线的基本认识

在Maya中，曲线是不可以被渲染的，曲线的调整总是处于曲面构造的中间环节。Maya具有多种建模方法，并以不同的曲线类型为基础。NURBS曲线提供了多种曲线类型的特征，使用曲线可以设置精确的定位点，并可通过移动曲线上或者曲线附近的顶点来改变曲面的形状。大多使用NURBS制作的生物模型多用在电影特效中，对于有一定建模基础的用户，可以尝试使用NURBS技术创建各种生物模型，总之NURBS是一种高级的建模方式。下面介绍一下关于NURBS曲线的特性。

1. 曲线的度数和连续性

所有曲线都有度数。曲线的度数用来表示它的方程式中最高的指数。其中，线性方程式的度数是1；四方形方程式的度数是2；NURBS曲线通常由立方体方程式表示，其度数为3。也可以采用更高的度数，但是通常没有这个必要。

曲线还有连续性。连续的曲线是未断裂的。通常情况下，把带有尖角的曲线定义为C0连续性。也就是说，该曲线是连续的，在尖角处没有派生曲线；把没有类似尖角，但曲率不断变化的曲线定义为C1连续性。它的派生曲线也是连续的，但其次级派生曲线却不具有连续性；把具有不间断、恒定曲率的曲线定义为C2连续性。它的初级和次级派生曲线都是连续的。如图4-2所示的是这3种曲线的示意图。

图4-2 曲线示意图

NURBS曲线的不同分段可以有不同的连续性级别。特别是将 CV点放置到相同的位置或使它们非常的接近，就可以降低连续性的级别。两个重合的CV点增加了曲率。重合CV点会在曲线中创建尖角，如图4-3所示。

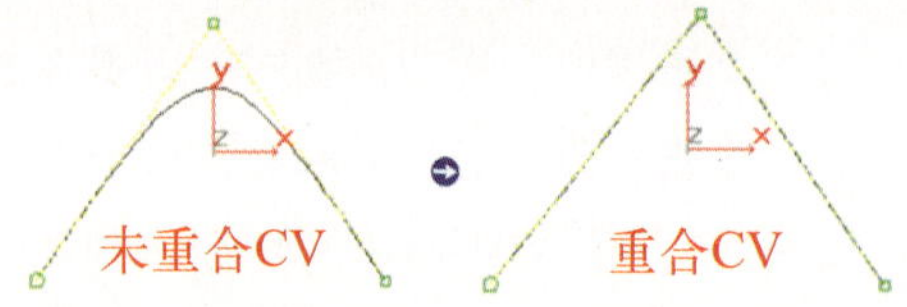

图4-3 NURBS特性

2. 细化曲线和曲面

细化曲线操作对于曲线的质量有着很深的影响。细化NURBS曲线意味着添加更多的CV点。细化可以更好地控制曲线的形状。在细化NURBS曲线时，软件会保留原始曲率。也就是说，曲线的形状并没有改变，只不过邻近的CV点移动了添加的CV点。这是由于曲线多样性的关系。如果不移动邻近的CV点，增加的CV点将会使曲线变得尖锐。要避免产生这种效果，首先要细化曲线，然后通过变换新近添加的CV点或调整它们的权重来更改该曲线的曲率。如图4-4所示的是曲线CV点的关系图。

图4-4 曲线与CV点

4.1.2 NURBS曲线的分类

在Maya中，按照曲线的绘制方式进行划分，可以将曲线划分为CV曲线、EP曲线、任意曲线以及弧度曲线和文本曲线，如图4-5所示。

前面已经介绍了NURBS曲线的基本认识。那么用户可以在Create菜单中找到以下几个命令来创建不同类型的曲线。

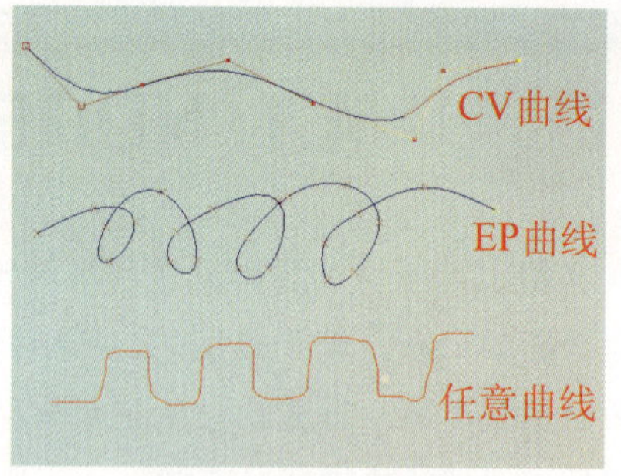

图4-5 曲线的分类

- CV Curve Tool（CV曲线工具）：表示CV曲线工具可以通过创建控制点来绘制曲线。
- EP Curve Tool（EP曲线工具）：表示EP曲线工具可以通过创建编辑点来绘制曲线。
- Arc Tool（弧线工具）：表示弧线工具，它包括两点或三点弧线工具。在执行该命令后，连续在视图中创建2个或3个控制点并按Enter键，即可创建弧度曲线，如图4-6所示。

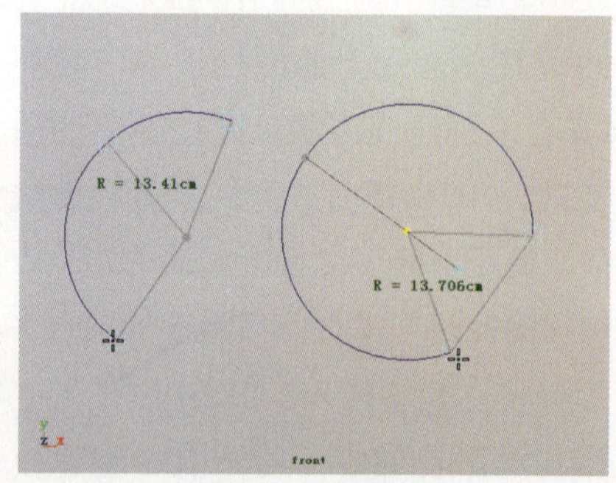

图4-6 弧度曲线

- Pencil Curve Tool（任意曲线）：使用该工具可以拖曳鼠标自由绘制曲线。在执行该命令后，鼠标指针变为铅笔样式。然后，在任意视图中拖动鼠标以绘制曲线图形。如图4-7所示，随意绘制的树木轮廓曲线。
- Text（文本曲线）：表示文本曲线工具，用于创建文字形曲线。

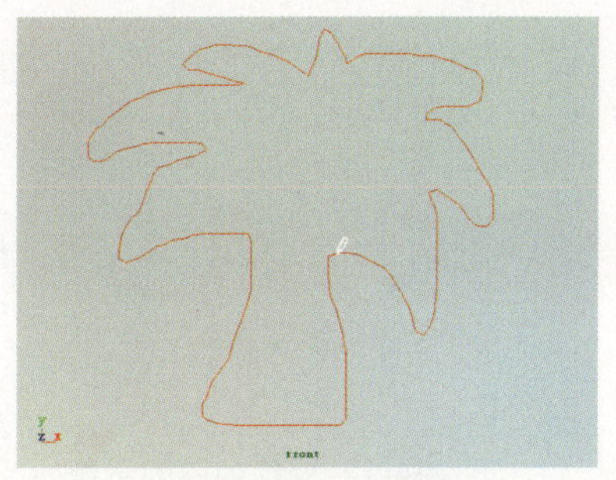

图4-7 创建任意曲线

其中，CV曲线是一种带有控制点的曲线，简称为控制点曲线；EP曲线是一种带有编辑点的曲线，简称编辑点曲线，而任意曲线则是使用铅笔工具绘制的曲线。下面介绍有关CV曲线的创建方法。

动手实践064——创建CV曲线

1 切换到Side视图，执行Create（创建）| CV Curve Tool（CV曲线）命令，鼠标指针变为十字型。然后，在视图中单击，即可创建一个CV控制点，如图4-8所示。

图4-8 创建CV控制点

2 再移动鼠标指针并在视图中进行单击，即可创建第2个CV点，并且在CV点之间形成一条控制线，控制点的位置决定了曲线的外形，如图4-9所示。

3 同样的方法，连续在视图中单击，创建多个控制点，即可形成一条CV曲线。然后，按Enter键完成曲线的创建，如图4-10所示。

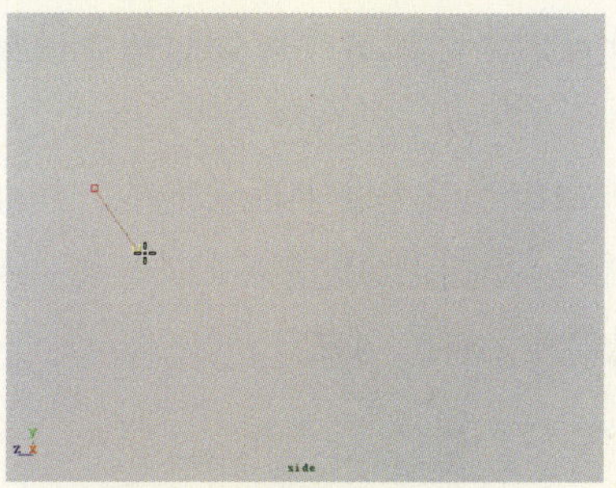

图4-9 创建第2个控制点

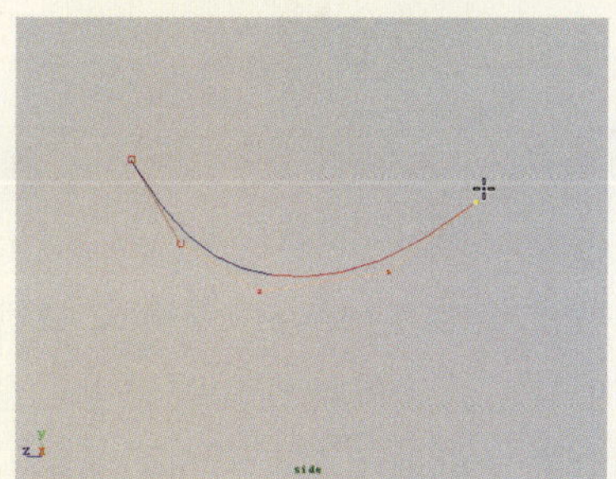

图4-10 创建的CV曲线

在创建CV曲线之前，我们可以单击CV Curve Tool命令右侧的方体按钮，打开CV曲线的属性对话框，如图4-11所示。

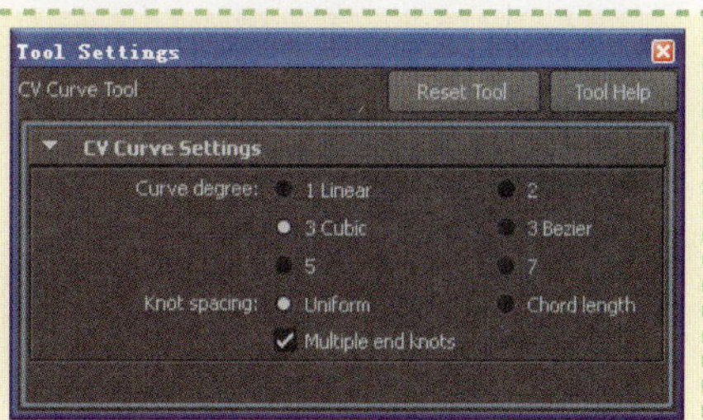

图4-11 CV曲线属性对话框

对话框中的选项说明如下。

- Curve degree（曲线级数）：用于表示曲线精度。曲线的级数共有5种形式，级数越多建立的曲线就越光滑，当级数为1时，曲线将变为直线。如图4-12所示，不同级数创建的曲线效果。

- Knot spacing（节点空间）：用于表示曲线节点间距。
  - ◎ Uniform：表示使用默认状态下的参数设置，简单易用，可以随意添加曲线的段数。
  - ◎ Chord length：用于使创建的曲线具备更好的曲率分布。

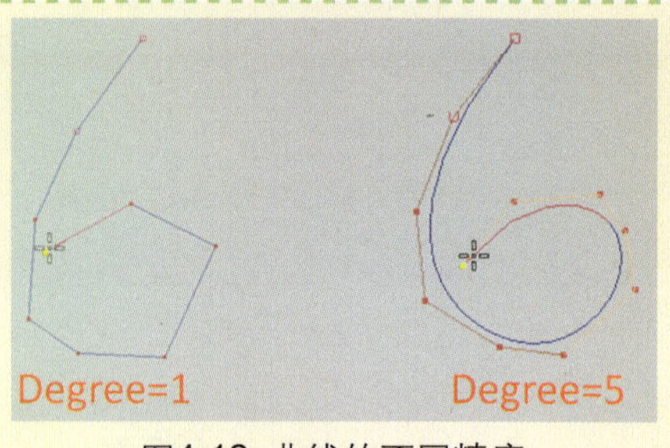

图4-12 曲线的不同精度

- Multiple end Knots（末端多重节点）：用于控制曲线末端节点的分布。

4.1.3 NURBS曲线构成元素

若要很好掌握某种事物的使用方法，必须先要了解该事物各个属性元素的含义及用处，这样用户才能更好地掌握创建该事物的技巧。

NURBS物体是由曲面组成的，而曲线是有控制点、编辑点等元素控制的。如图4-13所示的是曲线元素的构成。

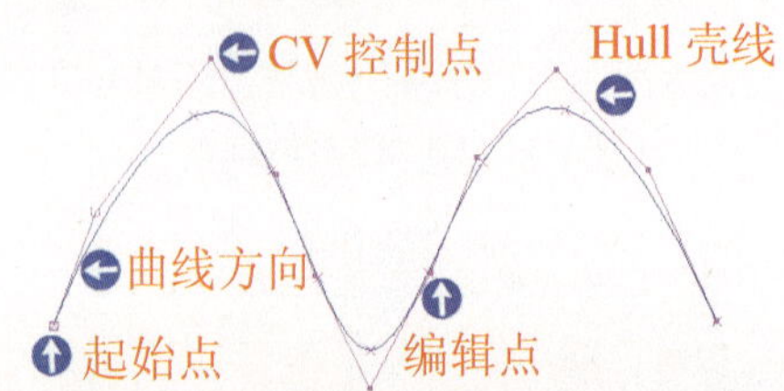

图4-13 曲线的元素

曲线的控制在Maya中是非常关键的因素，其他一些元素的建立和控制也是通过曲线来控制的。单击状态栏中的图标，进入元素操作级别并在其右边显示出可供操作的元素。下面为不同操作级别的元素显示。

CV（控制点）如图4-14所示。

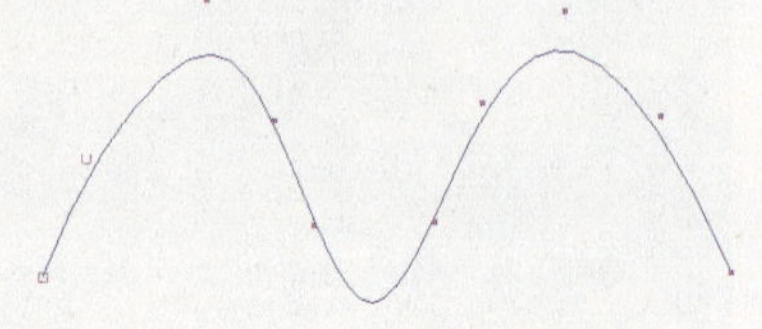
图4-14 曲线的控制点

Curve Point（曲线点）如图4-15所示。

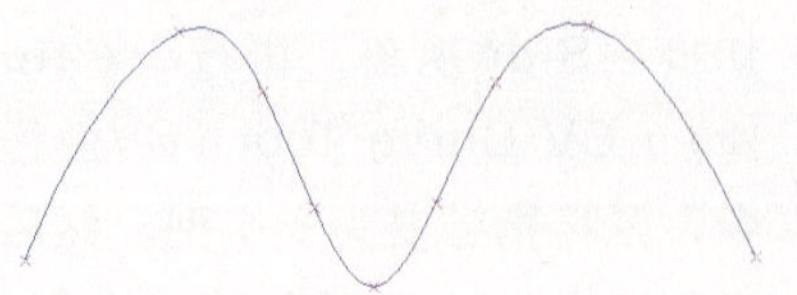
图4-15 曲线顶点

Hull（壳线）如图4-16所示。

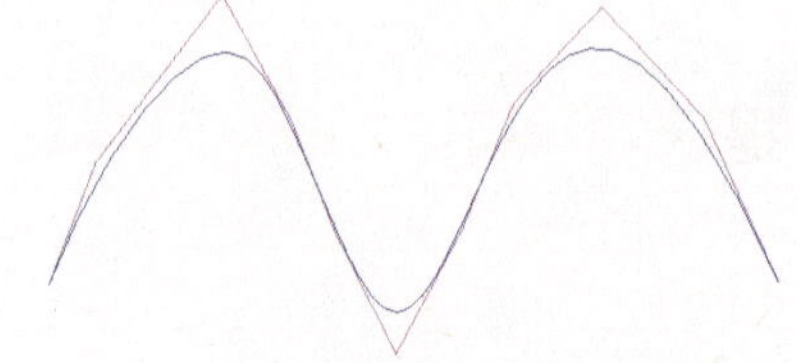
图4-16 曲线壳线

Selection Handle（选择手柄）如图4-17所示。

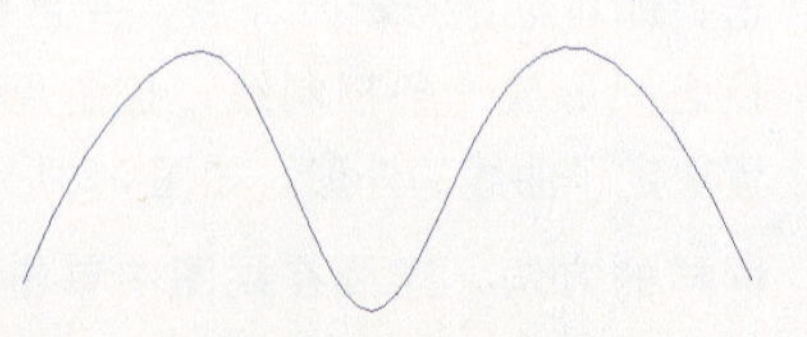
图4-17 选择手柄

Pivot（轴心点）如图4-18所示。

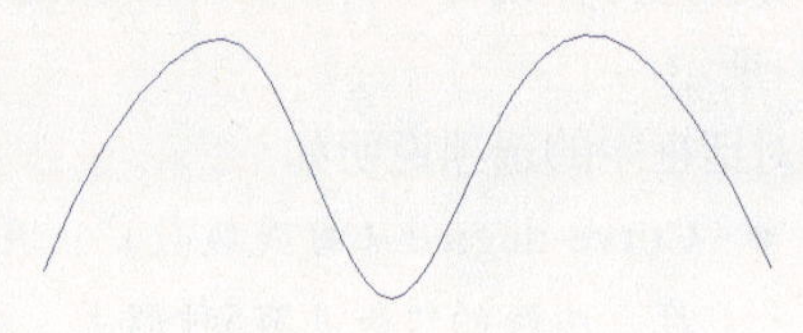
图4-18 轴心点

动手实践065——曲线元素的编辑

1 使用CV曲线工具，在视图中绘制一个脚印的轮廓曲线。然后，在该曲线上按住鼠标右键不放，进入其组件菜单并将光标拖放到Control Vertex（CV控制点）命令上，如图4-19所示。

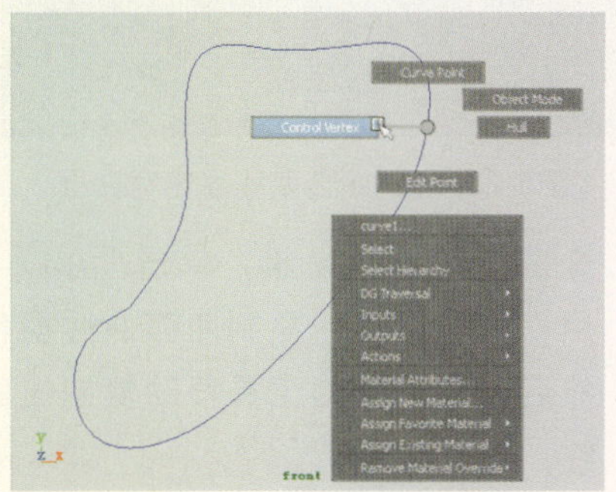

图4-19 选择曲线元素

2 然后，释放鼠标，即可进入曲线的控制点显示模式，选中并移动曲线上的顶点，可以改变曲线的外形，如图4-20所示。

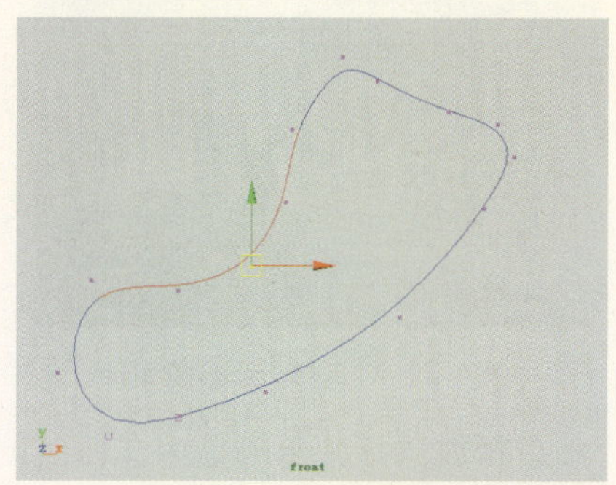

图4-20 显示曲线控制点

提示

在创建曲线后，若想快速进入其元素的显示模式，也可以在该曲线上右键按住不放，在弹出的组件菜单中选择相应的元素命令，即可快速切换到不同的曲线元素模式。

4.2 编辑NURBS曲线

根据前面的学习可以知道，曲线是构成曲面的基础，那么曲线的质量将直接影响到曲面模型的整体效果。为此，Maya为用户提供了多种编辑工具，从而可以将简单的曲线进行再编辑。本节将向用户介绍编辑曲线一些常用的操作方法，例如复制、分离、连接以及曲线成面工具等。

4.2.1 Duplicate Surface Curves（复制曲面曲线）

Duplicate Surface Curves工具主要用于复制并提取NURBS物体表面上的曲线，它可以是曲面上的结构线、剪切线或者Iso参数线，被复制出的曲线与原模型是相互关联的，若改变模型的造型，曲线的状态也会发生变化。

动手实践066——复制曲面上的曲线

1 在场景中导入一组NURBS曲面模型。然后，在如图4-21所示的曲面上按住鼠标右键不放，在弹出的组件菜单中选择Isoparm（等参线）命令。

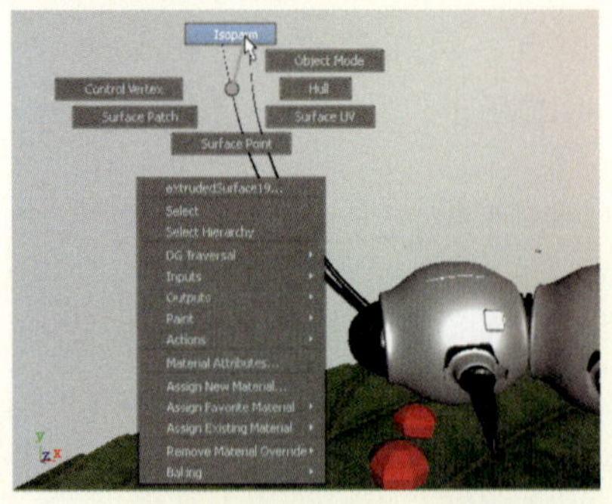

图4-21 导入NURBS模型

2 然后释放鼠标并单击选中该曲面上的一条Iso线，如图4-22所示。

图4-22 选择曲面的Iso线

3 执行Edit Curves（编辑曲线）| Duplicate Surface curves（复制曲面曲线）▣命令，打开其属性对话框，如图4-23所示。

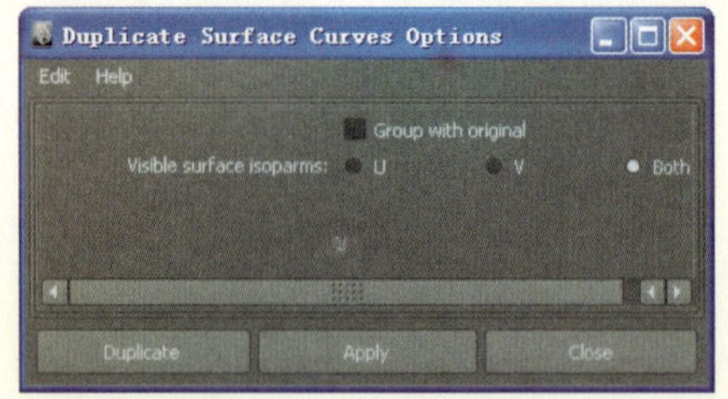

图4-23 复制曲面曲线属性对话框

4 这里使用默认设置，单击Apply（应用）按钮，执行复制曲面曲线操作。然后，使用移动工具移动复制出的曲线，如图4-24所示。

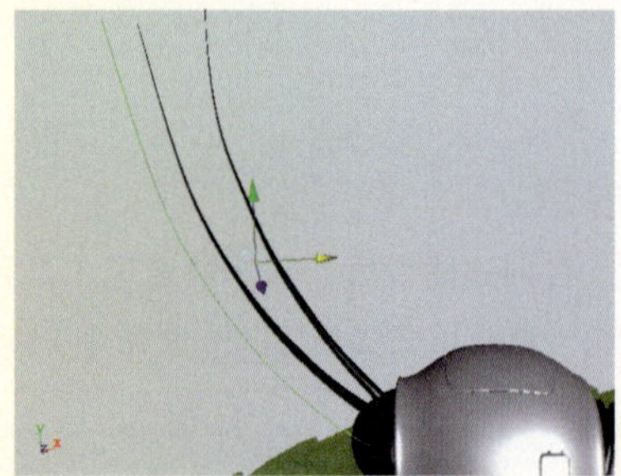

图4-24 复制的曲线

问题：怎么才能让复制出的曲线不受原始模型的影响？

选中被复制出的曲线和原始模型，执行Edit（编辑）| Delete by Type（按类型删除所有）| History（历史记录）命令，将复制曲线的历史操作信息删除，即可解除原始物体对复制曲线的影响。

对复制曲面曲线属性对话框中的选项说明如下。

- Group with original（与原物体合并）：用来控制复制出的曲线与原物体是否同组。
- Visible surface isoparms（可见曲面参数线方向）：用于切换NURBS物体表面上的结构线是U向还是V向，或者是两者都有。

4.2.2 Attach Curves（连接曲线）

在编辑曲线时，Attach Curves工具可以将两条相互对立的曲线完全连接起来，从而使它们形成一条曲线。要完成曲线的连接任务，需要选中两曲线，执行Edit Curves（编辑曲线）|

Attach Curves（连接曲线）命令即可。

动手实践067——连接曲线

1 如图4-25所示的是两条相互独立的曲线，下面将利用连接曲线工具将它们连接为一条曲线。

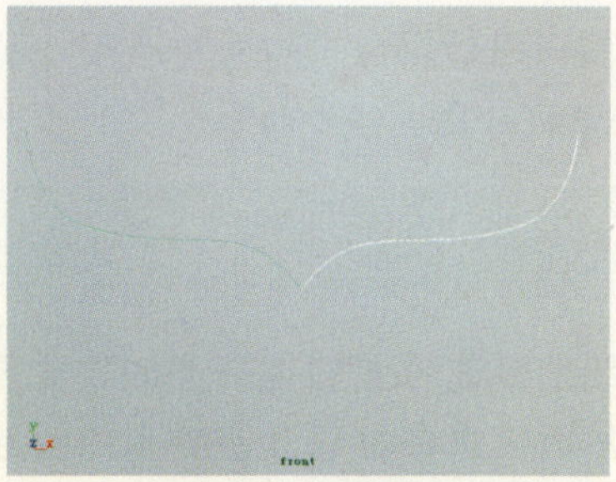

图4-25 两条曲线

2 框选视图中的两条曲线，切换到Surface模块，执行Edit Curves（编辑曲线）｜Attach Curves（连接曲线）命令，即可完成曲线的连接，如图4-26所示。

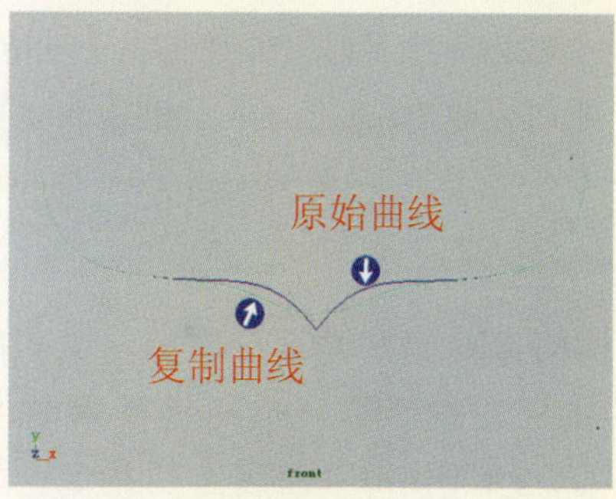

图4-26 执行Attach Curves命令

提示

在编辑曲线时经常使用Attach Curves命令，NURBS曲线在创建时无法产生直角的硬边或者两侧镜像对称的相同图形，这是由于NURBS曲线自身的性质所决定的，需要使用该命令将不同级数的曲线连接在一起，以成功制作出复杂的曲线。

若要改变两曲线的连接状态，则需要先修改曲线连接命令的属性参数，单击Attach Curves（连接曲线）命令右侧的方体按钮，打开其属性对话框，如图4-27所示。

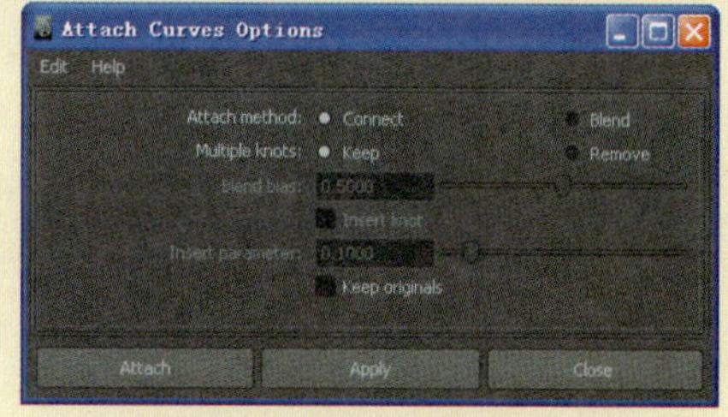

图4-27 连接曲线属性对话框

对话框中的选项说明如下。

- Attach method（曲线连接的模式）：包含Connect（连接）和Blend（融合）两种方式。
  - ◎ Connect：表示两曲线在连接后，连接部分依旧保留各自的外形状态。
  - ◎ Blend：表示两曲线在连接后，连接部分会依照两曲线的切线方向形成平滑的过渡效果。
- Multiple knots（多重节点）：当激活Connect模式后，可以控制是否保留或删除曲线结合处的多重节点。
  - ◎ Keep：表示保留多重节点。
  - ◎ Remove：表示删除多重节点。

- Blend bias（融合偏移）：当激活Blend模式时，可以控制结合曲线的连续性。
- Insert knot（插入节点）：确认是否在连接处插入节点。
- Keep originals（保留原始曲线）：确认曲线在连接后是否保持原有曲线。

4.2.3 Detach Curves（分离曲线）

使用Detach Curves命令制作的效果正好与连接操作的效果相反。使用分离工具可以将一条完整的曲线分离为多段，并且每一个独立的线段都可以自由进行编辑。如果要分离一条完整的曲线，则可以使用Edit Curves（编辑曲线）| Detach Curves（分离曲线）命令。

动手实践068——分离曲线

1 在视图中选择需要分离的曲线，按住鼠标右键不放，选择组件菜单中的Curve Point（曲线点）命令，如图4-28所示。

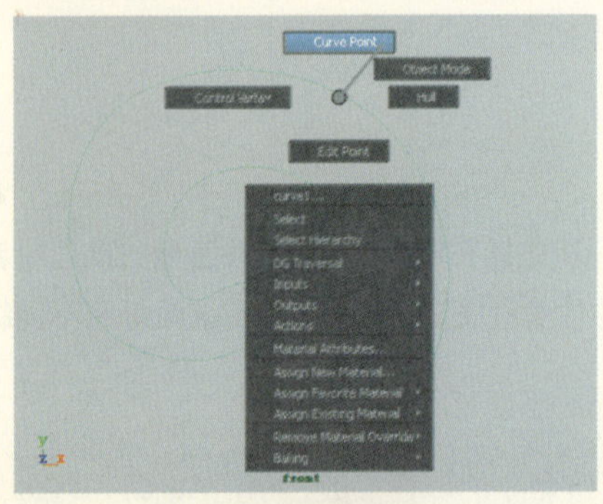

图4-28 选择曲线点

2 然后释放鼠标并在需要分离的位置处单击以创建一个定位点，如图4-29所示。这一步操作非常关键，如果用户没有创建定位点，那么将无法执行曲线分离操作。

3 依次执行Edit Curves（编辑曲线）| Detach Curves（分离曲线）命令，曲线的分离位置将以高光的方式显示。然后，选中并移动被分离的曲线，如图4-30所示。

图4-29 创建曲线点

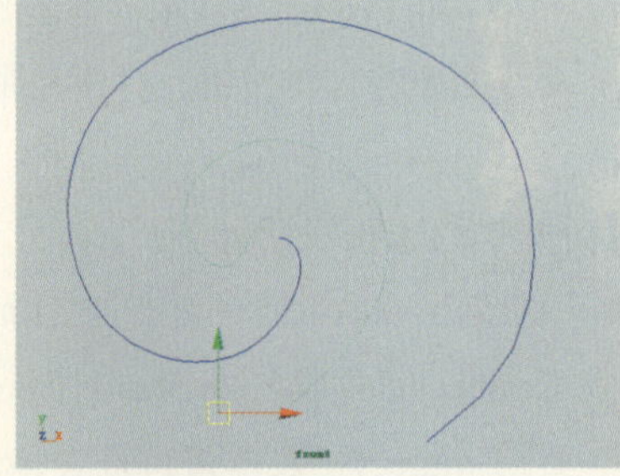

图4-30 曲线的分离效果

问题：如果需要将一条线段分离为多条线段，应该怎么操作？

如果需要将一条曲线分割为多段，则可以在按住Shift键的同时，在曲线上要断开的位置连续单击以创建多个曲线定位点。

4.2.4 Align Curves（对齐曲线）

在Maya中，不仅仅是三维物体可以执行对齐操作，曲线同样也可以执行对齐操作。实际上，在创建对象模型时，曲线和表面具有连贯性，利用对齐操作可以创建位置、切线和曲率的连续性。该操作需要使用Align Curves（对齐曲线）命令来执行。

选择上步中被分离和移动后的曲线，执行Edit Curves（编辑曲线）| Align Curves（对齐）命令，即可将它们对齐在一起，如图4-31所示。

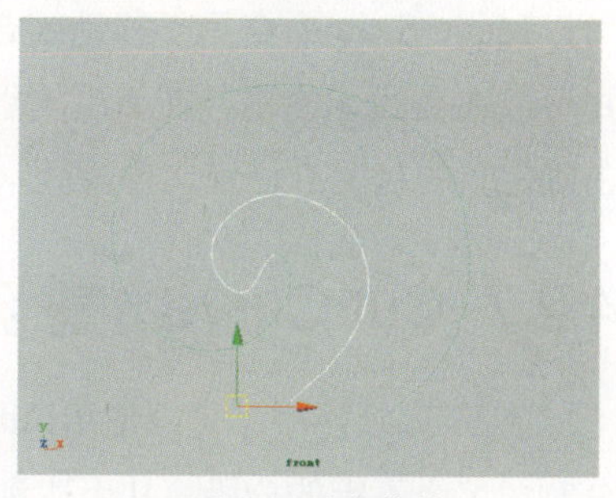

图4-31 对齐曲线

技巧

在对曲线进行对齐操作时，若要改变对齐曲线间的连接状态，可以在对齐命令属性对话框中设置相关的参数后再执行对齐操作。

4.2.5 Open/Close Curves（打开/关闭曲线）

可以使用Open/Close Curves（开放/关闭曲线）命令，打开或者关闭曲线。实际上，利用该命令就是将曲线编辑为闭合的曲线或者开放的曲线，打开或者关闭曲线的效果。

如果要打开或者闭合某条曲线，则可以在视图中选中需要编辑的曲线，依次执行Edit Curves（编辑曲线）| Open/Close Curves（开放/关闭曲线）命令即可。

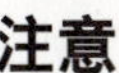

注意

在对曲线进行连接后，默认情况下，该曲线还是开放的，其首尾顶点并没有合并到一起，若要其成为一条闭合的曲线，必须执行Open/Close Curves命令操作才能使其成为一条封闭的曲线。

在对选定曲线进行打开或闭合操作时，可以事先设置该命令的属性参数以改变曲线闭合或打开的状态，单击Open/Close Curves命令右侧的方体按钮，即可打开其属性对话框，如图4-32所示。

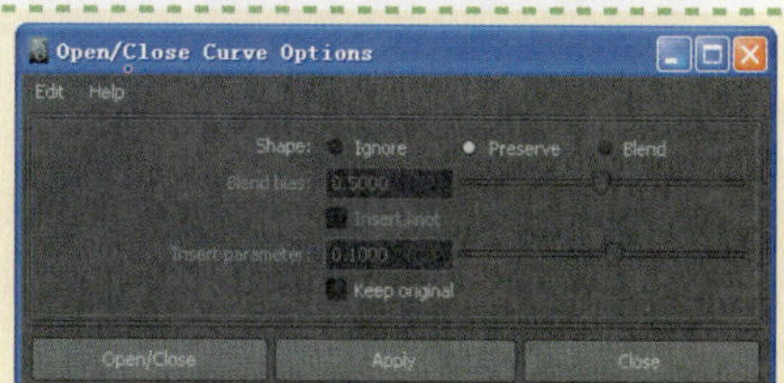

图4-32 打开/关闭曲线属性对话框

对话框中的选项说明如下。

- Shape（操作形式）：用于控制关闭曲线的方式，其中包括Ignore（忽略模式）、Preserve（保护模式）和Blend（融合模式）。
- Blend bias（融合偏移）：用于控制闭合曲线的偏移值。但只有在选择Blend单选按钮后，才可以修改该参数值。
- Insert knot（插入节点）：用于控制是否在关闭曲线部位添加节点。
- Insert parameter（插入参数）：用来设置插入节点数目。只有在启用Insert Knot复选框后，才可以设置该参数。
- Keep original（保留原始曲线）：用来控制在对曲线进行关闭操作时是否保留原曲线。

4.2.6 Move Seam（移动接缝）

Move Seam命令用于移动闭合曲线上的起始点，曲线的起始点直接关系到曲面的形成。用户可以在曲线上右击，在弹出的组件菜单中选择Curve Point（曲线点）命令，然后在曲线上单击确定新的起始点位置，再执行Edit Curves（编辑曲线）| Move Seam（移动接缝）命令即可。

4.2.7 Cut Curve（剪切曲线）

在Maya软件中，可以使用Cut Curve命令将一条完整的曲线进行分离，也可以根据需要将其分割成多个不等的分段，从而达到想要的曲线造型效果。

动手实践069——剪切相交曲线

1 在场景中绘制两条曲线并将它们相交。然后，框选两条曲线，执行Edit Curves（编辑曲线）| Cut Curve Options（剪切曲线）▣命令，打开其属性对话框，如图4-33所示。

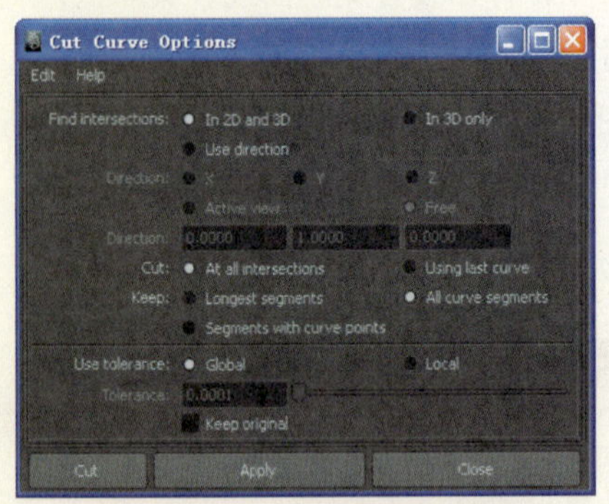

图4-33 剪切曲线属性对话框

2 这里使用默认设置，单击Cut按钮，执行剪切操作，两条曲线产生相交的部分都会被剪切开，如图4-34所示。

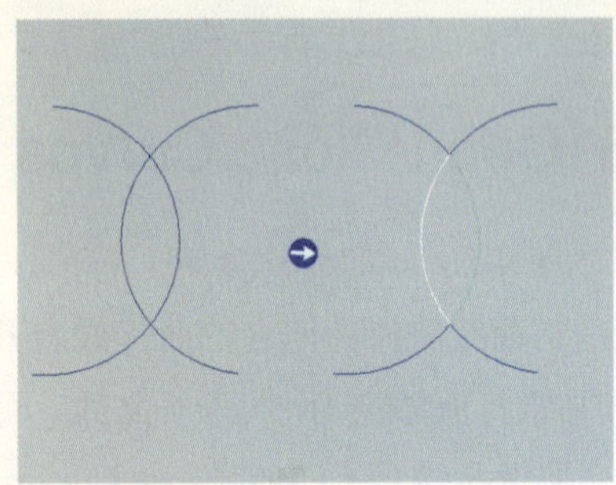

图4-34 曲线的剪切效果

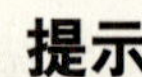

在Maya中，不能直接剪切与等位线或者表面曲线重叠的自由曲线，必须使用Duplicate Surface Curves命令创建一条独立于表面曲线或者等位线的曲线，然后再对这条曲线进行裁剪。

下面对剪切曲线属性对话框中的选项进行说明如下。

- Find intersections（查找交点）：用于使用不同的模式来计算交叉点。
  - ◎ In 2D and 3D：在二维和三维视图中计算出交叉点。
  - ◎ In 3D only：曲线仅在三维空间中真实相交时，计算出交叉点。
  - ◎ Use direction：在任意指定方向上计算出交点。
- Direction（方向投射剪切）：使用投射平面的方式来剪切交叉点。
- Cut（剪切模式）：用于选择剪切模式。
- Keep（保留模式）：用于选择保留模式。

- Use tolerance（使用公差）：使用公差来划分曲线。选择Local单选按钮，即可激活Tolerance选项，公差值以下的曲线将被剪切。
- Keep original（保留原曲线）：用于控制是否保留原曲线。

4.2.8 Intersect Curves（相交曲线）

相交曲线的用处非常广泛，在利用NURBS曲线创建物体时，曲线与曲线之间的交叉是经常遇到的问题，那么如何才能使相交的曲线真正相交呢？答案就是利用相交工具强制使其相交。也可以显示在一条或多条曲线上的交点，计算出的交点可作为Cut Curve（剪切曲线）和Detach（断开曲线）命令的定位点。或可用于捕捉物体定位，如Snap align objects（捕捉对齐物体）命令，计算出的定位点将会随着曲线的运动而改变位置。

动手实践070——曲线的相交

1 将场景中没有交点的曲线使用Detach Curves命令将其分离开，再框选两分离曲线，依次执行Edit Curves（编辑曲线）| Intersect Curves（插入曲线）命令，如图4-35所示。

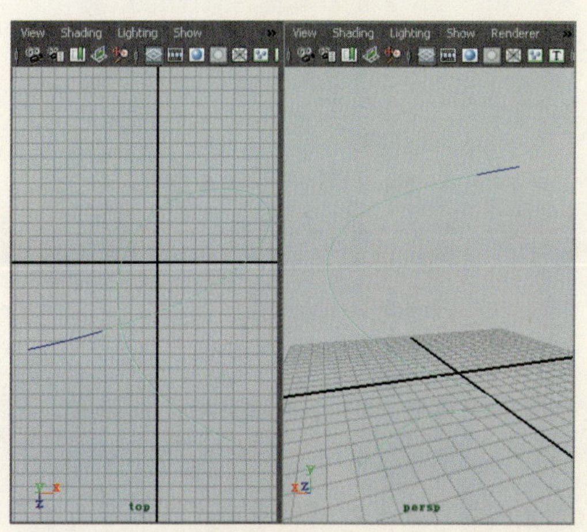

图4-35 执行Intersect Curves命令

2 此时，在分离曲线的重合点处会生成一个交点，如图4-36所示。

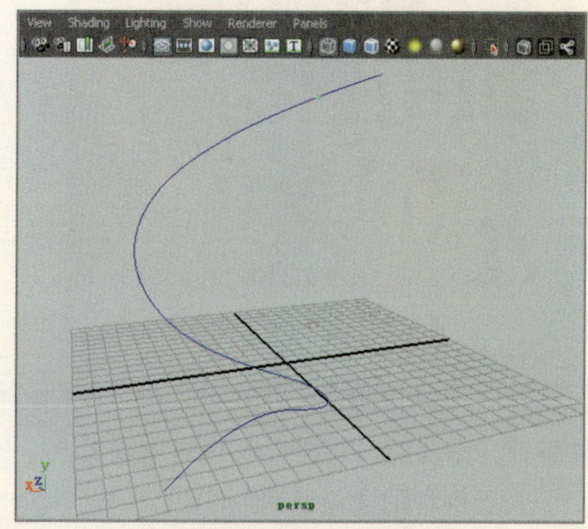

图4-36 生成的交点

问题：什么是伪相交？

所谓的伪相交，实际上就是指表面看到的是相交直线，但实际上它们之间没有相交点。

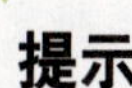

提示

当在求一条曲线和曲面上曲线的交点时，可以先用Duplicate Surface Curves命令复制出曲面上的曲线。然后，计算出曲线和复制曲线的交点。

4.2.9 Curve Fillet（曲线倒角）

使用Edit Curves（编辑曲线）｜Curve Fillet（曲线倒角）命令可以在两条曲线或者两个曲面曲线之间创建圆角曲线，从而使两条曲线之间产生一定的圆滑角度。在Maya 2011中有两种构建圆角的方式，分别是Circular（圆形圆角）和Freeform（自由圆角）。其中，使用Circular方式可以创建圆弧形圆角，使用Freeform方式可以创建自由圆角。通过该命令的使用可以制作一些边缘具有一定圆角效果的曲线造型。

动手实践071——对曲线进行倒角

1 在场景中，同时选中两条曲线，执行Edit Curves（编辑曲线）｜Curve Fillet（曲线倒角）命令，弹出倒角属性对话框，如图4-37所示。

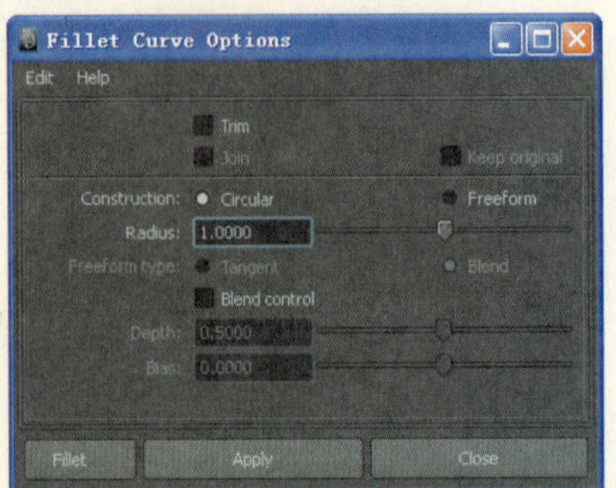

图4-37 倒角属性对话框

2 在该对话框中先后选择Freeform type（自由圆角类型）选项组中的Tangent（目标）和Blend（融合）选项，然后单击Apply按钮，即可形成两种倒角方式，如图4-38所示。

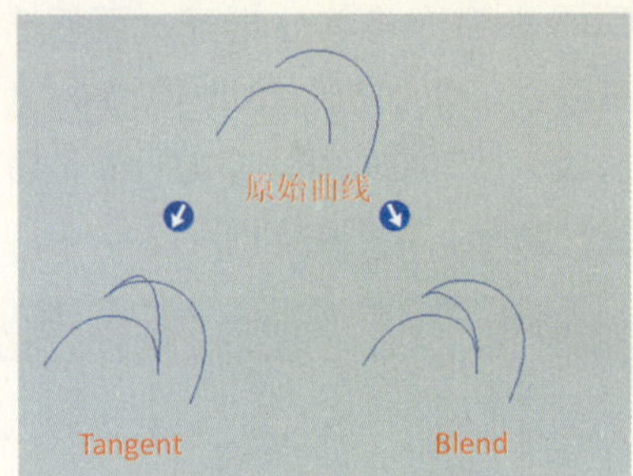

图4-38 不同倒角类型

执行曲线倒角命令操作时，必须是两条曲线间才可以执行该命令，用户可以设置倒角属性参数，以改变曲线所形成的倒角效果。

对话框中的选项说明如下。

- Trim：如果启用该复选框，则可以在执行倒角操作时，将与其相交的边线删除，从而形成一个单独的倒角。
- Join：在启用了Trim复选框后，再启用Join复选框，则可以将倒角曲线与原来的曲线连接为一条曲线。
- Construction（构建过渡曲线）：该选项组中提供了两个选项，也就是倒角的两种类型，即Circular（圆弧形圆角）和Freeform（自由圆角）。
- Radius（半径）：用于定义曲线倒角的半径。
- Freeform type（倒角类型）：如果用户选中了Freeform单选按钮，则该选项将变为可用，用于制作不同的倒角效果。其中，tangent表示创建切线倒角，而blend表示创建融合倒角。
- Blend control（融合控制）：当选中了Blend单选按钮后，该选项变为可用，用户可以利用该选项设置倒角的深度以及偏移幅度等。

- Depth（距离）：控制倒角线与交叉点之间的距离，数值越小，距离越近。
- Bias（倾向值）：设置倒角线对两条曲线的倾斜趋向和倾斜大小。

4.2.10 Insert Knot（插入节点）

Insert Knot命令用于在曲线上指定位置插入新的节点。该命令不改变曲线的基本形状，但可以增加曲线的段数，细化曲线。曲线上的新节点可以是Editors Point（编辑点）或CV点。

动手实践072——在曲线上插入节点

1 在场景中绘制一条含有11个节点的曲线，在其组件菜单中选择Curves Point（曲线点）命令。然后，再在曲线上连续单击，创建4个黄色的定位点，如图4-39所示。

图4-39 创建定位点

2 执行Edit Curves（编辑曲线）| Insert Knot（插入节点）命令后，再进入曲线的点显示模式，可以看到曲线的4个定位点处添加了4个节点，如图4-40所示。

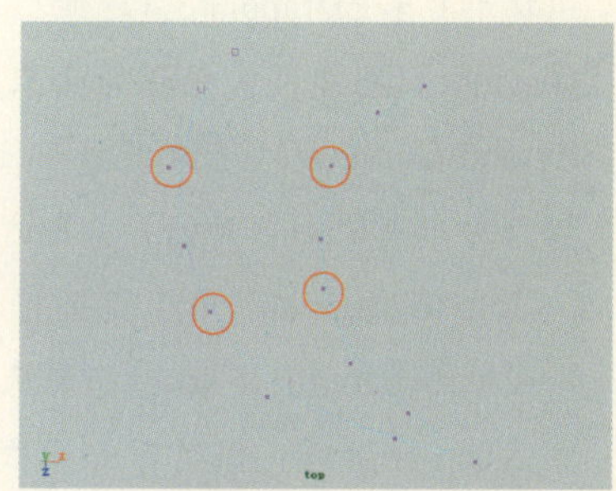

图4-40 添加节点

问题：直接选择曲线原有的顶点可以执行插入顶点操作吗？

必须是曲线的Curve Point或曲面上的Iso参数线，才能执行Insert Knot命令，以插入曲线节点或曲面上的Iso参数线。

曲线添加节点的位置和数量，可以通过设置其属性对话框中的具体参数来实现。单击Edit | Insert Knot命令右侧的方体按钮，打开其属性对话框，如图4-41所示。

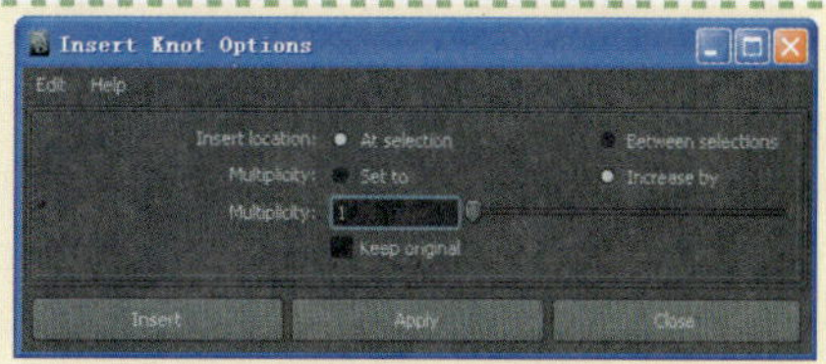

图4-41 添加节点属性对话框

对话框中的选项说明如下。

- Insert location（插入点位置）：用于控制插入点的位置。
  - ◎ At selection：表示在选择位置插入。
  - ◎ Between selections：表示在被选择的节点中间插入新节点。
- Multiplicity（多重点）：用于设置插入新节点的模式。
  - ◎ Set to：表示按照设置好的数值进行插入，原位置的点将被新节点代替。

◎ Increase by：表示按照设置好的数值插入新节点，原节点将保留。

- Keep original（保留原曲线）：用于控制是否保留原曲线，只改变复制的新曲线的节点。这样能对一条曲线做多次不同改变。

4.2.11 Extend（曲线延伸）

使用Extend Curve命令可以将一条曲线延伸。假如现在有一条曲线，我们需要将其一端“拉长”一下，以满足设计的要求，此时则可以利用Extend Curve命令执行曲线延伸操作。

在视图中选择需要延伸的曲线，依次执行Edit Curves（编辑曲线）|Extend（延伸）|Extend Curve（延伸曲线）命令，即可完成曲线的延伸操作。

单击Extend Curve命令右侧的方体按钮，即可打开其属性对话框，用户可以根据实际需要调整其参数设置。对话框中一些主要的参数含义介绍如下。

- Extend method（延伸方式）：延伸曲线为用户提供了两种基本的延伸方式，分别是Distance（按距离）和Point（按节点）两种方式。
- Extension type（延伸类型）：Maya提供了3种延伸类型，分别是Linear（线）、Circular（环形）和Extrapolate（延伸），用户可以根据实际需要选择合适的延伸类型。
- Distance（距离）：根据距离来延伸曲线。
- Extend Curve at（延伸曲线部位）：用于定义曲线的延伸位置，它提供了3个参数供选择，分别是Start（开始）、End（结束）和Both（两者）。

◎ Join to original：用于设置将延伸顶点加入到原始曲线上。

◎ Remove multiple knots：用来删除多重节点。

◎ Keep original：保留原始曲线。

4.2.12 Offset（偏移曲线）

偏移曲线工具可以将所选择的曲线在原来基础上进行精确的偏移复制。比如说可以创建出一条与原曲线平行的曲线或者Iso参数线。充分解决了用户手动操作造成偏移距离的误差所带来的麻烦。如图4-42所示，汽车突出的部分就是使用偏移曲线工具制作出的平行效果。

在Side视图中绘制一条曲线，选中该曲线并执行Edit Curves（编辑曲线）|Offset（偏移）|Offset Curve（偏移曲线）命令，即可创建一条偏移曲线，如图4-43所示。

图4-42 曲线的偏移应用

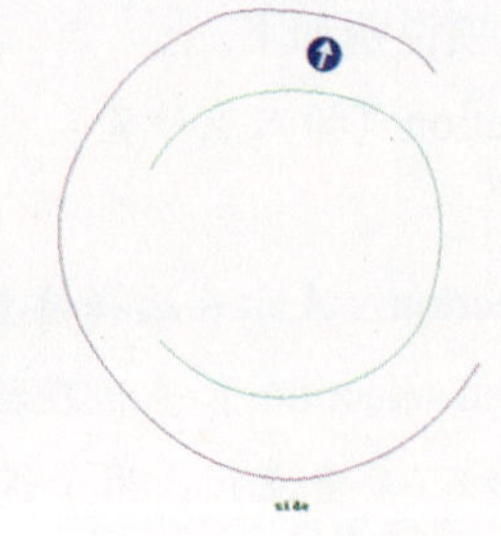

图4-43 创建偏移曲线

问题：为什么有时在执行曲线偏移操作后，所偏移的曲线产生一定的变形？

当用户将偏移曲线的Offset distance值设置过大时，偏移曲线就会产生变形。并且距离越远，产生的变形就越大。

在对曲线进行偏移操作时，可以根据需要设置该偏移命令相关的属性参数，从而改变偏移曲线的状态。单击Offset Curve（偏移曲线）命令右侧的方体按钮，打开其属性对话框，如图4-44所示。

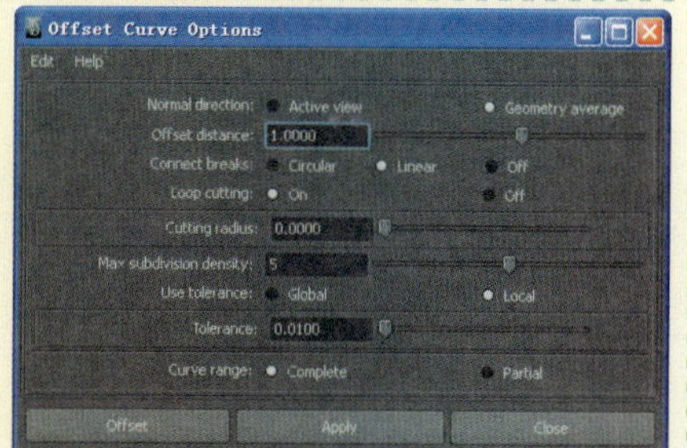

图4-44 偏移曲线属性对话框

对话框中的常用选项介绍如下。

- Normal direction（法线方向）：用于设置偏移曲线的法线方向。
  - ◎ Active view：表示以观察的视角作为曲线偏移的基准。
  - ◎ Geometry average：表示以参考原始曲线的状态为基准。
- Offset distance（偏移距离）：偏移的距离。距离为正值或者负值时会在不同的方向产生偏移。
- Max subdivision density（最大细分密度）：设置偏移曲线在细化时的最大分割数以及偏移曲线的精度。
- Curve range（偏移曲线范围）：用于控制偏移曲线整体参与偏移或者曲线的局部参与偏移。

4.2.13 Reverse Curve Direction（反转曲线方向）

使用Reverse Curves命令可以翻转曲线上CV点的起始方向。其操作方法是选中该曲线，依次执行Display | NURBS | CVs命令显示曲线控制点，再执行Edit Curves（编辑曲线） | Reverse Curve Direction（反转曲线方向）命令即可。在默认设置下，CV在U方向上被翻转。

4.2.14 Rebuild Curve（重建曲线）

Rebuild Curve命令用于对构建好的曲线上的点进行重新修正，即将曲线所有顶点进行重新分布，从而达到对曲线进行重建处理。

动手实践073——曲线的重建操作

1 在Side视图中绘制一条轮廓曲线，按F8键进入其点显示模式，查看其顶点分布，如图4-45所示。

2 再按F8键进入其选择状态，执行Edit Curves（编辑曲线） | Rebuild Curve（重建曲线）命令，对曲线的顶点进行重建操作。此时再观察曲线的顶点数目和光滑度，如图4-46所示。

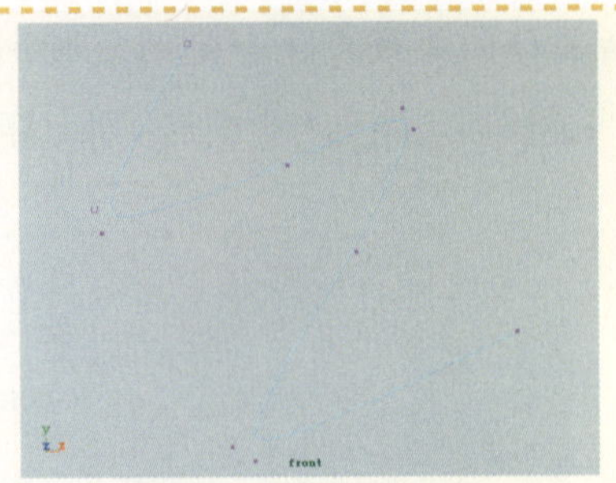
图4-45 创建曲线图形

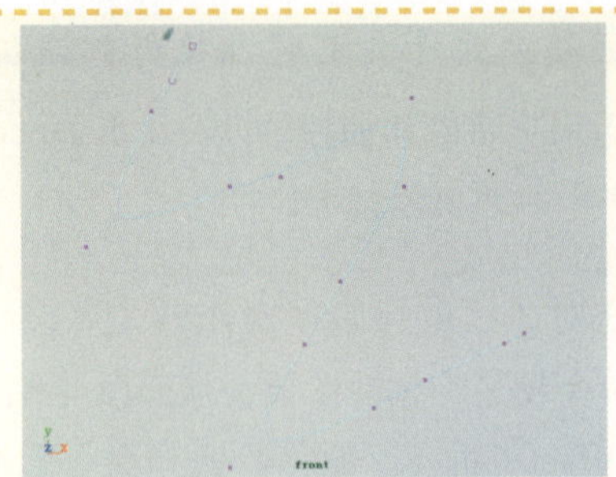
图4-46 曲线重建效果

在对曲线进行重建操作时，可以根据实际需要来设置其属性参数以影响曲线的重建效果。单击Edit Curves | Rebuild Curve右侧的方体按钮，打开其属性对话框，如图14-47所示。

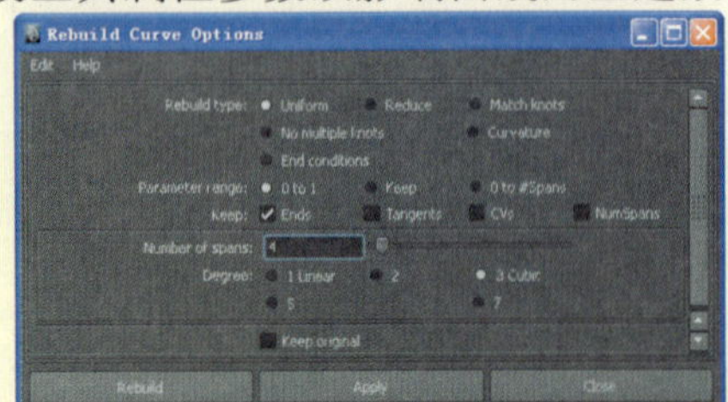
图4-47 重建曲线属性对话框

对话框中的一些选项说明如下。

- Rebuild type（重建类型）：用来表示曲线的重建类型。
  - ◎ Uniform：表示使用相同参数均匀重建曲线。
  - ◎ Reduce：表示简化曲线精度，通过设置Tolerance值来简化曲线。
  - ◎ Match knots：通过设置一条参考曲线来重建原曲线，重复执行，此时原曲线将无穷趋向于参考曲线形状。
  - ◎ No multiple knots：通过删除曲线上的多重点来简化曲线点数，但不保持曲线精度。
  - ◎ Curvature：为曲线添加更多的编辑点，可以增大曲线的曲率和提高精度。
  - ◎ End conditions：将曲线的重点指定后除去重合点。
- Parameters range（参数范围）：用来设置重建曲线的参数。其中Keep表示保持曲线原参数范围。
- Keep（保持）：设置重建曲线对原曲线保留的内容，有Ends、Tangents、CVs和Num spans。
- Number of spans（分段数）：用于设置重建曲线的分段数。
- Degree（曲线精度）：设置曲线的精度。但只有在Rebuild type属性下的Uniform选项被激活的情况下，该选项才可以被使用。

4.2.15 Fit B-Spline（匹配B样条曲线）

Fit B-Spline命令可用于将三次曲线匹配到一次性曲线。当在场景中导入曲线和表面时，先选中曲线，再选中曲面，然后执行Fit B-Spline命令，即可创建一个与之相配的三次曲线。

4.2.16 Smooth Curve（光滑曲线）

执行Edit Curves（编辑曲线）| Smooth Curves（光滑曲线）命令，可以重新创建具有平滑

路径的控制点。对于处理铅笔曲线工具等创建的曲线，使用这一命令尤其重要。

动手实践074——光滑曲线

1 如图4-48所示的是一条使用铅笔曲线工具绘制的曲线，可以看到该曲线的棱角非常尖锐。

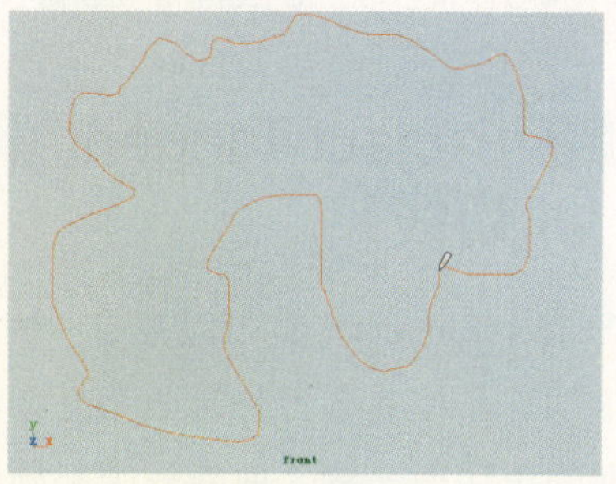

图4-48 创建曲线

2 在视图中选择该曲线图形，依次执行Edit Curves（编辑曲线）|Smooth Curve（光滑曲线）命令，从而将其光滑，此时的效果如图4-49所示。

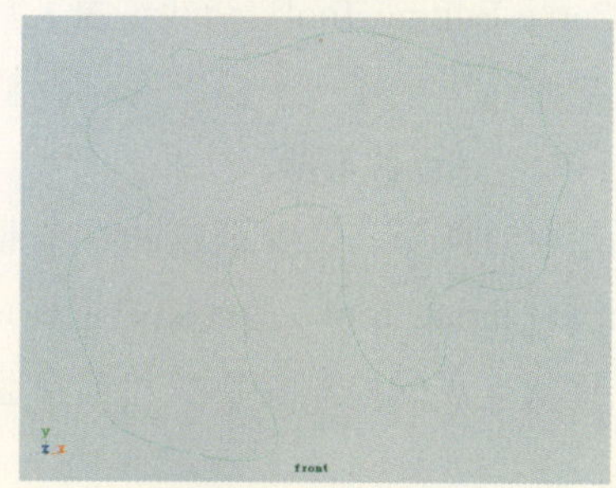

图4-49 光滑效果

问题：平滑曲线工具可以作用于曲面物体上吗？在使用该工具后，顶点数会有变化吗？

Smooth Curves（平滑曲线）命令作用于整条独立曲线。它不能作用在周期曲线、表面Iso参数线或者表面曲线上。另外，使用该命令不能改变控制点的数量。

4.2.17 CV Hardness（CV点硬度控制工具）

在Maya的NURBS建模中，用户还可以控制CV点的硬度，这个功能主要靠CV Hardness命令来实现的。要更改点的硬度，首先需要在视图中选择曲线的控制点。然后，依次执行Edit Curves（编辑曲线）|CV Hardness（CV硬度控制）命令即可。

4.2.18 Add Points Tool（添加点工具）

当绘制完成一条曲线后，如果控制点的数目不符合设计要求或者需要添加新的控制点以调整曲线的形状，可以使用Add Points Tool命令来完成该操作。它可以为曲线或者表面曲线添加新的控制点或者编辑点，该工具类似于Extend工具，都可以延长曲线或增加曲线的控制点。关于控制点的添加方法是选择一条曲线，执行Edit Curves（编辑曲线）|Add Points Tool（添加点）命令。然后，在视图中单击，即可在该曲线上添加新的控制点，再按Enter键确定即可，如图4-50所示。

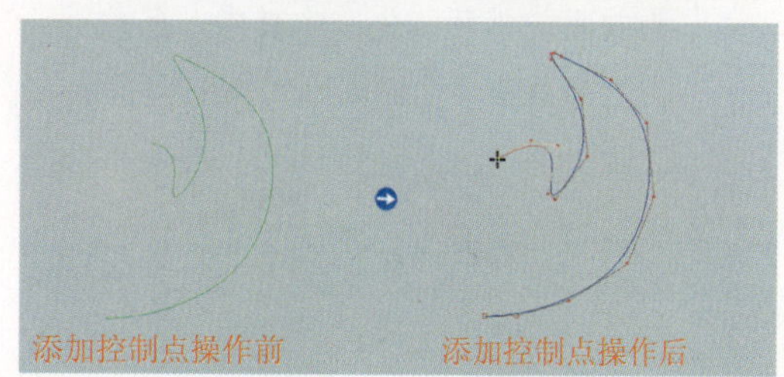

图4-50 添加控制点

4.2.19 Curve Editing Tool（曲线编辑工具）

对于大多数用户而言，最关心的可能是曲线形状的调整。实际上，对于NURBS建模来说，曲线形状的调整是不可避免的。默认情况下，选中曲线并执行Edit Curves（编辑曲线）| Curve Editing Tool（曲线编辑工具）命令，会在曲线上生成一个控制器，调整该控制器即可改变该曲线形状。

如图4-51所示，选择创建的一条曲线，执行Curve Editing Tool（曲线编辑工具）命令操作，移动生成的控制器手柄并观察曲线的变化。

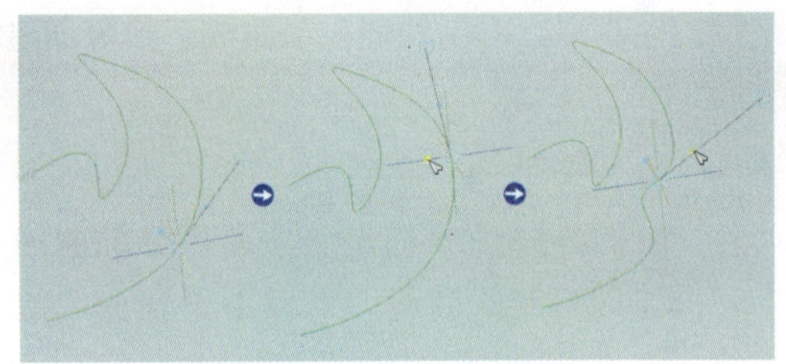

图4-51 执行Curve Editing Tool命令

4.2.20 Project Tangent（投影切线）

Project Tangent工具可以改变一条曲线端点的正切率，使其与另外两条相交曲线或一个曲面的正切率一致。曲线一端必须与两条曲线的交点或与曲面的一条边重合。

动手实践075——投影切线

1 在场景中创建几条相互间有重合交点的曲线，如图4-52所示。

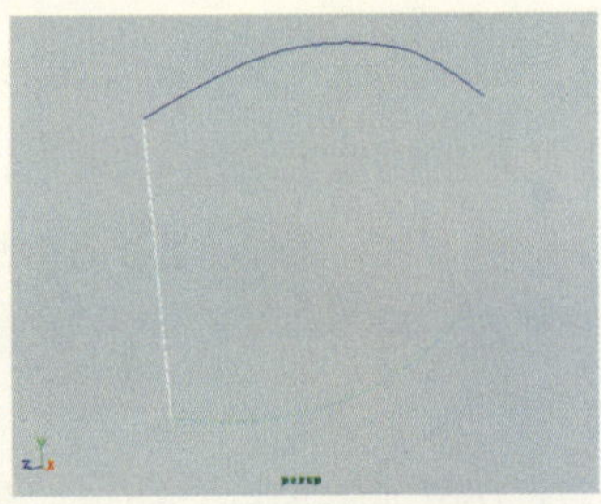

图4-52 创建相交曲线

2 使用挤出工具，将其中的两条曲线转化为曲面。然后，先选中其中一条曲线，再选中其中一个曲面，如图4-53所示。

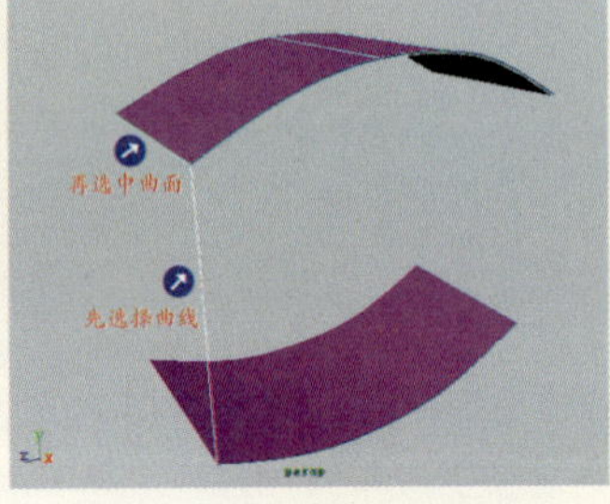

图4-53 选择曲线和曲面

技巧

在创建两条或多条有重合交点的相交曲线时，可以先创建两条曲线，然后执行创建曲线命令，按住C键不放，在创建的其中一条曲线上单击并拖曳鼠标，以创建新控制点及确定其位置。然后，按住C键不放，再在另一条曲线上单击，即可在两条曲线间创建一条连接曲线。

3 执行Edit Curves（编辑曲线）| Project Tangent（投影切线）□命令，打开投影切线属性对话框，如图4-54所示。

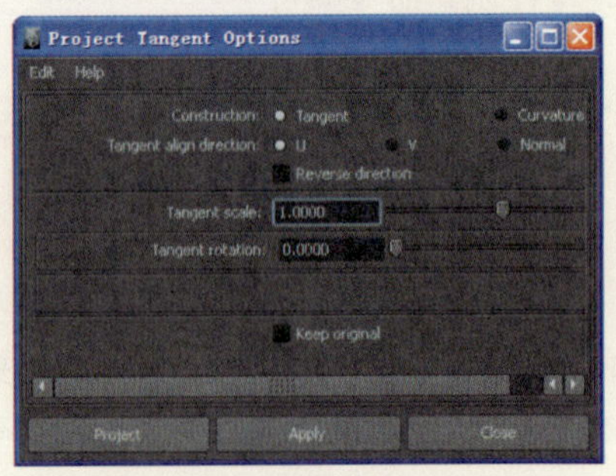

图4-54 投影切线属性对话框

4 在对话框中选择Curvature（曲率）单选按钮并启用Keep Original（保持原始）复选框。然后，单击Project（投射）按钮，此时观察投影切线与原曲线的变化，如图4-55所示。

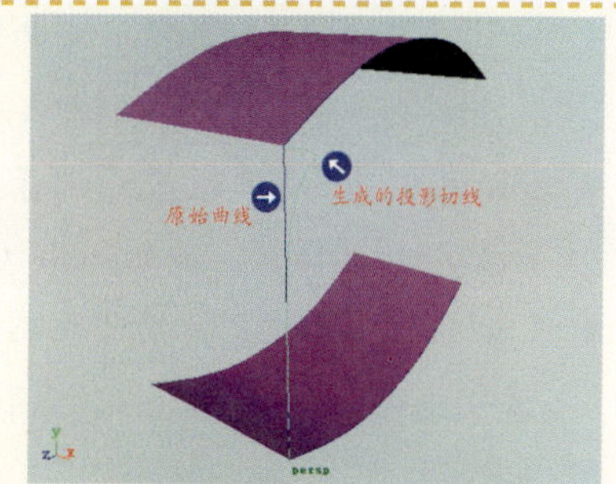

图4-55 形成的切线效果

投影切线属性对话框中的选项介绍如下。

- Construction（构建）：用于控制切线的构建方式。
  - ◎ Tangent：表示切线模式。
  - ◎ Curvature：表示曲率模式。
- Tangent align direction（切线对齐方向）：用于设置对齐的不同切线方向。
  - ◎ U：表示依照曲面的U方向或选择相交曲线的第一条。
  - ◎ V：表示依照曲面的V方向或选择相交曲线的第二条。
  - ◎ Normal：表示对齐曲线的法线到曲面或相交曲线的垂线。
- Reverse direction（反转切线方向）：用来反转曲线切线方向。
- Tangent scale（切线的缩放）：用于设置切线的缩放比例。
- Tangent rotation（切线旋转）：用于设置切线的旋转。

4.2.21 Modify Curves（修改曲线）

在Maya 2011中，可以使用Modify Curves子菜单中的命令来对已经创建的曲线进行修改，但不改变曲线点的数量。修改曲线共分为7种工具，分别是Lock Length（锁定曲线长度）、Unlock Length（解锁长度）、Straighten（拉直曲线）、Smooth（平滑曲线）、Curl（卷曲曲线）、Bend（弯曲曲线）和Scale Curvature（缩放曲率）。

执行Edit Curves（编辑曲线）|Modify Curves（修改曲线）命令，在打开的菜单列表中可以看到这几种工具，如图4-56所示。

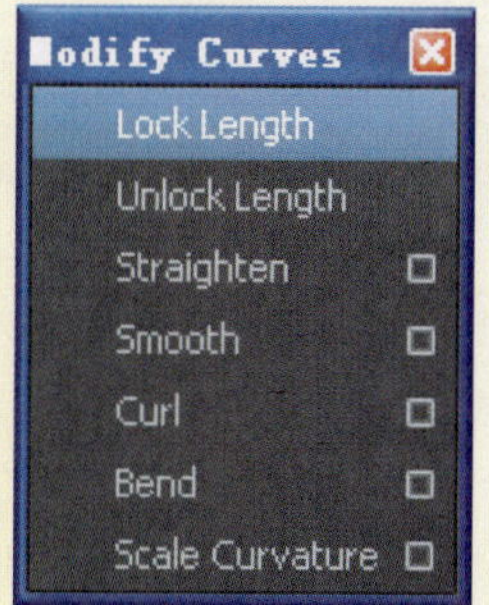

图4-56 曲线编辑工具

下面对这几种工具进行简单介绍。

- Lock Length（锁定曲线长度）：用于锁定曲线长度，曲线上的点只能在锁定曲线长度范围内移动。用户可以选中曲线，执行Edit Curves（编辑曲线）| Modify Curves（修改曲线）| Lock Length（锁定长度）命令，即可完成曲线长度的锁定操作。
- Unlock Length（解锁长度）：用于解除曲线长度的锁定。
- Straighten（拉直曲线）：用来将弯曲的直线拉直。在该命令属性对话框中，Straightness用于设置拉伸率，数值为1时，为直线；数值小于1时，为直线；大于1

时，会拉伸过度。拉直方向为曲线起点的切线方向。

◎ Preserve Length：表示曲线在过度拉伸变形情况下保证长度不变。

- Smooth（平滑曲线）：用于使曲线弯曲程度趋向平缓。如图4-56所示的是执行Straighten（拉直）和Smooth（平滑）命令后的变形对比。
- Curl（卷曲曲线）：用于控制整条曲线从中间位置卷曲，曲线起始点固定不动。在该命令属性对话框中，包括Curl Amount（卷曲强度）和Curl frequency（卷曲频率）属性。
- Bend（弯曲曲线）：用于固定曲线起始点，拉动曲线末端点进行弯曲操作。在该命令属性对话框中，包括Amount（弯曲强度）和Twist（扭曲强度）属性。
- Scale Curvature（缩放曲率）：用于改变弯曲曲线的曲率。在该命令属性对话框中，包括Scale factor和Max Curvature属性。如图4-57所示的是曲线的卷曲和弯曲效果。

◎ Scale factor：表示缩放系数。

◎ Max Curvature：表示最大弯曲曲率。

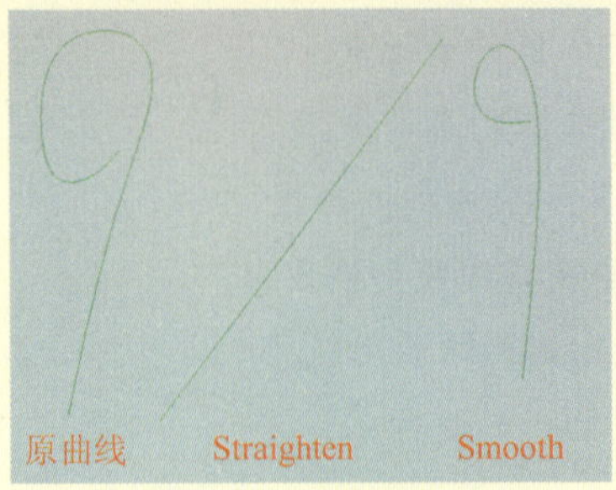

图4-56 曲线的拉直与平滑

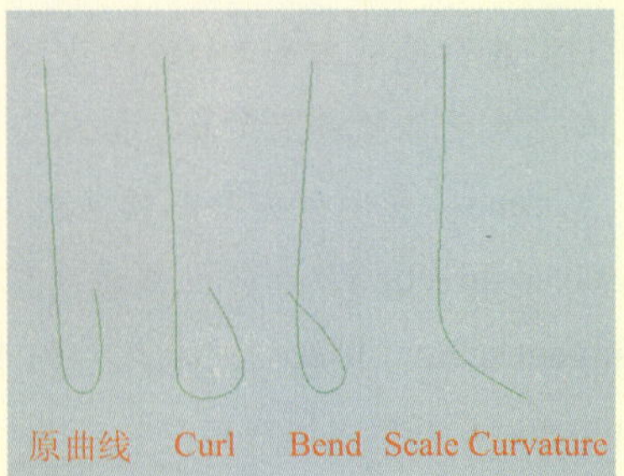

图4-57 曲线的卷曲与弯曲

4.2.22 Selection（选择）

Selection工具用于选择曲面上的元素，Select Curve CVs表示用于选择曲线上的所有CV点；Select First CV on Curve表示选择曲线上第一个CV点；Select Last CV on Curve表示选择曲线上的最后一个CV点；Cluster Curve表示一次性对曲线上的所有CV点全部匹配Cluster变形。

动手实践076——选中曲线元素

1 在场景中创建一条曲线图形，并且将其切换到Vertex（点）显示模式，查看其顶点数目及位置，如图4-58所示。

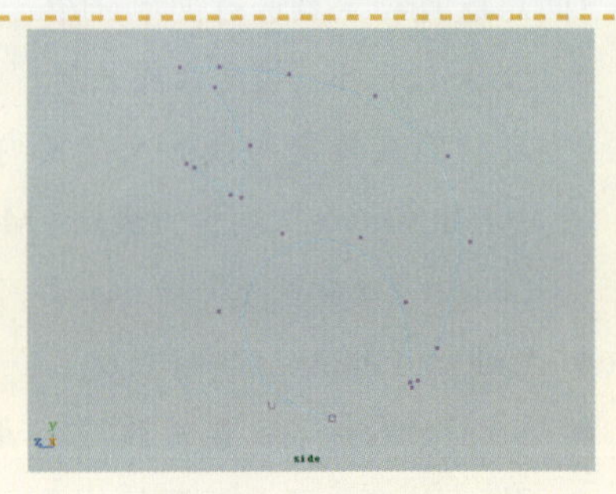

图4-58 创建曲线图形

2 切换到曲线的选择状态，执行Edit Curves（编辑曲线）| Selections（选择）| Cluster Curve（簇控制器）命令，即可为曲线上所有的顶点匹配簇控制器，如图4-59所示。

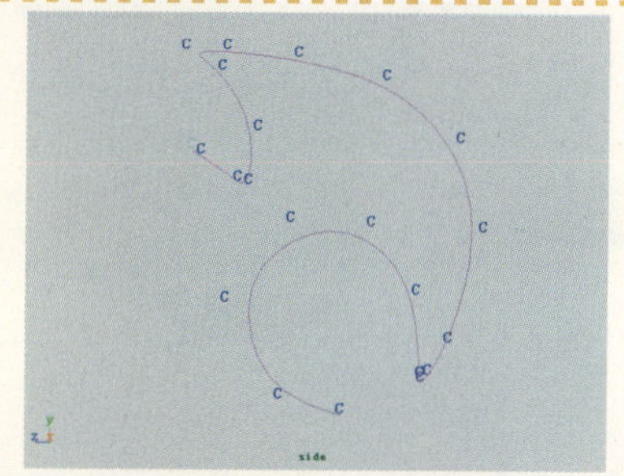

图4-59 匹配簇控制器

4.3 创建NURBS曲面原始物体

在前面主要向用户介绍的是Maya中关于NURBS曲线的一些创建及编辑的方法。本节将介绍曲面的创建方法。在Maya中，关于曲面的创建有两种方法：一种是使用命令或者工具架上的快捷工具图标来创建曲面原始物体，也就是NURBS基本体；另一种方法是使用曲线来生成一些比较复杂的曲面。

4.3.1 NURBS原始物体的分类

Maya中有许多NURBS的原始物体可供选择，执行Create（创建）| NURBS Primitives（NURBS基本物体）命令后，在其子菜单中一共有8种NURBS基本体，其中有6种是曲面物体，分别是Sphere（球体）、Cube（立方体）、Cylinder（圆柱体）、Cone（圆锥体）、Plane（平面）和Torus（圆环），如图4-60所示。

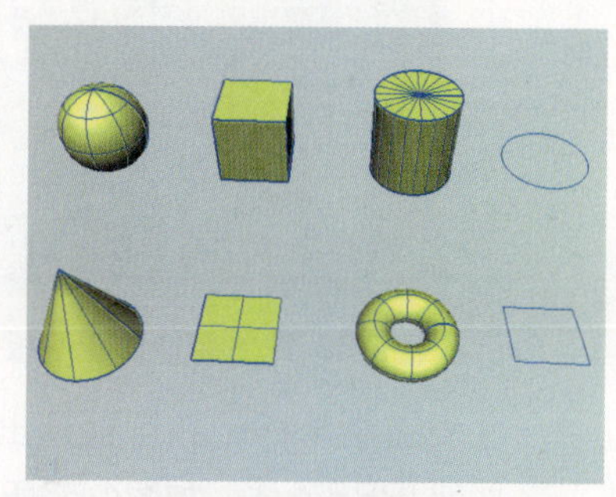

图4-60 曲面基本体

4.3.2 创建NURBS原始物体

NURBS原始物体带有一定的建造历史，通过修改这些构建历史，可以创建出不同的物体曲面。下面以创建NURBS球体和平面为例，练习NURBS原始物体的创建方法以及其创建属性。

动手实践077——创建NURBS球体和平面

1 单击工具架中Surface标签下的图标。然后在视图中单击，即可创建一个NURBS平面。

2 同样，执行Create（创建）| NURBS Primitives （NURBS基本物体）| Sphere（球体）命令，再在视图中单击，即可创建NURBS球体，如图4-61所示。

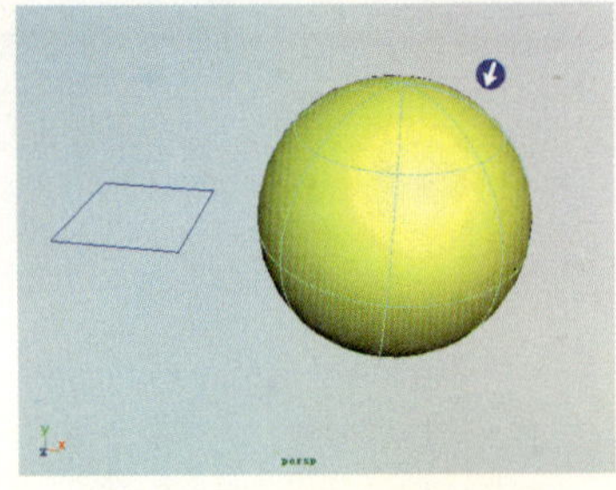

图4-61 创建NURBS球体

3 选中球体并按Ctrl+A键，打开其通道栏，设置Start Sweep angle（开始旋转角度）为90、Number of sections（V向分段数）为10、Number of Spans（U向分段数）为10，如图4-62所示。

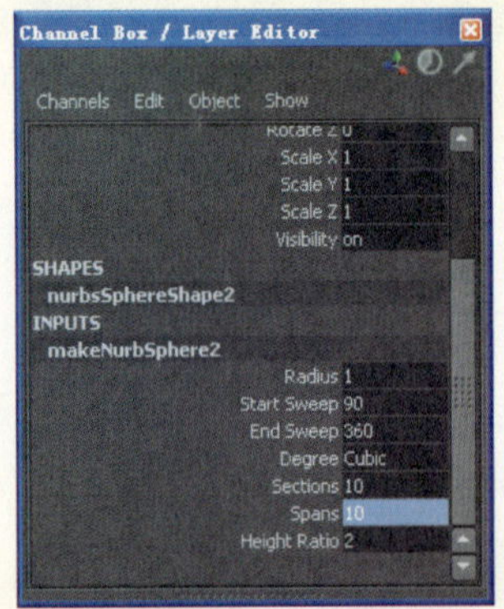

图4-62 球体属性设置面板

4 在视图中单击，即可创建出相应参数的NURBS球体，如图4-63所示。

5 同样，也可选中该球体并打开其通道栏，展开makeNurbsphere1属性卷展栏，选中Start Sweep（开始扫描角度）选项，再在视图中单击并拖曳鼠标中键，可调整物体的扫描角度，如图4-64所示。

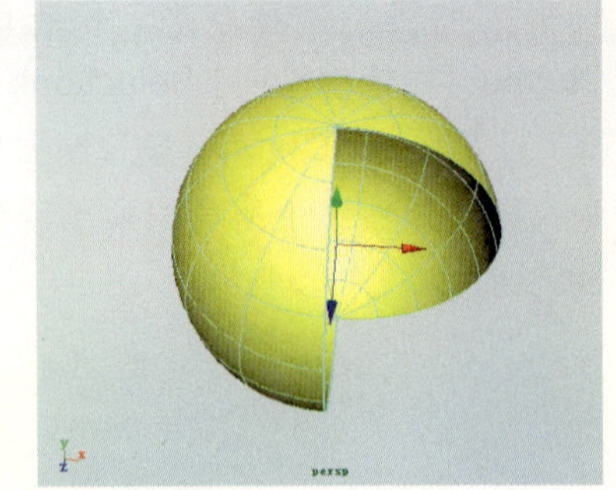

图4-63 创建NURBS球体

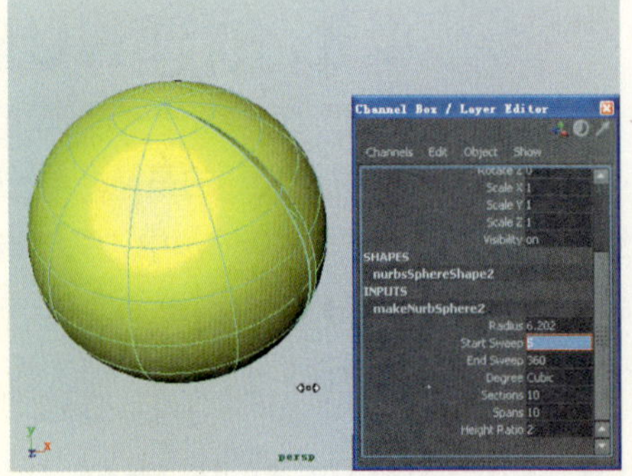

图4-64 设置物体扫描角度

6 选中Sections（V向段数）和Spans（U向段数）选项，再在视图中单击并拖曳鼠标中键，以调整物体的细分段，如图4-65所示。

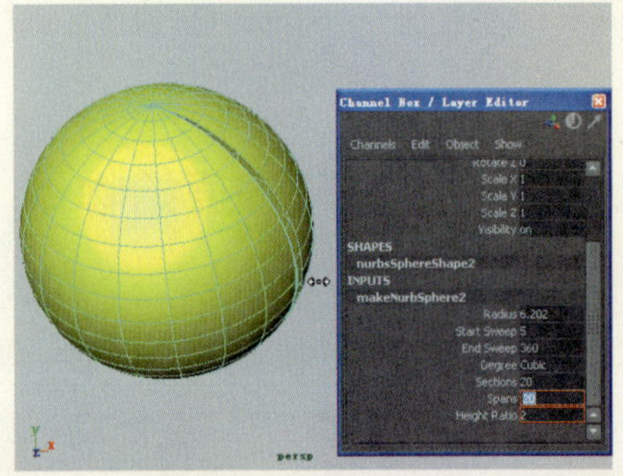

图4-65 设置物体细分

对NURBS球体属性面板中的选项说明如下。

- Start sweep angles（开始旋转角度）：用于设置球体的形成程度，可以把球体看作是一条曲线围绕轴心旋转360°后的产物，那么修改该数值可以设置物体开始产生旋转的位置，默认为0°。

- End sweep angle（结束旋转角度）：主要控制球体的结束边，默认设置为360°。
- Surface Degree（表面细分等级）：用于设置球体表面的曲度。Maya提供了两种基本的方式，分别是Linear（线性）和Cubic（三次方）。
- Use tolerance（使用公差）：用于修改曲面的精度。如要设置Global tolerance，需执行Window | Setting/Preferences | Preferences命令，再在打开的对话框中设置。该数值越低曲面精度越高。
- Number of sections（经纬数量）：用于设置球体在纵向上曲线的数量。表面曲线，用于显示球体的轮廓。表面的段数越多看上去就越平滑。
- Number of spans（横向线条数量）：用于设置球体表面在横向上曲线的数量。
- Adjust sections and spans（调整细分）：用来调整物体细分段数。
- Radius（半径）：用于设置球体半径的大小，该数值越大，则球体也就越大。
- Axis（坐标轴）：用于定义一个物体在场景中的具体位置。可以通过选择X、Y、Z来确定物体的轴坐标。Active View属性可用来创建垂直于当前正交视窗的物体。当前视窗是摄像机或透视视窗时，Active View选项不起作用；Free属性用于自由创建轴向。
- Axis definition（定义轴向）：用于精确定义轴向。但只有在选中Free单选按钮后才可以修改该参数值。

4.3.3 曲面的构成元素

曲面是由曲线组成的物体，NURBS的曲面是通过参数化定义的，通过编辑NURBS曲面来组成复杂的NURBS模型。曲面的形成依赖于曲线，用户通过定义曲线来生成曲面。一个完整的NURBS曲面是由控制点、Iso参数线、曲面点、Hull壳线、面片等元素组成，如图4-66所示。下面对曲面的元素构成进行详细的介绍。

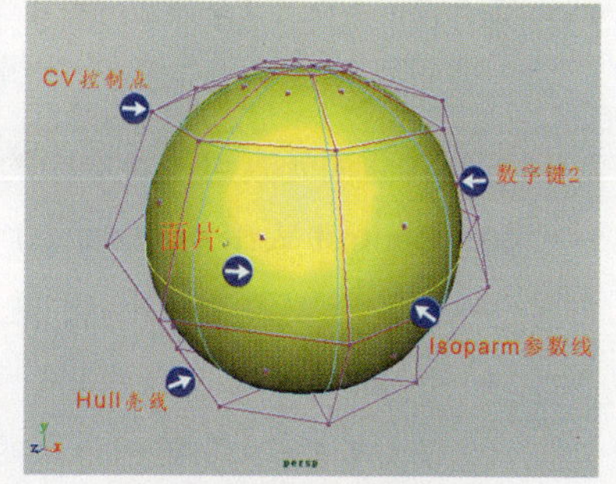

图4-66 曲面的构成元素

在场景中创建一个NURBS球体并选中该球体，单击状态栏上的图标，然后在其右侧展开的列表中单击相应的、、、和图标，即可进入曲面的不同操作级别，这里的操作级别也可以针对Polygon物体和Lattice物体。

提示

在曲面的组件菜单中，Control Vertex、Isoparm和Hull这3种元素为最常用的，用户可以通过对这些元素进行编辑，以达到控制曲面的目的。若选中曲面的元素，按Delete键删除，曲面会发生变形，但不会破裂。

动手实践078——切换曲面元素

1 在曲面上按住鼠标右键不放，弹出其元素组件菜单，拖曳鼠标到Control Vertex（控制点）属性选项，如图4-67所示。

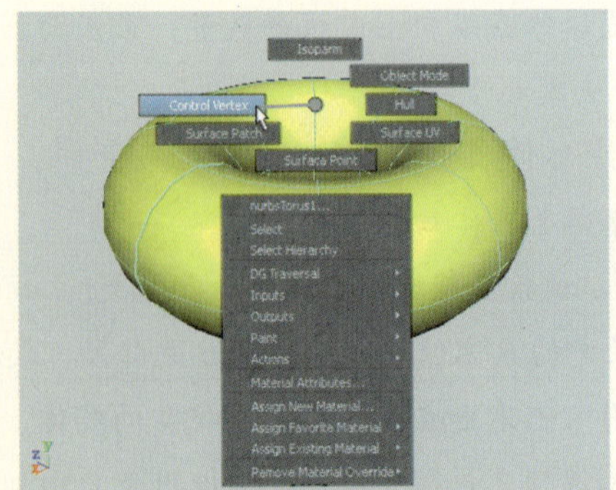

图4-67 控制元素显示

2 然后释放鼠标，即可切换到曲面点显示模式，用户可以选中顶点并进行移动、旋转或缩放操作等，如图4-68所示。

在Maya中NURBS物体也可以被优化显示，选中NURBS物体分别按下数字键1、2、3，即可切换曲面不同的显示级别，如图4-69所示。特别是造型复杂的物体，在操作时会占用很多的数据空间，如果简化其显示级别则是一个很好的解决办法。

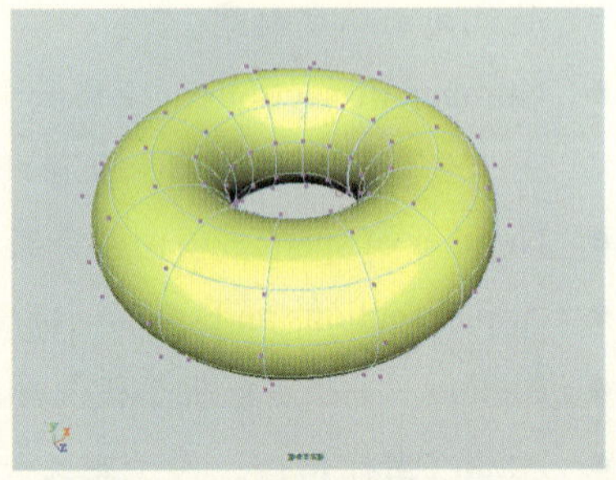
图4-68 曲面控制元素的切换

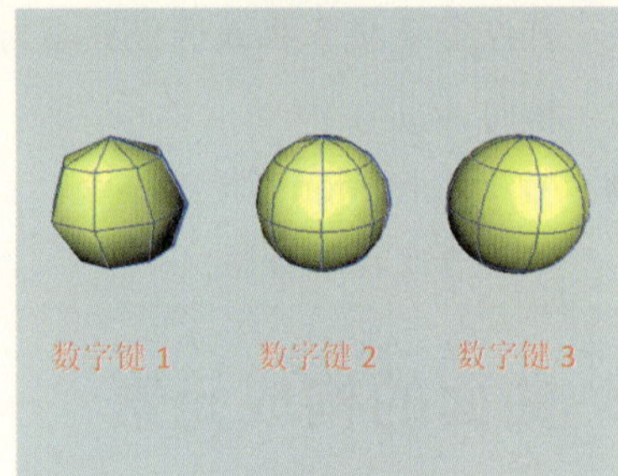

图4-69 NURBS曲面的显示级别

下面对曲面元素组件菜单中的常用控制元素进行说明。

- Control Vertex（控制点）：它是最为常用的控制方式，用户可以通过编辑曲面上的点来控制曲面的外形，也可以按住Shift键，加选多个点进行同时编辑。
- Isoparm（Iso参数线）：用于直接控制曲面上的曲线。可以在曲面上定义新Iso线，以在UV方向上创建一条新的依附于曲面的曲线，也可利用Iso线直接对曲面进行编辑。
- Hull（壳线）：可在NURBS物体的U和V方向上控制曲面，但壳线本身并没有任何意义。

4.4 NURBS曲线成面工具

如果要创建复杂的曲面物体，仅仅利用标准基本体是不够的，它只能作为一个模型的基础，若要创建复杂的模型，则必须使用更加高级的建模工具。本节将向用户介绍利用曲线成型的一般方法，包括旋转成型、放样成型、平面成型以及挤出成型等。下面对这几种工具的使用进行详细的介绍。

4.4.1 Revolve（旋转）

利用一个二维图形，通过某个轴向进行旋转可以产生一个三维几何体，这是一种快捷的建模方法，例如使用这种方法可以制作一个苹果、茶杯等具有轴对称特性的物体。

动手实践079——将曲线旋转成面

1 在视图中绘制一条曲线并调整其形状，如图4-70所示。这条曲线将作为旋转的轮廓。

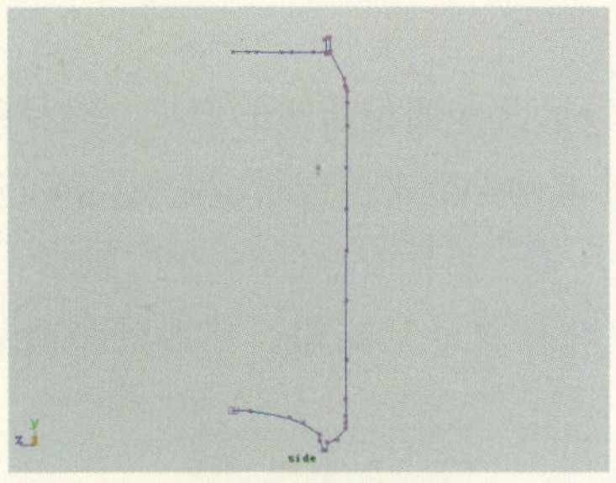

图4-70 绘制曲线

2 选中该曲线并执行Surfaces（曲面）| Revolve（旋转成面）命令，即可创建出一个曲面造型，如图4-71所示。

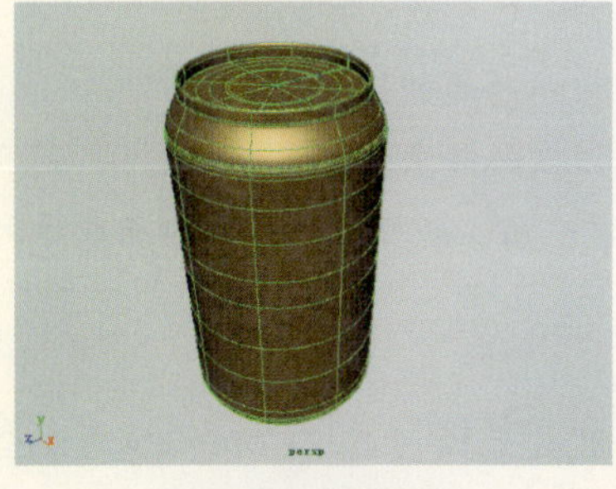

图4-71 旋转效果

3 在执行旋转操作时，如果单击Surfaces（曲面）| Revolve（旋转成面）命令右侧的方体按钮，则可以打开其属性对话框，如图4-72所示。

4 如果需要自定义物体的旋转角度，则可以设置End sweep angle（结束扫描角度）参数，例如将其设置为180°，则物体将旋转180°，而不是默认的360°，如图4-73所示。

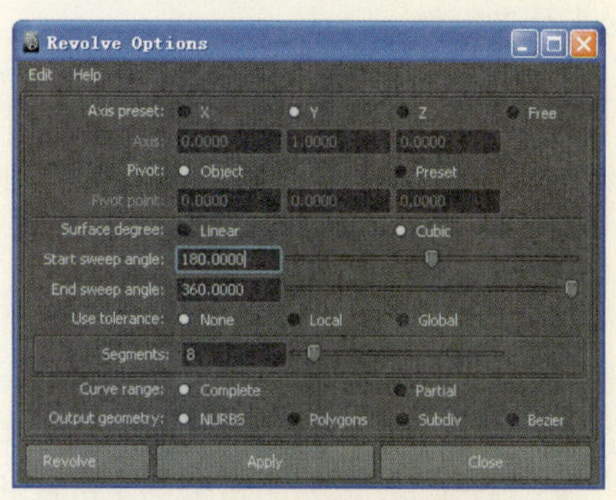

图4-72 旋转属性对话框

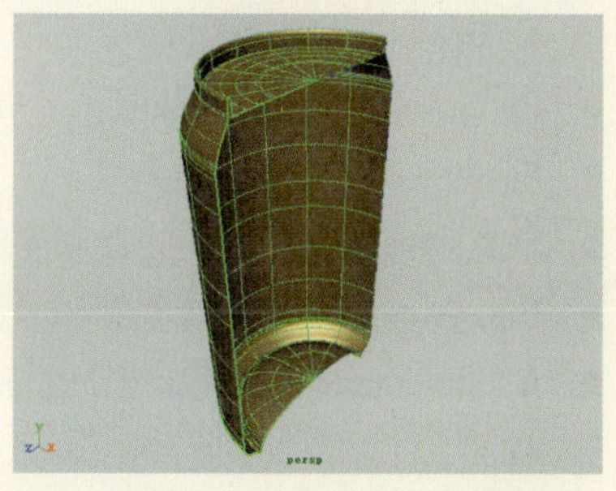

图4-73 自定义旋转角度

5 要改变旋转物体的轴向，则可以修改Axis preset（轴向参考）参数值。若选中其右侧的Y单选按钮，则表示旋转物体将围绕Y轴进行；选中Z单选按钮，则围绕Z轴进行。如图4-74所示的是旋转物体围绕3个轴向形成的旋转效果。

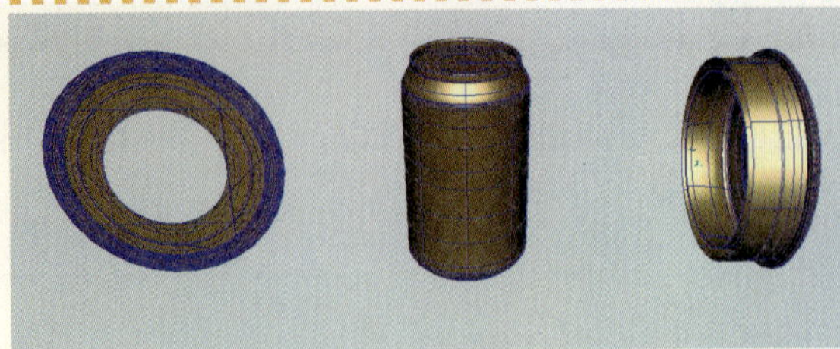

图4-74 不同的旋转效果

问题：什么样的物体可以利用旋转工具来制作？

在本节开头部分曾经介绍了旋转成型的原理。凡是具有轴对称的柱状物体体都可以利用旋转工具来制作。

若想要改变旋转命令操作后形成的曲面形状，可以通过改变原始曲线的形状、细分段数等参数属性来控制曲面的造型变化。也可以设置旋转命令的属性参数来改变所成曲面的状态。

旋转属性对话框中的选项说明如下。

- Axis preset（轴向参考）：主要用来定义创建物体极点的轴向，不同的轴向旋转效果是不同的。
- Axis（轴向参数）：用于精确设置轴向参数值。
- Pivot（枢轴）：用来确定所成物体轴心点的位置。它包括Object和Preset属性。
  - ◎ Object：将轴心定义在物体的中心。
  - ◎ Preset：用于预设轴心点位置。
- Pivot point（轴心点位置）：用于精确设置轴心位置的参数值。
- Surface degree（曲面曲度）：用于定义表面曲度。
- Star sweep angel（开始扫描角度）：用来定义扫描的起始位置。
- End sweep angel（结束扫描角度）：用来定义扫描的结束位置。
- Use tolerance（使用容差）：用于定义曲面的容差值，也可以理解为曲面物体的光滑程度。
- Segment（分段）：用来定义生成曲面的段数。
- Curve range（曲线范围）：定义原始曲线的有效范围。其中Complete表示全部；Partial表示局部。
- Output geometry（几何体输出）：用于控制输出物体的几何类型。

4.4.2 Loft（放样）

Loft工具可以使二维图形沿某条路径进行扫描，进而形成复杂的三维对象。在Maya中，利用一系列曲线图形就可以放样出一个结构复杂的曲面，这些曲线可以是单一曲线、曲面上的曲线、Iso参数线等，并且可以使用投影工具将复杂的造型曲线映射在模型上以制作想要的造型效果。如图4-75所示的就是利用放样工具放样出来的造型。

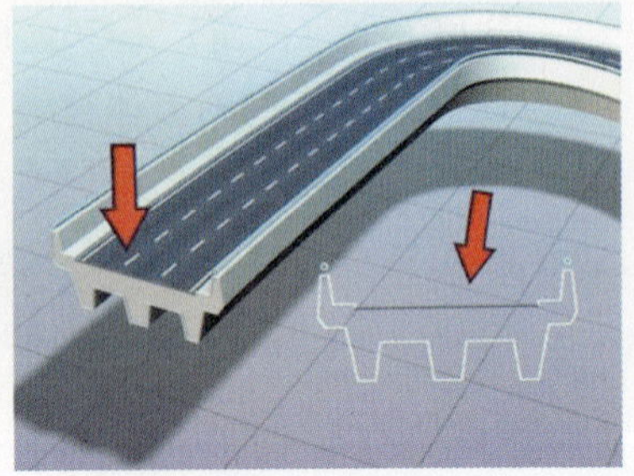

图4-75 放样造型

动手实践080——将曲线放样成曲面

1 首先在场景中创建3条曲线，使用移动工具调整曲线上顶点的位置。然后按顺序选中这3条曲线，如图4-76所示。

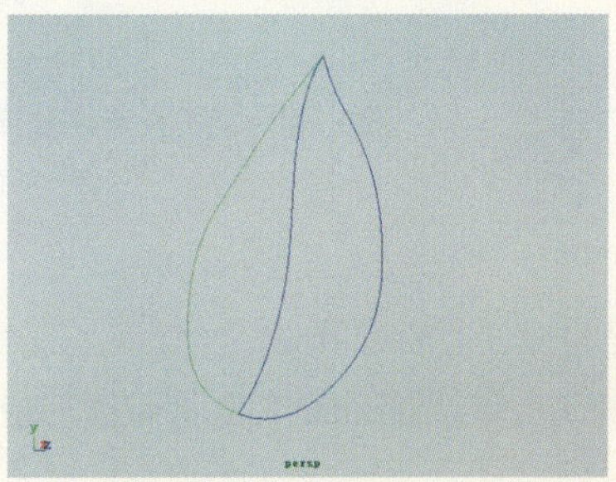

图4-76 创建曲线图形

2 接着执行Surfaces（曲面）| Loft（放样）命令，对曲线进行放样操作，从而转化为曲面，如图4-77所示。

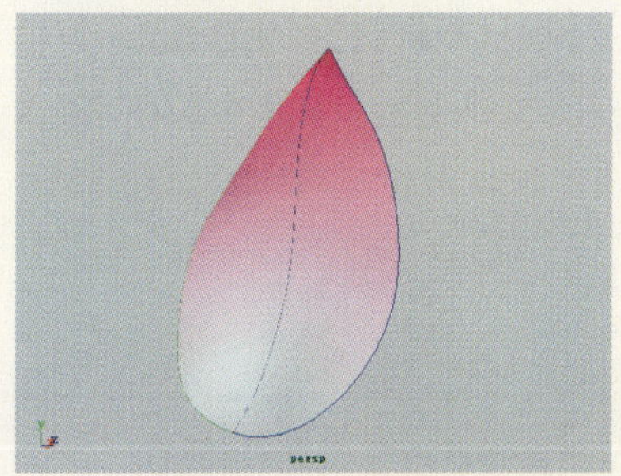

图4-77 执行Loft命令

3 然后调整曲线上的顶点位置，可以修改曲面的外形，如图4-78所示。

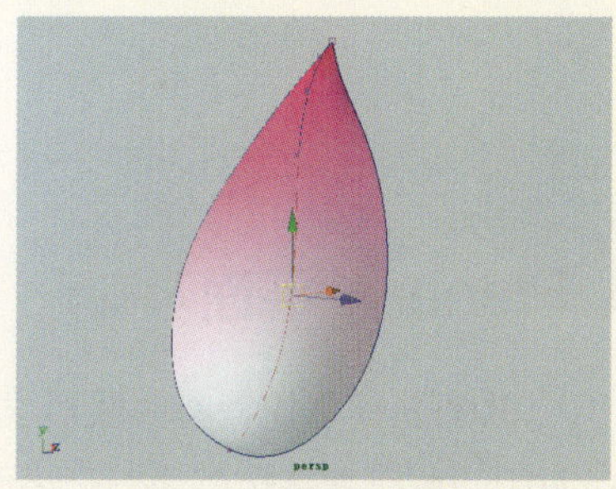

图4-78 调整曲线形状

提示

放样工具可以应用于两条或两条以上的曲线，根据曲线的外形形成相应的曲面造型。用户也可以使用同一条曲线与多条曲线进行放样操作，但所成的面都有一条相同的边，并且所有的面并没有连接在一起。

使用放样工具，可以将创建的曲线放样成为独特的曲面效果，但通过对放样命令参数的调整，可以对所成曲面的外观造成很大的变化。

单击Loft命令右侧的方体按钮，打开放样属性对话框，如图4-79所示。

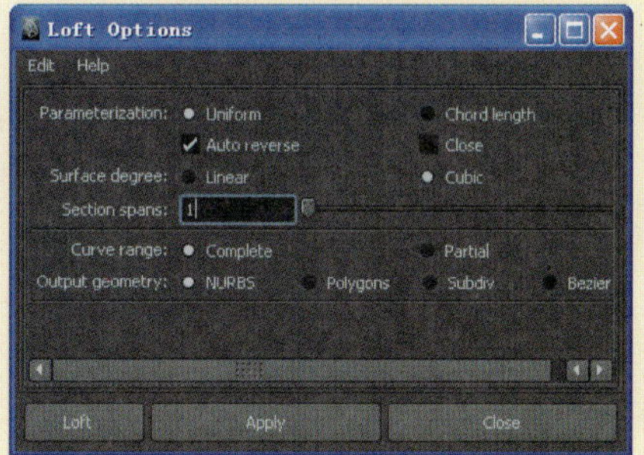

图4-79 放样属性对话框

对话框中的部分选项说明如下。

- Parameterization（参数）：用于设置所成曲面在V方向上的参数。其中Uniform表示统一参数设置；Chord length用于固定曲面长度；Auto reverse用于统一曲线方向；close用于控制是否生成闭合的曲面。
- Surfaces degree（曲面曲度）：表示曲面的弯曲精度。Linear表示二次弯曲。Cubic表示三次弯曲。

● Section Spans（等级跨度）：表示两条曲线间生成曲面的轮廓线段数，段数越多生成曲面的精度越高，但会增大系统负担。如图4-80所示，分别设置该值为4和8的曲面精度效果。

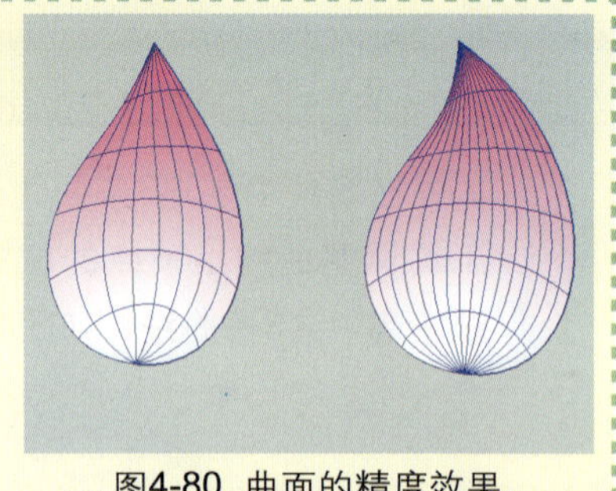
图4-80 曲面的精度效果

4.4.3 Planar（平面）

对于NURBS建模来说，将曲线形成曲面是最为关键的操作。除了前面介绍的功能外，还可以将一条封闭的曲线直接转换为一个平面。本节将向用户介绍利用Planar工具将曲线形成平面的方法。

动手实践081——曲线平面成型

1 在场景中创建一条闭合的曲线，如图4-81所示。如果曲线是一条开放的状态，则可以执行Edit Curves（编辑曲线）| Open/Close Curse（打开/闭合曲线）命令以将其闭合。

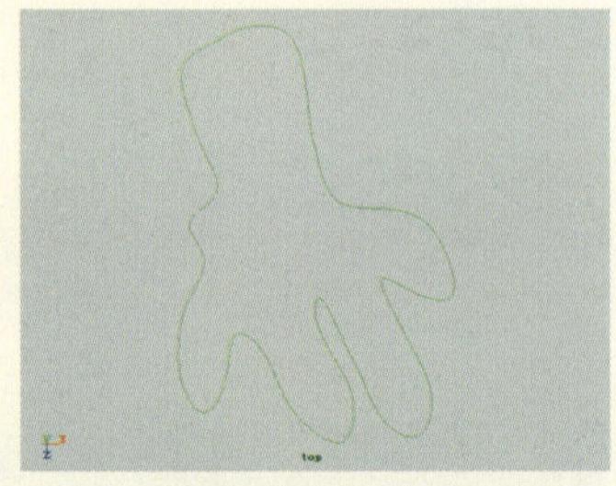
图4-81 闭合曲线

2 在视图中选择曲线，执行Surface（曲面）| Planer（平面）命令，即可将其转换为曲面，如图4-82所示。

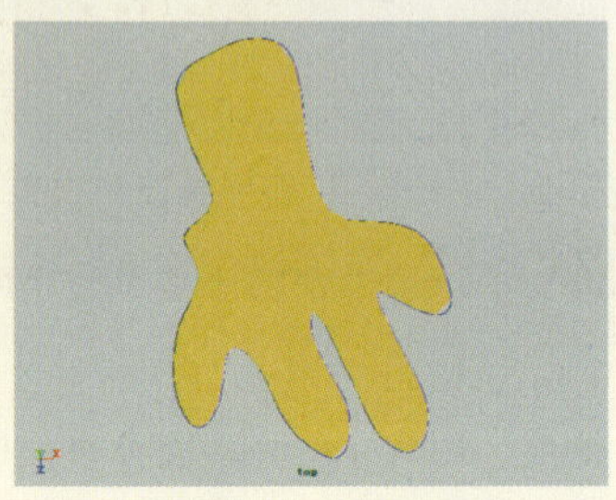
图4-82 形成曲面

3 执行Create（创建）| Text（文本）命令，在弹出的对话框中输入“welcome”，单击Create按钮，创建一个文本曲线，如图4-83所示。

图4-83 创建文本曲线

4 选中所有的文字曲线，执行Planer命令，即可将其转换为曲面，如图4-84所示。

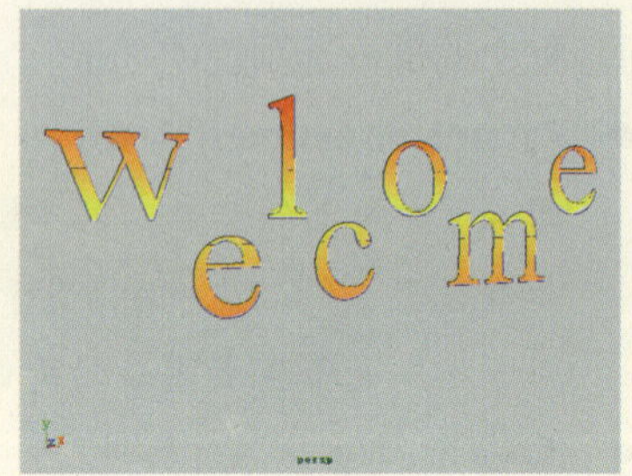

图4-84 文本曲线转换为曲面

问题：曲线上的顶点不在同一水平面上能形成平面吗？

同一曲线上的顶点不在同一水平面上，是不能形成平面模型的。因此，如果要将曲线转化为平面，必须调整其每个顶点都处于同一水平面上。

4.4.4 Extrude（挤出）

Extrude命令可以使一条轮廓线沿一条路径形成一个曲面，这是一种十分常用的曲面构成方法。如图4-85所示的是利用Extrude命令制作的效果。

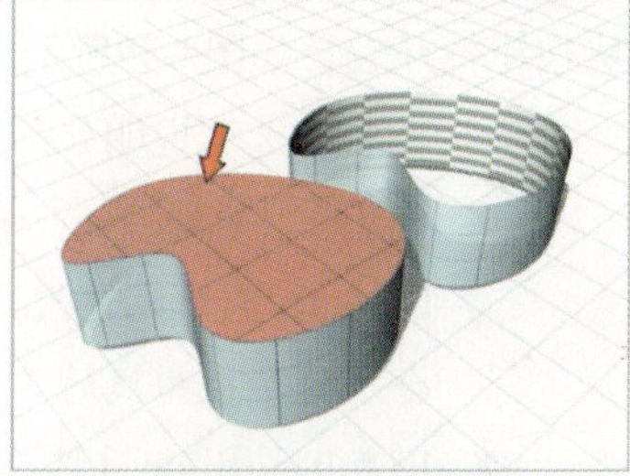

图4-85 挤出的曲面

动手实践082——曲线挤出成面

1 绘制一条路径曲线和3条文本曲线，从而定义挤出曲面的外形轮廓，如图4-86所示。

图4-86 绘制曲线图形

2 框选4条曲线，依次执行Surface（曲面）| Extrude（挤出）命令，即可挤出一个带有厚度的曲面模型，如图4-87所示。

3 按数字键5，显示挤出曲面的实体，观察所成曲面的最终效果，如图4-88所示。

图4-87 执行挤出操作

图4-88 挤出的曲面效果

问题：什么是轮廓线？如何修改轮廓线？

所谓的轮廓线，实际上就是沿路径挤出的曲线，它可以是开放的也可以是闭合的，甚至还可以是曲面Iso参数线、曲面上的修剪边界线等。在形成曲面时，如果挤出路径有比较明显的扭曲，可能使围绕路径的局部曲面产生交叉扭曲。用户可以向路径曲线添加控制点或使路径曲线平滑，即可解决问题。

Maya提供的挤出工具并不是上述的那么简单，通过设置该工具的属性参数，还可以制作出很多类似的变形曲面。这些参数都集中在挤出属性对话框中，用户可以单击Surface（曲面）| Extrude（挤出）右侧的方块按钮打开它，如图4-89所示。

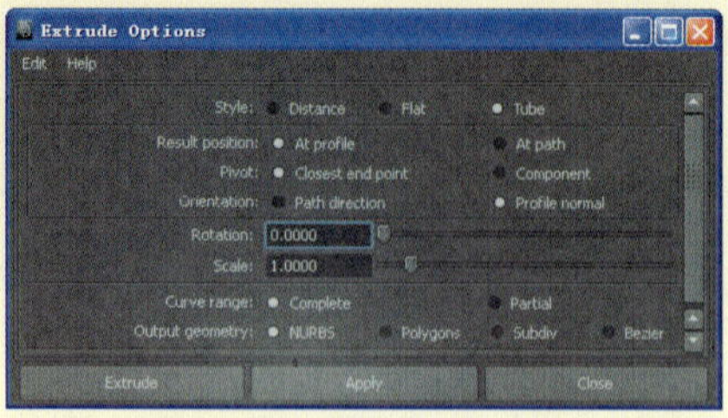

图4-89 挤出属性对话框

对话框中的选项说明如下。

- Style（样式）：设置挤出样式。其中，Distance表示允许用户自定义挤出参数；Flat可以产生挤出变形；Tube表示轮廓曲线会跟随路径曲线的弯曲而进行相应的扫描。
- Result position（挤出位置）：包含两个选项，用于控制曲面的产生位置。分别是At profile（在轮廓曲线处）和At path（在路径曲线处）。
- Pivot（枢轴）：只有选中Tube单选按钮后才能被使用，它主要用轴心点控制轮廓线在挤出时的位置。
- Orientation（方向）：用于定义挤出曲面的方向。Path direction表示按路径曲线挤出曲面；Profile normal表示按照轮廓法线挤出曲面。
- Rotation（旋转）：用于设置挤出曲面是否产生旋转。可在其右侧的条框中设置旋转的角度，也可以拖动其右侧的滑块来控制旋转的角度。
- Scale（缩放）：用于设置挤出的曲面是否可以被缩放。
- Curve Range（曲线范围）：该选项包含Complete和Partial。其中，Complete表示会将轮廓曲线全部挤出，Partial表示会将轮廓曲线进行部分挤出。
- Output Geometry（输出几何体）：如果选中Nurbs单选按钮则挤出为曲面；Polygons表示挤出为多边形；Subdiv单选按钮表示挤出为细分面；Bezier表示挤出为贝塞尔曲面。

4.4.5 Birail（轨道成面）

双轨扫描是指可以沿着两条轨迹曲线进行扫描，并在它们的中间形成一个曲面。Maya中的双轨扫描实际上是一个工具集，它包含一条曲线扫描、两条曲线扫描和3条以上曲线扫描工具，如图4-90所示。这种方式创建的曲面应用范围很大，用户可以使用这种方法创建一个类似于窗帘、飞机外壳等形状，如图4-91所示。

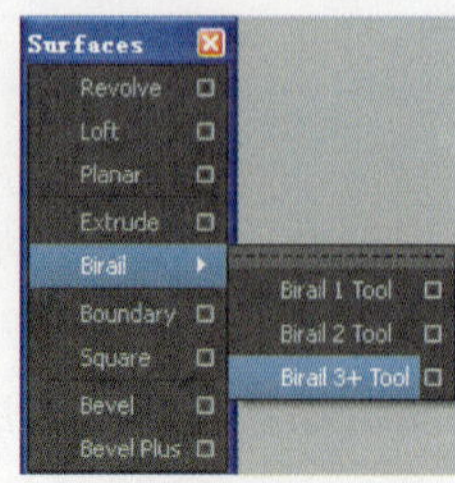

图4-90 双轨扫描工具

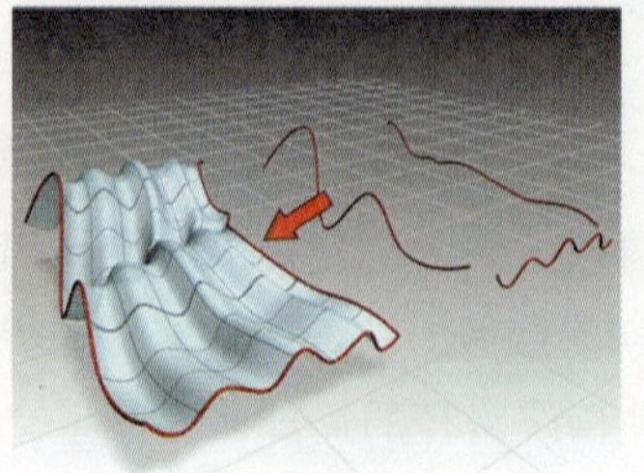

图4-91 扫描工具的应用

动手实践083——使用Birail 1 Tool

1 在Top视图中创建两条轨道曲线。然后，在两条曲线的端点间创建一条EP曲线并使其两端点与两轨道曲线的两端点重合，如图4-92所示。

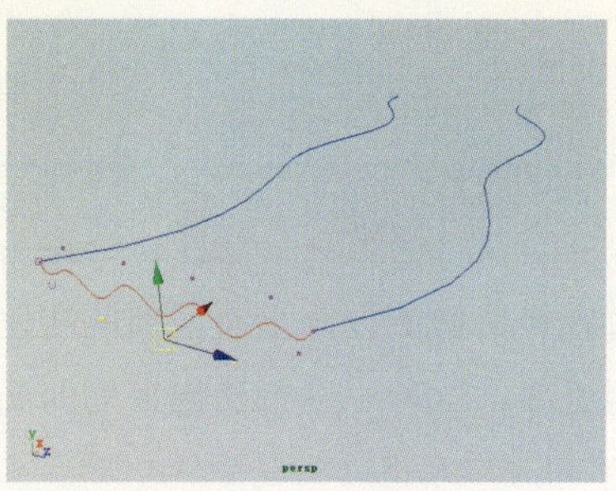

图4-92 绘制曲线

2 先选中该轮廓线，执行Surface（曲面）| Birail（轨道）| Birail 1 Tool（单轨）命令，此时观察鼠标光标的变化，然后再分别选中两条轨道曲线，即可形成双轨扫描效果，如图4-93所示。

这种方法适合制作横截面不发生变化的模型，例如车外胎，以及一些机械护罩等。

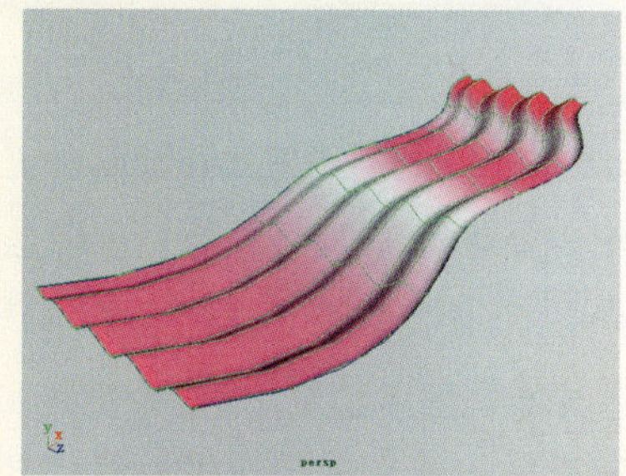

图4-93 双轨扫描效果

问题：轮廓曲线的顶点没有吸附到轨道曲线上，能执行轨道扫描操作吗?

轮廓曲线上的顶点必须与轨道曲线上的顶点重合，或者吸附到轨道曲线上，才能执行轨道成扫描操作以形成曲面。

动手实践084——使用Birail 2 Tool

使用Birail 2 Tool创建的曲面较为复杂一些，它允许使用两个完全不同的界面形成曲面轮廓。也就是说该工具需要有两条扫描轨道线和两条轮廓线才可以产生曲面。

1 使用上一实例的曲线，分别在两条轨道线的端部绘制一条轮廓线，并调整该轮廓曲线的外形，如图4-94所示。

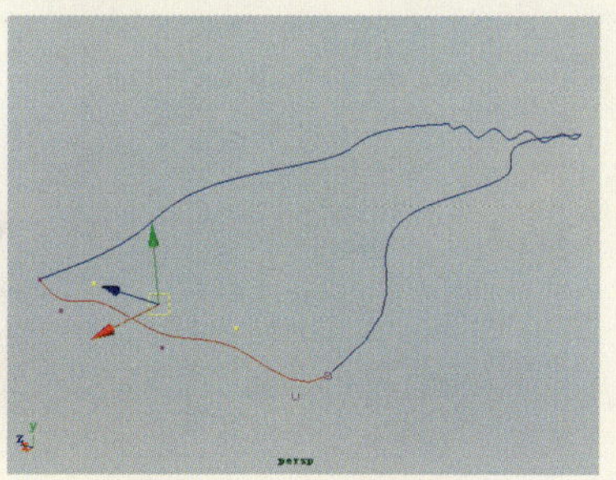

图4-94 绘制轮廓线

注意

对于轮廓曲线的调整是一个需要有耐心的工作，如果一次不行，则可以多做几次。

2 首先选择两条轮廓线，然后执行Surface（曲面）| Birail（轨道）| Birail 2 Tool（双轨）命令，再选择两条轨道曲线，从而完成双轨扫描操作，如图4-95所示。

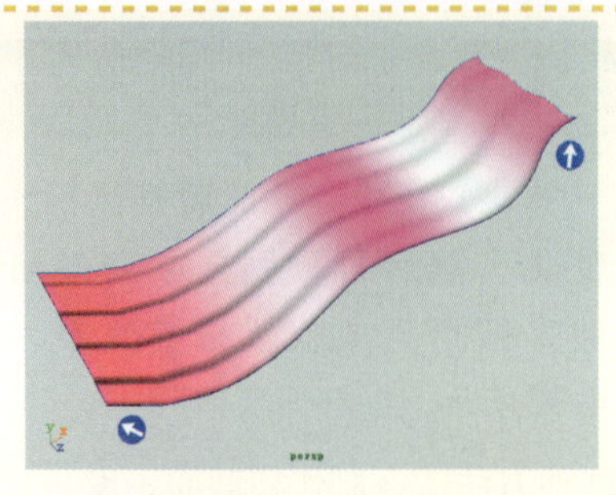
图4-95 创建曲面

技巧

轮廓线和扫描轨迹线可以是曲线、Iso参数线、表面曲线或者剪切线。另外，注意观察信息提示，它可以帮助用户了解当前操作的情况。

动手实践085——Birail 3+ Tool

Birail 3+Tool的使用方法和前两种工具相似，只不过在轮廓线的要求上有了新的变化，它要求当前至少要有3条轮廓线，当然可以是4条、5条，甚至更多，这种工具创建出来的曲面结构将更加复杂。

1 首先在视图中绘制出3条轮廓线和两条轨道线，并且调整轮廓曲线的外形，如图4-96所示。

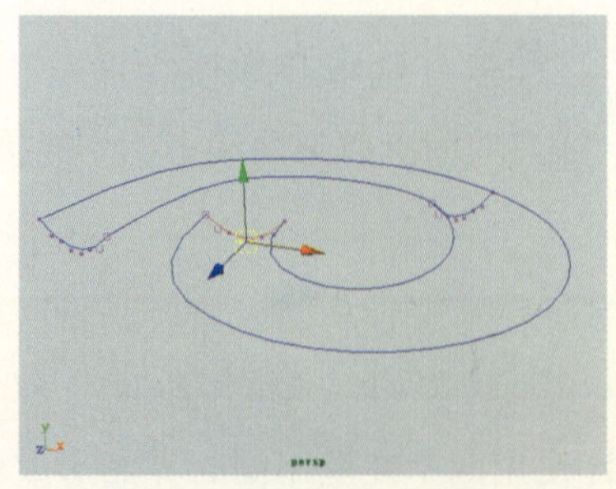
图4-96 绘制轮廓曲线

2 执行Surface（曲面）| Birail（轨道）| Birail 3+ Tool（多轨）命令，按顺序选择所有轮廓线，按Enter键，然后再选中两条轨道线，按Enter键即可，如图4-97所示。

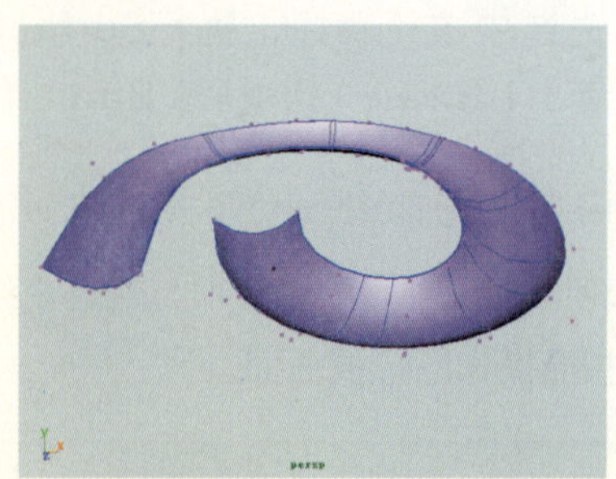
图4-97 执行多轨操作

提示

在将曲线转换为曲面后，都可以通过修改曲线外形来改变所成曲面的状态，但是必须保证转换曲面的操作历史未被删除。

下面介绍一下Birail 2 Tool的属性参数设置，单击Birail 2 Tool命令右侧的方体按钮，打开如图4-98所示的属性对话框。

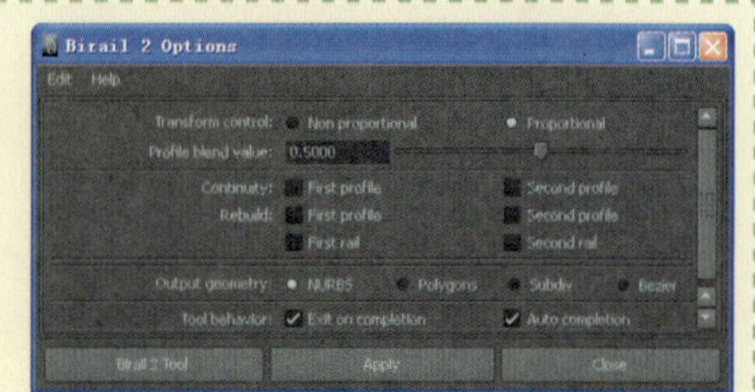

图4-98 轨道扫描属性对话框

对话框中的选项说明如下。

- Transform Control（变换控制）：包含两个选项，分别是Non proportional（非比例）和Proportional（比例），分别用于确定沿轨迹缩放轮廓曲线的方式。

- Profile Blend Value（轮廓混合值）：用于设定轮廓曲线的影响范围。参数值为1时，第一条轮廓线比第二条轮廓线的影响大。当参数值为0时则正好相反。在默认状态下参数值为0.5，即影响效果相同，但该参数只在Birail 2 Tool状态下有效。
- Continuity（连续性）：用于定义曲面切线的连续性，可以启用First profile（第1条轮廓线）和Second profile（第2条轮廓线）复选框来决定如何保持连续性。
- Rebuild（重建）：用于控制在创建曲面之前是否重建轮廓线或轨道线。
  - ◎ First profile：表示重建先选的轮廓线。
  - ◎ Last profile：表示重建最后选的轮廓线。
  - ◎ First rail：表示重建先选的轨道线。
  - ◎ Second rail：表示重建后选的轨道线。
- Tool behavior（工具操作）：用于控制轨道扫描工具的使用。它包括Exit on completion和Auto completion属性。
  - ◎ Exit on completion：表示完成曲面的创建后，手动停止该命令在曲面上的作用。
  - ◎ Auto completion：表示完成曲面的创建后，自动停止该命令在曲面上的作用。

4.4.6 Boundary（边界成面）

Boundary命令可以使3条边或4条边围出曲面图形，各边界边之间可以相交或不相交，执行该命令操作前，选择曲线的顺序直接影响所成曲面的最终效果。用户可以依次选中边界边，执行Surfaces（曲面）| Boundary（边界成面）命令即可形成一个曲面。

4.4.7 Square（方形成面）

同Boundary命令的使用方法类似，Square命令也可以将3条或4条相交的边界边转换成曲面。常用于将物体的相交边转化为曲面，以封闭该物体。按顺时针或逆时针依次选择相交曲线，不能跳选，然后，执行Surfaces（曲面）| Square（方形成面）命令即可。

4.4.8 Bevel/Bevel Plus（倒角曲面）

使用曲线挤出带有倒角边的曲面，曲线的类型并没有太多的限制。在实际操作中，使曲面的边界生成倒角，这样可以使物体看起来更加光滑，有效地避免了物体的尖锐边缘，尤其是在成品展示方面。早期版本只有Bevel工具，后来又添加了Bevel Plus高级倒角工具，Bevel Plus工具可以做出更为复杂的效果。下面对Bevel工具的使用进行介绍。

动手实践086——对曲面曲线进行倒角操作

1 在场景中导入快艇模型，然后为快艇模型的边界添加倒角效果，如图4-99所示。

2 在一个面上按住右键，在弹出的元素组件菜单中选择Trim Edge（剪切边）命令，如图4-100所示。

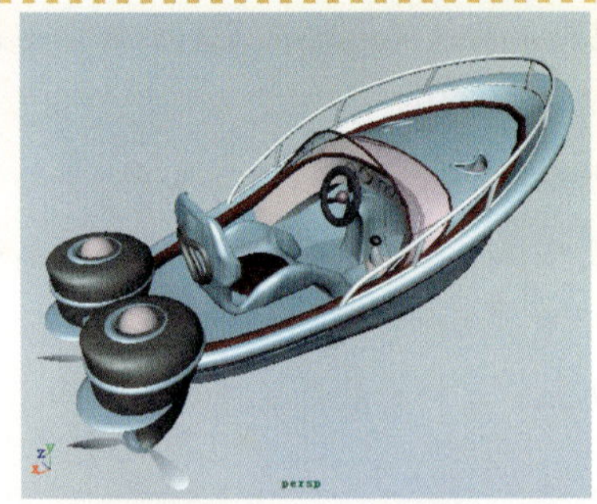

图4-99 导入场景文件

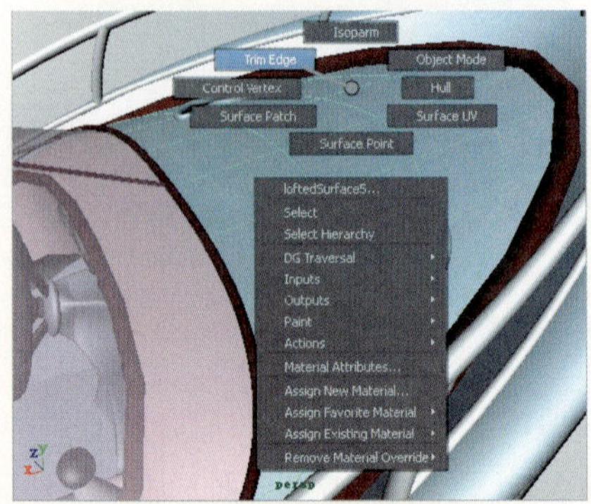

图4-100 切换元素显示模式

3 然后释放鼠标，再单击该面片的边界边，以选中其修剪边，如图4-101所示。

4 单击Surfaces（曲面）| Bevel（倒角）右侧的方体按钮，在打开的属性对话框中设置Extrude Height（挤出高度）为0.1，单击Bevel按钮，即可完成倒角操作，如图4-102所示。

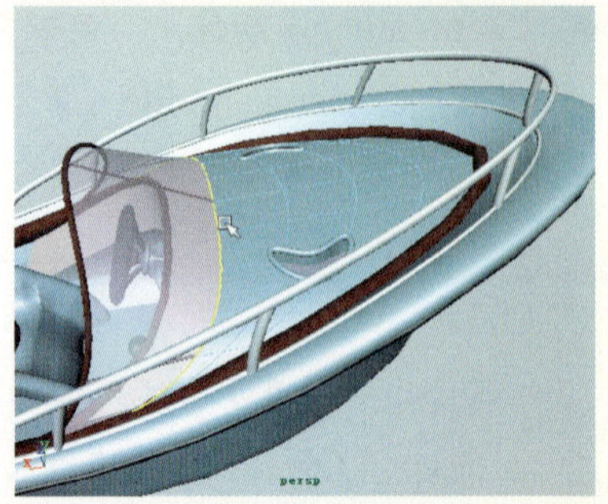

图4-101 选择修剪边

图4-102 执行倒角操作

下面向用户详细介绍倒角工具的参数属性，单击Bevel命令右侧的方体按钮，打开其属性对话框，如图4-103所示。

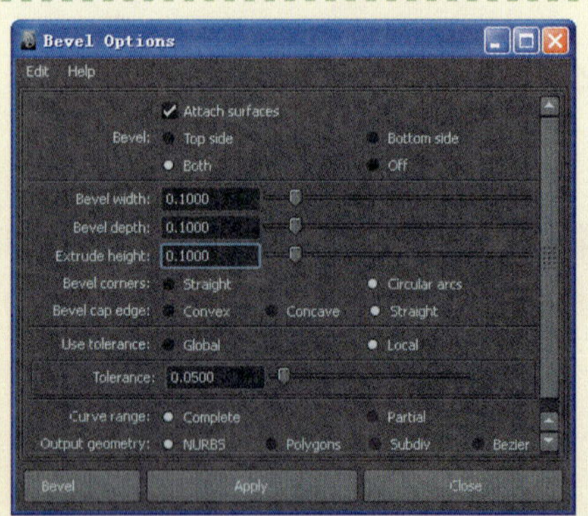

图4-103 倒角属性对话框

- Attach surfaces（连接曲面）：如果禁用该复选框，则能够创建一个单独的倒角面；如果启用该复选框，则创建的倒角面与原始曲面连为一个整体，如图4-104所示。
- Bevel（倒角）：用于设置创建倒角的位置。其中Top side表示将曲线定位于倒角的顶部；Bottom side表示将曲线定位于倒角的底部；Both表示在顶部和底部都产生倒角。
- Bevel width（倒角宽度）：用于设置倒角的宽度
- Bevel depth（倒角深度）：用于设置倒角的深度。

- Extrude height（挤出高度）：用于设定曲面拉伸部分的高度，不包括倒角的区域。
- Bevel corners（倒角拐角）：用于设置具有转折点曲线倒角的方式。
  - ◎ Straight：表示原始构造曲线上的拐角将按直角处理。
  - ◎ Circular arcs：表示原始构造线上的拐角将按圆角处理。

图4-104 启用Attach Surfaces复选框后的效果

- Bevel cap edge（倒角斜面）：用于控制曲线生成的倒角斜面形状。Convex表示凸出的斜面；Concave表示凹陷的斜面；Straight表示平直的斜面。

4.5 制作电话机模型

本节将通过一个仿古电话机模型的制作来充分练习编辑曲线和曲线成面工具的使用方法。比如说，如何将两个断开的曲线连接在一起，如何将两曲面进行相交和修剪，如何将创建的曲线轮廓转化为曲面等，以使用户很好地掌握NURBS曲面的建模方法。

综合实战03——制作电话机模型

操作时间	1小时13分23秒
视　　频	视频\第4章\04.avi

4.5.1 制作话筒

1 执行Create（创建）| CV Curve Tool（CV曲线）命令，切换到Side视图，创建出如图4-105所示的曲线图形，用于作为制作电话手柄的轮廓曲线。

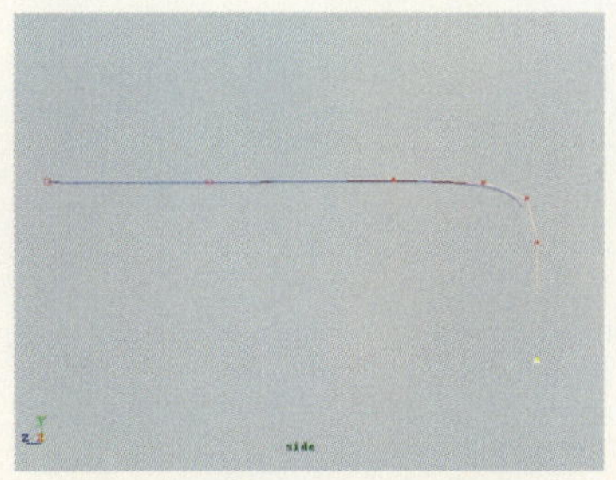

图4-105 创建CV曲线图形

2 按Enter键完成曲线的创建。对其进行复制并在通道栏中设置Scale Z（缩放）为-1。再选中两曲线并执行Attach Curves（连接曲线）命令，将它们连接在一起，如图4-106所示。

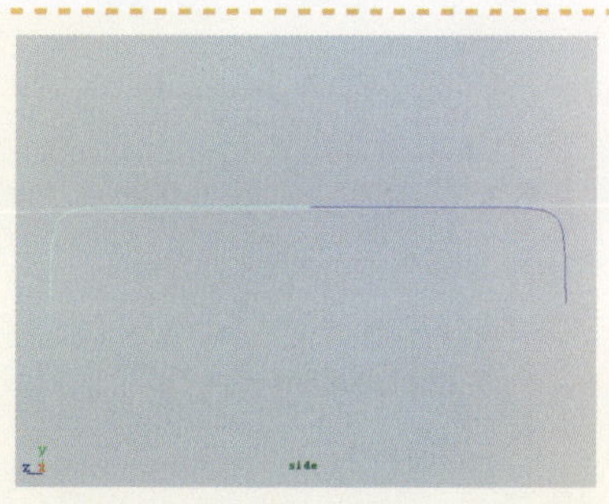

图4-106 镜像复制曲线

注意

在曲线进行连接操作后，一定要执行Edit（编辑）| Delete by Type（按类型删除）| History（历史记录）命令以将其操作历史进行删除，以防在后期编辑曲线过程中，因操作历史的存在而影响曲线编辑工作的顺利进行。

3 选中曲线并执行Edit（编辑）| Delete by Type（按类型删除）| History（历史记录）命令，将其历史删除。然后，再执行Surfaces（曲面）| Revolve（旋转成面）命令，将其沿Y轴旋转为曲面，如图4-107所示。

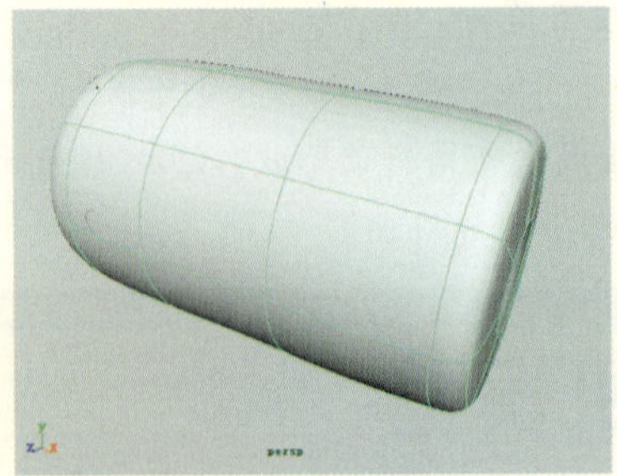
图4-107 执行旋转成面操作

4 使用同样的方法，制作出如图4-108所示的曲线图形，并将其镜像复制到另一侧。然后，执行Attach Curves（连接曲线）操作，将它们连接在一起。

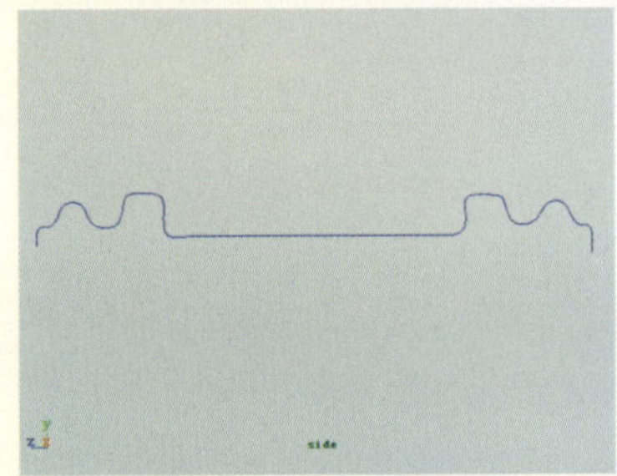
图4-108 创建曲线

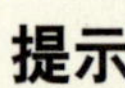

提示

在曲面创建完成后，用户可以选中该曲面，执行Edit NURBS（编辑NURBS）| Rebuild Surfaces（重建曲面）命令，对该曲面进行重建以改变其表面的细分精度。

5 选中该曲线并删除其操作历史，再执行Surfaces（曲面）| Revolve（旋转成面）命令，使其沿Z轴旋转为曲面，如图4-109所示。

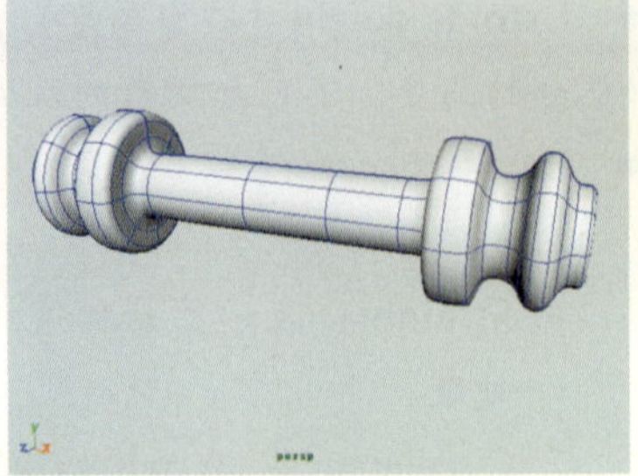
图4-109 执行旋转成面操作

6 执行Create（创建）| NURBS Primitive（NURBS基本物体）| Cylinder（圆柱体）命令，在场景中创建一个圆柱模型并调整其外形和大小，如图4-110所示。

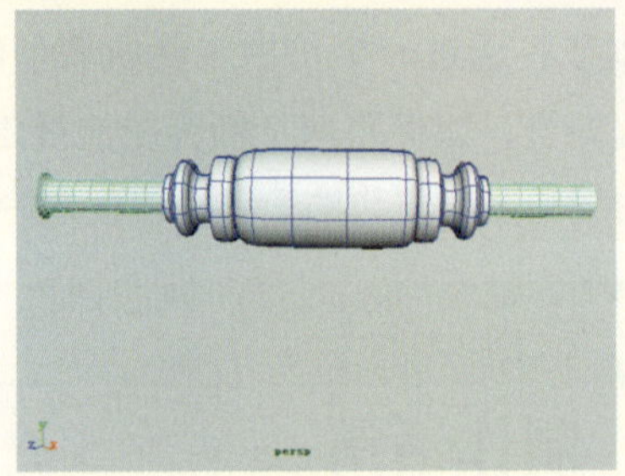
图4-110 创建Cylinder模型

7 接着，再在Side视图中创建一条曲线图形并调整其外形，用来作为听话筒的造型轮廓，如图4-111所示。

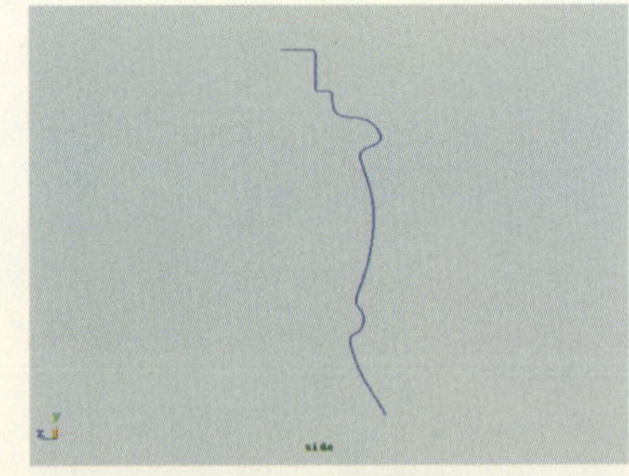
图4-111 创建曲线图形

8 选中创建的曲线图形，执行Revolve（旋转成面）命令，使其沿Y轴转换为曲面，如图4-112所示。

9 在Side视图中，再创建两个曲线图形并调整它们的造型状态，用于作为制作听话器模型的轮廓曲线，如图4-113所示。

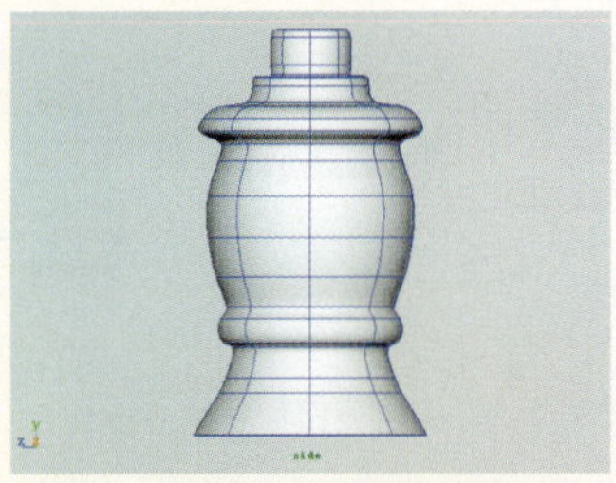

图4-112 执行旋转成面操作

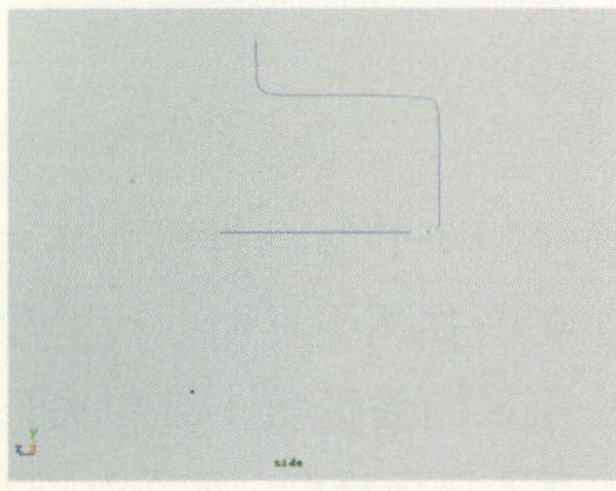

图4-113 创建听话器曲线轮廓

10 选中两曲线图形，执行Revolve（旋转成面）命令操作，使它们沿Y轴转化为曲面，如图4-114所示。

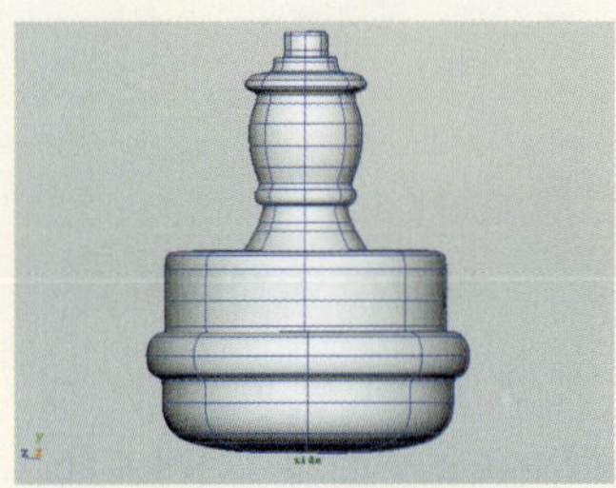

图4-114 执行旋转成面操作

11 同样的方法，再在Side视图中创建出如图4-115所示的两条CV曲线，用于制作话筒的接口模型。

12 选中创建的曲线，执行Revolve（旋转成面）命令，将它们转换为曲面，如图4-116所示。

13 接着，继续在Side视图中创建出如图4-117所示的CV曲线造型，用来制作话筒模型。

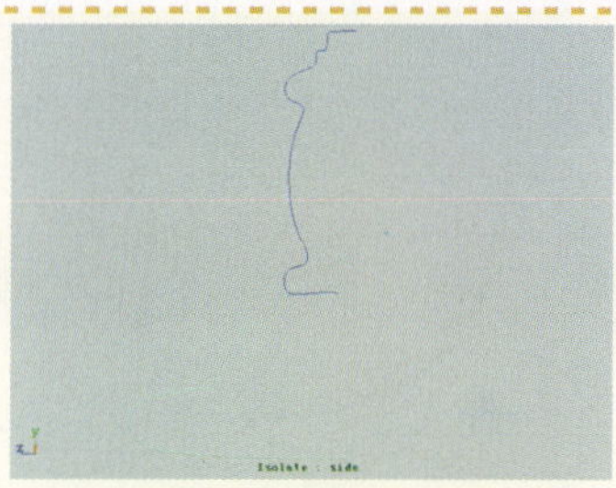

图4-115 创建接口曲线轮廓

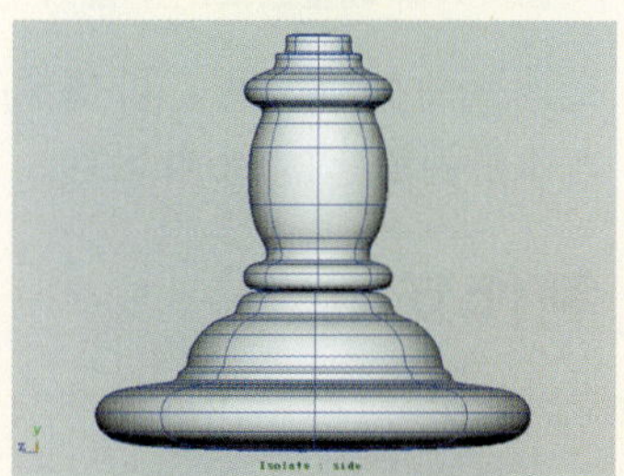

图4-116 转换为曲面

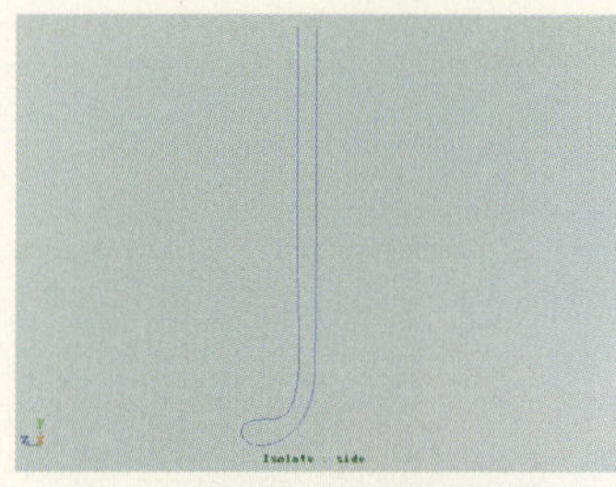

图4-117 创建话筒曲线轮廓

14 选中创建的CV曲线，执行Revolve（旋转成面）命令，使其沿Y轴转化为曲面，如图4-118所示。

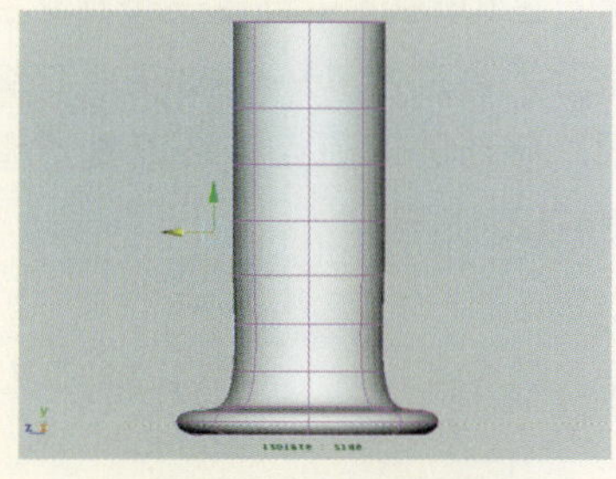

图4-118 转化为曲面

15 选中上一步创建的曲面模型，进入其壳线顶点的编辑模式，选中并移动曲面控制点以调整其形状，如图4-119所示。

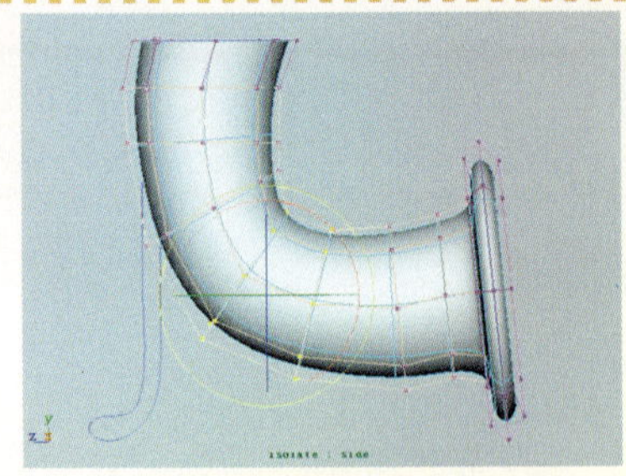

图4-119 调整曲面的造型

16 在调整曲面造型时，可根据需要适当添加曲面上的Iso参数线，以方便调整出完美的话筒造型，如图4-120所示。

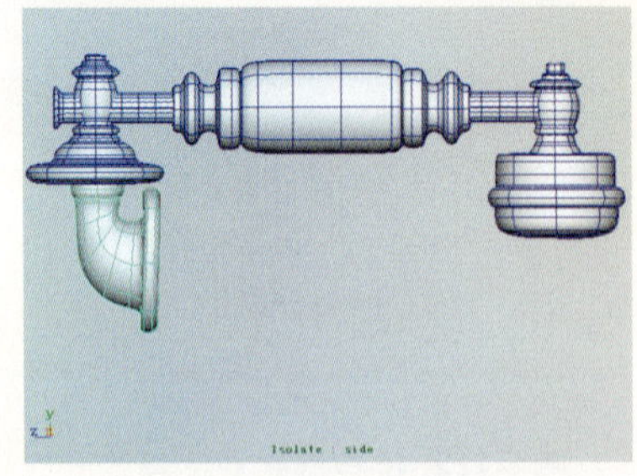

图4-120 话筒的模型效果

4.5.2 制作支架

1 绘制出如图4-121所示的轮廓曲线，选中该曲线并执行Revolve（旋转成面）命令，以将其转化为曲面，用来作为支架模型。

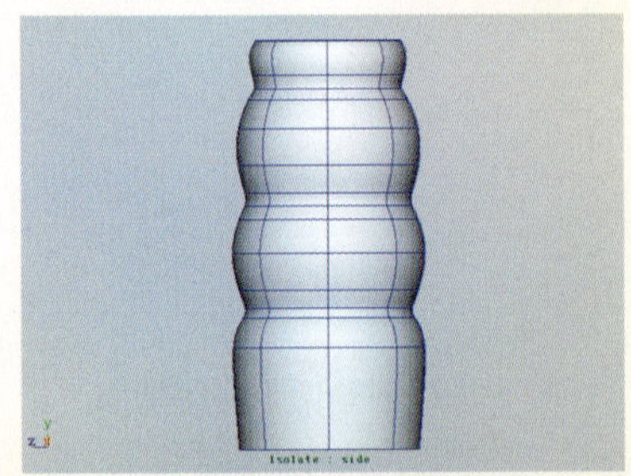

图4-121 转化为曲面

2 单击工具架中Curves标签下的◎图标，在Top视图中创建一个圆环曲线。然后，再进入其Vertex（点）编辑模式，移动圆环顶点以修改其造型，如图4-122所示。

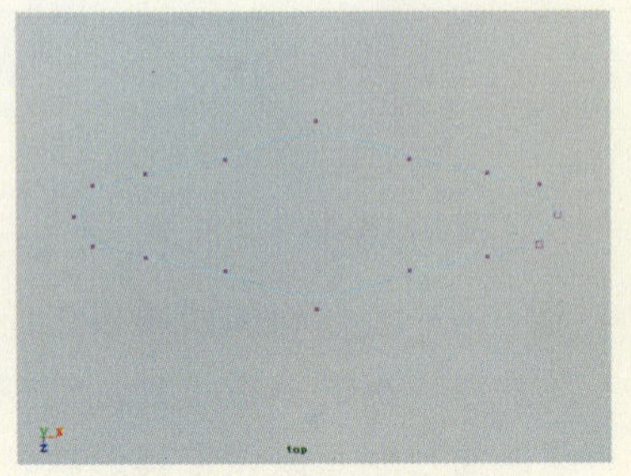

图4-122 创建圆环曲线

3 连续按Ctrl+D键，对该圆环曲线进行多次复制并调整复制曲线的位置和大小，用来制作话机支架中央部位的具有厚度的挡板模型，如图4-123所示。

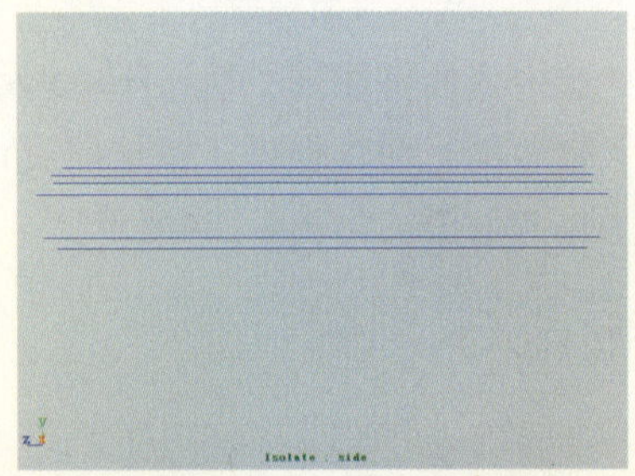

图4-123 复制曲线

4 依次选择所有圆环曲线，执行Surfaces（曲面）| Loft（放样）命令，将其转化为曲面。切换到Isoparm（Iso等参线）显示模式，选择曲面顶部和底部的Iso参数线，如图4-124所示。

注意

在执行Loft命令操作之前，一定要按照先后顺序依次选择曲线，然后再执行Loft命令，因为不同的曲线选择顺序会形成不同类型的曲面效果。

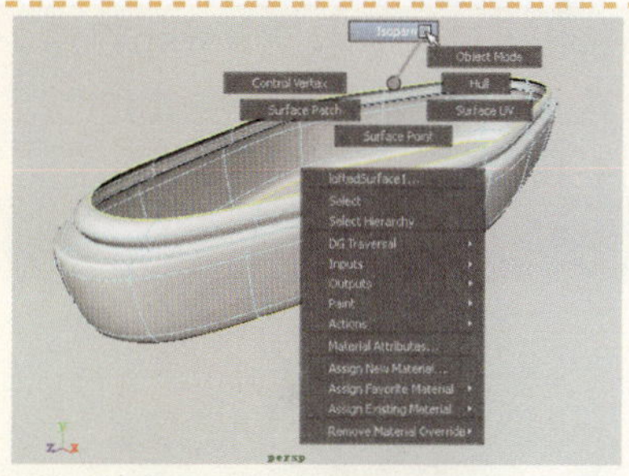

图4-124 执行放样操作

5 执行Surfaces（曲面）| Planar（平面）命令，将其转化为平面。如图4-125所示，挡板的顶部和底部已经被封闭了。

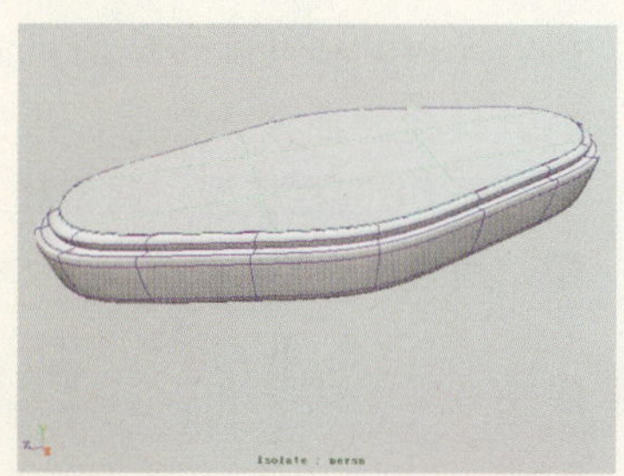

图4-125 执行平面操作

6 创建如图4-126所示的曲线图形，选中该曲线并执行Revolve（旋转成面）命令，将其沿Y轴转化为曲面。

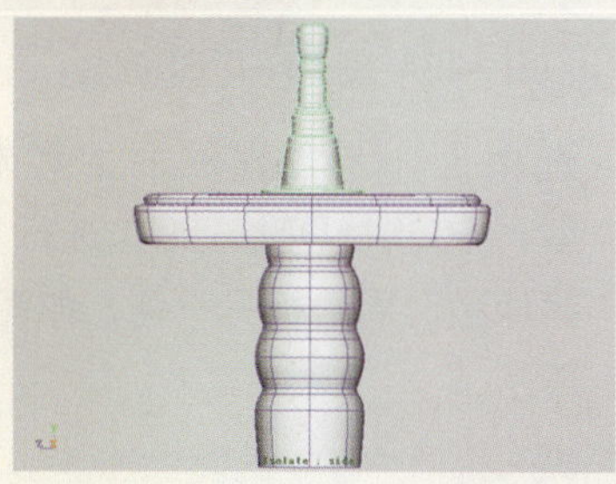

图4-126 执行旋转成面操作

注意

在执行Revolve命令操作时，一定要注意其旋转成面的轴向和曲线中心点的位置，都会影响曲面的最终形成效果。一般在执行曲线成面操作时，曲线的中心往往会分布在其所成曲面的中心轴上。

7 切换到Side视图中，创建出如图4-127所示的CV曲线，用于制作话机支架上的横轴模型。

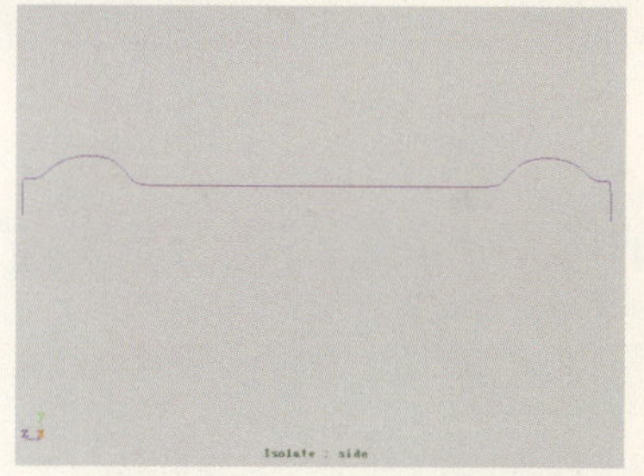

图4-127 创建CV曲线

8 选中该曲线，执行Revolve（旋转成面）命令，使其沿Z轴转化为曲面。创建一个圆柱并调整其细分段，用来作为话机横轴的中轴，如图4-128所示。

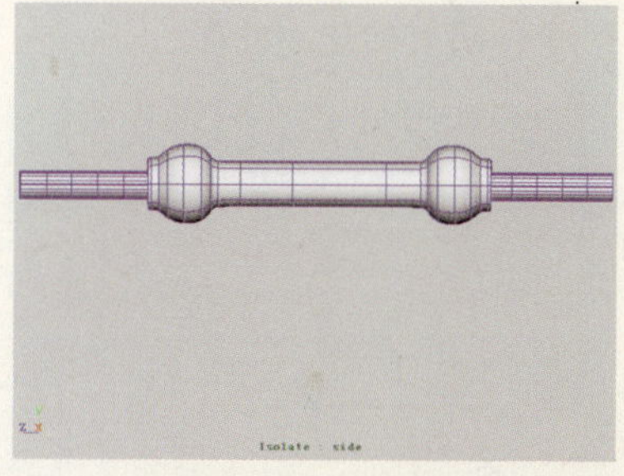

图4-128 创建圆柱

9 在Side视图中创建出如图4-129所示的两条CV曲和一个圆环曲线，并且调整它们的相对位置。

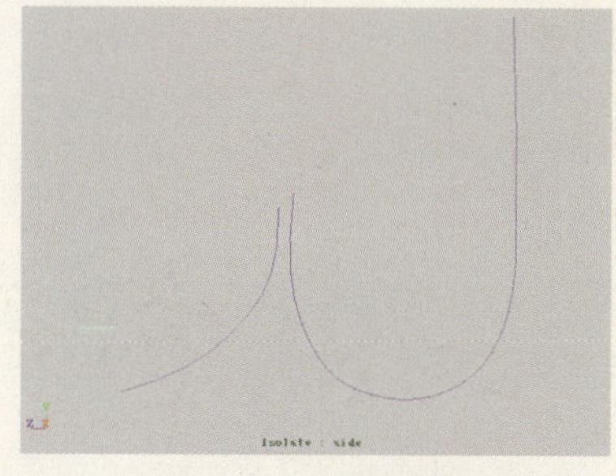

图4-129 创建CV曲线

10 先选中圆环，再选中其中一条曲线，执行Surfaces（曲面）| Extrude（挤出）命令，将其挤出成

面。然后，再将另一条曲线也挤出成面并调整挤出曲面的外形，如图4-130所示。

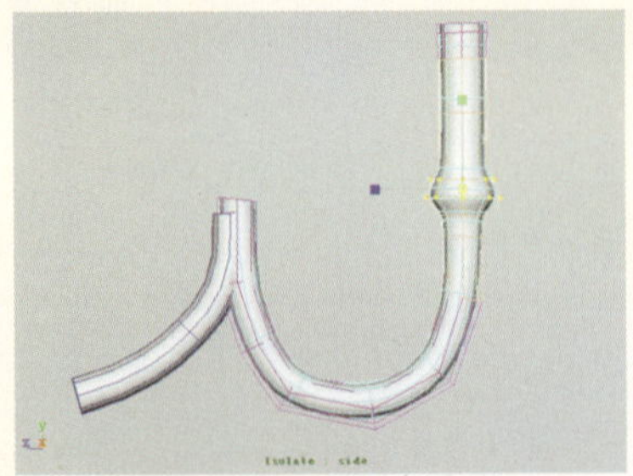

图4-130 挤出成面

11 在Side视图中，创建出如图4-131所示的CV造型曲线，用来作为话机装饰部位的造型轮廓。然后，选中该曲线并执行Revolve（旋转成面）命令，将其转化为曲面。

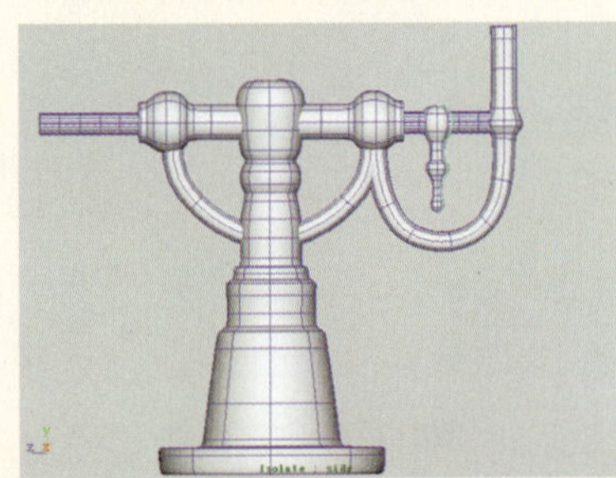

图4-131 挤出成面

12 切换到Front视图，创建出如图4-132所示的造型曲线和圆环曲线，并且调整它们的相对位置。

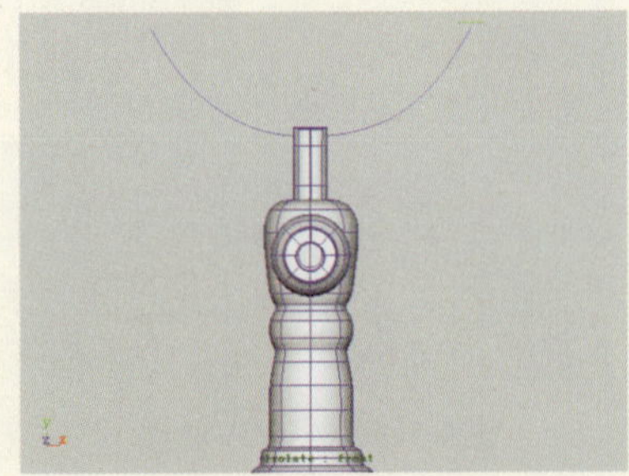

图4-132 创建CV曲线

13 先选中圆环，再选中CV曲线，执行Extrude（挤出）命令，将它们挤出成面。切换到Persp视图，编辑该曲面的顶点以改变其造型，如图4-133所示。

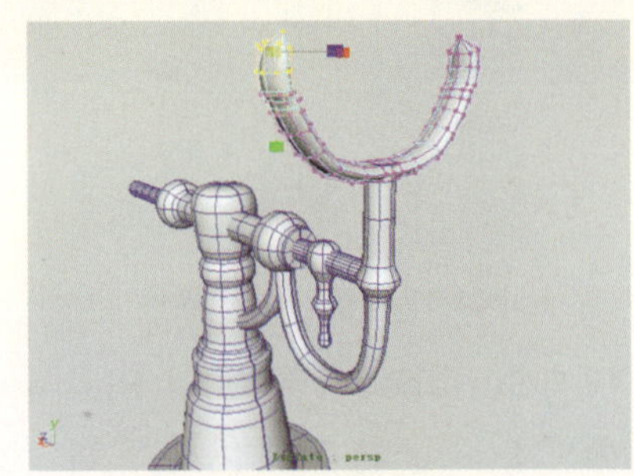

图4-133 调整曲面顶点

14 绘制出如图4-134所示的曲线外形，执行Revolve（旋转成面）命令，将其转化为曲面。然后，再创建一个NURBS圆柱模型，调整其细分段数，用来作为螺丝模型。

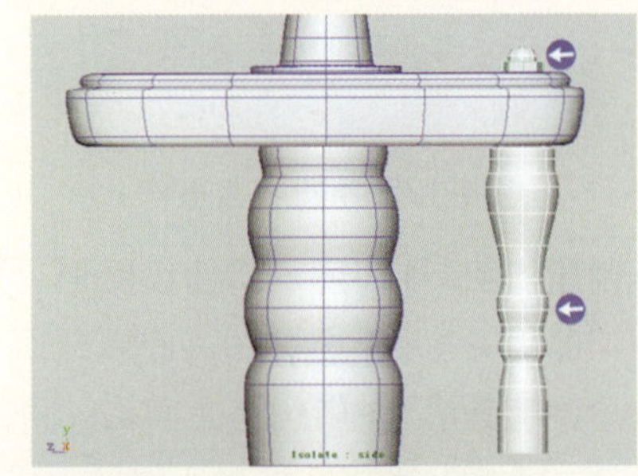

图4-134 创建NURBS圆柱

15 选中上一步创建的曲面和螺丝模型，按Ctrl+D键，对其进行复制并镜像移动到挡板另一侧，如图4-135所示。

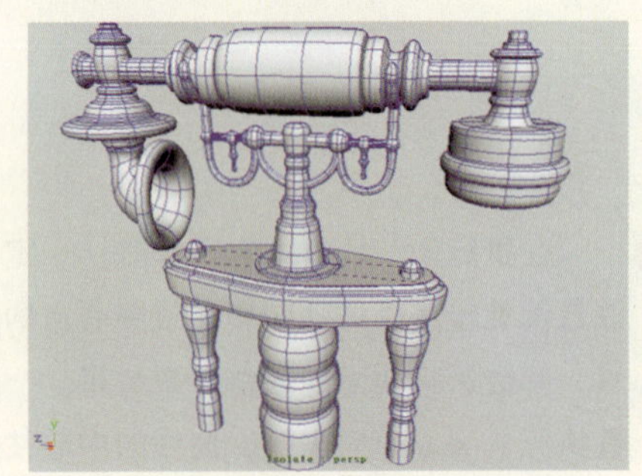

图4-135 支架的制作效果

4.5.3 制作底座

1 在Top视图中创建方形曲线，选中其两相邻边，执行Edit Curves（编辑曲线）| Curves Fillet（曲线倒角）□命令，在弹出的属性对话框中启用Trim（剪切）复选框并设置Radius（半径）为0.02，如图4-136所示。

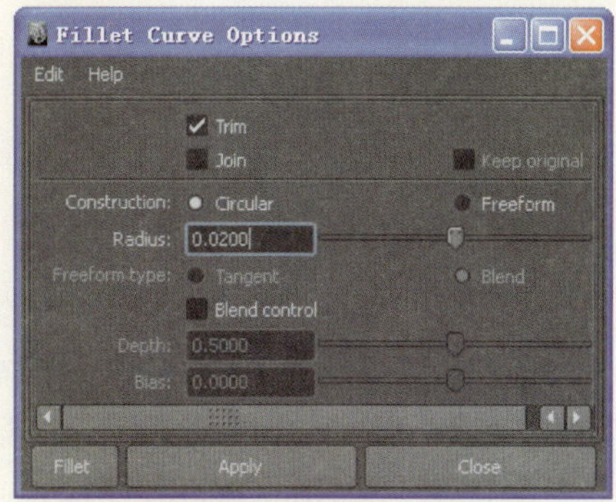

图4-136 设置倒角曲线参数

2 单击Apply按钮，执行曲线倒角操作。如图4-137所示，在两曲线的相交处形成一个圆弧。

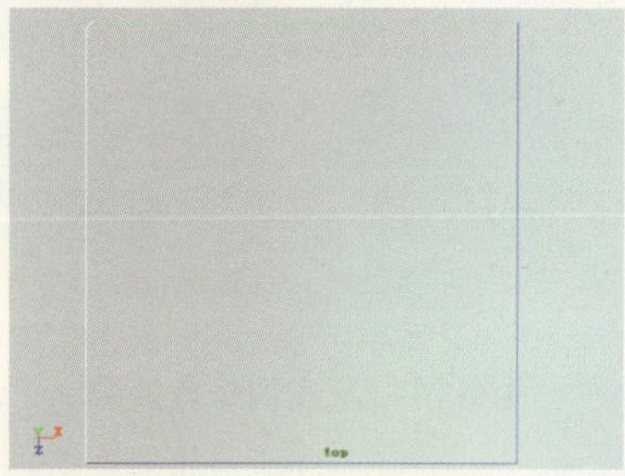

图4-137 形成圆弧

3 选中倒角处两条相邻的边，执行Edit Curves（编辑曲线）| Attach Curves Options（合并曲线）□命令，在弹出的属性对话框中选中Connect（连接）选项，单击Apply按钮，对其进行连接，如图4-138所示。

4 使用同样的方法，将其他断开的相邻曲线也连接起来。执行Edit Curves（编辑曲线）| Open/Close Curves（打开/闭合曲线）命令，将连接后的曲线进行闭合操作，如图4-139所示。

注意

在对曲线进行全部连接后，默认情况下，该曲线还是开放的，其首尾顶点并没有合并到一起，若要使其成为一条闭合的曲线，必须执行Open/Close Curves命令操作才能使其成为一条封闭的曲线。

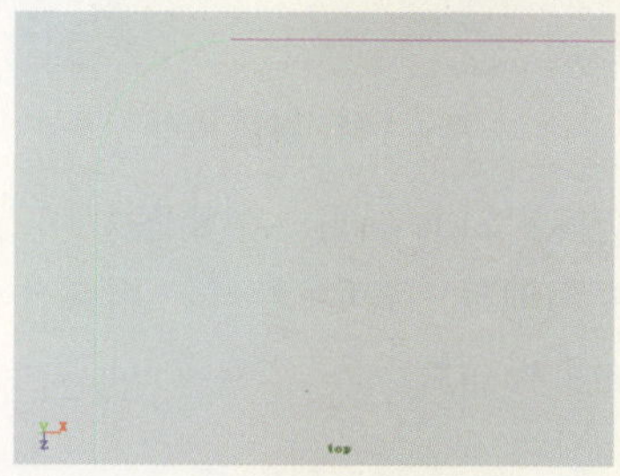

图4-138 连接边

图4-139 闭合曲线

5 将闭合曲线操作的历史删除，按Ctrl+D键，对其复制并调整复制曲线的大小，沿Y轴调整复制曲线的位置，如图4-140所示。

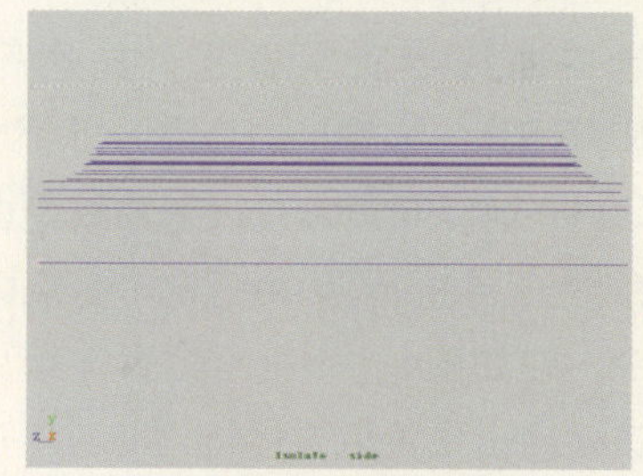

图4-140 复制曲线

6 按顺序依次选择上一步创建的曲线，执行Loft（放样）命令，将其转化为曲面。选中顶部和底部的Iso参数线，执行Planar（平面）命令，将其转换为平面。如图4-141所示为制作的底座模型。

图4-141 底座模型

7 切换到Side视图，在如图4-142所示的位置创建一条CV曲线，用来作为投影的目标曲线。

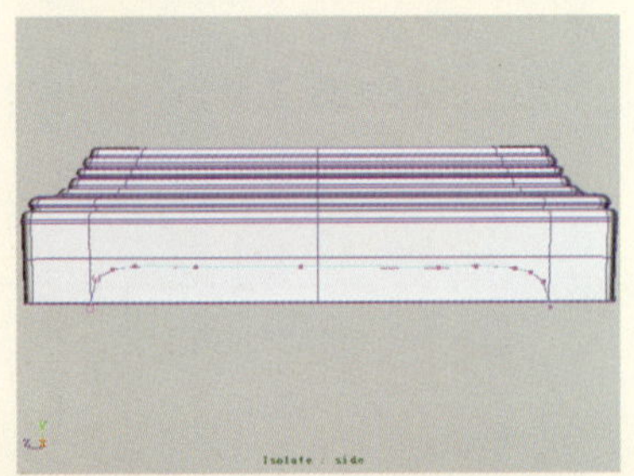

图4-142 创建投影曲线

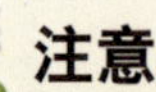

注意

在执行曲线投影命令操作时，要注意其投射的法线方向。用户可以根据个人需要在执行投射操作前，在其属性对话框中设置好曲线的投射方向。

8 选中曲线与底座模型，先执行Edit NURBS（编辑NURBS） | Project Curve on Surface（投射曲线到曲面）命令，再执行Trim Tool（剪切）命令，在如图4-143所示位置连续单击，该处会出现黄色方体符。

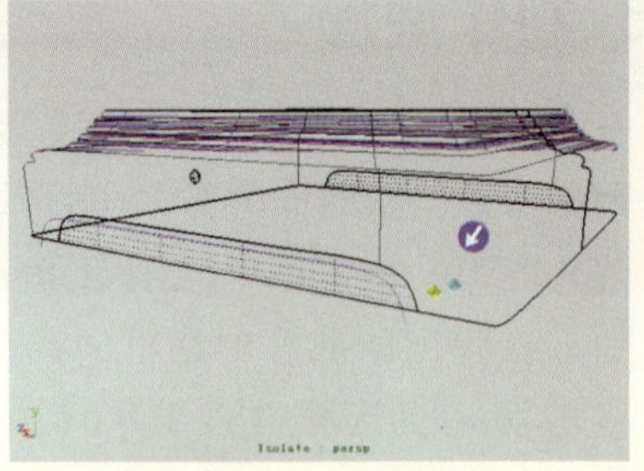

图4-143 黄色方体符

9 按Enter键确认曲面的修剪操作。使用同样的方法，在底座的侧面投射一个圆形区域并对其进行修剪，如图4-144所示。

10 执行Create（创建） | Polygon Primitives（多边形基本物体） |Helix（螺旋物体）命令，在场景中创建一个Helix模型并在其通道栏中调整其属性参数，用来作为电话线，如图4-145所示。

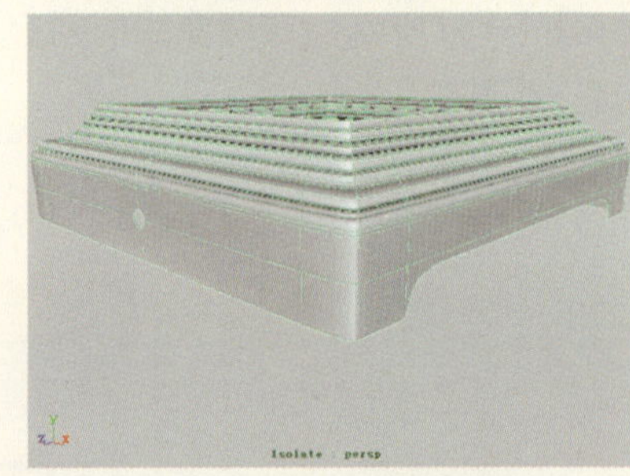

图4-144 底座的修剪效果

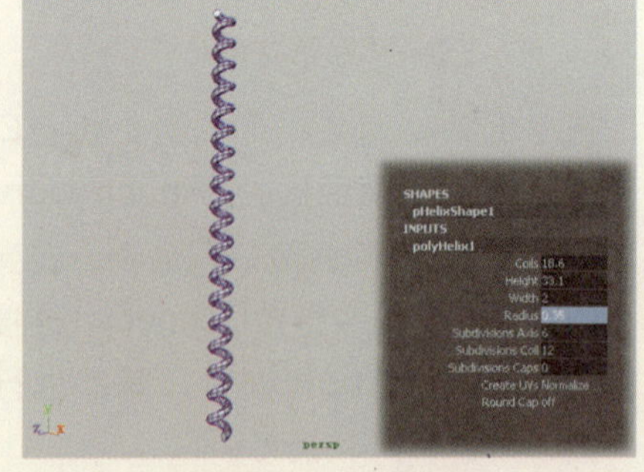

图4-145 创建Helix模型

11 调整该Helix模型两端的顶点并调整其位置，效果如图4-146所示。

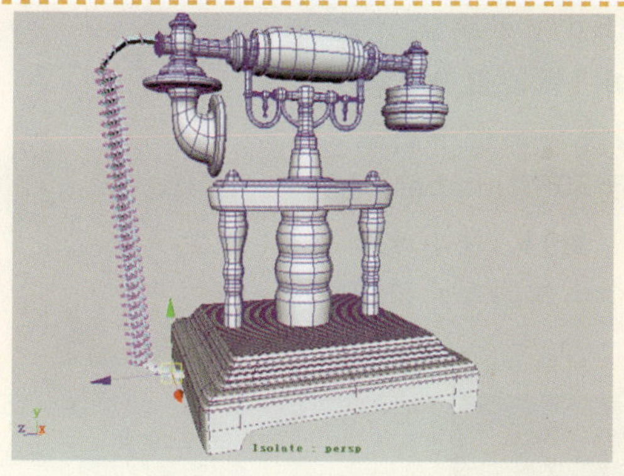
图4-146 调整模型顶点

4.5.4 制作按键

1 在场景中创建一个圆环曲线，按Ctrl+D键对其进行复制，然后调整复制圆环的位置及缩放大小，用于制作电话机的按键托板，如图4-147所示。

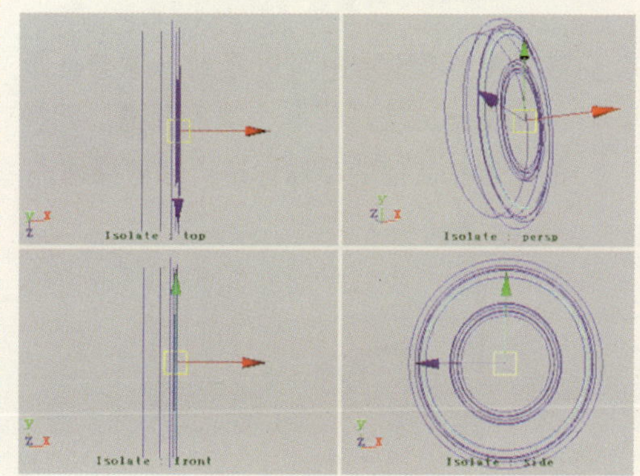
图4-147 创建曲线轮廓

2 依次选择圆环曲线，执行Loft（放样）命令，将它们转化为曲面。然后，再选择该曲面封口处的Iso参数线，如图4-148所示。

3 执行Planar（平面）命令，将选中的Iso参数线转化为平面，以闭合曲面封口，如图4-149所示。

4 在Side视图中创建一个NURBS小球，适当调整其半径及细分段数，如图4-150所示。

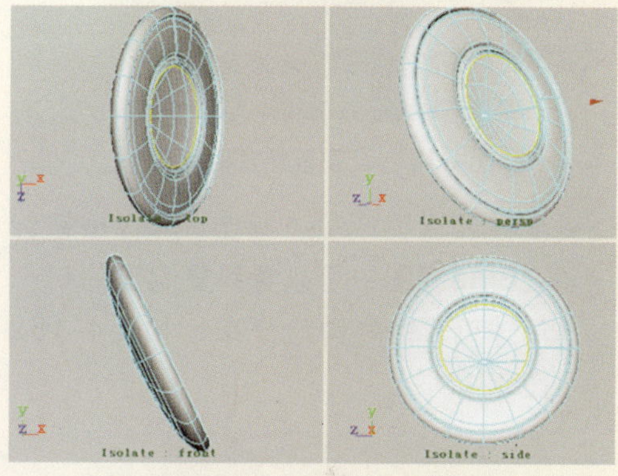
图4-148 转换为曲面

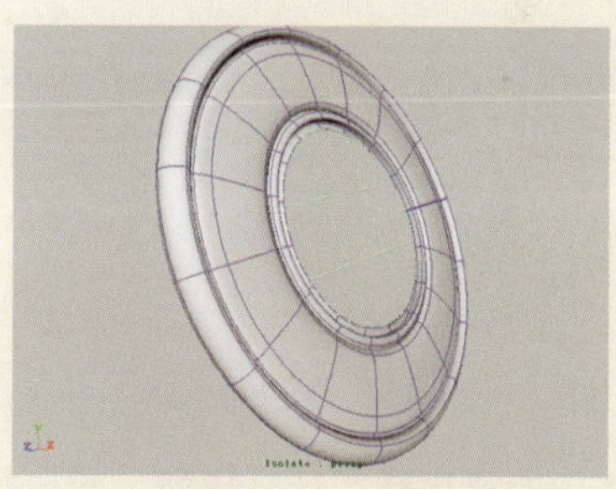
图4-149 闭合曲面封口

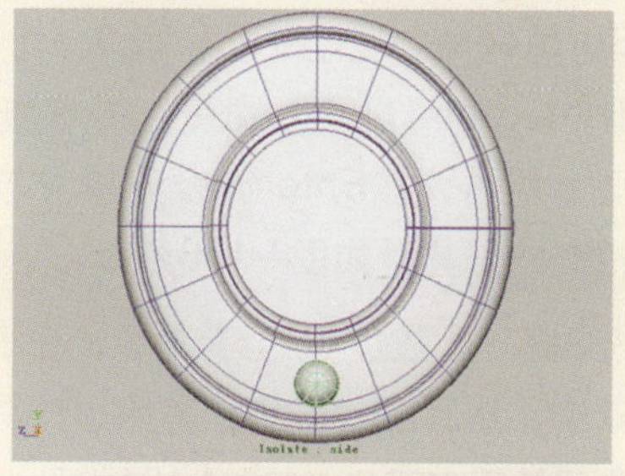
图4-150 创建NURBS小球

5 选中小球并执行Edit（编辑）| Duplicate Special（智能复制）□命令，在弹出的属性对话框中设置Rotate X（旋转）为30、Number of Copies（复制数量）为11，使小球沿X轴旋转复制出11个小球副本，如图4-151所示。

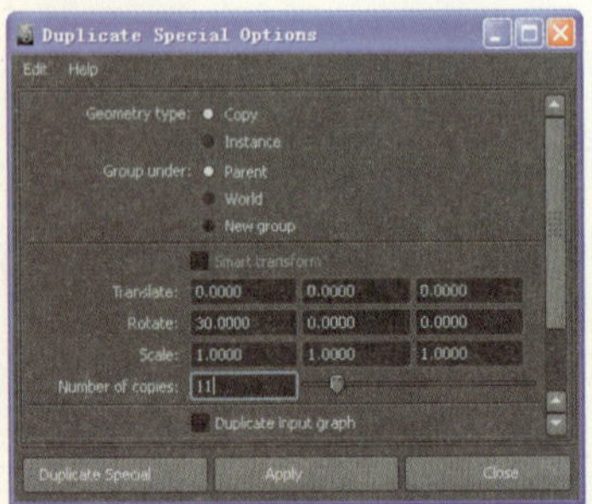

图4-151 设置智能复制参数

6 参数设置完成后，单击Apply按钮，在Side视图中可以看到复制出的11个小球沿X轴向均匀分布，如图4-152所示。

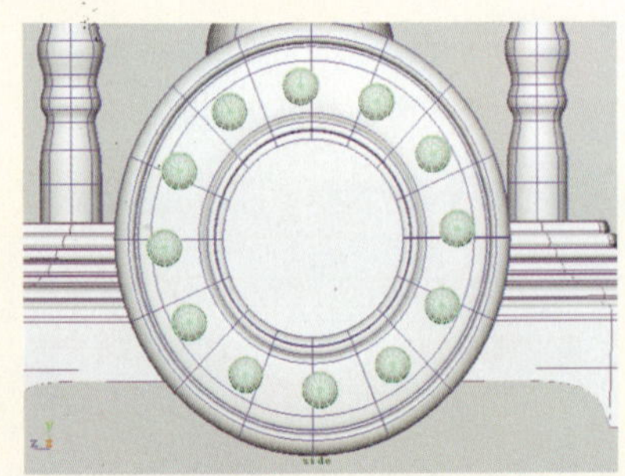

图4-152 复制的小球

7 选中所有小球和托板模型，先执行Edit NURBS（编辑NURBS）| Intersect Surfaces（相交曲面）命令，再执行Trim Tool（剪切）命令，并在托盘模型上双击，按Enter键修剪掉它与小球相交的部分，如图4-153所示。

8 按G键，重复上一次修剪命令，在小球上双击，然后按Enter键，剪除小球与托板之间的相交部分，如图4-154所示。

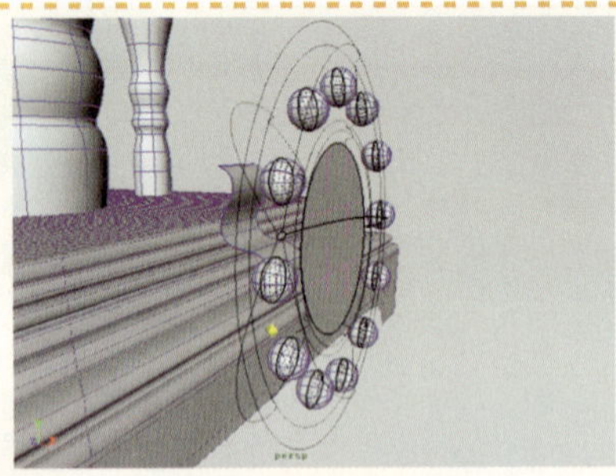

图4-153 修剪小球

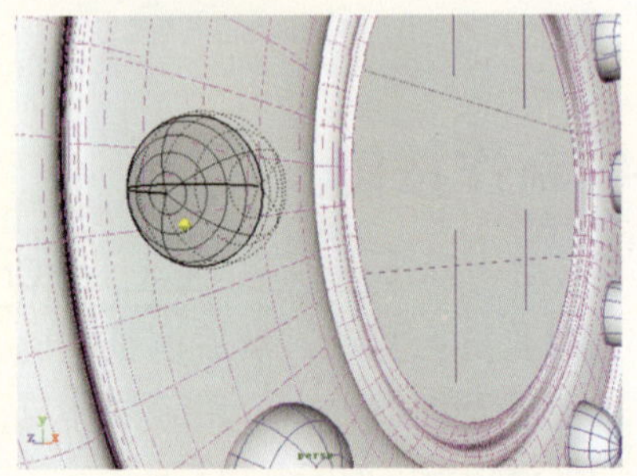

图4-154 重复修剪小球

9 在图4-155所示中可以看到小球与托板的相交部分变成了一个球形凹槽。同样的方法将其他的小球也执行修剪操作。

图4-155 小球的修剪效果

10 将托板和球形凹槽全部选中，按Ctrl+G键将它们进行组合。然后，执行Modify（修改）| Center Pivot（轴心点居中）命令，调整其中心点位置，如图4-156所示。

11 切换到Front视图，在如图4-157所示的位置创建一条CV曲线，用来制作托板的支架。

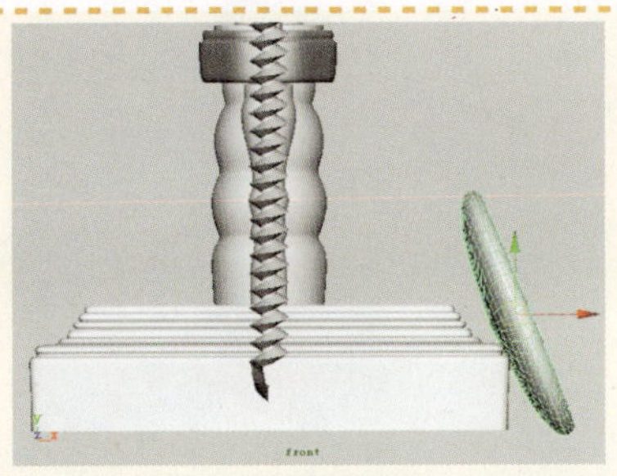

图4-156 调整模型组的位置

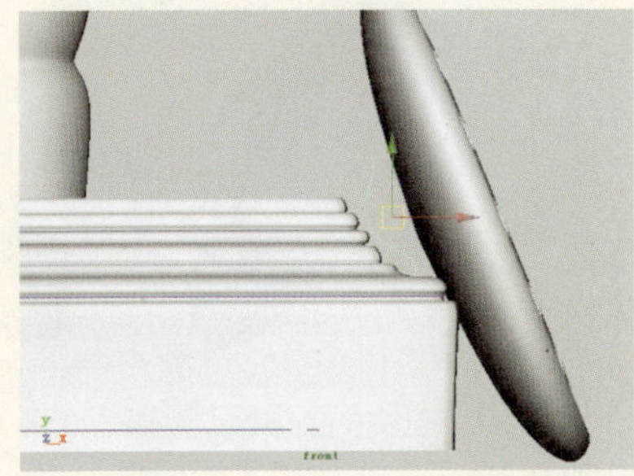

图4-157 绘制CV曲线

12 执行Surfaces（曲面）| Extrude（挤出）□命令，在弹出的属性对话框中选中Style（样式）选项组中的Distance（距离）选项，设置Extrude Length（挤出长度）为1.5。再选中Direction（方向）选项组中的Specify（指定）和Z Axis（Z轴）选项，如图4-158所示。

13 参数设置完成后，单击Apply按钮，执行挤出操作。如图4-159所示为曲线的挤出效果。

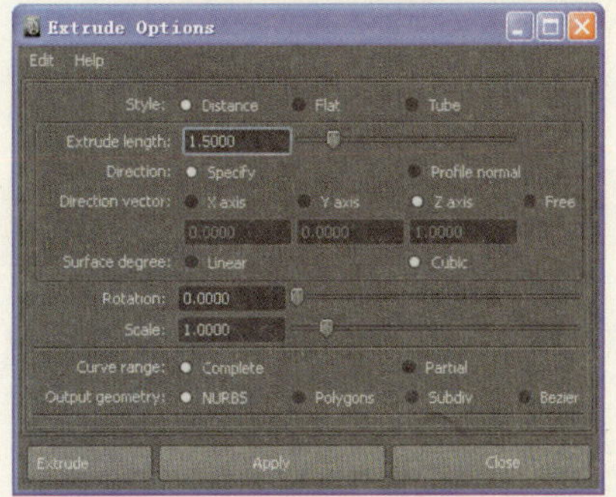

图4-158 设置挤出参数

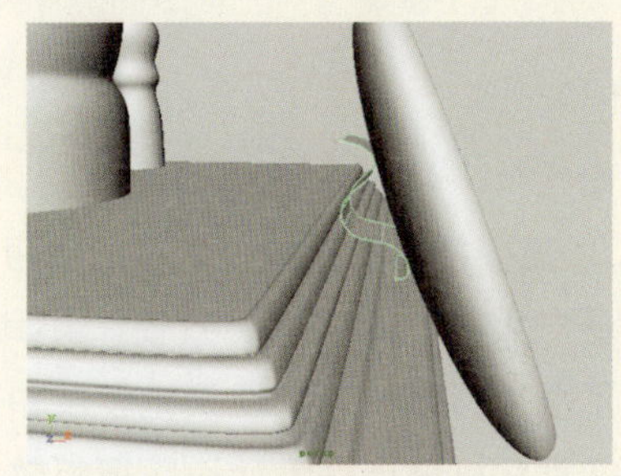

图4-159 曲面的挤出效果

14 至此，电话机模型就完成了，效果如图4-160所示。用户也可以根据需要为其添加适合的材质，以增强模型的表现力。

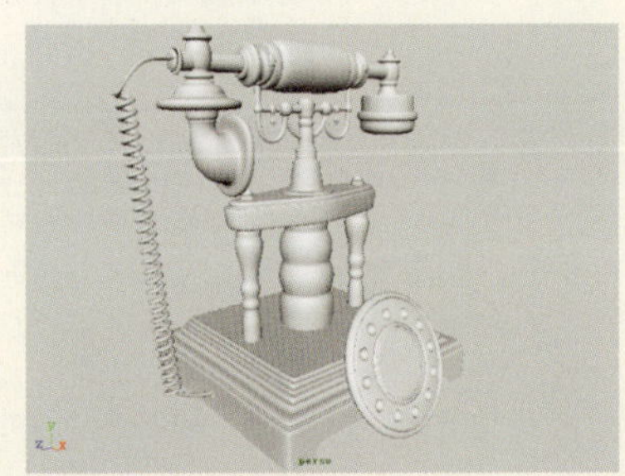

图4-160 话机的整体制作效果

问题：什么因素会影响模型的旋转外观？

影响模型外观的主要因素有两个：一个是曲线的平滑程度，即NURBS曲线的平滑度；一个是曲面的表面结构。这两者缺一不可。

第5章 NURBS高级建模

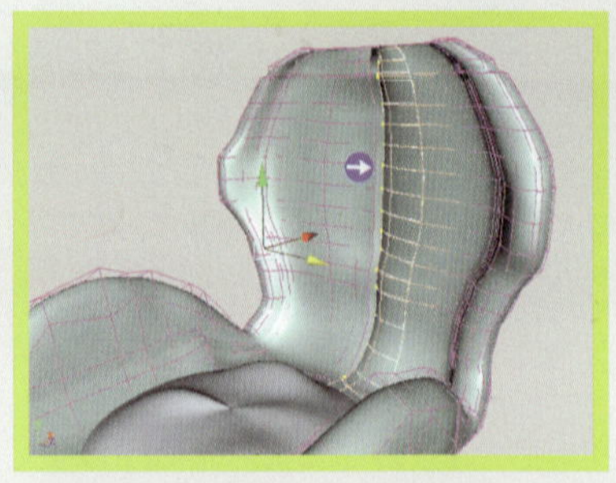

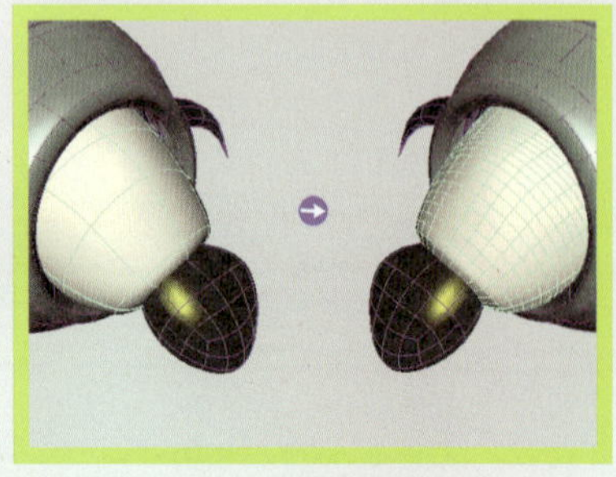

由于NURBS曲线和曲面应用的灵活性，从而使NURBS建模技术在三维领域中的应用越来越广泛，也越来越受广大用户的喜爱，致使NURBS在工具应用方面得到了很大的提高，以便于更复杂和更高精度模型的制作，并且在机械产品设计和影视特效领域的应用已经成为不可缺少的主力。

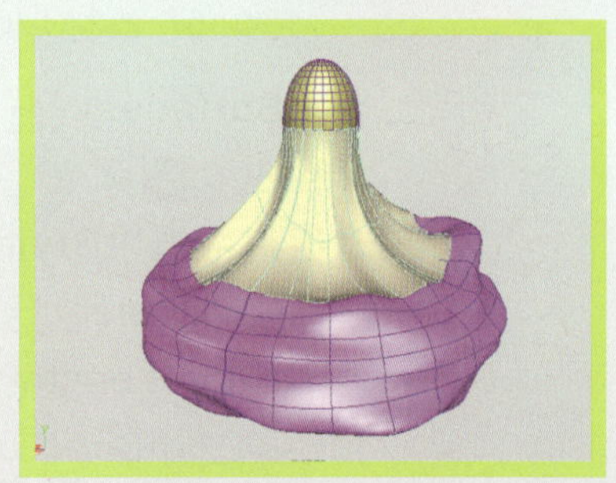

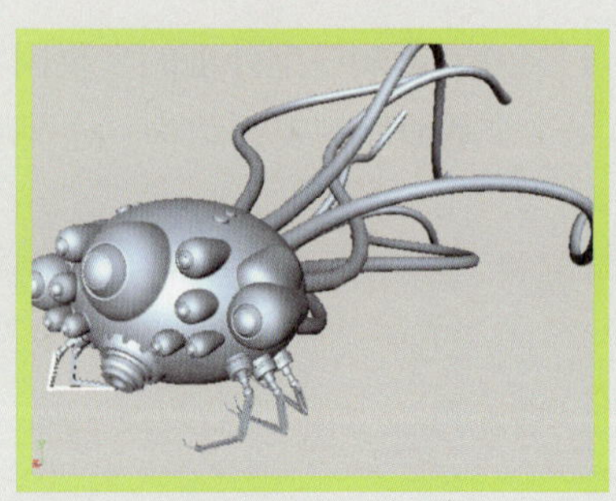

5.1 NURBS曲面编辑工具

上一章已经介绍了NURBS曲线的创建及编辑方法和NURBS曲面的基本创建。下面对NURBS曲面常用编辑工具的使用进行详细的介绍。如图5-1所示，利用NURBS曲面创建的汽车和衣服造型。

图5-1 NURBS高级建模技术的应用

5.1.1 Duplicate NURBS Patches（复制NURBS面片）

Duplicate NURBS Patches工具是用于对NURBS表面的面进行复制。用户可以选择曲面模型局部的面进行复制，也可以选择其整体的面进行复制。

动手实践087——复制曲面上的面片

1 选中快艇模型的一面片并按住鼠标右键，在弹出的组件菜单中选择Surface Patch（曲面面片）命令。然后，单击其中一曲面点以选中该曲面，如图5-2所示。

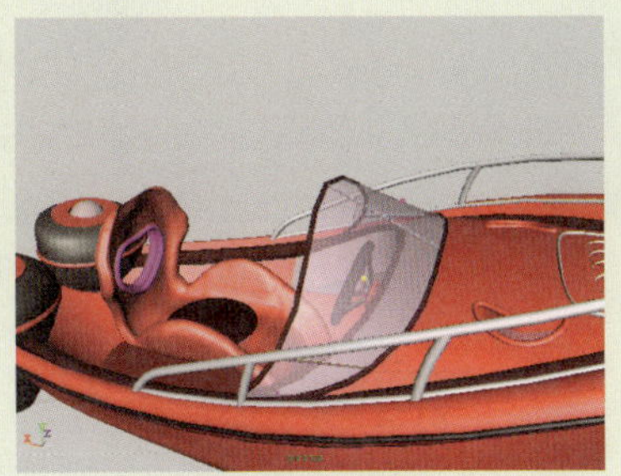

图5-2 选择面片

2 执行Edit NURBS（编辑NURBS）| Duplicate NURBS Patches（复制NURBS面片）命令，对其执行复制操作。然后，移动复制出的面片，效果如图5-3所示。

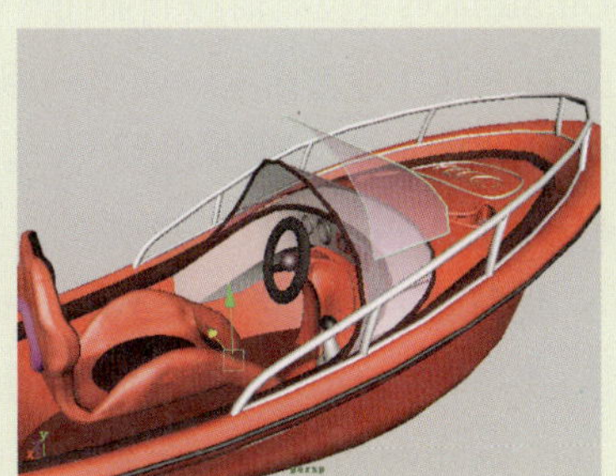

图5-3 执行复制曲面操作

问题：选择整体的曲面模型能否执行复制曲面操作呢？

不论是复制整体的模型曲面，还是局部的模型曲面，都可以执行复制曲面操作，但前提是必须选中曲面上的面片，才能执行复制操作。

5.1.2 Project Curve on Surface（投射曲线到曲面）

Project Curve on Surface命令主要用于将曲线投射到曲面上，以形成新的曲线，并且形成的新曲线会依附于曲面。然后，可以使用Trim Tool（剪切工具）对曲线所投射的曲面进行剪切，如果想要得到该曲线，可以再使用Duplicate Surface Curves（复制曲面曲线）工具将曲线复制出来。

动手实践088——投影曲线到曲面

1 继续使用上一节的快艇模型，在场景中绘制一条曲线并将其放置于快艇曲面的上方。然后，先选中该曲线，再选中快艇面片，如图5-4所示。

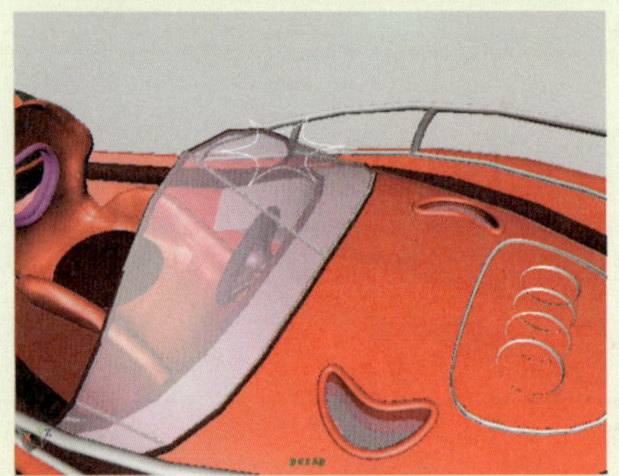

图5-4 创建目标曲线

2 执行Edit NRBS（编辑NURBS）| Project Curve on Surface（投射曲线到曲面）命令，即可将该曲线投影到快艇面片上，如图5-5所示。

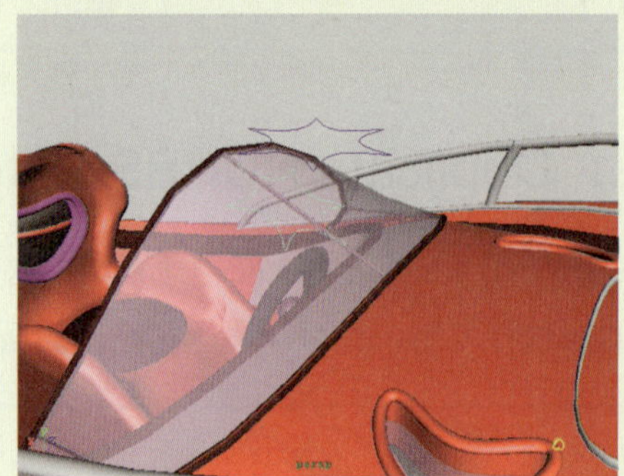

图5-5 投影曲面曲线

若对投射后的曲线不满意，还可以通过调整投射曲面曲线工具的属性参数，来改变曲线的投射角度，并且曲线会依附于曲面进行移动。单击Project Curve On Surfaces（投射曲线到曲面）命令右侧的方体按钮，打开其属性对话框，如图5-6所示。

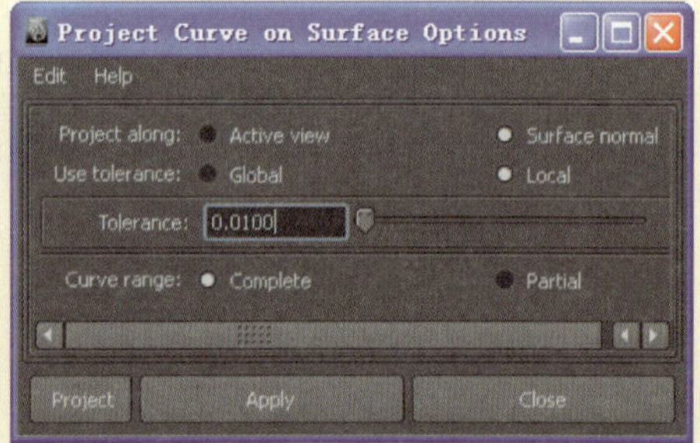

图5-6 投影曲线到曲面属性对话框

对话框中的选项说明如下。

- Project along（投射依据）：用于控制曲线投射的方向。它包括Active view（激活视图）和Surface normal（曲面法线）属性。
  - ◎ Active view：表示曲线会以视觉方向作为投射方向。
  - ◎ Surface normal：表示会以曲面的法线方向作为投射方向。如图5-7所示，两种不同投射方式所生成的投射效果。

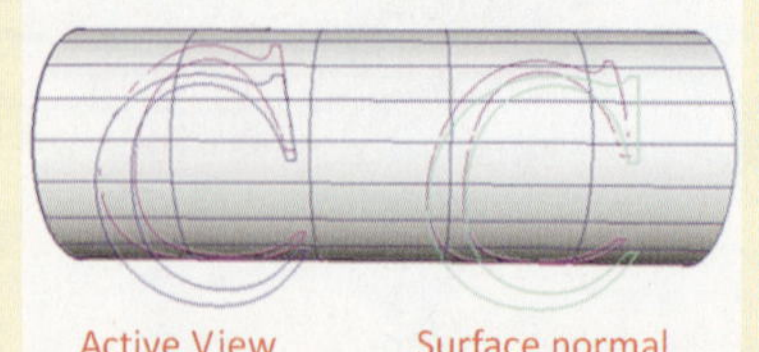

图5-7 曲线的投影方式

- Use tolerance（使用容差）：主要用于设置原始曲线的容差值。

● Curve range（曲线范围）：控制投射曲线的有效范围。

5.1.3 Intersect Surfaces（相交曲面）

所谓的曲面相交，实际上就是利用Intersect Surfaces命令在两个相互独立的物体中间产生一条曲线。

动手实践089——曲面的相交操作

1 选中场景中快艇模型上的排气筒曲面和围绕其一周的圆环曲面，如图5-8所示。

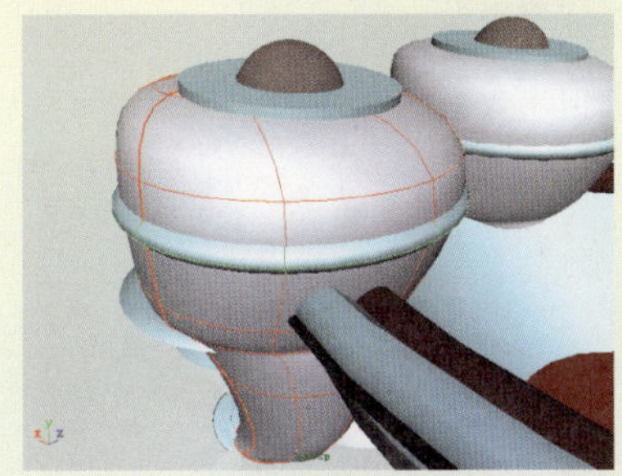

图5-8 选中相交物体

2 执行Edit NURBS（编辑NURBS）| Intersect Surfaces（相交曲面）命令，对它们执行相交操作，即可在两相交曲面间生成两条相交线，如图5-9所示。

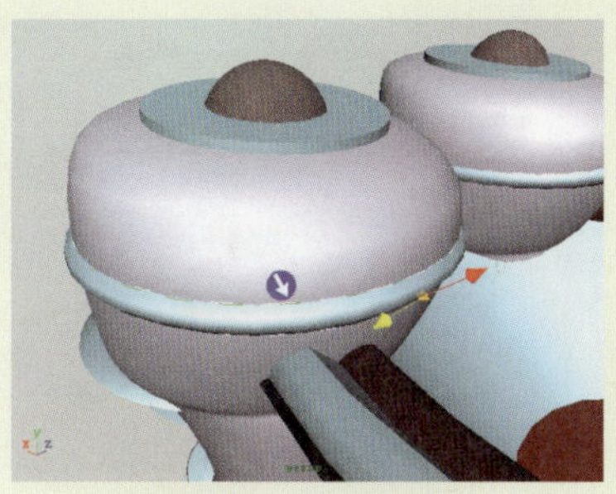

图5-9 执行相交操作

通过对相交曲面产生相交曲线的练习，相信用户已经对曲面相交工具有了初步的认识，那么也可以对相交曲面工具的属性参数进行详细的介绍。单击Intersect Surfaces命令右侧的方体按钮，打开相交曲面属性对话框，如图5-10所示。

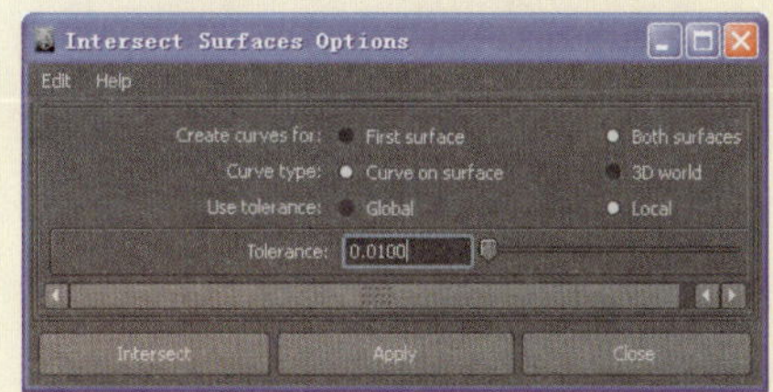

图5-10 相交曲面属性对话框

对话框中的选项说明如下。

- Create curves for（创建曲线的位置）：设定产生的相交曲线所在的表面。
  - ◎ First surface：表示只有在先选择的曲面上产生相交线。
  - ◎ Both surface：表示在所有的曲面上都产生相交曲线。
- Curve type（曲线类型）：用于设定生成的相交曲线的状态。其中Curve on surface表示相交线为依附在曲面上的曲线；3D world表示相交线为独立的曲线。如图5-11所示的是产生的两种曲线类型。

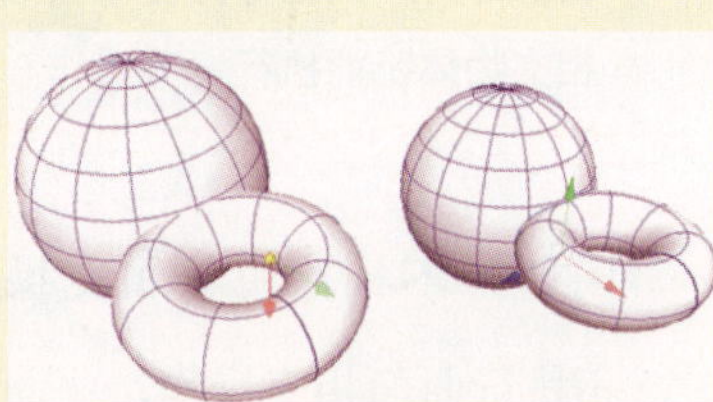

图5-11 生成的曲线类型

5.1.4 Trim Tool（修剪工具）

在对物体执行Intersect Surfaces（相交曲面）操作后，再配合使用Trim Tool（剪切工具），可以将两相交的曲面进行剪切，从而保留两曲面想要保留的部分。

动手实践090——修剪曲面工具

1 使用上一节的两相交曲面，执行Edit NURBS（编辑NURBS）| Trim Tool（修剪）命令。然后再在圆环曲面上连续单击，圆环变为线框显示，如图5-12所示。

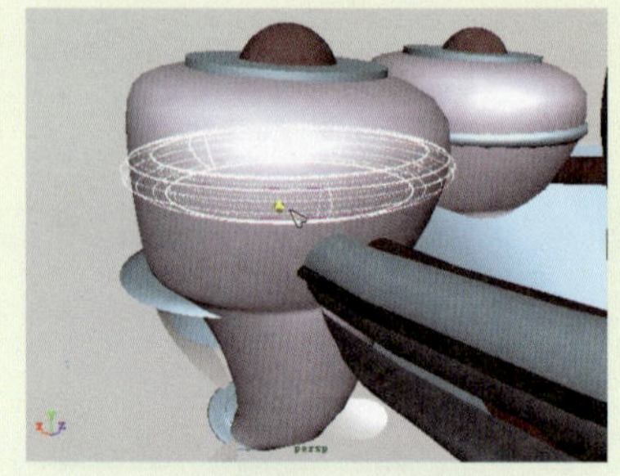

图5-12 转换为线框显示

2 按Enter键确定圆环曲面的修剪，此时单击选中的部分会被保留，放大视图，可以看到排气筒内侧不被选中的圆环部分会被删除，如图5-13所示。

3 再次执行Trim Tool（剪切）命令，在排气筒表面上连续单击，对其执行修剪操作，如图5-14所示。

技巧

在对物体执行修剪操作时，在相交物体上连续单击的部位为修剪操作后要保留的部分，其他部分会被删除，并且两个相交物体都能执行修剪操作。

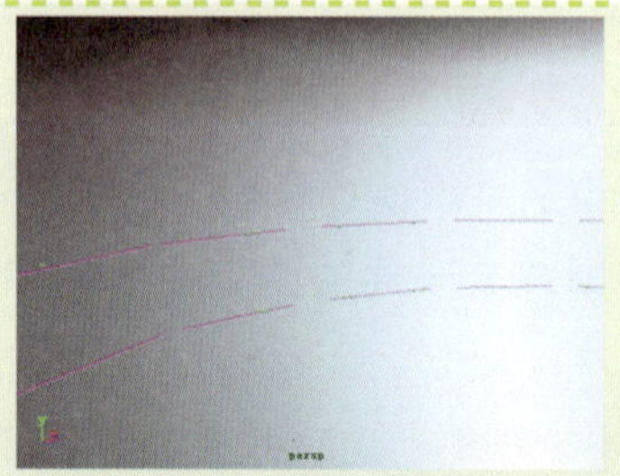

图5-13 修剪后的效果

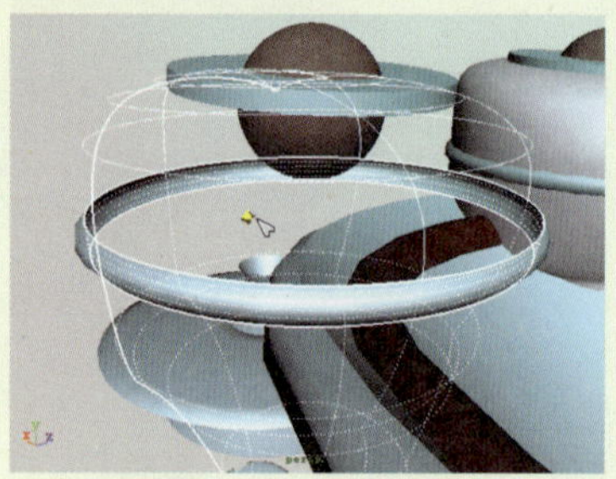

图5-14 执行修剪操作

4 按Enter键确定排气筒曲面的修剪操作，此相交曲线以下的曲面会被删除，如图5-15所示。

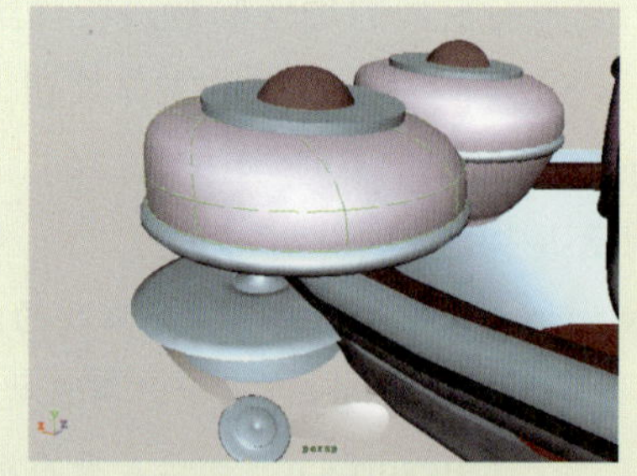

图5-15 修剪后的效果

问题：不执行曲面相交操作的曲面能执行修剪命令吗？

不执行曲面相交操作，曲面间就不能产生相交曲线，有了相交曲线才能执行修剪操作。另外，在曲面上进行投影操作产生的投影切线，也可以执行剪切命令操作。

在对曲面进行修剪操作时，用户可以根据需要对修剪工具的属性进行修改，以影响曲面的修剪效果。单击Trim Tool（剪切）命令右侧的方体按钮，打开其属性设置面板，如图5-16所示。

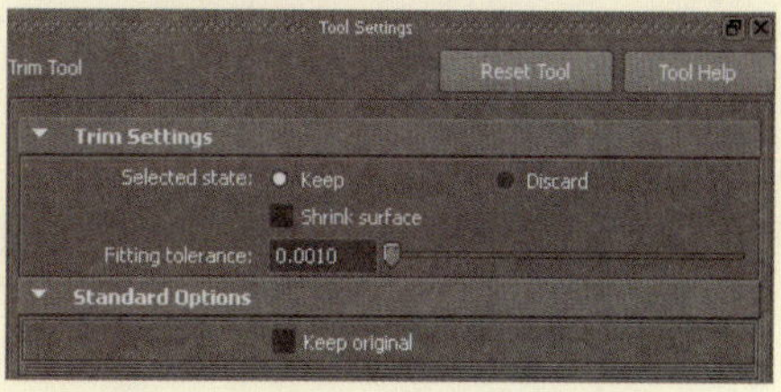

图5-16 修剪工具属性设置面板

对属性设置面板中的选项说明如下。

- Selected state（选择状态）：表示曲面修剪的状态。其中Keep表示保留选择区域；Discard表示删除选择区域，默认为保留。
- Shrink surface（缩小曲面）：该选项会导致底层面只覆盖保留区域，很容易改变曲面表面结构致使不能被取消修剪操作。
- Fitting tolerance（拟合公差）：用于控制曲面修剪的精确度。
- Keep original（保留原物体）：用于控制是否保留原始物体。

5.1.5 Untrim Surfaces（取消修剪）

Untrim Surfaces命令与Trim Tool（剪切工具）相反，用户可以使用Untrim Surfaces（取消剪切）命令将被修剪过的物体恢复到未修剪的状态。前提是修剪操作历史未被删除之前，此命令操作才能生效。用户可以选中修剪后的曲面，执行Edit NURBS（编辑NURBS）| Untrim Surfaces（取消剪切）命令，即可撤销曲面的修剪操作。

5.1.6 Booleans（布尔运算）

在Maya 2011中，布尔运算是非常实用的编辑工具，主要用于裁剪当前选择的曲面，它分为3种基本形式，分别是合并运算、相交运算和相减运算，它们都被包含在Booleans子菜单中。它可以快捷迅速地对所选择物体进行编辑，能够很好的创建出其他工具难以模拟的造型效果。

动手实践091——曲面间的布尔运算操作

1 导入NURBS角色模型并执行Edit NURBS（编辑NURBS）| Booleans（布尔运算）| Union Tool（并集）命令。然后单击眼球曲面并按Enter键，如图5-17所示。

2 再单击头部曲面，执行Union Tool（并集）操作，如图5-18所示。

3 此时，眼球与头部的相交部分被删除。移动头部曲面，观察两曲面的布尔运算效果，如图5-19所示。

图5-17 选择眼球

图5-18 单击头部曲面

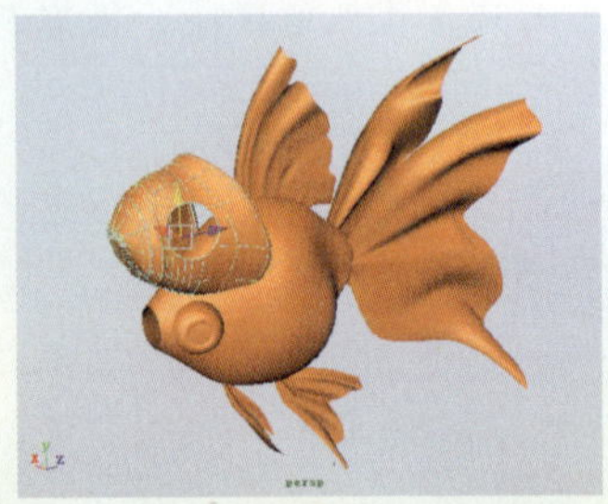

图5-19 并集运算效果

4 撤销并集运算操作，执行Differences Tool（差集）命令。然后单击头部曲面并按Enter键，再单击眼球，执行差集运算操作，此时两曲面的重叠部分会被删除，如图5-20所示。

图5-20 差集运算效果

5 同样的方法，执行Intersection Tool（交集）命令。然后单击头部曲面并按Enter键，再单击眼球，执行交集运算命令操作，此时两曲面的重叠部分会被保留，如图5-21所示。

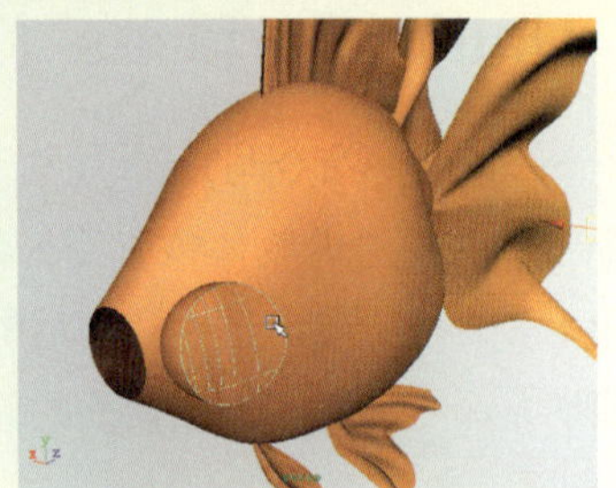

图5-21 交集运算效果

5.1.7 Attach Surfaces（连接曲面）

通过选择两个不同曲面上的Iso参数线，并且执行Edit Surfaces（编辑曲面）| Attach Surfaces（连接曲面）命令，可以在两曲面间形成一个过渡效果。

动手实践092——曲面的连接操作

1 在场景中创建两个变形的球体，进入其Isoparm（Isoparm等参线）显示模式，选择两曲面上的Iso参数线，如图5-22所示。

2 执行Attach Surfaces（连接曲面）命令，对它们进行连接操作，此时两曲面会被连接在一起，如图5-23所示。

3 选中并移动两曲面连接部位的顶点，可以看到此时连接部位的顶点与原始曲面顶点是合并在一起的，如图5-24所示。

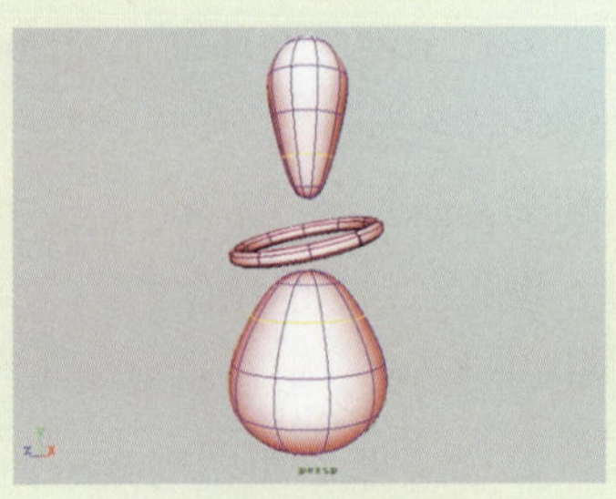

图5-22 选择Iso参数线

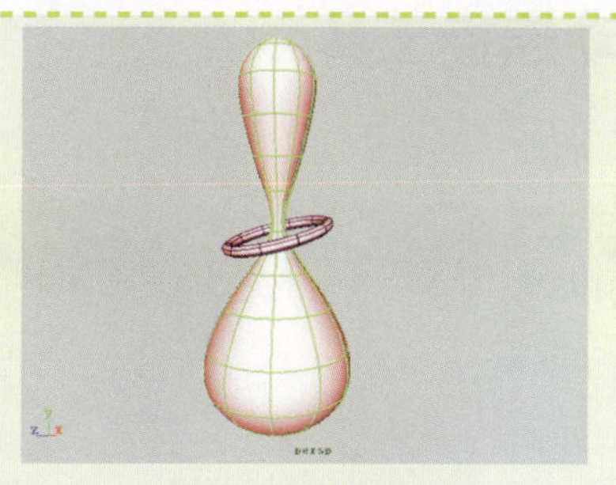

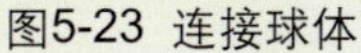

图5-23 连接球体

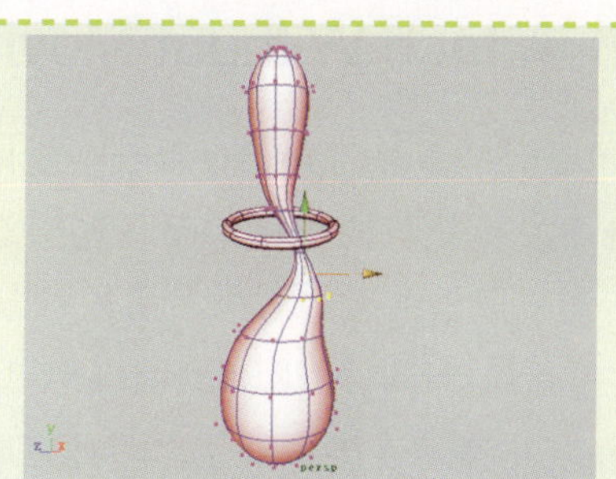

图5-24 观察曲面的连接效果

用户也可以通过设置连接曲面的属性参数来改变曲面连接的造型效果。单击执行Edit Surfaces（编辑曲面）| Attach Surfaces（连接曲面）□命令，打开曲面连接属性对话框，如图5-25所示。

对话框中的选项说明如下。

- Attach method（连接方式）：用于设置曲面间的连接方式。其中Connect方式在连接后不会改变原始曲面的外形；Blend方式则是在曲面间形成一个平滑的过渡效果。如图5-26所示为两种不同的连接效果。

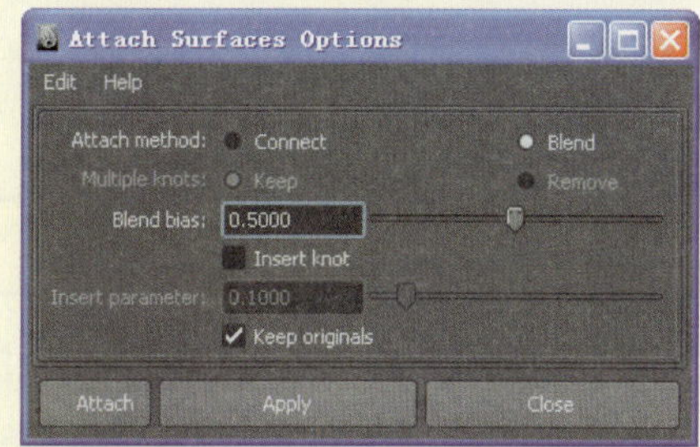

图5-25 曲面连接属性对话框

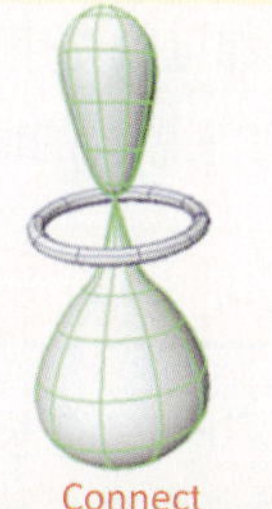

图5-26 两种不同的连接效果

- Multiple Knots（多重节点）：用来控制是否保留曲面结合后结合点处的多重节点。如图5-27所示，保留和去除多重节点所形成的两种不同造型曲面。
- Blend bias（融合偏移）：用于控制连接曲面间的融合偏移值。
- Insert Parameter（插入参数）：用于设置产生的连接曲面的Iso参数线数量。如图5-28所示，设置Insert Parameter值分别为0.1和1所形成的不同效果。

图5-27 连接效果

图5-28 插入Iso参数值

5.1.8 Attach Without Moving（非移动连接工具）

Attach Without Moving命令主要用于结合曲面，而曲面本身不发生位移的变化，而且连接部分会自动产生过渡面，不影响原始曲面的结构。用户可以选中两曲面的Iso参数线，然后执行Edit NURBS（编辑NURBS）| Attach Without Moving（非移动连接）命令，即可完成曲面的连接，如图5-29所示。

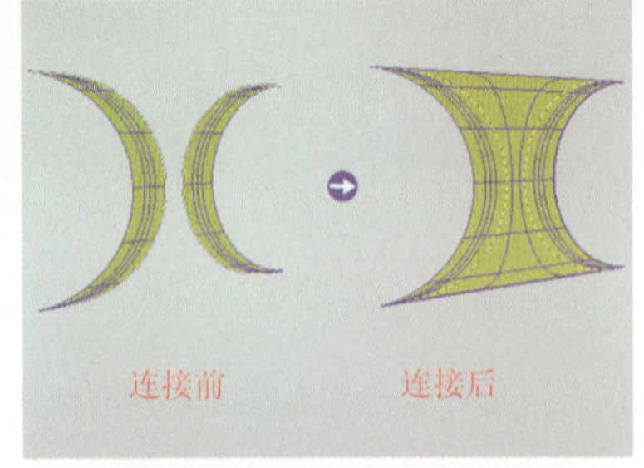

图5-29 非移动连接效果

提示

在对曲面执行连接操作时，曲面必须是各自独立的，并且必须选择两曲面间的Iso参数线，才能对曲面进行连接。

5.1.9 Detach Surfaces（分离曲面）

Detach Surfaces命令用于将一个整体的曲面分割开，以便于建模工作的进行。当编辑NURBS模型时，根据需要都可以使用该命令，在想要编辑的位置将模型曲面分割开，再将分割后多余的曲面进行删除，留下需要的曲面。

动手实践093——分离曲面

1 在场景中，导入NURBS角色模型并进入其Isoparm（等参线）显示模式。然后，按住Shift键加选两条Iso参数线，如图5-30所示。

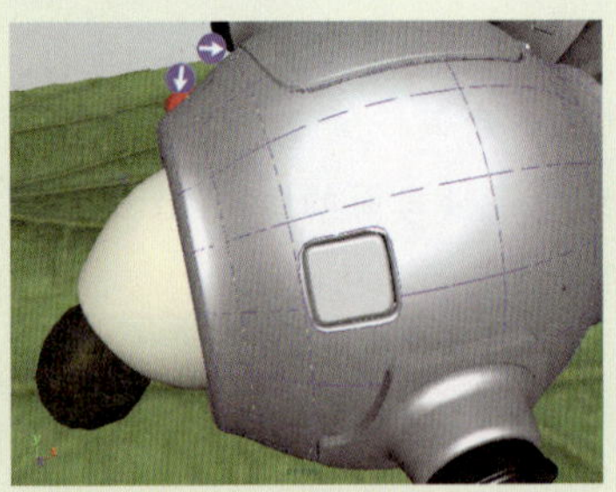

图5-30 选择曲面Iso参数线

2 执行Edit NURBS（编辑NURBS）| Detach Surfaces（分离曲面）命令，执行分割曲面操作。然后，移动分割面，可以看到曲面在被选择的Iso参数线处被分离开，如图5-31所示。

图5-31 曲面的分割效果

问题：可以直接选中曲面上的面，按Delete键进行删除吗？

直接选择曲面上的面，按Delete键，是不可以将选择的曲面上的面进行删除的。可以通过选择曲面上的Iso参数线，再执行Detach Surfaces（段开曲面）命令，才可以将该曲面进行分割、删除。

5.1.10 Align Surfaces（曲面对齐）

使用Align Surfaces命令可将两个不同曲面的边界边对齐在一起，但两对齐的曲面并没被连接在一起。用户可以先选中曲面，然后执行Edit NURBS（编辑曲面）| Align Surfaces（曲面对齐）命令即可。如图5-32所示的是两曲面的对齐效果。

对齐前　　对齐后

图5-32 曲面的对齐效果

用户在执行曲面对齐操作时，也可以根据具体需要来设置对齐的属性参数，以改变物体的对齐状态，如图5-33所示。

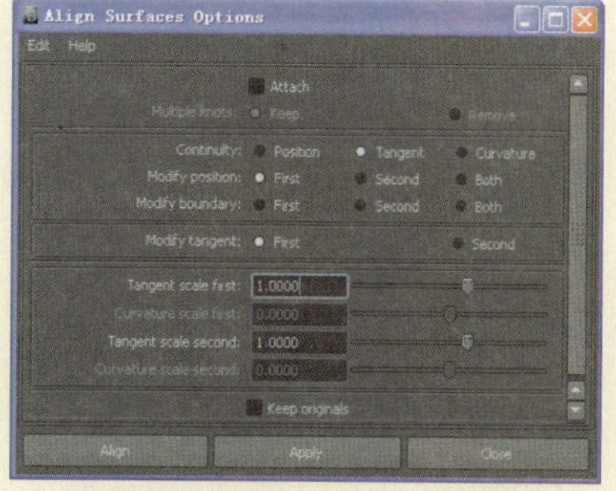

图5-33 曲面对齐属性对话框

对话框中的选项说明如下。

- Attach（结合）：用于控制对齐后的曲面是否连接在一起。
- Multiple Knots（多重节点）：用于控制是否保留多重节点，它包括Keep（保留）和Remove（删除）属性。
- Continuity（连续性）：用来设置曲面的对齐方式。它包括Position、Tangent和Curvature属性。如图5-34所示的是曲面的对齐效果。

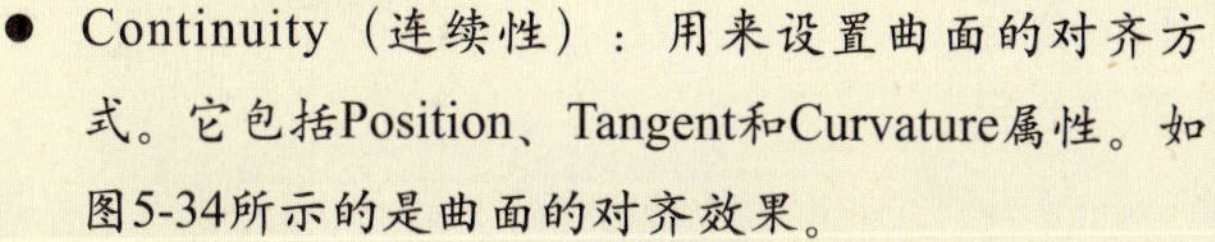

  ◎ Position：表示仅在对接位置对齐，曲面不发生变形。

  ◎ Tangent：用于设置对接处的切线率，从而使对齐处形成光滑的过渡。

  ◎ Curvature：用于设置对接处的曲率，以形成光滑的过渡。

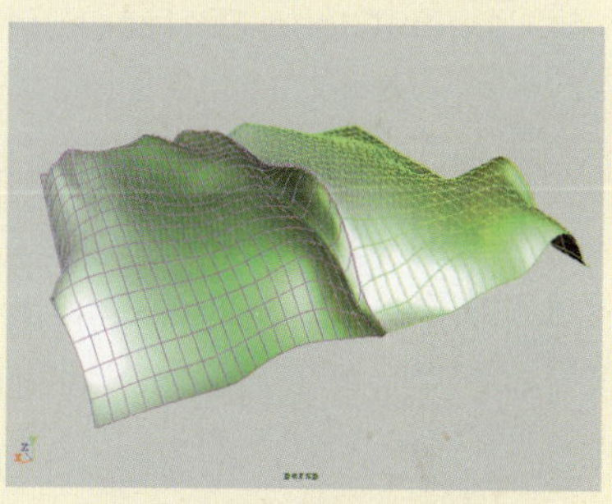

图5-34 Tangent对齐效果

- Modify position（变化方位）：用于设置曲面对齐后，哪个曲面会发生位移变化。First表示先选择的曲面；Second表示后选择的曲面；Both表示两个曲面同时发生变化。
- Modify boundary（边界变化）：用于设置对齐后，哪个曲面的边界发生变化。
- Modify tangent（切线变化）：用于设置对齐后，哪个曲面的切线发生变化。
- Tangent scale first（首选曲面切线率）：用于设置第1个曲面的切线率。
- Tangent scale second（末选曲面切线率）：用于设置第2个曲面的切线率。
- Curvature scale first（首选曲面曲率）：用于设置第1个曲面的曲率。

- Curvature scale Second（末选曲面曲率）：用于设置第2个曲面的曲率。

5.1.11 Open/Close Surfaces（打开或闭合曲面）

Open/Close Surfaces命令用于打开或关闭在U方向上或V方向上的曲面。即使用该命令可以将封闭的曲面在起始处打断以使其开放，也可以将断开的曲面在起始处闭合以使其封闭起来。

动手实践094——闭合曲面操作

1 在场景中导入一个靠背面被断开的座椅模型。选中该模型曲面，如图5-35所示。

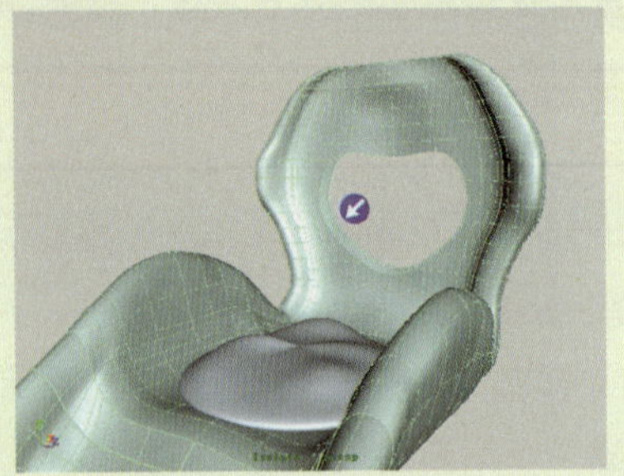

图5-35 选择模型曲面

2 执行Edit NURBS（编辑NURBS）| Open/Close Surfaces（打开/闭合曲面）命令，即可将该断开曲面闭合起来，如图5-36所示。

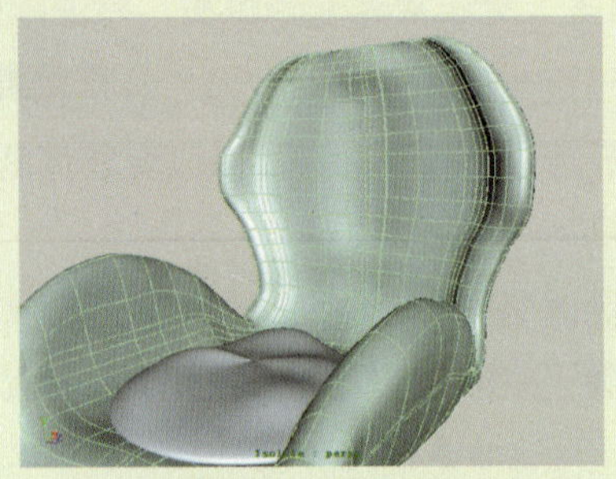

图5-36 执行闭合曲面操作

3 同样，选中该闭合曲面，再执行Open/Close Surfaces（打开/闭合曲面）命令，即可将其断开。选中并移动曲面起始位置的控制点，观察曲面的断开效果，如图5-37所示。

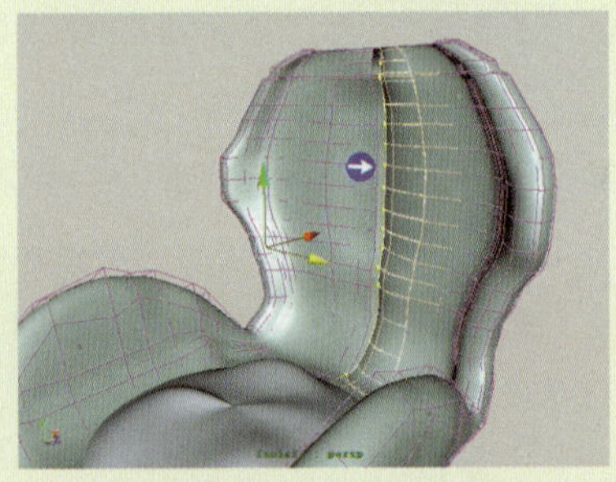

图5-37 曲面的断开效果

5.1.12 Move Seam（移动曲面接缝工具）

对于NURBS曲面来说，曲面的接缝位置决定了曲面结构和起始位置。无论是平面、球体还是复杂的NURBS物体，若将它们伸展开则都是一种有着UV方向的四方形面片，因此接缝的位置（即曲面的起始位置）决定了曲面间结合后的外形。

动手实践095——添加曲面接缝

1 在场景中创建一个圆环，进入其顶点显示模式，可以看到曲线UV点的起始位置，即曲线的接缝位置，如图5-38所示。

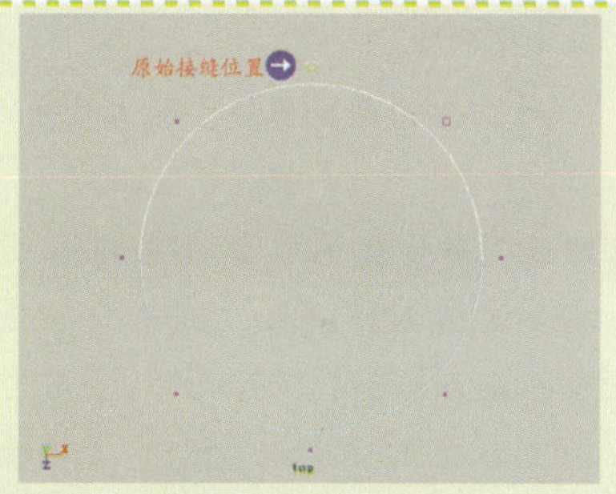

图5-38 原始接缝位置

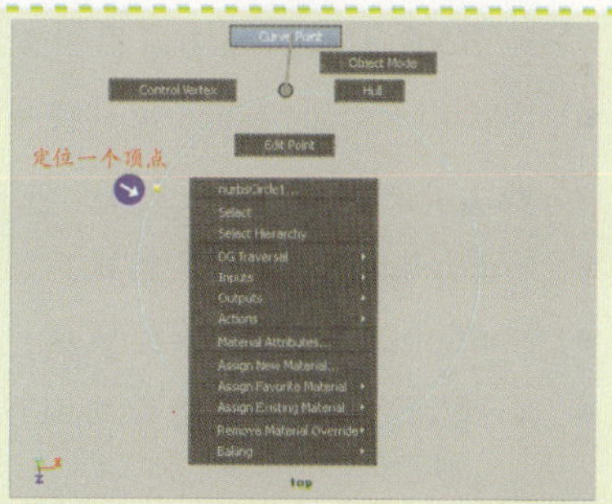

图5-39 定位一个顶点位置

2 在曲线上按住鼠标右键，在弹出的组件菜单中选择Curve Point（曲线点）命令，在曲线上定义一个顶点，如图5-39所示。

3 执行Edit NURBS（编辑NURBS）| Move Seam（移动曲面接缝）命令，即可将接缝移动到定位顶点的位置，如图5-40所示。

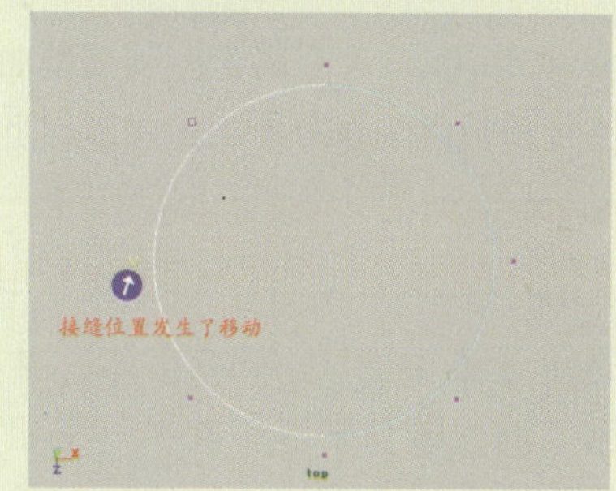

图5-40 接缝的移动效果

5.1.13 Insert Isoparm（插入Iso参数线）

在Maya中，曲面的Iso参数线也是可以被手动添加的，这样可以使物体表面的细分更加精细，要在当前物体上添加一条Iso参数线，则需要使用到Edit NURBS（编辑NURBS）| Insert Isoparms（插入等参线）命令。下面向用户介绍插入Iso参数线的操作方法。

进入曲面Iso参数线显示模式，在其中一条Iso参数线上单击并拖曳鼠标左键，以定位一条新Iso参数线。然后，按住Shift键在Iso参数线上单击并拖曳鼠标左键，以定位多条Iso参数线，再执行Insert Isoparms（插入等参线）命令，即可添加Iso参数线，如图5-41所示。

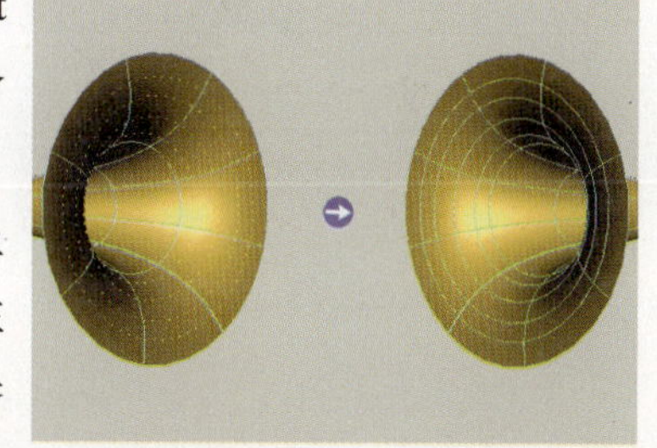

图5-41 添加Iso参数线

对于添加曲面上的Iso参数线，也可以通过设置插入Iso参数线的属性参数来改变插入的Iso参数线特性。单击Insert Isoparm（插入等参线）命令右侧的方体按钮，打开其属性对话框，如图5-42所示。

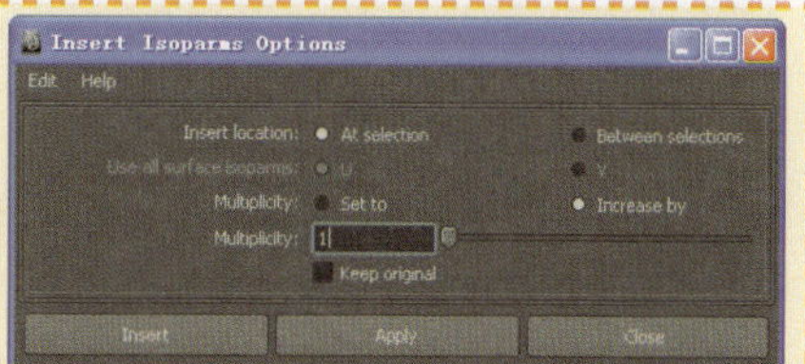

图5-42 插入Iso参数线属性对话框

对话框中的选项说明如下。

- Insert location（插入位置）：用于设置添加Iso参数线的位置。
  - ◎ At selection：用于设置在指定的位置添加。

◎ Between selection：用于设置在选择的两个位置之间添加。

- Use all surface Isoparm（使用曲面Iso参数线）：用于控制曲面在U方向上还是在V方向上添加Iso参数线。
- Multiplicity（多重参数线）：用于设置在被选择的位置处添加多重Iso参数线。
- Multiplicity（多重参数线值）：用于控制所添加的Iso参数线数目。
- Keep originals（保留原曲面）：用于确定是否保留原始曲面。

5.1.14 Extend Surfaces（延伸曲面）

Extend Surfaces命令用于控制模型曲面在U方向或V方向上的延伸效果，并且被延伸的曲面与原曲面保持很好的衔接性和延续性，并且与原物体是结合在一起的。

动手实践096——曲面的挤出操作

1 选中场景中的NURBS物体，并且观察它的始端和末端，其中一条粗线显示的为曲面的始端，细线显示的为末端，如图5-43所示。

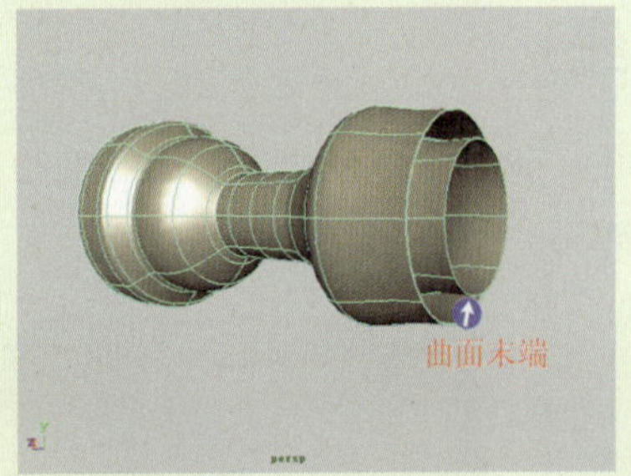

图5-43 选择曲面模型

2 执行Edit NURBS（编辑NURBS）| Extend Surfaces（延伸曲面）命令，曲面即可在末端位置开始延伸。并且每执行一次挤出操作，曲面都会被延伸一次，如图5-44所示。

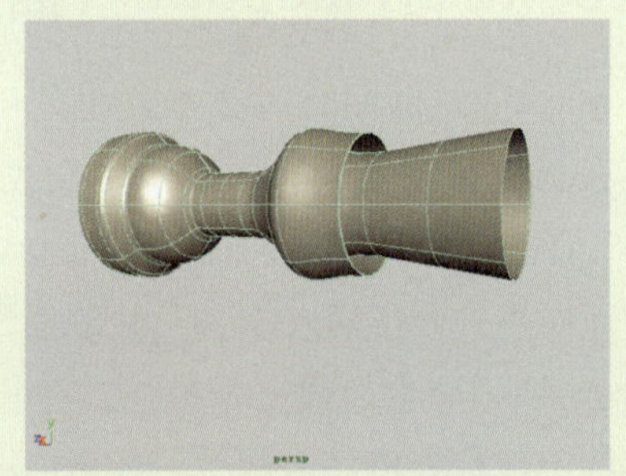

图5-44 曲面的挤出效果

若要改变曲面的挤出效果，则可以通过修改曲面挤出工具的属性参数来改变，例如设置挤出曲面的距离，以增加曲面的挤出长度。单击Extend Surfaces命令右侧的方体按钮，打开其属性对话框，如图5-45所示。

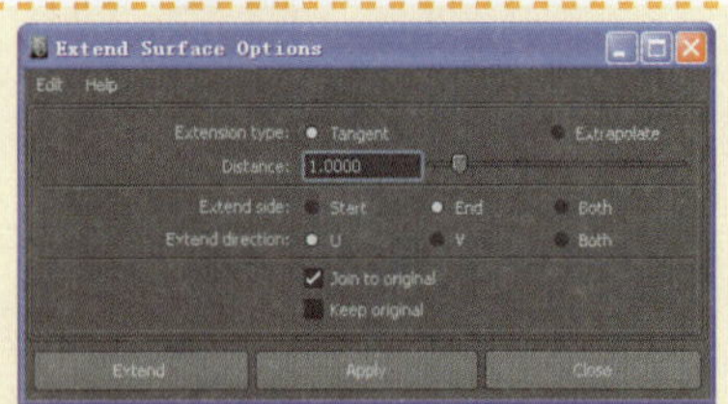

图5-45 挤出曲面属性对话框

对话框中的选项说明如下。

- Extension type（延伸类型）：表示曲面延伸的方式。
  ◎ Tangent：表示增加一条新的Iso参数线用于扩张曲面。
  ◎ Extrapolate：表示通过移动曲面边界边进行延伸。
- Distance（距离）：用于设置曲面扩展的长度。

- Extend Side（起始扩展边）：用于设定从哪条边开始扩展。
- Extend direction（延伸方向）：用于设置扩展的方向。
- Join to Original（连接原物体）：用于控制是否将原始曲面与延伸曲面连接在一起。

5.1.15 Offset Surfaces（偏移曲面）

Offset Surfaces命令可以沿原始曲面的法线方向，复制出一个与原始曲面平行的新曲面，它与原始曲面始终保持相对位置，并且它们的法线方向相同。该命令多用于制作与原物体平行，并且有一定偏移效果的模型外形，例如汽车前端的保护壳造型的制作。

动手实践097——曲面的偏移操作

1 选中场景中被修剪掉的NURBS面片，以用于曲面的偏移操作，如图5-46所示。

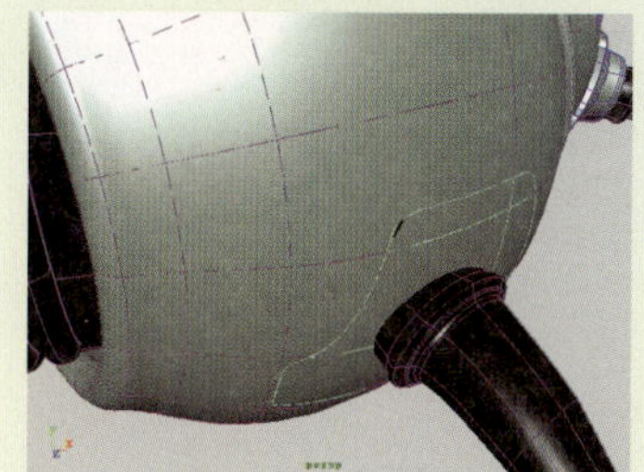

图5-46 选择曲面

2 执行Edit NURBS（编辑NURBS）| Offset Surfaces（偏移曲面）□命令，在弹出的对话框中设置Offset distance（偏移距离）为1，单击Offset按钮，执行偏移操作，以制作具有偏移效果的造型，如图5-47所示。

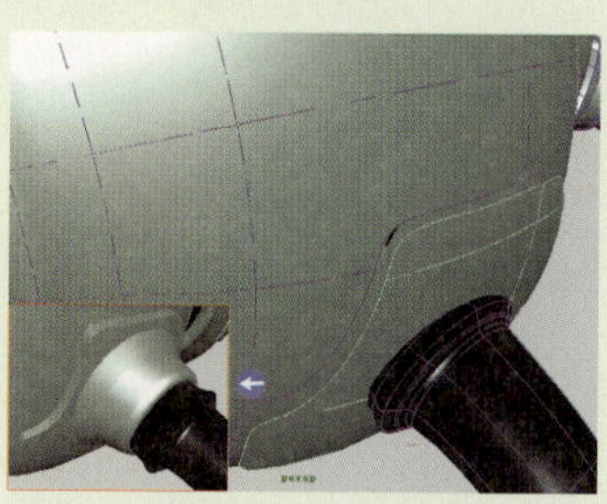

图5-47 执行偏移操作

提示

在对曲面执行曲面偏移操作时，注意曲面的偏移距离不易过大，过大的偏移距离会使偏移曲面产生一定的变形。

在对曲面执行偏移操作时，用户可以设置属性参数来改变曲面偏移的特性。单击Offset Surfaces命令右侧的□按钮，打开其属性对话框，如图5-48所示。

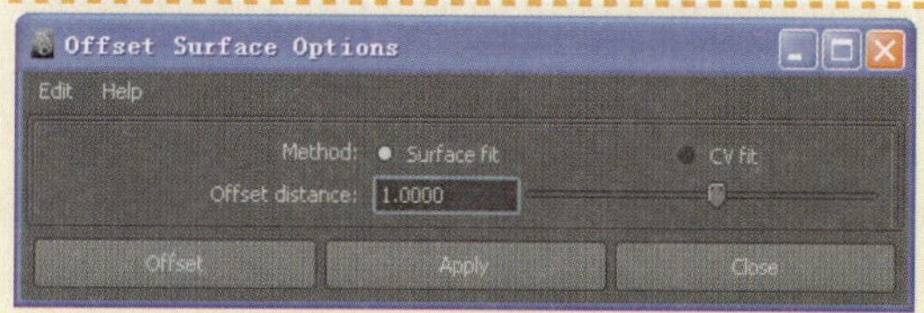

图5-48 偏移曲面属性对话框

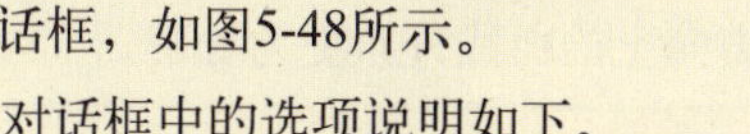

对话框中的选项说明如下。

- Method（偏移方式）：用于控制曲面偏移的方式。
  - ◎ Surface fit：用于创建与原始曲面匹配的偏移曲面，并保持曲率相等。
  - ◎ CV fit：用于创建匹配原始曲面CV法线方向的偏移曲面。
- Offset distance（偏移距离）:用于设置曲面偏移的距离。

5.1.16 Reverse Surface Direction（反转曲面法线方向）

在Maya场景中，如果物体的法线方向不正确，会导致其表面的材质不正常显示，那么使用Reverse Surface Direction（反转曲面法线方向）命令可以反转曲面的方向，并且包括曲面的法线方向。

动手实践098——反转曲面法线方向

1 选择两个球体，执行Display（显示）| NURBS（NURBS物体）| Normals（法线）命令，观察所选曲面的法线情况。如图5-49所示，可以看到其中一个球体的法线方向是向内的。

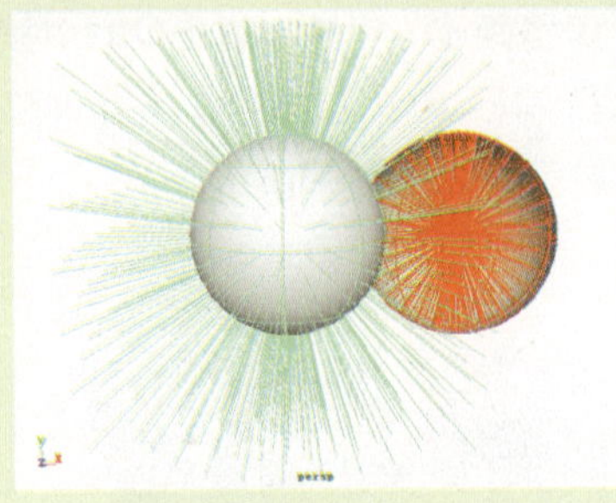

图5-49 曲面的法线方向

2 选中法线方向向内的球体，执行Edit NURBS（编辑NURBS）| Reverse Surface Direction（反转曲面法线）命令，此时则可以看到其法线向外的变化，如图5-50所示。

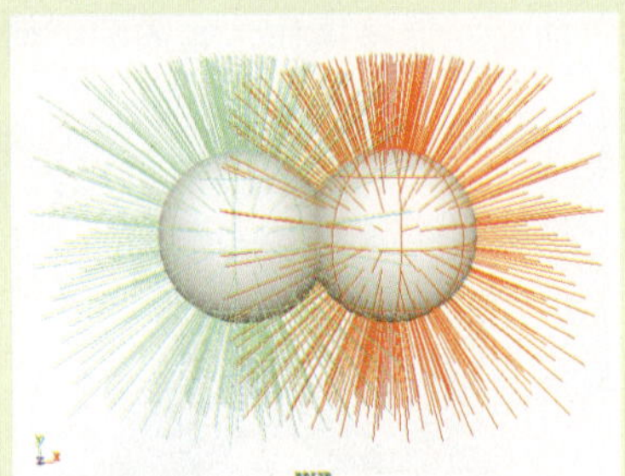

图5-50 反转法线方向

提示

实际上，布尔运算是根据曲面法线的方向运算的，曲面的法线方向不同，则得到的运算结果也不同。在执行布尔运算的过程中，如果布尔运算发生错误，很有可能是法线方向不一致造成的。再比如将多个物体执行Shading（阴影）| Backface Culling（剔除背面）命令，可以看到有的物体不显示材质效果，很可能是其法线方向不正确造成的。

5.1.17 Rebuild Surfaces（重建曲面）

Maya中的Rebuild Surfaces命令主要用于对创建的曲面进行细分处理，这是一个非常实用的命令。在利用Loft等工具使曲线生成曲面时，容易造成曲面上的曲线分布不均匀，影响曲面的进一步编辑。使用Rebuild Surfaces命令，可以使曲面UV方向上的曲线分布更为合理。

动手实践099——重建NURBS曲面

1 选中需要重建的NURBS物体，执行Edit NURBS（编辑NURBS）| Rebuild Surfaces（重建曲面）■命令，在弹出的对话框中，设置Number of spans U/V（U/V段数）均为30，如图5-51所示。

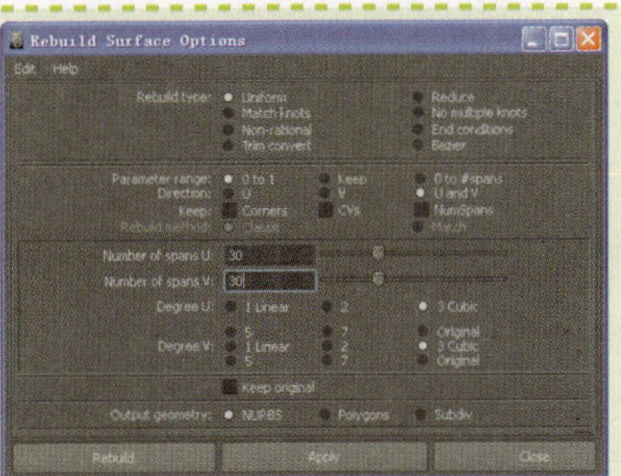

图5-51 重建曲面属性对话框

2 单击Rebuild按钮，执行重建操作，此时再观察所选曲面的重建效果，如图5-52所示。

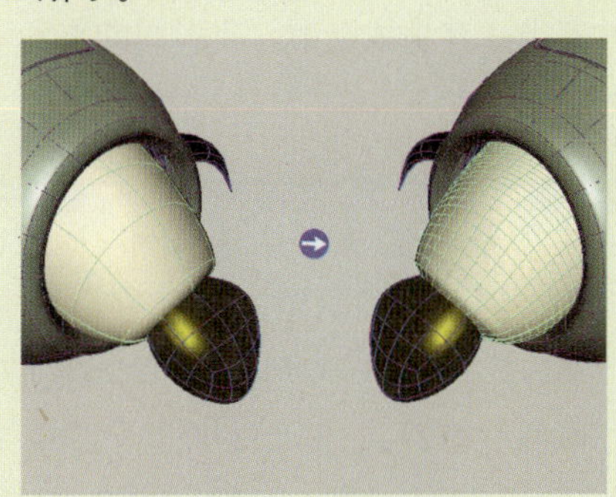

图5-52 曲面的重建效果

问题：只能对所成的曲面执行重建命令才能完成表面的细分效果吗？

在将曲线转化为曲面之前，首先对曲线执行重建命令操作，然后执行转化曲面命令，也可以达到曲面的重建效果。

通过设置重建曲面参数，用户可以制作出曲面的多种重建效果。下面对重建曲面属性对话框中的常用选项进行介绍。

- Rebuild type（重建类型）：用于控制曲面的重建方式。
  - ◎ Uniform：表示按照自定义的UV节点数平均创建节点数。
  - ◎ Reduce：表示在保证曲面外形不变的情况下，重建曲面时尽量减少曲线的数量。
  - ◎ Math knots：用于匹配两个曲面的节点，以保证它们的节点数，片段数等数据相同。
  - ◎ No multiple knot：删除多重节点。用于保持原始曲面与重建曲面具有相同的Degree精度。
  - ◎ Non-rational：表示在曲率较高的部位插入编辑点，重建为非有理曲面。
  - ◎ End condition：用于控制原始曲面的边界边是否与重建曲面的边界边相一致。
  - ◎ Trim convert：用于控制是否将剪切曲面转化为非剪切曲面。
  - ◎ Bezier：用于控制重建贝塞尔曲面。
- Parameter ranger（参数范围）：用于设置重建曲面的UV参数范围。
- Direction（方向）：用于控制修改节点的方向。
- Keep（保持）：用于选择曲面重建的依据。
- Number of spans U（U向细分段）：用于设置重建曲面在U方向上的分段数。
- Number of spans V（V向细分段）：用于设置重建曲面在V方向上的分段数。

5.1.18 Round Tool（曲面圆化工具）

Round Tool命令用于将相交的NURBS边界产生圆滑的过渡。先执行命令，再选中需要圆化的曲面边缘，会在两个曲面之间出现一个黄色的半径调节器，调整好圆化半径，按Enter键，即可在两个曲面间形成一条平滑的曲面。在使用Round Tool时需要注意，在选择曲面边沿的时候，并不十分容易被选中，曲面间的夹角不要低于15°，也不要大于165°。

动手实践100——曲面的圆化操作

1 在场景中创建一个球体和一个圆柱体，调整它们的位置以使它们相交，然后先执行Intersect Surfaces（相交曲面）操作，再执行Trim Tools（剪切）操作，将它们相交的部分修剪掉，如图5-53所示。

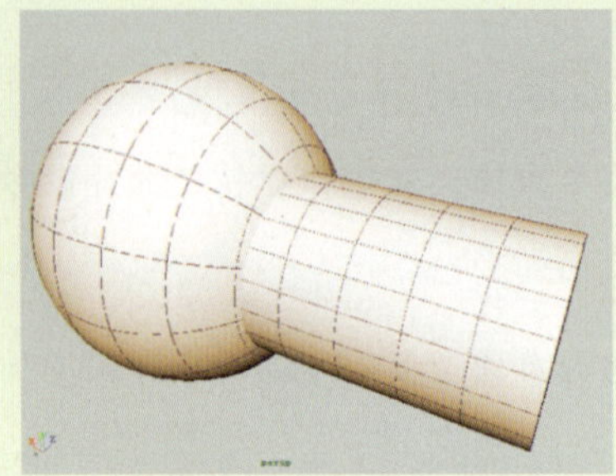

图5-53 创建目标物体

2 执行Edit NURBS（编辑NURBS）| Round Tool（曲面圆化）命令，然后选中剪切过的曲面边缘，会出现一个黄色半径控制器，如图5-54所示。

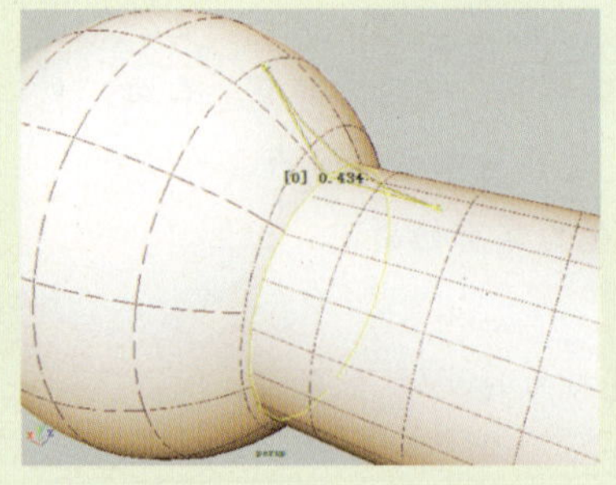

图5-54 出现黄色半径控制器

3 拖动控制手柄来调整圆角的半径大小。也可以在工具属性面板中找到roundconstantRadius1属性，在其下方设置Radius（半径）为0.3，如图5-55所示。

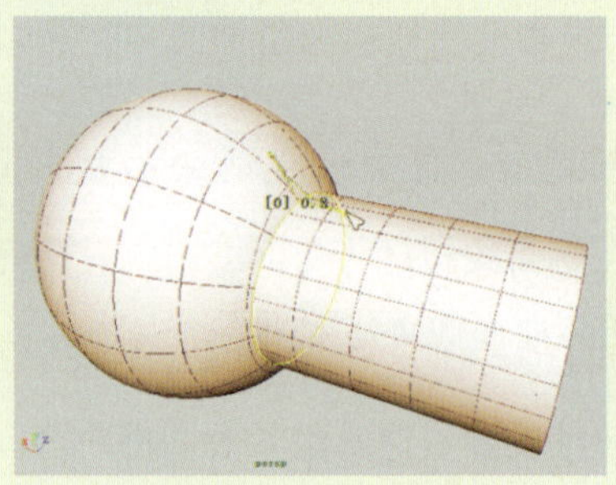

图5-55 设置圆化半径

4 圆化半径设置好后，按Enter键，确定圆化操作。如图5-56所示的是两曲面间的圆化效果。

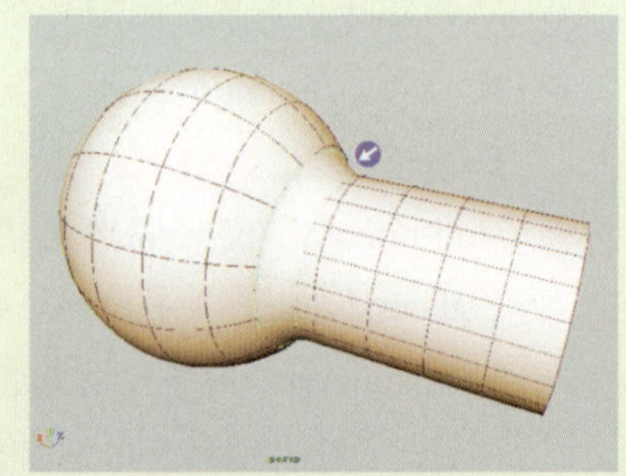

图5-56 曲面的圆化效果

问题：为什么有时执行圆化操作后，生成的过渡曲面出现在背面呢？

当两曲面的法线方向相反时，此时产生的圆化过渡曲面会出现在反方向即两曲面的背面。因此要在执行Round Tool命令之前，事先将两曲面的法线方向调整一致。

在对曲面进行圆化操作时，用户可以设置其具体的属性参数值来控制曲面的圆化效果。执行Round Tool（曲面圆化）□命令，打开其属性设置面板，如图5-57所示。

属性设置面板中各选项说明如下。

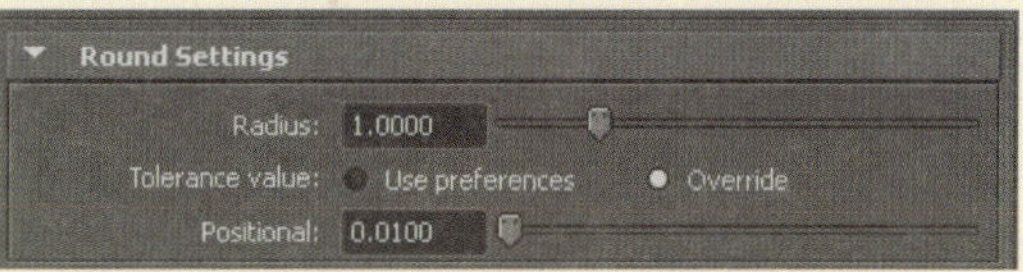

图5-57 圆化属性设置面板

- Radius（半径大小）：用于设置圆化的半径值。
- Tolerance value（容差值）：用于控制曲面圆化的容差值。
  - ◎ Use preferences：表示使用默认参数设置中的容差值。
  - ◎ Override：用于设置一个新的容差值，以覆盖默认参数设置的容差值。默认为选中该单选按钮。
- Positional（判断）：用来判断末端连接的容差值。只有在选中Override单选按钮后，该选项才可以被激活。

5.1.19 Surface Fillet（曲面圆角）

Surface Fillet是NURBS建模中一个重要的工具，它可以使曲面间产生光滑的过渡，它包含3个工具，分别是Circular Filler（圆形圆角）、Freeform Fillet（自由圆角）和Fillet Blend Tool（融合圆角），它们分别对应于相交或者不相交的曲面之间创建曲面圆角，从而实现曲面的连接。下面逐一介绍它们的功能。

1.Freeform Fillet（自由圆角）

Freeform Fillet命令主要用于在两个模型之间产生一个过渡曲面。用户可以直接选择不同曲面上的两条曲线，然后执行该命令，即可在两个模型之间产生一个平滑的过渡曲面。

动手实践101——自由圆角操作

1 在场景中创建一个球体和变形曲面，选中两模型曲面上的Iso参数线，如图5-58所示。

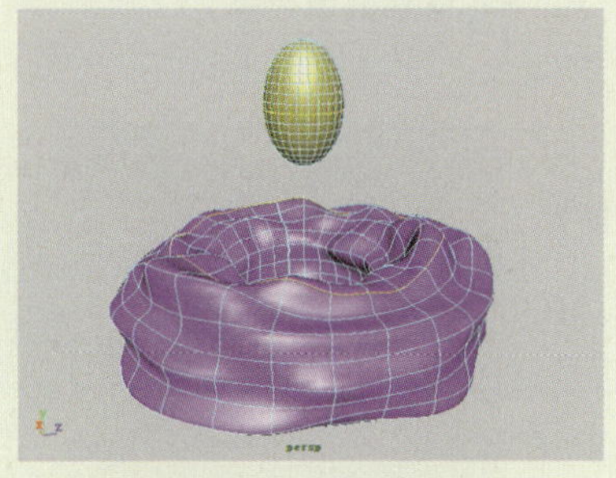

图5-58 选择曲面Iso参数线

2 执行Edit NURBS（编辑NURBS）| Surface Fillet （曲面圆角）| Freeform fillet（自由圆角）命令，对其执行自由圆角操作。如图5-59所示为曲面间的圆角效果。

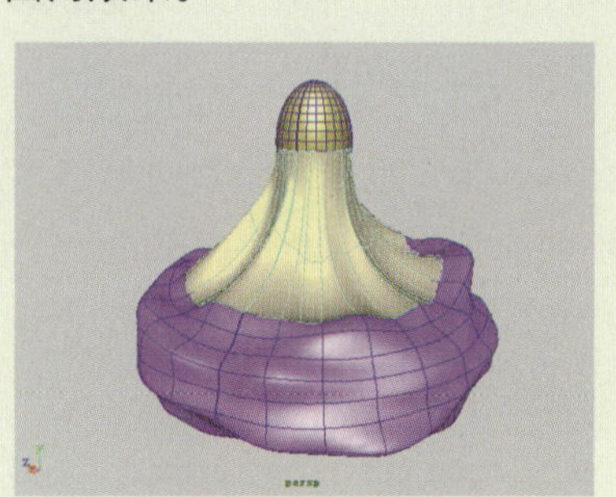

图5-59 曲面的圆角效果

注意

在执行该命令操作时，注意两个模型的法线方向是否相同，它们的UV点起始方向是否一致。这两种情况都会影响倒角曲面的外形效果。

问题：选中两个模型或选中两个模型上的面能否执行Freeform fillet操作？

该命令只能依赖于选择两个模型上的曲线，用于形成光滑的过渡曲面。并且任意原始曲面的移动都会影响过渡曲面的外形。

用户可以通过调整圆角参数设置来改变生成过渡曲面的状态。单击Edit NURBS（编辑）| Freeform Fillet（自由圆角）命令右侧的方体按钮，打开其属性对话框，如图5-60所示。

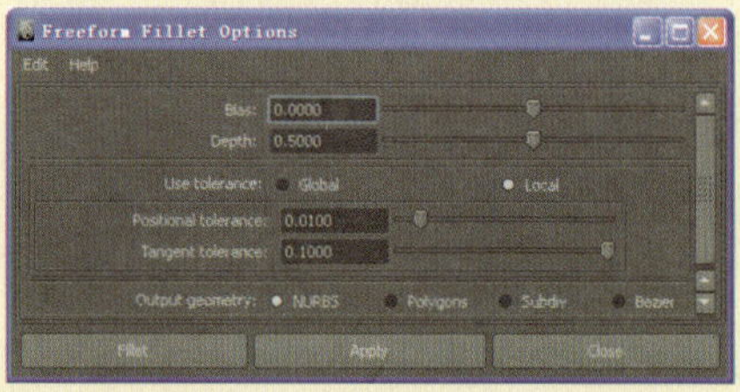

图5-60 自由倒角属性对话框

对话框中的选项说明如下。

- Bias（偏移值）：用于控制与原始曲面相连的圆角曲面两端的切线状态，控制连接处的平滑度。
- Depth（曲率）：用于控制圆角曲面的曲率。
- Use tolerance（使用公差）：用于控制圆角曲面精度的参数集合。
- Output geometry（输出几何体类型）：用于设置产生圆角曲面的类型。

2.Circular Fillet（圆形圆角）

Circular Fillet命令可以直接选择两曲面模型，执行Edit NURBS（编辑NURBS）| Freeform Fillet （自由圆角）| Circular Fillet（圆形圆角）命令，即可生成圆角效果。如图5-61所示为变形球体与平面间的圆角效果。

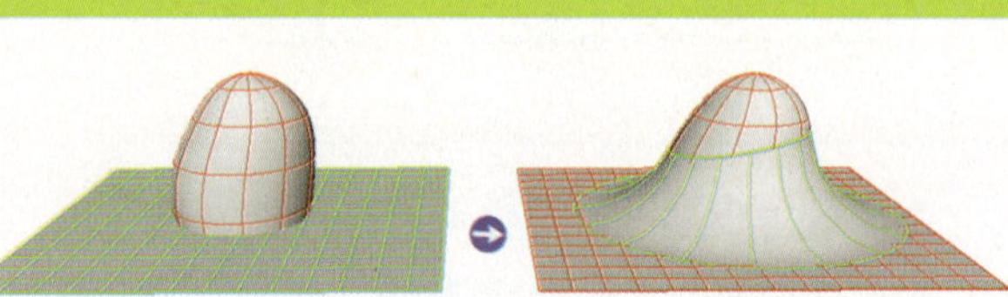

图5-61 圆形圆角效果

同样，用户也可以设置圆形圆角工具的属性参数来改变曲面的圆角效果。单击Circular Fillet命令右侧的方体按钮，打开其属性对话框，如图5-62所示。

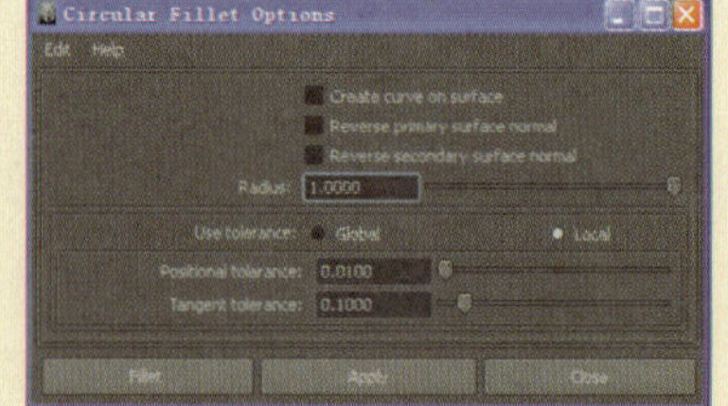

图5-62 圆形圆角属性对话框

对话框中的选项说明如下。

- Create curve on surface（创建曲面曲线）：用于设置在创建环型圆角时，在相交的曲面上创建圆角曲线。
- Reverse primary surface normal（反转原始曲面法线）：此选项决定是否翻转相交曲面的法线方向，并在另一侧产生圆角曲线。

- Radius（半径）：用于设置产生圆角曲面的半径。

3.Fillet Blend Tool（融合圆角工具）

Fillet Blend Tool命令的应用更为简单、自由。它可对2个或3个曲面同时进行圆角操作，常用于NURBS模型面之间的圆角效果，能够制作出常规建模难于体现的光滑过渡面。

在场景中创建3个曲面，调整它们的大小。首先执行Edit NURBS（编辑NURBS）| Freeform Fillet （自由圆角）| Fillet Blend Tool（融合圆角）命令，再选中两个平面模型上的Iso参数线，按Enter键确定。然后再选择大平面上的Iso参数线，再按Enter键，即可完成圆角效果，如图5-63所示。

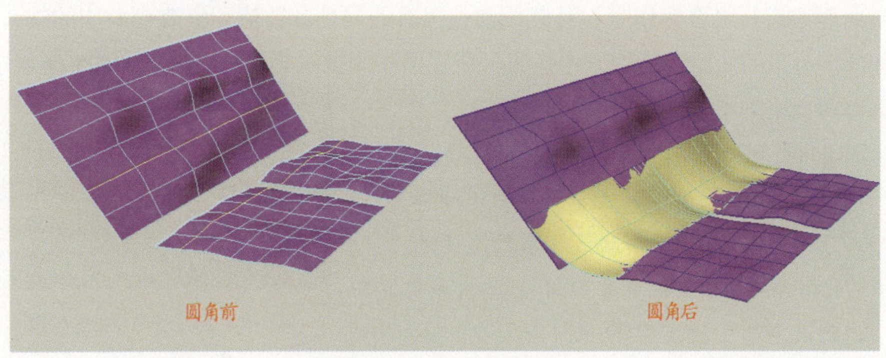

图5-63 融合圆角效果

5.1.20 Stitch（缝合）

Stitch命令主要用于将两个不同的曲面结合到一起，而不产生新的过渡曲面。该命令的使用要求两曲面的Iso参数线是相对应的，因为不对应的Iso参数线在连接后会产生渲染时的错误。曲面的Stitch命令包括Stitch Surface Points（缝合曲面点）、Stitch Edges Tool（缝合边）和Global Stitch（全局缝合）3种缝合方式。下面对这3种工具的使用进行介绍。

1.Stitch Edges Tool（缝合边工具）

动手实践102——缝合边操作

1 执行Edit NURBS（编辑NURBS）| Stitch Edges Tool（缝合边）□命令，在弹出的属性设置面板中设置Weighting on edge1/edge2均为0.5。然后选中金鱼鱼鳍曲面上两对应的Iso参数线，如图5-64所示。

2 再次执行Stitch Edges Tool（缝合边）命令，即可将两条Iso参数线缝合在一起，如图5-65所示。

图5-64 选中曲面的Iso参数线

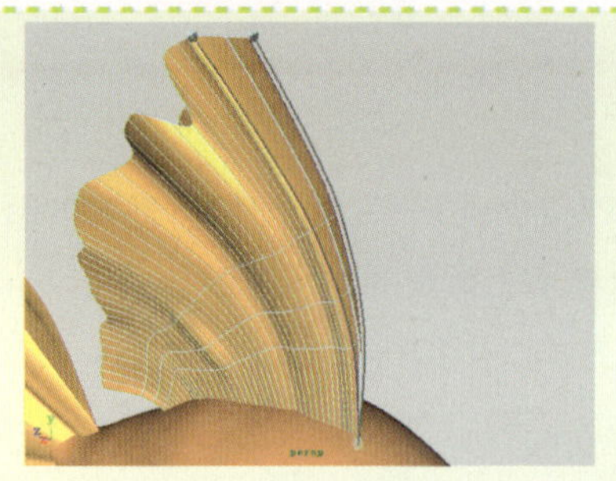

图5-65 执行缝合边操作

提示

执行缝合操作的两曲面并没被真正地结合在一起，删除两缝合曲面的历史操作节点，它们仍然是孤立的曲面个体。

在对曲面边进行缝合操作时，可以设置该工具的属性参数值，来改变曲面的缝合效果，单击Stitch Edges Tool命令右侧的方体按钮，在视图右侧显示其属性面板，如图5-66所示。

下面对面板中的参数进行说明。

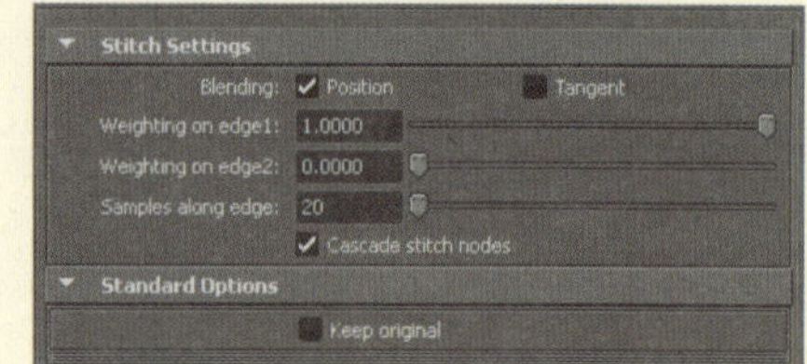

图5-66 缝合曲面边属性设置面板

- Blending（混合）：用于控制曲面缝合的方式。
  - ◎ Position：表示曲面缝合位置的连续性。
  - ◎ Tangent：表示曲面切线缝合的连续性。
- Weight on edge（权重边）:用来控制分配缝合边到某条边上的权重值。
- Samples along edge（边缘采样）：用来控制缝合曲面的强度，值越大，缝合强度也就越强，同时运算性能也会变慢。
- Cascade（级联）：用于控制是否忽略事先曲面上的缝合操作，默认为启用该复选框。

2.Stitch Surface Points（缝合曲面点）

动手实践103——缝合曲面点操作

1 选中金鱼鱼鳍曲面上的两对应点，如图5-67所示。

图5-67 选择曲面点

2 执行Stitch Surface Points（缝合点）命令，对所选编辑点执行缝合点操作，即可将它们缝合到一起，如图5-68所示。

图5-68 缝合点操作

3.Global Stitch（全局缝合）

全局缝合是一种比较自由的缝合方式，用户可以直接选择两曲面模型，执行Edit Surfaces（编辑曲面）|Global Stitch（全局缝合）命令，即可将它们缝合在一起。

5.1.21 Sculpt Geometry Tool（雕刻几何体工具）

Sculpt Geometry Tool可以对NURBS曲面进行修改和编辑。用户可以将曲面的细分段数加大，然后，再使用该工具在细分曲面上涂绘，以制作出平滑、多样的造型效果。可用于制作山体、布料的褶皱效果等。它与多边形的雕刻工具类似，并且笔刷的使用方法是一样的。下面对该工具的使用方法进行介绍。

动手实践104——雕刻曲面工具

1 选中细分的曲面模型，执行Edit NURBS（编辑NURBS）| Sculpt Geometry Tool（几何体雕刻）命令，打开其属性参数面板，如图5-69所示。

图5-69 雕刻属性参数面板

2 单击属性面板中的图标，设置Radius（U/L）均为0.1。然后，在选择的细分曲面上单击并拖曳鼠标左键，雕刻曲面的凸起效果，如图5-70所示。

3 按B键，并拖曳鼠标中键，适当调整笔刷的半径大小，如图5-71所示。

4 再在所选细分曲面上，单击并拖曳鼠标左键，以将该曲面雕刻出更大的凸起效果，如图5-72所示。

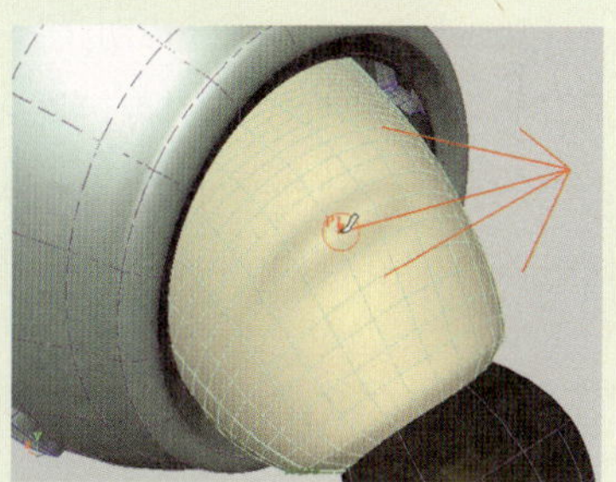
图5-70 雕刻曲面

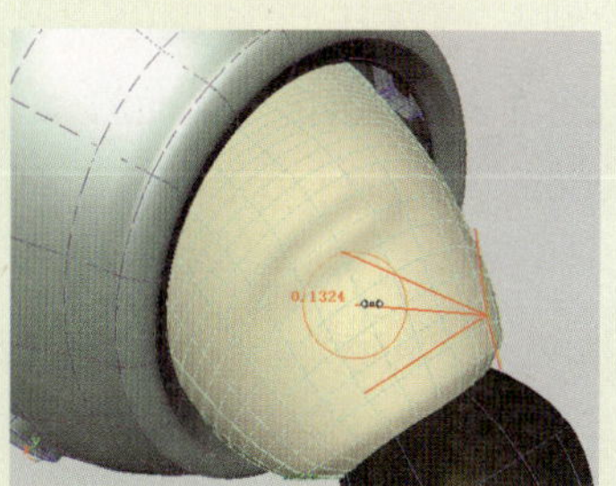

图5-71 调整笔刷半径

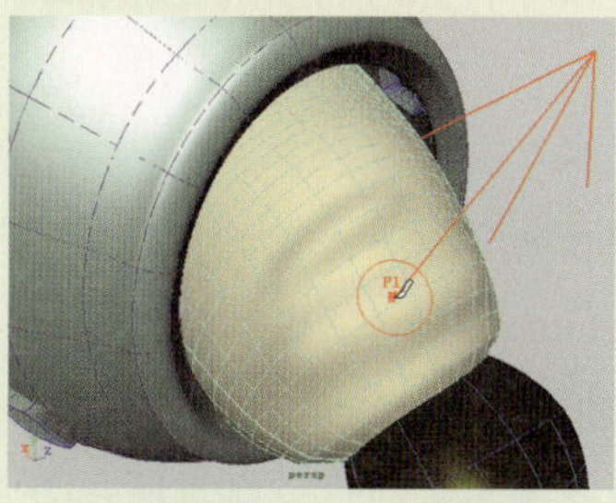
图5-72 曲面的雕刻效果

5.1.22 Surface Editing（曲面编辑）

Surface Editing命令同Curres Editing（曲线编辑）命令一样，也是通过使用控制手柄对曲面进行多面的控制和编辑。它包括3种编辑命令，依次是Surface Editing Tool（曲面编辑工具）、Break Tangent（断开切线）和Smooth Tangent（光滑切线）。如图5-73所示为Surface Editing（曲面编辑）命令的控制手柄。

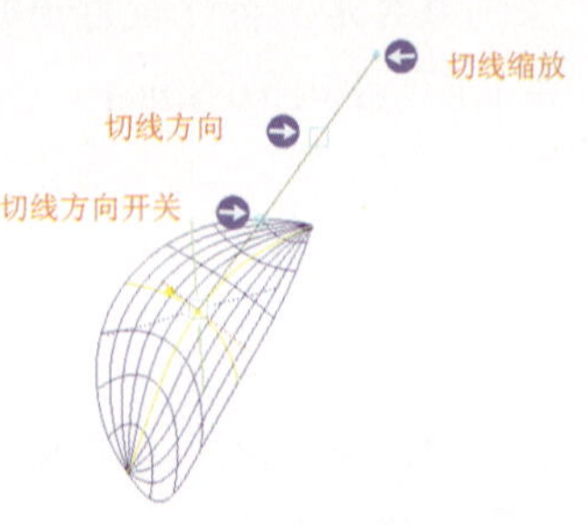

图5-73 曲面编辑手柄

Break Tangent（断开切线）命令用于在曲面上创建锐利的折角。而Smooth Tangent（光滑切线）命令与Break Tangent（断开切线）命令的作用恰恰相反，即可以将折角切线恢复光滑。

用户可以选中曲面上的曲线，执行Edit NURBS（编辑NURBS）| Break Tangent（断开切线）命令，将切线的连续性打断。然后，再移动该曲线上的点，即可出现折角。接着，再选择该折角上的曲线，执行Smooth Tangent（光滑切线）命令，将打断的切线恢复圆滑，如图5-74所示。

图5-74 曲面的编辑效果

5.1.23 Selection（选择）

Selection可以快速选择曲面上指定范围内的控制点，从而方便了用户快速、精确的选择曲面上的控制点。执行Edit NURBS（编辑NURBS）| Selection（选择）命令，在右侧弹出的命令列表中包含了4种快速选择曲面的命令，分别为Grow CV Selection（扩大选择范围）、Shrink CV Selection（收缩选择范围）、Select CV Selection Boundary（选择CV边界）和Select Surface Border（选择曲面边界）。下面对这几种命令进行介绍。

1.Grow CV Selection（扩大选择范围）

该命令用于增加控制点的选择范围。

选中曲面上的控制点，执行Grow CV Selection（扩大选择范围）命令，即可将所选控制点周围的控制点选中，如图5-75所示。

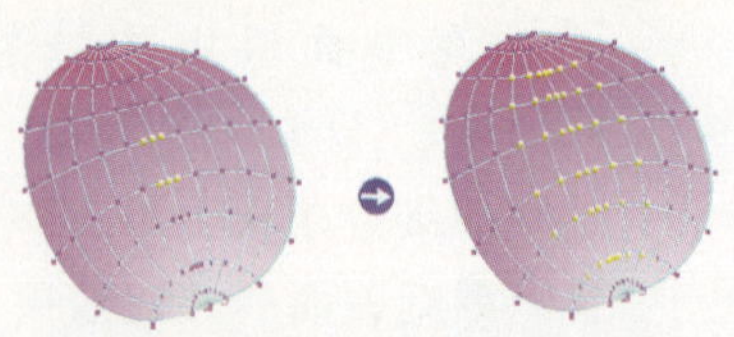

图5-75 选择控制点周围的控制点

2.Shrink CV Selection（收缩选择范围）

用于缩小控制点的选择范围，与Grow CV Selection命令的作用正好相反。

3.Select CV Selection Boundary（选择CV边界）

用于快速选择所选控制点所在的边界。

选中曲面上的控制点，执行Select CV Selection Boundary命令，即可完成操作，如图5-76所示。

4.Select Surface Border（选择曲面边界）

用于选择曲面的边界边。执行Select Surface Border□命令，在打开的属性对话框中，包含了边界边的4种选择类型，分别为Select First U 、Select First V、Select Last U和Select Last V。

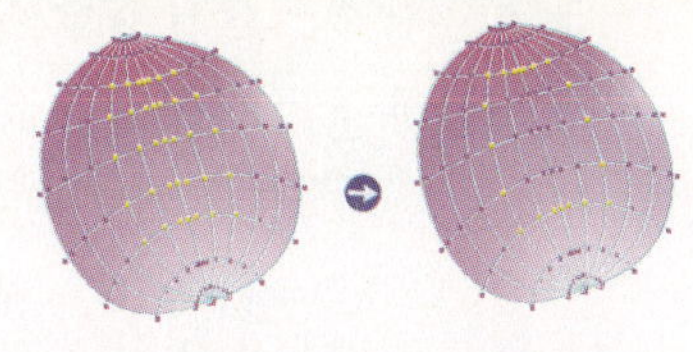

图5-76 选择已选择控制点的边界

选中曲面模型，执行Select Surface Border□命令，再分别启用不同选择类型的复选框。然后单击Select按钮，即可完成曲面的选择。如图5-77所示的是曲面边界的选择效果。

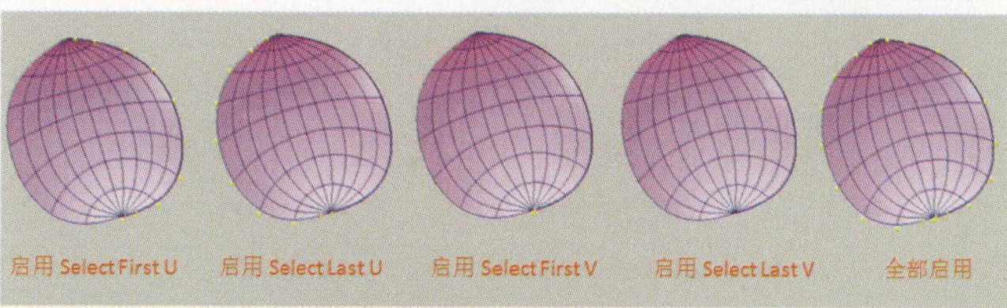

图5-77 曲面边界的选择类型

5.2 制作黑客模型

在制作NURBS物体时，首先要考虑好模型的成型方式。本节制作的模型结构比较丰富、细节也比较多。该模型的制作可以充分考虑利用放样、旋转、剪切、倒角、挤压等多种命令结合创建。下面首先从角色的躯体做起。

综合实战04——制作黑客模型

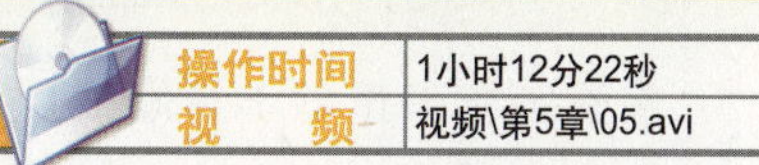

操作时间	1小时12分22秒
视　频	视频\第5章\05.avi

5.2.1 角色的躯体制作

1 切换到Front视图，单击工具架上的图标，在场景中绘制出一条曲线。然后，进入其控制点显示模式，调整曲线的顶点位置，如图5-78所示。

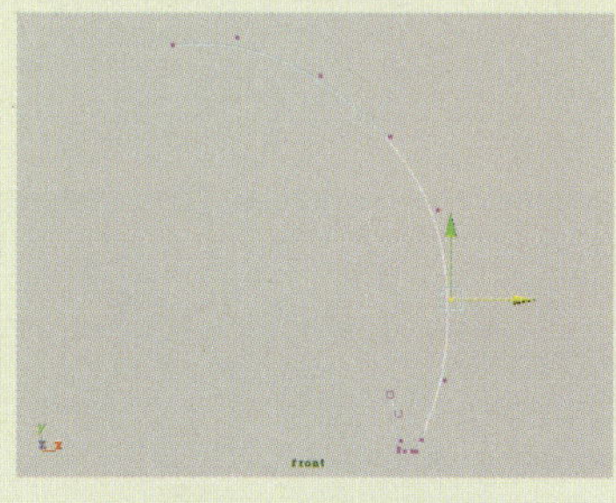

图5-78 曲线的创建

2 选中该曲线，执行Surfaces（曲面）| Revolve（旋转成面）□命令，在弹出的属性对话框中，单击Axis Preset（轴向参考）属性下的Y单选按钮，然后单击Apply按钮，使曲线沿Y轴旋转成曲面，如图5-79所示。

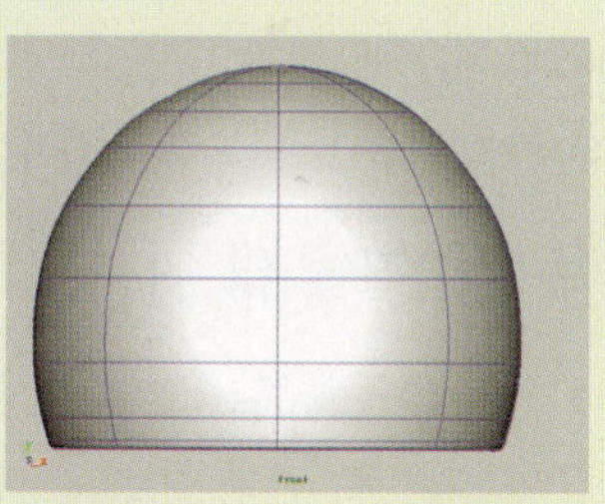

图5-79 旋转成曲面

3 使用同样的方法，再创建一条曲线，并使其沿Y轴旋转出角色头部的另一部分曲面，如图5-80所示。

4 创建一个球体并选中其上的一条Iso参数线，执行Edit NURBS（编辑

NURBS）| Detach Surfaces（分离曲面）命令，将其分离成两部分。然后，删除不用的部分并调整剩余部分的外形，如图5-81所示。

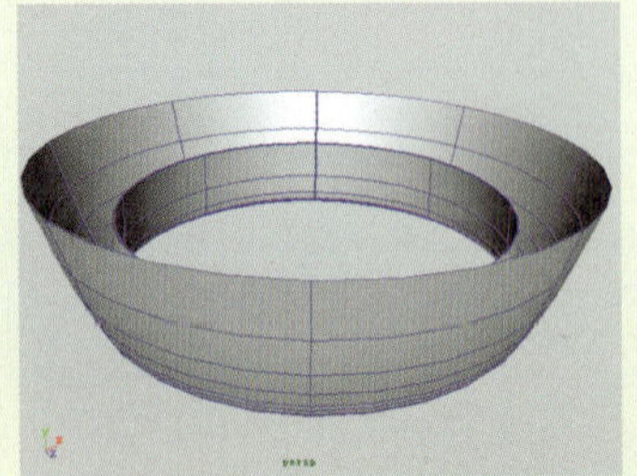

图5-80 旋转后的效果

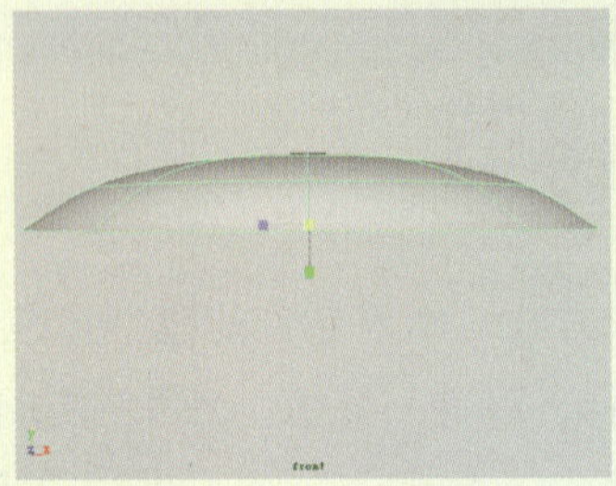

图5-81 分离球体模型

5 在确定模型造型不再修改后，可以将它们的操作历史删除。然后，将先前制作的各个曲面放置到一起，如图5-82所示。

6 旋转视图角度，看到旋转操作所成的曲面中心有黑色区域，用户可以进入曲面Iso参数线显示模式，选中并拖动其一条Iso参数线的位置，如图5-83所示。

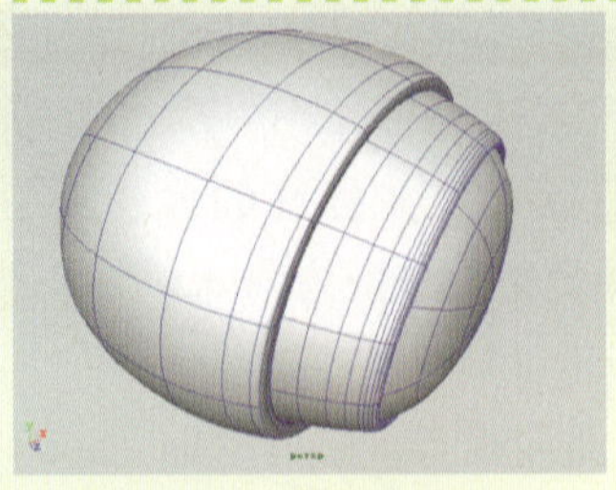

图5-82 躯体的基本形状

图5-83 添加Iso参数线

7 然后释放鼠标，执行Edit NURBS（编辑NURBS）|Insert Isoparms（插入等参线）命令，即可在该处添加Iso参数线，以增加此处的细分效果，从而使黑色区域消失，如图5-84所示。

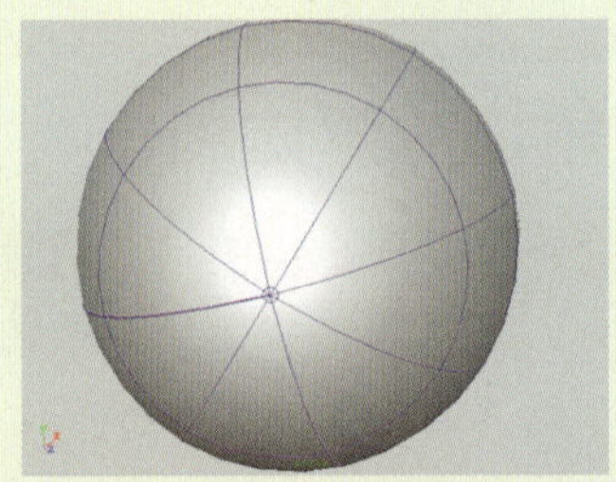

图5-84 插入ISO参数线的效果

5.2.2 角色的嘴部制作

1 切换到Front视图，单击工具架上的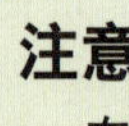图标，绘制一条曲线，如图5-85所示。

注意

在曲线的拐角处，应当多创建几个控制点，以便于更好地控制它的曲度，使曲线该处的过渡更自然。

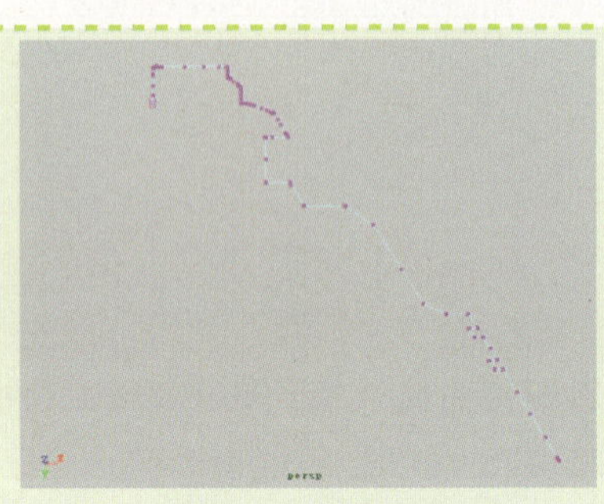

图5-85 绘制曲线

2 按Enter键，确定创建曲线。按Insert键，显示并调整曲线的中心点位置，如图5-86所示。然后，再按Enter键确定中心点的调整。

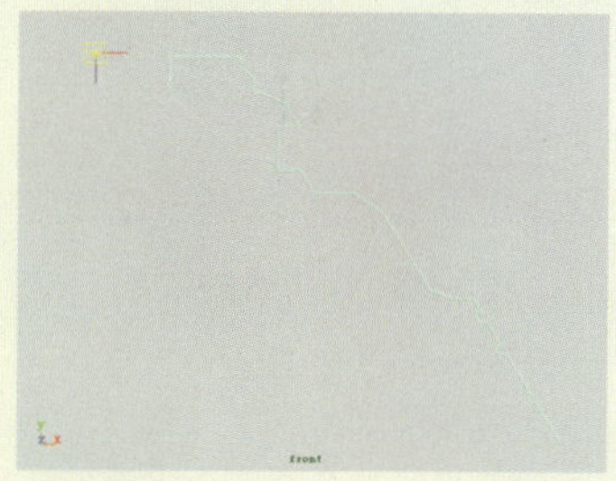

图5-86 调整曲线的中心点

3 选中该曲线并执行Revolve（旋转成面）命令，使其沿Y轴旋转成曲面，如图5-87所示。

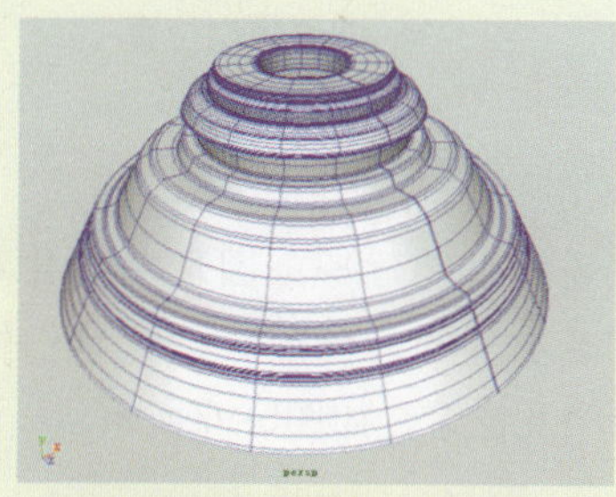

图5-87 旋转后的效果

4 单击工具架上的◎图标，创建一个圆环曲线并设置其顶点的数量。然后，调整其控制点位置，以改变圆环形状，如图5-88所示。

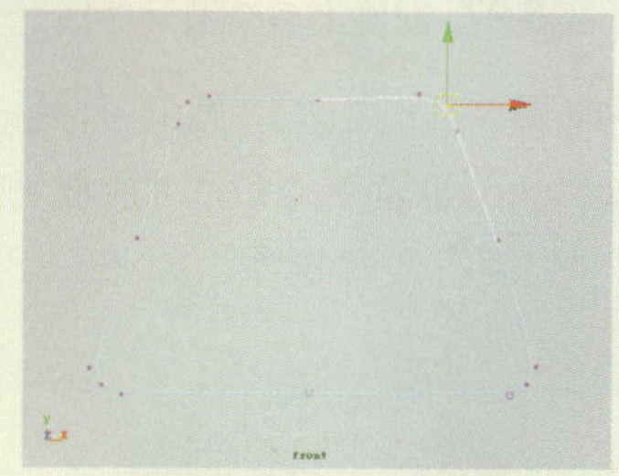

图5-88 调整后的圆环

5 移动并旋转该曲线的位置和角度，调整曲线与模型的相对位置，如图5-89所示。

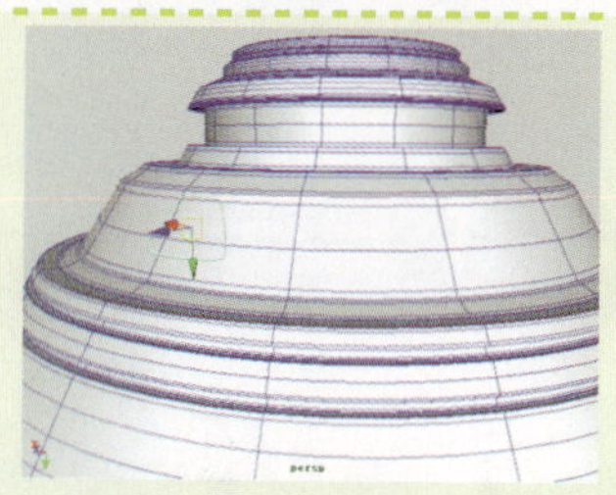

图5-89 调整曲线位置

6 切换到Top视图，按Insert键，显示并调整该曲线中心点的位置，再按Insert键，确定中心点位置，如图5-90所示。

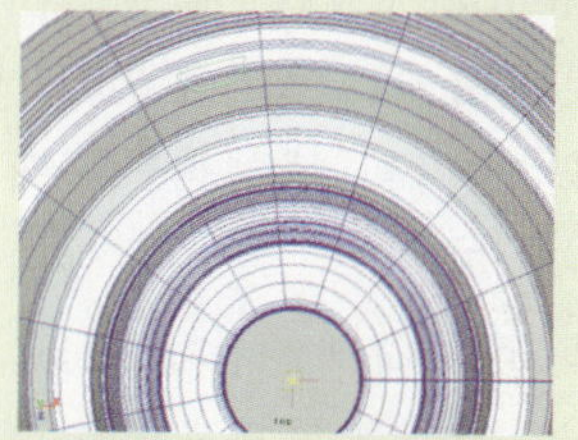

图5-90 调整曲线的中心点

7 切换到Persp视图并执行Edit（编辑）|Duplicate Special（智能复制）▣命令，在弹出的属性对话框中设置Rotate Y（旋转）为30，Number of Copies（复制数量）为12，单击Apply按钮，对其进行复制，如图5-91所示。

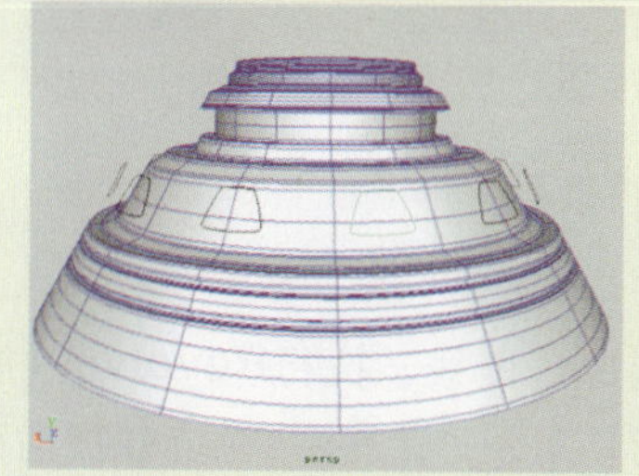

图5-91 复制后的效果

8 选中所有曲线，再选中曲面，执行Edit NURBS（编辑NURBS）|Project Curve on Surface（投射曲线到曲面）▣命令，在弹出的属性对话框中，选择Project along（映射位置）属性下的Surface normal（曲面法线）选项，单击Apply按钮，将曲线框映射到曲面

上，如图5-92所示。

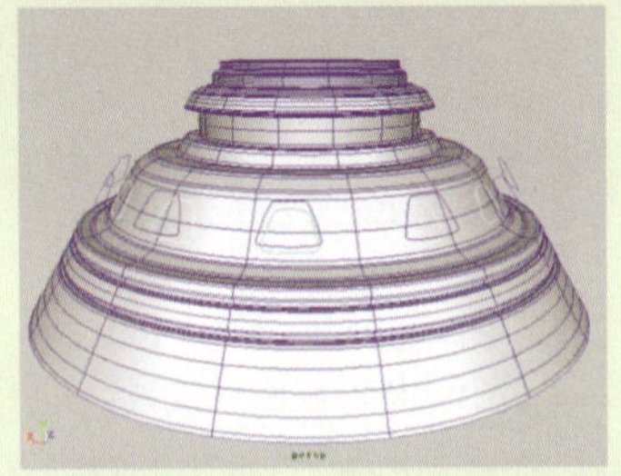

图5-92 映射后的效果

9 执行Edit NURBS（编辑NURBS）|Trim Tool（修剪）命令，在映射曲面需要保留的部位，连续3次单击，然后按Enter键，修剪掉多余曲面，如图5-93所示。

10 角色的嘴部制作已完成，使用移动、旋转工具将其移动到躯体模型上，如图5-94所示。

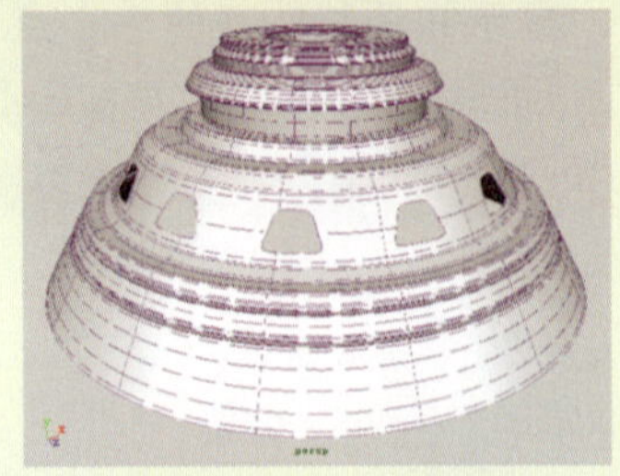

图5-93 剪切后的效果

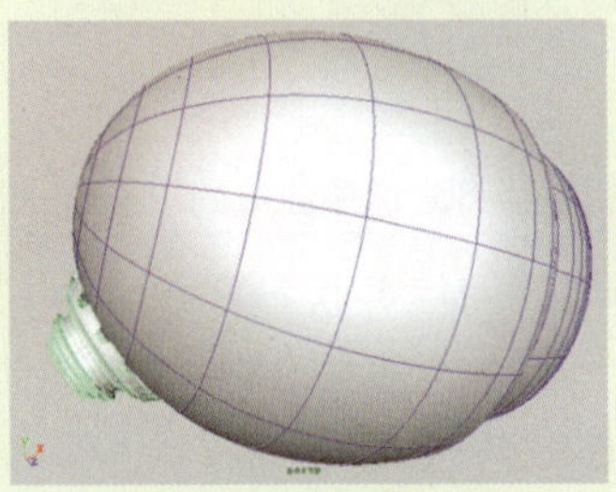

图5-94 调整模型位置

5.2.3 角色的爪子制作

1 切换到Front视图，创建一个曲线并调整其中心位置，如图5-95所示。

图5-95 创建曲线

2 选中该曲线，执行Revolve（旋转成面）命令，使其沿Y轴旋转成曲面，如图5-96所示。

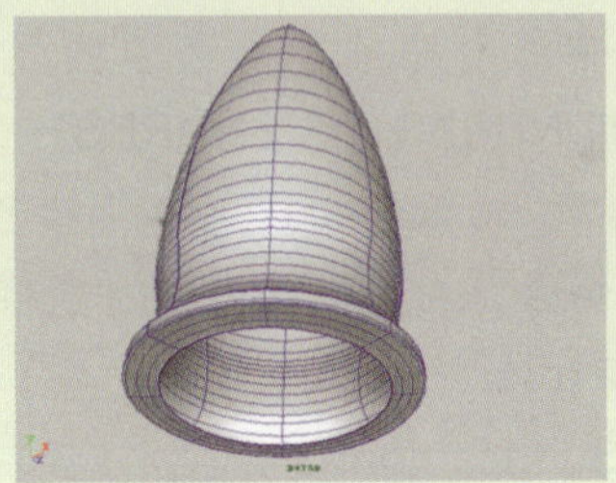

图5-96 旋转后的效果

3 在场景中创建一条圆环曲线并对其进行多次复制。然后，调整它们的半径大小及位置，如图5-97所示。

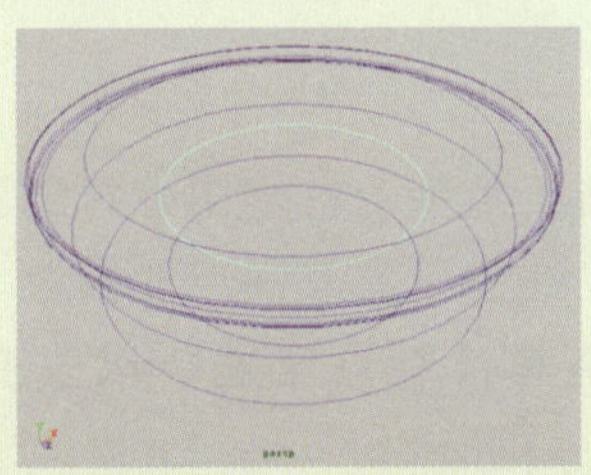

图5-97 创建出多个圆环曲线

4 按照顺序依次选中圆环曲线，执行Surface（曲面）| Loft（放样）命令，对它们进行放样操作，如图5-98所示。

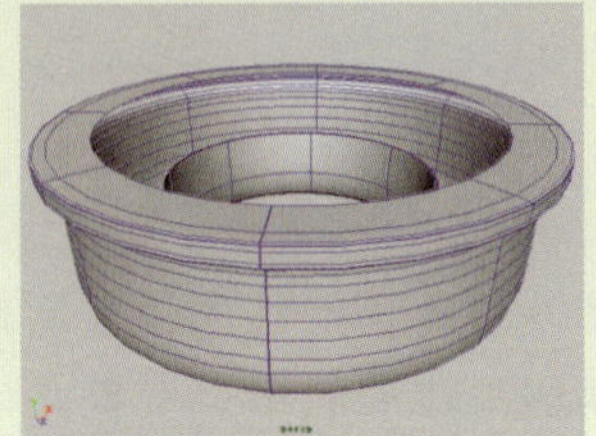

图5-98 放样后的效果

5 再创建4条圆环曲线，并且调整它们的位置及半径大小，如图5-99所示。

图5-99 调整后的曲线

6 依次选中圆环曲线，执行Loft（放样）■命令，在弹出的属性对话框中，选择Surface degree（曲面度数）属性下的linear（线性）选项，单击Apply按钮，创建放样曲面，如图5-100所示。

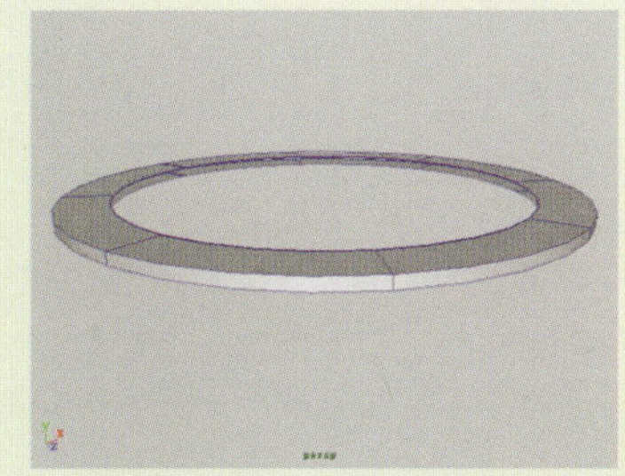

图5-100 放样出的效果

7 在场景中创建一个圆柱并调整其外形，将圆柱顶部和底部的面删除。然后调整它的细分段数，如图5-101所示。

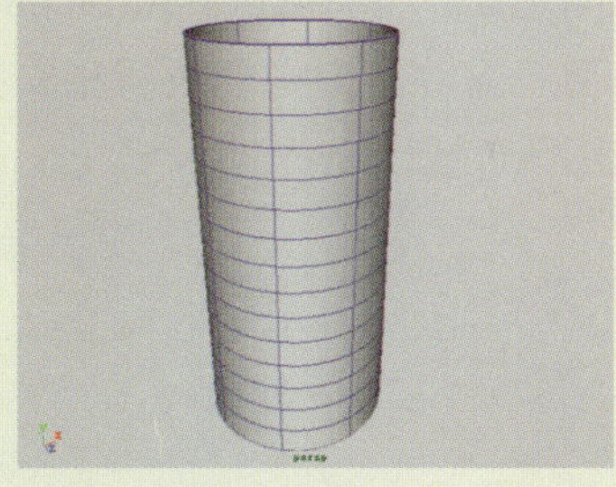

图5-101 删除顶端调整后的圆柱

8 切换到Front视图并放大视图角度。调整圆柱曲面的外形并为其添加Iso参数线，以增加该处的细分，如图5-102所示。

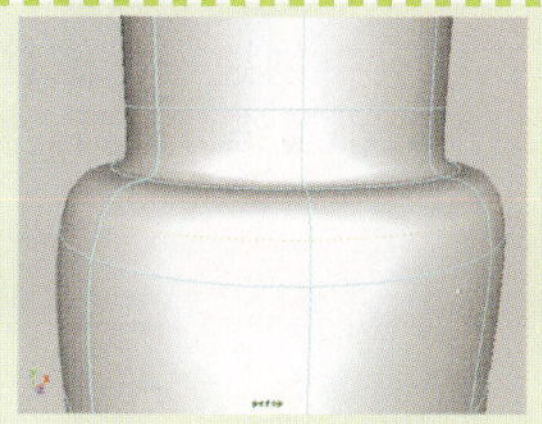

图5-102 添加Iso参数线

9 使用同样的方法，调整圆柱曲面整体的造型效果，并在各个拐角处添加多条Iso参数线，以使曲面的拐角造型更明显，如图5-103所示。

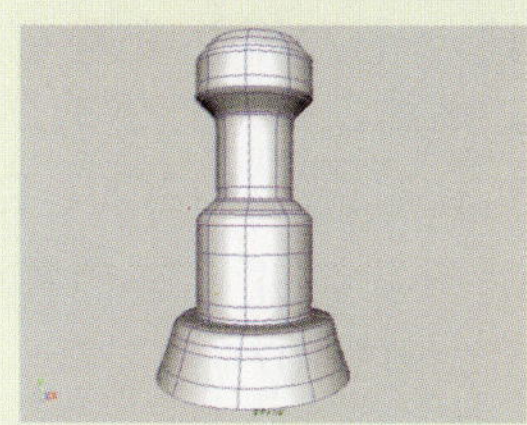

图5-103 调整好的效果

10 将先前创建的几个模型曲面放置到一起，观察其整体效果，如图5-104所示。

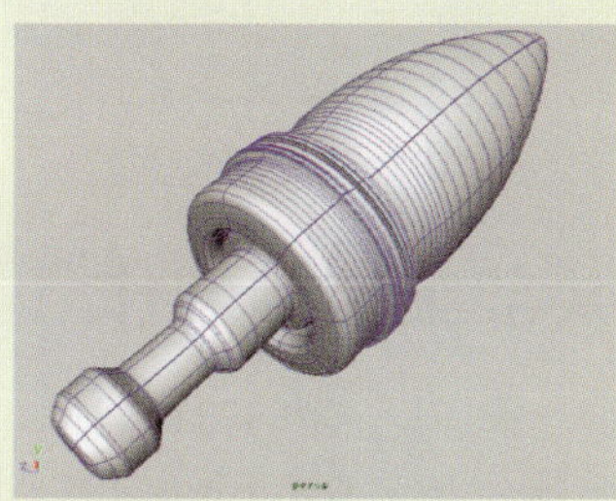

图5-104 调整后的位置

11 创建两个圆柱体和4个方体，并且调整它们的细分段和相对位置，用来作为角色的手臂造型，如图5-105所示。

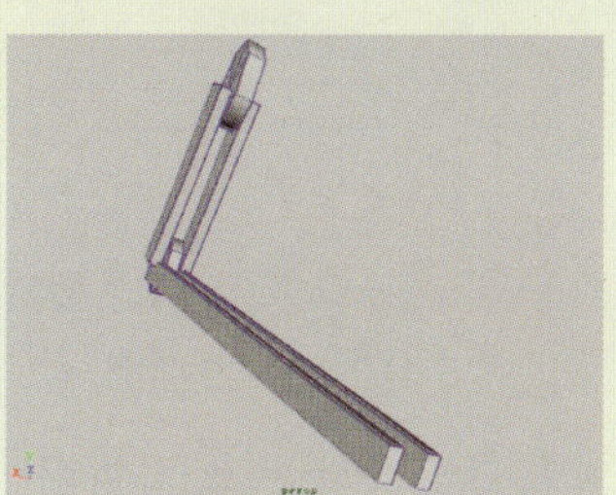

图5-105 创建手臂模型

12 再在场景中创建一个圆柱体，并调整它的大小及细分段数，如图5-106所示。

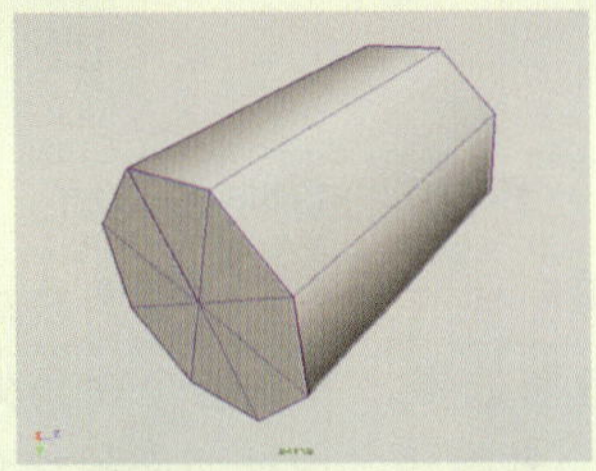

图5-106 调整后的圆柱

13 创建一个方体并设置它的细分段数。然后，移动方体的顶点位置以改变其形状。再按Ctrl+D键，对方体进行复制并将它们移动到圆柱上，如图5-107所示。

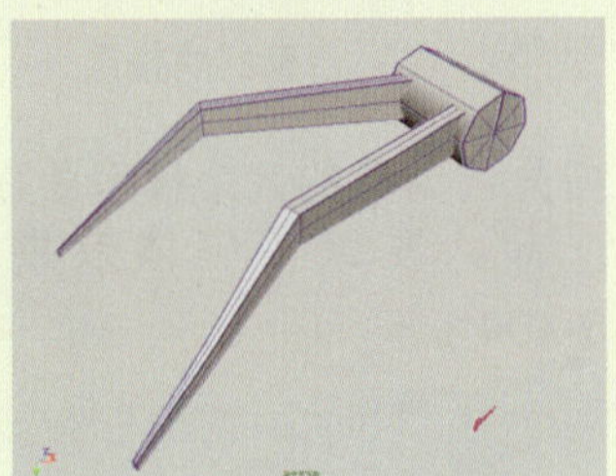

图5-107 移动后的位置

14 删除所有曲面的历史操作记录，调整并放置角色爪子模型的各个部件，如图5-108所示。

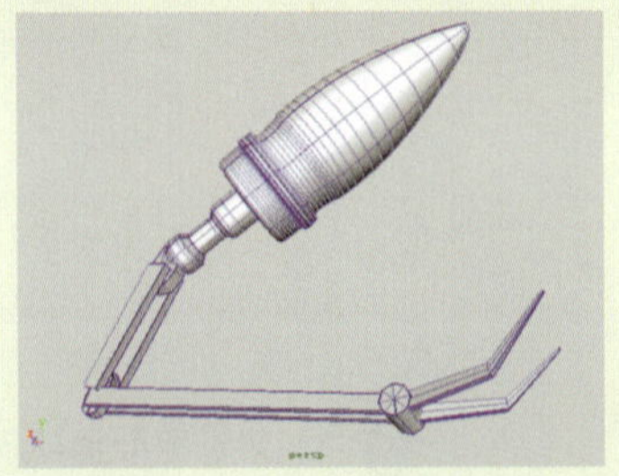

图5-108 组合好的效果

15 框选创建的爪子模型，按Ctrl+G键对其进行群组。然后复制出5个爪子副本模型，调整它们的位置和角度，如图5-109所示。

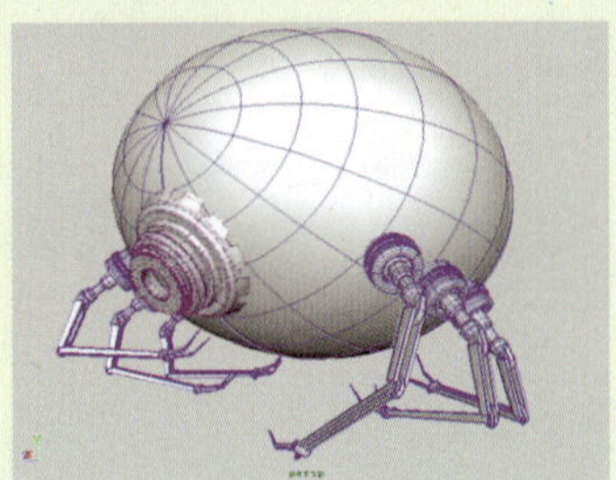

图5-109 移动位置后的效果

5.2.4 头部细节的制作

1 创建一条“L”型的曲线轮廓，并选中该曲线，执行Revolve（旋转成面）命令，将其沿Y轴旋转成曲面，如图5-110所示。

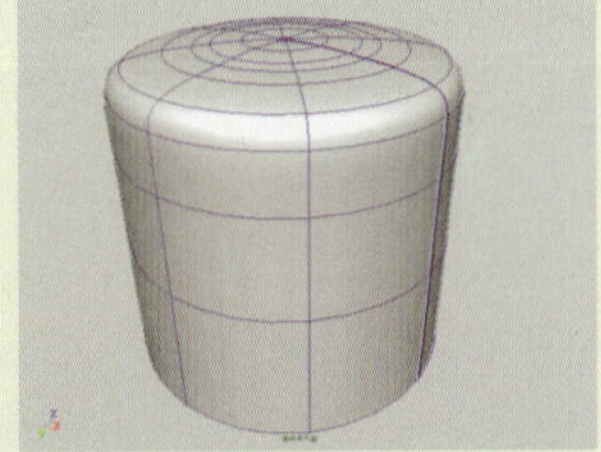

图5-110 旋转成曲面

2 将其移动到角色的躯体曲面上，再在该曲面上添加几条Iso参数线。然后，选中两个曲面并执行Edit NURBS（编辑NURBS）|Intersect Surfaces（相交曲面）命令，对它们执行相交操作，如图5-111所示。

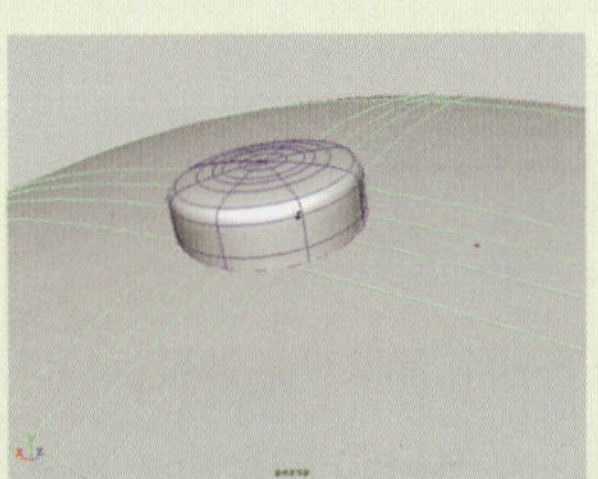

图5-111 执行相交操作

3 然后执行Trim Tool（剪切）操作，剪除两个曲面内部的相交面。执行Edit

NURBS（编辑NURBS）|Round Tool（光滑圆角）命令，在两曲面相交处拖拉鼠标左键，对它们进行圆化操作，如图5-112所示。

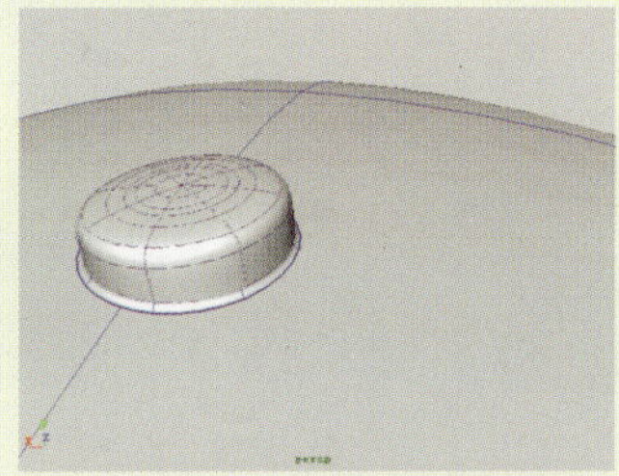

图5-112 圆角后的效果

4 使用同样的方法，对旋转操作制作的柱形曲面进行复制，并且将它们与躯体进行圆化操作，以增加曲面结合的平滑度，如图5-113所示。

图5-113 其他效果

5 在场景中创建一条圆环曲线，并复制出多个圆环曲线。然后，调整它们的大小及位置，如图5-114所示。

6 按照顺序选中圆环曲线，执行Loft（放样）命令，将它们放样成为曲面，如图5-115所示。

提示

若对放样出来的曲面造型不是很满意，则可以通过调整曲线来改变其所成曲面的外形。

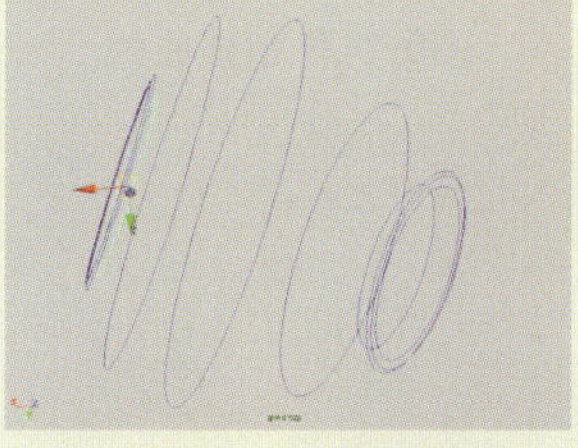

图5-114 调整后的效果

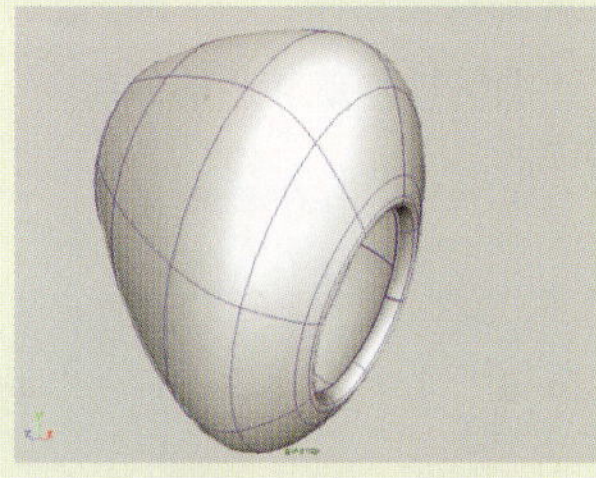

图5-115 放样后的效果

7 删除放样曲面的历史操作记录，然后将放样曲面进行复制，并分别将它们移动到躯体模型上，如图5-116所示。

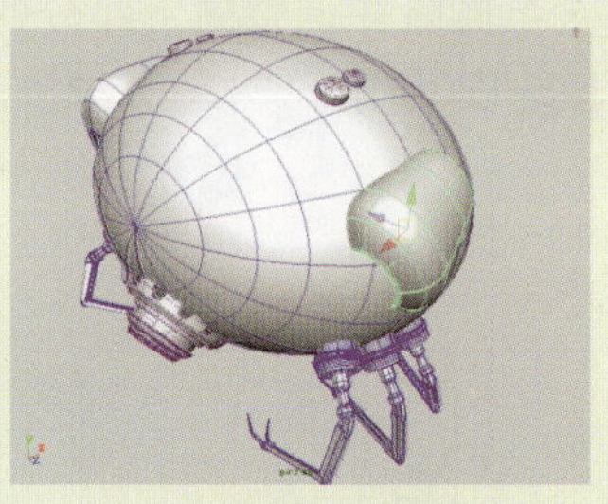

图5-116 移动放样曲面

5.2.5 角色眼睛的制作

1 在Front视图中创建一条CV曲线，并且调整该曲线的中心点位置，如图5-117所示。

2 然后，执行Revolve（旋转成面）命令，使其沿Y轴旋转成曲面。进入该曲面的面显示模式，选中其上半部的面，如图5-118所示。

3 执行Edit NURBS（编辑NURBS） |Duplicate NURBS Patches（复制NURBS面片）命令，对其进行复制，然后使用移动、缩放工具对复制曲面进行调整，如图5-119所示。

图5-117 创建曲线

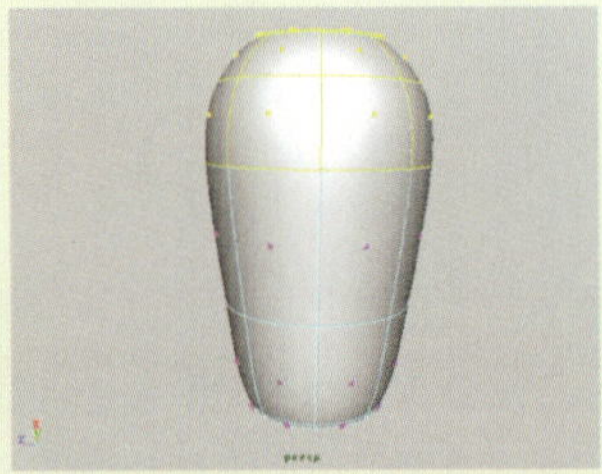

图5-118 旋转后的效果

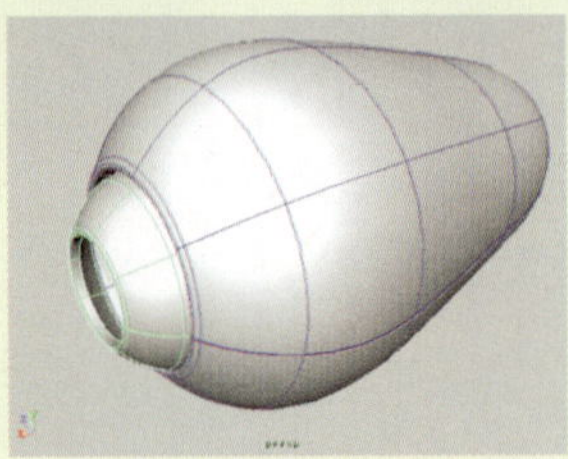

图5-119 复制NURBS面片

4 在场景中，创建一个球体，将其表面的一半删除并调整剩余部分的外形，如图5-120所示。

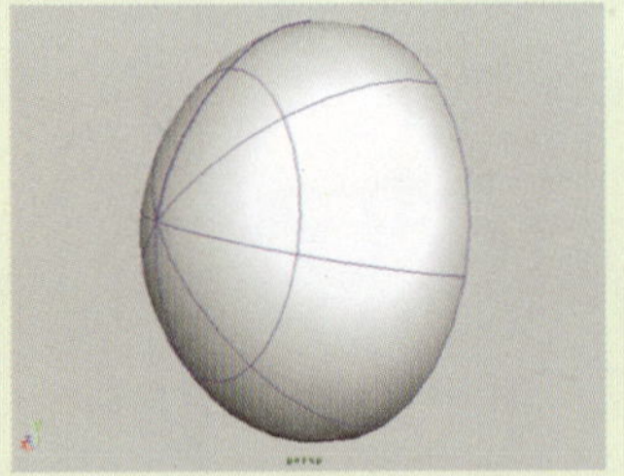

图5-120 调整一半球体

5 将先前创建的几个曲面移动到一起组合成角色的眼睛，如图5-121所示。

6 框选眼睛模型，按Ctrl+G键，将其群组。按Ctrl+D键，将其进行多次复制并调整它们在躯体上的位置及大小，如图5-122所示。

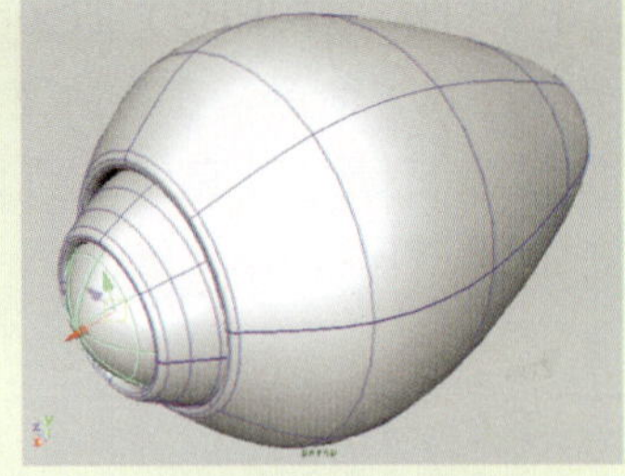

图5-121 眼睛的模型

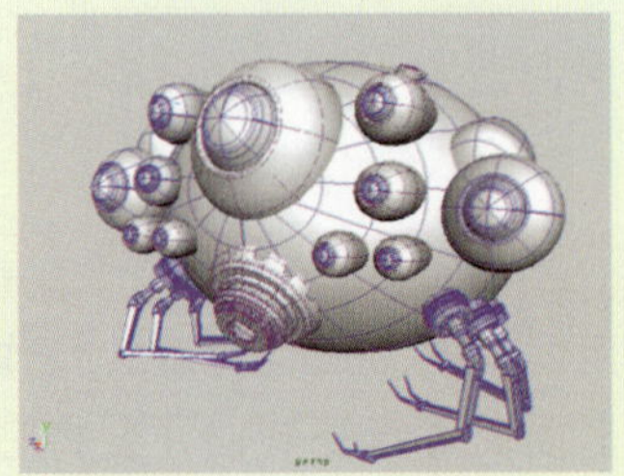

图5-122 复制眼睛模型

7 选中眼睛和躯体模型，执行Edit NURBS（编辑NURBS）|Surface Fillet（曲面圆角）|Circular Fillet（圆形圆角）命令，将其进行倒角，效果如图5-123所示。

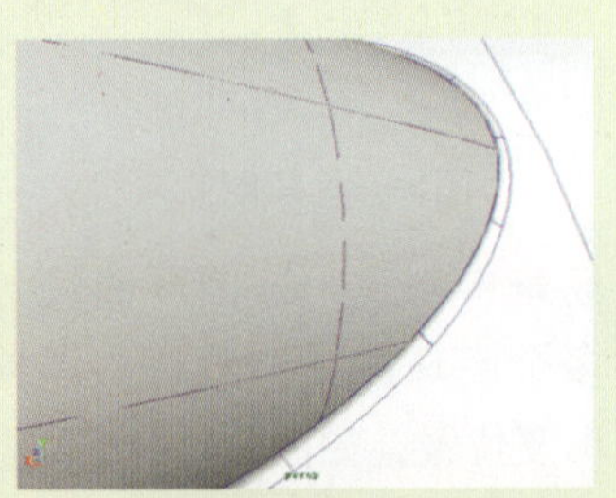

图5-123 倒角效果

8 使用同样的方法，将其他的几个眼睛与躯体表面也进行倒角操作，如图5-124所示。

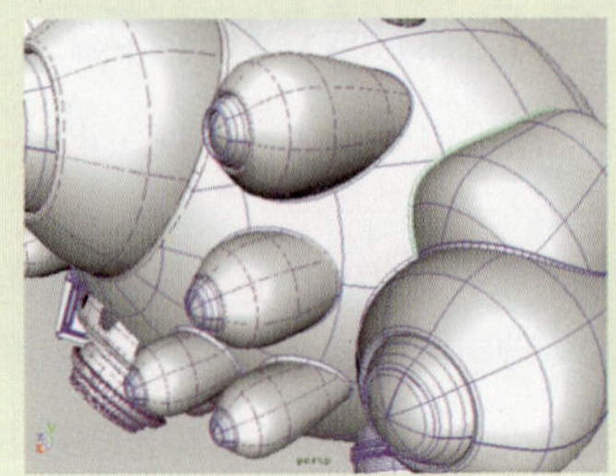

图5-124 曲面的倒角效果

5.2.6 角色尾巴的制作

1 在Front视图中，绘制一条曲线并调整其中心点位置，如图5-125所示。

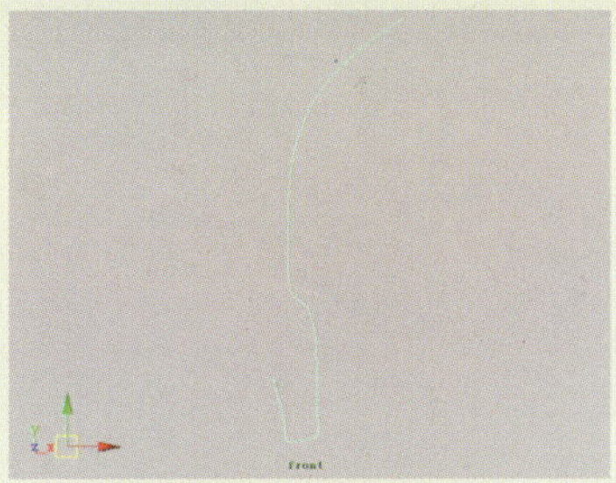

图5-125 绘制曲线

2 选中该曲线并执行Revolve（旋转成面）命令，使其沿Y轴旋转成曲面，如图5-126所示。

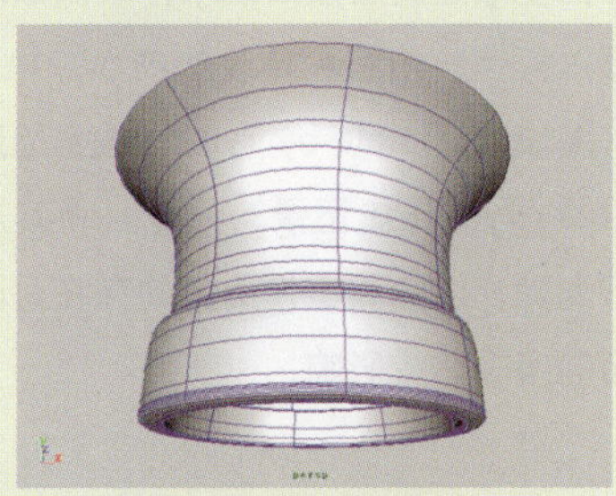

图5-126 旋转后的效果

3 再对该曲面进行多次复制，并且调整它们在躯体上的位置，如图5-127所示。

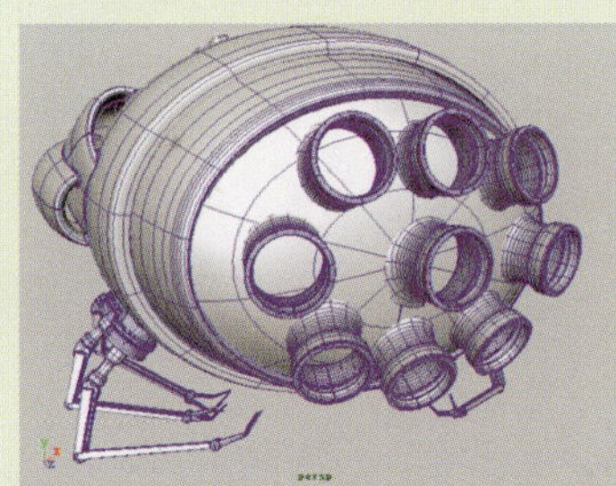

图5-127 调整后的位置

4 旋转视图角度，进入该曲面的Iso参数线显示模式，选中其一条Iso参数线，如图5-128所示。

5 执行Edit Curves（编辑曲线）|Offset Curve（偏移曲线）□命令，在弹出的属性对话框中，设置offset distance（偏移距离）为0.03，单击Apply按钮，执行曲线偏移操作，如图5-129所示。

图5-128 选择曲面Iso参数线

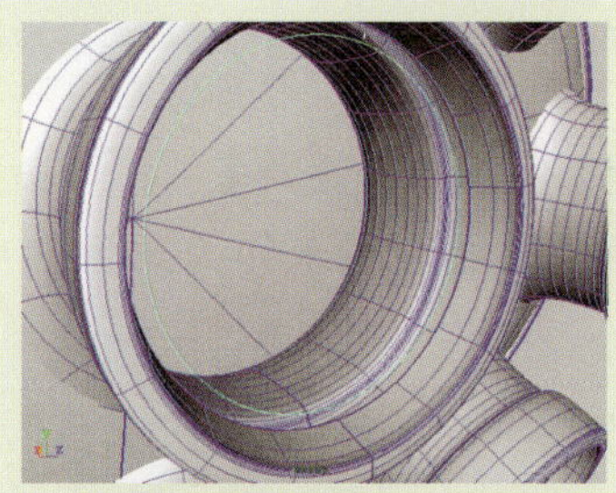

图5-129 偏移出来的曲线

6 在场景中绘制一条曲线，将其移动到偏移圆环曲线的中心位置，并且使其穿过圆环曲线。然后，再调整该曲线的外形，如图5-130所示。

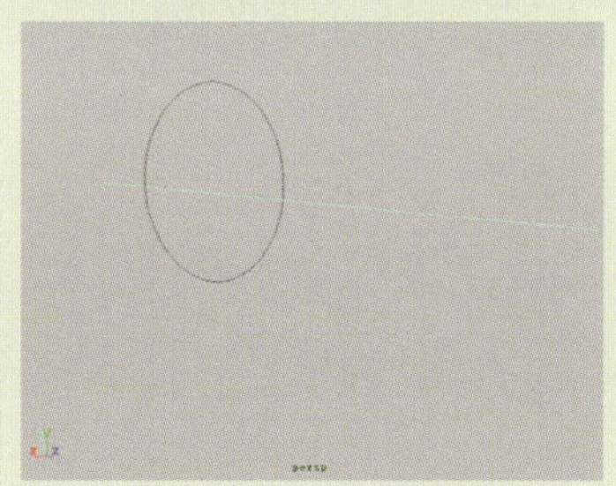

图5-130 创建曲线

7 先选中圆环，再选中曲线，执行Surface（曲面）| Extrude（挤出）□命令，在弹出的属性对话框中，选择Result Position（产生位置）属性下的At Path（在路径）选项，单击Apply按钮，执行挤出操作，如图5-131所示。

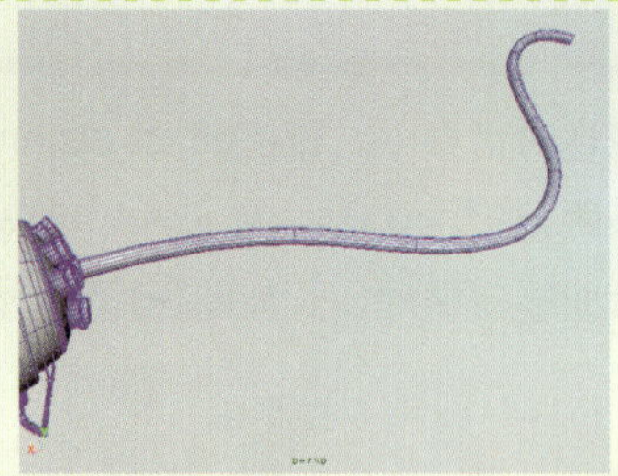

图5-131 执行挤出操作

注意

在将曲线转换为NURBS曲面时，一定要注意曲线上控制点的分布，因为曲线上的控制点分布是否疏密和分布是否均匀，直接影响所成曲面上的曲线分布和曲线数量。

8 使用同样的方法，多制作几条这样的路径曲面，用来作为角色的尾巴造型，如图5-132所示。

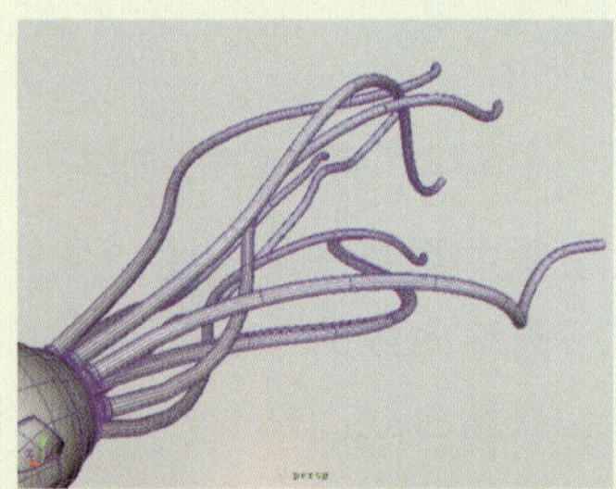

图5-132 挤出多条尾巴

9 到这里，角色模型就制作完成了，调整视图角度，观察其最终制作效果，如图5-133所示。

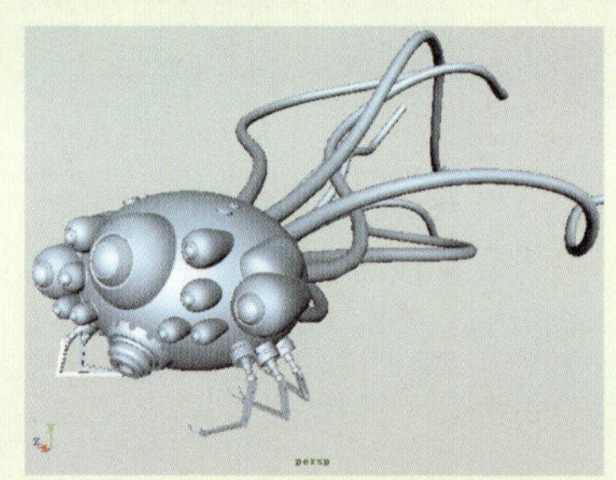

图5-133 角色的最终效果

技巧

在将曲线转化为曲面后，并且确定不需要通过调整该曲线来修改曲面外形，可以框选该曲线和转化的曲面，执行Edit（编辑）| Delete by Type（按类型删除）| history（历史记录）命令，将其历史进行删除，以免其操作历史的存在对以后曲面的编辑造成影响。

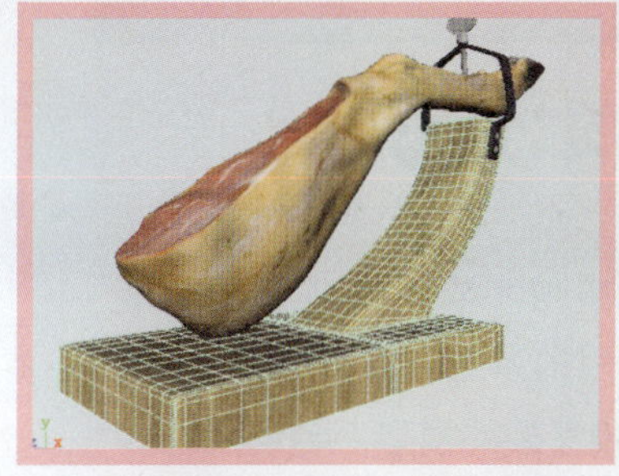

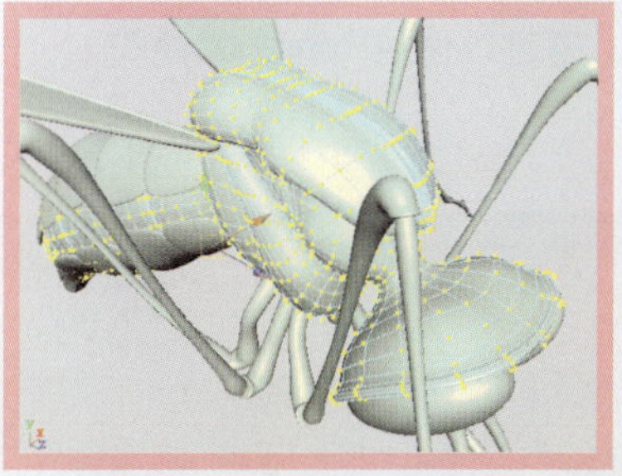

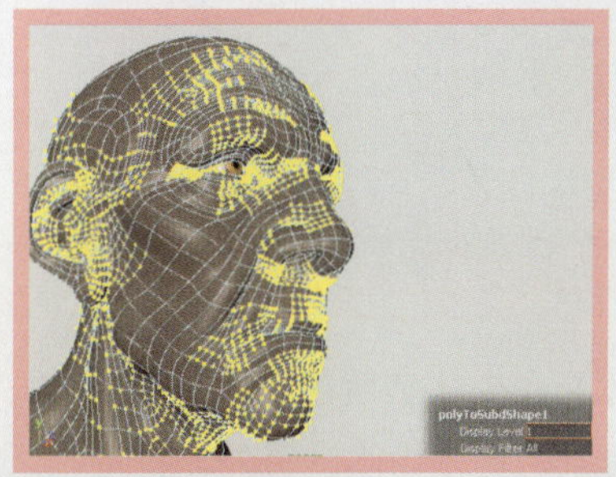

第6章

Subdivision 建模

在Maya 2011中包含了3种基本的建模方法，即曲面建模、多边形建模和细分建模。而细分建模是一种比较“新颖”的建模手段，它整合了曲面建模方法和多边形建模方法的优点，更容易被控制和编辑。细分物体的最大特点就是细分性比较强，从而能够产生更多的细节。像NURBS曲面一样，表面是十分平滑的；也能像多边形一样，可以随意地结合成有机模型。本章将介绍细分模型的创建和编辑方法，以及细分物体的标准模式和多边形代理模式的相互切换。

6.1 Subdivision建模的基本认识

Subdivision建模不同于Polygons建模和NUBRS建模。使用Polygons建模技术可编辑出任意结构复杂的模型，但要得到光滑的多边形模型，会增加所占用的系统空间。NUBRS建模技术，它能制作出表面光滑、精度高的模型，但若要制作结构较复杂的模型，会使用许多复杂的工具，从而使工作的难度加大。而Subdivision建模技术不仅具有NUBRS建模的光滑性，而且具有Polygons建模的便捷性。在Subdivision建模技术中，还可以使用Polygons建模中的编辑工具及命令对细分物体进行编辑。

6.2 Subdivision原始物体

同Polygons（多边形）物体和NURBS曲面物体类似，Subdivision原始物体也包括几种基本类型，分别为Sphere（球体）、Cube（立方体）、Cylinder（圆柱体）、Cone（圆锥体）、Plane（平面）和Torus（圆环），如图6-1所示。

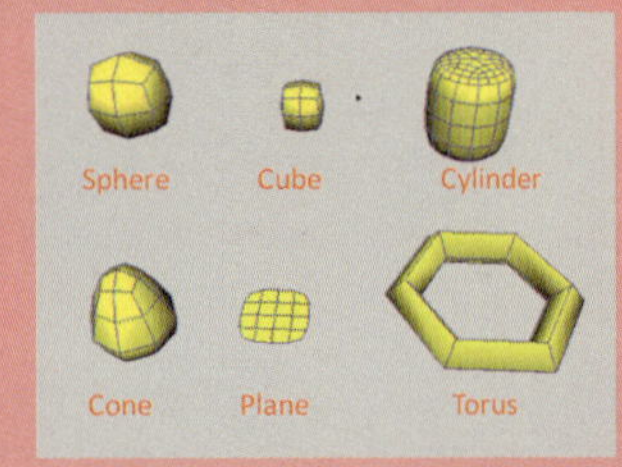

图6-1 Subdivision原始物体种类

用户可以执行Create （创建）| Subdiv Primitives（细分基本物体）命令，然后在该命令右侧弹出的菜单列表中，单击任意一项几何体命令，即可创建出相应的原始细分物体。另外，也可以单击工具架中Subdivs标签下的相应细分物体工具图标来快速创建原始细分物体。

6.2.1 Subdivision原始物体的创建

在Maya 2011中，有3种创建细分物体的方法，一种是直接使用内置的创建命令来创建细分物体；第二种是创建一个多边形物体，然后将其转化为细分物体；第三种是创建一个曲面物体再将其转化为细分表面。依次执行Create（创建）| Subdiv Primitives（细分几本物体）| Cone（圆锥体）命令，即可在场景中创建一个原始锥体模型，如图6-2所示。

图6-2 创建Subdivision原始物

6.2.2 细分物体的转化

Modify菜单下的Convert命令用来对NURBS、Polygon、Subdiv这3种模型进行转换。在制作细分模型时，为了制作时的需要，有时会先创建出多边形模型的大概轮廓，然后将其转换为细分模型，再进行编辑与制作。

动手实践105——Subdivision物体的转化

1 在场景中导入一组多边形模型，然后选中场景中的案台模型，如图6-3所示。

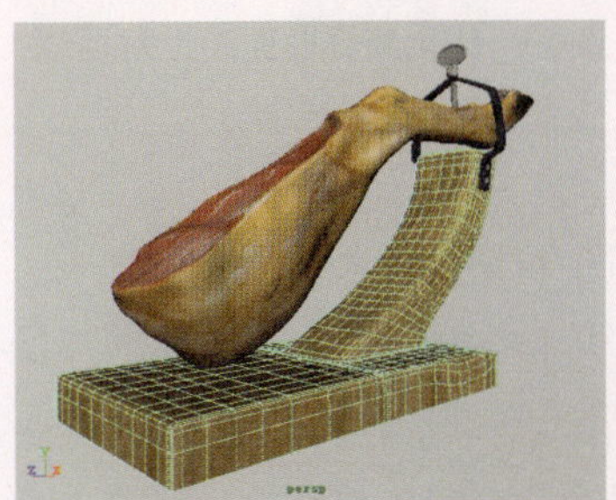

图6-3 选中案台模型

2 执行Modify（修改）| Convert（转换）| Polygons to Subdiv （多边形到细分）■命令，在打开的属性对话框中设置Maximum base mesh faces（基于网格的最大面数）为10000，单击Create按钮，即可将其转换为细分物体，如图6-4所示。

3 再在场景中导入一组NURBS曲面物体，然后选中需要转换的几个曲面，如图6-5所示。

提示

在将NURBS物体转换为细分物体时，会将不同的面片分开转换，而Polygon物体在转换时对模型自身有一个要求，就是尽量在模型大体成型时将其转换为Subdivision物体，高细节的模型会存在潜在的隐患，导致模型无法转换。

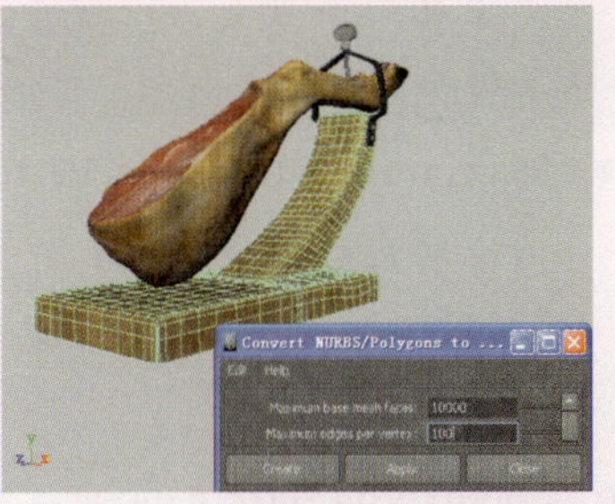

图6-4 执行多边形转化操作

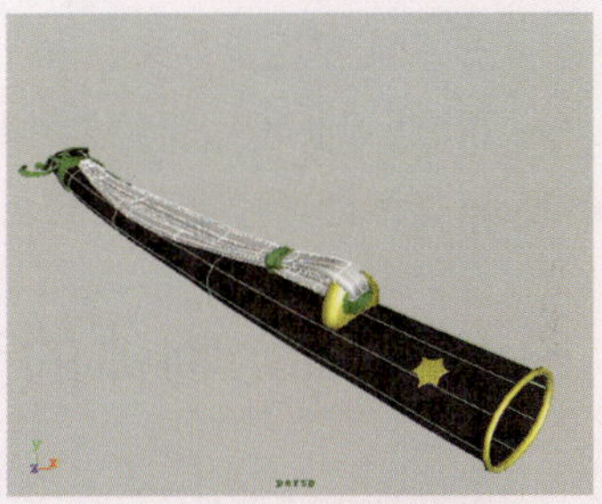

图6-5 选择NURBS曲面

4 执行NURBS to Subdiv■命令，在弹出的属性对话框中单击Edit（编辑）| Reset Setting（恢复默认设置）命令，恢复默认参数属性并单击Create按钮，即可将曲面转化为细分物体，如图6-6所示。

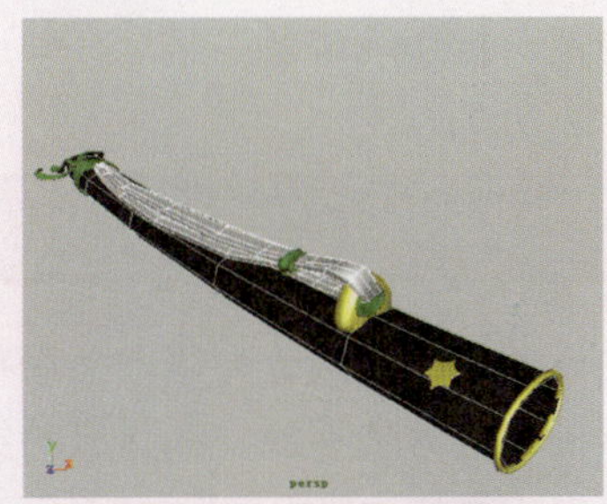

图6-6 执行曲面转化操作

如果不能够将所选择的NURBS物体或多边形物体转换为细分物体，用户可以尝试着设置转换属性参数，即可将其转换为细分物体。单击Polygons to Subdiv■命令，打开其属性对话框，如图6-7所示。

对话框中的选项说明如下。

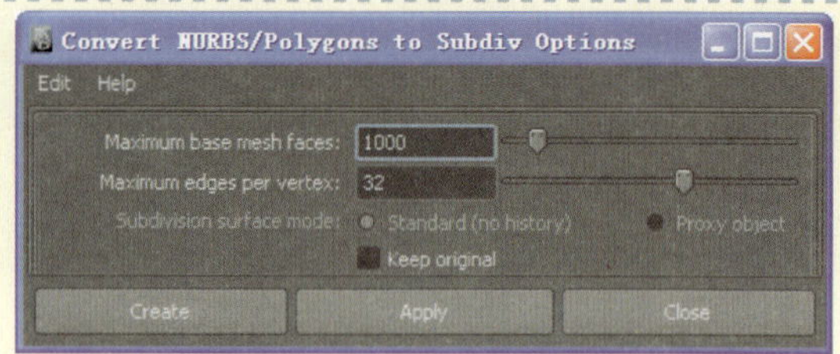

图6-7 转化细分曲面属性对话框

- Maximum base mesh faces（原始曲面数最大值）：用于设置可接受的最大原始曲面数量，以便于成功地将其转化为细分表面。
- Maximum edges per Vertex（每个顶点对应的最多边数）：用于设置NURBS曲面每个点转换后对应的边的最大数量。
- Subdivision surface mode（细分曲面方式）：用于控制细分曲面的转换方式。
  - ◎ Standard（no history）：用于控制是否将选择物体转换为细分物体的标准模式，并且没有返回历史。
  - ◎ Proxy object：用于控制是否将选择物体转换为细分物体的光滑代理模式。
- Keep（保留）：用于控制在转换细分物体时是否保持原始对象。

6.2.3 Subdivision物体的元素构成

细分物体的编辑方式类似于多边形物体，大部分应用在多边形物体的编辑工具都可以直接应用于细分建模上。细分物体的移动、旋转和缩放操作也同多边形一样。细分表面有3种构成元素，分别是Face（面）、Edge（边）和Vertex（点）。

另外，为了使用户更加快速地对细分物体的元素进行编辑，Maya提供了快捷的元素显示模式，可以快速地切换到不同的元素编辑模式。在细分物体上右键单击，在弹出的组件菜单中选择任意一个命令，即可快速将细分物体切换到不同的元素显示模式，如图6-8所示。

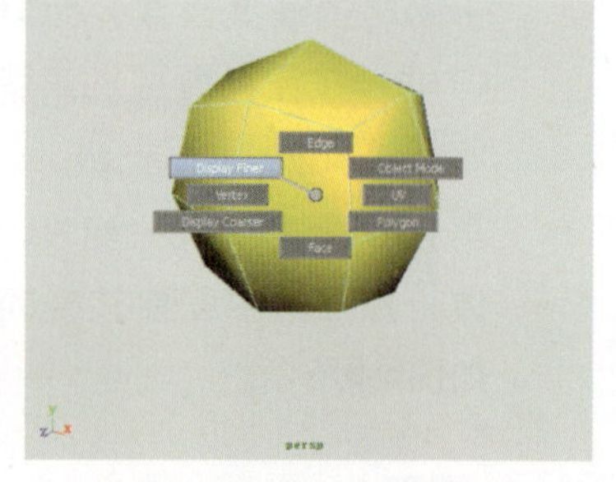
图6-8 快捷元素显示菜单

动手实践106——切换Subdivision物体元素

1 在场景中导入细分物体，然后在该物体上右键单击不放，在弹出的组件菜单中，再拖动鼠标到Face（面）命令选项，如图6-9所示。

2 释放鼠标右键，即可进入细分物体的面显示模式，选中任意一面片并对其进行移动，即可改变物体的外形状态，如图6-10所示。

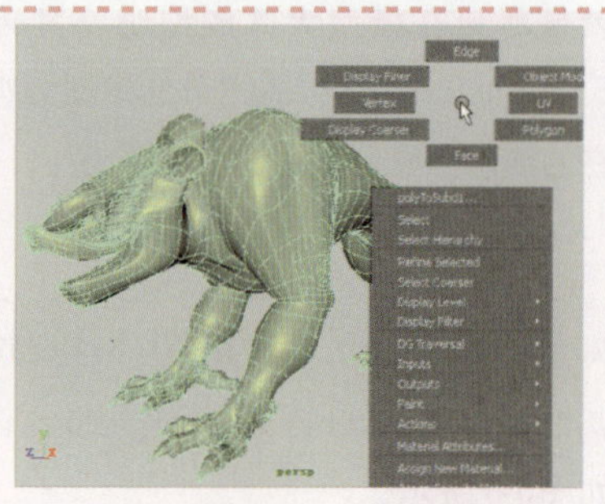
图6-9 选择Face命令选项

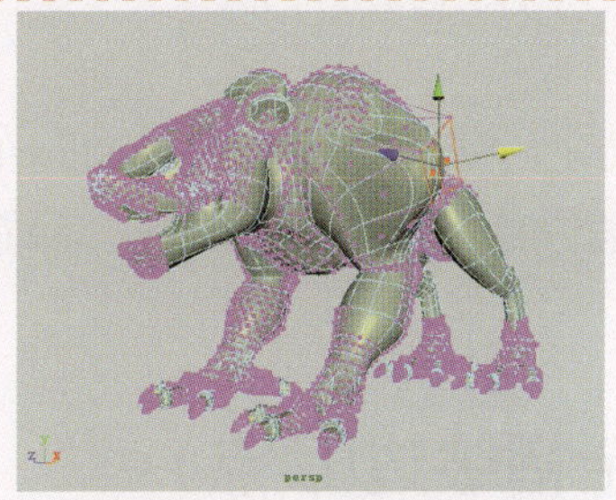

图6-10 移动细分物体的面

3 再在该细分物体上右键单击，在弹出的组件菜单中选择Display Finer（显示简化）命令选项，观察物体所显示的面的变化，如图6-11所示。

图6-11 进入Display Finer模式

4 同样，也可以在组件菜单中选择Polygon命令选项，进入细分物体的多边形代理模式。然后，再右键单击，选择Face（面）命令选项，如图6-12所示。

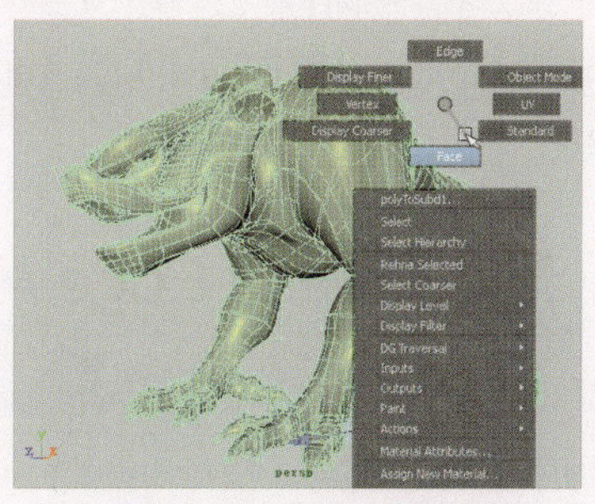

图6-12 切换到面显示模式

5 接着，选择多边形代理物体上的面，使用多边形的挤出工具对其进行挤出操作，并调整挤出面的外形，如图6-13所示。

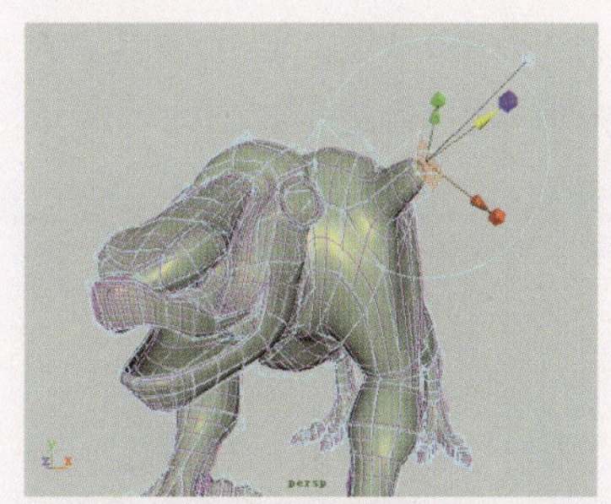

图6-13 细分物体的挤出效果

6.3 Subdivision基本编辑工具

在Maya 2011中，细分物体的编辑和多边形面以及NURBS曲面的编辑方法相同，都需要经过使用相关的编辑工具对其进行编辑才能生成所需要的造型。切换到Surfaces模块，单击Subdiv Surfaces（细分表面）命令菜单，打开细分物体的编辑命令列表，如图6-14所示。在本节中将对这些编辑工具的使用进行详细介绍。

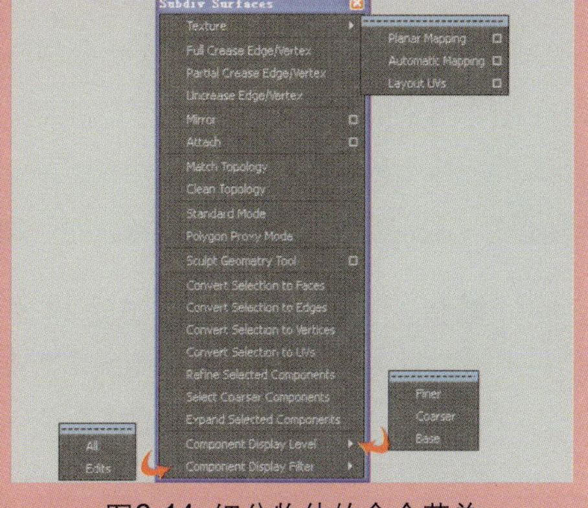

图6-14 细分物体的命令菜单

6.3.1 Texture（贴图坐标）

每个细分物体都有自己的贴图坐标，所以就需使用特定的贴图坐标模式。Texture的子菜单里有Planar Mapping（平面贴图）、Automatic Mapping（自动贴图）和Layout Uvs（排布Uvs）3种坐标贴图方式。

6.3.2 Full Crease Edge / Vertex（完全褶皱边/顶点）

Full Crease Edge / Vertex命令用来制作细分物体上较锐利的边或点。要完成该操作，只需选中细分物体上的边或点，执行Subdiv Surfaces（细分面）| Full Crease Edge/Vertex（完全褶皱边/点）命令即可。

动手实践107——完全褶皱边/点

1 在细分物体上右键单击不放，在弹出的组件菜单中选择Edge命令选项，进入其Edge（边）显示模式。然后，选中相邻的3条边，如图6-15所示。

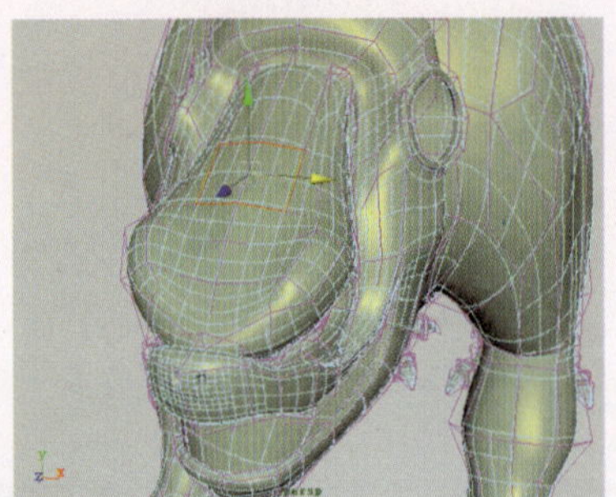

图6-15 选择细分表面上的边

2 执行Subdiv Surfaces（细分面）| Full Crease Edge/Vertex（（完全褶皱边/点））命令，对所选边进行完全褶皱操作，如图6-16所示。

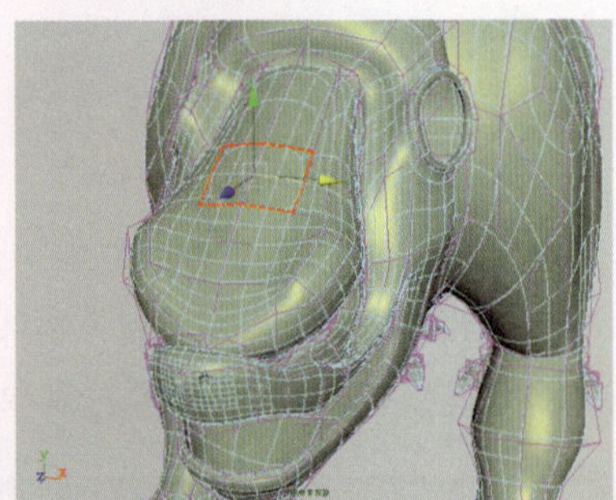

图6-16 执行完全褶皱边操作

6.3.3 Partial Crease Edge / Vertex（部分褶皱边/顶点）

Partial Crease Edge / Vertex命令与Full Grease Edge/Vertex命令的使用方法类似。但是使用该命令制作出来的褶皱边不是十分的锐利。

动手实践108——部分褶皱边/顶点

1 撤销上节中的完全褶皱边操作。同样，进入细分物体的Vertex（顶点）显示模式，再选中其表面的4个顶点，如图6-17所示。

2 执行Subdiv Surfaces（细分面）| Partial Crease Edge/Vertex（部分褶皱边/顶点）命令，即可对所选顶点进行部分褶皱处理，如图6-18所示。

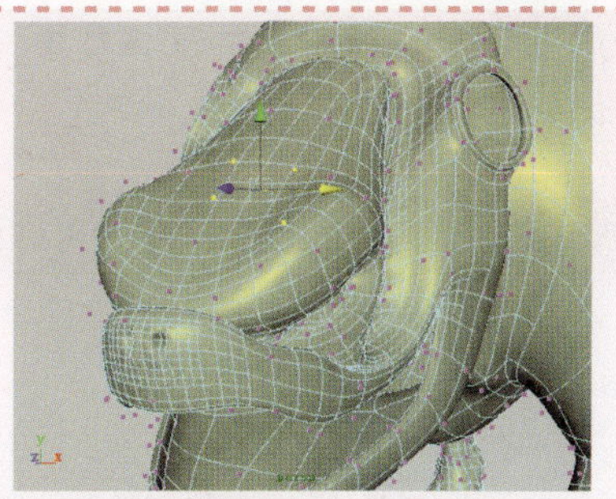
图6-17 选择细分表面的顶点

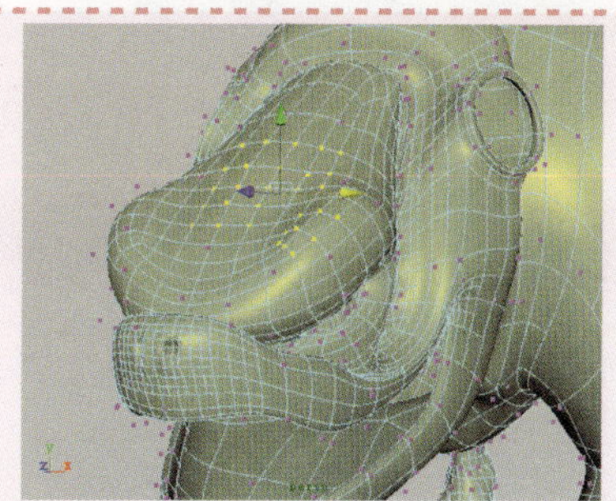
图6-18 执行部分褶皱顶点操作

6.3.4 Uncrease Edge / Vertex（去除边/顶点褶皱）

Uncrease Edge / Vertex命令是用来去除细分物体表面被褶皱过的边或点，正好与Partial（Full）Crease Edge / Vertex命令的作用相反。

选中上节中执行部分褶皱操作的顶点，并且执行Subdiv Surfaces（细分面）| Uncrease Edge / Vertex（去除边/点褶皱）命令，即可将褶皱效果恢复到原始状态，如图6-19所示。

图6-19 执行消除褶皱操作

6.3.5 Mirror（镜像）

Mirror命令是用来镜像出对称物体的另一半模型，与多边形建模中Mirror Geometry命令的作用非常相似。

动手实践109——镜像细分物体

1 选择场景中只剩余一半的细分物体，并确定其中心点位置，如图6-20所示。

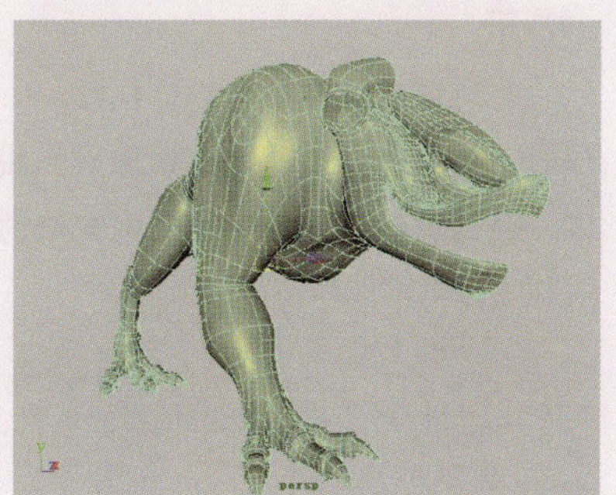
图6-20 选中细分物体

技巧

若要删除细分物体上的面，必须切换到该细分物体的多边形代理模式，再选中要删除的面，按Delete键将其删除。然后，再切换到细分物体的标准模式即可。

2 执行Subdiv Surfaces（细分面）| Mirror（镜像）□命令，在弹出的属性对话框中选择X单选按钮，单击Mirror（镜像）按钮，即可完成物体的镜像操作，如图6-21所示。

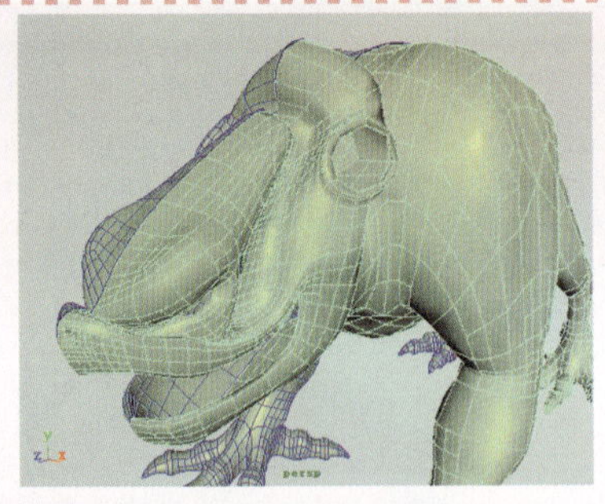

图6-21 镜像操作

3 镜像后的两个物体都是独立的个体，即表示两物体的重合边并没有公共顶点，如图6-22所示的是将其中一半物体低级别显示后的效果。

图6-22 低级别显示效果

6.3.6 Attach（连接）

Attach命令用来合并两镜像后的物体，既是将两镜像个体合并为一个整体。用户只需选中镜像物体，执行该命令即可完成操作。

动手实践110——连接细分物体

1 选中上节中两镜像后的细分物体，按数字键3进行光滑显示，如图6-23所示。

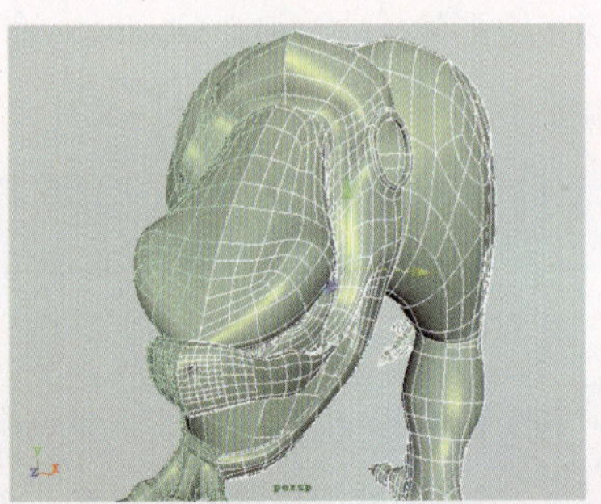

图6-23 选择镜像物体

2 执行Subdiv Surfaces（细分物体）| Attach（连接）命令，对它们进行连接操作。然后，移动两物体连接边上的顶点，以观察它们的连接效果，如图6-24所示。

图6-24 连接效果

提示

在对两对称的细分物体执行Attach操作时，两物体必须是执行镜像操作后的物体，否则其他复制或使用任何方法创建的对称物体都不能执行Attach操作。

单击Subdiv Attach Options命令右侧的方体按钮，打开其属性对话框，如图6-25所示。对话框中的选项说明如下。

- Merge UVs also（合并UV点）：用于控制物体合并时是否将UV点也进行合并，默认

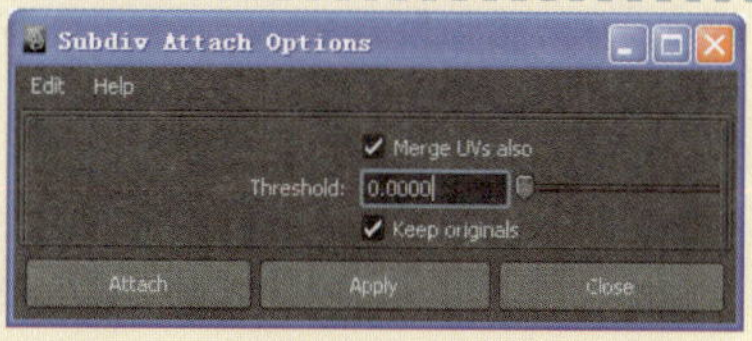

为启用该复选框。

- Threshold（阈值）：用来设置合并操作时的阈值范围。

如图6-26所示，两镜像后的细分物体间有一定的距离。然后选中两物体。如果两物体间距太大，会导致两物体不能很好的合并，此时只需增大Threshold值，如调整该值为2，单击Apply按钮，两物体即可合并在一起，如图6-27所示。

图6-25 细分物体连接属性对话框

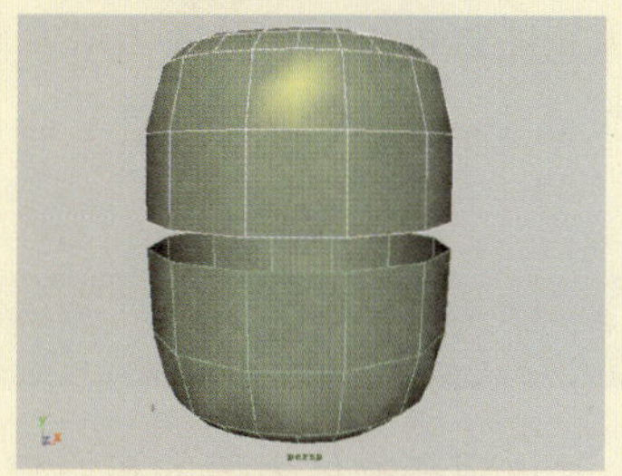
图6-26 选中两镜像物体

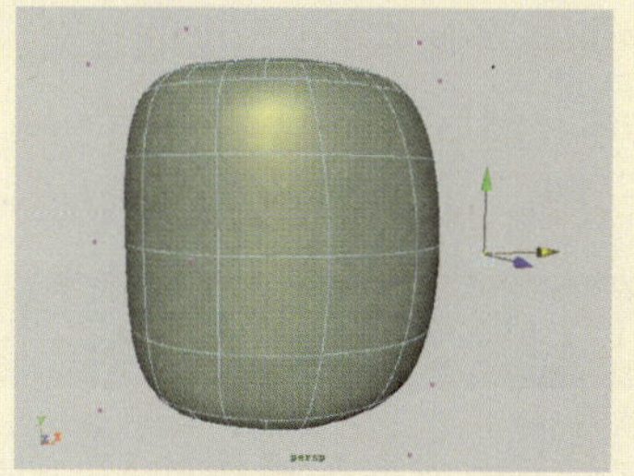
图6-27 合并后的细分物体

- Keep originals（保留原始物体）：用于控制合并物体后是否保留原物体。

6.3.7 Match Topology（匹配拓补）

Match Topology命令常与Blend Shape命令结合使用，在对多个细分物体进行Blend shape（融合变形）操作时，这些Subdivision物体的表面必须有相同的点数层级，用户可以使用Match Topology（匹配拓扑）命令来查看这些Subdivision物体表面的拓补情况。

动手实践111——匹配细分物体

1 选中细分物体并对其进行两次复制。然后，框选所有物体并执行Subdiv Surfaces（细分物体）| Match Topology（匹配拓扑）命令，在命令栏中将会显示细分表面匹配成功的提示，如图6-28所示。

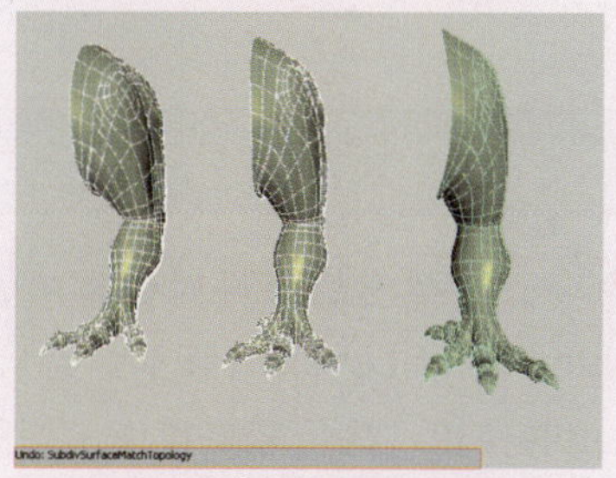

图6-28 匹配成功

2 在第3个细分表面上添加几条边，然后再选择所有物体并执行匹配操作，在命令栏中将会显示红色的提示信息，表示匹配操作失败，因为物体间的面数不同，如图6-29所示。

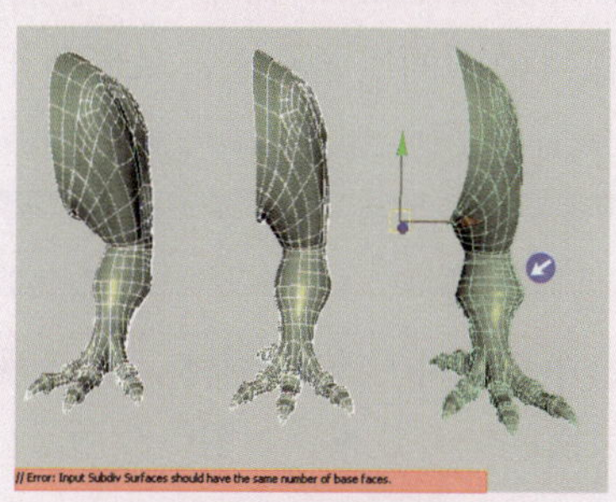

图6-29 匹配失败

注意

在对所选细分物体执行Match Topology操作时，所选择的对象必须是多个细分物体，细分物体之间的面数应相同，才能完成细分表面的匹配操作，此时细分物体才能执行Blend Shape操作。

6.3.8 Clean Topology（清除拓扑）

对场景中的细分物体执行Match Topology（匹配拓扑）操作，主要目的是查看物体间的匹配结果，并没有其他实际操作上的意义。为了减轻系统的计算负担，可以选中所有执行匹配操作的细分物体，然后执行Subdiv Surfaces （细分面）| Clean Topology（清除拓扑）命令，即可删除匹配操作效果，从而清除不必要的细分。

动手实践112——清除细分表面的拓补结构

1 选中上节完成匹配操作的3个细分物体，并观察它们表面的细分效果，如图6-30所示。

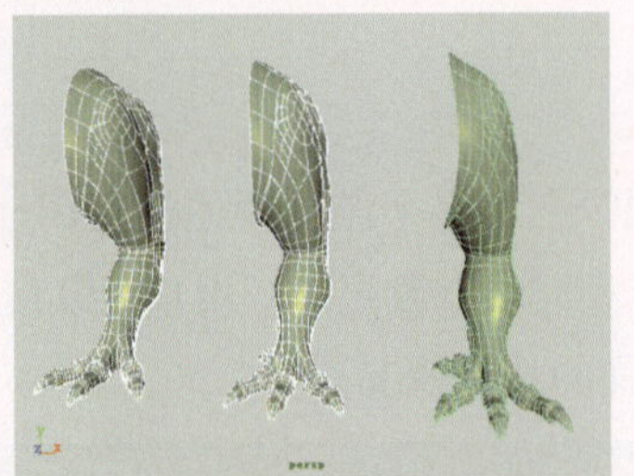

图6-30 选择匹配物体

2 执行Clean Topology（清除拓扑）操作，即可清除物体间的匹配效果，此时再观察物体表面的布线变化，如图6-31所示。

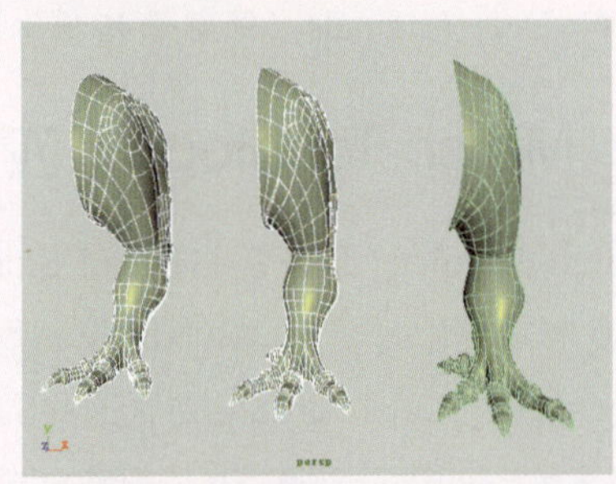

图6-31 清除物体间匹配效果

6.3.9 Collapse Hierarchy（塌陷层级）

Collapse Hierarchy命令用于对细分模型进行塌陷层级操作，它可以减少模型的塌陷层级，以保持模型的原始状态，从而便于模型的修改和编辑。通常是在细分模型创建完成后使用该命令。

动手实践113——塌陷细分物体

1 选中场景中的细分物体，并且观察其表面的细分效果，如图6-32所示。

2 执行Subdiv Surfaces（细分面）| Collapse Hierarchy（塌陷层级）▣命令，在弹出的属性对话框中，设置Number of Levels（级别）为1，单击Apply按钮，执行塌陷操作，如图6-33所示。

图6-32 选中细分物体

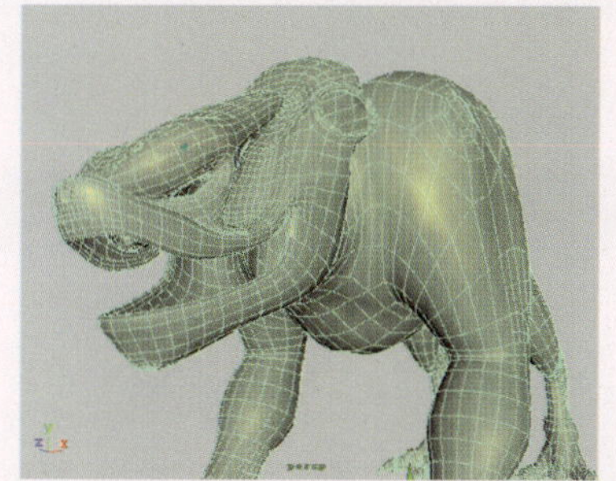
图6-33 细分表面的塌陷效果

注意

在对细分物体进行塌陷层级操作时，一定要注意原始物体的面数和表面塌陷的细分程度，模型面数过多或塌陷程度过大，都会造成不良的后果。

6.3.10 Standard /Polygon Proxy Mode（标准/多边形代理模式）

Standard Mode命令和Polygon Proxy Mode命令是用来切换细分物体的标准模式和多边形代理模式的。在创建细分物体时会使用到Polygon建模工具，所以就需要把细分物体的标准模式切换到多边形代理模式，然后再对其进行编辑。

动手实践114——切换细分物体和代理物体

1 在场景中导入一个细分模型，在该模型上右键按住不放，在弹出的组件菜单中选择Polygon命令选项，如图6-34所示。

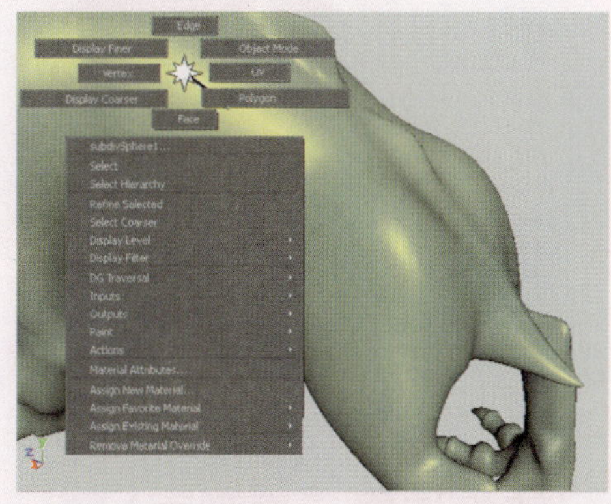

图6-34 组件菜单

2 释放鼠标右键，即可将其转化为多边形代理模式，再在该模型上右击，选择Face（面）命令选项，进入其面显示模式。然后，选择两对称面并执行Edit Mesh（编辑网格）| Extrude（挤出）命令，如图6-35所示。

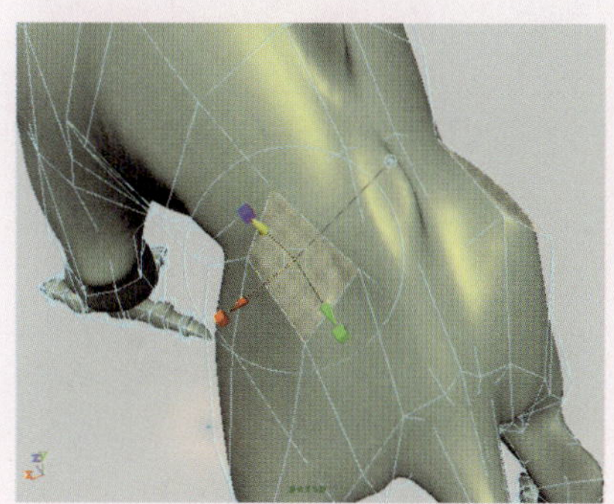
图6-35 选择模型面

3 调整挤出面的拉伸距离，按G键，重复执行挤出操作并调整挤出面的拉伸距离，如图6-36所示。

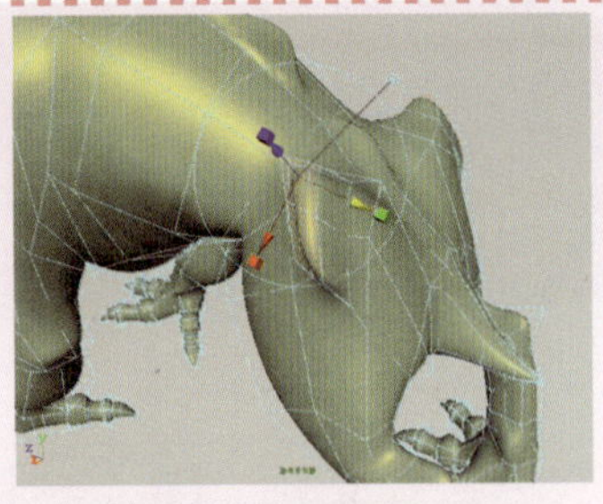
图6-36 重复执行挤出操作

4 然后，在该模型上右键按住不放，在弹出的组件菜单中选中Standard（标准）命令选项，以将其转化为细分物体的标准模式并观察物体的挤出效果，如图6-37所示。

图6-37 标准模式显示效果

6.3.11 Sculpt Geometry Tool（雕刻几何体）

Sculpt Geometry Tool是通过改变模型上点的分布情况来改变物体的造型结构。在制作有凹凸形状的模型时，便可以结合使用该命令工具。这个工具有多种操作方式，如Pull（拉）、Push（推）、Smooth（光滑）和Erase（擦除），可以对模型进行拉、推、光滑、擦除等操作。按住B键加鼠标左键，可以调整雕刻笔半径的大小。要使用这个工具，只需执行Subdiv Surfaces（细分）| Sculpt Geometry Too（几何体雕刻）命令即可。

动手实践115——雕刻细分物体

1 选中场景中的细分物体，执行Sculpt Geometry Tool（几何体雕刻）命令，此时可以看到鼠标指针变为笔刷的显示模式，如图6-38所示。

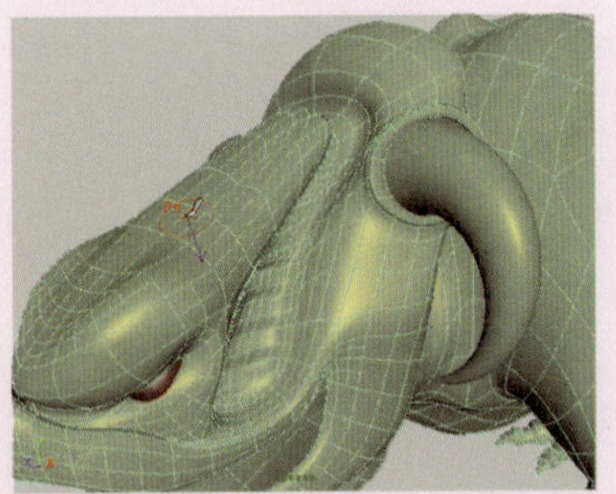
图6-38 选中细分物体

2 按住B键不放并拖曳鼠标中键，以调整笔刷的半径大小。然后在模型上拖曳鼠标左键，对其外形进行涂绘雕刻操作，如图6-39所示。

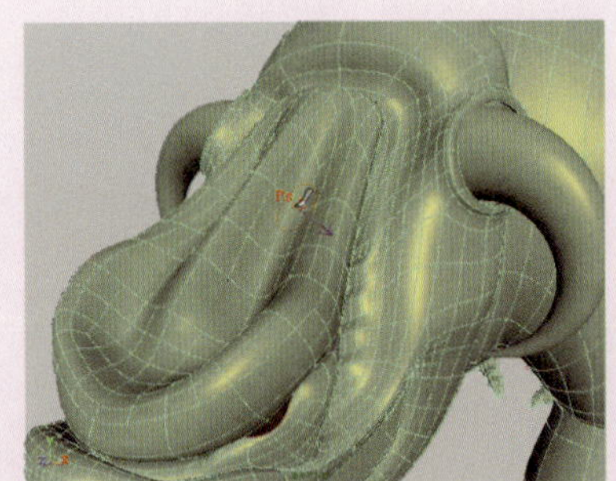
图6-39 对细分表面进行雕刻

6.3.12 Convert Selection to Faces（转换选择元素到面）

Convert Selection to Faces命令用来控制将当前所选择的元素转换到面的选择模式，从而便于细分物体的快速编辑。

动手实践116——转换选择细分物体面

1 选中场景中的细分物体，如图6-40所示。

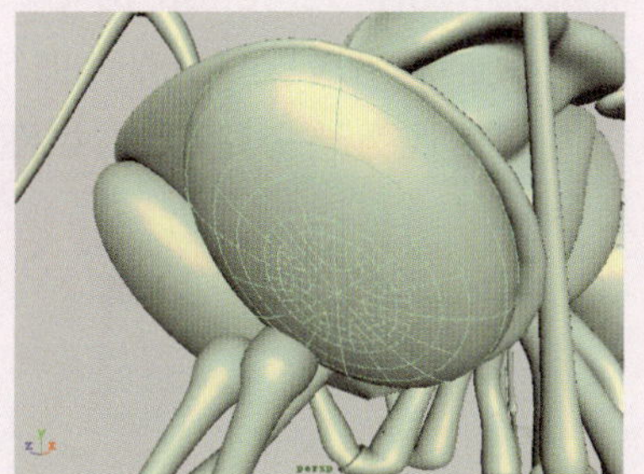

图6-40 选中目标物体

2 执行Subdiv Surfaces（细分）| Convert Selection to Faces（转换选择元素到面）命令，即可将所选物体切换到面的显示模式，如图6-41所示。

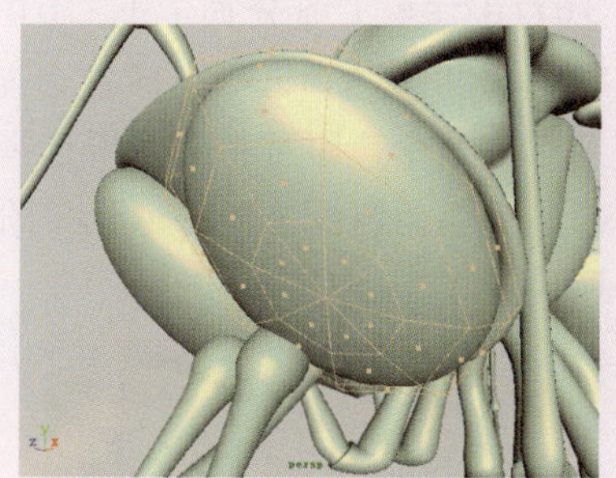

图6-41 切换到面显示模式

6.3.13 Convert Selection to Edges（转换选择元素到边）

Convert Selection to Edges用于将细分物体的选择元素转换为边的选择模式。使用该命令可以使用户快速选择该元素所在的边。

动手实践117——转换选择细分物体边

1 框选细分物体所有的面元，如图6-42所示。

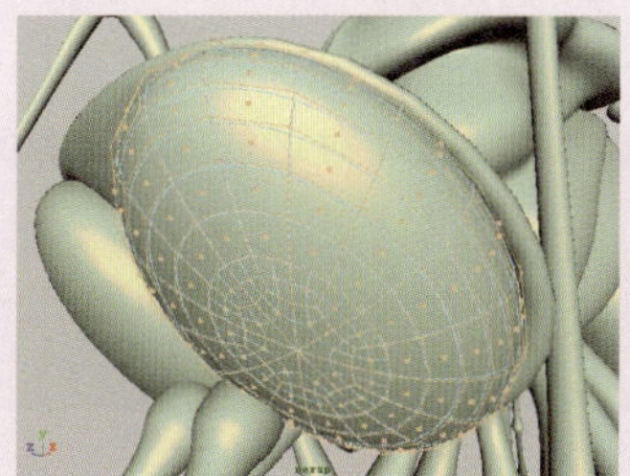

图6-42 选中细分物体的面

2 执行Convert Selection to Edges（转换选择元素到边）命令，即可将所选择的全部面切换到选择全部边，如图6-43所示。

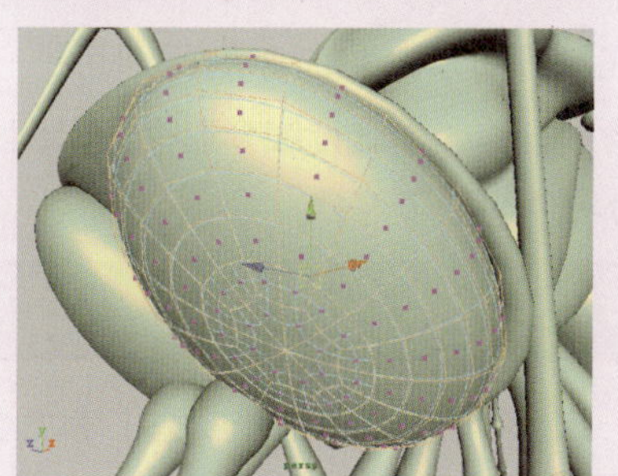

图6-43 切换选择元素到边

6.3.14 Convert Selection to Vertices/UVs（转换选择元素到点/UV点）

Convert Selection to Vertices/UVs命令用于将所选细分物体的元素快速切换到所选元素所在

的顶点或UV点，以便于用户快速、准确的选择细分表面的顶点或UV点，从而能够精确的修改模型造型。

动手实践118——转换选择细分物体点

1 接着上一节的模型，执行Subdiv Surfaces（细分面）| Convert Selection to Vertices（转换选择元素到点）命令，即可将上步所选择的全部边转换为选择全部的点，如图6-44所示。

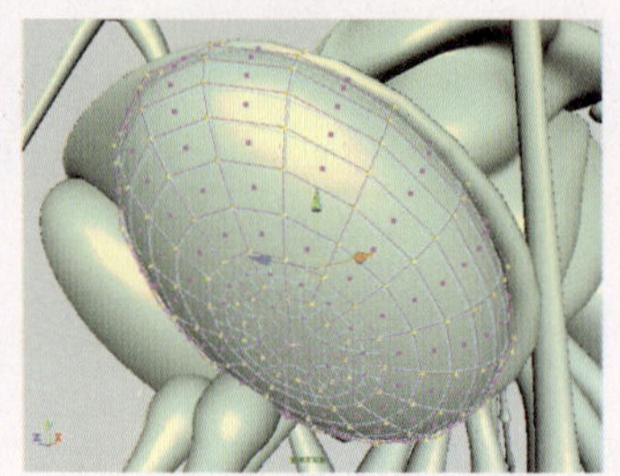

图6-44 转化选择元素到点

2 执行Convert Selection to UVs（转换选择元素到UV点）命令，即可将选择的点转换为选择UV点，如图6-45所示。

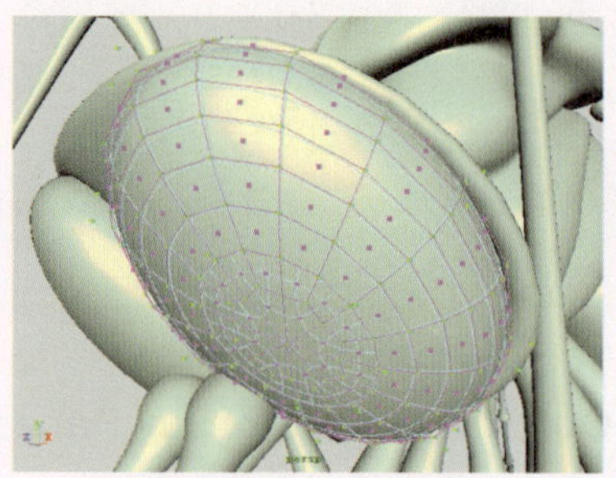

图6-45 转化选择元素到UV点

提示

同样，也可以在细分物体上右键按住不放，在弹出的组件菜单中选中Vertex、Edge、Face或UV任意一个命令选项，即可快速切换细分物体元素的显示模式。

6.3.15 Refine Selected Components（细分选择元素）

在制作细分物体的细节部位时，一般会用到Refine Selected Components命令，该命令是对所选物体上的元素进行细分选择，以细分出更多的元素数量，再通过对这些元素的编辑，来制作细分物体的细节部分。

动手实践119——细分所选择的元素

1 选择场景中的细分物体，然后进入其Vertex显示模式并选中其所有的点，如图6-46所示。

2 执行Subdiv Surfaces （细分面）| Refine Selected Components（细分选择元素）命令，即可对选择的点元素进行细分选择，如图6-47所示。

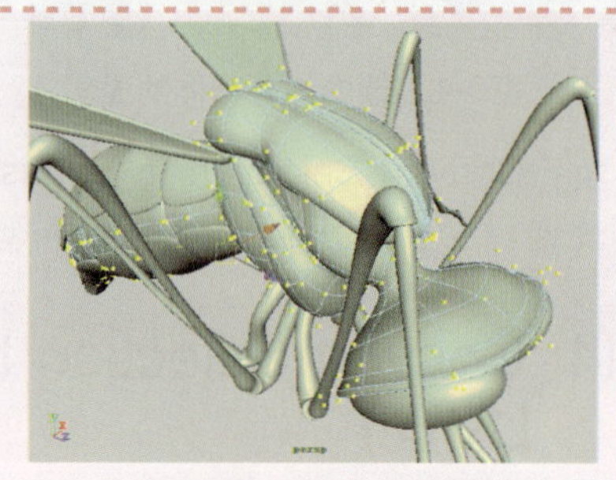

图6-46 选择细分物体

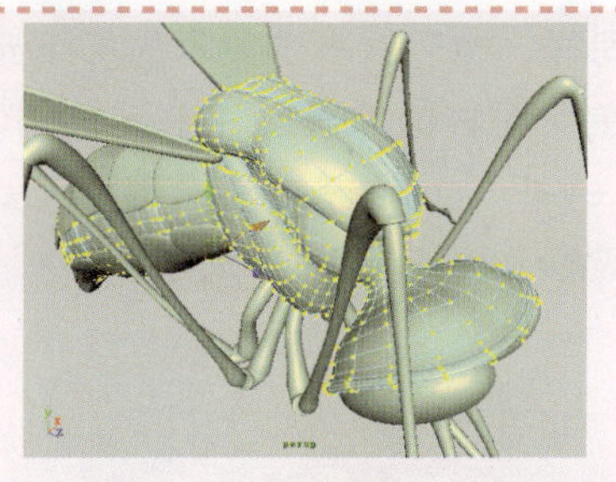

图6-47 细分选择的点元素

注意

对所选细分物体的元素，每执行一次Refine Selected Components操作，所选元素数量就会增加一次，但这样会增加系统的计算负担，所以要适当对所选元素进行细分选择操作。

6.3.16 Select Coarser Components（选择简化元素）

使用Select Coarser Components命令可以快速切换当前所选择的元素到较低层级，便于用户快速、准确的编辑细分表面造型。用户只需选中要编辑的元素，然后执行该命令即可。

动手实践120——选择简化元素

1 选择细分表面的所有点并对它们进行细分选择操作，如图6-48所示。

图6-48 细分选择元素

2 执行Select Coarser Components（选择简化元素）命令，即可对所选元素层级进行简化选择操作，如图6-49所示。

图6-49 执行简化选择元素操作

6.3.17 Expand Selected Components（扩展选择元素）

使用Expand Selected Components命令可以将当前所选细分物体的元素范围进行扩展，如面、边、顶点或UVs等元素层级的选择范围扩大，以便于执行一些特殊性的扩张选择元素范围的操作。

动手实践121——扩展选择元素

1 选择细分物体并进入其点的显示模式。然后，再在该物体上右键单击，在弹出的组件菜单中选择Display Finer（显示精细）命令，如图6-50所示。

2 然后，释放鼠标右键，可以看到细分表面的点元素被切换到层级显示状态，如图6-51所示。

3 接着，框选所显示的层级元素并执行Expand Selected Components（扩展选择元素）命令，可以看到Finer层级元素的选择范围被增加，如图6-52所示。

图6-50 切换元素层级

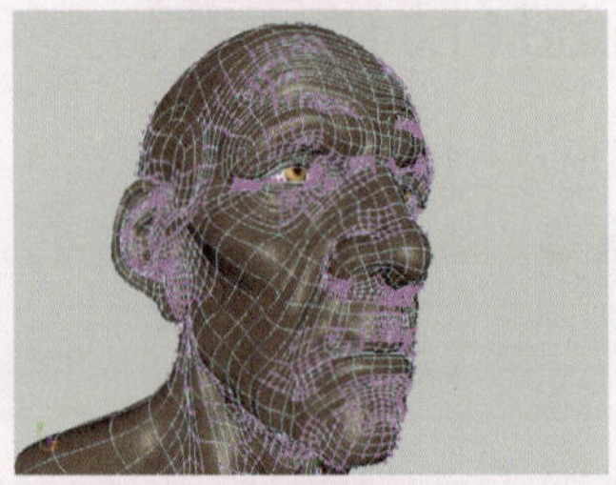

图6-51 Finer模式的显示效果

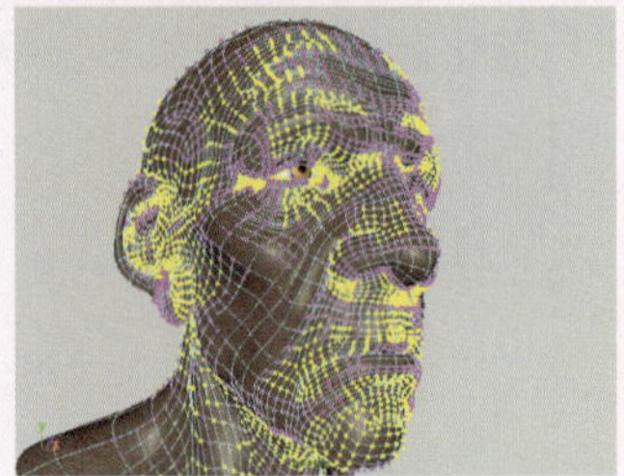

图6-52 扩展选择元素

4 同样，也可以框选显示的层级元素，在视图右侧的通道栏中设置Display Level（显示级别）值来改变元素的层级显示状态，如图6-53所示。

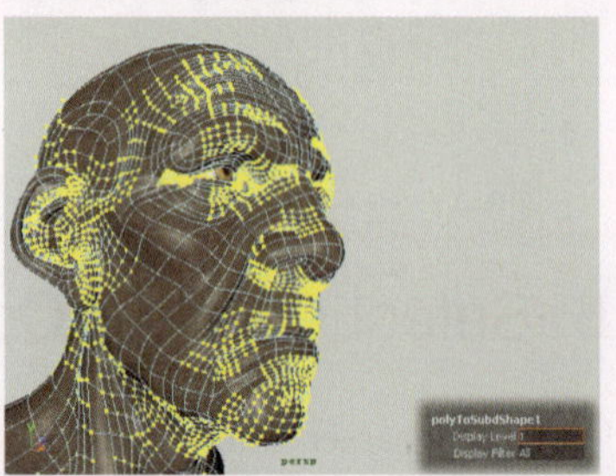

图6-53 设置元素显示层级值

提示

用户可以直接选择细分物体，在其通道栏中展开Shapes属性卷展栏，然后再单击Display Level属性选项后的0（Base），在弹出的列表中选择相应的显示级别，以快速切换元素的显示级别。

6.3.18 Component Display Level（元素显示级别）

Component Display Level命令可对所选择的细分物体元素进行层级的切换。它分为3种层级显示，分别为Finer（精细）、Coarser（简化）和Base（基本），其中Finer为更精细的细分层级显示、Coarser为简约的细分层级显示、Base为基本的细分层级显示。

动手实践122——切换元素的显示级别

1 选择场景中的细分物体，然后进入其点的显示模式并选中其所有的点，如图6-54所示。

2 然后，执行Component Display Level（元素显示级别）| Finer（精细）命令，将当前选择元素切换到更精细的细分层级，如图6-55所示。

图6-54 选择细分物体上的点

图6-55 切换到更精细的细分层级

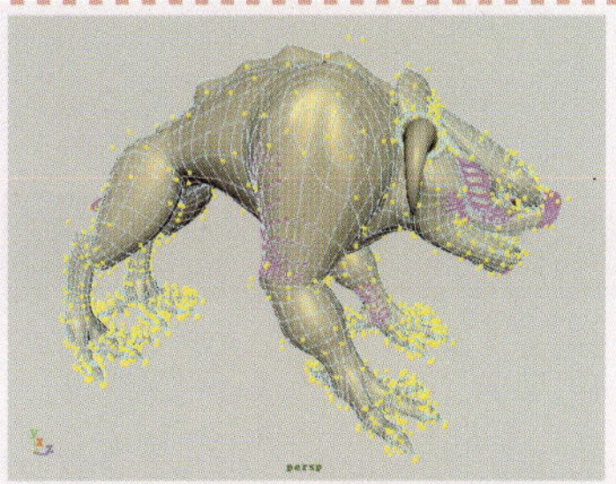
图6-56 切换到简约的细分层级

3 再执行Component Display Level（元素显示级别）| Coarser（简化）命令，将当前精细的细分层级切换到简约的细分层级，如图6-56所示。

4 然后，再执行Component Display Level（元素显示级别）| Base（基本）命令，将当前简约的细分层级切换到基础的细分层级，如图6-57所示。

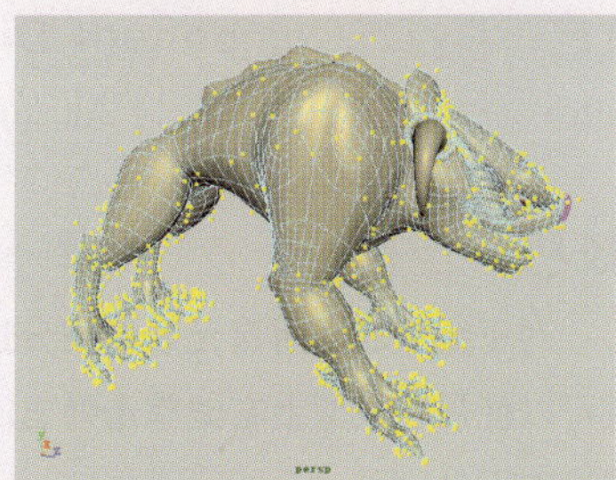
图6-57 切换到基础的细分层级

6.3.19 Component Display Filter（过滤元素显示）

Component Display Filter命令用于显示细分物体上一层级的编辑元素或者所有元素。该命令包括All和Edits两个工具。其中All表示选择细分物体元素层级中的所有元素；Edits表示显示上层级元素中所编辑过的元素。下面对这两种工具的使用进行介绍。

动手实践123——过滤显示元素级别

1 切换到细分物体的Vertex（点）显示模式，并且选中其头部的点，如图6-58所示。

图6-58 选择细分模型顶点

2 执行Refine Selected Components（细分选择元素）命令，对所选点元素执行细分选择操作，如图6-59所示。

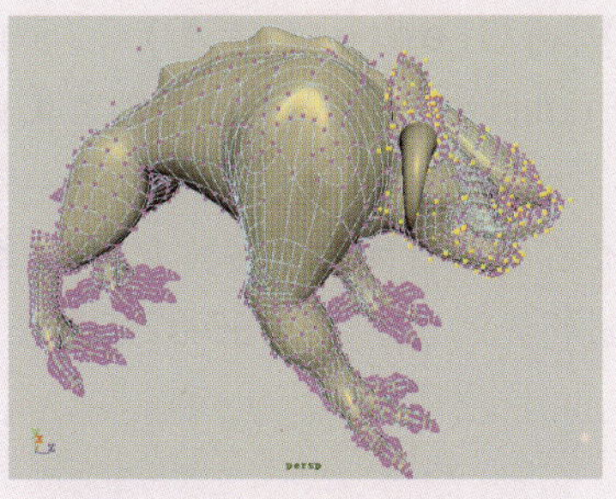
图6-59 执行细分选择元素操作

3 再执行Component Display Filter（过滤元素显示）| Edits（编辑）命令，即可过滤显示上一层级元素中所编辑过的元素，如图6-60所示。

图6-60 过滤显示所编辑过的元素

4 然后，再执行Component Display Filter（过滤元素显示）| All（所有）命令，即可重置显示细分表面所有的元素级别，如图6-61所示。

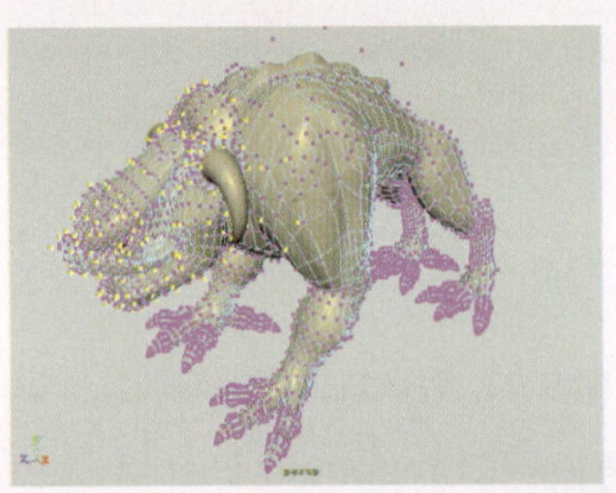

图6-61 显示所有的元素级别

技巧

对于细分表面所选元素的细分选择、扩展选择、简化选择、层级显示以及过滤显示操作等，都可以使用在模型上右键单击弹出的组件菜单中的快捷命令工具，这样可以使用户快速切换和使用这些工具。

6.4 制作筒子房场景

本实例将通过筒子房场景的制作来练习细分建模中一些常用命令，如褶皱边/点、多边形物体与细分物体之间的转化、多边型代理模式与细分标准模式的切换等，以及在细分建模中怎样使用多边形建模中的编辑工具等，以使用户对细分建模有更多的了解。

综合实战05——制作筒子房场景

操作时间	40分13秒
视　频	视频\第6章\06.avi

6.4.1 制作筒子房

1 执行Create（创建）| Subdiv Primitives（细分基本物体）|Cylinder（圆柱物体）命令，在场景中创建一个细分圆柱体，并按数字键3，将圆柱进行光滑显示，如图6-62所示。

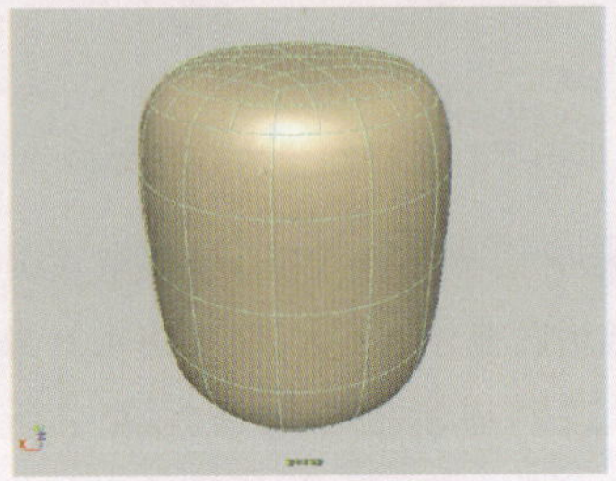

图6-62 创建圆柱体

2 选中该圆柱体，执行Subdiv Surfaces（细分面）|Polygon Proxy Mode（多边形代理模式）命令，将其切换到多边形代理模式，如图6-63所示。

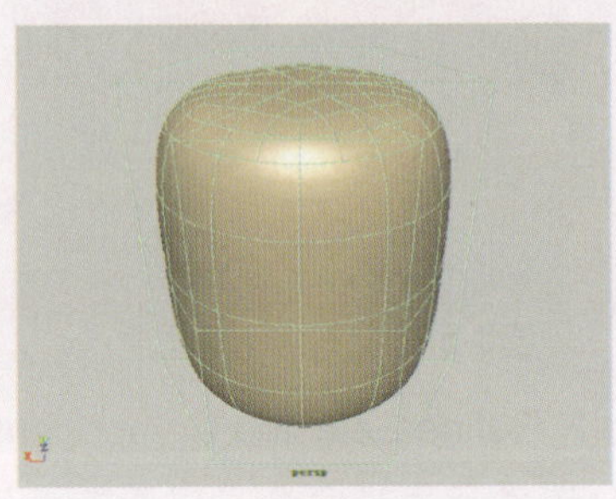

图6-63 切换到多边形代理模式

3 然后，执行Edit Mesh（编辑网格）|Insert Edge Loop Tool（插入循环边）命令，为多边形代理物体添加几条循环边，如图6-64所示。

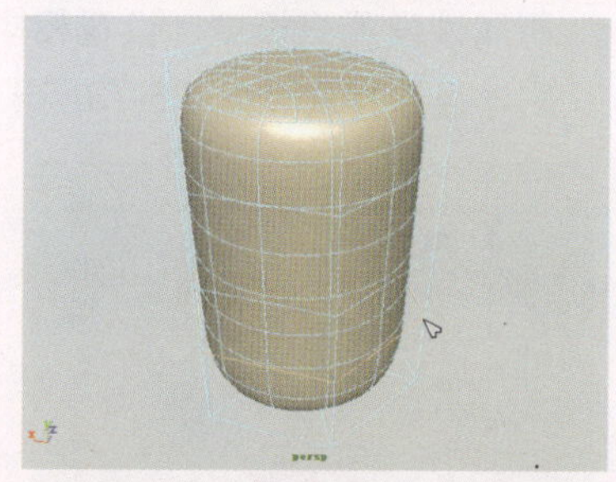

图6-64 为细分物体添加循环边

4 在该模型上右击，在弹出的组件菜单中选择Vertex命令，切换到多边形代理物体的Vertex显示模式。然后，选择并移动其顶点位置以改变模型外形，如图6-65所示。

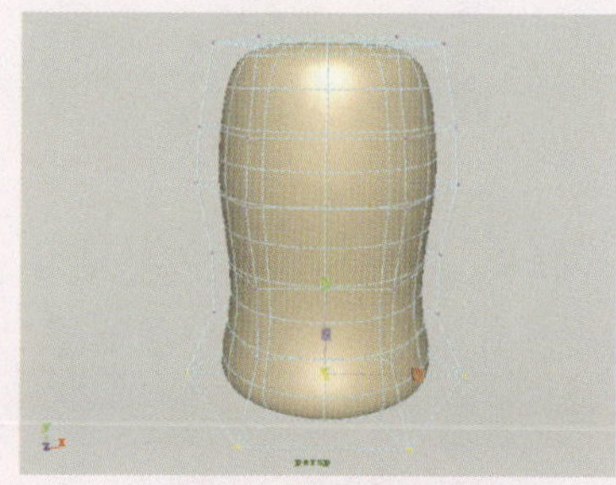

图6-65 调整模型形状

5 然后，执行Edit Mesh（编辑网格）|Split Polygon Tool（分割多边形）命令，在该模型上添加分割边，如图6-66所示。

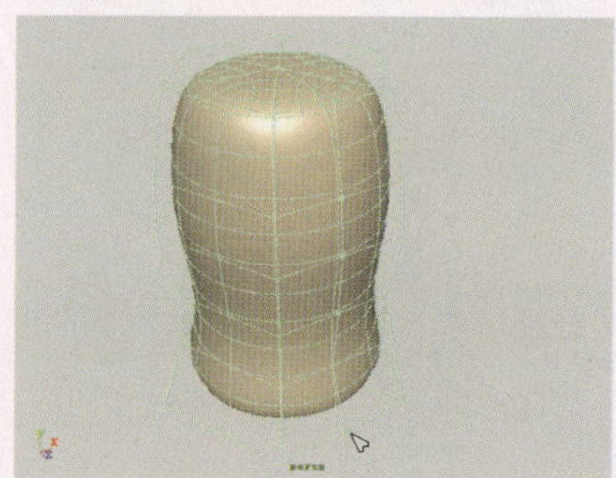

图6-66 添加分割边

6 再切换多边形代理物体的Face显示模式，选中其表面上的4个面，如图6-67所示。

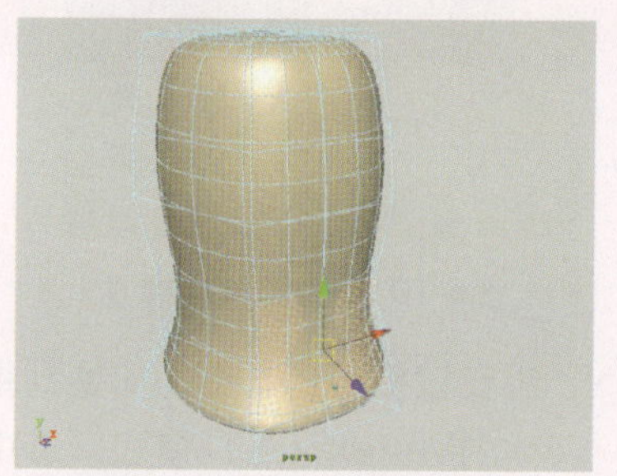

图6-67 选中代理物体的面

7 执行Edit Mesh（编辑网格）|Extrude（挤出）命令，对其进行挤出操作并调整挤出面的缩放，如图6-68所示。

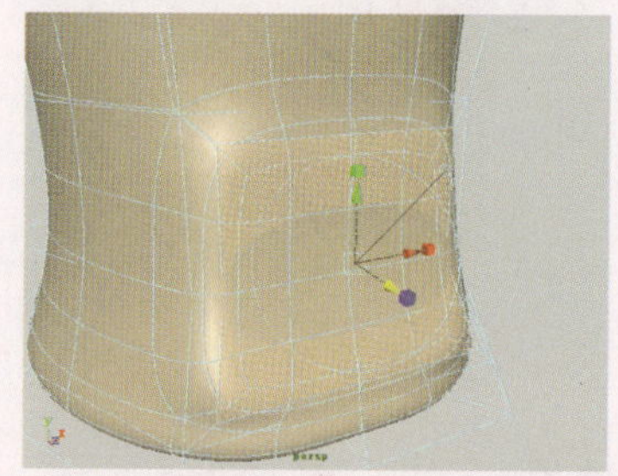

图6-68 执行挤出操作

8 按G键，重复执行挤出操作并调整挤出面的缩放和拉伸距离，以制作模型表面的凹陷效果，如图6-69所示。

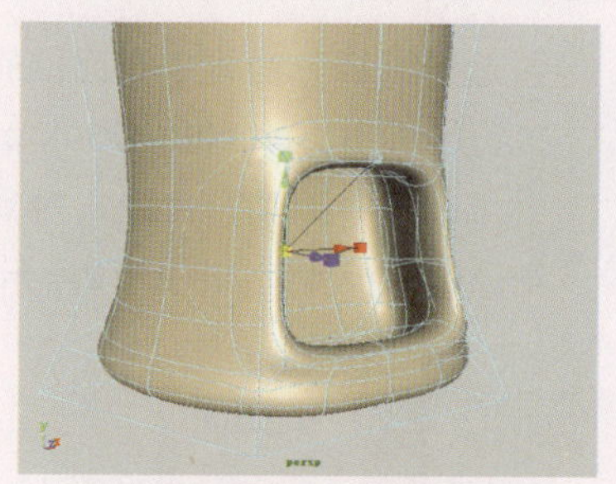

图6-69 重复执行挤出操作

9 在该模型上右键单击不放，在弹出的组件菜单中选择Standard（标准）命令，以将其切换到细分物体的标准模式，如图6-70所示。

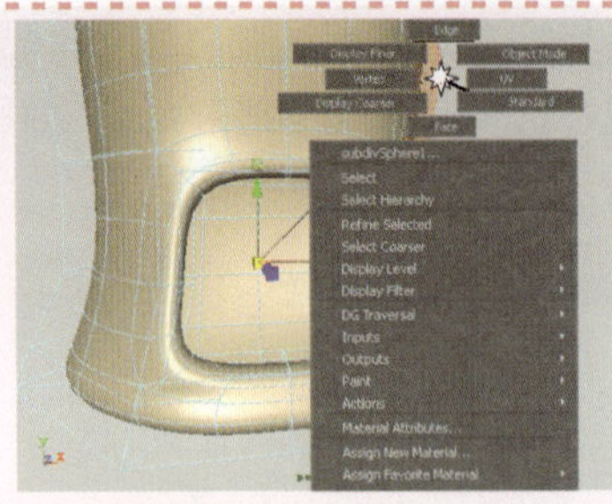

图6-70 切换到标准模式

10 再在该模型上右击，切换到细分物体的Vertex（点）模式，选中并调整其顶点的位置以使模型的结构更合理化，如图6-71所示。

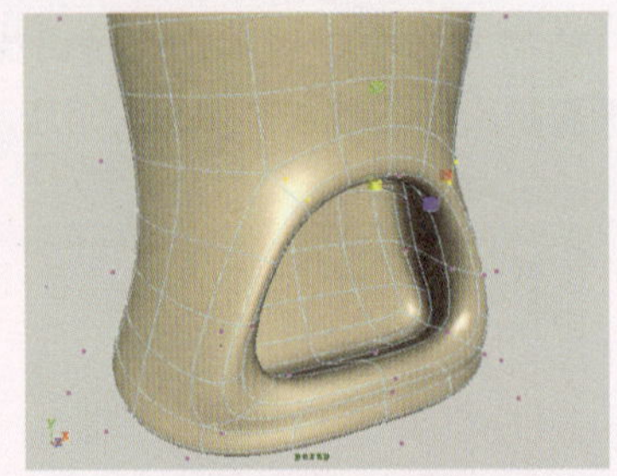

图6-71 调整顶点位置

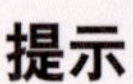

提示

在对细分模型进行编辑时，可以利用建模中选择元素的便捷性，如在模型上右击，切换到点元素层级显示来对模型上的点进行进一步的编辑。

11 再选中该细分物体中间部位的点，执行Refine Selected Components（细化选择元素）命令，对其执行细分选择操作，如图6-72所示。

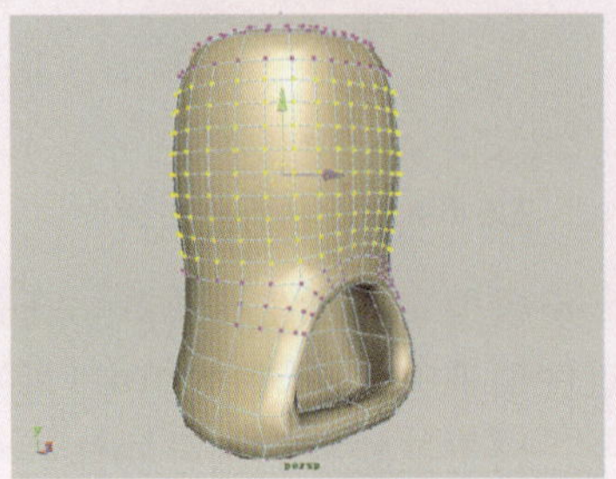

图6-72 执行细分选择操作

12 选择该细分物体，执行Subdiv Surfaces（细分面）| Sculpt Geometry Tool（几何体雕刻工具）命令，在视图右侧弹出的笔刷属性设置面板中，设置相应的笔刷半径和样式，如图6-73所示。

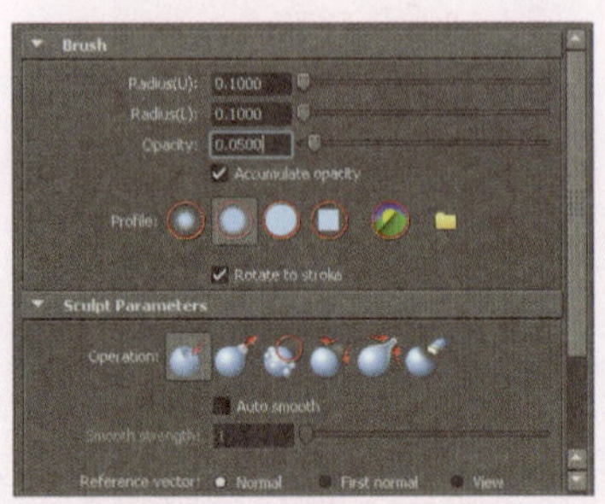

图6-73 设置笔刷属性

13 再对模型进行雕刻，以制作出凹凸不平的表面，从而使模型的造型更加逼真，如图6-74所示。

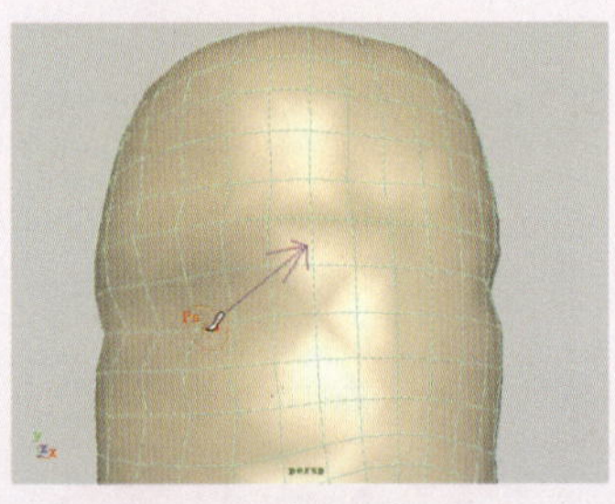

图6-74 雕刻后的表面

14 当模型制作完成后，选中该模型并执行Subdiv Surfaces（细分面）| Collapse Hierarchy（塌陷层级）命令，对其进行操作，如图6-75所示。

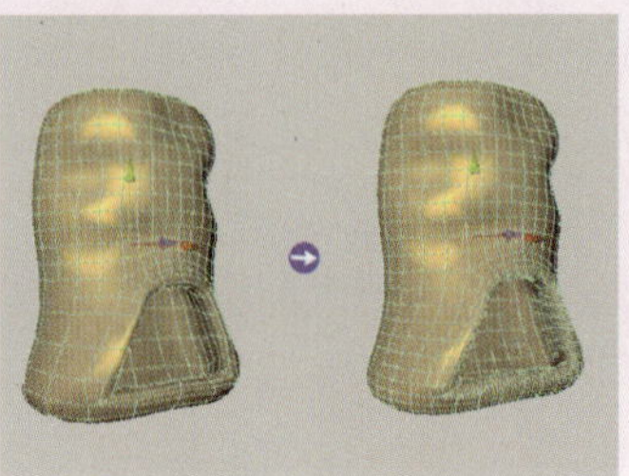

图6-75 塌陷细分物体

15 在场景中创建一个细分平面，调整其大小和位置，用来作为地面，如图6-76所示。

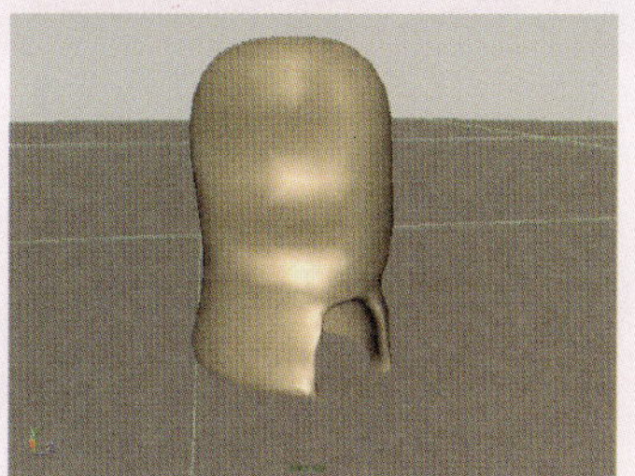

图6-76 创建地面图

16 选中筒子房，执行Subdiv Surfaces（细分面）| Mirror（镜像）命令，对其进行镜像复制操作，如图6-77所示。

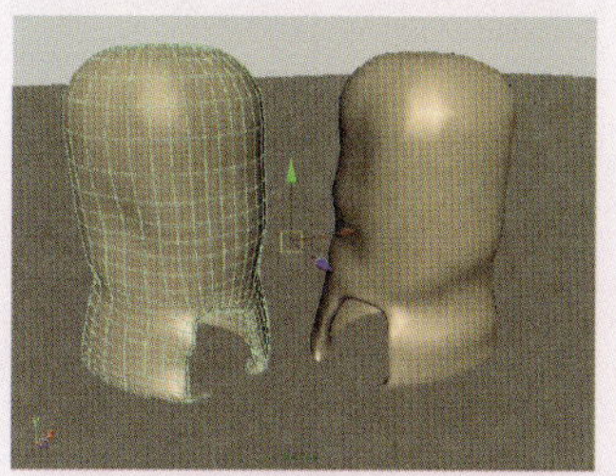

图6-77 镜像复制操作

6.4.2 制作木桩模型

1 在场景中创建一个圆柱，使用缩放工具对其高度进行调整，如图6-78所示。

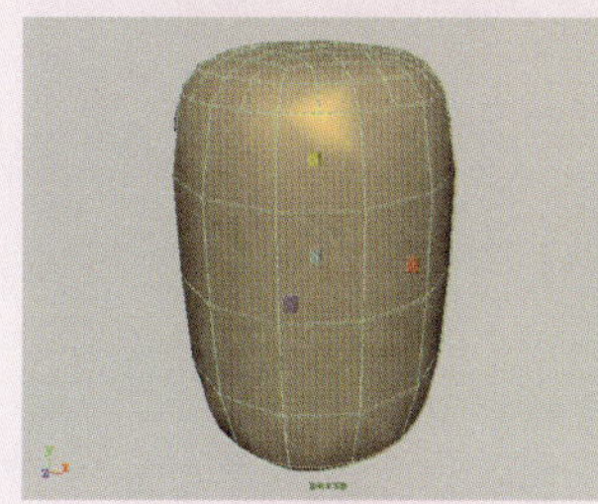

图6-78 调整圆柱高度

2 切换到圆柱模型的Edge（边）显示模式，并且选中其两端的循环边，如图6-79所示。

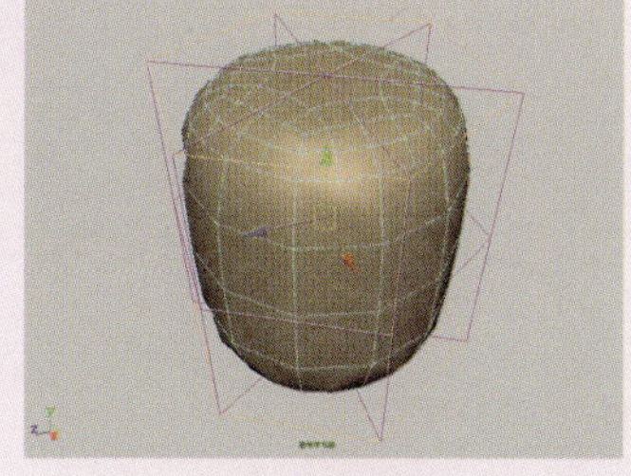

图6-79 选择圆柱边

3 执行Subdiv Surfaces（细分面）| Full Crease Edge/Vertex（完全褶皱边/点）命令，对它们执行完全褶皱边操作，以制作出十分锐利的边，用来作为木桩模型，如图6-80所示。

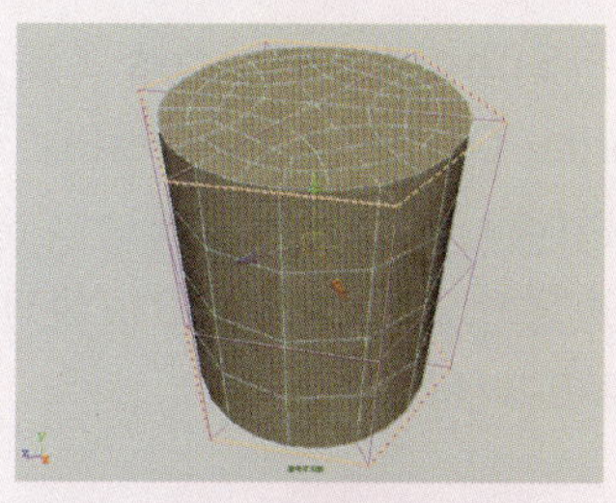

图6-80 执行完全褶皱边操作

4 选中创建的木桩模型，并将其移动到筒子房的一侧，如图6-81所示。

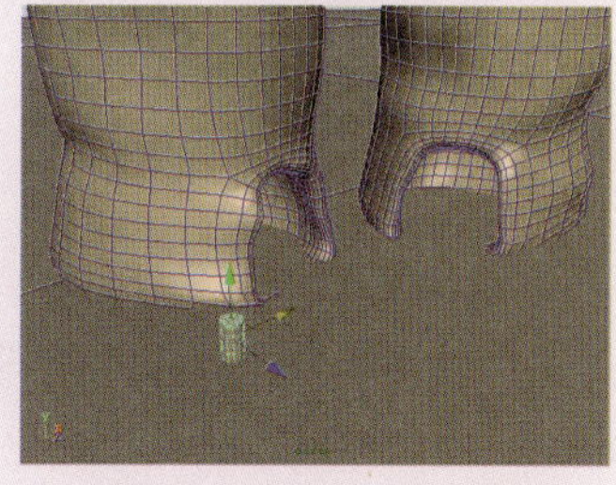

图6-81 调整木桩的位置

5 连续按Ctrl+D键，对其进行多次复制操作，并调整它们的放置位置和大小，如图6-82所示。

6 再在场景中创建一个圆柱体，切换到其Edge（边）显示模式并选择其两端的边，如图6-83所示。

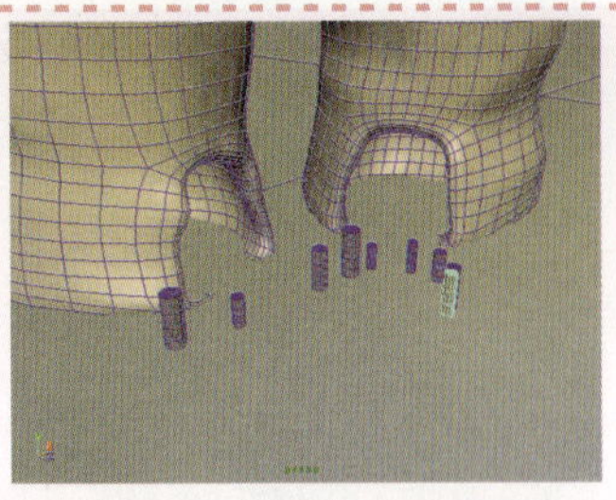

图6-82 复制木桩模型

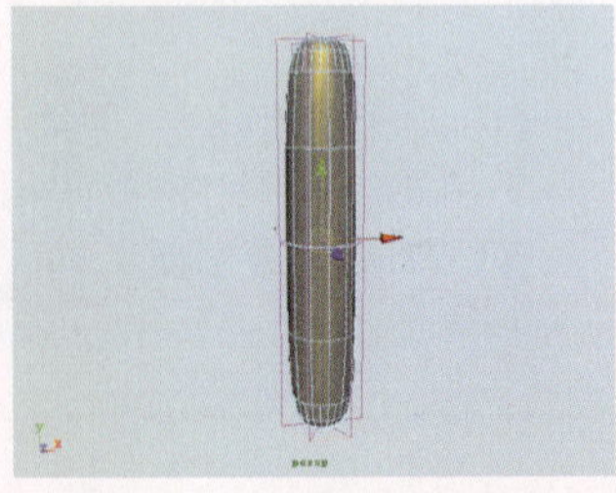

图6-83 选择细分物体边

7 执行Subdiv Surfaces（细分面）|Partial Crease Edge/Vertex（部分褶皱边/点）命令，对所选边执行部分褶皱边操作，以制作出不很锐利的边，如图6-84所示。

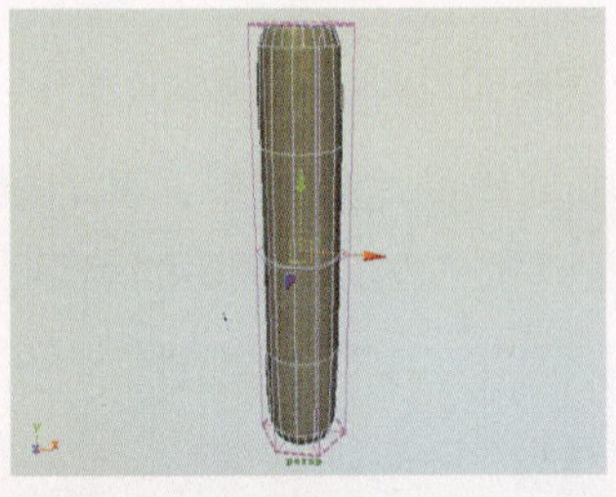

图6-84 执行部分褶皱边操作

8 选中该物体并切换到Vertex（点）模式，选中其中间部位的点并执行Refine Selected Components（细化选择元素）命令，以细分所选点元素，如图6-85所示。

9 然后，移动被细分出的顶点，以调整出绳子的弯曲造型，如图6-86所示。

10 选中该绳子，连续按Ctrl+D键，对其进行多次复制并将它们放置到各个木桩之间，如图6-87所示。

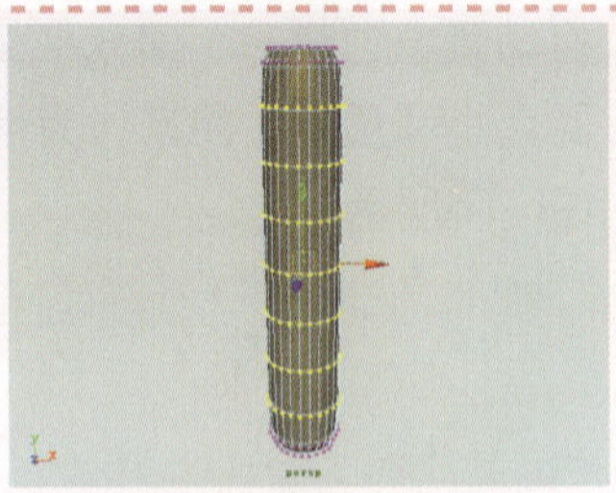

图6-85 细分所选元素

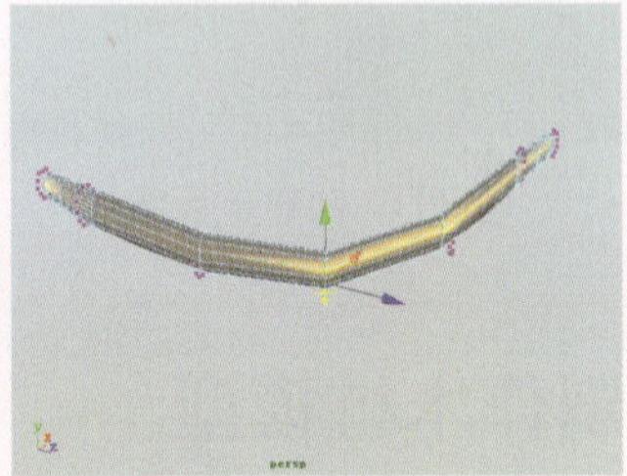

图6-86 移动顶点的位置

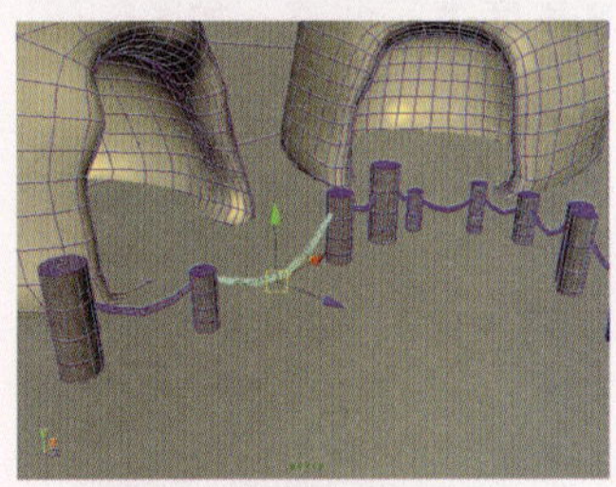

图6-87 调整绳子位置

11 创建一个多边形圆环并调整其外形，执行Modify（修改）|Convert（转换）|Polygons to Subdiv（多边形到细分）命令，将其转换为细分物体，如图6-88所示。

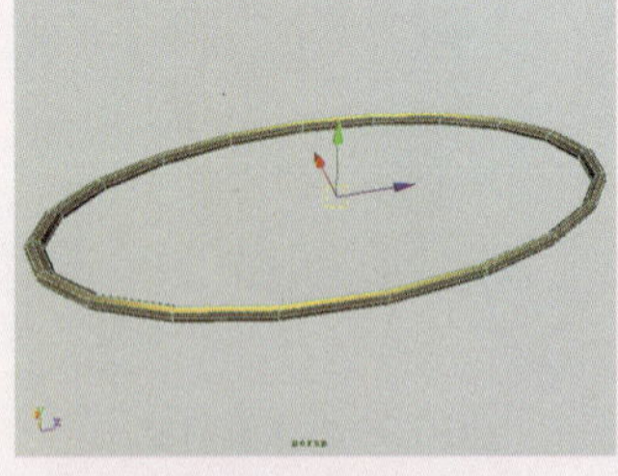

图6-88 转换为细分物体

12 进入该细分物体的点显示模式，移动其部分顶点以制作一个圆型的绳子，如图6-89所示。

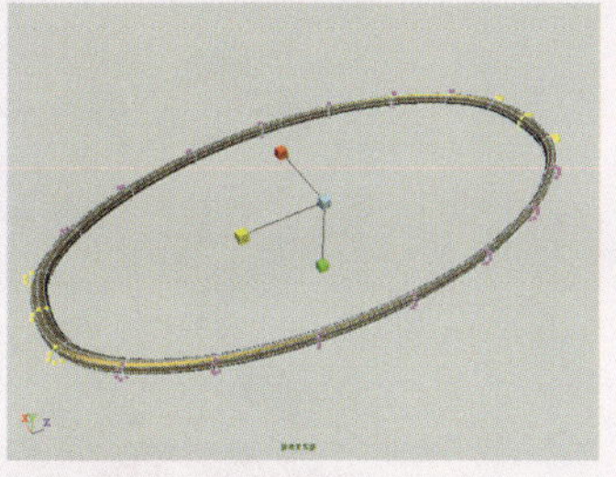

图6-89 调整细分物体外形

13 选中创建的绳子模型，按Ctrl+D键，对其进行复制并将它们放置到木桩模型上，如图6-90所示。

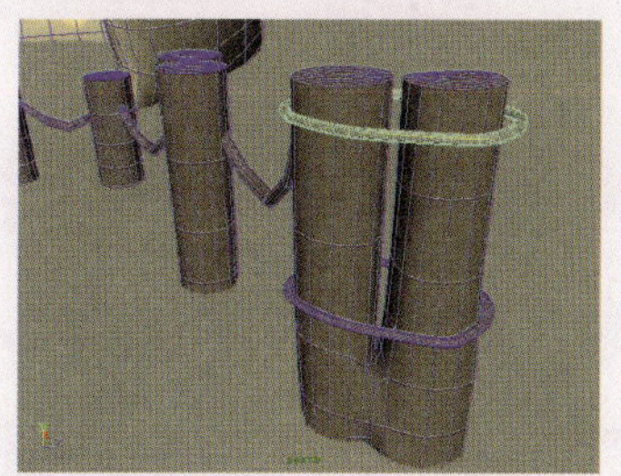

图6-90 复制并移动绳子后的效果

6.4.3 制作阶梯

1 在场景中创建一个立方体细分模型，切换到Vertex（点）模式，移动其顶点位置以改变其外形，用来作为台阶，如图6-91所示。

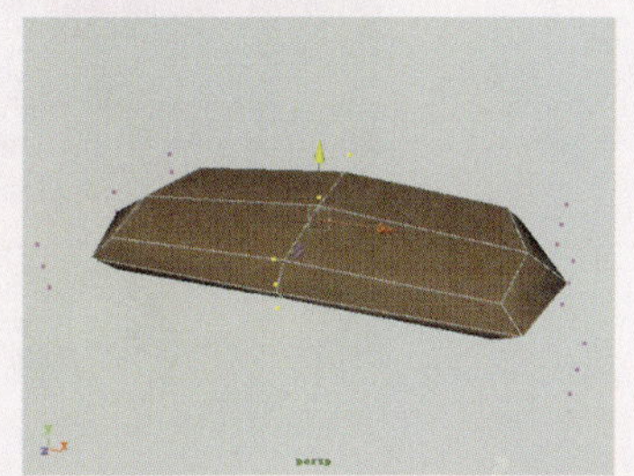

图6-91 创建立方体

2 选中该台阶模型，对其进行多次复制操作，并调整复制副本的位置，如图6-92所示。

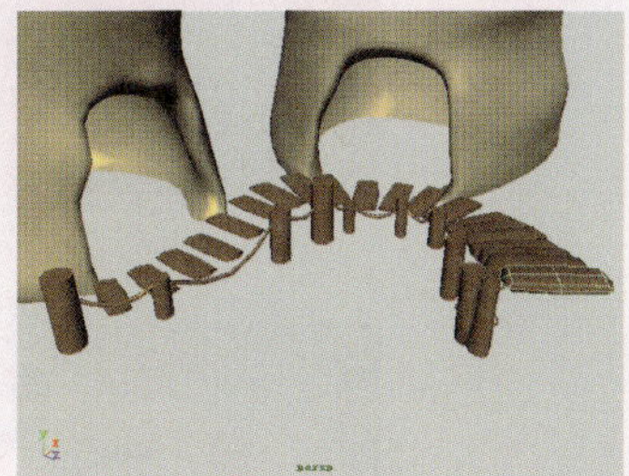

图6-92 复制的台阶

3 最后可以使用Maya中提供的笔触工具，创建出所需要的植物造型，如图6-93所示。

图6-93 刷出的植物

提示

在所有的细分模型制作完成时，要记得将模型进行塌陷层级处理，这样避免在后期编辑细分物体UV和动画制作时出现错误。

4 同样，也在另一个筒子房上创建一个植物造型。然后，调整视图角度，以观察场景模型的整体制作效果，如图6-94所示。

图6-94 模型的整体效果

第7章 材质与渲染的艺术

在Maya的整体制作过程中，材质与渲染部分起到了非常重要的作用，它们共同决定了最终的渲染效果。当模型创建完成之后，再为其赋予一种材质来表现物体的质感，最后通过渲染将其呈现在人们的面前。

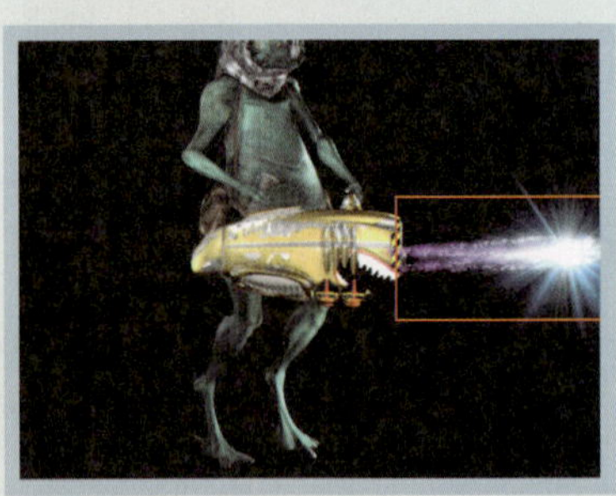

7.1 材质与渲染基础知识概述

在Maya的整个制作体系中，材质和渲染是不可分割的一部分，赋予了材质的Maya场景文件只有通过渲染才能脱离Maya软件环境平台，输出不同格式的文件在其他环境中运行。本节将介绍材质与渲染的基本概念以及在Maya的整体制作流程中，材质和渲染的工作流程。如图7-1所示的是概念车材质与渲染表现效果。

图7-1 概念车材质与渲染表现效果

7.1.1 材质的基本概念

材质是指物体表面材料所决定的一种质感表现，在Maya中材质主要用来模拟物体的光泽、纹理等特点。还可以通过设置材质属性参数来体现物体表面的颜色、透明度、环境、自发光、高光等不同的材质效果，如图7-2和图7-3所示。

图7-2 玻璃材质的表现效果

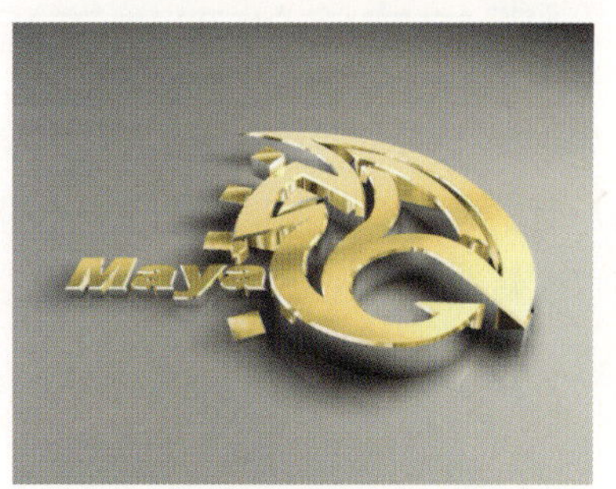

图7-3 金属材质的表现效果

7.1.2 渲染的基本概念

渲染，英文称Render，是指将三维场景中的矢量元素进行光影计算，最终转换为二维像素的过程。Maya中的渲染主要分为Software Rendering（软件渲染）和Hardware Rendering（硬件渲染）。

Software Rendering软件渲染是Maya中常用的渲染方式，大部分的计算机渲染都是靠软件渲染的。而Hardware Rendering（硬件渲染）则是用来渲染粒子和线框等特殊效果。如图7-5和图7-6所示分别为Software Rendering和Hardware Rendering的渲染效果。

图7-5 软件渲染效果

图7-6 硬件渲染效果

另外，还可以使用其他渲染器进行渲染，如大名鼎鼎的mental ray渲染器。mental ray是一款专业的3D渲染引擎，它被广泛应用在电影、工业产品、室内设计展览等诸多领域，它已经被整合在了Maya系统中。如图7-7和图7-8所示的是利用mental ray渲染得来的。

图7-7 影视作品

图7-8 工业产品

7.1.3 材质与渲染的工作流程

在Maya中，创建好模型之后，将材质添加到模型上，然后进行渲染输出场景文件。在给模型添加材质时，要注意将不同材质的物体进行归类加以区别，以方便在后续的工作中进行相关的操作。下面对这些流程进行简单的介绍。

1 执行Window（窗口）|Rendering Editors（渲染编辑）|Hypershade（材质编辑器）命令，即可打开材质编辑器。在材质编辑器中创建材质球，并且可以在视图右侧材质的属性设置面板中设置材质的相关属性，如图7-9所示。

2 然后将设置好的材质赋予视图中的模型，如图7-10所示。

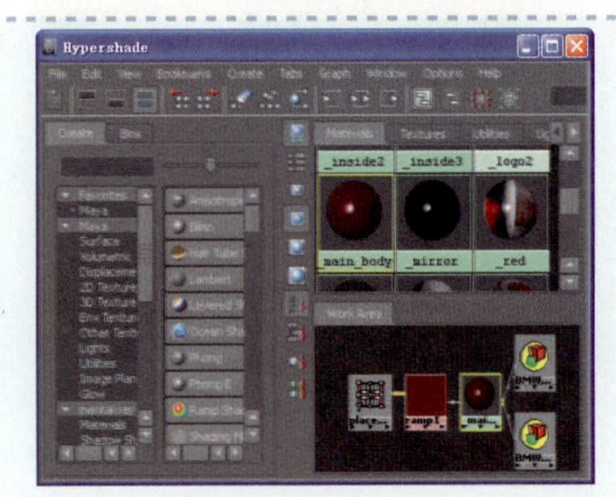

图7-9 设置材质属性

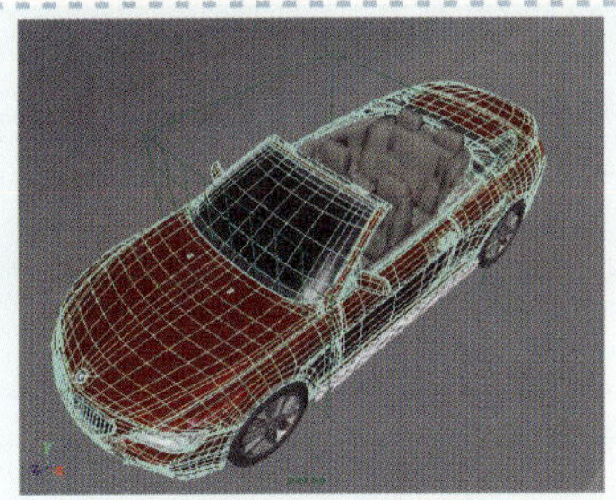
图7-10 赋予模型

3 在设置材质属性时，可以执行Render（渲染）|Render Current Frame（渲染当前帧）命令，渲染场景以便随时观察调整后的渲染效果。执行Window（窗口）|Rendering Edit（渲染编辑）|Render Settings（渲染设置）命令，打开Render Settings（渲染设置）对话框设置相关的属性，如图7-11所示。

4 最终，将设置好的三维数据进行渲染输出，若是单帧图片，可以执行Render（渲染）|Current Frame（当前帧）命令进行渲染。如果是动画文件，按F6键切换到Rendering模块，执行Render（渲染）|Batch Render（批量渲染）命令，进行批量渲染图像。渲染后的效果如图7-12所示。

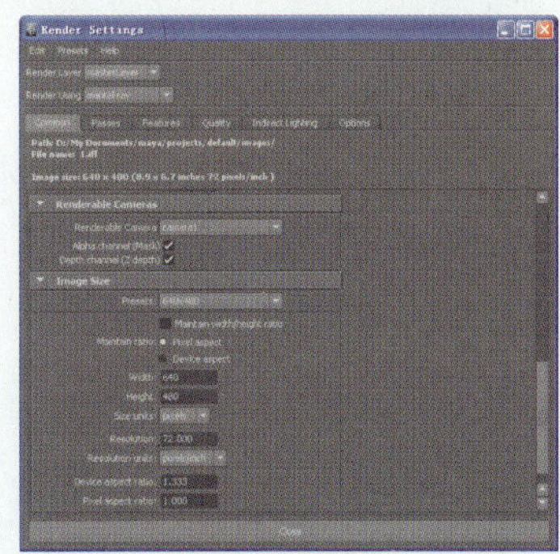
图7-11 渲染设置对话框

图7-12 渲染效果图

7.2 材质编辑器

执行Windows（窗口）|Rendering Editors（渲染编辑）|Hypershade（材质编辑器）命令，即可打开材质编辑器，如图7-13所示。在Hypershade编辑器的工作区中，可以直观地看到材质节点的网络结构图，在编辑复杂的材质结构时，这一功能很重要。另外，在材质编辑器中还可以对其他节点进行编辑操作，如灯光、骨骼等。

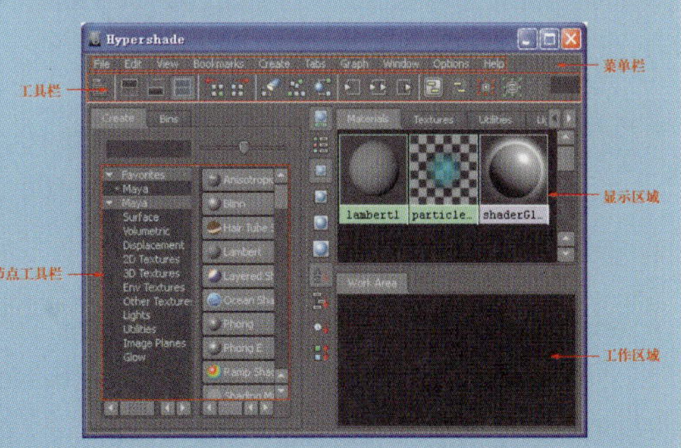

图7-13 Hypershade材质编辑器

下面对Hypershade材质编辑器中的常用命令进行说明。

7.2.1 菜单栏

在Hypershade材质编辑器中，可以利用菜单命令来创建和删除节点或纹理图片，还可以利用菜单命令对材质节点及节点工具进行连接及其属性的编辑。在Hypershade材质编辑器中共有10个菜单命令，下面就来逐一学习这些菜单。

1.File菜单

File菜单主要用于材质数据的导入或导出，还可以在网络上下载相关的Maya材质，通过这些命令将其导入，也可以自己制作材质并保存起来，供以后使用。

2.Edit菜单

Edit菜单主要用来对工作区域的节点进行编辑，如对节点执行删除、复制等相关操作。

3.View菜单

View菜单主要用于工作区域的显示状态。

4.Bookmarks菜单

Bookmarks菜单主要用于创建和编辑书签，便于用户进行观察。

5.Create菜单

Create菜单主要用于创建材质、纹理、常用工具、灯光和摄像机等。

6.Tabs菜单

Tabs菜单主要用于控制编辑器中的标签布局。

7.Graph菜单

Graph菜单主要用于控制材质节点网络在工作区域中的显示。

8.Window菜单

Window菜单为用户访问Attribute Editor（属性编辑器）、Attribute Spread Sheet（属性分析表）和Connection Editor（关联编辑器）等编辑器提供了便利。

9.Option菜单

Option菜单主要用于控制编辑器界面的显示状态。

10.Help菜单

Help菜单用来打开帮助文件。

7.2.2 工具栏

用户可以利用工具栏对材质节点和程序纹理进行删除、重新排列节点、控制材质窗口面板的显示等操作，下面对工具栏中的常用工具进行介绍。

- Toggle the Create Bar On/Off：打开或关闭渲染节点的面板，如图7-14所示。

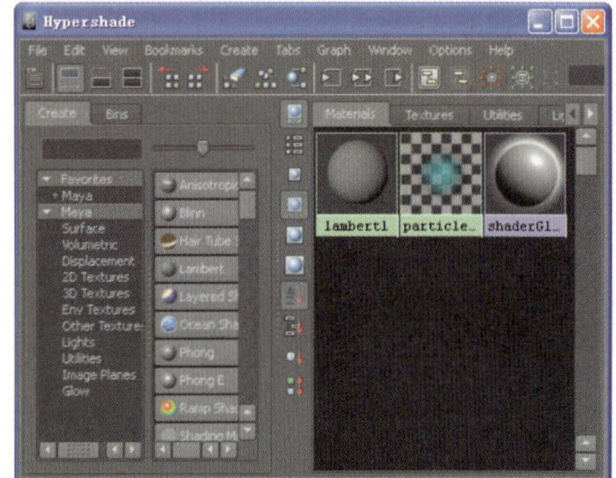

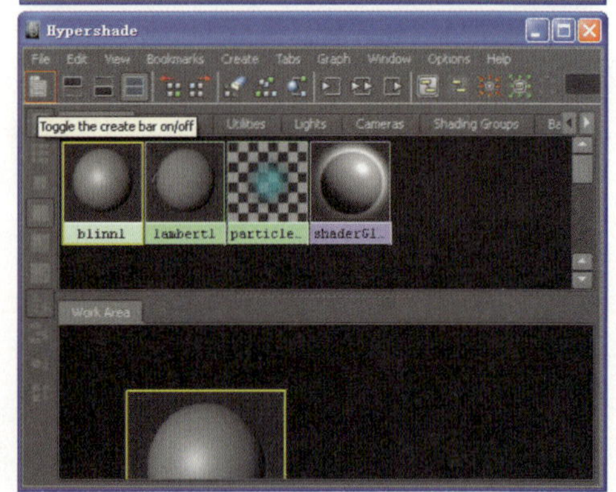

图7-14 Toggle the Create Bar On/Off效果对比

- Show Top and Bottom Tabs：控制工作区域的显示，如图7-15所示。
- Show Previous/next Graph：用于显示上次和下次的连接。
- Clear Graph：清除连接。

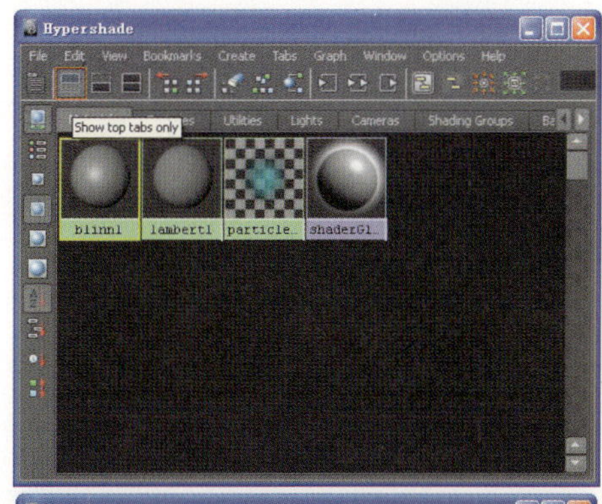

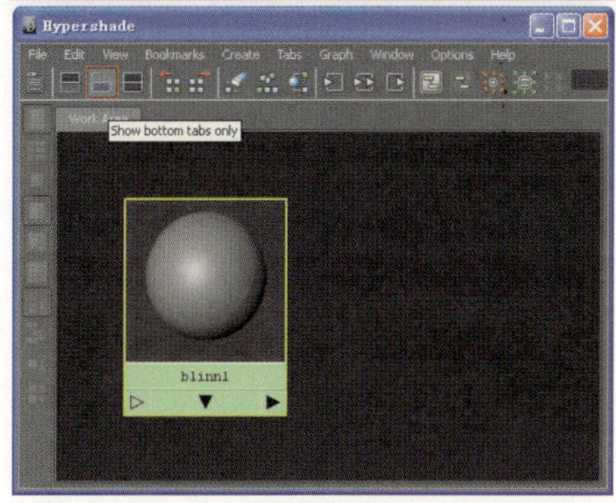

图7-15 Show Top and Bottom Tabs效果对比

- Rearrange Graph：将工作界面中的节点重新排列。
- Graph Materials Selected Object：显示被选物体的材质节点网络。
- Input Connections：显示被选择节点的输入连接网络。
- Input and Output Connections：显示被选择节点的输入和输出连接网络。
- Output Connections：显示被选择节点的输出网络连接。
- Container Node：表示节点容器相关工具命令图标。

7.2.3 节点工具条

Maya 2011的节点工具条与之前的版本有很大的不同，直接内置并显示了mental ray材质节点，无须再执行菜单命令来创建材质节点，如图7-16所示。

图7-16 mental ray节点

在创建节点时，可以先选择Maya或mental ray卷展栏下的材质节点选项，并拖动工具条上的滑块以选择要创建的节点。最后，单击相应的节点选项，即可创建该节点，如图7-17所示。

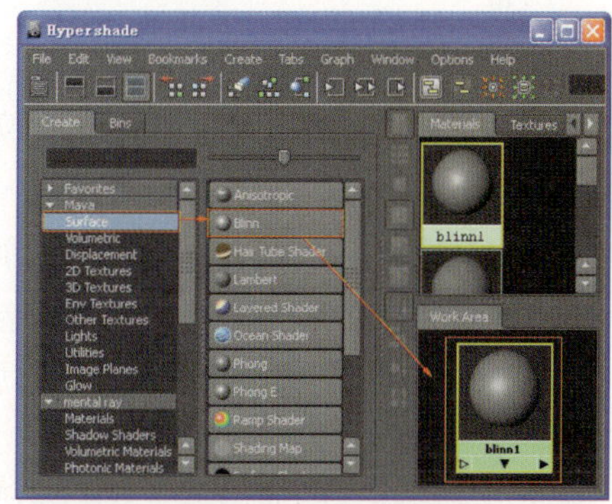

图7-17 节点工具条

7.2.4 工作区域与显示区域

工作区域，主要用于节点的编辑。在Hypershade材质编辑器的工作区域中可以创建节点。如果要设置材质节点的属性，可以双击对应的材质球，打开材质的属性设置面板，并且设置材质节点的参数，如图7-18所示。

显示区域，主要用于显示场景中各种类型的材质节点。当一个场景被创建，许多节点类型会被默认建立。在显示区域中节点是被分类显示的，用户可以进行切换来观察，如图7-19所示。

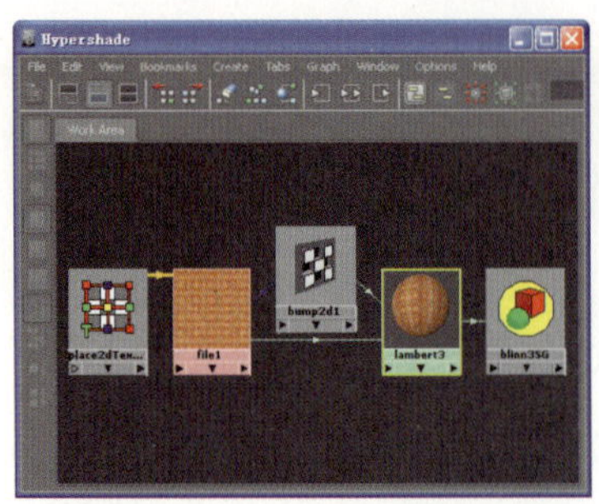

图7-18 工作区域

图7-19 显示区域

7.3 节点基本认识

节点存在于Maya的各个模块之中，模型、灯光、材质等都可以被认为节点，可以说Maya就是由节点组成的可视图形操作界面。既然节点对于Maya如此重要，下面就来学习节点的相关知识。

7.3.1 节点的概念

Node（节点）是Maya中最小的单位，每个节点都是一个属性组。节点可以输入、输出、保存属性。在使用Maya进行三维制作时，所有操作都以各种几何形状、各种色彩的形式出现在屏幕上，但这些都不是真实存在的，而是由计算机虚拟出来的东西。

在这些虚拟物体的背后起支持作用的是数学计算。在操作的过程中，软件系统将用户输入的指令，通过一系列计算转换成屏幕上可视的内容，但并不是所有的计算过程都是同时完成的。整个计算过程会分成一些小的单元，这些单元相互关联又相互独立，每个单元会完成一些计算步骤，形成一个相对独立的任务，然后将计算结果交给下一个计算单元进行进一步处理。

节点就是一种计算单元。节点有输入属性和输出属性，能完成相对独立的计算功能。三维场景中的模型、灯光、材质等都是节点，节点贯穿于Maya的工作流程，对Maya的操作过程就是对节点的操作过程。

7.3.2 节点的基本类型

在Maya中共有400多种节点，主要分为材质节点、通用节点、纹理节点、颜色节点等几种常用的节点。下面来介绍几种常用的Maya节点类型。

在Maya中根据材质的应用类型，将材质节点分为4种类型，即Surface Materials（表面材质）、Volumetric Materials（体积材质）、Displacement Materials（置换材质）和mental ray卷展栏下的Materials（材质），如图7-20所示。

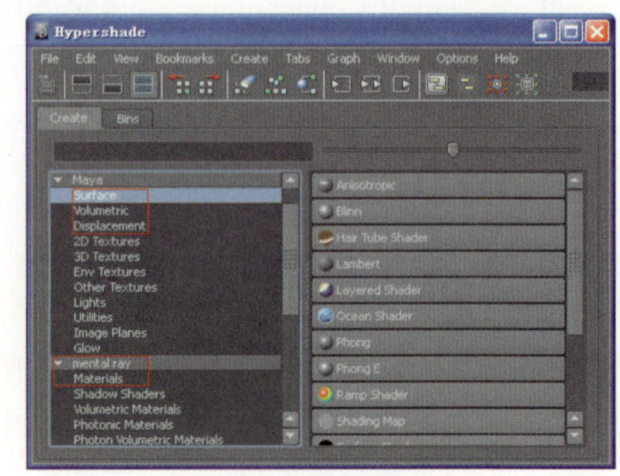

图7-20 材质节点类型

在Maya中，通过使用Utilities（通用）节点来调整和编辑材质的属性，常用的几种Utilities节点有Bled colors节点、Bump 2d节点、Bump 3d节点、Sampler Info节点等，如图7-21所示。

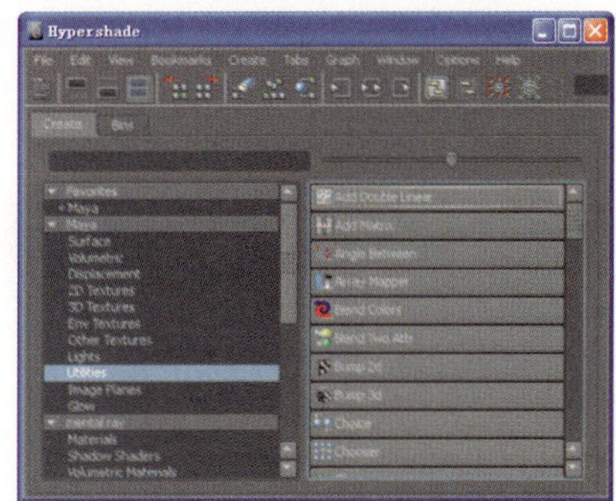

图7-21 Utilities节点类型

7.4 材质节点

前面学习了材质的概念及其工作流程，还了解了节点的基本概念。下面来具体介绍常用材质节点的基本类型和相关属性。

7.4.1 Surface材质节点的基本类型

在Hypershade材质编辑器中，展开Surface卷展栏即可预览表面材质所包含的几种类型，如图7-22所示。

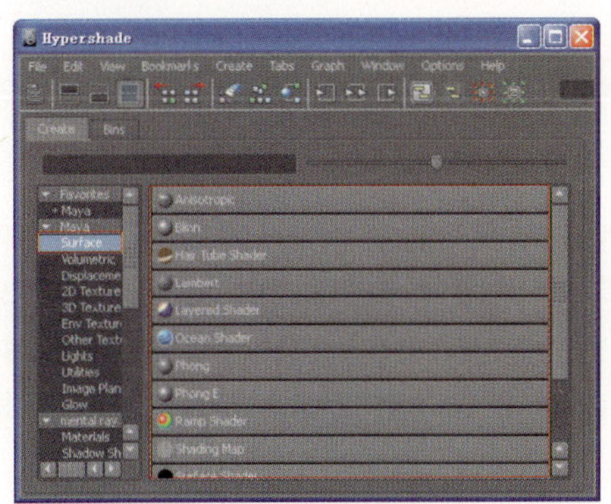

图7-22 表面材质

还可以在Hypershade材质编辑器中，执行Create（创建）| Create Render Node（创建渲染节点）命令，打开Create Render Node（创建渲染节点）对话框来预览表面材质，如图7-23所示。

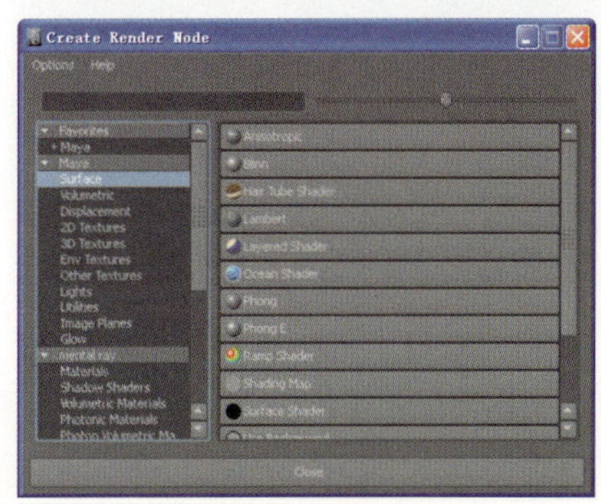

图7-23 表面材质

1.Blinn

Blinn材质是应用最为广泛的材质类型，具有金属表面和玻璃表面特性，主要用于模拟金属和玻璃效果，如钢、铜、铝、玻璃等。如图7-24所示的是利用Blinn材质制作的金属效果。

2.Lambert

Lambert是最基本的材质类型，没有高光和反射属性，它不包括任何镜面属性，它不会反射出周围的环境。Lambert材质可以是透明的，但不会发生折射。它多用于不光滑的表面，是一种自然材质，常用来表现自然界的物体材质，如土地、木头、岩石等。如图7-25所示是利用Lambert材质制作的物体质感效果。

图7-24 Blinn材质制作的金属效果

图7-25 Lambert材质制作的质感效果

3.Phong

有明显的高光区，适用于光滑的、表面具有光泽的物体，如玻璃、水等。利用Cosine Power（余弦值）对Phong材质的高光区域进行调节。如图7-26所示的是利用Phong材质制作的效果。

图7-26 Phong材质制作的玉器效果

4.Phong E

Phong E材质是一种比较特殊的材质类型，它能更好的根据材质的透明度控制高光区，还可以调节出比Phong材质更柔和的高光，并且可以控制高光的密度。

5.Anisotropic（各向异性）

Anisotropic这种材质类型的针对性比较强，适用于模拟具有微细凹槽的表面和镜面高亮与凹槽的方向接近于垂直的表面。例如，头发、斑点和CD盘片，都具有各向异性的高亮。如图7-27所示的是各向异性材质的表现效果。

图7-27 Anisotropic材质制作的光盘效果

6.Layer Shade（层材质）

Layer Shade可以将不同的材质节点合成在一起。每一层都具有其自己的属性，每种材质都可以单独设计，然后连接到分层底纹上。上层的透明度可以调整或者建立贴图，显示出下层的某个部分。在层材质中，白色的区域是完全透明的，黑色区域是完全不透明的。

7.Shading Map

Shading Map通常应用于模拟非现实或卡通、阴影效果等。

8.Surface Shader（表面材质）

Surface Shade用来给材质节点添加颜色，Surface Shader和Shading Map区别是除了颜色

以外，还有透明度和辉光。

9.Use Backgroud（背景材质）

Use Background使用背景材质可以将场景中的阴影和反射效果进行单独渲染，常用于后期合成方面。

10.Ocean Shader（海洋材质）

Ocean Shader主要用于模拟海洋表面的材质，它本身具有置换效果，可以根据时间的变化模拟海洋表面波浪动画。

11.Ramp Shader（渐变材质）

Ramp Shader材质的很多属性都可以用渐变颜色控制，该材质节点对物体的渲染点进行采样，再有渐变颜色重新分布到物体表面，多用来模拟金属、玻璃、卡通、国画等效果。

12.Volumetric（体积材质）

体积材质是Maya中的高级材质，使用体积材质可以创建大气效果的材质，比如体积雾、体积光、云、烟等。

13.Env Fog（环境雾）

Env Fog虽然是作为一种材质出现在Maya材质节点中，但一般情况下不把它当作材质来用，而由将其作为一种特效环境使用，可以将Fog沿摄像机的角度铺满整个场景。如图7-28所示的是环境雾效果。

图7-28 Env Fog效果

14.Light Fog（灯光雾）

Light Fog材质与环境雾的最大区别在于它所产生的雾效只分布于点光源和聚光源的照射区域范围中，而不是整个场景。如图7-29所示的是使用的灯光雾效果。

图7-29 Light Fog效果

15.Particle Cloud（粒子云）

Particle Cloud作为一种材质，它有与粒子系统发射器相连接的接口，即可以生产稀薄气体的效果，又可以产生厚重的云。如图7-30所示的是使用粒子云模拟的特效。

图7-30 Particle Cloud效果

16.Volume Fog（体积雾）

Volume Fog有别于Env Fog环境雾，它可以产生阴影化投射的效果。

17.Volume Shader（体积材质）

这种材质表面类型中对应的是Surface Shader表面阴影材质，它们之间的区别在于Volume Shader材质能生成立体的阴影化投射效果。

18.Displacement（置换材质）

它可以利用一张贴图使对象产生凹凸不平的特征，使用这种方法可以表现真实的凹凸效果。它能够直接改变物体的结构，成为真正意义上的凹凸，但使用Displacement Materials的前提是物体模型必须有足够的细分段。而模型的分段越多，渲染输出的时间越慢，所以该材质在实际中的使用机率并不大。

19.mental ray Material

在Maya 2011中， mental ray材质节点有20多种，而最为常用的节点有mi_car_paint_phen材质节点、dgs_material材质节点和miss_fast_simple材质节点。分别用来模拟汽车材质金属烤漆效果、特殊金属高光效果和3S效果（皮肤或半透光效果）。如图7-31和图7-32所示，分别为mental ray材质节点制作的汽车金属烤漆效果和生物皮肤效果。

图7-31 金属烤漆效果

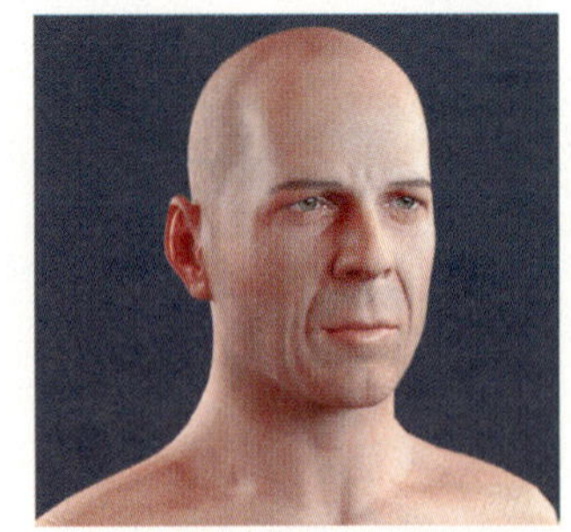

图7-32 3S皮肤效果

7.4.2 材质节点的创建

在Maya中，为三维场景文件添加材质之前，要先创建材质节点，对创建的材质节点的属性进行设置。在Maya中有多种方法可以创建材质节点，下面讲解两种常用的创建材质节点的方法。

动手实践124——创建材质节点

1 打开Hypershade材质编辑器，在节点工具栏中单击Surface选项，在其右侧的列表中单击Blinn选项，即在工作区域中创建一个Blinn材质节点，如图7-33所示。

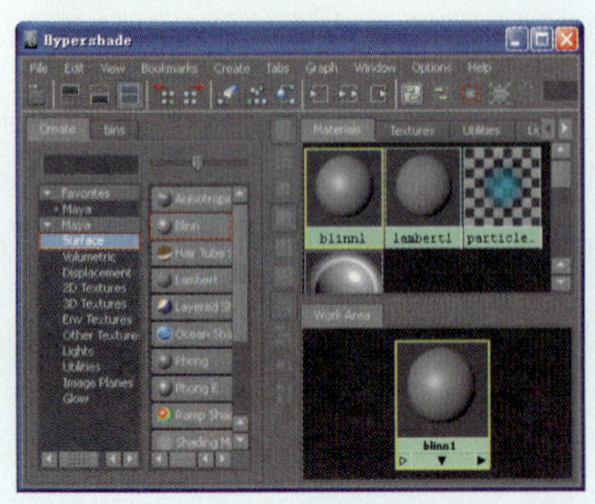

图7-33 创建材质节点

2 另外，可以在Hypershade材质编辑器中，执行Create（创建）|Materials（材质）命令，来创建相应的材质节点，如图7-34所示。

图7-34 创建材质节点

7.4.3 材质节点的连接

材质节点的连接包括材质与物体的连接，以及材质节点与节点之间的连接。

动手实践125——材质节点与物体间的连接

1 在Hypershade材质编辑器中，中键单击创建的Blinn材质不放，并且将其拖曳到场景中的物体模型上释放鼠标中键，即可将其赋予场景中的物体，如图7-35所示。

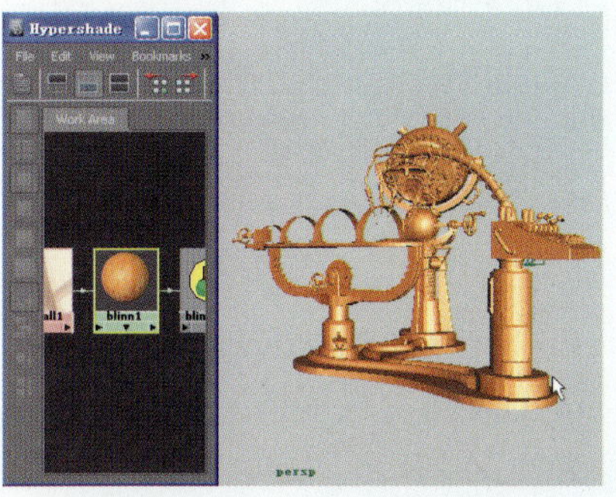

图7-35 材质节点与物体的连接

2 另外一种连接方法是，选择场景物体，在材质球上右键单击，在弹出的快捷菜单中选择Assign New Material（赋予新材质）命令，即可将该材质赋予场景中的物体，如图7-36所示。

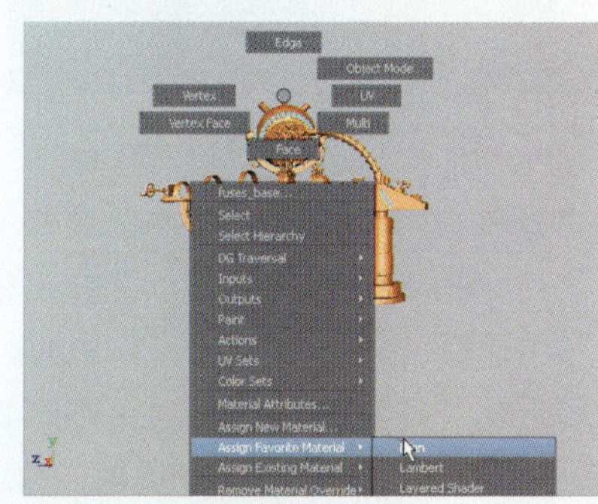

图7-36 材质节点与物体的连接

动手实践126——节点与节点之间的连接

在Maya中除了材质节点与物体可以进行连接外，节点与节点之间也可以连接。材质节点之间的连接，主要是为了丰富场景物体表面的材质，使场景效果凸出的更加真实。下面通过一个实例介绍一下材质节点间的连接方法。

1 在Hypershade材质编辑器的左侧选择2D Texture 卷展栏，再在其右侧的列表中单击Check（棋盘格）纹理节点和Ramp（渐变）纹理选项，以创建出两纹理节点，如图7-37所示。

图7-37 创建纹理节点

2 为了便于在Hypershade中对节点的编辑，单击▣菜单按钮可以隐藏显示区域，进而增大操作空间，如图7-38所示。

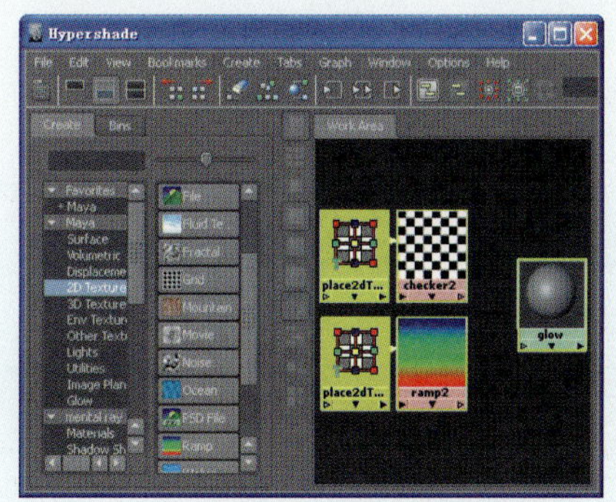

图7-38 增大工作区域

3 如果感觉工作区域还是不能满足需要，可以单击菜单按钮，只显示工作区域如图7-39所示。

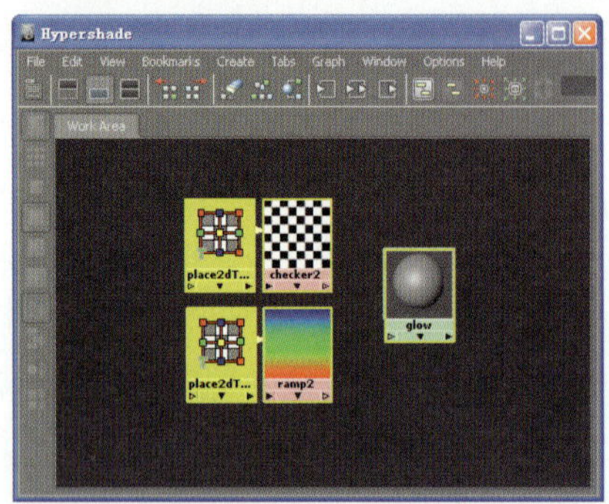

图7-39 只显示工作区域

4 中键单击ramp2节点不放，并将其拖放到check纹理节点上，在弹出的选项中选择other选项，打开Connection Editor（连接编辑器）对话框，选择outcolor属性和colorGain属性，即可将两属性进行连接，如图7-40所示。

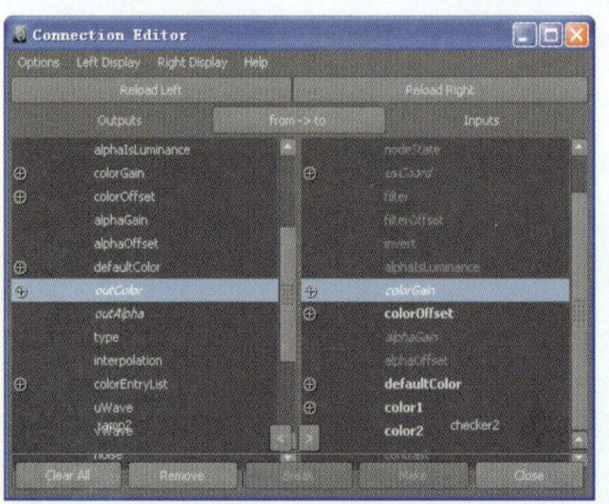

图7-40 连接属性

5 选择场景中的模型，在check节点上单击鼠标右键，在弹出的快捷菜单中选择Assign Material To Selection（赋予物体材质）命令，将其赋予场景中的物体，如图7-41所示。

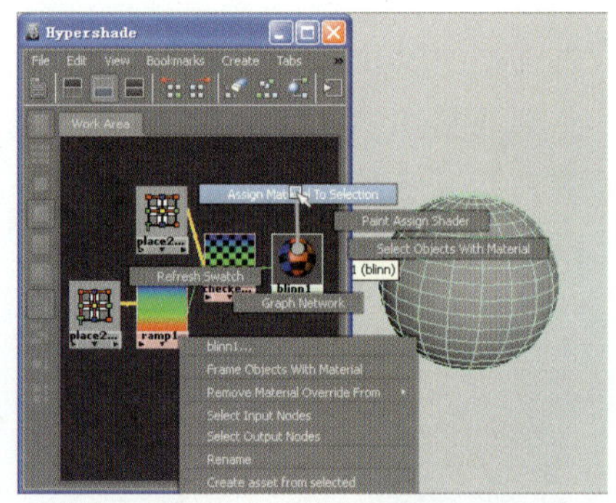

图7-41 赋予模型材质

6 切换到Persp视图并按数字键6，显示模型纹理，观察模型上的纹理效果，如图7-42所示。

图7-42 纹理显示效果

7.4.4 断开节点连接

在制作材质纹理时，连接物体的材质节点有时由于工作的需要，将某些材质节点暂时断开或删除，以避免对场景物体继续产生作用。下面通过一个简单的实例学习在Maya中如何断开节点之间的连接。

动手实践127——断开材质节点

1 打开随书光盘中的“Sphere”文件，将场景中的物体作为编辑对象，如图7-43所示。

图7-43 场景文件

2 打开Hypershade材质编辑器，选择Sphere材质球并单击按钮，查看材质球的节点连接效果，如图7-44所示。

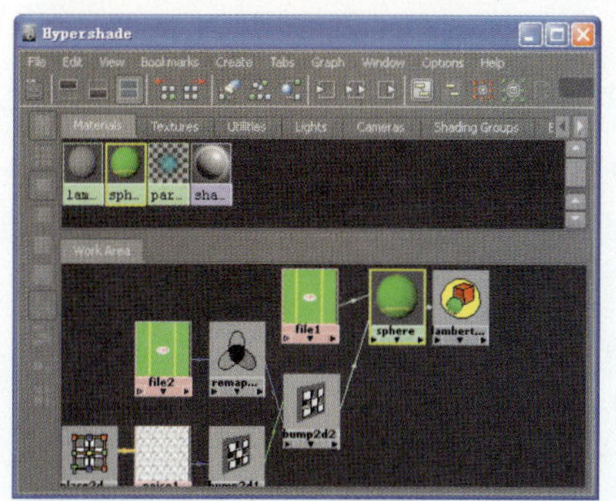

图7-44 节点连接图

3 选择file1文件节点与材质节点之间的连接线，按Delete键断开它们之间的连接，如图7-45所示。

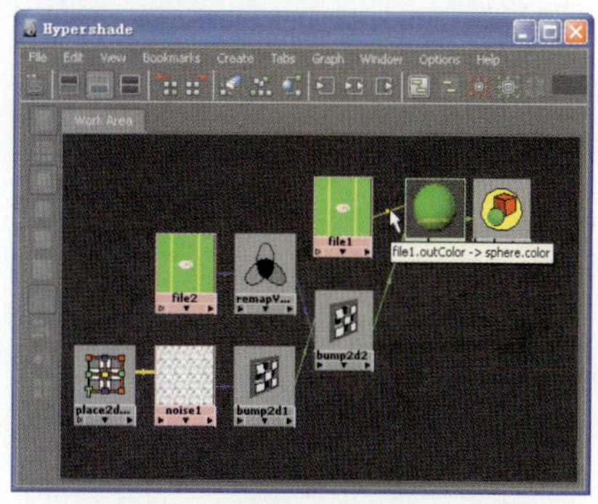

图7-45 断开节点连接

4 断开节点连接后，场景中的模型纹理随机消失，如图7-46所示。

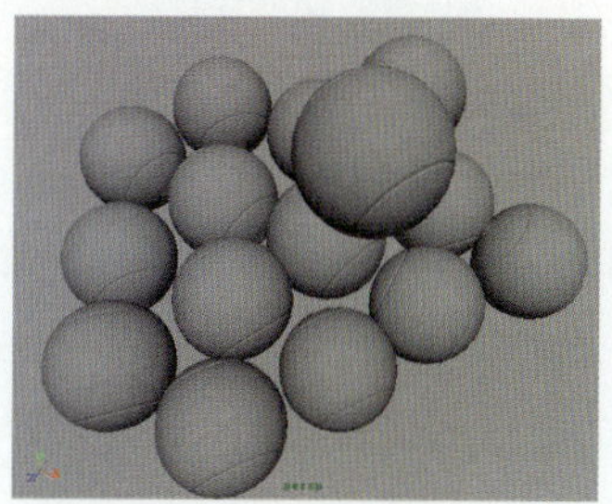

图7-46 模型纹理显示

7.5 材质节点的属性

通过对材质节点属性的设置，可以制作出场景物体所要表现的材质的质感。材质节点的属性分为通用材质属性和材质节点的特殊属性，下面对相关知识点进行详细的剖析。

7.5.1 材质节点的通用属性

材质节点的通用属性是指大部分材质都共有的属性。在转换一个材质类型时，拥有这个属性的材质会保留原来的设置。例如，将一个Blinn材质转换成Phong材质球，原来的Color（颜色）属性不会改变。如图7-47所示为材质的通用属性。

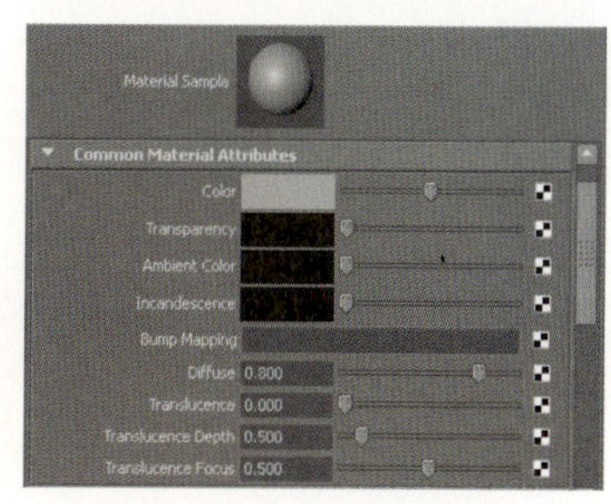

图7-47 通用材质属性

1.Color（颜色）

材质的颜色，即物体的表面颜色。单击Color属性右侧的方体会弹出Color Chooser（颜色选择）对话框，在该对话框中可以设置颜色。以Blinn材质为例，设置Color为绿色，再单击按钮查看渲染效果，如图7-48所示。

图7-48 Color属性

2.Transparency（不透明度）

用于控制材质的透明度，若Transparency（不透明度）为0时，表示完全不透明；若值为1时，表示完全透明。设置Color（颜色）的值为0，Transparency（不透明度）的值为1，查看渲染效果如图7-49所示。

图7-49 不同透明度值效果

注意

透明属性的颜色可以设置为任何一种颜色，不仅只有黑白两种颜色。另外，在设置透明属性时，如果材质自身Color有颜色变化，那么材质的透明属性会和颜色混合形成新的颜色，渲染时不易控制。为了避免此类现象，在调整透明属性时，可以设置颜色为黑色。

3.Ambient Color（环境色）

用于控制对象受周围环境的影响。Ambient Color（环境色）默认值为黑色。调整Ambient Color（环境色）为一种比较亮的颜色时，它会和材质自身的亮度和颜色混合。如图7-50所示为不同环境色参数值的渲染效果。

图7-50 不同环境色数值的对比效果

4.Incandescence（自发光）

用于模拟对象自身的发光效果，但不照亮其他的物体，数值越大材质越亮，材质自发光的颜色和亮度会覆盖材质自身的颜色和亮度。常用于模拟物体自身发光的对象，如图7-51所示。

图7-51 不同自发光数值的对比效果

5.Bump Mapping（凹凸贴图）

通过对凹凸映射纹理的像素颜色强度的取值，在渲染时改变模型表面法线使它看上去产生凹凸的感觉，实际上给予了凹凸贴图的物体表面并没有改变。

6.Diffuse（漫反射）

用于控制对象漫反射的强弱效果，Diffuse（漫反射）默认值为0.8。Diffuse（漫反射）的值越高，越接近设置的表面颜色，它主要影响材质的中间调部分。

7.Translucence（半透明）

是指一种材质允许光线通过，但是并不透明的状态，用于控制材质的透光效果。常用来模拟大理石、树叶、花瓣等效果。

注意

如果设置物体的Translucence值比较大，这时应该降低Diffuse值以避免冲突。表面的实际半透明效果是由光源处获得的照明，和它的透明性是无关的。但是当一个物体越透明时，其半透明和漫射也会得到调节，环境光对半透明或者漫反射无影响。

8.Translucence Depth（半透明度深度）

用于控制光线通过半透明材质的深度。

9.Translucence Focus（半透明焦距）

是灯光通过半透明物体所形成阴影的大小。

7.5.2 Special Effects（特殊效果）

Special Effects（特殊效果）可以模拟物体因表面反射光线或者表面炽热所产生的辉光效果，并且可以通过启用或禁用Hide Source（隐藏源物体）属性以及通过调整Glow Intensity（辉光强度）参数值来制作辉光效果。常用来模拟灯光、月光等效果。

1.Special Effects（特殊效果）

控制表面反射光线或者表面炽热所产生的辉光的外观，如图7-52所示。

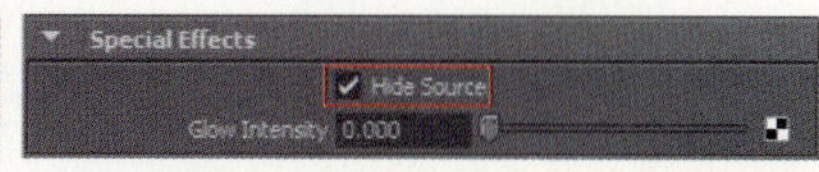

图7-52 Special Effects（特殊效果）卷展栏

2.Hide Source（隐藏源物体）

启用该选项，使表面在渲染时不可见（如果Glow Intensity的值不为0），而只显示辉光的效果。默认为禁用该选项，如图7-53所示。

图7-53 禁用和启用Hide Source（隐藏源物体）的效果对比

3.Glow Intensity（辉光强度）

控制表面辉光的亮度，如图7-54所示。范围为0~1，默认为0。

图7-54 不同辉光强度值的对比效果

7.5.3 Matte Opacity（遮罩透明度）

用户可以通过设置Matte Opacity（遮罩透明度）下的Opacity Gain（不透明度增益值）、Solid Matte（实体遮罩）和Black Hole（黑洞）3种遮罩透明度的模式来达到用户想要的遮罩效果。Matte Opacity（遮罩透明度）多用于后期合成。

1.Matte Opacity（遮罩透明度）

用户可以在渲染中得到RGB图像、Alpha图像和Depth图像。也可以得到一个可以控制参数的Alpha，那么就要依赖Matte Opacity（遮罩透明度）选项，如图7-55所示。

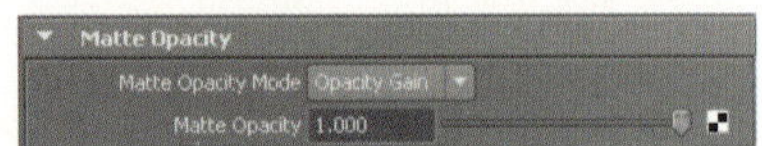

图7-55 Matte Opacity（遮罩透明度）选项

2.Matte Opacity Mode（遮罩透明度的模式）

Matte Opacity Mode有3种模式，分别为Opacity Gain（不透明度增益值）、Solid Matte（实体遮罩）和Black Hole（黑洞）。

- Opacity Gain（不透明增益值）：它可以同时显示反射和阴影。数值为1时，它的Alpha完全覆盖下面物体的Alpha，值越小覆盖强度越弱；数值为0时，它将下面物体的Alpha完全抠除，它还受Transparency值影响，如图7-56所示。

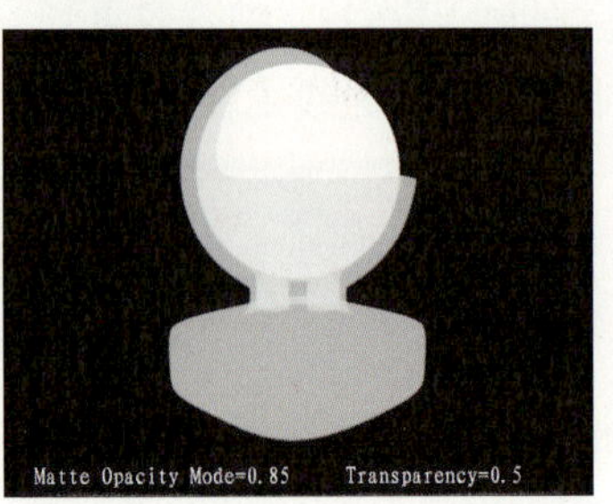

图7-56 不同Opacity Gain数值的对比效果

- Solid Matte（实体遮罩）：使用该属性可以得到一个固定的遮罩数值。它不受Transparency值影响，如图7-57所示。

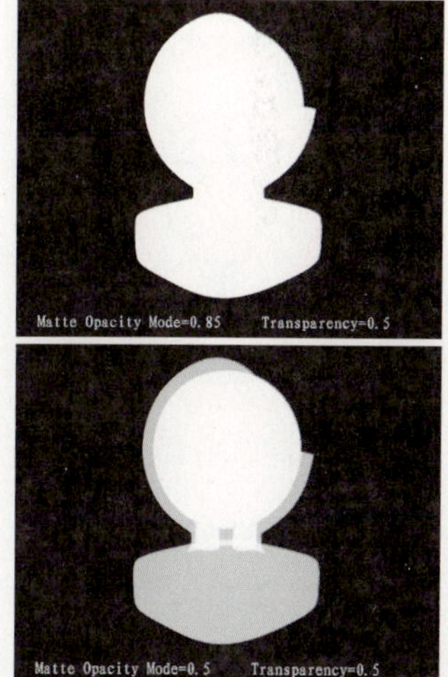

图7-57 不同Solid Matte数值的对比效果

- Black Hole（黑洞）：在选择此种模式时Matte Opacity（遮罩透明度）值将失去作用，它忽略了物体的所有属性设置。它的Alpha值为0，其下面的没有Alpha值也就无法显示，如图7-58所示。

图7-58 Black Hole（黑洞）效果

注意

Opacity Gain和Solid Matte在一般的材质球上想看到效果是很难的，可以用Use background节点看到其效果的变化，它们的功用主要是体现在合成上的。

7.5.4 Raytrace Options（光线追踪属性）

在Maya的材质属性中，Raytrace Options（光线追踪选项）主要用来模拟光线穿过物体时产生的折射效果，通过设置该属性的相关参数可以调节不同的折射效果。

单击材质球，打开其属性设置面板，再展开Raytrace Options卷展栏，即可观察光线追踪选项的属性参数，如图7-59所示。

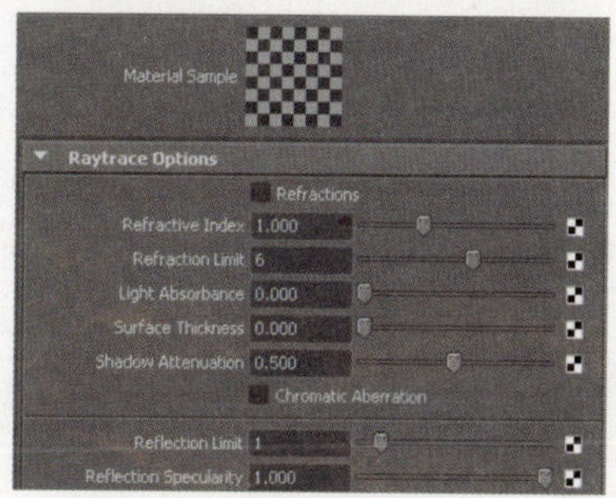

图7-59 光线追踪属性参数

- Refraction（折射）：用于控制材质的折射开关。启用时，计算光影追踪，但速度会变慢。禁用时，不计算光影追踪，如图7-60所示。

图7-60 启用Refractions选项

- Refractive Index（折射率）：指光线穿过透明物体时被弯曲的程度，折射率不同所产生的效果也不同，如图7-61所示。在现实生活中，如水的折射率为1.33、玻璃为1.44、空气为1。

图7-61 不同的折射率所产生的效果

- Refraction Limit（折射限制）：光线穿过透明物体时被折射的最大次数。折射计算的默认值为6，取值范围为0~10，如图7-62所示。

图7-62 不同折射限制数值的效果对比

- Light Absorbance（吸光率）：用于控制物体表面吸收光的能力。该值越大，反射与折射率越小，默认值为0，光线能完全穿透材质。透明的材质能吸收许多穿过它们的光线，材质越厚，吸收的光线越多，穿透材质的光线也就越少，如图7-63所示。

图7-63 不同吸光率的效果对比

- Surface Thickness（表面厚度）：用来控制材质的显示厚度，通过此项的调节，可以影响折射的效果，数值越大折射的强度越弱，数值越小折射的强度越强，如图7-64所示。

图7-64 不同表面厚度数值的效果对比

- Shadow Attenuation（阴影衰减）：用于控制透明物体产生光线跟踪阴影的聚焦效果。透明对象的中心比较亮，模拟灯光的聚焦效果。当该值为0时，会形成亮度恒定的阴影，聚焦的亮度和数值大小成正比，值越大亮度越强，如图7-65所示。

图7-65 阴影衰减效果对比

- Chromatic Aberration（色散）：启用该项进行运算光线追踪时，不同波长的光线在穿透曲面时，是以不同角度折射。
- Reflection Limit（反射限制）：用来控制光线被反射的最大次数。它的取值范围为0~10，默认值为1，如图7-66所示。

图7-66 反射限制效果对比

- Reflection Specularity（高光反射）：用于避免反射内容的高光区域产生锯齿闪烁效果，数值越大锯齿闪烁效果越弱；反之，数值越大锯齿闪烁效果越强。

7.5.5 材质的高光属性

材质的高光属性，是指控制表面反射灯光或者表面炽热所产生的辉光效果。Lambert没有高光属性和反射。在常用的Anisotropic、Blinn、Lambert、Phong和PhongE材质中，它们之间的区别是高光和反射参数的不同。

注意

若将Anisotropic、Blinn、Lambert、Phong和PhongE材质的高光和反射全部关闭，那么它们之间就可以相互转换，即它们之间没有区别可以通用。

1.Lambert

Lambert材质没有高光和反射属性，它的渲染速度相对其他材质要快，因为没有高光属性，Lambert材质渲染的效果缺少层次感，所以不太理想。

2.Blinn

Blinn材质是比较常用的高光材质，高光属性控制方便灵活，渲染速度比较快而且效果好。如图7-67所示为Blinn材质的高光属性参数。

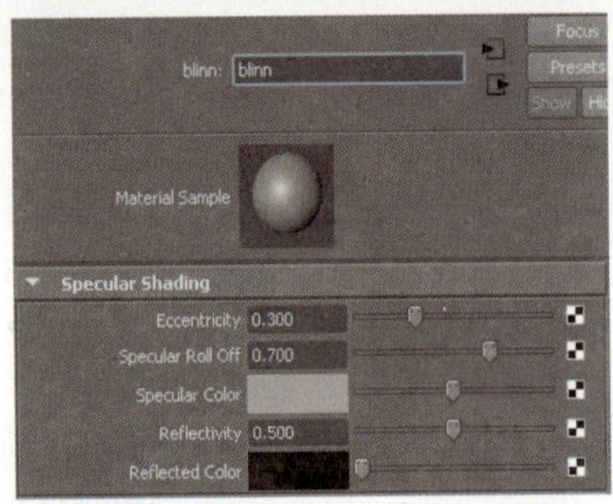

图7-67 Blinn材质高光属性参数

- Eccentricity（离心率）：用于控制Blinn材质表面上的高光面积，值为0时没有高光，值越大高光面积就越大。
- Specular Roll Off（高光强度）：用于控制Blinn材质表面上的高光强弱变化。
- Specular Color（高光颜色）：用于控制高光区域的颜色变化。
- Reflectivity（反射率）：用于控制Blinn材质表面反射周围环境的强度。值为0时没有反射，值为1时完全反射。
- Reflected Color（反射颜色）：在渲染时用来控制物体反射颜色的变化。

注意

若想使Reflectivity计算反射，要启用光线追踪选项。在为Reflected Color属性指定反射贴图时，应先为Reflected Color选项创建Env Textures（环境纹理），再为Env Textures指定一张贴图。

3.Anisotropic

Anisotropic材质的参数比较特殊，可以使物体产生条状高光效果。如图7-68所示为Anisotropic材质的高光属性参数。

- Angle（角度）：用于控制条状高光的角度方向。
- Spread X/Y（伸展）：用于控制高光在X和Y方向上的伸展长度，默认值为13。
- Roughness（粗糙）：用于控制高光的粗糙程度。数值越大，高光越大、越分散。
- Fesnel Index（菲涅尔指数）：用于控制高光的强弱。

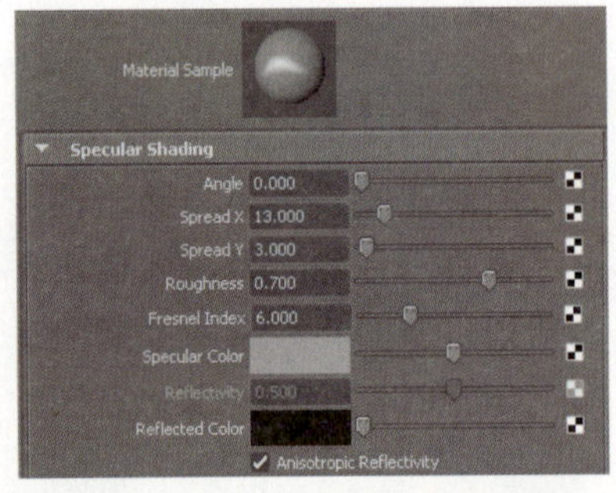

图7-68 Anisotropic材质高光属性参数

提示

由于Blinn、Anisotropic、Phong和PhongE材质都有Specular Color、Reflectivity和Reflected Color属性，在Blinn材质高光属性中已经做过介绍，所以在这里就不再重复了。

4.Phong

Phong材质具有很强的高光，常用来模拟玻璃、金属、塑料等。Phong材质的高光属性如图7-69所示。

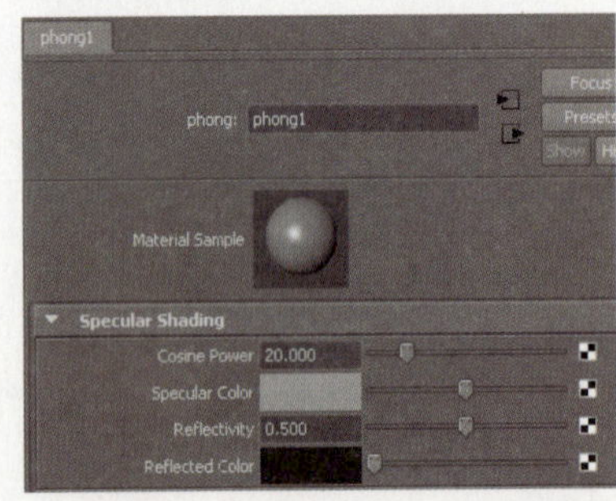

图7-69 Phong材质高光属性参数

Consine Power（余弦指数）：用于控制高光面积的大小。数值越大，高光面积越小；

反之，数值越小，高光面积越大。

5.PhongE

PhongE材质是Phong材质的精简版，PhongE材质的高光比Phong材质的高光柔和，控制参数多。PhongE材质的高光属性参数如图7-70所示。

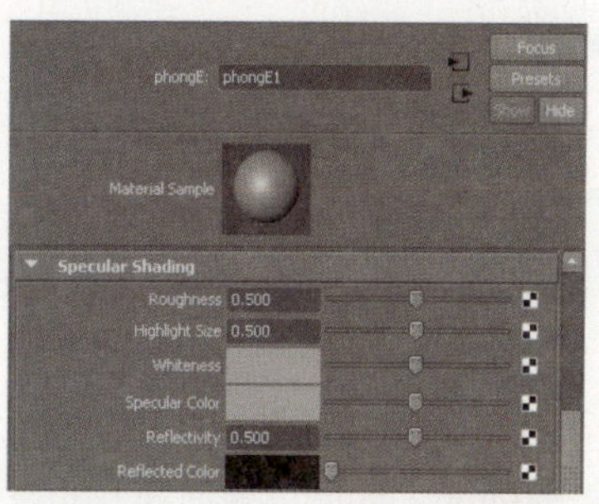

图7-70 PhongE材质高光属性参数

7.6 渲染技术的应用和分类

渲染是三维制作的最后一项任务，也是最为关键的一项任务。在三维场景中制作的模型、动画场景等，只有通过渲染才能脱离三维软件环境，输出其他环境可以识别的文件格式。在Maya中默认的渲染方式有两种，即软件渲染和硬件渲染。下面学习Maya渲染技术的相关知识。

7.6.1 Render Settings（渲染设置）

在渲染之前，要先设置好渲染环境，只有设置适合的渲染环境才能渲染出满意的效果。用户通过Render Setting对话框，可以设置场景文件的渲染窗口视图、渲染文件的尺寸、渲染文件的质量、渲染文件的格式等。

执行Window（窗口）| Rendering Editors（渲染编辑）|Render Setting（渲染设置）命令，打开Render Setting（渲染设置）对话框，如图7-71所示。在该对话框中的Render Using（渲染）属性下拉列表中可以选择使用的渲染器。

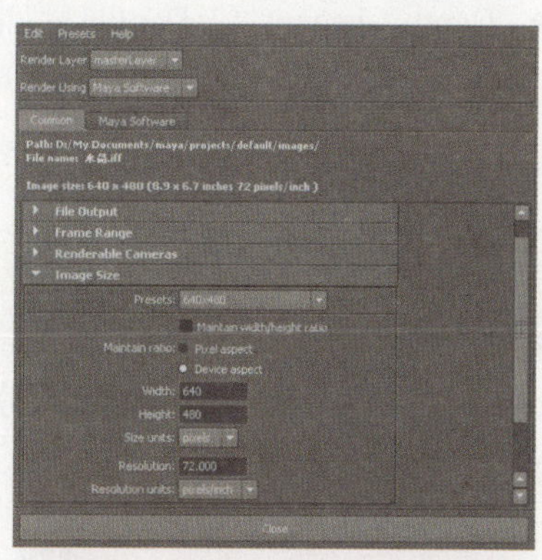

图7-71 渲染属性对话框

在Render Settings（渲染设置）对话框中，切换到Common（通用设置）选项卡，一些常用选项说明如下。

1.File Output（图像文件输出）

该选项主要用来定义渲染输出文件的格式、渲染输出文件的名称以及可渲染的摄像机视图等，相关选项如图7-72所示。

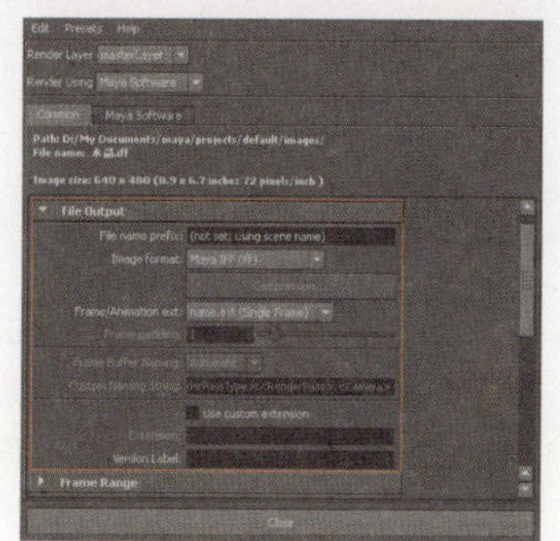

图7-72 图像文件输出属性

- File name Prefix（文件名前缀）：设置图像文件名。
- Frame/Animation Next：该参数有两个作用，一个是用来指定渲染单帧，还是渲染动画；另一种指定渲染结果文件名采用何种格式。
- Frame Pading（帧间隔）：渲染出序列图片的数字编号用几位表示。
- Start Frame（起始帧）：表示渲染动画的起始帧。
- End Frame（结束帧）：表示渲染动画的结束帧。
- Render Camera（可渲染摄像机）：指定渲染摄像机。
- Alpha Channel（Mask）：Alpha通道，8bit或是16bit的灰度图像，记录透明信息，用于视频合成。
- Depth Channel（Z Depth）：深度通道，记录Z轴的远近信息，距离摄像机越近，亮度越高，用于深度的视频合成。

2.Image Size（文件尺寸）

该选项用来定义文件的输出尺寸格式、输出文件的宽高比例、输出文件的分辨率等，相关选项如图7-73所示。

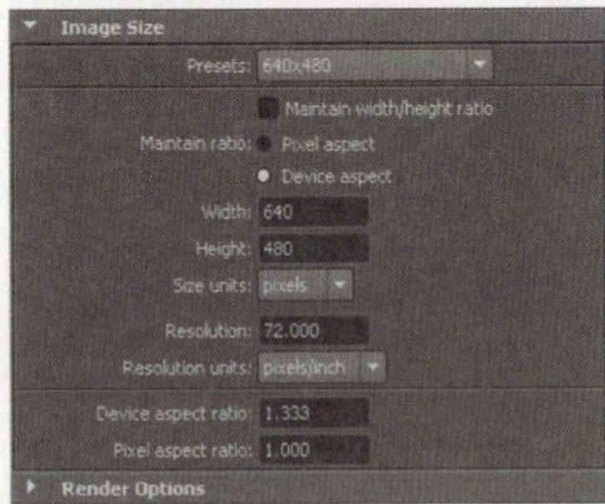

图7-73 文件尺寸属性

3.Presets（预置）

预设文件尺寸规格。从预设的下拉菜单中，选择一个预设的渲染图像参数，如图7-74所示。

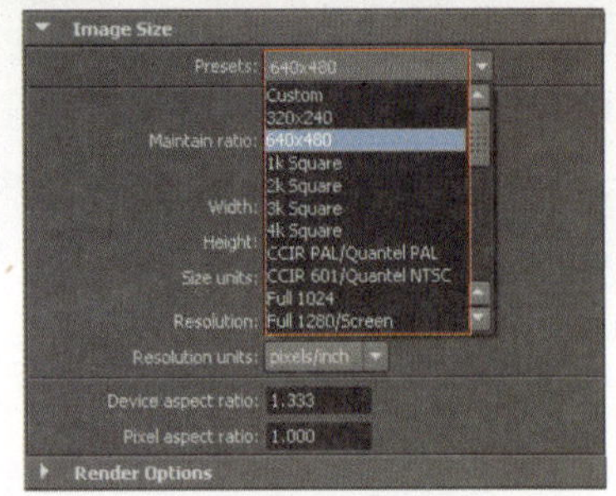

图7-74 预置属性

- Maintain Width/Height Ratio（保持宽高比）：启用此选项，将依据当前渲染尺寸的宽高比进行锁定，改变宽或高，另一个值都会改变。
- Maintain Ratio（保持比率）：此项包括Pixel Aspect（像素纵横比）和Device Aspect（设备纵横比）选项。
- Width/Height（宽/高）：分别设置像素的宽度和高度比例。
- Size Units（尺寸单位）：定义图片尺寸的单位，分别为Pixel（像素）、inch（英寸）、cm（厘米）、mm（毫米）等。系统默认值为Pixel（像素）。
- Resolution（图像分辨率）：只有当渲染的图片用来印刷时此选项才起作用。Maya默认的Resolution（图像分辨率）为72。
- Resolution Units（图像分辨率单位）：该项包括Pixel/inch（每尺寸像素）和Pixel/cm（每尺寸厘米像素）选项。
- Device Aspect Ratio（设备纵横比）：设置当前的显示设备的高宽比。此选项的结果为图片的高宽比（image aspect ratio）与像素高宽比（pixel aspect ratio）的乘积。

● Pixel Aspect Ratio（像素纵横比）：设置显示设备单个像素的纵横比。

7.6.2 Maya Software（Maya软件）

下面以Maya Software（Maya软件）方式为例来介绍相关渲染属性面板参数的属性及编辑。

执行Window （窗口）|Rendering Editors（渲染编辑）|Render Setting（渲染设置）命令，打开Render Setting（渲染设置）对话框的Maya Software选项卡，如图7-75所示。

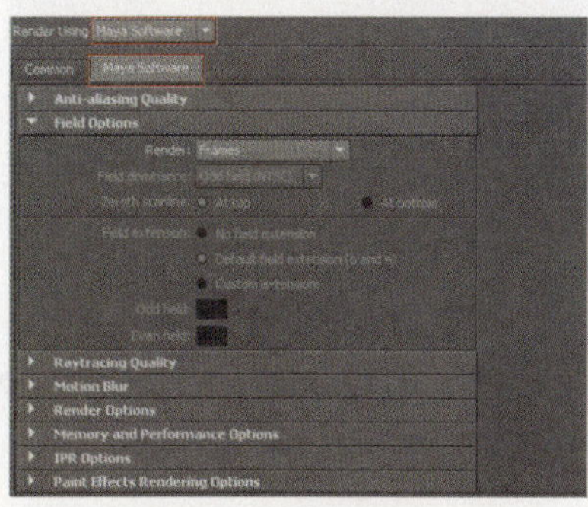

图7-75 Maya Software选项卡

1.Anti-aliasing Quality（抗锯齿质量）

主要用来控制渲染结果的抗锯齿效果。

● Quality（质量）：在该选项中提供了一些系统预定义的抗锯齿质量级别，通过设置不同的质量级别可以得到不同的抗锯齿效果，Maya默认的抗锯齿质量级别为Custom（用户自定义），如图7-76所示。

图7-76 Production Quality

● Edge Anti-aliasing（边界抗锯齿）：控制物体边界渲染抗锯齿的程度，如图7-77和图7-78所示。

图7-77 Low Quality

图7-78 Highest Quality

2.Number of Samples（采样数）

该选项用于设定各种项目的采样数值，通常采样值设置的越高渲染出的图像效果越好，但花费的时间也就越长。

● Shading（采样数）：设置所有表面的采样数值。

● Max Shading（最大采样数）：当Anti-aliasing Quality参数组中的Preset选项选择Preview Quality时，Max Shading选项不能用。

● 3D Blur Visib（三维模糊可视）：设置一个带有运动模糊设定的物体在穿越其他物体时，其可视性的采样值，它和Max 3D Blur Visib联合使用。

● Max 3D Blur Visib（最大三维模糊可视）：设置物体在进行可视性采样时，一个像素点被采样的最大数值。

- Particles（粒子）：设置粒子采样的数值，也可以在每个粒子属性面板中单独进行设置。

3.Ray tracing Quality（光影追踪质量）

控制渲染一个场景时是否采用光影追踪，以及光影追踪的质量。

- Ray tracing（光影追踪）：启用该选项，Maya在渲染时会计算光影追踪。Ray tracing会产生精确的反射、折射和阴影效果。
- Reflections（反射）：光被反射的最大次数。其可用范围为0~10，默认值为1。
- Refractions（折射）：光被折射的最大次数。其可用范围为0~10，默认值为6。
- Shadows（阴影）：光线被反射和/或折射仍能对物体投射阴影的最大次数。此值为0时关闭阴影。如图7-79和图7-80所示，设置不同的Ray tracing Quality属性参数，所得到的两种不同效果。

图7-79 属性参数级别低

图7-80 属性参数级别高

7.6.3 Render View（渲染视图）

Render View窗口主要是用来将设置好的场景进行渲染输出，以便观察材质的最终表现效果。通过该窗口可以渲染场景物体、设置渲染属性、保存渲染文件等操作。下面介绍Render View窗口的属性，如图7-81所示。

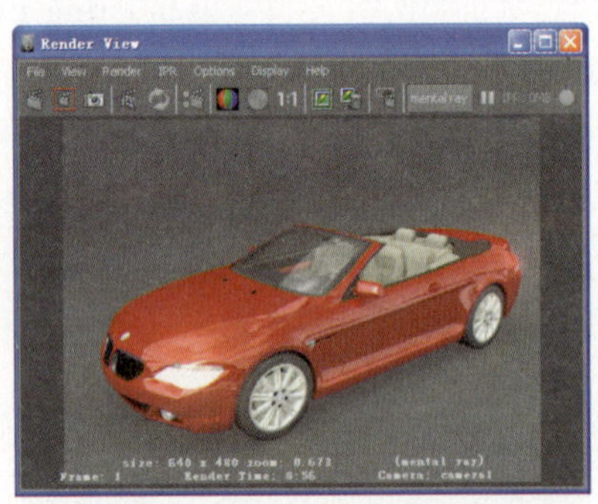

图7-81 渲染视图窗口

- Render Previous Frame（渲染当前帧）：启用Render Previous Frame选项可以对场景文件进行测试渲染。
- Render Region（渲染范围）：可以在Render View窗口划定一定区域进行渲染。在进行渲染测试时，是一个非常有用的工具，如图7-82所示。

图7-82 渲染范围

- Snap Shot（场景快照）：用于建立一个快照，选定的是窗口中的区域，如图7-83所示。

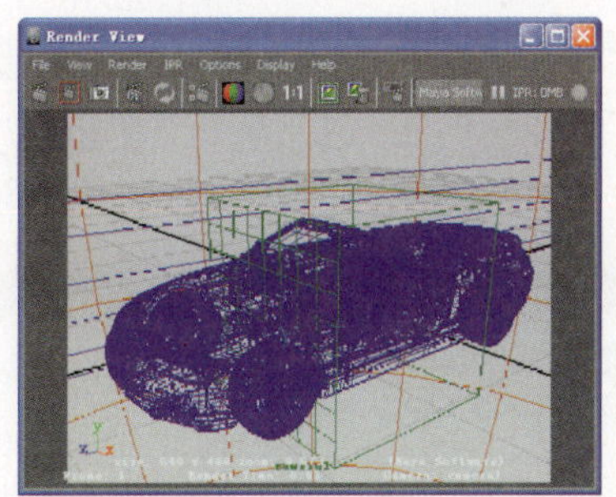
图7-83 场景快照

- Redo Previous IPR Render（刷新IPR渲染信息）：当用户更改渲染设置时，有可能造成IPR渲染信息不能实时更新，单击该选项可以解决这类问题。
- Refresh the IPR Image（更新IPR渲染图像）：IPR（Interactive Photorealistic Rendering）是一种交互式的渲染方式，用户可以通过该窗口实时观察图像渲染的效果。
- Open Render Settings Window（渲染设置）：该窗口和Render Settings窗口功能相同，用户可以通过该窗口设置渲染属性。
- Display Real Size（显示真实尺寸）：使用该窗口可以1：1的比率显示渲染出的图片尺寸，如图7-84所示。

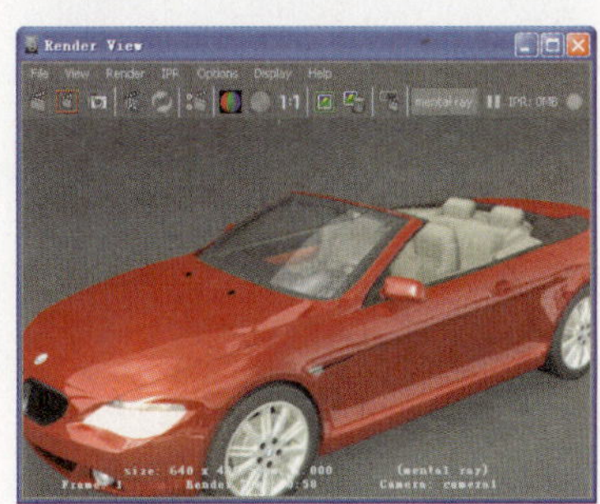
图7-84 显示真实效果

- Display RGB Channel（显示颜色通道）：该窗口可以显示渲染场景文件的颜色信息，即显示RGB通道，如图7-85所示。

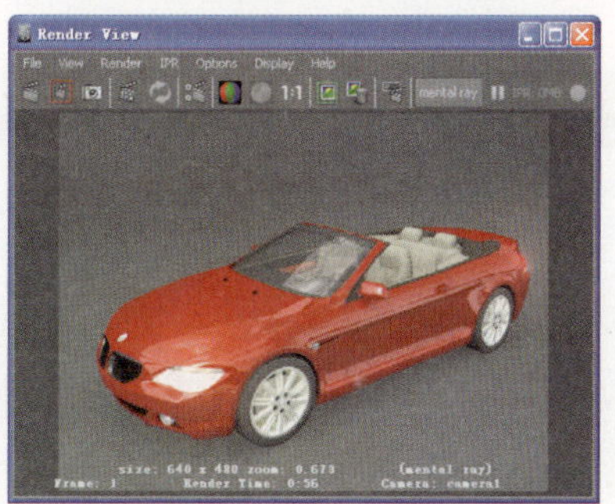
图7-85 显示颜色通道

- Display Alpha Channel（显示Alpha通道）：该窗口可以显示渲染场景文件的Alpha信息，即显示Alpha通道，如图7-86所示。

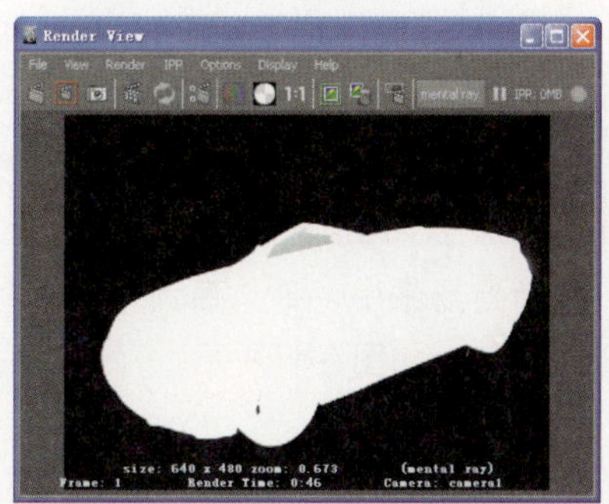
图7-86 显示Alpha通道

- Keep Image（保存图片）：将渲染的图像保存，通过拖动下方的滑块，对比渲染结果。
- Remove Image（删除图片）：如果不想保留渲染的图片，可以使用该按钮将渲染后保存的图像删除。
- Show Render Diagnostics in the Script Editor（在脚本编辑器显示诊断结构）：通过该窗口可以显示整个渲染过程的信息，方便用户解决渲染过程中出现的问题。
- Pause IPR Tuning（暂停IPR渲染）：单击该按钮可以暂停IPR渲

染，但是不会关闭IPR文件窗口，如果需要还可以单击该按钮继续执行IPR渲染。

- Close IPR File and Stop Tuning（关闭IPR文件并停止IPR渲染）：单击该按钮将关闭IPR文件并IPR渲染。

7.7 Maya的渲染方式

在Maya中，默认的渲染方式有软件渲染和硬件渲染。若按运算方式，Maya的渲染又分为软件渲染、硬件渲染和矢量渲染，其中Maya内置的软件渲染器有两种，分别为Maya软件渲染和mental ray for Maya渲染器。当然，Maya还支持mental ray和VRay渲染。

7.7.1 软件渲染

Maya的软件渲染是一个高级别、多线程渲染器。它直接建立在Maya从属的图形结构上，以节点结构为核心。Maya软件渲染能同时提供真实的光线跟踪渲染和高速的线扫描渲染，它能支持Maya内建的所有实体类型，包括各种几何体、Particle（粒子）、Paint Effects（画笔特效）、Fluid（流体）等。同时Maya软件渲染还允许用户采用IPR（Interactive Photorealistic Rendering）交互式调整渲染效果。

动手实践128——Maya软件渲染

1 在新建场景中，导入名为“Glass”场景文件，如图7-87所示。

图7-87 导入场景文件

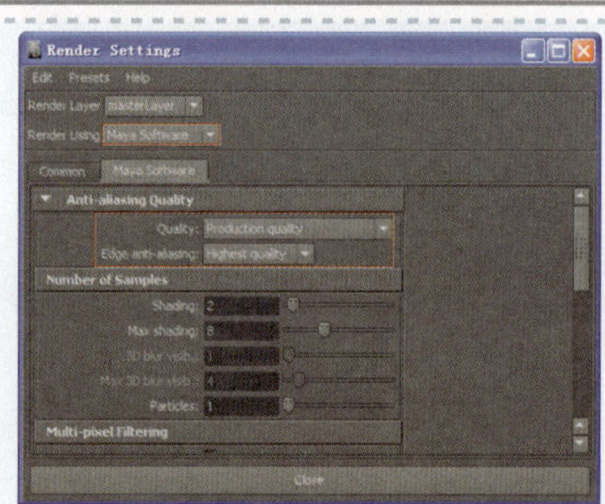

图7-88 渲染属性设置

2 打开Render Settings对话框，设置Rend Using（渲染方式）为Maya Software、Quality（质量）为Production Quality（产品级）、Edge Anti-aliasing（抗锯齿）为Highest Quality（最高质量），如图7-88所示。

3 切换到摄像机视图，对当前场景进行最终渲染，如图7-89所示。

图7-89 最终效果

7.7.2 mental ray渲染器

mental ray是一个专业的3D渲染引擎，它能生成高品质的真实图像。在电影工业领域中得到了广泛的应用和认可，被认为市场上最高级别的三维渲染解决方案。mental ray是基于Ray tracing（光线跟踪）计算的渲染器，渲染效果高仿真，但是花费的时间也非常多。

动手实践129——mental ray渲染

1 将随书光盘中的场景“Car”文件导入到Maya视图中，如图7-90所示。

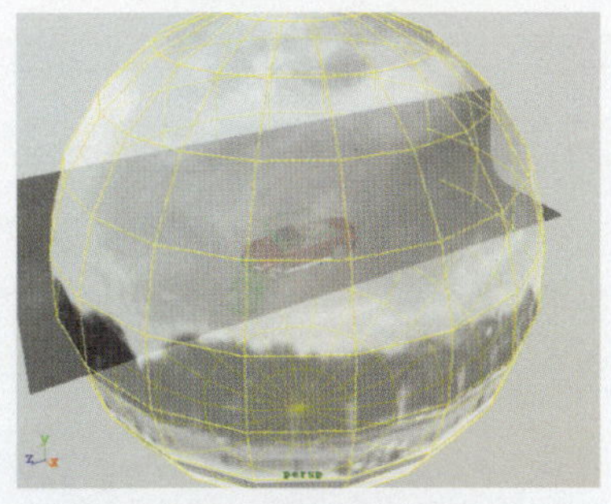

图7-90 场景文件

2 切换到Render Settings 选项卡，设置Rend Using（渲染方式）为mental ray、Quality Presets（质量）为Production（产品级），如图7-91所示。

3 切换到Rend View渲染视图窗口，设置Rend Using（渲染方式）为Mental Ray，单击渲染按钮进行渲染，最终渲染效果如图7-92所示。

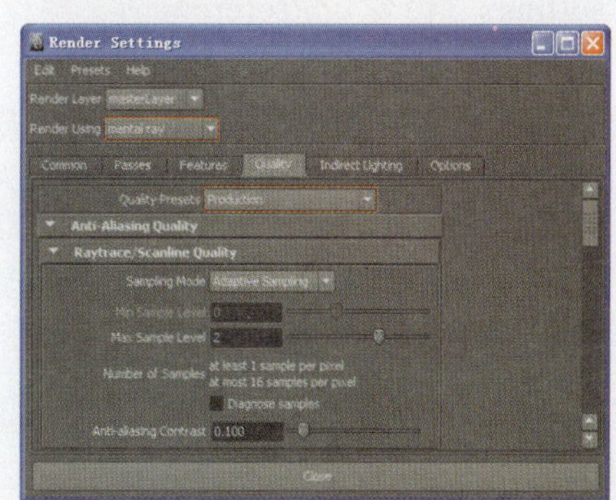

图7-91 属性设置

图7-92 最终效果

7.7.2 硬件渲染

硬件渲染主要依赖用户计算机的显卡渲染图片的，一般硬件渲染比软件渲染速度快，但是生成的图像质量没有软件渲染的好。在Maya中硬件渲染不能进行高级阴影、高级反射和后期处理效果等事项的渲染任务，只有使用Maya的软件渲染才能完成。

在Maya中硬件渲染可以通过两种方式来实现，即Hardware Render Buffer（硬件渲染缓存）和硬件渲染器。如图7-93所示的是使用Maya硬件渲染的发光粒子效果。

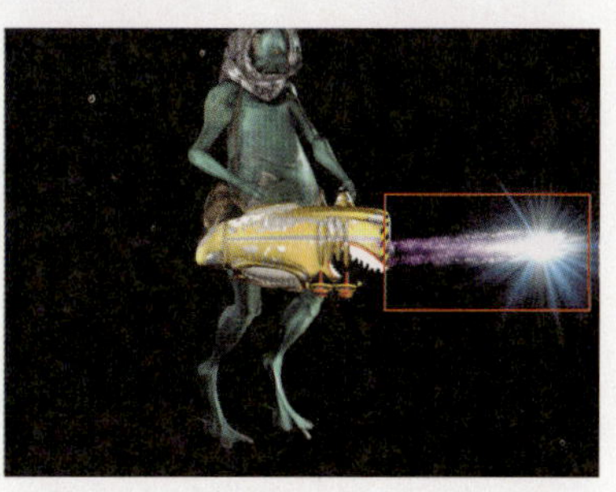

图7-93 硬件渲染的发光粒子效果

7.7.3 矢量渲染

Maya的矢量渲染可以渲染单色和多色喷绘效果，可以制作简单的卡通勾边，形成卡通效果。另外，还可以生成矢量文件，如图7-94所示。

如果在Render Settings对话框中没有找到Maya Vector选项，用户可以执行Window（窗口）|Settings（设置）|Preferences（预设）|Plug-in Manager（插件管理面板）命令，在Plug-in Manager对话框中启用Maya Vector复选框即可。

图7-94 矢量渲染

7.8 制作金属和玻璃材质

下面通过一个简单的实例将本章介绍的相关知识串联起来，以使用户能够掌握Maya中材质与渲染技术的应用。在本例中主要通过3个圆环分别模拟玻璃和金属的材质效果，此外还运用到了Maya中的焦散，用来丰富最终渲染效果。本例的最终渲染效果如图7-95所示。

图7-95 最终渲染效果

综合实战06——制作金属和玻璃材质

操作时间	20分05秒
视　频	视频\第7章\07.avi

1 在场景中导入光盘文件“Ring”。利用场景中的3个圆环来模拟金属和玻璃效果，如图7-96所示。

图7-96 场景模型

2 打开Hypershade材质编辑器，创建Blinn材质并将其命名为ring_gold。设置Color为（H：44、S：0.95、V：0.67）、Eccentricity（离心率）为0.25、Specular Roll Off（高光强度）为0.85、Specular Color（高光颜色）为（H：0、S：0、V：0.95），如图7-97所示。

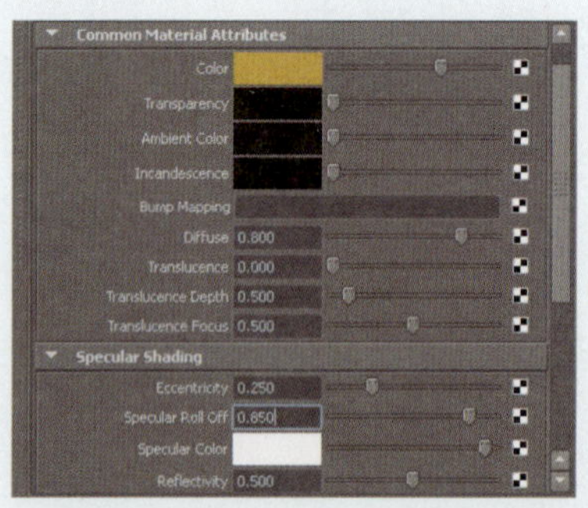

图7-97 设置ring_gold材质属性

3 再创建一个File文件节点，并将其重命名为r_color，如图7-98所示。

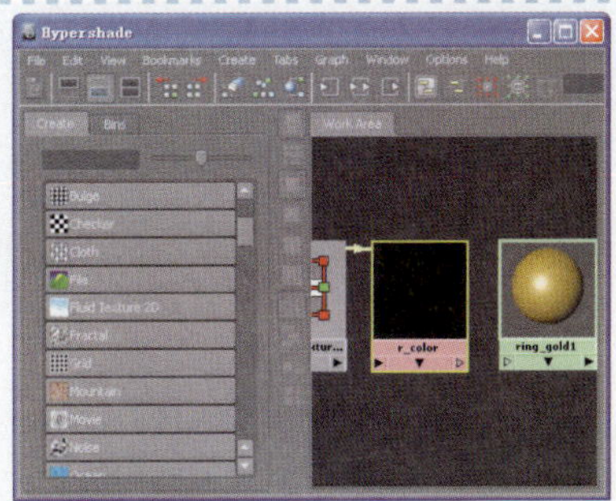

图7-98 r _ color文件

4 双击r_color文件节点，在打开的窗口中选择名为R_color的纹理贴图，如图7-99所示。

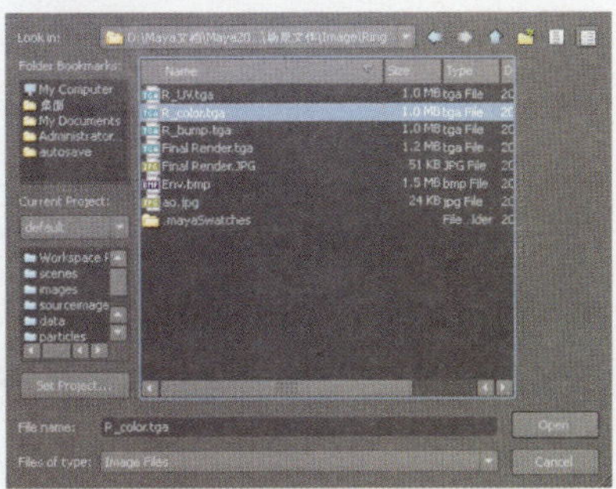

图7-99 选择R_color贴图

5 再按鼠标中键，将r_color文件节点拖放到ring_gold材质的color选项上，如图7-100所示。

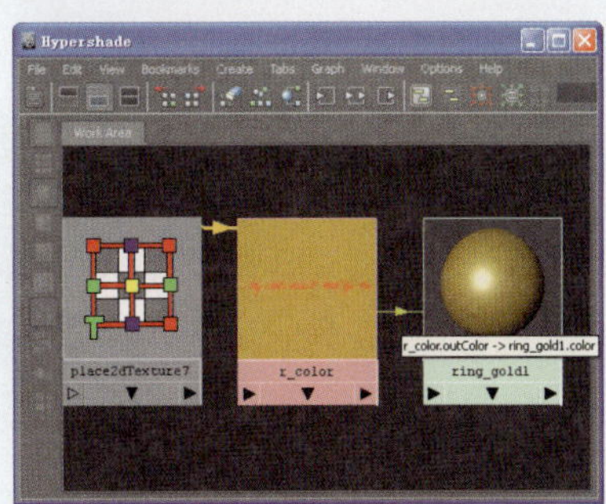

图7-100 color文件连接

6 选择r_color文件纹理贴图，执行Edit（编辑）|Duplicate（复制）|Shading Network（材质网络）命令，并将r_color1重命名为r_reflectivity，如图7-101所示。

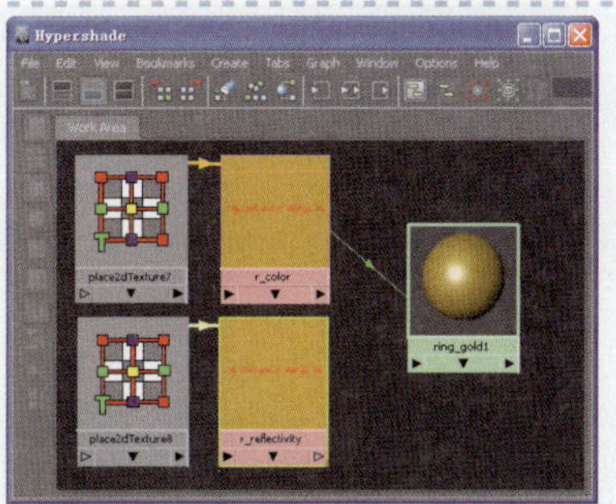

图7-101 创建reflectivity文件贴图

7 按鼠标中键将r_reflectivity拖到ring_gold材质球上，在弹出的下拉菜单中选择other选项，打开Connection Editor窗口，执行参数连接，如图7-102所示。

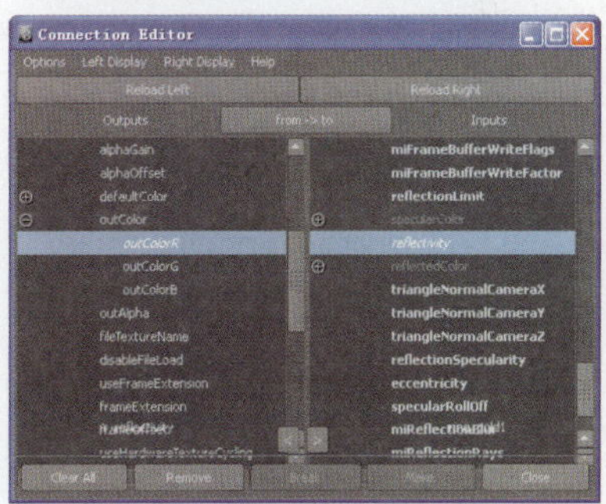

图7-102 连接reflectivity参数

8 选择r_reflectivity文件贴图，按Ctrl+A键切换到属性编辑器，选择Color Balance（色彩平衡）卷展栏下的Color Gain（颜色增益值）选项，设置Color为（H：0、S：0、V：0.692），如图7-103所示。

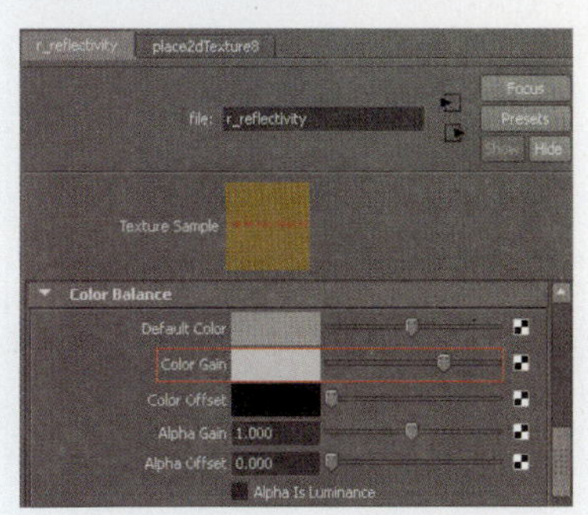

图7-103 设置Color Gain属性

9 切换到Hypershade材质编辑器，创建File文件节点，并将其重命名为r_bump，如图7-104所示。

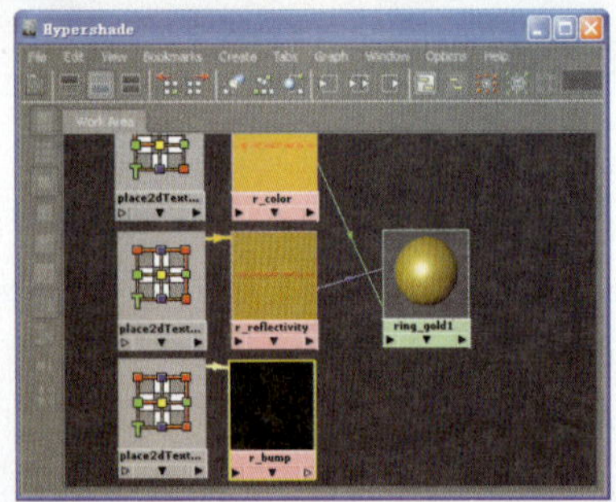

图7-104 创建File文件

10 双击r_bump文件节点，在打开的source image（源文件）窗口中选择r_bump纹理贴图，如图7-105所示。

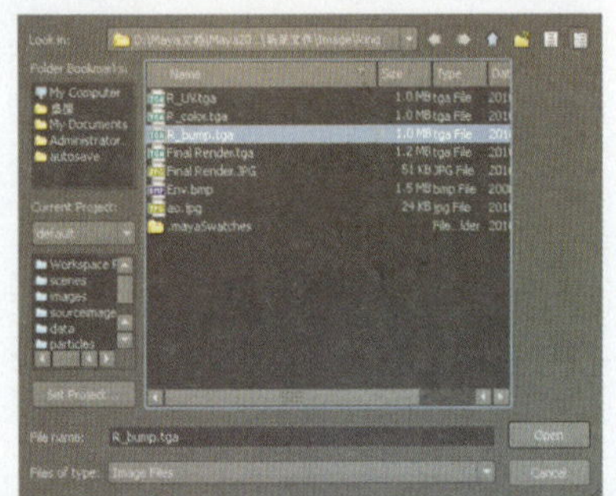

图7-105 选择r_bump贴图

11 按鼠标中键，将r_bump文件节点拖到ring_gold材质的bump map（凹凸贴图）选项上，并设置Bump Depth（凹凸深度）为-0.4，如图7-106所示。

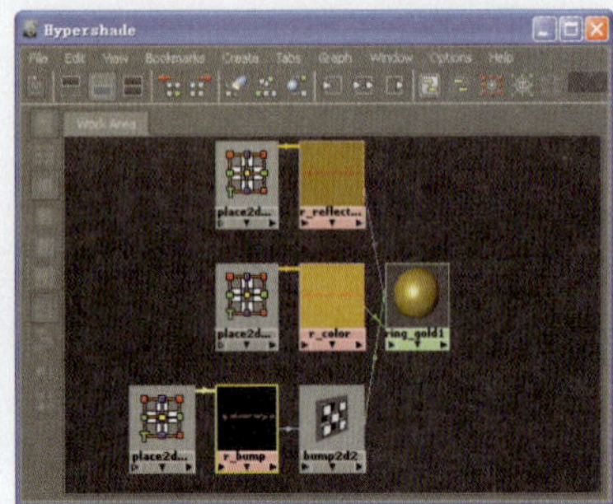

图7-106 连接bump map参数

12 在场景中选择ring_gold圆环，将设置好的ring_gold材质赋予它，如图7-107所示。

图7-107 赋予模型材质

13 创建Blinn材质球，并将其重命名为ring_red。设置Color为（H：0、S：0、V：0），Eccentricity（离心率）为0.1，Specular Roll Off（高光强度）为1，Specular Color（高光颜色）为（H：0、S：0、V：1），如图7-108所示。

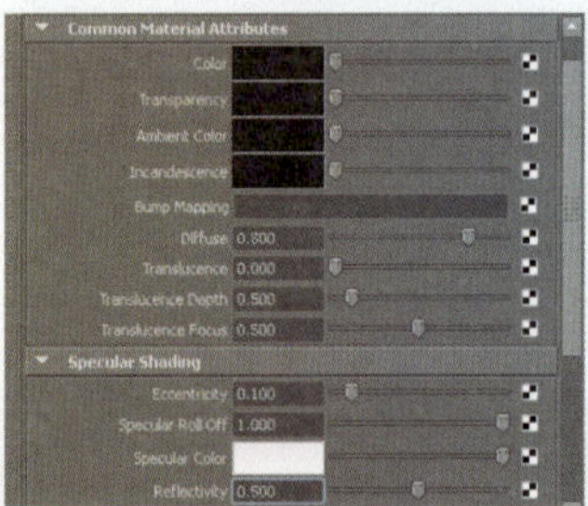

图7-108 设置ring _ red属性

14 在Raytrace Option（光线追踪）卷展栏下启用Refractions（折射）复选框，并设置Refractions Index（折射率）为1.6、Reflection Limit（折射限制）为2，如图7-109所示。

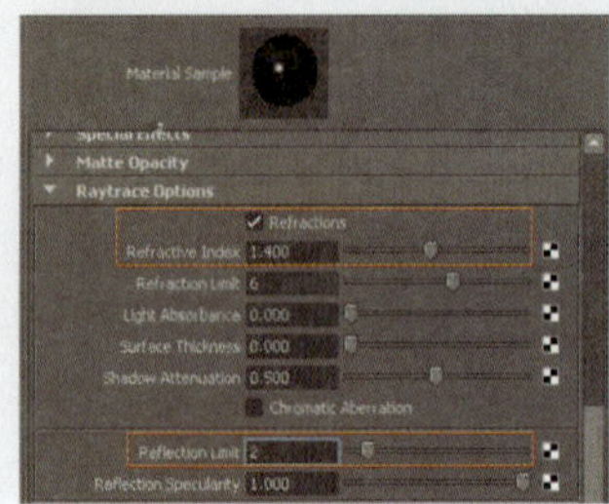

图7-109 Raytrace属性设置

15 创建Ramp1渐变节点，并将其重命名为trans，设置Color1为（H：0、S：0.42、V：0.78），Color2为（H：0，S：0，V：1.0），如图7-110所示。

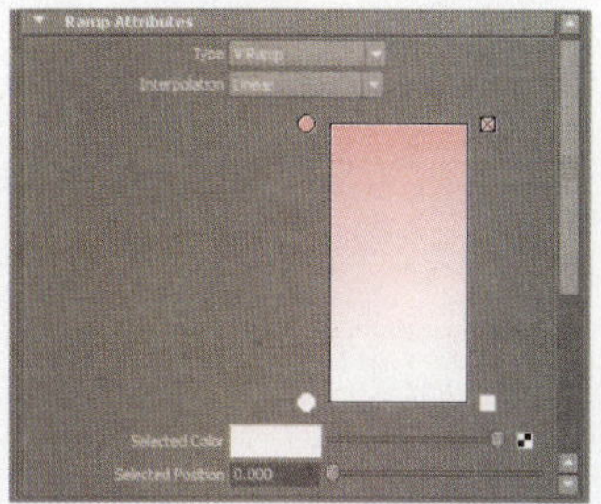

图7-110 设置trans属性

16 切换到Hypershade材质编辑器，创建sampler Info采样节点。按鼠标中键将其拖曳到trans渐变节点上，选择Other命令，如图7-111所示。

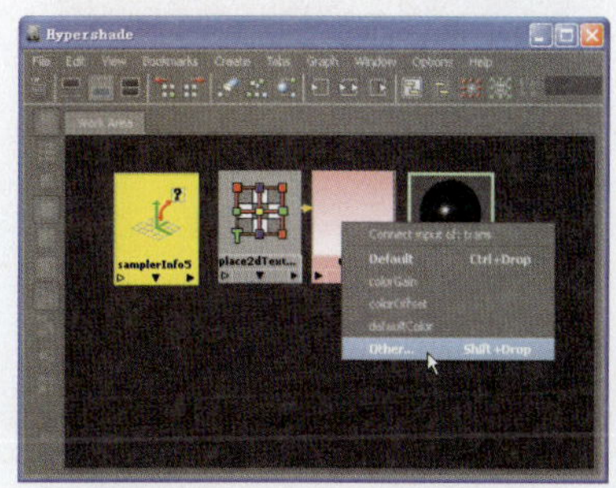

图7-111 创建sampler Info

17 打开Connection Editor（连接编辑器）窗口，将sampler Info中的facingRatio属性与trans的vCoord属性相连接，如图7-112所示。

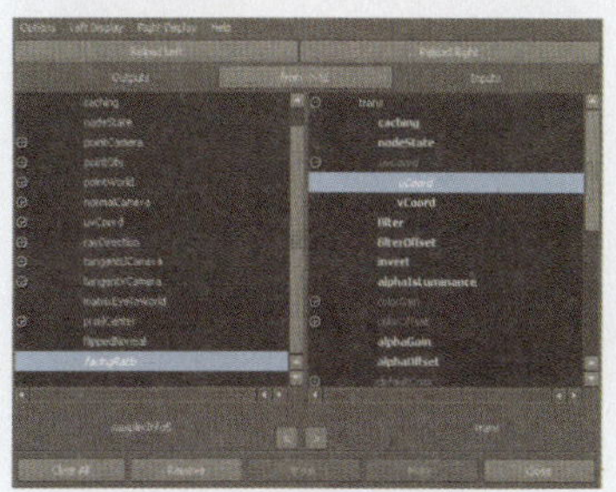

图7-112 参数连接

18 选择trans渐变节点，执行Edit（编辑）|Duplicate（复制）|Shading Network（材质网络）命令，并将trans1重命名为ref。设置ref的颜色Color1为（H：0、S：0、V：0）、Color2为（H：0、S：0、V：0.6），如图7-113所示。

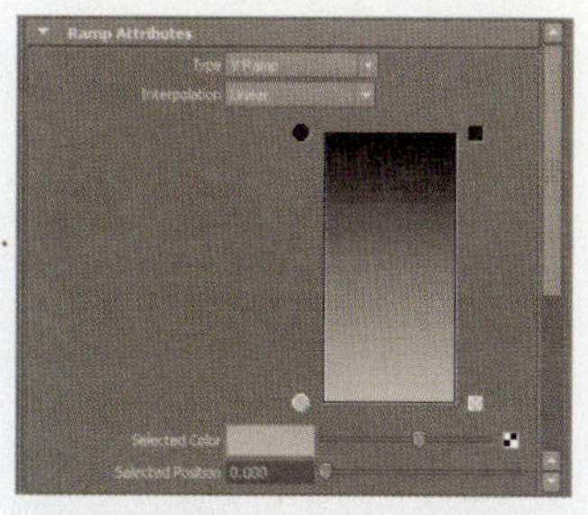

图7-113 ref属性设置

19 将trans渐变节点和ref渐变节点分别赋予ring_red材质的透明度和反射率上，如图7-114所示。

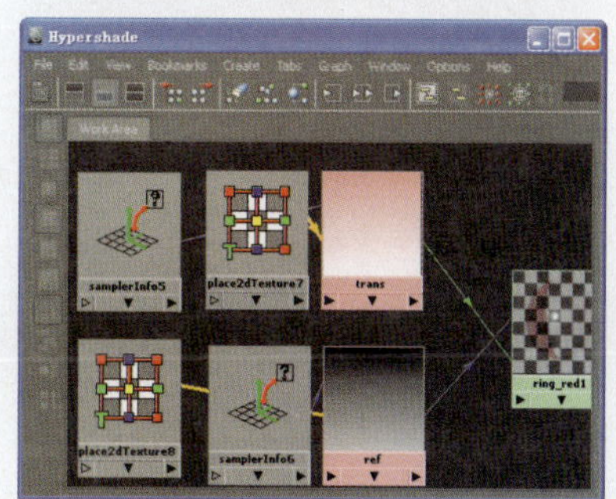

图7-114 参数连接

20 在场景中选择ring_red圆环，将设置好的ring_red材质赋予它，如图7-115所示。

图7-115 赋予模型材质

21 选择ring_red材质球，执行Edit（编辑）|Duplicate（复制）|Shading Network（材质网络）命令，并将ring_red1重命名为ring_blue。打开trans1渐变节点，设置Color1为（H：234、S：0.2、V：0.78），如图7-116所示。

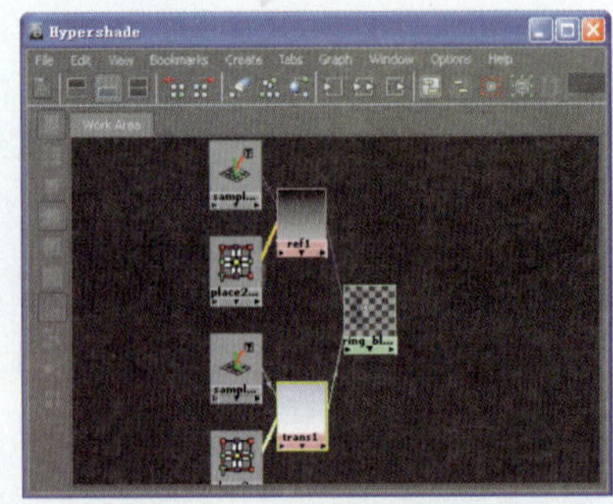

图7-116 设置ring_blue属性

22 将设置好的ring_blue材质赋予场景中的ring_blue圆环，如图7-117所示。

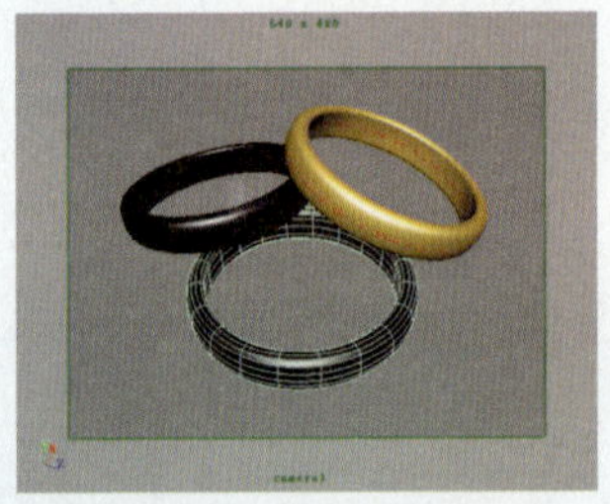

图7-117 赋予模型材质

23 切换到Spot Light1属性面板，设置Color为（H：0、S：0、V：1.0）、Intensity（强度）为15、Dencay Rate（衰减率）为Linear（线性）、Cone Angle（圆锥角度）为50、Penumbra Angle（半影值）为-10、Drop Off（衰减）为6，如图7-118所示。

24 在mental ray卷展栏下启用Area Light（区域光）复选框，设置Type（类型）为Sphere（球体）、High Sample（采样）为9.9。在Caustics and Global Illumination（焦散全局照明）卷展栏下启用Emit Photons（发射光子）复选框，设置Photons Color（光子颜色）为（H：0、S：0、V：1）、Photons Intensity（光子强度）为50000、Exponent（指数）为2.7，如图7-119所示。

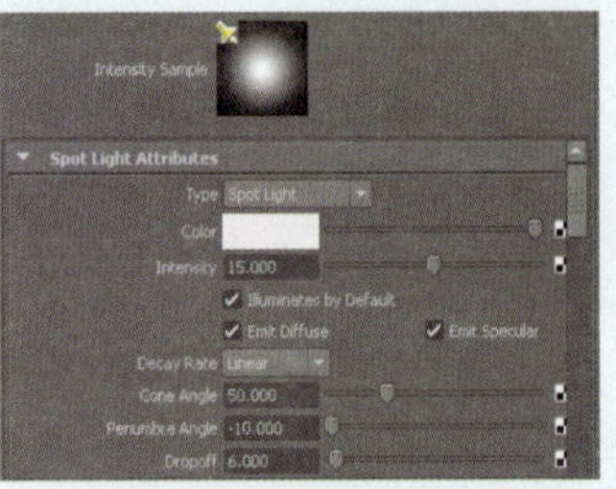

图7-118 设置Spot Light1属性

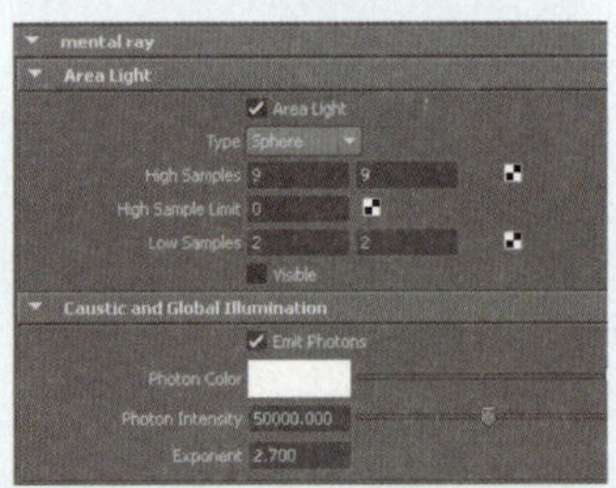

图7-119 Spot Light1属性设置

25 切换到Spot Light1属性面板，在Raytrace Shade Attributes（光线追踪属性）卷展栏下启用Use Ray Trace Shade（光线追踪）复选框，设置Ray Depth Limit（最终深度限制）为4，如图7-120所示。

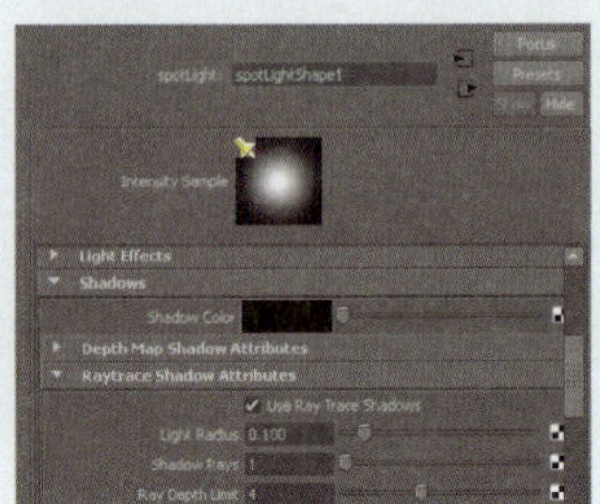

图7-120 启用光线追踪

26 切换到Rendering Settings（渲染设置）属性面板，在Indirect Lighting（间接照明）卷展栏下启用Caustics（焦散）复选框，设置Accuracy（精度）为100，其他参数默认，如图7-121所示。

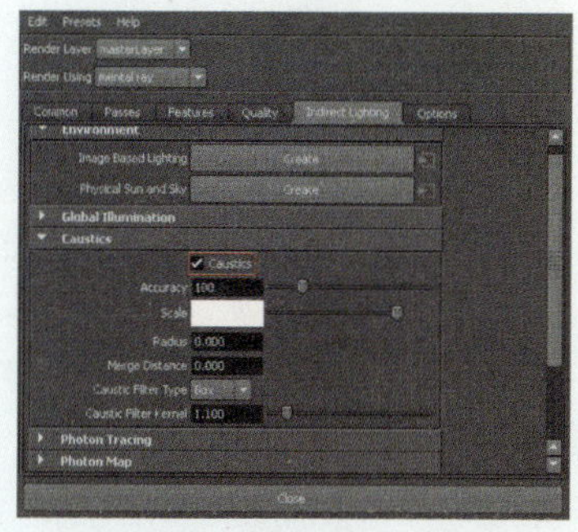

图7-121 设置Caustics属性

27 设置Quality（质量）为Production（产品级），在Raytracing（光线追踪）属性下启用Raytracing复选框。设置Reflection（反射）为10、Refractions（折射）为10、Max Trace Depth（最大追踪深度）为20、Shadow（阴影）为2，如图7-122所示。

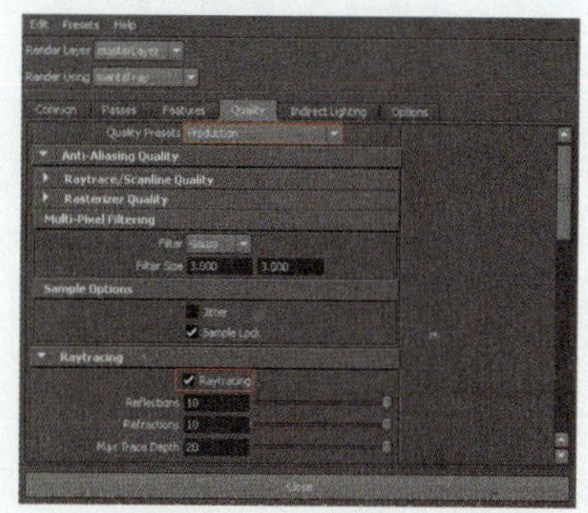

图7-122 设置Quality属性

28 切换到Rend View窗口，设置Rend Using（渲染方式）为Mental Ray，单击渲染按钮进行渲染，最终渲染效果如图7-123所示。

图7-123 最终效果

第8章

纹理与贴图

材质是表现物体的基础，在这一基础上，为模型添加一些纹理贴图可以增强物体的真实感。当模型被制作完成后，首先要根据模型想要达到的外观效果，再为其赋予适合的纹理贴图是非常必要的。

在现实生活中，通过物体表面的光泽度、纹理以及结合物体的材质加以判断。而在Maya中则是要模拟物体的光泽及纹理特点来表现物体的虚拟质感，以对现实生活中观察或触摸过的物体加以定义，从而将物体表面的质感定义下来。

8.1 纹理和UV的基本认识

模型的UV和纹理贴图是紧密相连的，如果在模型的表面不需要纹理，那么就不需要编辑其UV，两者是相互关联和制约的。在本节中将对Maya中的纹理和UV的概念以及纹理的分类进行详细的介绍。如图8-1所示的是模拟物体表面的贴图和纹理效果。

图8-1 模拟物体表面的贴图效果

8.1.1 纹理的概念

纹理，即包裹在物体表面上的一层花纹，比如一些木纹、锈斑、布纹、人体和动物的皮肤、商标图案等。同时物体表面的纹理也可以用来控制物体表面的特性，即质感。上一章已经介绍了材质可以控制物体表面的质感，但是使用纹理可以将材质进一步细致和精确的拓展。如图8-2所示，为模型赋予纹理贴图的简单过程。

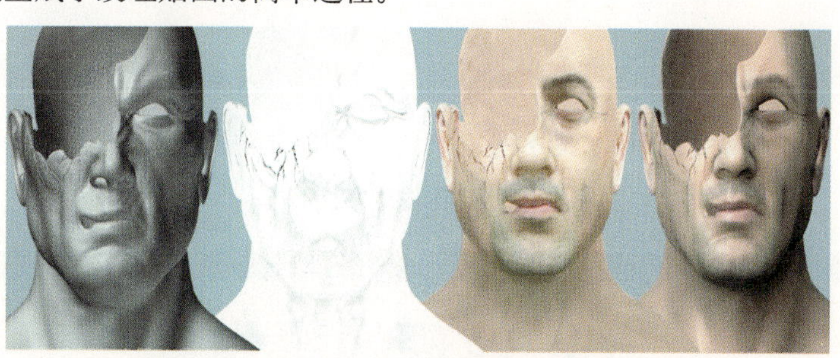

图8-2 模型表面的纹理贴图效果

另外，为游戏项目中的低多边形角色模型赋予高精度的纹理贴图，可以获得不同的质感效果。在电影项目当中，通常也是为远景人物或者群组动画中的角色赋予高精度级别的纹理贴图效果，也能很好的表现物体的质感效果。这种纹理贴图的方式，既能简化建模的细节，同时又不影响最终渲染输出的质量，很受广大CG爱好者的欢迎。

8.1.2 纹理的类别

在Maya软件当中，可以将所有纹理大体分为二维纹理、三维纹理、环境纹理和分层纹理4

类。其中二维纹理和三维纹理直接作用于物体。

二维纹理贴图不同于三维纹理贴图，二维纹理仅作用于物体表面，它一般包含“文件纹理”和“程序纹理”两种类型。

所谓的文件纹理，即是一种二维纹理，只要Maya能够识别的图片都可以作为文件纹理来使用，甚至可以使用文件序列和动画文件。而程序纹理，即是由三维软件自带的图形程序通过某种固定算法演算产生的图像。Maya提供了种类丰富的程序纹理可供动画师选择或调用，如果用户不满足于这些效果，可以自行绘制纹理贴图，再将其连接到不同属性节点上，以达到完美的效果。程序纹理可以是二维的，也可以是三维或其他形式的。

8.1.3 UV的概念

UV也可以被称为“贴图坐标”，主要作用是定位纹理。在Maya中要使一个二维的纹理图片“贴”在一个三维物体上，这样二维纹理图片的原始定位坐标无法与三维模型空间的空间坐标一一对应，但是计算机在执行贴图操作时要求有精确的“数据”，需要有明确的“贴图”位置和方式，以免造成纹理贴图的不正常拉伸。那么可以使用编辑模型UV的方式来定位纹理的位置，即通过UV可以把三维物体空间的点和二维纹理上的点一一对应。

如图8-3所示，使用编辑模型UV的方法，将模型的UV一一展开，以使其与纹理贴图上的坐标点一一对应。然后，再将其赋予模型的纹理贴图效果。

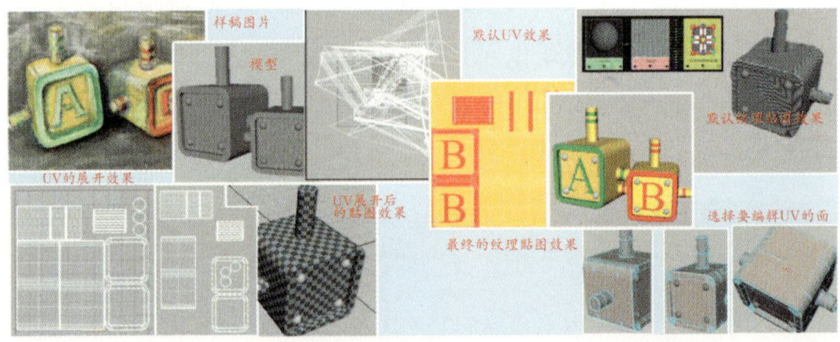

图8-3 物体的纹理贴图效果

8.2 纹理的操作

在前面的介绍中已经对纹理、UV的概念和工作原理有了详细的了解，那么在本节中将对如何操作纹理贴图进行充分的介绍。

8.2.1 纹理节点的创建

在前面介绍过，Maya中任何事物都是以节点的形式来显示和计算的，例如我们创建的模型、材质球、灯光或者曲线都可以被视作一个计算节点。那么本节中我们介绍的纹理贴图也可以被视为一个纹理节点，要想很好的编辑纹理节点，首先对如何创建纹理节点进行介绍。

动手实践130——创建纹理节点

1 打开Hypershade材质编辑器，创建一个binn材质，按Ctrl+A键，打开其属性设置面板。然后，单击Color右侧的按钮，如图8-4所示。

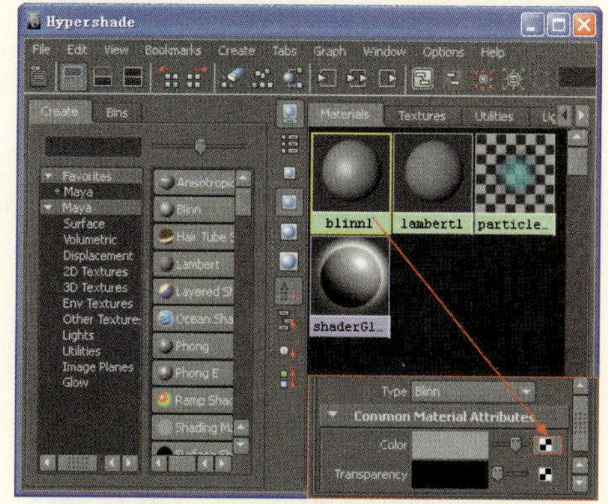

图8-4 创建材质球blinn1

2 在弹出的节点窗口中，可以看到Maya所包含的4种纹理类别，（2DTextures）二维纹理、（3DTextures）三维纹理、EV Tex（环境纹理）和其他纹理，如图8-5所示。

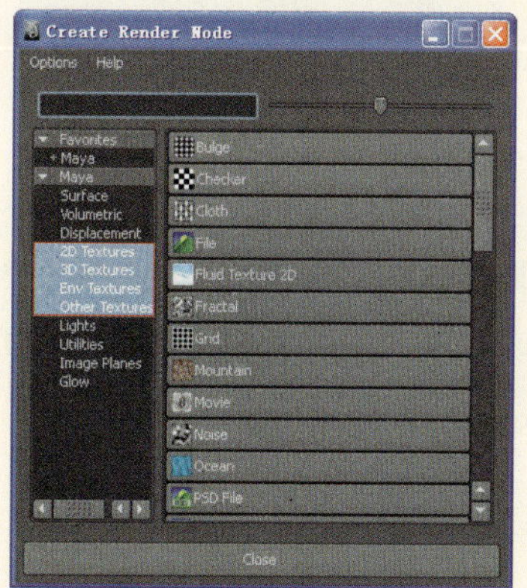

图8-5 材质节点窗口

3 单击2D Textures属性选项，展开其节点属性栏，再单击一个名为Checker的纹理节点，以为所选材质球添加一个二维纹理贴图，如图8-6所示。

图8-6 创建纹理节点

4 在Hypershade材质编辑器中，可以看到材质球blinn1的表面变为黑白的网格显示状态，表示二维纹理贴图添加成功，如图8-7所示。

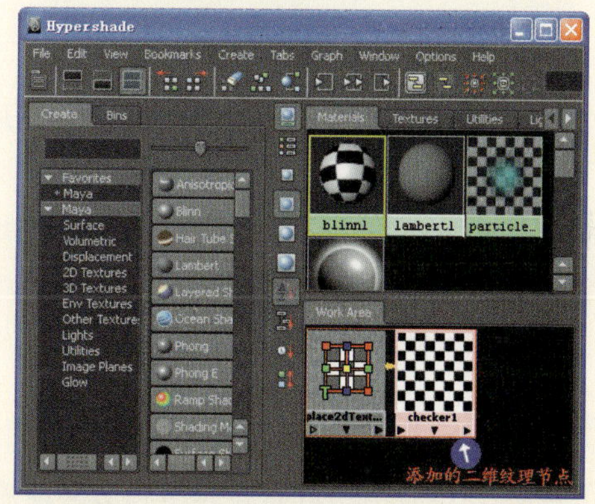

图8-7 材质球的变化

5 在属性面板中可以看到，新添加的一个名为Checker1的属性。调整Checker Attributes卷展栏下的颜色值，可改变纹理的颜色，如图8-8所示。比如设置为橙色和黑色。

6 在Hypershade材质编辑器中，可以看到材质球blinn1的颜色发生了变化。然后再单击按钮，以显示整个纹理节点的网格连接，如图8-9所示。

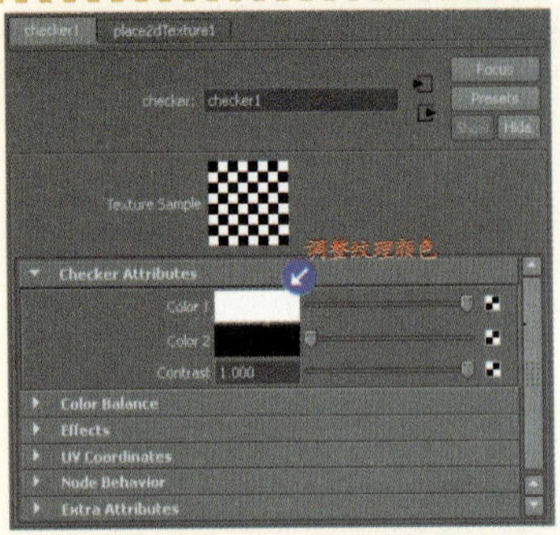

图8-8 纹理颜色的调整

图8-9 材质的变化效果

7 同样，再创建一个材质球blinn2，然后拖动列表的滚动条，找到并单击名为Checker的纹理节点，即可直接创建出该纹理节点，如图8-10所示。

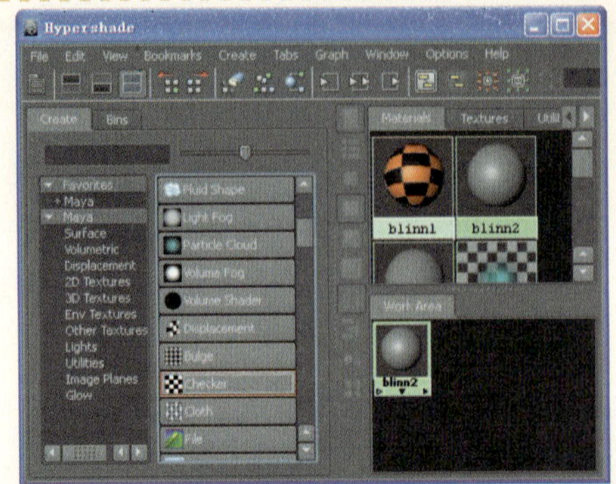

图8-10 单击Checker纹理节点

8 然后，即可在Hypershade材质编辑器中的工作区域中显示创建的Checker节点，如图8-11所示。

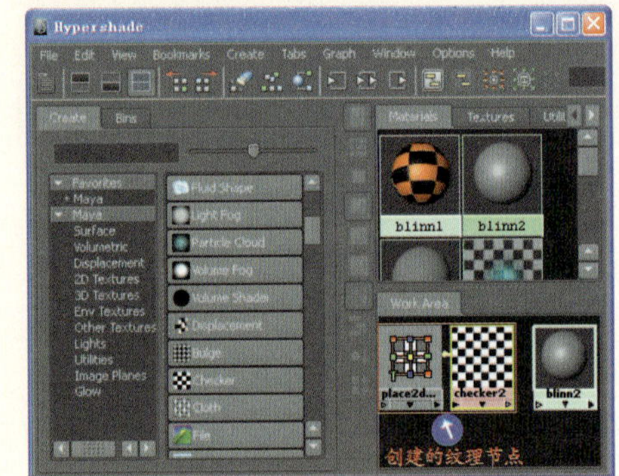

图8-11 创建的纹理节点

8.2.2 纹理节点的断开

在Maya场景中，可能会应用到多种材质，不同的材质会含有多种纹理节点，若仍然使用先后顺序的方法来逐个编辑纹理节点，将是一项复杂和烦琐的事情，这就需要使用快捷的方法来快速编辑多个不同的纹理节点。下面介绍如何快速断开纹理节点之间的连接。

动手实践131——断开纹理节点

1 打开材质blinn1的属性设置面板，在color（颜色）左侧右键单击，在弹出的下拉菜单中选择Break Connection（断开连接）命令，即可断开纹理与材质球之间的连接，如图8-12所示。

2 同样，也可以在Hypersade材质编辑器的工作区域中，选中纹理节点与材质球之间的连接线。然后，按Delete键即可将它们的连接断开，如图8-13所示。

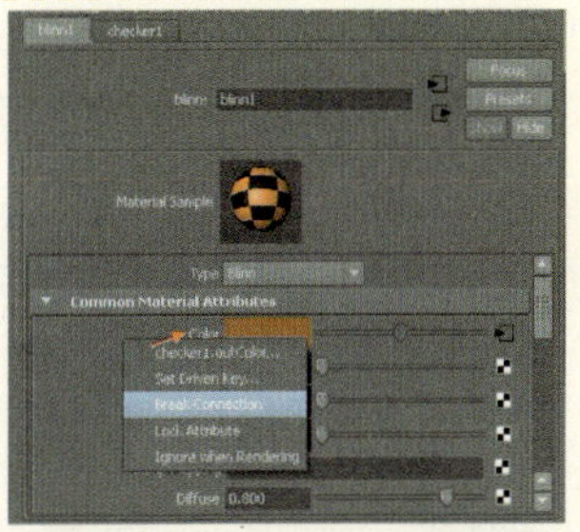

图8-12 执行断开连接操作

图8-13 删除连接线

8.2.3 纹理节点的删除

在Hypershade材质编辑器中，练习如何将连接在材质球上的纹理节点进行删除。

动手实践132——删除纹理节点

1 在Hypershade材质编辑器中，选择连接有纹理节点的材质球blinn1。单击按钮，以在工作区域显示其纹理节点的连接，再框选该纹理节点，如图8-14所示。

图8-14 选择纹理节点

2 按Delete键，即可将所选节点删除，从而只剩下材质球blinn1和其输出连接节点，如图8-15所示。

图8-15 纹理节点的删除

8.2.4 纹理节点的连接

在将材质球的连接节点删除后，若想再在该材质球上连接节点，这就使用到Maya中非常重要的连接编辑工具——Connection Editor（关联编辑器），我们可以使用该工具进行任意节点的连接操作。

动手实践133——连接纹理节点

1 使用断开连接的纹理节点checker1和材质球blinn1。然后中键单击并拖曳checker1节点到blinn1上，在弹出的下拉菜单中选择Other命令，如图8-16所示。

2 选择纹理节点Checker1，在Connection Editor（连接编辑器）窗口中单击Reload Left（载入左侧）按钮以将其载入左侧列表，再选择材质blinn1并单击Reload Right（载入右侧）按钮，如图8-17所示。

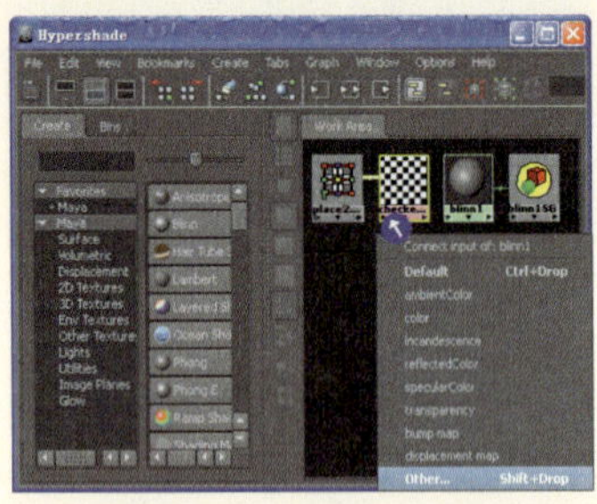

图8-16 选择Other命令

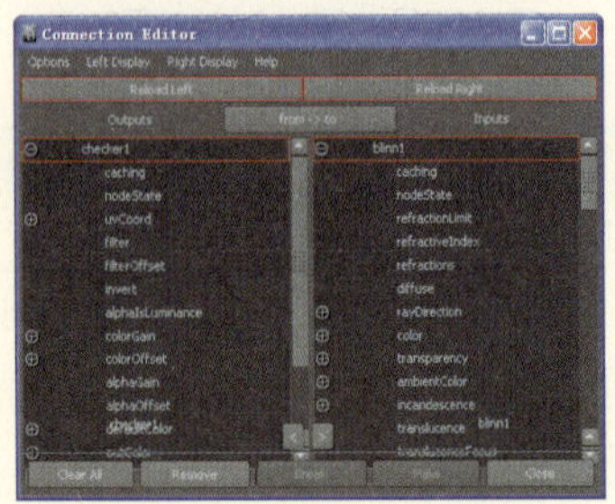

图8-17 载入要连接的属性

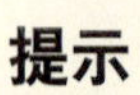

提示

要想快速连接纹理节点和材质球，也可以在该纹理节点上，中键单击不放，并拖曳鼠标中键到指定的材质球上，然后释放鼠标中键，即可打开节点连接编辑窗口。

3 然后，先在Outputs（输出）列表中选择OutColor（输出颜色）选项，再在Inputs（输入）列表中选择Color（颜色）选项，表示将纹理节点的OutColor（输出颜色）属性连接到blinn1材质的Color（颜色）属性上，如图8-18所示。

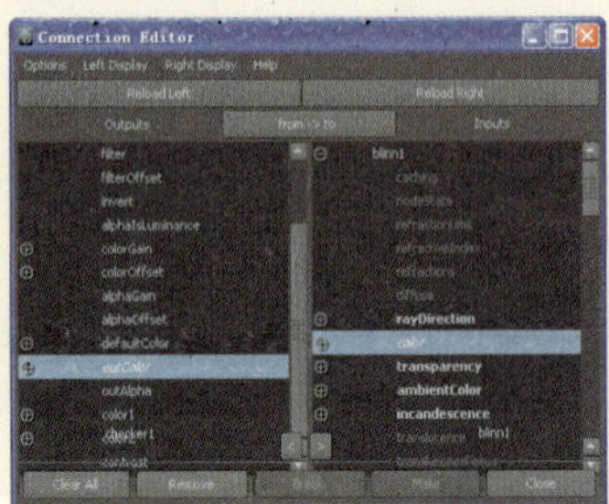

图8-18 选择连接的节点

4 切换到Hypershade材质编辑器，可以看到被断开的纹理节点和材质球，又重新连接起来，如图8-19所示。

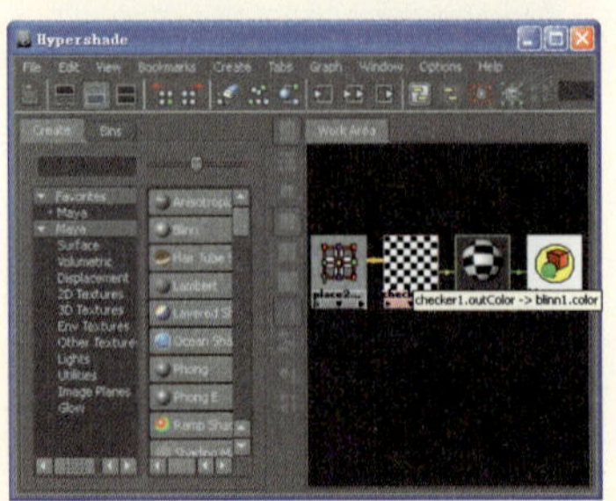

图8-19 节点的连接效果

5 然后，单击Remove（去除）按钮，即可将左侧输出列表的属性选项删除，并且右侧输入列表中被连接的Color（颜色）属性选项变为灰色禁用状态，如图8-20所示。

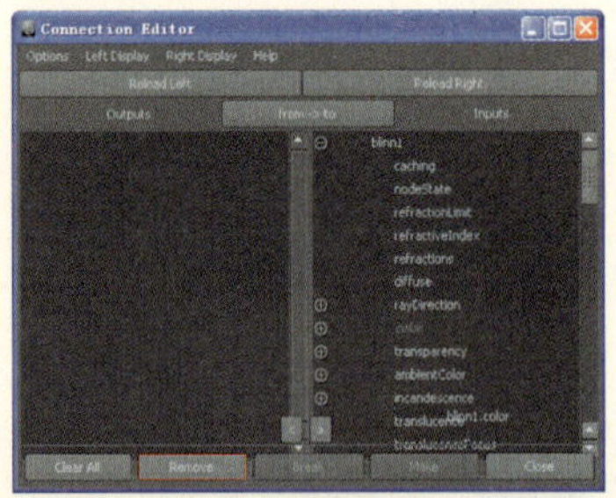

图8-20 删除输入区域节点属性

6 再单击Clear All（清空）按钮，即可输入和输出列表中的所有节点属性清空，如图8-21所示。然后，用户还可以选择对象节点再进行重新载入。

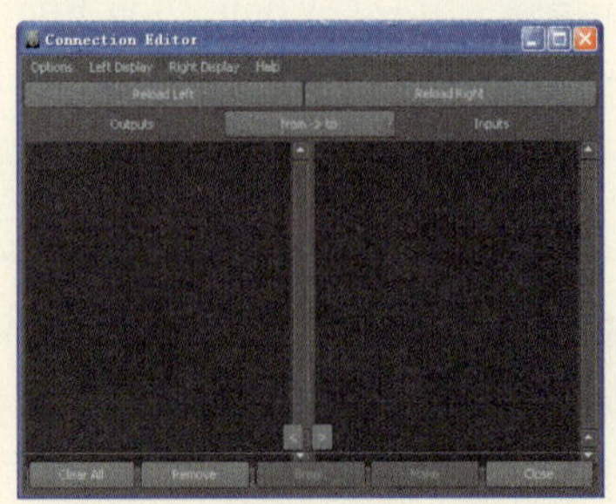

图8-21 清空所有节点属性

Connection Editor编辑窗口中的属性选项介绍如下。

- Options（选项）：用来控制输入和输入属性连接的显示状态，它包括Auto-Connect（自动连接）、Channel Names（通道名称）和Attributes Order（属性顺序）3种。
  - ◎ Auto-Connect：用于控制是否在选择输入和输出属性后自动创建连接，默认情况下启用该选项。
  - ◎ Channel Names：用来控制输入和输出列表中属性节点名称的显示方式，包括Nice（最好的）、Long（正常设置的）和Short（缩短的）3种显示方式。
  - ◎ Attributes Order：用来控制在连接属性列表中节点的显示顺序，可以按字母升序排列，也可以按字母降序排列。
- Left Display（左侧显示）：用于控制左侧列表中所有属性节点的显示。
- Right Display（右侧显示）：用于控制右侧列表中所有属性节点的显示。
- Reload Left（载入左边）：用来控制将所选对象节点加载到左边。
- Reload Right（载入右边）：用来控制将所选对象节点加载到右边。
- Outputs（输出区域）：用于显示输出节点的属性选项。
- Inputs（输入区域）：用于显示输入节点的属性选项。
- From->to:（切换）：用来快速切换输入节点的输出属性和输入属性，或者输出节点的输入属性和输出属性。
- Clear All（清除所有）：用于删除输出和输入区域中的所有节点。
- Remove（删除）：用于删除输出区域节点。
- Break（断开）：单击该按钮，可将选择的输入属性和输出属性的连接自动断开，但只有在Auto-Connect关闭的情况下，该选项才能被激活。
- Make（激活）：单击该按钮，可以将选择的输入属性和输出属性进行连接。
- Close（关闭）：用于关闭Connection Editor窗口。

8.3 二维纹理和三维纹理的通用属性

在为材质球添加二维纹理或是三维纹理后，用户可以在属性设置面板中，展开所添加纹理节点的子属性选项，此时会发现二维纹理和三维纹理包含一些通用属性。下面对这些通用属性进行介绍。

在Hypershade材质编辑器中，创建两个材质球并分别为它们连接二维纹理节点和三维纹理节点，双击两纹理节点，打开其属性设置面板，如图8-22和图8-23所示。从两图中可以看到二维纹理和三维纹理有很多通用属性。

下面对二维纹理和三维纹理的通用属性进行详细的介绍。

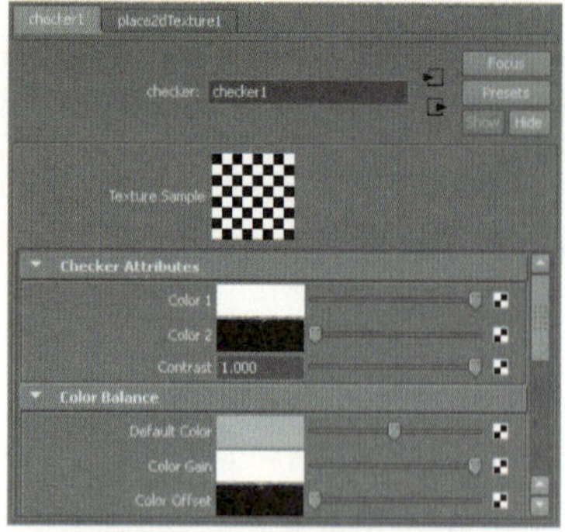

图8-22 二维纹理属性面板

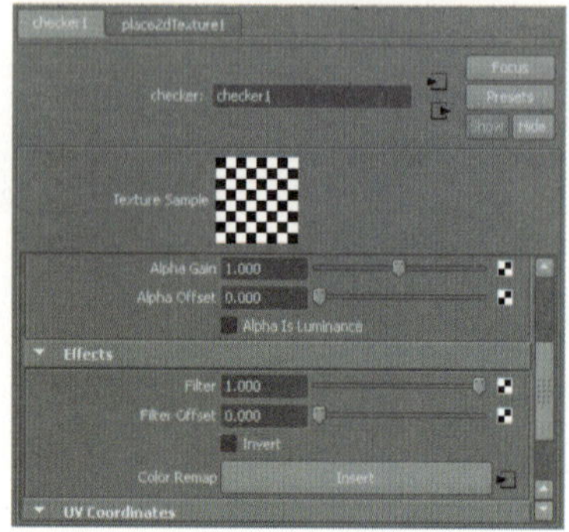

图8-23 三维纹理属性面板

- Color Gain（颜色溢出）：用于控制纹理颜色输出的强度，用于调整纹理中的浅色部分，默认为白色。
- Color Offset（颜色偏移）：用于控制纹理颜色输出的偏移，用于调整纹理中颜色较深的部分，默认为黑色。
- Alpha Gain（Alpha溢出）：适用于凹凸或位移纹理，用于缩放纹理Alpha输出的系数，默认值为1。
- Alpha Offset（Alpha偏移）：适用于凹凸或位移纹理，用于偏移纹理Alpha输出的系数，默认值为0。
- Alpha Is Luminance（Alpha亮度）：表示Alpha的输出有纹理的亮度来决定，即纹理中亮的地方较透明，暗的地方不透明。
- Invert（反转）：用于反转纹理的颜色，类似Photoshop文档中的反色效果，适用于凹凸或位移纹理。例如将纹理中的突出部分反转成凹陷的部分。
- Wrap（包裹）：用于将纹理完全包裹在模型上，默认启用该复选框。
- Local（局部）：用于将纹理包裹在模型上，并且可以控制纹理随着模型的缩放而缩放。

8.4 二维纹理

前面介绍了二维纹理是由文件纹理和程序纹理两种类型。文件纹理主要是以相机或扫描仪得到的现实生活环境中的位图文件作为纹理图案，这种图形比较真实，因此使用现实生活中的图像作为物体的纹理，可以模拟真实的场景效果。如图8-24所示，使用现实中的素材图片制作的纹理贴图效果。

图8-24 现实生活纹理素材的应用

但是如果用户不满足于收集的现实世界中的纹理素材，也可以使用绘图软件自行绘制纹理贴图，在绘制的时候常使用一些类似现实物体的纹理作为参考，如图8-25所示。

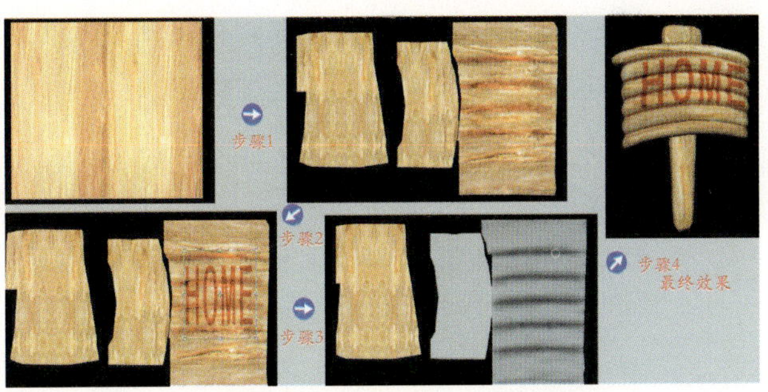

图8-25 纹理素材的修饰效果

而程序纹理是数学函数的二维和三维构图，用户可对其属性进行调整以达到需要的效果，并且可以重复使用。程序纹理最大的优点在于程序纹理的渲染时间和文件大小相比文件纹理要小许多。下面对Maya内置的二维程序纹理进行详细的介绍。

8.4.1 二维纹理的种类

二维纹理（2D纹理）即是二维图像，它们通常贴图到几何对象的表面。在实际使用过程中，最为简单的2D纹理是位图，而其他种类的二维贴图则是由纹理程序自动生成，如图8-26所示。在前面已经介绍了二维纹理的创建方法，下面对Maya内置的二维程序纹理的种类进行简单介绍。

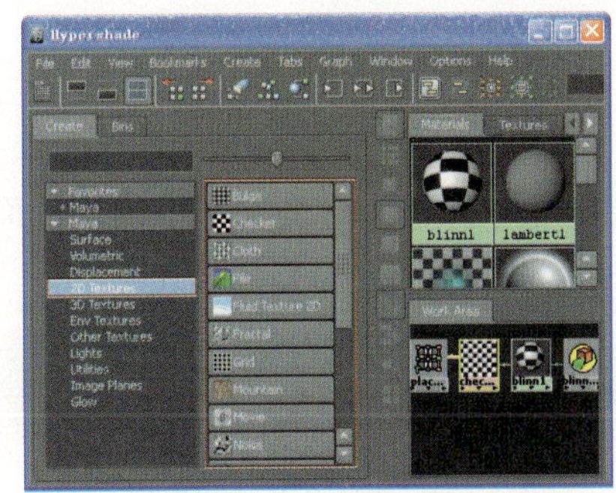
图8-26 二维纹理种类

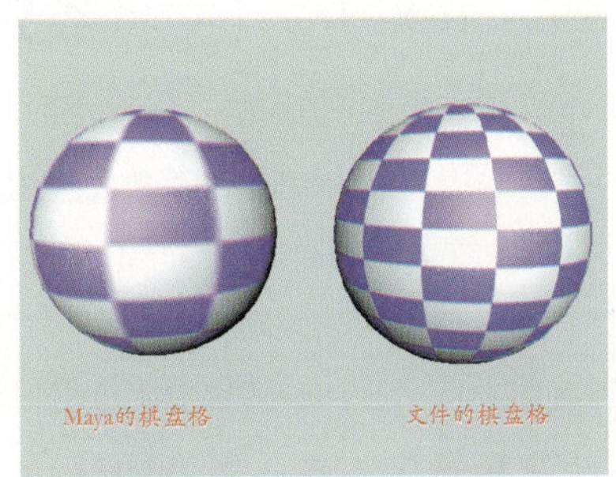

图8-27 两种棋盘格纹理的差别

下面对二维纹理的作用进行简单说明。

- Bulge（膨胀纹理）：用于描述具有胀起或凸出的纹理效果。
- Checker（棋盘格纹理）：用于模拟具有两种颜色的正方形方格效果。但是通常使用文件棋盘格纹理，是因为Maya中的程序棋盘格纹理没有文件棋盘格纹理预览效果好，如图8-27所示。
- Cloth（布料纹理）：用来模拟布料及其花纹效果。在材质球的属性节点上连接纹理节点后，都会在其属性设置面板中显示其属性。如图8-28所示为Cloth纹理节点的属性。

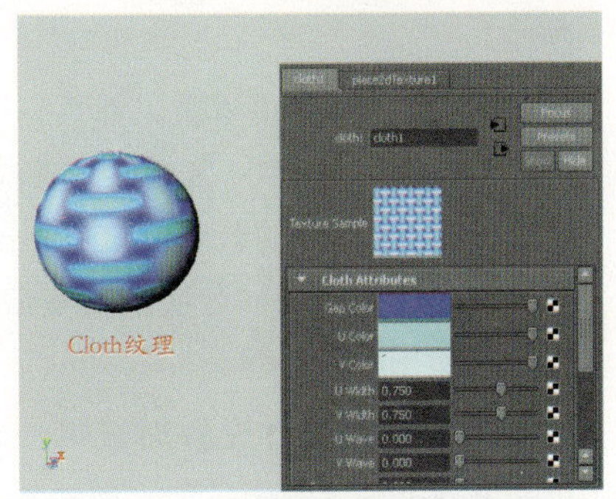

图8-28 纹理节点属性面板

- File（文件纹理）：表示可以使用文件纹理类型为模型赋予纹理贴图。关于该纹理节点的创建方法会在后面进行相关介绍。
- Fluid Texture 2D（二维流体纹理）：用于控制是否使用二维流体的贴图样式。有关流体的定义将在后面介绍流体特效时进行详细介绍。
- Fractal（碎片纹理）：由于Fractal纹理随机分布的碎片效果非常好，常用来模拟山石的凹凸效果。
- Grid（网格纹理）：常用于制作具有网格效果的纹理贴图效果。
- Mountain（山脉纹理）：常用于模拟被积雪覆盖了的山，积雪纹理的位置和曲面表面的凹凸有关。
- Movie（影片纹理）：若在物体表面材质上连接该纹理节点，可以将一个完整的多帧序列文件（如一个电影文件）赋予物体上，以在物体表面快速交互阅读这些序列纹理图形。
- Noise（噪波纹理）：用于制作含义不均匀噪波效果的纹理贴图。
- Ocean（海洋纹理）：用于模拟海平面的波纹纹理效果。
- PSD File（PSD 文件纹理）：用于控制是否使用文件纹理类型的位图图像作为纹理贴图。
- Ramp（渐变纹理）：用于制作具有渐变过渡效果的纹理贴图效果。
- Water（波纹纹理）：用于制作水面的涟漪效果。

8.4.2 File Texture（文件纹理）

前面介绍了二维纹理中的一些程序纹理，可以明显地看出Maya中的文件纹理主要有File纹理和Movie纹理，这两种纹理的参数完全相同，只是Maya对动画文件的判断有所不同而已。下面对这两种文件纹理的操作进行介绍。

动手实践134——添加File纹理

1 在新建场景中，导入展开UV后的角色模型。然后，选中该模型并执行Window（窗口）| UV Texture Editor（UV纹理编辑器）命令，打开UV编辑窗口以观察其UV展开效果，如图8-29所示。

2 为该角色赋予Blinn材质。然后，在该材质Color（颜色）属性的右侧单击按钮，在打开的节点窗口中单击2D Texture（2D纹理）选项，再单击File按钮，如图8-30所示。

3 在打开的文件属性设置面板中，单击Image Name（图像名称）属性右侧的按钮，如图8-31所示。

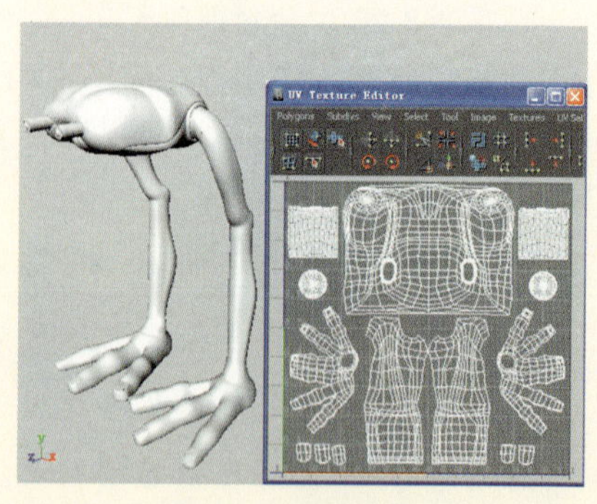

图8-29 导入角色模型

4 在弹出的文件面板中，找到需要的纹理文件。在这里选择命名为body003的纹理图像，如图8-32所示。

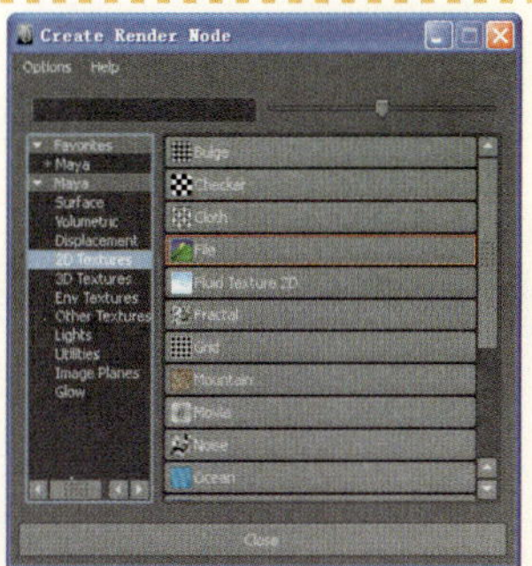
图8-30 启用文件纹理

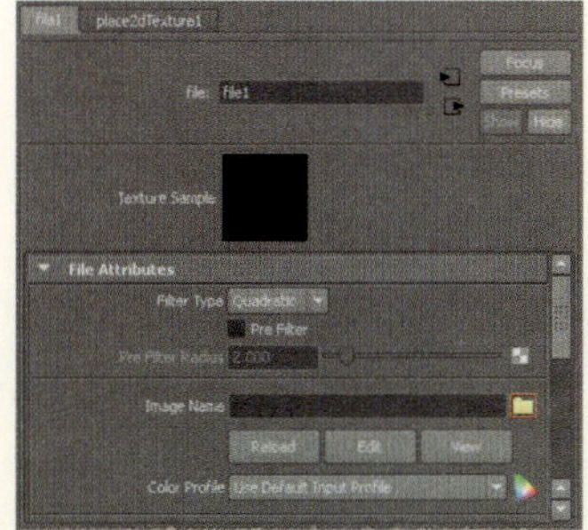
图8-31 单击导入文件按钮

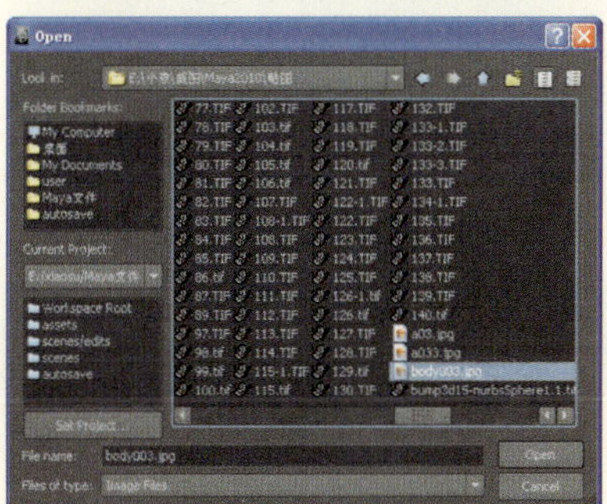
图8-32 选择需要纹理图像

5 然后，在Hypershade材质编辑器中，即可看到在Blinn1材质上添加的纹理图像。在这里它是以节点的形式存在的，如图8-33所示。

6 切换到Persp视图，可以看到，角色模型由白色变为纹理图像的显示，如图8-34所示。

7 材质球在被指定相应的纹理贴图后，就会在文件纹理属性设置面板的Image Name（图像名称）属性栏中显示该贴图文件的路径和名称，以便快速查找和编辑贴图，如图8-35所示。

图8-33 添加的纹理节点

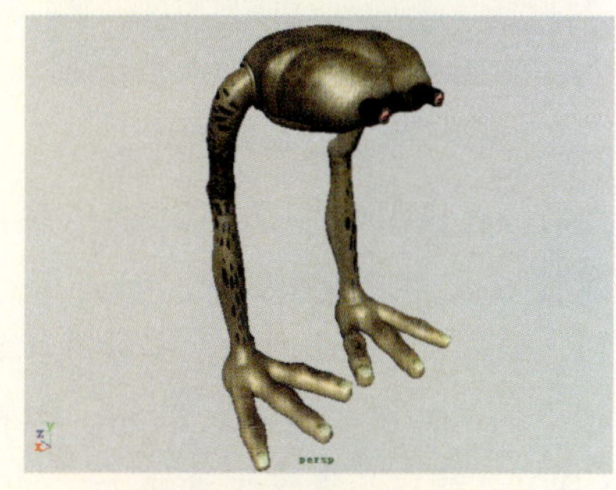
图8-34 纹理贴图效果

图8-35 显示路径和名称

注意

在为物体赋予纹理贴图时，一定要注意纹理图像的大小，若图像文件过大，在Hypershade材质编辑器中，该纹理节点就不能完整显示出其图像轮廓。

动手实践135——添加Movie纹理

1 在新建场景中，导入一组办公场景模型。然后，选中电脑屏面片并为其赋予Blinn材质，以用来作为播放动态图像的背景，如图8-36所示。

图8-36 导入创建模型

2 然后，在该Blinn材质的Color（颜色）属性右侧单击按钮，打开节点窗口。单击2D Textures（2D纹理）卷展栏下的Movie（电影）按钮，以在该Color（颜色）属性上连接一个Movie节点，如图8-37所示。

图8-37 选择Movie贴图

3 在打开的文件属性设置面板中，先启用Use Image Sequence（使用图像序列）复选框，再单击按钮，如图8-38所示。

4 在弹出的文件面板中，找到需要的纹理贴图文件，这里首先选中8帧图像中的第一帧动态图像“1”，如图8-39所示。

图8-38 启用序列贴图

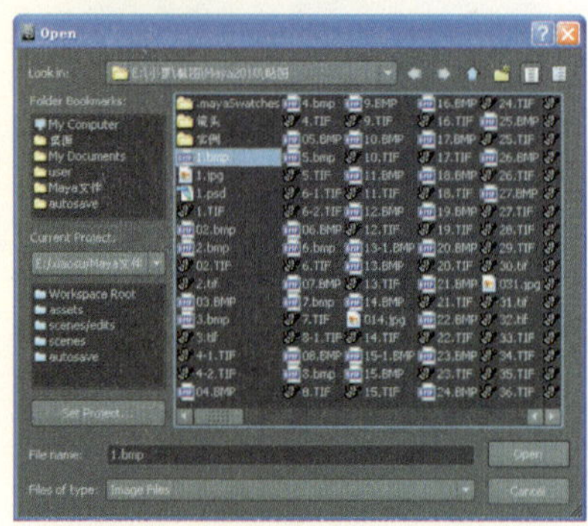

图8-39 选择序列图片

5 此时，文件属性面板中的贴图显示是黑色的，电脑屏也由默认灰色变为白色，并且在命令栏含有“文件格式错误”的红色错误提示，如图8-40所示。

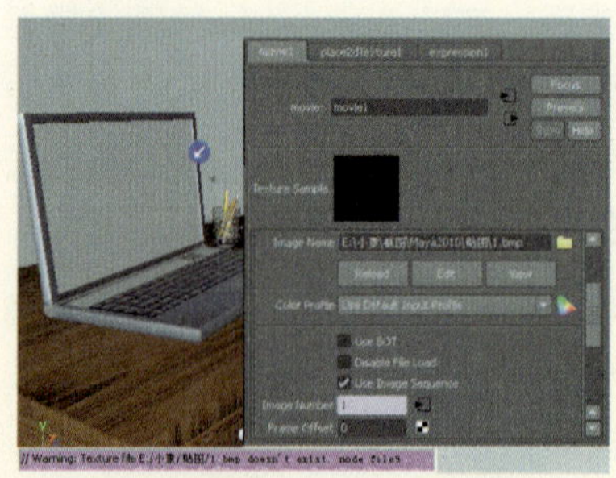

图8-40 序列贴图失败

6 找到序列图像所在的文件夹，然后选中第1帧序列图像文件右击，在弹出的快

捷菜单中选择“打开方式”|“fcheck”命令，如图8-41所示。

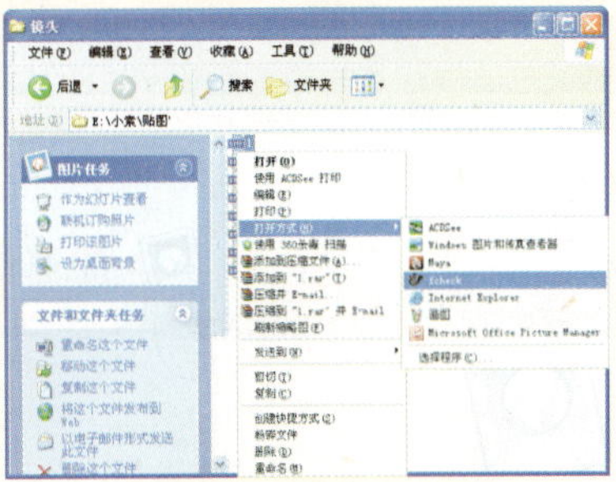

图8-41 选择打开方式

提示

Maya中的“Fcheck .exe”是用来快速预览图片的，这些图片可以是单帧的一幅图片，也可以是多个图片序列。也可以对Maya批量渲染出的图片进行动画预览。

7 在打开的fcheck窗口中，可以看到打开的单帧图像1。然后选择File（文件）| Save Image（保存图像）命令，如图8-42所示。

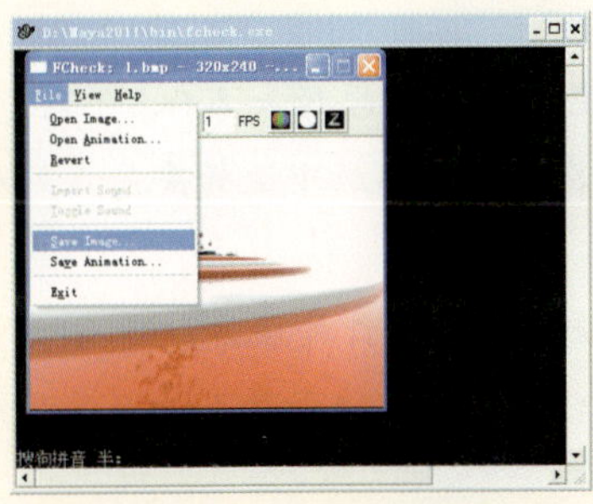

图8-42 预览单帧图像

8 在弹出的“另存为”对话框中，设置要保存的文件名为Pic-001，并选择保存类型为“Alias”，Maya的标准格式。然后，单击“保存”按钮，对其进行保存，如图8-43所示。

9 使用同样的方法，将这些单帧动态图片——另存为Maya的标准格式。然后，再单击文件属性面板中的按钮，如图8-44所示。

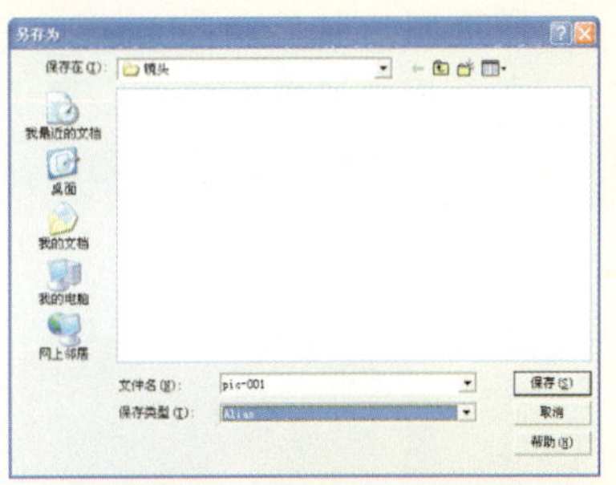

图8-43 另存单帧图像格式

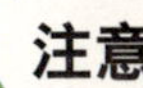

注意

在创建Maya动态序列贴图时，一定要注意序列文件的名称和格式。名称一定要按照帧数的次序先后进行命名，比如第1帧图片命名为xx-001，第2帧图片命名为xx-002等，依次类推。另外，文件格式为Maya的标准格式，如IFF格式。只有具备这些条件才能成功导入动态贴图。

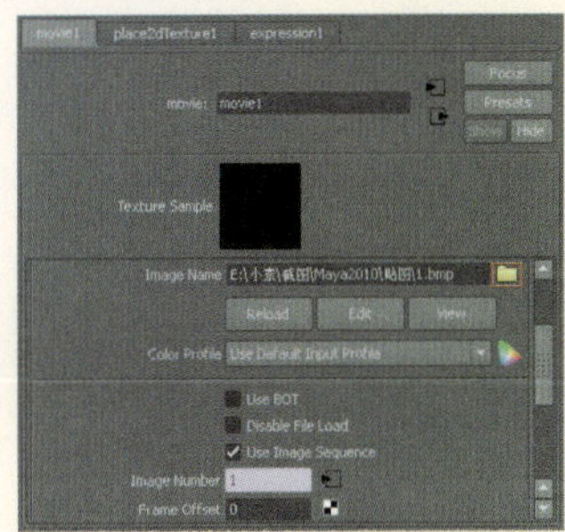

图8-44 重新载入单帧图片

10 在弹出的对话框中选中另存后的第1帧图片，如图8-45所示。

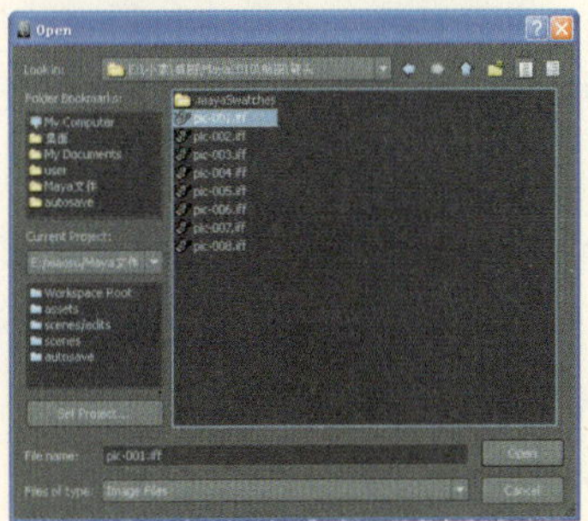

图8-45 选择要导入的单帧图片

11 然后，再单击Open按钮，即可将所选图片赋予屏幕表面。并且在文件属性设置面板中会显示相应的序列图像的路径和名称，如图8-46所示。

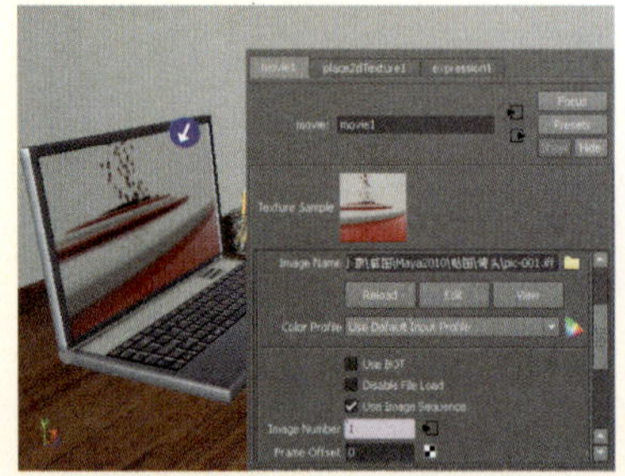

图8-46 导入的序列图像

12 拖动时间轴上的时间滑块，观察电脑屏幕上纹理贴图的动态变化效果，如图8-47所示。

图8-47 各个时间段图像的动态效果

下面对Movie纹理属性面板中的常用选项进行说明。

- Filter Type（过滤方式）：用于设置所要导入的文件纹理的过滤方式，包括Off（关闭过滤）、Mipmap（多重贴图）、Box（盒子）、Quadratic（二次）、Quartic（三次）和Gaussian（高斯）5种类型。
- Image Name（图片名称）：用于显示所有导入图片文件的路径和名称。
- 按钮（导入文件开关）：单击该按钮，可以在打开的面板中选择要导入的序列贴图。但是一次只能导入一张序列图片。
- Reload（更新导入文件）：当所使用的纹理贴图被其他软件处理后，它在Maya软件中不会被自动刷新，可以通过单击该按钮把所修改的纹理重新导入，以显示纹理当前状态。
- Use BOT（使用BOT文件）：若启用该复选框，可以方便用户使用BOT格式的文件图像纹理，以降低后期渲染所占用的内存空间。通常禁用该复选框。
- Disable File Load（禁用加载文件）：用来禁止使用加载的序列图像，通常禁用该复选框。
- Use Image Sequence（使用图片序列）：用于控制是否加载序列图像，通常在导入序列动态贴图时，启用该复选框。
- Image Number（图像数量）：用于显示在预览动态纹理贴图时所对应的帧数。
- Frame Offset（关键帧偏移）：用来设置序列纹理图像所在的关键帧偏移值，默认值为0。

8.4.3 转换程序纹理

当模型使用分层纹理或添加了很多纹理时，材质网络会变得很复杂，场景的渲染速度也会受到影响，因此应该在保证渲染质量的同时提高工作效率。如可以把整个材质网络转换为一个文件纹理以提高渲染速度。

动手实践136——转换程序纹理为文件纹理

1 在新建场景中，导入赋有程序纹理贴图的NURBS球体，如图8-48所示。

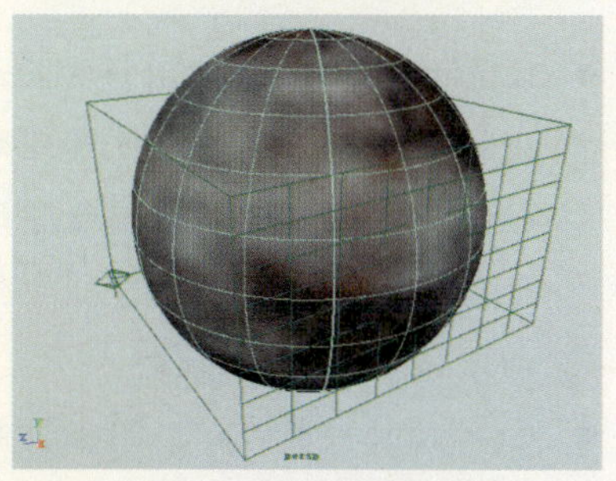

图8-48 导入场景模型

2 打开Hypershade材质编辑器，选择该球体上的blinn材质并单击按钮，以显示其节点网络，可以看到与其连接的3个程序纹理，如图8-49所示。

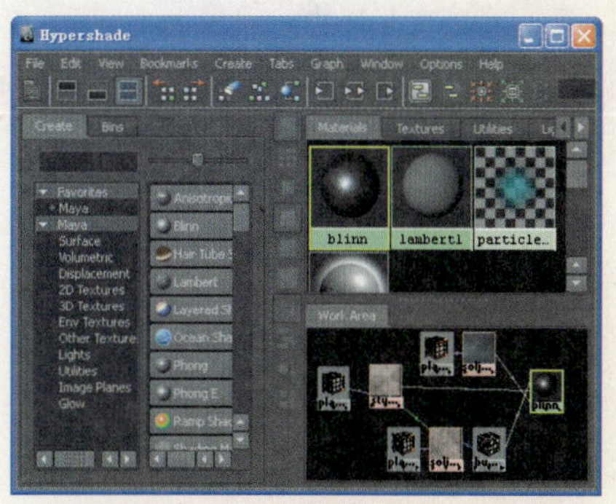

图8-49 纹理节点的网络连接

3 然后，在Hypershade材质编辑器中，同时选中球体模型和blinn材质，执行Edit（编辑）| Convert to Texture（转换为纹理）命令，如图8-50所示。

4 在弹出的对话框中，启用Anti-alias（抗锯齿）复选框，设置X/Y resolution（分辨率）值均为600，File format（文件格式）为Tiff，如图8-51所示。

图8-50 执行转换文件纹理命令

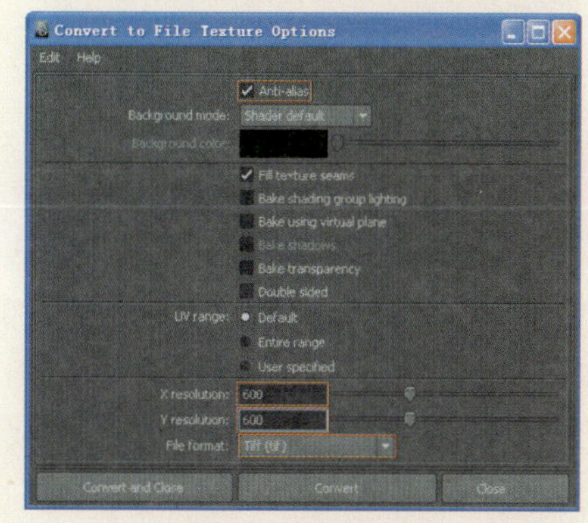

图8-51 设置属性参数

5 然后，单击 Convert 按钮，即可在Hypershade材质编辑器中自动创建一个材质球blinn1，并连有被转换的文件纹理节点，如图8-52所示。

6 该材质blinn1会自动添加到目标模型上，在项目文件夹中会显示被转换的3个纹理图像，如图8-53所示。

图8-52 创建的文件纹理节点

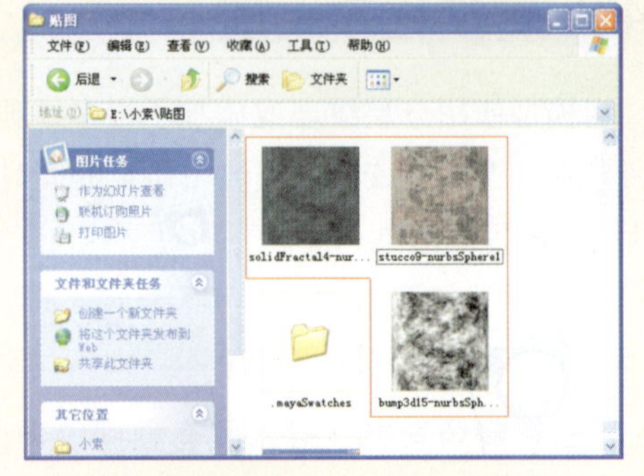
图8-53 生成的文件纹理图像

8.4.4 布置二维纹理

当物体被指定了2D纹理后，就会在Hypershade材质编辑器中自动产生一个place2dTexture2编辑器节点，如图8-54所示。

图8-54 2D纹理编辑器

双击该纹理编辑器节点，即可打开其属性设置面板，如图8-55所示。这里的参数都是默认参数，用户可以调整纹理的长度范围、重叠、旋转等操作。下面介绍其具体的属性参数。

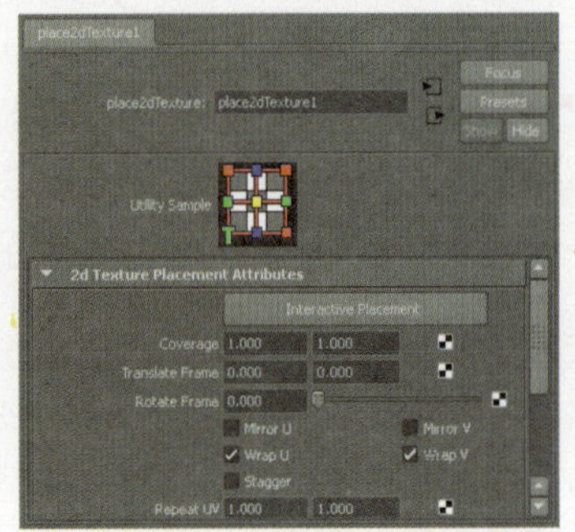
图8-55 2D纹理编辑属性

- Interactive Placement（交互放置纹理）：用于将调整物体纹理的放置位置，可以交互的控制纹理的位置变化，用户可以使用鼠标中键来移动该操纵器。
- Coverage（覆盖）：用来控制纹理在物体表面的覆盖面积。
- Translate Frame（移动帧）：用于将纹理移动到指定的位置。
- Rotate Frame（旋转帧）：用于控制纹理帧的旋转角度。
- Mirror U（U向镜像）：用于控制在U向上镜像纹理，但只有在Repeat U/V值大于1时才有效。
- Mirror V（V向镜像）：用于控制在V向上镜像纹理，也同样只有在Repeat U/V值大于1时才有效。
- Wrap U（U向重复）：用于控制纹理是否在U向发生重复。
- Wrap V（V向重复）：用于控制纹理是否在V向发生重复。
- Stagger（交错）：用于错开纹理，常用于制作砖墙似的纹理效果。
- Repeat UV（平铺UV）：用来控制纹理在UV方向上的重复次数。
- Offset（偏移）：用于控制纹理在

UV方向上的偏移。与下面的Rotate UV结合使用方能看出效果。

- Rotate UV（旋转）：主要控制纹理在UV方向上的旋转，和Rotate Frame参数的作用是不一样的。
- Noise UV（噪波）：主要控制纹理在UV方向上的噪波。

动手实践137——编辑二维纹理

1 在场景的Side视图中，创建一个NURBS面片，并且为其赋予一张Maya 2011界面的纹理贴图，如图8-56所示。

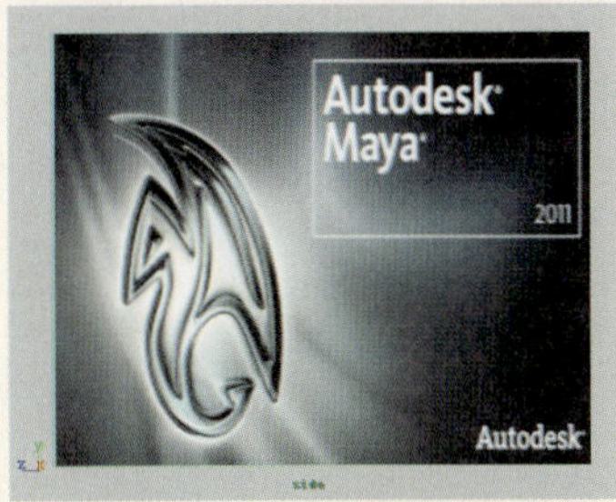

图8-56 纹理贴图效果

2 在Hypershade材质编辑器中，双击Place2dTexture（2D纹理编辑器）节点，打开其参数属性面板。然后，设置Coverage（覆盖）为0.5，如图8-57所示。

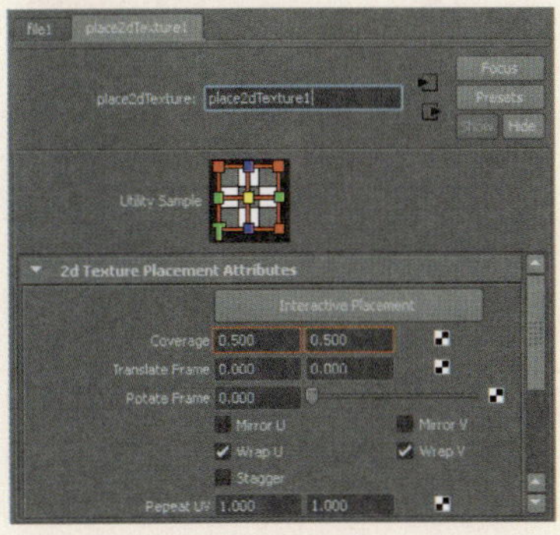

图8-57 设置Coverage值

3 然后，再切换到Side视图，可以看到在NURBS面片的UV方向上，其纹理贴图的覆盖面积只有原来的一半，如图8-58所示。

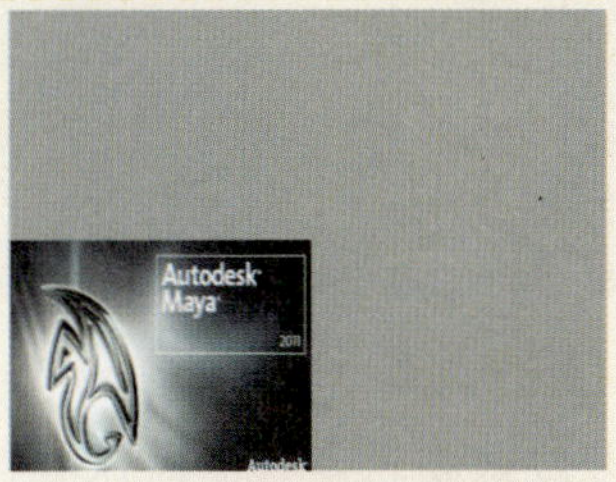

图8-58 纹理贴图的覆盖效果

4 恢复纹理编辑属性的默认参数，再设置Translate Frame（移动帧）分别为0.7和0.2，此时再观察Side视图，NURSB面片上纹理的覆盖效果如图8-59所示。

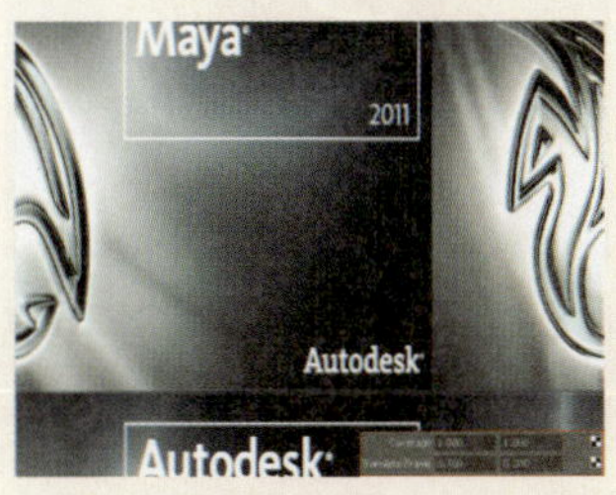

图8-59 设置Translate Frame值

5 恢复纹理编辑属性的默认参数，设置Rotate Frame（旋转帧）为45，再观察NURBS表面纹理贴图的变化效果，如图8-60所示。

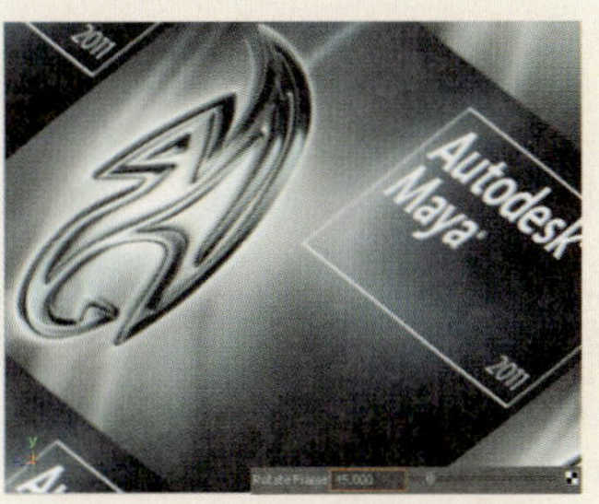

图8-60 设置Rotate Frame值

6 恢复纹理编辑属性的默认参数，启用Stagger（交错）复选框，可以看到NURBS面片表面的纹理变为交错显示，如图8-61所示。

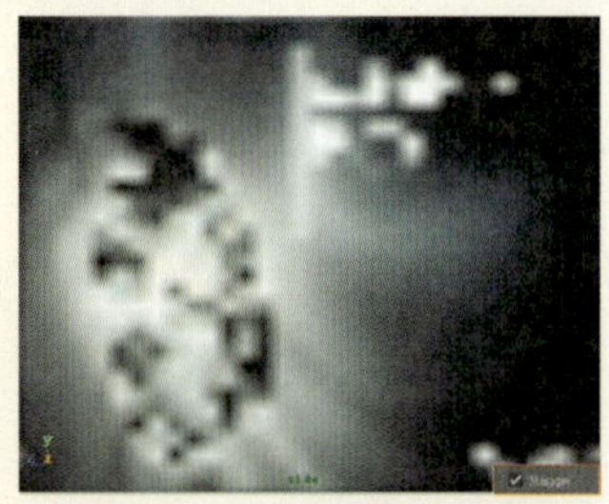
图8-61 启用Stagger复选框

7 恢复纹理编辑属性的默认参数，设置Repeat U/V（重复）均为3，再观察NURBS面片表面的纹理变化效果，如图8-62所示。

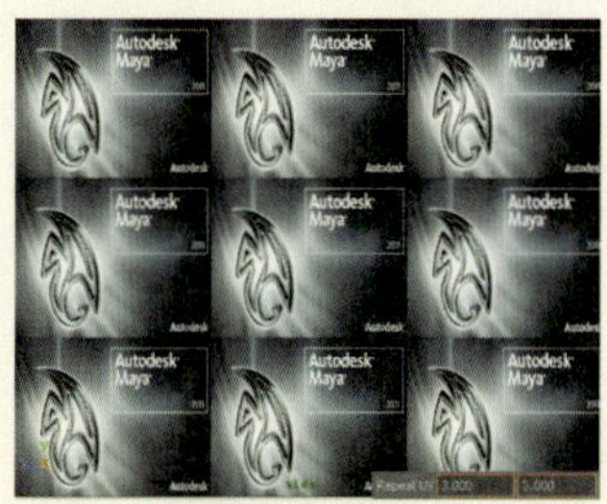
图8-62 设置Repeat UV参数值

8 恢复纹理编辑属性的默认参数，接着设置Repeat UV（重复）值均为2，再启用Mirror U复选框，观察NURBS表面纹理的变化效果，如图8-63所示。

9 然后启用Mirror V（镜像）复选框，再观察NURBS面片表面纹理的变化，如图8-64所示。

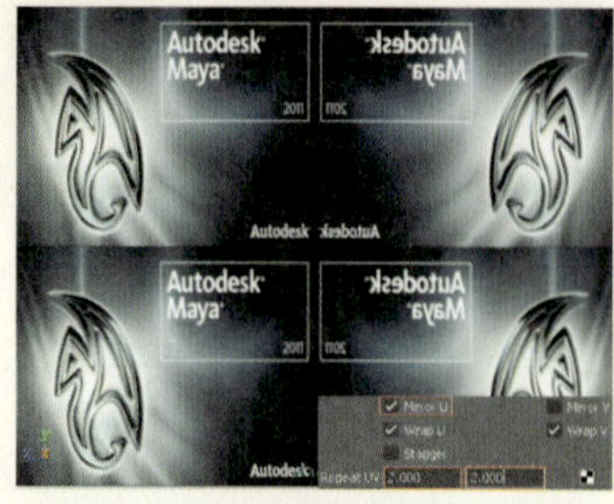
图8-63 启用Mirror U复选框

图8-64 启用Mirror U/V复选框

10 恢复纹理编辑属性的默认参数，设置Noise U/V（燥波）值均为0.05，此时观察NURBS面片表面纹理的变化效果，如图8-65所示。

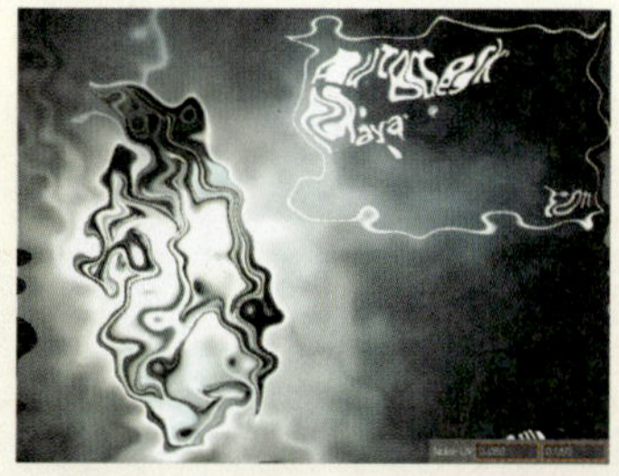
图8-65 设置Noise UV参数值

8.4.5 二维纹理的贴图方式

可以将2D纹理理解为一个平面图形，在将它赋予三维模型时，需要与三维模型建立一种关系，即怎样把平面图形赋予立体模型上，这就需要我们学会2D纹理的几种贴图方式。在Maya中纹理的贴图方式有3种，即法线贴图、Projection（投射）和Stencil（瓷砖）。

1.法线贴图方式

法线贴图方式可以理解为法线贴图，如果使用的是标准几何体或者是模型的UV结构分布很规则，那么使用这种方法可达到很好的贴图效果，因为它可以将二维纹理图片按照法线的方向和长宽比例进行变形及缩放处理。下面对该贴图方式的操作进行介绍。

动手实践138——制作Normal贴图

1 创建3个标准几何体并为其赋予Lambert材质。然后，在该材质Color（颜色）属性的右侧单击按钮，打开节点窗口，再单击File按钮，如图8-66所示。

图8-66 添加文件节点

2 在弹出的文件设置面板中，单击按钮，在打开的面板中选择指定的纹理图像。然后，单击Open按钮，以将其赋予几何体表面，如图8-67所示。

图8-67 赋予贴图效果

3 然后，选择几何体上的控制点并对其进行移动，以改变几何体的外形，同时其表面纹理也发生变形，如图8-68所示。

图8-68 纹理的拉伸效果

2.Projection贴图方式

Projection贴图方式的纹理是以摄像机镜头投射的方式分布在物体表面，它可以创建出在物体表面上的连续贴图外形。下面对该贴图方式的操作进行介绍。

动手实践139——制作Projection贴图

1 在场景中导入一组庭院模型，然后选中地面并为其赋予Lambert材质，如图8-69所示。

2 单击材质Color属性右侧的按钮，打开节点窗口。先选择Utilities（节点）选项，再单击Projection（映射）按钮，此时地面变为黑色。单击Image（图像）右侧的按钮，如图8-70所示。

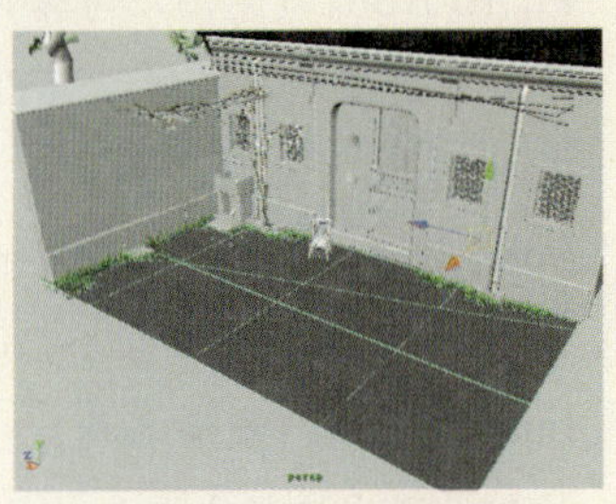

图8-69 导入场景模型

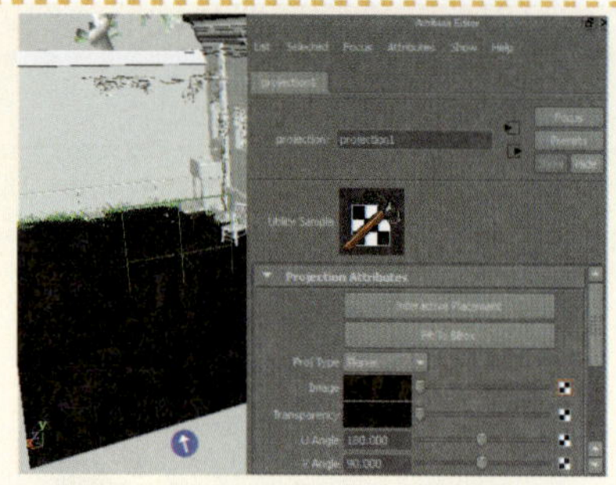
图8-70 打开投影贴图属性面板

3 然后，在打开的节点窗口中，单击File（文件）按钮，在弹出的面板中单击按钮，在打开的窗口中选择贴图文件，再单击Open按钮，即可将其赋予地面模型并会产生一个方形控制器，如图8-71所示。

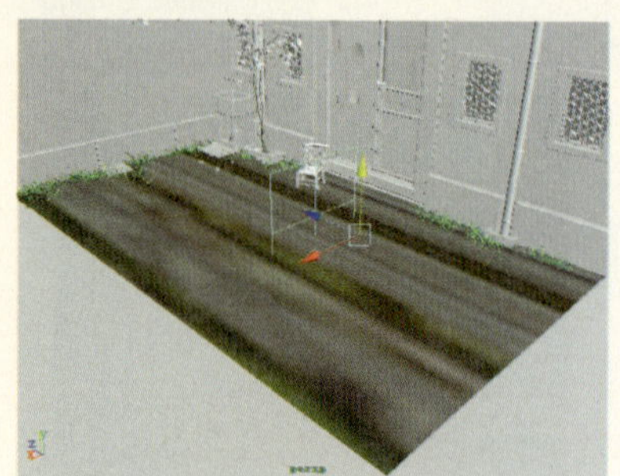
图8-71 赋予的贴图效果

4 调整该控制器的角度、大小和位置，可以改变地面纹理贴图的拉伸效果，如图8-72所示。

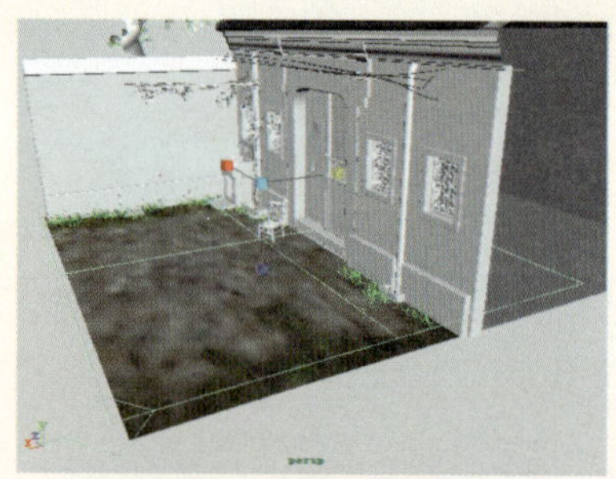
图8-72 调整控制器

5 在Hypershade材质编辑器中，可以看到被创建的投影编辑器节点，双击该节点可以打开投影属性设置面板，如图8-73所示。

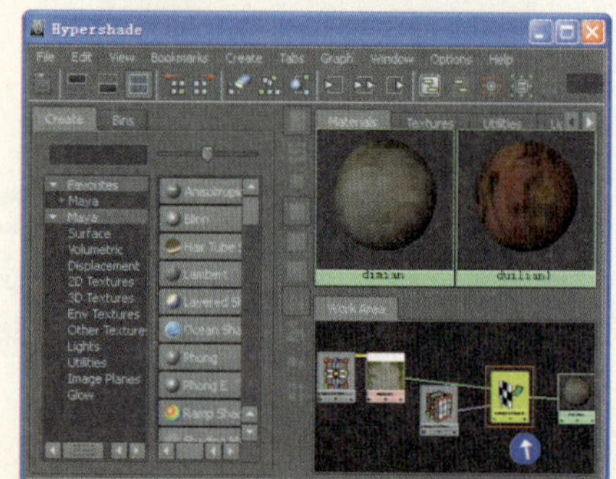
图8-73 生成的投影节点

下面对二维纹理投影贴图属性面板中的常用选项进行介绍。

- Interactie Placement（交互式放置）：用于显示交互式操纵器，以方便纹理的移动、旋转、缩放等操作。用户也可以在视图中选择控制器，按T键，也可以显示其操纵器。
- Fit To BBox（适合几何体）：用于使2D Placement控制器自动适应视图中模型的大小，但前提是该模型必须已经被指定使用了该2D Placement控制器纹理的材质。
- Proj Type（投影类型）：用于控制投影纹理贴图的方式，包括Planar（平面）、Spherical（球型）、Cylindrical（圆柱）、Ball（球体）、Cubic（立方体）、Triplanar（直角平面）、Concentric（同心）和Perspective（透视）8种投影类型。
- Image Name（图像名称）：用于显示纹理图像的路径和名称。单击该属性右侧的按钮，可以选择要添加的纹理图像。

3.Stencil

Stencil贴图方式很适合应用到NURBS表面上。使用这种方式可以制作标签的贴图效果，比如酒瓶标签等。

动手实践140——制作Stencil贴图

1 在场景中导入一组笔筒模型，然后紧贴笔筒的侧面创建一个NURBS弧形面片并为其赋予Blinn材质，用于制作笔筒的标签，如图8-74所示。

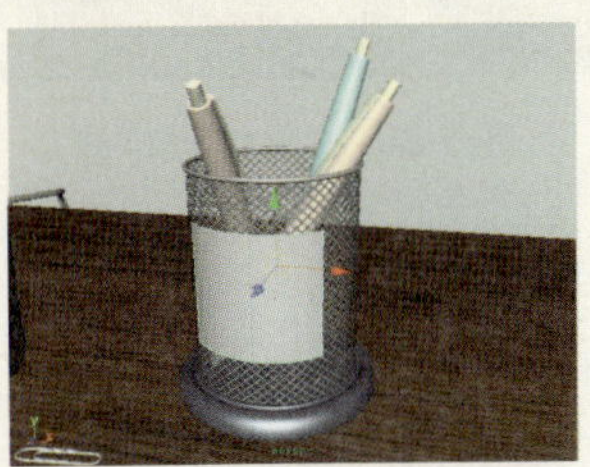

图8-74 创建NURBS面片

2 单击材质Color（颜色）属性右侧的■按钮，打开节点窗口，选择As stencil选项，如图8-75所示。

图8-75 选择节点类型

3 在Hypershade材质编辑器中，可以看到创建的Stencil（瓷砖）节点，如图8-76所示。在stencil1节点的属性设置面板中，单击Image（图像）右侧的■按钮，在弹出的节点窗口中单击File（文件）按钮。

4 然后，在属性设置面板中单击Image（图像）右侧的■按钮，在弹出的窗口中选择指定的纹理图片以赋予面片。

在Hypershade材质编辑器中，观察标签节点的链接，如图8-77所示。

图8-76 创建的节点

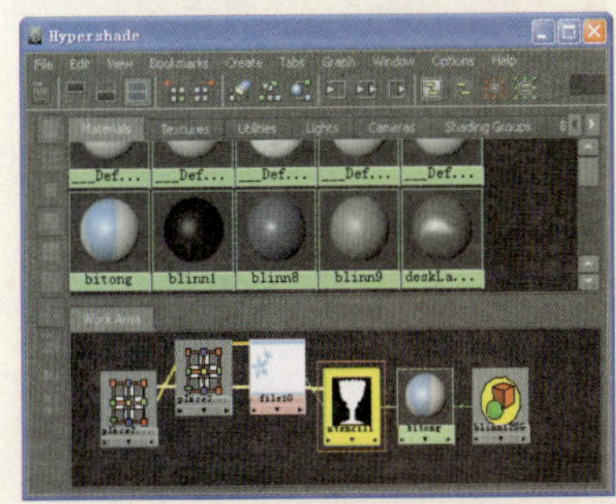

图8-77 生成的标签节点

5 双击2D纹理编辑点，打开2D纹理放置属性面板，然后，单击 Interactive Placement 按钮，如图8-78所示。

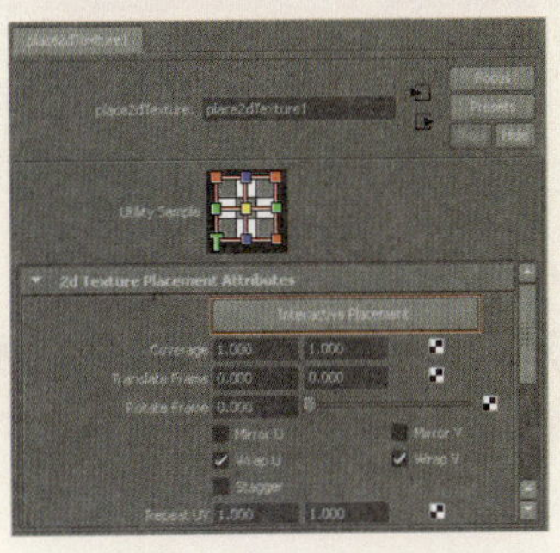

图8-78 交互放置

6 在NURBS面片的表面，会产生一个红色边框。鼠标中键单击并拖曳红色边框边角上的控制点，可以调整面片表面的纹理图像，如图8-79所示。

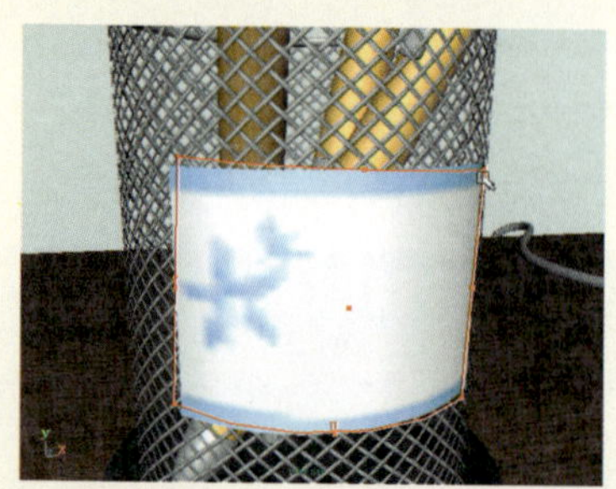

图8-79 旋转纹理标签

7 鼠标中键单击并拖曳红色边线上的控制点，可以拉伸标签纹理的外形效果，如图8-80所示。

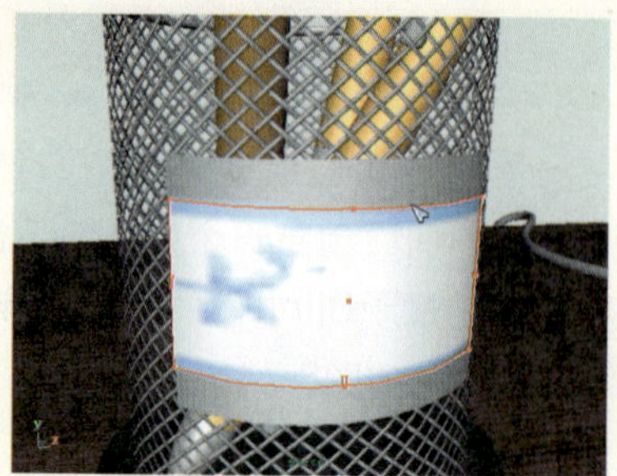

图8-80 拉伸纹理标签

下面对标签属性设置面板中的常用选项进行介绍。

- Image（图像）：单击该属性右侧的按钮，可以在打开的文件属性设置面板中单击按钮，在弹出的面板中选择相应的纹理图像赋予物体表面。
- Edge Blend（边缘混合）：用于控制纹理贴图与物体默认颜色之间的拟合度，当设置为最大值时，纹理图像将完全变为物体表面的颜色。
- Mask（蒙板）：用于控制物体表面纹理的透明度，但纹理贴图完全透明时，将只显示物体自身默认的颜色。
- Color Balance（色彩平衡）：用于控制标签纹理图像各颜色之间的分布。
- Default Color（默认颜色）：用来表示纹理表面的默认颜色。

问题：当Hypershade材质编辑器中含有多种节点时，如何快速编辑这些节点呢？

Hypershade材质编辑器中的所有节点都可以直接被单独选择或删除，也可在一个节点上中键单击并拖曳到另一节点上释放，在弹出的连接编辑窗口中选择要连接的属性，也可双击该节点打开其属性设置面板对其参数进行修改。

8.5 三维纹理

Maya中的3D纹理是根据程序以三维方式生成的图案。3D纹理已经包涵了XYZ坐标，所以使用3D纹理的模型不需要贴图坐标，不会出现纹理拉伸现象。在3D纹理程序中所有的纹理、图案都可以通过参数来调节。下面对三维纹理的种类、创建与编辑进行详细的介绍。

8.5.1 三维纹理的种类

在前面已经介绍了二维纹理的创建方法，下面对Maya内置的三维纹理的种类进行简单介绍。

在Hypershade材质编辑器中，创建一个blinn材质，在其Color（颜色）属性的右侧单击按钮，即可打开材质节点窗口，可以看到在3D Texture（3D纹理）属性右侧所包含的几种三维纹理节点，如图8-81所示。

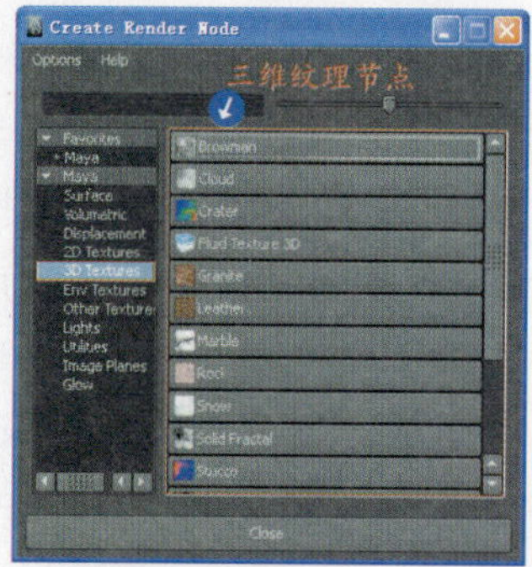

图8-81 三维纹理的种类

下面对三维纹理的作用进行详细的介绍。

- Brownian（布朗）：多用来模拟山体、石头表面的噪波效果。
- Cloud（云彩）：主要用来模拟云彩的效果。用户可以通过创建多个球体或粒子并配合该纹理来模拟复制的云彩效果。
- Crater Fluid Texture 3D（3D流体）：应用于三维流体表面的纹理贴图。
- Crater（火山）：用于模拟火山或火焰表面的纹理效果。
- Granite（花岗岩）：多用于模拟花岗岩表面的纹理效果。
- Leather（皮革）：多用来模拟物体表面的皮革纹理效果。
- Marble（大理石）：常用来制作大理石纹理效果的贴图。如图8-82所示的是将该纹理节点赋予几何体表面的显示效果。

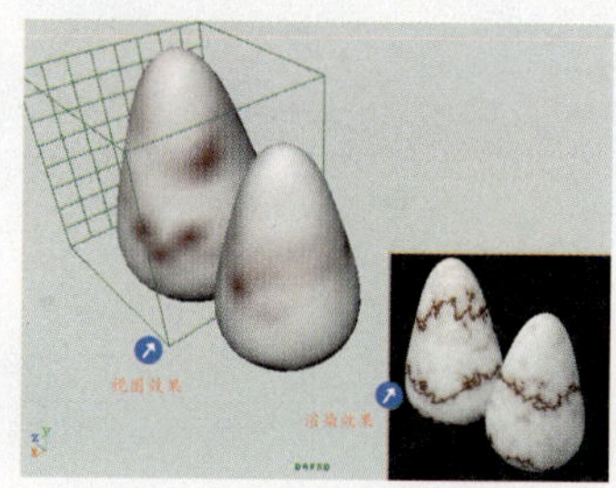

图8-82 Marble纹理效果

- Rock（岩石）：多用于模拟岩石表面的纹理效果。
- Snow（积雪）：常用来模拟岩石上的积雪纹理效果。
- Solid Fractal（固体碎片）：用于模拟山石表面随机分布的固体碎片效果。
- Stucco（泥灰）：多用于模拟污泥表面的水泽，或用于海面水域的纹理效果。
- Volume Noise（体积噪波）：用于制作具有立体效果的噪波纹理，如金属表面反射的纹理效果。
- Wood（木纹）：多用来模拟木材纹理效果。

8.5.2 布置三维纹理

当给一个材质节点指定了3D纹理后，就会在视图中显示一个立方体的三维纹理控制器。并且在Hypershade材质编辑器中会出现一个Place3dTexture节点，如图8-83所示。双击该Place3dTexture节点，可以打开其属性设置面板，如图8-84所示。

在Place3dTexture编辑面板中，主要包含了一些编辑三维纹理控制器的变换属性，基本与二维纹理控制的属性类似，下面对这些属性进行简单的介绍。

图8-83 创建的Place3dTexture节点

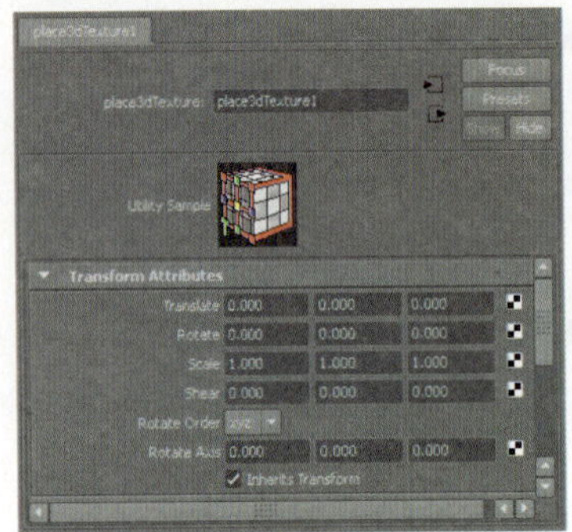

图8-84 3D纹理编辑属性

- Translate（变换）：用于控制三维纹理控制器的空间位移，并且包括3个轴向上的位移。
- Rotate（旋转）：用于控制三维纹理控制器的旋转角度，包括3个轴向上的旋转。
- Scale（缩放）：用于控制三维纹理控制器的缩放，包括3个轴向上的缩放操作。
- Shear（拉伸）：用于控制三维纹理控制器的拉伸。
- Rotate Axis（旋转轴向）：用来设置对三维纹理控制器进行旋转操作所围绕的轴向。
- Interactive Placement（交互定位纹理）：用于显示交互式操纵器，以方便纹理的移动、旋转、缩放等操作。用户也可以在视图中选择控制器，按T键，也可以显示其操纵器。
- Fit To BBox（适合几何体）：用于使2D Placement控制器自动适应视图中模型的大小，但前提是该模型必须已经被指定使用了该2D Placement控制器纹理的材质。

提示

Maya中的程序纹理，无论是三维的还是二维的，其属性主要用于控制纹理的颜色、密度、对比度、噪点等组成纹理外观的特征。

动手实践141——编辑三维纹理

1 在场景中创建一个NURBS球体并为其添加Blinn材质。然后在其Color节点上连接一个三维纹理Crater，此时观察视图中球体的显示和生成的控制器，如图8-85所示。

2 在Hypershade材质编辑器中，双击Place3dTexture节点，打开其属性设置面板。设置Shear X/Y值均为1，此时观察三维纹理控制器的变化，如图8-86所示。

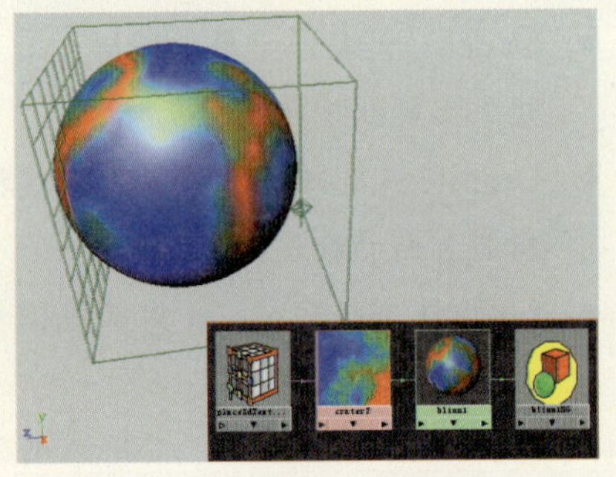

图8-85 添加三维纹理

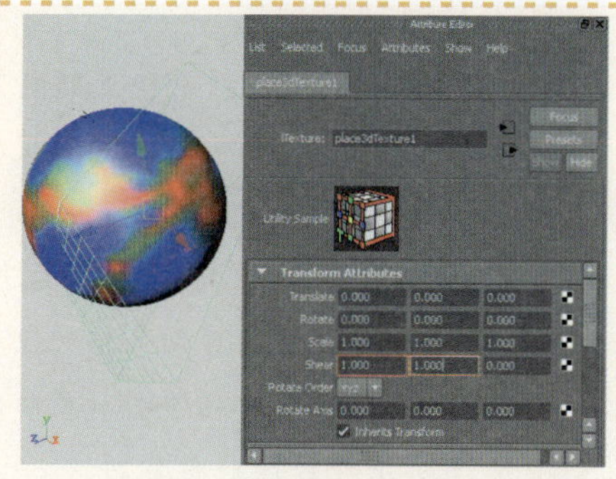

图8-86 设置Shear参数

3 使用缩放工具对球体进行缩放操作，以使球体处于纹理控制器的外侧，如图8-87所示。

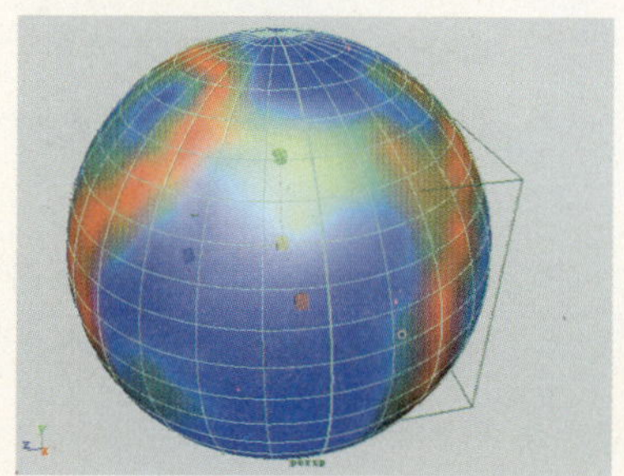

图8-87 缩放球体大小

4 然后选中三维纹理控制器，单击三维纹理编辑器属性设置面板中的 Fit to Group BBox 按钮，以是其完全适合到球体的外侧，如图8-88所示。

图8-88 执行Fit to Group BBox操作

5 再移动三维纹理控制器的位置，可以移动球体表面的纹理位置，如图8-89所示。

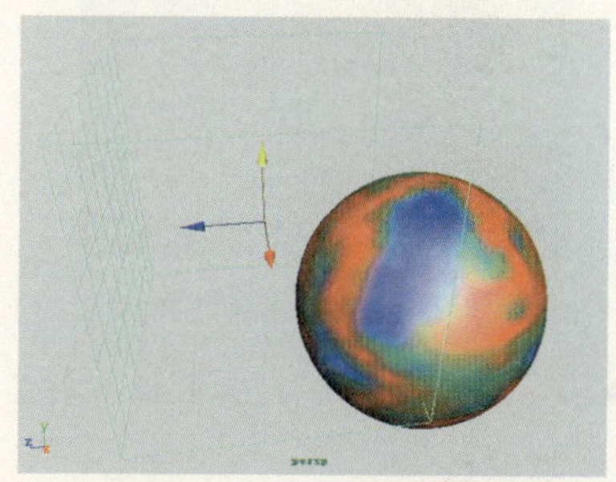

图8-89 纹理的变化效果

8.6 Layered Texture（分层纹理）

Maya中的Layered Texture命令，类似于Photoshop中的图层合成功能，可以将多个材质球的纹理效果添加到同一个材质球上，从而表现出多样的纹理图像效果。该命令多用于制作复杂的纹理贴图，因此要想制作出逼真的纹理效果，必须先对Layered Texture（分层纹理）充分的认识。

在Hypershade材质编辑器中，选择Other Texture（其他纹理）选项，再在其右侧单击 Layered Texture 按钮，即可在Hypershade材质编辑器中创建一个分层纹理节点，如图8-90所示。

双击该纹理节点，即可打开其属性设置面板，并且在红色线框内含有默认创建的纹理层，如图8-91所示。

下面对分层纹理属性面板中的常用选项进行说明。

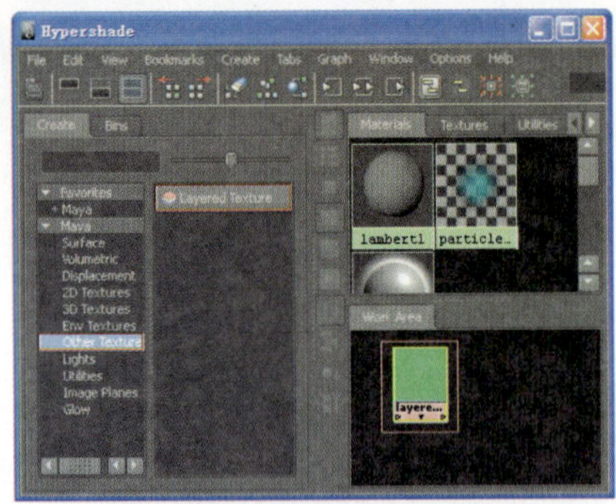

图8-90 创建的分层纹理节点

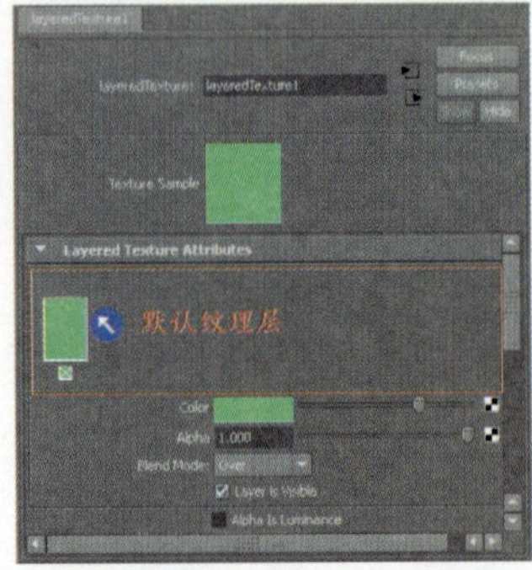

图8-91 分层纹理属性面板

- Color（颜色）：通常指当前层的纹理颜色。
- Alpha（拟合值）：用于设置层之间的拟合度。当值为0时，表示当前层完全透明；值为1，表示完全不透明。
- Blend Mode（混合模式）：用于设置层之间的混合模式。
    - ◎ None：不混合，即显示第一层纹理。
    - ◎ Over：用于控制将前景贴到背景图案上，并根据Alpha的形状对前景进行剪切。
    - ◎ In：背景纹理根据前景纹理的Alpha形状进行剪切，即对应于前景纹理Alpha中的透明（黑白）位置，背景纹理将被剪切。
    - ◎ Out：与In模式作用相反。
    - ◎ Add：前景色加上背景色。
    - ◎ Subtract：前景色减去背景色。
    - ◎ Multiply：将各层的颜色相乘。由于白色为1，黑色为0，与白色相乘仍为白色，与黑色相乘仍为黑色。
    - ◎ Illuminate：使用原来颜色的饱和度、色调与混合色的亮度创建出新的颜色。
- Layer is Visible（显示层）：用于控制是否显示该层。
- Alpha is Luminance（Alpha亮度）：用来控制是否使用纹理的OutAlpha值来替代OutColor（输出颜色）的亮度值。主要在纹理的bump mapping（凹凸贴图）或者displacement mapping（置换贴图）操作时使用。

动手实践142——创建分层纹理

1 创建一个球体并为其赋予材质Blinn1，在其Color节点上连接一个Layered Texture（分层纹理）节点，如图8-92所示。

2 再在Hypershade材质编辑器中创建两个Blinn材质，其中一个为其设置简单的颜色，另一个设置为透明并调整其高光颜色为蓝色，如图8-93所示。

3 双击之前添加的Layered Texture（分层纹理）节点，打开其属性编辑面板。然后，在Hypershade材质编辑器中，先中键拖动透明的材质Blinn3到属性面板中的红色线框中，如图8-94所示。

图8-92 添加分层纹理

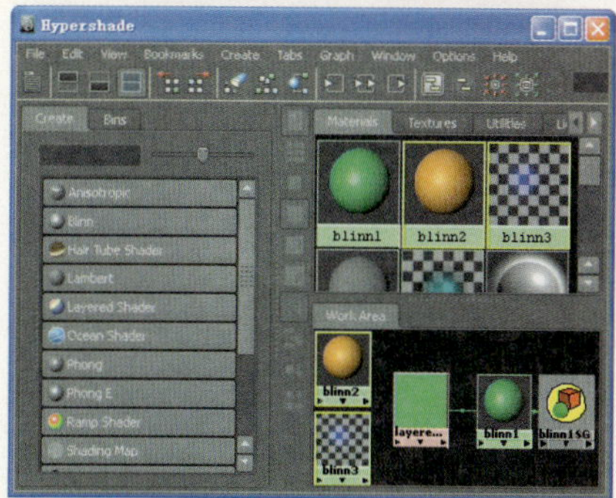

图8-93 创建的两个材质

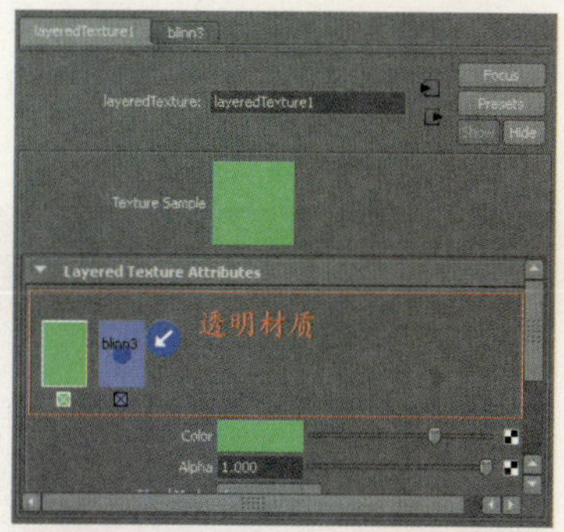

图8-94 添加第一层纹理材质

4 在Hypershade材质编辑器中，可以看到被拖入红色线框中的材质Blinn3与分层纹理节点连接在一起，如图8-95所示。然后，再将不透明的材质blinn2拖放到红色线框内。

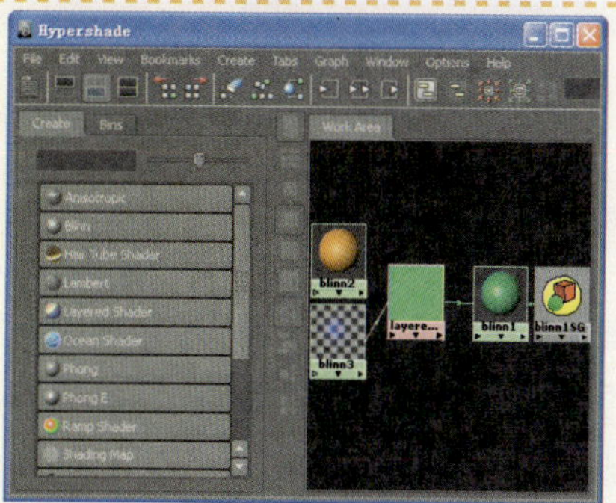

图8-95 材质与纹理的连接

5 在红色线框中，单击默认纹理层下方的☒按钮，以关闭该纹理层，从而将后面的纹理层显示出来。然后，再选择Blend Mode（混合模式）属性的Add（添加）选项，如图8-96所示。

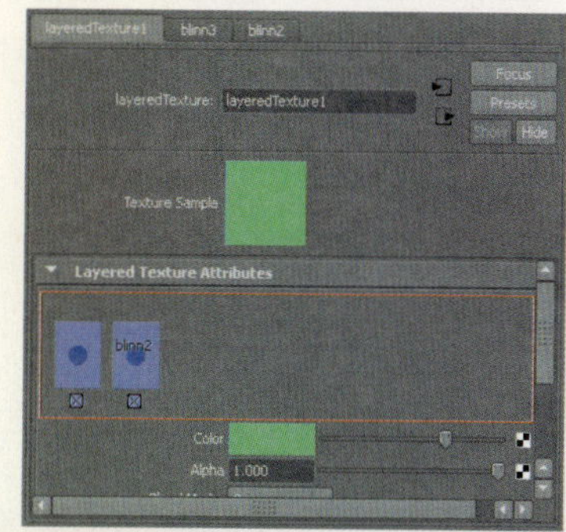

图8-96 关闭默认纹理层

6 然后对视图中的球体进行渲染，可以看到颜色材质Blinn2和透明材质Blinn3的合成效果，如图8-97所示。

图8-97 分层纹理的添加效果

问题：分层纹理节点只应用在材质球之间的连接与计算吗?

分层纹理节点不仅可以与材质球之间相互连接和计算，也可以与其他任意类型的纹理节点进行连接和计算，从而模拟出更加真实的纹理贴图效果。

8.7 Env Texture（环境纹理）

在制作任何一种事物的材质时，用户首先都要考虑其所要表现的具体特性，如布料要求其表面粗糙且没有光泽度，金属材质则需要有高光、光泽度、反射等特性。用户根据所要表现的材质特性选择相应属性的材质类型，根据其所要模拟的材质效果，连接相应的材质节点类型。

在Maya软件中对环境纹理有详细的分类，分别是Env Ball（球环境）、Env Chrome（铬环境）、Env Cube（盒子环境）、Env Sky（天空环境）和Env Sphere（球体空间环境）。在Hypershade材质编辑器中，单击Environment Textures（环境纹理）属性，即可在其右侧列表中可以看到包含的几种环境纹理类型，如图8-98所示。

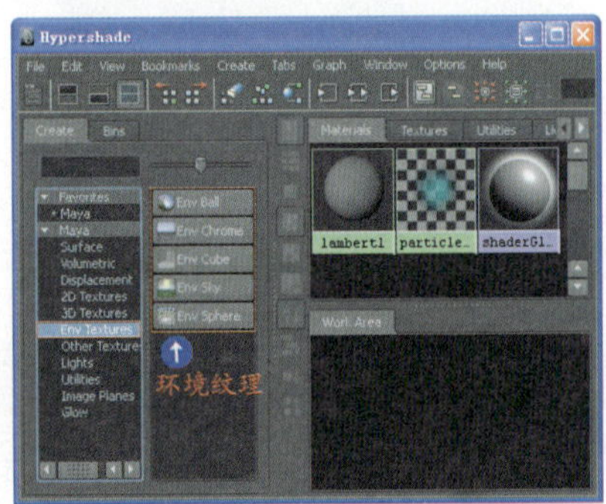

图8-98 环境纹理的分类

下面将这几种环境纹理的属性及应用进行详细的讲解。

- Env Ball（球环境）：用于模拟在360°环境中，生成高度反射效果的铬球环境纹理。如图8-99所示的是生成的反射效果。
- Env Chrome（铬环境）：用来模拟展示环境。主要用于控制铬表面的纹理反射效果。

图8-99 Env Ball环境效果

- Env Cube（盒子环境）：主要用来模拟材质多个表面的几何假反射效果，可以用于控制不同角度贴图纹理的不同反射效果。如图8-100所示的是金属纹理的反射效果。

图8-100 金属的拉丝反射效果

- Env Sky（天空环境）：使用一个球体曲面来模拟球型的环境空间。
- Env sphere（球体空间环境）：主要用来模拟环境映射纹理或图像文件并且直接作用于内表面的无限领域。

在为Hypershade材质编辑器中的材质赋予环境纹理节点后，会产生一个环境纹理节点。并且在视图中自动生成一个环境纹理控制器，如图8-101所示。

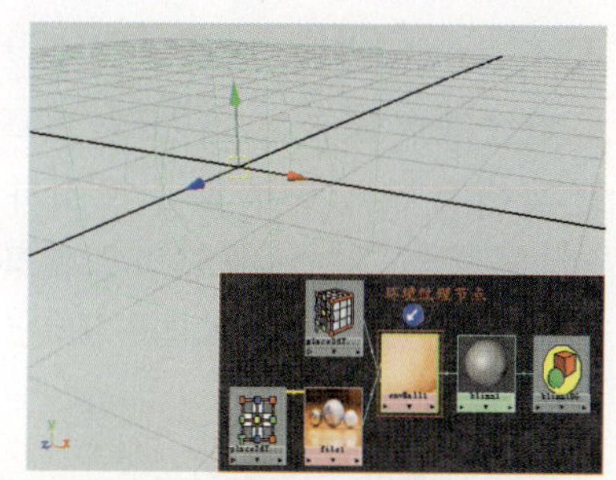

图8-101 环境纹理控制器

动手实践143——创建环境纹理

1 创建一个球体并为其赋予Blinn材质，然后在该材质的Color（颜色）属性上连接一个Solid Fractal（实体分形）纹理节点，如图8-102所示。

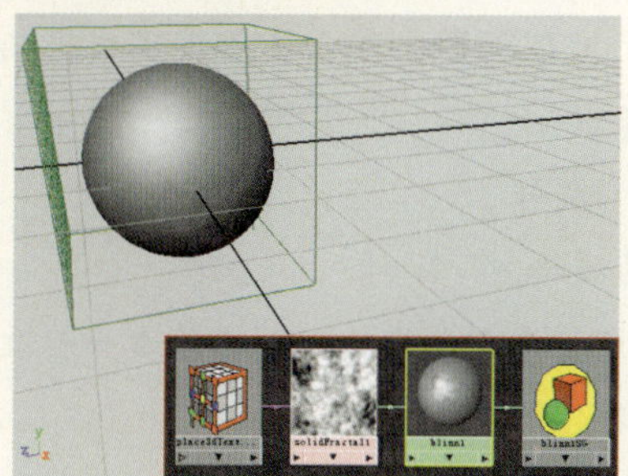
图8-102 添加Solid Fractal纹理

2 然后双击该Solid Fractal（实体分形）纹理节点，打开其属性设置面板，设置Ratio（比率）值为1并适当调整Color Balance（色彩平衡）属性下的3种颜色属性值，如图8-103所示。

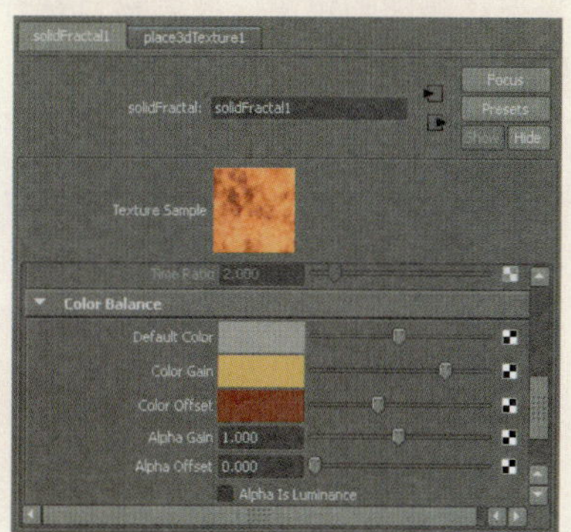

图8-103 设置碎片纹理参数

3 单击Blinn材质Reflected Color（反射颜色）属性右侧的按钮，在弹出的节点窗口中，单击Environment Textures（环境纹理）属性右侧的Env Chrome按钮，添加一个环境纹理节点，如图8-104所示。

图8-104 添加的环境纹理节点

4 双击该环境纹理节点，打开其属性设置面板。然后，调整其Sky Attributes（天空属性）和Floor Attributes（地面属性）下的颜色属性值，如图8-105所示。

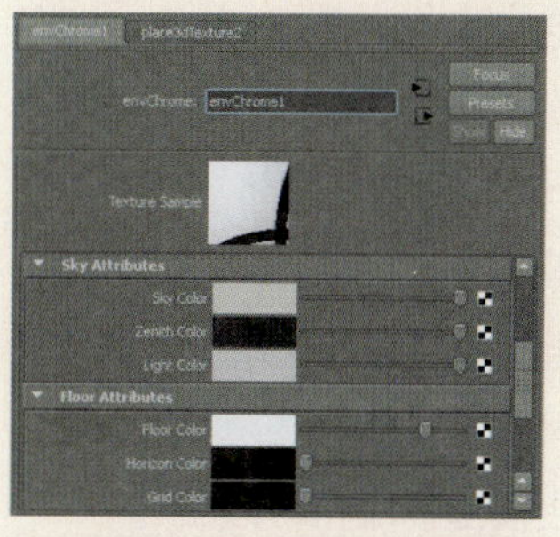
图8-105 设置环境纹理属性参数

5 在Hypershade材质编辑器中，双击环境纹理放置节点，打开放置环境纹理面板，拖动滚动条，找到并单击 Fit to Group BBox 按钮，以使环境纹理控制器适合球体，如图8-106所示。

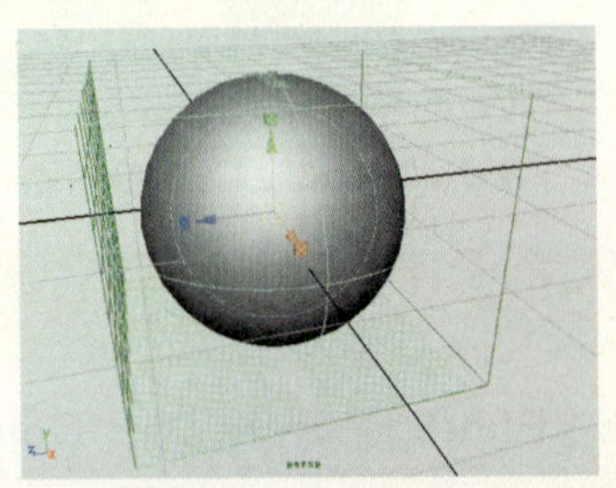

图8-106 调整环境纹理控制器

6 然后对视图中的球体进行渲染，观察所添加的环境纹理贴图效果，如图8-107所示。

图8-107 环境纹理的渲染效果

下面对环境纹理属性设置面板中的选项进行介绍。

- Image（图像）：用于导入模拟环境所需要的纹理贴图，可以使用数码相机拍摄的真实环境的照片，也可以使用自己绘制的图像。
- Inclination（倾斜）：用于控制图像在纵向上的旋转。
- Elevation（海拔）：用于控制图像在横向上的旋转。
- Eye Space（视觉空间）：用于控制在旋转视图时反射的图像是否跟随着一起改变。默认是启用该复选框，即和视图角度一起改变。
- Reflect（反射）：用来控制图像是否应用于反射，默认启用该复选框。
- Projection Geometry（投射几何体）：主要用来调整所要模拟的环境空间大小。

8.8 UV的编辑

将一张贴图赋予物体时，使用物体表面的UV坐标来决定贴图的位置。原始物体在开始被创建时，UV坐标是分布均匀的，但是在对物体进行创建和编辑后，因模型造型的改变，UV坐标也会不断被修改和完善，UV的均匀分布被破坏，贴图会跟随着UV变化，而产生变形拉伸。因此当建模结束以后，要将模型重叠在一起的杂乱UV伸展开，以便于纹理贴图的绘制。如图8-108所示为角色模型UV的展开效果。

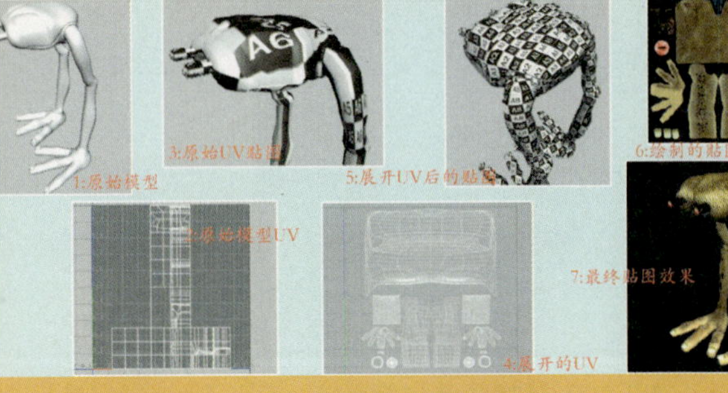

图8-108 UV的编辑效果

8.8.1 UV的编辑原理

不同形状的模型，其UV的分布是不同的，NURBS模型的UV是固化在NURBS面片上的，其表面的Isoparm参数线控制其UV的坐标，用户可以从新编排Isoparm线的分布来控制UV坐标位置。而多边形和细分模型可以调整UV的坐标分布，在Maya中有很多工具可以调整UV的坐标分布。对物体表面的UV分布调整，并不影响物体的外观，因此可以将模型的UV进行伸展开来，以便于将纹理贴图对应到适合的位置，从而降低模型UV的重叠所造成的纹理拉伸。

8.8.2 UV Texture Editor（UV纹理编辑器）

在Maya中的UV Texture Editor窗口中可以进行UV的编辑工作，所有UV相关的编辑工具都可以在该编辑器中找到。

执行Windows（窗口）| UV Texture Editor（UV纹理编辑器）命令，打开UV Texture Editor窗口，如图8-109所示。

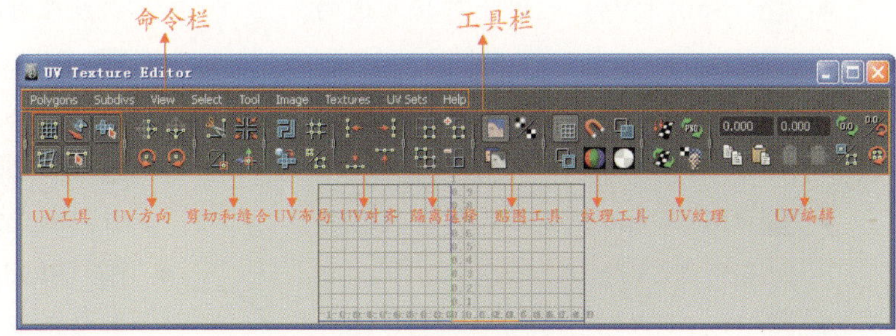

图8-109 UV Texture Editor窗口

在UV Texture Editor窗口中，UV编辑视图的操作方法与视图的操作类似，都可以对其进行移动和缩放操作。下面对UV编辑窗口中Polygons菜单下的命令和窗口中的工具按钮进行简单介绍。

- Normalize（正常化UV）：可以将选中的UV片重新定位到窗口的视图区并充满当前视图区。
- Sew UV Edges（缝合UV边）：可以将选中的UV合并在一起。但要合并的UV边必须在同一个完整物体上。
- Flip（反转）：用来设置所选UV片在水平方向和垂直方向的反转。
- Rotate（旋转）：用来控制所选UV片的旋转。
- Relax（均化）：用来控制UV点的均化值，可以将选中的重叠且杂乱的UV点均匀的分开。
- (UV Lattice Tool)：以晶格的方式控制UVs的移动。
- (Move UV Shell Tool)：整体移动UVs。
- (Interactive Unfold/Relax Tool)：用于通过在视图模型上拖曳鼠标来控制所选UV点的均化或展开数量。
- (UV Smudge Tool)：表示可以使用笔触的方式来柔化调整UVs。按住B键加鼠标中键，可调整笔触的大小。
- (Select Shortest Edge Path Tool)：用于选择UV点之间最短的边。
- (Flip Selected UVs in U direction)：用于控制UV在U向上的旋转。

- (Flip Selected UVs in V direction)：用于控制UV在V向上的旋转。
- (Rotate UVs counterclockwise)：单击该按钮，可以将所选UV进行逆向旋转。
- (Rotate UVs clockwise)：可以将所选UV进行顺时针旋转。
- (Cut UVs along selection)：沿所选择的UV边剪切UV。
- (Split UVs)：用于剪切所选的UV边。
- (Sew UVs)：用于缝合所选UV边或点。
- (Move and Sew UVs)：移动并缝合所选UV边。
- (Layout)：重新分布所选UVs。
- (Grid UVs)：捕捉并对齐所选UVs到视图网格。
- (Unfold)：用于伸展所选择的Uvs。用户可以在菜单中找到该命令，打开属性编辑器，可以调整伸展的权重值。
- (Select Faces)：用于将当前选择的面连接到UV点上。
- (Align Min U)：表示U向对齐所选择UVs的最小坐标值。
- (Align Max U)：U向对齐所选择UVs的最大坐标值。
- (Align Min V)：表示V向对齐所选择UVs的最小坐标值。
- (Align Max V)：V向对齐所选择UVs的最大坐标值。
- (Toggle Isolate Select Mode)：表示切换到锁定隔离选择模式。
- (Add selected to isolation)：用于添加隔离选择的区域。
- (Remove all)：删除所有隔离选择区域。
- (Remove selected from isolation)：删除隔离选择的区域。
- (Display Image)：用来控制显示或关闭纹理贴图。
- (Toggle Filtered Image)：用于控制纹理贴图是否模糊过滤。
- (Dim Image)：用来控制是否减弱纹理贴图显示的对比度。
- (View Grid)：用于控制是否显示网格。
- (Pixel Snap)：用于控制将UVs吸附到纹理贴图的像素点上。
- (Shade UVs)：用于锁定UVs阴影显示模式。
- (Toggle Texture Borders)：用于显示所选物体的纹理贴图编辑。
- (Display RGB Channels)：用于控制是否显示纹理贴图的RGB通道。
- (Display Alpha Channel)：用于控制是否显示纹理贴图的Alpha通道。
- (UV Texture Editor Baking)：用于烘焙纹理并将其赋予几何体。
- (Update PSD Networks)：用于更新当前使用的PSD纹理文件。
- (Force editor texture rebake)：用于控制是否重复烘焙纹理效果，以便观察纹理的前后变化。
- (Use Image Ratio)：用于控制是否等比例缩放纹理坐标。

在UV Texture Editor窗口中，工具栏最右侧的几种UV点编辑工具，主要相关UV的坐标参数、复制和粘贴UV点以及UVs的旋转操作。

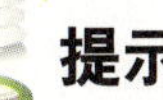

提示

对于UV编辑工具，用户可以在Polygon模块下的Edit UVs菜单中找到。但是，通常直接在UV Texture Editor窗口中执行操作。

8.9 UV的编辑类型

在前面的建模章节中，已经介绍了建模的种类可以分为Polygon建模、NURBS建模和细分建模3种，那么模型UV的编辑类型也可以分为多边形UV编辑、NURBS模型UV编辑和细分模型UV编辑3类。其中细分模型与多边形UV的编辑方式类似，下面主要对NURBS模型UV和多边形UV的编辑进行介绍。

8.9.1 NURBS模型UV的编辑

与多边形模型和细分模型的UV设置不同，NURBS模型的UV比较特殊。组成NURBS模型的控制点也称为UV，所以NURBS模型自身的结构点与纹理坐标UV是一致的，因此NURBS模型自身的UV控制点在UV编辑窗口中是不能被编辑的。下面通过简单的方法对NURBS的UV点进行编辑。

动手实践144——编辑NURBS曲面UV

1 使用NURBS建模创建一个可乐瓶，然后将其顶端的面与侧身分离开，再在其侧身表面赋予一张可乐瓶的纹理贴图，如图8-110所示。

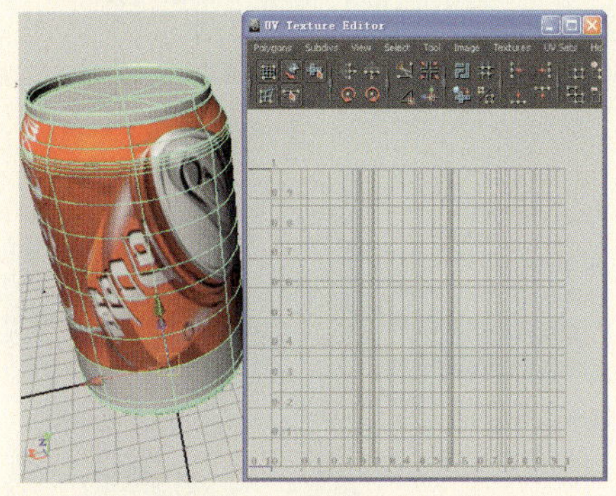

图8-110 创建目标模型

2 选中可乐瓶模型并打开UV Texture Editor窗口，可看到其UV片为灰色显示。然后，在其上面右键单击，在弹出的快捷菜单中选择Edit NURBS UV Node（编辑NURBS UV节点）命令，如图8-111所示。

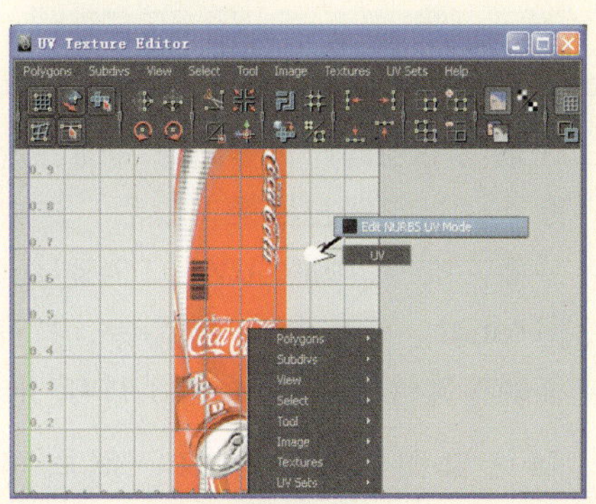

图8-114 执行Edit NURBS UV Node操作

3 此时UV片变为白色，再在UV上右键单击，在弹出的快捷菜单中选择UV命令。然后框选所有的UV点，如图8-112所示。

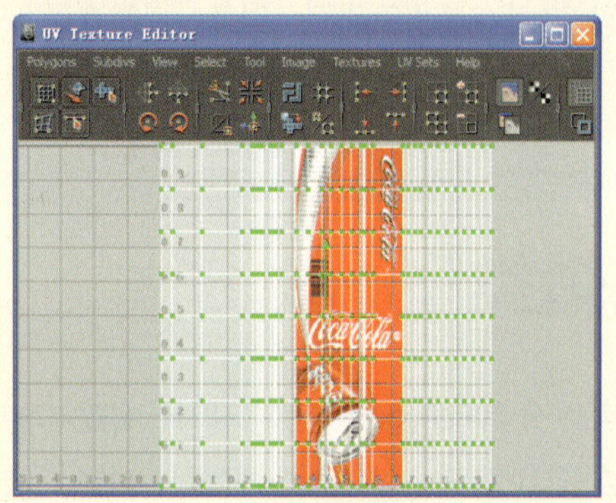

图8-112 选择NURBS曲面UV点

4 按R键，使用缩放工具对所选UV点进行缩放处理，以使纹理贴图正好适合可乐瓶瓶身，如图8-113所示。

图8-113 缩放UV片的宽度

提示

NURBS模型的UV是固有的，不需要手动添加。并且NURBS模型的UV是不可以进行复杂的编辑，只能进行一些移动、缩放、旋转类的简单操作。UV编辑窗口中，若UV片是灰色表示不可被编辑，若是白色表示可以被编辑。

8.9.2 多边形UV的映射与编辑

由于多边形建模方法是Maya建模当中最常用的，因此很好的掌握多边形UV的编辑方法及命令工具是本节学习的重点。

多边形模型与NURBS模型不同，具有可任意拓展性，模型自身不可能拥有固有的可以用来定位纹理的二维坐标，因此如果想要在复杂多边形上进行贴图，就需要在二维纹理坐标系中重新定位纹理的坐标，也就是UV设置。下面对多边形模型的几种UV映射类型进行介绍。

动手实践145——多边形的映射

1 在场景中创建一个多边形平面并为其赋予一张棋盘格贴图。然后，选中该平面并执行Create UVs（创建UVs）| Planar（平面映射）□命令，打开平面映射属性对话框，如图8-114所示。

2 在这里使用默认参数，然后单击Project（映射）按钮，执行平面映射操作。此时平面边缘变为深黄色显示并产生一个UV控制器，如图8-115所示。

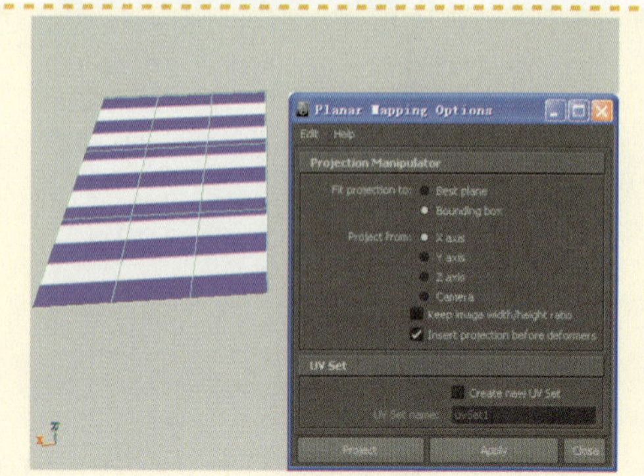

图8-114 平面映射属性对话框

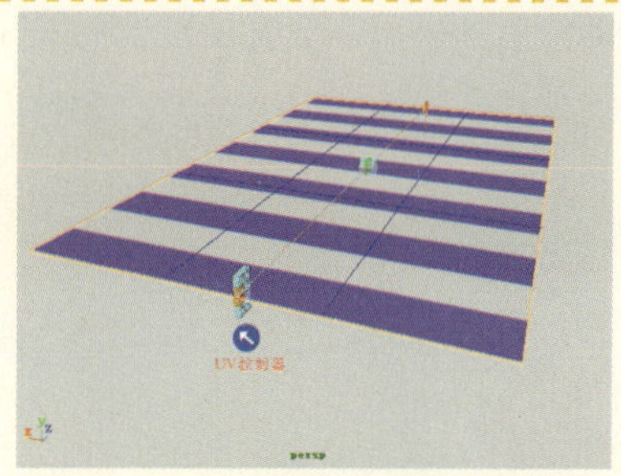

图8-115 创建的平面UV控制器

3 然后，选中该控制器并按Ctrl+A键，打开映射属性设置面板。这里设置Rotate Z为90、Protection Height（映射高度）为11.83，使控制器完全适合平面，如图8-116所示。

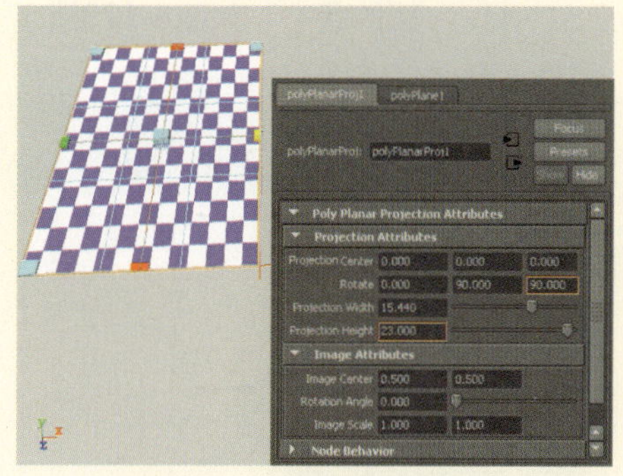

图8-116 设置映射属性参数

4 再回到UV Texture Editor窗口，多边形平面的整个UV片面正好被纹理贴图所覆盖，如图8-117所示。

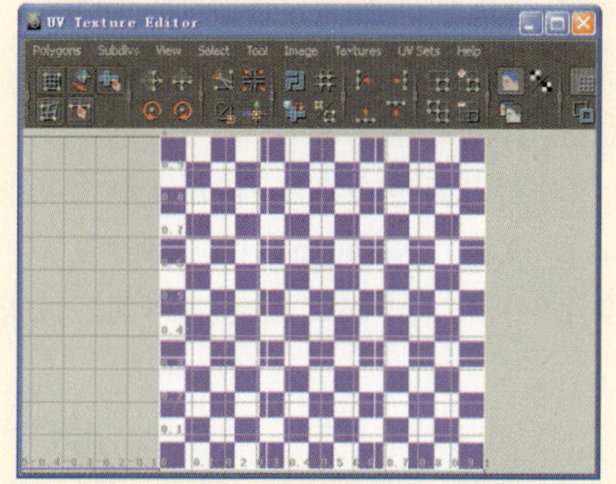

图8-117 UV的编辑效果

5 再创建一个多边形圆柱并为其赋予棋盘格贴图。然后，选中其侧面产生纹理拉伸的面，如图8-118所示。

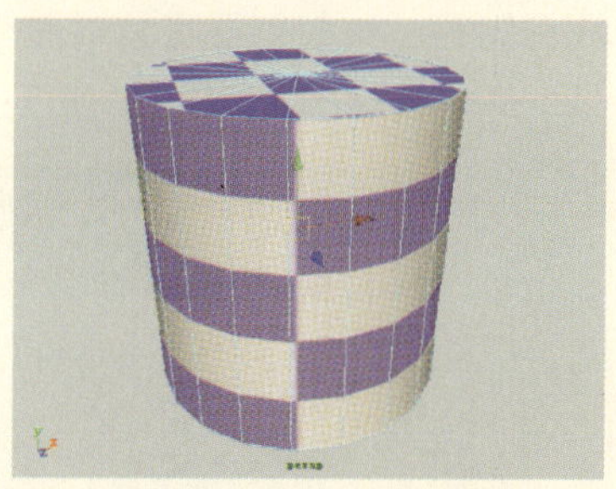

图8-118 选中多边形面

6 执行Cylindrical Mapping（圆柱体映射）命令，即可在所选面周围生成一个圆柱形的UV控制器，如图8-119所示。

图8-119 生成圆柱形UV控制器

提示

在为物体添加UV映射操作后，会产生含有多个控制点的UV控制器。用户可以将该UV控制器理解为一个方形的控制器，位于中心位置的控制点用于移动整个控制器；对角处的中心点用于控制该控制器的缩放；位于控制器边缘上的控制点用于拉伸其宽度或高度。用户既可以手动调整UV控制器，也可以在UV影视属性设置面板中对其进行调整。

7 拖动红色的控制点，以使控制器完全包裹圆柱体侧面，再拖动黄色的控制点以调整控制器的高度，如图8-120所示。

8 创建球体并赋予棋盘格贴图。然后，选中该球体并执行Spherical Mapping

（球体映射）命令，创建一个球形的UV控制器，该控制器可以对整个球体的UV进行编辑，如图8-121所示。

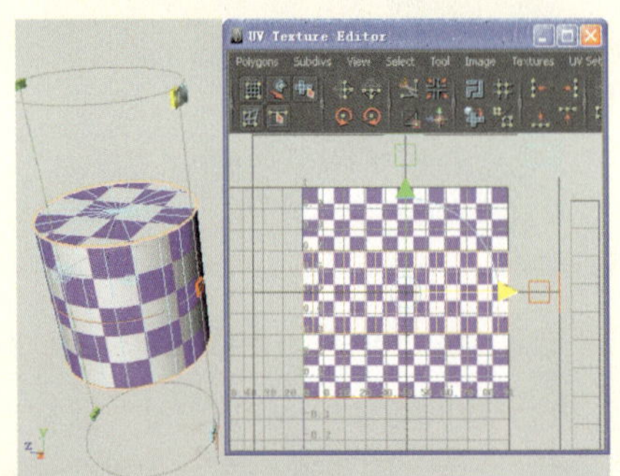

图8-120 调整控制器

图8-121 创建球形UV控制器

9 创建方体并赋予棋盘格贴图。然后，选中该方体并执行Automatic Mapping（自动映射）命令，即可对其各个面进行自动映射，如图8-122所示。

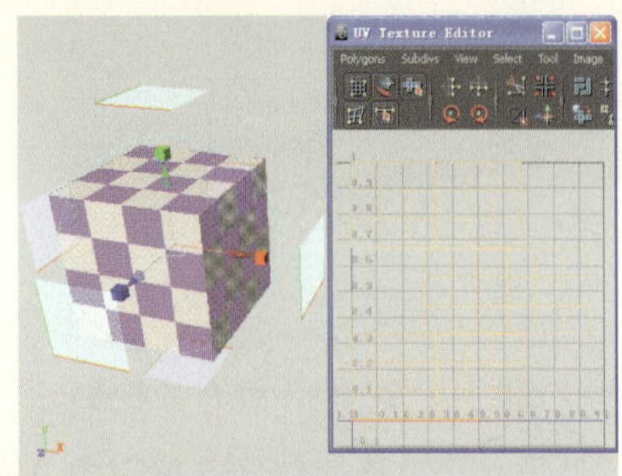

图8-122 进行自动映射

10 在UV Texture Editor窗口中，UV映射控制器是以方形显示的，用户可以直接调整对应的控制点来改变UV片面的状态，如图8-123所示。

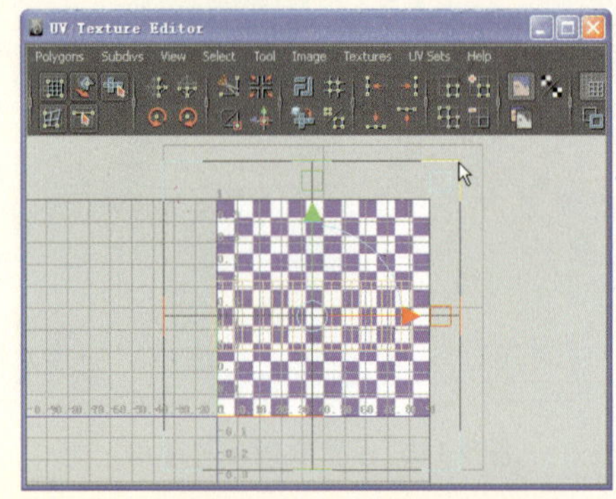

图8-123 调整控制器

下面对Polygon Planar Project属性面板和其属性设置窗口中的选项进行说明。

- Fit Projection to（适合投射至）：用于控制投射的适合角色。
- Best Plane（最佳映射角度）：表示Maya将自动选择一个最佳的映射角度。
- Bounding box（边界盒）：表示调整映射到适合模型边界。
- Project from（映射角度）：用于控制模型UV映射的角度，包括4种角度轴向类型，分别为X axis（X轴）、Y axis（Y轴）、Z axis（Z轴）和Camera（摄像机）。
- Keep image width/height ratio（保持图片长宽比例）：用于控制在映射UV时，是否保持图像的长宽比例。默认为禁用该选项，表示使图像自动适应0~1的坐标。
- Insert projection before Deformers（变形前插入映射）：用于控制是否将UV映射插到模型变形之前，默认为启用该复选框。如图8-124所示为不同情况下

图8-124 不同映射方式的纹理效果

的纹理映射效果。

- Create new UV set（创建新UV集）：用于创建一个新的UV集，并将新映射产生的UV放在该UV集中。
- UV Set name（UV集名称）：用于设置新创建的UV集的名称。
- Projection Attributes（映射属性）：用于控制UV控制器的变换属性。
  - ◎ Projection Center（映射中心）：用来设置UV控制器的中心位置。
  - ◎ Rotate（旋转）：用来设置UV控制器的旋转属性。
  - ◎ Projection Width（映射宽度）：用来设置UV控制器的宽度。
  - ◎ Projection Height（映射高度）：用来设置UV控制器的高度。
- Image Attributes（贴图属性）：用来设置纹理贴图的变换属性。
  - ◎ Image Center（图像中心）：用于控制图像纹理的中心位置。
  - ◎ Rotation Angle（旋转角度）：用于控制图像纹理的旋转角度。
  - ◎ Image Scale（图像缩放）：用于控制图像纹理的缩放。

8.9.3 编辑UV的基本规则

每个人编辑UV的方法不同，但在编辑多边形的UV时，都需要遵循一定的原则，以保证纹理贴图在物体上的完美展现。

- 尽量避免UVs的相互重叠，重叠的UVs会造成纹理贴图显示的重叠，或拉伸等不正常显示效果。
- UVs的伸展尽量保持比例，避免纹理贴图的拉伸，用户可以事先使用带有方格图的贴图作为检测纹理，以便观察贴图拉伸的情况。
- 减少UVs的片面属性，尽可能少的切分UVs，因为在绘制纹理时接缝处的颜色和图案很难拼贴在一起。这些接缝处尽量安排在模型不容易被观察到的地方。
- 保持UVs在0~1的纹理空间中，有效的利用0~1的空间，超出0~1范围的纹理会出现纹理的不正常显示。

8.10 制作农家小屋

使用纹理贴图可以大大降低建模的工作量，弥补模型细节上的不足，也可以通过纹理绘制出现实生活中不存在的使我们的创想力得以发挥。在影视和三维动画中纹理贴图的制作都是不可缺少的重要部分，同时在纹理贴图之前，模型UV的很好编辑，对于后期纹理的贴图工作顺利的进行尤为重要。本节通过实例的制作来学习模型UV的展开与编辑方法。

综合实战07——制作农家小屋

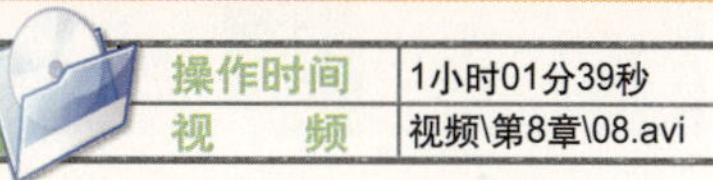

操作时间	1小时01分39秒
视　　频	视频\第8章\08.avi

1.UV编辑（一）

1 首先，在视图中导入一组场景模型，用来作为本节编辑模型UV的实践模型，如图8-125所示。

2 切换到Top视图并选中地面模型，执行Create UVs（创建UVs）|Planar Mapping（平面映射）□命令，在弹出的对话框中设置部分属性参数，再

单击Apply按钮，对其UV进行展开，如图8-126所示。

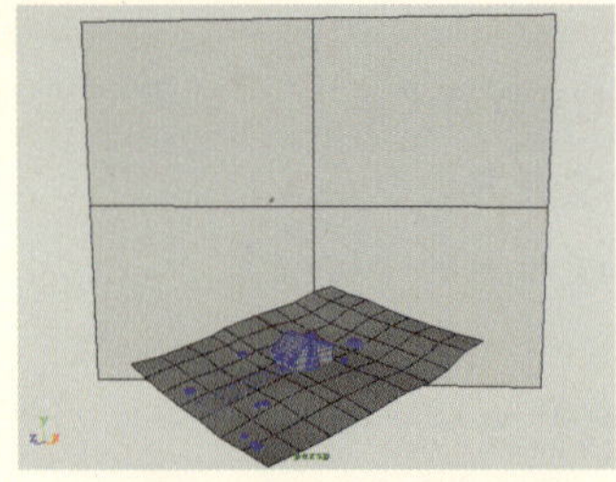

图8-125 导入场景模型

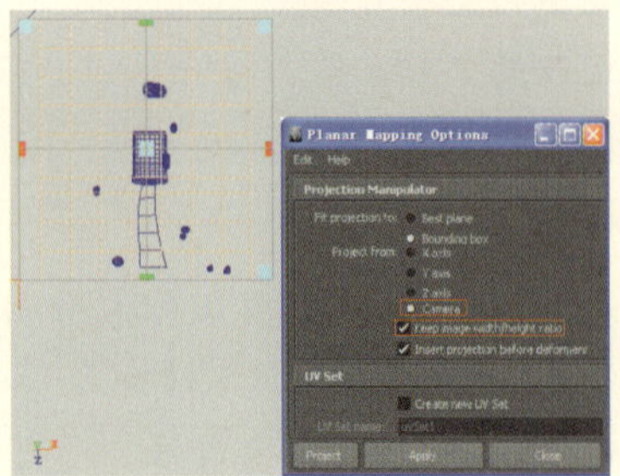

图8-126 执行Planar Mapping操作

3 执行Window （窗口）|UV Texture Editor（UV纹理编辑器）命令，打开UV编辑窗口，以观察地面UV的展开效果。然后，在该UV片面上右键单击，在弹出的快捷菜单中选择UV命令，如图8-127所示。

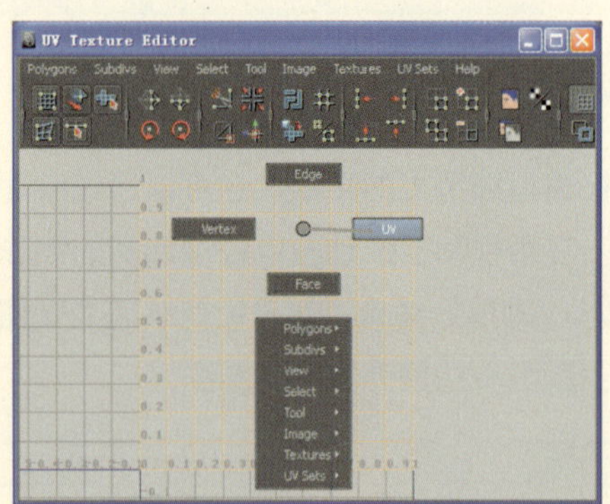

图8-127 打开UV编辑窗口

4 框选中该UV片面上的所有UV点，使用移动工具将其移动到视图框外侧，以便其他模型UV的编辑，如图8-128所示。

5 切换到Top视图，选中小路模型，再执行Planar Mapping（平面映射）命令，对其UV进行展开，如图8-129所示。

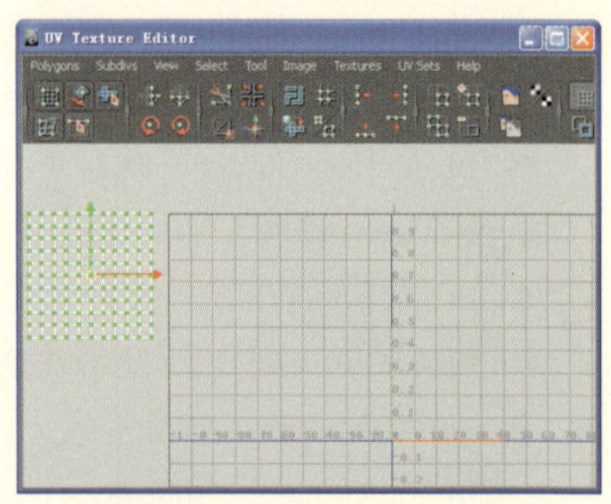

图8-128 调整UV片面位置

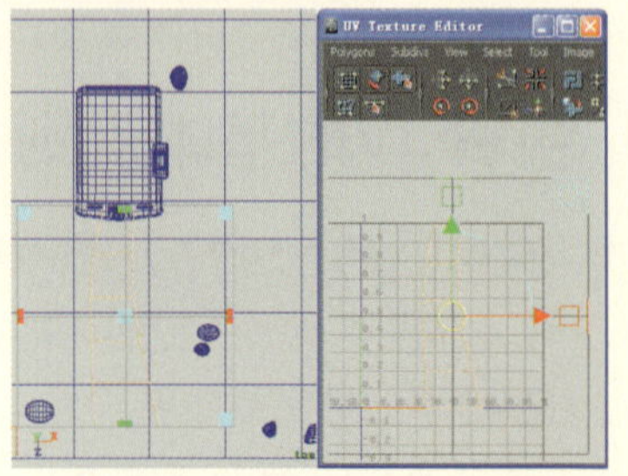

图8-129 执行平面映射操作

6 再选中房顶模型，执行Create UVs（创建UVs）| Cylindrical Mapping（圆柱体映射）命令，此时在房顶周围产生一个控制器，如图8-130所示。

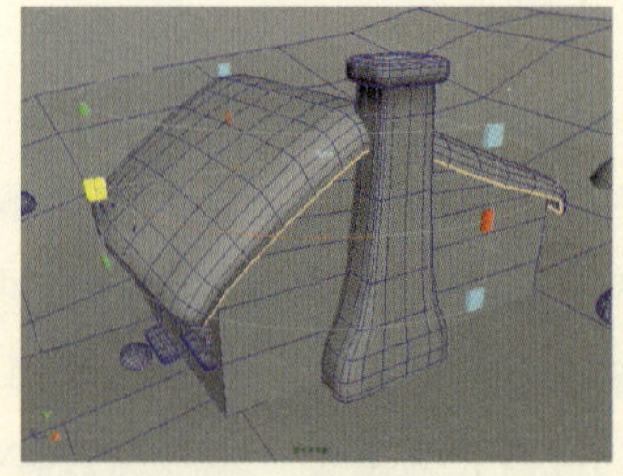

图8-130 执行圆柱映射操作

7 选中该控制器，按Ctrl+A键，打开映射设置面板，调整其属性参数，如图8-131所示。

8 在UV Texture Editor窗口中，可以看到房顶边缘模型处的UV点分布十分密集，甚至有重叠现象，在此选中这些重叠的UV点，如图8-132所示。

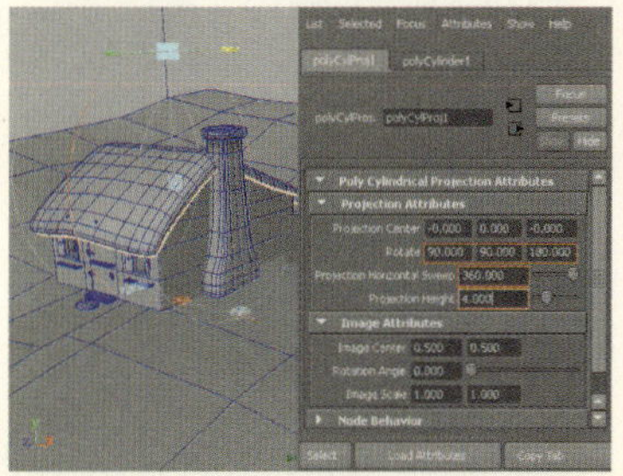

图8-131 调整UV控制器属性参数

图8-132 选择重合UV点

9 在UV编辑窗口中，执行Polygons（多边形）| Relax（松弛）■命令，在弹出的对话框中，启用Pin UVs（固定UV）复选框，并设置Maximum iterations（最大迭代）为3，以将所选UVs进行疏松，如图8-133所示。

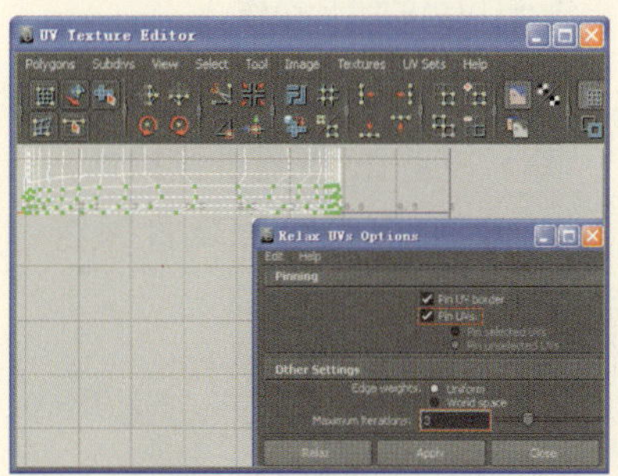

图8-133 设置疏松属性值

10 再选中房顶两侧边的面，执行Planar Mapping■命令，在弹出的对话框中单击X axis单选按钮，并启用Keep Image Width/Height ratio（保持宽高比率）复选框，如图8-134所示。

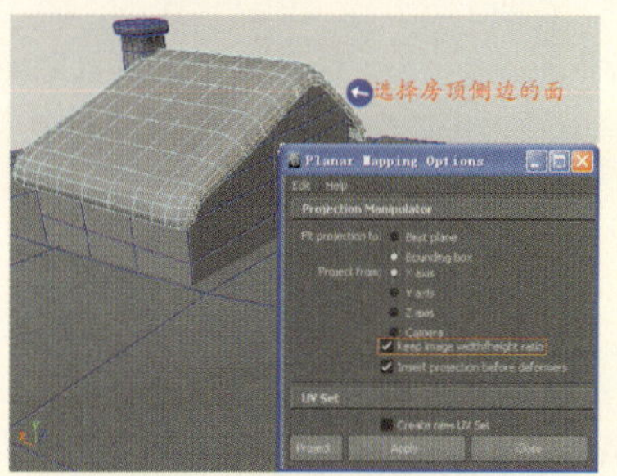

图8-134 设置平面映射参数

11 单击Project按钮，即可将房顶边缘处的UV片面展开，并切分成独立的UV片面，如图8-135所示。

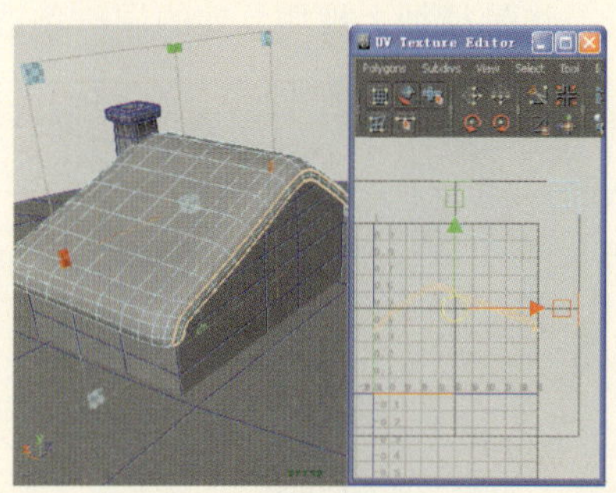

图8-135 UV的展开效果

12 选择房顶模型边缘面上的UV点，即可在UV Texture Editor窗口中显示所选UV点和该UV片面，如图8-136所示。

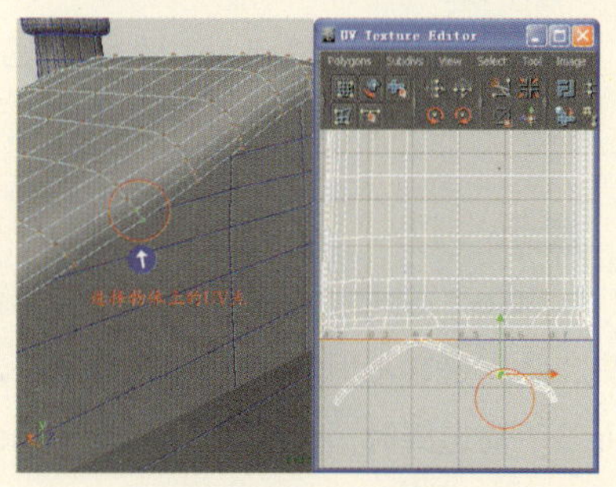

图8-136 选择UV点

13 执行Select（选择）| Select Shell（选择壳线）■命令，以选中所选UV点所在整个UV片面上的所有UV点。然后再将两重叠的UV片面错开，如图8-137所示。

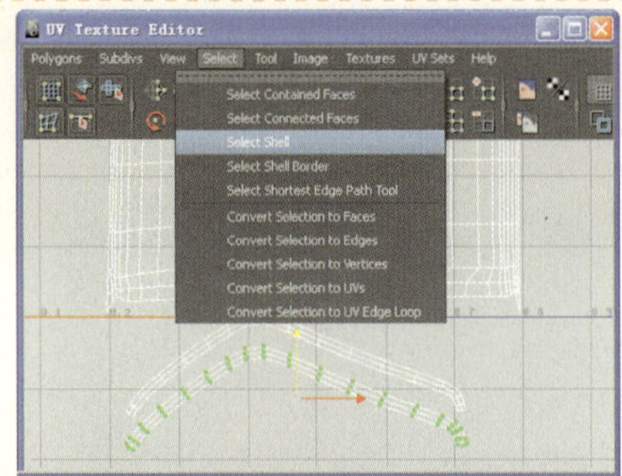

图8-137 执行Select Shell命令

14 再选中模型被切分处的边，以辨别被切分的两房顶边缘的UV片面与房顶的连接位置。如图8-138所示的两边是模型上被切分处的同一条边。

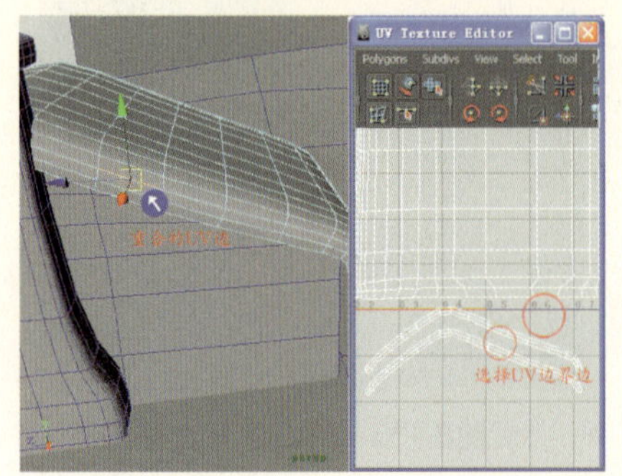

图8-138 选择模型面上的边

15 然后，移动被切分的另一张UV片面到房顶UV片面的另一端，并分别单击和按钮，对其角度进行调整，如图8-139所示。

提示

Select Shell命令是一个非常实用的工具，特别是在不同的UV片面重合在一起并无法手动选择时，可以使用Select Shell命令将整个UV片面选中。

16 选择房顶模型UV片面上被切分的UV边，执行Polygons（多边形）| Move and UV Edges（移动UV边）命令，对所选UV边进行移动和缝合操作，如图8-140所示。

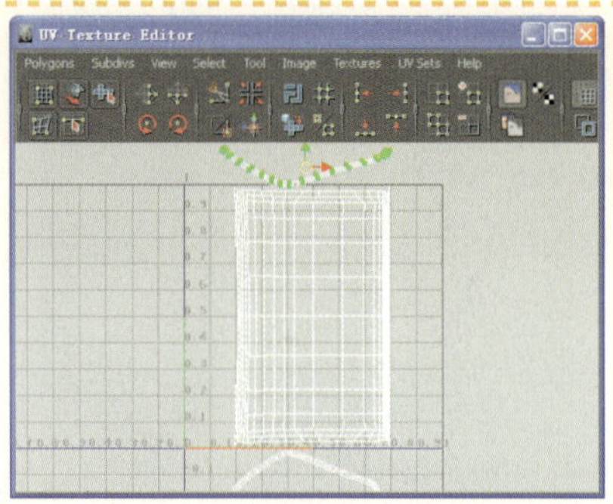

图8-139 调整UV片面角度

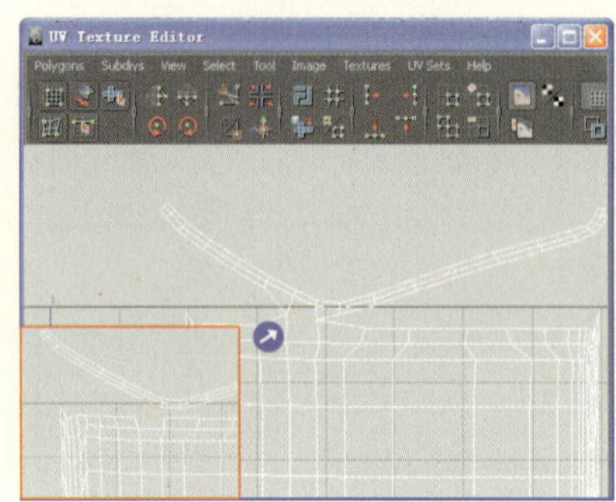

图8-140 缝合UV边

提示

Move and UV Edges命令主要用于将不同UV片面的边缝合在一起，形成一个新的片面。在执行该命令操作时，要尽可能不使用UV拉伸，最好将UV点调整好以后再进行UV边的缝合操作。

17 调整部分UV边偏移距离过大的UV点，以避免UV的过渡拉伸，并将切分处的UV边进行缝合操作，如图8-141所示。

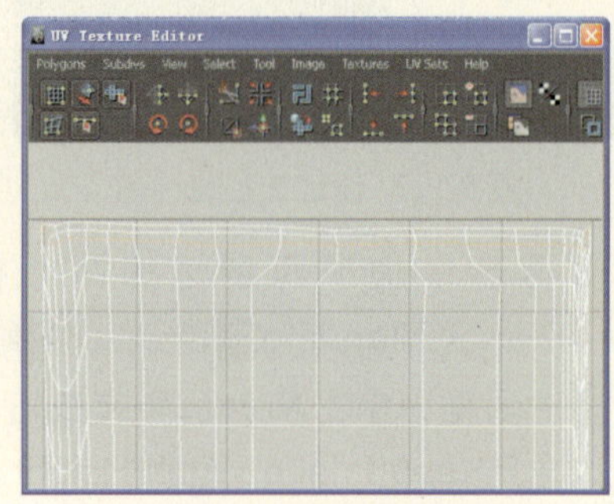

图8-141 UV边的缝合效果

2.UV编辑（二）

1 选择石头模型并执行Create UVs（创建UV）| Spherical Mapping（球形影射）命令，对其执行球体映射操作，如图8-142所示。

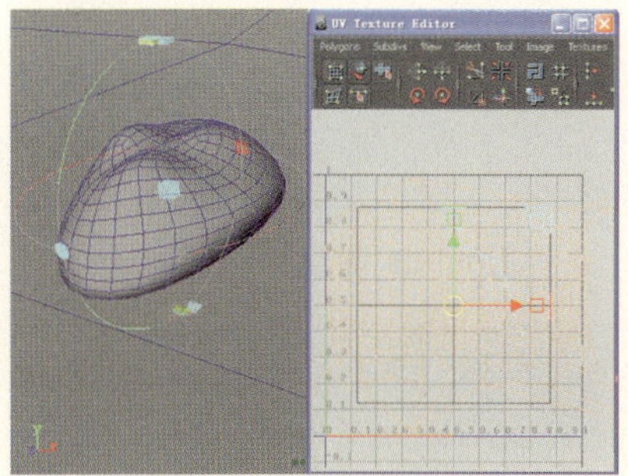

图8-142 执行球体映射操作

2 在UV Texture Editor窗口中，移动石头模型被拉伸的UV点位置，以避免UV的过渡拉伸而影响后期的纹理贴图效果，如图8-143所示。

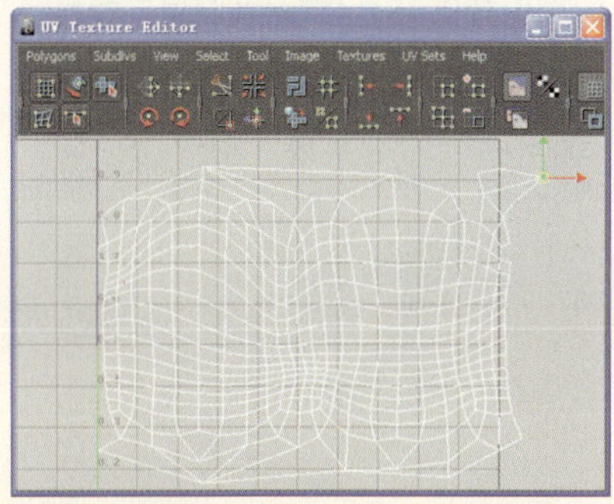

图8-143 调整拉伸的UV点

3 选择突出的UV片上的一条UV边，执行Polygon（多边形）| Cut UV Edges（剪切UV边）命令，对其进行剪切操作，如图8-144所示。

4 选中剪切掉的UV片并将其移动到另一侧空缺位置，以将UV片面上的UV点进行修补和对齐操作，如图8-145所示。

5 然后，选择整个UV片面上的UV点，执行Polygons（多边形）| Normalize（标准）命令，对其进行规格化操作，以将整个UV片指定到UV视图中，如图8-146所示。

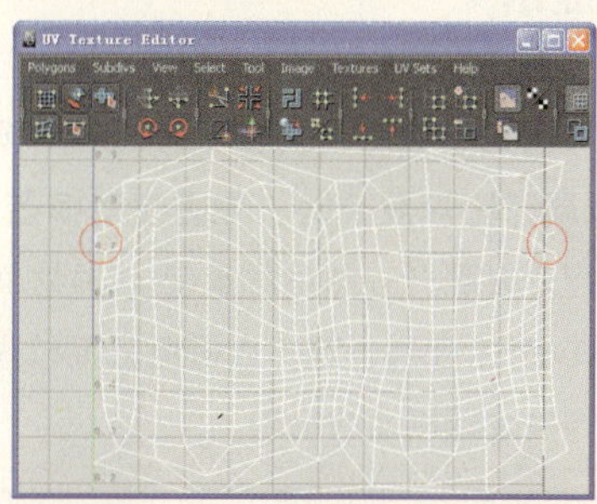

图8-144 执行Cut UV Edges操作

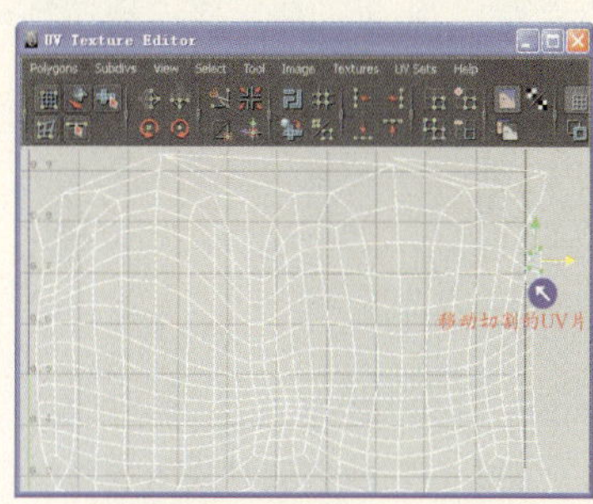

图8-145 移动UV片的位置

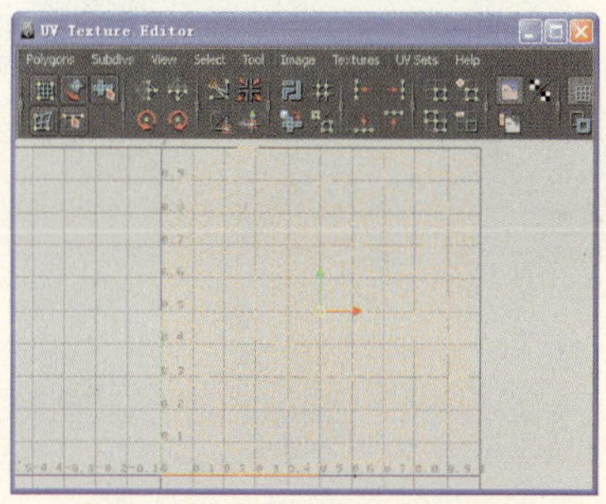

图8-146 指定到UV视图中

6 选中烟筒模型垂直分布的面，执行Create UVs（创建UV）| Cylindrical Mapping（圆柱体映射）命令，对其进行圆柱映射操作并调整UV控制器的扫描角度，如图8-147所示。

7 选中水平分布的面并执行Planar Mapping（平面映射）■命令，在弹出的对话框中，单击Y axis单选按钮，并启用Keep Image Width/Height ratio

（保持宽高比率）复选框，再单击Apply按钮，如图8-148所示。

提示

在进行模型的UV编辑时，可以根据需要对模型的边进行调整，有时一个模型的UV展开比较复杂时，就需要对模型的UV进行分段展开，然后尽量使UV片之间相临的UV边缝合到一起，以避免后期纹理贴图工作中纹理接缝的出现。

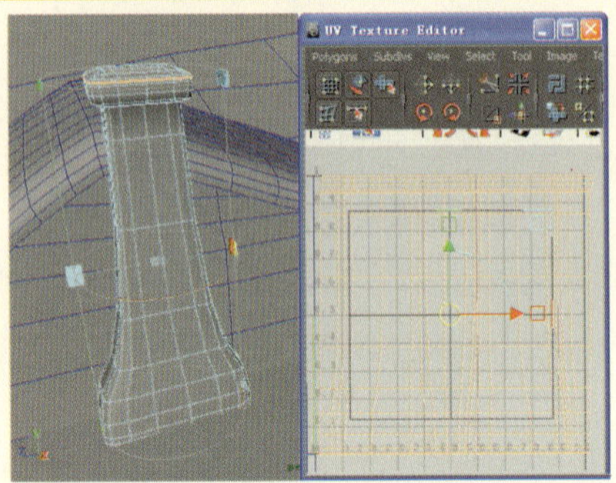

图8-147 执行圆柱映射操作

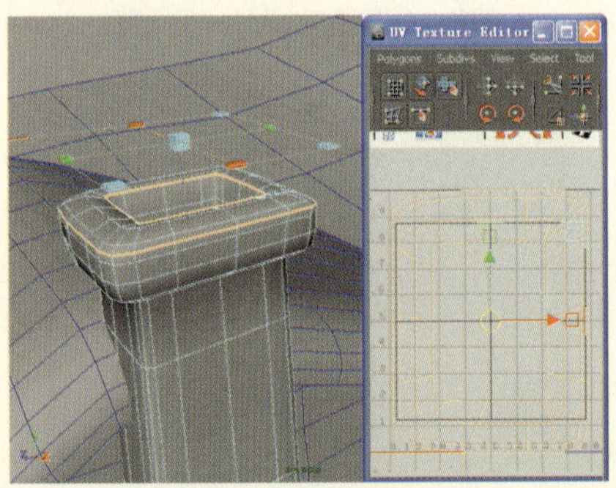

图8-148 执行平面映射操作

8 再调整烟筒模型被切分的几段UV片的比例大小，并放置到一起以便于贴图的绘制，如图8-149所示。

9 框选场景中所有的模型，即可在UV Texture Editor窗口中显示所有被展开的UV片面，如图8-150所示。

10 使用移动工具将所有模型的UV片放置到规定的UV视图编辑区中，并且避免UV片面间的重合，如图8-151所示。

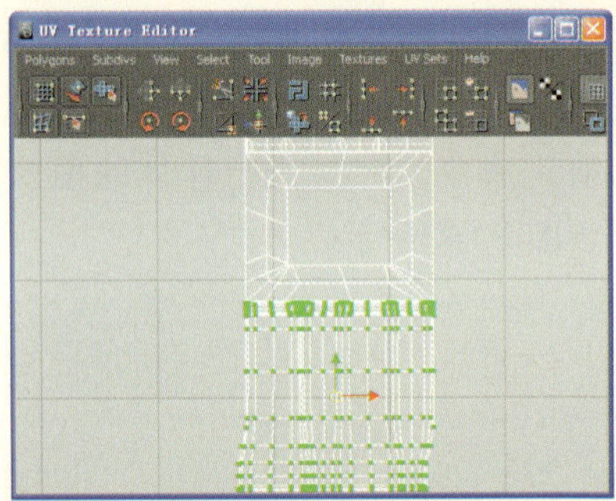

图8-149 调整切分的UV段

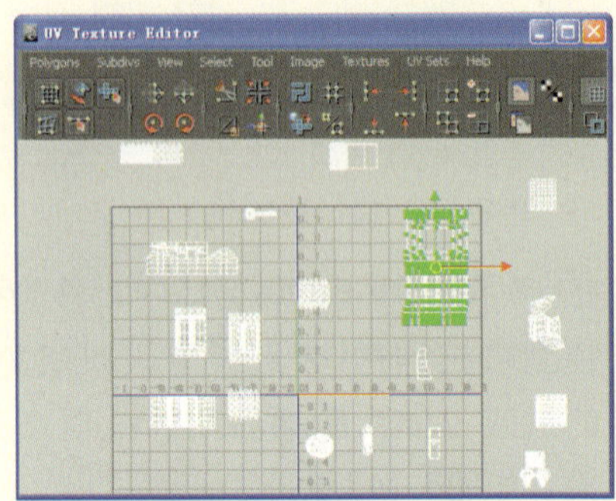

图8-150 场景模型的UV展开效果

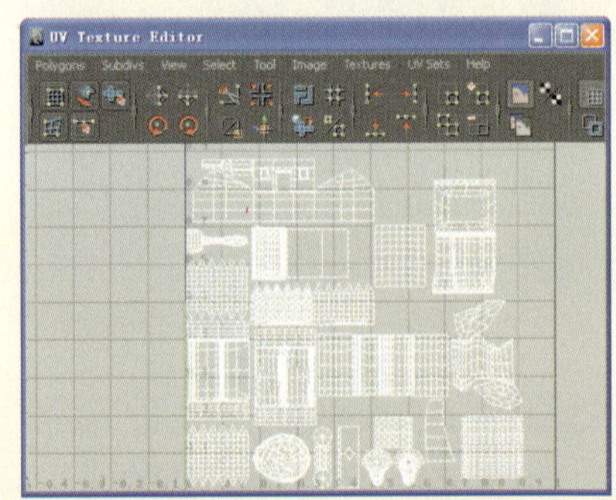

图8-151 调整所有模型UV的位置

11 执行Polygons（多边形）| UV Snapshot（UV快照）命令，在弹出的对话框中设置UV输出的路径以及文件的尺寸和格式，再单击Ok按钮，执行UV网格输出操作，如图8-152所示。

12 在Photoshop软件中，打开输出的UV文件，即可看到场景物体的UV网格，如图8-153所示。

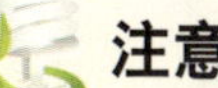

注意

在输出模型的UV片面时，不能以群组的方式选择模型，一定要逐个选择所要输出UV片的模型，再执行输出UV操作，注意不能多选或者漏选所展开过UV的模型，这样才能保证所展开的UV全部输出。

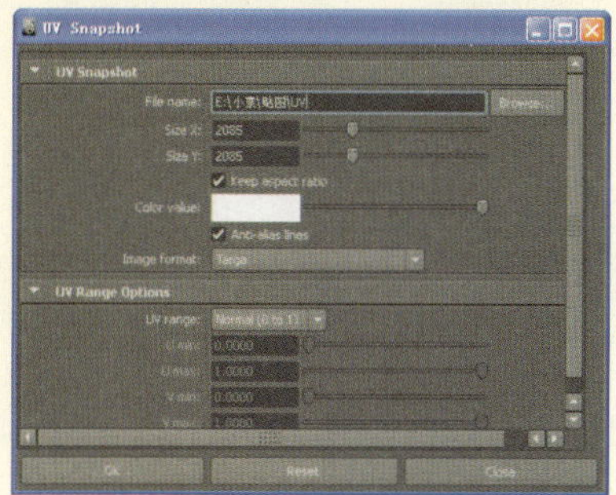

图8-152 设置UV的输出参数

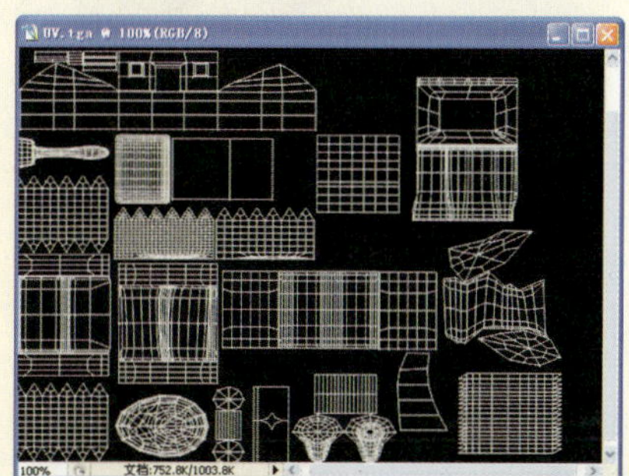

图8-153 打开UV网格文件

13 在对应的UV网格上绘制适合对象的纹理贴图，并且注意UV接缝处的纹理应当保持一致，用来作为颜色纹理，再对其进行保存，如图8-154所示。

图8-154 绘制的纹理贴图

14 使用同样的方法，将绘制的纹理进行去色处理并进行亮度调整，以用来作为凹凸贴图，如图8-155所示。

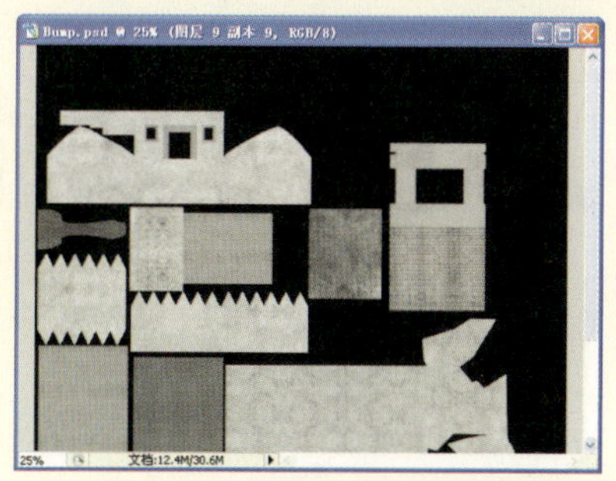

图8-155 绘制的凹凸贴图

15 为场景中的物体赋予一个材质节点。然后，在该材质的Color（颜色）节点上连接绘制的颜色纹理，再在Bump Mapping（凹凸纹理）节点上连接绘制的，如图8-156所示。

16 调整视图角度，将场景模型的纹理贴图效果进行渲染输出，观察模型贴图的整体效果，如图8-157所示。

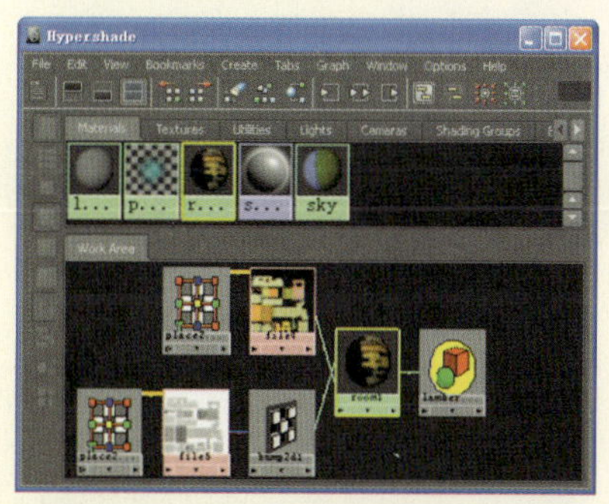

图8-156 纹理贴图的连接

图8-157 场景纹理贴图效果

第9章 灯光与摄像机

在现实世界中，光占有举足轻重的地位。在三维场景的制作过程中，为了更好突出场景中的物体，Maya 2011为用户提供了功能齐全的光照系统，使用户能够制作出更加真实的效果。Maya 2011还为用户提供了与真实摄像类似的虚拟摄像物体，它可以摆放于场景中的任何一个位置，还可以任意调节参数，使用极为方便并能达到理想的效果。

本章着重介绍灯光和摄像机的使用。如图9-1所示的是应用灯光和摄像机技术调整的效果。

灯光效果

摄像机效果

图9-1 灯光和摄像机的应用

9.1 灯光的基本认识

对于初学者而言，灯光的概念可能有点陌生，可能会认为这是一种可有可无的辅助物体，如果你也这么理解，那么就大错特错了。灯光对于整个场景的影响是巨大的，不同的场景，不同的表达思想所采用的灯光也是不同的。如图9-2所示的是模拟的不同场景氛围效果。

激烈环境氛围

凄凉环境氛围

图9-2 场景灯光效果

灯光在场景中不仅仅是起到了照明的作用，更为重要的是用来表达一种情感、渲染气氛，吸引观众的注意，为场景提供更大的深度，体现丰富的层次。所以在为场景创建灯光时，先要明确自己要表达的情感、基调。如图9-3所示的作品是一个机械化的城市，这个场景主要用来表现一个落后的、残破的城市，因此制作者利用逆光的效果营造了一种阴沉、忧郁、颓废的气氛，光源偏上，色调采用了灰色搭配少量的黄色，尽量减少在城市物体上的照射，并将有色光照在背后的大山上，从而形成了很强的对比，更加衬托出了城市的残破、陈旧、颓废。

图9-3 场景灯光的衬托

9.2 灯光的分类

在生活中有许多形形色色的灯光，而在Maya 2011中，有6种基本类型的灯光，它们分别是Ambient Light（环境光）、Directional Light（平行光）、Point Light（点光源）、Spot Light（聚光灯）、Area Light（区域光）和Volume Light（体积光）。如图9-4所示的是创建的6种灯光。

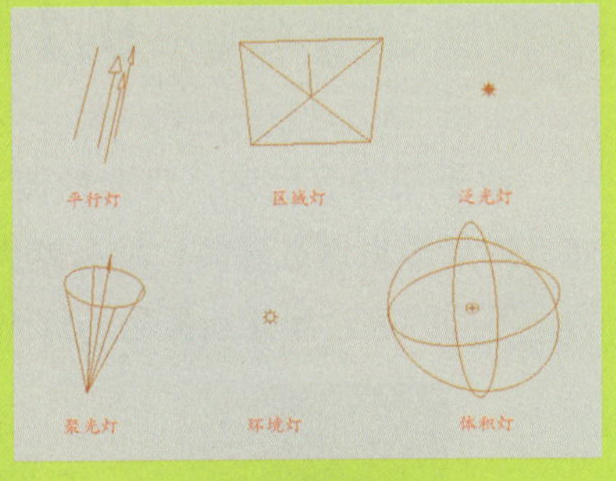

图9-4 灯光的种类

根据灯光的不同作用，可以使用不同的灯光来制作不同的光效，再配合上真实的阴影效果，即可创作出较好的作品。例如，使用聚光灯来制作手电筒、汽车的前灯。下面对这几种灯光进行详细介绍。

9.2.1 Ambient Light（环境灯）

Ambient Light有两种照射方式：一种是光线从光源的位置平均向各个方向照射，类似一个点光源，而另一种光线是从所有的地方平均照射，犹如一个无限大的中空球体从内部的表面发射灯光一样。使用环境光可以模拟平行灯光和无方向灯光。

动手实践146——创建环境灯

1 在Maya 2011新建场景中，执行Create（创建）| Lights（灯光）| Ambient Light（环境光）命令，如图9-5所示。

2 在场景坐标原点处自动创建一个环境灯控制器，如图9-6所示。

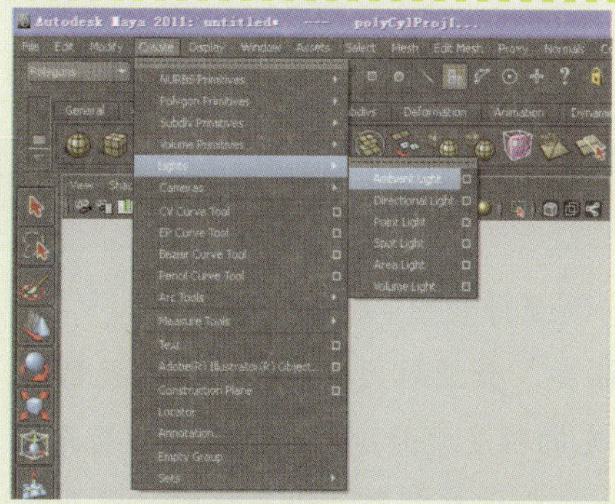

图9-5 执行Ambient Light命令

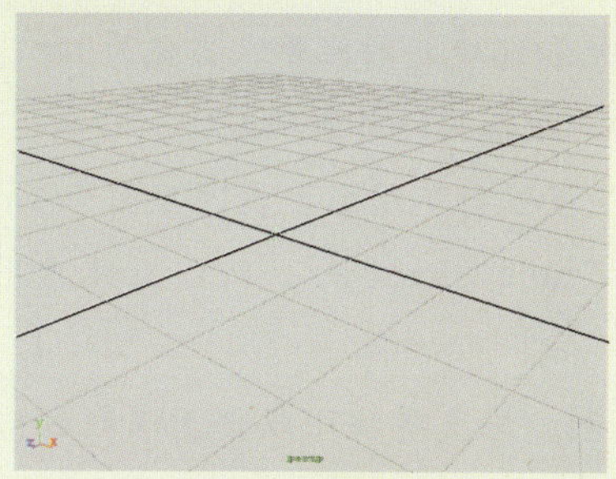

图9-6 创建环境灯

3 按T键，以显示灯光的操作手柄。然后，移动操作手柄上的箭头，即可调整该灯光的照射角度，如图9-7所示。

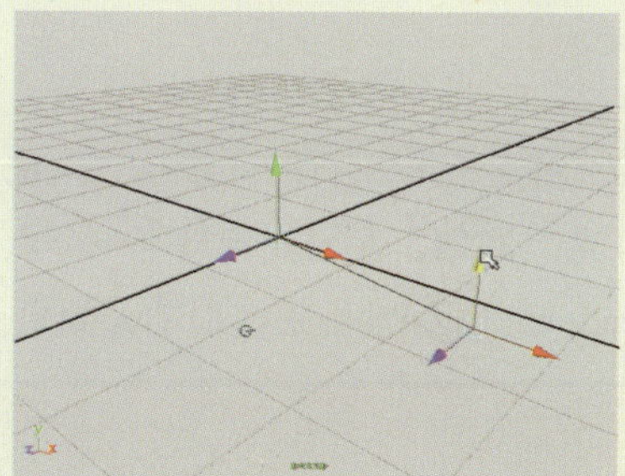

图9-7 调整灯光操作手柄

4 按Delete键，将创建的环境灯删除。然后，在场景中导入一组角色模型，如图9-8所示。

5 在无任何灯光的情况下按数字键7，角色为全黑色显示，如图9-9所示。

6 单击Ambient Light（环境光）命令右侧的方体按钮，打开环境灯属性设置对话框。在该对话框中设置Color（颜色）为黄色，以控制灯光颜色为黄色，如图9-10所示。

图9-8 导入角色模型

图9-9 无任何灯光的显示

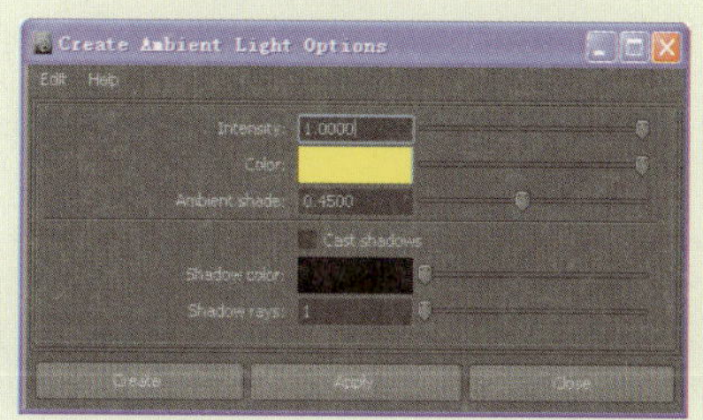

图9-10 设置灯光颜色

7 单击Create按钮，即可在场景中创建一盏环境灯。再移动环境灯到角色脸部的前方，此时再观察灯光的颜色和照射效果，如图9-11所示。

图9-11 环境灯的照射效果

提示

每种类型的灯光都有操作手柄，按T键便可以将其显示出来。如果想观察灯光在视窗中的照明效果，按数字键7就可以实时显示当前的灯光效果。

下面对Create Ambient Light Options对话框中的选项进行介绍。

- Intensity（亮度）：该选项可以控制灯光的强度，数值越大，灯光的强度就越强，它可以用来模拟强光源。相反的数值越小，灯光的强度就越小，以用来模拟弱光源。
- Color（颜色）：设置灯光的颜色，拖曳滑块可以调整颜色的明亮程度。单击色块区域，会弹出一个Color Chooser，在这里可以选择需要的颜色。
- Ambient Shade（环境阴影）：用来设置平行光和环境光的比率，当值为0时，光线从四周发出来照明场景，体现不出光源的方向，画面呈一片灰状。
- Cast Shadows（投射阴影）：用来控制灯光是否投射下阴影。在这里因为Ambient Shade没有Depth Map Shadows，只有Ray Trace Shadows，所以在此启用Cast Shadows，即打开Ray Trace Shadows。
- Shadow Color（阴影颜色）：设置阴影的颜色，拖曳滑块可以设置阴影的明亮程度。单击色块区域，会弹出一个Color Chooser，可以选取需要的色彩，Maya默认为黑色。
- Shadow Rays（追踪阴影）：用于控制阴影边缘的燥波程度，默认值为1，最大值为6，最小值为1，但在Attribute Editor面板中，可以设置Shadow Rays大于6。

9.2.2 Directional Light（平行灯）

Directional Light用来在一个地方平均发射灯光，它的光线是互相平行的，箭头方向决定了光照方向。使用平行光可以模拟一个非常远的点光源发射灯光。例如，太阳就相当于一个点光源，但因为距离原因，到地球时呈现平行光的状态，因此Directional Light常用来模拟阳光效果。

动手实践147——创建平行灯

1 继续使用上节中的角色模型，执行Create（创建）| Light（灯光）| Directional（平行光）■命令，在打开的属性对话框中设置其Color（颜色）为浅蓝，如图9-12所示。

2 单击Create按钮，即可在场景中创建一盏平行灯，调整平行灯的照射位置和角度以观察其照射效果，如图9-13所示。

提示

在Directional Light Options对话框中，可以看到有一个Interactive Placement（交互放置）属性不同于Ambient Light中的属性，在创建平行灯时，若启用该复选框可以快速将当前视图切换到灯光视图，可以快速调整灯光作用于物体的位置。

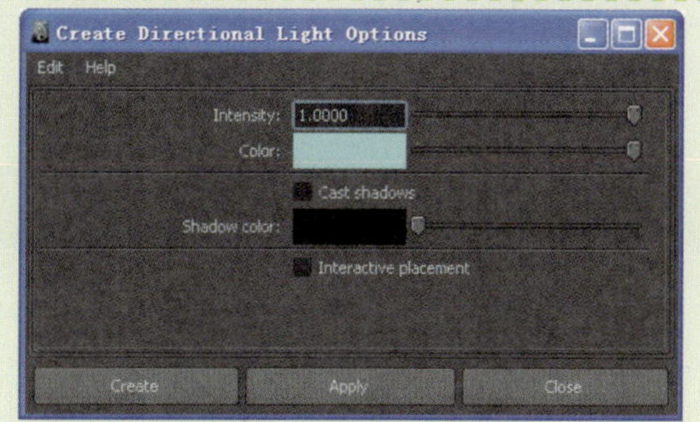

图9-12 创建平行灯属性对话框

图9-13 平行灯的照射效果

选中视图中所创建的平行灯，按Ctrl+A键，打开其属性设置面板。然后切换到directional light Shape1选项卡，展开其属性卷展栏，如图9-14所示。

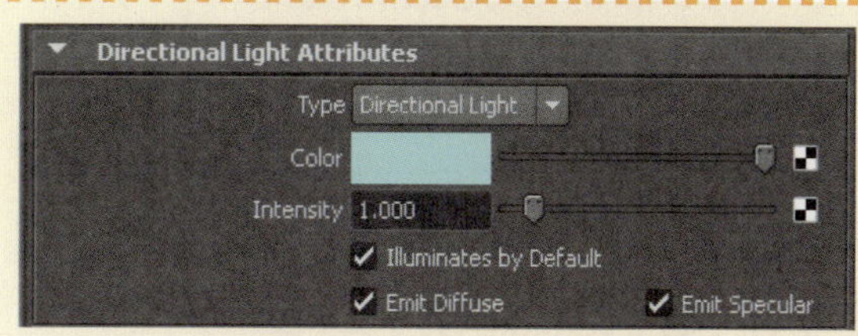

图9-14 平行灯属性设置面板

下面对平行灯属性设置面板中的选项进行说明。

- Illuminates by Default（默认照明）：用于控制是否使用默认照明。若启用该复选框则创建的灯光将照亮场景所有物体。
- Emit Diffuse（发射漫反射）：用于控制是否产生漫反射。
- Emit Specular（发射高光）：用于控制是否产生高光。

9.2.3 Point Light（泛光灯）

泛光灯是人们生活中最常用到的，并且是离生活最近的光源，它可以从光源位置处向各个方向平均发射光线。例如，可以使用点光源来模拟灯泡发出的光线，模拟夜空的星星。它具有非常广泛的应用范围。

动手实践148——创建泛光灯

1 执行Create（创建）| Lights（灯光）| Point Light（泛光灯）■命令，在打开的对话框中选择Linear（线性）属性，即可在场景中创建一盏泛光灯，此时观察灯光的照明效果，如图9-15所示。

2 选中该泛光灯并按Ctrl+A键，打开其属性设置面板。切换到Decay Rate（衰减率）属性下的Cubic（立方）选项。再按数字键7，观察灯光的照射效果，如图9-16所示。

图9-15 创建泛光灯

图9-16 修改Decay Rate值

注意

Decay Rate（衰减速度）用于设置灯光的衰减速度，即表示灯光沿着大气传播后会逐渐被大气所阻挡以形成衰减效果，与美术学中的近实远虚是一个道理。它包括4种类型，即None（无）、Linear（线性）、Quadratic（平方）和Cubic（立方）。其中，Quadratic比较接近真实世界灯光的衰减，而Linear较慢，Cubic较快，None则没有衰减，灯光所找到的范围亮度均等，Maya默认为None（无）。

9.2.4 Spot Light（聚光灯）

Spot Light主要用来模拟现实中的一些常见人工光源，类似于路灯的光线。它可以在一个圆锥形的区域均匀发射光线。Spot Light的属性最多，也最为常用，由于它的光线带有一定的角度，所以可以节省大量的渲染时间，并且Spot Light可以很容易被定位和控制。

动手实践149——创建聚光灯

1 执行Create（创建）| Lights（灯光）| Spot Light（聚光灯）☐命令，在打开的对话框中设置Color（颜色）为橘黄色，如图9-17所示。

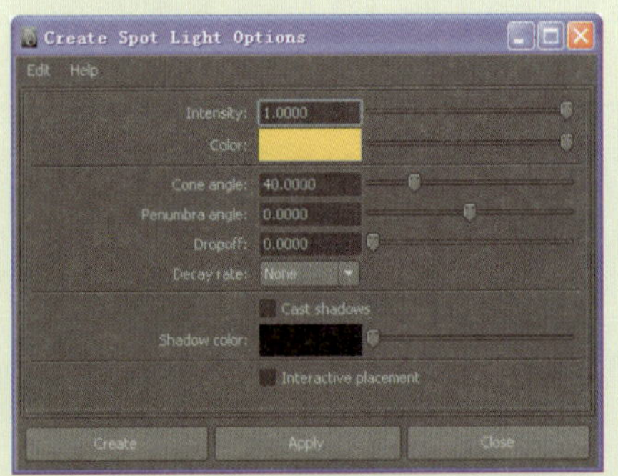

图9-17 创建聚光灯属性对话框

2 单击Create按钮，即可在场景中创建一盏聚光灯，按T键以显示其控制手柄，调整控制手柄以调整灯光的照射角度，如图9-18所示。

图9-18 创建的聚光灯

3 同时，按Ctrl+A键，打开其属性设置面板，设置Cone angle（圆锥角度）为75，此时观察灯光的照射范围，如图9-19所示。

4 然后，再设置Dropoff（衰减）属性值为10，以改变灯光的光线向四周递减的程度，如图9-20所示。

图9-19 修改Cone angle值

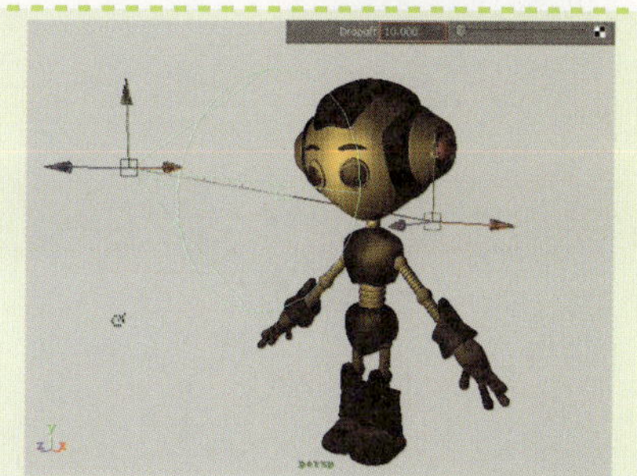
图9-20 修改Dropoff值

技巧

综合调整聚光灯的Cone Angle（圆锥角度）、Penumbra Angle（半影值）和Dropoff（衰减），并配合其Depth map Shadow（深度阴影贴图）属性值可得到一个边缘比较平滑的Soft Shadow。

下面对Create Spot Light Options对话框中的选项进行介绍。

- Cone Angle（锥角）：该值设定聚光灯的锥角角度。默认参数值为40，最大值为179.5，最小值为0.5。
- Penumbra Angle（半影角）：该值可以设置聚光灯的半影角，即光线在圆锥边缘的衰减角度。默认参数值为0，表示Spot Light照射区域的边界是黑白分明，最大值为189.994，最小值为-189.994。
- Dropoff（衰减）：用于设定聚光灯强度从中心到聚光灯边缘衰减的速率。默认参数值为0，表示Spot Light照射区域的光线分布是均匀的，当值趋向于正无穷大时，Spot Light照射区域的亮度由中心向四周递减，其递减速度与Dropoff值成正比。

9.2.5 Area Light（区域光）

Area Light常常被用来制作光线从窗户中穿过，照射进屋内，属于二维的矩形光源。它可以自由设置尺寸大小，而对于阴影的模拟，在Maya的6种灯光中，区域光模拟的效果是最为真实的。但相对其他灯光的渲染速度也比较慢。使用Maya的变换工具可以调节灯光自身的尺寸以及放置位置等，以便于操作。

动手实践150——创建区域光

1 在新建场景中导入一组机械模型，用来作为区域光的参照物体，如图9-21所示。

2 执行Create（创建）| Lights（灯光）| Area Light（区域灯）命令，即可在场景中创建一盏区域灯光。调整灯光位置以观察其照射效果，如图9-22所示。

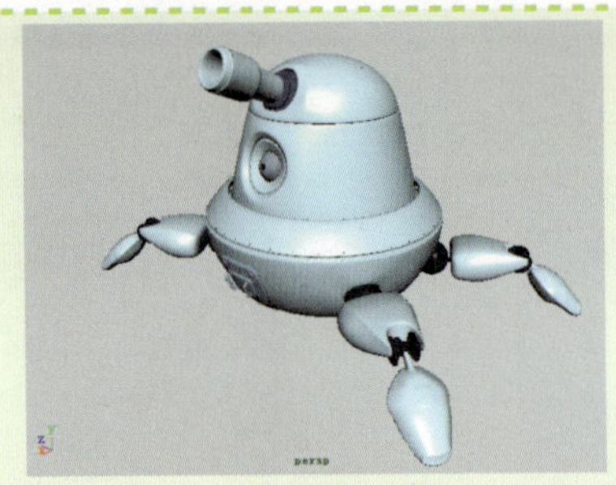
图9-21 导入目标模型

图9-22 照射效果

9.2.6 Volume Light（体积光）

Volume Light有着和其他光源不同的地方，它可以更好地体现灯光的延伸效果或者限定区域内的灯光效果。利用它可以很方便控制光线所到达的范围，使用缩放工具能改变光体的大小，使用移动和旋转工具可以更好调整其位置和角度。Volume Light常用来模拟发光物体。

动手实践151——创建体积光

1 继续使用上节中的机械模型，执行Create（创建）| Lights（灯光）| Volume Light（体积光）命令，即可在场景中创建一盏球形的体积灯光，并设置灯光的外形，如图9-23所示。

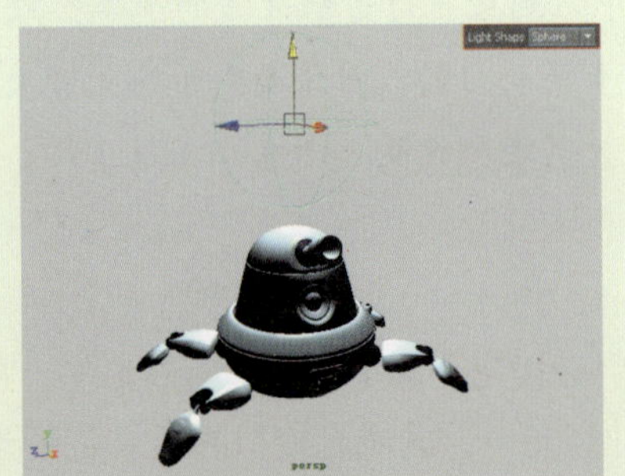
图9-23 创建体积灯光

2 选中该体积灯光并按Ctrl+A键，打开其属性设置面板。然后，选择Light Shape（灯光形状）属性下的Cone（圆锥）选项，以切换该球形的体积灯光为锥形，如图9-24所示。

图9-24 切换体积灯光类型

问题：在对灯光进行缩放操作时，灯光的放大或缩小会影响灯光的照射范围吗？

在灯光视图模式下，对灯光进行缩放操作并不能改变该灯光在物体上的照射范围，只有在调整灯光的位置或照射角度时，才能改变灯光的照射范围。

9.2.7 灯光类型的切换

有时在为场景指定灯光类型后，该灯光其实并不适合场景当前的照射效果，需要及时更换为其他类型的灯光。为了便于用户快速找到适合的灯光类型，在Maya灯光属性设置面板中提供了一项快速切换灯光类型的命令选项。

动手实践152——快速切换灯光类型

1 选中场景中的Cone（圆锥）形体积灯光，按Ctrl+A键，打开其属性设置面板。然后，展开Volume Light Attributes（体积光属性）属性卷展栏，将其切换到Cylinder（圆柱体），如图9-25所示。

图9-25 选择创建的灯光

2 接着，选择Type（类型）属性下的Spot Light（聚光灯）选项，以将当前的体积灯切换为聚光灯，如图9-26所示。

图9-26 切换灯光类型

9.3 Light Effects（灯光效果）

Light Effects主要用于模拟现实世界中的光线效果，如路灯、光晕、星光等效果。Maya 2011提供了两种灯光效果，一种是灯光雾，只有泛光灯、聚光灯和体积光可以使用；另外一种是光学特效，只有区域光、点光源、聚光灯可以使用。

9.3.1 Light Fog（灯光雾）

Light Fog的作用是产生一个肉眼可见的光照范围，聚光灯的灯光常被用来模仿舞台灯、汽车车头灯或手电筒的灯光效果，而灯光雾也经常和聚光灯配合使用，如图9-27所示。

图9-27 灯光雾效的模拟

动手实践153——创建灯光雾

1 执行Spot Light命令，在场景中创建一盏聚光灯。按T键，显示其控制手柄以调整该灯光的照射角度，如图9-28所示。

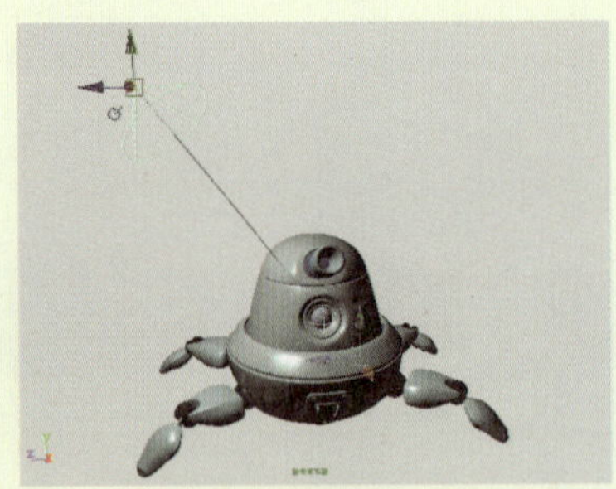

图9-28 创建聚光灯

2 单击状态栏上的按钮，将当前聚光灯的照射效果进行渲染输出，如图9-29所示。

图9-29 灯光的照射效果

3 选中聚光灯并按Ctrl+A键，打开其属性设置面板并展开Light Effects（灯光效果）卷展栏。然后，单击Light Fog（灯光雾）属性右侧的按钮，以打开灯光雾属性设置面板，如图9-30所示。

4 此时，在场景聚光灯的外围，会生成一个类似聚光灯外形的锥形网格，产生的雾效会沿该锥形网格分布，如图9-31所示。

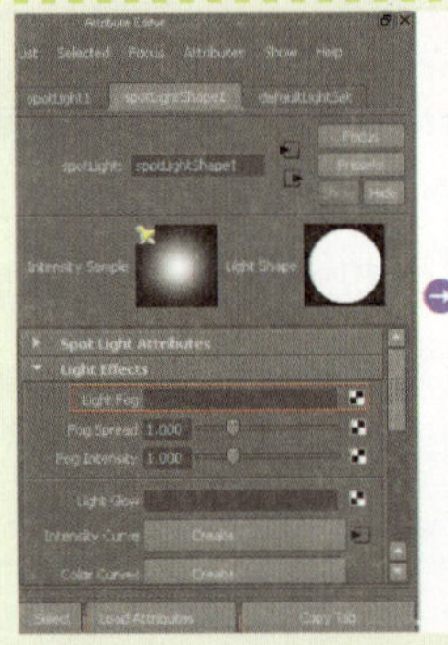

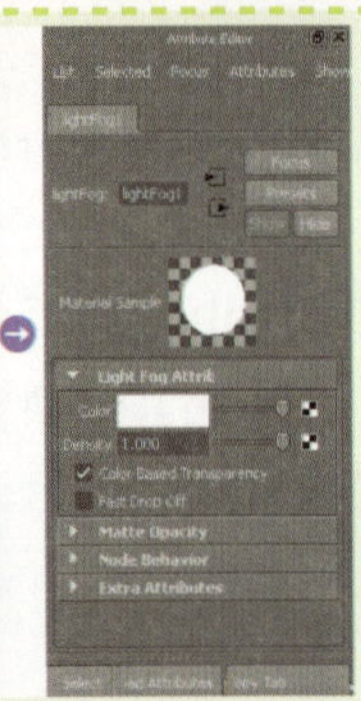

图9-30 打开灯光雾属性设置面板

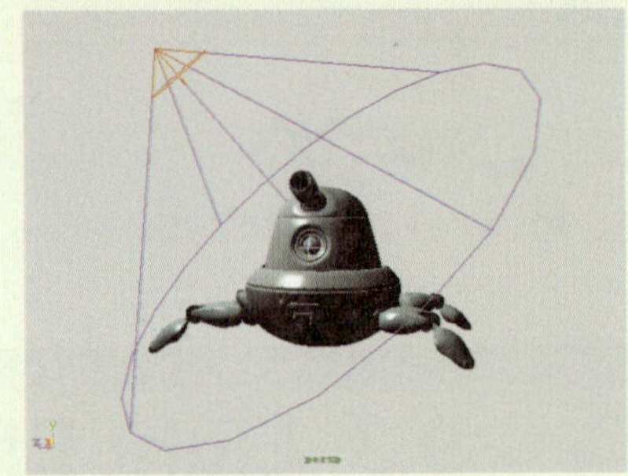

图9-31 灯光外形的变化

5 单击状态栏上的按钮，将当前灯光效果进行渲染输出，可以看到沿灯光的照射方向产生了锥形的雾，如图9-32所示。

图9-32 添加的雾效

6 然后，在Light Fog Attributes（灯光雾属性）卷展栏下，设置Color（颜色）为浅蓝色、Density（密度）为0.149，并启用Fast Drop off（快速

衰减）复选框，改变雾的颜色和透明度并对其进行渲染输出，如图9-33所示。

图9-33 设置灯光雾参数

下面对Light Effects属性卷展栏下的灯光雾选项进行介绍。

- Light Fog（灯光雾）：单击该属性右侧的■按钮可以创建灯光雾。左边的输入栏中可以自定义灯光雾的名称。
- Fog Spread（雾分布）：用于控制灯光雾的分布，数值越低，光线分布越稀疏。当需要创建弱光源的雾效果时，可以将该值设置的低一些，默认参数为1。
- Fog Intensity（雾强度）：设置灯光雾的照明强度，默认参数为1。数值越大，灯光雾就越强，数值越小就越弱。

单击Light Fog（灯光雾）属性右侧的■按钮，打开灯光雾属性设置面板，在Light Fog Attributes（灯光雾属性）卷展栏的下方包含了雾的几种属性参数，如图9-34所示。

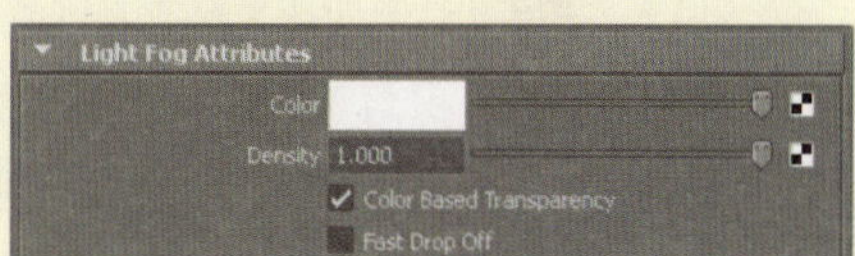

图9-34 灯光雾属性参数面板

下面对Light Fog Attributes（灯光雾属性）卷展栏下的选项进行介绍。

- Color（颜色）：用于控制灯光雾的颜色，拖曳滑块可以设置灯光雾颜色的明亮程度。单击白色条框，会弹出一个Color Chooser拾色器，用以选取需要的色彩。
- Density（密度）：用于控制灯光雾的密度，默认参数为1，其值越大，密度就越高。
- Color Based Transparency（颜色透明）：用于控制灯光雾颜色的透明度。
- Fast Drop off（快速衰减）：用于快速降低灯光雾的衰减率。

9.3.2 Optical F/X（光学特效）

Maya中的光学特效使用起来非常方便，用户只需在灯光属性面板中启用相应的参数设置即可，和其他软件相比这是一种较为成熟的模式。如图9-35所示为制作的光学特效效果。用户可以使用Volume Light（体积光）类型的灯光创建Light Glow（辉光）。

图9-35 光学特效的模拟

动手实践154——创建光学特效

1 创建一盏体积灯光并将其选中，按Ctrl+A键，打开其属性设置面板。单击Light Effects（灯光特效）卷展栏下方Light Glow（辉光）属性右侧的按钮，打开光效属性面板，如图9-36所示。

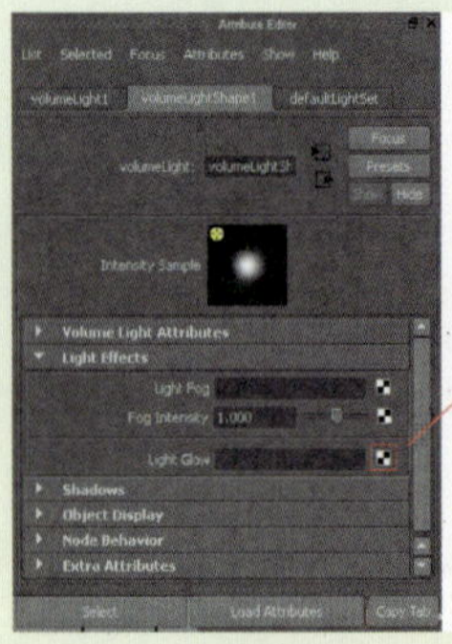

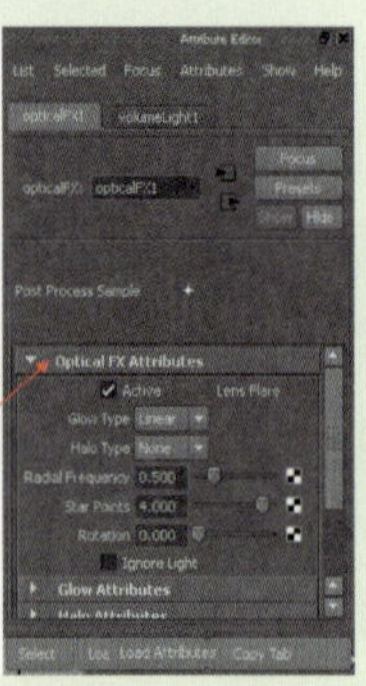

图9-36 添加光学效果

2 此时，在体积灯光的内部会产生一个光效控制器，但该控制器并不能对体积灯光产生任何控制作用，如图9-37所示。

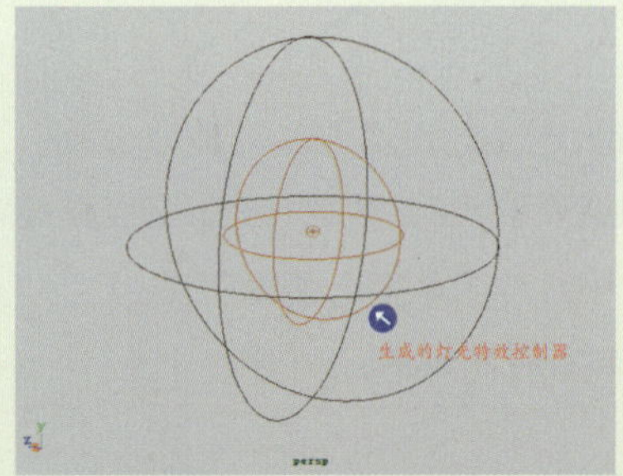

图9-37 生成的光效控制器

3 在打开的OpticalFX1属性面板中，启用Optical FX Attributes（FX光学）属性下的Lens Flare（镜头光斑）复选框。然后，将该体积灯光进行渲染，可产生拖尾式的光晕效果，如图9-38所示。

图9-38 生成的光晕效果

4 接着，展开Glow Attributes（光晕属性）卷展栏，设置Glow Color（辉光颜色）为深红色、Glow Intensity（辉光强度）为1、Glow Spread（辉光扩散）为3。然后，再对该灯光进行渲染以观察光效的变化，如图9-39所示。

图9-39 修改光效参数

提示

当用户学习完本书的动画部分之后，可以利用设置关键帧动画给这些光效设置动画。例如，由于光源由远而近的移动，辉光效果会逐渐变强。

- Active（激活）：启用该复选框能使光学特效起作用，若禁用该复选框，则在渲染输出时不能显示任何光效效果。
- Glow Type（辉光类型）：用于控制光效的显示样式，它包括5种类型的辉光，分别是Linear（线性）、Exponential（指数型）、Ball（球型）、Lens Flare（镜头闪光）

和Rim Halo（模糊光晕），用户可以将它们混合使用。如图9-40所示的是光效的几种显示状态。

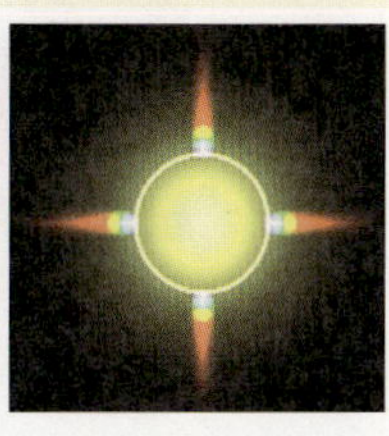

Linear　Exponential　Ball　Lens Flare　Rim Halo

图9-40 光效的显示类型

- Radial Frequency（光线频率）：用来改变随机分布光柱的宽度和数目。
- Rotation（旋转）：可以按照指定的角度使光线发生旋转，默认值为0。
- Glow Color（辉光颜色）：用来设置辉光的颜色，拖曳滑块会改变颜色的明亮程度。单击色块，会弹出一个Color Chooser窗口。在该窗口中可以选取需要的色彩，默认为白色。
- Glow Intensity（辉光强度）：设置该值可以改变辉光的亮度。值越大，亮度就越大，默认值为1。
- Glow Spread（辉光分布）：设置该值可以改变辉光的尺寸大小。值越大，辉光的尺寸越大。
- Glow Noise（辉光燥波）：设置辉光的燥波强度，可以制作多种辉光效果。
- Glow Radial Noise（辉光光线燥波）：该值越大，光线的燥波越清晰，可以制作一些强光效果。
- Glow Star Level（光束级别）：用来设置辉光束的宽度，该值越大，光束就越宽。
- Glow Opacity（辉光不透明度）：设置辉光的不透明度。

9.4 Shadows（阴影）

在Maya软件场景中，不同于现实世界，在现实中有了光，自然就有了影，而在Maya中灯光照在物体上并不产生阴影，只有打开灯光的阴影属性，才能将照射的物体产生阴影效果。阴影产生的方式有两种，即Depth Map Shadows（深度阴影贴图）和Ray Trace Shadows（光线跟踪阴影）。两种阴影的计算方式不同，Depth Map Shadows（深度阴影贴图）可以产生一张深度贴图文件，用于模拟阴影。Ray Trace Shadows（光线跟踪阴影）可以产生更好的阴影效果，但是会增加渲染时间。如图9-41所示的是花瓶在没有任何阴影、Depth Map Shadows和Ray Trace Shadows情况下的渲染状态。

No Shadows　　Depth Map Shadows　　Ray Trace Shadows

图9-41 不同方式的阴影效果

9.4.1 Depth Map Shadow Attributes（深度贴图阴影）

在大部分情况下，深度贴图阴影能够产生出比较好的效果，但是会增加渲染的时间，一般的物体阴影都可以用它来模拟。深度贴图阴影是描述从光源到目标物体之间的距离，它的阴影文件中有一个渲染产生的深度信息，在它每一个像素中代表了在指定方向上，从灯光到最近的投射阴影对象之间的距离，如图9-42所示。

在灯光的属性设置面板中，首先找到并展开Shadows（阴影）卷展栏，再展开Depth Map Shadow Attributes（深度阴影贴图）卷展栏，观察深度阴影贴图所包含的属性，如图9-43所示。

图9-42 深度阴影模拟的距离信息

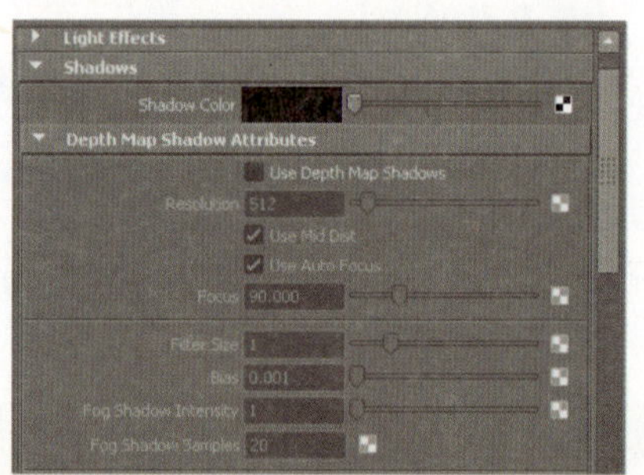

图9-43 属性设置面板

动手实践155——阴影贴图

1 导入一组场景模型，在场景周围创建几盏泛光灯和一盏平行灯，并且调整平行灯的照射角度，如图9-44所示。

图9-44 创建平行灯

2 调整场景视图角度并进行渲染输出，可以看到，使用默认参数的灯光并不能产生任何阴影效果，如图9-45所示。

图9-45 灯光的照射效果

3 选中平行灯并打开其属性设置面板。然后，先展开Shadows（阴影）卷展栏，再启用Use Depth Map Shadows（深度阴影贴图）复选框并设置Resolution（分辨率）为1600，对其进行渲染，如图9-46所示。

图9-46 启用深度阴影贴图

4 设置Filter Size（模糊值）为3、Bias（偏移）为0，再对场景进行渲染，可以看到生成的阴影并不像之前那样清晰，如图9-47所示。

图9-47 修改阴影属性参数

注意

Resolution的值最好是2的倍数，为避免阴影周围出现锯齿，Resolution的值不应设置的过低。

下面对Depth Map Shadow Attributes面板中的常用选项进行介绍。

- Use Depth Map Shadows（使用深度贴图阴影）：只有启用该复选框，深度贴图阴影才被激活。与Use Ray Trace Shadows类似，若要使被照射物体产生阴影，只须启用其中一项。
- Resolution（分辨率）：用于设置深度贴图阴影的分辨率。当Resolution值很低时，阴影的边缘会出现锯齿，参数设置过高，则又会增加渲染时间。
- Use Mid Dist（使用中距）：被照亮物体的阴影会有不规则的污点和条纹，若启用Use Mid Dist Damp复选框，可有效去除这种不正常的阴影。默认启用该复选框。
- Filter Size（滤镜尺寸）：通过设置此数值来控制阴影边缘的柔化程度，参数越大，阴影越柔和。
- Bias（偏移）：它可以使阴影和物体表面分离。调节该参数犹如给阴影增加一个遮挡蒙板，当该数值变大时，物体投射的阴影会只剩下一部分，参数值为1时，阴影就会消失。
- Fog Shadow Intensity（雾阴影强度）：用来控制打开灯光雾后的阴影强度，在打开灯光雾时，场景中物体的阴影颜色会变浅，此时可以调节该参数来增加灯光雾中的阴影强度。
- Fog Shadow Samples（雾阴影采样）：用来设置雾阴影的采样值，数值越大，打开灯光雾后的阴影就越细腻，但同样会增加渲染时间；数值越小，灯光雾后的阴影颗粒状就越明显，默认值为20。

9.4.2 Raytrace Shadow Attributes（光线跟踪阴影）

和深度贴图阴影一样，使用Ray Trace Shadow（光线跟踪阴影）也可以生成非常好的阴影效果。在创建光线跟踪阴影时，Maya会根据照射目的地到光源之间的运动路径对灯光光线进行跟踪计算，从而产生光线跟踪阴影，但这会非常耗费渲染时间。光线跟踪阴影和深度贴图阴影最大的区别是，光线跟踪阴影能够制作半透明物体的阴影，例如玻璃物体；而深度贴图阴影则不能。因此尽量避免使用光线跟踪阴影来制作带有柔和边缘的阴影，它会非常耗费渲染时间。

动手实践156——添加光线跟踪阴影

1 在场景中导入一组赋有材质的玻璃瓶并创建三盏聚光灯，在每盏聚光灯的属性设置面板中都启用Use Depth Map Shadows（深度阴影贴图）复选框和设置Filter Size（模糊）值均为5，如图9-48所示。

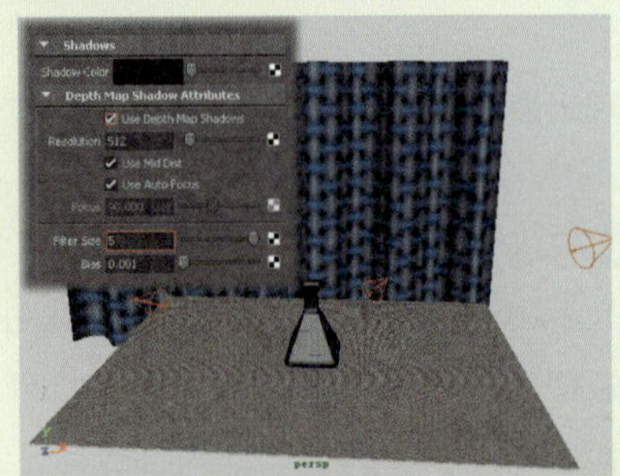

图9-48 创建场景灯光

2 调整视图角度，将当前灯光对玻璃瓶的照射效果进行渲染输出，如图9-49所示。

图9-49 灯光渲染效果

3 选择其中一盏聚光灯，在其属性面板中展开Raytrace Shadows（光线追踪）卷展栏，并启用Use Ray Trace Shadows（光线阴影追踪）复选框，其Use Depth Map Shadows（使用深度阴影贴图）复选框会被禁用，如图9-50所示。

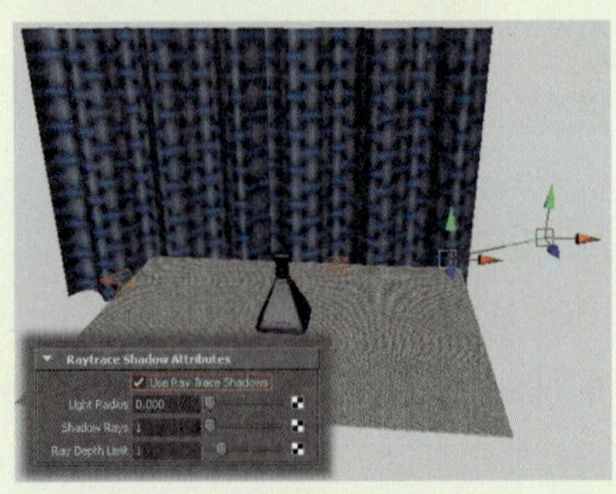

图9-50 启用Use Ray Trace Shadows复选框

4 然后，调整视图角度，对灯光添加光线跟踪阴影属性后的效果进行渲染输出，如图9-51所示。

图9-51 光线跟踪阴影效果

- Use Ray Trace Shadows（使用光线跟踪阴影）：若启用该复选框后将使用光线跟踪阴影。它与Depth Map Shadows相对应的，若要给灯光加上投射阴影功能，只能启用其中一项，两者不能同时选择。
- Light Radius（灯光半径）：该选项用于扩大阴影的边缘，该值越大，阴影就越大，但是会使阴影边缘呈现粗糙的颗粒状。
- Shadow Rays（阴影辐射）：数值越大，阴影边缘就越柔和，显得就越真实，它不会呈现粗糙和颗粒状，但是会相应的增加渲染时间。该数值越小阴影的边缘就越锐利。
- Ray Depth Limit（光线深度限制）：调节此参数可改变灯光光线被反射或折射的最大次数。数值越大，反射次数就越多，默认值为1。

9.5 灯光的操作

前面介绍了Maya中的5种灯光的创建和基本使用方法，灯光是修饰物体外形和颜色的基础，灯光的操作与编辑对于物体的表示起着关键作用。下面就来对灯光与物体之间的连接和断开操作进行详细的介绍。

9.5.1 Make Light Links（建立灯光连接）

Make Light Links可以将选定的灯光和物体（可以是多个物体）建立连接，从而使选定的灯光只对选定的物体产生照明效果。

动手实践157——建立灯光连接

1 导入一组角色模型并创建一盏聚光灯，在灯光的属性面板中禁用Illuminates by Default（默认照明）复选框。然后，对其进行渲染，可以看到角色表面没有光照效果，如图9-52所示。

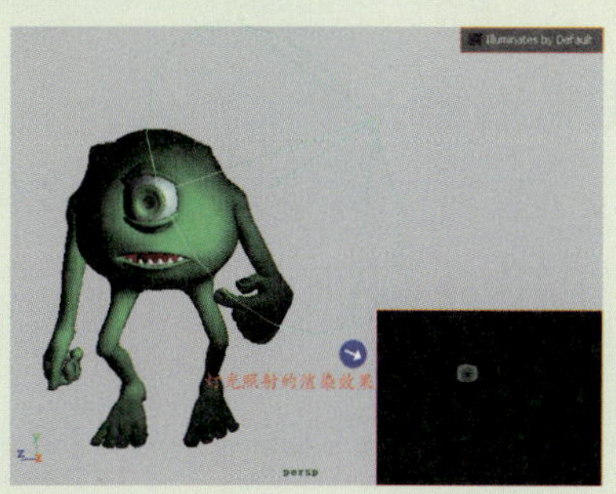

图9-52 禁用Illuminates by Default属性

2 切换到Rendering模块，先选中灯光，再框选角色模型，执行Lighting / Shading （灯光/阴影）| Make Light Links（建立灯光连接）命令，将角色与灯光建立连接并对其进行渲染，如图9-53所示。

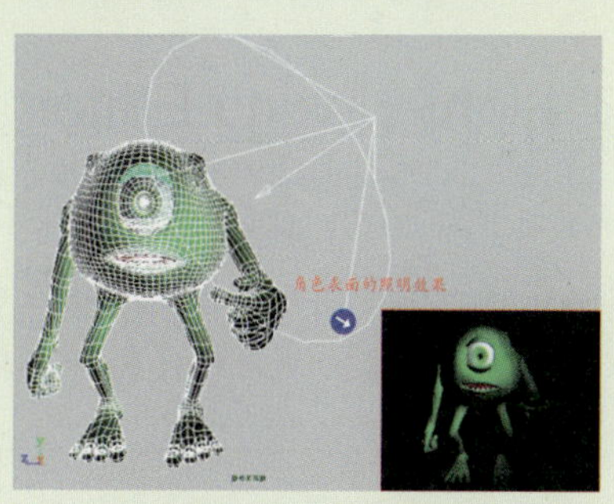

图9-53 灯光的连接效果

问题：在禁用灯光的Illuminates by Default属性复选框时，为什么角色的眼睛不是黑色显示？

角色的眼球模型是因为赋予了纹理贴图，即使没有灯光照射，它在渲染时也是能被显示出来的，只是其表面没有任何明暗照明效果。

提示

在建立灯光连接之前，首先禁用所选灯光的属性设置面板中的Illuminates by Default复选框，否则所选灯光将仍然照亮所有场景物体。

9.5.2 Break Light Links（打断灯光连接）

Break Light Links（断开灯光连接）和Make Light Links（创建灯光连接）作用相反，可以将灯光和物体（可以是多个物体）的连接断开，从而使选定的灯光对选定的物体不产生作用，而对其他物体的照明正常。

动手实践158——打断灯光连接

1 选中灯光，在其属性面板中启用Illuminates by Default（默认照明）复选框。然后，先选中灯光，再选中角色的眼皮模型，如图9-54所示。

图9-54 启用Illuminates by Default属性

2 执行Lighting /Shading（灯光/阴影）| Break Light Links（断开灯光连接）命令，将它们的连接关系断开。然后，对角色进行渲染输出，可以看到眼皮模型没有任何亮度，如图9-55所示。

图9-55 灯光的断开效果

9.5.3 Light Linking Editor（灯光连接编辑器）

不同与现实世界，在Maya中，并不是场景中的所有物体都会被灯光照射，在灯光和物体之间可以建立一种连接，用于排除场景不需要被灯光照射的物体，从而让灯光只照射指定的物体，以提高渲染速度。下面对灯光与物体间的两种连接方式进行介绍。

动手实践159——Light-Centric（灯光连接）

1 继续使用上节中的角色模型，为其创建一盏新的聚光灯。然后，打开Outliner列表，观察场景所包含的所有对象属性，如图9-56所示。

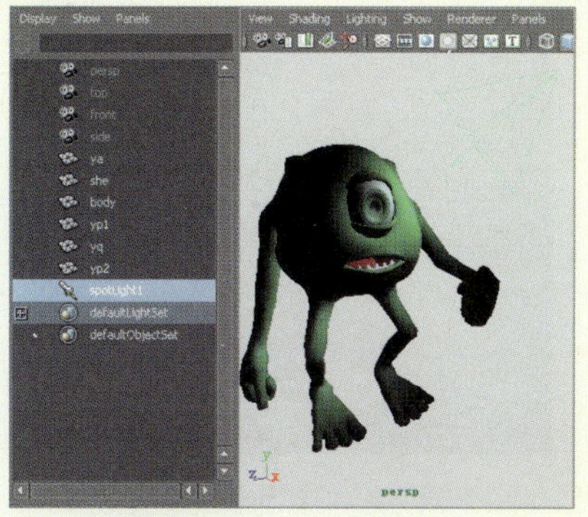

图9-56 场景对象属性

2 执行Window（窗口）| Relationship Editors（关联编辑器） | Light Linking（灯光连接）| Light –Centric（灯光中心）命令，如图9-57所示。

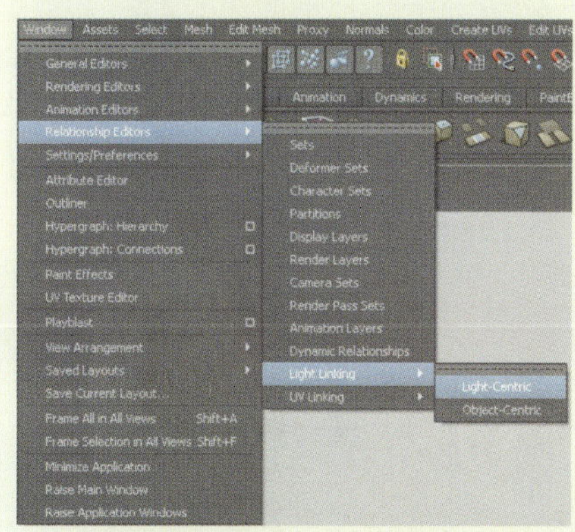

图9-57 执行Light-Centric命令

3 在Relationship Editor对话框中，可以看到所有的灯光和物体对象名称，右侧列表选中任何一种灯光属性名称，左侧列表会显示其所照射的对象属性名称，如图9-58所示。

4 先在右侧列表中选中对象Spotlight1，再在左侧列表中该灯光不需要照射的对象名称上单击，以取消它们的连接显示，如图9-59所示。

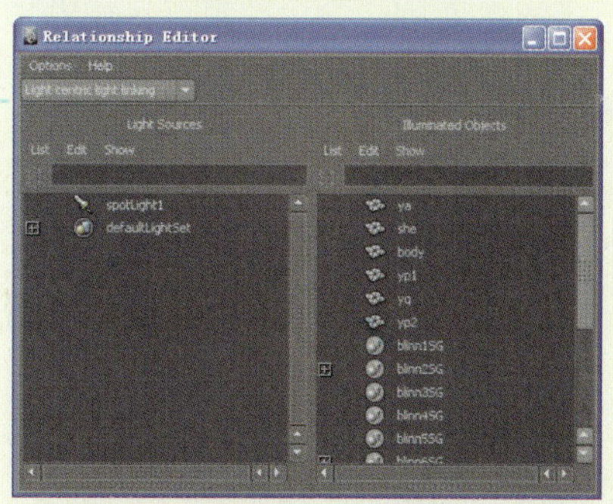

图9-58 Relationship Editor对话框

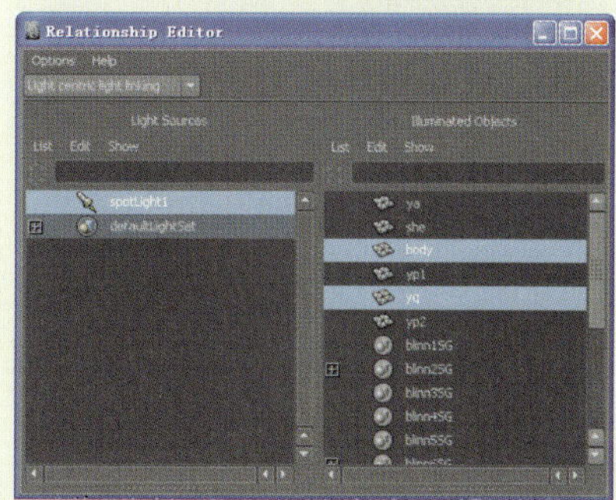

图9-59 选择灯光所照射的对象

5 调整视图角度，将角色当前的灯光照射效果进行渲染输出，可以看到只有角色的身体body和眼球模型yq表面产生了照明效果，如图9-60所示。

图9-60 灯光连接的照射效果

提示

在灯光连接属性窗口中，左侧是场景中的灯光，右侧是场景中的物体，选中一种灯光，相关的物体连接就会被显示出来，单击物体名称就可以将物体排除在灯光的照射范围之外。

动手实践160——Object-Centric（物体连接）

1 继续上步的操作，执行Object –Centric（物体连接）命令，打开Relationship Editor对话框，在左侧选中要连接对象名称，在右侧选择要产生照明的灯光名称，如图9-61所示。

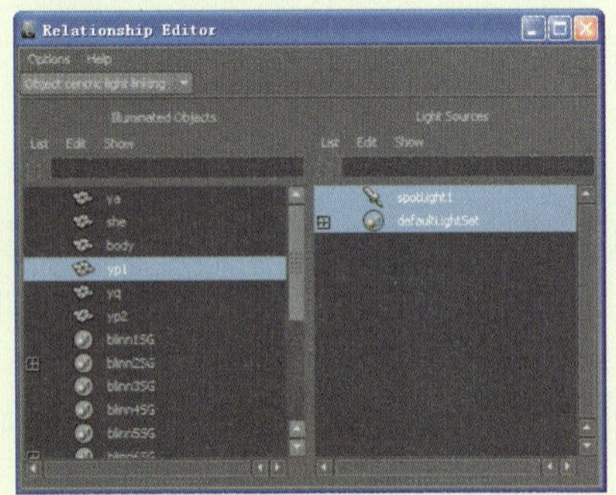

图9-61 执行Object –Centric命令

2 然后，对角色进行渲染输出，可以看到角色的眼皮模型yp1表面也产生了照明效果，如图9-62所示。

3 接着，先在左侧列表中选择眼球模型名称yq，再在右侧列表中该对象所连接的灯光名称上单击，取消它们的连接。然后，对角色进行渲染输出，如图9-63所示。

图9-62 物体与灯光的连接效果

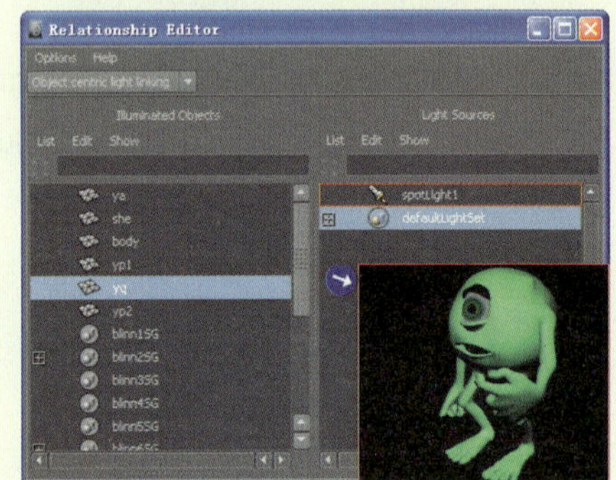

图9-63 曲线对象与灯光的连接

9.6 Camera（摄像机）基础

在Maya中是通过摄像机观察物体的，一个场景被建立后会自动建立Persp、Top、Front和Side摄像机，也就是Maya界面中的视图，一般在编辑和输出作品时，需要通过建立新的摄像机镜头来完成。

9.6.1 摄像机的种类及创建

找到Maya界面中的Create菜单，执行Cameras（摄像机）命令，在弹出的子菜单中可以看到摄像机的几种类型，分别为Camera（自由摄像机）、Camera and Aim（目标摄像机）、Camera，Aimand Up（带控制柄的目标摄像机）和Stereo Camera（立体相机），如图9-64所示。

执行对应的摄像机命令，即可在场景中创建不同类型的摄像机，例如，执行Create （创建）|Cameras（摄像机）| Camera（自由摄像机）命令，即可创建自由摄像机。然后，移动摄像

机以观察4种摄像机的外形区别，如图9-65所示。下面对这4种摄像机的作用进行说明。

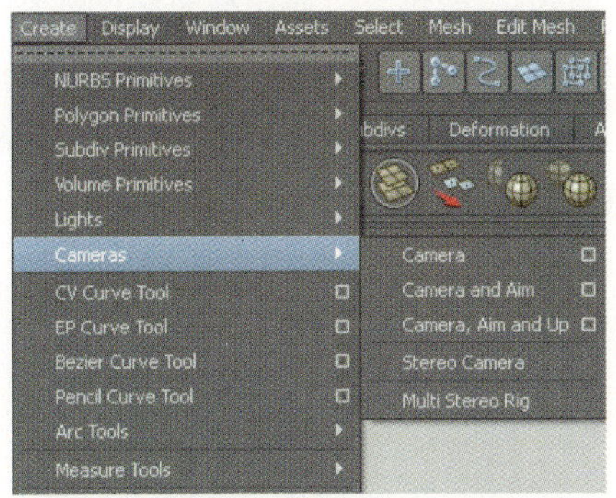

图9-64 摄像机命令菜单

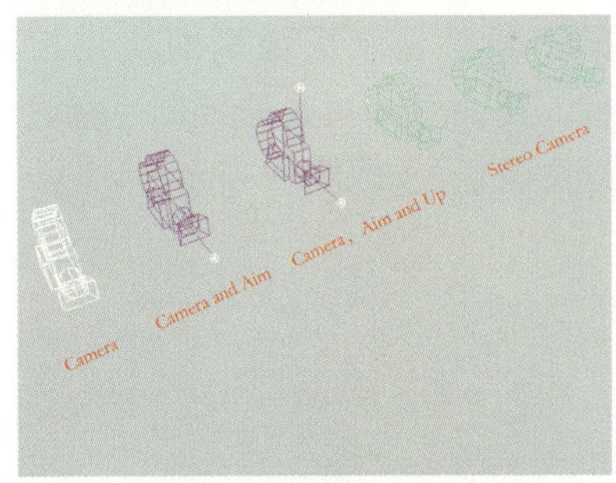

图9-65 摄像机类型

1.Camera（自由摄像机）

自由摄像机并没有控制柄，不能对其做比较复杂的动画效果，它经常被用作单帧渲染或者做一些简单的移动场景动画，一般把这种摄像机称为单节点摄像机，如图9-66所示。

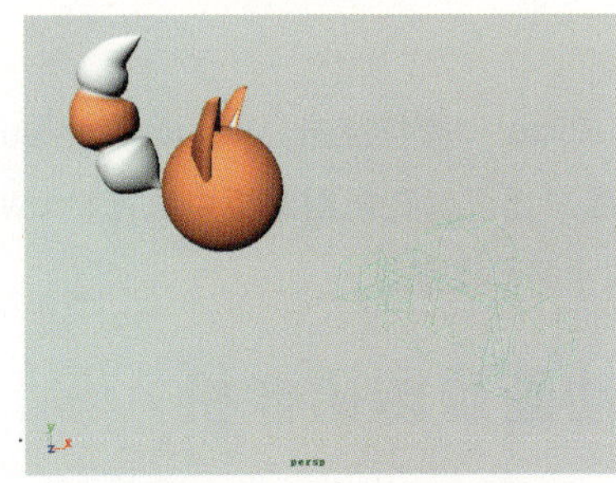

图9-66 创建自由摄像机

2.Camera and Aim（目标摄像机）

目标摄像机有一个控制柄，它经常被用于制作一些稍微复杂点的动画，例如路径动画或者注释动画，一般把这种摄像机叫做双节点摄像机，如图9-67所示。

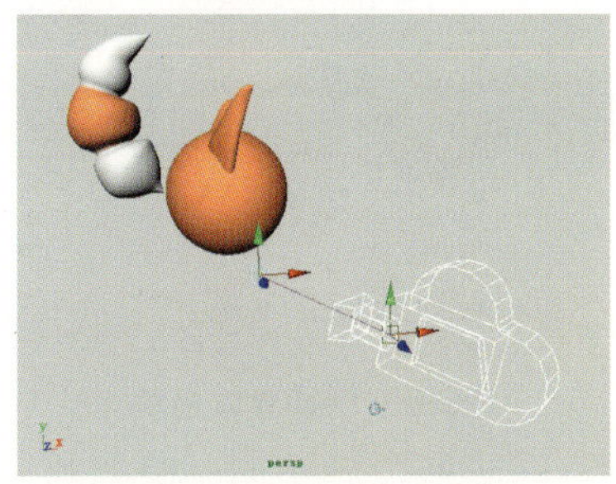

图9-67 创建目标摄像机

3.Camera，Aim and Up（控制手柄目标摄像机）

带控制柄的目标摄像机，顾名思义，它比目标摄像机具有更加多元化的操作。使用控制手柄可以控制摄像机的旋转角度，它经常被用来制作一些比较复杂的动画。一般把这种摄像机称为多节点摄像机，如图9-68所示。

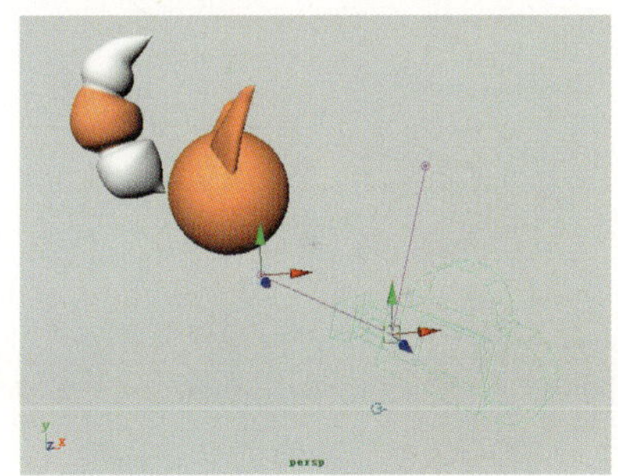

图9-68 创建控制手柄目标摄像机

4.Stereo Camera（立体相机）

在Maya 2011中新增加了一项立体相机功能，即Camera菜单下的Stereo Camera工具，它可以更有效地突出场景物体的立体效果，它所包含的几种立体视图命令很详细地模拟出了场景物体的各个透视角度，并且在Render View窗口中也包含了关联渲染效果的Stereo Camera工具，因此使用Stereo Camera（立体相机）工具可以增强作品渲染输出的真实感，如图9-69所示。

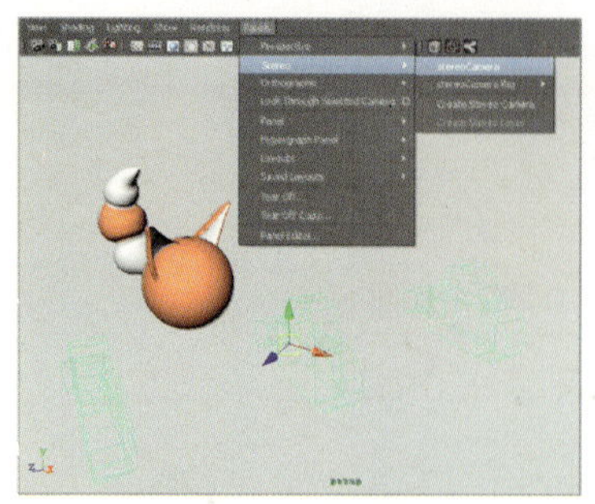
图9-69 创建立体相机

9.6.2 摄像机的操作

Maya摄像机可以使用视图操作经常使用的工具来操作，同灯光一样，当选中摄像机时，按T键，会激活摄像机的目标控制手柄，从而可以快捷地对摄像机进行调整。

动手实践161——控制摄像机

1 执行Create（创建）| Cameras（摄像机）|Camera（自由摄像机）命令，创建一架摄像机。然后，将其选中并按T键，即可显示其控制手柄，移动控制手柄可以调整摄像机的方位，如图9-70所示。

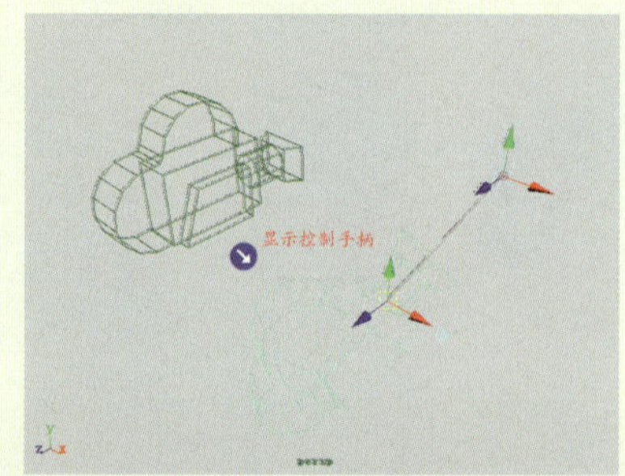

图9-70 显示摄像机控制手柄

2 选中摄像机，单击工具栏中的图标，即可显示摄像机的通用控制手柄，用户可以对这些控制手柄进行多方位调整，如图9-71所示。

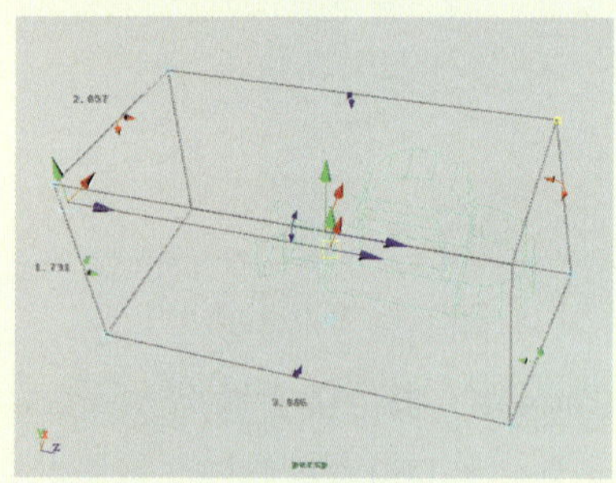
图9-71 显示通用手柄

提示

选中摄像机，执行Modify（修改）| Transformation Tools （变换工具）|Show Manipulator Tool（显示控制手柄）命令，也可以显示其控制手柄。用户还可以在视图面板中执行Show（显示）| Manipulators（控制器）命令，将其控制手柄进行显示和隐藏操作。

9.6.3 Animation Turntable Camera（动画旋转摄像机）

Maya 2011中还有一种新型的Animation Turntable Camera（动画旋转摄像机），它与普通摄像机的区别就是可以自动围绕物体进行旋转操作，其移动和旋转属性都会被锁定，即不对当前的摄像机视图进行移动和旋转操作，从而只能观察该摄像机围绕物体运动的动画。

动手实践162——创建动画旋转摄像机

1 选中模型，执行Animate（动画）| Turntable（旋转式摄像机）▣命令，在弹出的对话框中设置Number of Frames（帧数）为100。然后，单击Apply按钮，执行创建旋转摄像机操作，如图9-72所示。

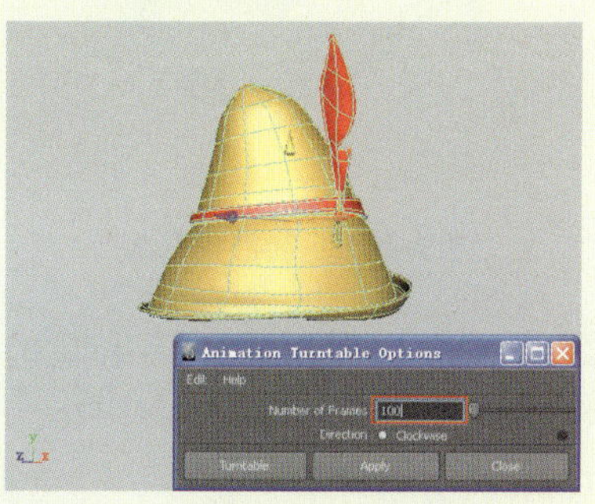

图9-72 设置动画旋转属性对话框

2 拖动时间滑块，可看到模型在前100帧内进行了旋转操作，在Hypershade材质编辑器中，切换到Cameras选项卡，可以看到创建的turnTableCamera1节点，如图9-73所示。

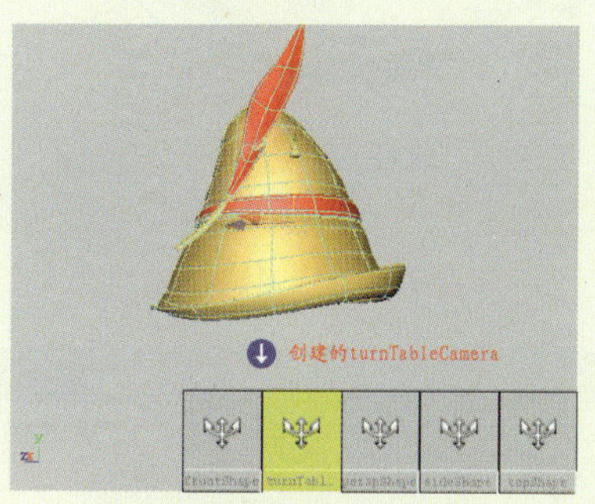

图9-73 创建的旋转摄像机

注意

若需要将创建的旋转式摄像机删除，用户只需在Hypershade材质编辑器中选择该摄像机节点即可将该摄像机选中，按Delete键即可将其从场景中删除。

9.7 摄像机视图

当用户为场景添加摄像机后，就很有必要掌握摄像机视图与视图之间的快速切换和编辑。对调整好的摄像机视图进行保存，对不需要摄像机视图进行删除，从而便于场景视图的调整与操作。下面对摄像机视图的几种简单操作进行详细的介绍。

9.7.1 切换摄像机视图

同前面介绍的快速切换灯光类型的方式类似，可以在场景视图中执行相关的命令，来快速切换操作和摄像机视图，从而便于用户边调整场景摄像机的透视角度，边切换到摄像机视图观察场景视觉效果。

动手实践163——切换摄像机视图

1 在场景中导入一组机械模型并创建一架摄像机。然后，调整摄像机的透视角度，再在视图菜单中执行Panels（面板）| Perspective（视图）|Camera1（摄像机）命令，如图9-74所示

2 将操作视图切换到摄像机视图的效果。若在场景中有两架或多架摄像机时，在视图Perspective命令的右侧列表中会显示相应的视图名称，如图9-75所示。

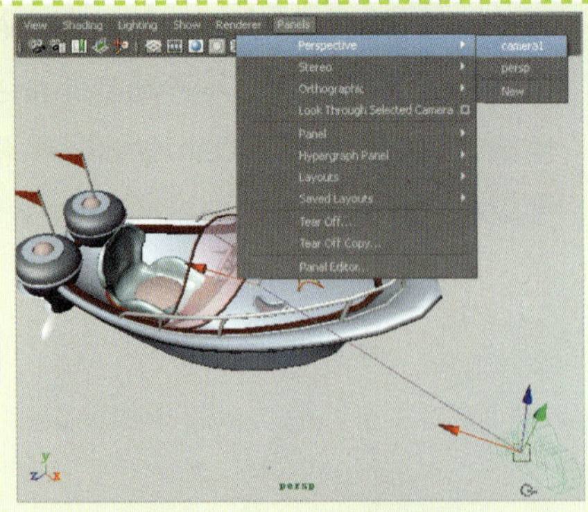

图9-74 创建目标摄像机

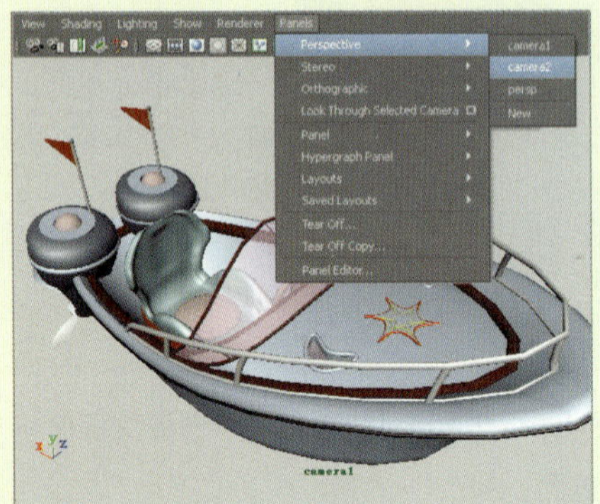

图9-75 切换的摄像机视图

3 用户还可以在视图菜单中执行View（视图）| Camera Settings（摄像机设置）| Film Gate（胶片框）命令，即可在当前摄像机视图显示一条分界线，用于控制摄像机拍摄到的区域，如图9-76所示。

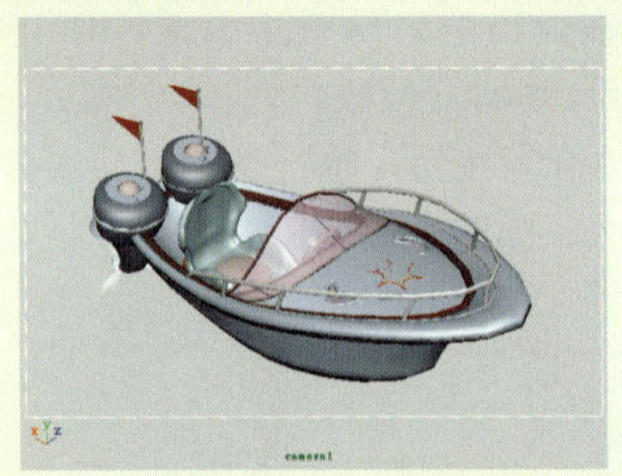

图9-76 控制拍摄区域

4 再执行View（视图）| Camera Settings（摄像机设置）| Resolution Gate（分辨率框）命令，即可显示当前摄像机视图渲染的尺寸，如图9-77所示。

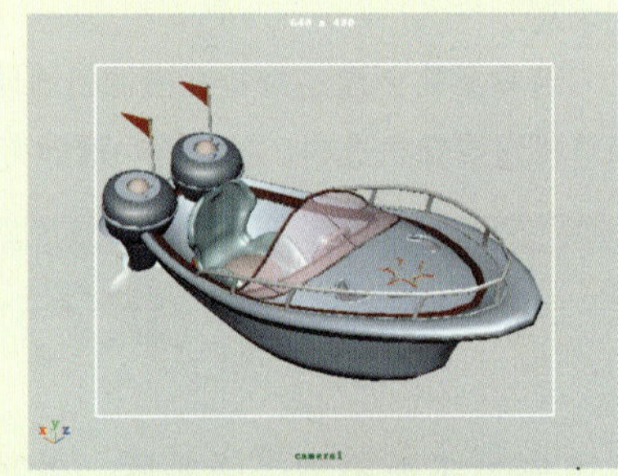

图9-77 显示渲染尺寸

注意

用户在视图面板的View菜单列表中，执行Select Camera命令即可将当前摄像机视图中的摄像机选中。还可以找到有关摄像机应用的 Camera Attribute Editor和Camera Tools等编辑命令。

下面对View菜单列表下的常用摄像机命令进行说明。

- Display Film Gate（胶片指示器）：用于控制摄像机所能拍摄下的场景区域，即将来所要渲染的区域范围。
- Display Resolution（分辨率指示器）：用于控制渲染时渲染器分辨率的尺寸，此区域以外的物体将不会被渲染进去。
- Display Field Chart（现场指示器）：现场指示器是12个现场动画的尺寸，在这里最大的现场尺寸12和分辨率的尺寸是一样的。
- Display Safe Action（安全区指示器）：显示范围区域小于分辨率，若将渲染出的结果在电视上播放，可以使用该命令以确保需要的结果都显示在安全区域中，而该区域以外的物体是不会出现在最后的渲染结果中。

- Display Safe Title（标题安全区指示器）：它显示范围只有渲染视图分辨率的80%，功能同 Display Safe Action命令类似。

9.7.2 保存与导入摄像机视图

在调整好当前摄像机视图的透视角度时，用户可以将当前视图保存，若以后需要该视图时，可以将其重新导入，因为调整摄像机视图角度是一项很麻烦的工作，使用Maya中的视图调入和保存命令，可以快速将之前被保存的摄像机视图重新调入，从而节省大量的摄像机角度调整时间。

动手实践164——保存摄像机视图

1 继续使用上节中的场景模型，将其切换到新建的Camera2视图。然后，在视图菜单中执行View（视图）| Bookmarks（书签）| Edit Bookmarks（编辑书签）命令，如图9-78所示。

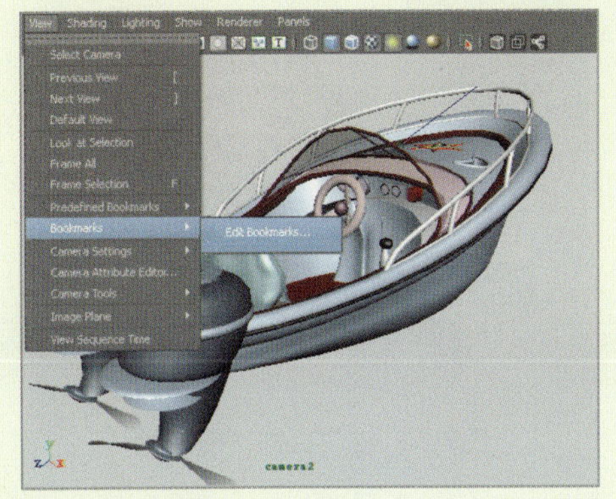

图9-78 执行Edit Bookmarks命令

2 在打开的Bookmark Editor（书签编辑器）对话框中，在Name（名称）属性栏中输入kuaiting3，即可在上方的空白列表中显示相应的名称。然后，单击Apply按钮，执行保存操作，如图9-79所示。

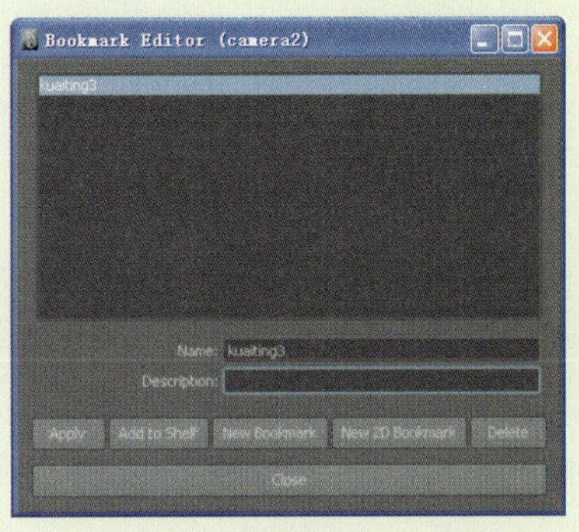

图9-79 设置视图文件名称

提示

在这里如果需要自定义名称来创建书签，可以直接在Name栏里输入名称；如果需要使用系统分配的名称来创建书签，单击New Bookmark按钮即可；也可以单击Add to Shelf按钮，将其添加到工具架上。

动手实践165——调入摄像机视图

1 若当前的摄像机视图角度被无意改变，可以在视图菜单中执行View（视图）| Bookmarks（书签）| Kuaiting3命令，如图9-80所示。

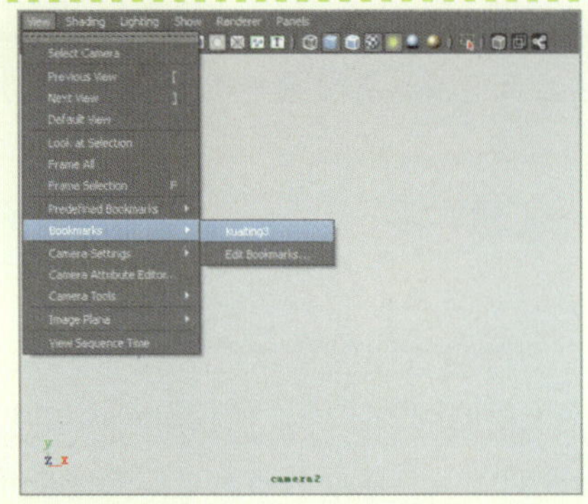

图9-80 执行导入摄像机视图命令

2 可以看到，当前的操作视图被切换到以前保存的Kuaiting3视图，即Camera2视图，如图9-81所示。

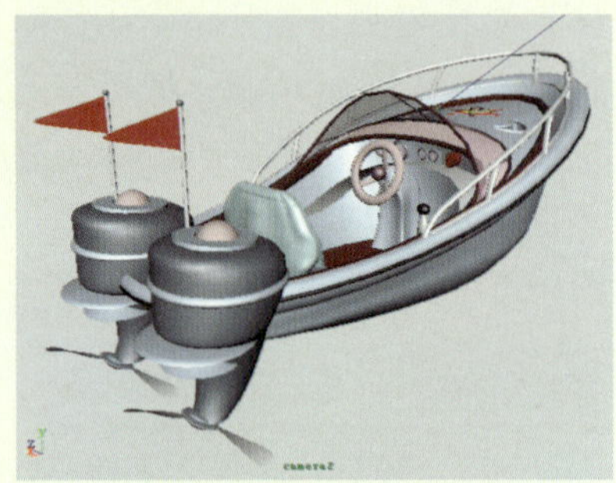

图9-81 调入的摄像机视图

3 执行Edit Bookmarks（编辑书签）命令，打开标签编辑窗口。首先在空白列表中选中kuaiting2属性选项，再在Name（名称）栏中输入kuaiting-shitu，以重命名该视图，如图9-82所示。

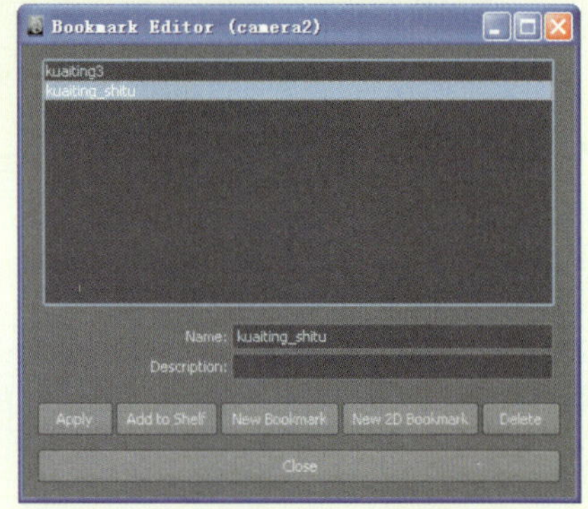

图9-82 重命名保存的摄像机视图

4 执行View（视图）| Bookmarks（书签）命令，即可在右侧弹出的列表中看到修改名称后的摄像机视图命令，如图9-83所示。

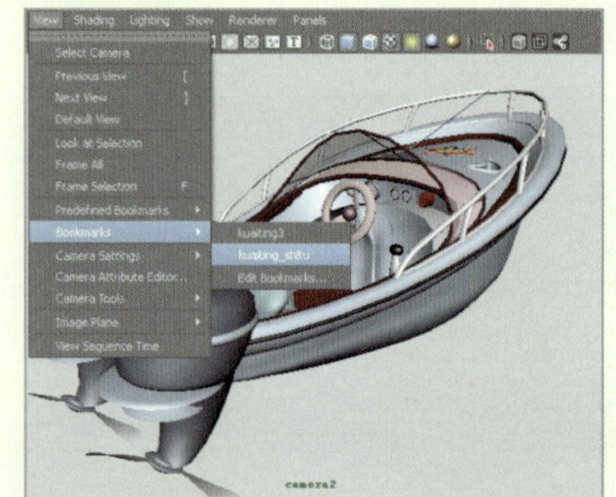

图9-83 修改后的视图名称

9.7.3 删除摄像机视图

为了便于视图的快速操作，对于一些不需要的被保存过的摄像机视图可以进行删除。用户可以执行View（视图）| Bookmarks（书签）| Edit Bookmarks（编辑书签）命令，打开Bookmark Editor（书签编辑器）窗口，然后选择要删除的书签名称，按Delete按钮，即可将其删除。

9.8 摄像机的属性设置

在Maya 2011中，任何一种摄像机被创建出以后，会使用其默认属性参数，如图9-84所示。但是有时默认属性并不能满足实际的需要，所以需要修改相应的摄像机参数，而且可以将摄像机放置在场景中的任意位置，这是真实世界中的摄像机难以办到的。

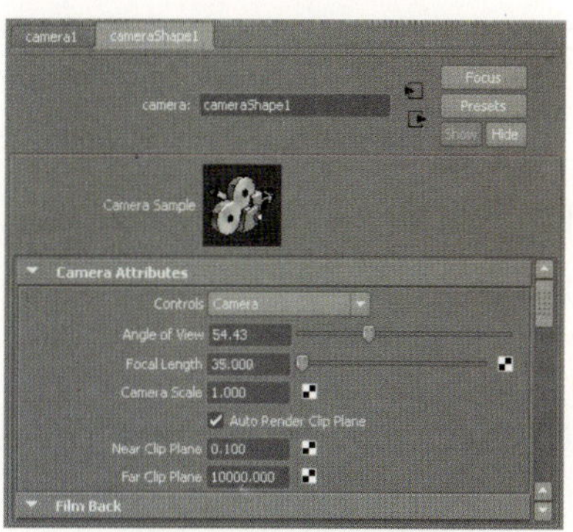

图9-84 摄像机属性面板

下面对摄像机属性面板中一些常用属性的调整进行介绍。

- Controls（控制器）：用于控制各摄像机之间的切换，而不需要重新建立新的摄像机。
- Angle of View（视角）：可以设置摄像机的视野范围，视野的大小决定了视野的开阔度和视野中物体的大小，数值越大，视野就越大；反之，则视野中的物体就越小。
- Focal Length（焦距）：该选项用于设置镜头中心到胶片的距离，数值越大，摄像机的焦距就越大，目标物体在摄像机视图中就越大。
- Camera Scale（摄像机比例）：用于控制是否按比例来设置摄像机视野的大小，数值越大，目标物体在摄像机视图中就越小。

9.8.1 Focal Length（焦距）

Focal Length是Maya摄像机中常用的一种设置，用于控制视点到聚焦平面之间的距离，即用来描述镜头的尺寸，通过调整焦距，用户可以选择较近或较远的距离拍摄，以获得不同的视觉效果。

动手实践166——调整摄像机焦距

1 在场景中导入场景模型并创建一架摄像机，然后调整该摄像机的照射角度，并在视图菜单中执行Panels（面板）|Perspective（视图）|Camera1命令，如图9-85所示。

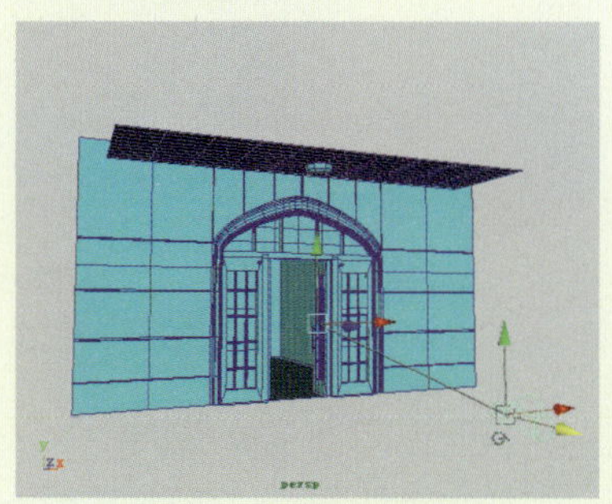

图9-85 导入场景模型

2 将当前Persp视图切换到摄像机视图后，设置不同的Focal Length（焦距）参数值，观察摄像机视图物体的变化，如图9-86所示。

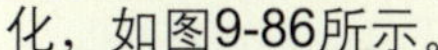

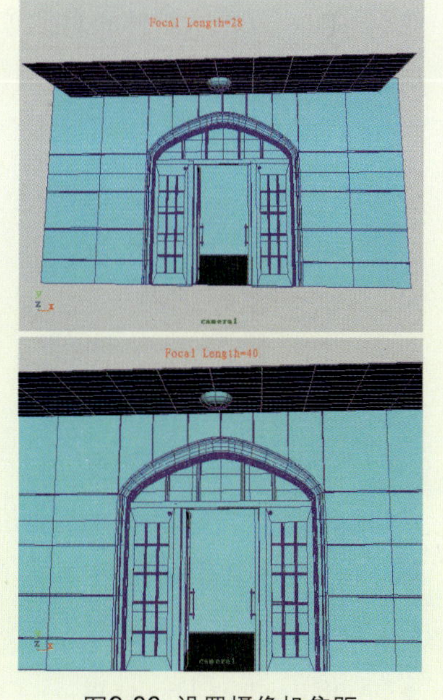

图9-86 设置摄像机焦距

9.8.2 Clipping Plane（剪切平面）

Clipping Plane用于定义摄像机可以看到的最远距离。近处的剪切平面被称为近端平面，用于定义摄像机可以看到的最近距离。远处的剪切平面被称为远端平面，用于定义摄像机可以看到的最远距离，在Maya摄像机视图中超过近端和远端平面范围外的物体无法被看到。

动手实践167——操作剪切平面

1 先在新建场景中导入3个人头模型，再创建一台摄像机并调整其透视角度，如图9-87所示。

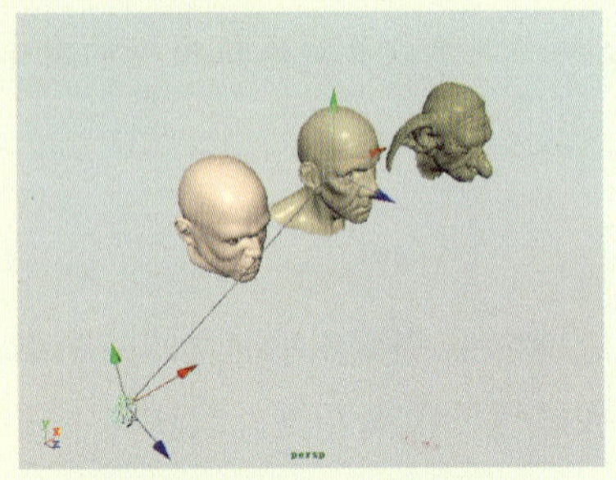

图9-87 导入角色模型

2 在Persp视图面板中，执行Panels（面板）| Perspective（视图）|Camera1命令，将当前视图切换到摄像机视图，以观察物体当前的透视状态，如图9-88所示。

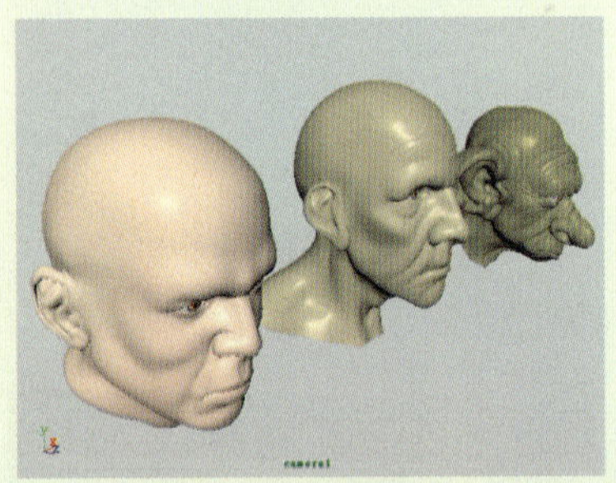

图9-88 切换摄像机视图

3 按Ctrl+A键，打开摄像机的属性设置面板。在Camera Attributes属性下设置Near Clip Plane（近剪切面）为87、Far Clip Plane（远剪切面）为1000，此时观察视图物体的可视状态，如图9-89所示。

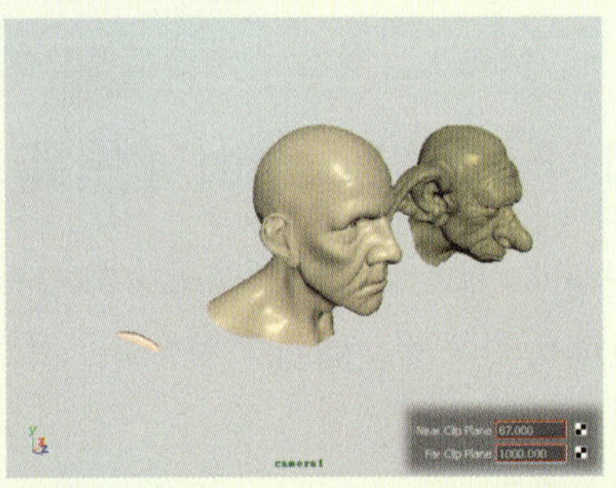

图9-89 设置Near Clip Plane参数

4 然后，设置Near Clip Plane（近剪切面）为0.01、Far Clip Plane（远剪切面）为140，此时观察视图物体的可视状态，如图9-90所示。

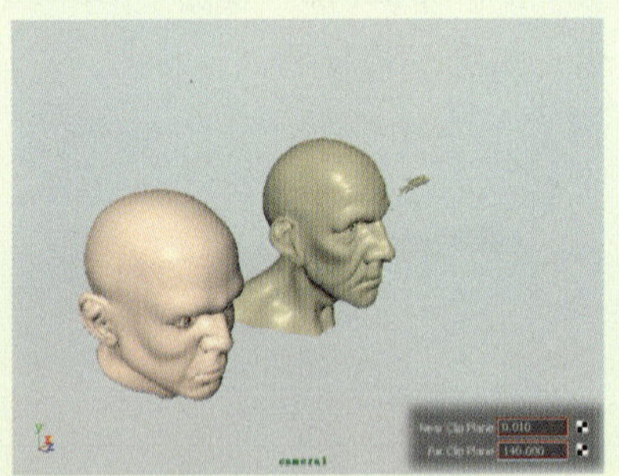

图9-90 设置Far Clip Plane参数

下面对Clipping Plane属性的参数选项进行说明。

- Auto Render Clipping Plane（自动渲染剪切平面）：用于控制系统渲染所设置的剪切面。在Maya中，摄像机只能看到有限范围内的对象，一个摄像机的范围可以用剪切平面来描述，若不启用该选项则渲染时看不到剪切平面以外的物体。

- Near Clipping Plane（近剪切平面）：用于设置从摄像机到近剪切平面的距离数值。它定位在摄像机视线最近的一个虚拟平面，是不可见的。在摄影机视图中，小于近剪切平面的对象都不可见。
- Far Clipping Plane（远剪切平面）：用于设置摄像机到远剪切平面的距离数值。它是指定位在摄像机视线最远的一个虚拟平面，是不可见的。在摄影机视图中，大于远剪切平面的对象都不可见。

9.8.3 Film Back（胶片回放）

一般在一个摄像机之中都有一些标志（相当于Film Back功能），用来表明镜头中有哪些部分被拍摄下来，哪些部分拍摄不到。在Maya摄像机中，也有这样的标志，只是在一个摄像机视图中可以包含很多这样的标志，每个标志都有自己的作用。其中，Film Back卷展栏下的Film Gate提供了实际工作用到的镜头种类，包括常用的35mm Academy镜头和电影中经常使用的70mm Projection镜头。

9.8.4 Depth of Field（景深）

真实世界中的摄像机都会有一个距离范围，在这个范围内的对象都是聚焦的，而在这个范围外的物体都是模糊不清的，我们称这个范围为景深。景深是拍摄电影时经常用到的一个表现手法，当需要给予目标物体特写的时候，就可以使用景深效果。

动手实践168——制作景深效果

1 在场景中创建3个球体、一盏聚光灯和一盏环境灯，并启用聚光灯属性下的Use Depth Map Shadows（启用深度阴影贴图）复选框。然后，再创建一架摄像机并调整其投射角度，如图9-91所示。

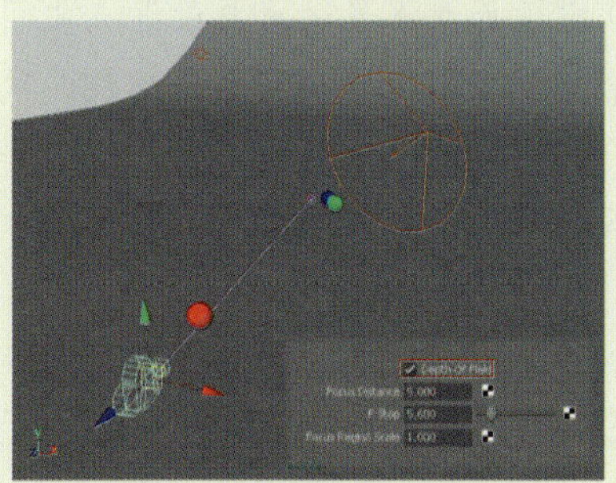

图9-91 创建目标物体

2 打开摄像机属性面板，展开Depth of Field（景深）卷展栏并启用Depth of Field（景深）复选框。然后，对其进行渲染输出，以观察启用景深属性前后场景物体的显示变化，如图9-92所示。

图9-92 启用Depth of Field属性

3 然后，设置Focus Region Scale（聚焦范围）为3，再对场景进行渲染，此时观察场景物体的显示，如图9-93所示。

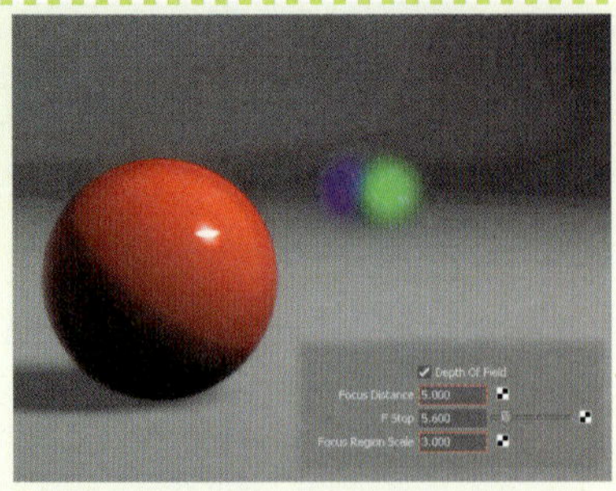

图9-93 设置Focus Regin Scale值

4 接着，设置Focus Distance（焦距）为20，再对场景进行渲染，此时观察场景物体的显示，如图9-94所示。

图9-94 加大Focus Distance值

5 然后，设置Focus Distance（焦距）为10、F Stop（光圈）为15、Focus Region Scale（聚焦范围）为3，再对场景进行渲染，此时观察场景物体的显示，如图9-95所示。

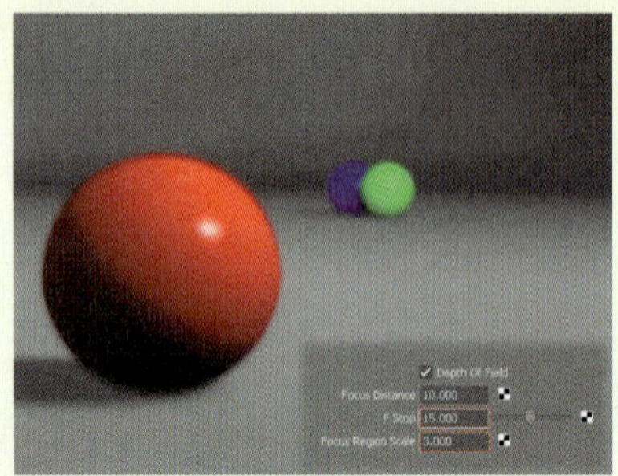

图9-95 设置选项数值

6 再设置F Stop（光圈）为5.6，对场景进行渲染，此时观察场景物体的显示，如图9-96所示。

图9-96 减小F Stop值

下面对Depth of Field属性下的参数选项进行说明。

- Depth of Field（景深）：启用该复选框则开启景深功能，否则下面的参数设置都是无意义的。
- Focus Distance（聚焦距离）：调节该参数可以设置景深最远点与最近点之间的距离，该参数比较小的话，近处的物体会聚焦，而远处的物体则会变得模糊，该参数大则反之。
- F Stop（光圈）：调节该参数可以设置景深范围的大小，该值越大，景深越长，该值越小则反之。
- Focus Region Scale（聚焦区域范围）：用于设置摄像机之间的距离范围，而当物体在这个范围之内时，它会变得清晰可见，处于范围之外时会变得模糊不清。

9.8.5 Environment（环境）

Environment用于控制摄像机周围的环境，默认是黑色，如果进行全局光渲染，Environment卷展栏下的Background Color属性（摄像机视图背景颜色）会起关键性作用。

动手实践169——导入摄像机素材

1 选中场景中的摄像机，按Ctrl+A键打开其属性面板，单击Image Plane（图像面板）属性右侧的 Create 按钮，即可打开图像贴图面板，如图9-97所示。

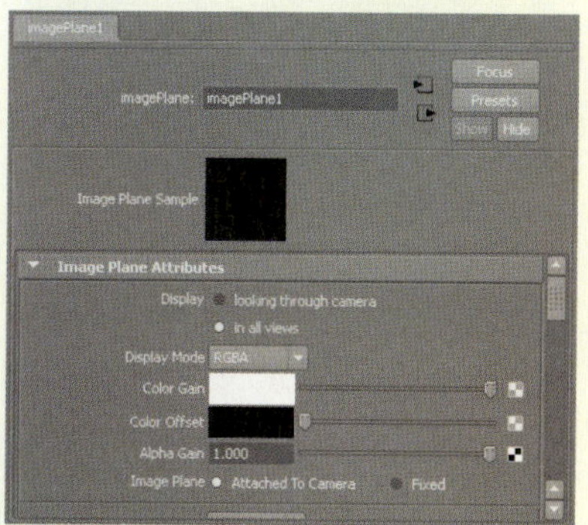

图9-97 贴图面板

2 拖动面板右侧的滚动条，再单击Image Name（图像名称）属性右侧的按钮，用于选择要导入的素材图片，如图9-98所示。

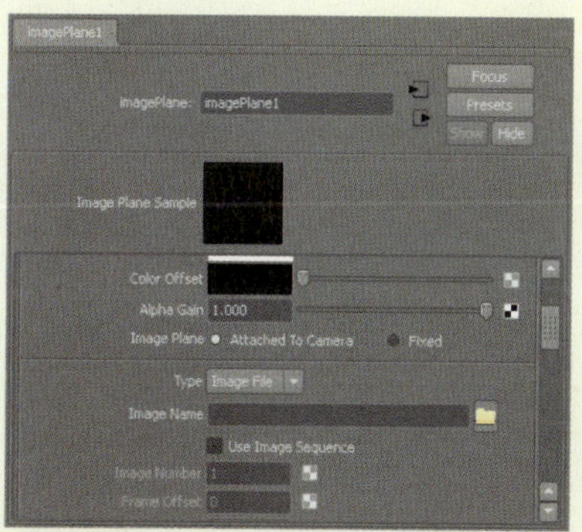

图9-98 导入摄像机素材

3 此时，在摄像机的照射位置会生成一个方形网格，代表了摄像机素材的面板，如图9-99所示。

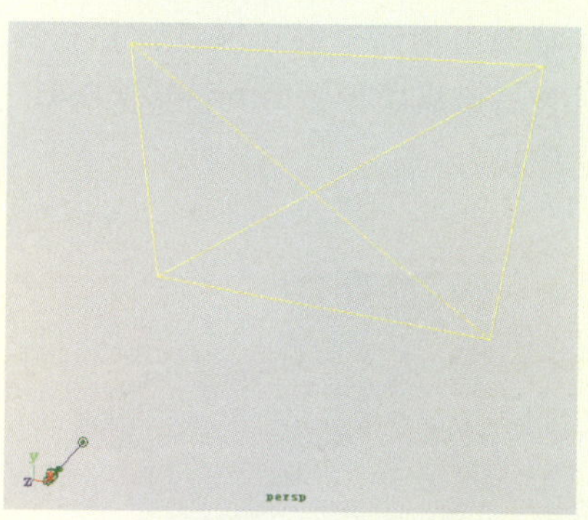

图9-99 摄像机的变化

4 在弹出的对话框中，选择要导入的素材图片，单击Open按钮，即可在方形网格上显示素材图片，如图9-100所示。

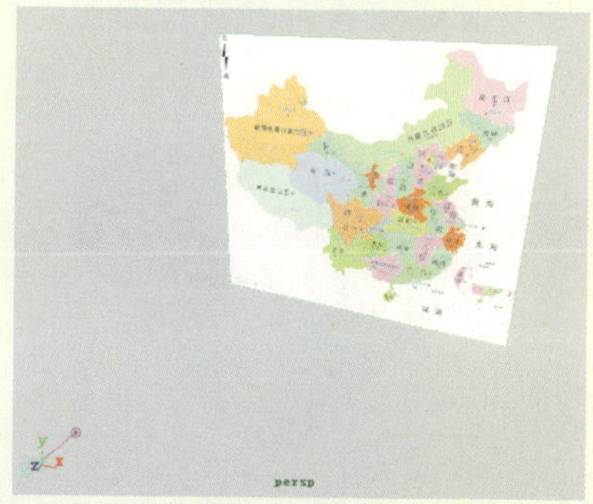

图9-100 导入的摄像机素材

9.9 灯光和摄像机技术应用

无论在虚拟的三维空间中还是在现实的世界中，光是人们认识世界的基础。通过光的照射，人们可以分辨物体体积、远近和颜色等信息。在三维软件中，灯光是表现作品创意不可缺少的部分。每个三维作品的好坏与灯光的布置是分不开的，优秀的三维作品可以使场景画面效果更佳，再加上摄像机对场景透视角度的捕捉，充分体现场景的真实效果。

综合实战08——灯光和摄像机技术应用

操作时间	16分24秒
视　　频	视频\第1章\09-1.avi和09-2.avi

1 在场景中导入名为“街道”的场景文件。然后，执行Create（创建）| Ambient Light（环境光）命令，在场景中创建一盏环境灯，并在其属性设置面板中设置Intensity为0.4，如图9-101所示。

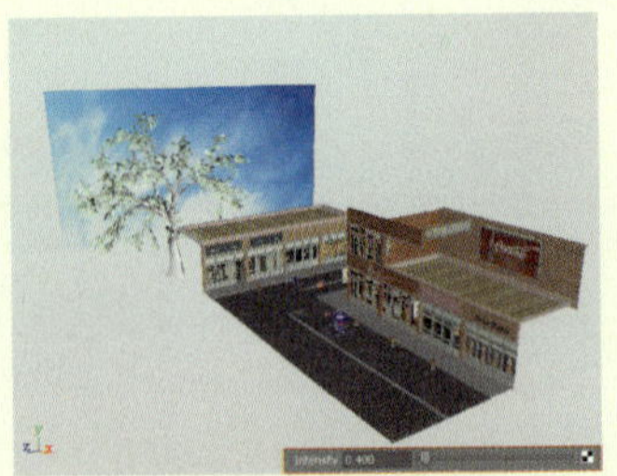

图9-101 创建环境灯

2 执行Create（创建）| Cameras（摄像机）| Camera（自有摄像机）命令，在场景中创建一架摄像机，并调整其在场景中的视觉角度，如图9-102所示。

图9-102 创建摄像机

3 执行Create（创建）| Lights（灯光）| Directional Light（平行光）命令，创建一盏平行灯并调整其照射角度。然后，在其属性面板中调整其Color（颜色）为淡黄色，用来作为主光源，如图9-103所示。

4 切换到摄像机视图，将当前场景进行渲染输出，以观察灯光的照明效果，如图9-104所示。

图9-103 创建平行灯

图9-104 灯光的渲染效果

5 同样的方法，再创建一盏平行灯并调整其照射角度，在其属性面板中设置其Color（颜色）为浅黄色、Intensity（强度）为2.5，用来作为辅助光源，如图9-105所示。

图9-105 创建辅助光源

6 再切换到摄像机视图，将当前场景进行渲染输出，以观察辅助灯光的照射效果，如图9-106所示。

7 然后，再选中该辅助灯光并按Ctrl+A键，打开其属性面板，启用Use Depth Map Shadows（深度阴影贴图）复选框，设置Resolution（分辨率）为2048、Filter Size（模糊值）为1，如图9-107所示。

图9-106 辅助光渲染效果

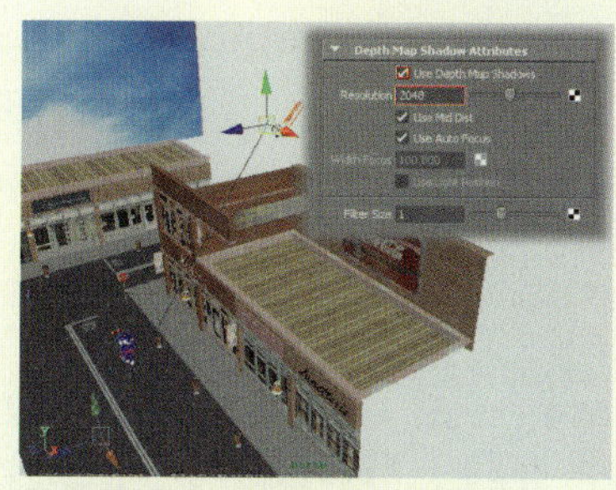

图9-107 启用深度阴影贴图

8 切换到摄像机视图，将当前场景的灯光效果进行渲染输出，以观察该辅助灯光的阴影效果，如图9-108所示。

图9-108 灯光阴影效果

9 创建一盏聚光灯，在其属性面板中设置其Color（颜色）为淡红色、Intensity（强度）为1.6、Cone Angle（圆锥角度）为160.096、Dropoff（衰减）为1，用于照亮场景的楼房，如图9-109所示。

10 切换到摄像机视图，将当前场景进行渲染输出，以观察灯光对楼房的照射效果，如图9-110所示。

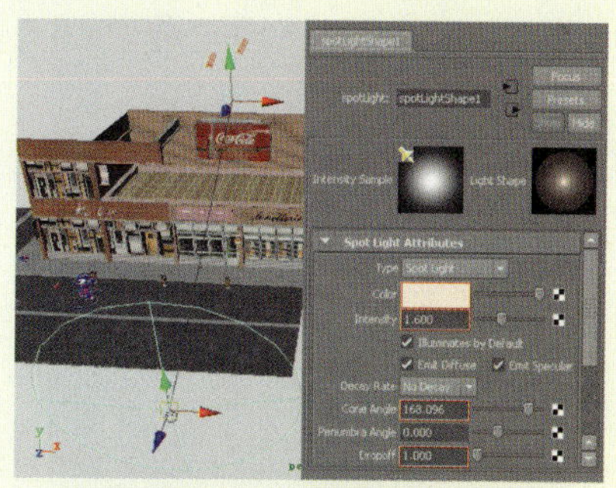

图9-109 创建聚光灯

图9-110 灯光的照射效果

11 再创建一盏聚光灯并调整其照射角度，用于照射侧边的楼房，如图9-111所示。

图9-111 创建聚光灯

12 选中该聚光灯并按Ctrl+A键，打开其属性面板。然后，设置Color（颜色）为灰色、Intensity（强度）为0.5、Cone Angle（圆锥角度）为141.321、Dropoff（衰减）为1.8，如图9-112所示。

13 切换到摄像机视图，将当前场景进行渲染输出，以观察灯光的照射效果，如图9-113所示。

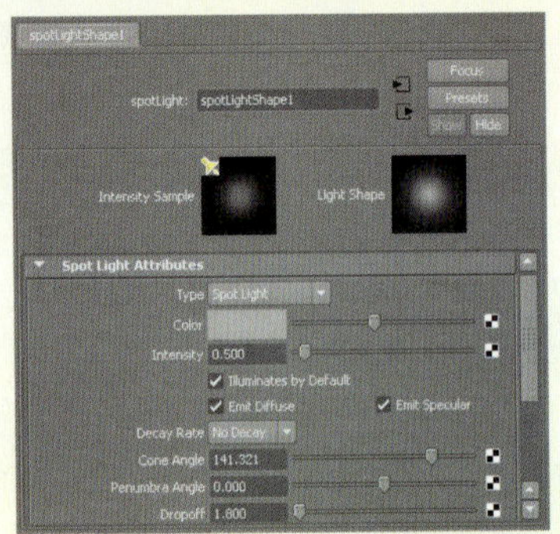

图9-112 调整灯光属性

图9-113 灯光的照射效果

14 执行Relationship Editors（关联编辑器）| Light Linking（灯光连接）| Light-Centric（灯光中心）命令，在弹出的对话框中选中Spot light4属性，再单击右侧的Sky属性，以取消该灯光与天空物体的连接，如图9-114所示。

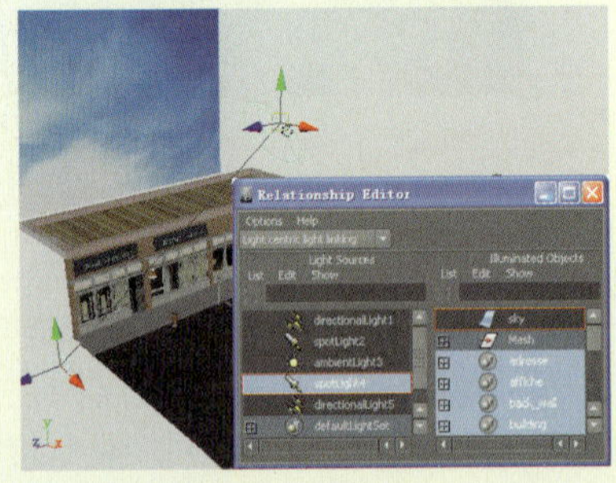

图9-114 执行Light-Centric命令

15 再在Relationship Editor对话框中选中Directional Light5属性（主光源），在其右侧单击Sky属性，以取消该灯光与天空模型之间的连接，如图9-115所示。

图9-115 取消平行灯与天空模型的连接

16 切换到摄像机视图，将当前场景进行渲染输出，以观察灯光对天空模型的照射效果，如图9-116所示。

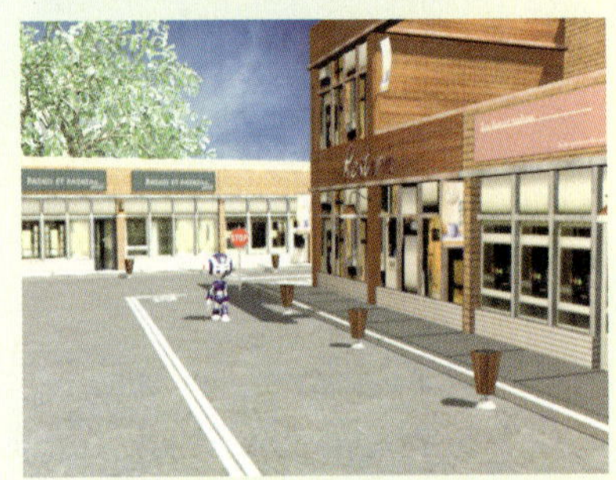

图9-116 灯光的渲染效果

17 此时可以看到楼房侧边的房子模型产生了曝光效果。可以在Relationship Editor对话框中，取消Directional Light5灯光与房子的连接，如图9-117所示。

图9-117 取消主光源与房子的连接

18 切换到摄像机视图，将当前场景进行渲染输出，以观察楼房侧边房子的光照效果，如图9-118所示。

图9-118 房子的照射效果

19 执行Spot light（聚光灯）命令，创建一盏聚光灯，将其放置到地面的下方并调整其照射角度，用于创建从地面到天空的反弹光，如图9-119所示。

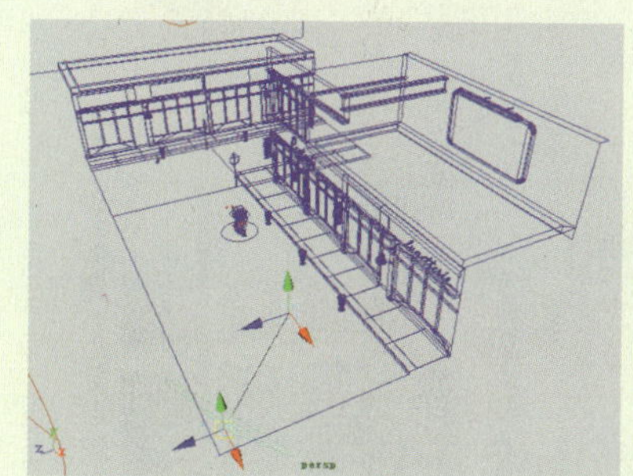

图9-119 创建地面聚光灯

20 选中该聚光灯，在其属性面板中设置其Color（颜色）为蓝灰色、Intensity（强度）为0.3、Cone Angle（圆锥角度）为162.147、Dropoff（衰减）为1.3，如图9-120所示。

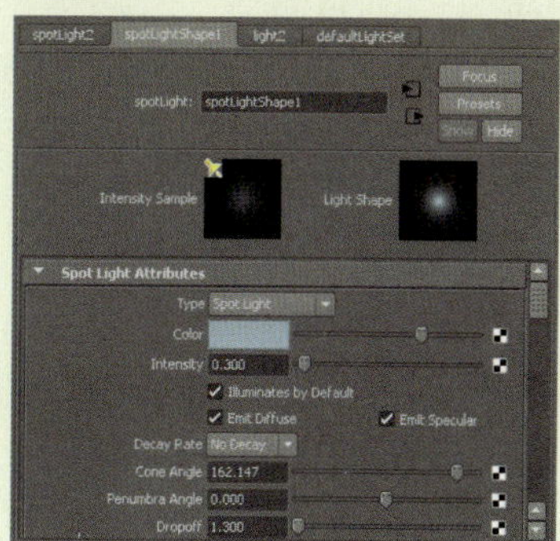

图9-120 设置灯光属性

21 切换到摄像机视图，将当前场景进行渲染输出，以观察添加地面反弹光的照射效果，如图9-121所示。

图9-121 地面反弹光的照射效果

22 切换到Persp视图，按数字键4，切换到物体的网格显示状态。然后，将创建的地面反弹光连续进行三次复制，并且调整它们的照射角度，如图9-122所示。

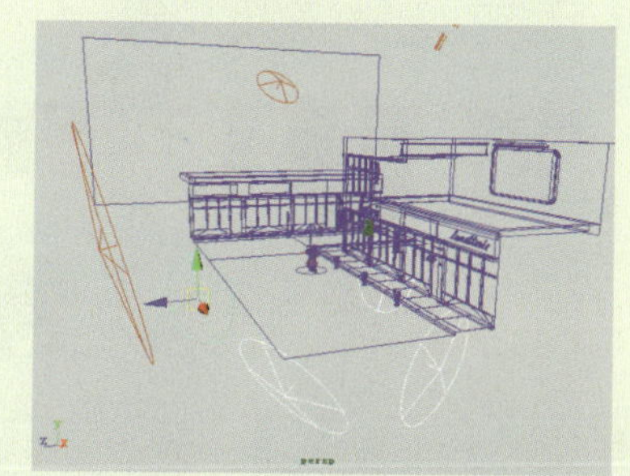

图9-122 复制地面反弹光

23 切换到摄像机视图，将当前场景进行渲染输出，以观察添加几盏地面反弹光后的场景照射效果，如图9-123所示。

图9-123 反弹光的照射效果

24 选中摄像机，按Ctrl+A键，在打开的属性面板中启用Depth of Field（景深）复选框，设置Focus Distance（焦距）为45、F Stop（光圈）为5、Focus Region Scale（焦距范围）为3，如图9-124所示。

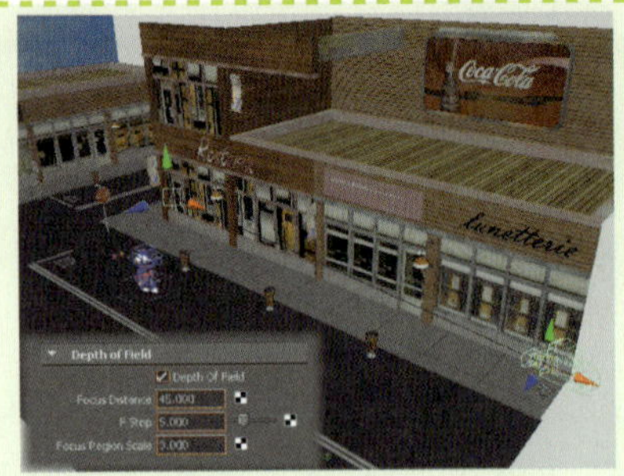

图9-124 启用景深属性

25 切换到场景摄像机视图，将当前场景进行渲染输出，以观察场景摄像机的景深效果，如图9-125所示。

图9-125 场景摄像机的景深效果。

第10章

基础动画

若想成为一名出色的CG动画师，必然离不开软件的支持，Maya软件制作动画的功能非常强大，是广大动画师最喜欢的创作平台。通过对本章的学习，希望用户能够初步了解动画的基本概念和分类，并且掌握Maya软件动画制作的操作界面和基础动画的创建。

10.1 动画的基本认识

在Maya 2011中创建完成一个对象后，它的所有节点属性，包括模型的各个组成元素，灯光的强度和衰减速度，材质的颜色和透明度等属性都可以被记录成动画。如图10-1所示的是水流和火光的动画制作效果。在本节中，先来学习动画的基础知识，包括动画理论、动画种类、动画的基本控制和创建等，使用户很好地掌握动画的创建与编辑。

图10-1 动画效果

10.1.1 动画基本原理

动画是基于人的视觉原理来创建出运动的图像，因为人的眼睛会产生视觉暂留，对上一个画面的感知还末消失，下一张画面又出现，就会有动的感觉。我们在短时间内观看一系列相关联的静止画面时，就会将其视为连续的动作。如图10-2所示，一个人走一步的动作可以分解成12张静态图像。

图10-2 动画序列

这12张图像可以称作一个动画序列，其中每个单幅画面称作一帧。在传统的二维动画中制作一个动画需要绘制很多静态图像，而在三维软件中创建动画只需要记录每个动画序列的起始帧、结束帧和关键帧即可，中间帧会由软件自身计算完成。所谓的关键帧是指一个动画序列中起决定作用的帧，它往往控制动画转变的时间和位置。通常一个动画序列的第一帧和最后一帧是默认的关键帧，关键帧的多少和动画的复杂程度有关。关键帧中间的画面称为中间帧。

10.1.2 动画的分类

在Maya 2011中有多种创建动画的方式，按照不同的制作方式可以分为关键帧动画、路径和约束动画、驱动属性动画、表达式动画和动力学动画，下面对这几种动画进行分析。

1.关键帧动画

关键帧动画是应用最为广泛的一种创建动画的方法，特别是在简单角色动画制作中，更为常用。

2.路径和约束动画

使用这种创建方式，主要做一些沿特定路径运动或者受目标约束的动画。比如，制作一个在按照一定轨迹飞行的飞机、飞船、火箭动画等。

3.驱动关键帧动画

这种动画形式比较特殊，它是通过物体属性之间的关联性，使一个物体的属性驱动另外一个物体的属性。比如，使用一个球体的位移来控制一个立方体的缩放等。

4.表达式动画

要使用这种动画方式，需要掌握比较专业的Mel编程语言。表达式动画在制作粒子特效方面应用比较频繁。

5.动力学动画

动力学动画也是Maya动画中的一个亮点。它可以近乎完美地模拟一些自然物理现象，如物体间的碰撞、流体流动、粒子发射等特效动画。

10.2 常用动画控制命令

在学习制作动画实例开始之前，必须要对动画模块中的控制命令进行充分的认识。单击状态栏最前端的下三角按钮，切换到Animate模块。

在切换到Animate模块后，在命令栏中除去前几种公用命令外，会显示与动画制作相关的命令工具，如图10-3所示。

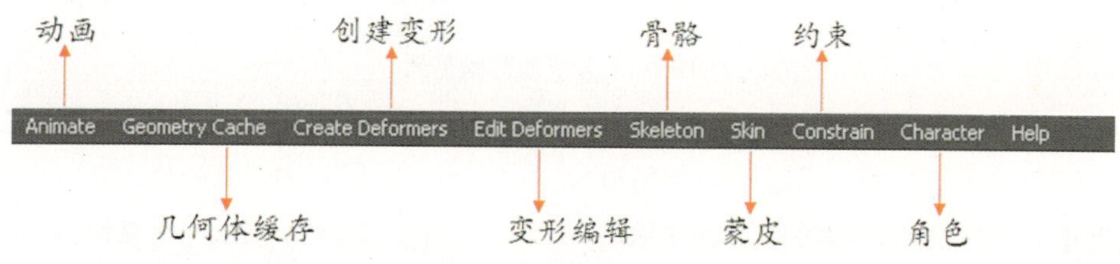

图10-3 动画控制命令菜单

动画的基本操作包括时间范围的设置、时间轴及时间滑块的操作、关键帧的创建和编辑、动画播放器的使用等。首先看一下Maya 2011视图中的动画控制区、时间轴和时间范围滑块界面，如图10-4所示。

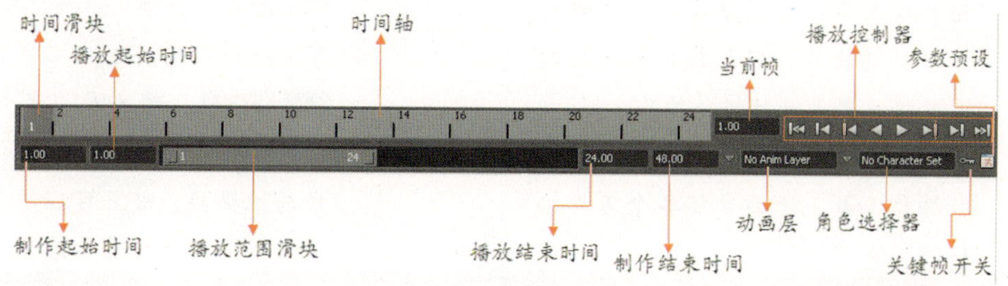

图10-4 动画控制界面

下面对动画控制界面中的操作控制器进行介绍。

- 时间轴：可以将其理解为一卷展开的电影胶卷，时间轴上的数字序号代表了每一帧的序列帧号，默认第一帧为起始单位。Maya默认时间轴上显示了1~24帧的范围。
- 时间滑块：用来播放和显示时间轴上每一帧的画面。在时间轴上来回拖动时间滑块，当时间滑块拖动到某一帧时，视图区就会显示当前帧的场景画面。
- 当前帧：可用于动态显示当前时间滑块停留的帧位置。
- 动画制作起始时间：用来定义动画从第几帧开始制作。
- 动画制作结束时间：用来定义动画到第几帧制作完成。
- 动画播放起始时间：用来定义在时间轴上从第几帧开始显示动画。
- 动画播放结束时间：用来定义动画到第几帧结束显示动画。
- 播放范围滑块：Maya默认时间轴上显示的帧长度只有24帧，而在实际动画制作中远大于这个长度，所以就需要调节播放范围滑块来缩放整个时间轴的长度。滑块的两端分别对应动画播放起始时间和结束时间。

用户可以在动画播放起始时间栏中输入数值20，注意观看时间轴的变化，它可以控制动画从第20帧开始播放，如图10-5所示。

图10-5 设置播放时间范围

从上图可以看出，时间轴的起始帧由默认的第一帧变成了第20帧，同时时间范围滑块的长度也发生了变化，起始位置自动缩进到20帧处，但末端仍保持在24帧，该滑块直观控制了时间轴的显示范围。通常只需单击并拖动滑块的起始端，即可快速改变时间轴上的显示帧范围。

- 播放控制器：如果将时间轴比喻为一段影片胶片，那么就需要相应的影片播放器来进行播放操作，Maya的动画播放控制器集成了各种帧播放操作工具。下面介绍各个工具按钮的功能。
  - ◎ ：设置时间滑块回到时间轴上的起始帧处。
  - ◎ ：回到上一帧。
  - ◎ ：回到上一关键帧。
  - ◎ ：倒序播放。
  - ◎ ：顺序播放。
  - ◎ ：动画播放开关。
  - ◎ ：进入下一关键帧。
  - ◎ ：进入下一帧。
  - ◎ ：跳到末端帧处。
  - ◎ No Anim Layer：动画层。可使物体在原动画基础上再创建物体的某种属性动画，并且可以添加到图层里。若打开该层则启用该属性动画；若关闭该层则不启用该属性动画，使用起来如图层一样，所以称为动画层。

◎ No Character Set：角色选择器主要用于非线性动画。

◎ 🔑：关键帧开关。用来开启和关闭自动设置关键帧操作，默认灰色图标为关闭状态，单击激活后变为红色。

◎ 图标：Maya参数预设窗口。单击该图标后，会弹出Maya预设参数设置窗口。在制作动画开始之前，需要通过这里对动画进行参数预设。

10.3 创建关键帧动画

通过前面对动画控制工具的学习来创建一个简单的动画，以充分掌握关键帧动画的创建、关键帧的认识和编辑，以及如何预览动画效果。

10.3.1 预设动画参数

Maya是一个应用非常广泛的动画制作软件，范围涵盖动画、广告、影视、游戏制作等多个平台，但是不同的平台所要求的动画播放速率是不同的，所以Maya自身也根据不同平台内置了多套标准动画速率的预设参数，用户在工作时根据需要对参数进行设置即可。由于本节要学习创建一个关键帧动画，那么在制作动画之前，首先需要对动画的一些制作和播放参数进行设置。

单击场景视图右下角的图标，打开Maya参数预设对话框，如图10-6所示。

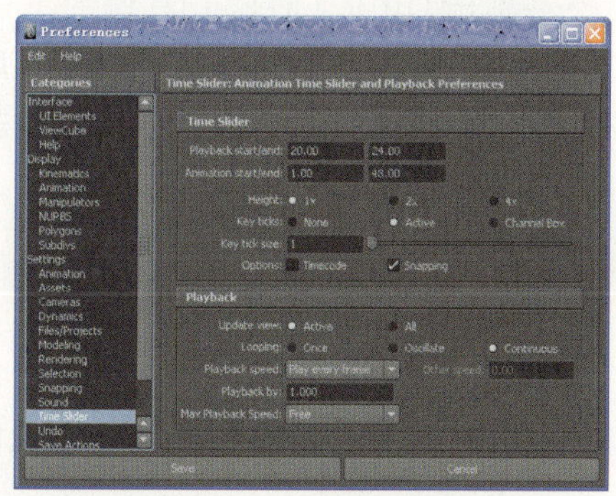

图10-6 参数预设对话框

该对话框都是关于Maya各个模块的预设参数，左边的选项列表称作Categories（项目），显示了Maya的各个模块。单击左边Categories（项目）下的不同模块，右边就会显示相应的参数设置。

在Time Slider模块下，右边Time Slider（时间滑块）选项区域下的Playback Start/end（时间范围）值，与视图区时间轴的时间范围值相同。Playback（播放）选项区域是关于动画播放速率设置的参数，单击Maya动画控制器上的按钮，Maya会自动按照相应的播放速率进行动画实时预览。

动手实践170——设置动画预设参数

1 这里要制作标准的影视关键帧动画，所以将播放速率设置为24帧/秒。单击Playback speed（播放速度）选项右侧的下三角按钮，在弹出的列表中选择“Real-time[14fps]”选项，如图10-7所示。

2 上一步仅仅是设置了动画播放速率，根据动画最终要在不同的硬件平台上播放，还需要设置动画制作速率。选择Preferences对话框左侧的Setting（设置）选项，如图10-8所示。

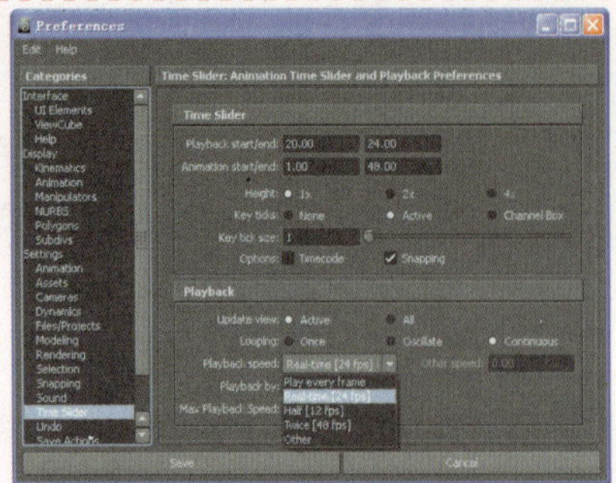

图10-7 设置动画速率

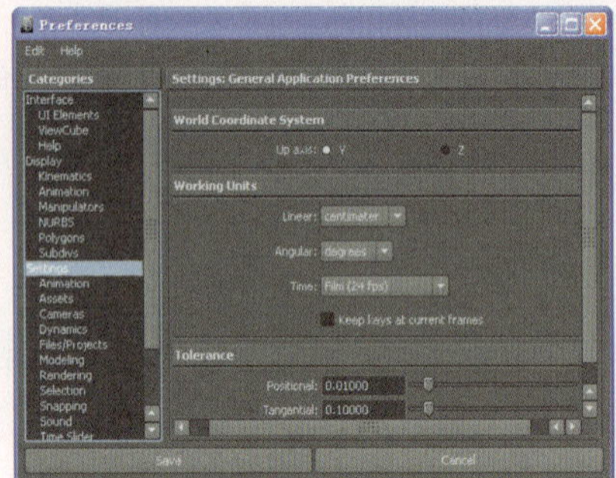

图10-8 打开Setting选项面板

3 单击Time（时间）右侧的下三角按钮，弹出一个速率选择列表，用户可以选择相应的速率，用来作为动画的制作速率，如图10-9所示。

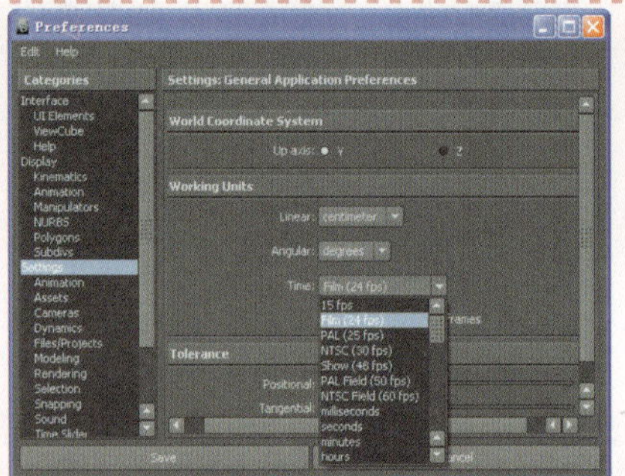

图10-9 选择动画制作速率

注意

播放速率与制作速率的区别在于，播放速率只是表示Maya中预览动画是每秒播放的帧数，而动画的制作速率则表示在某一特定播放平台上每秒钟需要达到多少帧才能达到播放标准，而这个标准是由播放平台来决定的。

4 对于角色小球动画制作来说，只选用默认的“Film[24fps]”即可。至于要转化为在其他平台上播放，只需重新改变制作速率，Maya会自动根据比例改变制作帧数。

提示

如果要制作成电影标准的动画，就需要设置动画播放速率为24帧/秒，而如果要制作是在游戏机上播放的动画，则必须设置播放速率在60帧/秒以上，不同的播放平台要求的动画播放速率值不同。

下面对Playback speed属性选项下的其他选项进行说明。

- Play every frame（播放速率）：通常是在制作粒子动画时才会用到，因为粒子动画是以帧为单位进行实时运算的。因为不同硬件性能的计算机播放速度会不同，所以在制作关键帧动画时不选择该选项。
- Half [12fps]（预览速率）：为每秒固定预览播放12帧。
- Twice [48fps]（预览速率）：为每秒固定预览播放48帧。
- Other（自定义）：用于控制是否允许自定义播放速率。

10.3.2 创建关键帧

通过前面的学习，我们已经对动画的基本原理、控制界面、参数预设都有了大致的了解，下面学习一下如何快速创建关键帧动画。

动手实践171——快速创建关键帧

1 在场景中导入小球模型并将其选中，拖曳时间滑块到第1帧处，然后按S键为其设置关键帧，此时观察时间轴和通道栏的变化，如图10-10所示。

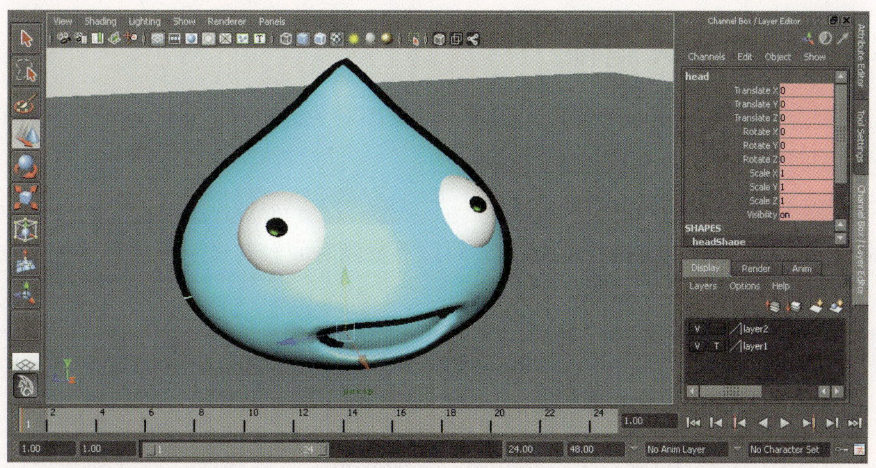

图10-10 设置第1帧动画

2 拖曳时间滑块到第12帧处，选中小球并设置其Y轴坐标属性值为5。然后按S键，为其设置第12帧动画，如图10-11所示。

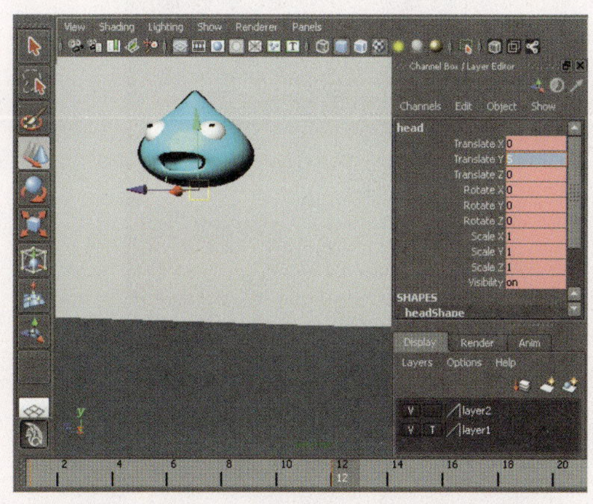

图10-11 设置第12帧动画

3 再拖曳时间滑块到第24帧处，并且设置小球Y轴坐标属性值为0，以使其恢复到原始位置。然后按S键，为其设置第24帧动画，如图10-12所示。

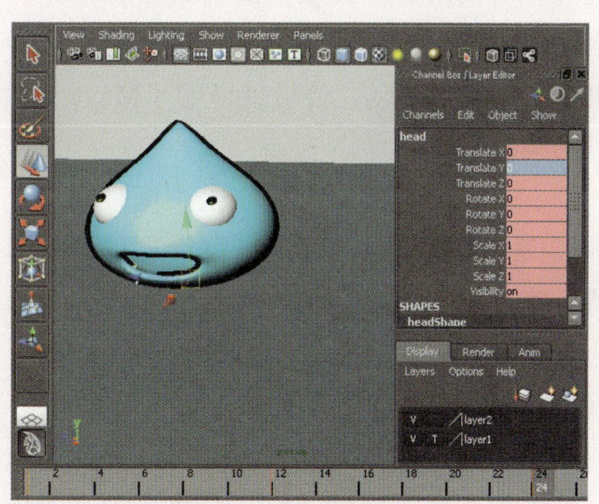

图10-12 设置第24帧动画

注意

一定要先将时间轴上的时间滑块拖曳到特定帧上，再设置物体属性参数值，按S键，为其设定关键帧。然后，继续拖曳时间滑块到下一帧，再设置物体属性参数值并按S键以设定关键帧。

问题：选择动画物体，先调整物体属性再设置关键帧，为何物体会恢复上一关键帧所处状态？

在对物体设置关键帧时，一定要先指定时间轴上关键帧所在的位置，再调整物体的关键帧属性值，然后为其设置关键帧。

10.3.3 分析动画关键帧

若想熟练掌握关键帧动画的创建和编辑，就必须对关键帧和关键帧动画有很好的认识，因此熟悉关键帧对角色动画的影响至关重要。

1.关键帧的显示

在将前文的小球弹跳动画制作完成后，可以观察到时间轴的显示发生了变化，如图10-13所示。

图10-13 创建的关键帧

从上图可以看出，在第1帧、第12帧和第24帧处出现了3条红线标记，也就是按S键设置关键帧的位置，那么红线标记就是关键帧。

2.创建关键帧的依据

播放动画，小球由初始位置上升到最高位置，再由最高位置下落到初始位置，并且自动完成了1~12、1~24之间的过渡帧，这种机械式的往复运动，恰恰就证明了Maya关键帧动画的原理。

在Maya动画中，实际上是根据时间轴上前后两个关键帧，再通过计算机进行均匀插值计算得出中间帧的运动轨迹。例如，Maya会自动通过插值运算，将小球从第1~12帧之间的运动幅度进行匀速处理。

只有在确定创建两个或两个以上的关键帧才能够创建关键帧动画。用户只需选中物体，按S键，即可将当前帧转换为关键帧，并且物体在通道栏上的所有属性也会被Maya列为计算中间帧动画的参数值，我们将这些属性称为关键帧属性。

当选择物体被添加关键帧后，其通道栏所有属性都变成黄色显示，表示这些属性都成为了关键属性，若改变其中任意属性，将会导致物体在该属性方向上产生计算机动画。如果任意属性方向上的中间差值为0，则表示物体在该属性方向没有关键帧动画，如图10-14所示。

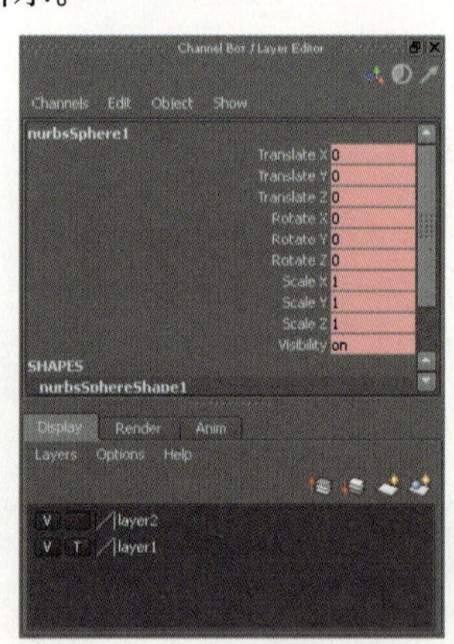

图10-14 关键属性

提示

当将选择物体按S键后，可以看到其通道栏的所有属性都变为黄色显示，表示这些属性都被列为关键属性。由于通道栏的属性也被包含在属性栏中，也可以为属性栏中的属性设置关键帧动画。

10.3.4 关键帧的设置

通过前文对关键帧的分析，用户已经对关键帧有了充分的认识。下面就来介绍有关关键帧的几种创建方法。

1.通过命令创建

前文中为小球添加关键帧，是通过按S键完成的，其实它等同于在Animate模块下，执行Animate（动画）| Set key（关键帧）命令，为所选物体添加关键帧，如图10-15所示。

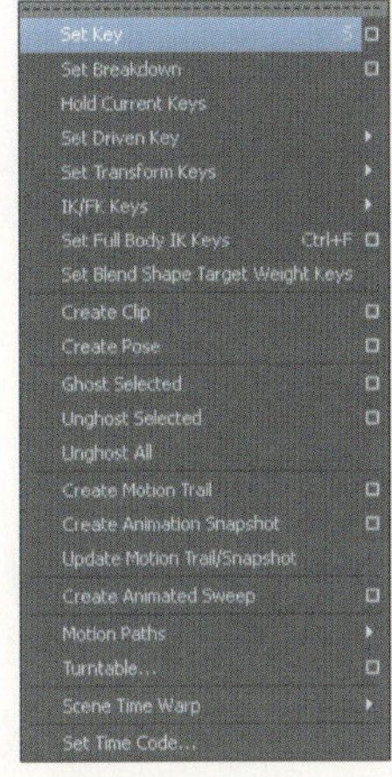

图10-15 动画命令菜单

2.通过快捷图标创建

除了使用按S键和Maya内置的命令创建关键帧外，Maya还提供了另一种更加快捷的自动添加关键帧的方式，即自动设置关键帧开关。

3.通过关键属性创建

前面讲解了创建关键帧动画的依据，如果物体某个属性上没有数字改变，Maya仍然会进行插值运算，只是计算出的中间插值为0，但是仍然被设置为关键属性，只是不能产生任何动画效果。为了避免计算机进行不必要的插值运算，可以只将与动画有关的属性设置为关键属性，以优化动画操作。

在对所选物体设置关键帧时，可以使用以下3种快捷键。它们类似于按S键。

- 快速将TranslateX、Y、Z轴的属性设置为关键属性，快捷键为Shift+W。
- 快速将ScaleX、Y、Z轴的属性设置为关键属性，快捷键为Shift+E。
- 快速将RotateX、Y、Z轴的属性设置为关键属性，快捷键为Shift+R。

动手实践172——自动添加关键帧

1 拖曳时间滑块到第1帧处，并且选择场景中未被添加关键帧的小球，执行Animate（动画）| Set key（设置关键帧）命令，为其添加关键帧，如图10-16所示。

2 单击动画控制区的图标，激活自动设置关键帧开关，该快捷图标会变为红色。

3 再拖曳时间滑块到第12帧处，使用移动工具将小球沿X轴向右移动，以使Translate X参数值为6，即可在该帧处自动创建关键帧，如图10-17所示。

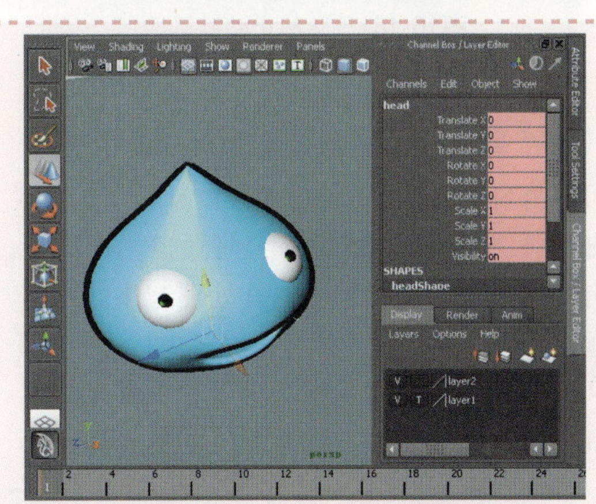

图10-16 执行Set key命令

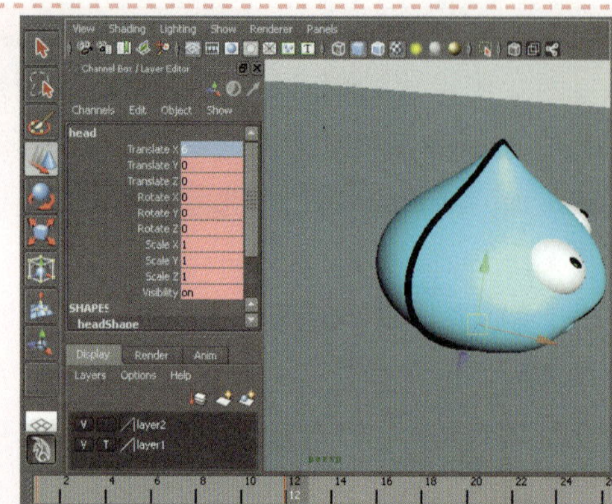

图10-17 自动创建

4 执行Edit（编辑）| Delete by Type（按类型删除）| Static Channels（静帧通道）命令，删除不产生动画效果的关键属性，如图10-18所示。

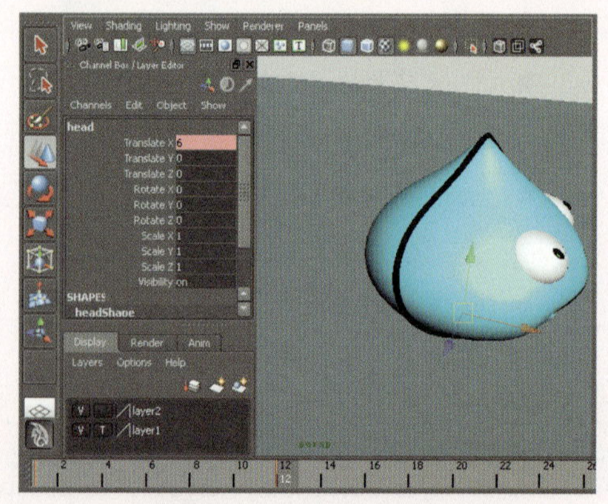

图10-18 删除静止关键属性

5 再拖曳时间滑块到第20帧处，设置Translate X参数值为0，并按Enter键确定，自动创建第20帧处关键帧，如图10-19所示。

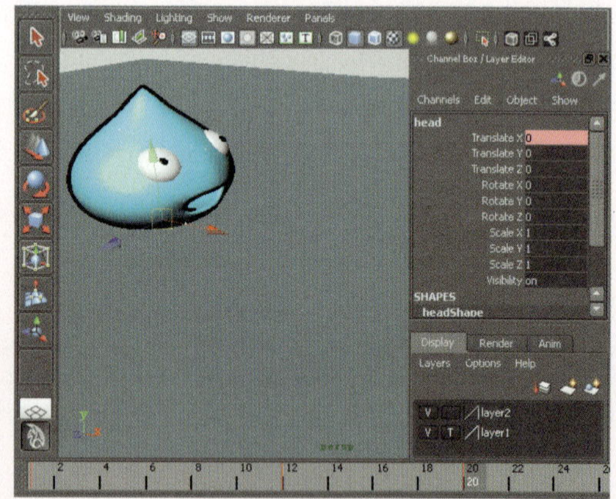

图10-19 设置关键属性

注意中

在自动创建关键帧时，需注意要事先按S键或使用命令工具创建第1帧关键帧，然后再激活图标，来自动创建关键帧。

4.禁止设置关键属性

在学习了如何创建关键帧以后，用户可以感觉到每次执行Set Key命令，不如按S键方便，而直接按S键又会将通道栏中的所有属性设置为关键帧，这样处理起来非常麻烦。但是，Maya提供了一种Make Selected Nonkeyable（设置被选项不可用关键帧）工具，它可以强行将与动画无关的属性锁定为不可设置关键属性。

5.锁定关键属性

在通道栏属性设置中，还有一个命令对创建动画非常有用，即Lock Selected（锁定属性）工具。在通道栏中被锁定的属性无法被操作，从而便于保护那些已经被编辑好的关键帧。

动手实践173——禁止和锁定关键属性

1 选择小球，框选其通道栏中所有的属性以保持其黑色高亮显示。然后右键单击，在弹出的快捷菜单中选择Make Selected Nonkeyable（设置被选项不可用关键帧）命令，如图

10-20所示。

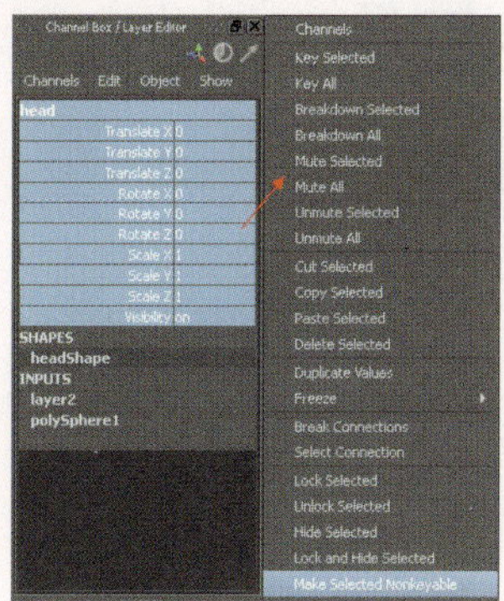

图10-20 执行锁定属性命令

2 此时，可以看到整个通道栏的属性全部以浅灰色显示，表示所选属性已被锁定，如图10-21所示。

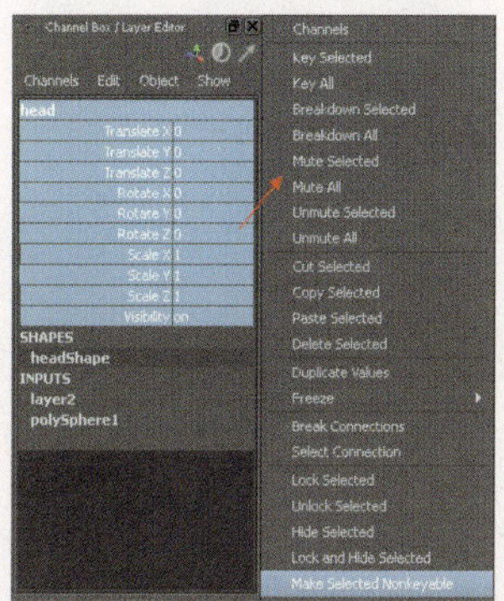

图10-21 属性锁定效果

3 修改任意属性参数值，即可改变物体当前的状态。但是按S键，会在帮助栏出现红色的警告提示，表示不能对物体创建关键帧，如图10-22所示。

4 选中想要设置关键帧的属性，右键单击选择Make Selected Nonkeyable（设置被选项不可用关键帧）命令，即可对该属性添加关键帧。

5 同样，框选通道栏中的所有属性，右键单击选择Lock Selected（锁定选项）命令，可以看到通道栏所有属性变为深灰色显示，但同样不能对它们添加关键帧，如图10-23所示。

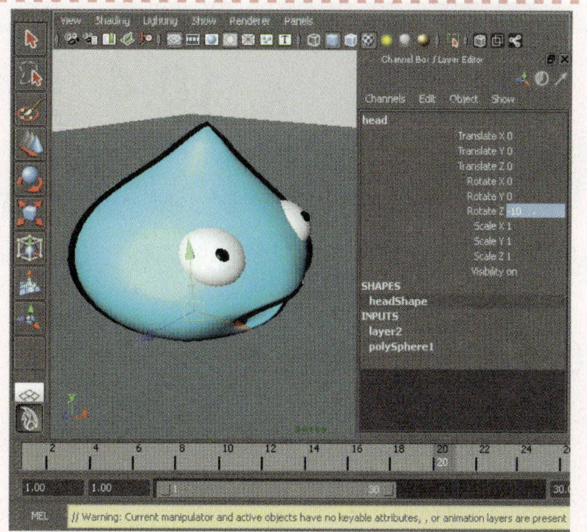

图10-22 不能设置关键帧

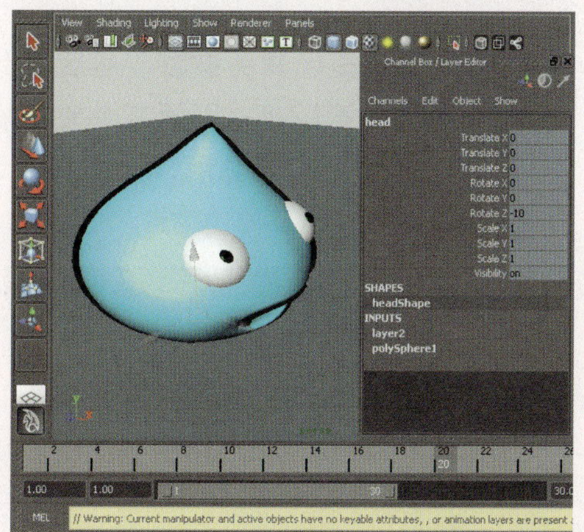

图10-23 执行Lock Selected命令

6 修改任意属性参数值，然后按Enter键，但并不能改变该属性参数值，如图10-24所示。

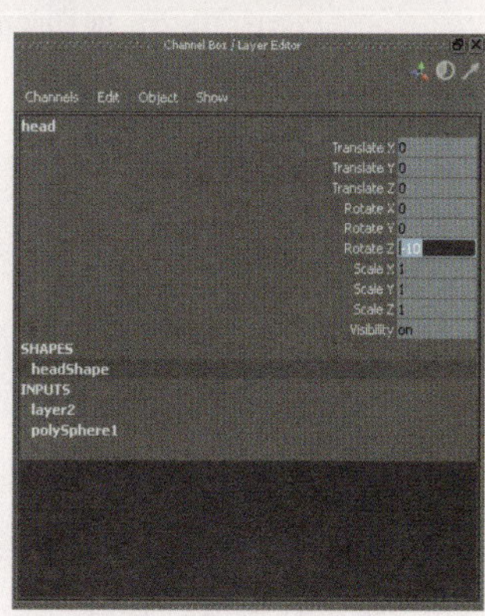

图10-24 属性锁定效果

7 同禁止设置关键帧属性命令类似，可以选中锁定的属性，右键单击选择Unlock（解锁）命令，解锁它们的被锁定状态，已将其恢复到正常状态。

10.4 关键帧的编辑

在对关键帧进行操作时，Maya允许直接在时间轴上对关键帧进行移动、剪切、复制、粘贴、预览等操作，以便快速编辑关键帧序列。

10.4.1 操作关键帧

下面利用前面制作的共有3个关键帧的24帧小球弹跳动画实例来对关键帧的剪切、复制、粘贴和移动操作进行介绍。

动手实践174——剪切关键帧

1 选择小球以显示其关键帧，然后拖曳时间滑块到第12帧，即第二个关键帧处，以使其呈高亮显示，如图10-25所示。

图10-25 选择关键帧

2 然后右键单击，在弹出的快捷菜单中选择Cut（剪切）命令，即可将当前帧删除，如图10-26所示。

图10-26 剪切关键帧

3 拖曳时间滑块到第14帧处，右键单击选择Paste（粘贴）| Paste（粘贴）命令，如图10-27所示。

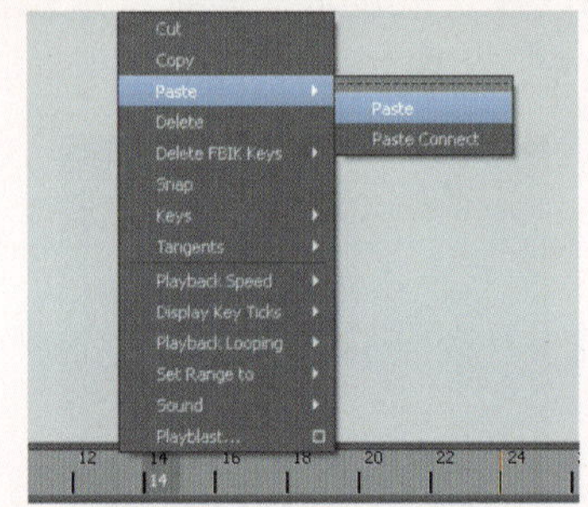

图10-27 执行Paste命令

4 可以看到被剪切的关键帧被粘贴到第14帧处，如图10-28所示。然后，播放动画并观察小球由原来的在12帧处升到最高处，变为在第14帧处上升为最高。

图10-28 关键帧的粘贴效果

动手实践175——移动关键帧

1 拖曳时间滑块到第14帧处，然后按住Shift键并单击该时间滑块，此时该处会出现红色方块标记，如图10-29所示。

图10-29 选择关键帧

2 单击并拖动红色方块中间部位的黑色箭头，即可随意移动当前关键帧的位置，如图10-30所示。

图10-30 移动关键帧

3 将其拖放到第10帧处，释放鼠标左键即可确定当前关键帧的位置。然后，也可以移动末端第24帧处的关键帧到第20帧处，如图10-31所示。

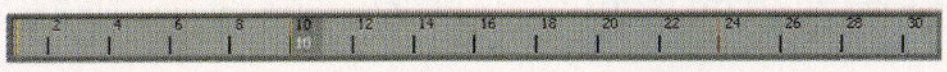

图10-31 移动末端关键帧

4 同样，拖曳时间滑块到第1帧。然后按住Shift键并拖动红色方块上最左侧的黑色箭头，可以拉伸红色方块以选中多个关键帧，如图10-32所示。

图10-32 选择多个关键帧

5 单击并拖动红色方块上中间部位的黑色箭头，即可移动选择的多个关键帧，如图10-33所示。

图10-33 移动多个关键帧

6 再在时间轴上单击，即可确定这些关键帧的移动位置，如图10-34所示。

图10-34 关键帧的平移效果

动手实践176——复制关键帧

1 拖曳时间滑块到第12帧处，然后右键单击选择Copy（复制）命令，对其执行复制操作，如图10-35所示。

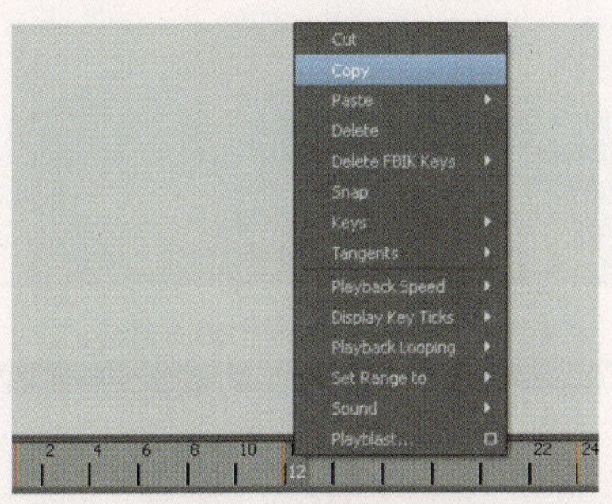

图10-35 复制关键帧

2 拖曳时间滑块到第18帧处，右键单击选择Paste（粘贴）｜Paste（粘贴）命令，即可将12帧处的关键帧粘贴到第18帧处，如图10-36所示。

图10-36 粘贴关键帧

10.4.2 快速预览关键帧

在编辑关键帧时，常常需要快速预览上一帧或下一帧的关键帧变化，用户可以单击动画播放控制区的⏮和⏭按钮，时间滑块会自动跳到上一个关键帧和下一个关键帧，也可以使用快捷键<和>来快速预览前后关键帧。

注意

在拖动关键帧时，只有单击滑块中心位置的黑色箭头才能保证关键帧被拖动，否则红色滑块可能会消失需要重新定义。在改变红色滑块范围时需要先按住Shift键不放，再选中其两端的扩展标记进行拖拉，延伸完后还要注意先释放Shift键再释放鼠标左键，否则可能会操作失败。

10.4.3 预览关键帧动画

通过前面对Maya自动插入中间帧原理的了解，所以在复杂场景中，假如有多个角色同时运动，Maya在实时播放预览过程中，就会由于计算量过于繁重而导致卡帧现象，很难使用户检测到最终输出的真实动作，对此可以使用Maya提供的Play Blast（样品播放测试）工具。

通常单击动画控制区的▶按钮，可以对场景中的动画进行实时解算播放，而PlayBlast（样品播放测试）工具则是先集中计算出成样品再调用播放器进行播放。PlayBast（样品播放测试）输出的样片被直接生成为AVI格式，它与最终动画成品不同的是，它不会渲染灯光，只是利用Maya工作环境中的默认灯光进行简单渲染，因而渲染速度比较快。

动手实践177——快速预览动画

1 在时间轴上的任意一帧处右击，在弹出的快捷菜单中选择PlayBlast（样品播放测试）□命令，打开播放预览属性对话框，如图10-37所示。

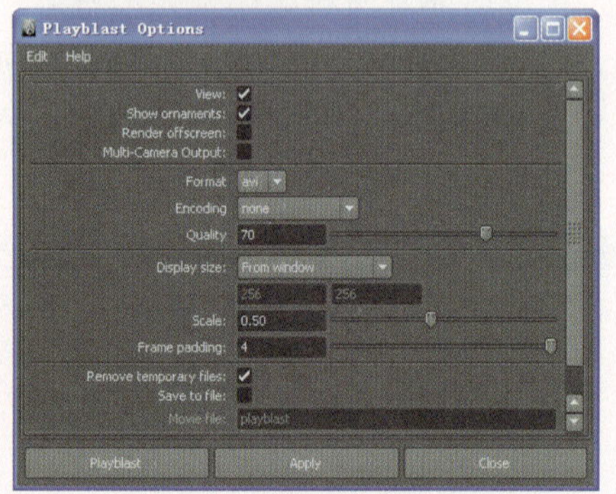

图10-37 播放预览属性对话框

2 这里使用默认设置，单击Playblast按钮，执行动画预览操作，此时会生产一个AVI格式的播放样片，如图10-38所示。

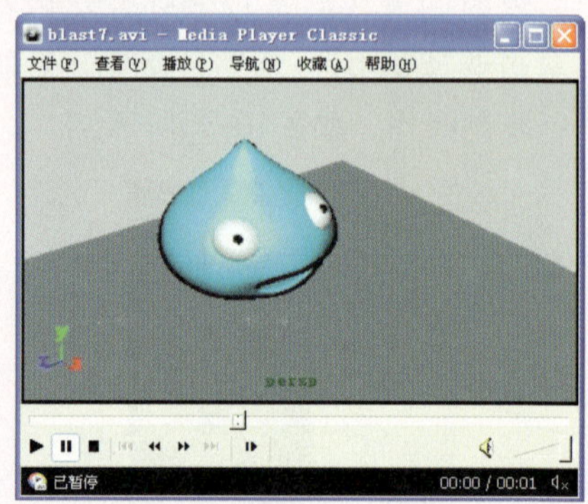

图10-38 输出的动画样品

在对动画片段进行预览之前，可以事先对播放预览工具的属性进行设置，以改变动画预览的效果。下面对其常用属性进行介绍。

- View（预览）：用于设置动画预览的方式，它包括Movie Player和Image Viewer两种。
  - ◎ Movie Player：表示生成样片之后，Maya会自动调出播放器进行播放动画。
  - ◎ Image Viewer：表示生成的是序列图片。
- Display size（显示尺寸）：用于控制样片显示的尺寸大小。它包含有3个选项，其中From Window是指使用操作对话框的大小；From Render Settings是使用渲染设置中的大小；选择Custom表示可以在其下面的输入框中自定义大小。
- Scale（比例）：用来控制生产样片尺寸大小，默认为0.5，最大为1，两者的区别就是在于速度和样片分辨率大小。
- Save to File（保存到文件）：若启用该复选框，下面的保存选项就会被激活。默认为禁用该复选框，即生成的样片不被保存。

10.5 创建序列帧动画

上一节通过制作简单的小球动画，学习了如何添加、编辑关键帧。通过在时间轴上快速平移关键帧的操作，对动画效果带来了最直接的影响，因此小球上升或者下降的动作就有了一定的节奏感，不再是单调的机械运动。但是，如何让小球的上升或者下降的动作更符合自己的设计感觉，让动画更加具有可控性呢？这里就涉及到了动画的时间与动作幅度之间的关系，首先需要从动画原理的角度对弹跳小球运动轨迹有一个清晰的理论分析。

10.5.1 序列动画的认识

如图10-39所示的是使用高速摄像机拍摄的一个现实生活中小球沿水平方向上下弹跳的运动轨迹。

图10-39 小球的运动轨迹

通过上图可以看到小球弹跳到最顶点位置时，由于上升速度变慢，而照相机拍摄速度恒定，所以在这一段时间内两帧之间的小球距离非常靠近，而当小球下落时，由于重力加速度的原因使得小球运动的速度越来越快，因而摄像机拍摄出的两帧之间的小球距离间隙越来越大。因此可以得出这样一个规律，当两关键帧之间的时间表间隔恒定时，如果物体运动幅度越大，则实际动画效果就会越快。反之，则越慢。同样，如果两关键帧之间间隔的帧数越少，即时间越短，那么实际动画效果就会越快。反之，则越慢。这是动画制作当中，时间与空间的关系。

根据时间表与空间之间的关系，如果想让小球弹跳起来后在空中停留的时间更长些，那么在实际绘制关键帧时，就应该多添加一些小球留在空中的关键帧帧数。如果想让小球下落时体现出真实的速度感，那么就应该在下落过程中，逐渐拉开两帧之间小球的位置距离，并减少关键帧数，从而模拟出小球一个运动的序列规律。

10.5.2 创建序列帧动画

在了解了帧序列的基本概念和工作原理后，下面可以尝试着在Maya场景中创建一个小球下落的动画来实现序列帧动画的效果。要完成该操作只需执行Animate（动画）| Ghost Selected（选择序列）命令即可，Ghost Selected工具可以用来显示被选中物体当前帧之前的序列动作，它可以使动画师无需在时间轴上向后拖动播放头就可以观察前几帧的动作影像，并且可以同时编辑当前帧动作。

动手实践178——序列帧动画的创建

1 拖曳时间滑块到第1帧处，选中并将其沿Y轴向上移动18个单位，为其设置关键帧。再将其恢复到原位置，拖曳时间滑块到第12帧处并设置关键帧，如图10-40所示。

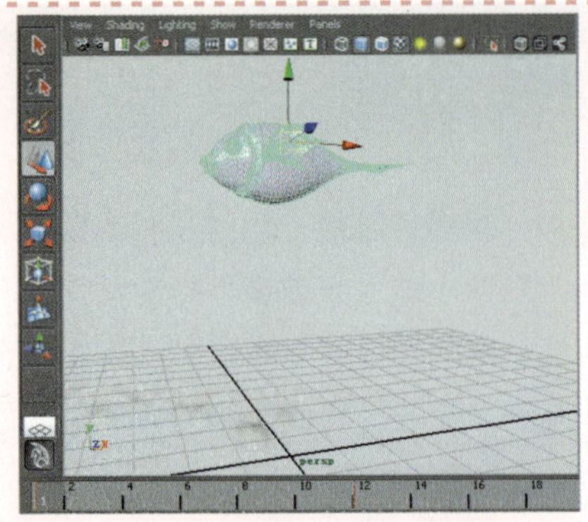

图10-40 设置第1帧关键帧

2 切换到Animate模块下，执行Animate（动画）| Ghost Selected（选择序列）□命令，在弹出的Ghost Options（序列属性）对话框中，选择Type of ghosting（序列类型）选项下的Custom frame steps（自定义帧数）命令，如图10-41所示。

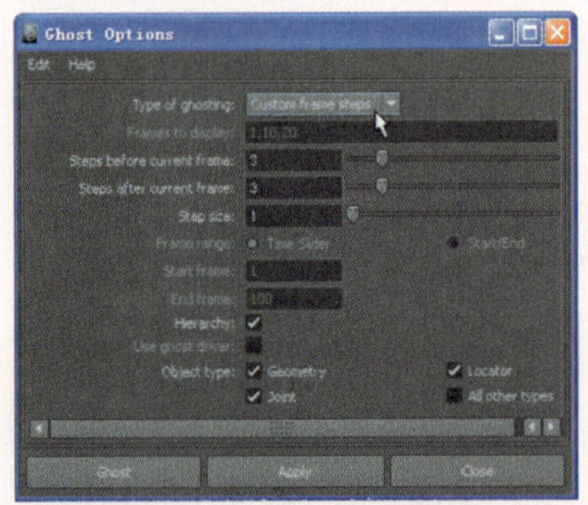

图10-41 Ghost属性对话框

3 选择物体并单击Ghost按钮，为其创建序列帧。然后，播放动画，可以看到在小球运动位置产生多个相同的小球，将它们称为序列，如图10-42所示。

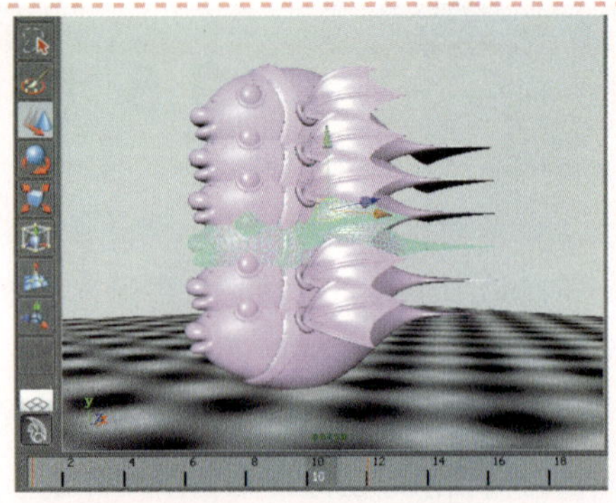

图10-42 小球的运动序列

4 在动画播放到末端帧12帧以后，小球的运动序列效果逐渐消失，其中以绿色高亮显示的是小球当前帧效果，如图10-43所示。

图10-43 序列消失

提示

在播放序列动画操作后，可以看到物体在第1帧处和末端处都会以绿色高亮显示，此时的物体可以被选择和编辑，但是呈蓝色显示的物体是不能被选择和编辑的，它们都是运动物体产生的序列效果。

下面对序列帧对话框中部分选项进行介绍。

- Steps before current frame（调用当前帧之前序列）：表示允许同时显示当前帧之前帧数内的动作序列。
- Steps after current frame（调用当前帧之后序列）：表示允许同时显示当前帧之后帧数内的动作序列。
- Steps size（序列间距）：用于控制显示Ghost序列的显示间隔幅度，默认为1，表示每帧都被显示。

10.5.3 Dope Sheet（律表编辑器）

Maya中的Dope Sheet编辑器是一种很好地对关键帧进行时序调节的工具。它可以精确地反应出关键帧和时间轴之间的关系。在制作动画过程中，经常使用它来快速调节关键帧时序、缩放整体动画的节奏等。

选中前面制作的关键帧动画，执行Windows（窗口）｜Animation editors（动画编辑器）｜Dope Sheet（律表编辑器）▣命令，打开Dope Sheet（律表编辑器）编辑器，即可看到动画的关键帧序列，如图10-44所示。

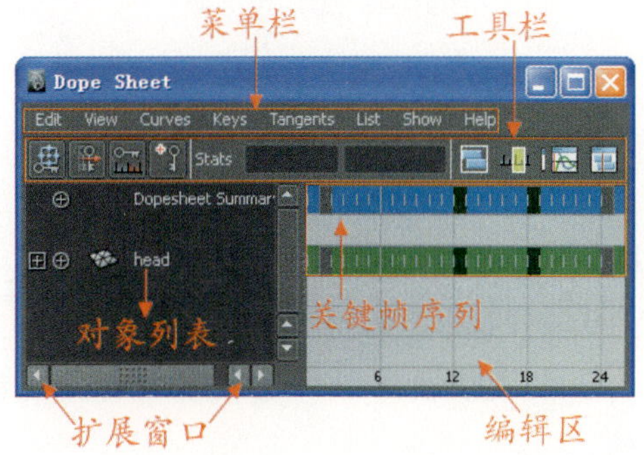

图10-44 Dope Sheet编辑器

下面对Dope Sheet编辑器中的一些功能分别进行介绍。

1．菜单栏

在Dope Sheet菜单栏中集成了各种关于关键帧操作的命令，它和Graph Editor中菜单栏的命令有很多重复选项。

2．对象列表

用来显示当前被选择物体的各节点属性。单击列表中节点属性左侧的“方形”或“圆形”按钮，即可展开并显示该物体所有关键属性。单击窗口左侧的属性选项，在右侧的编辑区中将显示该属性的所有关键帧。

3．编辑区

该区域显示当前被选中物体的所有关键帧序列，编辑区中每一个黑色小方块都代表一个单独的关键帧，被选中属性的关键帧，以黄色小方块显示。最顶部的横轴帧序列代表当前所有帧序列的组合。

对于编辑区的操作，可以使用Maya场景视图中的快捷键进行操作，比如按住Alt键并拖拉鼠标右键，可以对编辑区进行缩放操作，另外还包括视图移动、旋转的快捷键都可以在编辑区使用。如图10-45所示对编辑区的缩放操作。

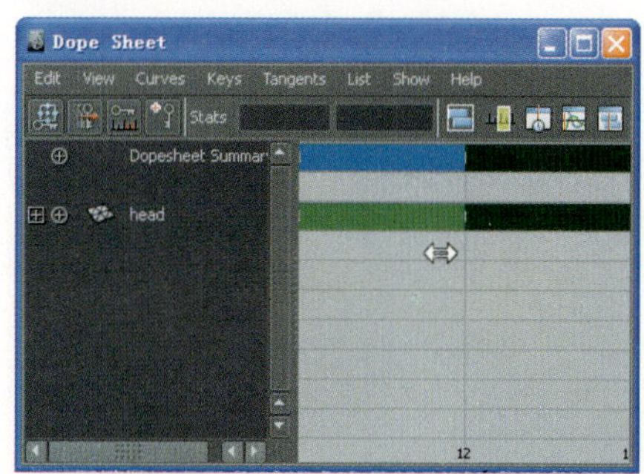

图10-45 编辑区的操作

4．工具栏

在该工具栏中集成了对关键帧进行各种操作的工具。

10.5.4 编辑序列帧

要对序列帧进行编辑，首先需要掌握关键帧编辑工具的使用方法。下面对Dope Sheet编辑器中的几种编辑工具进行介绍。

1. ▣（选择帧工具）

按下该按钮后，在编辑区中可以单击选择关键帧，也可以框选，以蓝色区域来确定选择范围，被选择的帧以黄色显示，如图10-46所示。

2. ▣（移动帧工具）

按下该按钮后，在编辑区中选择一个或多个要移动的关键帧，使其以黄色高亮显示，然后按住鼠标中键不放，这时鼠标指针会变成一个双向箭头，水平拖曳鼠标中键即可移动所选关键帧。如图10-47所示。

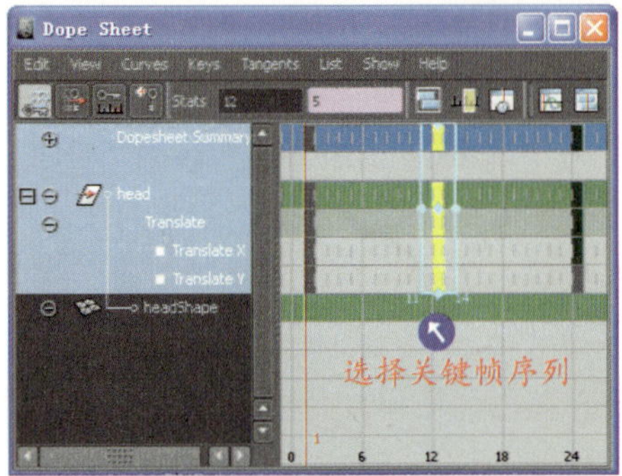

图10-46 选择序列帧

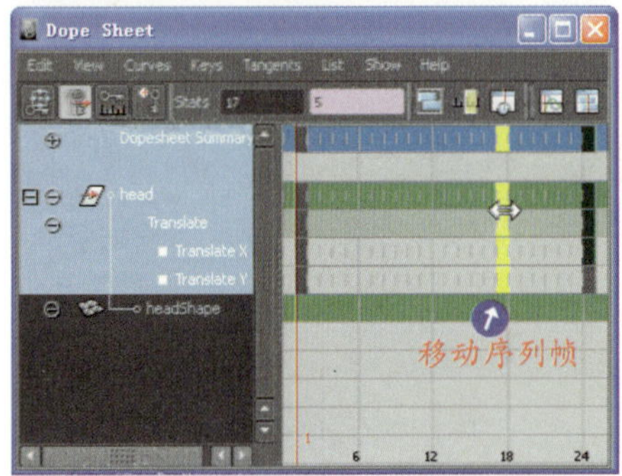

图10-47 移动序列帧

3. （插入帧工具）

按下该按钮后，首先在左边的对象列表中选择要插入帧的属性，比如，Translate Y属性。然后在该属性的两个关键帧之间单击鼠标中键，即可插入帧序列，如图10-48所示。

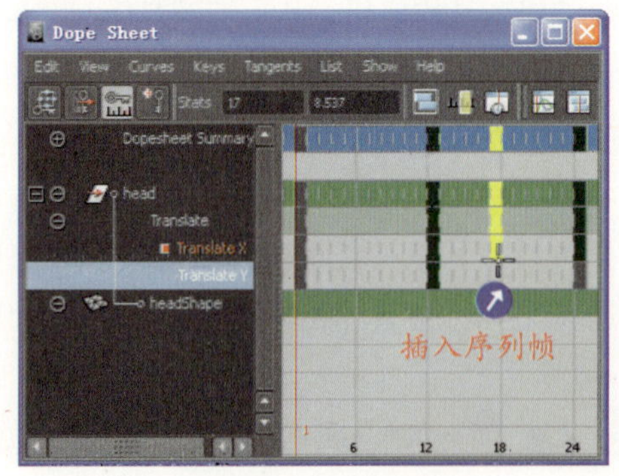

图10-48 插入序列帧

4. （添加帧工具）

按下该按钮后，使用鼠标中键在编辑区末端序列帧后面的空白处单击，即可添加关键帧序列，如图10-49所示。

图10-49 添加序列帧

5. （信息统计）

可用于设置所选帧的位置参数值，第一个文本框显示当前帧所在的位置，第二个文本框显示的是当前帧的属性值。

6. （显示全部帧序列）

单击该按钮可以快速显示所有关键帧序列。

7. （显示部分帧序列）

单击该按钮后，会在编辑区中只显示时间轴播放范围上的关键帧序列。

8. （剧中显示当前帧）

单击该按钮，可以将选中的关键帧序列居中显示在编辑区，以方便编辑。

9. （层级显示）

按下该按钮可以显示层级物体上的关键帧序列。比如，一个组物体中包含设有动画的子物体，而组物体本身没有动画。如果在对象列表中选择组物体，按下层级显示按钮，则在编辑区的关键帧显示会发生变化，如图10-50和图10-51所示。

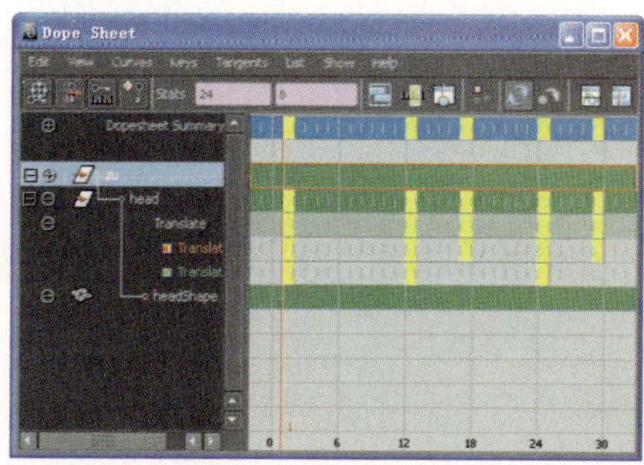

图10-50 关闭层级显示

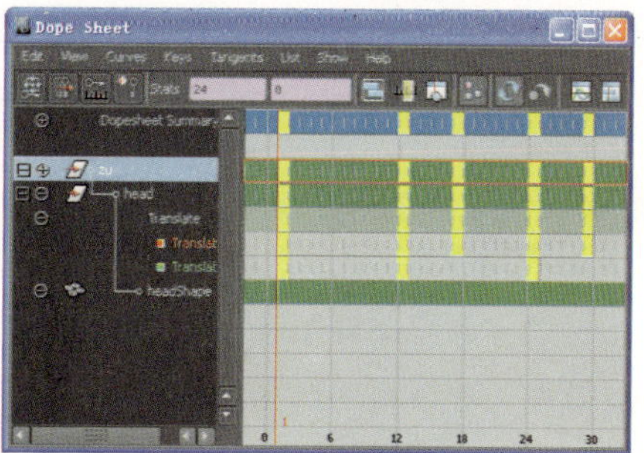

图10-51 开启层级显示

动手实践179——缩放和对齐关键帧

1 创建沿弧线飘落的小球动画，选择小球并执行Dope Sheet（律表编辑器）▣命令，打开帧序列编辑器。然后在编辑区框选所有序列帧并按R键，这时会显示白色边框，如图10-52所示。

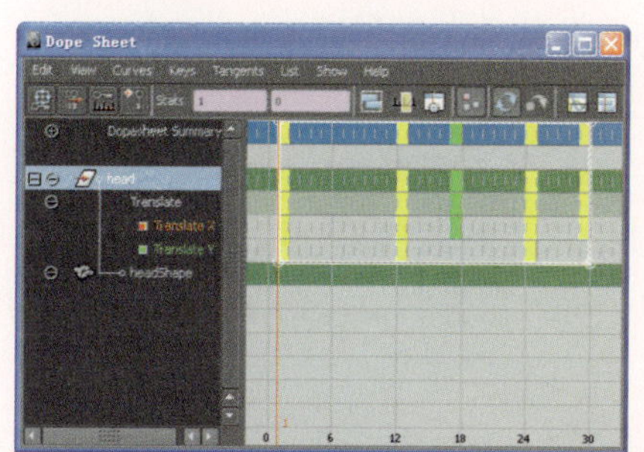

图10-52 选中关键帧

2 使用鼠标左键拖曳白色边框到第20帧，这样即可将动画范围缩放到20帧，如图10-53所示。

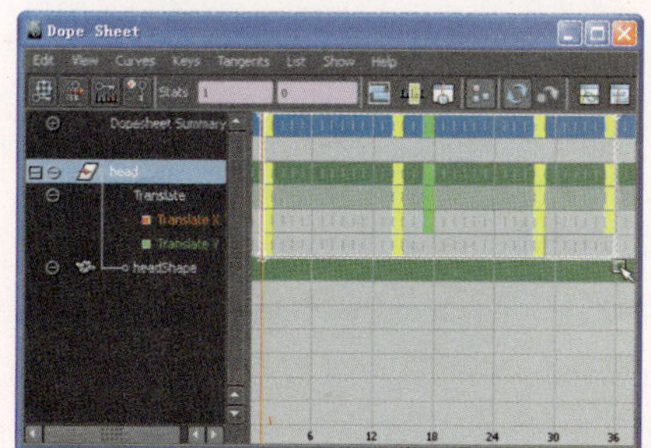

图10-53 缩放关键帧

3 将关键帧序列缩放之后，单击编辑区第2个关键帧序列，在Stats（状态）框中可以看到其序列值是13.376，关键属性值为1，如图10-54所示。

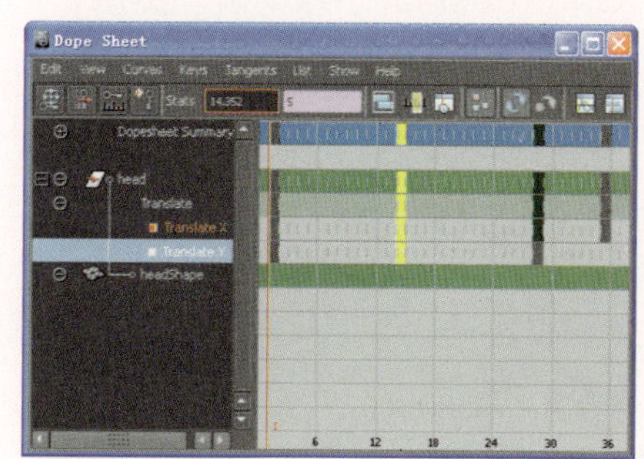

图10-54 选择第2个关键帧

4 对于这种情况，用户可以选中整个序列帧，在Dope Sheet（律表编辑器）菜单栏中执行Edit（编辑）｜Snap（捕捉）命令，然后再选择任何一个关键帧，信息表中显示的都是整数，如图10-55所示。

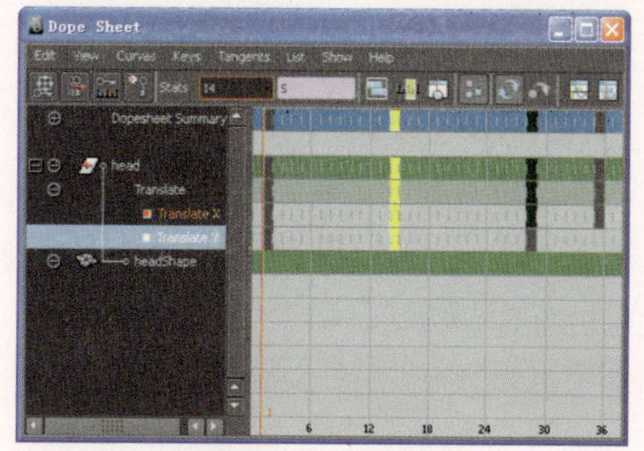

图10-55 显示整数

10.6 动画曲线

动画曲线编辑在Maya动画制作当中是非常实用的动画编辑工具。使用该工具可以对关键帧进行移动、调整关键帧属性数值、添加或删除关键帧操作等，能够方便快捷的编辑所创建的动画效果。本节将对动画曲线编辑工具进行详细的介绍，以及动画曲线上关键帧的设置与编辑。

10.6.1 Graph Editor（曲线编辑器）

在学习曲线编辑器之前，首先创建一个沿X轴上下跳动的小球动画。然后，选中小球并执行Windows（窗口）| Animation Editors（动画编辑器）| Graph Editor（曲线编辑器）▣命令，打开其属性设置窗口，如图10-56所示。这是曲线编辑器的属性设置窗口，我们将通过这个工具来最终完善小球弹跳动画的运动轨迹。

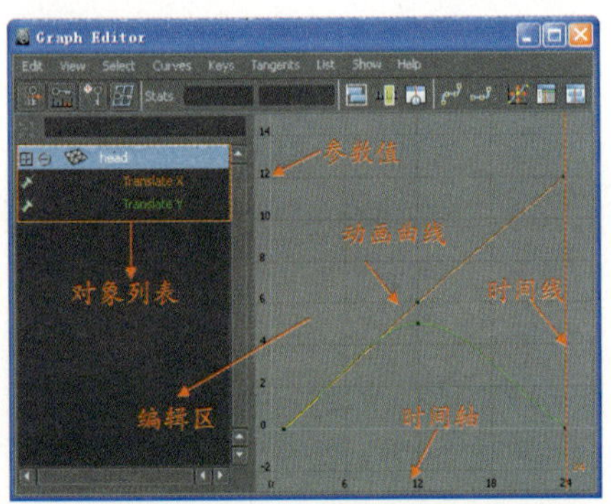

图10-56 Graph Editor属性窗口

下面介绍该属性窗口的工作界面。

1.菜单栏

在菜单栏中集成了一些关于运动曲线和关键帧的操作命令。

2.工具栏

提供了关键帧操作的快捷工具图标，如平移、插入点、曲线晶格等工具。放大曲线编辑器窗口，可以看到工具栏右侧还集成了一些针对曲线编辑操作的编辑工具。在曲线编辑器中也同样有Stats信息框，用来显示当前所选曲线上的点所在的位置和关键帧值。

3.对象列表

用来显示当前被选中物体的所有属性，并且右侧编辑区会显示相应的运动曲线。单击对象列表中物体名称右侧的“+”号，可以展开该物体的关键属性。

4.编辑区

编辑区的横轴代表时间轴、纵轴代表当前帧曲线点的关键属性值。在编辑区中同时按下Alt键+鼠标右键，也可以执行视图缩放操作。在编辑区中，红色纵轴线条代表时间轴上当前帧标记，拖动时间轴上的时间滑块，红色帧标记也随之移动。

10.6.2 曲线的含义

继续使用沿X轴方向上下跳动的小球动画实例。选中场景中的小球，执行Window（窗口）| Animation Editors（动画编辑器）| Graph Editor（曲线编辑器）▣命令，打开曲线编辑器，可以看到编辑区有两条绿色的曲线并且上面都有3个黑点。在对象列表中选择Translate Y选项，以只显示Y轴方向的动画曲线，然后再在编辑区选择绿色曲线上的第一个黑点和最末端的黑点，可以在Stats（状态）信息框中看到被选中的参数值分别为（1、0）、（24、0），如图10-57所示。

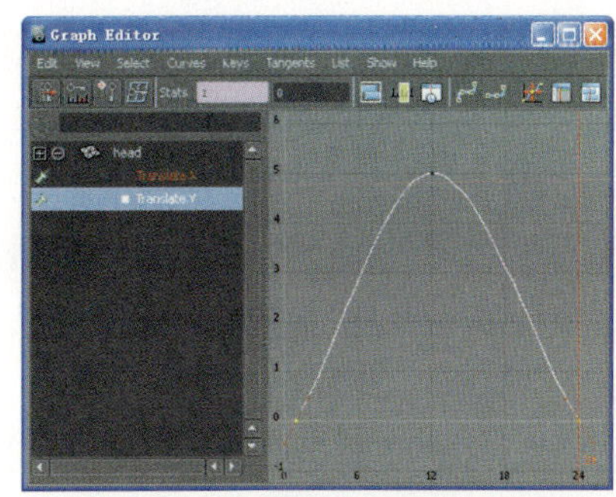
图10-57 选择曲线控制点

信息框中的第一个数值代表当前帧的位置，第二个数值代表关键帧属性值。曲线上的小点就是帧序列动画上的关键帧。这条绿色曲线与对象选择区中Polysurface1组件下展开的Translate Y属性是相对应的。

这条绿色曲线实际上是每一帧的Y轴坐标值与曲线编辑器中的时间轴相对应的一个关系表，即小球的Y轴运动轨迹在时间轴上均匀展开显示，在编辑区的横轴可以看到，每两个关键帧之间相隔一帧距离，由Maya自动计算插值生成过渡曲线，使得动画最终能够流畅播放。由此可以得出，如果物体的运动曲线越平滑，那么物体的运动轨迹也就越流畅。

提示

这条绿色曲线代表的仅仅是小球在12帧内弹跳过程中的Y轴数值，它并不产生任何水平方向上的移动。切勿将水平方向上的时间轴错误的理解成水平方向上的X轴平移。

10.6.3 曲线关键帧操作

Maya的动画曲线如同Photoshop软件中的路径一样，可以随意地改变曲线的控制点位置以及曲线的长度，从而便于用户对当前动画片段的编辑。下面对曲线编辑器中的几种编辑工具进行介绍。

1. （选择关键帧点）

用于选择和移动曲线上的关键帧点，并且还可以显示曲线上每个点的切线控制手柄。

动手实践180——移动曲线关键帧点

1 单击图标，然后选择要移动的关键帧点，按住鼠标中键不放，此时光标变为形状，如图10-58所示。

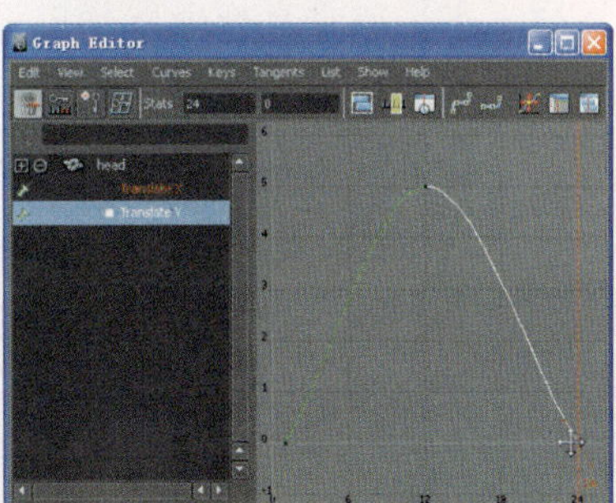
图10-58 选择曲线关键帧点

2 然后拖动鼠标中键，即可将所选关键帧点进行移动，并且也改变了该关键帧的参数值，如图10-59所示。

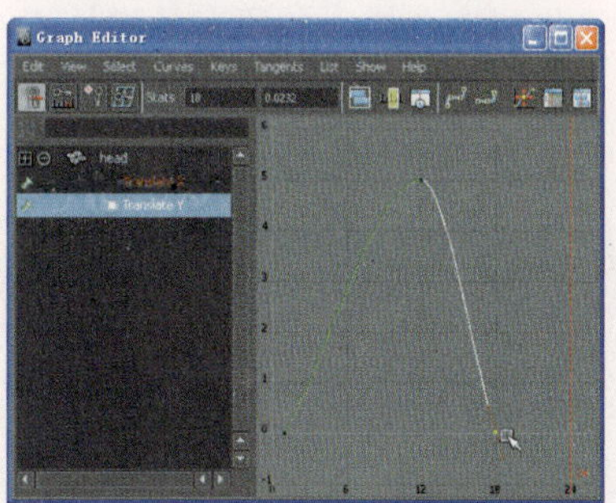
图10-59 移动曲线关键帧点

提示

在前面介绍Dope Sheet编辑器中的工具时，使用该工具可以快速选择和移动整个帧序列，但是无法改变单帧上的关键属性值。而在Graph Editor中，激活工具，可以随意地对单个或多个关键帧点进行移动。

2. （插入关键帧点）

用于为动画曲线添加关键帧点，以便于曲线的编辑和调整。选中曲线，单击图标，然后在曲线上需要添加关键帧点的位置单击鼠标中键，即可在该处添加一个关键帧点。

3. （添加关键帧点）

该工具与插入关键帧操作方法类似，可以延长曲线长度，增加曲线上的关键帧点。

首先单击图标，再选择曲线18帧处的关键帧点端点，再在纵轴30帧处单击鼠标中键，即可将曲线由原来的第18帧延长到第30帧，如图10-60所示。

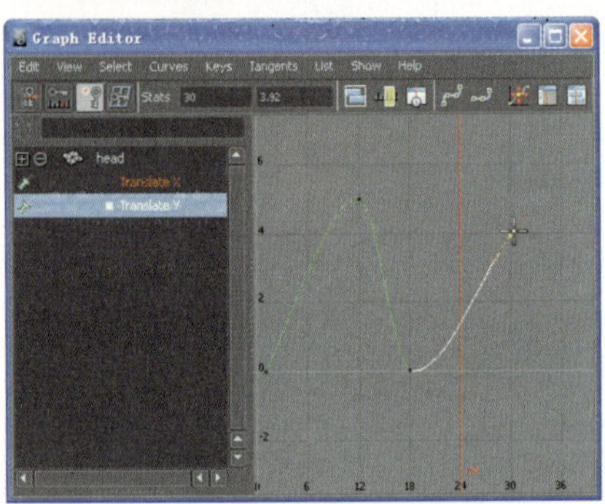

图10-60 添加关键帧点

4. （晶格控制）

使用该工具可以同时调整多个关键帧点。激活工具，在编辑区框选多个关键帧点，在所选点周围会出现一个方形控制器并包含多个控制点，移动控制点位置可以移动曲线上的关键帧点，如图10-61所示。

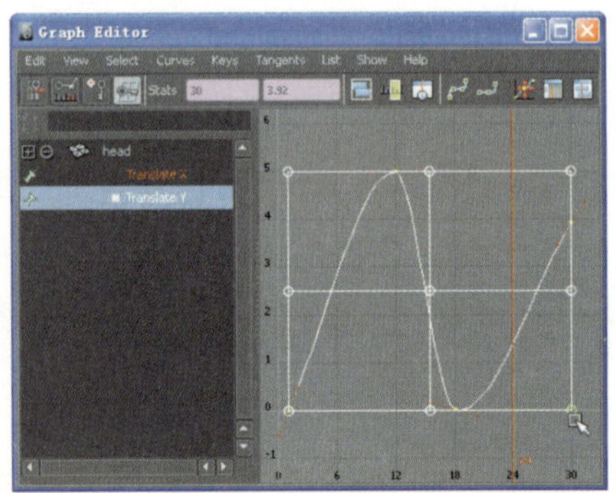

图10-61 移动晶格点

5.缩放关键帧点

同Dope sheet（律表编辑器）工具类似，在Graph Editor（曲线编辑器）的编辑区中也可以对曲线上的关键帧序列和关键帧属性值进行缩放操作。

动手实践181——缩放曲线关键帧点

1 选择指定曲线上的所有关键帧点，按R键。然后再在编辑区中按住鼠标中键不放，光标变为形状，如图10-62所示。

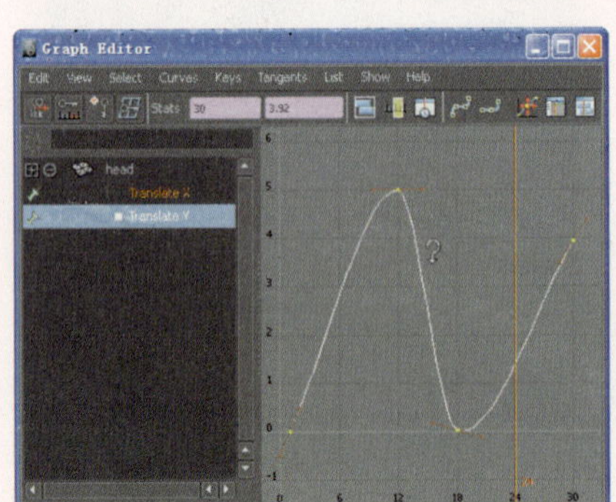

图10-62 激活缩放工具

2 然后，水平或垂直拖曳鼠标中键，即可对当前选择的关键帧点进行拉伸操作，并且关键帧数值也会发生改变，如图10-63所示。

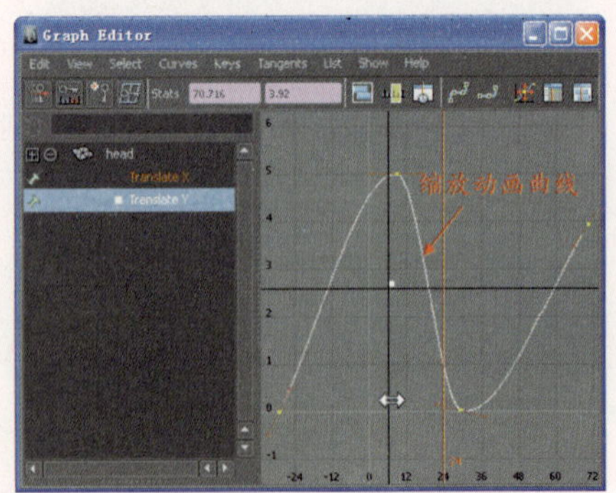

图10-63 缩放关键帧点

6. （显示所有曲线关键帧）

在对曲线编辑窗口中的编辑区进行缩放操作后，单击图标，可以快速在编辑区显示整条曲线。

7. （显示当前曲线关键帧）

在激活图标后，会在曲线编辑区中只显示时间轴播放范围上的曲线长度。

8. （居中显示当前帧）

在曲线上选中单个或多个关键帧点，再单击图标，当前被选中的曲线段在编辑区会居中显示。

10.6.4 曲线编辑工具

要想物体的运动轨迹更加流畅，就需要将其曲线运动轨迹更滑，那么就需要对曲线上的关键帧进行编辑。在Graph Editor（曲线编辑器）编辑窗口中提供了几种快捷操作工具，如图10-64所示。下面对它们的使用方法进行详细的介绍。

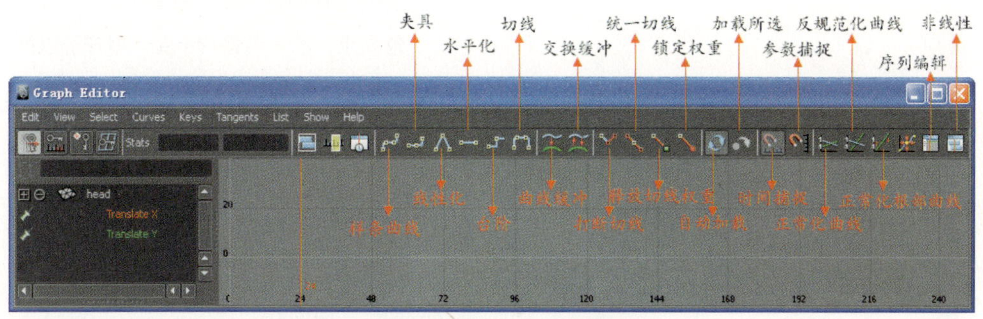

图10-64 关键帧编辑工具

1.曲线控制手柄

选择并调整曲线上的控制手柄，可以对曲线外形进行编辑。如选中曲线上的一个关键帧点，会显示其控制手柄，旋转该控制手柄可以改变该曲线的外形，如图10-65所示。

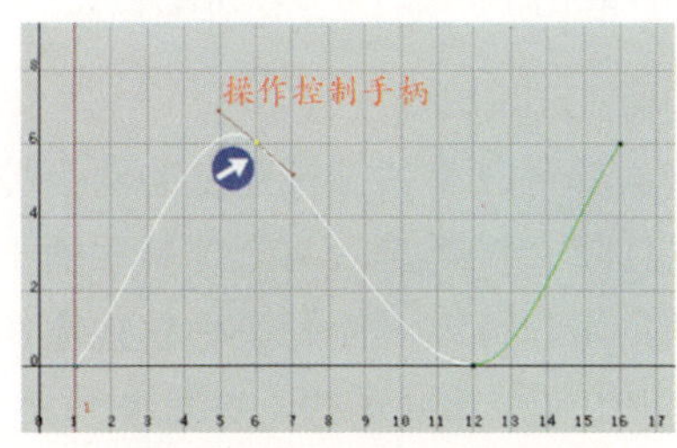

图10-65 关键帧控制手柄

2. （比样条线）

该工具可以使两相临关键帧之间的曲线产生光滑的过渡效果，使关键帧上的操纵手柄在同一水平线上，这样能使关键帧两边曲线的曲率进行光滑连接。如图10-66所示的是选中调整控制手柄后的关键帧点，再单击图标后的效果。

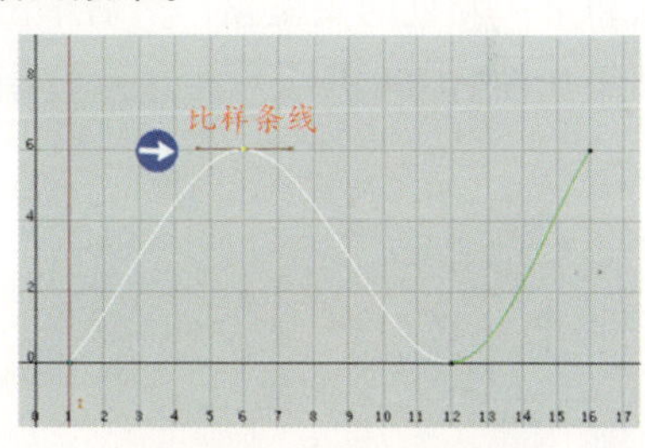

图10-66 比样条线效果

3. （夹具）

该工具可以使动画曲线既有样条线的特征又有直线的特征。选择曲线第12帧处的关键帧点，然后单击按钮，再观察曲线和控制手柄的变化，如图10-67所示。

4. （线性化）

该工具可使两相邻关键帧点之间的曲线变为直线，并影响到后面的曲线连接。在曲线上选择第6帧和第12帧，然后单击[icon]按钮，如图10-68所示。这样物体在第12帧和第16帧之间将做匀加速运动，从第6帧到第12帧变成匀减速运动。

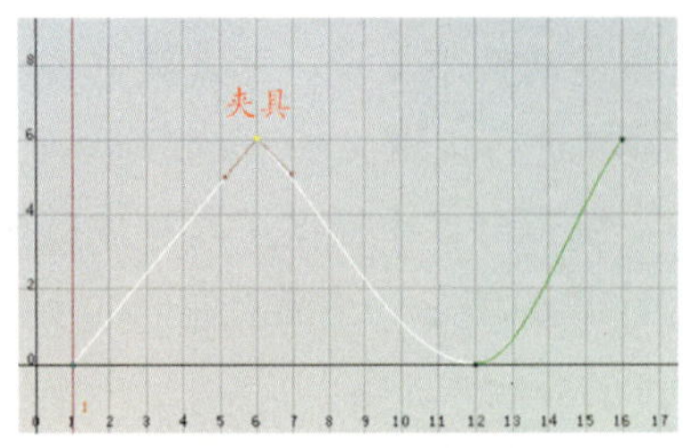

图10-67 曲线夹具操作

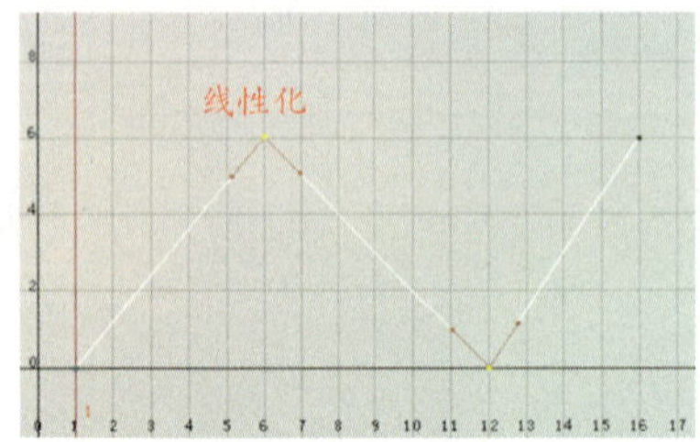

图10-68 曲线线性化操作

5.[icon]（水平化）

该工具可以将选择关键帧点的控制手柄全部旋转到水平角度。接着选择第6帧、第12帧和第16帧处的关键帧，然后单击[icon]按钮，结果如图10-69所示，并注意控制手柄的变化。

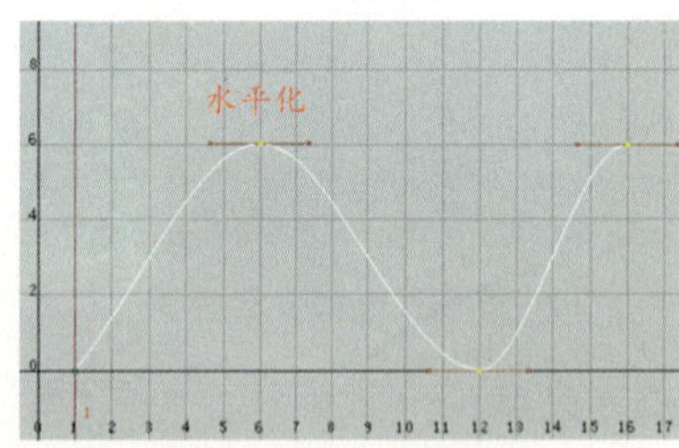

图10-69 水平化控制点

6.[icon]（台阶）

该工具可以将任意形状的曲线强行转换成锯齿状的台阶形状。选择曲线上所有控制点，然后单击[icon]按钮，并观察曲线外形的变化，如图10-70所示。

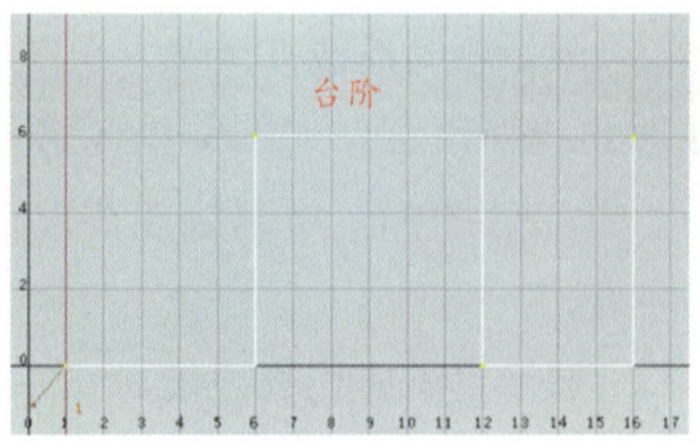

图10-70 曲线“台阶”效果

提示

对于图10-70中曲线执行台阶操作后，小球的运动状态是，从第1帧到第6帧，Y轴上的位移保持不变，在第6帧上直接过渡到最高点，然后再保持不变。用户可以拖动视图区的时间滑块，观察小球的运动状态。

7.[icon]（点平化切线）

该工具用于将所选控制点所在的曲线段转化为切线状态。比如选中处于台阶状态的曲线点，然后单击[icon]图标，即可将其转化为切线状态，如图10-71所示。

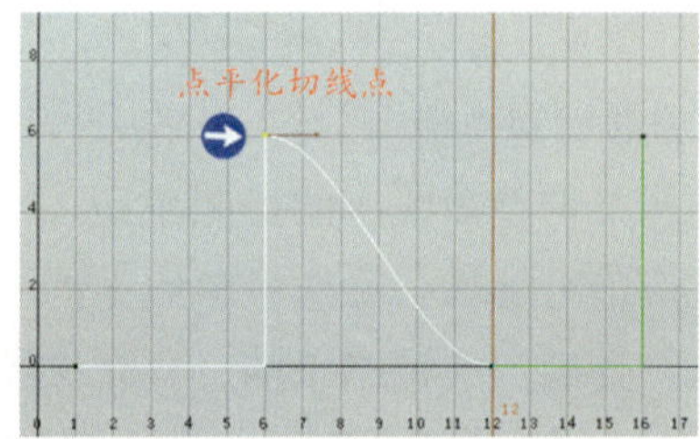

图10-71 执行点平化切线操作

8.[icon]（打断切线）

该工具可以将关键帧点上的两个控制手柄强行打断，打断之后两个控制手柄不再相互关联，用户可以对控制手柄单独操作，从而更自由地调整曲线形状，如图10-72所示。

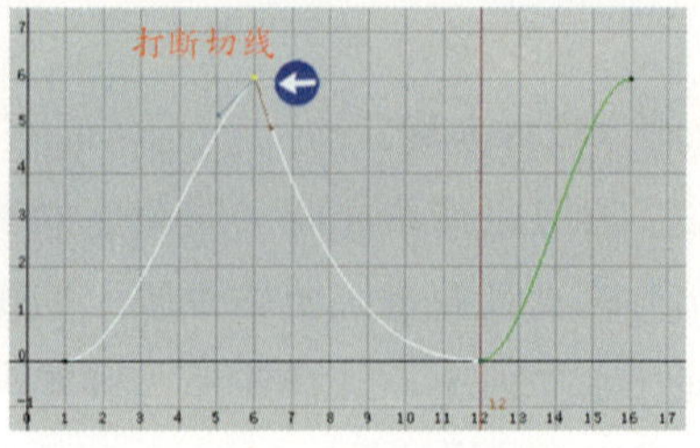

图10-72 打断曲线切线

9. （统一切线）

该工具可以将关键帧上打断的控制手柄再次连接成一个相关联的手柄，调节一个手柄，另一个手柄也跟随运动。

10. （释放切线权重）

在默认的情况下，关键帧的控制手柄是不可以被拉长的，即切线的权重不可以被调整。要灵活调整切线，首先执行Curves（曲线）| Weighted tangents（切线权重）命令，然后选择曲线控制点并单击图标，即可拉伸控制手柄，如图10-73所示。

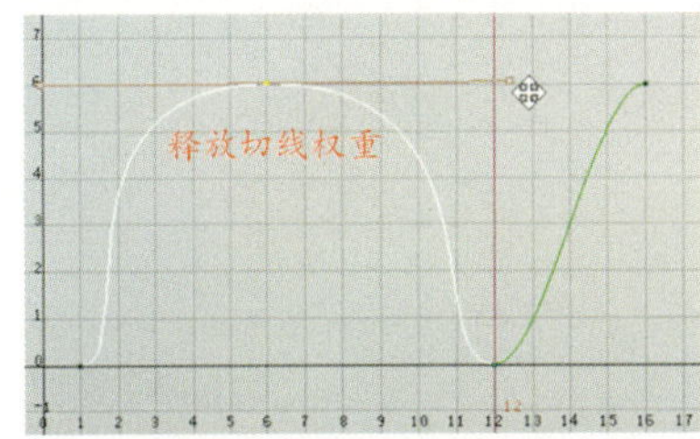

图10-73 释放切线权重

11. （锁定切线权重）

该工具和释放权重工具类似，它可以将切线手柄锁定，锁定后不可以再调整控制手柄的权重。选择拉伸的控制点，然后单击图标，控制手柄变为实心显示，但不能对其进行拉伸操作，如图10-74所示。

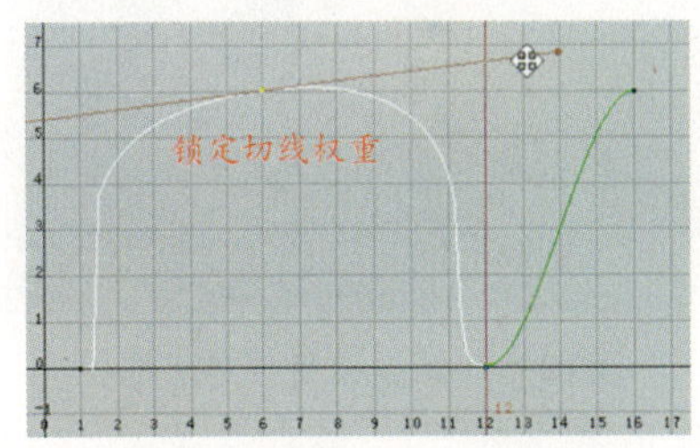

图10-74 锁定切线权重

12. （曲线缓冲）

该工具可以将动画曲线捕捉到缓冲器上，以将现调整的曲线和原来的曲线进行对比，便于曲线外形修改。选中动画曲线，单击按钮，然后执行View（视图）| Show Buffer Curves（显示曲线缓冲）命令，调整曲线上的关键点就可以看到原来的曲线，如图10-75所示。

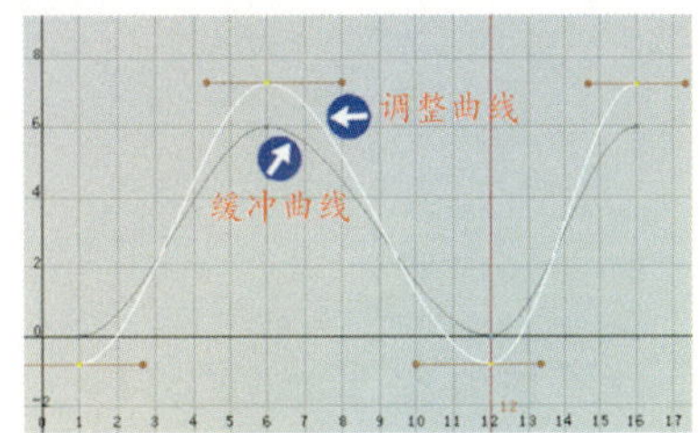

图10-75 曲线缓冲操作

13. （交换缓冲曲线）

该工具可将已编辑的曲线和缓冲曲线进行交换，交换后编辑过的曲线就不再起作用，而缓冲曲线可以被调整和编辑，如图10-76所示。

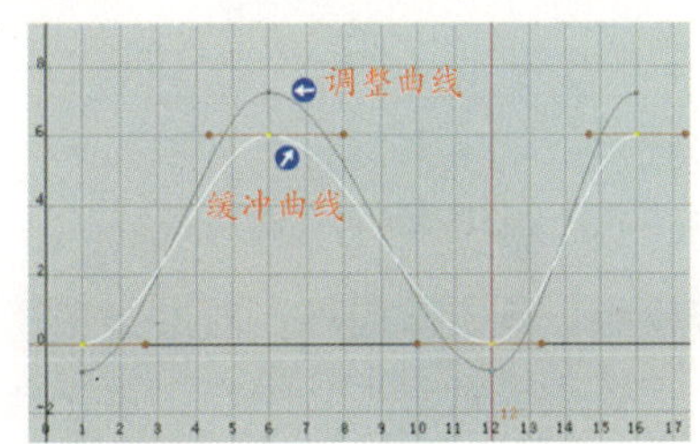

图10-76 交换缓冲曲线

10.6.5 优化动画曲线

在新建场景中，制作一个含有多个关键帧并且沿X轴方向上下弹跳的小球动画。若要使小球的弹跳动作比较流畅，就必须对其运动曲线进行优化操作。下面对优化动画曲线操作进行详细介绍。

动手实践182——优化动画曲线

1 打开Graph Editor（曲线编辑器）窗口，在对象列表中选择Translate Y选项以只显示Y轴方向的运动曲线。然后，选中图10-77所示的两关键帧点并按Delete键将其删除。

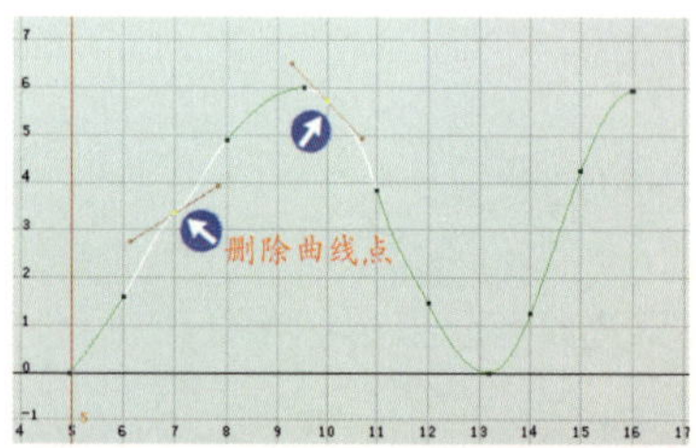

图10-77 删除曲线点

2 选中图10-78所示的点，然后单击图标，再对其进行移动，以改变曲线的外形。

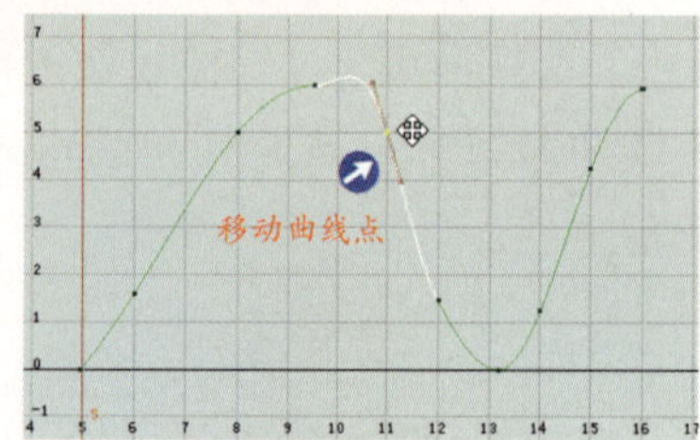

图10-78 移动曲线点

3 接着，单击图标，对上步中所选关键帧点执行点平化操作，以平滑该处的曲线方向，如图10-79所示。

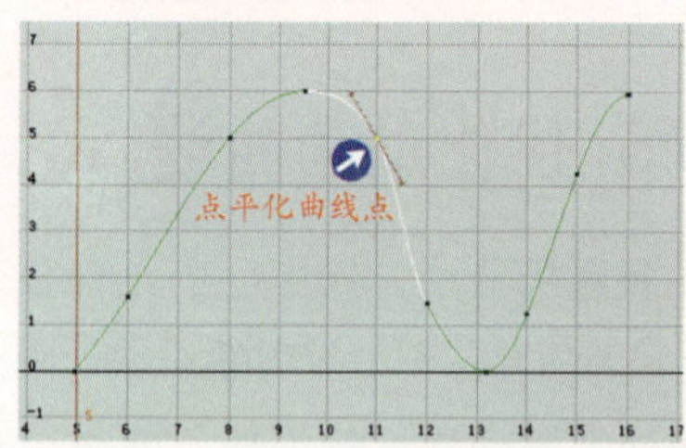

图10-79 点平化切线

4 为使小球在13帧处下落后能够瞬间上升，可以选中该处的关键帧点，然后单击图标，对其进行线性化操作，如图10-80所示。

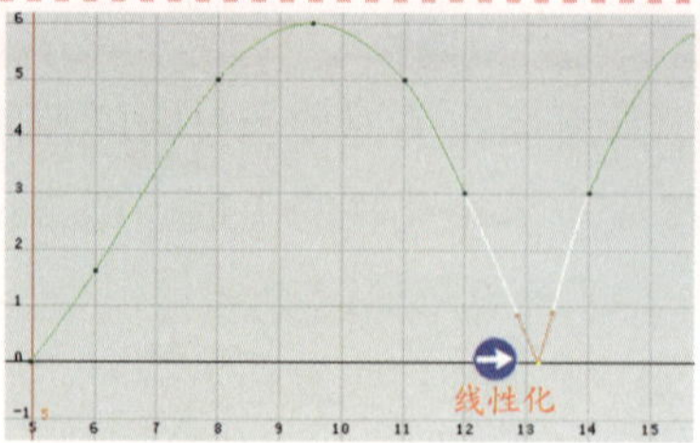

图10-80 线性化操作

5 通常动画关键帧所在的时间应该为整数，而此时13帧处的关键帧点在信息栏显示的时间值却为13.2，明显产生了偏差，如图10-81所示。

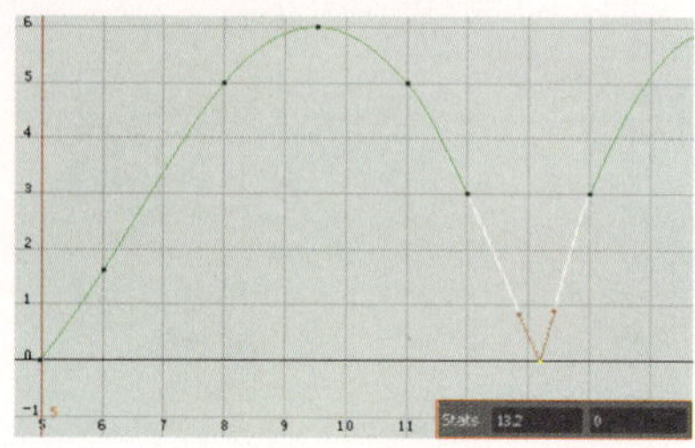

图10-81 时间偏差

6 选中产生时间偏移的关键帧点，在Graph Editor窗口中，执行Edit（编辑）| Snap（捕捉）命令，打开捕捉帧属性对话框，如图10-82所示。

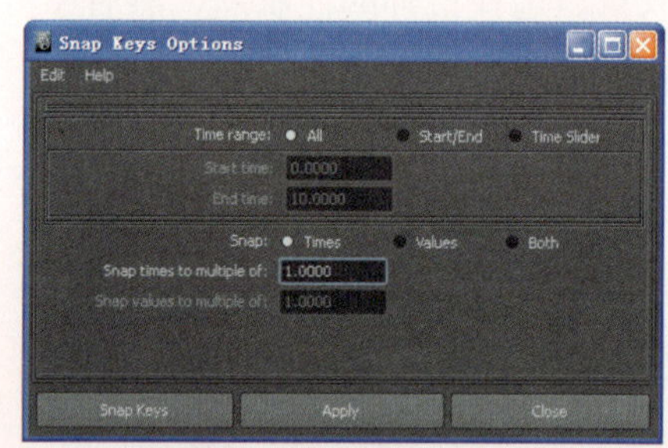

图10-82 捕捉帧属性对话框

7 选择Time range（时间范围）属性下的All（所有）单选按钮以及Snap（捕捉）属性下的Times（时间）单选按钮，然后单击Snap Keys（捕捉关键帧）按钮，此时所选点会被自动捕捉到13帧处，如图10-83所示。

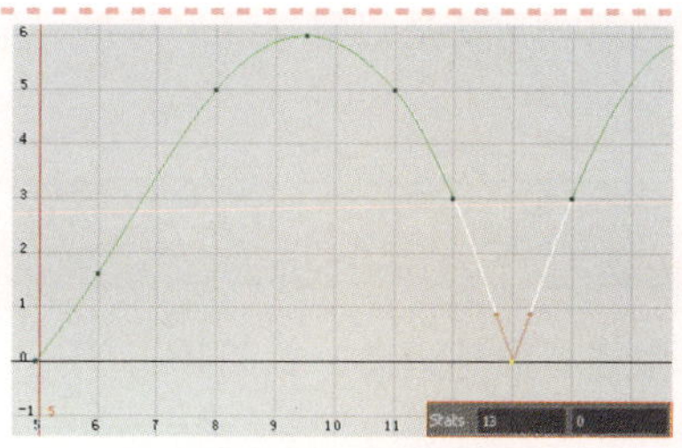
图10-83 时间捕捉效果

8 为使小球能在13帧处缓缓下落后又能瞬间上升，选择该处的关键帧点并单击图标，打断其控制手柄。然后，再调整该帧的控制手柄以使曲线变得平滑，如图10-84所示。

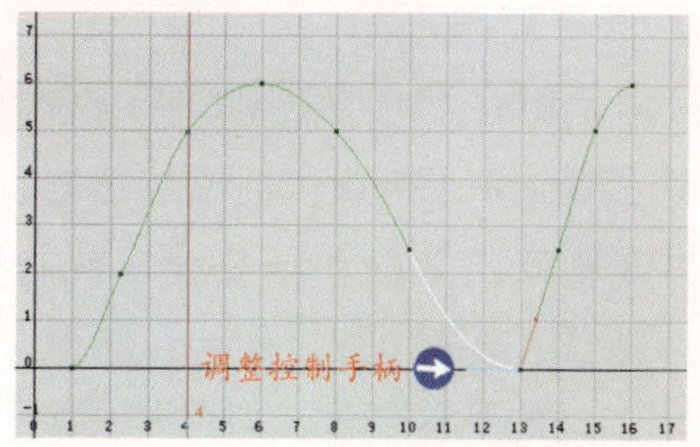

图10-84 调整控制手柄

下面对Snap Keys Options对话框中的属性进行说明。

- Time range（时间范围）：用来指定关键帧动画曲线的时间范围。
  - ◎ All：表示没有限定的时间范围。
  - ◎ Start/End：用于定义捕捉的时间范围为从起始时间到结束时间。
  - ◎ Time Slider：用于定义捕捉的时间范围为起始播放时间到结束播放时间。
- Start time（开始时间）：用来指定捕捉动画曲线的起始时间值。
- End time（结束时间）：用来指定捕捉动画曲线的结束时间值。
- Snap（捕捉）：用于控制曲线关键帧点被捕捉的方式。
  - ◎ Times：用于捕捉时间轴。
  - ◎ Values：用于捕捉数值。
  - ◎ Both：用来控制是否同时捕捉时间轴和关键属性值。
- Snap times to multiple of：用于设置捕捉时间轴的多重值。
- Snap values to multiple of：用于设置捕捉关键属性值的多重值。

问题：使用Dope Sheet和Graph Editor都可以对创建的关键帧动画进行编辑吗？

在Dope Sheet和Graph Editor中都可以对动画物体的关键帧进行编辑，它们都包含有相关的关键帧编辑工具，两工具相互配合使用，可以有效地改善动画效果。

10.7 创建循环动画

循环动画在动画编辑制作中也是非常实用的命令工具。比如说制作好一段动画后，若将该动画重复持续运动下去，直接可以使用循环动画命令对其动画曲线进行延长操作。同时，对于某一时间段内的循环动作，可以使用烘焙动画曲线、复制和粘贴命令对其进行控制和编辑。下面对这几种循环动画的方法进行详细介绍。

10.7.1 自动循环动画

在动画制作过程中往往会遇到不同类型的循环动画，比如机械轴的往复运动、角色的行走动画等。制作这类的动画，如果使用常规方法一一创建关键帧无疑是很复杂和麻烦的。Maya为用户提供了更为简便的解决方法——自动延长运动曲线。

动手实践183——循环动画曲线

1 选择Graph Editor（曲线编辑器）窗口中Y轴方向上的动画曲线，执行View（视图）| Infinity（延伸）命令，以显示曲线的延伸部分，如图10-85所示。

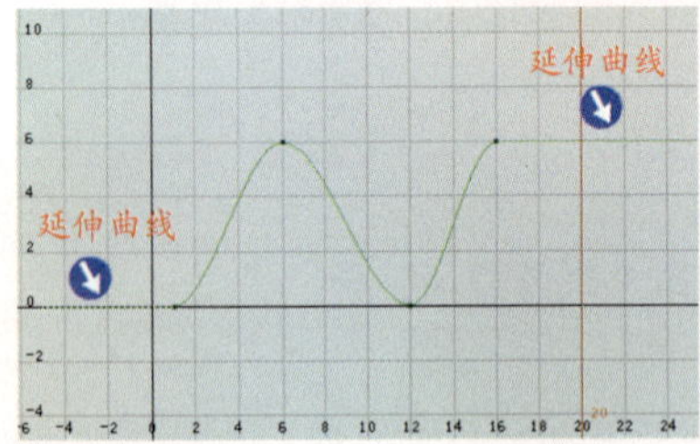

图10-85 曲线的延伸操作

2 然后，选中该曲线并执行Graph Editor窗口中的Curves（曲线）| Post Infinity（向后延伸）| Cycle（循环）命令，如图10-86所示。

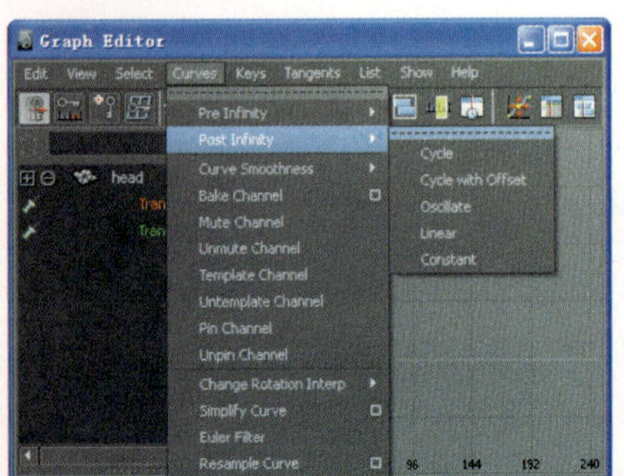

图10-86 执行Cycle命令

3 此时，在编辑区的曲线会发生无限向后循环的变化，表明该运动物体也会向后做往复循环运动，如图10-87所示。

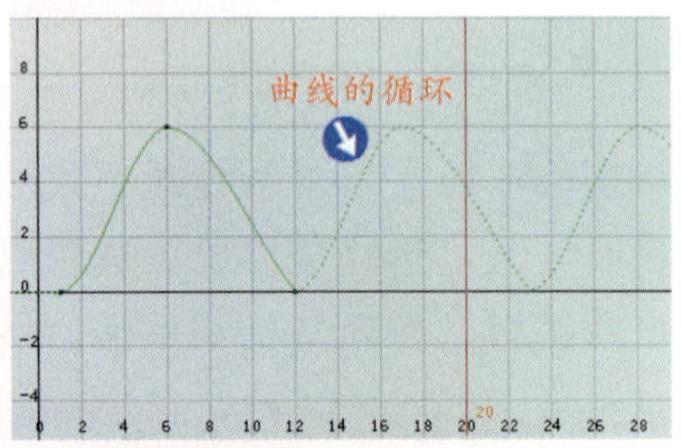

图10-87 曲线的循环效果

4 然后，选择编辑区域末端与循环曲线连接处的关键帧点，单击按钮以使该处变为平化，并且观察循环曲线平滑度的变化，如图10-88所示。

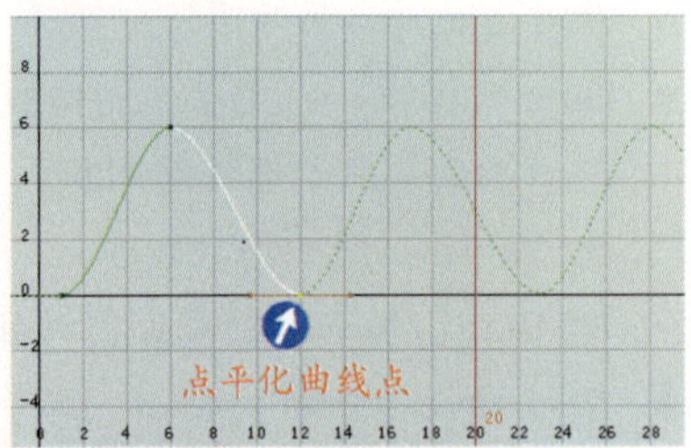

图10-88 曲线点平化操作

注意

动画曲线延伸后，再播放动画会发现物体运动到顶端时有轻微抖动现象，是由于末端曲线曲率与延伸曲线连接不平滑所致，对此可以调整该处关键帧点的控制手柄以使曲线平滑。

下面对动画曲线的几种循环命令进行详细介绍。

- Cycle（循环延伸）：曲线自动循环延伸，这种循环方式通常用在均衡的循环动画中，比如鸟的匀速飞行、人行走时手臂规则的摆动等。

如图10-89所示中的水平轴为时间轴、垂直轴是物体运动参数轴，实线代表创建出的动画曲线、虚线代表Maya自动生成的动画曲线。

- Cycle with offset（循环偏移）：这种方式可以使曲线在延伸时，使下一段曲线的开始位于前一段曲线的末端，并累计产生位置偏移，如图10-90所示。通常使用在既需要动作循环又需要位置偏移的动画制作上，比如两足动物的行走动画。

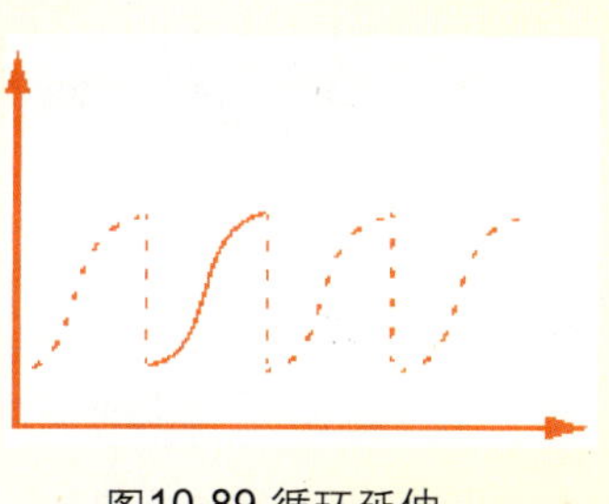

图10-89 循环延伸

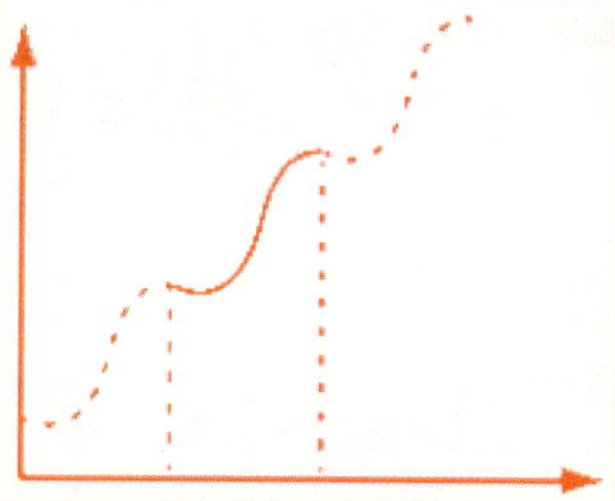

图10-90 循环偏移

- Oscillate（相位交替延伸）：这种方式可以使曲线每延伸一次就镜像翻转一次，如图10-91所示。可以用在运动周期完全对称的动画上。
- Linear（切线线性延伸）：使用这种方法使动画曲线的首尾端延伸时，可以沿着当前曲线的切线方向进行延伸，如图10-92所示。
- Constant（平直延伸）：平直延伸是Maya默认的延伸方式。其首尾端点的延伸线都是水平延伸，但没有任何动画延伸效果，如图10-93所示。

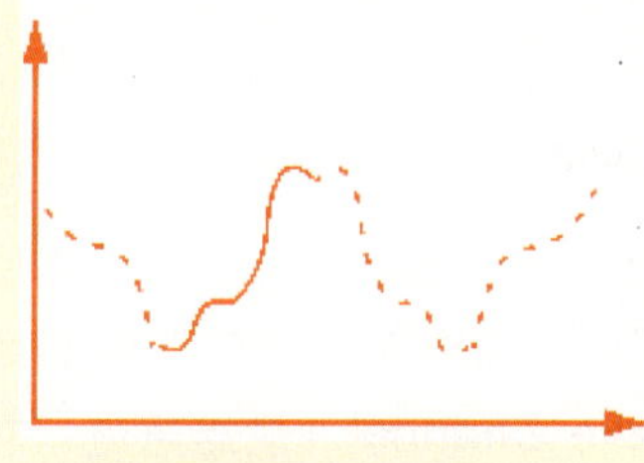

图10-91 相位交替延伸

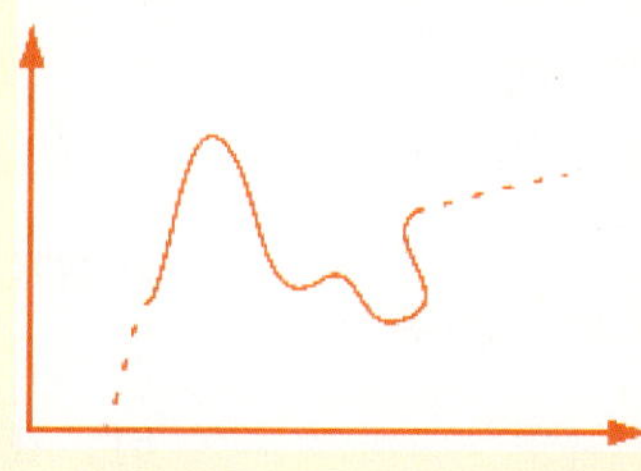

图10-92 沿切线线性延伸

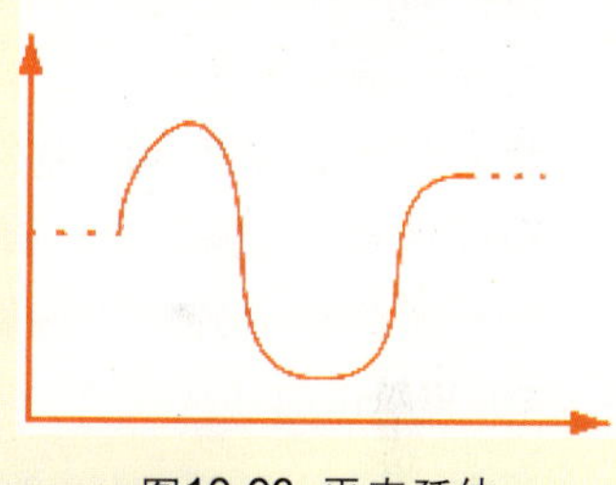

图10-93 平直延伸

10.7.2 烘焙动画曲线

在前面已经学习了动画曲线的循环操作，但是在实际动画制作中常常要求循环动画在特定时间能够停止，并衔接其他动画。通过前面的介绍，会发现自动循环延伸出的动画曲线是无法进行编辑或打断的。用户可以使用Maya提供的烘焙动画命令，将循环延伸的动画曲线转换为可编辑的曲线。下面就来介绍如何将一个共11帧的动画循环到第100帧后自动停止。

动手实践184——烘焙动画曲线

1 继续使用前面制作的沿X轴上下弹跳的小球动画，在对象列表中选择Translate X和Translate Y选项，以显示两轴向上的动画曲线，如图10-94所示。

2 先执行View（视图）| Infinity（延伸）命令，再执行Curves（曲线）| Post Infinity（向后延伸）|Cycle（循环）命令，对它们进行循环操作，如图10-95所示。

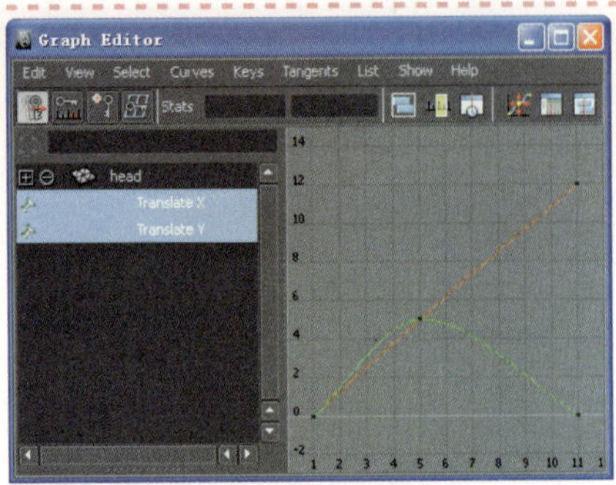
图10-94 选择曲线对象

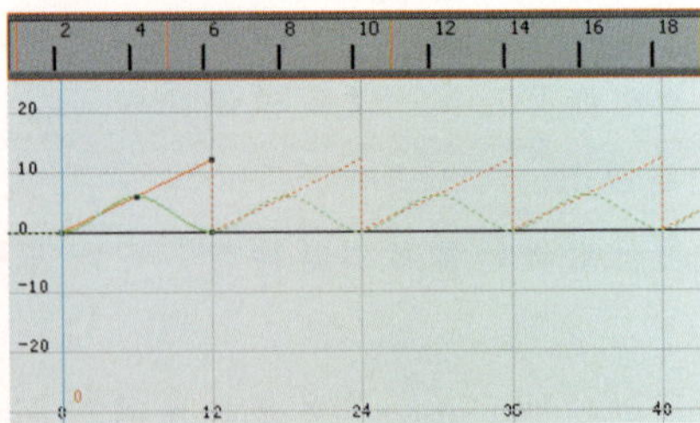
图10-95 执行循环操作

3 执行Curves（曲线）| Bake Channel（烘焙通道）□命令，在打开的对话框中选择Start/End单选按钮，并设置End time（结束时间）值为100，以用于控制烘焙曲线的可编辑范围，如图10-96所示。

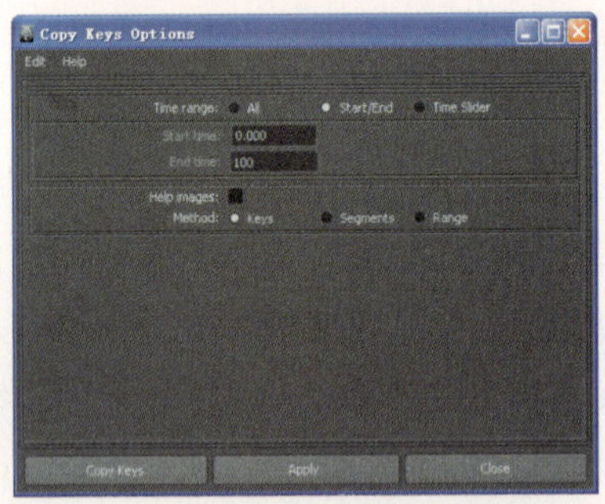
图10-96 设置烘焙属性参数

4 单击Apply按钮，即可对两轴向上的运动曲线进行烘焙操作，此时再观察编辑区曲线的变化，如图10-97所示。

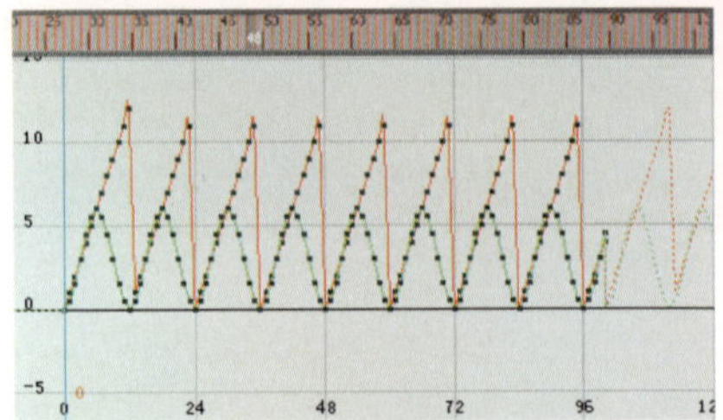
图10-97 曲线的烘焙效果

5 再执行Curves（曲线）| Post Infinity（向后延伸）| Constant（常数）命令，会在100帧处自动取消曲线的自动循环，如图10-98所示。

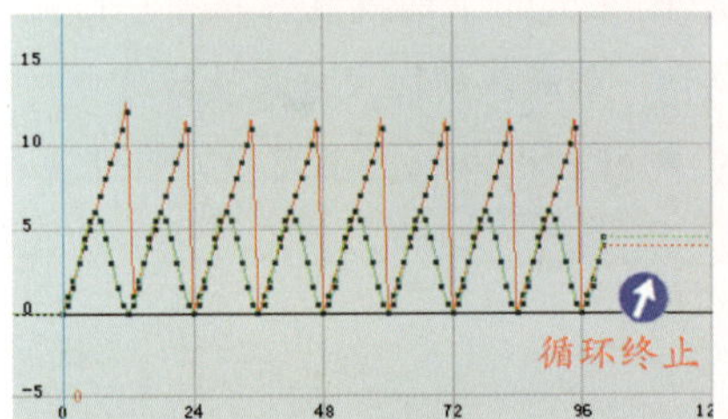

图10-98 终止曲线循环

6 从图10-98中可以看到执行烘焙操作后曲线上的点分布密集，若对曲线烘焙时，在Bake Channel（烘焙通道）属性对话框中启用Sparse Curve Bake（简化烘焙曲线）复选框，可以简化关键帧点，如图10-99所示。

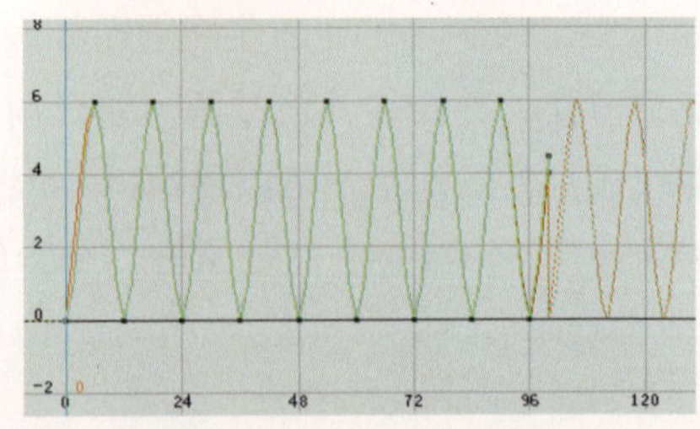
图10-99 简化烘焙曲线密度

下面对Bake Channel属性对话框中的选项进行说明。

- Time Range（时间范围）：用来设置烘焙曲线的时间范围，可选择Time Slider和Start/End单选按钮。
  - ◎ Time Slider：表示按照当前播放时间轴上的时间范围来烘焙动画曲线，默认选中该单选按钮。

◎ Start/End：用来自定义烘焙曲线的时间范围。

- Start time（起始时间）：用于设置曲线烘焙的起始时间。
- End Time（结束时间）：用于设置曲线烘焙的结束时间。
- Sample By（采样）：将自动延伸曲线烘焙成关键帧曲线的时间采样值，即帧数。采样值越小，生成烘焙曲线上的关键帧越多，曲线外形也越接近原自动延伸曲线的外形。默认值为1，即每隔一帧采样生成一个关键帧。
- Keep Unbaked Keys（保持未烘焙关键帧）：开启该选项，可保留烘焙范围以外的曲线上关键帧，否则烘焙后会将这些关键帧删除，默认为开启该选项。
- Spares Curves Bake（简化烘焙曲线）：稀化烘焙曲线，仅对动画曲线有效。它烘焙后的曲线上的关键帧数目最少，仅保持新曲线外形和原延伸曲线外形一致，默认关闭该选项。

10.7.3 复制和粘贴动画曲线

在前面介绍了快速粘贴关键帧的方法，那在动画曲线编辑中，还有一种更为完善的复制和粘贴工具，使用它们可以提高动画的制作效率。下面以前面制作的沿X轴方向上下跳动的小球动画为例，来介绍这两种工具的使用方法。

动手实践185——复制和粘贴动画曲线

1 在小球动画的Graph Editor编辑窗口中，选择Translate Y属性选项，可以看到小球在11帧处停止运动，如图10-100所示。然后执行Edit（编辑）| Copy（复制）□命令。

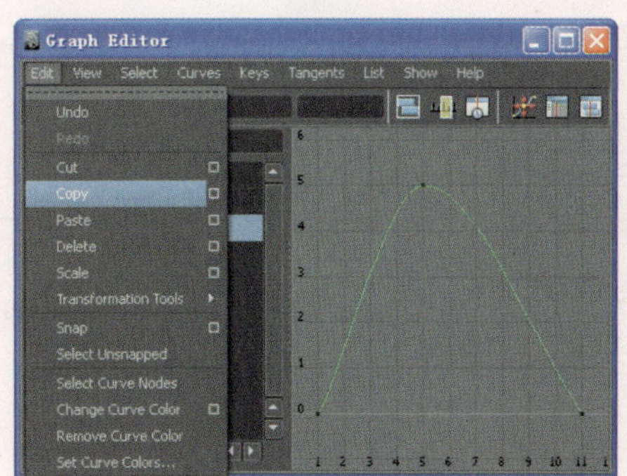

图9-100 执行Copy命令

2 在打开的属性对话框中，选择Start/End和Keys单选按钮，并设置End time为11，以控制曲线复制范围为0~11帧，如图10-101所示。

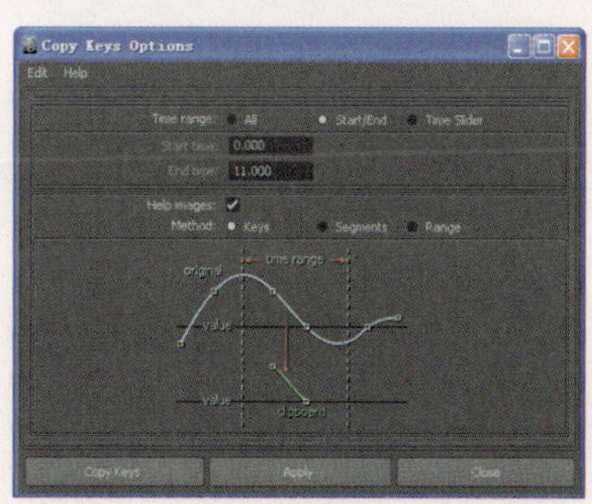

图10-101 设置复制属性参数

提示

在对动画曲线进行复制时，通常采用Copy keys Options窗口中的segments方式进行复制，因为它可以复制任意一段动画曲线，而不考虑该曲线在复制范围两端点没有关键帧，在复制过程中两端点会自动添加关键帧。

下面对Copy Keys Options窗口中的属性选项进行介绍。

- Time range（时间范围）：用于控制所要复制曲线的时间范围，分为All、Star/End和Time Slider。
  - ◎ All：用于控制复制该属性上的整段动画曲线，默认为选中该选项。
  - ◎ Star/End：用于自定义曲线的复制范围。
  - ◎ Time Slider：表示按照时间轴的播放范围进行复制。
- Start time（起始时间）：用于设置复制曲线的起始时间。
- End time（结束时间）：用于设置复制曲线的结束时间。
- Help images（帮助图片）：表示复制曲线的图片显示，该选项配合Method使用，多为初学者使用。
- Method（复制方式）：用于控制曲线复制的方式包括Keys、Segments和Range，默认选中Keys单选按钮。
  - ◎ Keys：用来复制设定范围内关键帧之间的动画曲线部分。开启Help Images复选框，预览曲线的复制效果，如图10-102所示。

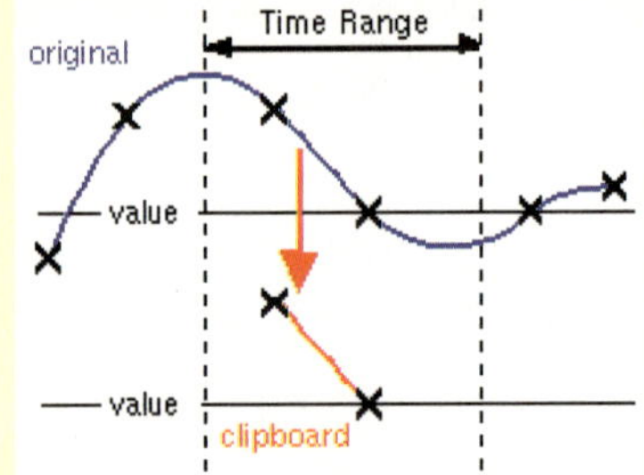

图10-102 复制关键帧之间的曲线

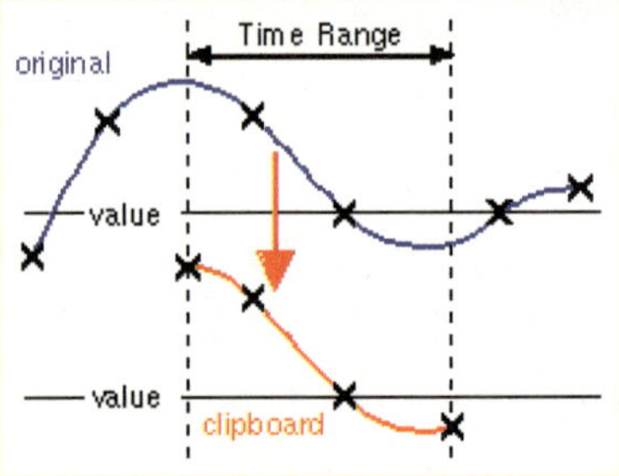

图10-103 复制设定范围内的曲线段

  - ◎ Segments：用来复制设定范围内的动画曲线段，即使在设置范围端点处没有关键帧，在复制过程中也会在两端点处自动添加关键帧，如图10-103所示。
  - ◎ Range：该属性与Segments类似，都是对设定范围内的曲线进行复制，但是在复制后不会在范围端点处添加关键帧，容易与原曲线混合，如图10-104所示。

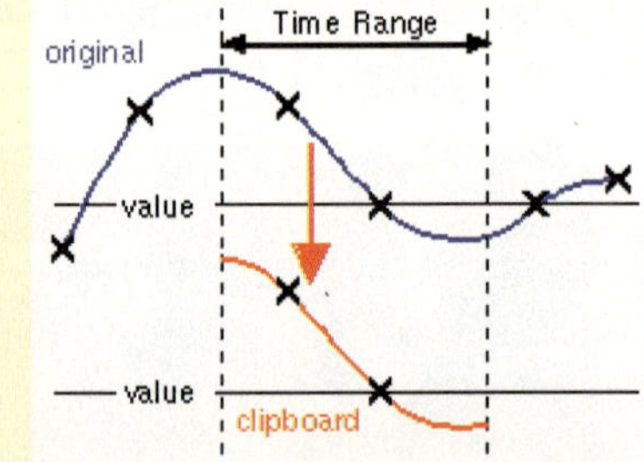

图10-104 复制设定范围内的曲线

3 再执行Edit（编辑）| Paste（粘贴）□命令，在弹出的对话框中选择Start /End单选按钮，并且设置Start time（开始时间）为11、Copies（复制）为3，如图10-105所示。

4 单击Apply按钮，即可一次性对设定范围内的曲线进行3次粘贴，即表示物体会在循环运动到第44帧处停止，如图10-106所示。

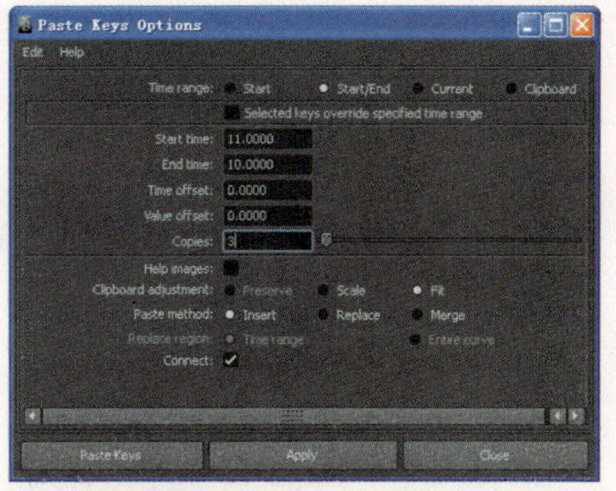

图10-105 设置粘贴属性参数

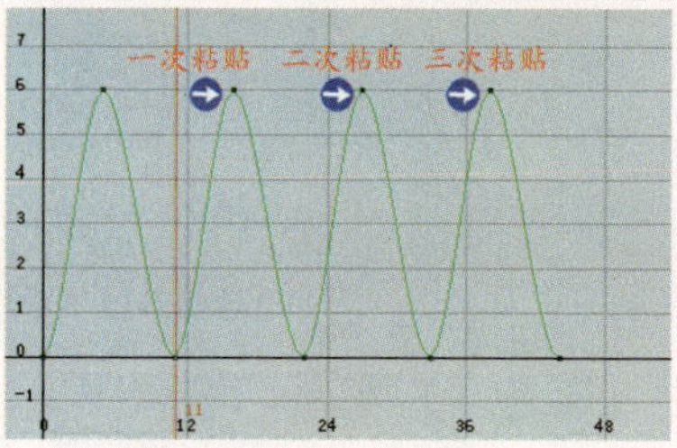

图10-106 曲线的粘贴效果

下面对Paste Keys Options对话框中的常用选项进行说明。

- Time range（时间范围）：用于设置粘贴曲线的范围，包括Start、Start/End、Current和Clipboard。
  - ◎ Start：用于控制从第几帧开始粘贴事先复制好的曲线。
  - ◎ Start/End：用于设置粘贴曲线的范围，超过设定范围的将无法显示粘贴效果。
  - ◎ Current：表示以当前时间滑块所在的帧，作为粘贴的起始端。
  - ◎ Clipboard：用于控制将曲线的时间范围作为粘贴曲线的时间范围。
- Start time（起始时间）：用于设置粘贴曲线时间范围的起始端。
- End time（结束时间）：用于设置粘贴曲线时间范围的结束端。
- Time offset（时间偏移）：在对曲线进行多次粘贴时，会产生复制时的时间偏移，默认值为0。
- Value offset（数值偏移）：在进行多次复制时，曲线的数值会产生偏移，默认值为0。
- Copies（粘贴次数）：表示连续粘贴的次数，默认值为1。
- Help images（帮助图片）：同复制曲线命令的Help Images属性作用相同，配合Past method属性使用。
- Clipboard adjustment（粘贴调整）：用于对粘贴曲线进行参数设置，包括Preserve（保护）、Scale（缩放）和Fit（适合）。
- Past method（粘贴方式）：用于控制曲线粘贴的方式，包括Insert（插入）、Replace（替换）和Merge（覆盖）。
  - ◎ Insert：表示将复制曲线以插入的方式粘贴到目标曲线上，并且部分目标曲线会向后延迟。
  - ◎ Peplace：用于将复制的曲线完全覆盖指定粘贴范围内的目标曲线上，但只有在开启Start /End复选框后，才可以被使用。
  - ◎ Merge：用于将复制的曲线与指定粘贴范围内的目标曲线进行合并。
- Connect（连接）：用于调整复制的曲线数值，使得在粘贴的始端保持数值连续，默认为启用该复选框。

第11章

Maya变形技术

在Maya中，变形器的作用主要体现在两个方面。一是使用变形器进一步加工模型，比如能够使模型产生弯曲或扭曲效果等；二是创建变形动画，最典型的就是角色的表情动画。变形器的每一步设置都可以被设置为关键帧动画，它是一种应用范围很广的变形工具。

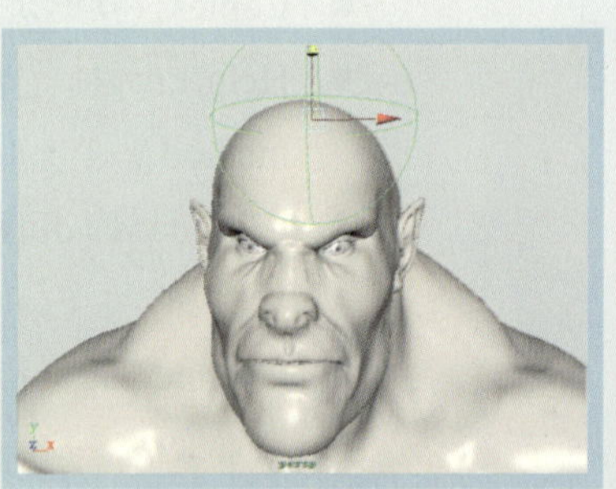

11.1 学习变形的目的

我们学习这些变形工具的主要目的是能够制作出物体的各种变形效果。例如弯曲的树叶、卷折的纸张、角色眼球的转动以及肌肉的变形等，从而使创建的模型产生生命力，给人一种真实感。如图11-1所示的是应用变形工具制作的效果。

卷曲的树叶　　拐杖的弯曲　　表情的调整

图11-1 变形技术的应用

11.2 变形的认识

在现实生活中，物体按外形特征基本分为硬性和软性两类。硬性物体比如石头、木头、砖块等不能产生变形。而软性物体如布料、头发以及人体的肌肉等能够产生丰富的外形变化。使用Maya强大的变形功能，能够很好地表现出这些变形效果。如图11-2所示的是使用变形工具调整出的几种角色表情。

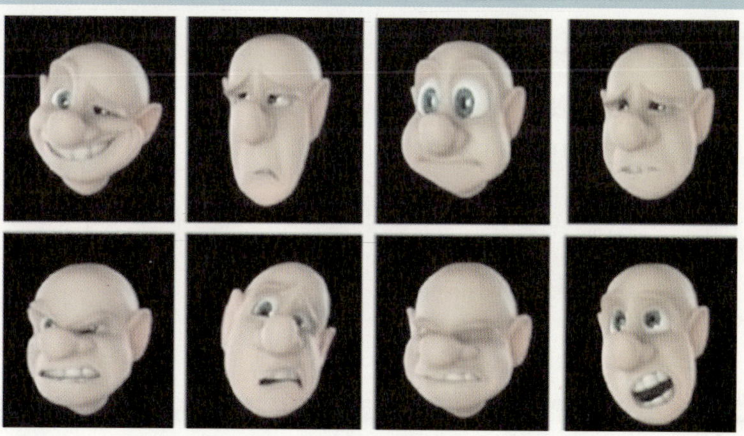

图11-2 角色的表情变化

11.2.1 变形的概念

在三维软件中，物体的变形是指物体的外形发生变化，而物体自身的组件机构不发生任何变化。比如物体在被添加变形后，而其点、面、边的数目并没有增加或减少。

对于一些简单的模型，我们通常使用移动工具调整其顶点位置来改变其外形效果。但是对于复杂的模型，再使用这种方法是很浪费时间和精力的，并且很难达到理想的变形效果。

此时，Maya提供了强大的变形工具，统称为“变形器”。同样，用户可以使用该变形器来调整模型的顶点位置以改变其外形。可以使用变形器控制模型一个区域内的顶点，从而大大简化了模型的变形操作。因此，一个复杂的变形操作可以使用多个变形器来完成。如图11-3所示的是利用Maya中的簇变形器来控制角色模型上的顶点位置。

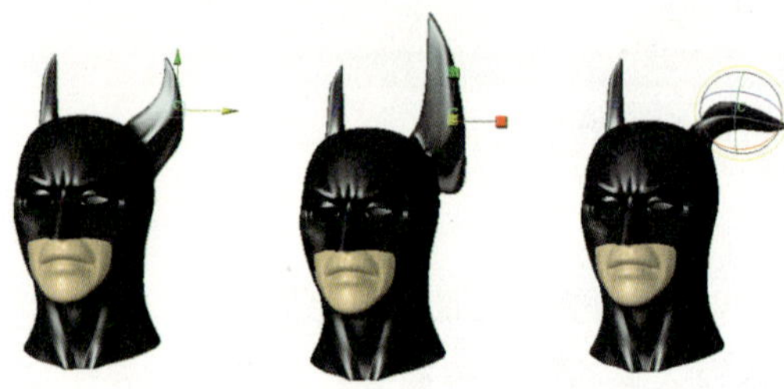

图11-3 角色鼻子的变形效果

11.2.2 变形器的用处和分类

大部分的变形动画都是使用变形器来完成的，比如角色面部表情的变化以及植物叶子的飘动等。同样也可以用于建模工作当中，用于改变模型的造型效果。

在Maya中，根据物体变形效果的不同，可以将变形器分为多个类型。

- Cluster（簇变形）：表示通过使用一个簇控制器同时控制模型一个区域内的所有顶点，通常配合混合变形编辑器一起使用。
- Blend Shape（混合变形）：表示用于为多个变形物体创建一个混合变形控制器，可以使模型在多个外形变化效果中过渡显示，多用于表情的调整。
- Lattice（晶格变形）：为模型提供了更精确的变形控制器，可用在建模或动画变形中。
- Nonlinear（非线性变形）：该工具分为6种快捷变形方式，可快速制作出弯曲、扭曲、扩张、正弦、挤压、波浪等变形效果。
- Soft modification（柔化变形）：可以对物体进行柔化变形处理。
- 雕塑变形（Sculpt）：表示通过使用一个球形控制器来影响物体的外形变化。
- 抖动变形（jiggle）：表示当物体运动时，可以使被控制点产生摇动效果。
- 螺旋形变形（Wire）：可以使物体外形按螺旋型发生形变。
- 包裹变形（Wrap）：表示可以使用其他几何体来控制变形的效果，使得变形更加具有可控性。

11.3 簇变形器

簇变形器是变形操作中的常用工具之一。使用簇变形器也可以对模型一个区域内的顶点进行变换操作。即表示可以将选中的顶点作为一个“群组对象”来进行变形操作，并且可以在该对象上绘制权重以影响变形强度。

11.3.1 Cluster（簇）控制器

Cluster工具通常配合混合变形器使用，多用于制作山地、石头以及角色的表情调整等。下面介绍如何创建簇控制器。

动手实践186——创建簇控制器

1 首先，在场景中导入一个角色的头部模型，如图11-4所示。

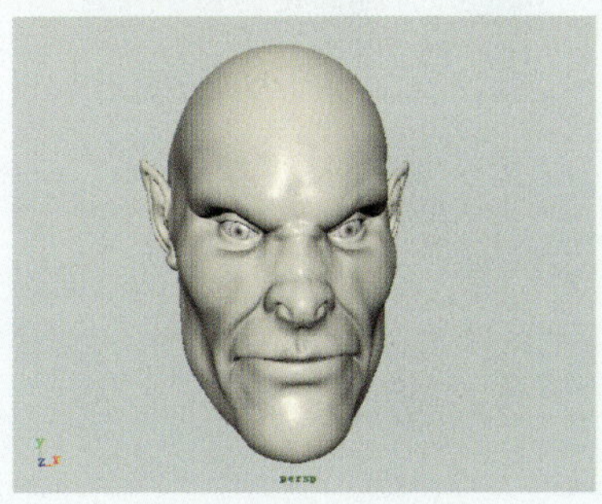

图11-4 导入场景模型

2 选中角色模型并执行Edit（编辑）Paint Selection Tool（画笔选择工具）命令，快速选择角色面部的顶点，如图11-5所示。

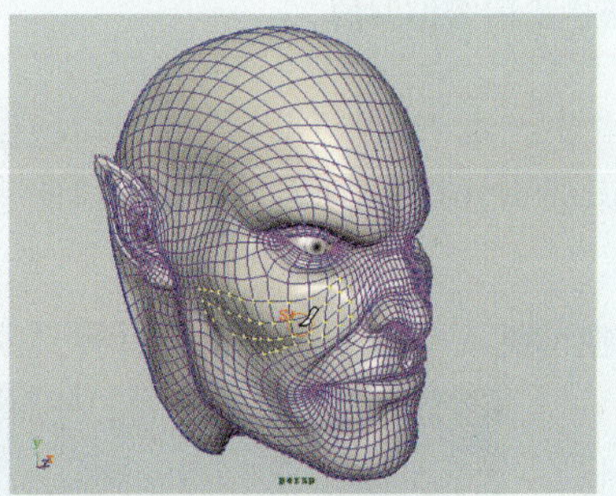

图11-5 选中模型顶点

3 切换到Animate模块下，执行Edit Deformers（编辑变形）| Cluster（簇变形）□命令，打开簇变形器的属性对话框，如图11-6所示。

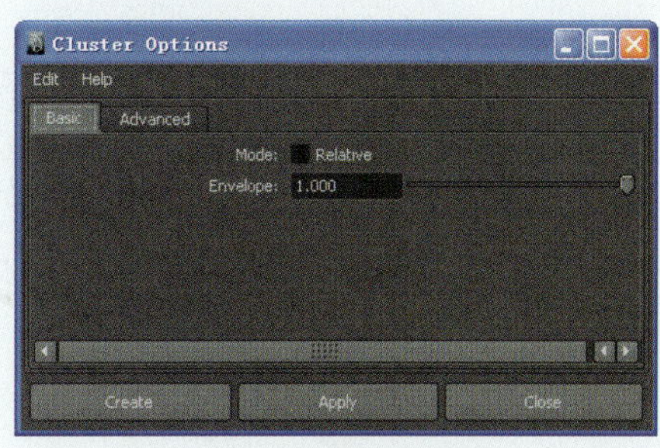

图11-6 簇属性对话框

4 在这里使用默认设置，然后单击Create按钮，为选中的顶点创建一个“C”型的簇控制器，如图11-7所示。

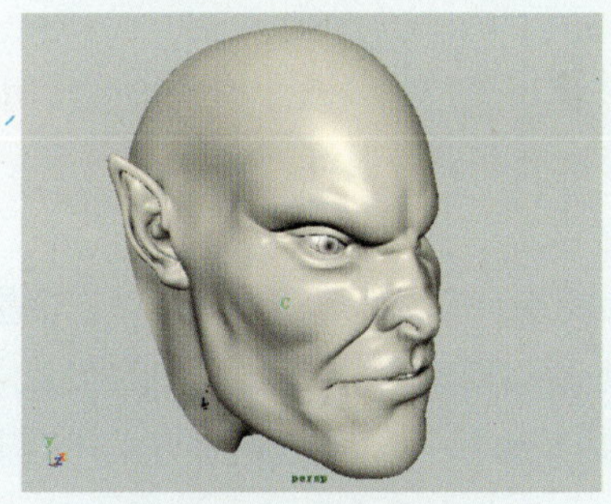

图11-7 产生的簇控制器

提示

在选择模型区域内的顶点时，尽量按照模型布线的拓补结构进行选择，以便于选中的顶点根据模型自身的布线轮廓进行变形。

下面对属性对话框中的选项进行简单介绍。

- Mode（模式）：用于设置是否启用簇的相对性模式，默认为不启用。
- Envelope（系数）：用于设定簇影响的系数，默认值为1，通常使用默认设置。

注意

簇控制器创建完成后，原来被选中的顶点替换显示成了簇控制器的标示符。簇控制手柄的标示为绿色的大写字母"C"，即Cluster的首字母。

5 选中创建的簇控制器手柄，可以对模型局部的外形进行移动、缩放、旋转等操作，如图11-8所示。

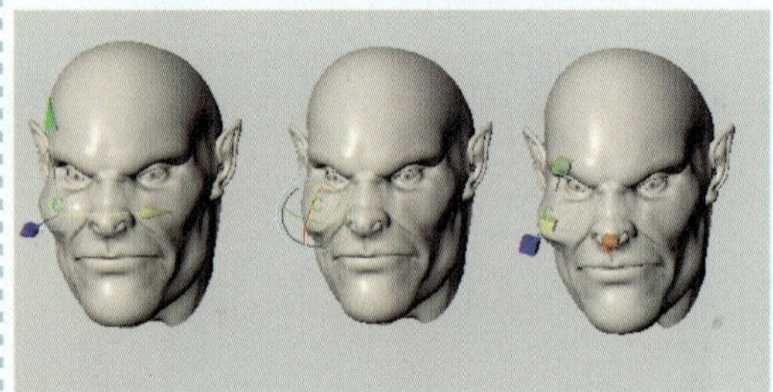

图11-8 操作簇控制手柄

6 打开Outliner（大纲栏）视图，在大纲列表中单击名为Cluster1Handle的属性选项，即可选中簇控制器，并且观察簇控制器在列表中的图标显示，如图11-9所示。

图11-9 快速选择簇

技巧

从步骤5以上的几步操作来看，可以总结出原先有关多个点的操作被簇控制器所取代，从而方便了模型的变形操作。但是，在取消簇控制器的选择状态后，若再在场景中选中簇控制器，容易错选中该簇控制器所在的模型，此时可以在大纲列表中选取簇控制器。

在使用簇控制器改变模型的变形时，变形部分会产生一定的位移偏差，是因为簇控制器的位移具有相对性属性，Maya在计算模型变形时，是以模型和簇控制器之间的位移偏差为计算依据的。

如果关闭Relative属性，Maya就会按照两者之间的空间绝对坐标差进行变形计算。反之，开启就会按照模型和控制器之间的相对位移进行计算。

在Maya中，可以通过两种方式开启簇的相对位移属性。

- 在执行簇命令时，在弹出的属性设置对话框中，直接启用Relative复选框。
- 如果簇变形器已经被创建，则选中簇控制器，按Ctrl+A键，在打开的属性面板中，切换到Cluster1选项卡，展开Cluster Attributes卷展栏，启用Relative复选框即可，如图11-10所示。

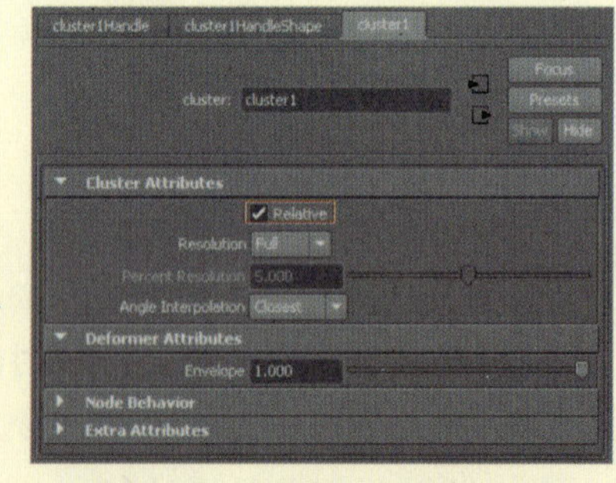

图11-10 启用Relative复选框

11.3.2 Paint Cluster Weights Tool（绘制权重工具）

在移动簇控制器后，可以看到之前被选中的模型顶点都跟随着簇控制器移动到了一个新的位置，但是由于变形操作并不增加模型的拓补结构，所以模型被拉伸的部分没有任何顶点，从而导致该处过渡明显的拉伸，如图11-11所示。

那么作为理想的变形效果，我们希望这些被拉伸的点能够在拉伸距离上按一定比例均匀分布，以达到自然的拉伸效果。同时可以将簇控制器对模型上各部位顶点拉伸的强度理解为簇的权重。

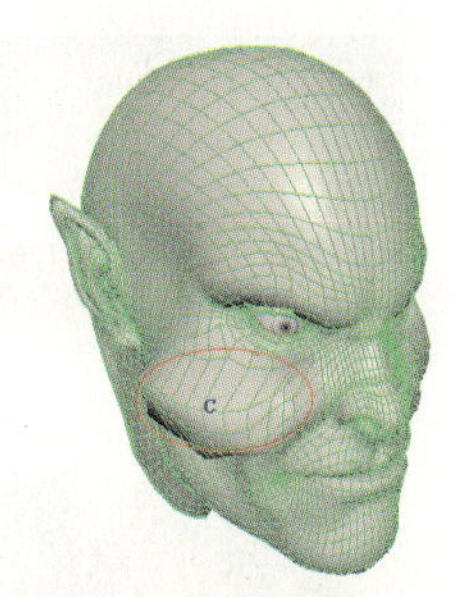

图11-11 模型的拉伸效果

动手实践187——编辑簇的权重

1 创建簇控制器后，选中模型并执行Edit Deformers（编辑变形）| Paint Cluster Weights Tool（绘制簇权重）命令，此时模型会变为黑白色并且光标变为“笔刷”样式，如图11-12所示。

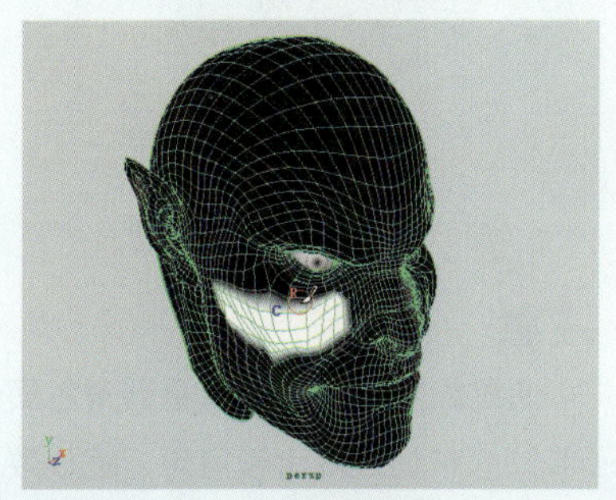

图11-12 启用编制权重工具

提示

模型变为黑白色，表示物体被成功切换到簇权重的编辑模式。其中白色表示权重影响值为1，黑色部分表示权重值为0。从图中可以看到角色变形比较突出的部位为白色显示，说明该部位受簇权重的影响最大，因此该处的变形影响也最大。黑色部位受簇权重影响最小，几乎不发生变形效果。

2 执行Paint Cluster Weights Tool（绘制簇权重）命令后，在视图右侧的属性设置面板中，显示了有关该簇控制器的属性参数设置，如图11-13所示。

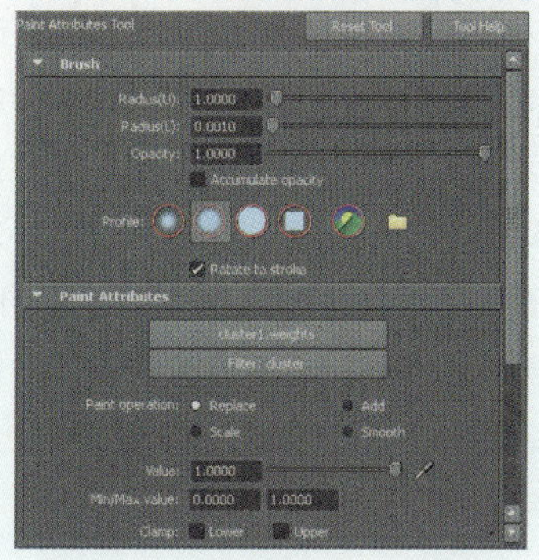

图11-13 笔刷属性设置面板

3 设置Radius（U/L）（半径）均为0.5、Value（权重值）为0.5，并且选中Replace（替换）单选按钮。然后，在图11-14所示位置进行涂绘，以使该处由白色变成深灰色，权重变小。

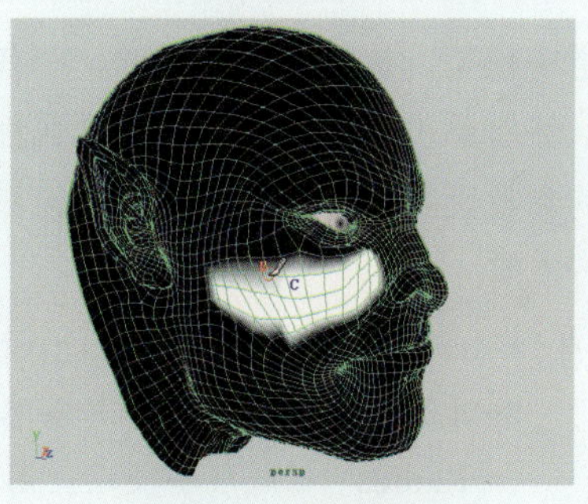

图11-14 绘制模型权重

4 再设置Value（权重值）为0.8，然后在模型上进行绘制，可以看到模型由白色变为浅灰色，权重逐渐变小，如图11-15所示。

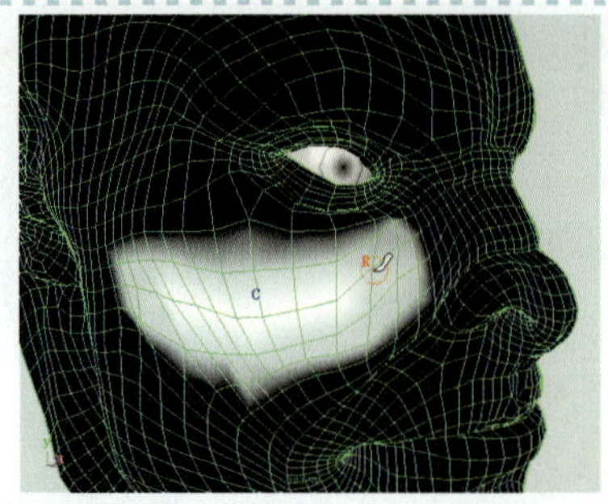

图11-15 不同Value值绘制的权重

提示

可以按B键并拖曳鼠标中键，改变笔刷半径的大小。也可以在簇权重的属性设置面板中，设置Radius（U/L）值来改变笔刷的半径。设置不同的Value值，对簇的权重进行绘制，以绘制出黑白过渡的权重效果。并且可以看到在选择不同的笔刷样式，笔刷上会显示该笔刷类型属性名称的首字母。

5 再选择Smooth单选按钮，在灰色过渡位置进行涂绘，以将最终的权重值由最初的黑白分明逐渐变成黑白平滑过渡，如图11-16所示。

6 按W键，切换到模型的普通制作模式。选中簇控制器，对其进行缩放操作，此时观察模型的变形效果，如图11-17所示。

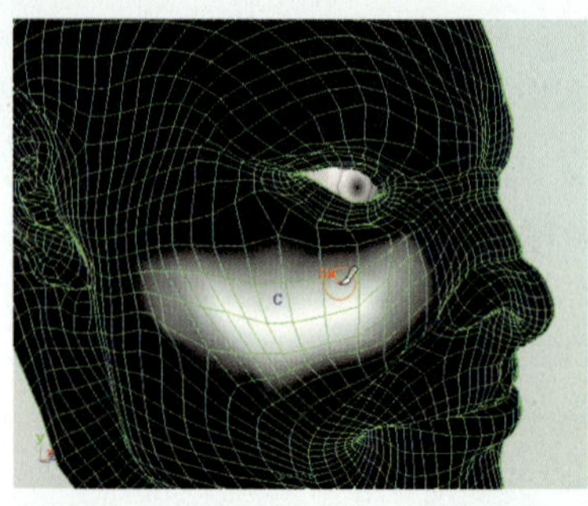

图11-16 黑白权重的平滑效果

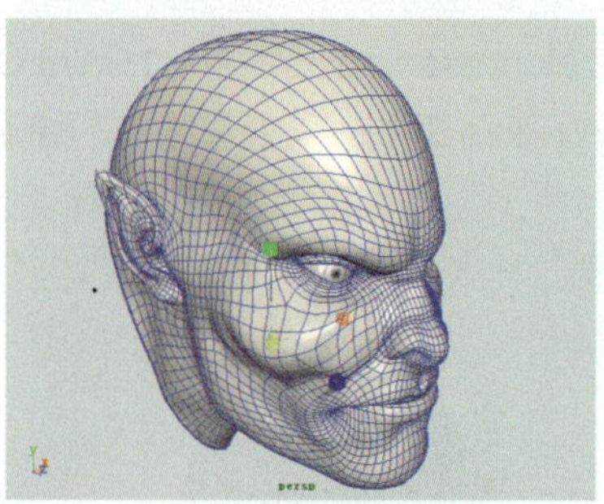

图11-17 缩放簇控制器

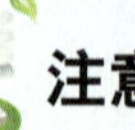

注意

通过缩放操作，可以看到角色面部变形部位的布线过渡比较均匀，缩放效果也比较自然。由此可以看出通过绘制簇的权重可以很好地改变模型的拉伸变形效果。

选中模型，执行Edit Deformers（编辑变形器）| Paint Cluster Weight Tool（绘制簇权重）命令，然后单击窗口右上角的工具属性设置图标，即可打开簇权重属性设置面板。再通过一定的参数设置来改变簇的权重以使模型的变形更加自然。下面对簇属性设置对话框中的选项进行说明。

- Brush（笔刷属性）：在Brush属性卷展栏下，包含了一些关于设置笔刷的半径大小和其涂刷的明暗程度等一些参数选项。
  - ◎ Radius（U）（半径）：用于设置笔刷半径的最大值。
  - ◎ Radius（L）（半径）：用于设置笔刷半径的最小值。
  - ◎ Opacity（透明度）：用于控制笔刷痕迹的明暗程度，并不改变笔刷的力度。它与下面的Value数值概念不同。
  - ◎ Profile（模式）：用于控制笔刷样式。Maya提供了（高斯）、（柔化）、（实心）和（方形）4种样式的笔刷图案。

- Paint Attribute（绘制属性）：在笔刷属性选项下，包含了一些绘制属性。
  - ◎ Cluster N.Weights（簇控制器名称）：为编辑对象名称过滤器。
  - ◎ 当一个物体上有多个簇控制器时，单击该按钮，可以快速切换选择需要修改权重的簇控制器。默认创建第一个簇的名称为Cluster1，因此会在这里显示为Cluster1.Weights。
  - ◎ Filter（过滤器）：表示所选要编辑的对象过滤器。
  - ◎ Paint Operating（笔刷操作）：用于切换笔刷的操作类型，在该属性选项下包括4种笔刷类型。

其中Replace表示使用当前笔刷的Value值替代已有的权重值；Add表示在已有的权重上再增加当前笔刷的Value数值；Scale表示通过画笔的权重参数来缩放顶点上的权重值；Smooth可以平滑两个不同权重值区域之间的过渡。

- ◎ Value（权重值）：用于设置当前笔刷的权重值，范围从0~1。
- ◎ Min Value（最小权重）：用于设置当前笔刷权重的最小值。
- ◎ Max Value（最大权重）：用于设置当前笔刷权重的最大值。
- ◎ Clamp（限制）：在Clamp选项后包含有Lower和Upper两个选项。

可以将笔刷权重设置强制在一个特定的范围内，启用Lower和Upper复选框后，将激活下面对应的Clamp Values选项，以输入数值。该选项被激活以后，超出Clamp范围的Value数值设置将被忽略，分别被Lower和Upper设定的参数替代。

- ◎ Flood（扩散）：单击Flood按钮后，笔刷的权重值将被应用到整个簇影响区域内的顶点上，具体的效果视笔刷设置而定。
- ◎ Vector Index（矢量指数）：属性与被绘制权重的对象属性有关，无需改动。

11.3.3 Edit Membership Tool（编辑簇的变形范围工具）

由于错误的涂绘操作，而导致一些顶点没有被定义为受簇影响，致使这些顶点停留原地，或者导致一些顶点被错误的定义为受簇影响而产生位移等综合结果，而导致局部布线产生明显的拉伸或撕裂现象，就需要用到Edit Membership Tool（编辑簇变形范围工具）对现有簇进行动态添加或删除顶点的操作。

下面对Edit Membership Tool和Component Editor的使用方法进行介绍。

动手实践188——编辑簇的变形范围

1 在角色的腋窝处，创建一个簇控制器。然后，选中簇控制器并执行Edit Deformers（编辑变形）| Edit Membership Tool（编辑簇变形范围）命令，模型变为顶点的显示状态，如图11-18所示。

提示

执行Edit Membership Tool命令后，模型上紫红色的点表示不受簇控制器影响的点，而黄色的点表示受簇控制器影响。

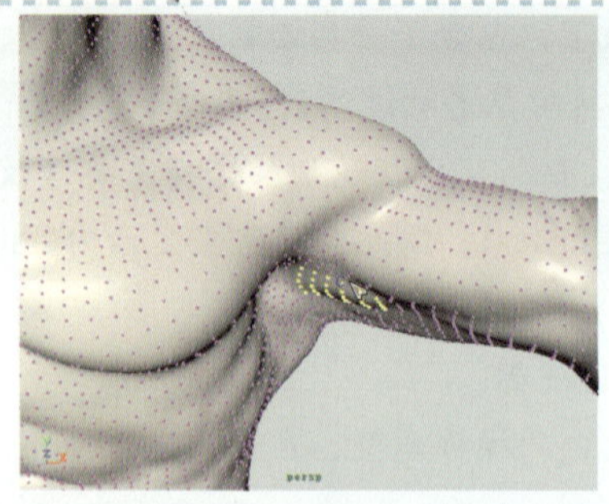

图11-18 执行Edit Membership Tool命令

2 放大视图角度，对簇控制器进行移动和缩放操作，可以看到腋窝局部的顶点有错误的拉伸，如图11-19所示。

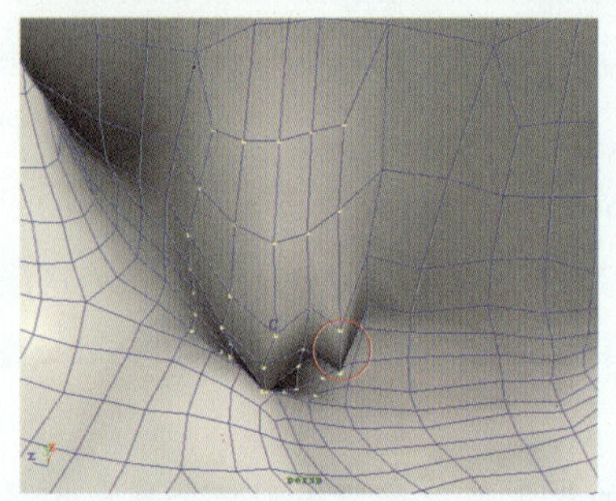

图11-19 顶点的撕裂现象

3 按住Ctrl键并拖曳鼠标左键，框选两个拉伸的顶点以将其从受簇影响的范围内减除，此时两拉伸顶点消失，如图11-20所示。

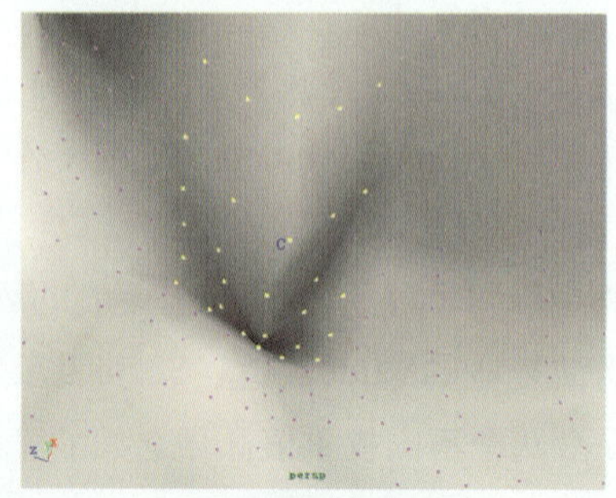

图11-20 消除拉伸的顶点

技巧

用户也可以通过按住Shift键并拖曳鼠标左键，框选中被拉伸的顶点，以将它们加入受影响的范围内。

动手实践189——精确编辑簇的变形范围

用户还可以使用“笔刷”属性面板中Value属性后面的吸管工具吸取与这两个拉伸顶点相临顶点上的权重值。然后用笔刷对这两个顶点进行多次权重绘制，使其回到与周围顶点相同的位置上。但是用笔刷对单个顶点的权重进行涂绘非常困难，因为笔刷难于定位并且会误刷到其他已经修饰好的权重。可以通过下面的方法来解决这种情况。

1 旋转视图角度，可以看到由于簇默认的将新添加顶点权重设置为1，所以被从影响范围中减除的两个顶点还有一些拉伸现象，如图11-21所示。

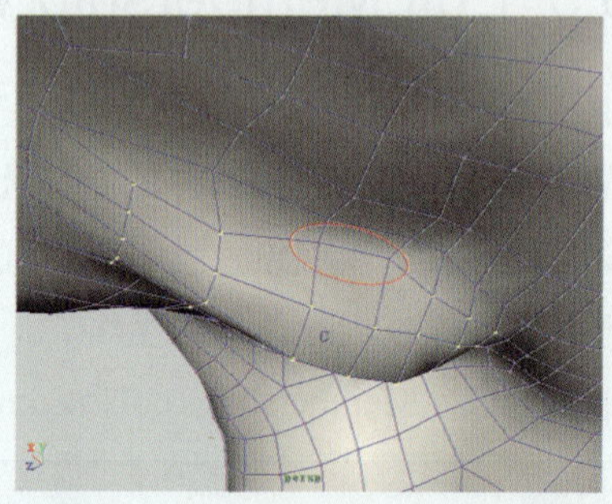

图11-21 添加影响后的拉伸效果

2 将两拉伸顶点加入簇的影响范围并选中两拉伸顶点，执行Windows（窗口）| General Editors（通用编辑器）| Component Edit（编辑组元）命令，弹出Component Editor（组元编辑器）属性窗口，如图11-22所示。

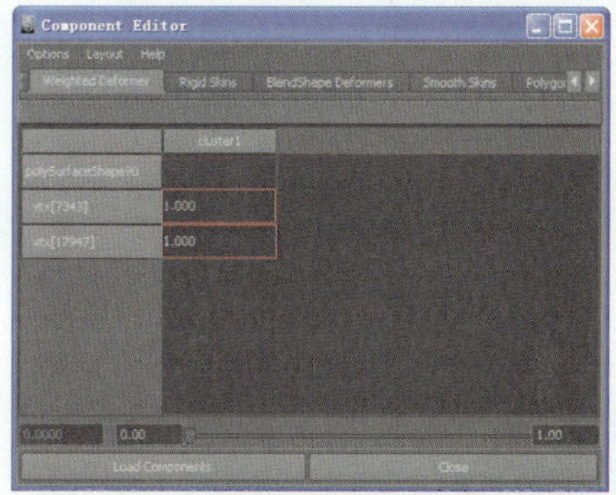

图11-22 Component Editor属性窗口

3 选中模型并执行Paint Cluster Weight Tool（绘制簇权重）命令，打开簇的笔刷属性面板。然后单击Value（权重值）选项后的图标，在其中一拉伸点（名为Vtx[7343]）的相临点上单击以采集该处的Value值，如图11-23所示。

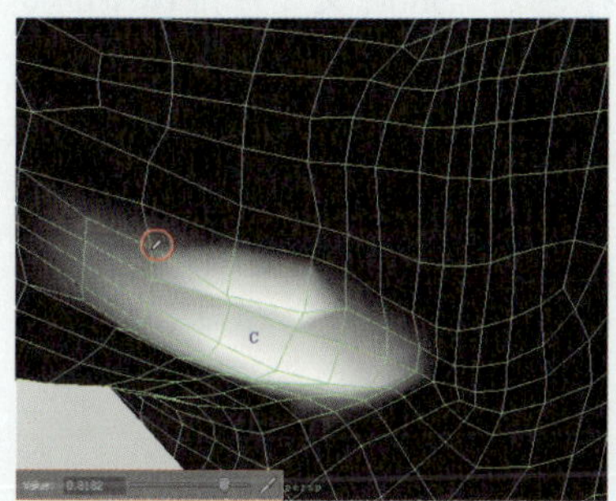

图11-23 采集顶点的Value值

提示

在Component Editor属性窗口中，Vtx[7343]、Vtx[17947]表示标号为7343和17947的两个顶点，而Cluster下面的纵栏表示这两个点受到Cluster1的权重影响值，因为刚刚被添加到Cluster1的影响范围内，所以默认值均为1。用户可以通过修改这两个点的权重值来改变其拉伸效果。

4 选中两拉伸的顶点，在Component Editor（组元编辑器）属性窗口中，在对应的Vtx[7343]选项处输入数值0.818并按Enter键确定，此时该顶点已变为平滑，如图11-24所示。

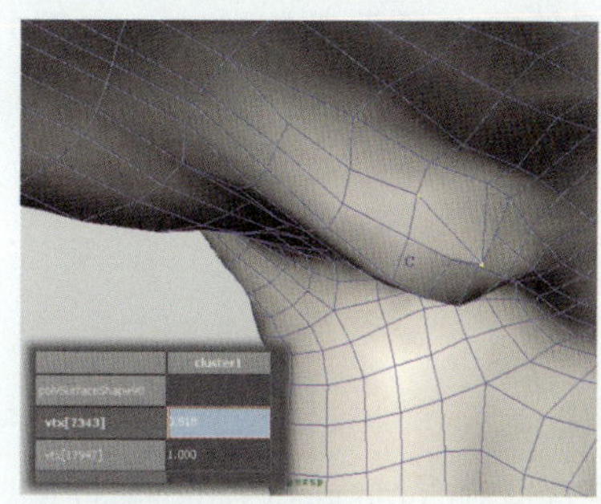

图11-24 输入采集的Value值

5 切换到簇权重的绘制模式，使用吸管工具吸取另一个拉伸点相临顶点的Value（权重值）为0.837，如图11-25所示。

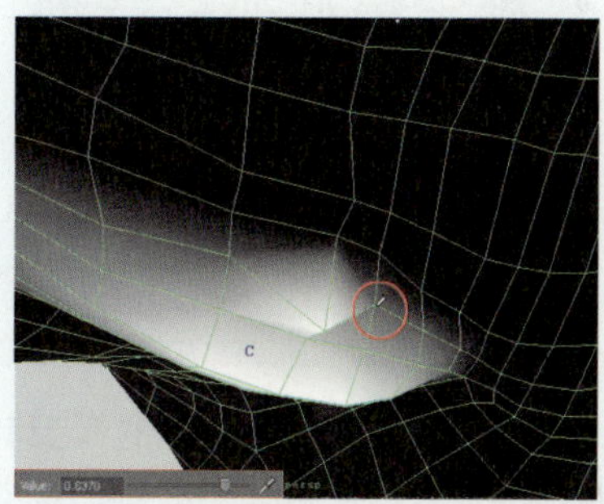

图11-25 采集另一个顶点权重值

6 再选中两顶点，在Component Editor（组元编辑器）属性窗口中，输入另一个拉伸点所对应的Vtx[17947]值为0.837并按Enter键确定，可以看到该点恢复到平滑位置，如图11-26所示。

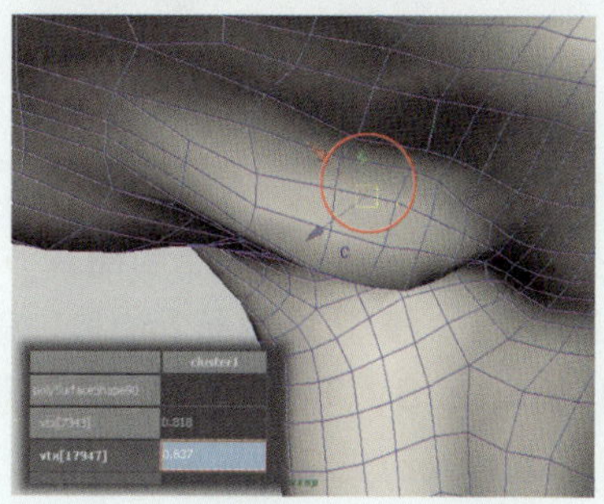

图11-26 输入另一个顶点Value值

7 切换到模型的选择状态，旋转视图角度，可以看到被拉伸的顶点与模型周围的顶点呈平滑的过渡，如图11-27所示。

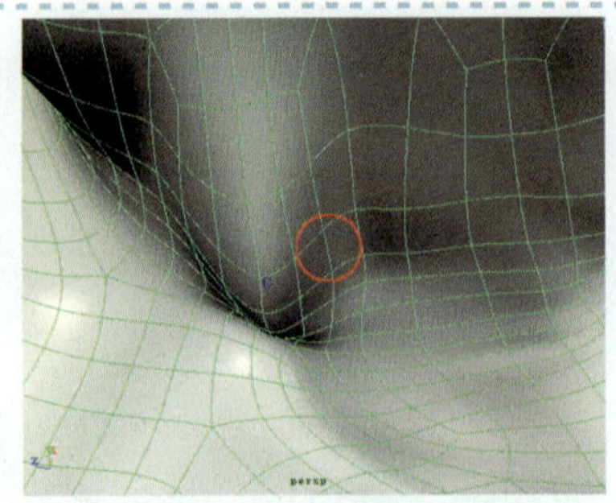

图11-27 调整簇权重范围后效果

在这里对Component Editor属性窗口中的选项进行简单说明。

- Component Editor（组件编辑器）：它可以完整和精确地显示模型上每一个顶点上的所有属性，包括每个点的空间坐标、权重值等。每一个属性类型，都有专门的标签标识。
- PolySurfacesh（平滑多边形或曲面权重）：表示多边形或曲面簇权重的平滑过渡。

11.3.4 确定模型变形造型

在创建完成模型的变形之后，如何清除场景中的簇控制器，同时又要保证模型的变形效果不变呢？下面介绍一下具体的操作方法。

动手实践190——确定模型变形造型

1 继续上节实例，选中模型的簇控制器，按Delete键将其删除，可看到模型恢复到了原始的状态，如图11-28所示。

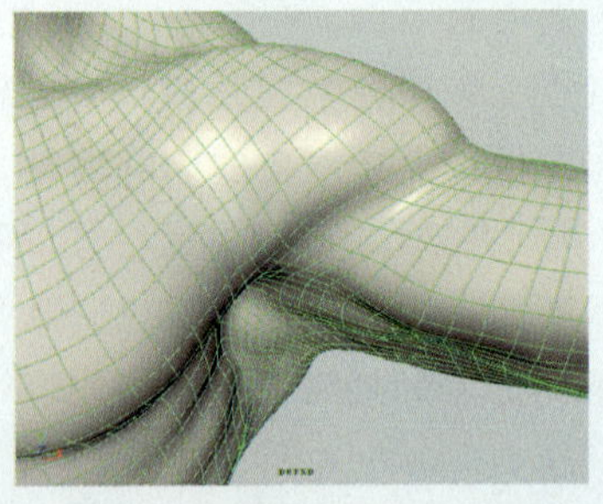

图11-28 恢复变形到原始状态

2 按Z键，撤销删除簇控制器操作。然后，选中模型并执行Edit（编辑）|Delete By Type（按类型删除）|History（历史记录）命令，可以看到所有的簇控制器被删除，但是模型的变形依然存在，如图11-29所示。

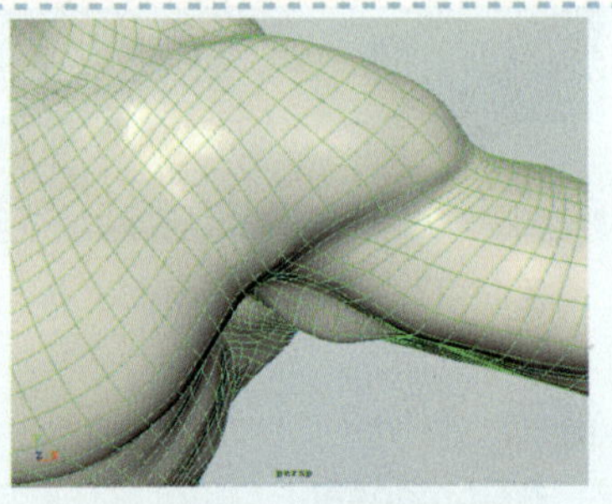

图11-29 簇控制器被删除

提示

前面介绍过，Maya把每一次命令操作都看作是一个历史操作节点，如果删除该节点，操作历史将不存在，Maya会将现在的节点作为最原始状态。因此当删除历史节点后，Maya将变形后的模型默认为最初的模型状态，这就意味着我们彻底修改了模型的外形，而原有的控制器也将失去作用，会被自动删除。

11.4 Lattice（晶格变形）

Lattice是制作动画过程中使用率非常高的一种变形器。为物体添加晶格控制器后，会围绕物体自动创建出一个网格状的方形盒子，即是所说的晶格控制器。用户可以通过移动晶格上的顶点来改变物体的外形。

11.4.1 创建晶格变形

同创建簇控制器的方法类似，可以直接选中物体，执行Create Deformers（创建变形器）| Lattice（晶格）命令，即可创建晶格控制器。下面具体介绍创建晶格控制器的方法。

动手实践191——创建晶格控制器

1 在场景中导入一个角色的腿部模型，然后选中该模型局部的顶点，如图11-30所示。

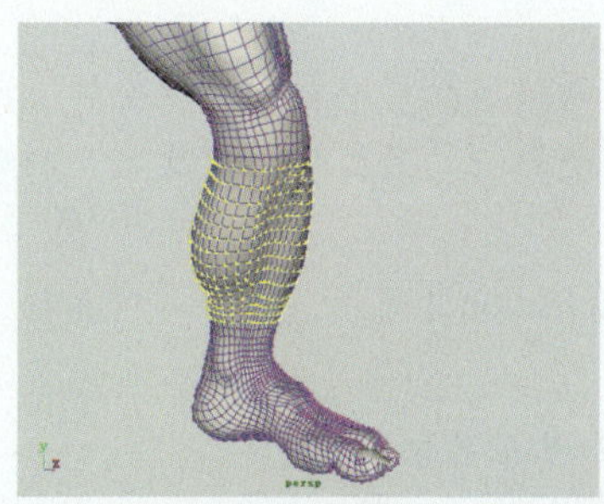

图11-30 导入模型

2 切换到Animate模块，执行Create Deformers（创建变形器）| Lattice（晶格）命令，执行创建晶格操作，此时所选顶点的周围会出现一个方形网格，如图11-31所示。

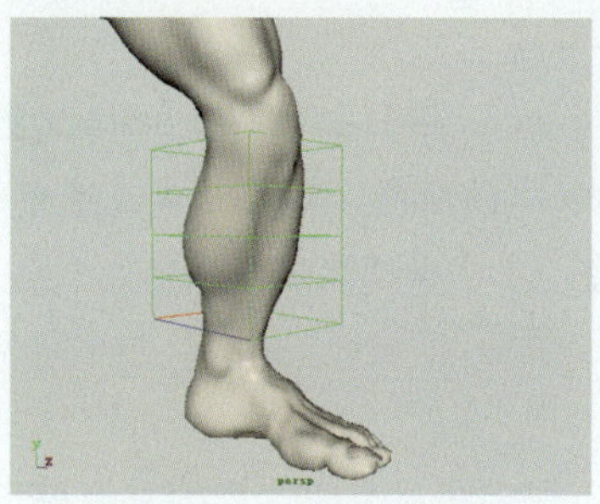

图11-31 创建晶格变形器

3 在晶格上右键单击，弹出命令菜单，拖动光标到Lattice Point（晶格点）命令选项上，如图11-32所示。

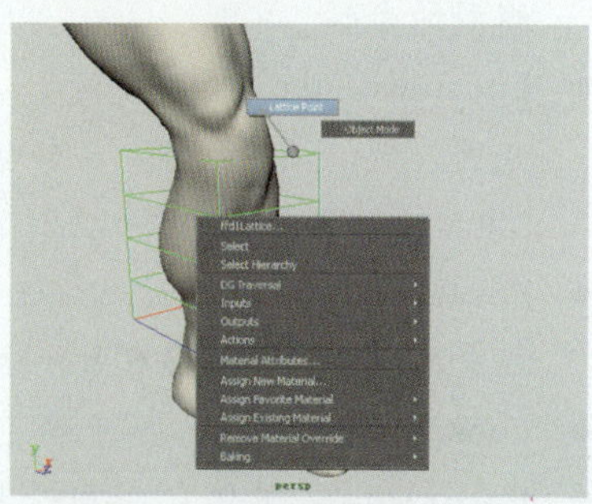

图11-32 进入Lattice Point模式

4 释放鼠标右键，即可进入晶格的顶点模式。选中晶格上的顶点并对其进行移动和缩放操作，模型会发生变形，如图11-33所示。

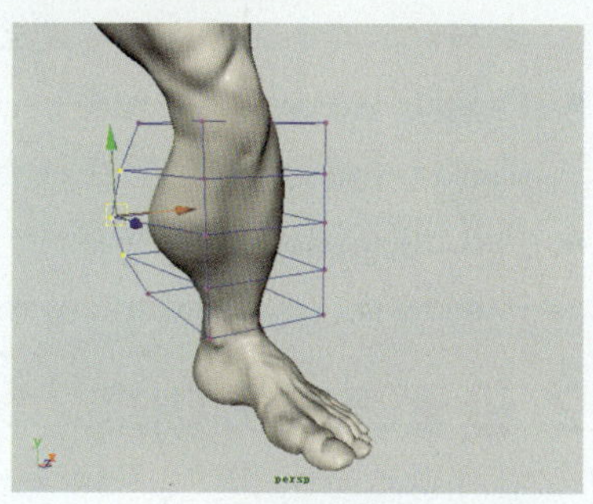

图11-33 模型的变形效果

提示

所创建的晶格由两部分组成，分别是影响晶格和基础晶格，默认情况下在Maya场景中只显示影响晶格，即通常在场景中看到的方形网格。

用户可以在晶格命令属性面板中设置相关的参数来改变创建的晶格状态。单击Create Deformers（创建变形器）| Lattice（晶格）命令右侧的方体按钮，弹出晶格属性对话框，如图11-34所示。

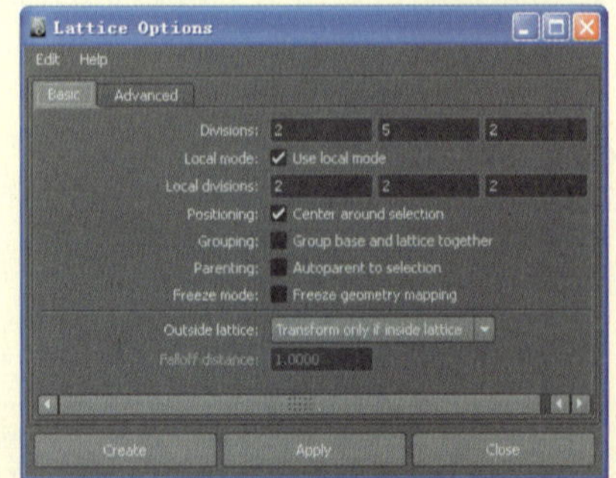

图11-34 晶格属性对话框

下面对Lattice Options对话框中的选项进行说明。

- Division（晶格分割度）：用来设置晶格在三维空间中的分割段数。如果被创建物体的局部坐标和空间坐标一致，Division后面的3个文本框分别代表Z、Y、Z轴向上的晶格分割度。
- Local mode（局部模式）：用于控制每个晶格点可以影响到模型的变形范围，该范围以分割度为基本单位。如果未启用此选项，则每个晶格顶点的移动都会影响整个模型的变形。
- Local division（局部分割度）：用来设置每个晶格顶点可以影响到模型的空间变形范围，数值设置的越大，移动单个顶点时模型受影响的范围越大；反之，则越小。Maya默认影响空间单位为2、2、2。
- Positioning（定位）：默认选中Center around Selection复选框，表示只对晶格工具所包含的模型部分变形有效，这里使用默认值。
- Grouping（群组）：用于确定是否将影响晶格和基础晶格群组。
- Parenting（父化）：用于控制是否将晶格和变形物体设置为父子关系，其中Autoparent to Selection表示将变形物体自动设置为晶格的父物体。如图11-35所示，禁用该复选框后，创建的晶格不跟随物体移动。
- Freeze mode（冻结）：用于设置物体的冻结模式。其中Freeze geometry mapping用于控制物体在进行变形时，其表面的纹理不发生变形。
- Outside lattice（晶格外部）：用于控制是否对处于晶格以外的变形物体产生影响。

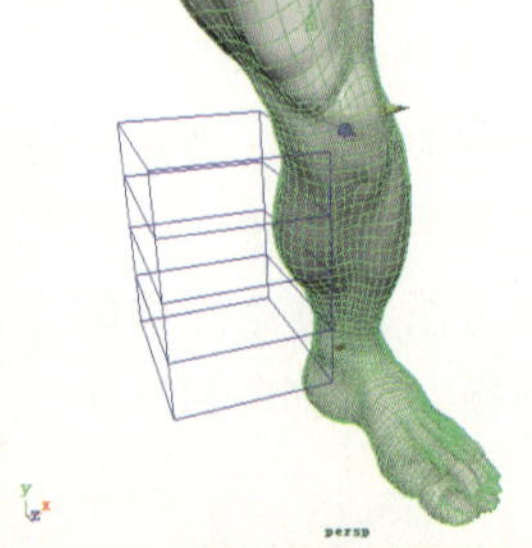
图11-35 禁用Parenting复选框

- Fall off distance（衰减距离）：用于设置变形衰减的距离，但是只有在选中outside lattice命令下的Transform of within fall off选项后，才可以修改该属性值。

11.4.2 设置晶格分割度

在上节的操作中介绍了快速创建及编辑晶格控制器。那么在对类似这样的复杂模型进行晶格调整时，如果晶格控制点越多，则对模型的变形控制也就越精确。因此有必要增加晶格的分割度以增加晶格点。

动手实践192——在属性对话框中进行设置

1 在场景中导入一个蜗牛模型并将其选中，执行Create Deformers（创建变形器）| Lattice（晶格）□命令，在弹出的属性对话框中设置Divisions（S/T/U）（段数）分别为4、5、4，如图11-36所示。

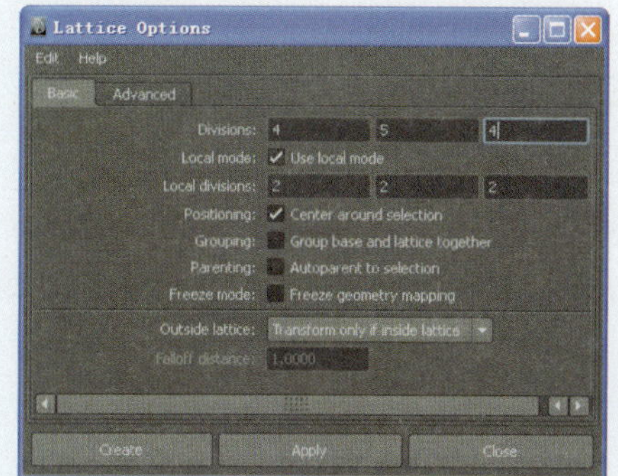

图11-36 设置晶格的分割度

2 单击Apply按钮，此时观察物体周围的晶格分割段效果，如图11-37所示。

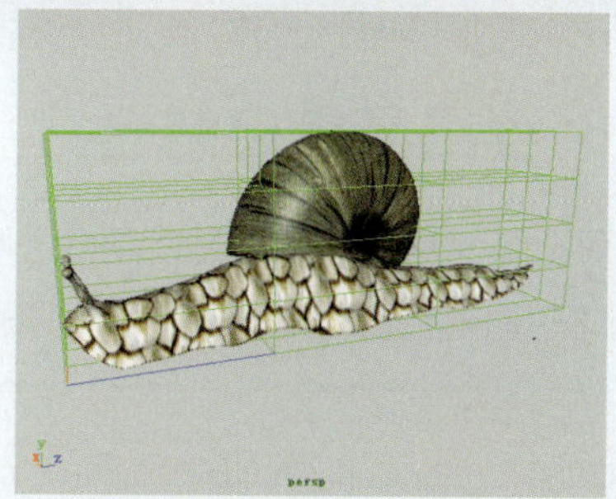

图11-37 晶格的分割效果

提示

一旦晶格点有了位移形变，则无法重设晶格的分割度。只有通过执行Edit Deformers（变形器）| Lattice（晶格）| Remove Lattice Tweaks（去除晶格变形）命令，将已有形变的晶格控制器恢复为初始状态，才能继续通过通道栏属性来设置晶格分割度。

动手实践193——在通道栏中进行设置

1 选中物体，使用晶格工具的默认设置为其创建晶格控制器。然后选中该控制器，按Ctrl+A键，打开通道栏，可以看到在SHAPES属性下的晶格参数值，如图11-38所示。

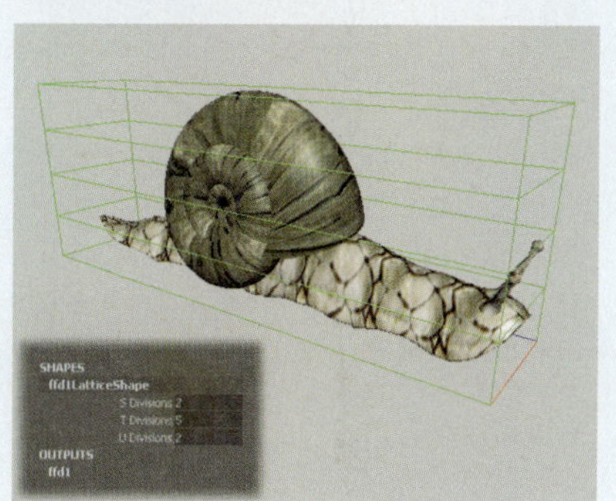

图11-38 创建晶格控制器

2 然后设置S Divisions（S段数）为4、T Divisions（T段数）为5、U Divisions（U段数）为13。此时观察晶格的变化，如图11-39所示。

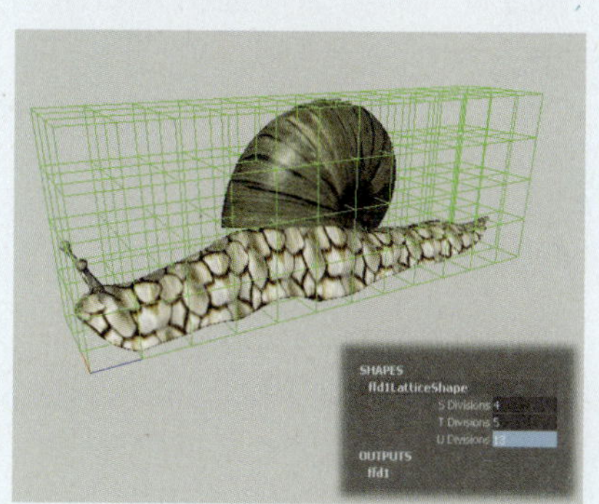

图11-39 设置晶格系数

注意

执行Edit Deformers（编辑变形器）| Lattice（晶格）| Reset Lattice（重置晶格）命令，同样可以将晶格恢复到初始状态，但是无法再通过通道栏修改分割度。

11.4.3 群组晶格控制器

前面已经介绍过，在同时移动簇和模型时，提到了有关簇的相对性，那么在晶格变形中也存在类似的操作。下面对晶格控制器的组合进行介绍。

动手实践194——组合晶格控制器

1 执行Windows（窗口）| Outliner（大纲栏）命令，打开大纲列表，可以看到两种晶格控制器，分别为ffd1lattice（影响晶格）和ffd1Base（基础晶格），如图11-40所示。

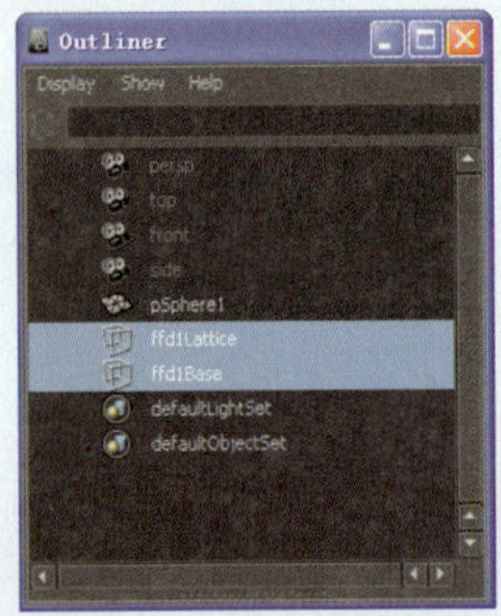

图11-40 晶格控制器

2 选中列表中的ffd1Base属性选项。此时，在影响晶格的内部会显示一个方体线框，即为基础晶格，如图11-41所示。

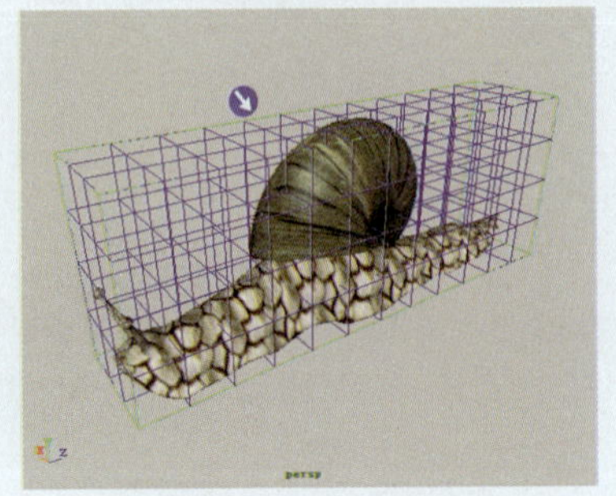

图11-41 基础晶格

提示

通常，Maya只默认显示影响晶格（ffd1Lattice），前面所编辑的晶格控制器，其实都是影响晶格，而基础晶格ffd1Base，则默认不显示。Maya在计算晶格变形时，实际上是以ffd1Lattice和ffd1Base之间的晶格点空间坐标差为计算依据。

3 选中并移动影响晶格控制器，可以看到基础晶格控制器并没有跟随着移动，如图11-42所示。

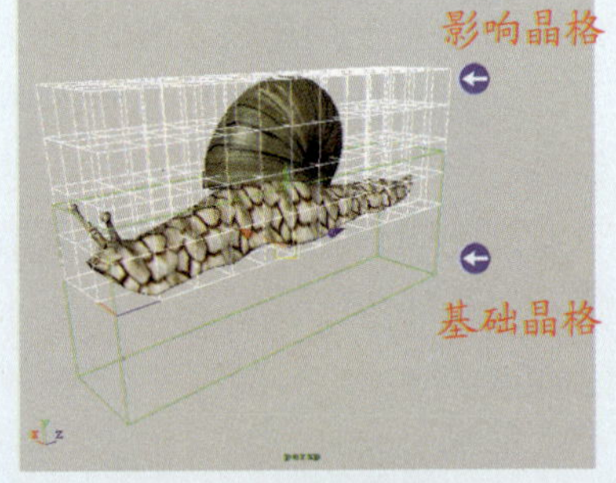

图11-42 移动影响晶格

4 按Z键，撤销影响晶格控制器的移动操作。选中并移动基础晶格控制器，可以看到物体产生形变偏差，如图11-43所示。

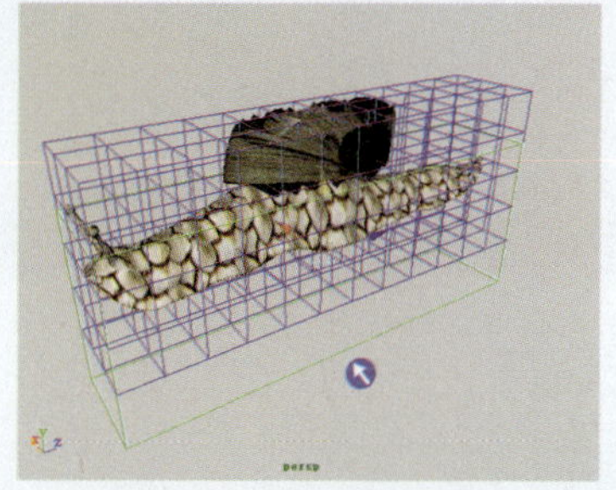

图11-43 移动基础晶格

技巧

在创建晶格时，单击Create Lattice命令后的方体按钮，在弹出的属性设置对话框中，启用Group 选项后的Group Base and Lattice together复选框，这样创建出的晶格控制器被默认组合到群组中。然后，再将整个组与模型成为父子关系。

5 在制作动画时，需要将两个晶格控制器和模型同时运动，以保持模型的变形状态，则可以在大纲列表中选中两晶格控制器，对其进行群组，如图11-44所示。

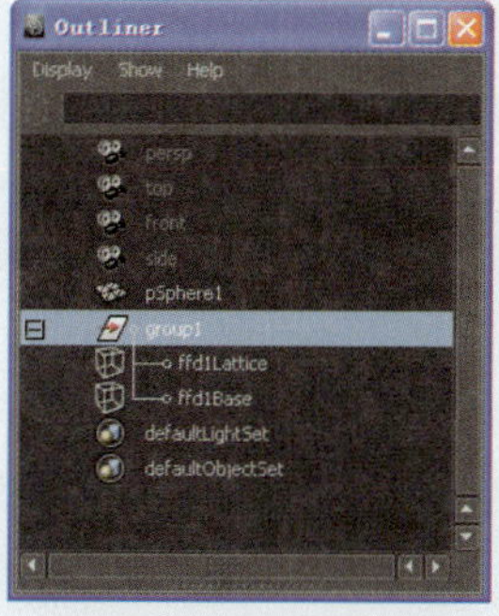

图11-44 群组晶格控制器

6 然后，移动模型，可以看到影响晶格和基础晶格，同时跟随着物体移动，如图11-45所示。

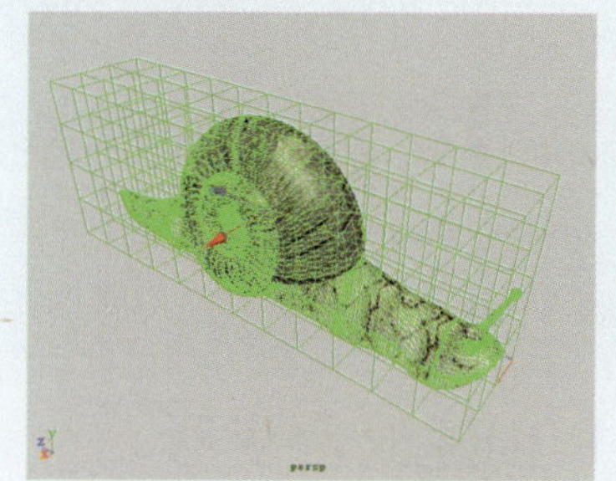

图11-45 晶格跟随着模型移动

11.4.4 为晶格添加约束

前面介绍了可以利用晶格顶点来调节模型的变形效果，那么晶格也可以被作为变形物体，被其他变形工具所影响。用户可以尝试着使用簇变形工具调整晶格的顶点。

动手实践195——为晶格添加约束

1 选中为物体添加的晶格控制器，进入其顶点编辑模式，选中如图11-46所示的晶格顶点。

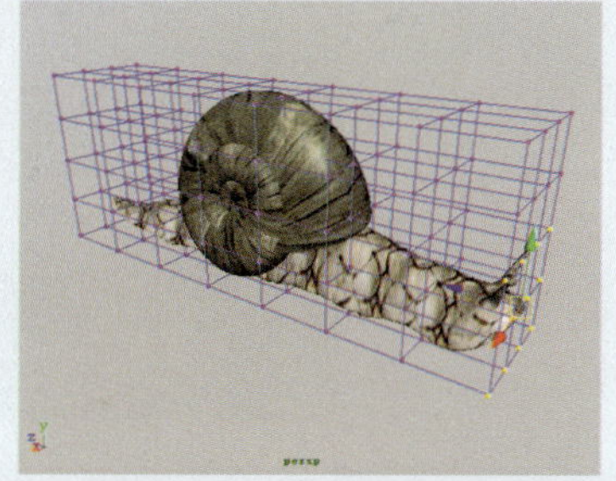

图11-46 选中晶格顶点

2 执行Create Deformers（创建变形器）| Cluster（簇）命令，为其添加簇控制器，如图11-47所示。

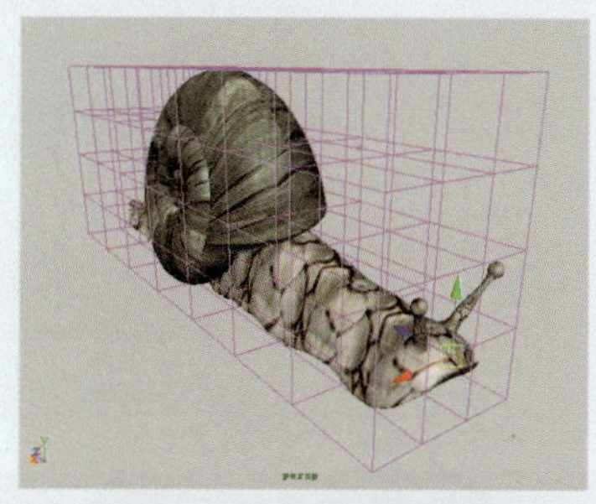

图11-47 创建簇控制器

3 选中创建的簇控制器，对其进行移动和缩放操作，可以看到晶格控制器和模型的变化，如图11-48所示。

注意

为晶格添加簇控制器后，不能再使用簇权重笔刷工具为晶格绘制权重。如果需要修改单个晶格顶点所受到的簇权重值，则必须使用前面讲过的精确编辑簇权重的方式来逐个修改晶格顶点上的权重值。

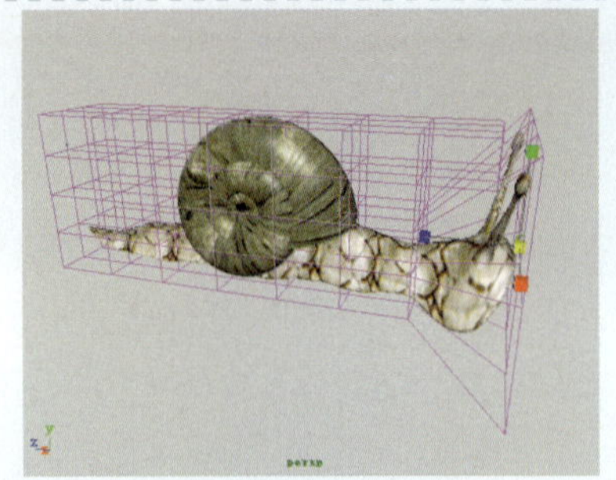

图11-48 簇对晶格的影响

11.5 Blend Shape（混合变形）

Blend Shape（混合变形）是变形工具中非常重要的工具。通常用于制作人物的表情动画。它与其他变形工具最大的区别是混合变形本身并不创建新的变形，它只负责将同一个物体的多个变形形状连接起来，用来制作过渡变形动画。

11.5.1 创建混合变形

如果要创建混合变形，则需要同一个物体的多个形状，如物体变形前的模型和物体变形后的模型。在混合变形中，将变形物体称为目标物体，原始形状称为基础物体。下面对如何创建混合变形器进行详细的介绍。

动手实践196——创建混合变形器

1 导入角色模型并取名为basic，用来作为原始物体，对其进行复制并使用晶格工具调整复制模型的外形，分别取名为basic1和basic2，如图11-49所示。

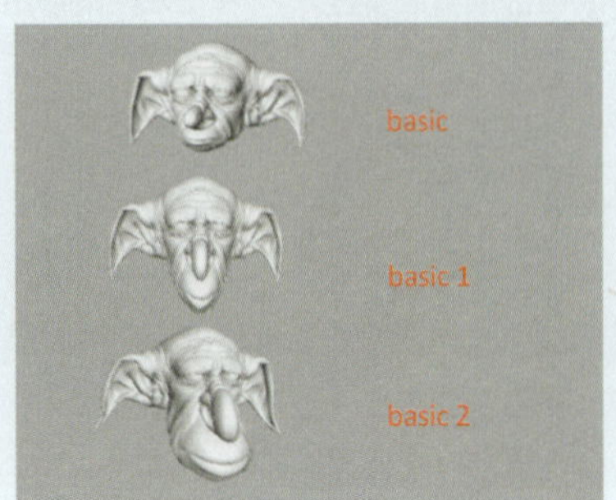

图11-49 创建目标物体

2 先选中变形的两目标物体，再选中未变形的原始物体，执行Create Deformers（创建变形器）|Blend Shape（混合变形）命令，此时在通道栏中显示了一些有关混合变形的属性参数，如图11-50所示。

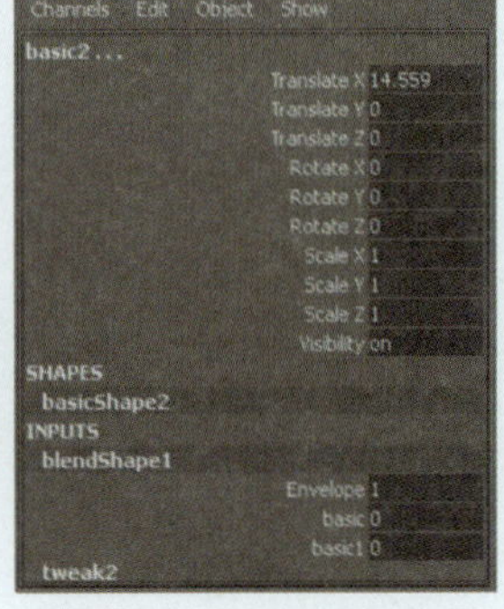

图11-50 混合变形参数

用户可以设置混合变形工具自身的一些属性参数来改变物体创建混合变形时的特性。单击Create Deformers（创建变形器）| Blend Shape（混合变形）命令右侧的方体按钮，打开混合变形属性对话框，如图11-51所示。

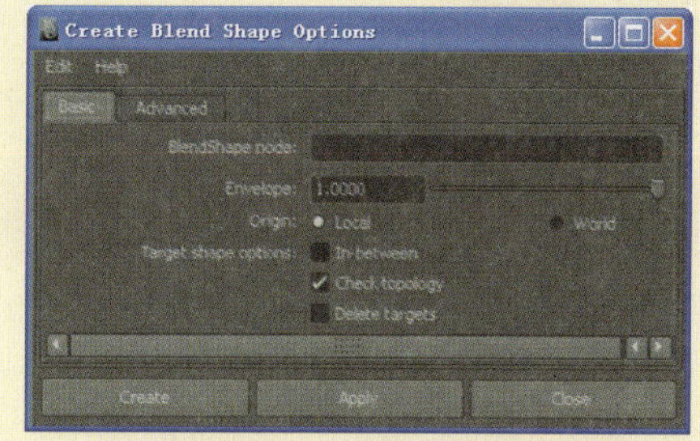

图11-51 混合变形属性对话框

下面对Create Blend Shape Options对话框中的选项进行说明。

- BlendShape node（混合变形节点）：可以为创建出的混合变形器命名，默认按创建顺序命名。
- Envelope（变形系数）：用于设置变形系数，通常使用默认值为1。
- Origin（原点定位）：用于设置混合变形中目标物体与变形物体之间的位置、旋转、比例差异是按照局部区域相对比较，还是按照空间绝对比较，通常使用默认的Local设置。
- Target shape options（指定变形方式）：用来设置变形的方式。
  - ◎ In-between：用于决定变形方式是平行变形还是系列变形，默认不启用该复选框。
  - ◎ Check topology：用于检查变形物体和目标物体之间的拓扑结构是否相同，默认为启用该复选框。
  - ◎ Delete target：用于设置是否在变形后删除目标物体，默认为禁用该复选框。

11.5.2 编辑混合变形

在执行创建混合变形器命令后，可以看到场景中物体并没有发生任何变化，此时可以通过混合变形编辑器来改变场景中物体的变化。

动手实践197——编辑混合变形

1 为场景中物体添加混合变形器后，执行Windows（窗口）|Animation Editors（动画编辑器）| Blend Shape（混合变形）■命令，打开混合变形对话框，如图11-52所示。

2 在窗口中，显示了场景中两目标物体的范围滑块，拖曳目标物体basic1上的滑块到最大值1，可以看到原始物体逐渐接近于物体basic1的外形，如图11-53所示。

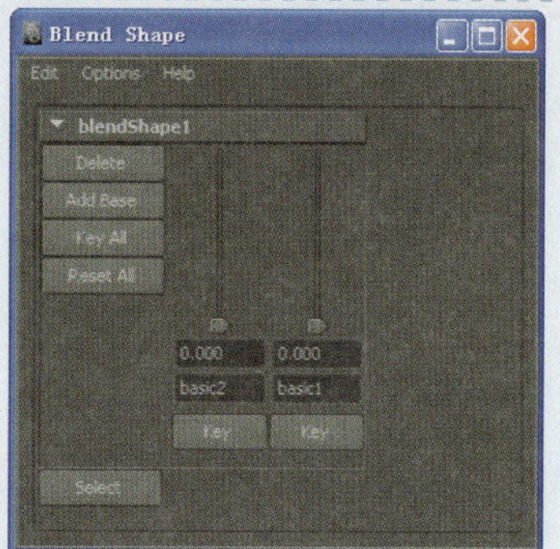

图11-52 混合变形对话框

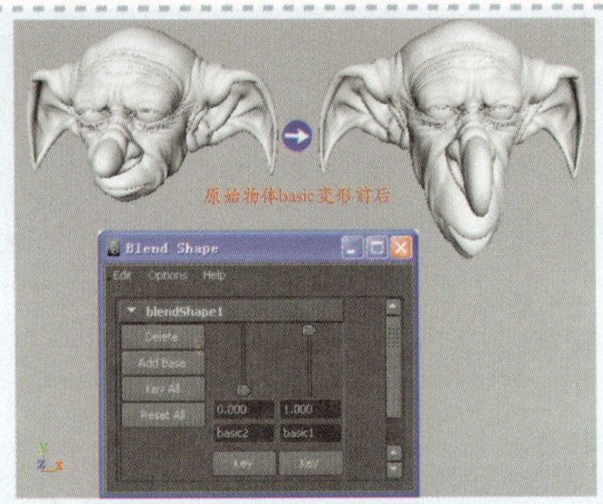

图11-53 调整第一列范围滑块

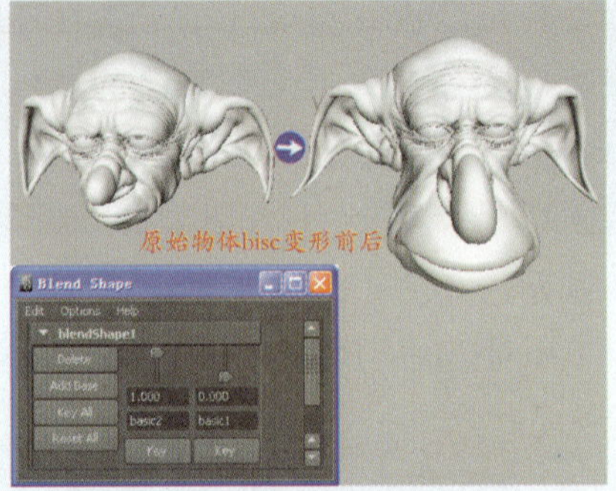

图11-54 调整第二列范围滑块

3 按Z键，取消basic1范围滑块的调整。然后，拖曳目标物体basic2上的范围滑块到最大值1，此时，原始物体逐渐接近于目标物体basic2的外形，如图11-54所示。

4 分别拖曳basic1和basic2范围滑块，此时原始模型则成为basic1和basic2的过渡形状，如图11-55所示。

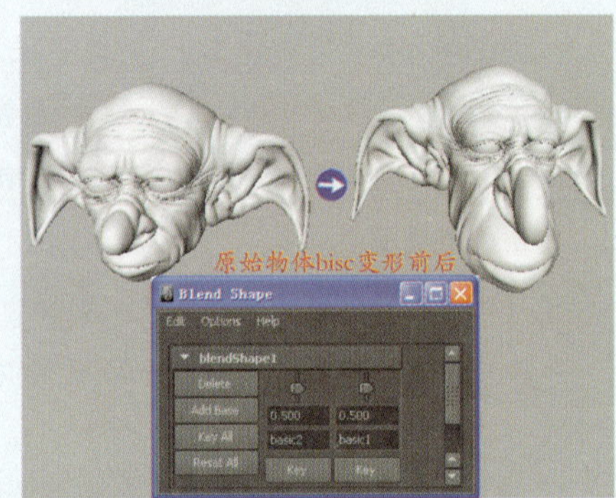

图11-55 模型的混合变化

下面对混合变形对话框中的选项进行详细介绍。

- Target Weight Slider（范围滑块）：表示编辑窗口中的范围滑块，它能够很好控制原始物体的变形幅度，滑块下方的数值，即表示当前的变形幅度值。
- Target Name（变形标识）：表示变形名称。若在变形幅度值下方显示polysurface1，这表示该变形所选择的目标物体名称为polysurface1。可以在场景中修改目标物体的名称，同时也可以直接在该窗口中命名目标物体。
- Key Button（关键帧按钮）：用来为BlendShape设置关键帧动画，可以试着在不同的时间段，设置不同的物体变形幅度并按Key按钮为其设置关键帧，即可形成一个混合变形动画。
- Select Button（选择按钮）：在创建完混合变形动画后，会无法看到变形动画设置的关键帧，可以通过单击Blend Shape对话框下的Select按钮，选中混合变形节点，此时，时间轴上就会显示刚刚制作的关键帧。
- Delete Button（删除混合变形）：单击混合变形对话框左上角的Delete按钮，即可删除刚创建出的混合变形节点，所有的变形效果将会消失。
- ADD Base Button（烘焙并添加目标物体）：用来将混合变形后的最终形态进行烘焙，并将作为新的目标物体添加到变形中。
- Key All Button（为所有变形创建关键帧）：与管理多个混合变形有关，可以为所有的混合变形创建关键帧。

- Reset ALL button（重设按钮）：在单击Reset ALL button按钮后，混合变形对话框中的所有混合变形的幅度都将归零。
- Orientation/horizontal（垂直排列和水平排列）：混合变形对话框提供了两种排列方式，即Vertical（垂直排列）和horizontal（水平排列），通常默认为垂直排列。

如图11-56所示的是执行Options（属性）| Orientation（方向）| horizontal（水平）命令后，变形器从默认的垂直排列转换为水平排列。

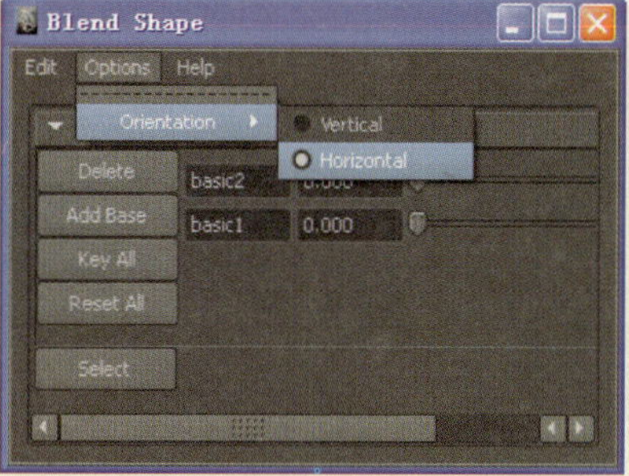

图11-56 变形器的排列方式

注意

在执行创建混合变形命令时注意，先被选择的物体，会被作为目标物体，后被选择的物体，会被作为原始物体或基础物体，即将要制作的最终模型。并且必须保证基础物体和原始物体的面数相等。

11.5.3 创建多个目标变形

在创建一个混合变形时，可以创建多个目标变形物体。然后，通过混合编辑器的调整，以制作出多种变形效果。下面对如何创建多个变形进行介绍。

动手实践198——创建多个目标变形

1 首先对原始模型进行多次复制。然后，将复制出的模型给予不同的变形。按照顺序先选中目标物体，然后选中基础物体，执行Blend Shape（混合变形）命令，如图11-57所示。

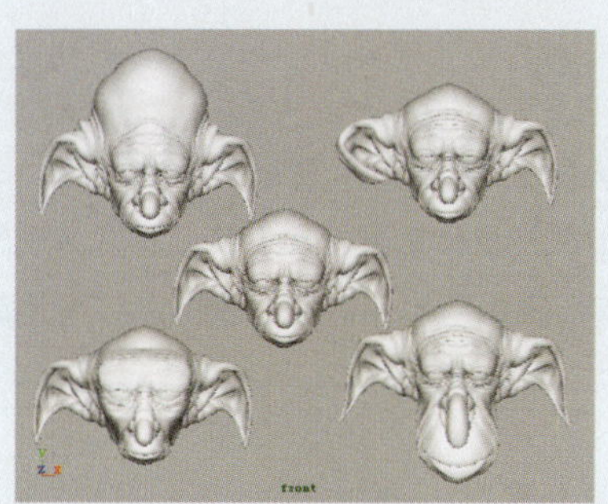
图11-57 创建多个目标物体

2 打开混合变形对话框，综合调整几个目标物体所在的范围滑块，此时原始物体会兼有几个目标变形的外形，如图11-58所示。

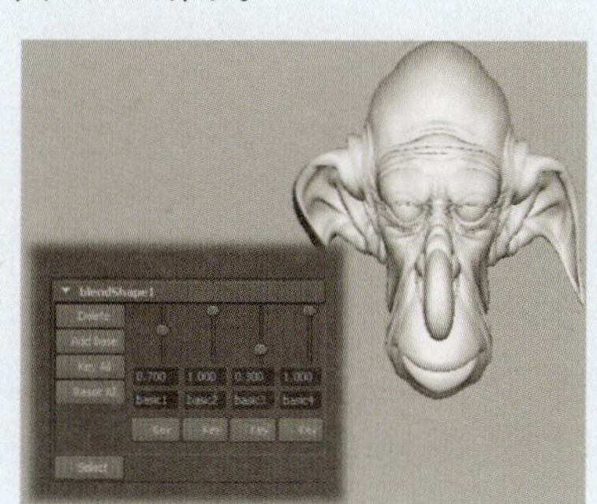
图11-58 混合变形对话框

11.5.4 编辑新的目标变形

当场景中的物体被执行混合变形操作后，再在混合变形对话框中调整多个目标物体的变形幅度，可以看到多个目标变形会组合出新的外形。这个烘焙出的新目标外形，可以被添加到混合变形对话框中。下面对新目标变形的编辑方法进行详细的介绍。

动手实践199——编辑新的目标变形

1 在混合变形对话框中，混合调整上节的几个目标变形的变形幅度值。此时可以看到原始物体会发生变形，如图11-59所示。

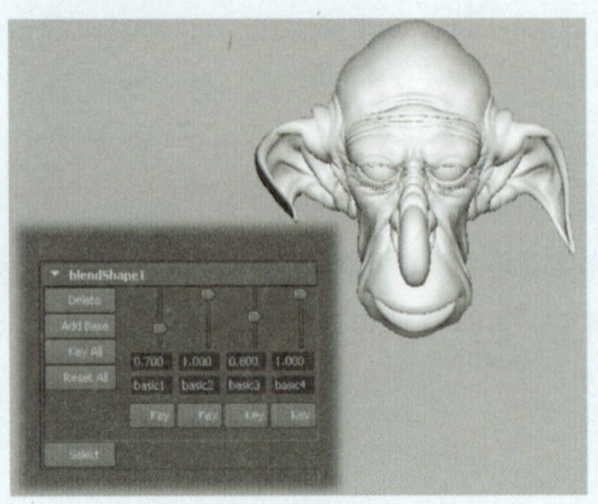

图11-59 原始物体的变形

2 选中已变形的原始物体，单击Add Base（添加基础物体）按钮。此时，当前原始物体被复制出一个新的目标变形物体basic5，同时在混合变形对话框中多出一个范围滑块，如图11-60所示。

3 直接拖动新目标变形物体basic5所在的范围滑块，即可调整出相应的变形效果，而无需调整每一个目标变形，如图11-61所示。

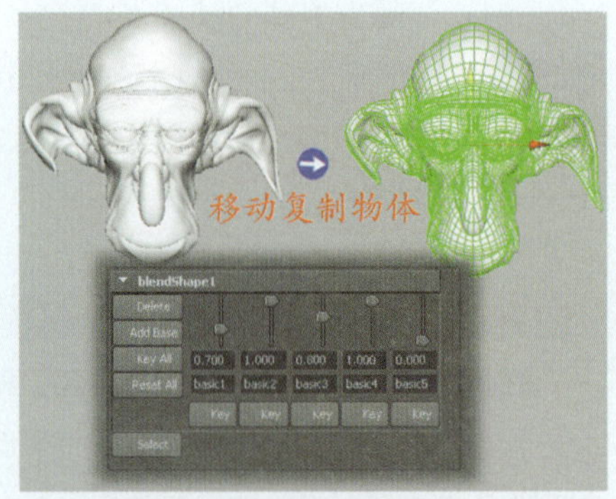

图11-60 新的目标变形物体

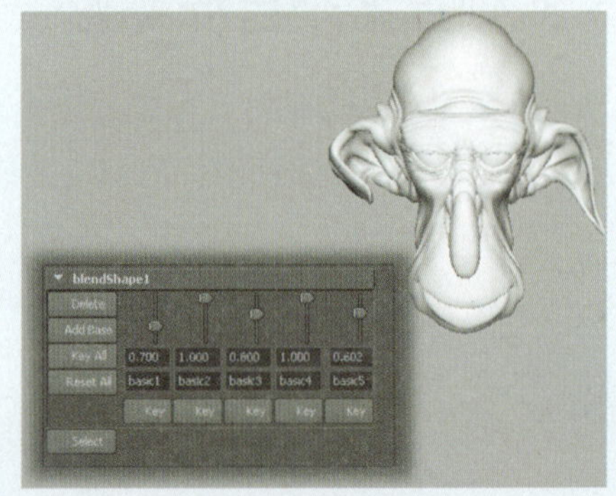

图11-61 调整basic5的变形幅度值

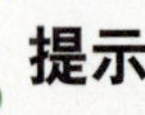

提示

在实际动画制作中，常常利用嘴部、眉毛、眼皮等多处局部目标变形进行综合设置，做出某一特定的表情形状。然后，再单击Add Base按钮烘焙出最终目标表情，如大笑、悲伤、愤怒等。这样，动画师就可以利用新烘焙出的变形快速将角色变形应用到相应的目标表情上，而无需再为某一特定表情反复逐个调节每个变形选项。

11.5.5 添加目标物体

在制作动画当中，某个变形内已包含了多个目标变形物体，但是在制作过程中根据需要还可以再需要添加新的目标变形物体。下面继续使用前面的5个目标变形实例来手动为该混合变形添加新的目标变形物体的方法进行介绍。

动手实践200——添加目标物体

1 首先复制出一个原始物体，并对其进行变形操作，命名为basic6，如图11-62所示。

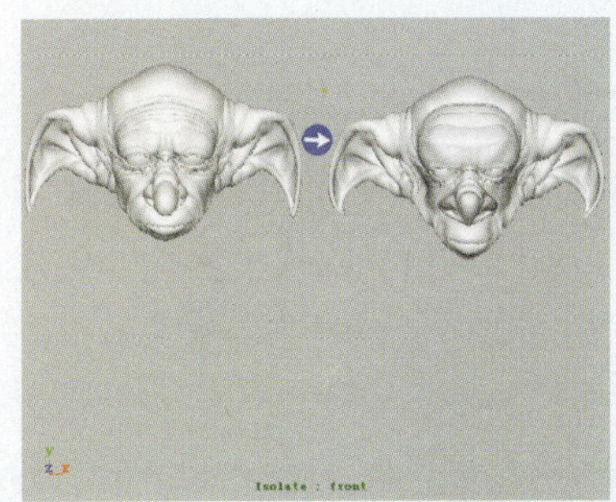

图11-62 添加新目标变形

2 先选中复制的物体basic6，再加选原始物体，执行Edit Deformers（编辑变形器）| Blend Shape（混合变形）| Add（添加）□命令，在弹出的对话框中启用Specify node（指定节点）复选框，如图11-63所示。

3 单击Apply and Close（应用和关闭）按钮，则新的目标变形物体basic6被添加到混合变形对话框中，如图11-64所示。

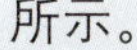

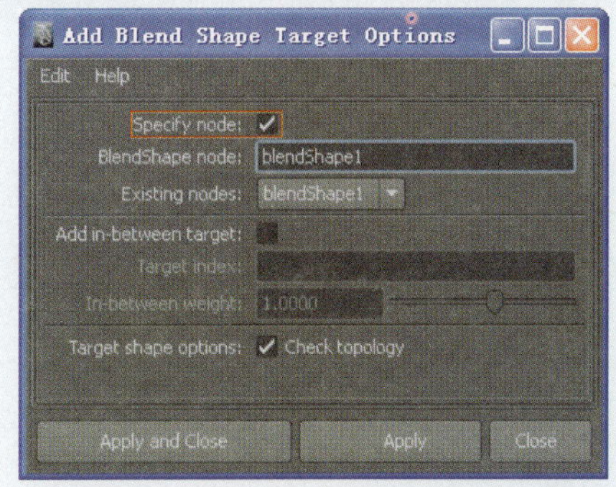

图11-63 添加目标变形属性对话框

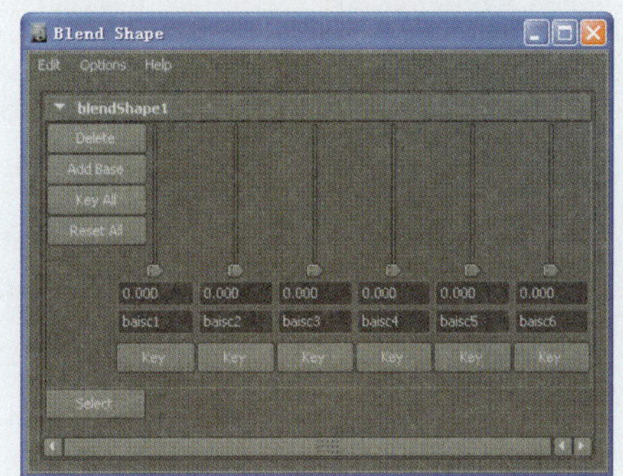

图11-64 添加新目标变形物体

提示

用户执行Create Deformers（创建变形器）| Blend Shape（混合变形）命令，虽然也能创建出混合变形。但是这样会在混合变形对话框中多出一个混合变形节点，如blendshape2。如此为每一个目标变形创建一个全新的混合变形节点，一方面会降低Maya运行效率，另一方面也不利于变形的归类管理。在实际动画中，通常都将同一类型的目标变形归类到一个Blendshape节点下，其他类型的变形，则选中重新创建Blendshape混合变形节点。

在添加目标变形物体之前，用户可以根据需要，修改相关的属性参数来改变所添加目标物体的状态。下面对Add Blend Shape Target Options对话框中的选项进行详细说明。

- Specify node（指定节点）：默认为禁用。若需要将要创建的混合变形添加到一个已经存在的混合变形节点下，则需要启用该复选框。
- BlendShape mode（混合变形节点）：表示是否可以输入将要加入的混合变形器名称。
- Existing nodes（现有节点）：该选项后的下拉列表框所包含的属性名称表示当前场

景中所有已存在的混合变形器名称。

- Add in-between target（添加到目标变形中间）：该选项是关于混合变形中的另一种变形类型。
- Target shape option（选择目标变形）：该选项与创建混合变形中的设置相同，用于检验目标变形物体和原始物体之间的拓补结构是否相同，默认为启用该复选框。

11.5.6 删除目标物体

与添加目标物体对应，Maya也提供了删除目标物体功能，可以将混合变形节点中多余的混合变形删除。如果在场景中删除多余变形中的目标物体，虽然该目标物体被删除，但是在混合变形节点中仍能看到该变形，存在且有效。下面利用上节的混合变形例子，删除多余的目标变形，比如basic6。

动手实践201——删除目标物体

1 在场景中，先选中目标物体basic6，再选中基础物体basic。然后，执行Edit deformers（编辑变形器）| Blend Shape（混合变形）| Remove（去除）命令，如图11-65所示。

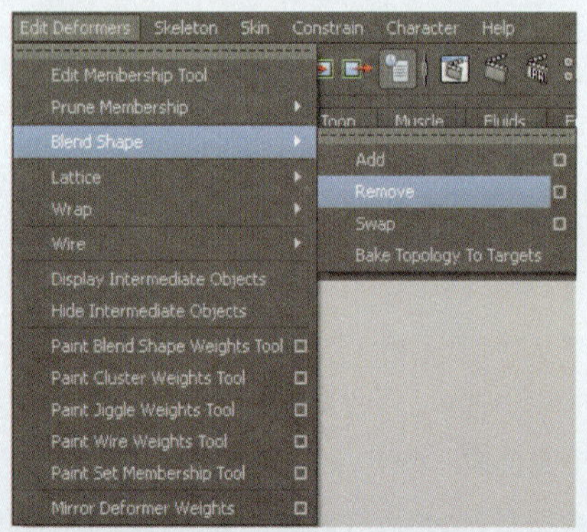

图11-65 执行Remove命令

2 打开混合变形对话框，已经看不到目标变形basic6选项，说明该变形被成功删除，如图11-66所示。同时场景中该变形对应的目标物体并未被删除，需要手动删除。

图11-66 目标变形被删除

11.6 Nonlinear（非线性）变形

Maya 2011提供的非线性变形器有6种，使用这些变形器可以快捷的使物体进行弯曲、膨胀等变形。在实际的制作过程中，经常将多个变形器结合使用以制作出更加复杂的效果。并且使用这类的变形器与模型自身的细分程度有直接关系，模型的细分越高，其变形越细腻，反之越粗糙。

11.6.1 Bend（弯曲）变形

Bend变形可以将一个物体进行弯曲处理，并且可以设置弯曲的位置、角度、上限、下限等。下面对弯曲工具的使用进行介绍。

动手实践202——创建弯曲变形器

1 在场景中导入一个手骨模型，将其选中并执行Create Deformers（创建变形器）| Nonlinear（非线性变形）| Bend（弯曲变形）命令，此时场景中会出现一个绿色的弯曲变形控制器，如图11-67所示。

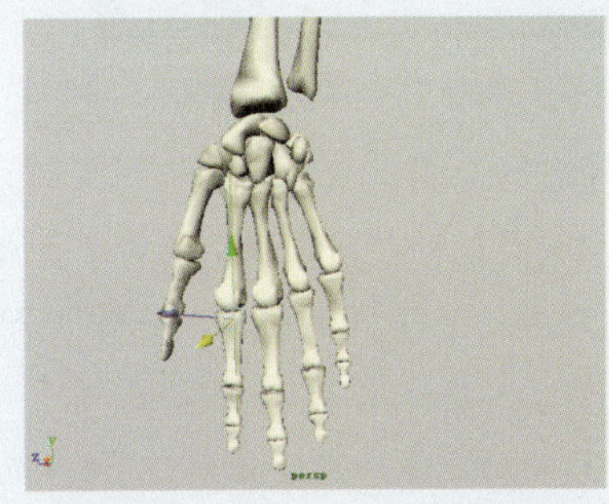

图11-67 创建弯曲变形控制器

2 选中该弯曲变形控制器，按Ctrl+A键，打开其属性栏，找到bend1属性选项，设置Curvature（曲率）为-1，手骨会产生弯曲，如图11-68所示。

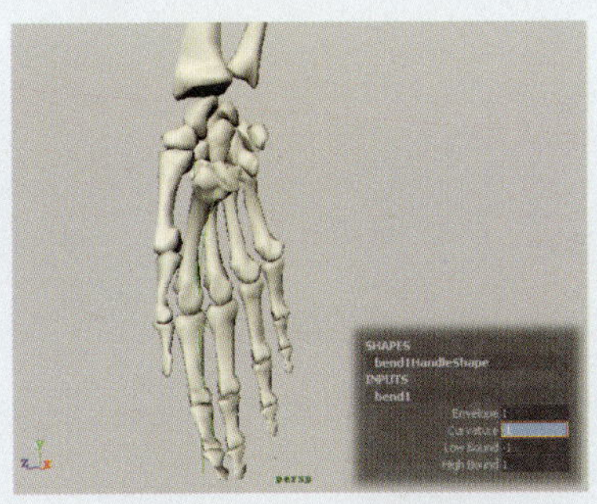

图11-68 设置弯曲度

技巧

不论是在通道栏中调整弯曲变形控制器的位移、旋转、缩放等属性，还是修改其弯曲属性参数，都会对弯曲物体产生影响。

3 撤销手骨的弯曲操作，按数字键4，显示模型线框。然后，选中弯曲变形控制器，设置High Bound（上限）为0并移动该控制器的位置，如图11-69所示。

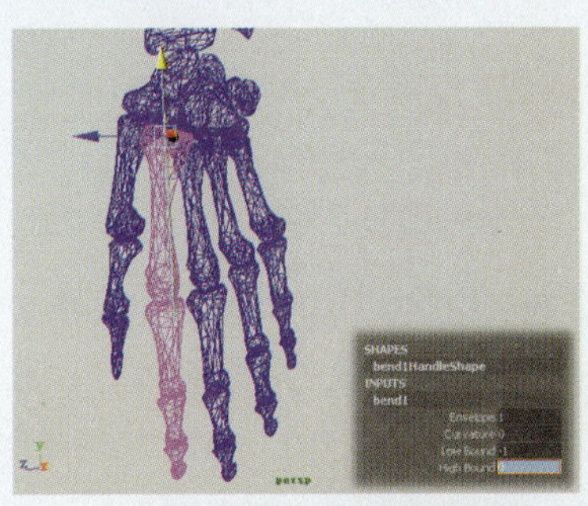

图11-69 移动控制器位置

4 按数字键5，实体显示场景模型。然后，设置Curvature（曲率）为-1，此时手骨在控制器的上限处产生弯曲，如图11-70所示。

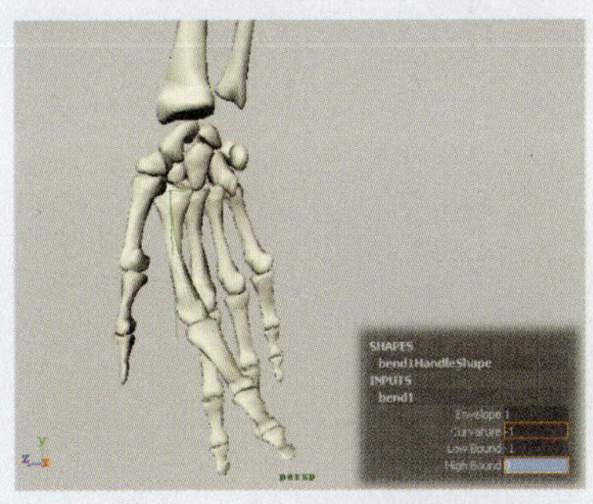

图11-70 设置弯曲度

注意

在执行任何一项变形操作后，都可以在场景视图通道栏的下方找到与该变形工具相关的参数设置属性，通过修改参数值来改变物体的变形效果。

执行弯曲变形命令后，会在弯曲物体上产生一个绿色的弯曲变形控制器，该控制器的弯曲状态控制了物体的弯曲效果，如图11-71所示。

在对物体进行弯曲变形操作时，通过设置弯曲变形控制器的属性参数，可以很好的改变物体的变形效果。执行Create Deformers（创建变形器）| Nonlinear（非线性变形）| Bend （弯曲）□命令，打开其属性对话框，如图11-72所示。

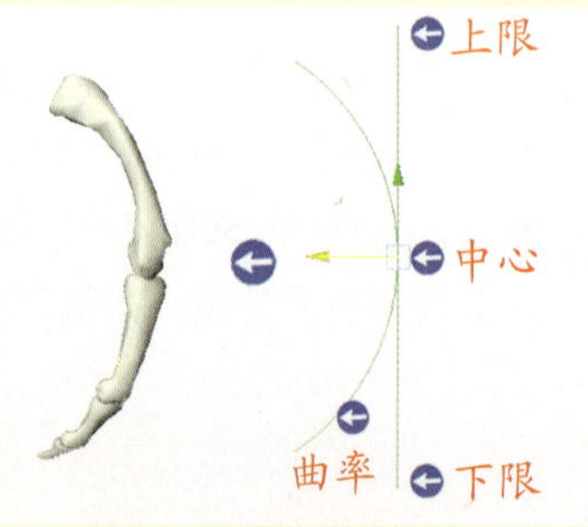

图11-71 弯曲变形控制器

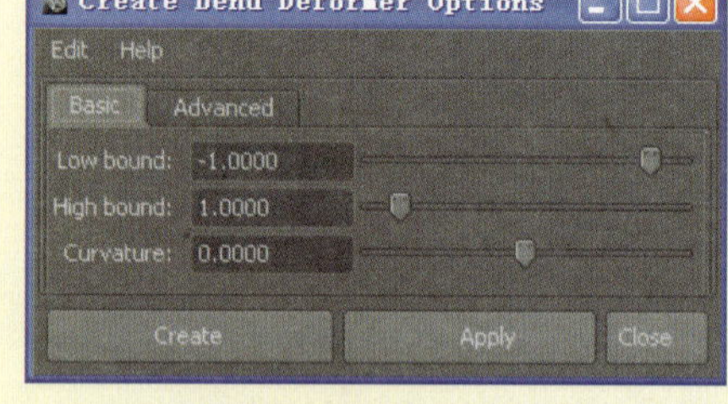

图11-72 弯曲变形属性对话框

下面对Create Bend Deformet Options对话框中的选项进行说明。

- Low bound（下限弯曲）：用于确定弯曲变形影响范围的下限，默认值为-1，调节范围为从0到-10。用于控制物体只在弯曲变形控制器的下限产生弯曲。如图11-73所示设置下限弯曲的效果。
- High bound（上限弯曲）：用于确定弯曲变形影响的上限，默认值为1，调节范围为从0到10。用于控制物体只在弯曲变形控制器的上限产生弯曲。如图11-74所示设置上限弯曲的效果。

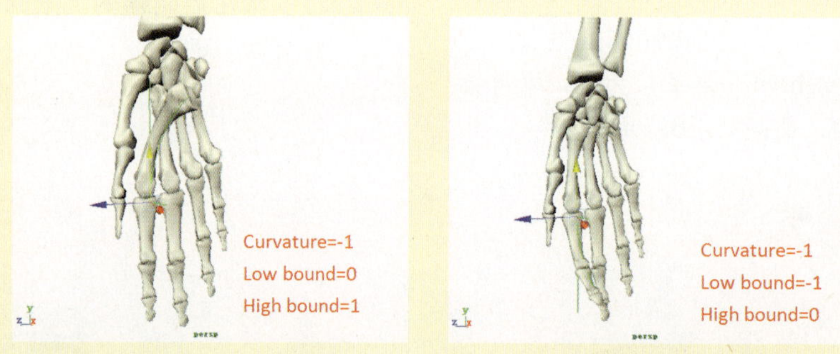

图11-73 设置上限弯曲　　图11-74 设置下限弯曲

- Curvature（曲率）：用于设置弯曲变形的弯曲曲率，值可以设为正负数，分别对应物体弯曲的不同方向。

11.6.2 Flare（扩张）变形

Flare命令可用于对模型进行收缩或者扩张处理，同弯曲命令一样也可以控制变形的位置。它可以用于制作木桶、腰鼓等膨胀性的物体。下面对Flare（扩张）命令的使用方法进行介绍。

动手实践203——创建扩张变形器

1 在场景中导入一个合并后的船模型。然后，选中该模型并执行Create Deformers（创建变形器）| Nonlinear（非线性）| Flare（扩张）命令，此时，模型上会产生一个圆柱形的扩张变形器，如图11-75所示。

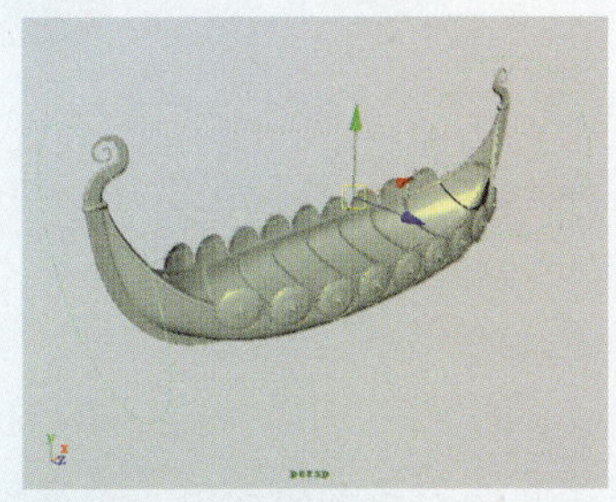

图11-75 产生圆柱形扩张变形器

2 选中扩张变形器，按Ctrl+A键，打开其属性栏，在flare1属性下，设置Curve（曲线）为0.5。然后，观察模型的变形效果，如图11-76所示。

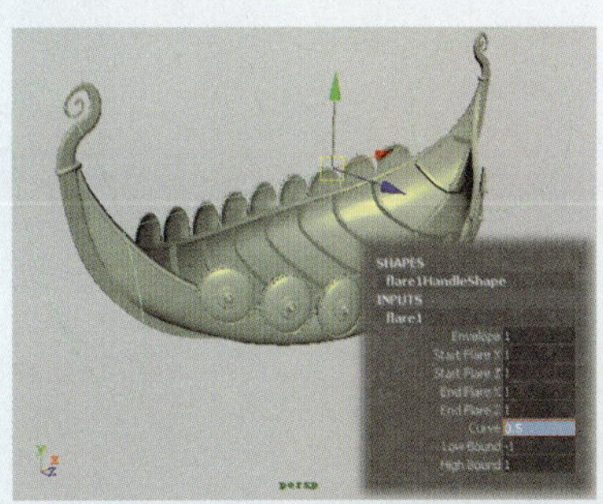

图11-76 设置Curve值

3 然后，再在属性栏中设置Start Flare X为0.5，再观察模型的变形效果，如图11-77所示。

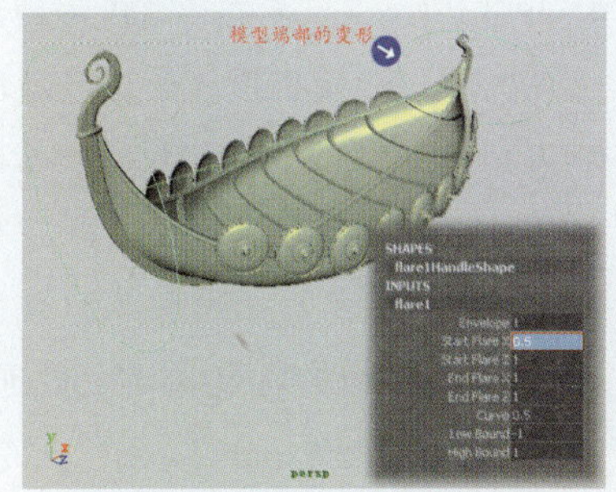

图11-77 设置Start Flare X值

4 接着，设置Low Bound（下限）为-2，再观察模型和扩张变形控制器的变化，如图11-78所示。

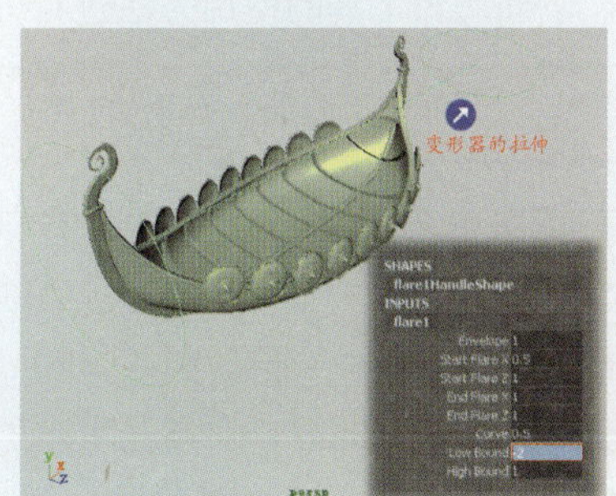

图11-78 设置Low Bound值

如果想要改变扩张变形控制器对模型的影响，可以修改扩张命令的属性参数设置。执行Create Deformers（创建变形器）| Nonlinear（非线性变形器）|Fare（扩张变形）▣命令，打开扩张变形属性对话框，如图11-79所示。

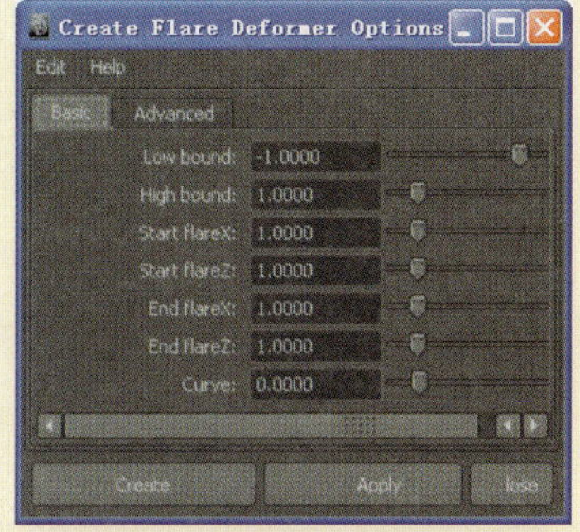

图11-79 扩张变形属性对话框

下面对Create Flare Deformer Options对话框中的选项进行说明。

- Low bound（弯曲下限）：用于控制扩张变形的下限范围，即初始变形控制器的高度。

- High bound（弯曲上限）：用于控制扩张变形的上限范围，即末端变形控制器的高度。
- Start Flare X（底端沿X轴扩张）：表示初始扩张轴X，即模型底端变形器沿X轴缩放的幅度。
- Start Flare Z（底端沿Z轴开始扩张）：表示初始扩张轴Z，即模型底端变形器沿Z轴缩放的幅度。
- End Flare X（末端沿X轴开始扩张）：表示末端扩张轴X，即模型顶端变形器沿X轴缩放的幅度。
- End Flare Z（末端沿X轴开始扩张）：表示末端扩张轴Z，即模型顶端变形器沿X轴缩放的幅度。
- Curve（扩张）：用于控制模型中间部分的扩张变形幅度。如图11-80所示，设置不同的Curve值，模型的变形效果。

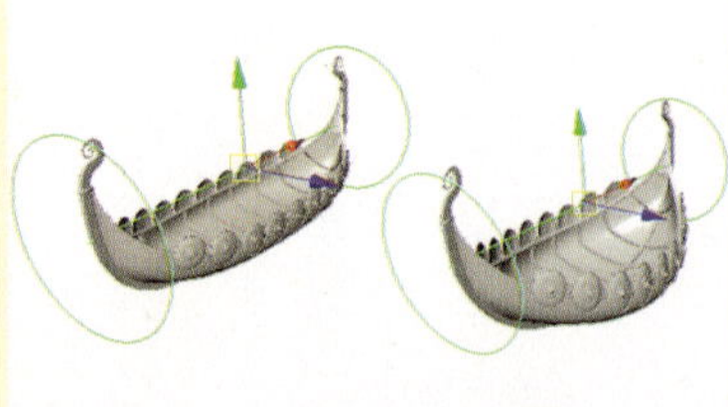

图11-80 中间部位的变形幅度

11.6.3 Sine（正弦）变形

我们在初中数学中学习过正弦曲线，那么对Sine（正弦）变形器的概念就不难理解了。正弦变形通常用来将细长物体快速扭曲成正弦的波浪形状。可以使用该工具制作饰品中的多种花边效果。下面对该工具的使用方法进行介绍。

动手实践204——创建正弦变形器

1 在场景中导入毛刷模型并选中刷头部分，执行Create Deformers（创建变形器）| Nonlinear（非线性）| Sine（正弦变形）命令。此时，在场景中产生一条曲线控制器，如图11-81所示。

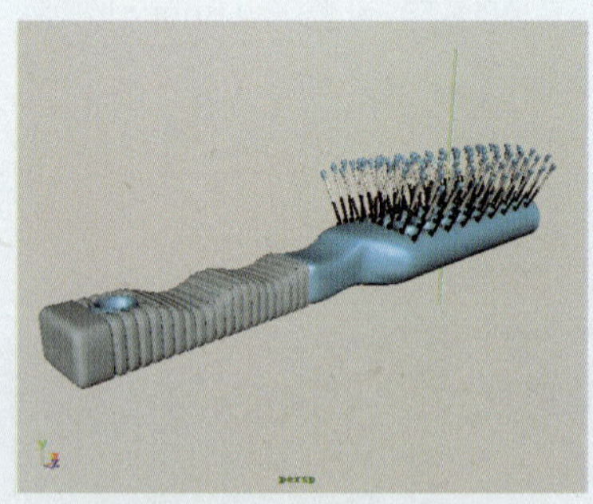
图11-81 产生曲线控制器

2 选中该曲线控制器，对其进行旋转操作，以改变模型的变形效果，如图11-82所示。

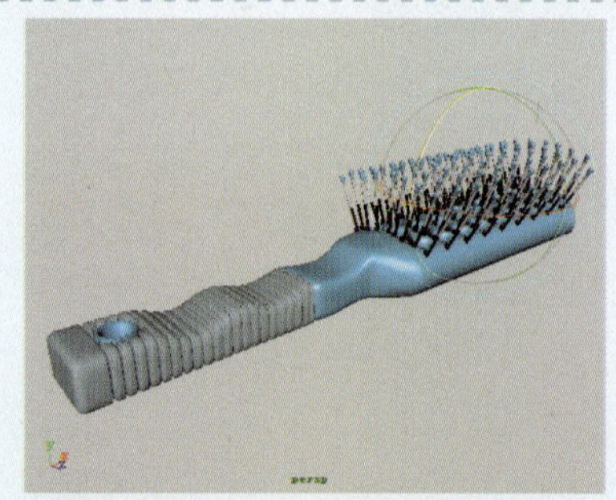
图11-82 旋转正弦变形器角度

注意

正弦变形控制器的移动、旋转角度，缩放等属性的调整，都会影响模型变形的幅度和状态。在制作正弦变形的物体时，要注意正弦变形控制器与物体之间的相对位置。

3 打开正弦变形属性通道栏，设置Amplitude（振幅）为0.05、

Wavelength（波长）为1，此时观察模型和正弦变形控制器的变化，如图11-83所示。

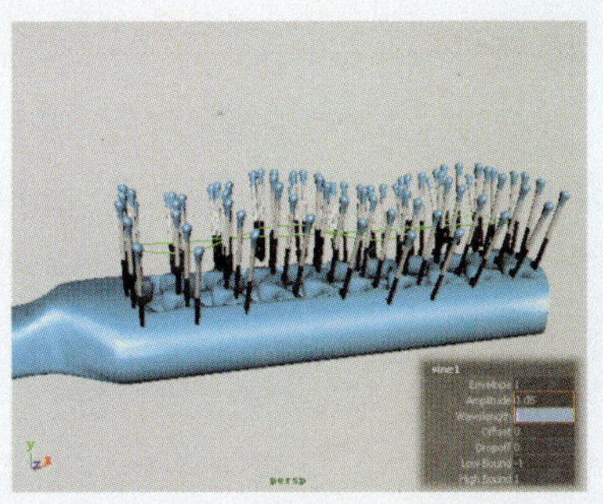

图11-83 模型的变形效果

4 然后，再设置变形系数Envelope（包裹）为2，模型的变形幅度会增强，如图11-84所示。

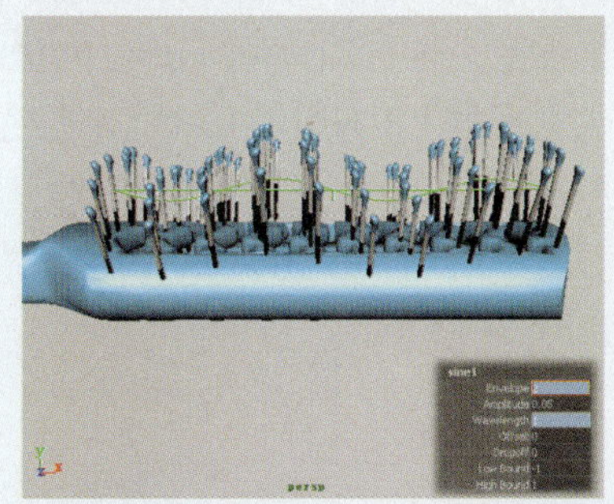

图11-84 模型的变形幅度

如果要使模型产生理想的变形效果，可以设置正弦变形器的具体属性参数。执行Create Deformers（创建变形器）| Nonlinear（非线性变形）| Sine（正弦）□命令，打开正弦变形属性对话框，如图11-85所示。

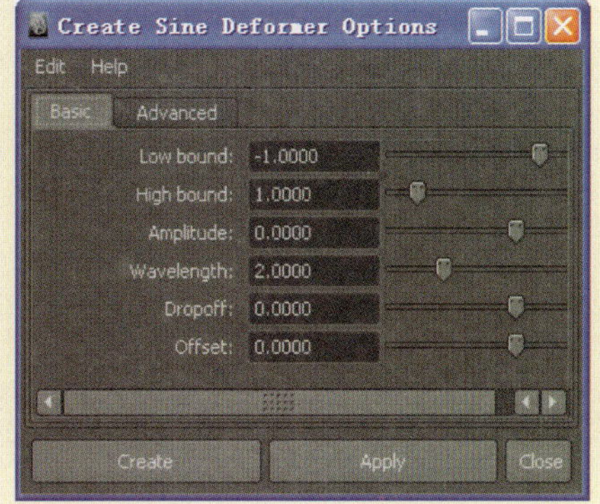

图11-85 正弦属性对话框

下面对Create Sine Deformer Options对话框中的选项进行说明。

- Low bound（变形下限）:用于控制变形的下限范围。
- High bound（变形上限）:用于控制变形的上限范围。
- Amplitude（幅度）：用于控制正弦变形的幅度。
- Wavelength（波长）：用于表示正弦变形的波长，即数学中的正弦线波长。波长越长，形变越平滑柔和。波长越短，形变拐点越频繁。如图11-86所示，设置不同Wavelength值后的物体变形效果。

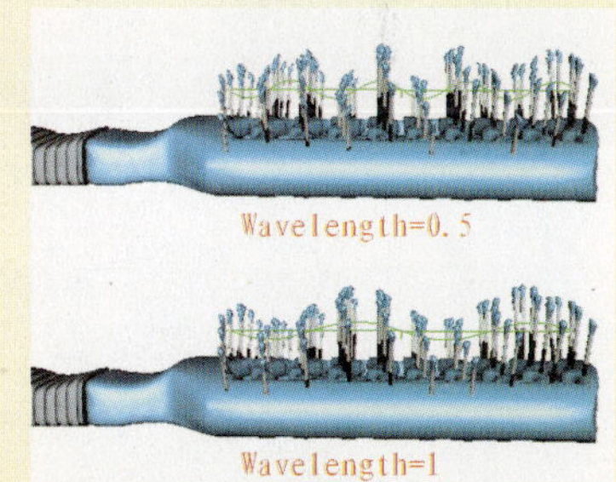

图11-86 波长对物体变形的影响

- Dropoff（衰减）：用于设置形变幅度值的衰减系数。默认为0，即无衰减，形变幅度始终保持一致，若设置为正值或负数，则形变会持续缩小或增大。
- Offset（偏移）：用于控制形变偏移，实际上就是数学中正弦波长的相位偏移。改变该属性值，并不会影响物体的形变幅度或衰减，只会影响物体形变最端点的幅度。

11.6.4 Squash（挤压）变形

Squash（挤压变形）可用来对物体进行挤压或拉伸操作。在动画制作中，多数变形效果要求比较强的物体，都可以使用挤压变形工具来制作完成，能够使制作的动画效果更富有生气。下面对挤压工具的使用方法进行详细的介绍。

动手实践205——创建挤压变形器

1 在场景中导入一个毛刷棒模型，选中该模型并执行Create Deformers（创建变形器）| Nonlinear （非线性变形）| Squash（挤压变形）命令，此时场景中产生一个挤压变形控制器，如图11-87所示。

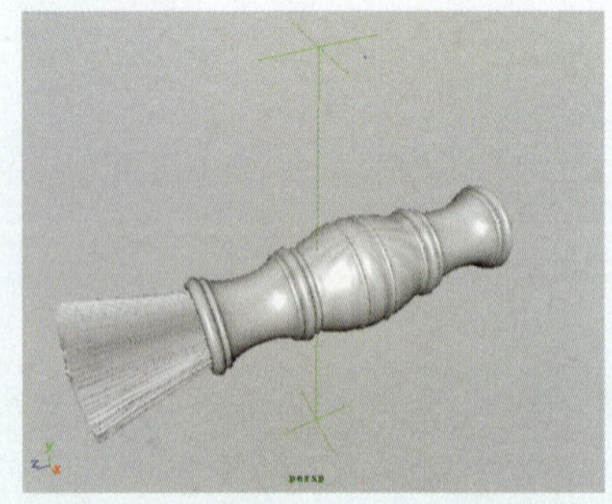

图11-87 产生挤压变形控制器

2 选中挤压变形控制器，按Ctrl+A键，打开其属性面板，找到Squash1属性。然后，设置Factor（因素）为-0.8，此时整个模型会从两端向中间挤压，如图11-88所示。

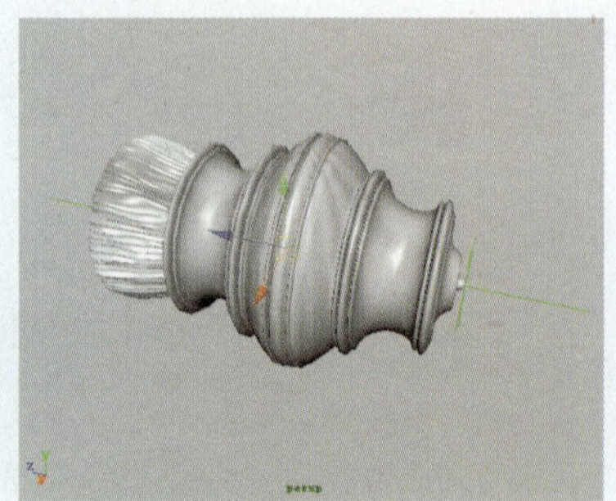

图11-88 调整挤压变形系数

提示

在对物体进行变形操作后，并且未结束该变形操作的历史记录之前，变形控制器的移动、旋转或缩放等操作都会对变形物体产生很大的影响。

3 选中挤压变形控制器，按T键，显示其控制手柄，每个控制手柄控制了不同的挤压属性，如图11-89所示。

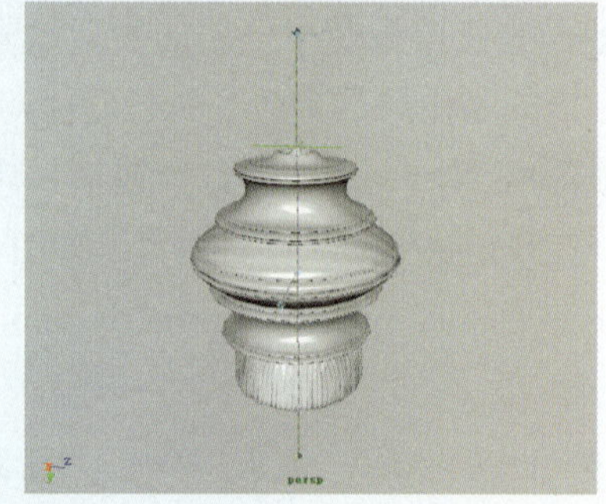

图11-89 显示挤压变形控制器手柄

4 选中并拖曳图11-90所示的控制手柄，模型会跟随着控制手柄的移动进行挤压或拉伸。

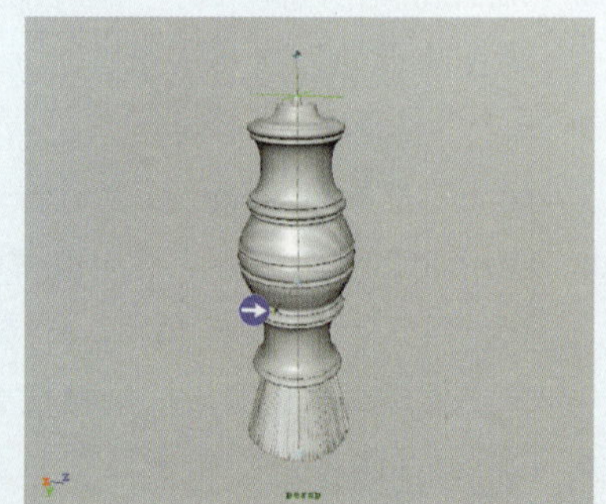

图11-90 拖动控制手柄

通过调整挤压变形控制器手柄的位置，可以快速创建出想要的变形效果。如图11-91所示，在对物体执行挤压变形操作后，生成的控制器手柄以及每个控制手柄所代表的属性。

想要达到精确的变形效果，可以调整挤压工具的控制参数。执行Create Deformers | Nonlinear | Squash□命令，打开挤压变形控制属性对话框，如图11-92所示。

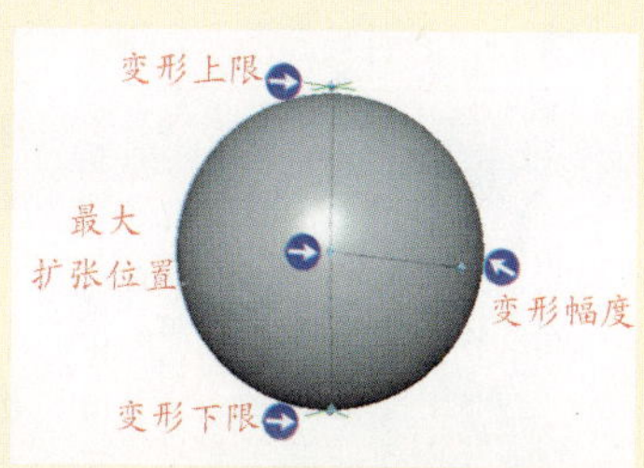

图11-91 挤压变形控制器

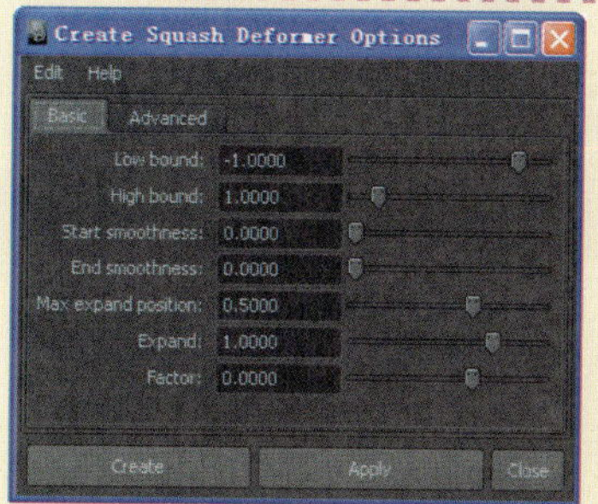

图11-92 挤压变形控制属性对话框

下面对Create Squash Deformer Options对话框中的选项进行说明。

- Low bound（弯曲下限）：用于控制变形下限，默认为-1。
- High bound（弯曲下限）：用于控制变形上限，默认为1。
- Start smoothness（初始平滑度）：用于设置朝向下限位置变形的初始平滑度，默认为0。
- Max expand Pos（最大扩张中心点距离）：用于设置上限变形和下限变形之间最大扩张距离的中心点位置。同样也可以通过鼠标单击并拖动最大扩张中心位置来改变其数值，默认为中心位置，即为0.5。
- Expand（扩张幅度）：用于控制变形扩张度，用来设置挤压时物体边缘向外的扩张幅度；或者物体向内压缩时的收缩度，默认为1。
- Factor（系数）：用于设置变形系数。为负值时，物体会受到Y轴方向上的挤压，变得扁平；为正值时，物体会受到X轴方向的挤压，两端凸起。物体在拉伸过程中保持体积不变。

如图11-93所示，设置Factor的值为-0.8，再设置不同的上限和下限值后的模型挤压变形效果。

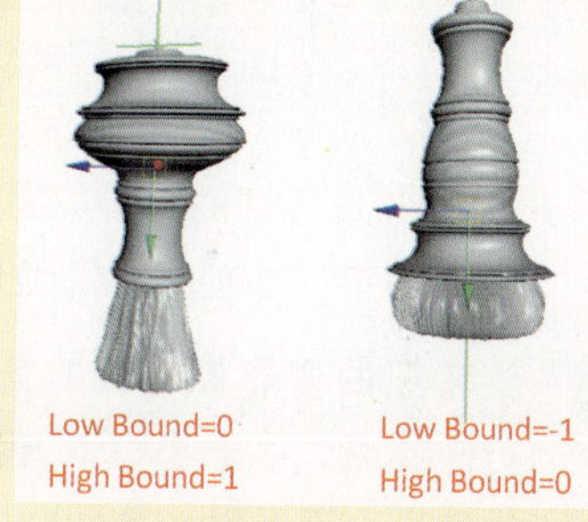

图11-93 设置不同的上限和下限值

11.6.5 Twist（扭曲）变形

使用Twist工具可以使物体的形状沿一条纵轴旋转发生变形。并且也可以应用于建模当中，比如把一个平滑的钉子调整为螺旋状。下面对扭曲变形工具的使用方法进行介绍。

动手实践206——创建扭曲变形器

1 在场景中导入一个螺丝刀模型。然后，切换到模型的点编辑模式，选中模型如图11-94所示的顶点。

技巧

在对物体执行扭曲操作时，可以只选中物体的局部顶点，执行扭曲变形命令，以只对其局部进行扭曲操作；也可以选中整个物体，执行扭曲变形命令，以对其整体进行扭曲操作。

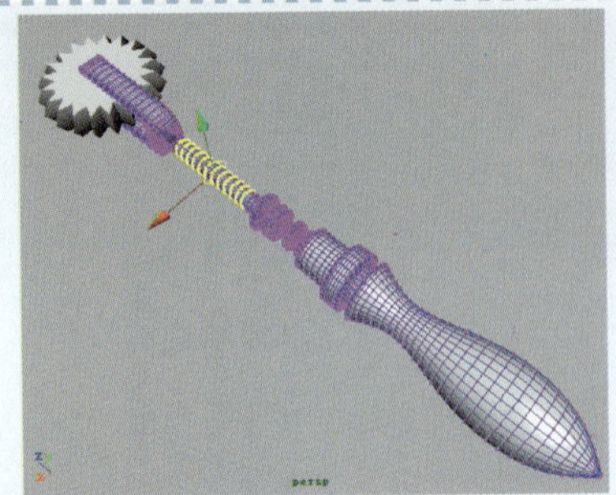
图11-94 选中模型顶点

2 执行Create Deformers（创建变形器）| Nonlinear（非线性变形）| Twist（扭曲变形）命令，为所选顶点创建一个扭曲变形控制器，如图11-95所示。

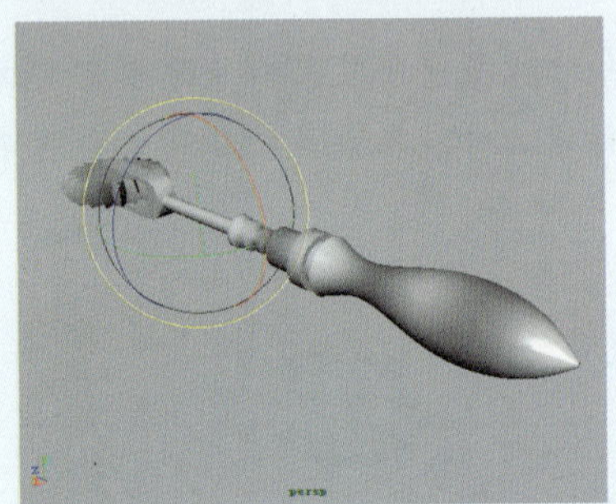
图11-95 创建扭曲变形控制器

3 旋转扭曲变形控制器的角度与物体平行。然后，在通道栏下方找到twist1属性选项，设置Start Angle（开始角度）为690，此时模型会产生扭曲，如图11-96所示。

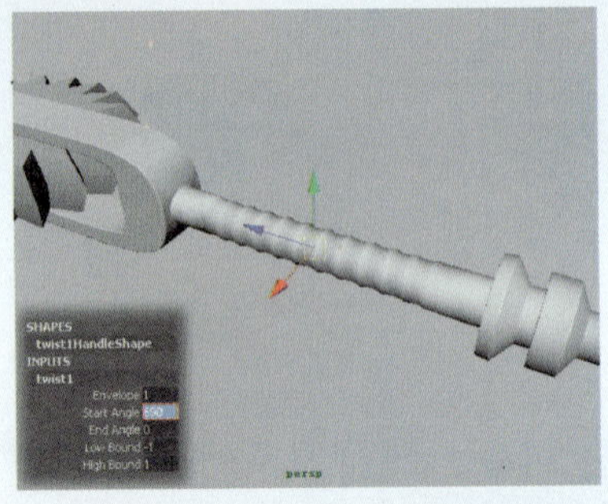
图11-96 设置始端扭曲角度

4 然后，再设置End Angle（结束角度）为-710，此时物体的扭曲程度会增强，如图11-97所示。

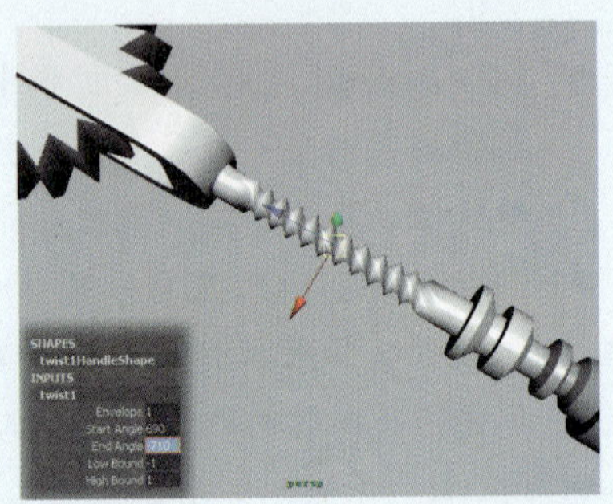
图11-97 设置末端扭曲角度

提示

Envelop属性主要用于控制形变缩放系数，默认值为1。

在对物体进行扭曲操作时，可以通过设置不同的属性参数值来获得不同的扭曲效果，但是要保证旋转角度设置360度的倍数，这样旋转后才能不会使旋转初始端产生破裂。执行Create Deformers（创建变形器）|Nonlinear（非线性变形器）| Twist（扭曲变形）◻命令，打开扭曲变形属性对话框，如图11-98所示。

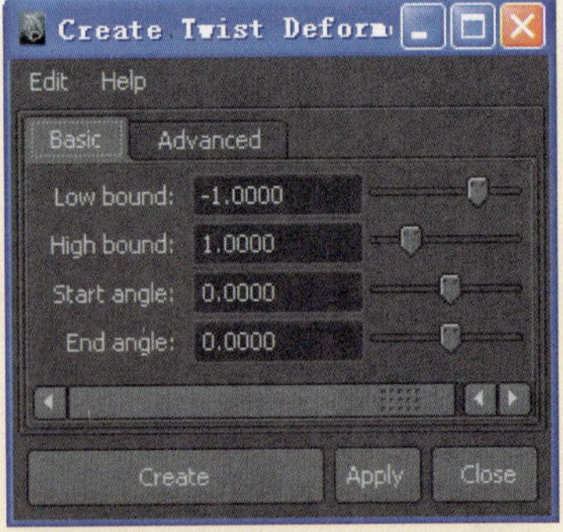

图11-98 扭曲变形属性对话框

下面对Create Twist Deformer Options对话框中的参数属性进行说明。

- Low bound（变形下限）：用于控制变形下限。
- High bound（变形上限）：用于控制变形上限。
- Start angle（始端扭曲角度）：用于控制初始端变形扭曲角度。正数为沿旋转轴顺时针旋转，负数为沿旋转轴逆时针旋转。

- End angle（末端扭曲角度）：用于控制末端变形扭曲角度。同样的，正数为沿旋转轴顺时针旋转，负数为沿旋转轴逆时针旋转。

如图11-99所示，在设置Start Angle为690、End Angle为-710后，设置不同的上限和下限值，物体的扭曲效果。

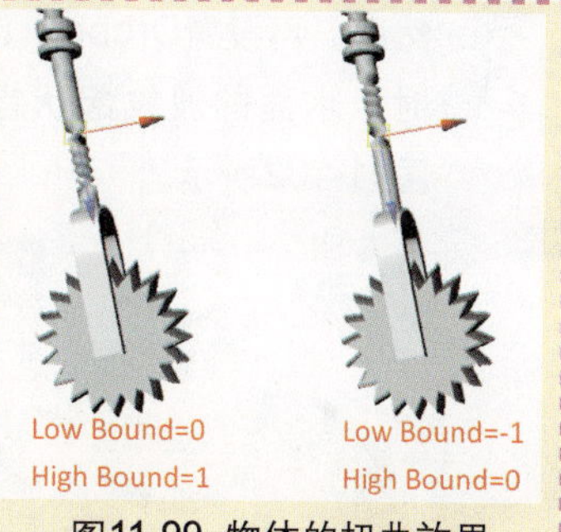

图11-99 物体的扭曲效果

11.6.6 Wave（波浪）变形

Wave变形器的最主要功能是用于模拟水面的波纹扩散效果。在变形原理上，波浪变形与正弦变形类似，都是基于正弦线外形变形。但是正弦变形仅限于沿一个单一轴延伸变形，而波浪变形则是以一个轴为中心，沿四周均匀呈圆形扩散变形。下面对波浪变形工具的使用方法进行介绍。

动手实践207——创建波浪变形器

1 在场景中导入一个水池模型。然后，选中其中一个水面模型并执行Create Deformers（创建变形器）|Nonlinear（非线性变形）| Wave（波浪变形）命令，为其创建一个波浪变形器，如图11-100所示。

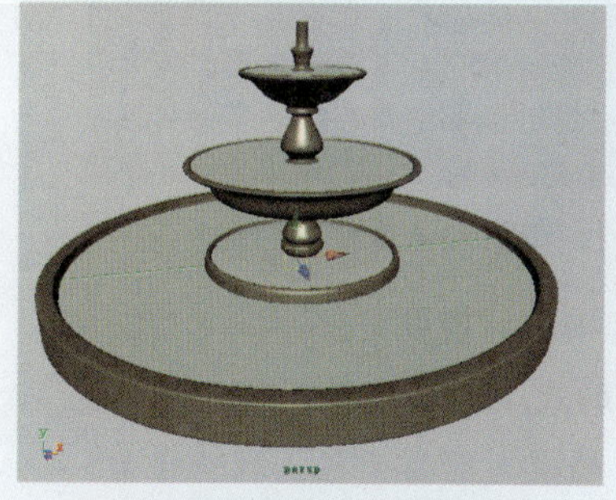
图11-100 创建波浪变形器

2 打开其通道栏，在Wave1属性下设置Amplitude（振幅）为0.03、Wavelength（波长）为0.2，此时观察水面外形的变化，如图11-101所示。

图11-101 设置变形幅度和波长

提示

在调整波浪变形工具的变形幅度时，如果模型的变形效果不符合变形的要求，比如制作水面的波纹效果时，调整变形器的变形幅度后，水面只是沿水平方向变形，而不是想要的起伏波纹效果，可以尝试着旋转波浪变形器的角度，从而改变波纹的变形效果。

3 然后，再设置Dropoff（衰减）为1，此时，水面的波纹起伏幅度会减弱，如图11-102所示。

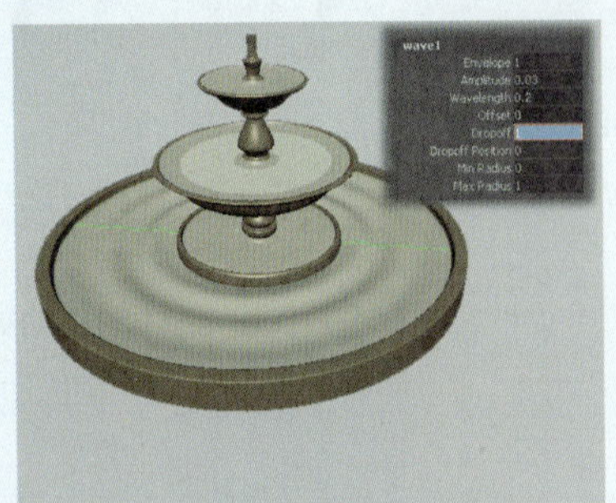

图11-102 设置变形衰减度

4 同样，也可以选中波浪控制器，按T键，显示其控制手柄，通过拖曳控制器手柄来改变波纹的变形效果，如图11-103所示。

图11-103 手动调整变形效果

在将物体执行波浪变形命令后，在其表面周围就会产生一个波浪控制器曲线，该曲线的变形决定了物体表面的变形效果。如图11-104所示为一个曲面上产生的一个波浪曲线控制器。

有时需要将波纹的变形效果显著，我们可以设置相关的属性参数来达到很好的变形效果。执行Create Deformers（创建变形器）|Nonlinear（非线性变形）| Wave（波浪变形）□命令，打开波浪变形属性对话框，如图11-105所示。

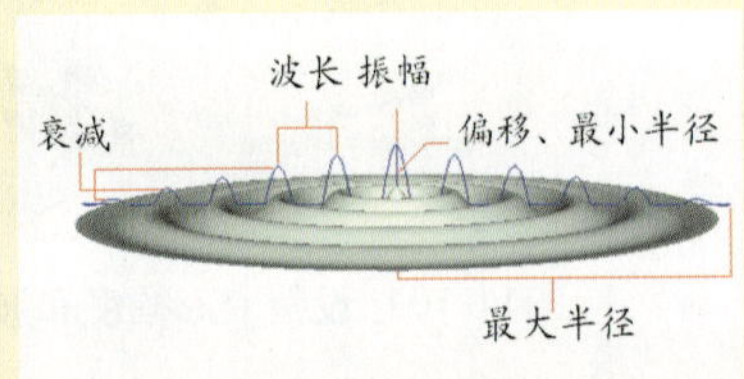

图11-104 波浪控制器曲线

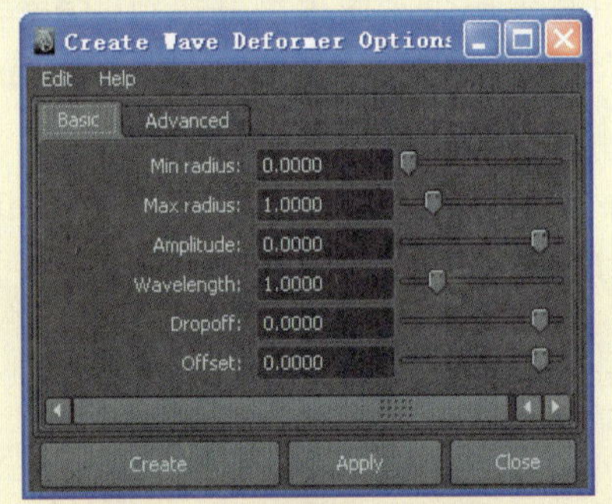

图11-105 波浪变形属性对话框

下面对Create Wave Deformer Options对话框中的选项进行说明。

- Min radius（最小半径）：用于设置波浪变形的最小圆形半径，默认值为0。
- Max radius（最大半径）：用于设置波浪变形的最大圆形半径，默认值为1。
- Amplitude（幅度）:用于控制变形幅度，默认值为0。
- Wavelength（波长）：用来设置波长，默认值为1。
- Offset（偏移）：用来表示相位偏移，默认值为0。

技巧

在介绍簇变形时，讲到可以利用Edit Membership工具来编辑修改簇变形的影响范围。那么在整个非线性变形中，同样也可以使用该工具对它创建的非线性变形范围进行重新定义。

11.7 Sculpt Deformer（造型变形）

Sculpt变形器是通过一个球状控制器来影响物体的变形。这种变形器多用在与球变形相关的动画上，比如在制作角色动画时，模拟肌肉的膨胀效果。

11.7.1 创建造型变形

使用Sculpt Deformer命令的默认设置，为物体创建的造型变形器包括两个变形控制器，分别是Locator定位器和造型球变形器。下面对该工具的创建方法进行介绍。

动手实践208——创建造型变形器

1 在场景中导入一个角色模型并显示其网格。然后，将其选中并执行Create Deformers（创建变形器）| Sculpt Deformer（造型变形）命令，此时在物体中心位置产生两个控制器，如图11-106所示。

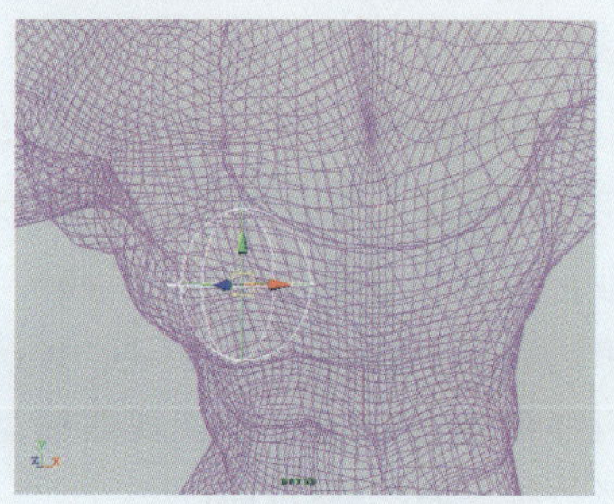

图11-106 产生控制器

2 然后，同时选中两个控制器并移动它们的位置，观察模型的变形效果，如图11-107所示。

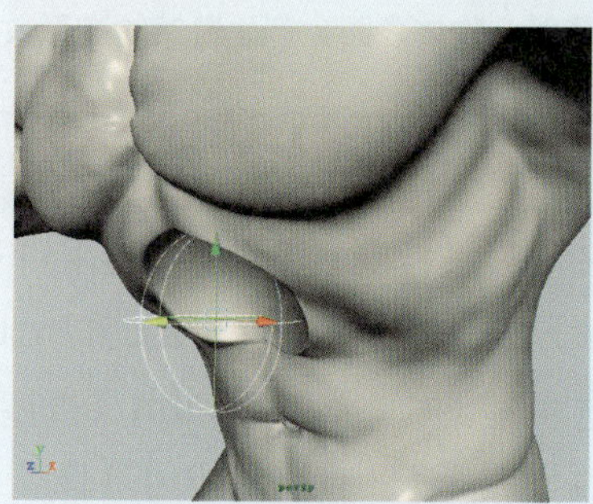

图11-107 移动两个变形控制器

11.7.2 Flip（翻转）模式

在执行Sculpt命令时，用户可以选中Flip模式来创建造型变形控制器。然后，在移动该控制器时，可以自由地在物体对象的表面做圆形变形效果。下面对该工具的使用方法进行介绍。

动手实践209——造型变形

1 选中物体，执行Create Deformers（创建变形器）| Sculpt Deformer（造型变形）□命令，在弹出的对话框中选中Flip（翻转）单选按钮。然后，单击Create按钮，创建造型变形器。

2 然后，只选中并移动造型球控制器的位置，观察物体的变形效果，如图11-108所示。

3 在将造型球控制器移动到物体的内部时，使用缩放工具对造型球进行缩放操作，再观察模型的变化效果，如图11-109所示。

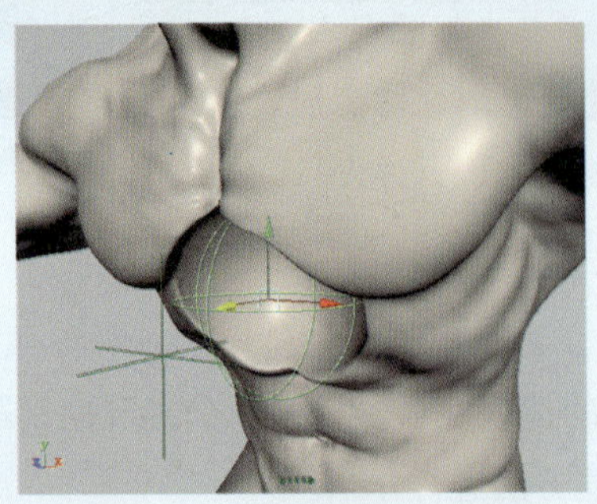

图11-108 移动造型球控制器

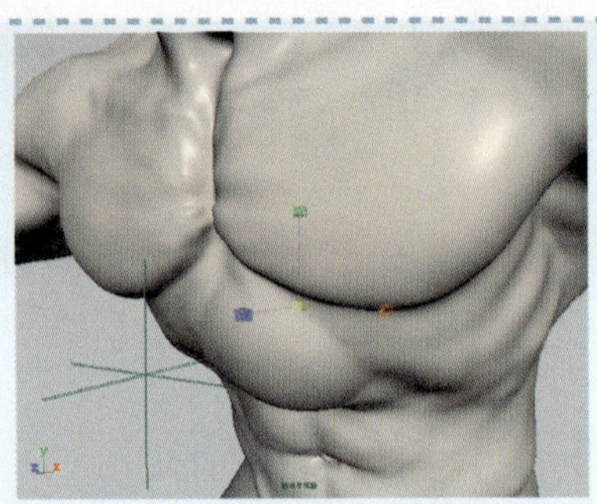

图11-109 缩放造型球控制器

注意

在移动造型球变形器时，需要注意如果只移动造型球控制器，在造型球位置模型会出现严重的拉伸现象。而如果在大纲列表中选中定位器和造型球控制器，然后对其进行移动、旋转和缩放操作时，物体表面会产生自然的变形效果。

动手实践210——Ring和Even变形模式操作

在对物体进行变形操作时，还用到了另一种变形模式，即内部变形模式。该变形模式包括两种变形方式，分别是Ring（圈）和Even（平）。下面对这两种模式的变形操作进行介绍。

1 选中角色模型，在Sculpt（造型）属性设置窗口中选中Ring（圈）单选按钮。然后，单击Create按钮，再移动造型球控制器，观察模型的变形效果，如图11-110所示。

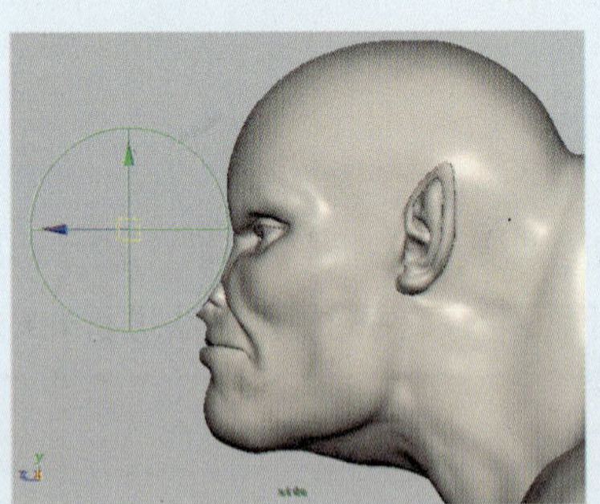

图11-110 使用Ring模式创建控制器

2 同样的方法，选中物体并在Sculpt（造型）属性设置窗口中选中Even（平）单选按钮。然后，单击Create按钮，再移动造型球控制器，观察模型的变形效果，如图11-111所示。

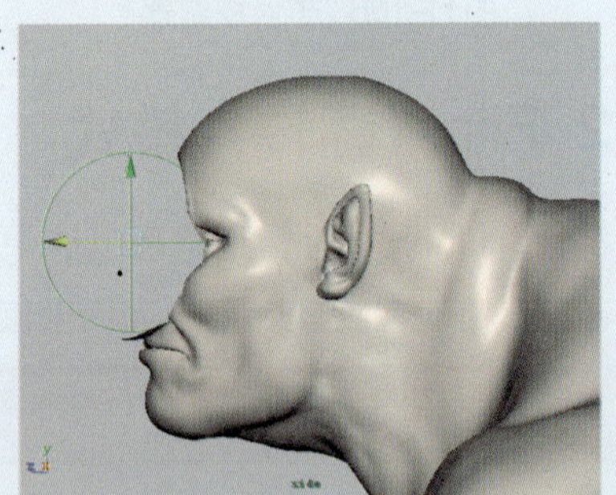

图11-111 使用Even模式创建控制器

11.7.3 Project（映射模式）

使用映射模式创建的变形控制器只包含一个造型球变形器，因此映射模式下的造型球无需依靠定位器作为变形参考。

选中场景中的物体，在Sculpt（造型）属性窗口中选中Project（映射）单选按钮，然后单击Create按钮，为其创建一个造型球变形器并对其进行移动，如图11-112所示。

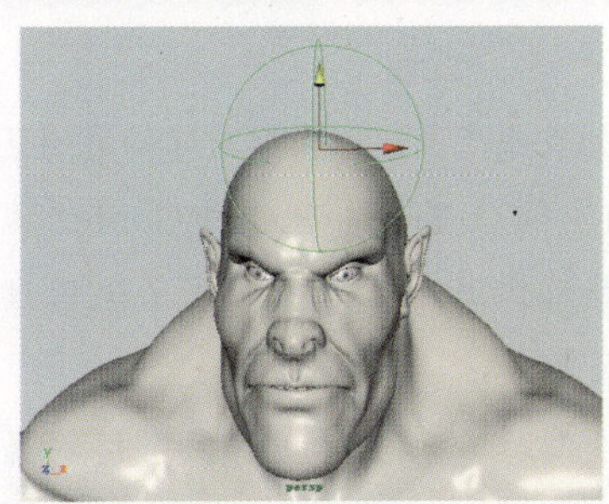

图11-112 使用Project模式创建变形器

11.7.4 Stretch（拉伸模式）

Stretch模式不同于Flip（翻转）和Project（映射）模式，它可以通过直接拖动造型球对模型表面进行拉伸操作。这种变形对于NURBS物体的变形非常有效，可以任意拉扯模型的外形，给予最大的变形自由度，但是如果使用到Polygon多边形物体上，会出现严重的撕裂现象。

选中场景中的物体，在Sculpt（造型）属性窗口中选中Stretch（拉伸）单选按钮，然后单击Create按钮，为其创建一个造型球变形器并对其进行移动，如图11-113所示。

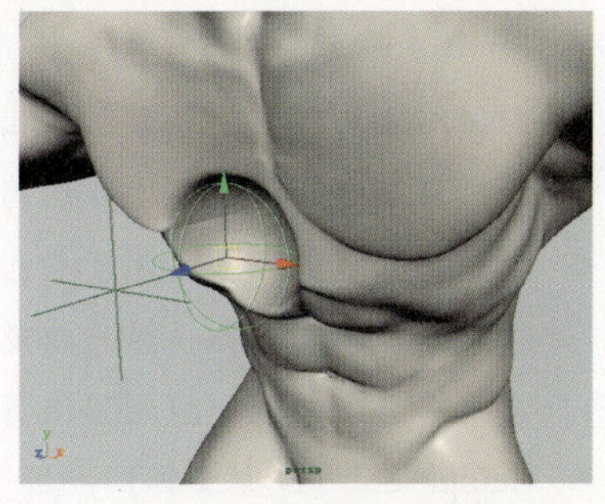

图11-113 使用Stretch模式创建变形器

技巧

在对物体进行造型变形操作时，也可以通过Edit Membership工具来修改受影响顶点的范围。

通过设置造型变形工具的属性参数，可以创建出物体不同效果的变形方式和变形精度，执行Create Deformers（创建变形器）| Sculpt Deformer（造型变形）□命令，打开造型变形属性对话框，如图11-114所示。

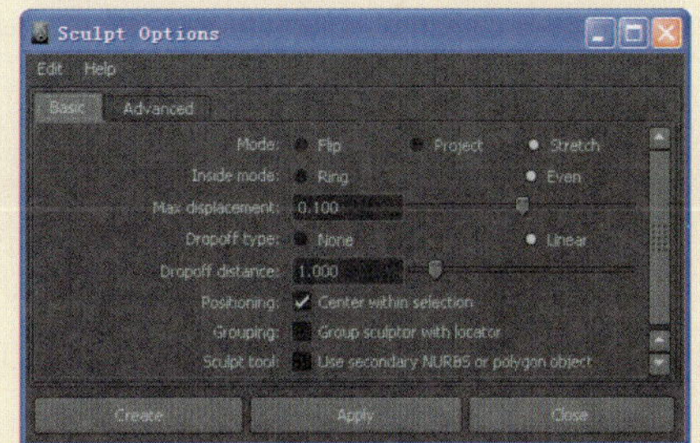

图11-114 造型变形属性对话框

下面对Sculpt Options对话框中的选项进行介绍。

- Mode（模式）：用来设置创建造型变形的模式，共分为3种，分别为翻转（Flip）、映射（Project）和Stretch（拉伸）。
- Inside mode（内部变形模式）：称为内部变形模式。当变形物体的点位于造型球内部时，通过该选项可以选择两种影响变形效果的方式，分别为Ring和Even，默认选中Even选项。
    - ◎ Ring：用于控制处于造型球内部的点，将被挤压到造型球的外部，并且这些点将沿造型球环状分布。
    - ◎ Even：用于控制处于造型球内部的点，将被创建为均匀的球形效果。
- Max displacement（最大位移）：用于设置造型球影响模型变形时，模型上顶点的形变位移幅度。默认值为0.1，可以设置从-10到10的数值。

- Dropoff type（衰减类型）：用于设置造型变形的衰减类型，分为None和Linear两种模式，默认为Linear模式。
  - ◎ None：表示没有衰减渐变过程，衰减方式为突然衰减。
  - ◎ Linear：线性衰减，该模式下的衰减过程呈线性衰减方式，衰减幅度比较均匀、连续。
- Dropoff distance（衰减距离）：用于设置造型球的衰减范围，即为造型球的影响范围。
- Positioning（空间定位）：用于设置造型球的空间位置，如果选中Center Within Selection复选框，那么创建出的造型球居于变形物体的中心点。如果未选中该复选框，则创建出的造型球变形器将被默认创建在原点。
- Grouping（组合）：用于对控制器进行群组。造型球变形实际上有两个控制器，一个是造型球变形器，另一个是Locator定位器。如果选择该选项，Maya在创建造型球变形时就会将两个控制器进行群组。
- Sculpt tool（造型工具）：用于控制是否允许使用一个自定义曲面物体来作为造型变形的控制器。

11.8 Jiggle Deformer（抖动变形）

使用Jiggle Deformer工具可以为物体上的点增加抖动效果，从而使物体本身发生抖动变形效果。适当地使用抖动变形可以使动画更加生动，例如电影中角色在运动时身体肌肉发生的甩动效果等都可以使用抖动变形来完成。

11.8.1 创建抖动变形

抖动变形基于对物体每一帧的运动或者形变幅度而计算，所以必须在对物体添加动画后，才可以添加抖动变形，并且该物体可以是整个物体，也可以是其中的一部分。下面对该工具的使用方法进行介绍。

动手实践211——创建抖动变形器

1 为场景中的群组物体添加一个沿Y轴上下循环弹跳的动画，如图11-115所示。

2 切换到模型的Point模式。然后，再选中模型图11-116所示位置的部分顶点，执行Create Deformers（创建变形器）|Jiggle Deformer（抖动变形）命令，为其添加抖动变形。

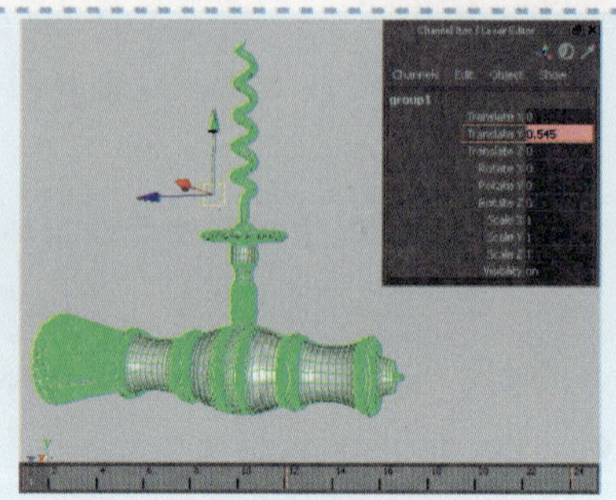

图11-115 为对象设置动画

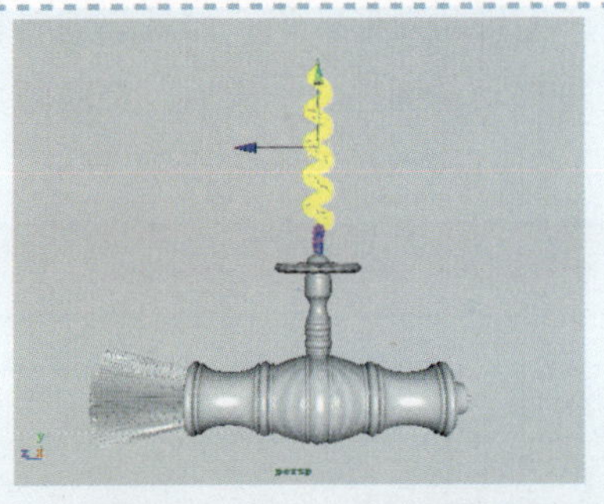

图11-116 选中钻头模型顶点

3 播放动画，模型在停止上下弹跳后，出现了原地晃动的动画效果，如图11-117所示。

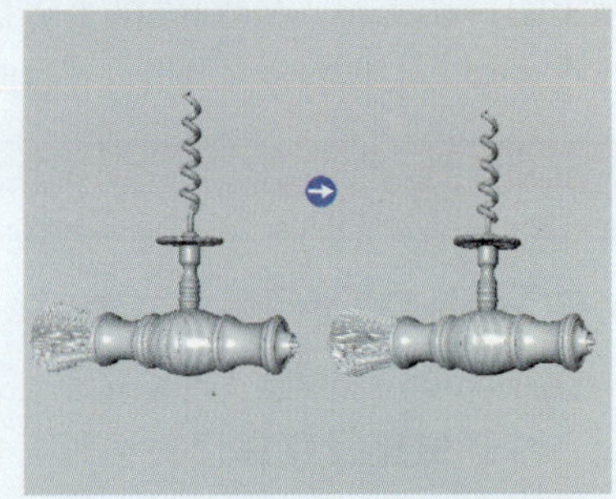

图11-117 钻头模型的抖动效果

抖动变形工具并不能生成直观的“变形器”，需要选择变形物体，按Ctrl+A键，以打开其通道栏，单击jiggle1属性选项，显示出抖动变形属性参数设置，如图11-118所示。

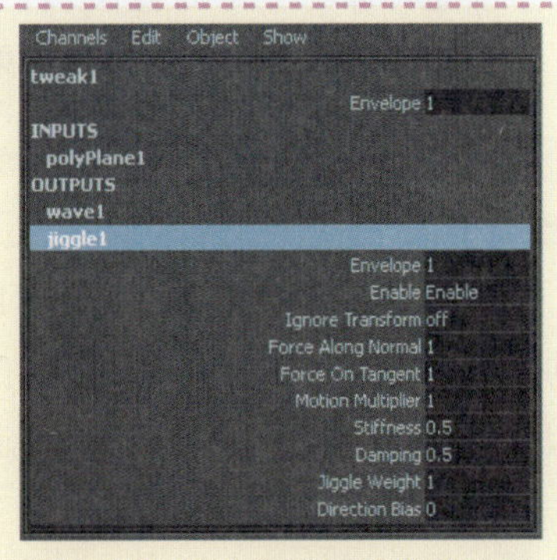

图11-118 抖动变形属性参数设置

下面对抖动工具的属性选项进行说明。

- Envelope（幅度）：用于设置变形幅度系数，默认值为1。
- Enable（允许）：用于切换抖动变形的3种作用模式。
  - ◎ Enable：用于控制抖动变形有效，默认开启。
  - ◎ Disable：用于控制变形无效。
  - ◎ Enable only After object stops：用于控制物体在停止移动后，发生抖动变形。
- Ignore Transform（忽略变换操作）：用于控制是否忽略变换操作节点，默认值为off。
- Force Along Normal（法线方向抖动幅度）:设置沿物体表面法线方向产生的抖动幅度。
- Force on Tangent（切面方向抖动幅度）：用于设置沿沿物体表面切线方向产生的抖动幅度。
- Motion Multiplier（抖动系数）：用于设置物体停止移动后，生成抖动变形幅度的系数。
- Stiffness（弹力值）：表示抖动的刚性，值越高，越能够减小抖动的弹力，但会增加抖动频率，而低值延缓抖动频率。
- Damping（阻尼值）：用于控制抖动阻尼值，高值会减少抖动弹力，而低值会增加抖动弹力。
- Jiggle Weight（抖动权重）：用于控制抖动的整体权重值。
- Direction Bias（抖动偏移方向）：用来设置曲面抖动的方向偏移，与曲面法线方向相关。

11.8.2 为动画创建磁盘缓存

当我们播放抖动变形动画时，如果想拖动播放头倒序逐帧观察变形效果，就会发现场景中的物体不发生任何变形，只在沿正序播放时，物体才会产生抖动变形效果。如果想需要自由查看每一帧上的抖动变形，Maya提供了磁盘缓存功能，即将抖动动画播放一次后，将动画数据记录下来并存放在一个临时文件夹中。这样再播放动画时即可任意查看每一帧的形变效果。

动手实践212——添加磁盘缓存

1 执行Create Deformers（创建变形器）| Jiggle Disk Cache（抖动缓存）□命令，打开磁盘缓存属性对话框，如图11-119所示。

2 在这里使用默认设置，单击Create按钮，即可创建磁盘缓存。然后，播放动画，观察钻头的抖动效果。

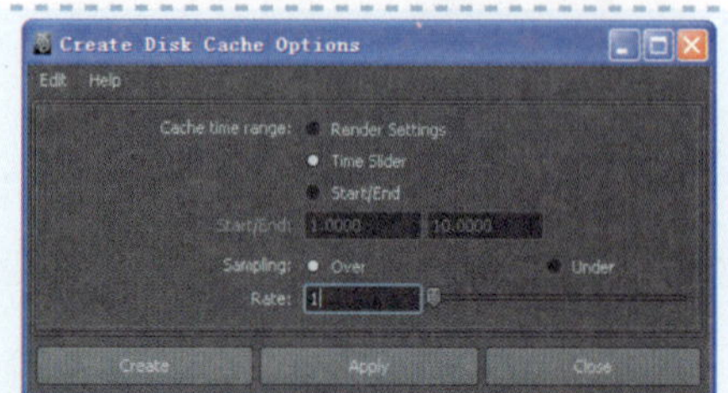

图11-119 磁盘缓存属性对话框

动手实践213——删除磁盘缓存

在创建磁盘缓存后，虽然可以精确回放抖动变形动画，但是如果在通道栏中更改抖动变形的参数，将无法在场景中预览到改变参数后的动画变化，因为Maya始终在调用磁盘缓存文件。因此想要改变抖动变形设置，一定要先删除磁盘缓存，再改变参数并设置缓存。

1 执行Create Deformers （创建变形器）|Jiggle Disk Cache Attributes（抖动缓存属性）命令，打开磁盘缓存属性面板，如图11-120所示。

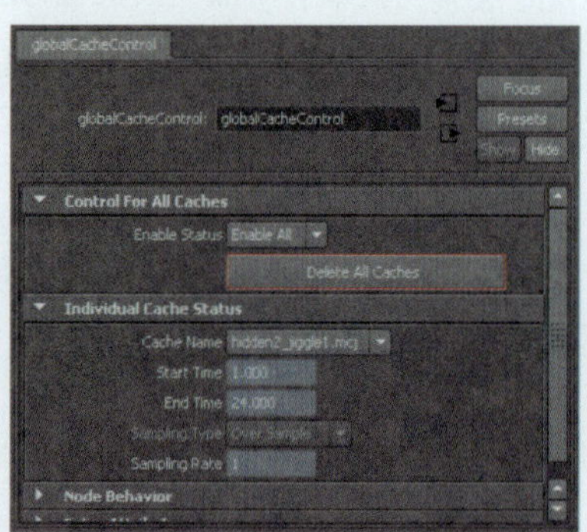

图11-120 磁盘缓存属性面板

2 在面板中找到并展开Control for All Cathes（控制所有缓存）属性卷展栏。然后，单击Delete All Caches（删除所有缓存）按钮，删除场景中所有已创建的磁盘缓存文件。

技巧

磁盘缓存还应用在粒子、柔体、刚体等动力学动画制作中，不仅是在预览查看这类动画时需要使用，在渲染中也需要使用磁盘缓存。

在对物体的动画创建缓存时，可以通过修改创建缓存工具的属性参数设置来设置缓存的相关特性。下面对Create Disk Cache Options对话框中的选项进行说明。

- Cache time range（缓存实践范围）：用于设置磁盘缓存的时间范围。
  - ◎ Render Settings：用于控制是否依据渲染器中的时间设置。
  - ◎ Time Slider：用于控制是否以当前时间轴播放范围为时间设置。

◎ Start/End：用于自定义开始和结束的时间范围。

- Start（开始时间范围）：用于设置开始的时间范围，但只有在选中Start单选按钮后，该选项才可以使用。
- End（结束时间范围）：用于设置结束的时间范围，但只有在选中End单选按钮后，该选项才可以使用。
- Sampling（采样）：表示用于设置采样方式。

◎ Over：在选中该单选按钮后，如果采样值大于2，当一个抖动变形物体和柔体碰撞时，可以提高抖动缓存的精确度。

◎ Under：在启用该选项后，如果采样值大于2，抖动变形的精确度将降低，但是可以提高速度。

- Rate（比率）：表示用于设置采样值。

11.8.3 抖动变形权重

抖动变形的权重概念与簇权重的概念完全相同。在改变抖动物体的权重后，可以改变其抖动变形效果。

动手实践214——绘制抖动变形权重

1 删除抖动缓存后，选中钻头模型并执行Edit Deformers（编辑变形）|Paint Jiggle Weight Tools（绘制抖动权重）命令，此时观察物体黑白的权重色彩，如图11-121所示。

图11-121 绘制抖动变形权重

2 单击图标，打开权重笔刷设置面板，选中Replace（替换）单选按钮，设置Value（权重值）为0.5，在黑白交界处涂绘。然后，再选中Smooth（光滑）选项，使该处的权重呈逐渐过渡的效果，如图11-122所示。

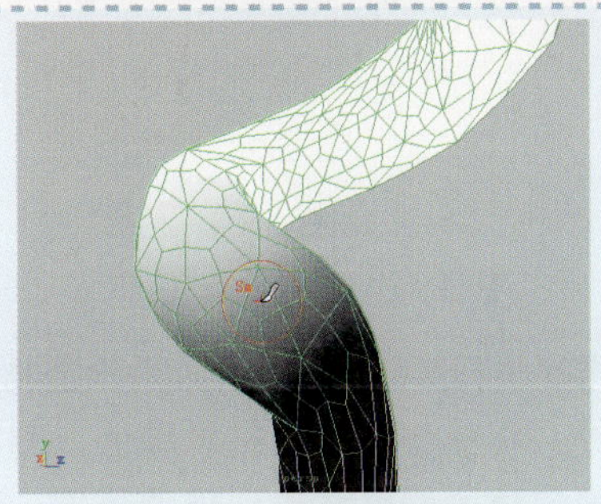

图11-122 绘制权重范围

3 播放动画，可以看到钻头在各个时间段的抖动变形效果，比较平滑、自然，如图11-123所示。

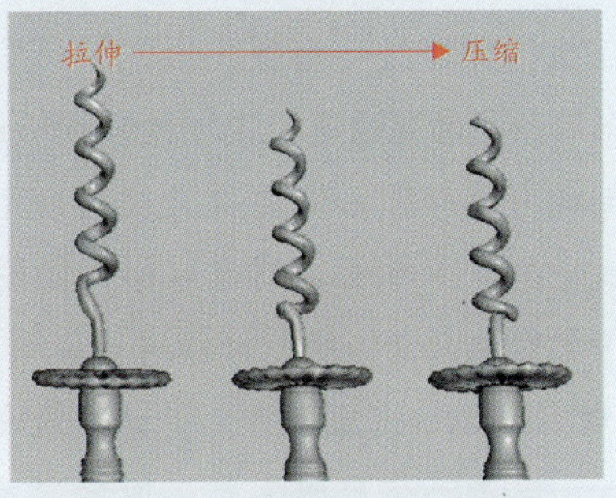

图11-123 物体的抖动效果

11.9 wire（线）变形

使用Wire变形器可以使用户使用一条或多条曲线来控制曲面上的点，从而使曲面产生变形。可以用于制作面部表情以及表面凸起的浮雕效果等。

11.9.1 创建线变形

本节通过使用一个角色的头部模型来学习如何创建线变形和编辑角色的面部造型。

动手实践215——创建线变形器

1 选中角色的头部模型，执行Modify（修改）| Make Live（激活构造物）命令，使用曲线工具在模型如图11-124所示位置创建一个曲线。

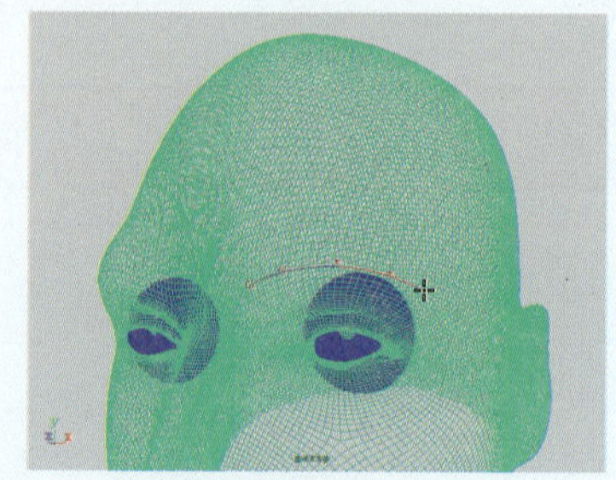

图11-124 创建曲线图形

2 再次执行Make Live（激活构造物）命令，将模型切换到正常模式。然后，将创建的曲线移动到模型外部，如图11-125所示。

3 执行Wire Tool命令，先在模型上单击并按Enter键确定，再在曲线上单击并按Enter键确定。然后，选中并移动曲线上的顶点，此时观察模型的变形效果，如图11-126所示。

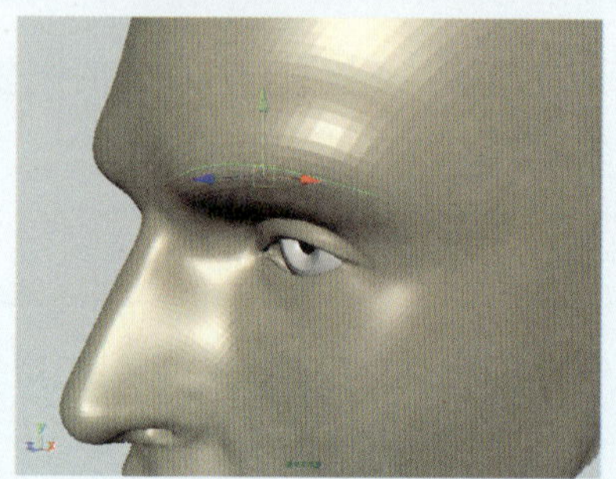

图11-125 移动曲线的位置

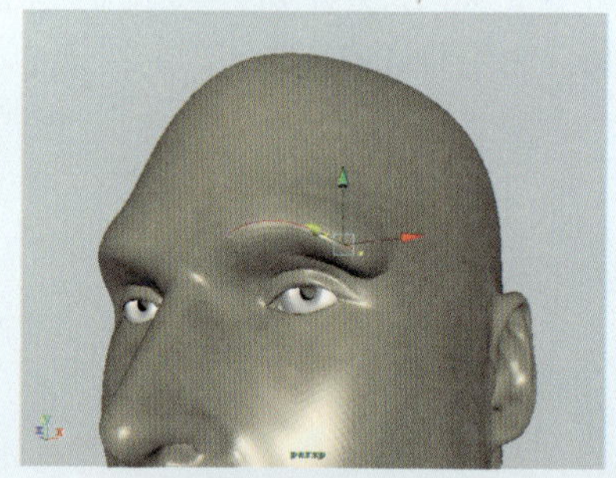

图11-126 模型的变形效果

在执行创建线变形操作以后，线变形属性会被作为历史操作节点记录在通道栏中和属性面板中。单击Wire Tool命令右侧的方体按钮，即可打开曲线变形工具的属性参数面板并展开Wire Settings属性卷展栏，如图11-127所示。

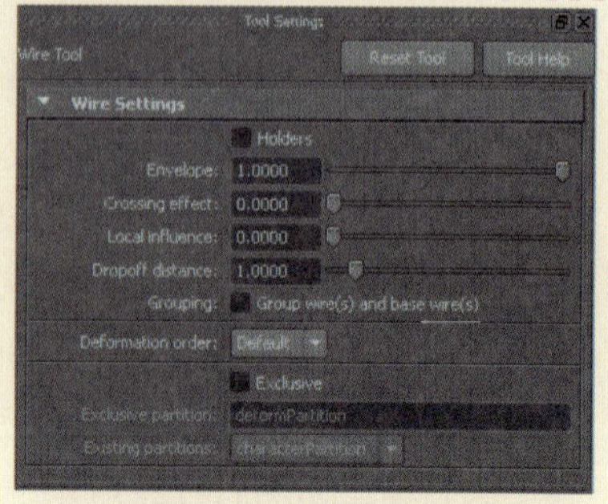

图11-127 线变形属性设置面板

下面对属性面板中的选项进行说明。

- Holders（固定器）：该复选框决定创建的线性变形是否带有固定器。固定器的作用是限制曲线的变形范围，如果不使用固定器，则曲线的变化对整个模型都有影响。

- Envelope（封套）：用于设定变形影响的系数。
- Crossing effect（交叉效果）：控制两条影响线交叉处的变形效果。
- Local influence（局部影响）：可设定两个或多个影响线变形作用的位置。
- Dropoff distance（衰减距离）：设定每条影响线影响的范围。调整该参数可以消除线变形时产生的锯齿。
- Grouping（群组）：启用其后面的复选框，可以将影响线和基础线进行群组，否则，影响线和基础线将独立在场景中。造型变形也有类似的设置。
- Deformation order（变形顺序）：该选项的下拉菜单中有5项选择，用于设定当前变形在物体变形中的顺序，分别为Default、Before、After、Split和Parallel，如图11-128所示。

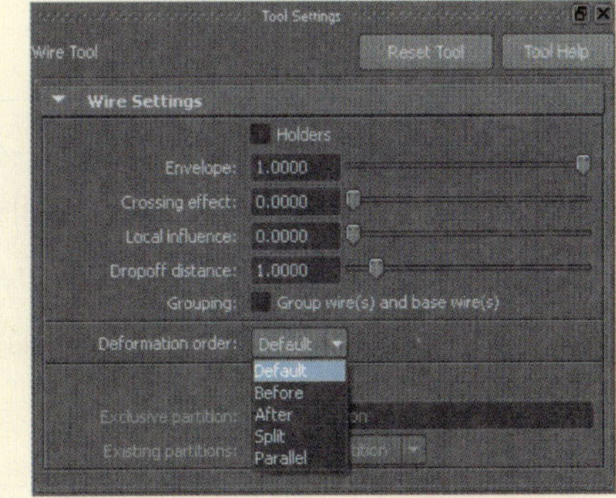

图11-128 变形顺序属性

11.9.2 线变形权重

与簇权重影响相同，在对物体执行线变形控制器后，也可以对变形物体自身进行权重绘制，从而改变物体的变形状态。

动手实践216——绘制线变形权重

1 选中头部模型，执行Edit Deformers（编辑变形器）| Paint Wire Weights tool（绘制线性权重）命令，打开笔刷权重面板。然后，选中Replace（替换）单选按钮，设置Value（权重值）为0并单击Flood（覆盖）按钮，将整个模型的权重值设置为0，呈黑色显示。

2 适当调整Value（权重值），并且切换使用Smooth（光滑）模式。然后，使用笔刷对眉毛部位的权重进行绘制，如图11-129所示。

3 按W键，选中并移动曲线上的顶点，此时该处的模型呈平滑的拉伸状态，如图11-130所示。

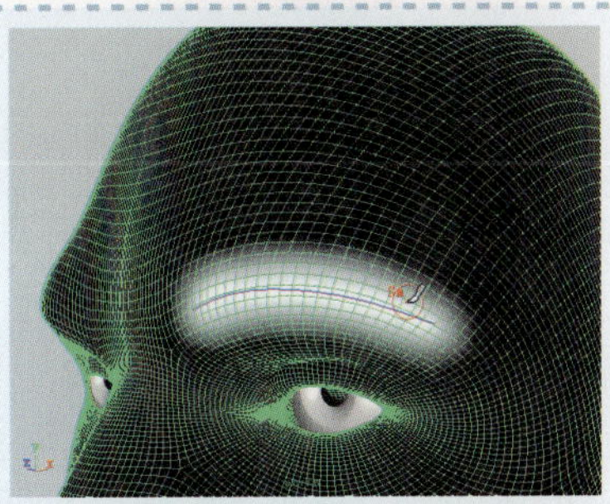

图11-129 绘制权重范围

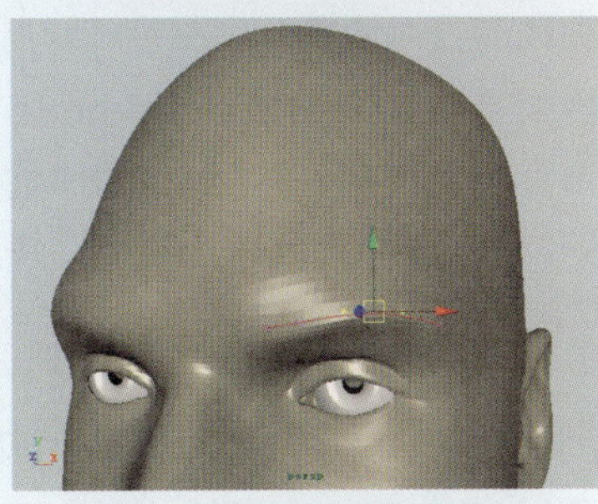

图11-130 模型的变形范围

技巧

在对比较复杂的结构模型绘制权重时，仅可能按照模型的拓补结构进行绘制，这样尽可能避免变形时导致撕裂现象。对于改变模型线性变形范围，也可以使用Edit Membership Tool来对影响范围进行重新定义，用户可以根据需要使用适当的方法来改变模型的线性变形范围。

11.9.3 创建多条线变形

与簇变形和混合变形类似，线变形可以为物体添加多条曲线进行综合控制。最简单的方法是，激活Wire Tool，分别选中曲面和新曲线，执行Wire Tool命令，再次创建线变形，但是这样创建出的线变形都具有独立的变形节点，不利于综合管理。另外还可以使用编辑线变形中的添加曲线功能，将新创建的线变形添加到现有的变形节点中。下面对该使用方法进行介绍。

动手实践217——创建多条线变形

1 选中物体，单击状态栏中的图标，以激活物体。然后，在模型如图11-131所示位置绘制一条新曲线并将该曲线移动到模型的外部。

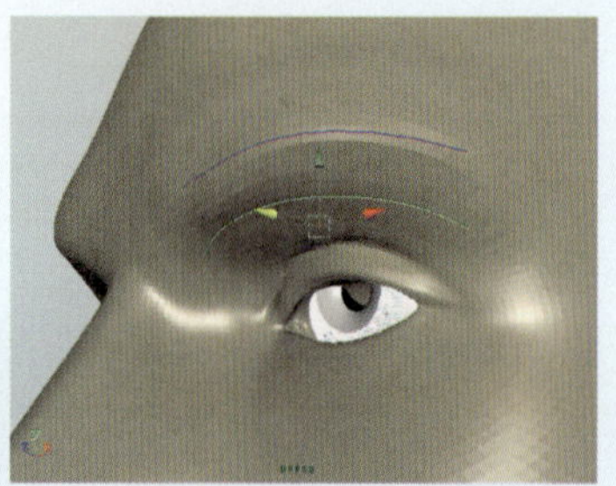

图11-131 创建曲线

2 先选中新曲线，再按住Shift键加选中已创建变形的曲线，执行Edit Deformers（编辑变形器）|Wire（线变形）|Add（添加）命令，弹出添加曲线属性对话框，如图11-132所示。

3 在对话框中启用Specify node（指定节点）复选框，然后，单击Apply and Close（应用并关闭）按钮，将当前曲线变形添加到Wire1变形节点中。移动该曲线顶点，观察模型的变形效果，如图11-133所示。

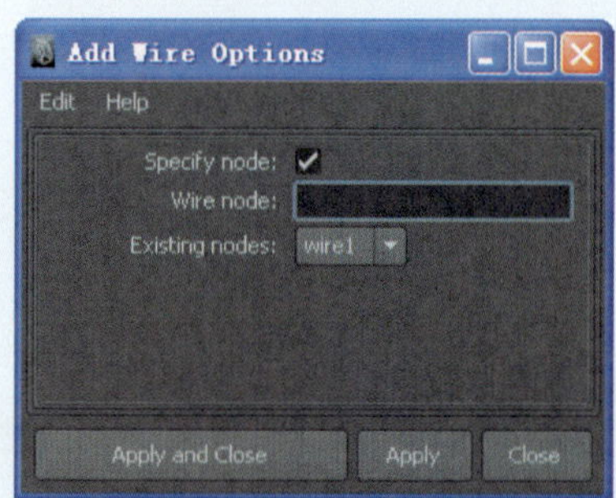

图11-132 添加曲线属性对话框

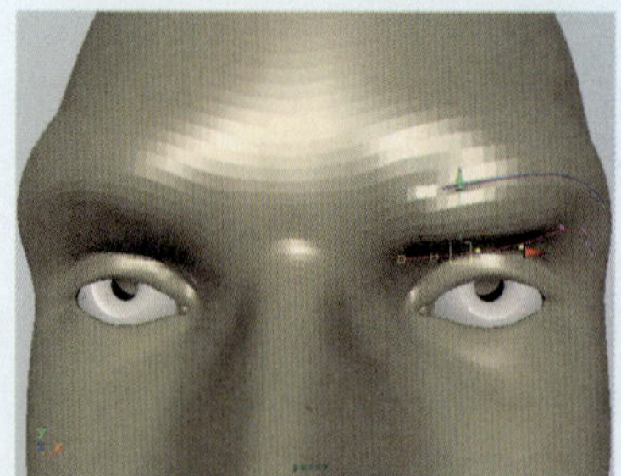

图11-133 模型的变形效果

在为物体添加多条曲线变形器时，需要先设置添加曲线属性对话框中的属性参数，才能使创建的曲线控制器对物体产生变形影响。下面对Add Wire Options对话框中的选项进行说明。

- Specify node（指定节点）：表示若启用该复选框，可以将曲线加入现有线变形节点中。

- Wire node（线变形节点）：用于指定目标线变形节点的名称。
- Existing nodes（现有节点）：单击Existing nodes属性右侧的下拉三角按钮，可以看到场景中所有已存在的线变形节点。

11.9.4 Base Wire（基础曲线）

同创建晶格变形器类似，线变形也分为影响曲线和基础曲线。打开大纲列表，可以看到变形曲线Curve1下方的一个Curve1BaseWire（基础曲线）。Maya在计算线变形时，是依据影响曲线和基础曲线之间的变形差异来显示最终变形效果的。同样，默认创建的基础曲线也是被隐藏的，前面所介绍的变形曲线即是影响曲线。

动手实践218——显示和编辑基础曲线

1 选中影响曲线，执行Edit Deformers（编辑变形器）| Wire（线性） | Show Base Wire（显示基础线）命令，即可显示对应的基础曲线，如图11-134所示的蓝色曲线。

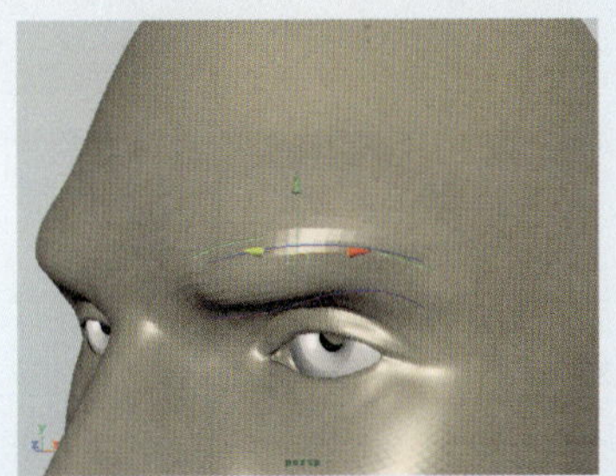

图11-134 显示基础曲线

2 移动影像曲线的顶点，可以看到对应的基础曲线在原位置不动，从而对物体的变形有一定影响，如图11-135所示。

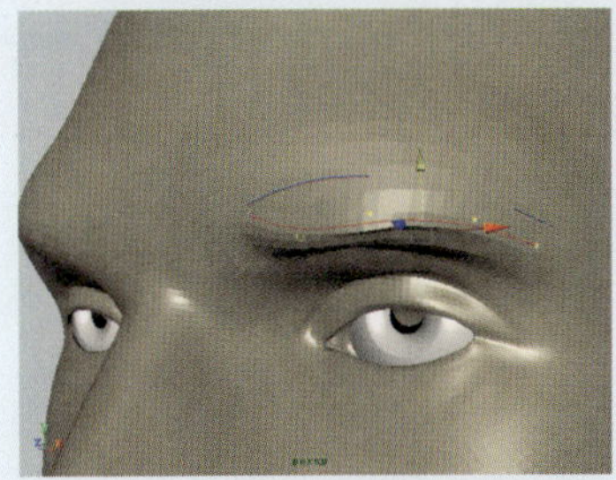

图11-135 调整影响曲线

3 分别选中影响曲线和基础曲线，执行Create Deformers（创建变形器）| Blend shape（混合变形）命令。然后打开混合变形编辑器，设置Value（权重值）为1，此时模型的变形发生了改变，如图11-136所示。

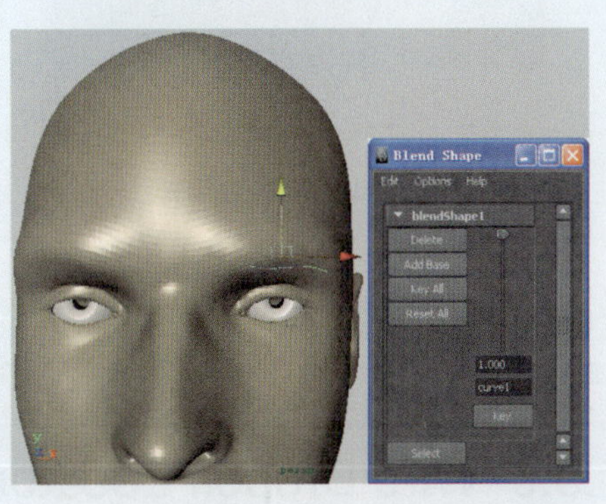

图11-136 创建混合变形

4 选中并移动影响曲线的顶点，可以看到基础曲线也自动跟随着变化，模型的变形也非常自然，如图11-137所示。

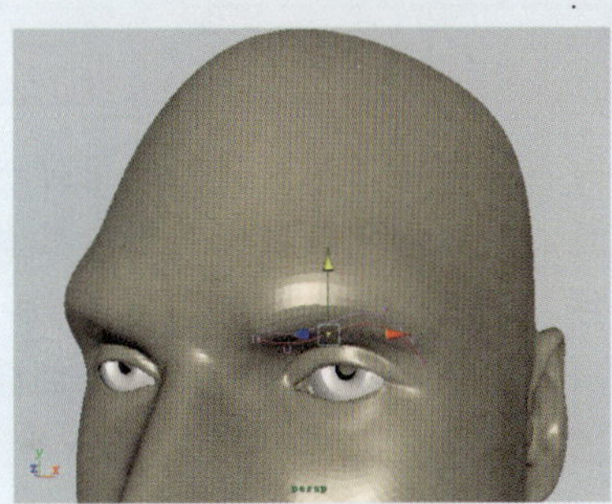

图11-137 调整影响曲线

11.9.5 Add Holder（添加固定线）

除了通过影响曲线和基础曲线来控制变形外，Maya还允许添加第三条线来配合编辑曲面变形，该曲线被称为固定性（Holder）。下面对Holder曲线的添加方法进行介绍。

动手实践219——添加固定线

1 在模型曲面上创建两条任意形状的曲线，选中较长的一条曲线，执行Wire Tool命令，将其添加到曲面上。然后，调整影响曲线以改变模型变形，如图11-138所示。

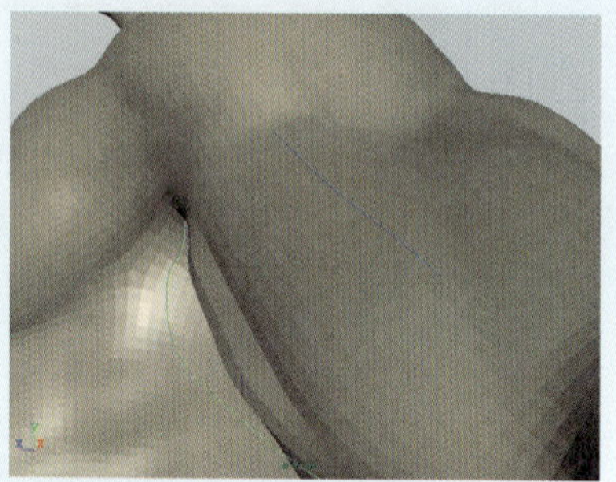

图11-138 创建变形曲线

2 选中另一条曲线，按住Shift键加选影响曲线，执行Edit Deformers（编辑变形器）| Wire（线性）| Add Holder（添加固定线）命令，可以看到模型的变形效果，如图11-139所示。

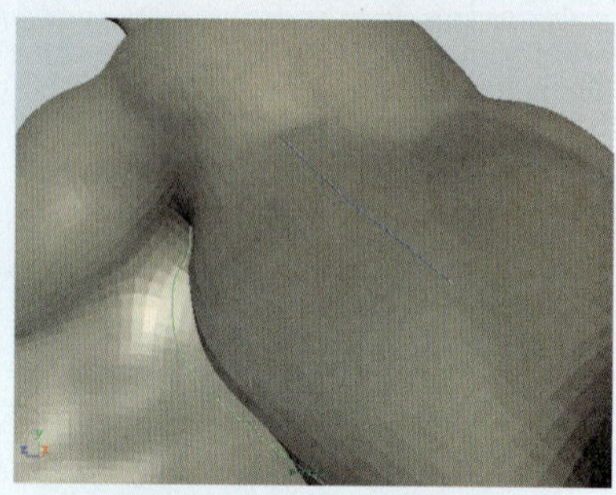

图11-139 模型变形效果

提示

在Maya场景中，只允许对同一个物体添加一条固定线。

11.9.6 Wire Dropoff Locator（线衰减定位器）

在线变形中，Maya还提供了Wire Dropoff Locator（线衰减定位器）工具，可以对影响线进行点定位以及控制该点的变形幅度，从而影响模型的变形效果。下面以一个皇冠模型为例，使用该命令来制作出它的缝补效果。

动手实践220——衰减定位器变形

1 导入皇冠模型并在其表面创建一条曲线，为其创建线变形并显示其基础曲线。然后，进入影响线的Curve Point（曲线点）模式，在其上面创建一个黄色的定位点，如图11-140所示。

图11-140 创建定位点

2 执行Create Deformers（创建变形器）| Wire Dropoff Locator（线衰减定位器）命令，在定位点位置创建一个绿色的衰减定位标示符，如图11-141所示。

图11-141 创建定位标示符

3 在创建衰减定位器后，可以在线变形通道栏中显示新增的Locator Envelope（包裹定位）属性和Locator Twist（扭曲定位）属性，如图11-142所示。

提示

在创建衰减定位器后，新增了Locator Envelope属性和Locator Twist属性，其中Locator Envelope用于为线衰减定位器设置变形缩放系数，变形效果仅对定位器所在位置起作用；Locator Twist用于设置绕衰减定位器进行旋转扭曲的幅度。

4 设置Locator Envelope（包裹定位）为0，此时，可以看到模型的变形幅度被缩小，如图11-143所示。

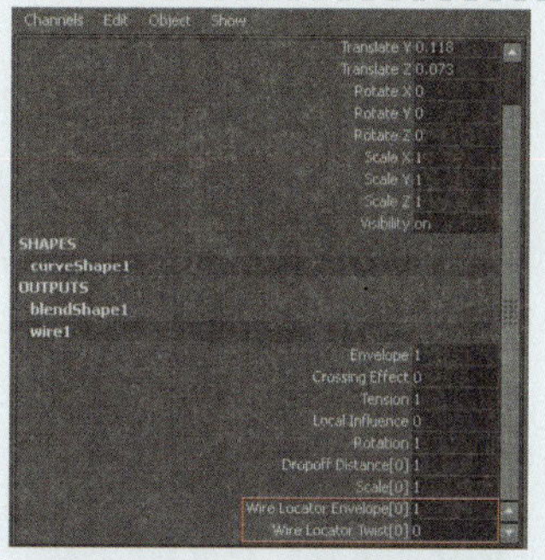

图11-142 新增的衰减属性

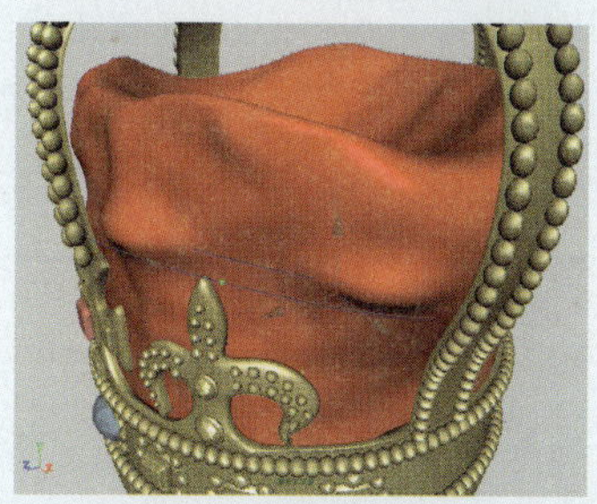

图11-143 调整数值后的效果

5 然后，再设置Locator Twist（扭曲定位）值为6381，此时再观察模型该处的变形效果，如图11-144所示。

图11-144 调整数值后的效果

执行Edit Deformers（编辑变形器）| Wire（线性）命令，在右侧弹出的子菜单中，包含了6种关于编辑曲线的命令工具，在这里对编辑线变形所包含的几个子命令工具进行说明。

- Add（添加）：在为模型添加线变形器之后，可能还需要添加更多的影响线才能达到想要的变形效果，这时就需要用到Add命令。
- Remove（移除）：该选项可以将不需要的影响线取消对物体的影响。选择要移除的影响线，执行Edit Deformers | Wire | Remove命令即可。注意，该命令并不能将创建的曲线删除，它只是取消曲线对模型的影响，若想删除曲线，可选择曲线，然后按Delete键即可。
- Reset（重置）：可以将创建线变形器的所有参数恢复到初始状态。

- Show Base Wire（显示基础线）：可以将基础线显示在场景中。
- Parent Base Wire（父化基础线）：它相当于创建变形器时启用Grouping选项后面的复选框，即将影响线和基础线进行群组。
- Add Holder（添线加固定）：在Maya中除了可以使用基础线和影响线控制线变形之外，还可以添加第三条线来配合基础线和影响线编辑曲面变形，即所谓的Holder（固定线）。当改变固定线的形状时，变形曲面也随之发生改变。另外，在Maya中只能添加一条固定线。

11.9.7 Wrinkle Tool（褶皱变形工具）

使用Wrinkle Tool可以快速创建褶皱效果。它包含了簇变形和线变形，用户既可以使用簇控制器控制模型的顶点，也可以使用线变形器来控制模型的变形，使用起来非常方便。多用于制作布料的褶皱、老人皮肤的皱纹以及其他复杂模型的建模效果。

动手实践221——创建与编辑褶皱变形

1 在场景中导入一个模型，选中其中的一个半球体，执行Create Deformers（创建变形器）| Wrinkle tool（褶皱变形）命令，此时在其表面会显示一个红色的UV分割线框，如图11-145所示。

图11-145 显示分割线框

2 鼠标中键单击并拖曳红色的边线，即可改变变形的UV范围，如图11-146所示。

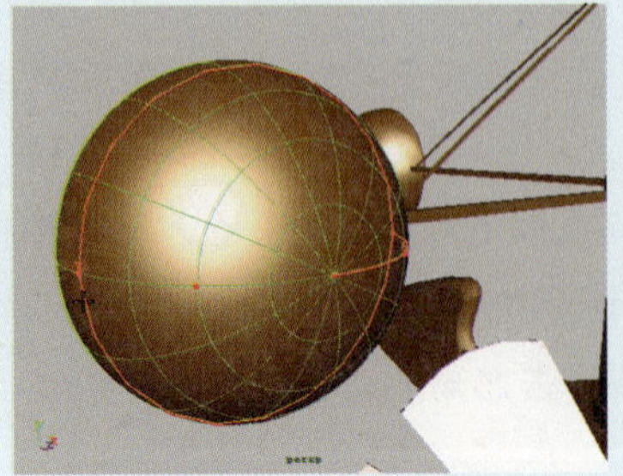

图11-146 拖动红色UV边线

3 然后，再中键单击并拖曳红色的孤立点，可以对变形的UV范围进行旋转和缩放操作，如图11-147所示。

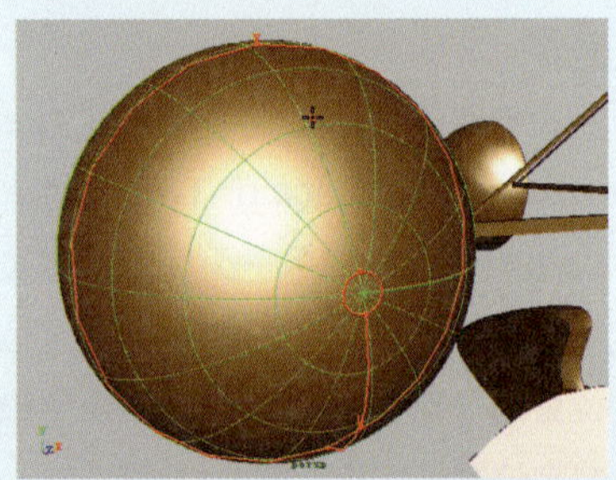

图11-147 旋转UV变形范围

4 调整完成后，按Enter键，确定创建褶皱变形。此时，球体表面会产生一个簇变形器，移动簇变形器的位置，观察模型的变形效果，如图11-148所示。

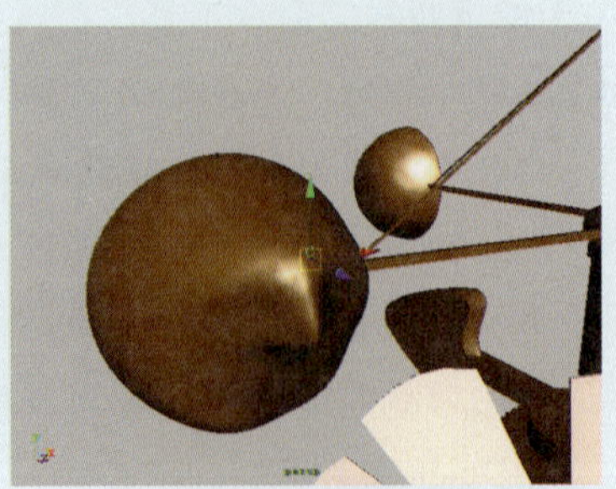

图11-148 移动簇控制器

提示

褶皱变形工具只适用于NURBS物体，并且在创建完成以后，默认会产生一个簇变形器和影响线，并且只显示簇变形器，而线变形器自动被隐藏，需要在大纲列表中选中影响线，然后，再对其进行显示设置。

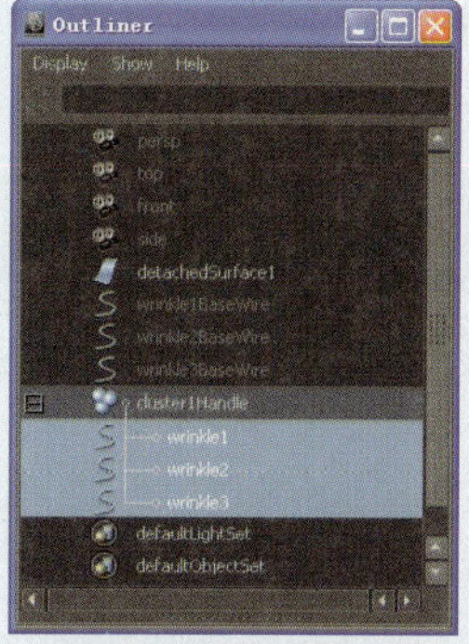

图11-149 选择影响线

5 撤销簇变形器的移动操作，打开大纲列表，选中3条变形线所在的属性选项，如图11-149所示。

6 然后，在通道栏中设置Visibility值为1，在场景中显示变形线并移动变形线的位置，此时观察模型的变形效果，如图11-150所示。

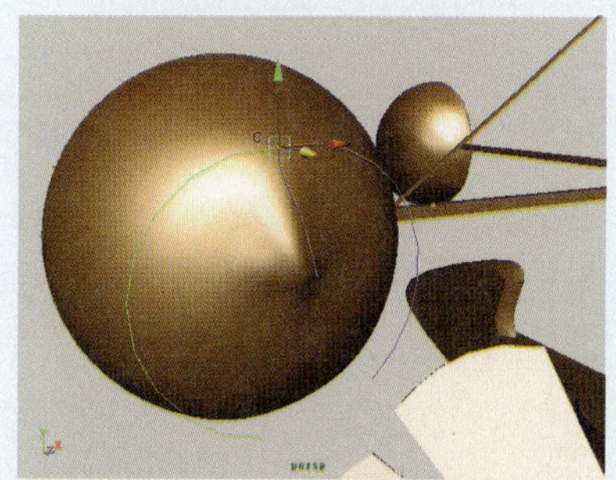

图11-150 移动影响线位置

在对物体创建褶皱变形之前，可以事先设置其属性参数，以改变褶皱变形器对物体变形的影响。执行Create Deformers（创建变形器）| Wrinkle tool（褶皱变形）▣命令，在视图的右侧会弹出该工具的属性设置面板，如图11-151所示。

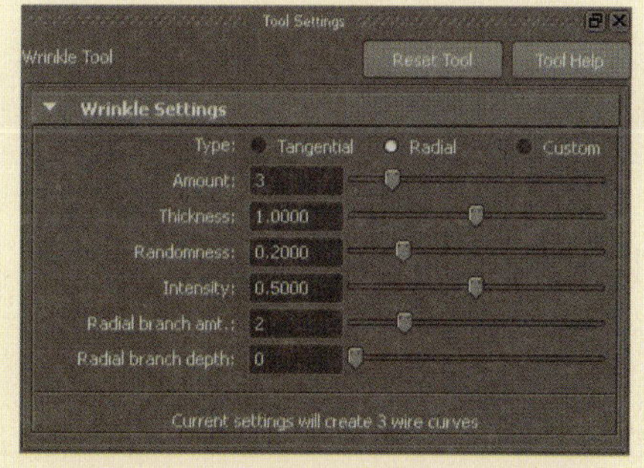

图11-151 褶皱变形属性设置面板

下面对面板中的选项进行说明。

- Type（类型）：该选项后面有3种变形方式，分别是Tangential（切线变形）、Radial（射线变形）和Custom（自定义）。
  - ◎ Tangential：表示沿切线变形。
  - ◎ Radial：表示沿射线变形。
  - ◎ Custom：自定义变形。
- Amount（数量）：用来设置变形线的数量。
- Thickness（密度）：用于设置变形线的稠密度，即每条变形线所能影响的变形范围。
- Randomness（随机值）：用于设置一个随机系数，让褶皱变形更接近或偏离Amount、Intensity、Radial Branch Amount和Radial Branch Depth参数的设定。
- Intensity（强度）：设置变形线创建变形时的褶皱锐化强度的大小。
- Radial Branch Amount（分支系数）：用来设置褶皱变形分支物体的数量，这些分支都来自变形线。但是该选项仅对射线变形方式起作用。
- Radial Branch Depth（分支深度）：用来设置变形线分支的深度，增加该值可以增加变形线的总数量，该选项同样只适用于射线变形方式。

11.10 Point on Curve（曲线定位器变形）

Point on Curve（曲线定位器变形）常用于绑定约束上，可以简单、快捷的创建出多种定位性的变形效果，比如动物尾巴的蒙皮约束绑定，就大都使用该工具完成的。

11.10.1 创建曲线定位器

曲线定位器的创建和使用都很简单，它可以在曲线上任意位置定义一个或多个定位器，当移动曲线顶点时，定位器则保持固定不动。下面对该工具的创建和使用方法进行介绍。

动手实践222——为模型创建曲线定位器

1 为场景中的物体创建一条变形线，并且切换到Point（点）模式，在其上面创建几个定位点，如图11-152所示。

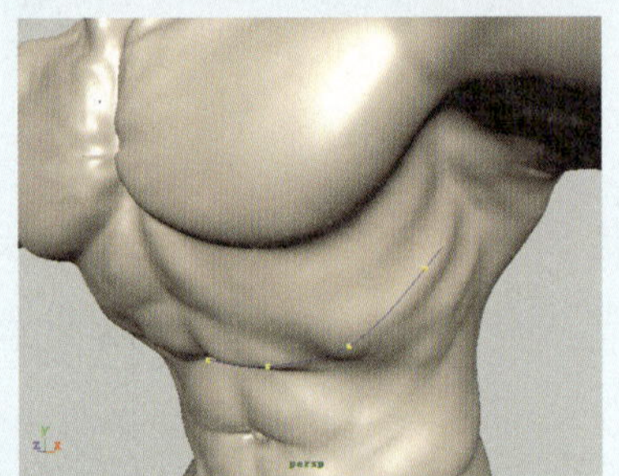

图11-152 创建定位点

2 执行Create Deformers（创建变形器）| Point on Curve（曲线定位器变形）命令，在定位点位置创建相对应的Locator定位器，如图11-153所示。

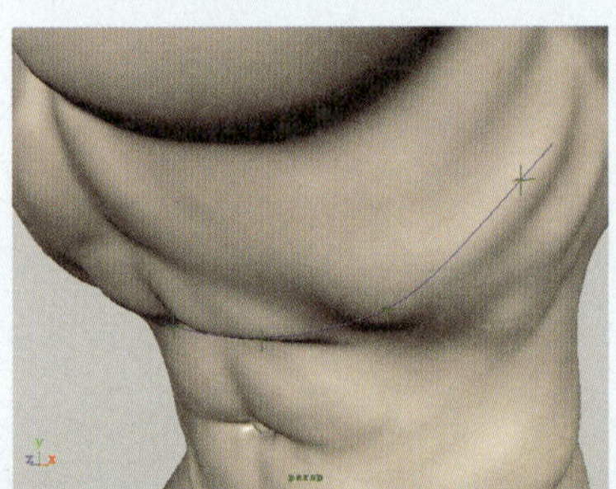

图11-153 创建定位器

11.10.2 移动定位器

定位器的优势就在于能够牢牢固定曲线上某一点的位置，模型处于定位器位置的点会跟随着定位器移动，而曲线上的其他点不会跟随着定位器移动。下面对定位器的操作方法进行介绍。

动手实践223——调整曲线定位器的位置

1 进入变形线的Point模式，选中并移动其中两个顶点的位置，可以看到，定位器并没有发生移动，如图11-154所示。

2 然后，再移动定位器的位置，可以看到模型和变形线都跟随着发生变形，如图11-155所示。

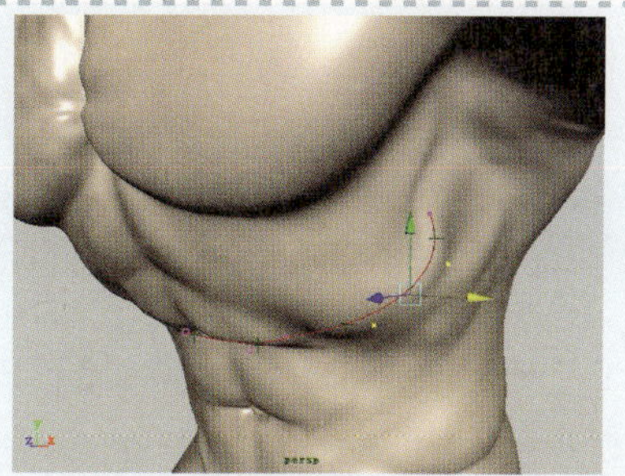

图11-154 移动变形线顶点位置

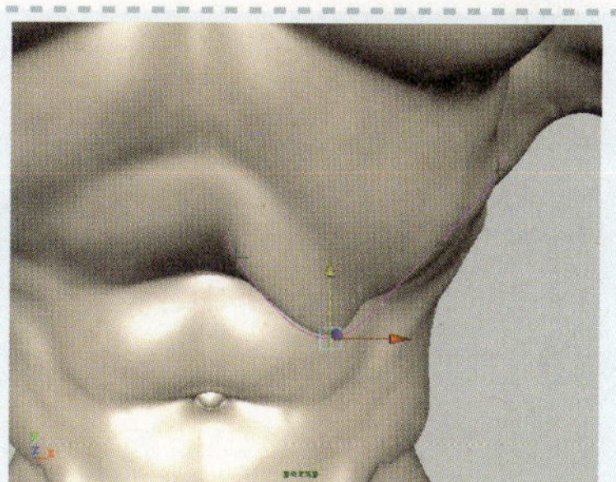

图11-155 移动定位器位置

在创建曲线定位器时，可以通过设置相关的属性参数来改变创建的定位器所影响的权重范围。执行Create Deformers（创建变形器）| Point on Curve（曲线定位器变形）□命令，打开曲线定位器属性对话框，如图11-156所示。

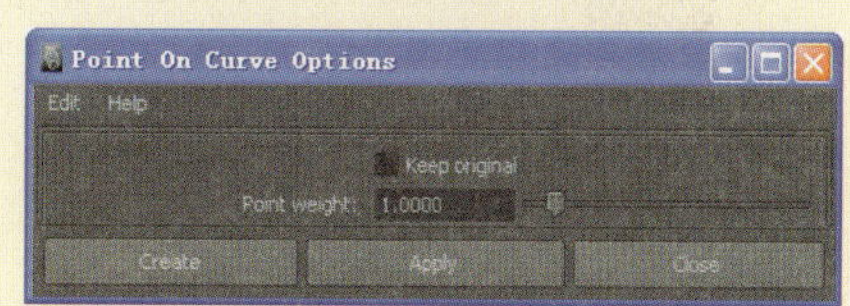

图11-156 曲线定位器属性对话框

下面对Point On Curve Options对话框中的选项进行说明。

- Keep Original（保留原曲线）：用于控制是否保留原曲线。如果启用该复选框，为当前曲线创建定位器时，会复制保留原曲线。
- Point Weight（控制点权重）：用来设置定位器固定曲线位置的能力，设置范围为0~1，默认为1。

11.11 Wrap（包裹）变形

Wrap工具在制作变形动画方面也是十分强大的，它允许使用其他的曲面或多边形物体控制当前物体的变形。在动画领域中，一些高质量的角色模型结构非常复杂，直接对这些模型进行变形动画控制，非常困难。然而，使用包裹变形工具使用低模型来间接控制高精度模型，可以大大提高动画的制作效率。如图11-157所示，低精度多边形模型可以成为高精度模型的包裹物体。

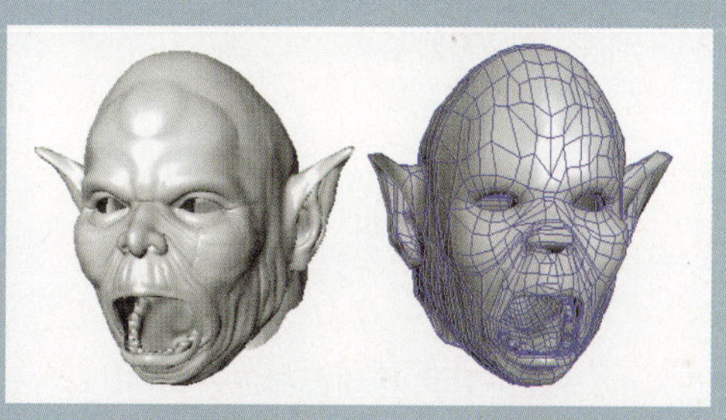

图11-157 简单模型为高精度模型的包裹对象

11.11.1 创建与编辑包裹变形

在创建包裹变形时，需要有一个包裹物体和一个原始的目标物体（即要创建变形动画的角色模型），在创建完成以后，可以直接通过调整包裹物体的变形来影响目标物体的变形，从而达到简单制作复杂模型的变形效果的目的。

动手实践224——编辑与编辑包裹变形

1 导入一个复杂角色的头部模型，并在其外部创建一个NURBS曲面作为包裹物体，设置该包裹物体的透明度，以便于显示处于包裹内部的模型物体，如图11-158所示。

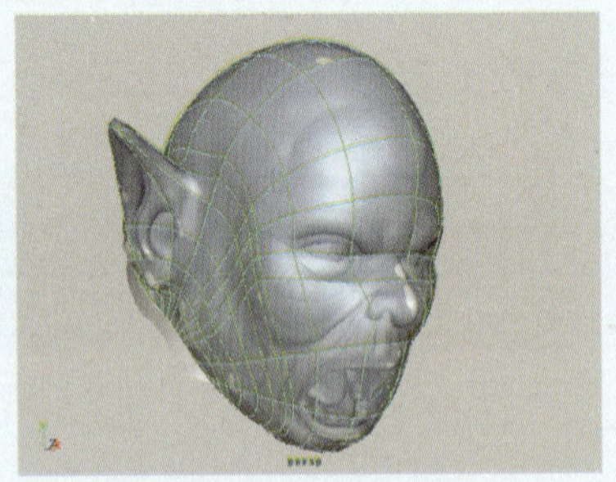

图11-158 创建包裹物体

2 先选中物体，再按住Shift键加选曲面，执行Create Deformers（创建变形器）| Wrap（包裹变形）命令，为物体添加包裹变形，移动曲面可以看到整个头部模型也跟随着移动。

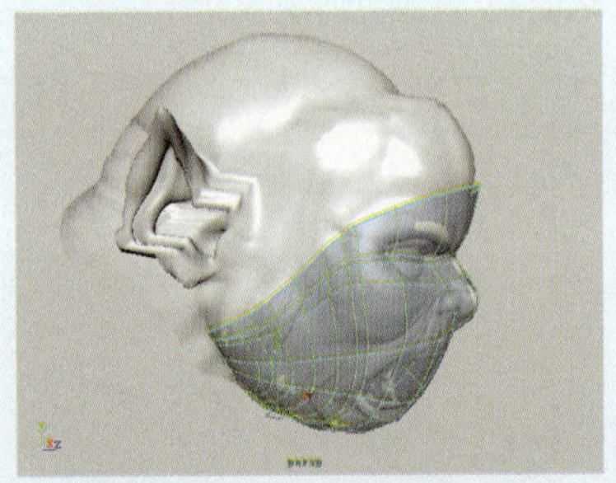

图11-159 移动面部包裹物体

3 如果只为角色的面部创建曲面包裹物体，并且在通道栏的Tweaks（调整工具）属性下的Max Distance（最大距离）参数值较小，移动曲面，角色脑后部分将不受包裹变形影响，如图11-159所示。

提示

Max Distance属性参数，它默认的单位尺度为Maya中的厘米单位，默认值为1，即包裹物体上的每个点都可以控制其1厘米范围以内模型的顶点产生变形。如果将该参数值设置为0，Maya会认为影响范围为无穷大，会极大占用计算机内存。

4 然后，再设置Max Distance（最大距离）为30，再移动曲面，可以看到角色脑后部受曲面的影响加大，如图11-160所示。再增大该参数值，整个头部会完全受曲面的影响。

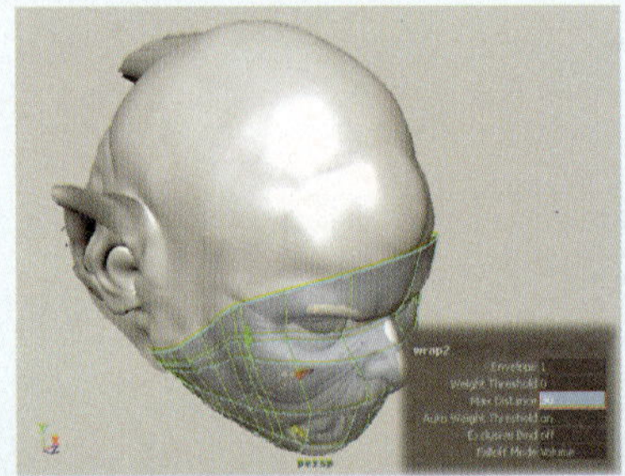

图11-160 增大Max Distance值

5 进入曲面的点编辑模式，选中并移动位于角色鼻子部位的曲面点，可以看到处于曲面内部的模型也发生相应的变形，如图11-161所示。

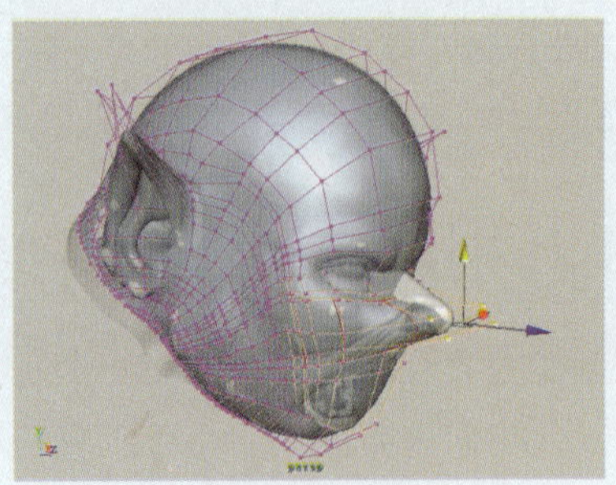

图11-161 移动曲面顶点

包裹物体对原始物体有约束或驱动的功能，因此在调整包裹物体对原始模型的变形影响之前，精确设置包裹变形的属性参数是非常重要的。执行Create Deformers（创建变形器）| Wrap（包裹变形）□命令，打开包裹变形属性对话框，如图11-162所示。

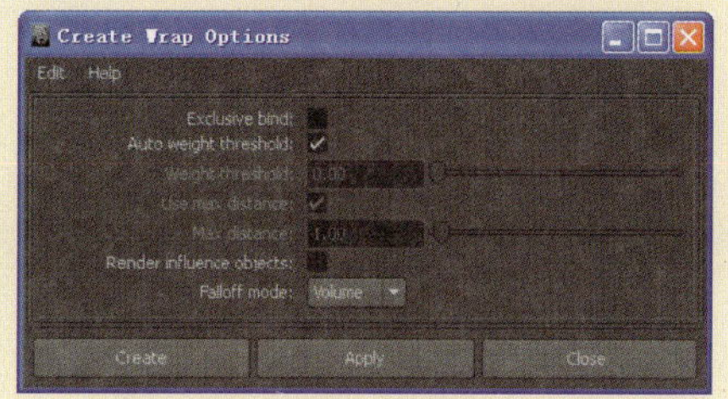

图11-162 包裹变形属性对话框

下面对Create Wrap Options对话框中的选项进行说明。

- Exclusive bind（孤立绑定）：若启用Exclusive bind复选框，则包裹变形目标物体的表面会像一个刚性约束蒙皮和权重阈值被禁用。包裹变形目标物体表面的每个曲面点只受单个包裹影响对象的点。
- Auto Weight threshold（自动设置权重阈值）：用于控制是否自动设置权重阈值。默认情况下启用该复选框。
- Weight threshold（权重阈值）：用于设置包裹变形的形状影响，此设置基于被变形物体和包裹物体之间的形状相类似。根据包裹物体的点密度（如顶点个数）。改变Weight Threshold值可以改变整个变形物体的平滑效果，设定范围为0~1，默认值为0。
- Use max Distance（使用最大影响距离）：用于控制是否使用包裹变形的最大影响距离。若启用该复选框，即可设置影响距离范围。
- Max Distance（最大影响距离）：通过设置该值，可以限制包裹变形所使用的内存大小。尤其当处理高精度模型时，使用Max Distance非常有用。
- Render influence objects（渲染影响物体）：用于控制是否能够渲染影响物体。若启用该复选框，则可以渲染出影响物体。若禁用该复选框，则不能渲染出影响物体。
- Falloff Mode（衰减模式）：用来控制包裹物体对原始物体的变形衰减范围。其中包括Volume（体积衰减）和Surface（曲面衰减）两种方式。

11.11.2 Paint Set Membership Tool（绘制变形范围工具）

前面介绍了Edit Membership Tool（编辑变形范围工具），该工具是用于对模型受变形部位的顶点或UV点的影响范围进行编辑。那么本节将要介绍的Paint Set Membership Tool（绘制变形范围工具），也是用于对模型受变形部位的顶点或UV点的影响范围进行编辑，但是该工具的使用方法非常简单，可以使用户直接使用笔刷工具进行涂绘与编辑。

动手实践225——笔刷编辑变形范围

1 选中并移动包裹物体上的顶点，可以看到不被包裹物体覆盖的模型部位也受到很大的变形影响，如图11-163所示。

2 撤销包裹物体的编辑操作，选中角色头部模型并执行Edit Deformers（编辑变形器）| Paint Set Membership Tool（绘制包裹变形范围）□命令，打开其属性设置面板，如图11-164所示。

3 观察模型的颜色变化。然后，选中Paint Operations属性下的Remove（去除）单选按钮和线框内的Wrap2set属性选项，在不被包裹物体覆盖的部位涂绘，将它们从包裹影响范围内减除，如图11-165所示。

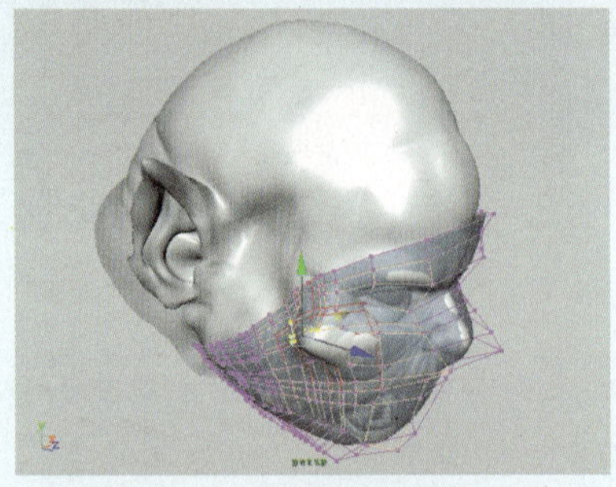

图11-163 移动包裹物体顶点

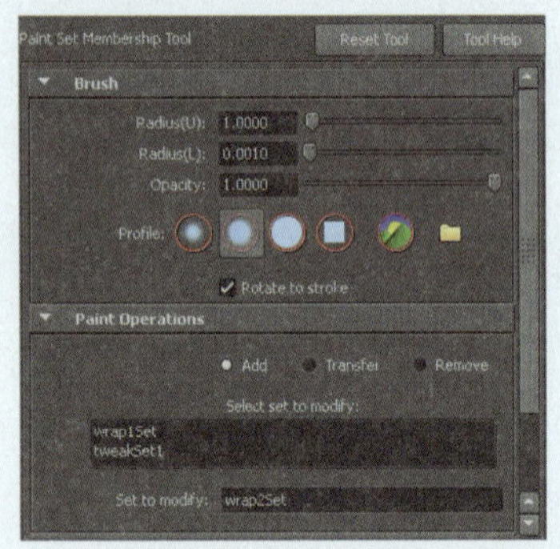

图11-164 绘制变形范围工具属性面板

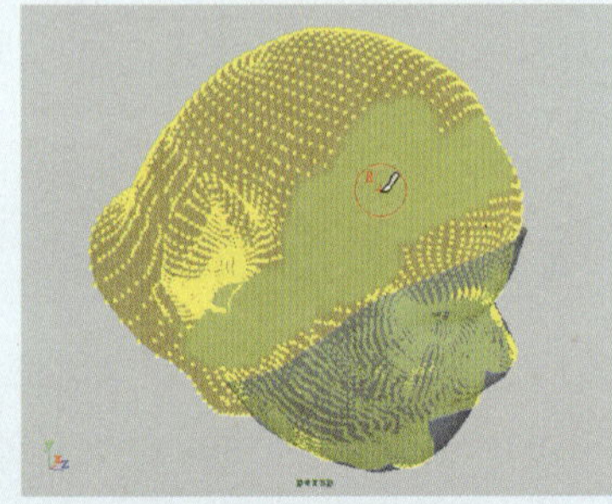

图11-165 涂绘模型顶点

4 将整个头部模型（包括口腔等）不受包裹物体覆盖的部位进行涂绘编辑，使它们从受变形影响的范围内减除，如图11-166所示。

5 因上步的错误涂绘，而使面部的一部分点被错误减除，可以选中属性面板中的Add（添加）单选按钮，在该处进行涂绘，以将其添加到受变形影响的范围内，如图11-167所示。

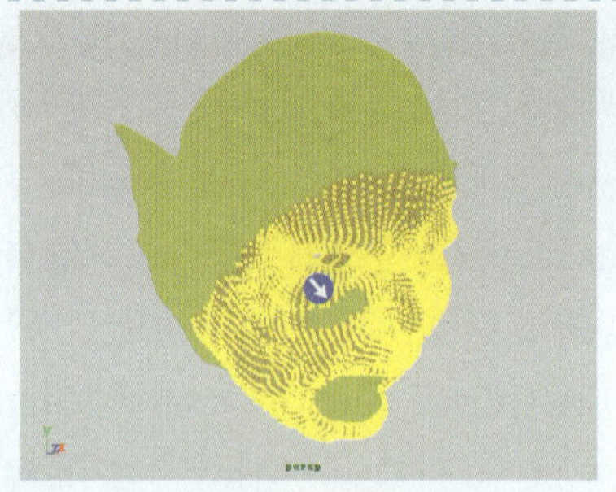

图11-166 涂绘不受包裹变形影响部位

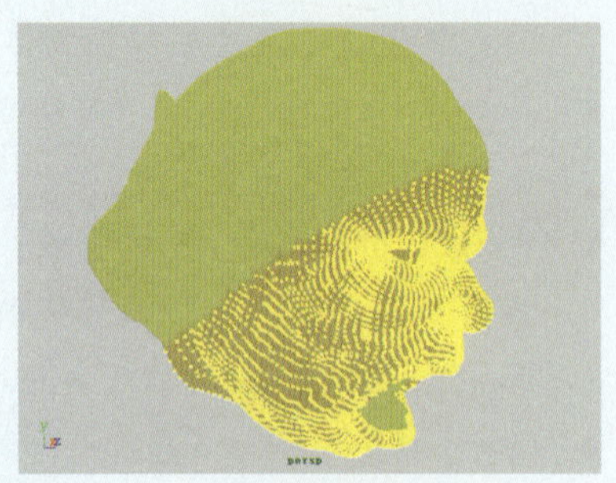

图11-167 添加变形影响范围

技巧

在对受不同变形类型所影响的物体的顶点或UV点进行操作时，产生的一些不自然拉伸现象，是因为该处的顶点处于（或不处于）变形影响的范围之内，用户完全可以使用Paint Set Membership Tool来将这些点添加到变形影响范围中或者将它们从变形影响范围内减除。

6 然后，显示包裹物体并移动其顶点位置，可以看到模型不受包裹物体覆盖的区域不再受包裹物体的影响，如图11-168所示。

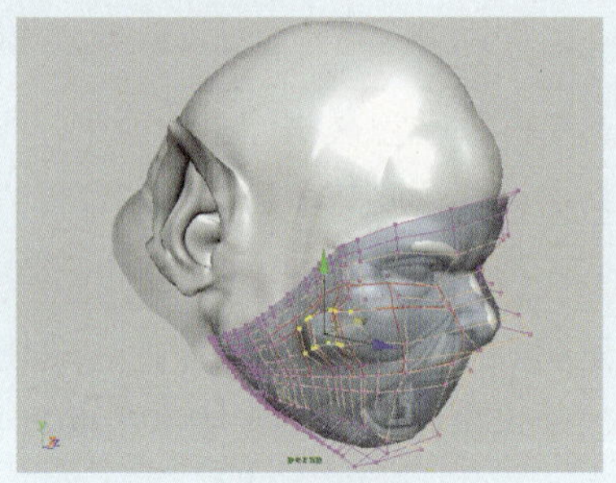

图11-168 模型的变形效果

从编辑变形范围工具属性面板中可以看到，有关笔刷的属性与前面介绍的几种笔刷权重工具类似，这里不过多介绍。展开Paint Operations属性卷展栏，对其中的选项进行如下说明。

- Paint Operations（笔刷样式）：用来表示笔刷操作的方式。
  - ◎ Add（添加）：用于将涂绘的模型顶点或UV点加入变形范围之内。
  - ◎ Transfer（转换）：如果物体包含多个变形设置时，使用该笔刷操作方式，可以将涂绘的UV点或顶点从当前的设置中删除，并将其添加到所选择的设置中。
  - ◎ Remove（删除）：用于将当前绘制的UV点或顶点，从它们所附属的设置中删除。
- Select set to modify（选择变形设置）：用于显示当前物体所包含的所有变形属性类型对象名称。比如为物体添加了簇变形和晶格变形，则在该属性下的方框中就会显示两种变形器的属性名称。
- Set to modify（设置修改变形对象）：用来显示当前所选择修改属性对象的名称。

11.12 制作大象变形

本节将通过一个大象表情动画实例的制作来充分练习前面所介绍的有关簇变形、晶格变形、混合变形、非线性变形、曲线变形以及包裹变形等几种变形工具的使用方法，并且将这几种变形工具进行合理的搭配使用。

综合实战09——制作大象变形

11.12.1 添加变形

下面将对如何为场景中的物体模型适当添加各种变形器进行详细的介绍，从而使用户能够很好地掌握多种变形工具的灵活应用。

1.添加变形1

1 在场景中导入大象并取名为Mamoth，对其进行复制并将副本取名为Mamoth1。执行Edit（编辑）| Paint Selection Tool（画笔选择）命令，选中模型Mamoth1耳朵的全部顶点，如图11-169所示。

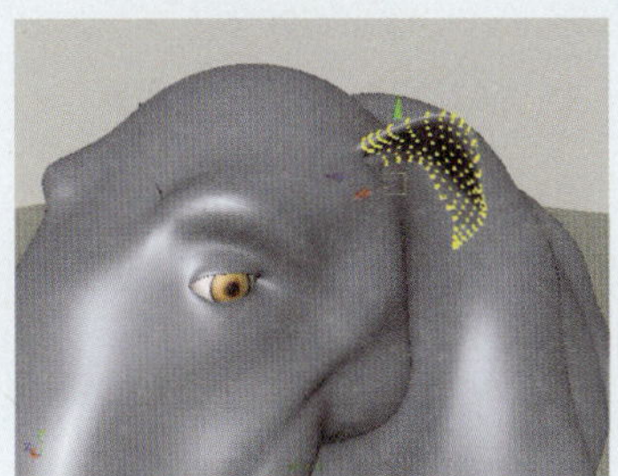

图11-169 导入角色模型

2 执行Create Deformers（创建变形器）| Nonlinear（非线性变形）| Bend（弯曲变形）命令，为耳朵部位添加弯曲变形，调整弯曲变形器的位置和角度，以及弯曲变形的上限值，如图11-170所示。

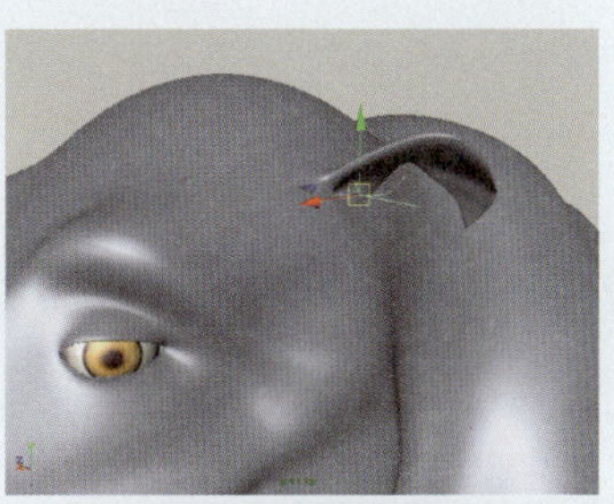

图11-170 调整弯曲变形器

3 选中大象并单击状态栏上的图标，将其激活。然后，在其两眉头部位各创建一条曲线，如图11-171所示。

图11-171 创建曲线

4 再单击图标，取消物体的激活。然后，再执行Create Deformers（创建变形器）| Wire Tool（线性变形）命令，在模型上单击并按Enter键，再在曲线上单击并按Enter键确定，如图11-172所示。

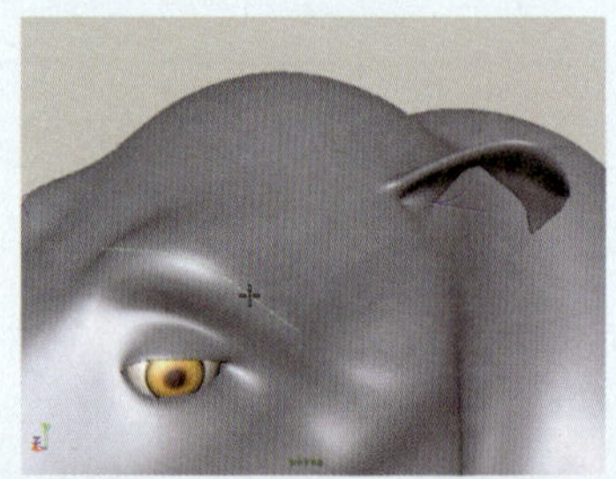
图11-172 执行Wire Tool操作

5 选中添加线变形的大象模型，执行Edit Deformers（编辑变形器）| Paint Wire Weights Tool（绘制线性权重）命令，对其执行绘制线变形权重操作，此时物体变为全白色，如图11-173所示。

图11-173 全白色大象模型

6 在视图右侧的线变形绘制工具面板中，设置Value值为0，将模型转变为全黑，再设置Value为1，在角色眉梢部位涂绘并保持权重的平滑过渡，如图11-174所示。

图11-174 绘制线变形权重

技巧

在绘制变形物体的权重范围时，可以使用这种将当前变形器所影响的物体的权重设置为0（模型显示为黑色），即模型受变形影响为0。然后再设置Value值，在变形器所影响的部位绘制，以增加该处变形权重的影响。

7 按Q键，将模型切换到选择状态。选中并移动曲线上的点，观察眉梢部位的变形效果，如图11-175所示。

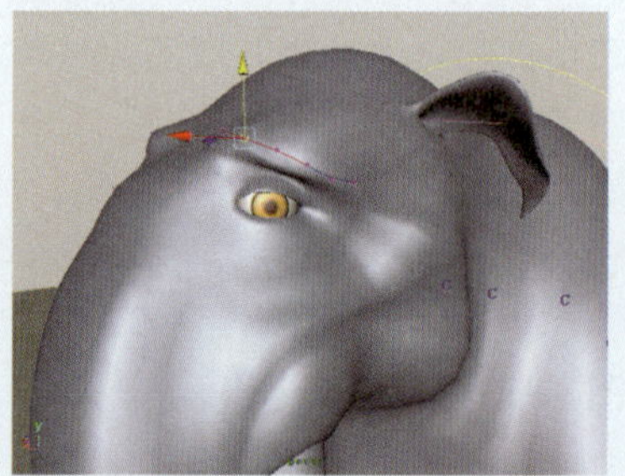
图11-175 移动曲线顶点

8 撤销曲线顶点的移动操作，然后激活物体，在模型头部创建3条曲线，并利用放样工具，将曲线转换为曲面，用来作为大象的包裹物体，如图11-176所示。

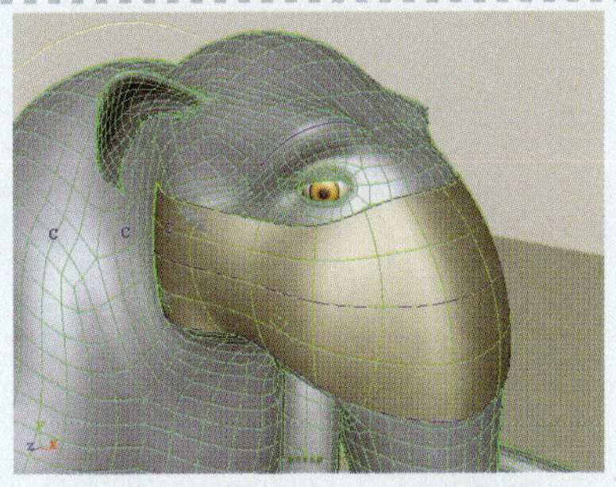

图11-176 创建包裹物体

9 删除放样后的曲线。先选中大象，再按住Shift键加选曲面，执行Edit Deformers（编辑变形）| Wrap（包裹变形）命令，为其创建包裹物体。然后移动曲面，观察模型的变形，如图11-177所示。

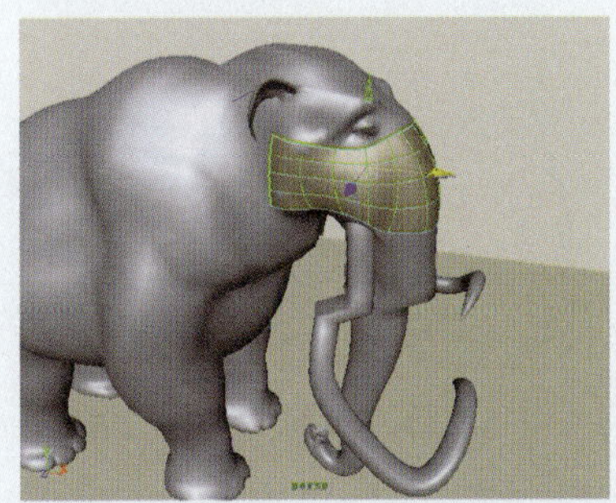

图11-177 创建包裹物体

10 选中曲面，在通道栏下找到Wrap（包裹变形）属性，设置该属性下Max Distance（最大距离）为0.3，再移动曲面观察模型的变形效果，如图11-178所示。

图11-178 设置包裹物体影响距离

11 选中大象模型，执行Edit Deformers（编辑变形器）| Paint Set Membership Tool（绘制包裹变形范围）命令，对其执行编辑变形范围绘制操作，此时观察模型的颜色变化，如图11-179所示。

图11-179 执行编辑变形范围绘制操作

12 在视图右侧的工具设置面板中，先选中Add单选按钮，再选中Wrap1Set属性选项，用来指定要执行绘制操作的变形对象，如图11-180所示。

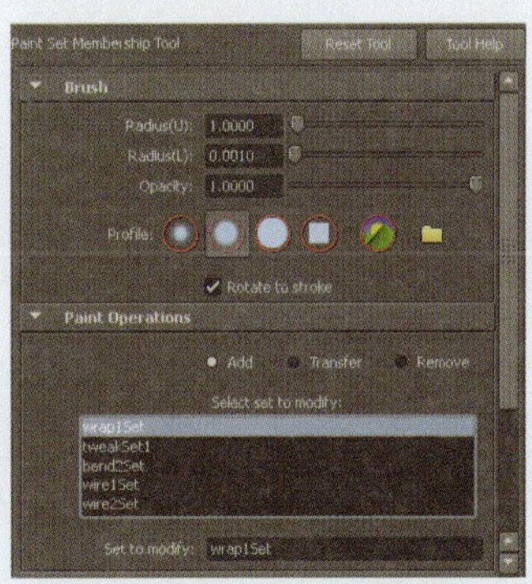

图11-180 选择编辑对象

13 此时观察模型耳朵部位受弯曲变形影响，与受包裹变形影响部位的颜色差别。然后，在模型不受包裹物体覆盖的部位进行涂绘，黄色的顶点会消失，如图11-181所示。

14 继续在位于曲面外侧的模型部位进行涂绘，以避免包裹物体对其他部位的影响，如图11-182所示。

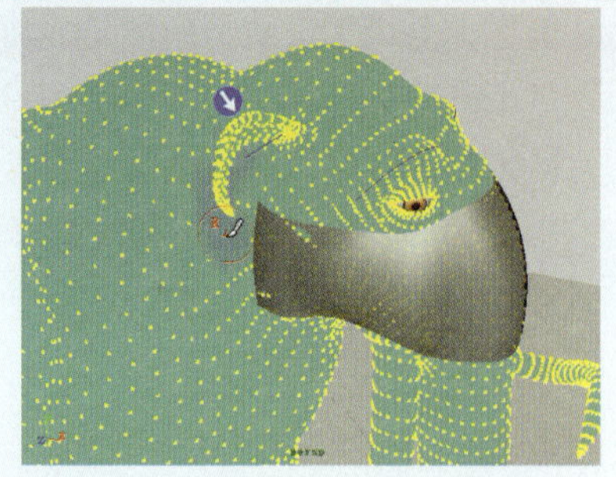
图11-181 绘制包裹物体影响的权重

图11-182 包裹变形范围的绘制

15 按Q键，进入模型的选择状态。然后，移动曲面，再观察包裹物体对模型的变形影响，如图11-183所示。

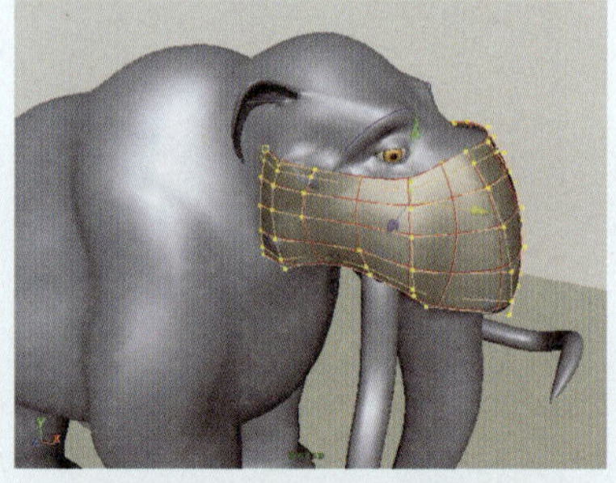
图11-183 包裹变形范围的变化

16 选中大象模型，执行Mesh（网格）| Sculpt Geometry Tool（几何体雕刻）命令，为其创建一个造型球变形器，如图11-184所示。

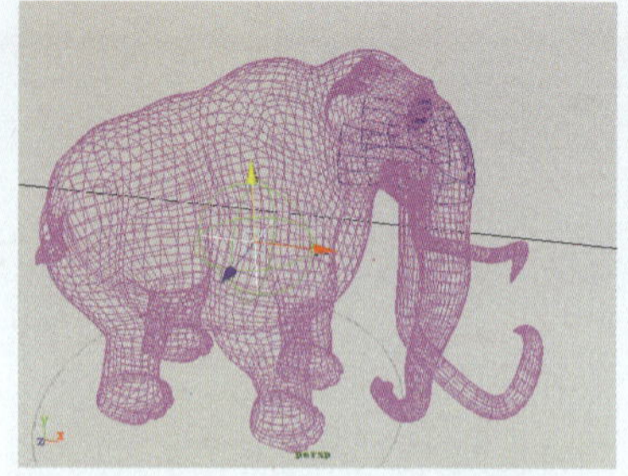
图11-184 创建造型球变形器

17 先选择造型球，再按住Shift键加选其内部的Locater控制器，使用缩放工具对其进行缩放调整并将其移动到图11-185所示位置，以制作出模型该处的突起效果。

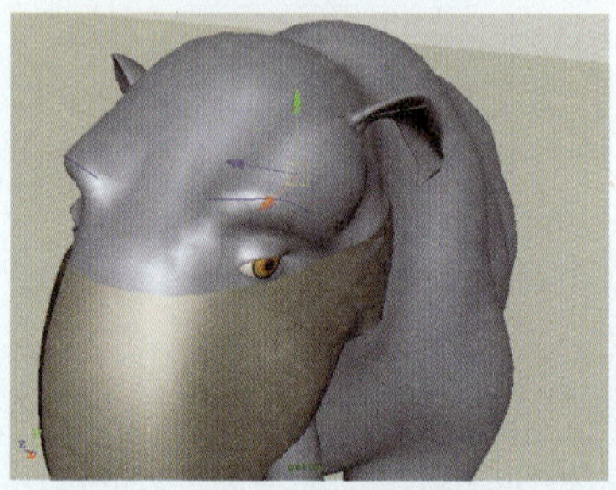
图11-185 移动造型球的位置

18 同样，在大象头部的另一侧也创建出突起的效果。然后移动两侧曲面上的部分顶点，以使大象面部两侧都产生膨胀的效果，如图11-186所示。

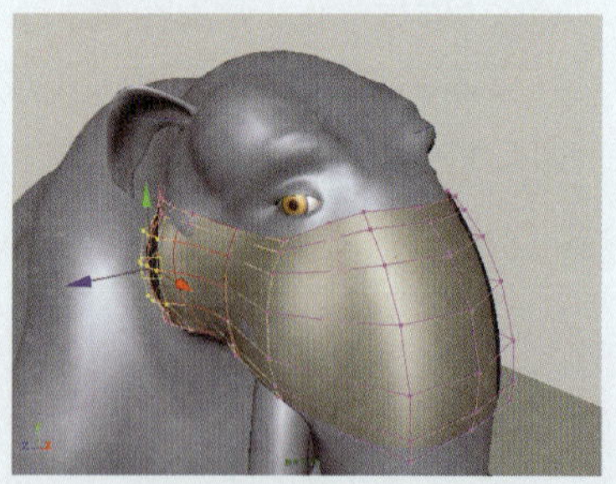
图11-186 修改包裹物体外形

2.添加变形2

1 选中并移动角色眉梢部位曲线的顶点，以使角色眉梢产生如图11-187所示的变形效果。

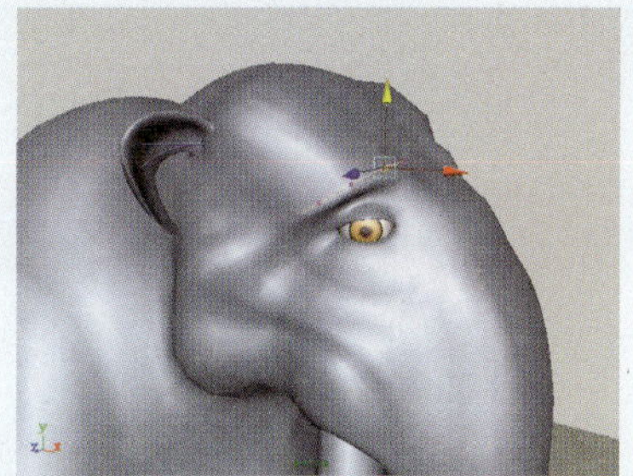

图11-187 调整曲线变形

2 调整弯曲变形器的弯曲属性参数值，以改变角色耳朵的卷曲效果，如图11-188所示。

图11-188 调整弯曲变形

3 由原始模型复制一个副本并取名为Mamoth2，为其添加包裹变形和耳朵的弯曲变形并调整变形范围。然后，调整曲面的外形，以改变角色的变形效果，如图11-189所示。

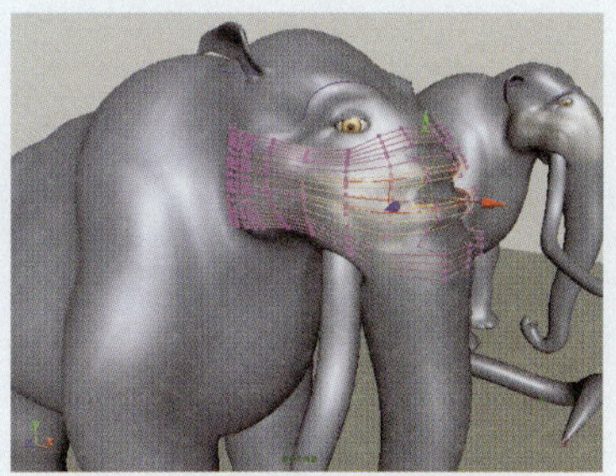

图11-189 调整曲面外形

4 调整位于大象面部两侧的曲面外形，以改变角色的外形状态，如图11-190所示。

5 然后，在大象嘴巴边缘部分添加一条线变形器，如图11-191所示。

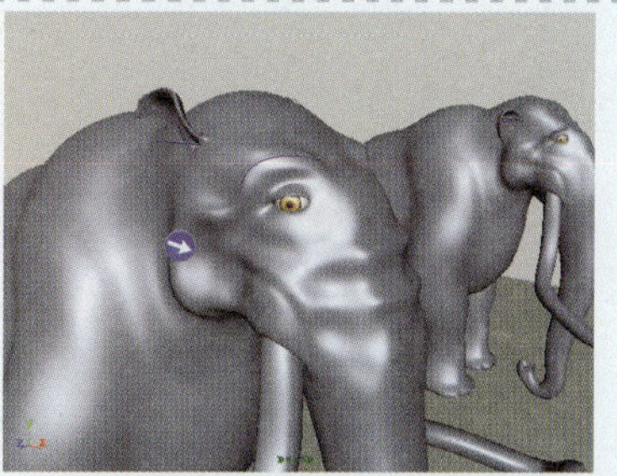

图11-190 模型的外形调整

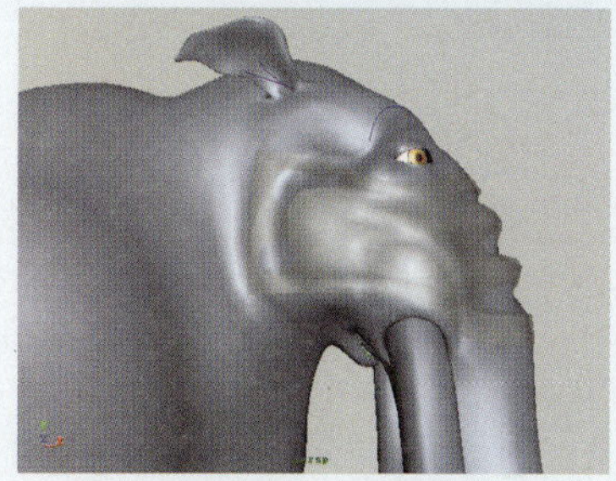

图11-191 添加线变形

6 选中模型，执行Edit Deformers（编辑变形器）| Paint Wire Weights Tool（绘制线性权重）命令，执行绘制线变形权重操作，同前面绘制角色眉梢部位权重的方法相同，绘制嘴巴部位的权重，如图11-192所示。

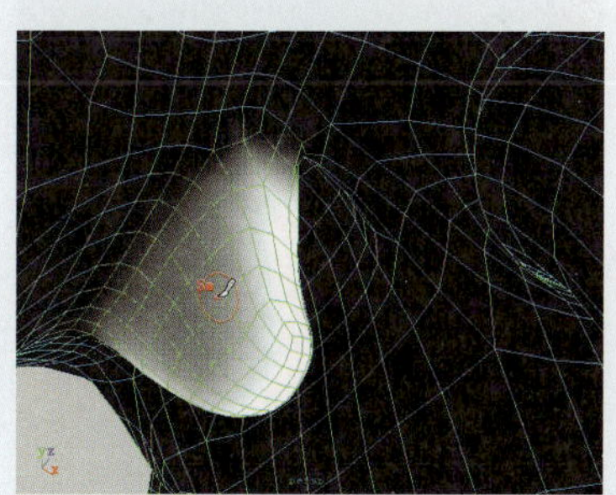

图11-192 绘制线变形权重

7 切换到曲线的点显示模式，调整其顶点位置，以使角色的嘴巴呈张开状态，如图11-193所示。

8 复制未添加变形的原始模型，将副本取名为Mamoth3，在角色两眼皮部位分别创建线变形，用于控制眼皮的运动，如图11-194所示。

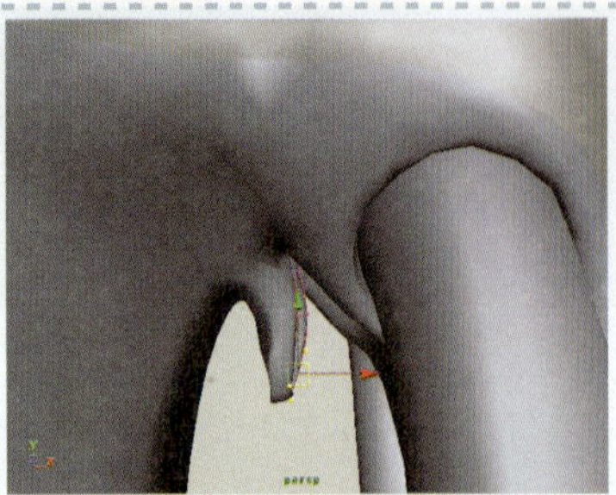
图11-193 移动曲线顶点位置

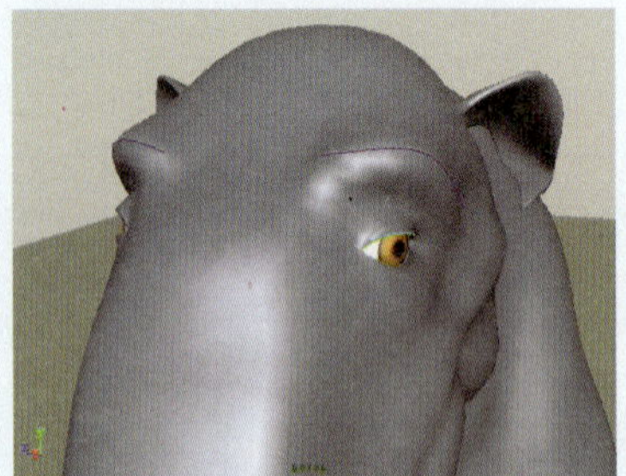
图11-194 创建眼皮线变形

9 移动曲线上的顶点，可以看到眼皮进入了眼球的内部。此时，再在眼皮的上部创建一条曲线，用来作为固定眼皮的固定线，如图11-195所示。

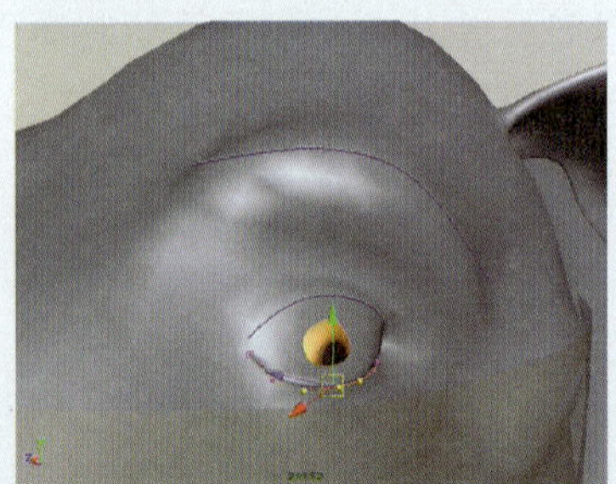
图11-195 创建固定曲线

10 先选中固定线，再选中添加过变形的曲线，执行Edit Deformers（编辑变形器）|Wire（线性变形）| Add Holder（添加固定线）命令，执行添加固定线操作，再观察角色眼皮的变化，如图11-196所示。

11 再在角色嘴巴部位添加一个线变形并移动曲线顶点，以将其嘴巴闭合在一起，如图11-197所示。

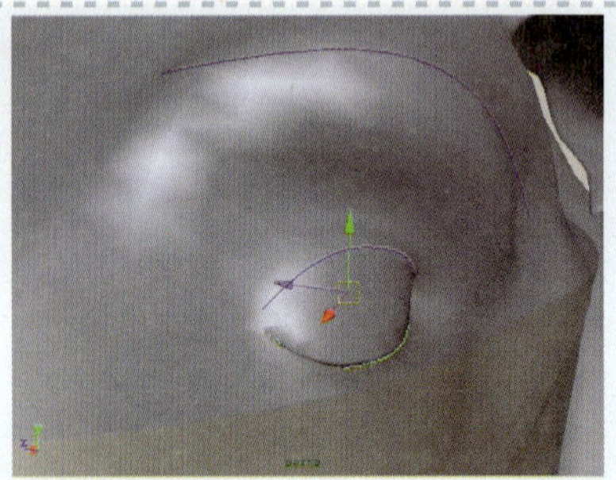
图11-196 执行添加固定线操作

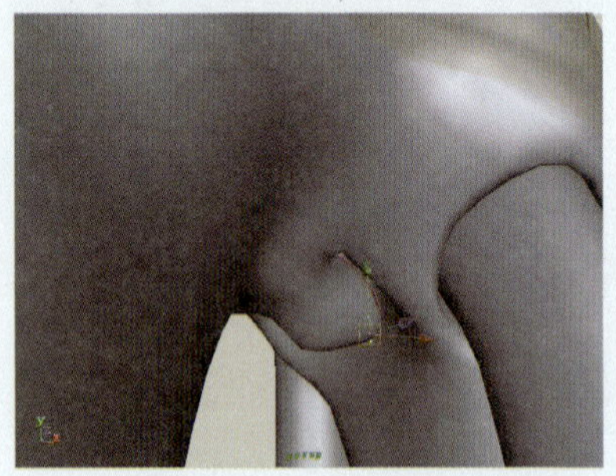
图11-197 创建线变形

12 复制原始模型并将副本取名为Mamoth4，为其耳朵添加弯曲变形并调整耳朵的弯曲度，如图11-198所示。

图11-198 复制原始物体

13 选中模型Mamoth4，执行Create Deformers（创建变形器）| Sculpt Deformer（造型变形）命令，为其添加造型变形。然后调整造型球的位置和缩放以使大象的腹部产生凸起的效果，如图11-199所示。

14 选中模型Mamoth4，再次执行Sculpt Deformer（造型变形）命令，为其再添加一个造型球变形器并移动其位置，以使角色前腿部位产生凸起的效果，如图11-200所示。

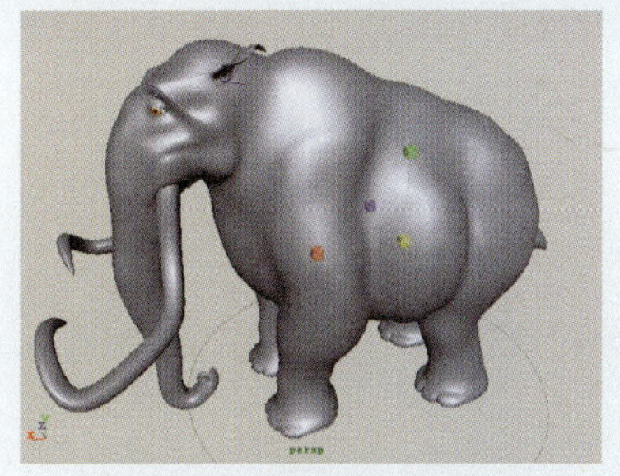
图11-199 添加造型变形

图11-200 调整腹部凸起效果

11.12.2 添加混合变形动画

下面将利用前面制作的几个变形大象模型来充分练习如何为多个变形物体添加混合变形控制，以及如何为混合变形物体创建关键帧动画，以制作出不同时间段，物体的不同变形效果。

1 依次选中几个变形物体，再选中原始物体Mamoth，执行Blend Shape命令，然后再执行Window（窗口）| Animation Editors（动画编辑器）| Blend Shape（混合变形）命令，打开混合变形编辑窗口，如图11-201所示。

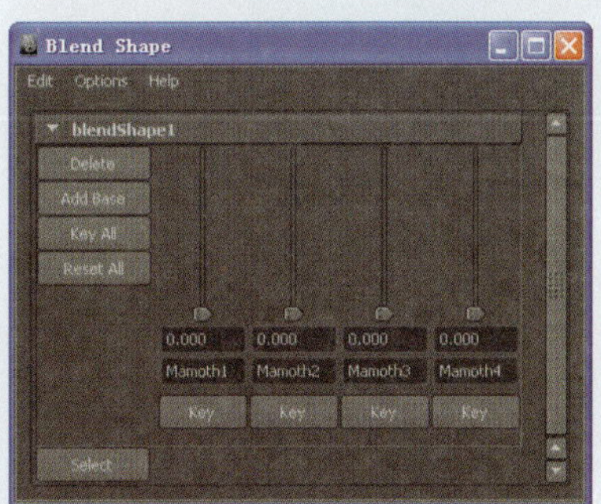

图11-201 添加混合变形

2 拖动不同变形物体所在的范围滑块，可以改变原始物体的外形效果，如图11-202所示。

3 切换到Persp视图，可以观察到原始物体发生了变形，并且混合了几种变形物体的变形效果，如图11-203所示。

图11-202 调整范围滑块

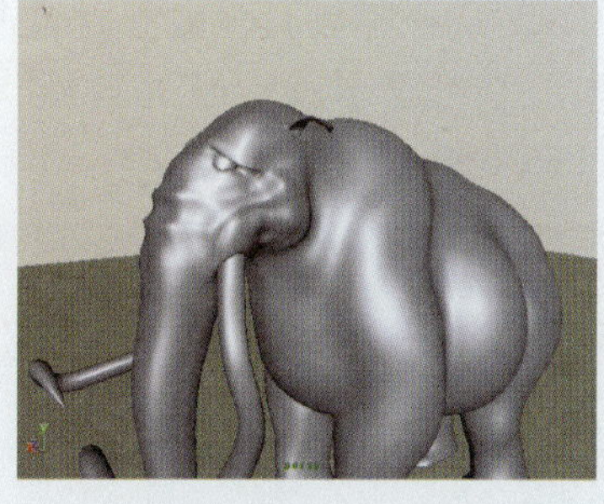
图11-203 混合变形效果

4 将时间范围设置为1~100，拖动时间范围滑块到第1帧处。然后，再在混合变形编辑窗口中，单击Key All按钮，为混合变形物体设置第1帧动画，如图11-204所示。

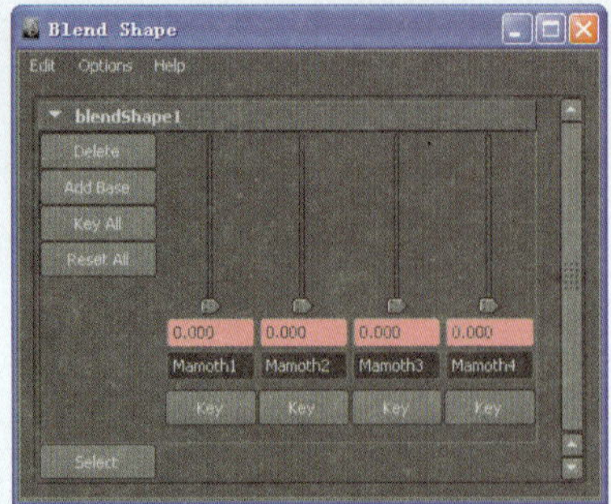

图11-204 设置第1帧动画

5 拖动时间范围滑块到20帧处，拖动变形物体Mamoth2所在的范围滑块，再单击Key All按钮，为混合变形物体设置第20帧动画，如图11-205所示。

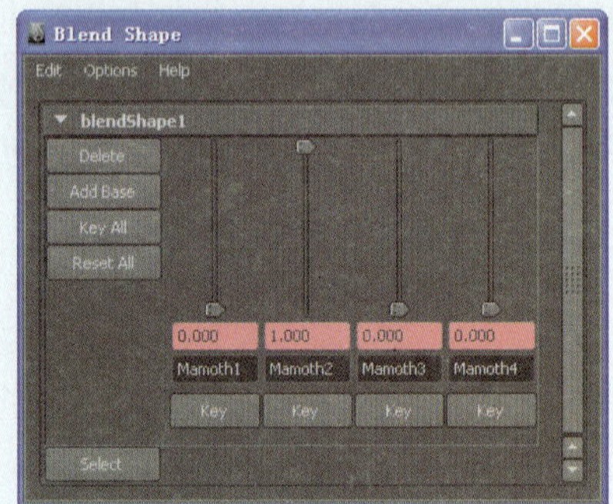

图11-205 设置第20帧动画

6 在为原始物体设置关键帧动画后，如果在时间轴上不能看到其在各个时间段设置的关键帧，那么可以选中该物体，即可显示其动画关键帧，如图11-206所示。

图11-206 显示动画关键帧

7 拖动时间滑块到40帧处，拖动变形物体mamoth1所在的范围滑块。然后单击Key All按钮，设置第40帧动画，如图11-207所示。

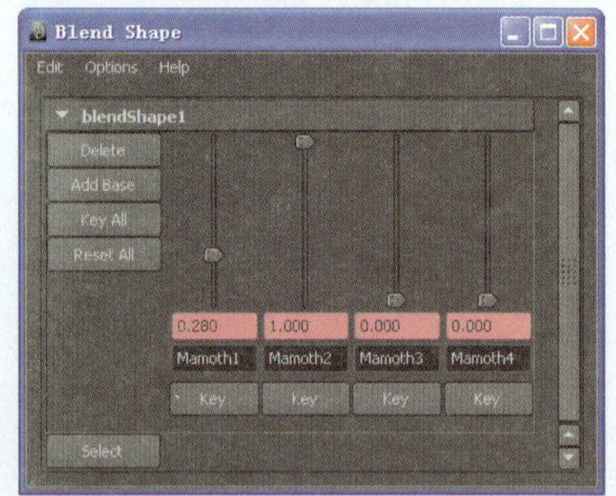

图11-207 设置第40帧动画

8 切换到Persp视图，观察角色在第40帧处的变形效果，如图11-208所示。

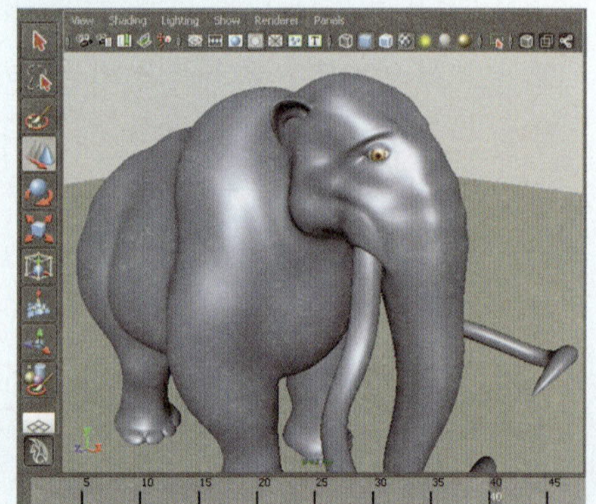

图11-208 物体的变形效果

9 使用同样的方法，在不同的时间段调整物体不同的变形效果并为其设置关键帧动画。然后，播放动画并观察物体的变形效果，如图11-209所示。

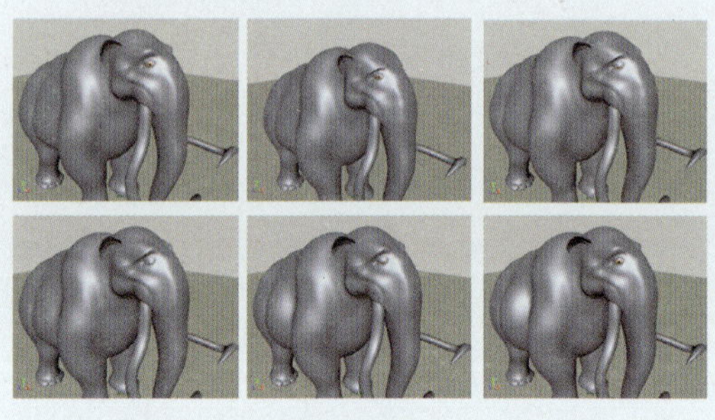

图11-209 不同时间段大象的变形

第12章

路径动画与约束

在前面的章节里，已经学习了如何制作关键帧动画。设想一下，如果要制作汽车在地面上奔驰，或者飞机在天空翱翔，自然也可以用为物体移动属性添加关键帧的方式来制作。但是这样的方式很难控制物体的运动轨迹，如拐弯处的平滑转向，这种情况下需要用到路径动画。同时Maya提供的物体变形约束命令工具在动画制作当中也非常实用，它们可以对物体进行变形控制，可以调整物体局部或整体的造型效果。

如图12-1所示的是使用路径和约束命令共同制作的场景动画效果。

图12-1 场景动画效果

12.1 Motion Paths（路径动画）

所谓路径动画就是指能够使物体沿着特定的路径进行运动效果。使用这种创建动画的工具，可以使用户轻而易举地制作出特定的轨迹动画效果，从而避免了因使用关键帧创建动画带来动画的不流畅性和不自然性。

12.1.1 Attach to Motion Path（创建路径动画）

要制作路径动画，首先要先创建一条曲线作为物体运动的路径，然后再指定物体沿曲线运动。这样，物体的运动轨迹完全由曲线形状而定，从而达到完美的运动效果。下面通过一个简单的物体沿路径运动动作来学习路径动画的创建方法。

动手实践226——创建路径动画

1 导入角色模型，创建一条CV曲线并对其进行光滑处理，再恢复它们的中心点和冻结变换属性并删除操作历史。然后，先选中物体，再选中曲线，如图12-2所示。

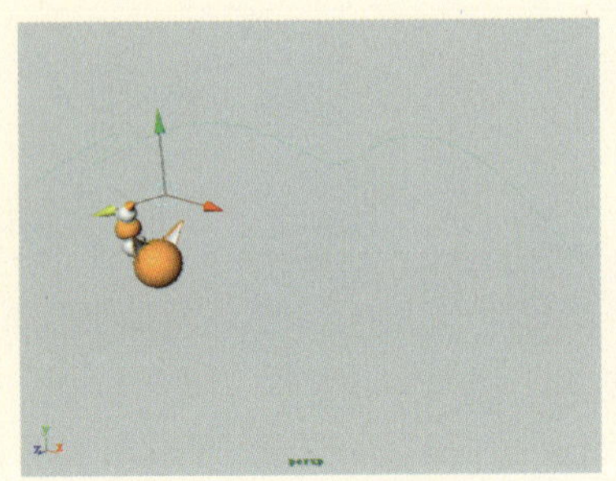

图12-2 创建路径曲线

提示

平滑曲线、物体的中心点及冻结变换属性操作，并且最后将变化操作历史删除，是为了避免因原修改属性也被一同添加到路径上，从而导致物体不能很好地吸附到曲线上。

2 执行Animate（动画）| Motion Path（运动路径）| Attach to Motion Path（添加运动路径）命令，为其添加路径动画，此时观察物体和曲线的变化，如图12-3所示。

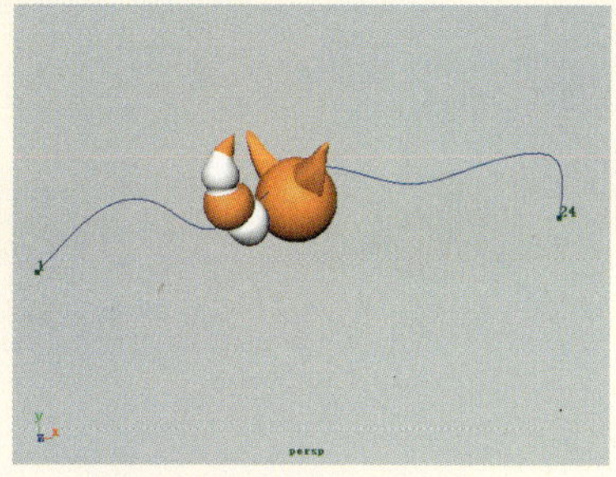

图12-3 添加路径动画

3 选中被添加到曲线上的物体，然后进入其通道栏，可以看到其移动和旋转属性变为黄色，表明物体的这两类属性被成功的约束到曲线上，如图12-4所示。

4 再调整曲线上的控制点，被添加到曲线上的物体也会发生移动，如图12-5所示。

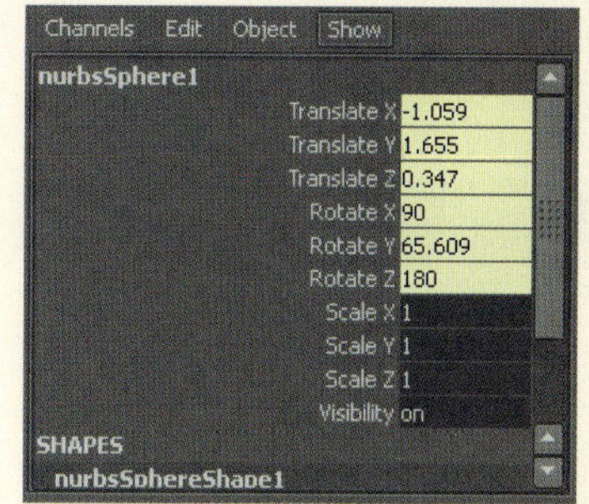

图12-4 通道栏属性变化

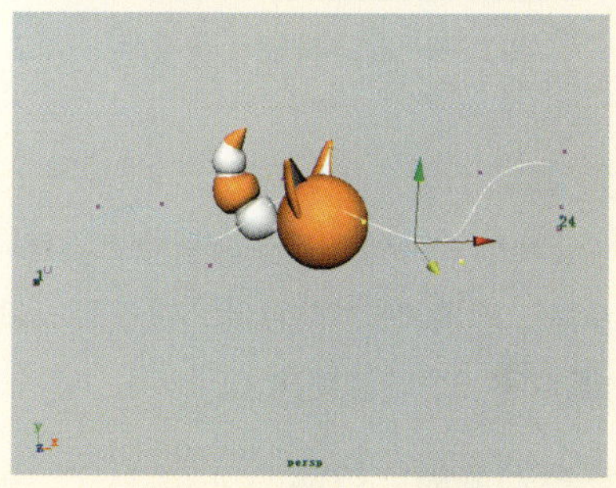

图12-5 调整曲线外形

提示

在创建路径曲线时，注意要将曲线进行光滑或创建处理，并尽量减少曲线控制点的数量，以使物体沿该曲线产生的动画效果更加流畅。

12.1.2 编辑路径动画

当目标物体被添加路径动画后，用户可以根据Maya提供的运动路径属性参数对其运动状态进行精确的调整与编辑。

1.修改物体运动方向

在上节中已介绍过，物体被吸附到曲线上后，拖动播放滑块，物体会沿着曲线进行运动，但物体的运动方向也需要随时改变。下面介绍如何改变路径动画中物体的运动方向。

动手实践227——修改物体运动方向

1 首先选中目标物体，再按Ctrl+A键，打开其属性面板。切换到motionPath1标签，展开Motion Path Attributes（运动路径属性）卷展栏，以显示路径动画的属性，如图12-6所示。

2 在该属性设置面板中，设置Front Axis（向前轴）的轴向类型为Z轴和X轴物体的不同朝向效果，即可改变物体运动的方向，如图12-7所示。

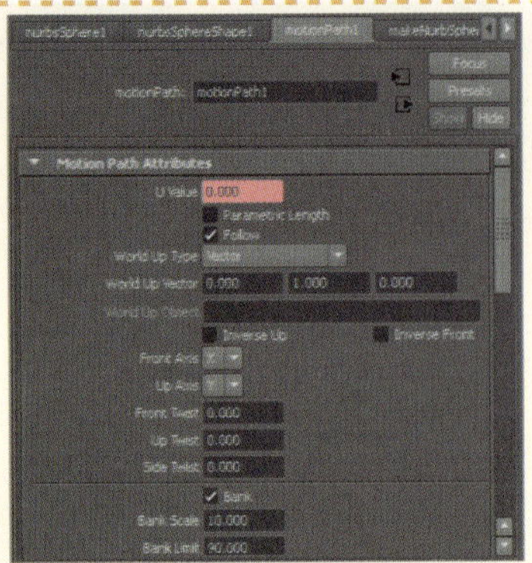
图12-6 路径属性设置面板

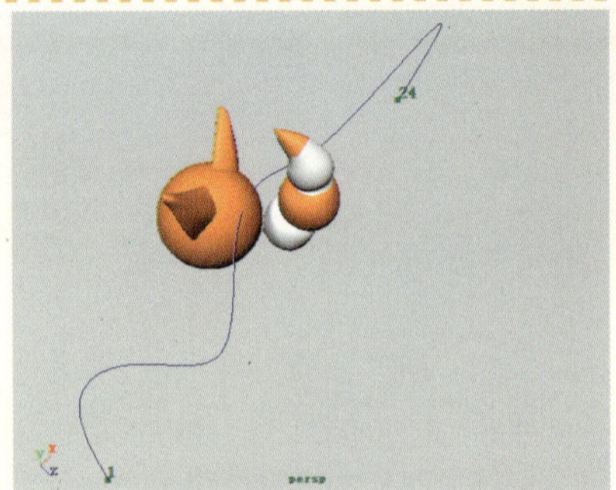
图12-7 物体运动方向的改变

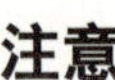
注意

Front Axis选项用于设置物体在路径动画中哪一个方向为前进正方向，在创建路径动画时默认为X轴，即沿X轴向前移动，这里可以设置任意轴向上的路径动画。Up Axis选项则用于设置在路径动画中哪一个轴始终向上。

2.修改动画时间范围

使用默认参数创建路径动画的时间范围为1~24帧，同样也会在路径曲线上显示路径动画的起始帧和结束帧。但是创建完成路径动画后，也可以调整路径动画的时间范围。下面介绍如何修改路径动画的时间范围。

动手实践228——修复动画时间范围

1 先选中目标物体，再选择曲线，然后执行Animate（动画）| Motion Paths（运动路径）| Attach to Motion Path（添加到运动路径）□命令，执行添加路径操作，如图12-8所示。

图12-8 执行添加路径操作

2 在弹出的路径动画属性对话框中，选中Start/End单选按钮，设置Start time（起始时间）为1、End time（结束时间）为50，如图12-9所示。

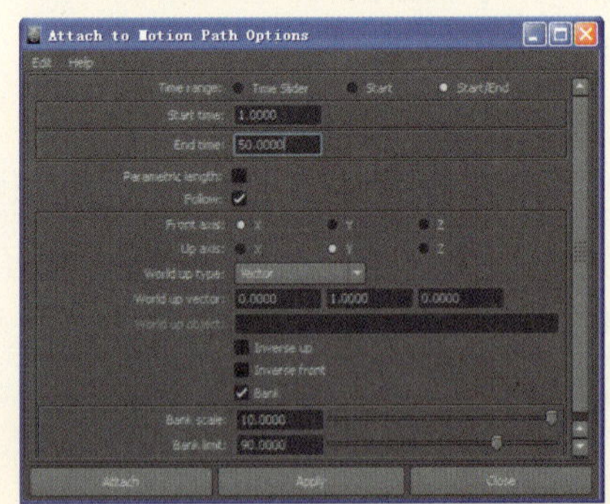
图12-9 设置时间范围

3 单击Attach（添加）按钮，即可将物体添加到曲线上，并且路径动画的时间范围由默认的24帧变为50帧，如图12-10所示。

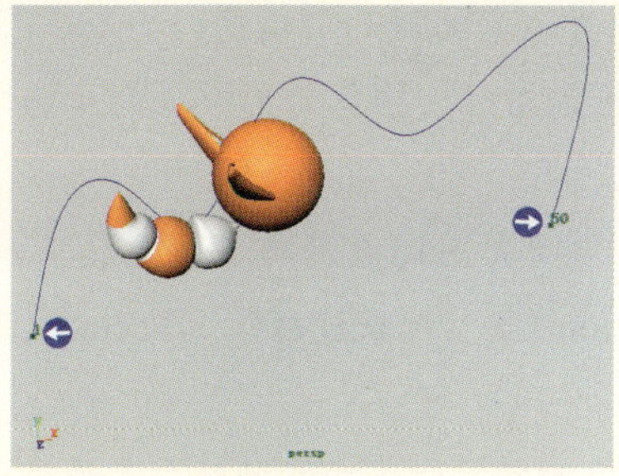

图12-10 添加的路径动画效果

4 但是，在为物体创建路径动画后，在时间轴上不显示任何关键帧，如图12-11所示。

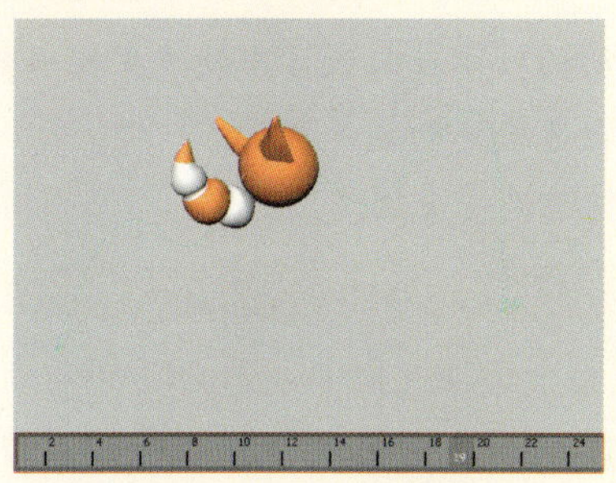

图12-11 无关键帧显示

5 执行Graph Editor（曲线编辑器）命令，在曲线编辑窗口的对象列表中，选择fox属性选项。然后，在Stats（状态）栏中输入100，将路径动画曲线的时间范围延长到100帧，如图12-12所示。

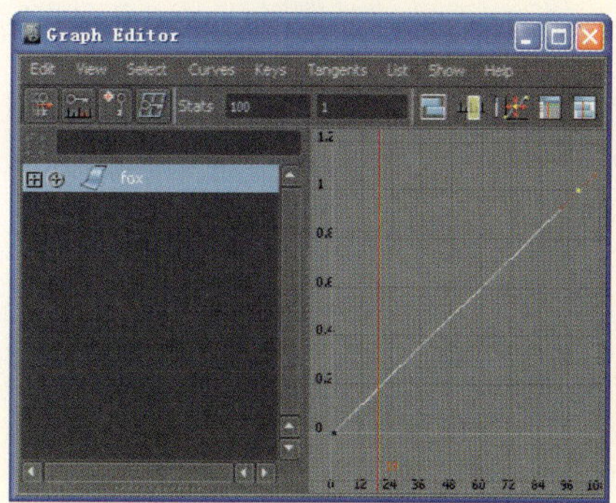

图12-12 修改动画曲线

6 在视图区，路径曲线上显示的时间范围会由先前的1~50帧变为1~100帧，如图12-13所示。

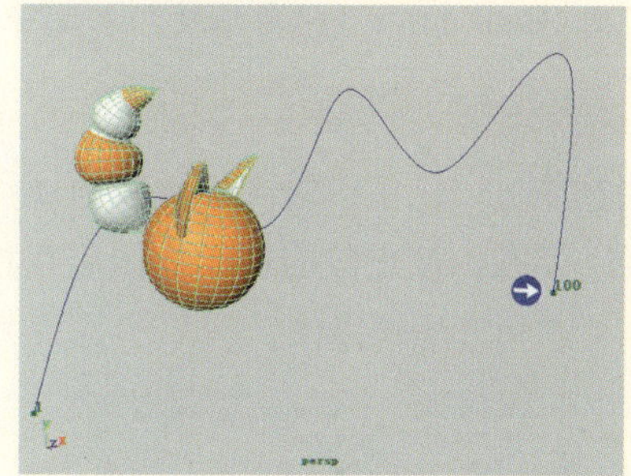

图12-13 路径曲线的时间范围

下面对Attach To Motion Path Options对话框中的选项进行如下说明。

- Time Tange（时间范围）：该选项设置提供了3种自定义设置路径动画时间的长度的选项，分别为Time Slider、Start和Start/End。
  - ◎ Time Slider（时间滑块）：用于设置路径动画的时间长度以当前的时间轴长度为标准，该项为默认属性。
  - ◎ Start（起始时间）：用于设置从当前帧开始到时间轴结束为路径动画的时间长度。
  - ◎ Start/End（起始和结束时间）：用于设置自定义设置路径动画的开始和结束时间。大多数情况下都选择该属性选项。
- Start time（开始时间）：用于自定义设置路径动画的开始时间。
- End time（结束时间）：用于自定义设置路径动画的结束时间。
- Parametric length（参数长度）：用来定位物体沿曲线移动的参数长度，默认为禁用该复选框。
- Follow（跟随）：用来控制物体是否跟随曲线进行移动，默认为选中该复选框。

- Front axis（前轴）：用来控制物体的哪个轴向可以沿曲线向前运动。
- Up axis（上轴）：用来控制物体在沿曲线向前运动时，物体的哪个轴向是始终朝上的。
- World up type（空间向上类型）：用于控制空间向上向量的类型，包括Scene UP（视图）、Object UP（对象）、Object Rotation UP（对象旋转）、Vector（矢量）和Normal（法线）。
- World up vector（空间向上向量）：用来指定视图空间向上向量的轴向参数值。
  - ◎ Inverse up（反转朝上轴向）：用来控制物体沿曲线向前移动时，由原来的物体本身方向朝上，变为朝下。
  - ◎ Inverse Front（反转向前轴向）：用来控制物体沿曲线向前移动时，由原来的物体自身方向向前变为向后。
  - ◎ Bank（拐角）：用来控制是否将沿曲线运动的物体在曲线弯曲处产生拐角效果。
- Bank scale（拐角比例）：用来控制物体在曲线弯曲处的拐角程度。
- Bank limit（拐角限度）：用来控制物体产生拐角的最大限度。

3.旋转控制

当物体可以正常沿着路径做起伏运动时，但物体在整个运动过程中运动的Front角度始终呈水平运动姿态，按正常的规律物体应在拐弯处有向内的轻微倾斜。在物体的属性设置窗口中提供了相关的角度旋转操作。

动手实践229——旋转控制

1 使用默认设置创建一个简单的路径动画，然后选中沿曲线运动的物体，如图12-14所示。

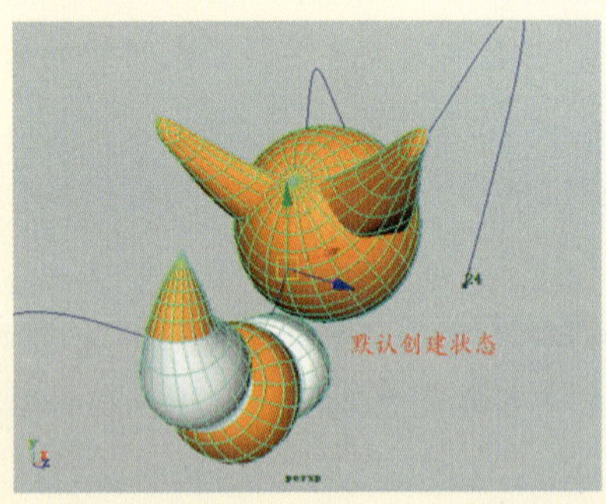

图12-14 选中目标物体

2 按Ctrl+A键，打开其属性设置面板，在Motion Path Attributes（运动路径）属性下设置Front Twist（前侧旋转）为50，如图12-15所示。

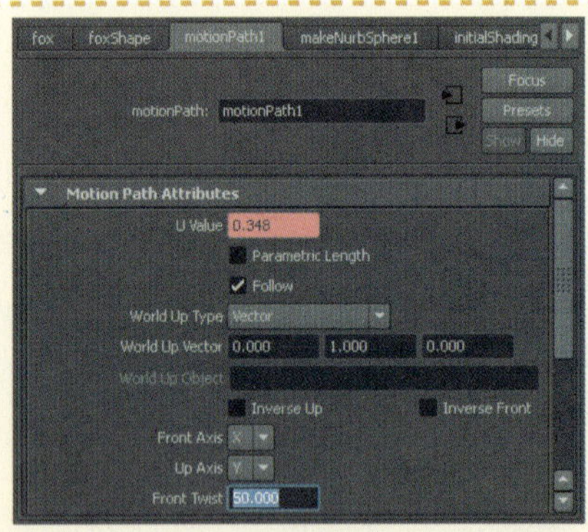

图12-15 设置Front twist属性值

3 然后，再在视图中观察沿曲线向前运动的物体自身角度的变化效果，如图12-16所示。

4 再设置Side Twist（侧身旋转）为-20，在视图中观察运动物体的角度变化，如图12-17所示。

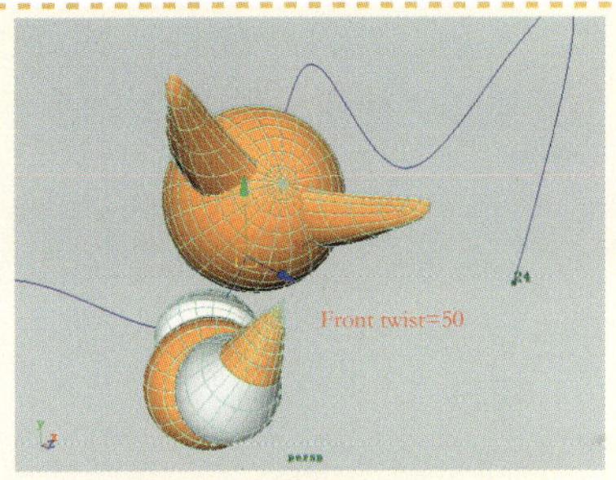

图12-16 物体的扭曲效果

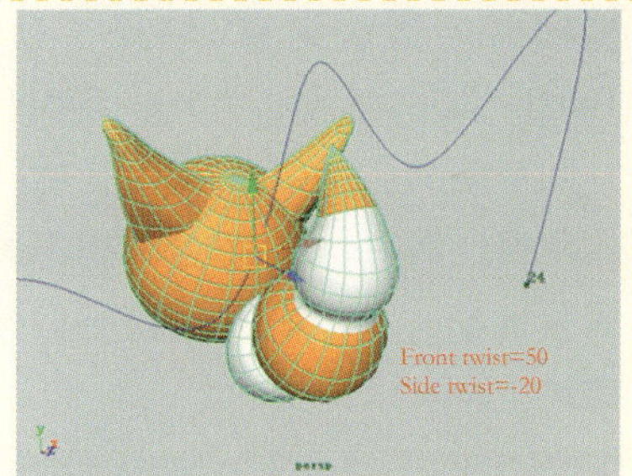

图12-17 设置Side Twist值

提示

从物体的运动路径上可以粗略地看到物体是根据曲线的起伏而变化，但是在实际情况下，物体的实际仰角和路径有一定的时间差。例如，物体在拐弯处起伏时的上升或俯冲效果，都可以通过Side Twist来实现。

打开其属性面板并可以在MotionPath1标签下找到Front Twist、Up Twist和Side Twist选项。

- Front Twist（前侧旋转）：该属性用来调节物体Front角度的水平姿态，默认参数值为0。
- Side Twist（侧身旋转）：用来调整物体侧身的仰角，Maya默认参数值为0。
- UP Twist（转向角度）：用来调节运动物体的转向角度。当物体在转弯时，同样存在着物体和路径方向有一个时间差的关系，若要调整物体的路径方向可以通过Up Twist属性来调节。

4.添加关键帧

在创建关键帧动画时，介绍过可以为物体通道栏和属性设置面板中的属性添加关键帧，那么，同样也可以为添加路径动画物体的动画属性设置关键帧。便于用户更加自由地控制路径动画中物体的运动状态。下面介绍如何为路径动画属性添加关键帧。

动手实践230——添加关键帧

1 拖动时间滑动到第1帧处，进入路径物体的动画属性设置面板。然后，在每个Twist（扭曲）属性右侧的条框中右键单击并选择Set Key（设置关键帧）命令，为其添加关键帧，如图12-18所示。

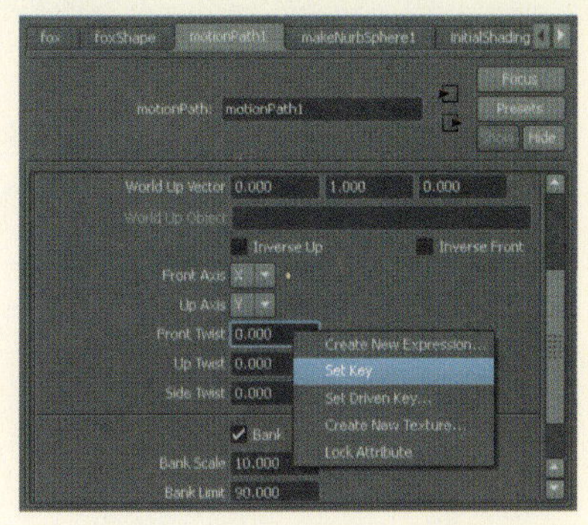

图12-18 添加属性关键帧

2 拖动时间滑块到第6帧处，设置Up Twist（转向角度）为10、Side Twist（侧身旋转）为20，以改变物体当前的角度。然后，右键选择Set Key（设置关键帧）命令，分别为它们设置关键帧，如图12-19所示。

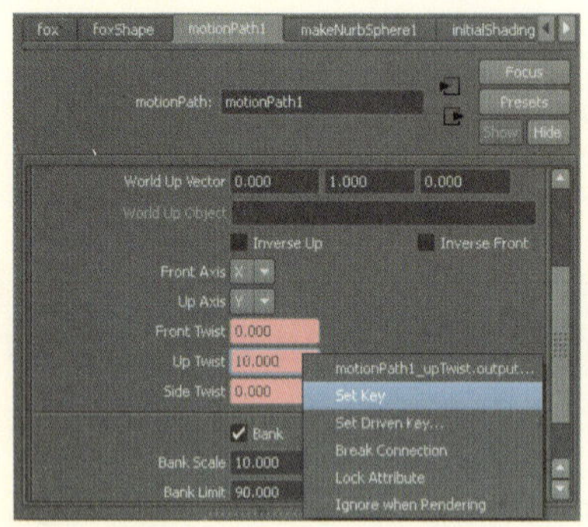

图12-19 设置属性参数

3 回到视图区，此时可以看到在第1帧和第6帧处显示两个红色的关键帧标记，用户可以对该关键帧进行编辑，如图12-20所示。

4 同样，切换到通道栏并展开motionPath1属性卷展栏，可以看到被添加关键帧的几个属性，并且也可以为其添加关键帧，如图12-21所示。

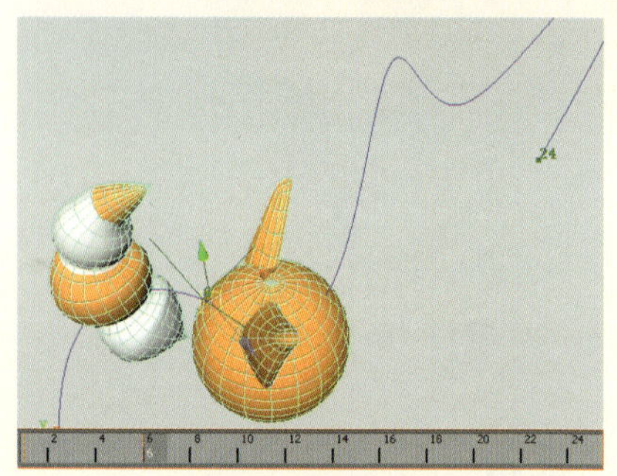

图12-20 创建的关键帧

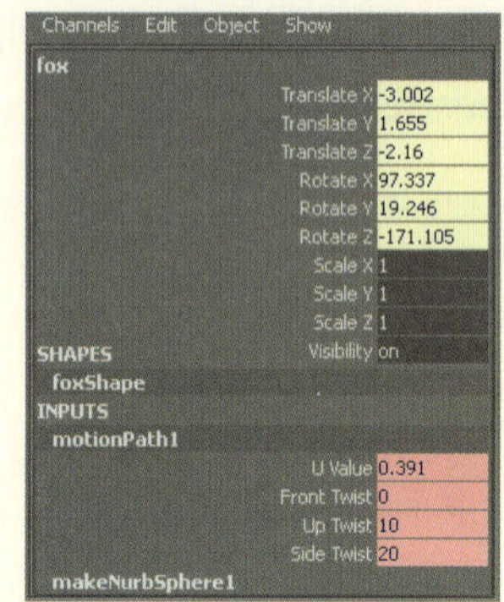

图12-21 通道属性

5.调整路径动画曲线

当为路径动画设置关键帧后，若是通过修改动画属性面板中的属性来改变物体的运动状态，是一项十分复杂的工作，并且还可能达不到预期的动画效果。这时候就需要通过调节动画曲线来控制整个路径动画的运动特征。下面对如何修改路径动画曲线进行介绍。

动手实践231——编辑路径曲线

1 选中上节中沿曲线运动的物体，执行Graph Editor（曲线编辑器）命令，打开路径动画曲线编辑窗口，并且可以看到被添加关键帧的几个Twist（扭曲）属性选项，如图12-22所示。

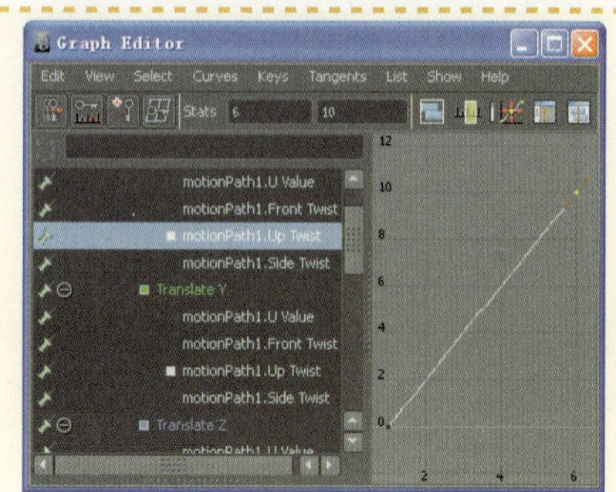

图12-22 被添加关键帧的属性

2 选择路径动画的Up Twist（向上扭曲）属性选项，在Stats（状态栏）属性框中可以看到上节中设置的关键属性值10，现在修改该值为20，此时观察路径动画曲线的变化，如图12-23所示。

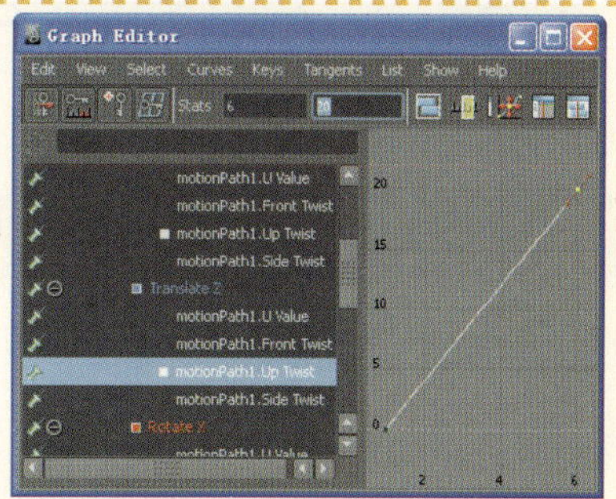

图12-23 设置Up Twist值

6.平衡路径运动物体

在播放路径动画时，可以看到物体在沿曲线运动到曲线拐角处，会和曲线产生很大的角度偏离，若要使物体能够很好沿曲线进行移动，就必须改变物体在曲线拐角处的平衡角度。下面对如何改变物体沿曲线运动的平衡性进行介绍。

动手实践232——平衡路径运动

1 选择上节中的路径运动物体，然后，拖动时间滑块到第6帧处，以将物体移动到曲线拐角处并观察物体的状态，如图12-24所示。

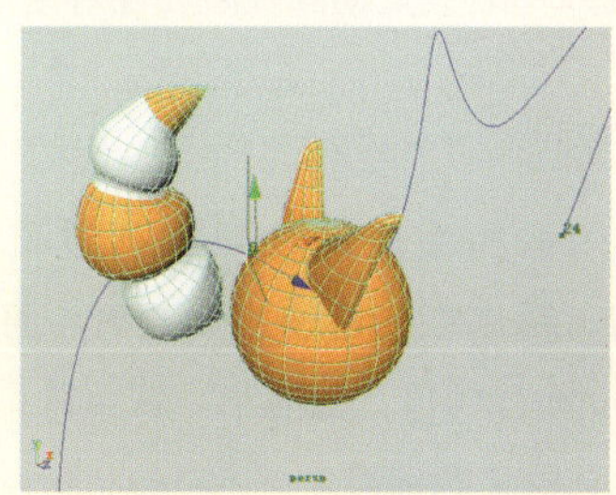

图12-24 物体的运动状态

2 选中运动物体，打开其动画属性设置面板，启用Bank复选框，并且设置Bank Scale值为5，如图12-25所示。

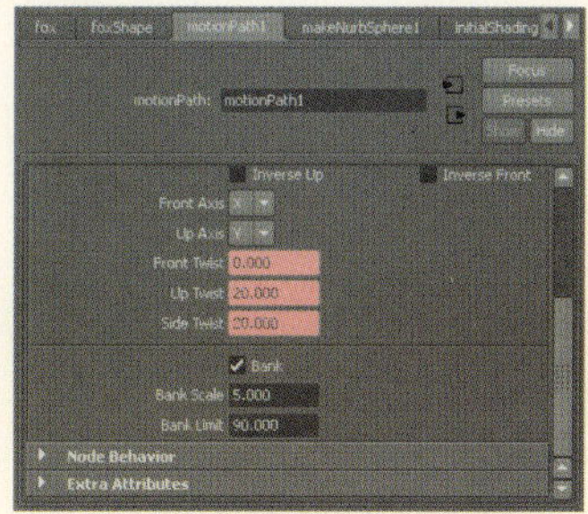

图12-25 启用Bank选项

3 此时可以看到运动物体在第6帧处，会根据该处曲线的曲率而产生一定的倾斜，如图12-26所示。

图12-26 设置Bank Scale值为5

4 若上步曲线拐角处物体的倾斜角度不够，可以加大Bank Scale值，比如设置为10，再观察物体的倾斜效果，如图12-27所示。

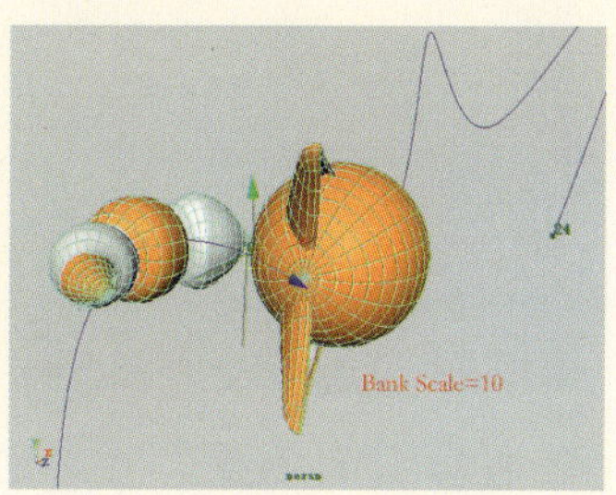

图12-27 设置Bank Scale值为10

12.1.3 Create Animation Snap Shot（创建快照动画）

快照动画是路径动画的一种形式，它可以快速将沿路径运动的物体沿路径进行复制，在某些情况下可以极大提高工作效率。下面学习该命令的操作方法。

动手实践233——创建快照动画

1 创建一个物体模型和一条曲线，并且调整它们的平滑度、中心点和位置。然后，选中物体和曲线，执行Modify（修改）| Freeze Transformations（冻结变换属性）命令，对其进行冻结，如图12-28所示。

图12-28 创建目标物体

2 选中物体和曲线，执行Attach to Motion Path（添加到运动路径）▣命令，在弹出的对话框中选中Start / End单选按钮，设置End time（结束时间）为100。然后，单击Apply按钮，创建路径动画，如图12-29所示。

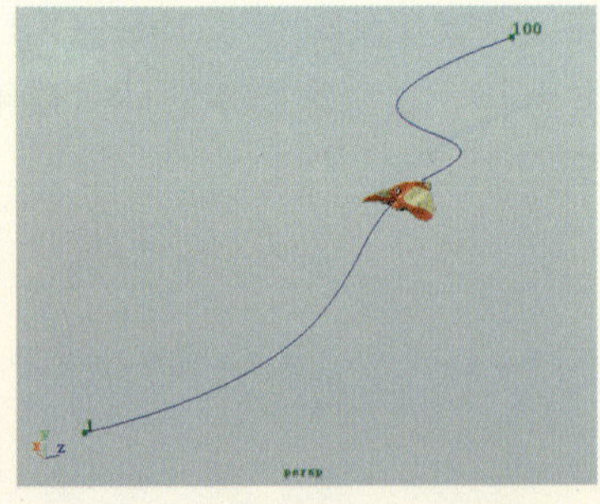

图12-29 设定动画的时间范围

3 选择曲线上的物体，执行Create Animation Snapshot（创建动画快照）▣命令，在弹出的对话框中选中Start/End单选按钮，设置End time（结束时间）为80、Increment（采样）为15，如图12-30所示。

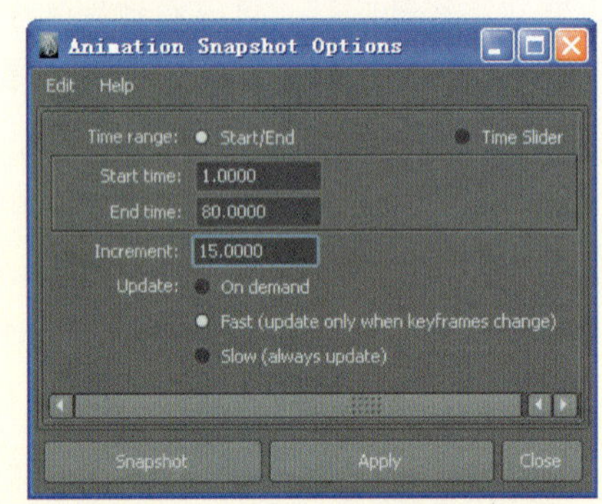

图12-30 设置动画快照属性对话框

技巧

假如生成的快照阵列过疏或者过密，可以在创建快照动画时，可以修改Increment值，值越小，快照阵列也就密集；反之越稀疏。

4 单击Snapshot（快照）按钮，对其执行快照操作。在场景中可以看到沿曲线复制出的物体阵列，如图12-31所示。

图12-31 快照动画效果

问题：Animation Snapshot工具只能应用在路径动画上吗？

该工具可以应用在任何具有动画效果的物体上，并且包括关键帧动画。但是在长期的实践与制作过程中，为了获得更好的阵列效果，通常结合路径动画使用。例如沿弯曲马路排列的路灯、沿曲线排列的霓虹灯阵列等。

下面对Animation Snapshot Options对话框中的选项进行说明。

- Time range（时间范围）：用于设置快照阵列的时间范围，分为Start/End和Time Slider选项。
  - ◎ Start/End：用于定义生成快照的时间范围。
  - ◎ Time Slider：用于控制快照的生成时间范围为时间轴的播放时间。
- Increment（采样）：用于设置生成快照阵列物体的采样值，单位为帧。默认值为1，表示每隔1帧产生一个阵列物体。
- Update（更新）：用于设置生成快照的更新方式，分为On demand、Fast和Slow选项。
  - ◎ On demand：仅在执行Animate | Update Motion Trail/Snapshot命令后，路径快照才会更新。
  - ◎ Fast：表示当修改目标物体的关键帧动画后，会自动更新快照动画。
  - ◎ Slow：表示任何改变目标物体的操作都会导致自动更新快照动画。

12.1.4 Create Animation Sweep（创建扫描动画）

快照动画命令可以快速制作出快照动画，同样还有一种Animation Sweep（扫描动画工具），也可以沿曲线快速创建出阵列物体。不同的是Animation Sweep工具更类似于曲线的放样操作，可以使用多条曲线以动画的形式形成曲面物体。

动手实践234——创建扫描动画

1 创建一条曲线，设置其中心点在坐标原点处，执行Freeze transformations（冻结变换属性）操作，冻结曲线的变换属性。然后在第1帧处为Translate X/Y两属性设置关键帧，如图12-32所示。

2 切换到Side视图，设置曲线的Translate X属性值为6、Translate Y值为9。然后，拖动时间滑块到第15帧，为两属性设置关键帧，如图12-33所示。

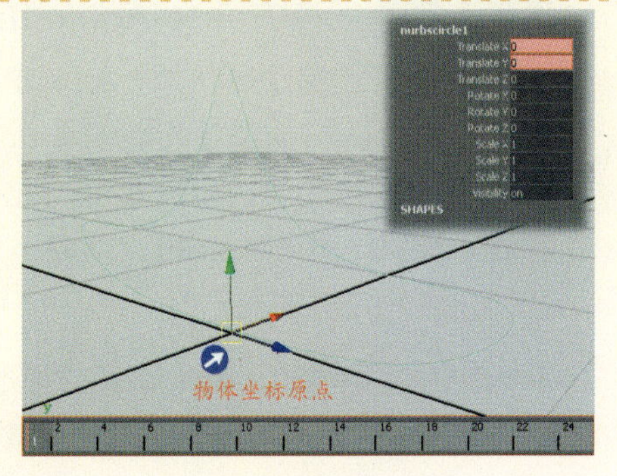

图12-32 设置第1帧动画

提示

同前面介绍的快照动画类似，在制作任何类型的动画时，都要调整目标物体的中心点，删除其操作历史并对其执行Freeze Transformation命令，以将物体当前状态设置为默认初始状态。

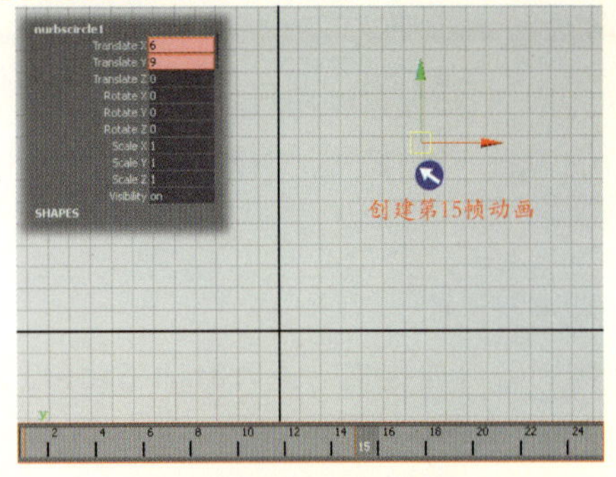

图12-33 设置第15帧动画

3 设置曲线的Translate X属性值为12、Translate Y值为0，然后，拖动时间滑块到第30帧处，为两属性设置关键帧，以制作一个沿X轴方向运动的弧线动画，如图12-34所示。

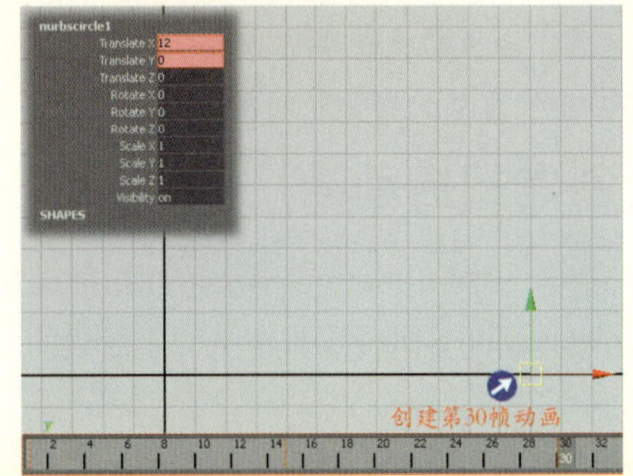

图12-34 设置第30帧动画

4 选中曲线并执行Create Animation Snapshot（创建动画快照）□命令，在打开的动画扫描属性对话框中设置Start/End属性选项的End time（结束时间）为30、Increment（采样）为2，如图12-35所示。

5 再单击Anim Sweep（动画扫描）按钮，即可沿目标曲线运动的弧线方向生成一个扫描放样曲面，如图12-36所示。

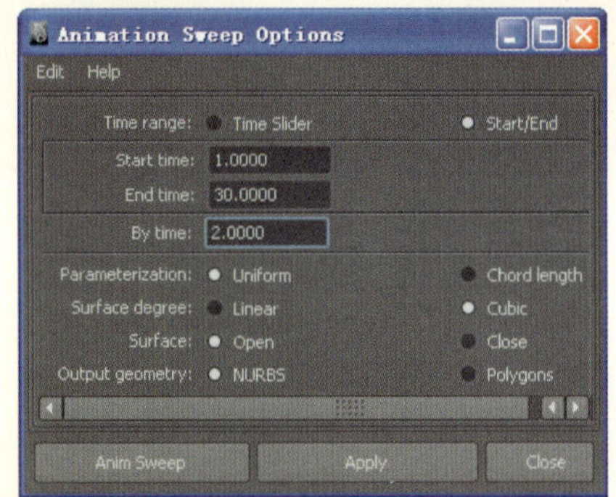

图12-35 设置扫描属性对话框

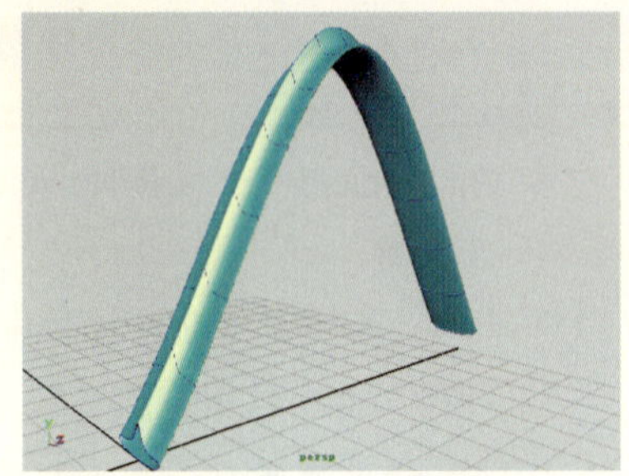
图12-36 曲线的扫描效果

6 选中生成的扫描曲面，按Ctrl+H键，将其隐藏，可以看到执行扫描操作生成的剖面曲线阵列，如图12-37所示。

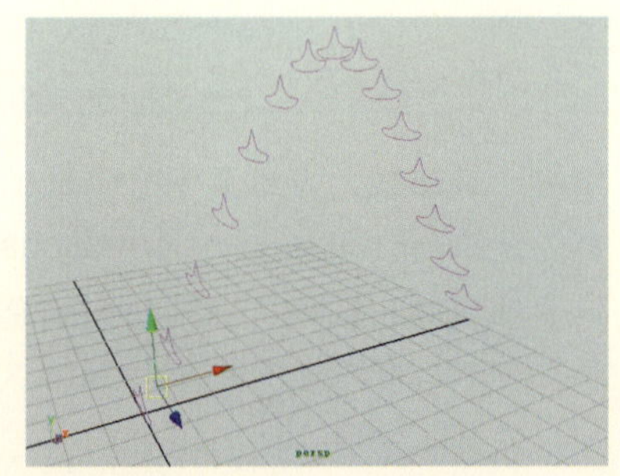
图12-37 生成的曲线阵列

技巧

同样，用户也可以选中沿路径运动的物体，执行Create Animation Sweep命令，对其执行扫描操作，并且会沿曲线方向生成一个扫描曲面，从而更快捷的创建出沿变形或排列的物体，例如铁路轨道的制作。

下面对Animation Sweep Options对话框中的选项进行说明。

- Time range（时间范围）：用来设置扫描动画的时间范围，分为Start/End和Time Slider选项。
  - ◎ Start/ End：用于自定义生成扫描放样物体的时间范围。
  - ◎ Time Slider：用于将当前时间轴的播放范围作为生成扫描放样物体的时间范围。
- By time（时间采样）：用来设置生成扫描放样的采样值，单位为帧，默认值为1。数值越小，生成的物体精度越高，但计算量也会随之增大。
- Parameterization（参数）：用来参数化设置生成的放样物体，包括Uniform和Chord Length选项。
  - ◎ Uniform：用于控制放样生成的剖面曲线沿曲线的V方向平行排列。
  - ◎ Chord length：用于控制生成曲线U方向上的参数值，依赖于起始点之间的距离。
- Surface degree（曲面精度）：用于控制生成放样曲面的精度，包括Linear（线性）和Cubic（立方体）两种精度类型。
  - ◎ Linear：表示生成的放样曲面表面会有明显的棱角生硬感。
  - ◎ Cubic：表示生成的放样曲面表面会比较光滑，能够获得很好的视觉效果。
- Surface（曲面状态）：表示生成的放样曲面状态，包括Open（打开）和Close（闭合）两种类型，默认选中Open选项。
  - ◎ Open：用来控制生成的放样曲面处于打开状态。
  - ◎ Close：用来控制生成的放样曲面处于闭合状态，即其曲面起始端被连接在一起。
- Output geometry（输出类型）：用来控制生成放样曲面的类型，包括NURBS（NURBS曲面）和Polygons（多边形）两种类型。

12.1.5 Flow Path Object（沿路径变形）

Flow Path Object动画也是一种比较常用的路径动画。它的原理是在路径动画的基础上添加晶格变形。比如创建一条蛇的爬行动画，不仅要让它沿路径运动，还必须让它沿路径弯曲。

动手实践235——创建路径变形

1 在场景中导入链条型的角色模型并创建一条弯曲曲线。然后，选择角色和曲线，创建一个时间范围为80帧的路径动画，如图12-38所示。

2 选择角色模型，执行Motion Paths（运动路径）| Flow Path Object（沿路径变形）■命令，在弹出的对话框中设置Front（前）值为80。然后选中Curve（曲线）单选按钮并启用Local effect（局部效果）复选框，图12-39所示。

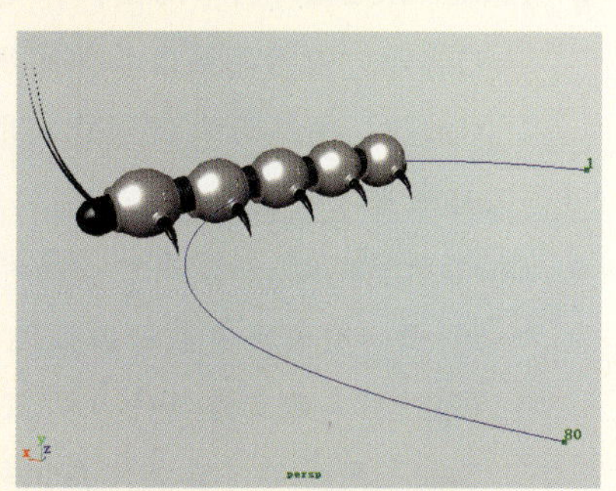

图12-38 创建路径动画

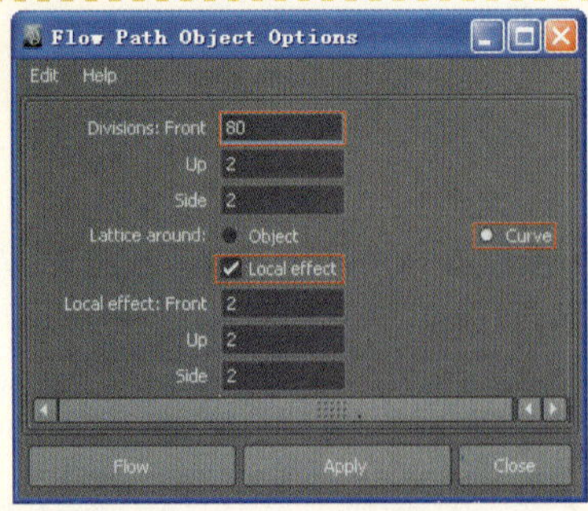

图12-39 设置路径变形属性参数

3 单击Flow（沿路径变形）按钮，执行路径变形操作，此时围绕曲线周围会产生一个弧形的晶格，并且角色物体也会跟随晶格的外形产生弯曲，如图12-40所示。

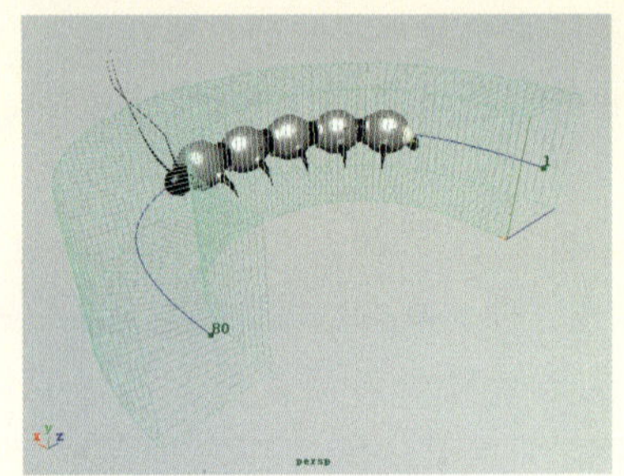

图12-40 生成的晶格物体

提示

若在执行路径变形操作时，在Flow Path Object Options对话框中选中Object单选按钮，则创建的晶格体只包围在目标物体周围，调整晶格外形即可改变物体造型。

4 旋转视图，可看到角色的胡须在到晶格外围后发生了变形，因为这些变形的部分不被晶格所控制。因此在执行路径变形操作时要恢复物体的中心点位置，如图12-41所示。

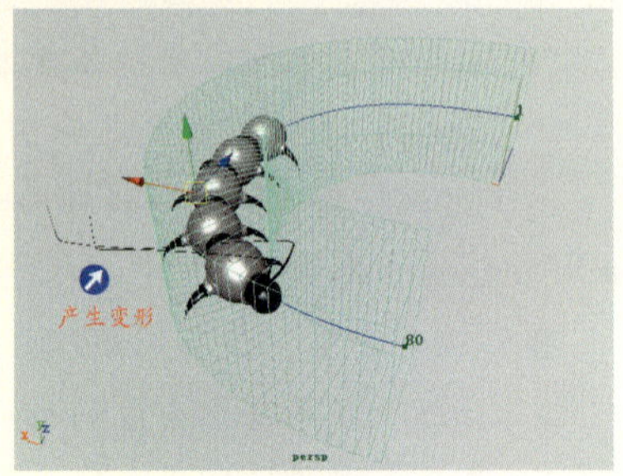

图12-41 晶格的影响范围

下面对Flow Path Object Options对话框中的选项进行介绍。

- Division（细分）：用于设置晶格在3个方向的分割度，包含Front、Up和Side。
  - ◎ Front：代表沿曲线方向的晶格分割度。
  - ◎ Up：代表沿物体方向上的晶格分割度。
  - ◎ Side：代表物体侧边轴上的晶格分割度。
- Lattice around（晶格周围）：用于设置产生晶格的方式。
  - ◎ Object：表示晶格沿物体周围创建。
  - ◎ Curve：晶格沿曲线创建，即从曲线的起始端到终点端，晶格沿着路径分布，看起来更像地铁的隧道。
- Local effect（局部效果）：局部效果修正，该选项对于沿路径创建晶格非常有用。
  - ◎ Front：用来决定在沿曲线运动方向上，实际影响物体的晶格分割度，默认为2。
  - ◎ Up：用来确定沿物体在向上轴方向上，实际能够影响的晶格分割度。
  - ◎ Side：用于确定沿物体在侧轴方向上，实际能够影响的晶格分割度。

12.2 Driven（被驱动）约束动画

所谓驱动动画，可以形象的理解为使用运动A物体的属性来驱动运动物体B的属性。比如，可以将物体A的移动属性来驱动物体B的旋转属性。这类工具在动画制作当中非常实用。执行Animate（动画）| Set Driven Key （设置驱动关键帧）| Set（设置）命令，打开Set Driven Key对话框，如图12-42所示。

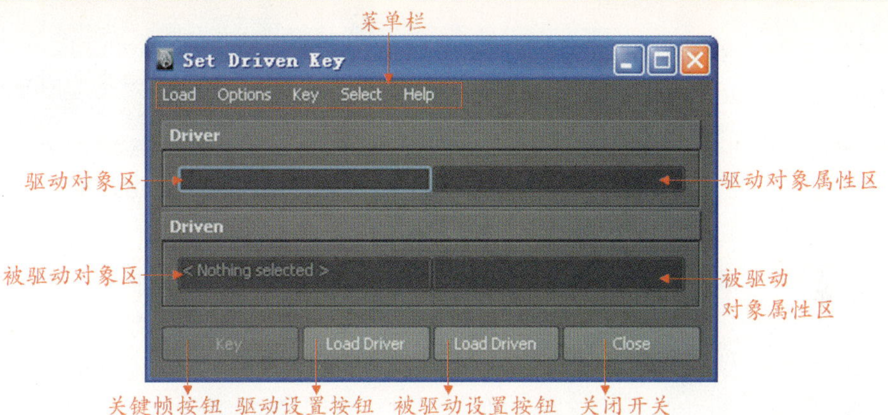

图12-42 驱动属性对话框

下面对Set Driven Key对话框中的功能进行介绍。

- 菜单栏：在菜单栏中包含了一些关于创建驱动动画和编辑驱动动画的命令工具。用户可以选中物体并执行Load菜单下的子命令，即可直接添加驱动物体和被驱动物体。
- Driver（驱动）：用来显示加载的驱动物体名称和该物体的属性。其中左侧列表用来显示物体名称，右侧列表用来显示该物体的属性。
- Driven（被驱动）：用来显示加载的被驱动物体名称和该物体的属性。
- Key（关键帧）：单击该按钮，可以为被驱动物体添加关键帧。
- Load Driver（加载驱动）：单击该按钮，可以为所选的物体添加驱动属性。
- Load Driven（加载被驱动）：单击该按钮，可以为所选的物体添加被驱动属性。
- Close（关闭）：单击该按钮，可以将驱动属性设置窗口关闭。

在这里首先明确的是，只有在两个物体间设置驱动属性。下面以一个简单的实例来练习如何设置物体间的驱动属性。

动手实践236——载入驱动属性

1 在创建中导入两个机械模型Chi-Lun和Chi-Lun1，并且拖动时间滑块到第1帧处。然后选中模型Chi-Lun并为其Rotate Z属性设置关键帧，如图12-43所示。

图12-43 设置第1帧动画

2 拖动时间滑块到第20帧，设置物体Chi-Lun的Rotate Z值为-90，并为其设置关键帧，如图12-44所示。

图12-44 设置第20帧动画

3 执行Set Driven Key（设置驱动关键帧）| Set（设置）命令，打开驱动属性设置对话框。可看到在未指定驱动属性和被驱动属性时，Key按钮是灰色显示的，表示不能设置驱动动画，如图12-45所示。

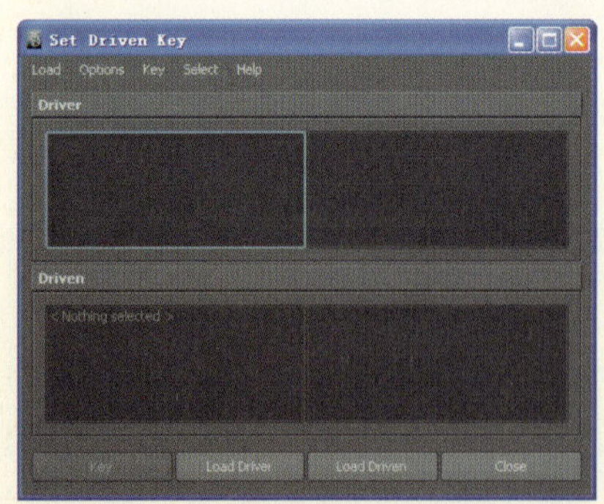

图12-45 驱动属性设置对话框

4 然后，先选择物体Chi-lun并单击Load Driver（载入驱动者）按钮，再选择物体Chi-lun1并单击Load Driven（载入被驱动者）按钮，此时Key按钮才会变为黑色，即表示可用，如图12-46所示。

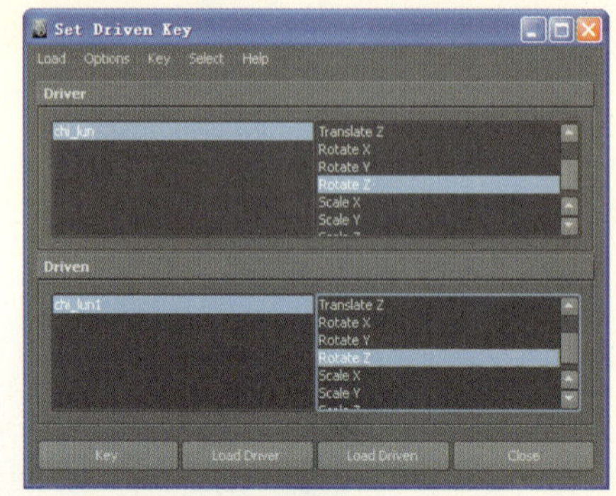

图12-46 选择驱动属性

5 拖动时间滑动到第1帧，单击Set Driven Key（设置驱动关键帧）属性窗口中的Key按钮，即可可看到物体Chi-lun1的Rotate Z属性被设置关键属性，如图12-47所示。

图12-47 设置驱动关键帧

提示

从图12-47可以看出，驱动的作用就是使用大齿轮的旋转动画属性来驱动未添加动画的小齿轮的旋转动画效果。同样也可以使用驱动物体的移动属性来驱动被驱动物体的缩放属性等。

6 选择物体Chi-Lun1，并拖动时间滑块到第5帧处。然后，在驱动窗口中单击Key按钮，为其添加旋转驱动关键帧，如图12-48所示。

图12-48 设置5帧关键帧

7 到第20帧处，设置物体Chi-Lun1的Rotate Z值为-90并单击Key按钮，为其设置旋转驱动动画。播放动画，可看到物体Chi-Lun1跟随物体Chi-Lun旋转，如图12-49所示。

图12-49 驱动动画效果

12.3 动画约束技术

前面已经学习了路径动画的有关知识，事实上用户可以将路径动画理解成约束动画，即物体的旋转与空间坐标位移都被曲线所约束。在Maya中还存在着除路径约束之外的众多逻辑约束。本节将为用户重点讲解点约束、目标约束和父子约束3种常用的约束命令操作，它们在动画的制作当中应用非常广泛。如图12-50所示为车轮的旋转和移动动画就用了约束技术。

图12-50 应用约束技术

12.3.1 Point（点）约束

Point约束的含义可以形象的理解为使用物体A的空间坐标去约束控制物体B的空间坐标，一旦约束建立，那么物体B的空间坐标仅受物体A的空间坐标影响。

动手实践237——点约束

1 在场景中导入大齿轮和小齿轮并调整它们的相对位置。然后对它们执行Freeze Transformation（冻结变换属性）操作，此时在第1帧处为大齿轮设置关键帧，如图12-51所示。

2 设置大齿轮物体的Translate X为6，拖动时间滑块到第6帧处并为其设置关键帧动画，如图12-52所示。

图12-51 设置第1帧动画

图12-52 设置第6帧动画

注意

若想为物体执行点约束操作，则至少需要有两个目标物体。并且点约束工具只能使控制物体约束被控制物体的移动操作。

3 先选中大齿轮，再选中小齿轮并执行Constrain（约束）| Point（点约束）▣命令，在弹出的对话框中，启用Maintain Offset（最大偏移）复选框，以使物体与被约束物体保持原始位移差，如图12-53所示。

4 单击Add（添加）按钮，执行点约束操作。然后，选中大齿轮，被约束的小齿轮会以红色网格显示，并且也会跟随着大齿轮运动，如图12-54所示。

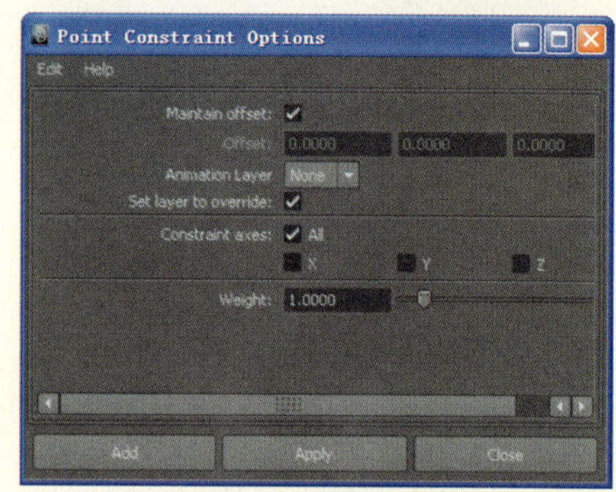

图12-53 设置点约束属性

图12-54 被约束状态

下面对Point Constraint Option对话框中的选项进行说明。

- Maintain offset（保持偏移）：用来控制在执行点约束操作时，约束物体与被约束物体之间保持原始位移差。若不启用该复选框，那么被约束物体可能会产生一定的位移，而形成不理想的约束效果。
- Constraint axes（约束轴向）：该选项用来设置约束物体在各个轴向上的位移。
  - ◎ X:若启用该复选框，即表示被约束物体只有Translate X属性被约束控制，其他两个轴方向仍然可以自由移动。
  - ◎ X/Y/Z：若启用X、Y、Z复选框，则被约束物体将完全跟随约束物体任意移动。
- Weight（权重）：用于控制约束的权重值，即受约束的程度。默认值为1.0。

选择被约束的小齿轮物体，按Ctrl+A键，打开其通道栏，可看到其3个轴向的位移属性变为蓝色，表示这些属性已经被其他物体所约束，如图12-55所示。

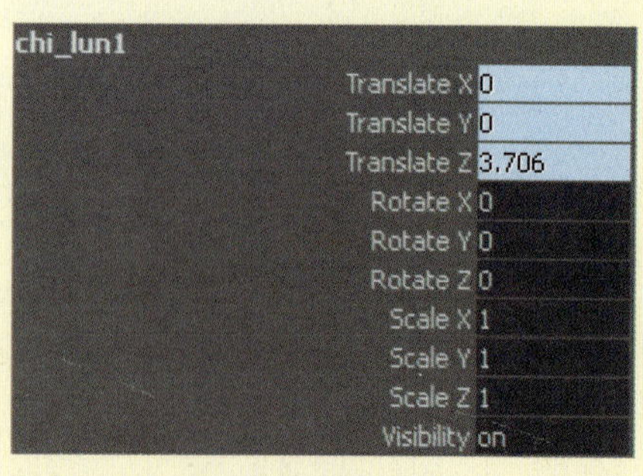

图12-55 属性约束

在物体属性的下方，有一个chi-lun1-Pointconstraint1的操作节点，单击该节点可以展开其约束属性，如图12-56所示。下面介绍一下这些约束属性的含义。

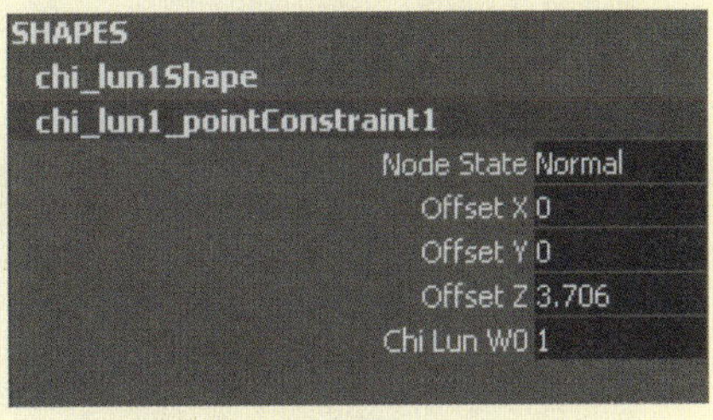

图12-56 约束的控制属性

- Node State（节点状态）：用来控制点约束的节点状态，单击该选项后的白色条框，该节点包含了Normal和Waiting-Normal两种状态，默认为Normal。
  - ◎ Normal：表示Maya默认的正常模式。
  - ◎ Waiting-Normal：表示等待回到正常模式。当切换该模式后，物体停留在上次Normal状态时位置，同时点约束暂时失效，当再次切换到Normal状态。点约束则又恢复作用。
- Offset X（X轴偏移）：用来控制约束物体与被约束物体在X轴向上的偏移位置差。但只有在执行点约束操作时，禁用Maintain Offset复选框，该选项才能被使用。
- Offset Y（Y轴偏移）：用来控制约束物体与被约束物体在Y轴向上的偏移位置差。
- Offset Z（Z轴偏移）：用来控制约束物体与被约束物体在Z轴向上的偏移位置差。
- Chi Lun WO（约束权重）：该选项用来设置点约束的权重值，默认值为1，表示被约束物体完全被约束物体所吸附和控制。当该值为0时，两约束物体间的约束力为0。

12.3.2 Aim（目标）约束

Aim约束是用来控制目标物体的空间位移，而目标物体则是用来控制旋转，其作用为物体A的空间坐标去控制物体B的旋转属性，一旦约束建立，那么物体B的空间仅受物体A的位移所影响。打个比方，就像人们用眼睛观察某个移动物体一样。当该物体移动时，眼球会旋转，无论物体如何移动，眼睛的目光始终聚集在物体上，目标约束也是一样的原理。

动手实践238——目标约束

1 在场景中导入两个模型，将其中一个模型添加路径上并设置其时间范围为100，以使其围绕另一个物体移动，如图12-57所示。

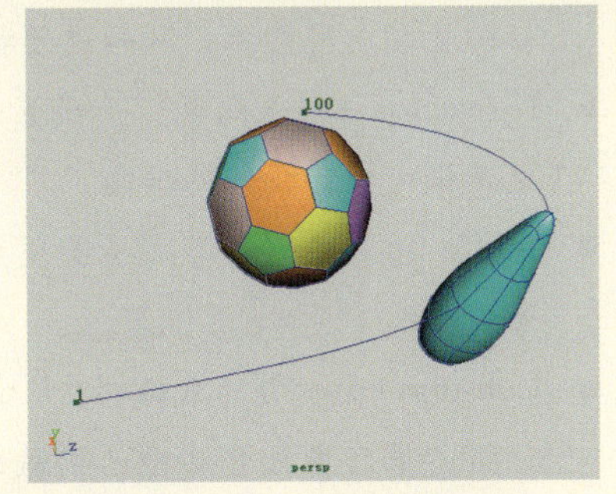

图12-57 设置路径动画

2 先选中沿路径运动的物体，再选中球体。然后执行Constrain（约束）| Aim（目标约束）□命令，在弹出的对话框中启用Maintain offset（保持偏移）和Constraint axes（约束轴向）复选框，如图12-58所示。

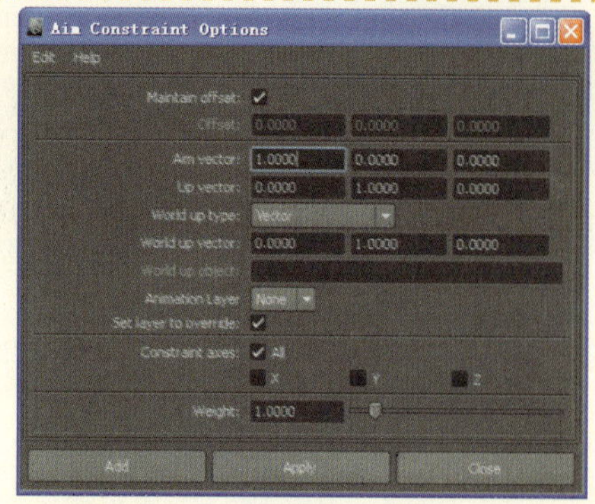

图12-58 设置目标约束属性参数

3 然后，拖动时间滑块，可以看到一个物体在沿曲线运动的同时，另一个物体会跟随着进行旋转，如图12-59所示。

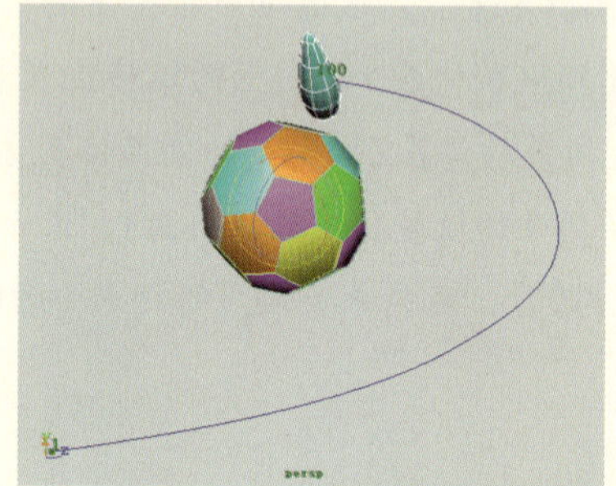

图12-59 目标约束效果

4 选中发生旋转的物体，按Ctrl+A键，打开其通道栏，可以看到旋转属性变成蓝色，表示该旋转属性已被添加约束，如图12-60所示。

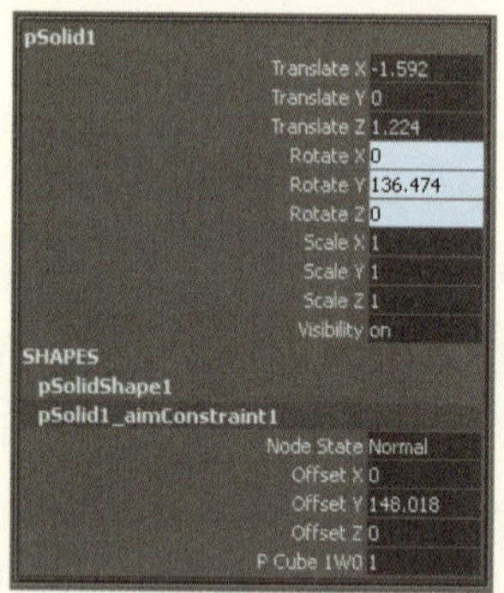

图12-60 被约束的属性

技巧

同样的方法，也可选中没有添加任何动画效果的两物体，然后再对它们执行目标约束操作，从而达到一个物体的移动约束另一个物体的旋转操作。

下面对Aim Constraint Options对话框中的选项进行说明。

- Maintain offset（保持偏移）：表示在创建目标约束时，允许被控制物体旋转的轴有移动初始偏移值。若不启用该复选框，那么当约束创建后，被约束物体的角度将根据Aim Vector和Up Vector两处的数值进行角度对齐，以导致偏移自动归零。
- Aim vector（目标向量）：用于在被约束物体局部空间中的方向设置目标向量。目标向量指向目标点，从而迫使被控制物体对齐自身轴向。
- Up vector（向上向量）：设置向上向量在被约束物体局部空间中的方向。它的作用也是强行对齐物体的轴向。
- World up type（世界向量类型）：设置世界向量在空间坐标中的类型，默认的选项为Vector。
- Constraint axes（约束轴向）：该选项用来具体设置被约束物体在哪些轴上的旋转。
  - ◎ X：若启用该复选框，则被约束物体只有Rotate X属性被约束控制，其他两个轴向上则仍然可以自由旋转。
  - ◎ All：若只启用该复选框，则物体在3个轴向上的旋转属性完全被约束控制，其角度将根据目标物体的空间位移而定。

12.3.3 Orient（旋转）约束

Orient约束是使用一个物体的旋转属性约束另一个物体的旋转属性，注意要和目标约束区别开。而缩放约束是使用一个物体的缩放属性约束另一个物体的缩放属性。

动手实践239——旋转约束

1 在场景中导入两齿轮模型，若想使小齿轮跟随大齿轮旋转，那么先选中大齿轮，再选中小齿轮，如图12-61所示。

图12-61 选择目标物体

2 执行Constrain（约束）| Orient（旋转约束）命令，再对大齿轮进行旋转操作，可以看到小齿轮也会跟随着旋转，如图12-62所示。

图12-62 物体的旋转约束效果

12.3.4 Scale（比例）约束

Scale约束是使用一个物体的缩放属性来约束另一个物体的缩放属性。

动手实践240——比例约束

1 在场景中导入模型，然后，先选中物体1，再选中物体2，执行Constrain（约束）| Scale（比例约束）▣命令，如图12-63所示。

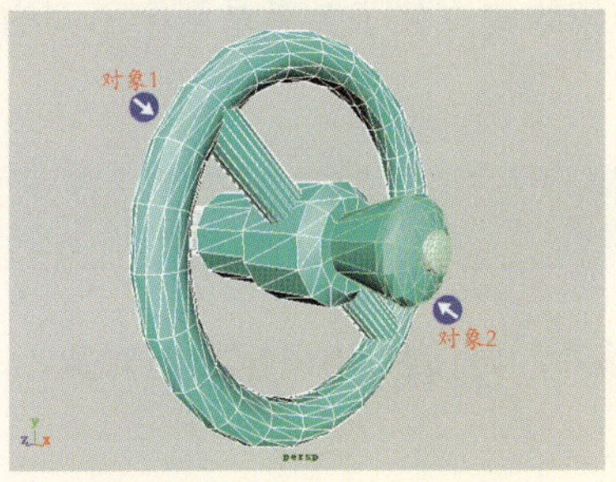

图12-63 执行比例约束操作

2 在弹出的对话框中，启用Maintain offset（保持偏移）复选框，单击Add（添加）按钮，可以看到在对物体1缩放时，物体2跟随物体1产生等比例的缩放效果，如图12-64所示。

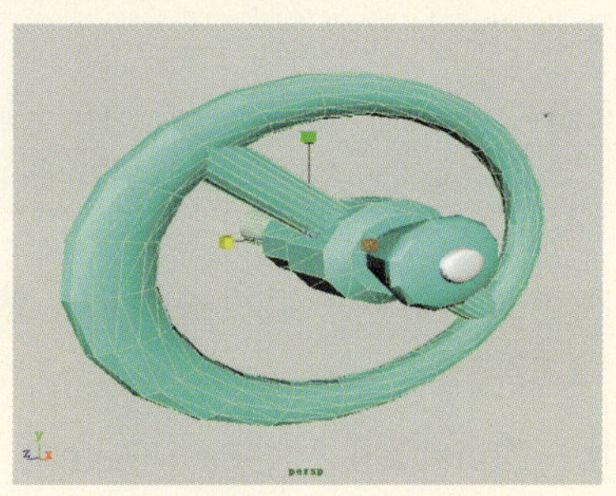

图12-64 比例约束效果

3 再选中物体2，其缩放属性会被添加约束。然后，对其执行缩放操作，物体1不发生任何变化，如图12-65所示。

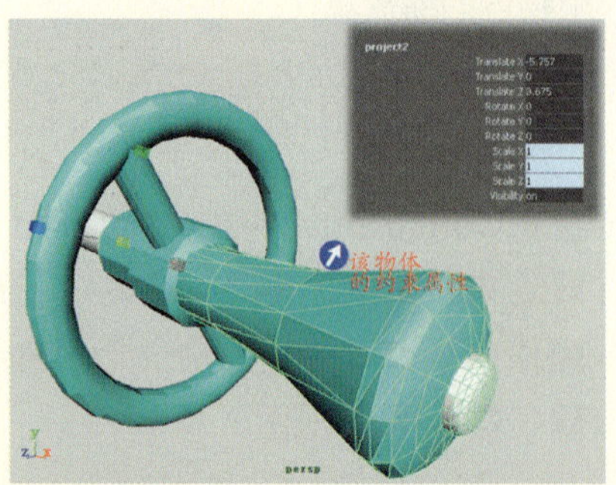

图12-65 物体被约束的属性

4 若在弹出的Scale Constraint（比例约束）对话框中禁用Maintain Offset（保持偏移）复选框并设置Offset X/Y/Z（偏移值）均为2。然后单击Add按钮，物体2体积增加，如图12-66所示。

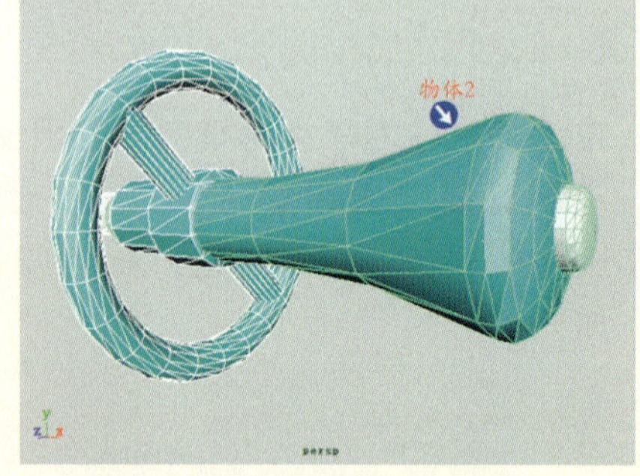

图12-66 约束比例的变化

下面对Scale Constraint Options对话框中的选项进行说明。

- Maintain offset（保持比例偏移）：用来保持控制物体和被控制物体之间存在体积比例差，若在创建比例约束时不启用该复选框，则被约束物体和约束物体的Scale值相同。
  - ◎ Offset X：用来控制约束物体与被约束物体在X轴向上的体积偏差。
  - ◎ Offset Y：用来控制约束物体与被约束物体在Y轴向上的体积偏差。
  - ◎ Offset Z：用来控制约束物体与被约束物体在Z轴向上的体积偏差。
- Constraint axes（约束轴向）：该选项用来指定将在哪个轴向上产生缩放。若仅启用了X复选框，则被控制物体仅仅在X轴上产生缩放，其他两个轴向不产生缩放效果。
- Weight（权重）：用于控制约束对象对被约束对象的影响范围，取值范围为0~10，默认值为1。

12.3.5 Parent（父子）约束

Parent约束可以使物体同时进行点约束和旋转约束，即控制其空间位移，同时还控制其空间旋转。这里需要强调的是，建立父子约束与前面所介绍的建立父子关系是两个不同的概念，用户很容易将两种混响。

动手实践241——父子约束

1 在场景中导入一组机械模型，然后，先选中对象1，再按住Shift键加选对象2，如图12-67所示。

2 执行Constrain（约束）| Parent（父约束）□命令，打开其属性设置对话框，这里都使用默认参数设置，如图12-68所示。

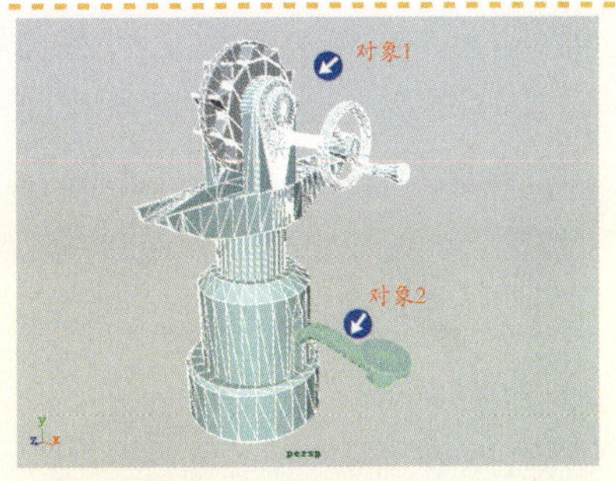

图12-67 选择目标物体

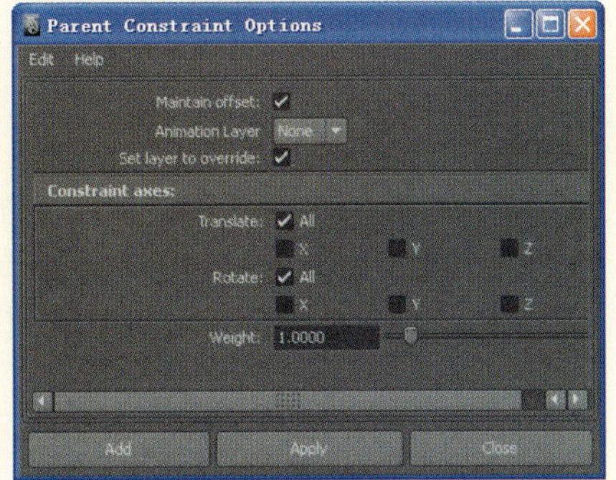

图12-68 设置父子约束属性

3 单击Add按钮，执行父子约束操作。然后，选中对象2，可以看到其移动和旋转属性变为蓝色，表明它们已被添加约束控制，再将对象1进行旋转，如图12-69所示。

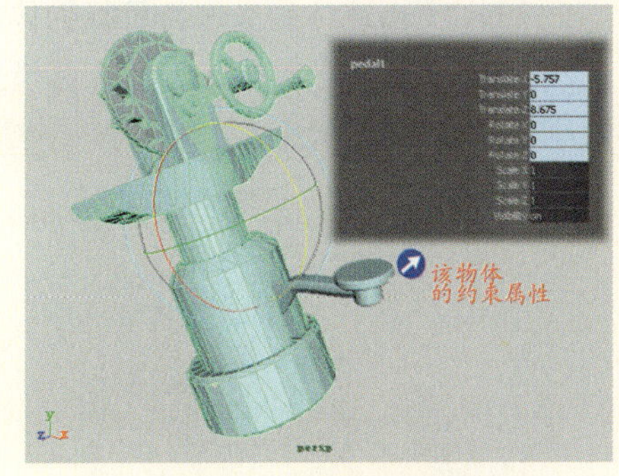

图12-69 旋转约束效果

4 同样的道理，再将对象1进行移动操作，对象2也会跟随着移动，如图12-70所示。

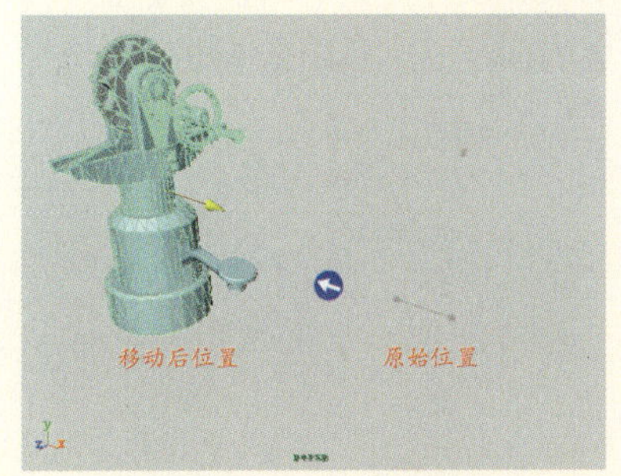

图12-70 移动约束效果

下面对Parent Constraint Options对话框中的选项进行介绍。

- Maintain offset（保持偏移）：用于保持约束与被约束物体间原始移动和旋转的相对状态。
- Translate（移动）：用于设置被约束物体哪个轴向上的移动属性被控制。可以约束一个轴向的移动属性，也可以是3个轴向上的移动属性。
- Rotate（旋转）：用于设置被约束物体哪个轴向上的旋转属性被控制。可以约束一个轴向的旋转属性，也可以是3个轴向上的旋转属性。
- Weight（权重）：用来设置约束强度的权重值，该选项多用于当有多个目标对象时。

12.3.6 Geometry（几何体）约束

Geometry约束是使用一个物体的表面信息去约束另一个物体的位移，即可以形象地理解为将一个物体吸附到另一个物体的表面，并且可以沿着物体的表面移动。

动手实践242——几何体约束

1 在场景中导入一个角色模型，并创建一个NURBS球体用来作为目标物体。然后，先选中角色的角模型，再选中小球，如图12-71所示。

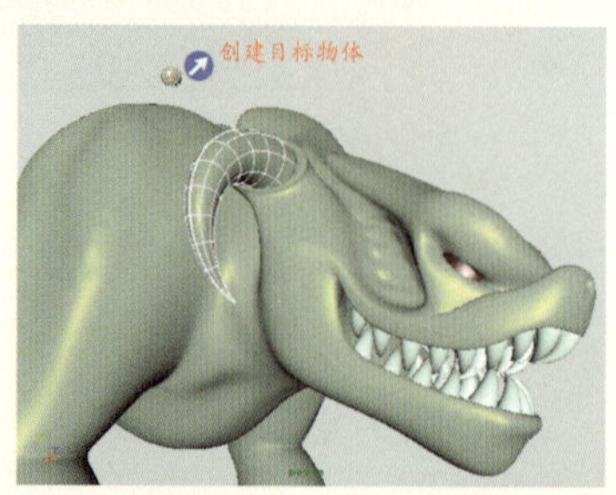

图12-71 创建目标物体

2 接着，执行Constrain（约束）| Geometry（几合体约束）命令，即可将NURBS小球吸附到角的表面，如图12-72所示。

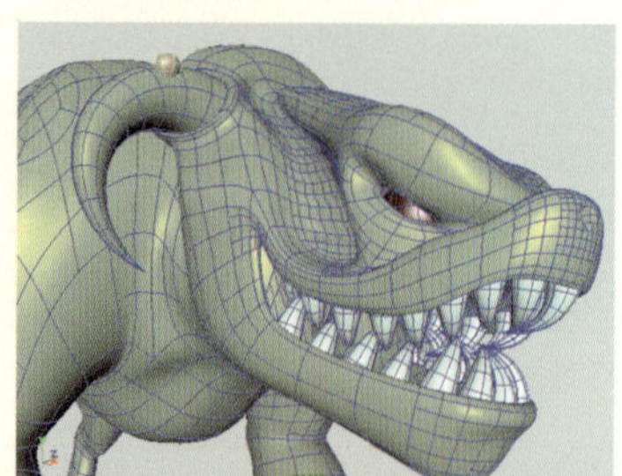

图12-72 将小球吸附到角

3 使用移动工具对小球进行移动操作时，小球会一直吸附在角模型的表面，如图12-73所示。

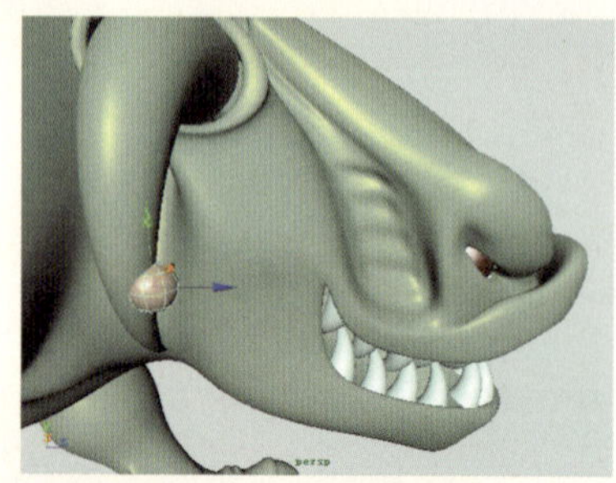

图12-73 小球的吸附效果

4 然后，使用缩放工具对小球进行缩放操作，可以看到小球的体积在被缩小后，仍然吸附在模型表面，如图12-74所示。

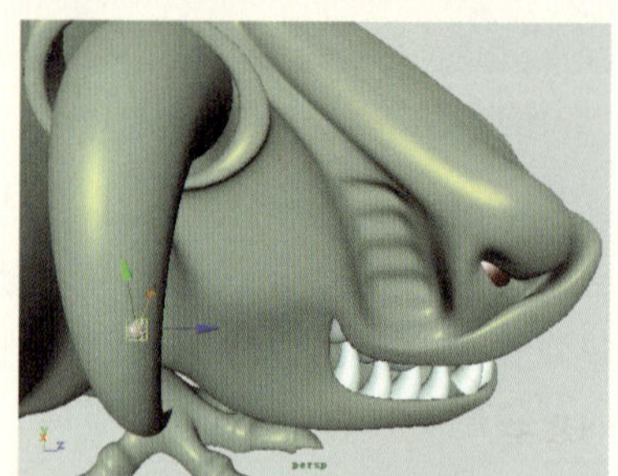

图12-74 缩放小球体积

提示

执行Constraint（约束）| Geometry（几何体约束）□命令，打开Geometry Constraint Options对话框，其中Weight属性选项表示用来指定约束物体控制被约束物体的位置范围。

12.3.7 Normal（法线）约束

Normal约束配合几何体约束工具使用，它可以使用一个物体表面的法线方向信息来约束另一个物体的旋转属性。Normal约束的原理是被约束物体运动路径的向上轴向与约束物体的法线方向垂直。

动手实践243——法线约束

1 在场景中导入大树和刷子的模型，并且调整刷子和树的相对位置，如图12-75所示。

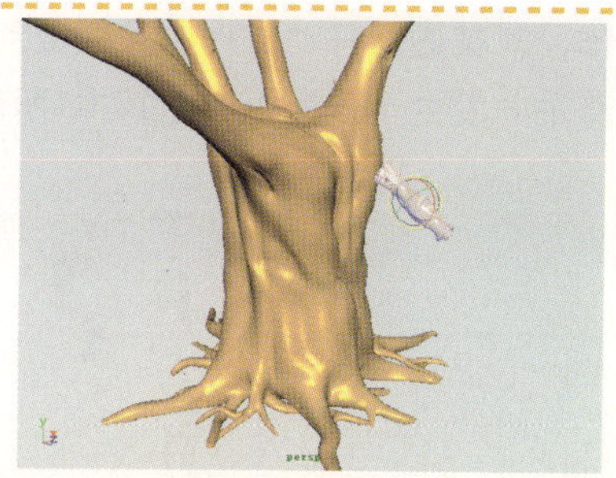

图12-75 导入目标模型

2 然后，选中刷子模型，按Insert键，以显示其中心点，并且将其中心点调整到端点位置，用来改变被约束物体被约束的位置，如图12-76所示。

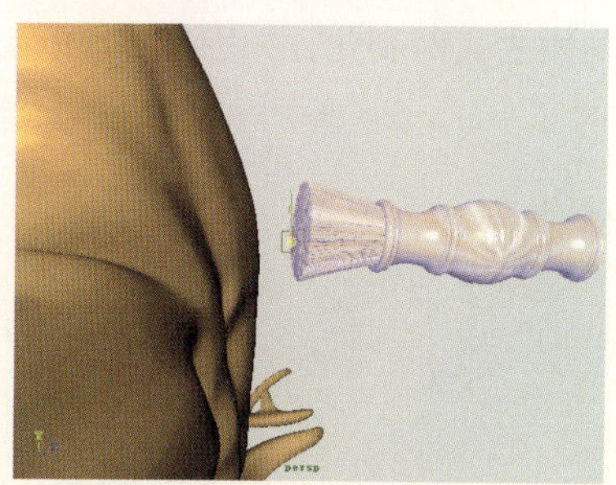

图12-76 调整物体中心点

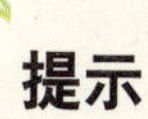

提示

在对物体执行法线约束操作时，被约束物体的中心点位置会与约束物体的表面重合，因此，在执行约束操作前，一定要先设置被约束物体的中心点。例如，若要使被约束物体的端部吸附到约束物体的表面，就必须调整被约束物体的中心点到其端部位置。

3 先选中大树，再按住Shift键加选刷子模型，执行Constrain（约束）| Normal（法线约束）命令，以将刷子吸附到树体表面，并且会进行吸附移动，如图12-77所示。

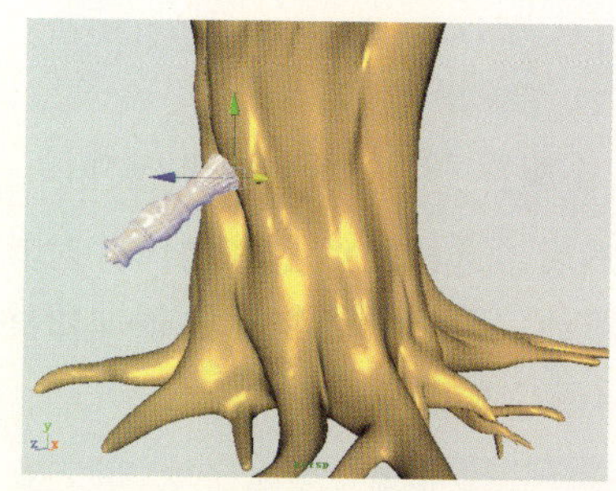

图12-77 将刷子吸附到树体表面

4 选中大树并执行Display（显示）| Polygons（多边形）| Face Normals（面法线）命令，以显示其法线。然后，再移动刷子模型，可以看到刷子模型的其中一轴向始终与大树法线平行，如图12-78所示。

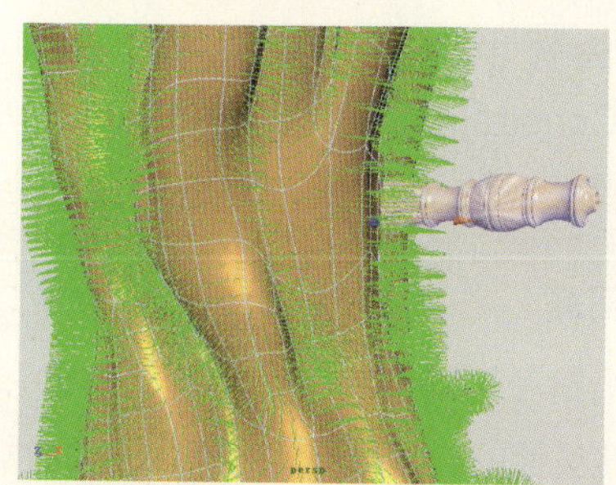

图12-78 法线约束效果

12.3.8 Tangent（切线）约束

Tangent约束可以使一个物体的Front轴向始终和切线的方向保持一致，当曲线弯曲时，物体的轴向也随之改变，通常配合几何体约束工具使用。

动手实践244——切线约束

1 在场景中导入物体和曲线。然后，先选中曲线，再选中物体，执行Geometry操作，以将其添加到路径曲线上，如图12-79所示。

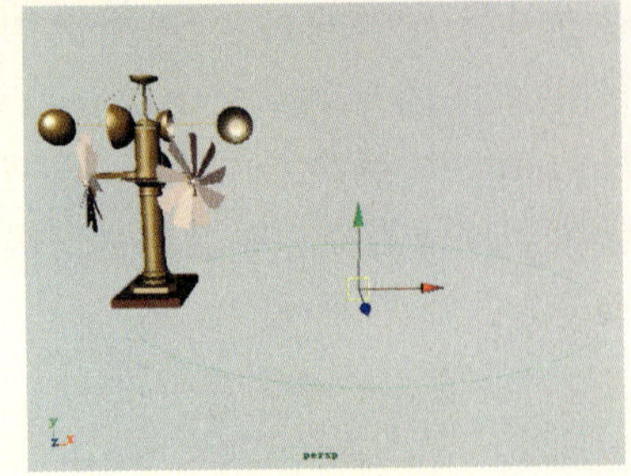
图12-79 执行Geometry操作

2 然后，选择曲线上的物体并对其进行移动，可以看到物体的轴向始终保持不变，如图12-80所示。

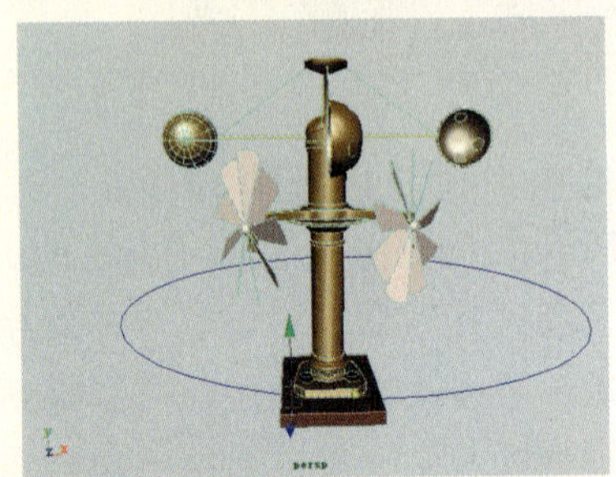
图12-80 物体轴向保持不变

3 先选中曲线，再选中物体并执行Constrain（约束）| Tangent（切线约束）命令。然后，再选中曲线上的物体，对其进行移动操作，可以看到其自身轴向发生了改变，如图12-81所示。

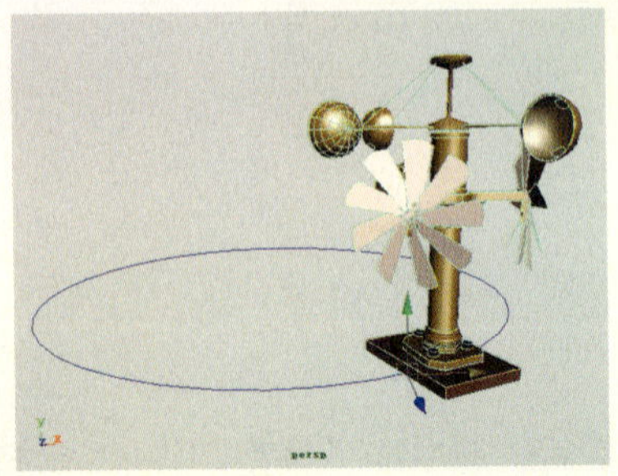
图12-81 物体轴向的变化

4 接着，不停地拖动物体在曲线上移动，可以明显看到物体的角度随着曲线的转向发生实时变化，如图12-82所示。

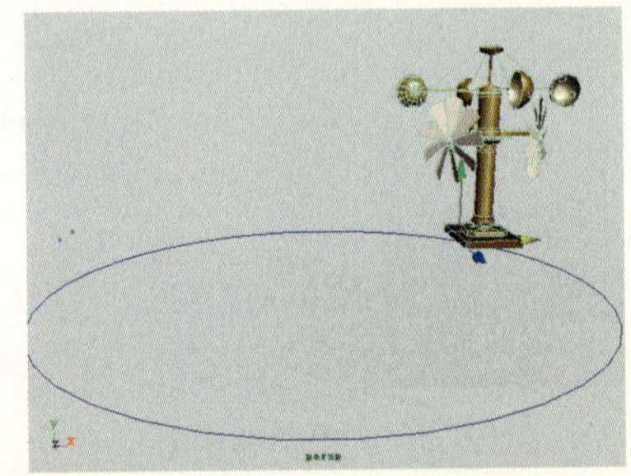
图12-82 物体轴向的随机变化

问题：添加过路径动画的物体，能够执行Tangent操作吗？

沿路径运动的物体，由于其移动和旋转属性被添加约束，而Tangent命令是用来约束物体的旋转属性的，因此被路径约束过的物体是不能再被添加Tangent约束的。

12.3.9 Pole Vector（极矢量）约束

Pole Vector约束可以使“极矢量终点”跟随目标物体移动。在角色设定中，胳膊、膝盖等关节链的IK旋转控制手柄的极矢量经常被限制在角色后面的定位器上。通常情况下，运用极矢量约束是为了在操纵IK旋转控制手柄时避免意外的反转，例如当手柄矢量接近于极矢量相交时，反转就会出现，使用极矢量约束可以让两者之间不相交。

动手实践245——极向量约束

1 在场景中导入带有IK控制手柄的骨骼链，以便观察极矢量约束命令的作用，如图11-83所示。

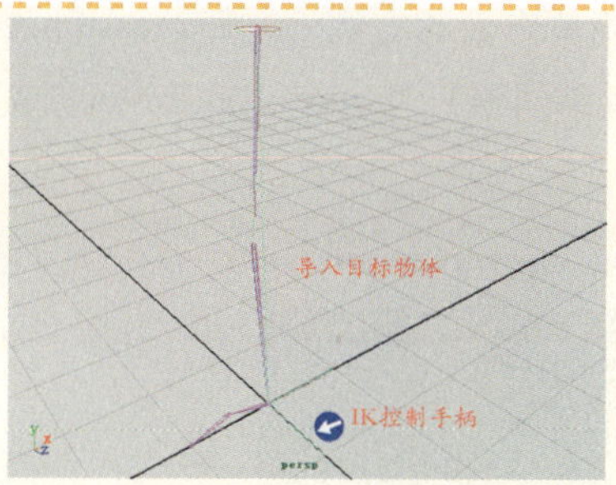

图12-83 导入目标物体

2 然后，选择并移动IK控制手柄，可以看到IK手柄所控制的骨骼链发生了不正常偏转现象，如图12-84所示。

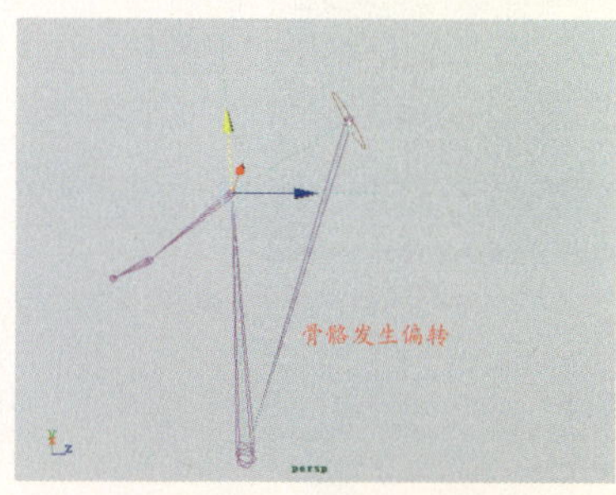

图12-84 骨骼发生偏转

3 执行Create（创建）|Locator（定位器）命令，创建一个十字型定位器并调整其位置。然后，先选定位器，再选IK控制器，执行Constrain（约束）|Pole Vector（极向量）命令，添加矢量约束，如图12-85所示。

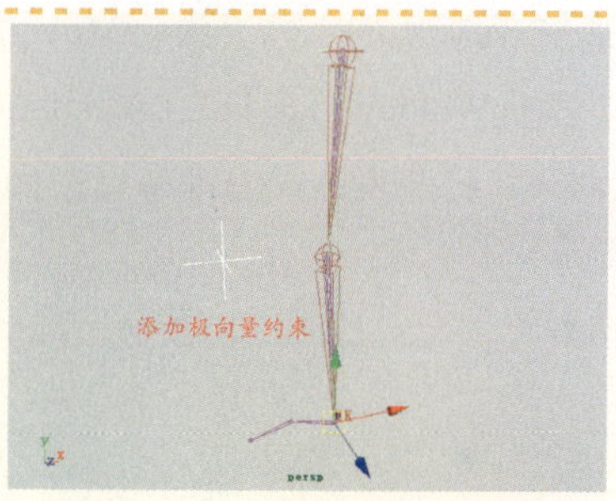

图12-85 执行Pole Vector操作

提示

在对骨骼链的IK控制器执行极矢量操作后，在定位器和骨骼链之间会产生一个连接线，移动定位器的位置，骨骼的方向会发生改变。其中，定位器可以用曲线或虚拟物体来代替使用。

4 然后，再移动IK控制手柄位置，可以看到骨骼链的偏转效果明显改善，如图12-86所示。

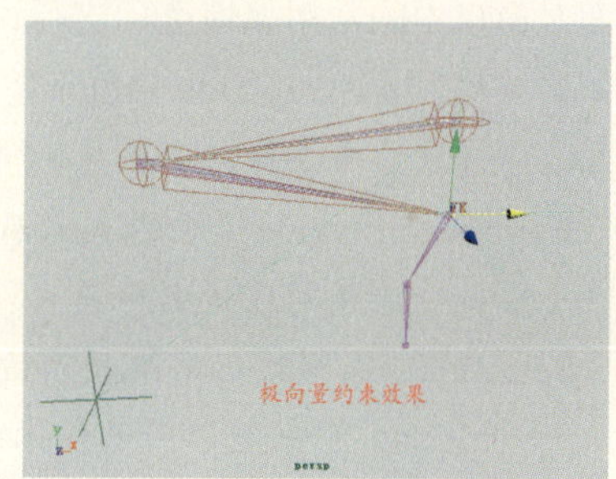

图12-86 改善骨骼偏转链效果

问题：Pole Vector约束可以在其他各种物体上使用吗？

Pole Vector工具只有在含有IK控制手柄的物体上使用。它的工作原理是使用IK控制器控制物体，再创建一个定位器，将IK和定位器执行Pole Vector操作，从而达到定位器对IK控制器的Pole Vector约束效果。

12.4 Expression Editor（表达式编辑器）约束

在前面的章节中介绍了关键帧动画、路径动画等，使用这些方法制作动画非常简单。但是如果使运动时的物体产生其他的动画效果，比如运动物体的旋转动作，再使用这些创建动画的方法来创建旋转动画，将是非常困难和烦琐的工作。

随着Maya版本的不断升级，Maya提供了一种更加简单有效的方法——Expression表达式约束工具，执行Window（窗口）| Animation Editors （动画编辑器）| Expression Editor（表达式编辑器） 命令，打开表达式编辑窗口，如图12-87所示。

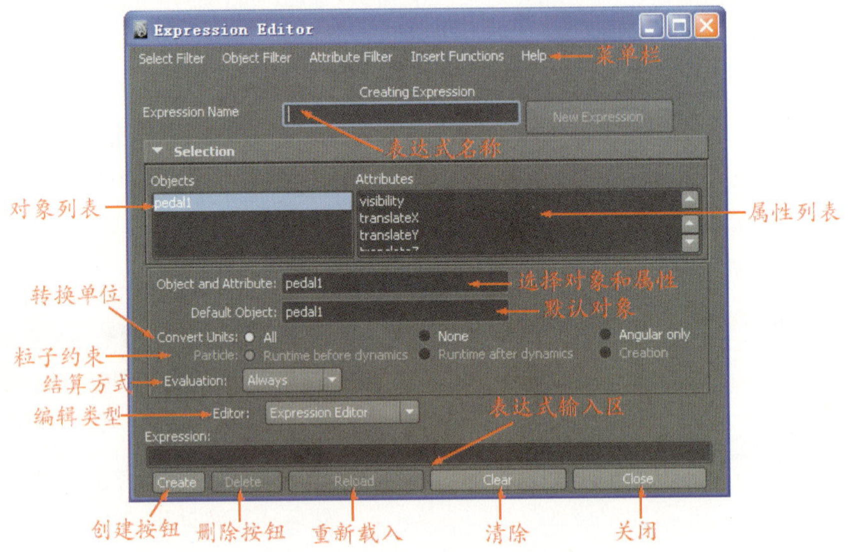

图12-87 表达式属性窗口

下面对窗口中的常用属性选项进行说明。

- 菜单栏：在Expression Editor窗口中，集成了各种关于表达式约束操作的命令。用户可以通过这些命令对所要创建的表达式进行指定和编辑。
- Expression Name（表达式名称）：用户可以在选项后面的空白条框中设置表达的名称，也可以使用默认名称设置。
- Selection（选择）：用来显示被选择的物体及属性。
  - ◎ Objects：用来显示所选物体的名称，可以包含多个物体。
  - ◎ Attributes：用来显示被选择物体的属性名称。
- Selected Object and Attribute（选择的物体及其属性）：用来显示被选择物体的名称和要添加约束的属性。
- Default Object（默认物体）：用来显示所选物体的默认名称。
- Convert Units（转换单位）：用来控制物体约束的转换单位，分为All（所有）、None（没有）和Angular only（仅依照角度）3种类型。
- Particle（粒子约束）：用来控制是否使用粒子的约束方式来进行结算。分为Runtime before dynamics（在动力学之前运行）、Runtime after dynamics（在动力学之后运行）和Creation（直接生成）选项。
- Evaluation（介绍方式）：用来设置表达式的结算方式，分为Always、on demand和After cloth选项。
- Editor（编辑方式）：用来设置约束的编辑方式，分为Expression Editor（表达式编辑器）和Text Editor（文本编辑）。

● Expression（表达式）：用来输入物体所要约束的属性方程式，即表达式。

下面通过简单的实例制作来对工具的使用方法进行介绍。

动手实践246——表达式约束

1 在场景中导入一个物体组body，为其创建一个沿X轴移动的动画，并且确定该移动动画的时间范围为20帧，如图12-88所示。

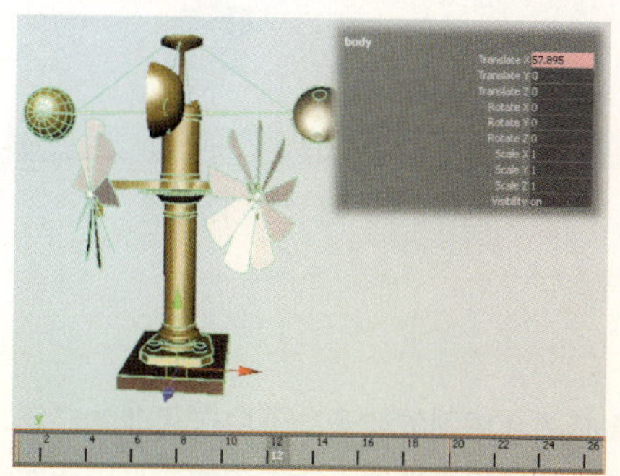

图12-88 创建关键帧动画

2 打开Outline（大纲栏）编辑窗口，选择整个物体组body和需要旋转的子物体组bell，如图12-89所示。

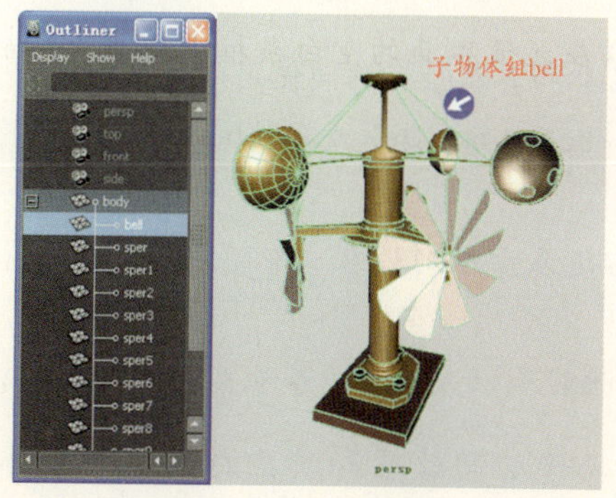

图12-89 选择物体组

3 执行Expression Editor （表达式编辑器）命令，打开表达式编辑窗口，在Selection（选择）属性列表下，可以看到当前被选中物体的名称和属性，如图12-90所示。

4 在Expression（表达式）列表中输入“bell.rotateY=body.translateX;”表达式，以控制组物体和子物体组bell间的约束关系，并使用默认表达式名称expression1，如图12-91所示。

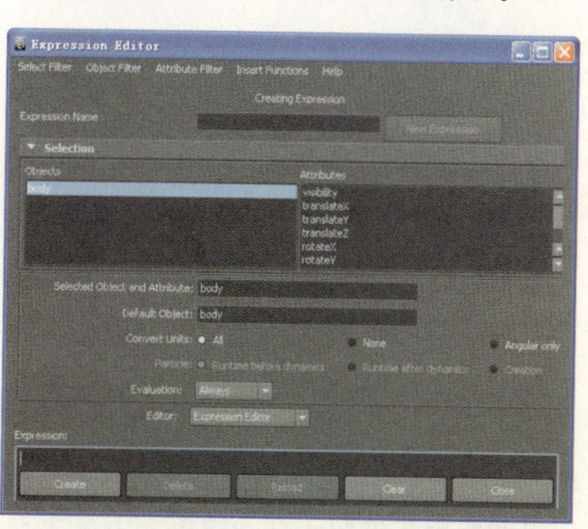

图12-90 打开表达式编辑窗口

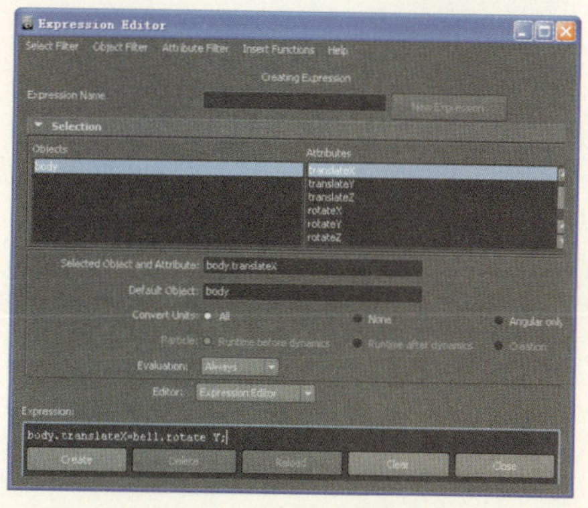

图12-91 输入约束表达式

注意

在输入表达式时，一定要注意字母的大小写，保证表达式中的字母与Selection属性下Attributes列表中的字母相同，并且注意字母之间的空格。在表达式末尾处一定要添加“;”号，并且是英文输入法下的“;”号，否则会在视图区下方的命令栏中出现红色提示，表明表达式约束不成立，不能进行约束控制操作。

5 单击Create按钮，执行两物体间的表达式约束操作，命令栏会以灰色显示，表明表达式创建成功。同时也可以看到子物体组bell发生了旋转，如图12-92所示。

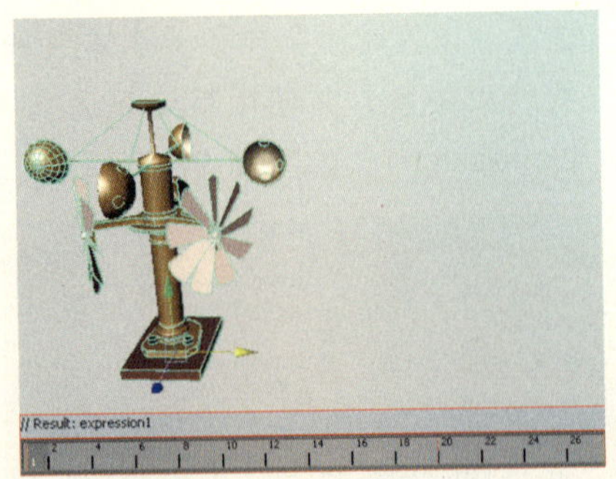

图12-92 执行表达式约束操作

6 再拖动时间滑块，可以看到整个物体组body在移动时，其子物体组bell也跟随着进行旋转操作，如图12-93所示。

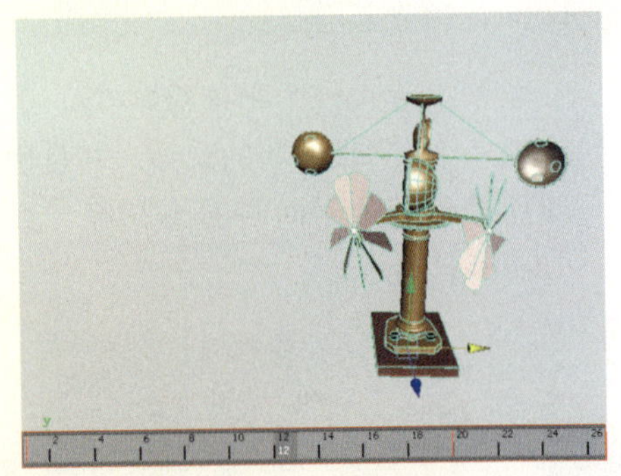

图12-93 最终约束效果

提示

这种类型的表达式在关键动画、角色设定和后面将要介绍到的粒子动画中应用非常广泛，可以制作出多种粒子动画效果。但是编写表达式需要很强的逻辑推理能力和编程知识，因此在学习编写表达时要从一些基础的表达式开始。

要想掌握表达的书写方法，就要首先对整个表达式所代表的含义进行一些了解。下面对前面实例中的表达式进行详细的介绍，如：

bell.rotateY=body.translateX;

- 在表达中通常使用点语法，例如在物体的名称和其属性名称间使用“.”号。
- bell.rotateY表示该bell物体Y轴的旋转属性；body.translateX表示该body物体X轴的移动属性。
- 表达式“=”号的左边表示被控制对象，右边表示控制对象（即随时变化的物体对象或属性）。
- 表达式中的“=”表示可以将等号右边的属性赋予（或约束）等号左边的属性。

问题：假如延长步骤6中组物体body，沿X轴移动的位置和动画时间，子物体组bell的旋转约束动画会自动循环下去吗?

会自动循环下去，但如果表达式中包含有时间限制时，则子物体组bell只会在设定的时间范围内进行旋转操作，并不会因动画空间范围和时间范围的延长而进行循环操作。

12.5 制作太空行星运动动画

本实例将通过模拟太空行星的运动动画和太空飞机飞行的制作来着重练习常用路径动画和约束工具的使用方法，以使用户对这些工具的使用技巧有一个很好的掌握。

综合实战10——制作太空行星运动动画

操作时间	37分07秒
视　频	视频\第1章\012-1.avi~012-3.avi

12.5.1 添加行星约束控制

1 执行Create（创建）| NURBS Primitives（NURBS基本体）| Sphere（球体）命令，在视图坐标原点处创建一个NURBS球体并命名为nurbsSphere1，赋予其一种贴图材质，如图12-94所示。

图12-94 创建球体nurbsSphere1

2 再执行Torus命令，在视图坐标原点处创建一个NURBS圆环，调整其半径大小，如图12-95所示。

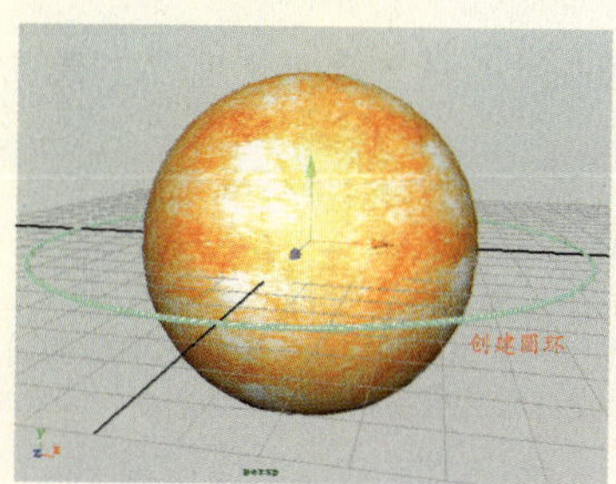

图12-95 创建NURBS圆环

3 再在视图坐标原点处创建一个NURBS小球并取名为nurbsSphere2。然后，沿Z轴移动其位置到圆环上并调整其中心点到坐标原点处，如图12-96所示。

4 使用同样的方法，从中心点向外依次创建9个球体和9个圆环，并且按顺序为它们命名。然后，再调整它们的中心点到视图坐标原点处，如图12-97所示。

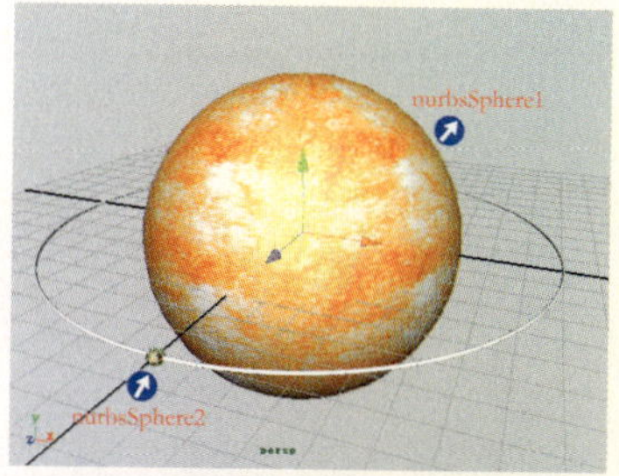

图12-96 创建球体nurbsSphere2

图12-97 创建多个球体

提示

为使每个球体都围绕大球进行旋转操作，就必须调整其他8个小球的中心点到场景视图的坐标原点处，并且保证大球的中心点也在场景坐标原点处。每个球体之间的间隔应当等距离，用户可以依照视图网格为单位来分布小球的位置。

5 旋转视图角度，选中所有的圆环，使用缩放工具将它们压扁，以增强太空轨道的美感，如图12-98所示。

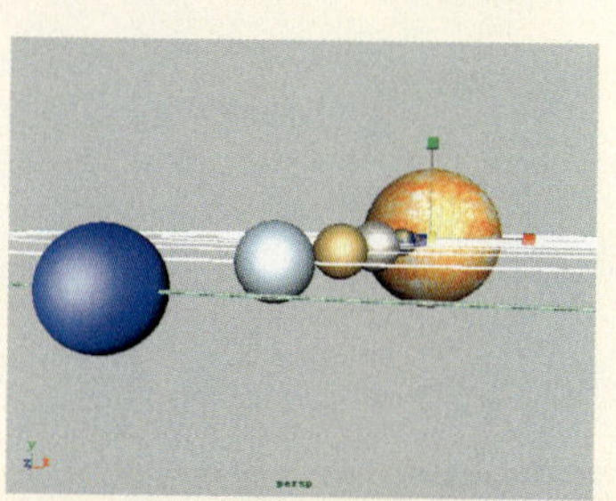

图12-98 缩放圆环厚度

6 先选择球体nurbsSphere3，再选中球体nurbsSphere2，执行Constrain（约束）| Orient（旋转约束）□命令，如图12-99所示。

图12-99 选中目标球体

7 打开旋转约束属性对话框，启用Maintain Offset（保持偏移）复选框，禁用Constraint axes（约束轴向）属性下的All复选框并启用其下方的Y复选框，如图12-100所示。

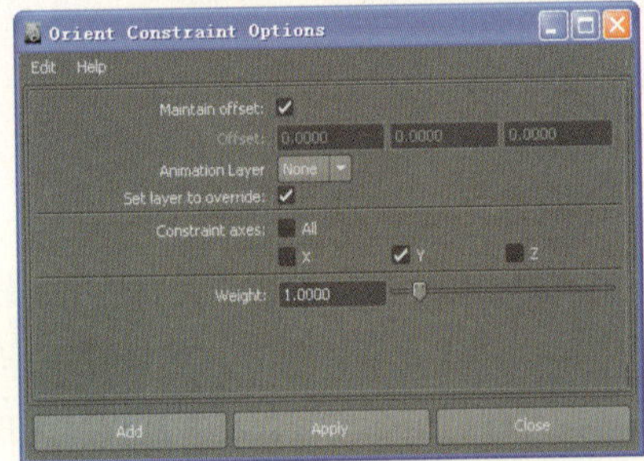

图12-100 设置旋转约束属性

8 单击Add按钮，选中球体3，可以看到球体2变为红色，表明约束操作成功，并在通道栏中可以看到球体2的Rotate Y属性被添加约束，如图12-101所示。

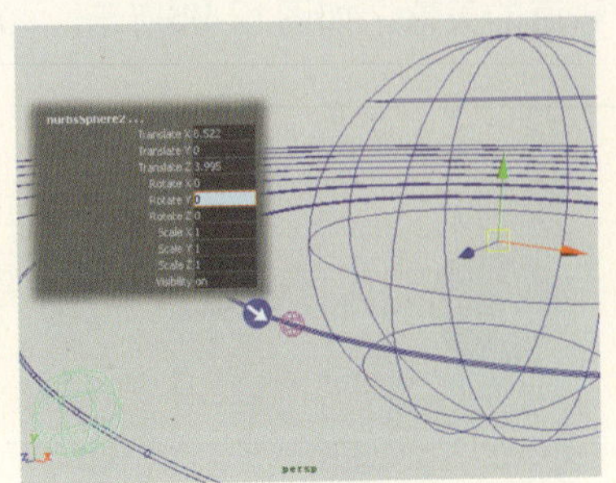

图12-101 球体2的被约束属性

9 使用旋转工具，选中球体3并对其进行旋转操作，可以看到球体2也跟随着发生旋转，如图12-102所示。

图12-102 球体2的被约束效果

10 选中球体1，执行Expression Editor（表达式编辑器）命令，打开表达式编辑窗口，设置表达式名称为Expression1，并输入表达式“nurbsSphere1.rotateY=time/5;”，如图12-103所示。

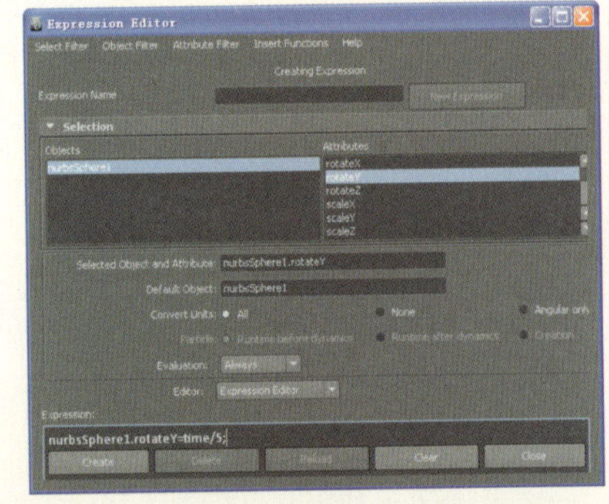

图12-103 设置球体1表达式

提示

图12-103所示的表达式中的time/5，则表示球体沿Y轴正向旋转的次数除以倍数5，以降低其旋转速度；但若为time*5，则表示球体旋转的次数乘以5倍，以使球体旋转速度加快；若为time*-5，则表示球体沿Y轴反向旋转的次数乘以5倍。

11 切换到球体1的通道栏，可以看到其Y轴属性变为紫红色，表示已被成功添加约束属性。拖动时间滑块，该球体会发生旋转，但速度缓慢，如图12-104所示。

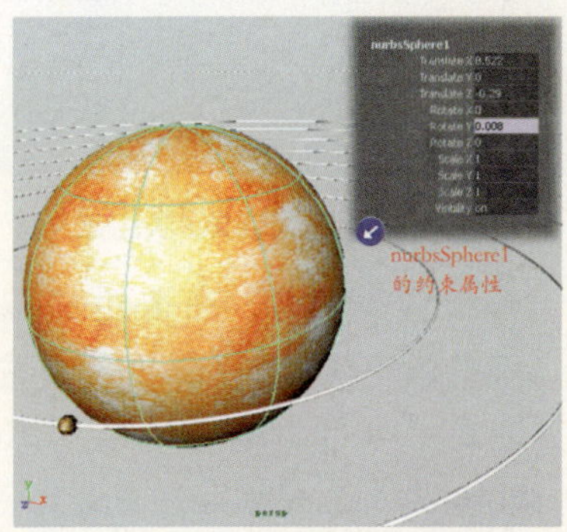

图12-104 被添加的约束属性

12 再选中球体nurbsSphere3，在表达式编辑窗口中选中rotateY属性，并输入表达式“nurbsSphere3.rotateY=time*2;”，并且定义表达式名称为Expression3，如图12-105所示。

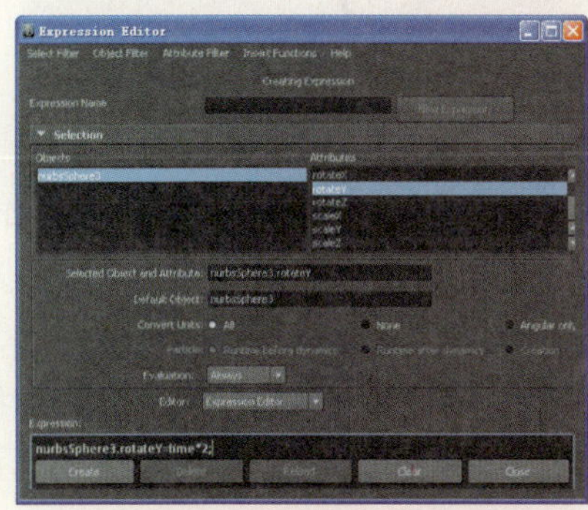

图12-105 设置球体2表达式

13 单击Create按钮，执行表达式约束操作，再拖动时间滑块，可以看到球体2和球体3都围绕视图坐标原点的Y轴进行旋转，如图12-106所示。

14 选中球体4，在表达式编辑窗口中选中rotateY属性，并输入表达式“nurbsSphere4.rotateY = time*1.5;”，如图12-107所示。

图12-106 球体3的旋转约束效果

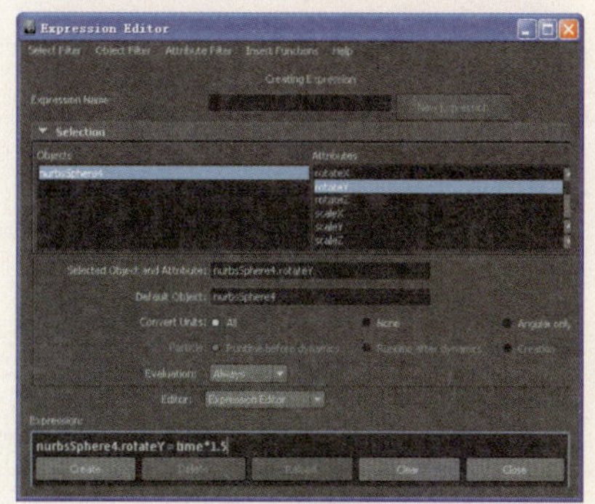

11-107 设置球体4表达式

提示

表达式中一些常见的符号都有它们特殊的含义，“+”号表示加的意思；“-”号表示减；“*”号表示乘；“/”号表示除；“%”号表示一个数被另一个数整除后的余数；“time”是一个变量，单位是“秒”；“=”号相当于赋值；“frame”表示一个变量，单位为“帧”。

15 同样，选中球体5，在表达式编辑窗口中选中rotateY属性，并输入表达式“nurbsSphere5.rotateY = time/-1;”，并且定义表达式名称为Expression5，如图12-108所示。

16 单击Create按钮，执行表达式约束操作，再拖动时间滑块，可以看到球体5向反方向进行旋转，如图12-109所示。

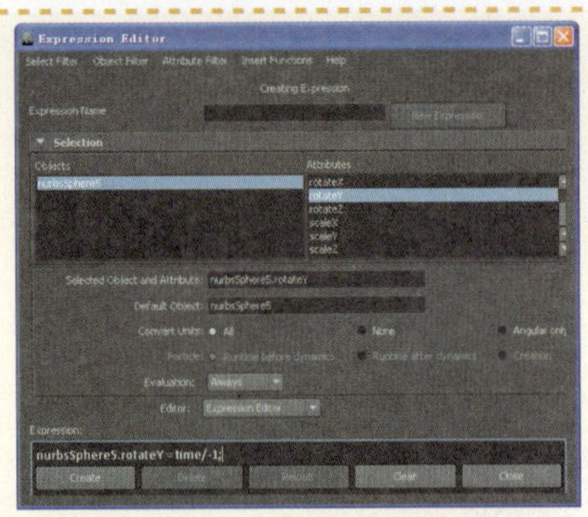

图12-108 设置球体5表达式

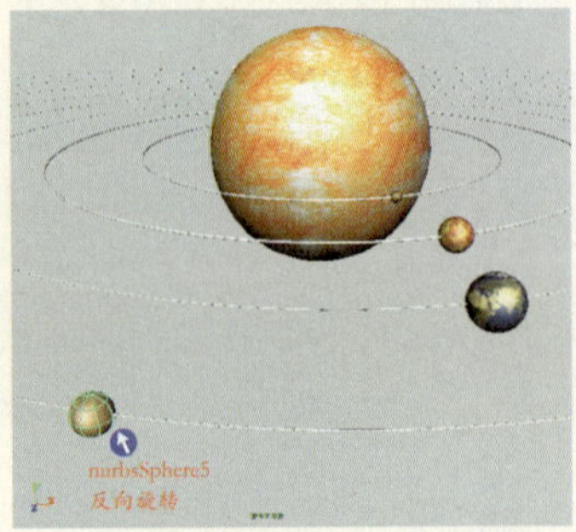

图12-109 球体5发生反向旋转

17 选中球体6，在表达式编辑窗口中选中rotateY属性，并输入表达式“nurbsSphere6.rotateY = time*3;”，并且定义表达式名称为Expression6，如图12-110所示。

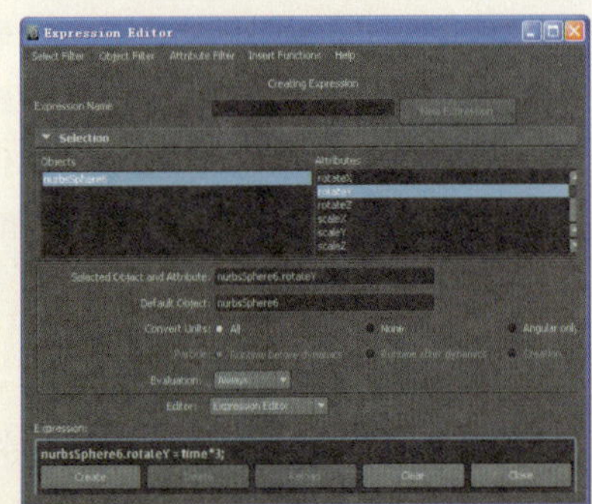

图12-110 设置球体6表达式

18 再选中球体7，在表达式编辑窗口中选中rotateY属性，并输入表达式“nurbsSphere7.rotateY = time/-2;”，并且定义表达式名称为Expression7，如图12-111所示。

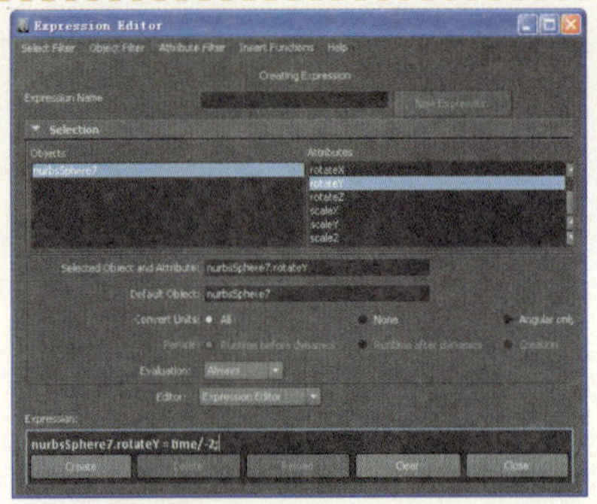

图12-111 设置球体7表达式

19 再选中球体8，在表达式编辑窗口中选中rotateY属性，并输入表达式“nurbsSphere8.rotateY = time*2;”，并且定义表达式名称为Expression8，如图12-112所示。

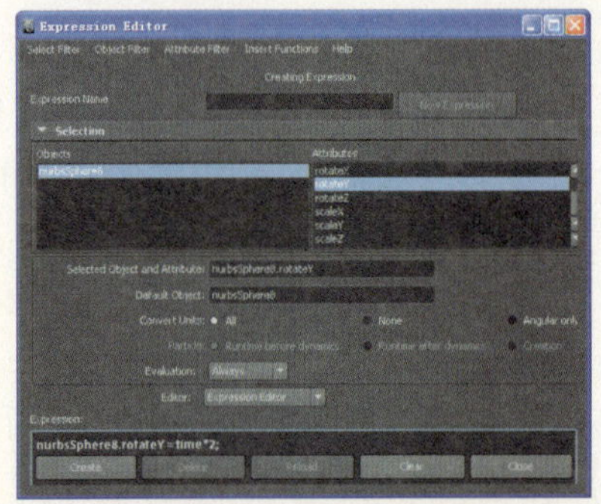

图12-112 设置球体8表达式

20 再选中球体9，在表达式编辑窗口中选中rotateY属性，并输入表达式“nurbsSphere9.rotateY = time*1.5;”，并且定义表达式名称为Expression9，如图12-113所示。

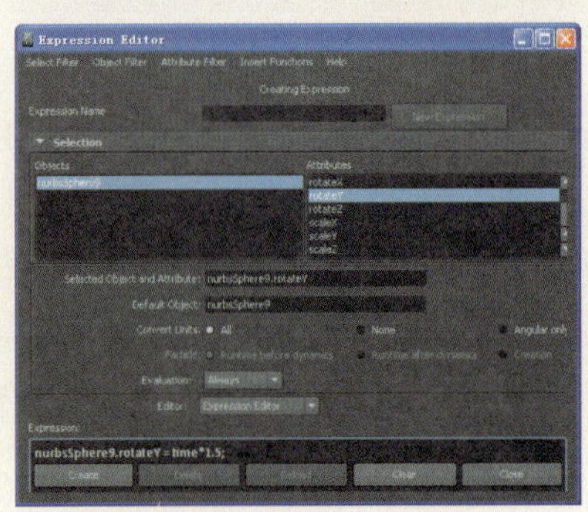

图12-113 设置球体9表达式

12.5.2 添加路径动画

1 添加完成几个球体的表达式后，拖动时间滑块，可以看到球体都会在各自设定的速率范围内进行旋转，如图12-114所示。

图12-114 球体的旋转约束效果

2 执行CV Curve Tool命令，在场景视图中创建一个CV曲线并调整其外形，再对其进行光滑处理，如图12-115所示。

图12-115 创建CV曲线

3 在场景中导入一架飞机造型，用来作为太空飞行的参照物并调整其在场景中的位置。然后，先选中飞机，再选中曲线，如图12-116所示。

图12-116 导入飞机模型

4 执行Attach to Motion Path（添加运动路径）■命令，在打开的对话框中选中Start/End单选按钮，设置End time（结束时间）为5000，启用Bank复选框并设置Bank Scale为10，如图12-117所示。

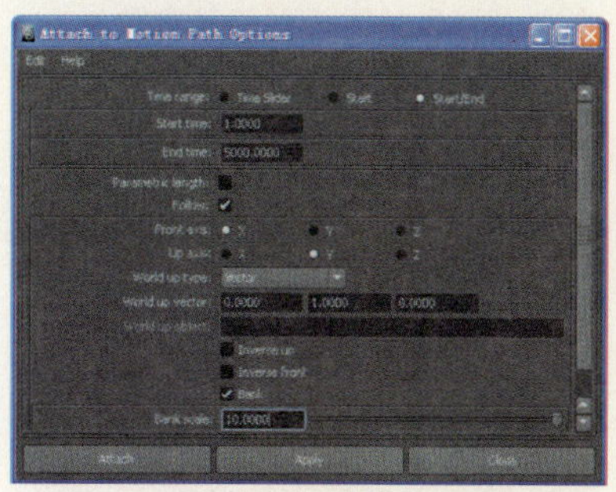

图12-117 设置路径动画属性

5 单击Attach（添加）按钮，飞机即可被添加到曲线上。但并不是想要的飞机沿曲线运动并与曲线平行，如图12-118所示。

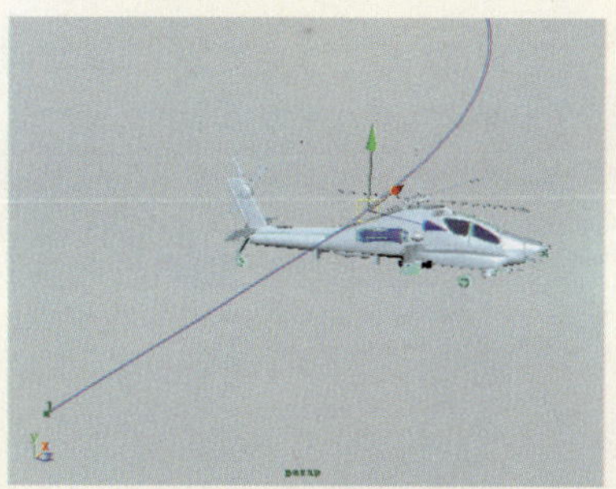

图12-118 创建路径动画

6 选中飞机组，打开其属性设置面板并切换到motionpath1选项卡。然后，设置World Up Vector X为0.5，并且启用Front Axis（向前轴）属性下的Z选项，如图12-119所示。

7 此时，再观察视图中飞机与曲线的平行状态，拖动时间滑块，即可使飞机沿曲线向前移动，如图12-120所示。

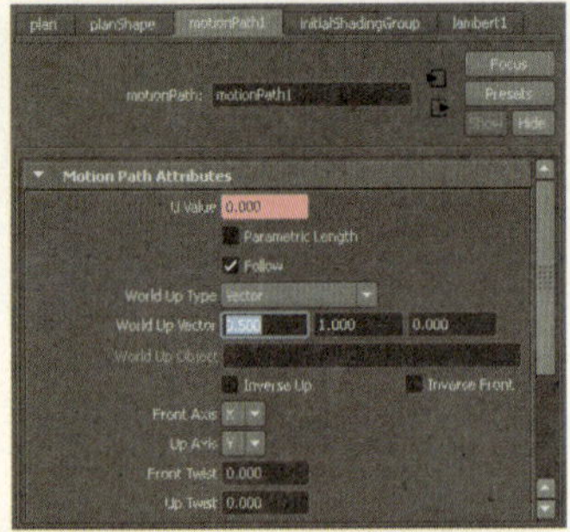

图12-119 设置路径参数

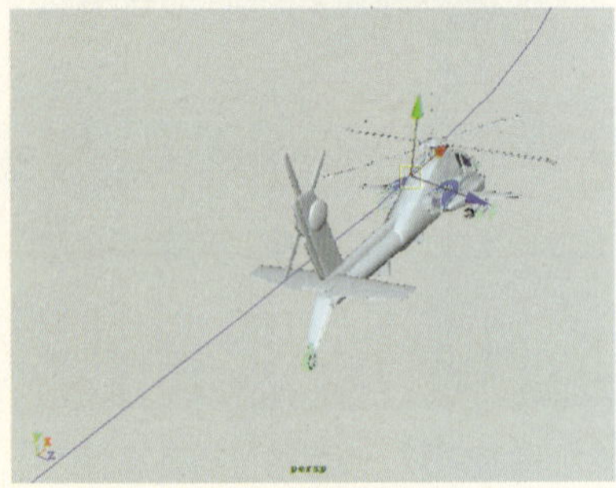

图12-120 沿路径飞行的方向

8 打开大纲列表，选择飞机的子物体组Wings，用来制作飞机螺旋桨的旋转效果，如图12-121所示。

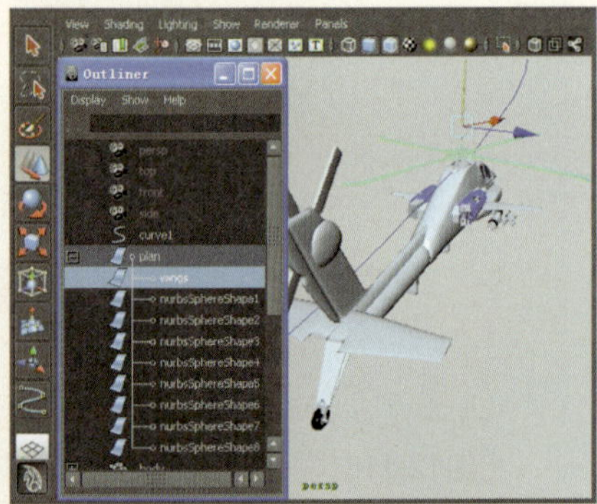

图12-121 选择子物体组Wings

9 然后，执行Expression Editor（表达式编辑器）命令，在打开的表达式编辑窗口中选中rotate Y属性，并输入表达式“Wings.rotateY=time*1000;”，如图12-122所示。

10 单击Create按钮，执行表达式约束操作，可以看到其Rotate Y被添加约束，并且飞机在沿路径运动的同时，螺旋桨也跟随着进行旋转，如图12-123所示。

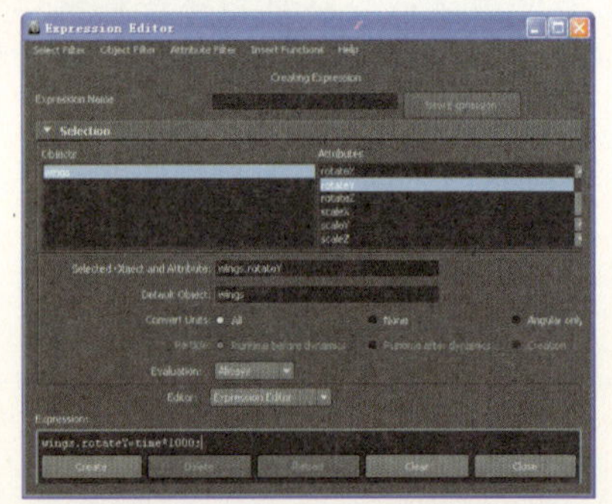

图12-122 设置飞机旋转表达式

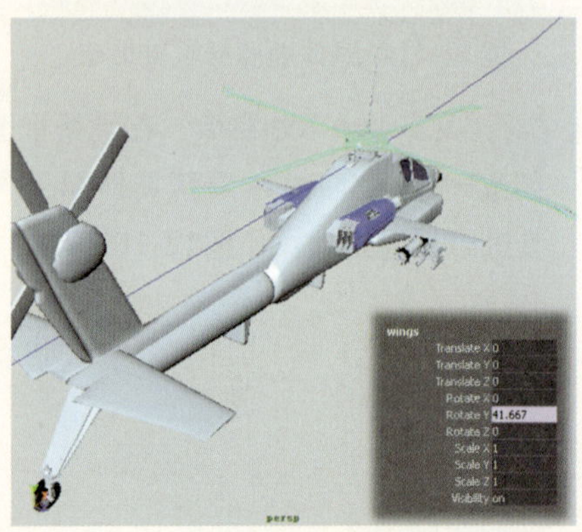

图12-123 螺旋桨的被约束属性

11 在场景中创建一个NURBS平面，并赋予一张背景贴图，用来作为太空背景，如图12-124所示。

图12-124 创建场景背景

12 调整背景图片的放置位置和场景视图角度，以达到很好的太空视觉效果，如图12-125所示。

图12-125 宇宙场景的模拟效果

12 拖动时间滑块，观察太空中行星和飞机在各个时间段的动画效果，如图12-126所示。

图12-126 各时段的动画效果

第13章

骨骼与绑定技术

在三维角色动画的制作流程中，“角色设置”在建模和动画这两个环节之间起到了一个桥梁的作用。它将静止的、无生命的模型变成可运动的、活生生的角色。如果把三维动画比喻成现实生活中的木偶动画，那么木偶动画中的玩偶就相当于Maya中的建模，木偶表演者就相当于Maya动画，而木偶身体中的钢丝关节，就是本节中所要介绍的骨骼系统，并且骨骼是不能被渲染出来的。在骨骼创建完成后，需要将骨骼绑定在模型上，再对骨骼进行控制和设置关键帧动画，从而使僵硬静止的模型具有生命力。

如图13-1所示的效果是骨骼与绑定技术的应用。

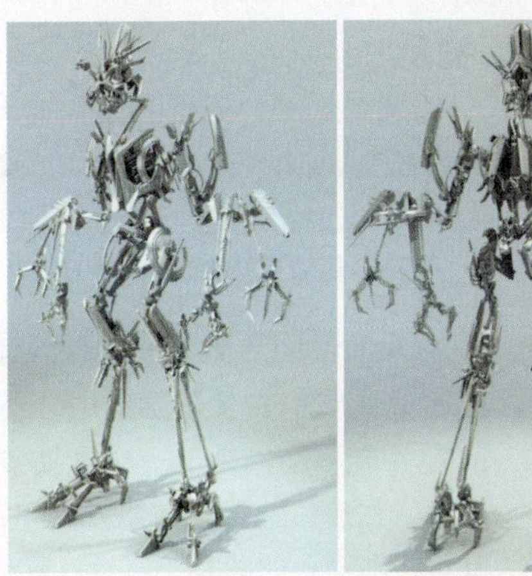
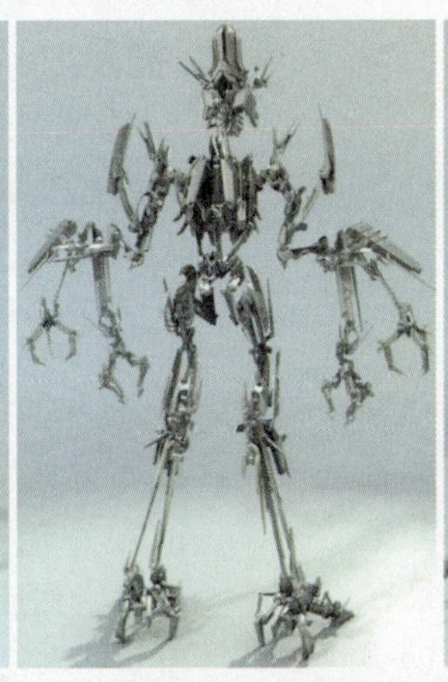
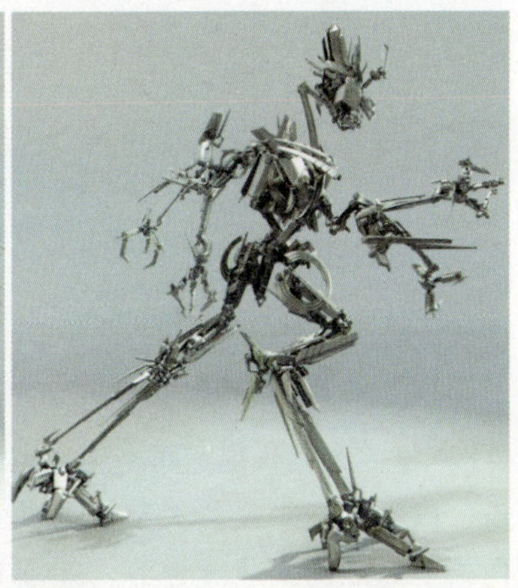

图13-1 骨骼与绑定技术应用

13.1 骨骼的基本认识

就三维角色动画技术而言，“骨骼”是一种虚拟的三维物体。动画师可以利用这一整套骨骼系统来牵动角色的肢体变化。三维骨骼需要进行复杂的连接和设置，才能模拟真实角色肢体上的运动机制。可以说，三维骨骼同真实角色身体里的“骨头”有共性，但又有不同之处——三维骨骼是真实“骨头”的精简化和符号化，例如人体本身有206块大大小小的骨骼，而一套很复杂的电影主角级别的三维模型的骨骼系统，骨骼数量最多也只不过100块，这样就简化了骨骼调整和控制的复杂度。

13.2 Skeleton（骨骼）的基础操作

有关骨骼创建和编辑命令，都集中在Animation模块下的Skeleton（骨骼）菜单下。

13.2.1 Joint（骨骼）

在制作骨骼动画之前，首先要根据角色的结构外形来创建适合的骨骼链系统，下面通过相关的操作来介绍骨骼链的创建。

动手实践247——创建骨骼

1 切换到Animation（动画）模块，执行Skeleton （骨骼）| Joint Tool（关节）命令。然后，按X键的同时，在视图网格中心点上单击，以将创建的骨关节捕捉到视图网格点上，如图13-2所示。

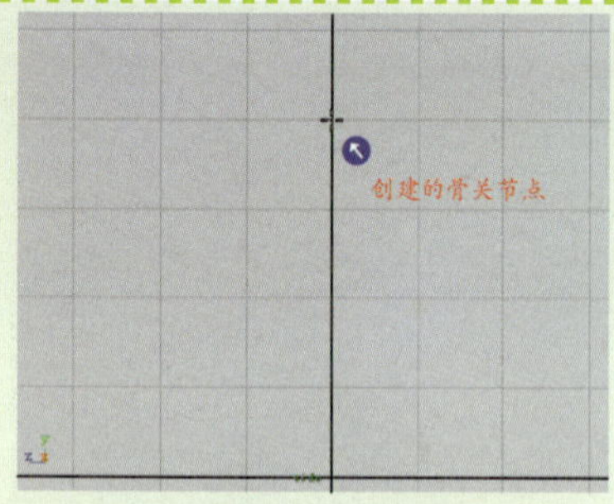

图13-2 将骨关节捕捉到网格点

2 再按X键并在另一视图网格中心点处单击，以创建一个新的关节点，并且在两关节点之间生成一骨节，如图13-3所示。

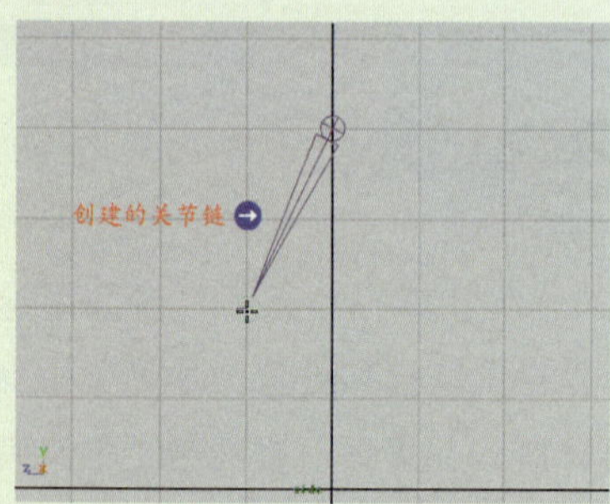

图13-3 创建骨关节

3 在网格中心点上连续单击4次，然后按Enter键以确定骨骼的创建完成。每单击一次就创建一个骨关节，每个骨关节会根据创建的先后顺序自动命名，如图13-4所示。

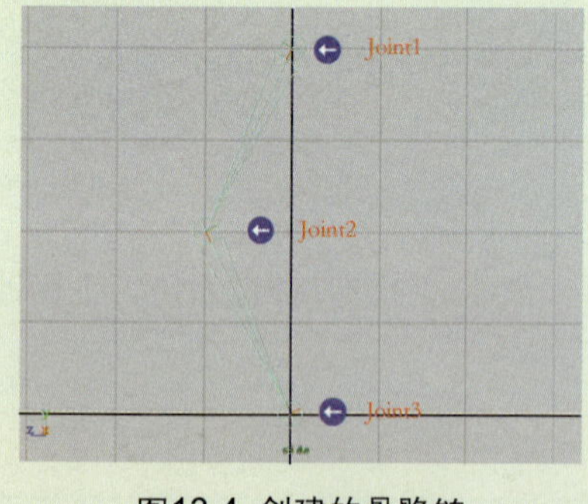

图13-4 创建的骨骼链

提示

如果创建出的骨骼过于细小或粗大，可以执行Display | Animation | Joint Size命令，然后再在弹出的对话框中设置骨骼的显示尺寸，以便于模型与骨骼的绑定工作。

4 打开Outliner（大纲栏）窗口，可看到所有骨关节都在父子层级中，新创建的骨关节总是作为上一个骨关节的子物体。然后，选择子骨关节Joint2并对其进行移动，如图13-5所示。

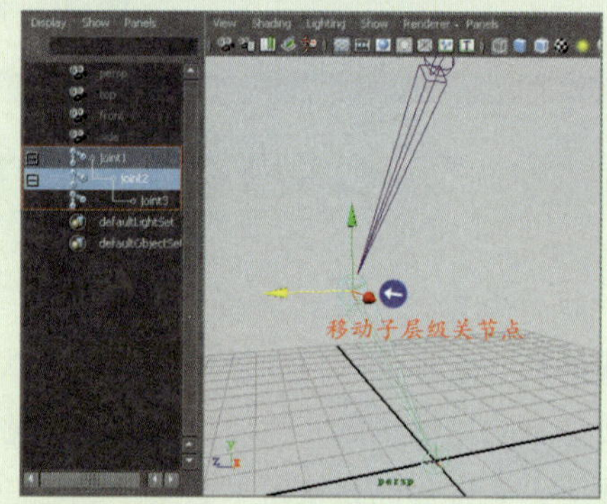

图13-5 骨骼的父子层级

5 同样的方法，还可以选中父骨关节或子骨关节，然后对其进行旋转操作，如图13-6所示。

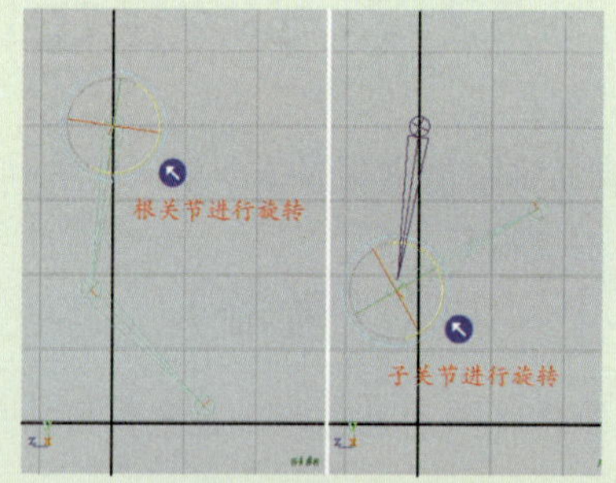

图13-6 旋转骨骼关节

13.2.2 Insert Joint Tool（添加骨骼点工具）

当创建出一条骨骼链后，可能根据实际制作还需要再次添加关节以改变骨骼的形状和长度，用户可以通过两种方法来增加骨关节。

动手实践248——添加骨骼点

1 继续使用上节中创建的关节链。然后，执行Skeleton（骨骼）| Insert Joint Tool（插入关节）命令，再在任意关节点上按住鼠标左键不放，即可创建一个关节点，如图13-7所示。

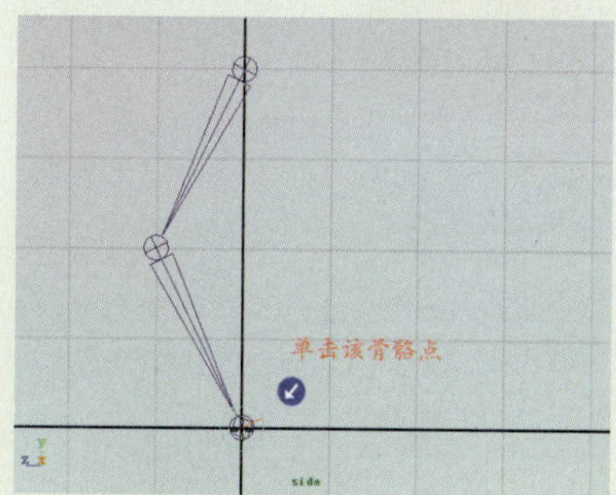

图13-7 创建关节点

2 紧接着，再拖曳鼠标左键的位置，以指定新创建的骨关节的位置，如图13-8所示。

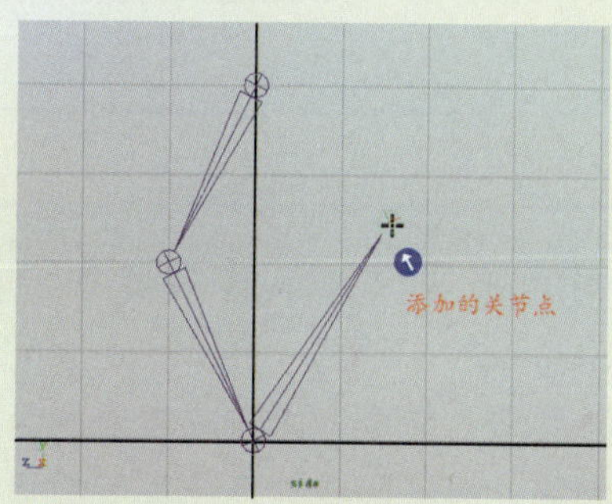

图13-8 添加的关节点

3 先按Enter键，再选择父骨关节，以确定添加新骨骼点后骨骼链的连接位置，如图13-9所示。

4 执行Joint Tool（关节）命令，在最后一节骨关节上单击，该关节点变为绿色高亮显示，如图13-10所示。

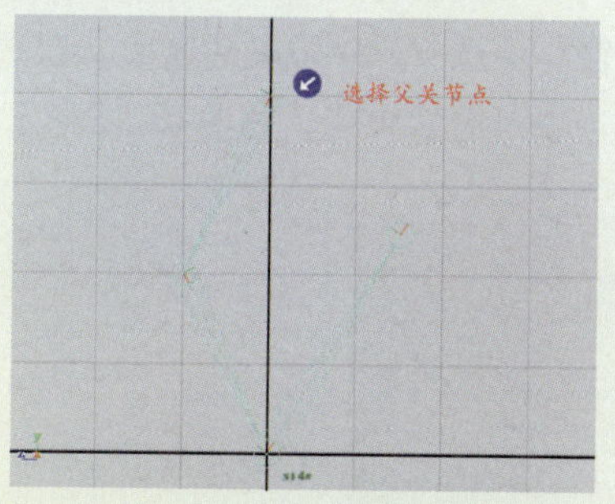

图13-9 骨骼连接后的效果

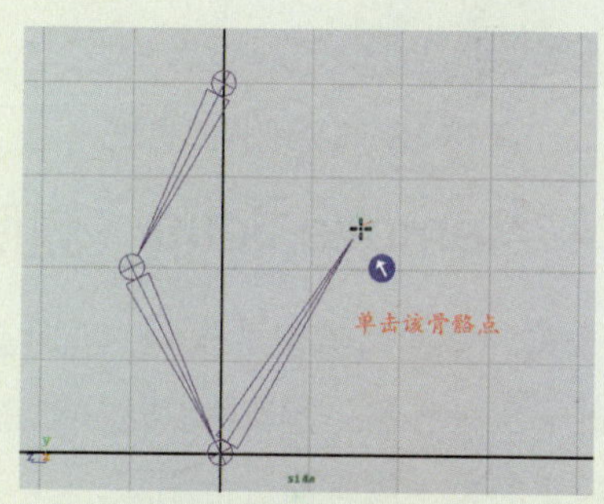

图13-10 单击骨骼点

5 再在需要添加关节点的位置单击，以创建新的骨关节，从而延伸了骨骼链的长度，如图13-11所示。

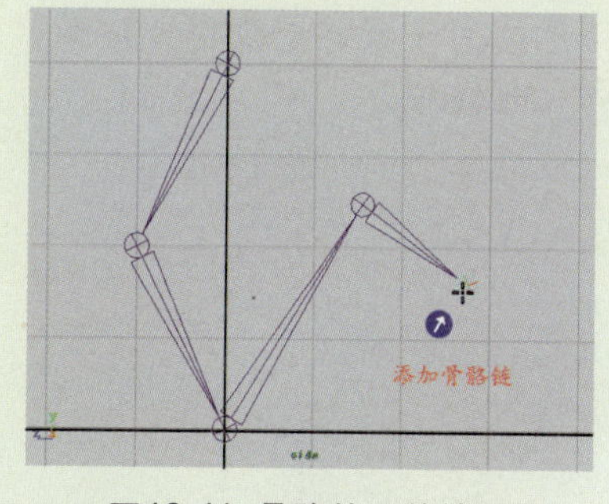

图13-11 骨骼的延伸效果

13.2.3 Reroot Skeleton（重建根部骨骼）

在Maya场景中，允许用户随意选中关节链上的一个骨关节，并将其指定为骨关节链中的父关节，以快速改变整个关节链中的父子层级结构。

动手实践249——重建根部关节

1 在视图中选择骨骼链中的子关节层级Joint3。也可以在Outliner（大纲栏）窗口中选择Joint3属性选项，以选中该选项对应的骨骼，如图13-12所示。

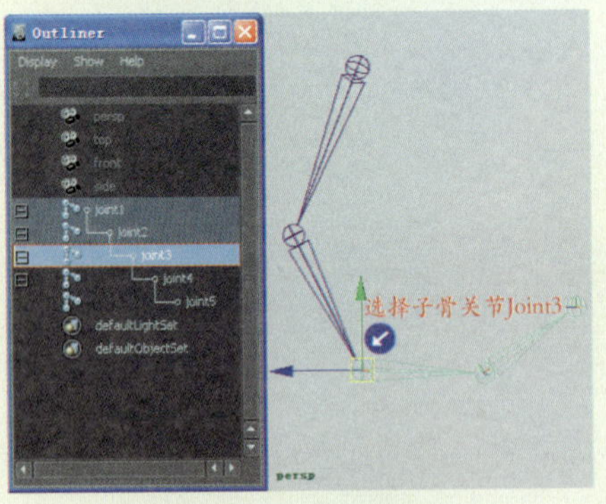

图13-12 选择子骨骼层级

2 执行Skeleton（骨骼）| Reroot Skeleton（重置根关节）命令，以将当前选择的子骨骼层级转换为父骨骼层级，如图13-13所示。

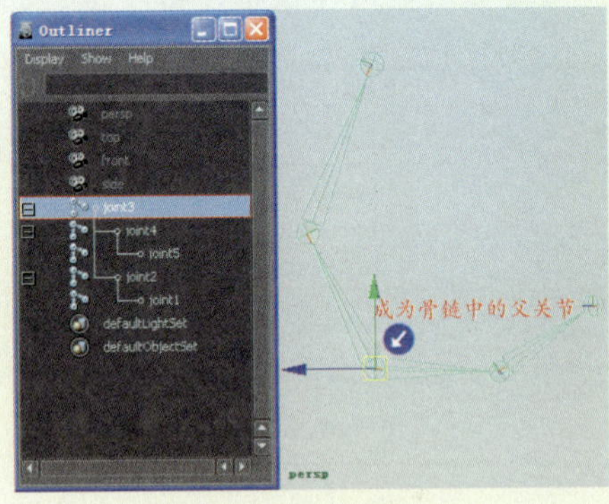

图13-13 转换骨骼层级

13.2.4 Remove Joint（删除骨骼）

在骨骼的创建与编辑工作中，有时会根据模型需要，适当将多余的骨骼进行删除，但是会连需要的子层级骨骼一起删除，这样就造成不必要的麻烦，此时用户可以通过使用Remove Joint命令将特定的某一段骨骼进行删除。

动手实践250——删除骨骼

1 选择骨骼链中的子骨关节，按Delete键，即可将其删除，并且该骨骼层级下的所有子骨骼层级都会被删除，如图13-14所示。

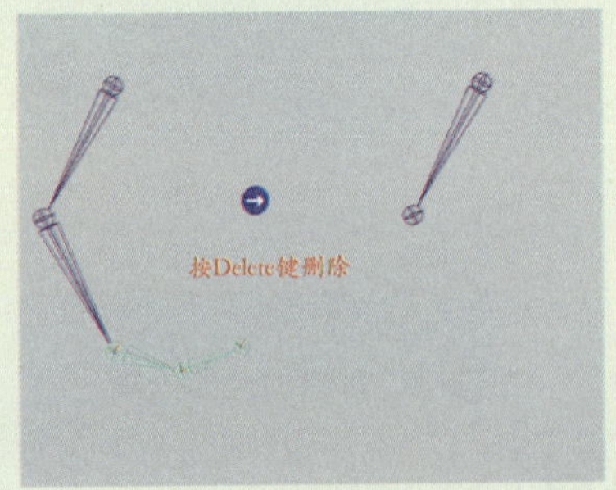

图13-14 按Delete键删除

2 用户也可以选中该子关节，执行Skeleton（骨骼）| Remove Joint（去除关节）命令，以只将当前的骨关节删除，而不影响其他子关节层级，如图13-15所示。

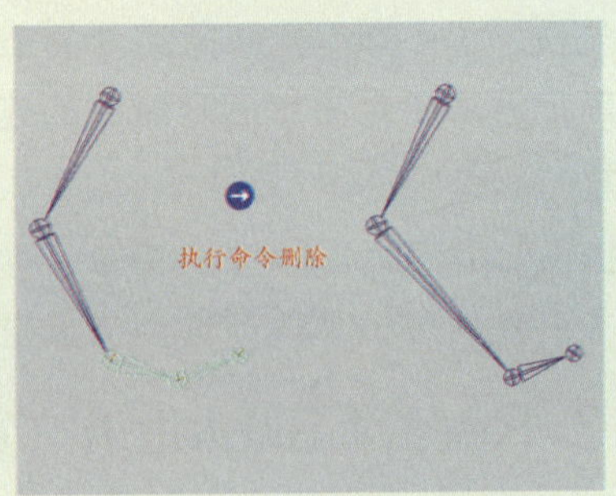

图13-15 执行Remove Joint操作

13.2.5 Disconnect Joint（断开骨骼）

在场景角色骨骼中，常常需要将分支骨骼链断开，再连接到其他骨关节上，例如人体的手骨分支关节，从而简化骨骼的创建工作。骨骼断开的方法分为两种：一种是将骨骼链的父子层级打断；一种是使用Maya提供的Disconnect命令打断。

动手实践251——断开骨骼连接

1 选择Outliner窗口中的子骨骼层级Joint2，按Shift+P键，即可打断它与原始父骨骼层级之间的从属关系，从而成为两个独立的骨链，如图13-16所示。

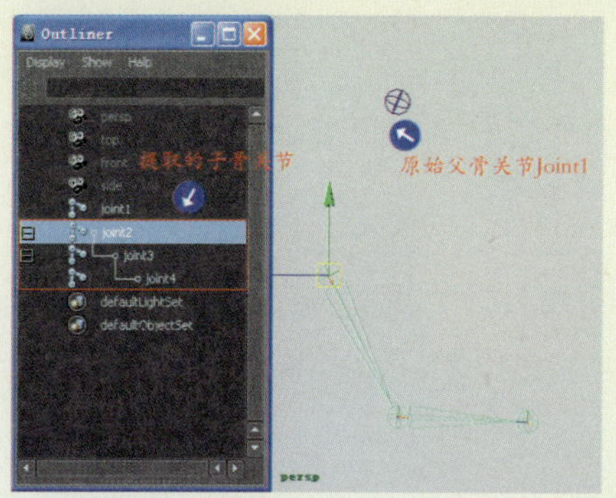

图13-16 取消父子从属关系

2 同样，用户还可以选择该子骨骼层级，执行Skeleton（骨骼）| Disconnect Joint（断开关节）命令，即可将它们断开，如图13-17所示。

3 移动断开的其中一条骨骼链，可看到骨骼被打断处生成了一个新骨骼点，由于新创建的骨骼点与原骨骼点半径不同，用户可以自行设置该骨骼点的半径，如图13-18所示。

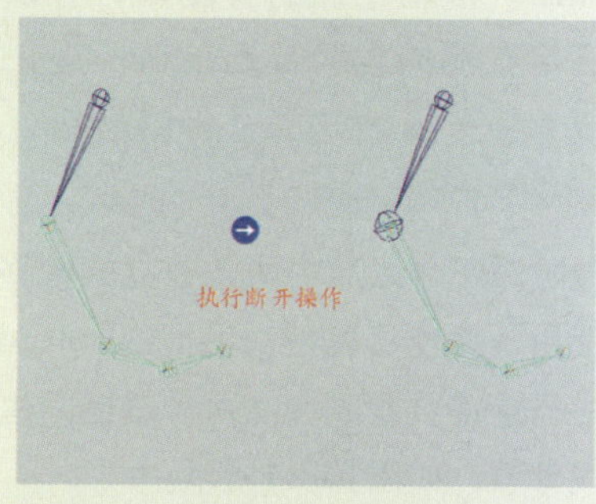

图13-17 执行Disconnect Joint操作

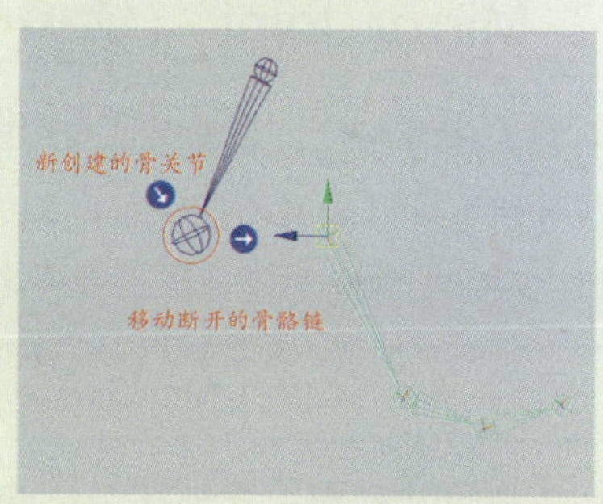

图13-18 骨骼的断开效果

13.2.6 Connect Joint（连接骨骼）

为了便于骨骼的创建和编辑，Maya还提供了专门的骨骼连接工具Connect Joint，它可以将两个独立的骨骼链连接在一起，从而简化了骨骼创建的复杂程度。连接的方式分为两种：一种为Connect模式；一种为Parent模式。

动手实践252——连接骨骼

1 先选择左侧的骨骼链，再选择右侧的子骨骼层级，执行Skeleton（骨骼）| Connect Joint（连接关节）□命令，在弹出的对话框中使用默认设置，单击Apply按钮，如图13-19所示。

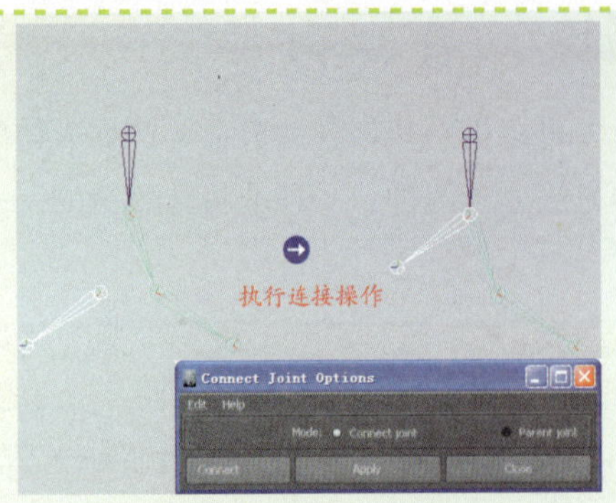

图13-19 执行Connect操作

2 然后，移动左侧的骨骼链，可以看到它与右侧的骨骼链连接在一起，并且成为整条骨骼链的子骨骼层级，如图13-20所示。

3 同时，还可以选中两条独立的骨骼链，使用骨骼连接属性对话框的Parent模式进行连接，此时会在两骨骼链间生成一段骨节，如图13-21所示。

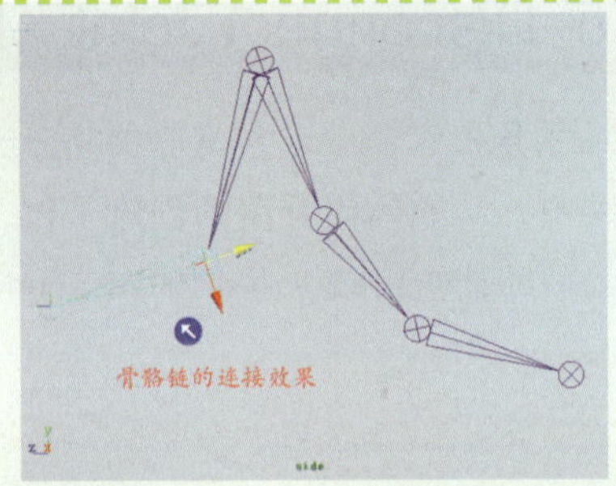

图13-20 Connect模式的连接效果

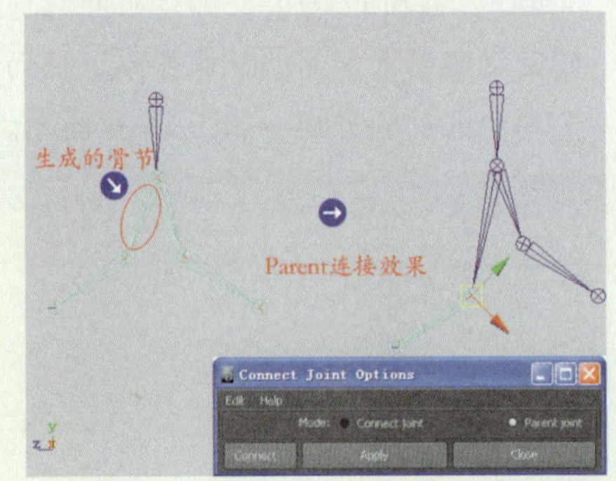

图13-21 Parent模式的连接效果

13.2.7 Mirror Joint （镜像骨骼）

在创建人体骨骼时，需要保证身体四肢的左右两侧完全对称，若使用手动的方式来一一创建每一段骨骼，即麻烦又不能保证两侧的骨骼完全对称，此时可以使用Mirror Joint命令来快速镜像复制出对称的骨骼对象。该工具同多边形建模的几何体镜像工具类似。

动手实践253——镜像骨骼

1 切换到Side视图，在视图坐标的一侧创建一组骨骼链，如图13-22所示。

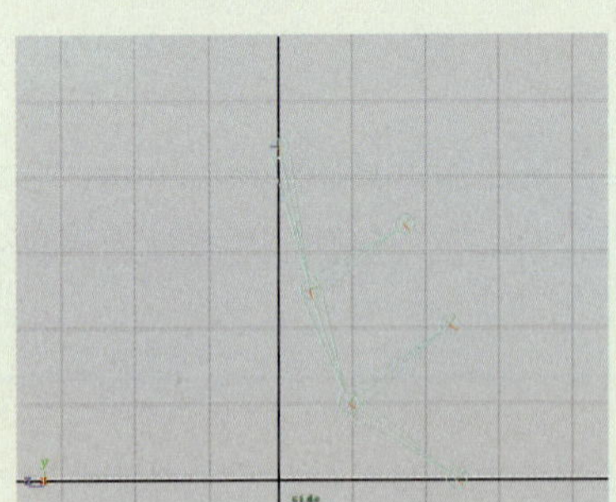
图13-22 创建骨骼链

2 执行Mirror Joint（镜像关节）■命令，打开镜像关节属性对话框，这里使用默认属性参数，如图13-23所示。

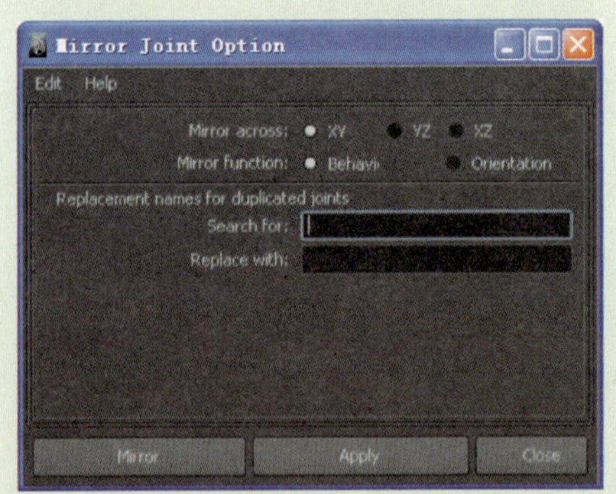

图13-23 镜像关节属性对话框

3 单击Apply按钮，执行骨骼链的镜像操作，即可镜像复制出一条对称的独立骨骼链，如图13-24所示。

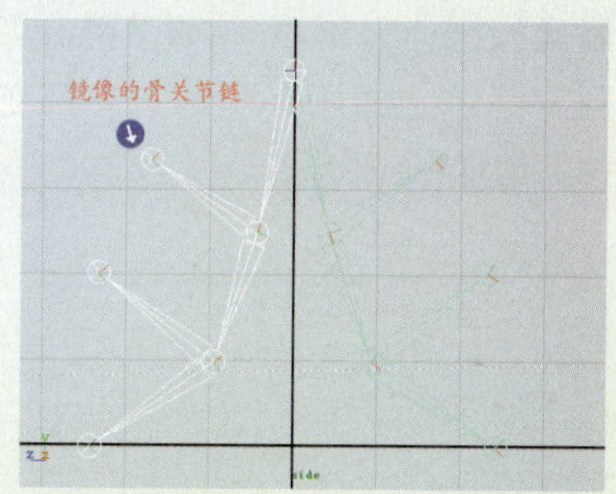

图13-24 执行骨骼的镜像操作

4 同样，还可以只选择骨骼链中的子骨关节层级，执行Mirror Joint操作，即可将该骨骼镜像复制到另一侧，并且在镜像骨骼与原始骨骼链之间生成了新的骨节，如图13-25所示。

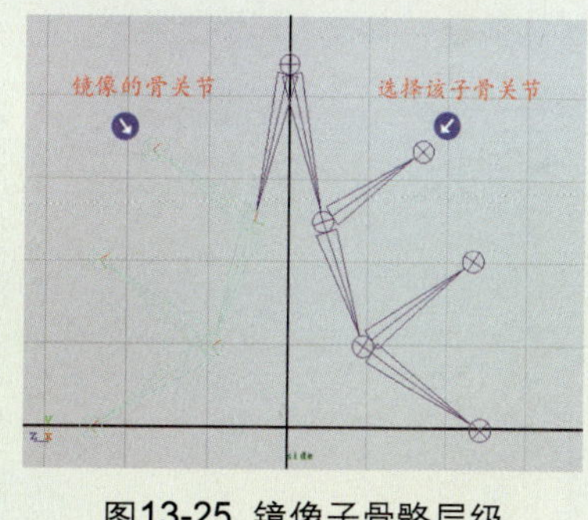

图13-25 镜像子骨骼层级

13.2.8 Orient Joint（骨骼局部坐标）

在第1章中介绍Maya基础时，用户对物体的局部坐标和世界坐标有了充分的认识，在骨骼系统中，每个骨节的旋转坐标都依赖于局部坐标的设定，因此骨骼局部坐标的设定对于骨骼的操作至关重要。

动手实践254——调整骨骼坐标

1 在Side视图中，创建一条骨骼链。然后，将其选中并按F8键，以进入其组件模式，再单击状态栏上的?按钮，以显示骨骼链的局部坐标，如图13-26所示。

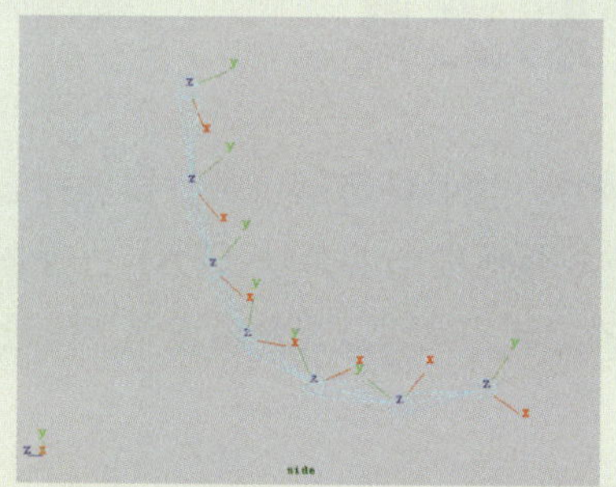

图13-26 显示骨骼的局部坐标

2 用户可以选择骨骼点的坐标并对其进行旋转，以使骨骼上的坐标方向全部统一起来，但是有些骨骼的坐标轴出现错乱，并没有沿骨骼轴向分布，如图13-27所示。

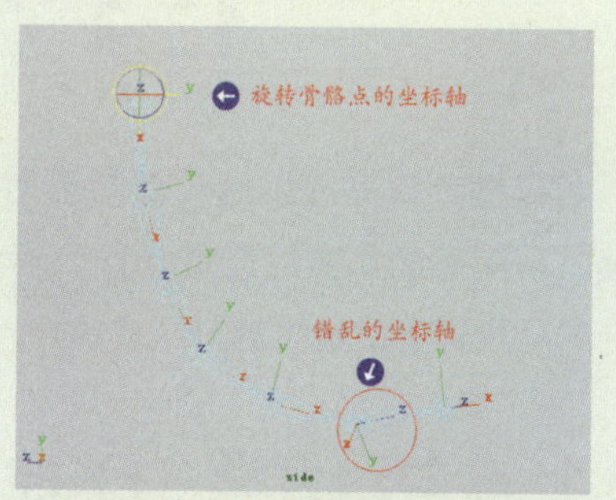

图13-27 旋转骨骼的左边方向

提示

从图13-26中可以看到，随着骨骼创建方向的不同，每个骨关节上的极坐标方向也不同。通常在制作动画时，必须确保骨骼沿骨骼链的坐标轴方向绝对一致，这样才能让骨骼在一个方向上产生弯曲。

3 按F8键，进入骨骼链的选择状态。然后，执行Orient Joint（方向关节）□命令，打开其属性对话框，这里使用默认参数，如图13-28所示。

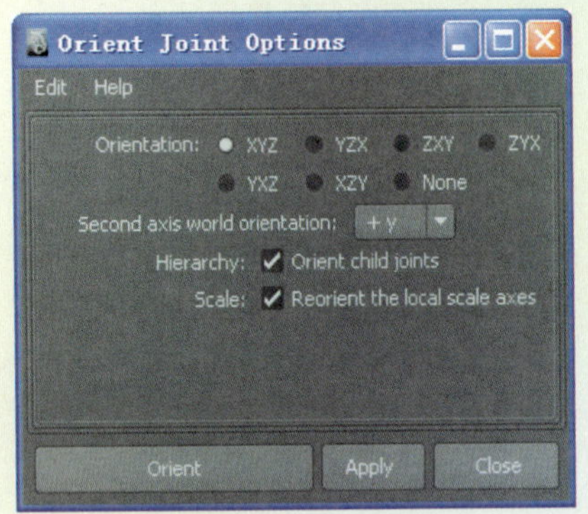

图13-28 骨骼局部坐标属性设置

4 单击Orient（方向）按钮，执行修正骨骼坐标操作。然后，按F8键，可以看到骨骼链上的所有坐标方向都变为统一，如图13-29所示。

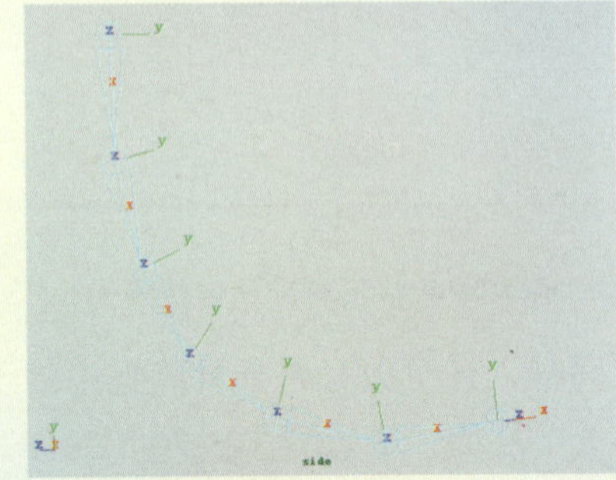

图13-29 骨骼坐标方向的统一

下面对Orient Joint Options对话框中的选项进行说明。

- Orientation（方向）：用来设置骨骼局部坐标的方向，默认为XYZ分布，用户还可以选择YZX、ZXY等多种分布模式。
- Second axis word orientation（第二节骨骼的世界坐标）：用于设置第二节骨骼的世界坐标方向，默认选中Y轴。
- Hierarchy（层级）：在启用Orient Child Joints复选框后，可以同时对该骨节点下的所有子骨节点应用此操作。
- Scale（比例）：用于控制是否可以重置局部缩放坐标，默认启用该复选框。

13.3 骨骼的控制工具

当骨骼创建完成以后，就需要对骨骼进行各种操作，使其能够摆出各种姿势并设置关键帧，从而完成丰富的连贯动作。骨骼的几种控制方式包括前向动力学（FK）、反向动力学（IK）和样条曲线控制（Spline）。下面介绍骨骼的控制方式以及骨骼预设角度的设置。

13.3.1 前向动力学（FK控制）

前向动力学，英文为Forward Kinematics，简称FK，实际就是之前已经操作过的旋转骨骼。角色的每一个姿势、每一个动作，都需要逐个旋转关节，才能让关节链最终到达该位置。通常都是先旋转父关节，再旋转下一个子关节，顺着关节链依次操作。

例如需要一条直线型的骨骼产生弯曲，就需要反复旋转该骨骼链中的每一段骨关节，以达到很好的弧形弯曲效果，如图13-30所示。

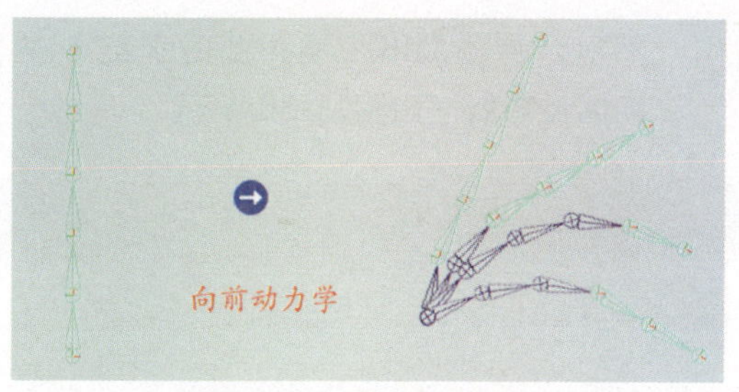

图13-30 向前动力学原理

注意

虽然前向运动学有着完美的弧形运动轨迹，但是在一些特殊情况的动画中就需要用到反向动力学，如骨骼链中的某段骨骼被固定住或者被某物体牵引摆动等。

13.3.2 反向动力学（IK控制器）

反向动力学不同于前向动力学，它的特点是依靠控制器直接将骨链端点的骨骼移动到目标点，而无需前向动力学中那样逐个移动关节点。在反向动力学中根据控制器的类型，分为单线控制骨骼和样条曲线控制骨骼。

1.IK Handle Tool（IK单线控制器）

在反向动力学中操作骨骼非常简单，只需要使用一个骨骼控制器，就可以非常便捷自由地控制骨骼并摆出各种姿势。

动手实践255——添加IK手柄

1 在场景中创建一条弯曲的骨骼链，执行Ik Handle Tool（IK控制手柄）□命令，在视图右侧弹出的面板中使用默认设置。然后，在骨骼链的父关节点处单击，如图13-31所示。

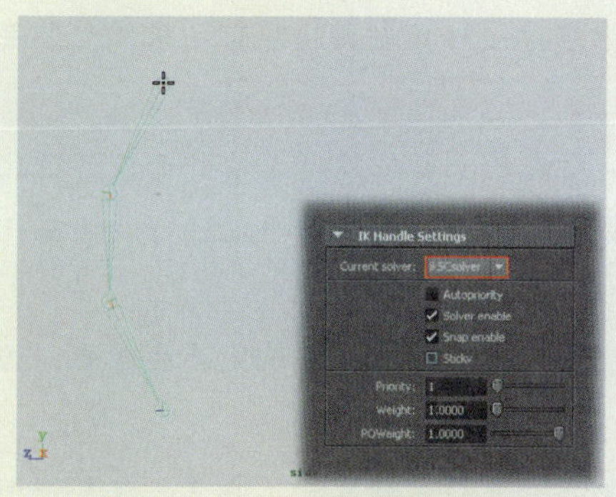

图13-31 执行Ik Handle Tool操作

2 在骨骼链中最后一节关节点处单击，即可为骨骼添加IK控制，用户可以通过操作该控制手柄来修改骨骼的状态，如图13-32所示。

3 打开Outliner窗口，可以看到在执行Ik Handle Tool（IK控制手柄）命令后，生成的IK效应器属性和IK控制手柄属性选项，用户可以单击相应的选项来选择控制器，如图13-33所示。

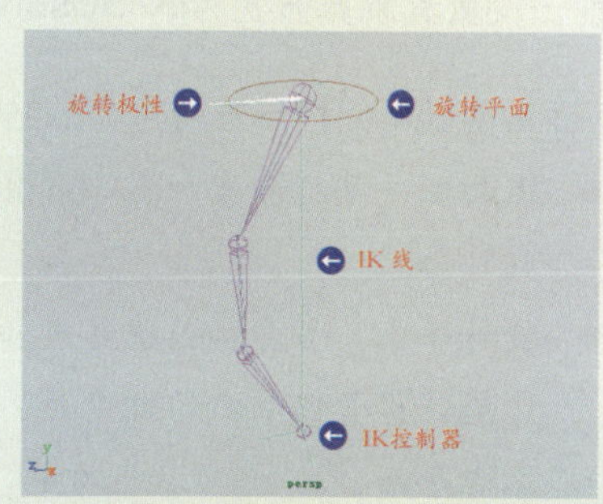

图13-32 添加的IK控制器

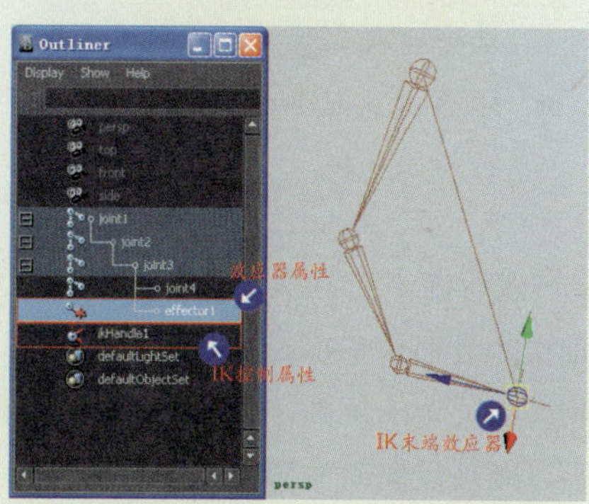

图13-33 大纲列表中的IK控制属性

4 选择IK控制手柄，使用移动工具对其进行移动操作，骨骼或旋转平面都会发生改变，如图13-34所示。

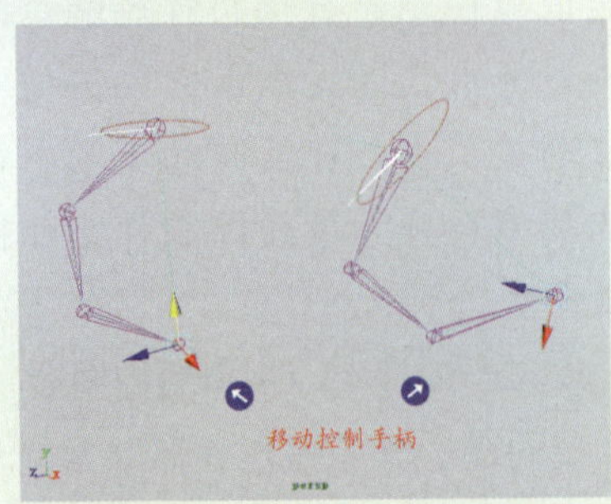

图13-34 移动IK控制手柄

5 选中IK手柄，按T键以显示其控制手柄，沿旋转平面移动控制点，即可旋转骨骼链。同时，沿骨链末端的圆环拖曳鼠标左键，也可以旋转骨骼链，如图13-35所示。

6 用户还可以在执行Ik Handle Tool（IK控制手柄）命令后，添加IK控制之前，设置其解算方式为IK SCsolver。然后，再添加IK控制，此时观察生成的IK控制器，如图13-36所示。

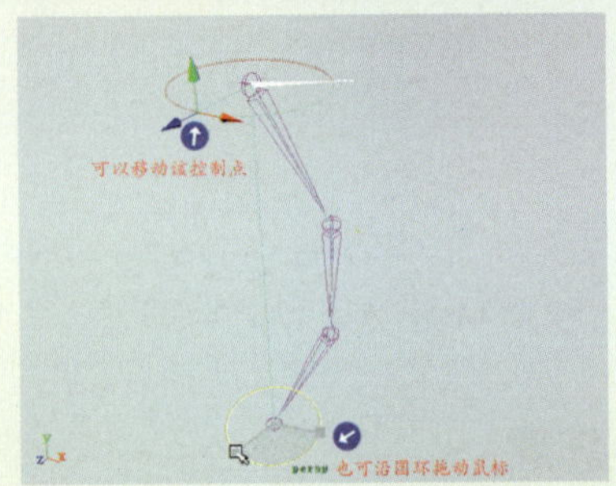

图13-35 旋转骨骼链

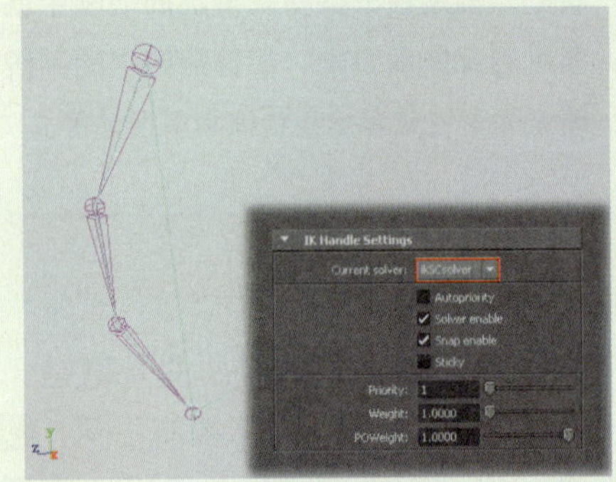

图13-36 执行IK SCsolver解算

下面对旋转平面控制器所包含的结构进行详细说明。

- IK控制手柄：即表示IK Handle控制器，可以通过平移控制器快速移动末端骨骼关节到目标点。
- 旋转平面：当骨骼链旋转或扭曲时，骨骼链所在的平面必须与其他平面进行对比，才能获得骨骼扭曲的幅度值。旋转平面正是用来作为和骨节链平面进行扭曲对比的参考平面。
- 旋转极性：用来控制骨骼在反动力学中的旋转操作。该手柄默认无法被选中，必须选中IK控制器，然后按T键来快速选中旋转极性。
- IK线：仅起显示作用，用来标明当前IK控制器的骨骼起始点和末端点，没有任何操作控制功能。

2.IK效应器

前面为骨骼添加IK控制时，提到了IK末端效应器。它的工作原理是用来计算反向动力学所能影响骨骼关节的范围，即从创建IK控制器的骨链端点算起，一直到效应器所在层级的父骨关节，都可以被反向动力学所影响。倘若，在为骨骼链添加IK控制后，若不想使某一段骨关节发生弯折，就需要调整其IK控制的影响范围。

动手实践256——调整IK效应器

1 在为骨骼链添加IK控制后，移动IK控制手柄，骨骼会发生弯曲，但是若不需要图13-37所示位置的骨节发生弯曲，就需要调整IK效果器的影响范围。

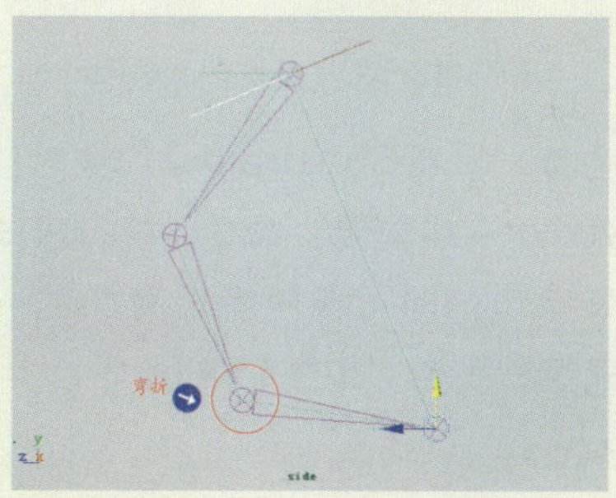

图13-37 骨节发生弯折

2 在Outliner（大纲栏）窗口中，单击effector1属性选项来选择IK效应器。然后，按Insert键以显示其中心点，再将该中心点移动到效应器所在的父骨节处，如图13-38所示。

3 再按Insert键以确定效应器中心点位置。再移动IK手柄，可以看到上步中弯折的骨节不再有任何弯曲效果，如图13-39所示。

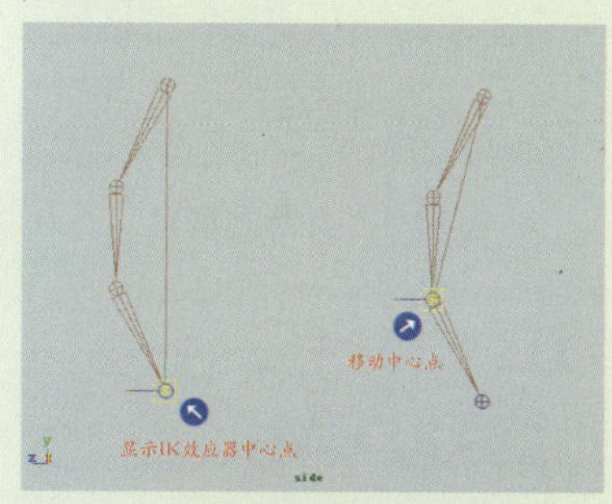

图13-38 移动效应器中心点

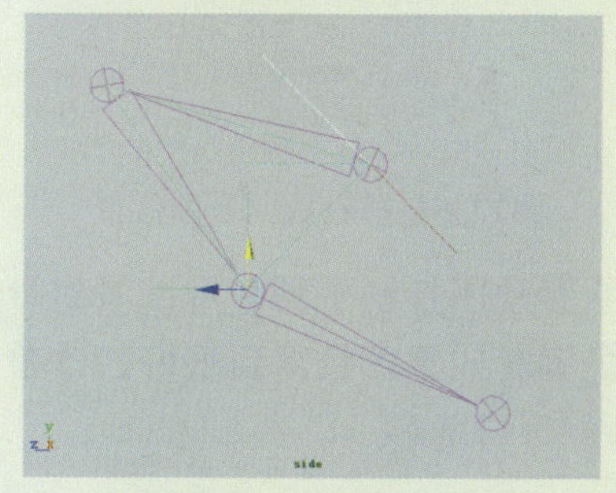

图13-39 移动IK控制器

3.IK控制器极向量

IK控制器可以让骨骼自由弯曲和伸展，并且能够有效地控制骨骼翻转。当持续向上移动IK控制器到一定位置时，骨骼就会发生翻转，但是无法控制骨骼的旋转，因此在旋转平面上附有极向量。通过修改极向量的方向来间接旋转整个骨骼。

动手实践257——调整IK控制器极向量

1 选中骨链末端处的IK控制手柄，持续将其向上移动，在IK控制器越过旋转平面时，骨链会发生不正常的偏转，如图13-40所示。

2 选中IK控制器，按T键以显示其控制手柄。然后，向上拖动旋转平面上的移动坐标手柄，以改变极向量的位置，如图13-41所示。

提示

从图13-40中骨骼发生的偏转可以看出是因为IK控制器的位置越过了极向量的延长线，一旦越过，骨骼的旋转极性就会完全翻转，导致视觉上的突变。如果要让手臂继续上升而不产生任何翻转，就必须改变极向量的位置。

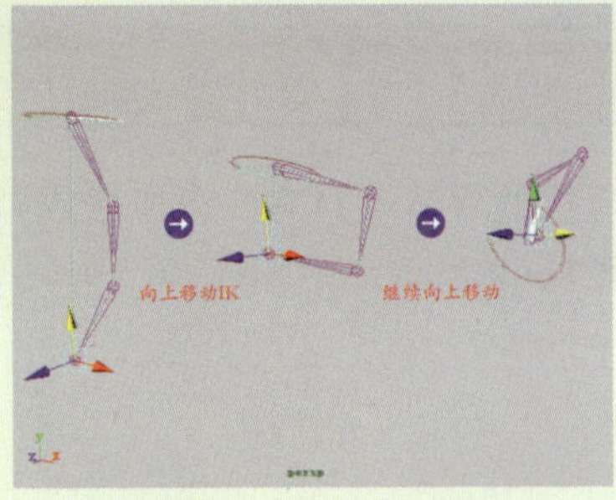

图13-40 骨骼的偏转

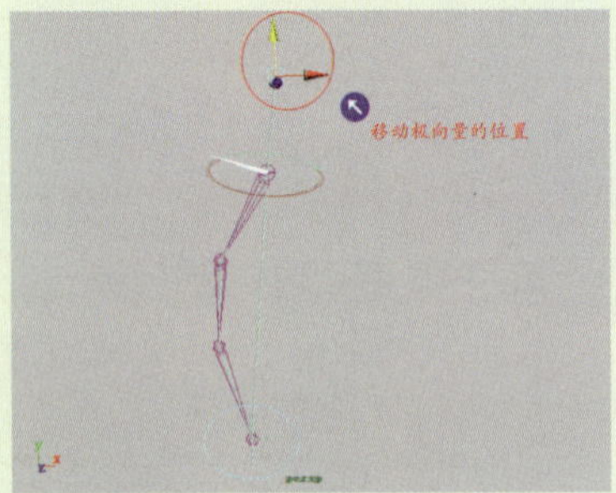

图13-41 移动极向量的位置

3 再移动IK控制手柄，可以看到骨骼链的翻转效果已经得到很好的改善，如图13-42所示。

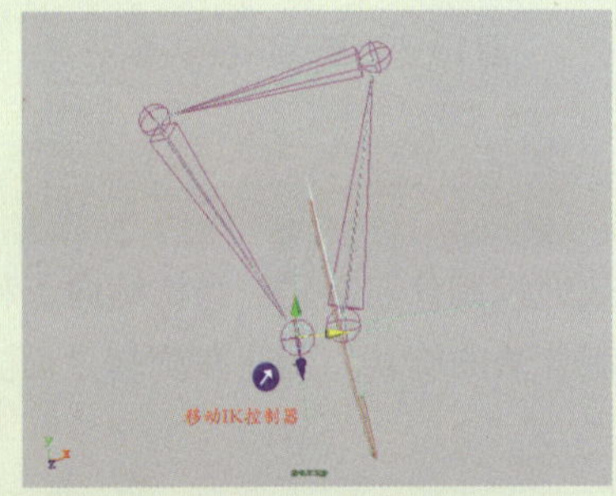

图13-42 调整极向量后的效果

4 在场景中创建一个几何体或文本曲线，这里创建的是文本曲线。然后，先选中曲线，再按住Shift键加选极向量，如图13-43所示。

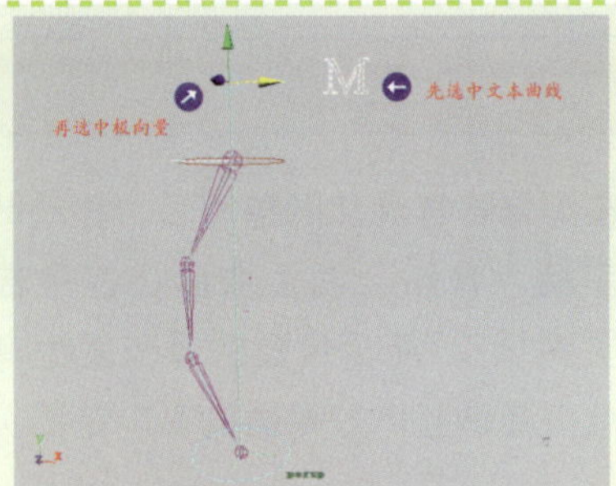

图13-43 创建目标约束物体

5 接着，执行Constrain（约束）| Pole Vector（极向量）命令，执行极向量约束操作，即可在两者之间产生一条约束控制手柄，如图13-44所示。

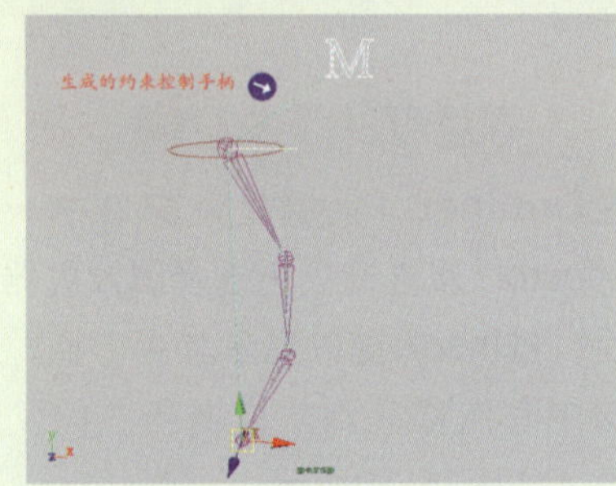

图13-44 执行Pole Vector操作

6 然后，移动文本曲线，极向量也跟随着移动，并且骨骼链也跟随着发生旋转，如图13-45所示。

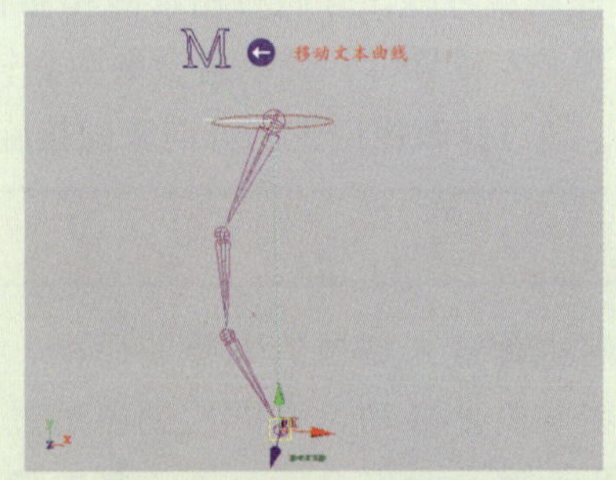

图13-45 极向量的约束效果

用户在执行IK Handle Tool ■命令时，即可打开IK单线控制器的属性设置面板。下面向用户介绍有关IK单线控制器的属性设置选项。

- Current Solver（当前结算）：用于设置所创建要IK控制器的两种计算类型，分别为IK RPsolver（旋转平面解算）和IkSCsolver（IK链条解算），默认选中前者。

◎ IK PRsolver：用于控制所要创建出的IK控制器具有旋转平面。可以通过操作极向量进行旋转操作。常用来控制角色既能旋转又能弯曲的腿部和肩膀部位等。

◎ IK SCsolver：若选择该选项，则创建出的IK控制器并没有旋转平面和极向量，无法进行旋转操作，常用来控制角色的脚趾关节。

- Autopriority（自动优先级）：用来设置IK控制器是否根据所创建位置的骨骼父子层级结构来决定自身的优先级，默认为禁用该复选框。
- Solver enable（启用解算）：用来控制是否使用IK解算器，默认为开启。若关闭，则会导致IK控制器失效。
- Snap enable（启用捕捉）：用于控制是否将IK手柄捕捉到IK手柄的末端效应器上，默认为启用该复选框。
- Sticky（粘贴）：若启用该复选框，则在拖动骨骼父节点时，IK控制器固定在原点。若禁用该复选框，IK控制器则会跟随移动。默认禁用该复选框。
- Priority（优先级）：若骨关节上附有多个IK控制器时，那么优先级高的IK控制器会首先控制骨骼，默认值为1。
- Weight（权重）：用于设置骨骼控制的权重值，通常不适用于IK控制器。
- POWeight（匹配权重值）：用来控制IK效应器与IK手柄位置和方向的匹配值，默认为1，一般无需更改。

4.IK Spline Handle Tool（IK曲线控制器）

前面所介绍的IK单线控制骨骼工具，多用在动作功能只有两段的骨骼上，如人的手骨或者腿部骨骼，那么如果需要制作类似动物的尾巴骨骼的弯曲控制时，就需要用到IK Spline Handle Tool来对其进行控制。

动手实践258——添加样条线控制手柄

1 在场景中创建一条弯曲骨链，执行IK Spline Handle Tool（IK样条线控制器）命令，再分别在骨链的始端和末端单击骨点，以添加IK样条控制，如图13-46所示。

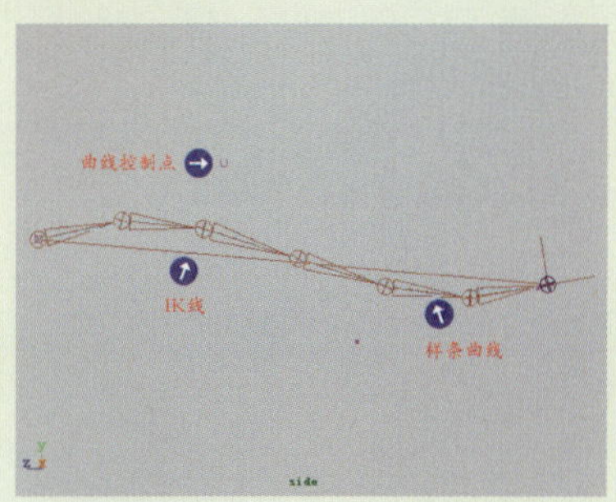

图13-46 添加IK样条控制手柄

2 移动曲线上的控制点，骨链也跟随着移动，但并不能对IK控制手柄进行任何操作，如图13-47所示。

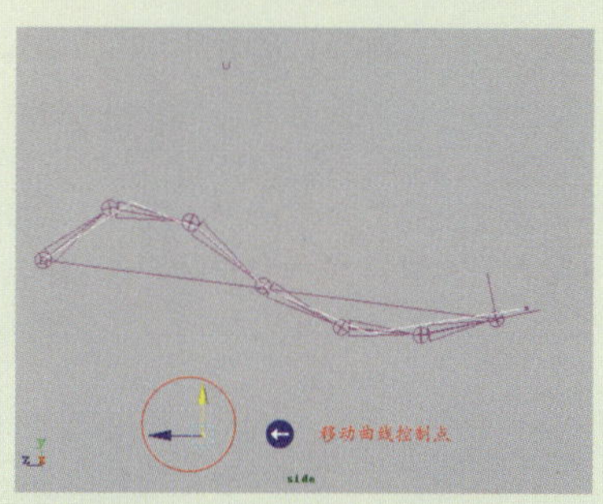

图13-47 曲线对骨链的影响

3 选择曲线上的控制点，执行Create Deformers（创建变形器）| Cluster

（簇）命令，为其添加簇约束控制，如图13-48所示。

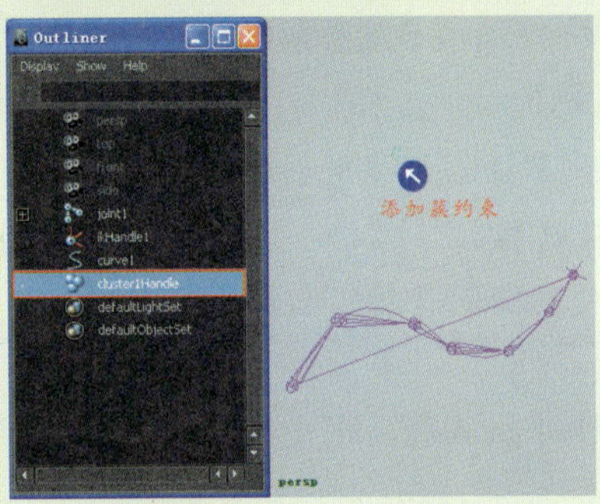

图13-48 执行Cluster操作

4 同样，也可以为曲线上的每个控制点添加簇约束，移动簇控制器，即可改变骨链的弯曲效果，如图13-49所示。

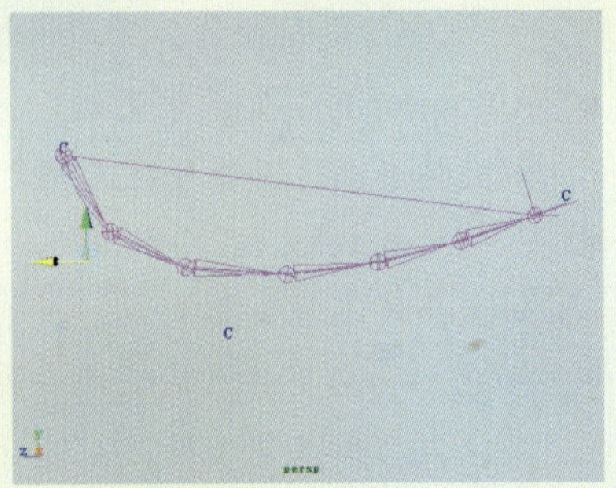

图13-49 簇对骨骼的影响

技巧

若不使用Outliner窗口，在视图中很难选中簇控制器，从而影响了编辑骨骼的快捷性。此时用户可以使用几何体与簇建立父子从属关系，从而建立几何体间接控制簇，簇再间接控制骨骼的连环控制关系。

5.IK样条曲线的控制

样条曲线控制器的通道栏属性列表与IK单线控制器属性列表完全相同，但是其中只有Offset（偏移）、Roll（翻转）、Twist（扭曲）和IK blend（IK混合）4个属性影响曲线和骨骼链。并且从前面的介绍中，已经知道为骨骼添加IK样条曲线控制时，样条曲线完全控制了骨骼而IK控制手柄并不能对骨骼进行操作。

动手实践259——编辑IK样条曲线

1 继续使用上节添加的IK样条控制和骨骼链。然后，选中IK控制手柄并在其通道栏中设置Offset为5，可以看到骨骼在曲线上发生了偏移，如图13-50所示。

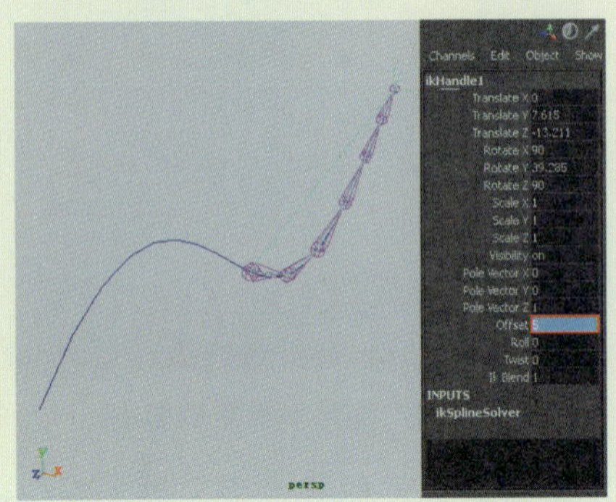

图13-50 设置IK控制的Offset值

2 切换到Surfaces模块，选中样条曲线并执行Edit Curves（编辑曲线）| Add Points Tool（添加关节）命令，再在视图中连续单击，以延伸曲线的长度，如图13-51所示。

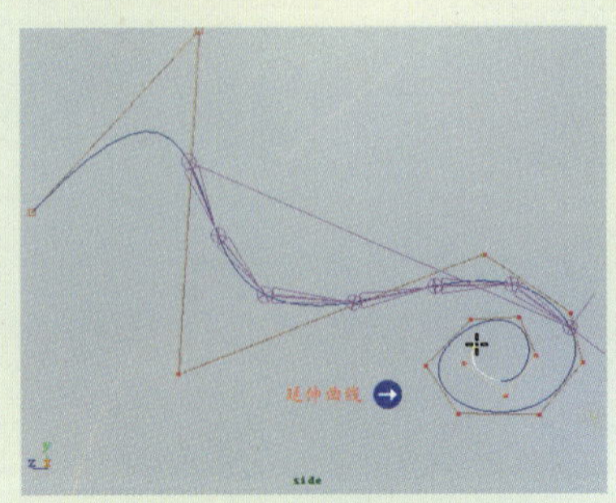

图13-51 延长样条曲线

3 再选中IK控制手柄并在其通道栏中设置Offset（偏移）为15，可以看到骨链跟随曲线发生了卷曲效果，该属性对于模拟动物的爬行动作非常实用，如图13-52所示。

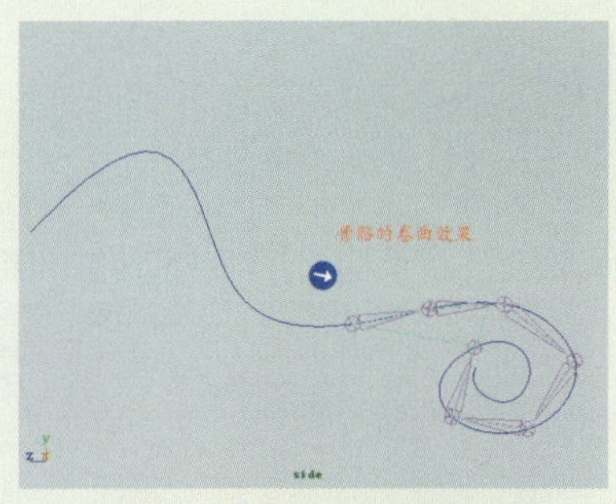

图13-52 骨骼的卷曲效果

技巧

根据前面IK样条曲线控制的操作，用户还可自行创建一条曲线和骨链，执行IK Spine Handle Tool（IK样条线控制器）□命令，在弹出的对话框中，禁用Auto Create Curve复选框，以使在创建IK样条控制时，不产生曲线。然后，先分别单击骨链的始端和末端关节，再单击创建的曲线，即可将骨链吸附到曲线上，此时的曲线就被定义为骨链的样条曲线。

13.3.3 添加IK样条曲线控制

在前面介绍变形技术的章节中，提到了在曲线上添加控制器，从而通过调整控制器来改变曲线局部范围内的变形。那么骨链上的IK样条曲线也可以结合该工具来联合使用，从而更加便捷了骨骼IK控制的操作。

动手实践260——添加样条线控制器

1 在骨链的样条曲线上右击，在弹出的命令选项中单击Curve Point选项。然后，在曲线的顶端单击，以创建一个曲线定位点，如图13-53所示。

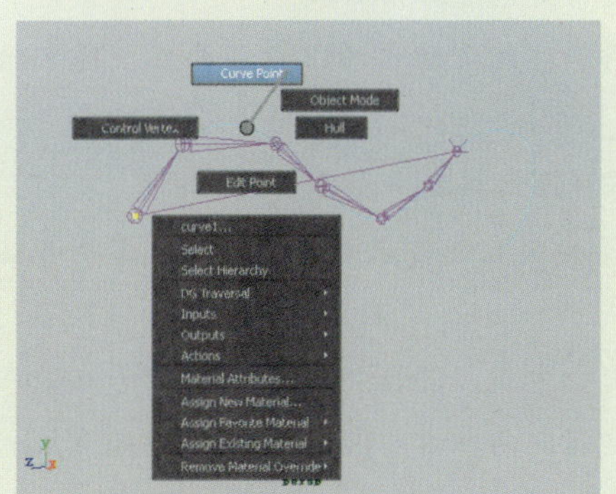

图13-53 添加曲线定位点

2 切换到Animation模块，执行Create Deformers（创建变形器）| Point on Curve（曲线控制器）命令，以添加一个曲线控制器，如图13-54所示。

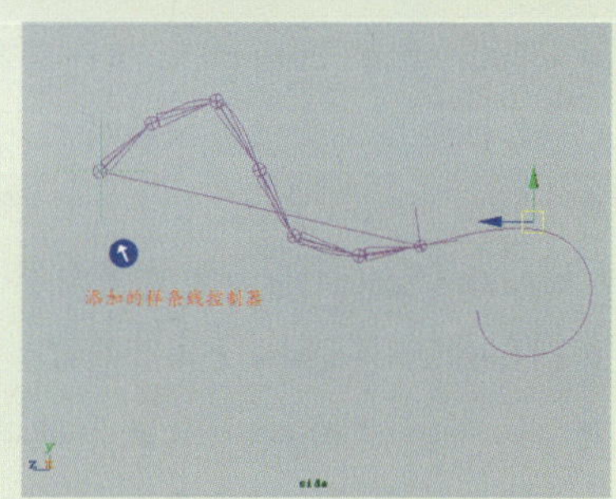

图13-54 添加的曲线控制器

3 执行Modify（修改）| Center Pivot（轴心点居中）命令，恢复曲线控制器的中心点位置。然后，移动该控制器，骨链和样条曲线都会跟随移动，如图13-55所示。

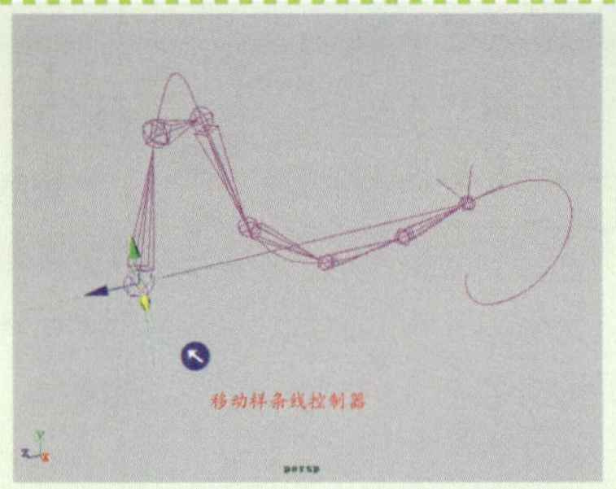

图13-55 曲线控制器的影响

执行Skeleton（骨骼）| IK Spline Handle Tool（IK样条线控制手柄）■命令，打开IK样条曲线控制属性面板，如图13-56所示。

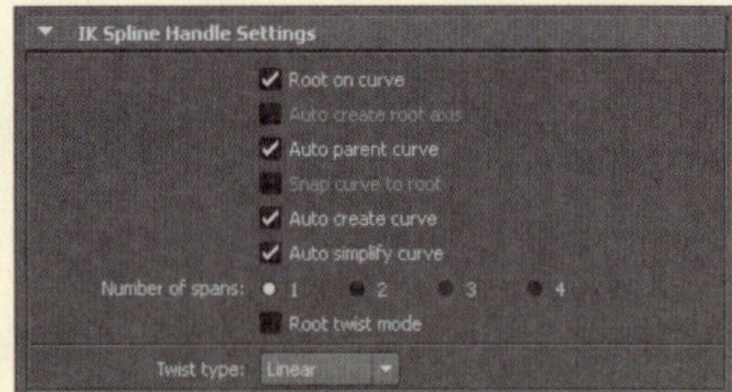

图13-56 IK样条控制属性面板

下面对IK Spline Handle属性面板中的选项进行说明。

- Root on curve（父关节到曲线）：用于将IK样条骨骼的父关节控制到曲线上。当启用该复选框时，修改IK控制的Offset值，骨骼会沿着曲线移动，否则会脱离曲线。
- Auto create root axis（自动创建父关节轴向）：使用该选项可以在样条骨链的父关节上创建一个父移动节点，通过调整该节点来避免移动或旋转父关节所造成的偏转现象。
- Auto parent curve（自动曲线父子关系）：用于控制创建的曲线自动成为样条骨链父节点的子物体，从而便于移动骨骼的同时，曲线也跟随移动。
- Snap curve to root（捕捉曲线到父关节）：用于将曲线的开始端粘附在样条骨链的父关节上，并且骨链会自动旋转弯曲到适合曲线外形。
- Auto create curve（自动创建曲线）：当开启该选项并添加骨骼的IK曲线控制器时，会根据当前骨骼形状在骨链的始端和末端关节处创建样条曲线。
- Auto simplify curve（自动平滑曲线）：用于控制自动平滑IK样条曲线。通常结合Auto Create Curve选项使用。
- Number of spans（平滑精度）：用于设置IK样条曲线的平滑度。
- Root twist mode（父关节扭曲模式）：用于控制在旋转末端骨关节时也影响骨链开始端关节的旋转角度。
- Twist type（扭曲类型）:用于设置骨骼扭曲的方式，包括4种类型。其中Linear表示均衡的扭曲所有关节；Ease in表示在终点减弱内向扭曲；Ease out表示在起点减弱外向扭曲；Ease in out表示在中点减弱外向扭曲。

13.3.4 Assume Preferred Angle（显示骨骼预设角度）

在骨骼被创建之后，并未被操作之前的初始状态都被视为骨骼的预设角度，并且每一个骨关节的预设角度都可以被设置和修改。当为骨骼添加IK控制器后，移动IK控制手柄，骨链会根据旋转骨的预设角度来决定骨链的弯曲方向。

动手实践261——显示骨骼预设角度

1 在场景中创建一条骨链，并在骨链的第1节骨节和第3节骨节之间添加IK控制。然后，移动IK手柄，改变骨骼的初始状态，如图13-57所示。

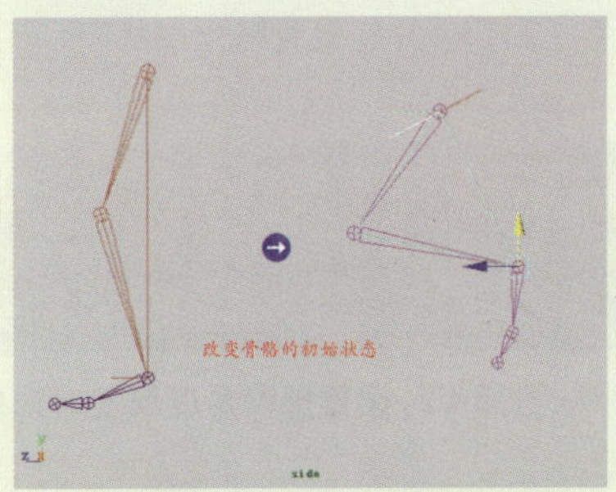

图13-57 移动IK控制手柄

2 然后，调整骨链末端骨节的旋转角度，再选中IK控制手柄和骨链，执行Skeleton（骨骼）| Assume Preferred Angle（骨骼预设角度）命令，即可将骨骼恢复到初始状态，如图13-58所示。

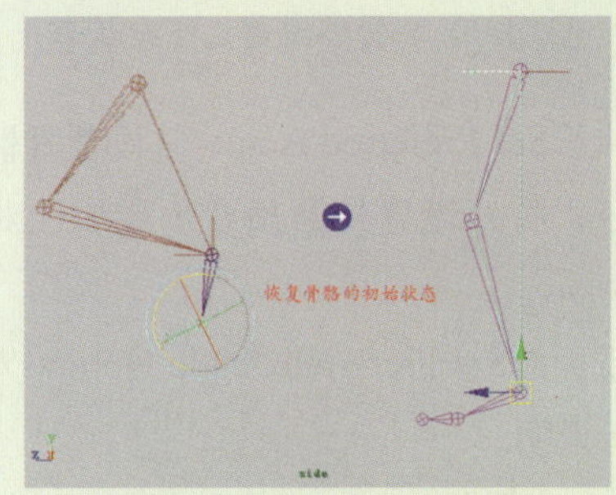

图13-58 调整骨节的旋转角度

执行Assume Preferred Angle ▢命令，打开预设角度属性对话框，如图13-59所示。

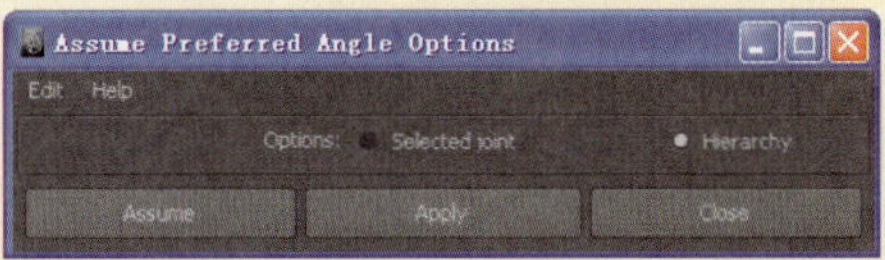

图13-59 显示预设属性窗口

下面对Assume Preferred Angle Options对话框中的选项进行说明。

- Selected Joint（选择的骨关节）：用于将当前选择的骨关节恢复到预设角度状态。
- Hierarchy（层级）：用于将选中骨骼及以下的所有层级骨骼都恢复到预设角度状态。

13.3.5 Set Preferred Angle（设置骨骼预设角度）

用户同样也可以更改骨骼的预设角色，从而便于骨骼的编辑。使用Set Preferred Angle工具可以将骨骼的预设姿态设定为自己所需要的姿态。

动手实践262——设置骨骼预设角度

1 调整骼链的IK控制手柄，以改变骨链的姿态。然后，执行Skeleton（骨骼）| Set Preferred Angle（设置骨骼预设角度）命令，以将该骨链设置为预设状态，如图13-60所示。

2 然后，调整骨链IK控制手柄的位置，以改变骨链当前的状态。再执行Assume Preferred Angle（显示骨骼预设角度）命令，即可将骨链恢复到之前预设的状态，如图13-61所示。

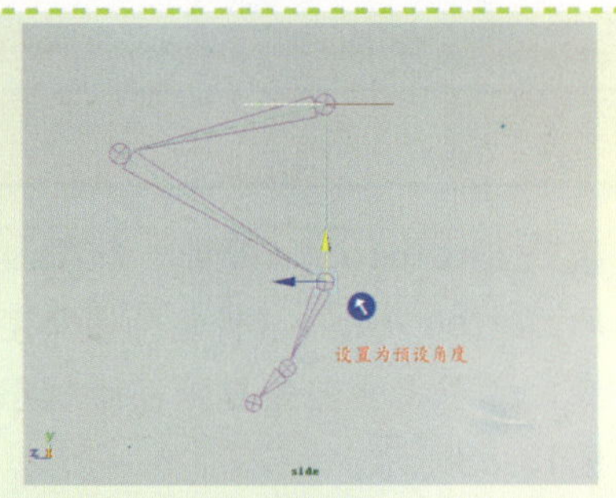

图13-60 将骨骼设置为预设状态

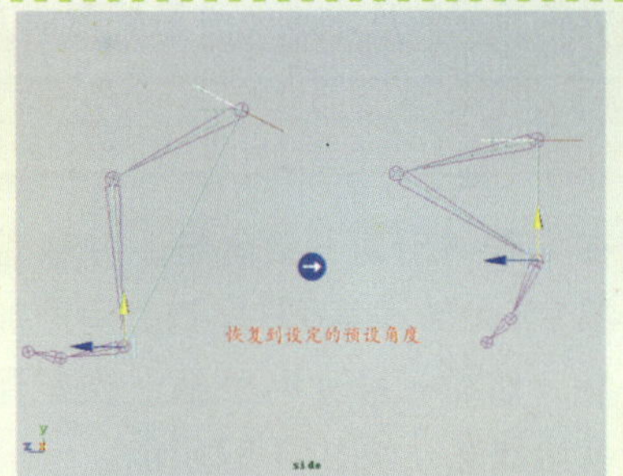

图13-61 恢复骨骼预设状态

执行Set Preferred Angle（设置骨骼预设角度）◻命令，打开设置骨骼预设角度属性对话框，如图13-62所示。

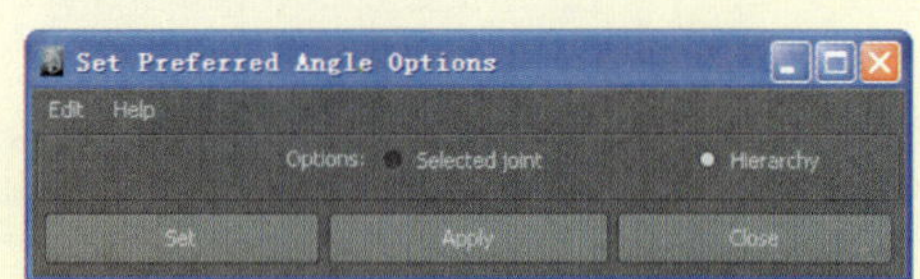

图13-62 设置预设角度属性对话框

下面对Set Preferred Angle Options对话框中的选项进行说明。

- Selected Joint（选择的骨关节）：用于将当前选中的骨关节设定为预设角度。
- Hierarchy（层级）：将选中骨骼以下的所有层级骨骼的当前姿态都设定为预设角度。

13.3.6 骨骼动画

前面介绍了简单骨骼的创建，以及IK控制手柄的添加和控制，那么若能为骨骼及其IK控制添加关键帧动画，才能使骨骼产生动作。

动手实践263——创建骨骼动画

1 拖动时间滑块到第1帧处，再选中处于默认状态骨链的IK控制手柄，按S键，设置关键帧，如图13-63所示。

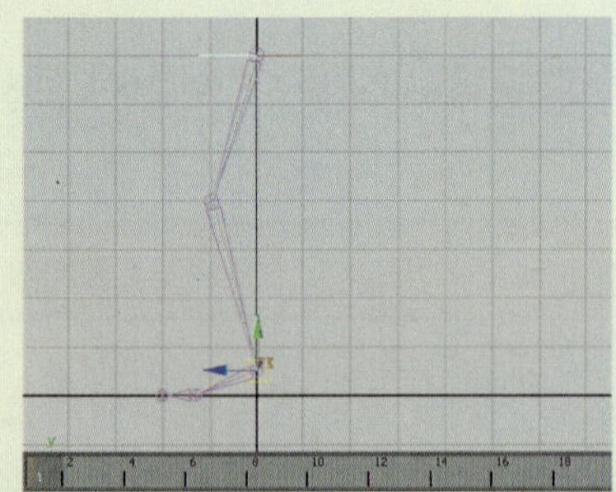
图13-63 设置第1帧动画

2 拖动时间滑块到第6帧处，再移动IK控制手柄的位置。然后，按S键，设置关键帧，如图13-64所示。

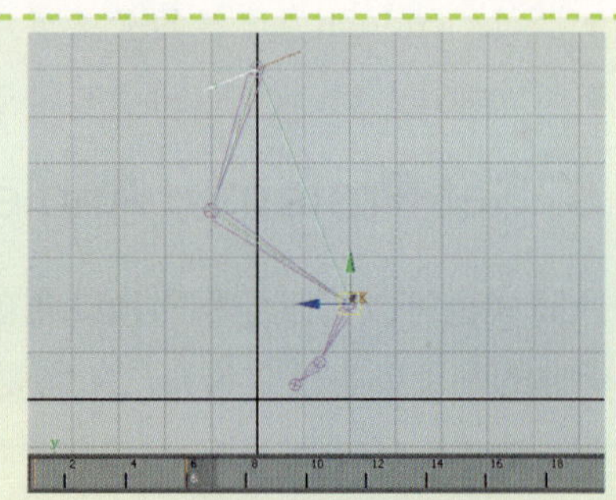
图13-64 设置第6帧动画

3 拖动时间滑块到第12帧处，再调整IK控制手柄的位置。然后，按S键，设置关键帧，如图13-65所示。

4 切换到透视图和动画曲线窗口，以观察骨骼的动画曲线。然后，拖动时间滑块即可观察骨骼的动画效果，如图

13-66所示。

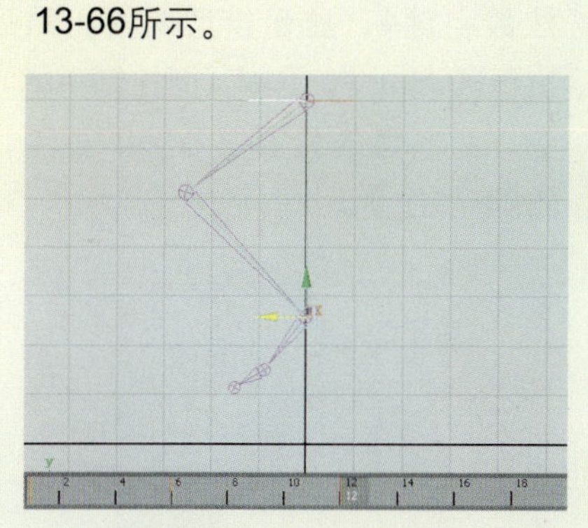

图13-65 创建第12帧动画

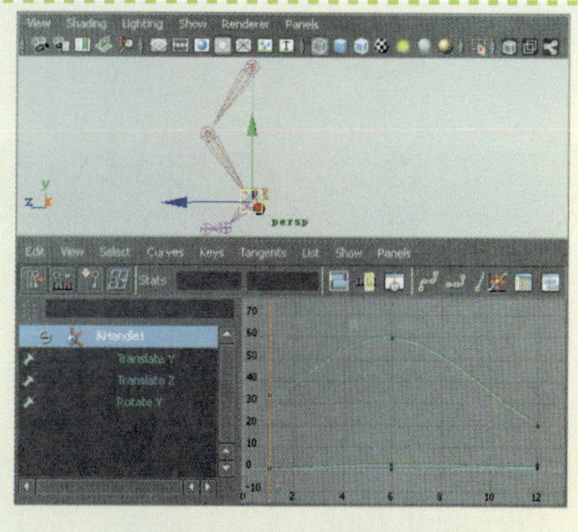

图13-66 动画的制作效果

13.4 骨骼的蒙皮与编辑

所谓 “蒙皮”，就是使用蒙皮工具将角色的模型与一套为角色所准备的骨骼系统“绑定”在一起的过程，所以该道工序有时也被称为“绑定”和“捆绑”。并且在蒙皮之后由于蒙皮或骨骼的部分原因，会导致部分蒙皮发生不正常的绑定，就需要相应的编辑工具对蒙皮进行编辑。如图13-67所示，角色模型被绑定后，模型自身会跟随其骨骼而做出各种动作，从而使模型表现的更加鲜活。

图13-67 角色模型的绑定

13.4.1 Rigid Bind（刚体绑定）

使用刚体绑定，可以使模型的各部分跟随骨骼运动，但并不产生任何变形，适用于各部分没有连接的模型。该工具的作用非常类似于木偶戏，角色的各个部位在活动时并不产生任何变形，它多用于角色的附加道具上（如盔甲、配饰）和不会产生任何变形的机械模型上（如汽车、机器人）。

动手实践264——创建刚体绑定

1 在场景中导入一组角色模型，用于骨骼的绑定工作，如图13-68所示。

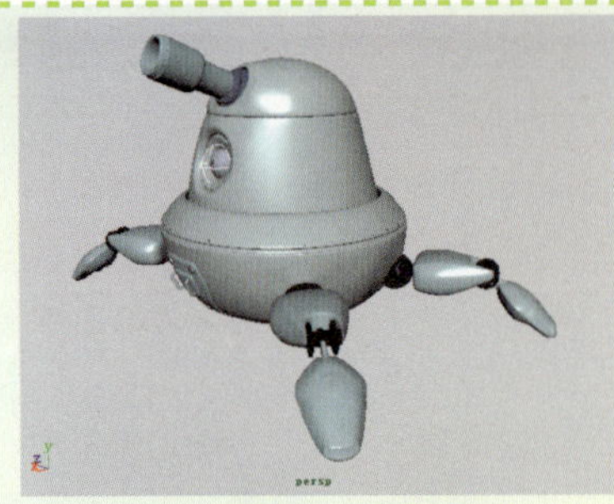

图13-68 导入角色模型

2 执行Joint Tool（关节）命令，按住V键不放，在图13-69所示位置单击，以将创建的骨骼点吸附在物体表面的点上。

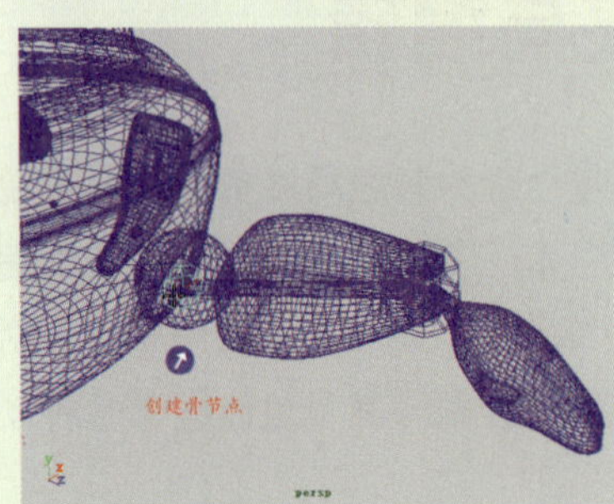

图13-69 创建骨骼点

3 沿机械模型手臂的关节位置连续多次单击，以创建一条机械手臂的骨骼链，如图13-70所示。

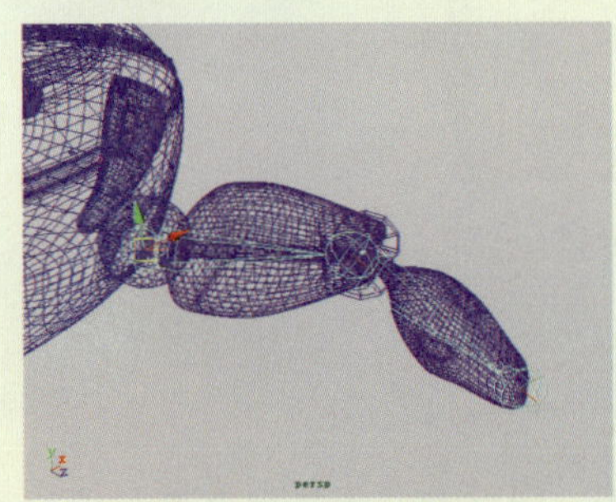

图13-70 创建骨骼链

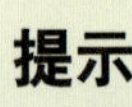

提示

骨骼的创建平面不同，或者骨骼的局部坐标初始化不同，可能会导致和实际的旋转限度有不同之处。

4 按数字键4，显示模型网格。然后，执行IK Handle Tool（IK控制手柄）命令，为创建的骨骼链添加IK控制，如图13-71所示。

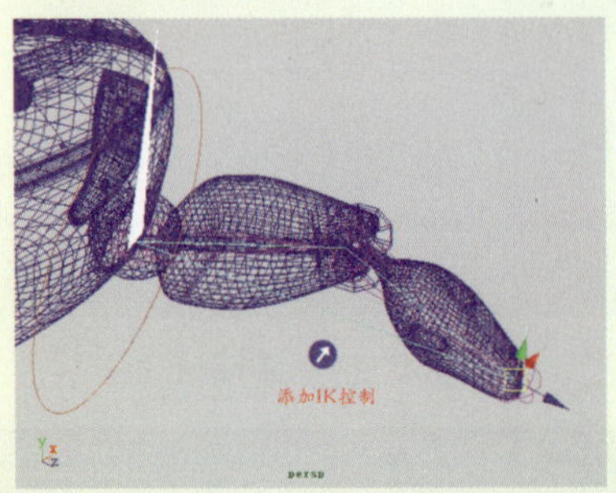

图13-71 添加IK控制

5 打开Outliner（大纲栏）窗口，单击需要绑定的模型属性选项和骨链的父骨节点Joint1，如图13-72所示。

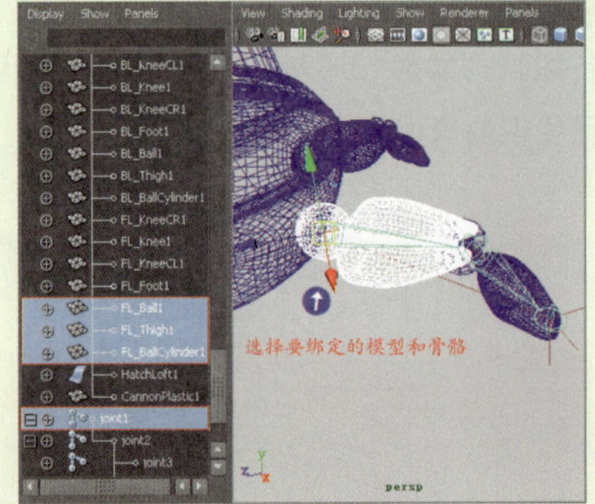

图13-72 选择目标对象

6 然后，执行Skin（蒙皮）| Bind Skin（绑定蒙皮）| Rigid Bind（刚体绑定）□命令，在打开的对话框中选择Bind to（绑定到）属性下的Selected Joints（选定关节）选项，如图13-73所示。

7 单击Apply按钮，执行刚体绑定操作，可以看到之前被选中的模型变为红色显示，表明绑定成功。然后，移动IK控制手柄，观察模型的绑定效果，如图13-74所示。

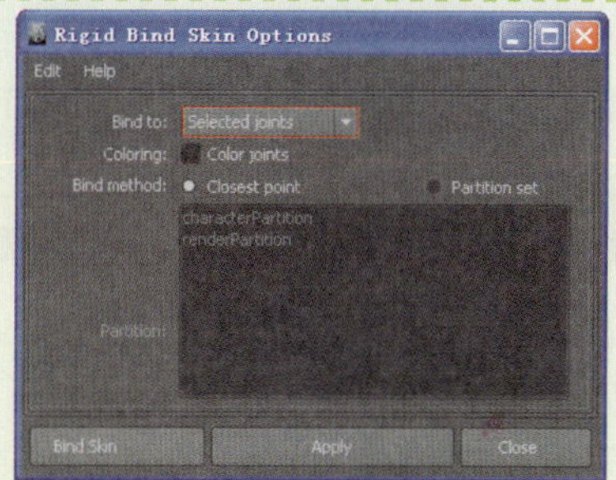

图13-73 刚体绑定属性对话框

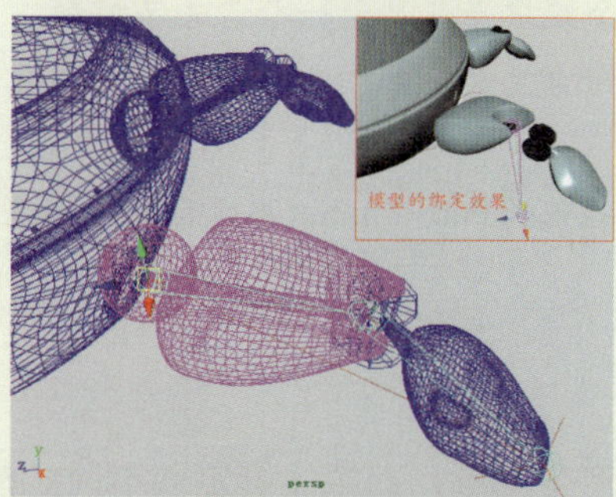

图13-74 模型的绑定效果

8 再旋转要绑定的模型和骨骼链的子骨节Joint2，如图13-75所示。

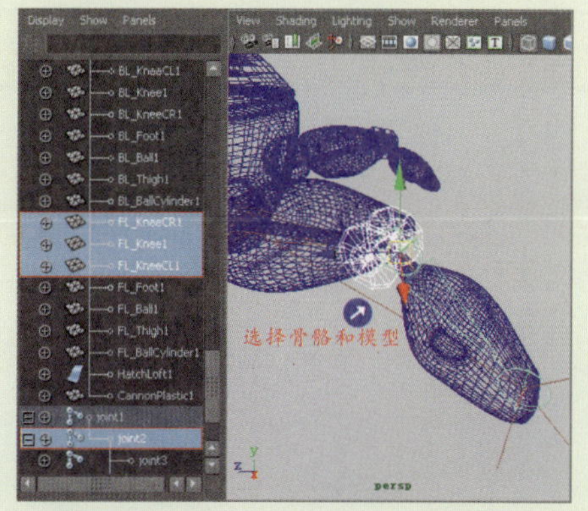

图13-75 选中要绑定的物体和骨骼

9 在刚体绑定属性对话框中选择Selected Joints（选择关节）属性选项，单击Apply按钮，执行绑定操作，并且移动IK控制手柄以观察模型的绑定效果，如图13-76所示。

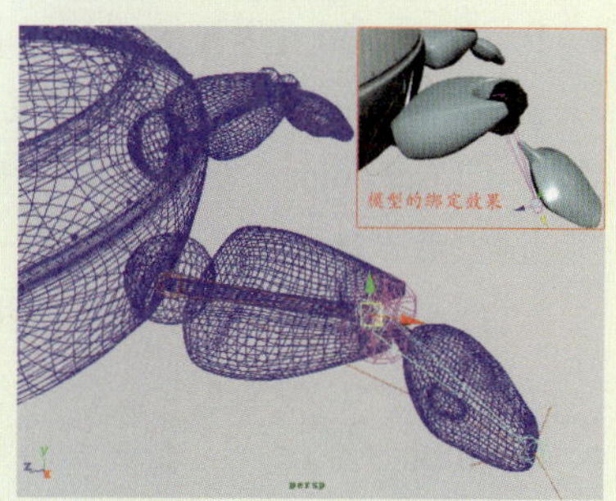

图13-76 模型的绑定效果

10 再选中手臂的最后一段模型和骨链的父骨节，选择Bind to（绑定到）属性下的Force all（所有关节）选项，单击Bind Skin（绑定蒙皮）按钮，再移动IK手柄观察蒙皮效果，如图13-77所示。

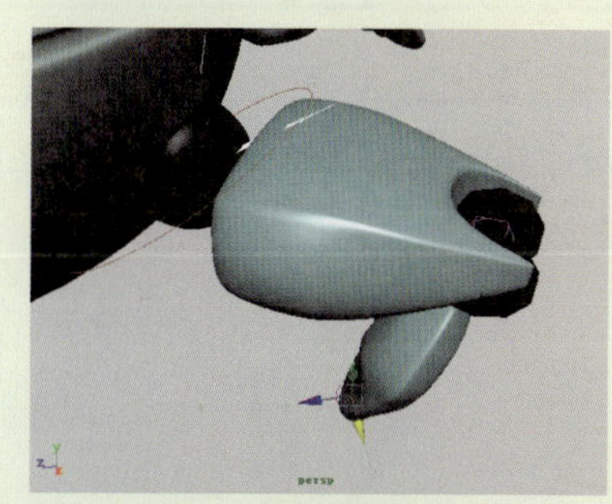

图13-77 最终的绑定效果

若要改变刚体绑定的属性功能，就需要在Rigid Bind Skin Options对话框中设置其属性参数。下面对该对话框中的选项进行说明。

- Bind to（绑定到）：用来控制将模型绑定到整个骨骼还是所选择的骨骼上，包括3种绑定类型，分别为Complete Skeleton（选择骨骼链）、Selected Joints（选择骨节）和Force All（空前所有）。
  - ◎ Complete Skeleton：用于将模型绑定到整个骨骼上，通常被绑定的模型是一个整体，不适合含有独立结构的群组模型。
  - ◎ Selected joints：用于将当前选中的模型绑定到当前选中的骨骼上，但不包含该骨关节下的子关节。

◎ Force all：用于将选中的骨骼绑定到所有选中的骨骼上，也包括当前关节下的所有子关节骨链。

- Coloring（颜色）：用于控制是否根据自动设置为骨骼关节添加颜色，通常骨节的颜色和其所影响模型上的颜色相对应。
- Bind method（绑定方式）：用于设置骨骼绑定的方式，细分为Closet Point（壁橱点）和Partition Set（分组设置）。默认为选中Closet Point选项。

◎ Closet Point：在绑定时，根据骨骼上每个关节点的影响作用力，Maya自动将模型上的点进行归类分组，每一个点只存在一个组中并且只受一个骨关节控制。

◎ Partition set：在绑定时，将模型上的点进行自定义分组归类，将每一个组对于绑定到一个骨关节上。

- Partition（分组）：表示点的分组列表，只有在选择Partition Set选项后，该列表才可以被使用。

13.4.2 Smooth Bind（柔体绑定）

前面介绍了刚体绑定在骨骼动画中，不会使模型产生变形，而柔体绑定则不同。模型的外形会随着骨骼的运动而产生不同程度的变形，这种绑定方式更加合乎真实生活中的角色。比如，人体的手臂在摆动或弯曲时，表面的皮肤会有不同程度的拉伸现象，都可以使用柔体绑定工具来完成。

动手实践265——创建柔体绑定

1 在场景中导入角色模型，便于柔体绑定效果的制作，如图13-78所示。

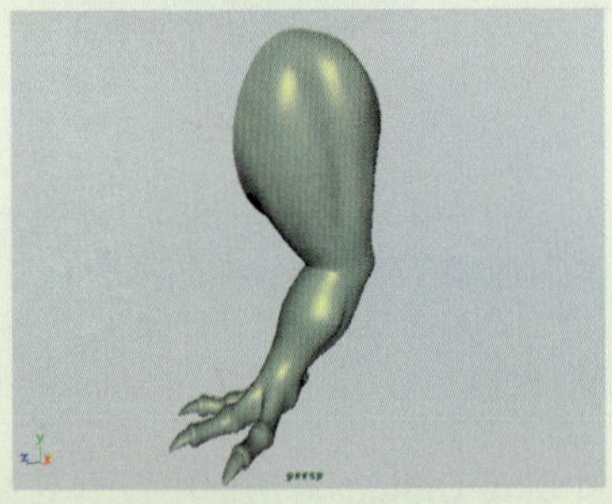

图13-78 导入角色模型

2 切换到Side视图，根据角色模型侧面的外形特征，创建一条腿部骨骼链，如图13-79所示。

3 再切换到Top视图，在角色各个脚趾模型上创建几条分支骨骼链，如图13-80所示。

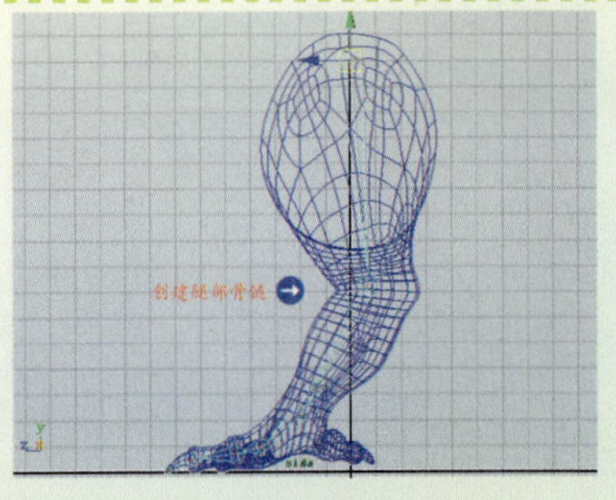

图13-79 创建腿部骨骼链

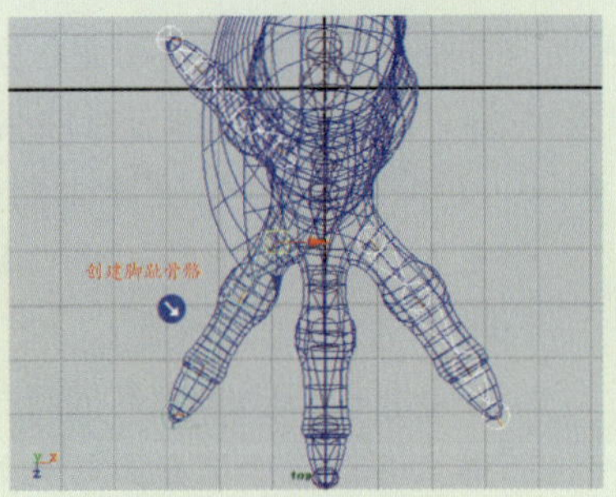

图13-80 创建分支骨链

4 切换到Persp视图，调整骨链的旋转角度，以使其处于脚趾模型的中心位置，如图13-81所示。

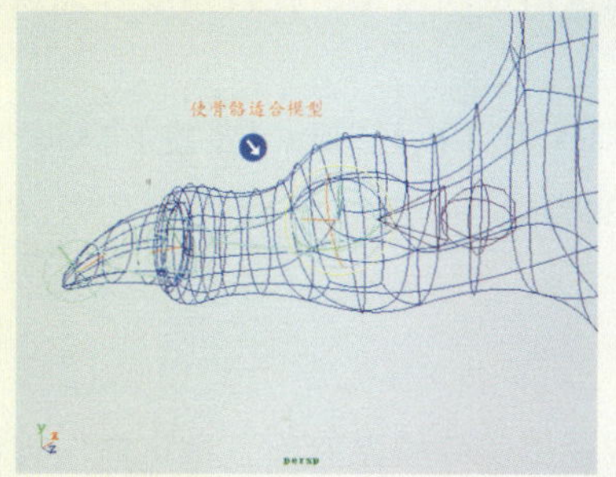

图13-81 旋转骨骼链

5 选中骨骼链，单击状态栏中的图标，再单击其右侧的图标，以切换到骨链坐标轴的显示状态。然后，使用旋转工具将骨链的坐标轴进行统一，如图13-82所示。

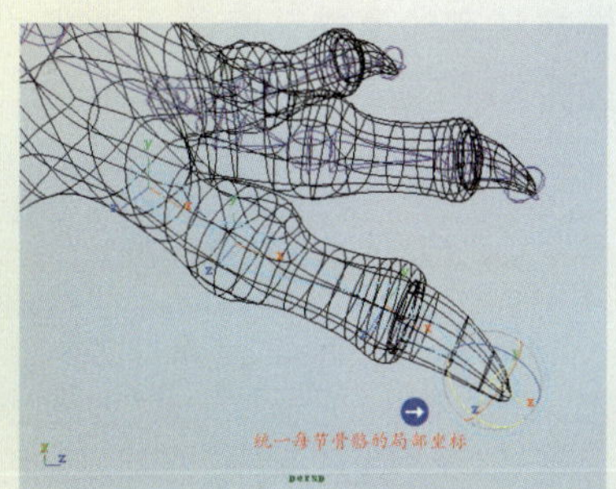

图13-82 统一骨链的坐标轴

6 执行Connect（连接）命令，将各分支骨链连接在一起。然后，选择连接后的骨链并执行Set Preferred（初始设置）命令，以设置骨链的初始化角度，如图13-83所示。

7 打开Outliner（大纲栏）窗口，在列表中先选中要绑定的模型，再选中要绑定的所有骨骼，如图13-84所示。

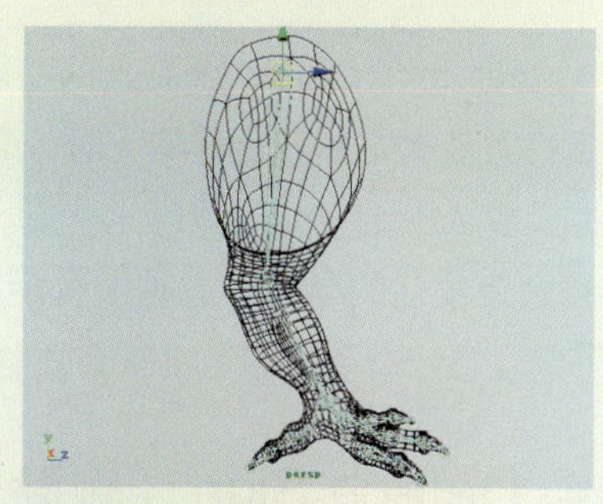

图13-83 连接骨骼链

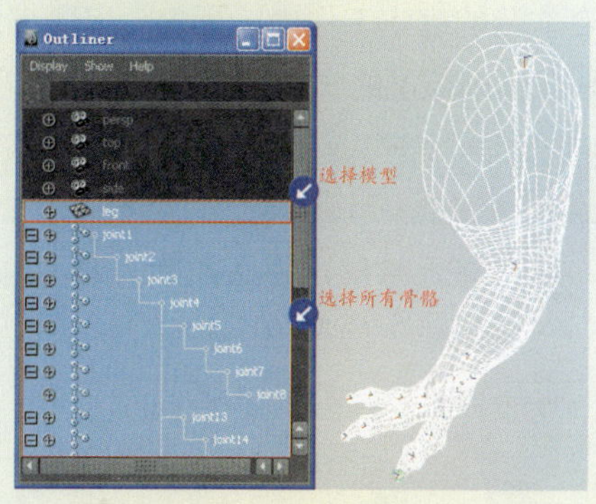

图13-84 选择要绑定的模型和骨骼

8 然后，执行Skin（蒙皮）| Bind Skin（绑定蒙皮）| Smooth Blend（柔体绑定）命令，模型变为红色表明绑定成功，再旋转骨骼角度，观察骨骼的蒙皮效果，如图13-85所示。

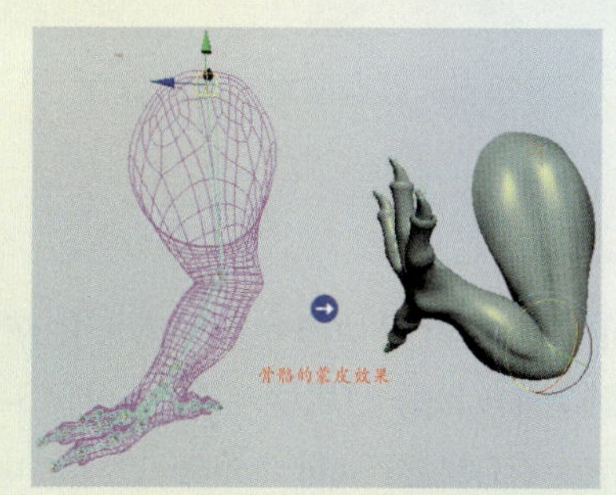

图13-85 最终蒙皮效果

问题：在将模型与骨骼进行绑定时，应特别注意哪些问题？

首先要注意将要进行的是刚体绑定还是柔体绑定，若是柔体绑定，所选择的物体应是一个独立的整体，骨骼应是整体骨骼链；若是刚体绑定，应当选择指定的个体模型和对应的骨关节，以便于模拟逼真的蒙皮效果。

13.4.3 Go to Bind Pose（绑定姿态）

同Assume Preferred Angle工具的功能类似，在模型绑定当中也有类似的概念，被称为绑定姿态。当模型被绑定到角色骨骼上时，骨骼当时的姿态包括空间位置、旋转角度和缩放比例等数据，都会被Maya自动记录成绑定状态。

当绑定蒙皮后的骨骼姿态被改变后，用户可以选择骨骼并执行Skin（蒙皮）| Go to Bind Pose（绑定姿态）命令，即可将整套骨骼恢复到绑定时的姿态。

13.4.4 Detach Skin（删除蒙皮）

在实际的绑定工作中，可能会出现绑定错误或者蒙皮出错等错误原因，也可能出现权重绘制失败或难以控制的状态，就需要将骨骼当前的绑定状态解除，以重新进行正确的绑定。

动手实践266——删除蒙皮绑定

1 模型与骨骼绑定在一起后，模型自身在通道栏中的属性会被锁定，变为不可编辑状态，如图13-86所示。

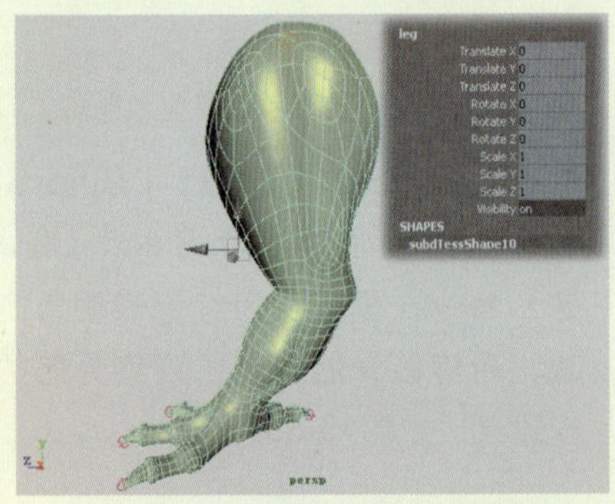

图13-86 模型被绑定后的效果

2 选择该绑定模型，执行Skin（蒙皮）| Detach Skin（删除蒙皮）命令，以解除模型当前的绑定状态，在其通道栏中被锁定的属性又变为可调整状态，如图13-87所示。

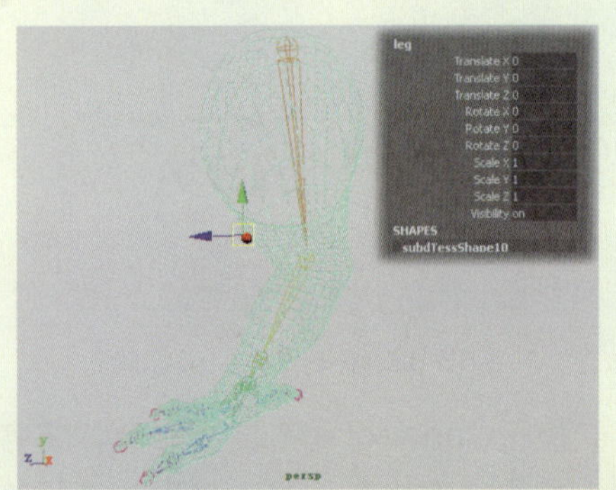

图13-87 执行解除绑定操作

单击Detach Skin命令右侧的方体按钮，打开解除蒙皮属性对话框，在该对话框中包含了有关删除蒙皮操作的属性功能，如图13-88所示。

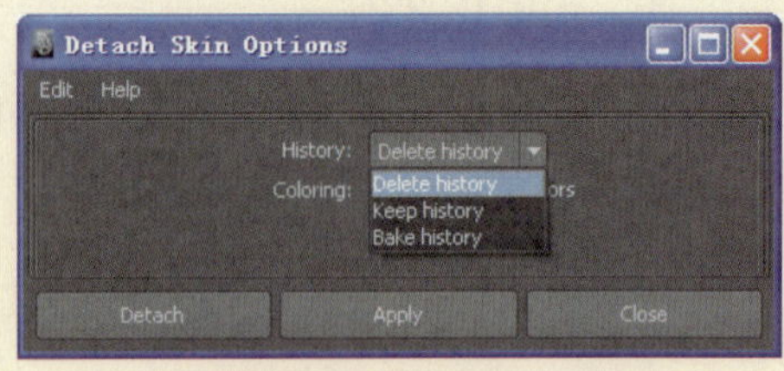

图13-88 解除蒙皮属性对话框

下面对Detach Skin Options对话框中的选项进行说明。

- History（历史）：用于控制模型的绑定状态被解除后，是否保留模型自身的历史信息。
  - ◎ Delete history：用来设定在解除绑定后，将模型恢复到绑定前的初始状态，并删除有关模型自身操作的所有历史节点。
  - ◎ Keep history：用于将模型恢复到绑定前的状态，并且保留物体的所有历史节点，如簇变形节点等。同时还保留模型绑定时的权重记录。

◎ Bake History：用于控制在解除绑定时，模型虽然被删除各种变形的历史节点，但是它将保留解除绑定前的模型状态。

- Coloring（颜色）：默认启用Remove Joint Colors复选框，用于设置在解除绑定时，是否删除骨骼的颜色。

13.4.5 Paint Skin Weight Tools（编辑骨骼权重）

在前面章节中介绍簇变形器时，介绍过簇权重的概念，其实本节所介绍的骨骼也可以作为变形器的一种，在绑定蒙皮后，每一个骨关节对模型上的点都有不同程度的吸引力，用户可以将这种吸引力称为骨骼的权重值。用户可以通过使用Paint Skin Weight Tools，来修改骨骼对蒙皮的权重影响范围。

动手实践267——编辑骨骼权重

1 继续使用上节绑定的蒙皮和骨骼。然后，选中角色腿部关节处的骨骼并对其进行旋转，可以看到，腿关节在弯曲时会带动腿部根部的蒙皮，如图13-89所示。

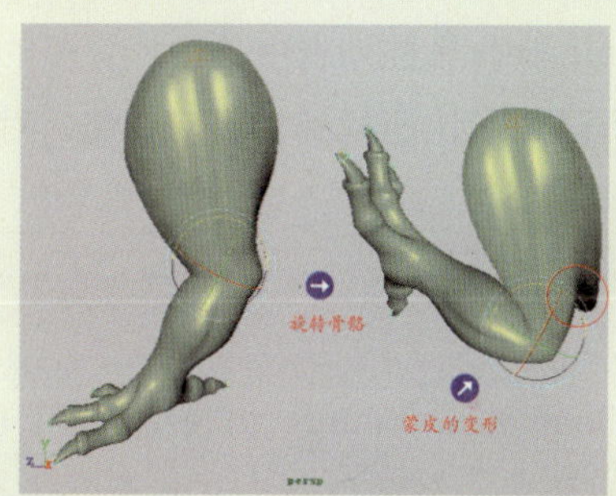

图13-89 骨骼权重的影响范围

2 然后，选中该模型并执行Skin（蒙皮）| Edit Smooth Skin（编辑柔体绑定）| Paint Skin Weight Tools（绘制蒙皮权重）命令，打开权重绘制属性面板，选择Joint1即可在蒙皮上显示其权重影响，如图13-90所示。

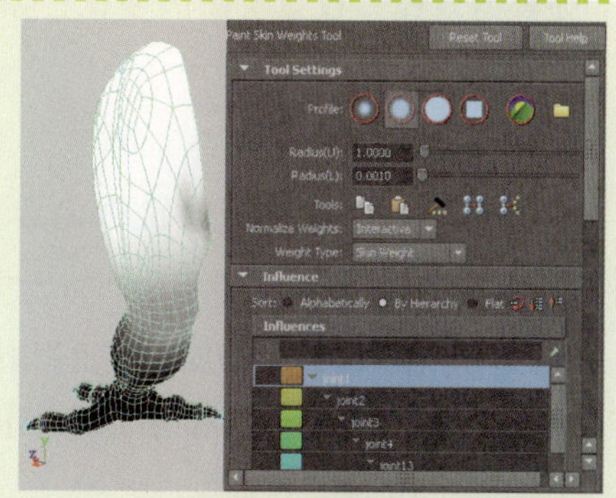

图13-90 骨骼的权重

提示

展开Influence属性卷展栏，可看到一个骨骼选择列表，它包括了所有参与蒙皮绑定的骨骼名称，在列表中骨骼的名称排列方式分为按字母排列（Alphabetically）和按层级排列（By Hierarchy）两项，默认选择By Hierarchy选项。

3 单击Paint Weights（绘制权重）属性下的Add（添加）按钮，然后，在骨骼Joint1影响的蒙皮表面上涂刷，以添加骨骼对该部位的权重影响，如图13-91所示。

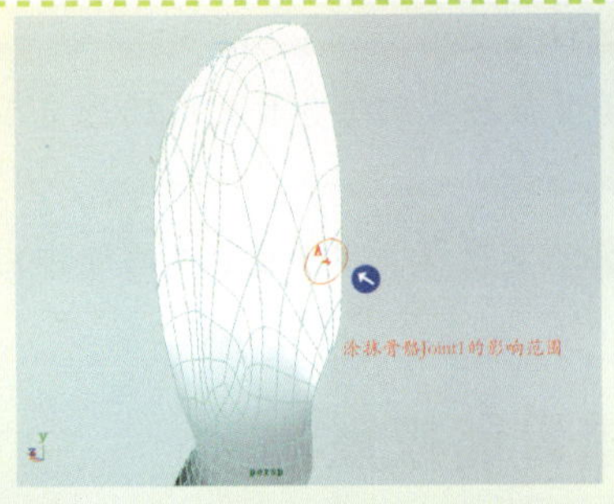

图13-91 调整骨骼joint1的权重影响

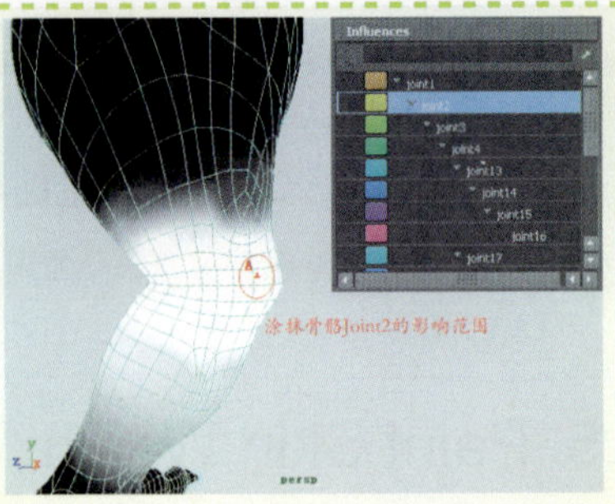

图13-92 调整骨骼joint2的权重影响

4 使用同样的方法，在Influence（权重影响）属性列表中，单击Joint2选项，以显示骨骼Joint2的权重影响，并对其权重影响进行涂绘编辑，如图13-92所示。

5 再旋转角色关节处的骨骼，以观察该处骨骼对模型权重影响的变化，如图13-93所示。

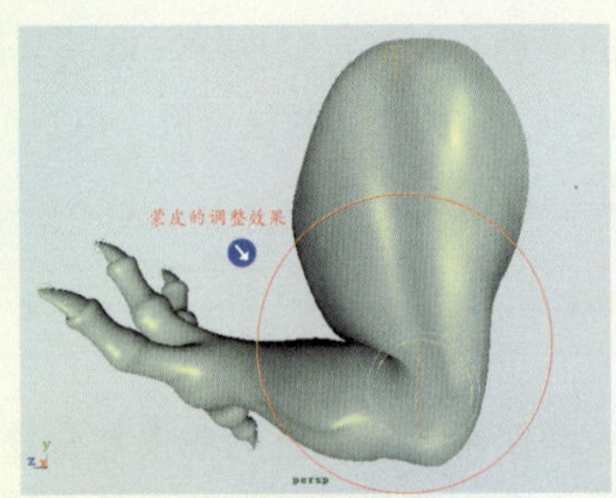

图13-93 骨骼权重影响的变化

问题：在对骨骼进行蒙皮绑定后，如何快速查找任意部位骨骼对蒙皮的权重影响呢？

若要修改某个骨骼对蒙皮的权重影响，只需要在Influence属性列表中单击该骨骼的名称即可，通常一个角色的骨骼都有十个到几十个之多，所以为了快速找到相应的骨骼，对骨骼进行正确的命名显得尤为重要。

13.4.6 精确编辑骨骼权重

在前面章节中介绍精确编辑簇的权重时，使用到了Component Editor（组员编辑器）命令，那么骨骼蒙皮权重的修改也可以通过该命令完成，特别是在一个角色有十几甚至几十个骨节时，当骨骼的移动使模型某一个部位产生严重拉伸时，用户可以使用该工具快速查找和修改模型表面拉伸点的参数值。

动手实践268——精确编辑骨骼权重

1 选中严重变形部位的几个顶点，执行Windows（窗口）| General Editors（通用编辑器）| Component Editor（组元编辑）命令，在打开的窗口中可以看到顶点受骨节影响的权重值，如图13-94所示。

2 然后用户可以通过加大拉伸部位顶点在骨骼Joint1列表下的权重值来改变它们的拉伸效果，如图13-95所示。

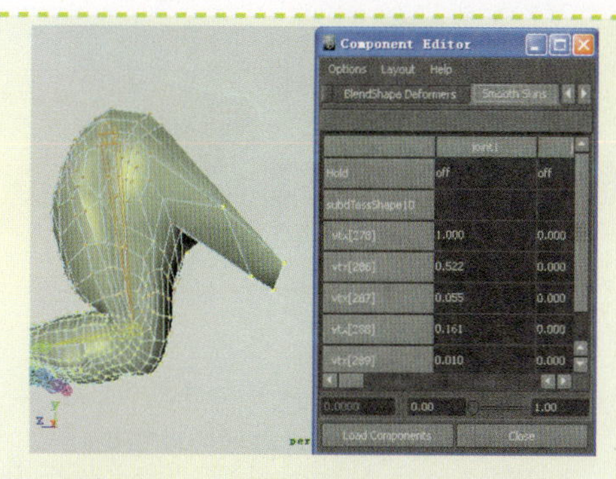

图13-94 打开Component Editor窗口

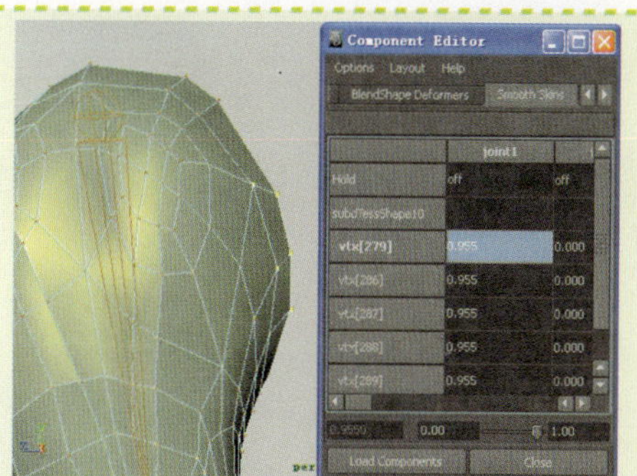

图13-95 权重值的调整

技巧

在涂刷骨骼对蒙皮的权重影响时，会经常遇到比较顽固的个别顶点，很难被笔刷刷回到正确位置。这时，同样也可以用这个组件属性编辑器对权重值进行精确修改。

13.4.7 Add Influence（添加影响物体）

虽然用户可以使用Paint Skin Weights Tool（绘制蒙皮权重工具）对模型的皮肤权重进行绘制，但是在一些关节弯曲处的变形是无法用权重笔刷工具进行彻底修缮的。此时Maya提供了Add Influence（添加影响物体工具），它可以很好的模拟关节处蒙皮的变形效果。

动手实践269——添加影响物体

1 在图13-96所示位置创建一个NURBS球体，调整其半径大小和外形，用来作为蒙皮的影响物体。

图13-96 创建影响物体

2 先选中球体，再选中骨骼链，按P键，将两者建立父子从属关系，以使球体跟随骨骼移动，如图13-97所示。

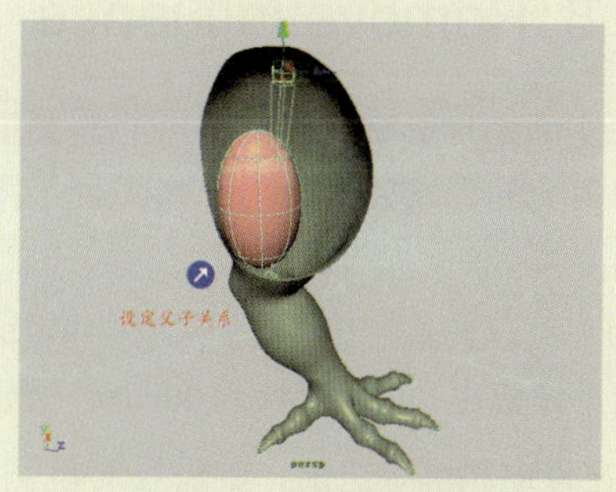

图13-97 设定父子关系

3 先选择模型，再选择球体，执行Skin（蒙皮）| Edit Smooth Skin （编辑柔体蒙皮）| Add Influence（添加影响物体）命令，执行添加影响物体操作。然后，移动球体，观察球体对模型的影响，如图13-98所示。

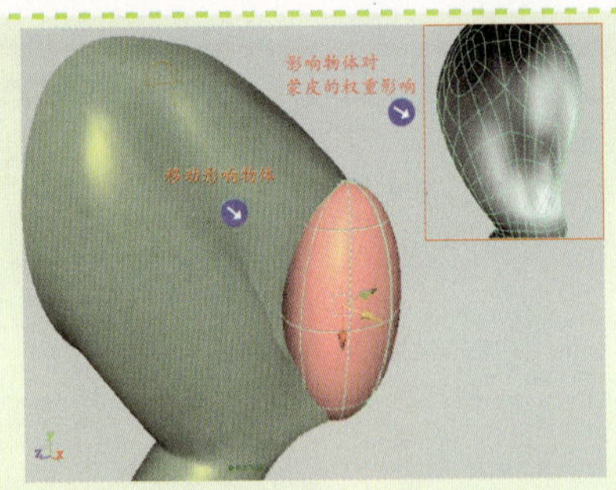

图13-98 执行Add Influence操作

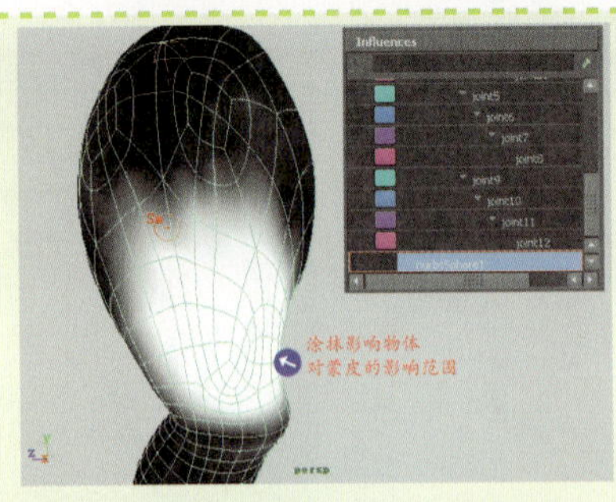

图13-99 调整球体对模型的权重影响

4 从图13-98中可以看出，模型表面受球体影响的权重值并不均匀，从而模型表面产生撕裂效果。在Influence（影响物体）列表中选择球体选项，并绘制它对模型的权重影响，如图13-99所示。

5 然后显示球体模型并对其进行移动，以观察其对模型表面的影响变化，如图13-100所示。

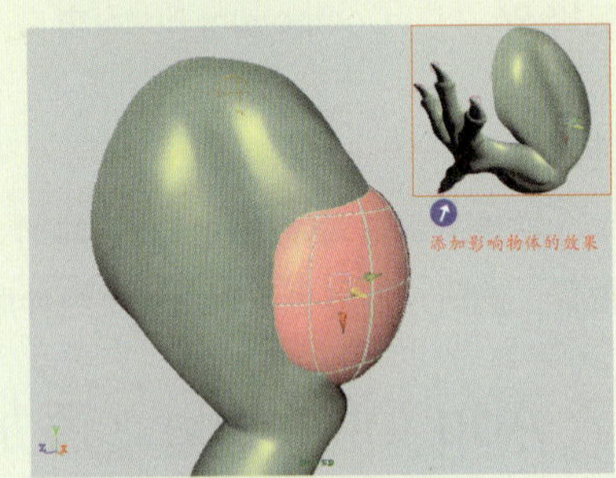

图13-100 球体对模型的最终影响效果

技巧

为模型添加影响物体，又为我们对骨骼蒙皮的权重控制提供新的操作途径，用户可以在任何关节的变形处添加影响物体以改善关节的变形失真。

13.4.8 Remove Influence（删除影响物体）

在实际添加影响物体时，可能需要反复实验将要添加物体的形状和位置，以使其能够对模型达到很大的影响效果，因此当添加了错误的影响物体时，需要接触影响物体与模型之间的控制关系。

用户可以先选中模型，再按住Shift键加选影响物体，执行Skin（蒙皮）| Edit Smooth Skin（编辑柔体蒙皮）| Remove Influence（删除影响物体）命令，即可解除两者之间的控制关系。

在蒙皮和绑定之前，就需要对模型和骨骼的状态进行充分的检查，以确保模型和骨骼系统的位置和状态无误，以确保在动画制作中不会出现异常情况。下面对蒙皮前所要进行的几项工作进行说明。

- 检查模型布线:先要检查该模型是否适合于制作动画。在模型制作中，凡是需要弯曲的地方，都必须有足够的细分段，以供变形系统处理。
- 检查模型信息：在分析模型的布线以后，除模型一些必要信息外，其他任何无用的历史信息都要删除；若模型做了表情设定，则不需要删除其历史信息；还要对模型的各部位进行清晰的命名。
- 检查骨骼系统：如果骨骼的设定没有问题，还需要检查骨骼系统的各部分是否进行了清晰的命名，这对以后的蒙皮和动画制作有很大的影响。

13.5 制作角色骨骼与蒙皮

在前面的小节中介绍了骨骼的创建和基础操作，以及模型的简单绑定，已经对骨骼和模型的蒙皮有了充分的认识，但是若要充分掌握骨骼与模型之间的操作与绑定技术，用户可以通过简单的模型绑定实例来巩固本章所学习的内容。

综合实战11——制作角色骨骼与蒙皮

13.5.1 角色骨骼解析

在实际工作当中，若想很好掌握骨骼的布置和蒙皮的绑定，就必须从原理上掌握为角色创建骨骼的规则。下面以人体角色的蒙皮绑定为例，对角色全身的骨关节进行全身关节分析，首先从角色的正视图和侧视图来观察，如图13-101所示。

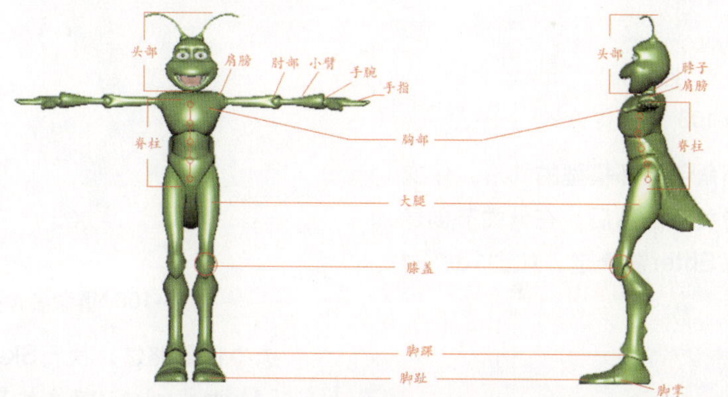

图13-101 角色骨关节的分布

从角色动画的灵活性和简便性讲，可以将角色划分为以图13-101中的几部分主要骨关节组成。在使用Maya创建实际骨骼系统时，可能还需要添加更多的骨骼关节，在各部位骨骼上都可以为其添加关键帧动画，从而突出角色的真实感。为了便于用户轻松掌握Maya角色动画，接下来对角色各部位骨关节的创建和编辑，以及角色模型的绑定进行详细的介绍。

13.5.2 创建腿部骨骼

下面首先从角色的腿部开始创建骨骼。角色腿部骨骼的设置很好理解，重点是在膝盖处设置弯曲骨骼以模拟人体真实的运动机能。

1 首先在Maya中新建场景，打开名为“model”的场景模型，如图13-102所示。然后，切换到Side视图，调整模型在视图坐标上并执行Freeze Transformations命令。

2 执行Skeleton（骨骼）| Joint Tool（关节）命令，在视图右侧弹出的面板中设置Orientation（方向）为None，在角色大腿的根部开始创建骨关节，如图13-103所示。

图13-102 导入角色模型

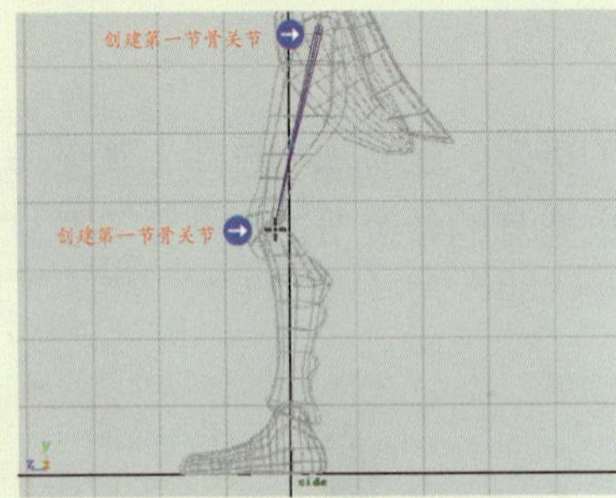

图13-103 创建骨关节

3 接着，根据角色腿部模型的外形，依次创建多个骨关节。然后，在骨关节创建完成后，按Enter键确定，如图13-104所示。

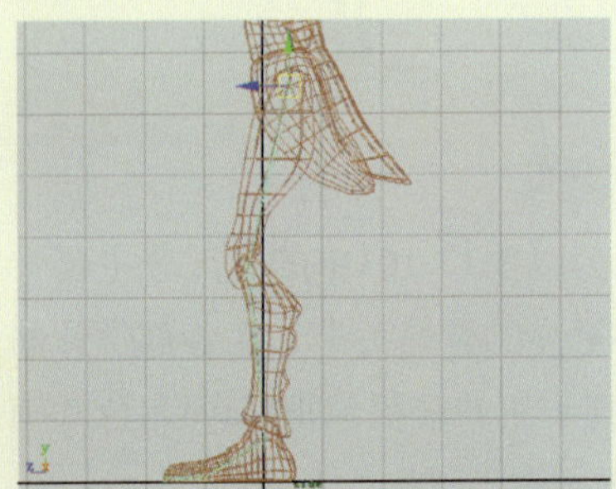

图13-104 创建的腿部骨骼

4 切换到Persp视图，沿X轴正向，移动骨骼链到角色腿部的中部，如图13-105所示。

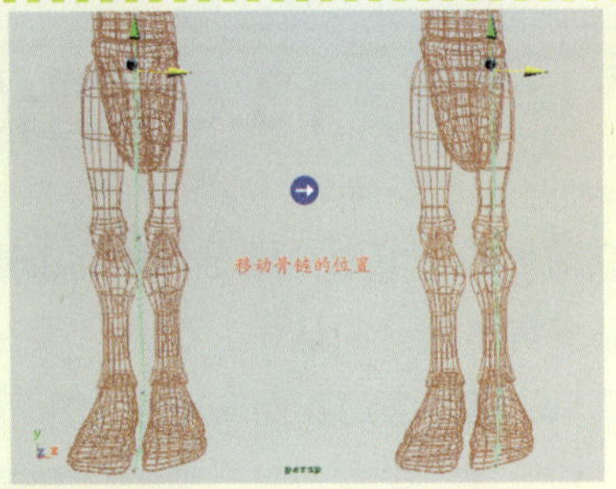

图13-105 移动骨骼链

5 调整模型材质的透明度，再选中各段骨关节，在其通道栏中分别为其进行重命名，以便于添加骨骼控制，如图13-106所示。

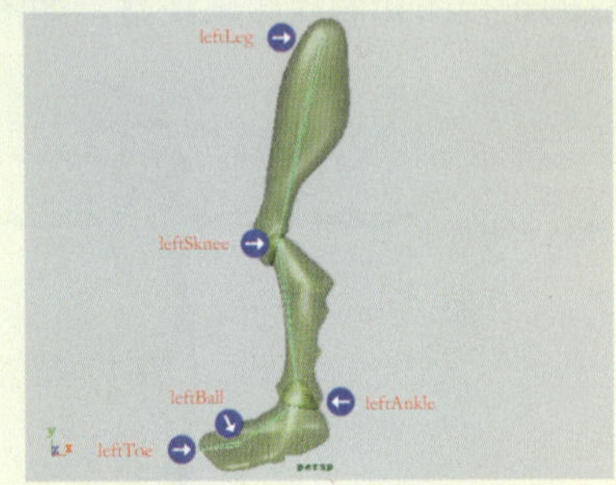

图13-106 重命名骨关节

6 选中该骨骼链，执行Skeleton（骨骼）| Mirror Joint（镜像关节）命令，即可将该骨链镜像复制到另一条腿部的中间，如图13-107所示。

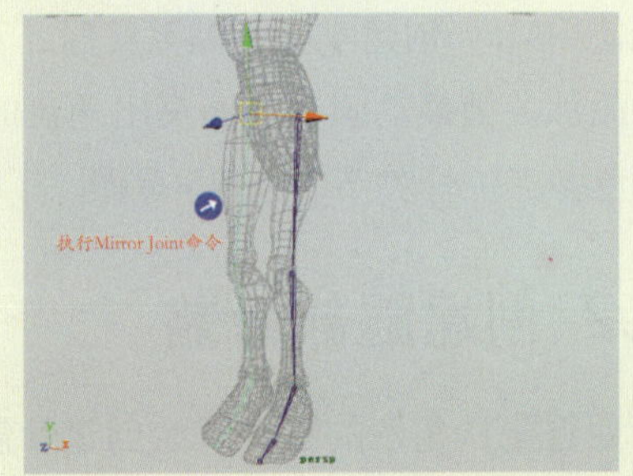

图13-107 执行Mirror Joint操作

13.5.3 创建脊柱骨骼

根据前面对角色身体骨骼结构的分析，下面尝试如何继续向上创建角色的脊柱骨骼链。

1 在角色模型上右键单击，在弹出的快捷菜单中选择Actions（动作）| Template（模板）命令，如图13-108所示，以将其切换到模板模式。

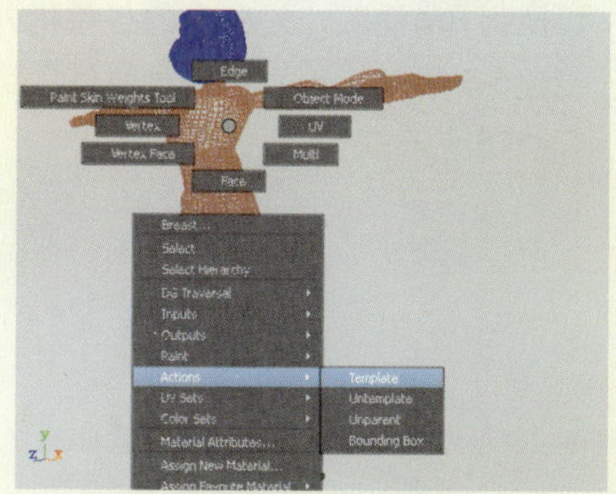

图13-108 执行Template命令

2 执行Joint Tool（关节）命令，在角色位置开始向上创建一条脊柱骨骼链，在创建骨骼点时并注意骨关节相对应的模型部位，如图13-109所示。

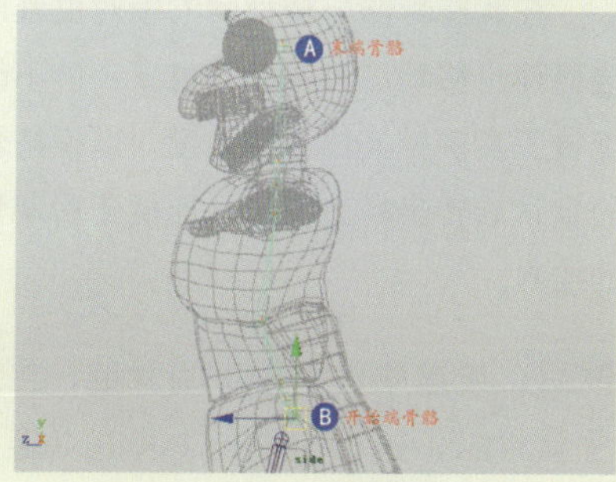

图13-109 创建脊柱骨链

3 调整角色模型的透明度，然后，对应模型的部位对每一段骨骼进行命名，如图13-110所示。

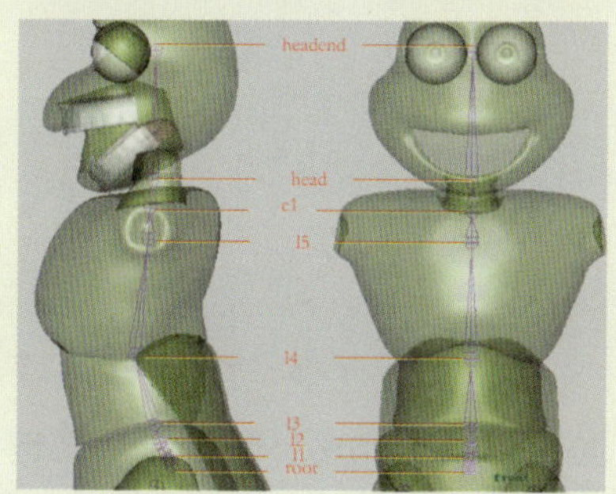

图13-110 重命名脊柱骨关节名称

4 先选中父骨关节Leftleg，再选中父骨关节root。然后，执行Connect Joint（连接关节）▣命令，在其属性对话框中选中Parent Joint（父关节）单选按钮，执行父子连接操作，如图13-111所示。

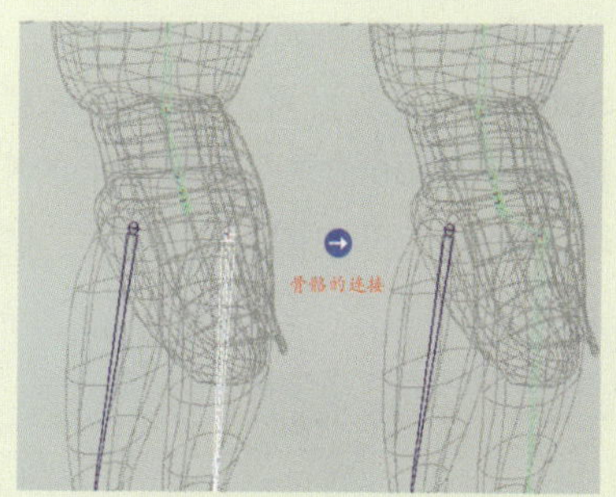

图13-111 连接骨链

5 同样，使用该方法将另一条腿部骨骼也进行连接。然后，执行Joint Tool（关节）命令，在root骨关节上单击，用于延伸骨骼链，如图13-112所示。

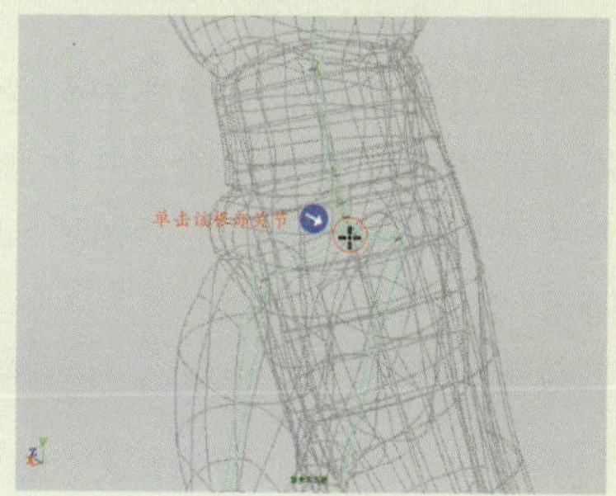

图13-112 执行Joint Tool操作

6 切换到Side视图，沿角色的尾巴外形连续多次单击，以创建一条用来控制角色尾巴的骨骼链，如图13-113所示。

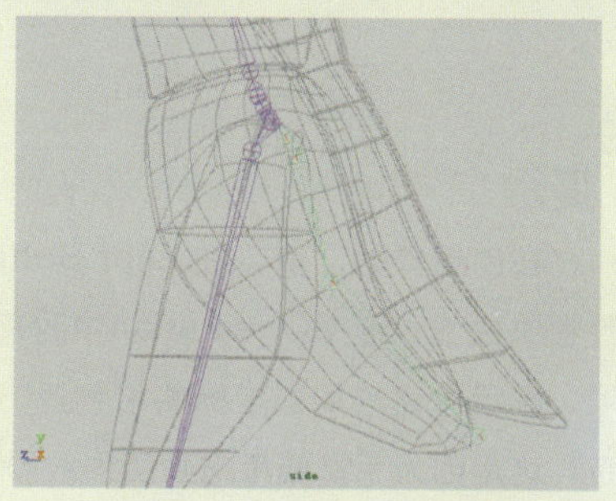

图13-113 创建尾巴骨骼

13.5.4 创建手臂骨骼

创建角色的手臂骨骼相比较角色整体的骨骼来说，是比较复杂和烦琐的工作，因为手臂关节分支比较多，比较难于调整和编辑，下面逐步介绍手臂骨骼的创建。

1 切换到Front视图，执行Joint Tool（关节）命令，在其属性面板中展开Joint Setting（关节设置）属性卷展栏，选择Orientation（方向）属性下的XYZ选项。然后，再在图13-114所示的骨点上单击。

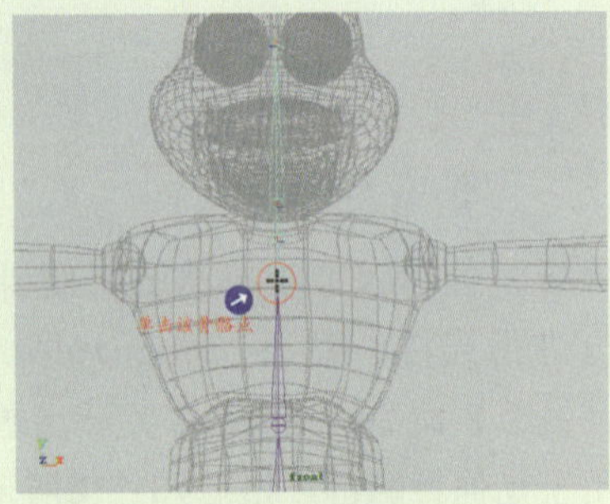

图13-114 执行Joint Tool操作

2 然后，沿着角色的手臂外形创建一条用来控制手臂的骨骼链，并注意手臂各关节处骨骼点的分布，如图13-115所示。

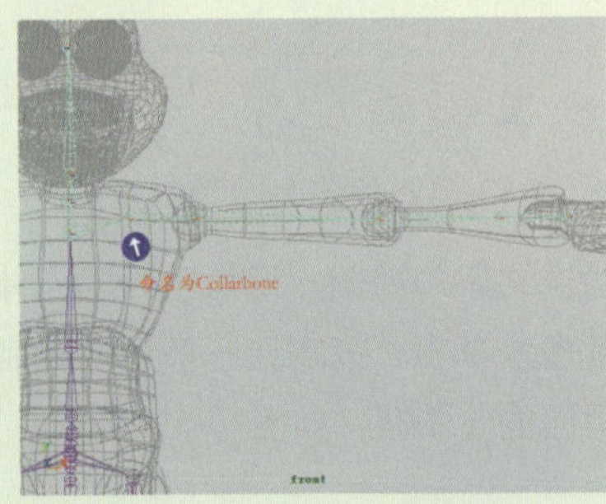

图13-115 创建手臂骨骼

提示

在创建骨骼之前，在Joint Setting属性卷展栏下，选择Orientation中的XYZ选项，表示骨骼的局部坐标将沿创建方向而定，这是因为手臂要考虑到后面的FK控制方式。

3 切换到Top视图，沿角色的各手指外形创建5条用来控制手指的骨骼链，如图13-116所示。

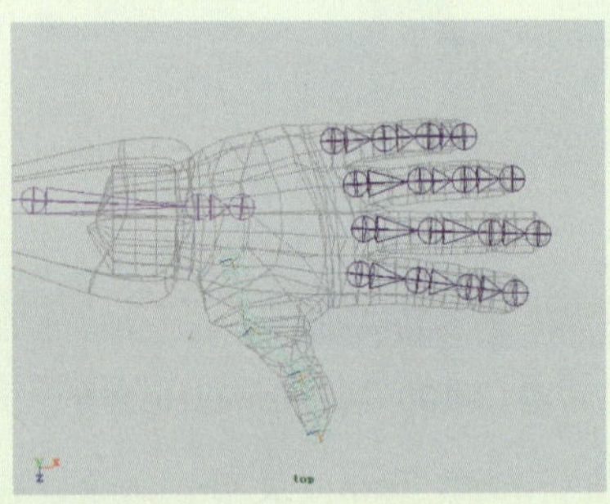

图13-116 创建手指骨链

提示

在调整骨骼与模型间的相对位置时，进而使用移动工具移动其位置，而不使用旋转工具调整其位置和角度，以保持骨骼的默认旋转坐标方向，从而便于后期骨骼的控制。

4 然后，先选中大拇指上的骨链，再选中手臂骨骼，执行Connect Joint（连接关节）命令，将其进行连接操作，并调整骨骼到拇指的中心，如图13-117所示。

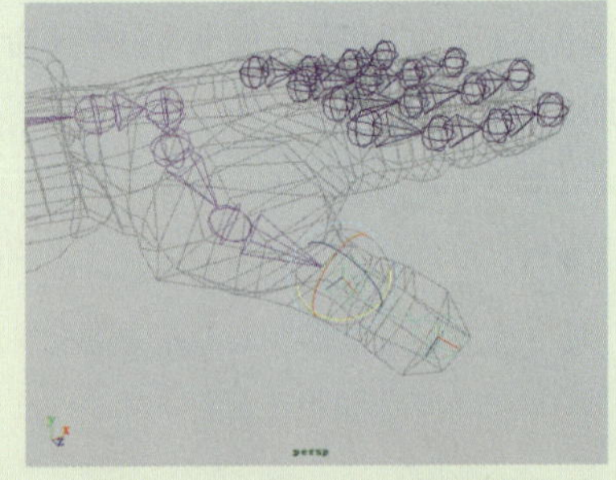

图13-117 调整骨骼的位置

5 同样，将其他4个手指的骨骼链也连接起来。然后，单击状态栏上的图标，再单击右侧的图标，显示骨骼的局部坐标并将它们的坐标进行统一，如图13-118所示。

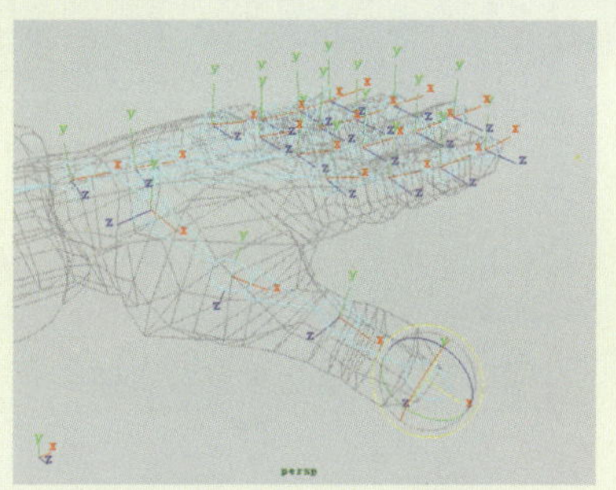

图13-118 调整骨骼的局部坐标

6 选中手臂骨骼链，执行Mirror Joint（镜像关节）命令，在其属性对话框中选中YZ和Orientation（方向）选项。然后，单击Mirror（镜像）按钮，执行镜像复制操作，如图13-119所示。

7 切换到Top视图，将各手臂骨关节进行重命名，以便后期骨骼的控制，如图13-120所示。

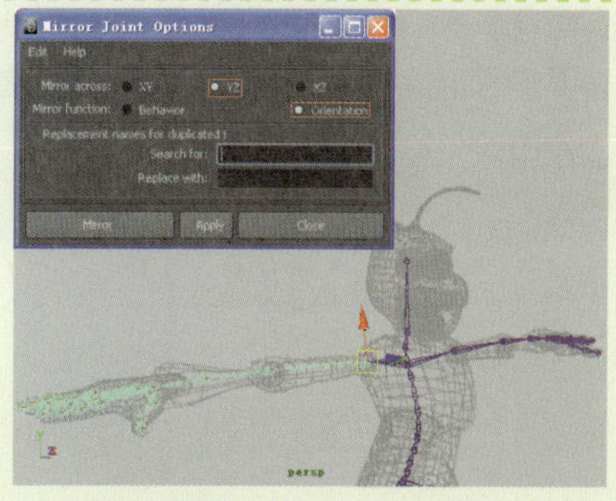

图13-119 执行Mirror Joint命令

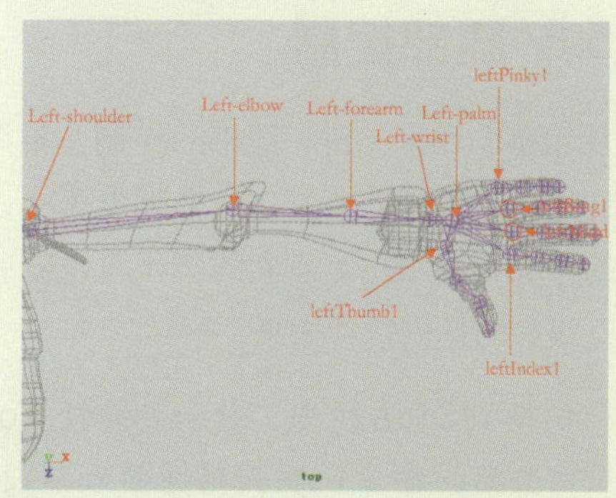

图13-120 命名手臂骨骼

13.5.5 创建头部骨骼

由于头部除了面部表情的变化以外，就只存在头部的旋转操作，而面部表情可以通过变形工具达到，因此只需要将角色头部运动幅度大的部位设置骨骼控制。

1 切换到Front视图，在角色的耳朵根部开始，沿其外形创建一条骨骼链用于控制耳朵模型，如图13-121所示。

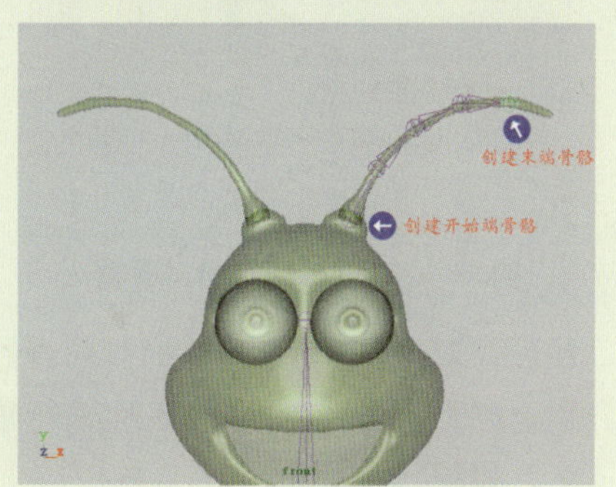

图13-121 创建头部骨骼

2 选中耳朵上的骨骼链，先单击状态栏上的图标，再单击右侧的图标，显示其局部坐标并统一它们的局部坐标方向，如图13-122所示。

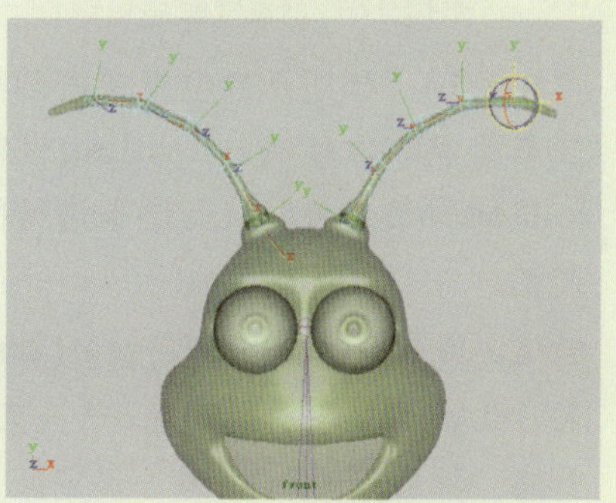

图13-122 统一骨骼局部坐标方向

3 同样，为了便于后期骨骼的控制，需要对角色的耳朵骨骼链进行重命名，如图13-123所示。

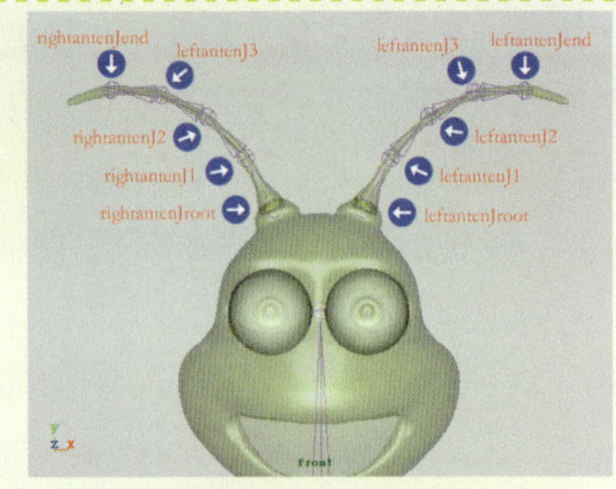

图13-123 重命名耳朵骨骼

13.5.6 腿部控制

从粗落的角度来讲，腿部的控制非常简单，用户只需添加一个IK控制，就可以掌握腿部和脚部的运动，但是若要制作一个脚尖落地，脚跟抬起的动作，单单使用IK控制是不能达到预期效果的。为了模拟出更真实的脚步行走动画，就需要为角色的脚部添加“翻转脚”，使用翻转脚可以很好的达到这种效果。

1 切换到Side视图，执行Joint Tool（关节）命令，在其属性面板中设置Orientation（方向）模式为None，然后在图13-124所示的位置单击，创建一个骨骼点。

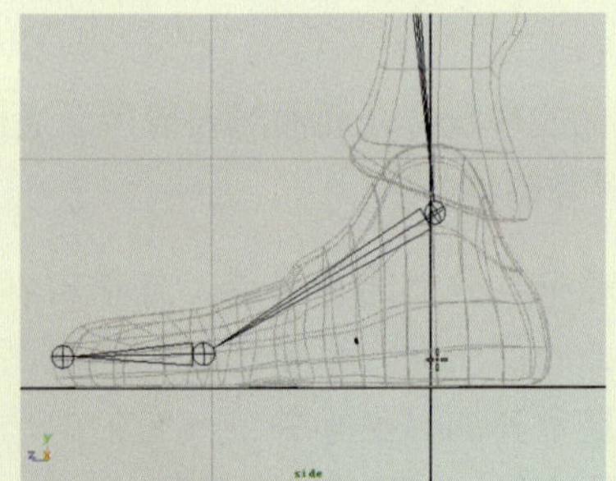
图13-124 创建骨骼点

2 再在图13-125所示的位置单击创建第二节骨骼，以使其与LeftLeg骨链的leftToe骨节重合，从而便于进行同步控制。

3 同样，再分别在LeftLeg骨链的LeftBall和LeftAnkle骨节处创建第3节、第4节骨骼。然后，按Enter键，确定翻转脚骨骼的创建，如图13-126所示。

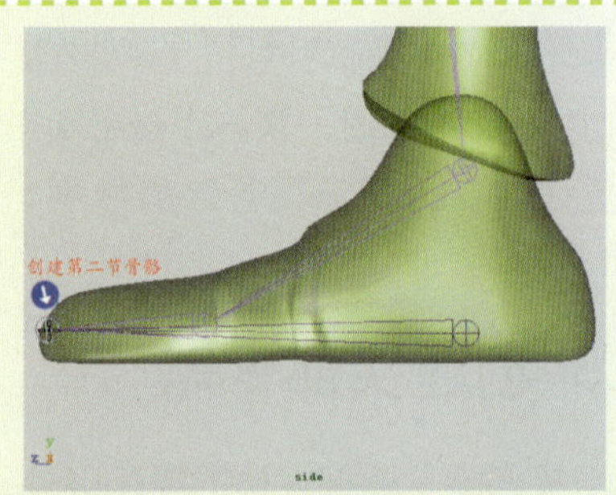

图13-125 创建第二节骨骼

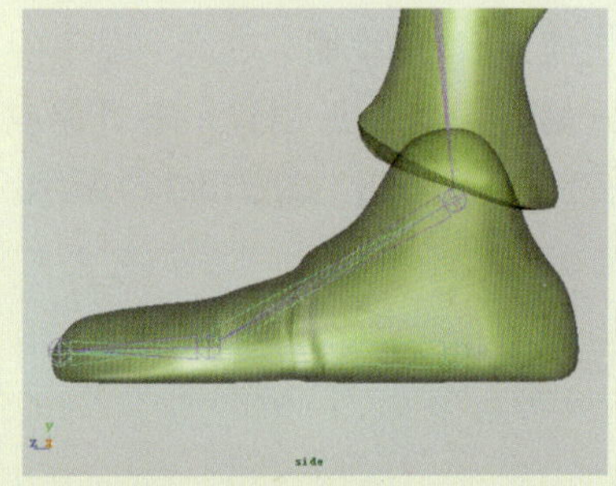
图13-126 创建的翻转脚骨骼

4 然后，对应LeftLeg骨链的脚部骨骼名称，对翻转脚上的骨骼名称进行重命名，如图13-127所示。

5 选中反转脚骨骼，单击状态栏上的?图标，显示其局部坐标并统一它们的局部坐标方向，如图13-128所示。

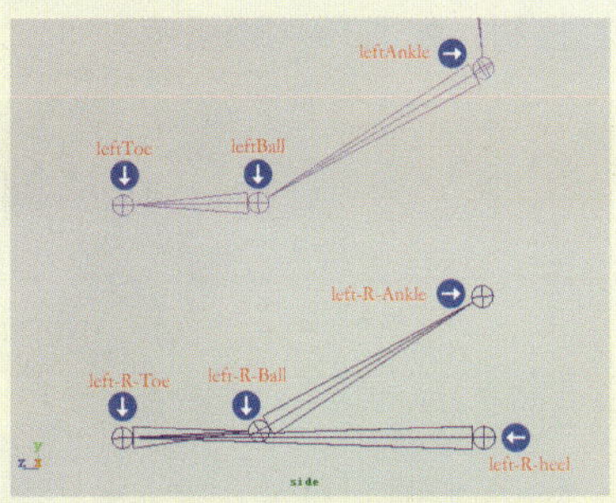

图13-127 重命名翻转骨骼

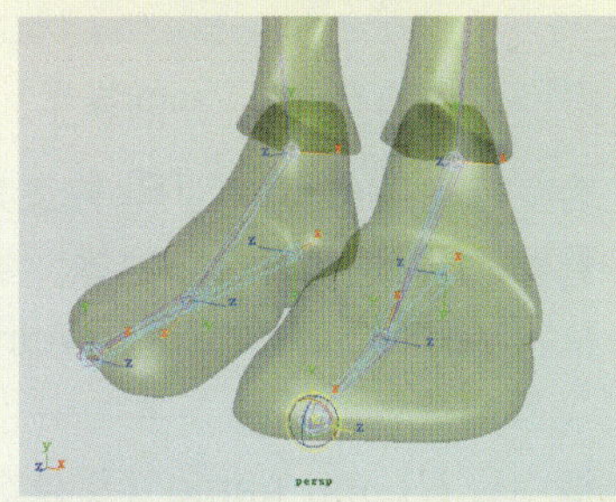

图13-128 统一骨骼的局部坐标方向

6 执行IK Handle Tool（IK控制手柄）命令，首先在图13-129所示中LeftLeg骨链的“A”骨节上单击，再在“B”骨节上单击，以在两骨节间添加一个IK控制并命名为LeftAnkle-IK。

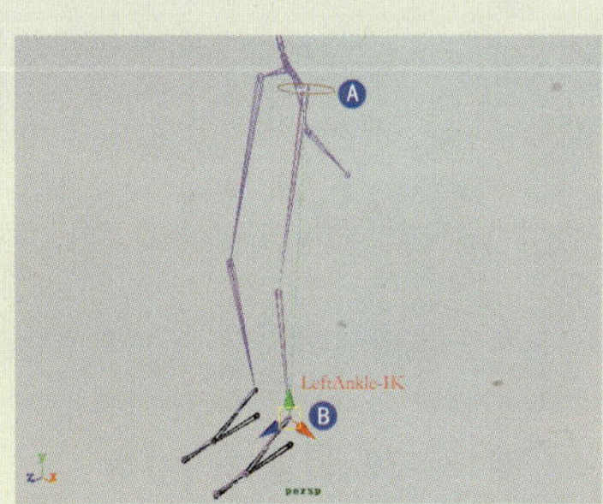

图13-129 添加IK控制

7 同样，再在图13-130所示中LeftLeg骨链的“A”骨节和“B”骨节间添加一个IK控制取名为LeftBall-IK，在“B”骨节和“C”骨节间添加一个IK控制，取名为LeftToe-IK。

8 先选中控制手柄Leftankle-IK，再选中骨节Left-R-ankle，按P键，建立父子关系，如图13-131所示。

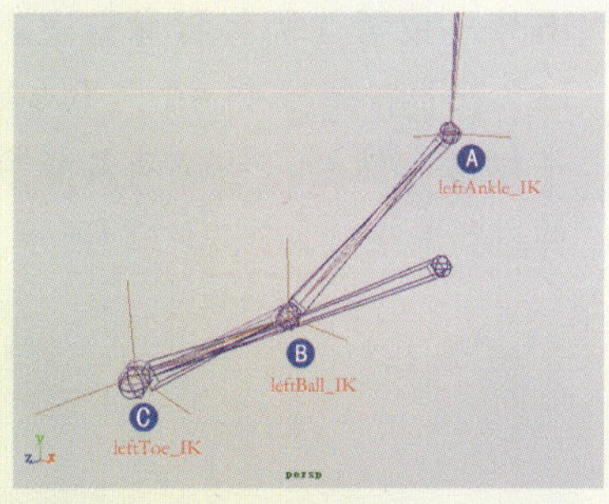

图13-130 添加翻转脚的IK控制

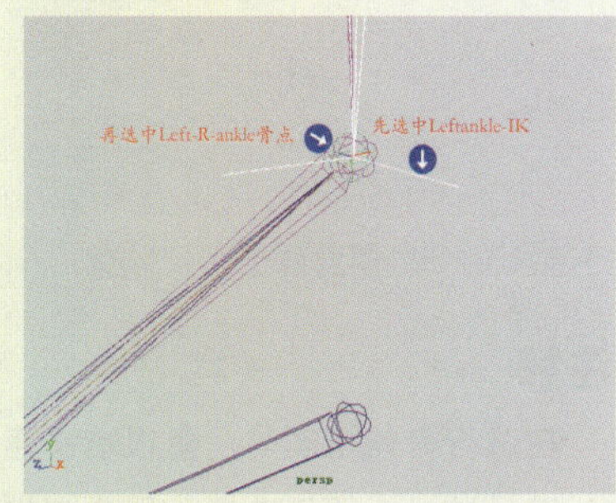

图13-131 建立父子关系

9 先选中Leftankle-IK，再选中骨节Left-R-ankle，按P键，建立父子关系。然后，旋转骨节Left-R-Ball，IK会跟随骨节Left-R-ankle移动，如图13-132所示。

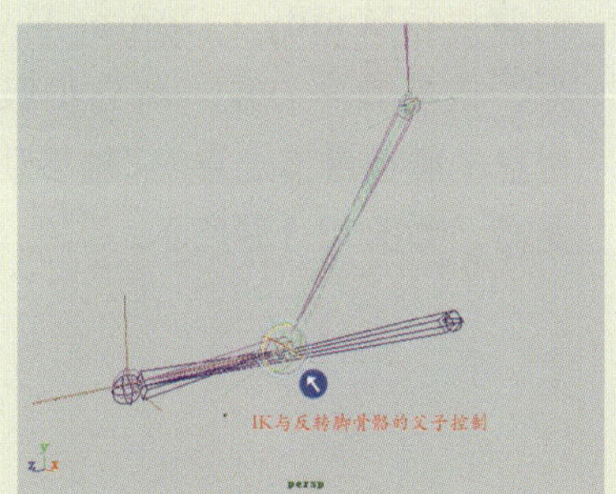

图13-132 建立IK与骨节间的父子关系

提示

在调整骨骼上的IK控制时，会改变骨骼的原始状态，需要选中所有的骨链，执行Assume Preferred Angle命令，恢复它们的初始化角度，以便于后期骨骼动画的创建。

10 同样，将LeftLeg骨链上的另外两个IK分别设置为翻转脚骨链上对应的Left-R-Ball骨节和Left-R-Toe骨节的子物体。然后，创建两条曲线图形并进行命名，如图13-133所示。

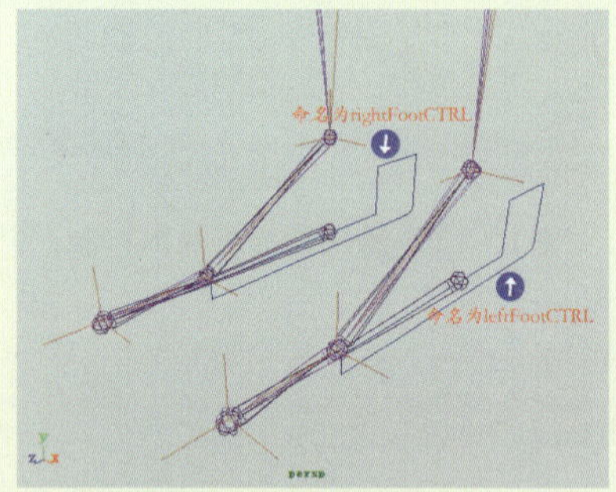

图13-133 创建脚部虚拟物体

注意

在进行骨骼控制时，会很难快速选中某一节骨骼，为便于选择，用户常常使用一条曲线或一个几何体作为虚拟物体来间接控制骨骼，只需对虚拟物体进行操作，即可改变骨骼的状态。

11 再创建两条曲线并重命名，选中它们并执行Modify | Center Pivot命令，恢复其中心点，将它们吸附到对应的膝盖骨节上再沿Z轴移动一定距离，如图13-134所示。

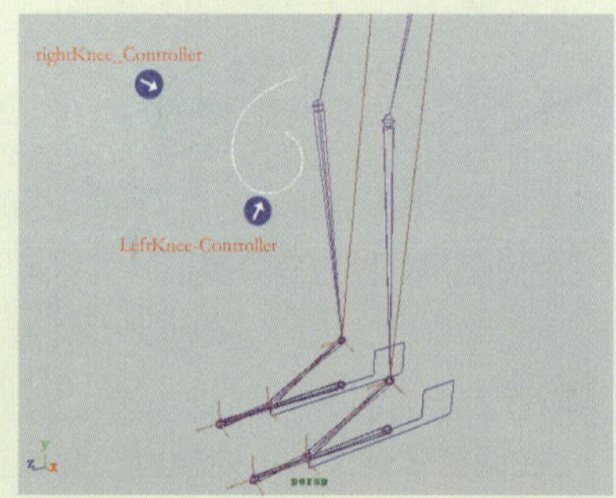

图13-134 创建膝盖虚拟物体

12 先选中曲线LeftKnee-Controller，再选中Leftankle-IK，执行Pole Vector（极向量）命令，LeftLeg骨链变为红色，同时IK的极向量属性被约束控制，如图13-135所示。

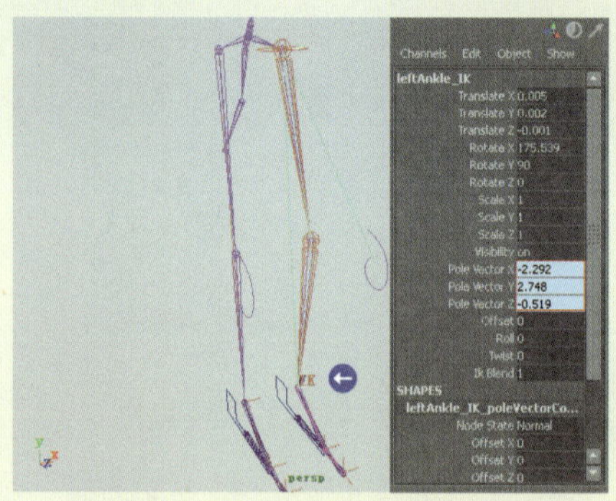

图13-135 执行Pole Vector操作

13 选中控制器leftFootCTRL并使其成为骨骼Left-R-heel的父物体。然后，执行Modify（修改）|Add Attributes（添加属性）命令，在打开的对话框中设置Long name（文件名）为Roll、Minimum（最小值）为-10、Maximum（最大值）为10、Default（默认）为0，如图13-136所示。

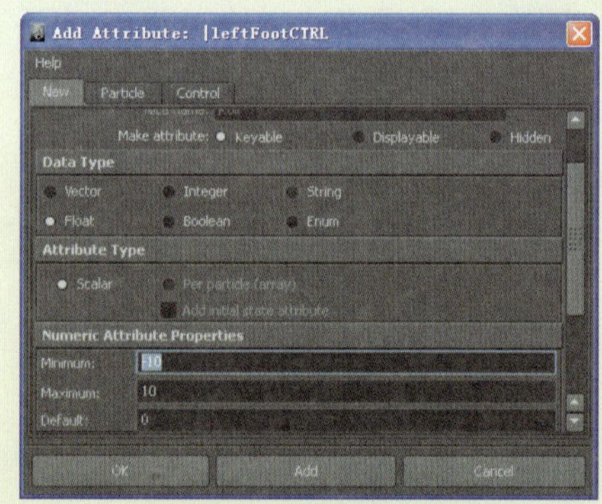

图13-136 设置选项参数

14 单击Add按钮，即可在曲线控制器leftFootCTRL的通道栏中看到新添加的Roll属性，如图13-137所示。

15 选中leftFootCTRL控制器，执行Animate（动画）| Set Driven Key（设置驱动关键帧）|Set（设置）□命令，在打开的对话框中单击Load Driver（载入驱动者）按钮，

即可将其载入上方的驱动属性列表中，如图13-138所示。

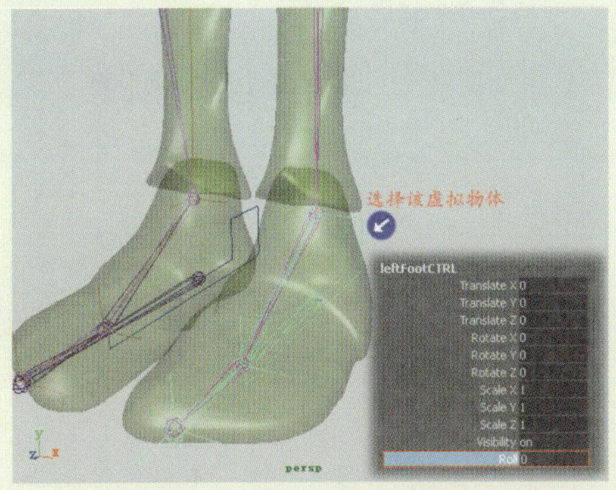

图13-137 新添加的Roll属性

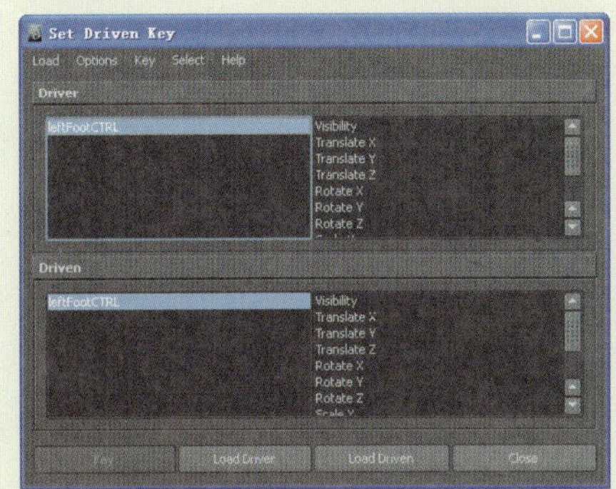

图13-138 加载驱动属性

16 然后，选中翻转骨链上的3节骨骼，单击Load Driven（载入被驱动者）按钮，将其载入下方的被驱动列表，再选中Roll属性和3节骨骼的Rotate Z属性并单击Key按钮，如图13-139所示。

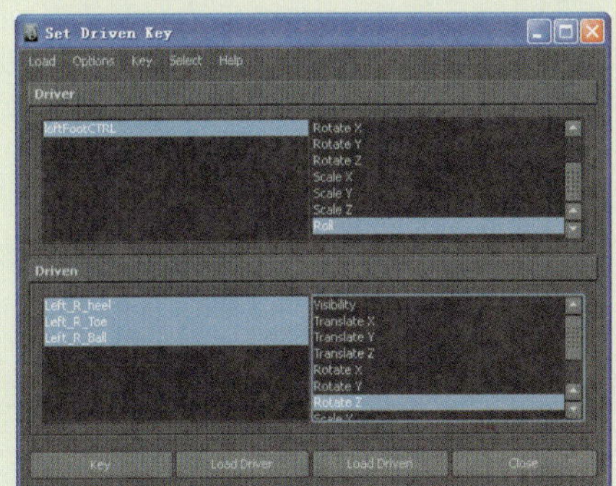

图13-139 加载被驱动属性

提示

选择驱动列表中的Roll属性和被驱动列表中的Rotate Z属性后，即表示使用leftFootCTRL控制的Roll属性来驱动3节骨节的Z轴旋转，单击Key按钮后，3节骨节的Rotate Z属性变为橘黄色显示，表示被设置为关键帧属性。

17 在该驱动设置对话框中，先选中leftFootCTRL选项，在其通道栏中设置Roll为5，再选中Left-R-Ball选项，在其通道栏中设置Rotate Z为20，如图13-140所示。

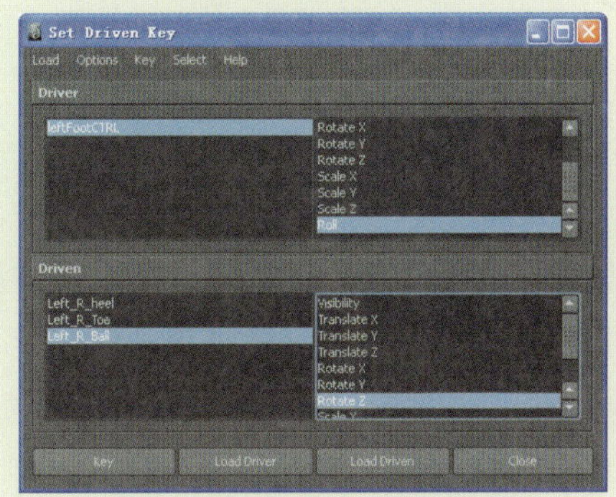

图13-140 设置驱动的属性参数

18 再在该驱动对话框中确保leftFootCTRL选项和3个节骨节选项同时被选中，单击Key按钮，为它们设置驱动关键帧动画，此时观察骨节的变化，如图13-141所示。

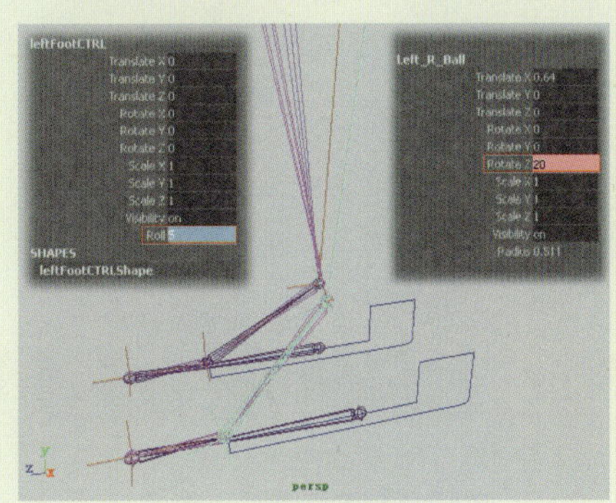

图13-141 设置驱动动画

19 再设置leftFootCTRL的Roll为10，设置Left-R-Toe的Rotate Z为-40，设置Left-R-Ball的Rotate Z为10，确定3个骨关节被选中，单击Key按钮，如图13-142所示。

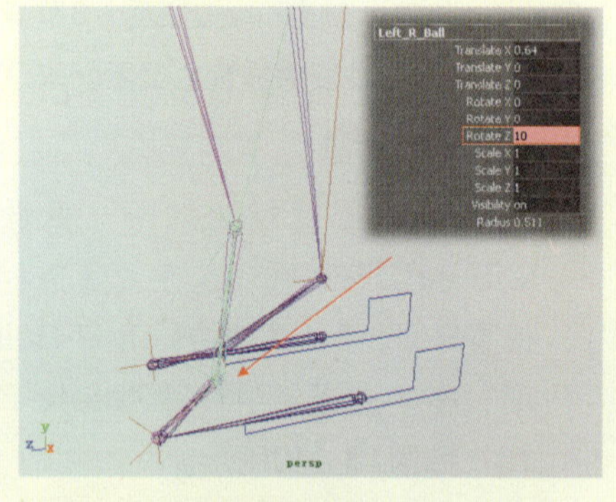

图13-142 设置Roll最大值驱动动画

20 设置Roll属性的不同参数值，观察骨骼沿Z轴旋转的动画效果，如图13-143所示。

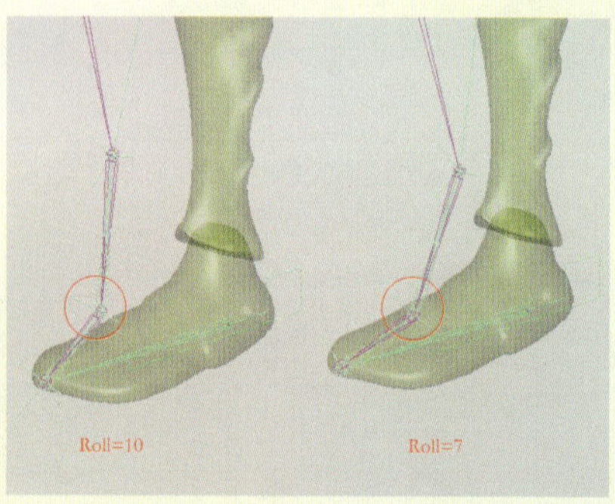

图13-143 骨骼的驱动效果

13.5.7 脊柱控制

角色的腰部运动主要取决于脊柱骨骼，若能够很好地对脊柱骨骼进行控制，可以使用户更容易做好角色腰部运动的动画。常用的脊柱装配的方式分别为IK和FK两种绑定方法。

IK绑定脊柱的原理通常是用户之前学习的IK Spline方式来控制脊柱，它的动画控制方式比较简单，但是控制能力不够，需要添加多条脊柱骨骼进行综合控制，并且绑定过程较为烦琐。

FK绑定的原理实际是每个自定义控制器去旋转约束骨骼，依靠旋转控制器来让脊柱达到旋转完全的效果。其优点为绑定过程简单，且控制能力较强；缺点是动画操作相对烦琐。

下面介绍如何使用FK控制角色的脊柱。

1 首先，在场景中创建一条圆环曲线，并调整其外形，命名为v1。然后，按V键，将其吸附到Root骨节上，如图13-144所示。

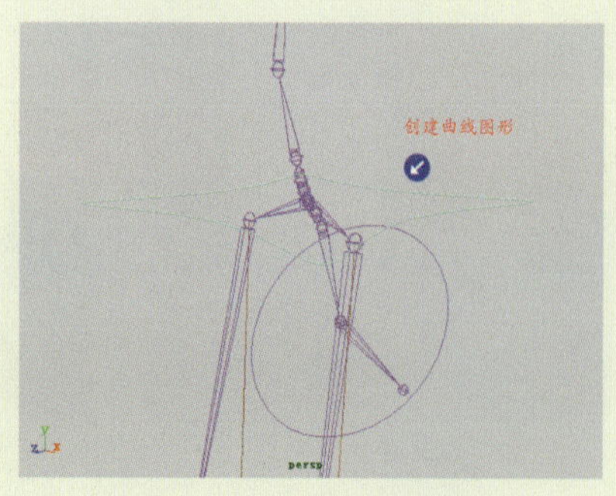

图13-144 创建曲线图形

2 先选中曲线v1，再选中骨节Root，执行Constrain（约束）| Parent（父约束）命令，骨节Root在通道栏中的移动和旋转属性都会被约束。旋转V1并观察骨链的状态变化，如图13-145所示。

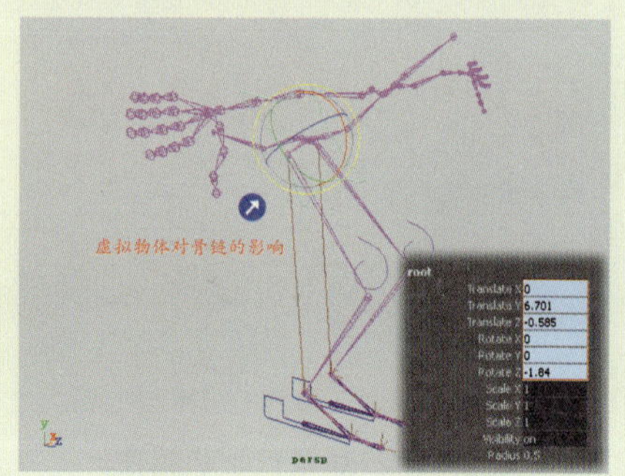

图13-145 执行父子约束操作

提示

在为骨骼添加约束或其他控制时，会使骨链发生一定的错误偏移，用户可以执行Skeleton（骨骼）| Assume Preferred Angle（显示骨骼预设角度）命令，将其恢复到开始预设角度。

3 恢复骨骼的初始化状态。再在骨节L4、骨节L5和骨节kuyruk3处创建3条曲线图形。然后，对曲线进行重命名并将各个曲线捕捉到对应的骨骼点，如图13-146所示。

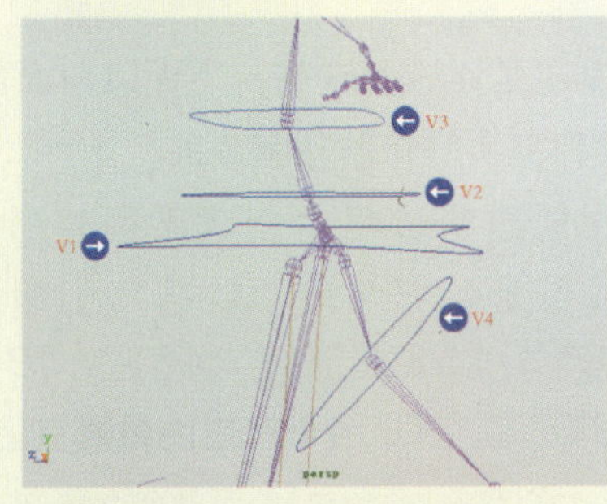

图13-146 创建多条曲线图形

4 先选中曲线V2，再选中骨节L4，执行Constrain（约束）| Parent（父约束）命令，在骨节L3通道栏中的移动和旋转属性会被约束，如图13-147所示。

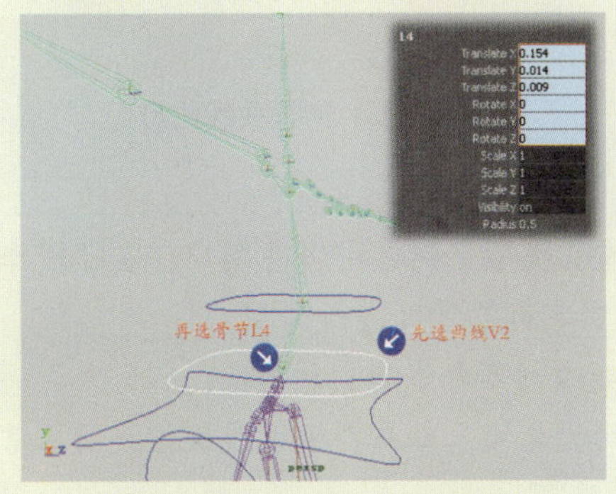

图13-147 执行父子约束操作

5 然后，移动或旋转曲线图形V2，观察它对骨节L4所在骨链的影响，如图13-148所示。

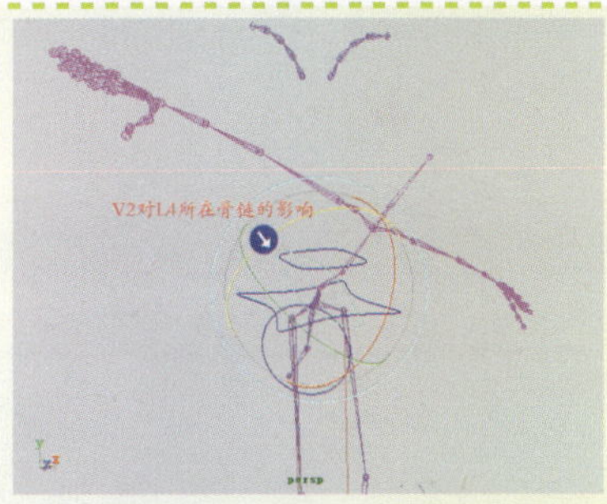

图13-148 观察父子约束效果

6 使用同样的方法，再使用曲线V3父子约束骨节l5，使用曲线V4父子约束骨节kuyruk3，如图13-149所示。

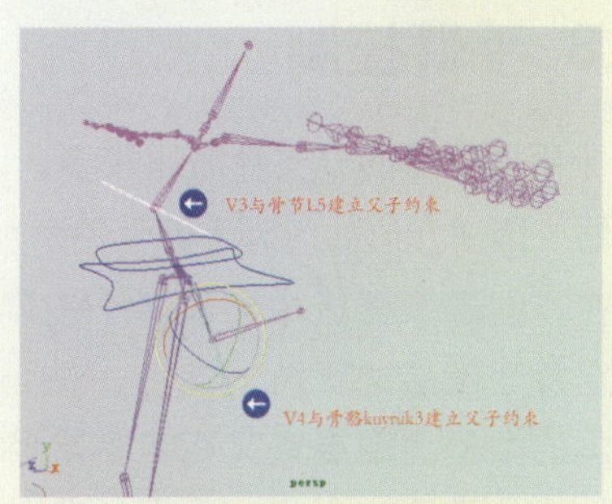

图13-149 设置其他曲线的约束

7 选中V3，在其通道栏中框选移动、旋转和显示属性等一些后期不需要操作的属性。然后，右键单击，在弹出的快捷菜单中选择Lock Selected（锁定物体）命令，即可将所选属性锁定，如图13-150所示。

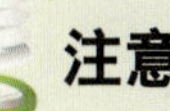

注意

根据人体腰部骨骼的运动常识，我们会意识到，在实际操作中脊柱上的骨骼除了根部骨骼会产生移动或旋转动作外，其他子层级的骨骼只能做旋转操作，因此除了将根部骨骼Root处的控制曲线外，其他几条控制曲线应保留其旋转属性不被锁定，其他不需要的通道属性都应锁定，锁定的属性不能被操作，以免影响骨骼控制操作。

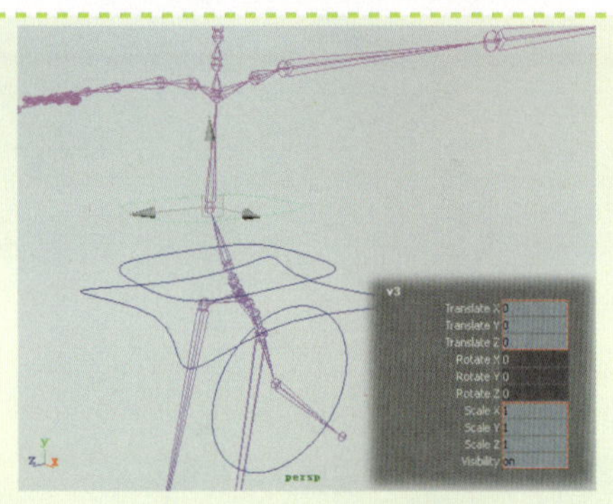

图13-150 锁定通道属性

8 使曲线V3成为曲线V2的子物体，曲线V2成为曲线V1的子物体，曲线V4成为曲线V1的子物体。然后，移动或旋转曲线v1，观察骨骼的变化，如图13-151所示。

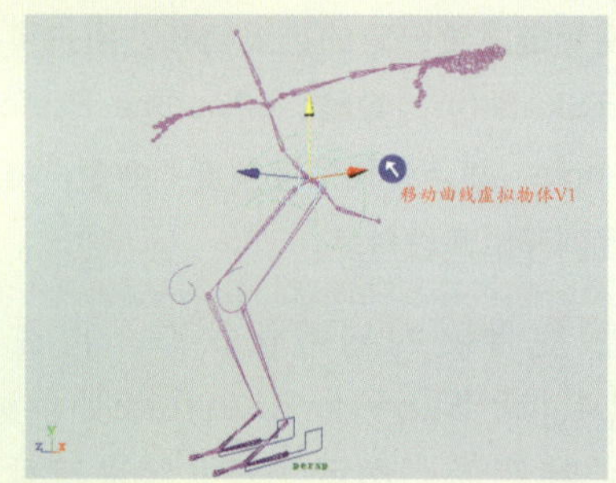

图13-151 曲线的整体控制效果

13.5.8 手臂控制

由于手臂骨链的分支骨骼比较多，因此为其添加控制也是比较复杂的。下面以前面创建的手臂骨骼为例来介绍如何为手臂骨骼添加控制装备，以模拟真实的骨骼动画效果。

1 在“图层”面板中创建多个图层并设定每个图层的颜色。然后，按场景物体的类型为图层定义相应的名称并将物体分类添加到相应图层，将曲线添加到Curve图层，如图13-152所示。

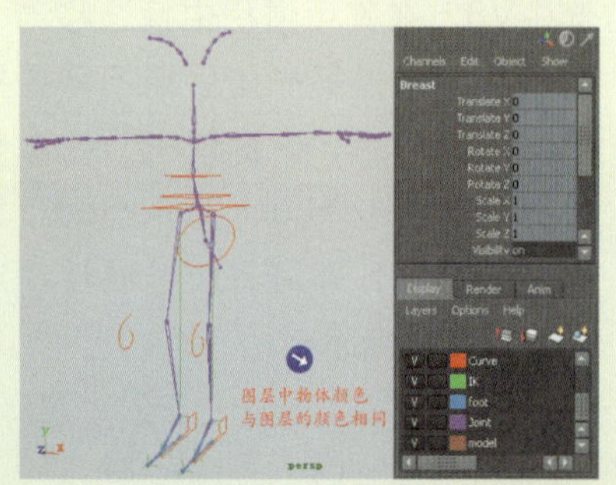

图13-152 创建合理的分层

2 在创建的过程中创建不同外形的曲线图形，按V键，以将它们吸附到图13-153所示的“A”、“B”、“C”、“D”4个对应的骨骼点上。

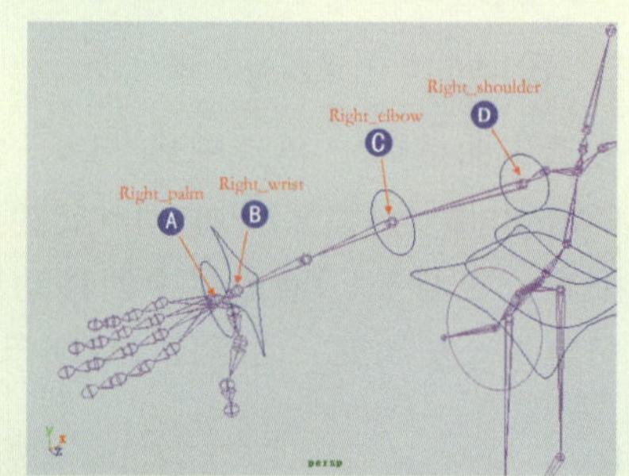

图13-153 创建曲线图形

为场景物体创建分层并将图层定义为所添加物体的类型名称，可以使用户在实际操作中便于物件的管理和编辑。下面对图13-152中所定义图层名称的含义进行说明。

- Curve（曲线层）：用于将场景中的所有曲线控制器都添加到该图层。
- IK（IK手柄层）：由于IK控制手柄有较高的优先级，容易产生误选操作，因此需要将其添加到专门的图层。
- Foot（翻转脚层）：用于将创建的翻转脚骨骼添加到该层，以便对翻转进行选择或添加控制操作。
- Joint（骨骼层）：用于放置角色的骨骼，便于在角色模型绑定后，将该层隐藏。
- Model（模型）：用于放置被绑定的角色模型。

3 执行IK Handle Tool（IK控制手柄）命令，先在Right-shoulder骨节上单击，再在Right-elbow骨节上单击，以在两骨节间添加一条IK控制器，如图13-154所示。

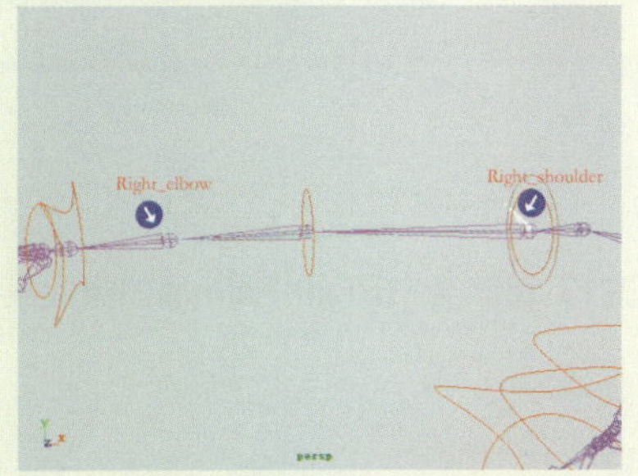

图13-154 添加Ik控制

4 选择骨节Right-forearm，然后在Outliner（大纲栏）窗口中找到该骨节层级下的IK效应器，如图13-155所示。

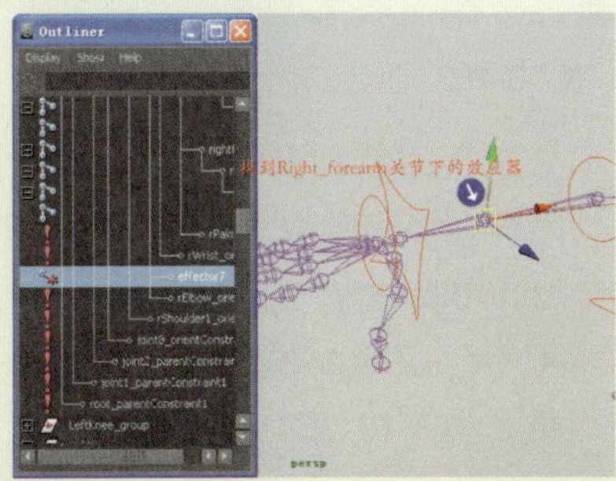

图13-155 选择效应器

5 按Insert键显示其中心点，按V键拖动中心点以将其吸附到骨节Right-wrist上，如图13-156所示。

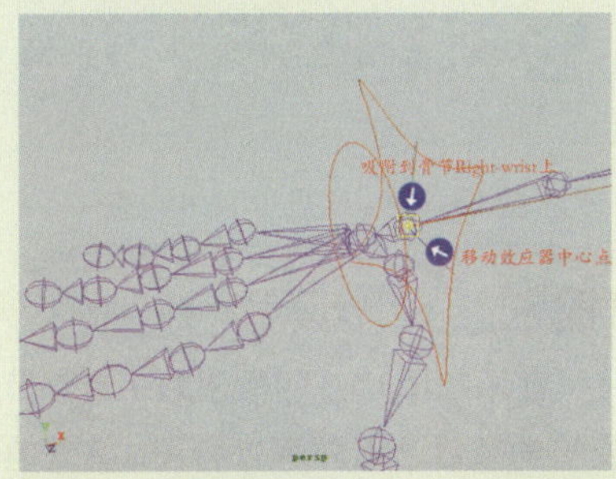

图13-156 移动IK效应器中心点位置

6 移动Right-arm-Ik手柄，手臂骨骼会发生弯曲和摆动。但若过渡移动IK手柄，手臂骨骼会发生一定偏转，如图13-157所示。

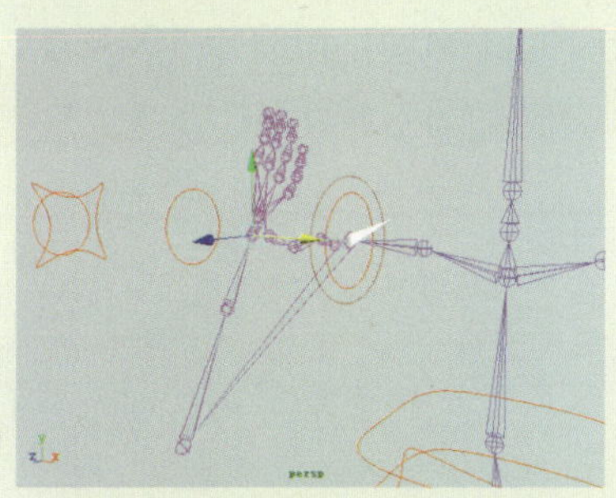

图13-157 IK手柄的控制效果

7 再创建两条曲线并进行命名。然后，将它们分别吸附到Right-elbow和Left-elbow骨节上，再沿Z轴负轴移动一定距离，执行Freeze Transformations（冻结变换属性）命令并删除它们的操作历史，如图13-158所示。

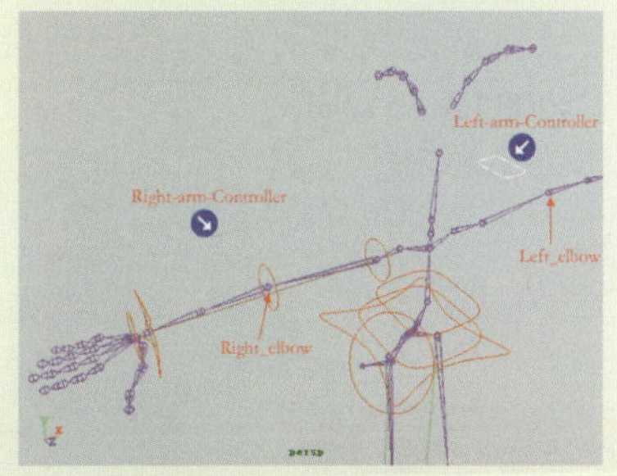

图13-158 创建曲线图形

8 先选中Right-arm-Controller，再选中Right-arm-IK，执行Pole Vector命令。然后，移动IK，若手臂发生翻转适当移动该曲线即可改变翻转状态，如图13-159所示。

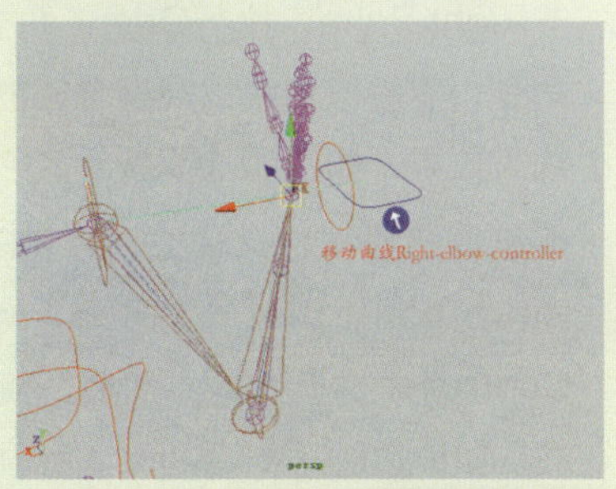

图13-159 IK的极向量约束效果

9 恢复手臂的初始化角度。然后，先选中曲线Left-arm-Controller，再选中骨节Right-wrist，如图13-160所示。

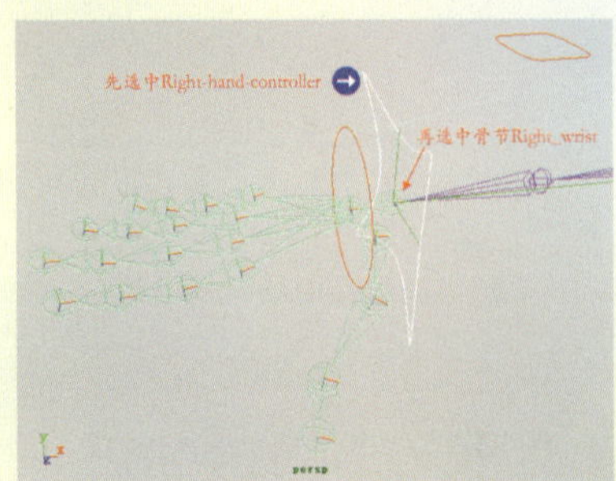

图13-160 执行约束对象

10 执行Constrain（约束）|Orient（方向约束）□命令，在其属性对话框中启用Maintain Offset（保持偏移）复选框以及axes（轴向）属性下的Y、Z复选框。再单击Add（添加）按钮，曲线即可约束骨骼的旋转，如图13-161所示。

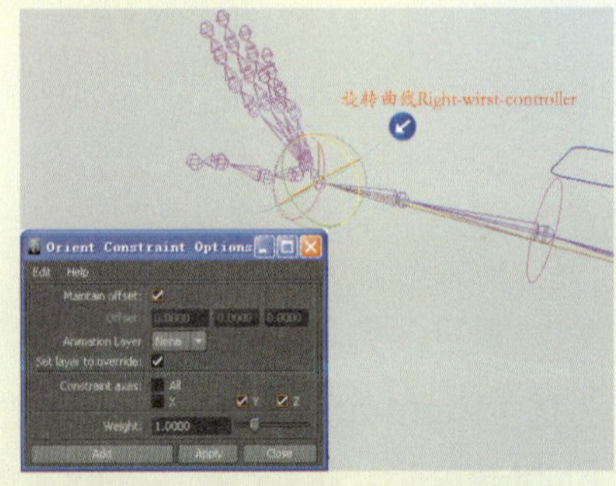

图13-161 执行父子约束操作

11 同样，将骨节Right-Palm上的曲线命名。然后，先选中该曲线，再选中骨节Right-Palm，执行Orient（方向）命令，旋转该曲线以观察骨骼的旋转约束效果，如图13-162所示。

12 恢复骨骼的初始化状态，设置Right-Palm-controller成为Right-wrist-Controller的子物体。然后，旋转曲线Right-wrist-Controller以观察骨骼的旋转，如图13-163所示。

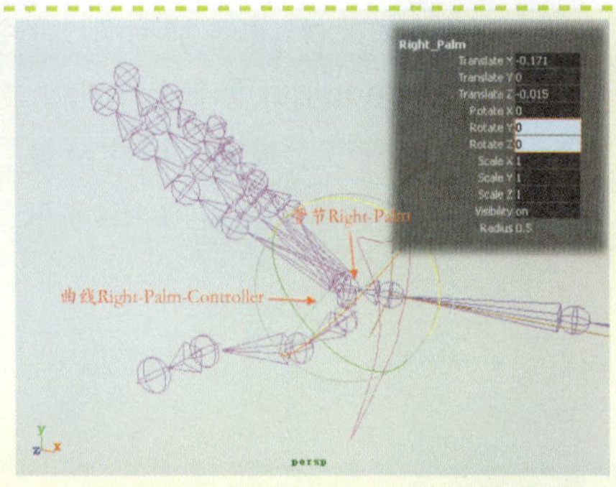

图13-162 骨节Right-Palm的约束效果

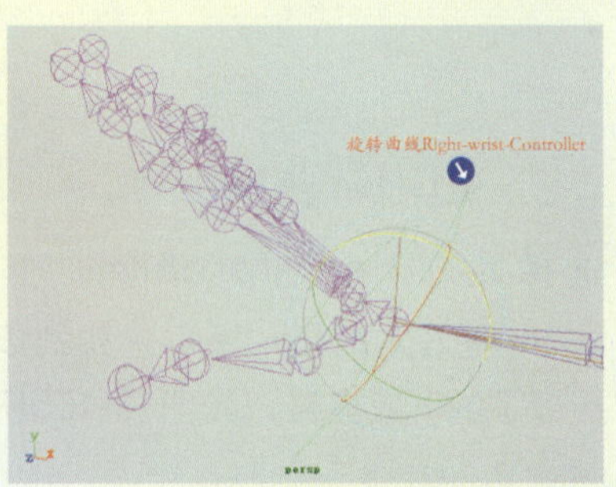

图13-163 曲线间的父子从属效果

13 分别将Right-elbow-controller与骨节Right-elbow、Right-shoulder-controller与骨节Right-shoulder建立X、Y、Z轴向的Orient（方向）约束，如图13-164所示。

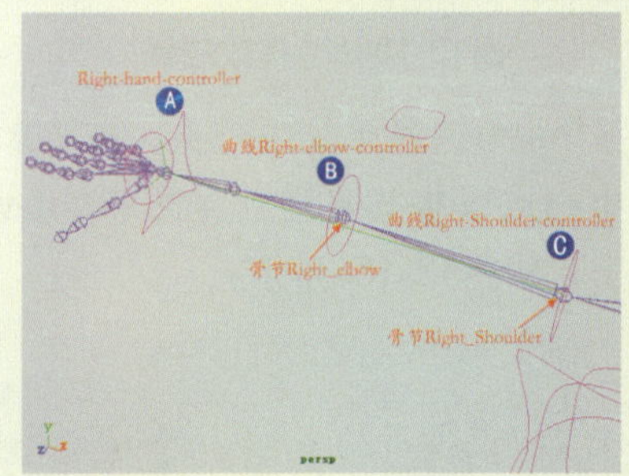

图13-164 建立Orient约束

提示

在添加图13-164所示的手臂骨节上的旋转约束后，用户可以将图中A处的曲线作为B处曲线的子物体，再将B处曲线作为C处曲线的子物体，从而只需要旋转C处的曲线即可旋转整条手臂骨骼。

14 再创建一条线并为其命名，再将其捕捉到骨节Right-Collarbone上。然后，将其沿X轴负向移动一定距离，再将其中心点捕捉到骨节Right-Collarbone上，如图13-165所示。

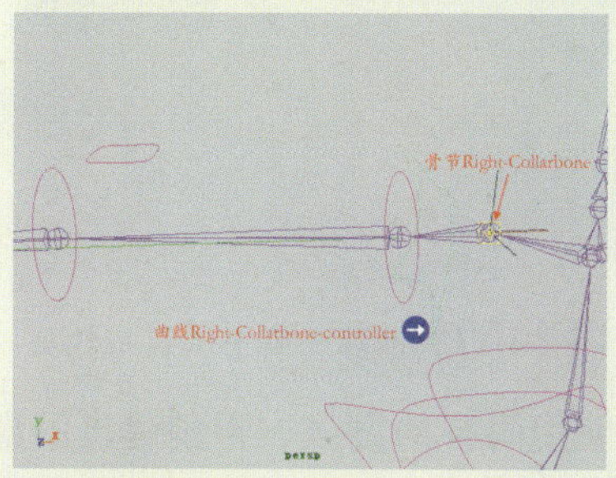

图13-165 建立曲线控制器

15 先选“B”处曲线，再选骨节Right-collarbone，进行X、Y、Z轴向的Orient（方向）约束。然后，将“A”处曲线成为“B”处曲线的子物体并旋转“B”曲线，如图13-166所示。

16 恢复骨骼的初始化状态，同样为左手臂的控制分别将Right-Collarbone-controller和Left-Collarbone-controller成为曲线v3的子物体，如图13-167所示。

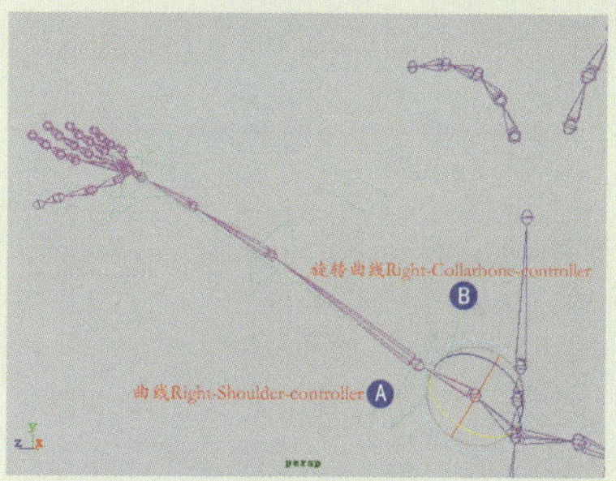

图13-166 约束骨节Right-Collarbone

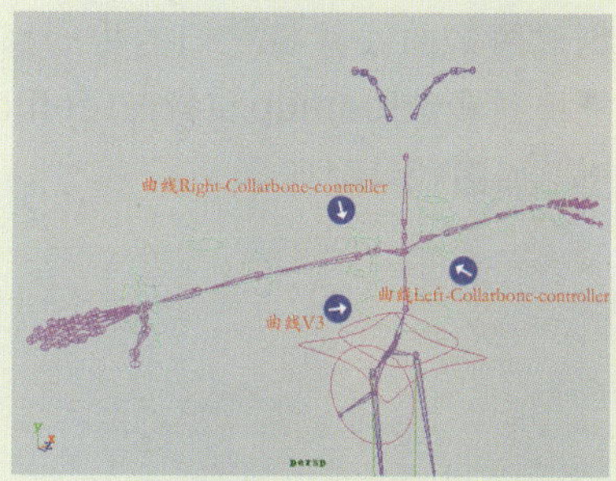

图13-167 建立父子关系

13.5.9 添加头部控制

根据日常生活中的观察，颈部的动作主要由前探、后仰、左右摆头等，再着就是角色口腔和眼睛的控制。下面根据这一特点来创建角色头部控制。

1 切换到Side视图，执行Joint Tool（关节）命令，在头部骨节head2处开始单击，以创建出图13-168所示的骨骼链，用于控制角色的下方牙齿。

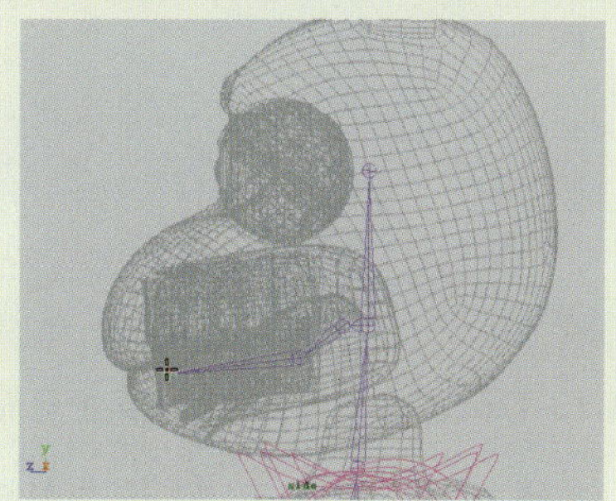
图13-168 创建下方牙齿的骨骼

2 同样的方法，执行Joint Tool（关节）命令，再在骨节head2处开始单击，创建上方牙齿的骨骼，并对骨节进行重命名，如图13-169所示。

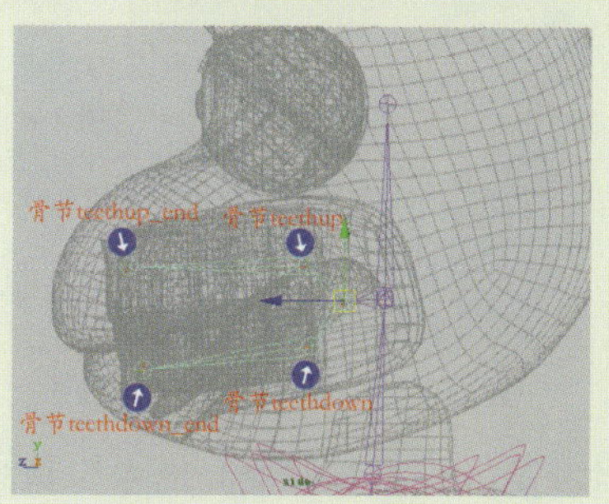

图13-169 创建上方牙齿的骨骼

3 选中牙齿的部分骨骼，单击状态栏上的?按钮，以显示骨骼的坐标并对其坐标方向进行统一，如图13-170所示。

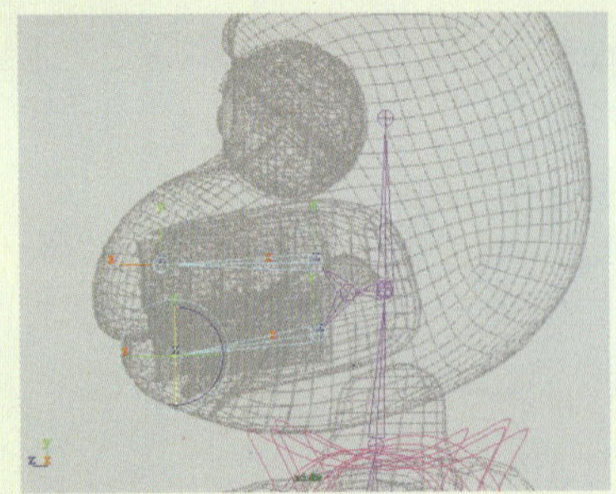

图13-170 统一骨骼的坐标方向

4 创建两条曲线并将它们的中心点分别捕捉到骨节teethup和骨节teethdown上，如图13-171所示。

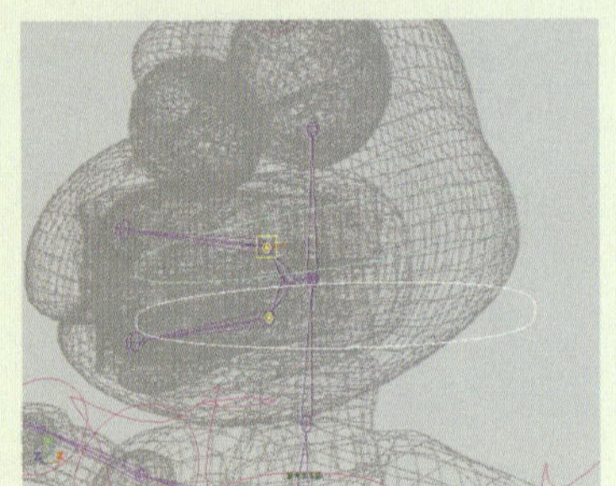

图13-171 创建曲线控制器

5 对两条曲线控制器进行重命名。然后，先选中曲线控制器teethup-Controller，再选中骨节teethup，如图13-172所示。

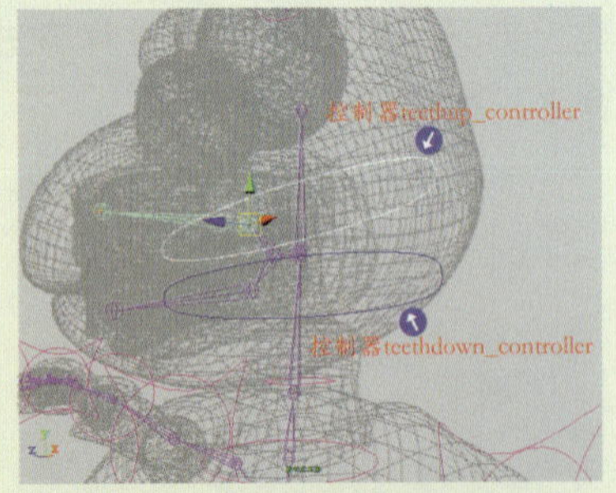

图13-172 命名曲线控制器

6 执行Aim（目标约束）命令，再旋转曲线控制器teethup-Controller，可以看到骨节teethup也跟随着发生旋转，如图13-173所示。

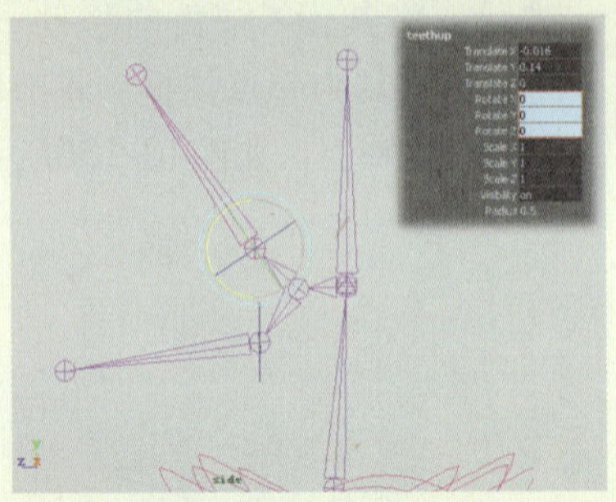

图13-173 曲线与骨节的目标约束

7 使用同样的方法，再创建出眼部的控制骨骼，调整该骨骼到眼部的中心位置并对它们进行重命名，如图13-174所示。

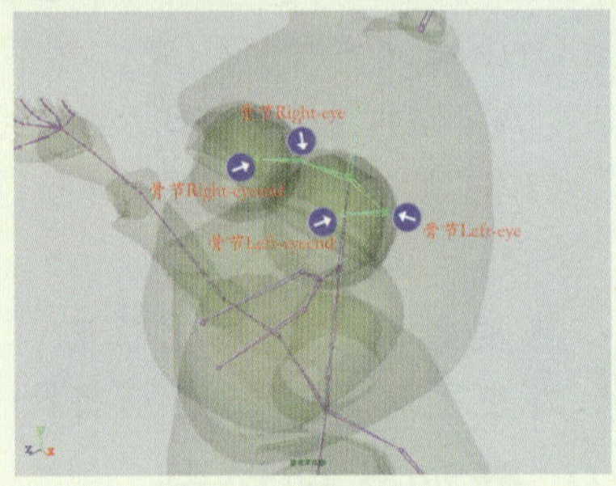

图13-174 创建眼部的控制骨骼

8 然后，分别将角色耳朵根部的骨节leftAntenRoot和RightAntenRoot与头部骨节headend进行连接，如图13-175所示。

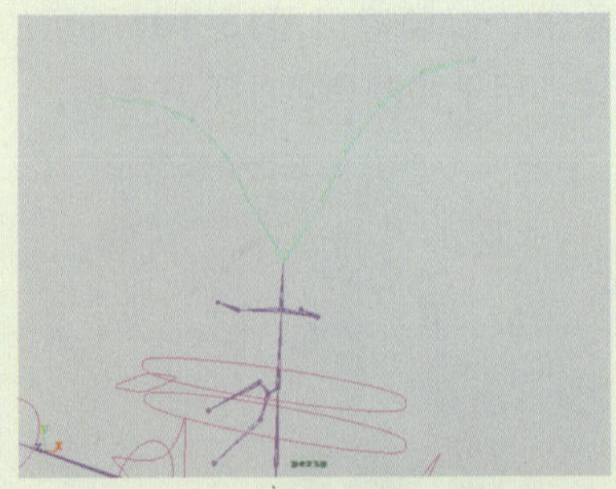

图13-175 连接角色头部和耳朵的骨骼

9 创建一条曲线并命名为neck-controller，并将牙齿的两条曲线控制

器作为其子物体。然后，先选中该曲线，再选中骨节C1，执行Constraint（约束）| Parent（父约束）命令，执行父子约束操作，如图13-176所示。

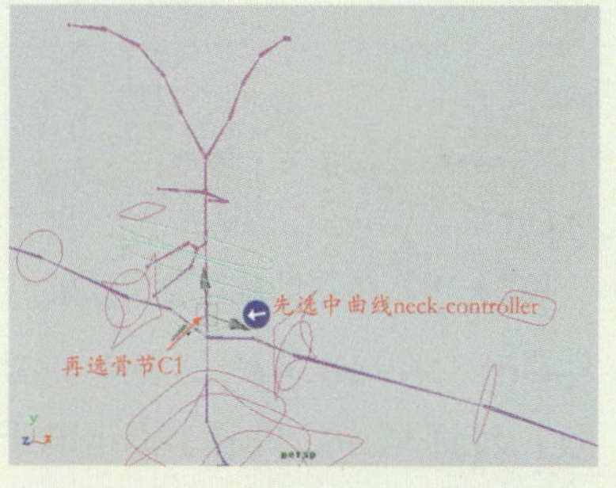

图13-176 设置颈部约束控制

10 将neck-controller作为曲线V3的子物体。创建一个曲线并命名为Fullbody-Controller，再将角色所要的曲线控制器作为其子物体，如图13-177所示。

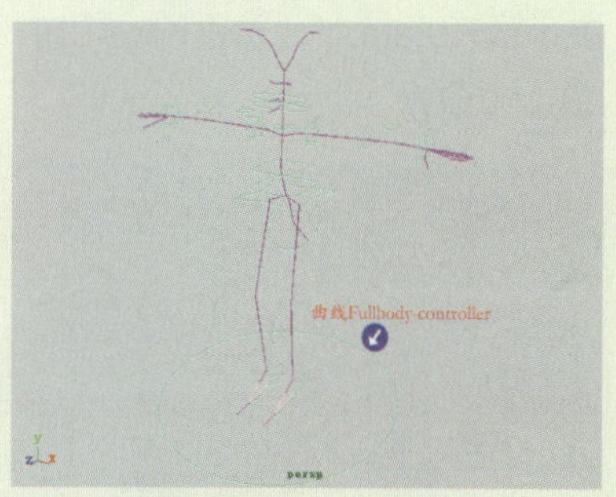

图13-177 创建身体控制

13.5.10 添加手指控制

我们都知道，人体手指是整个身体部分最灵活的部分，若使用骨骼的FK控制方式来一一控制每节骨节的旋转变形是一项很繁杂的工作，并且很难使手指能随机发生多种弯曲变化。下面介绍如何使用简单的方法来方便自如的控制手指各种旋转动作。

1 选中控制器Right-Palm-controller，执行Add attribute（添加属性）命令，在弹出的对话框中设置Long name（长文件名）为thumb、Minimum（最小值）为-10、Maximum（最大值）为10、Default（默认值）为0，如图13-178所示。

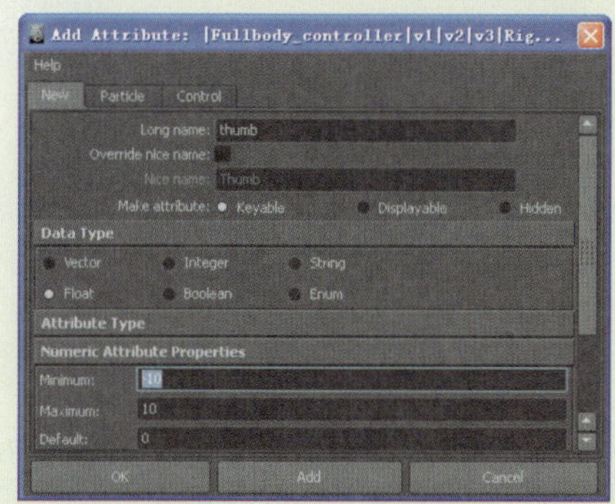

图13-178 设置选项参数

2 单击OK按钮，为其添加thumb属性。然后，选中拇指骨骼，单击状态栏上的?图标，显示其局部坐标并观察其旋转轴向，如图13-179所示。

提示

所选目标对象在执行Add Attribute命令后，被添加的属性选项都会在其通道栏中显示出来，并且在该属性右侧的列表框中包含了添加该属性时所设置的取值范围。

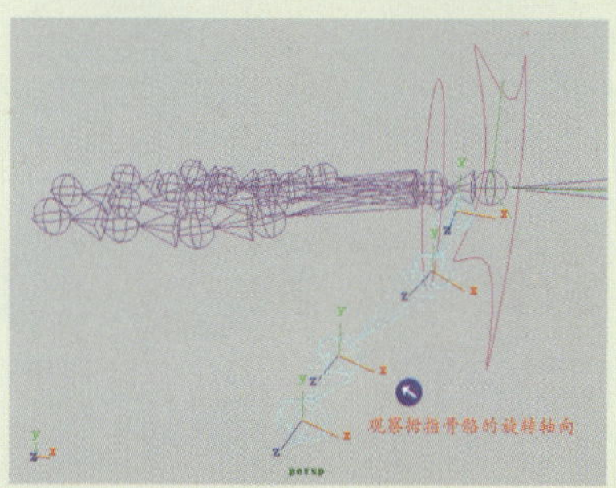

图13-179 观察骨骼的旋转轴向

3 在Set Driven Key（设置驱动关键帧）对话框中，选中Right-Palm-controller

并单击Load Driver（载入驱动者）按钮，再选中拇指的3节骨骼并单击Load Driven（载入被驱动者）按钮。然后，确保Thumb属性值为0，再分别单击驱动列表中的Thumb和被驱动列表中的Rotate Y，单击Key按钮，如图13-180所示。

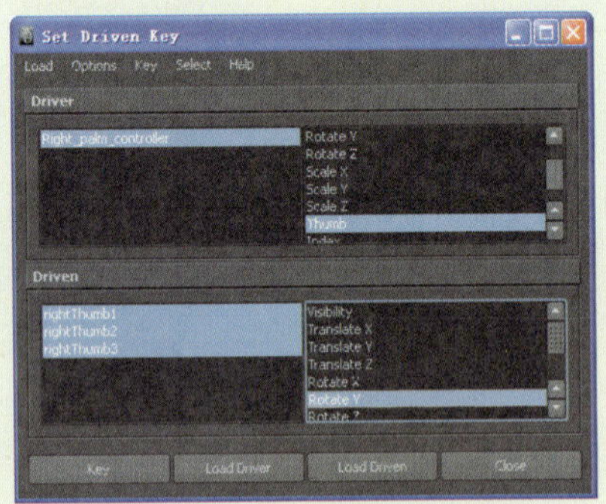

图13-180 设置驱动动画

提示

在设置拇指的旋转驱动动画时，在单击Key按钮之前，一定要确保驱动元素和被驱动元素全部被选中，例如，本节介绍的，在单击Key按钮时，一定要选中驱动属性Right-Palm-controller和Thumb，以及被驱动的3节骨骼和其Rotate Y属性。

4 先设置Right-Palm-controller的Thumb值为10，再设置拇指3节骨骼的Rotate Y值，如图13-181所示。

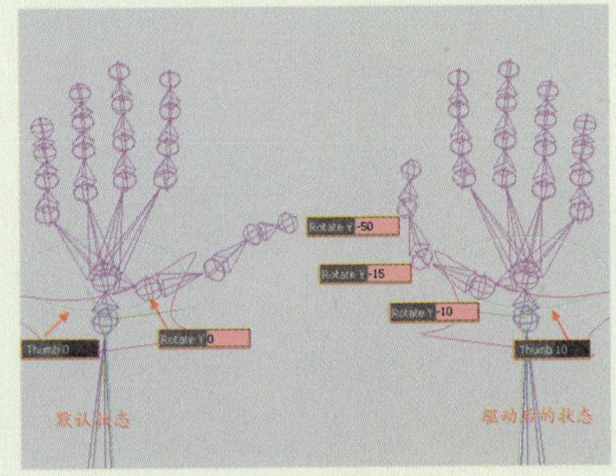

图13-181 设置骨节旋转角度

5 在曲线Right-Palm-controller的属性对话框中，设置不同的Thumb值，拇指会发生不同程度的旋转，如图13-182所示。

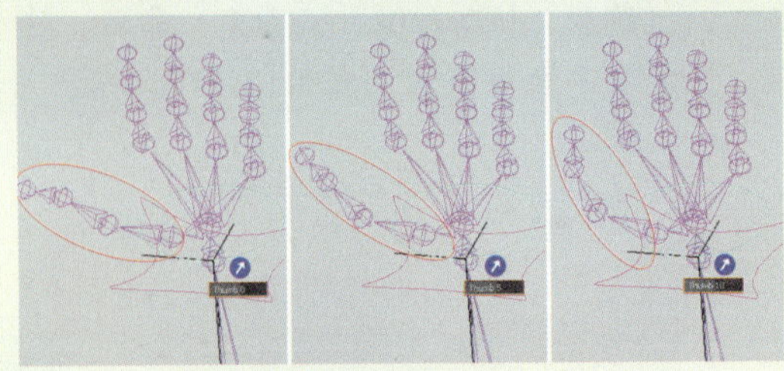
图13-182 手指的旋转驱动效果

6 在Set Driven Key（设置驱动关键帧）对话框中，先选择Right-Palm-controller和Thumb选项，再选择3节骨骼和Rotate X，单击Key按钮，设定驱动动画，如图13-183所示。

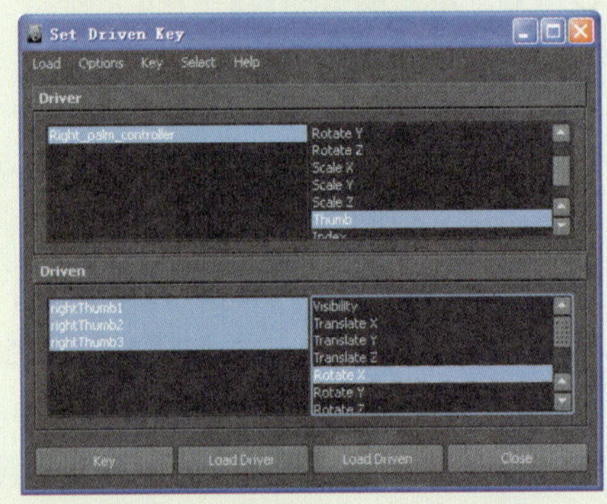

图13-183 设置拇指的X轴驱动

7 设置Thumb为-10，设置拇指3节骨骼的旋转角度，再选择Thumb选项、3节骨骼和Rotate X，单击Key按钮，设置驱动动画，如图13-184所示。

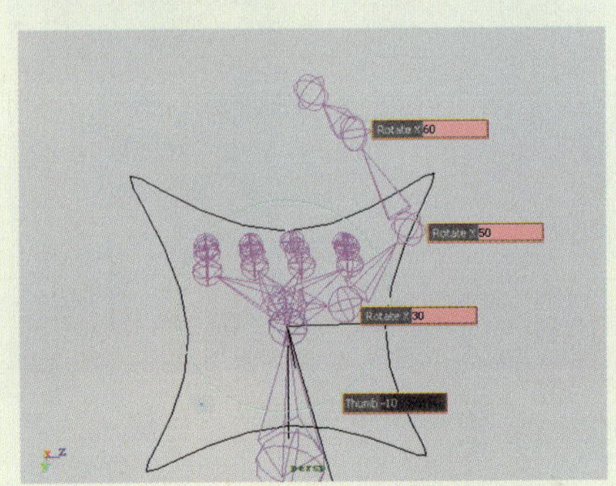

图13-184 设置拇指的旋转角度

8 设置Thumb值为0，在驱动对话框中，先选择Right-Palm-controller和Thumb选项，再选择3节骨骼和其Rotate Z，单击Key按钮，设定驱动动画，如图13-185所示。

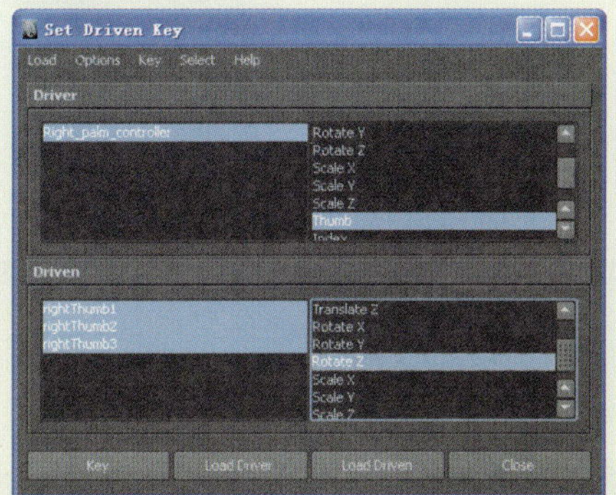

图13-185 设置拇指Rotate Z驱动

9 先设置Thumb为-10，再设置拇指3节骨骼Rotate Z的旋转角度值，再在对话框中选择3节骨骼和Rotate Z选项，单击Key按钮，设定驱动动画，如图13-186所示。

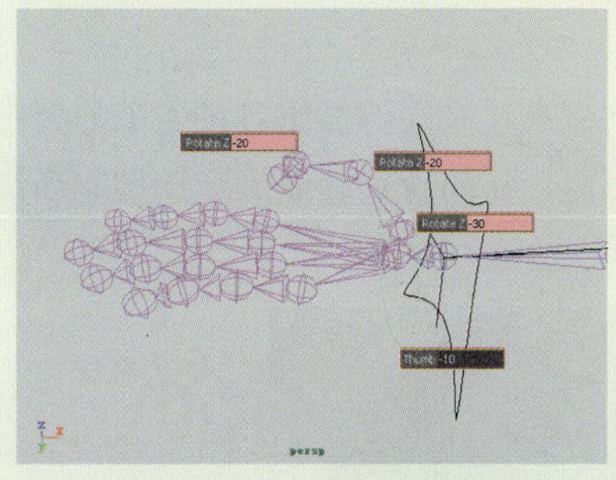

图13-186 设置旋转角度

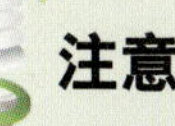

注意

在设置角色手指骨骼的旋转驱动动画时，一定要注意，不能按照教程指定的旋转角度来设置旋转角度，要根据用户自己的骨骼和模型特征来设置适合的旋转角度，从而达到很好的旋转驱动效果。

10 选中Right-Palm-controller，使用Add Attributes（添加属性）命令为其分别添加Index、Middle、Ring和Rinky的控制属性，如图13-187所示。

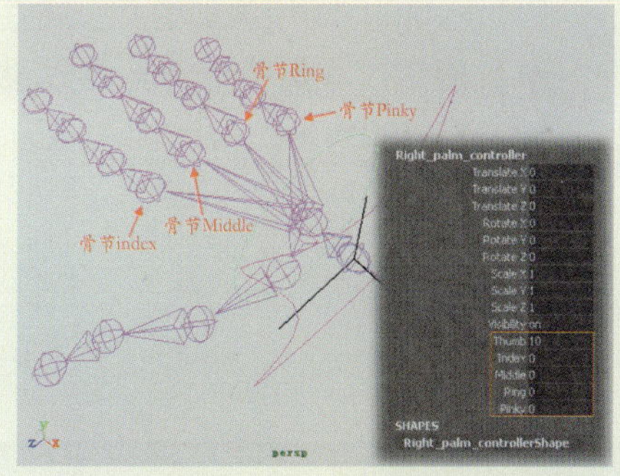

图13-187 添加其他手指的控制属性

11 设置Index为0，先选择Right-Palm-controller和Index选项，再选择食指的3节骨骼和Rotate Z选项，单击Key按钮，如图13-188所示。

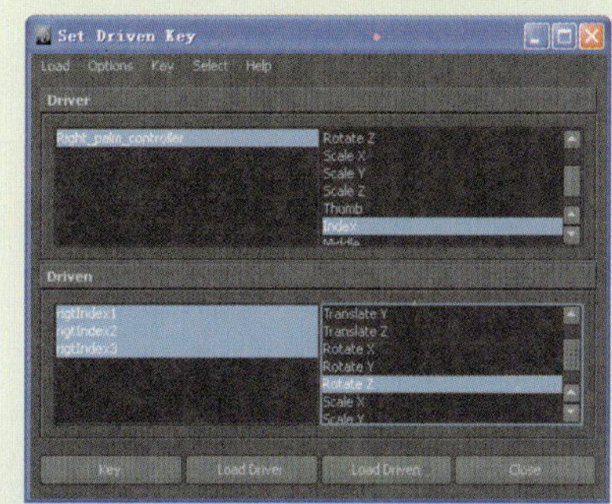

图13-188 添加食指驱动动画

12 设置Index为10，调整食指3节骨骼的旋转角度。然后，再选择Thumb选项、食指的3节骨骼和Rotate Z选项，单击Key按钮，以设置旋转驱动，如图13-189所示。

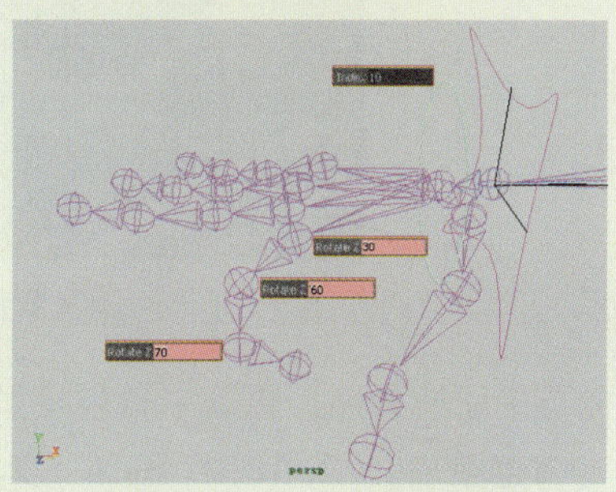

图13-189 设置驱动角度

13 同样的方法，设置其他几个手指骨骼的旋转驱动动画，再调整Right-Palm-controller所添加的几个属性的参数值，以观察手指的弯曲效果，如图13-190所示。

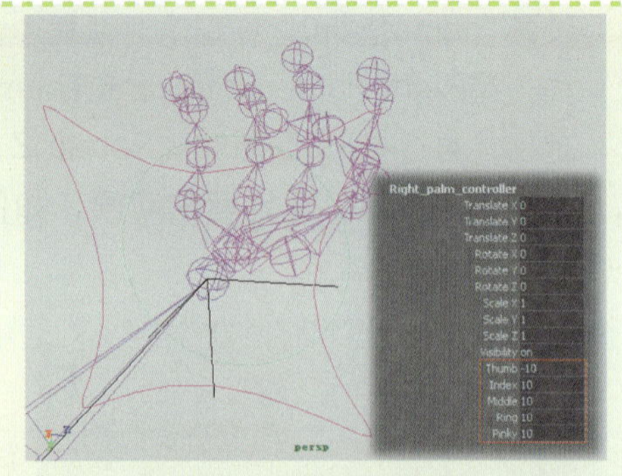

图13-190 食指的驱动效果

13.6 角色的表情变形和绑定

整个角色的模型和骨骼装备完成之后，若不将模型绑定到骨骼上，就不能使骨骼控制模型肢体的运动。因此，要制作具有运动效果的动画，就需要相关的工具将模型绑定骨骼上，再为绑定的模型添加表情动画，从而更便于角色肢体动画和表情变化的体现。下面将对模型的绑定和表情制作进行详细的介绍。

综合实战12——角色的表情变形和绑定

13.6.1 蒙皮绑定

前面介绍了角色骨骼的创建和装备，要想模型运动起来，并能够摆出各种完美的姿态，就需要将模型绑定到装备好的骨骼上，用来作为骨骼的蒙皮，从而通过骨骼的运动控制所绑定的皮肤的变化，如图13-191所示。

图13-191 骨骼对蒙皮的控制

1 先选中所有骨骼，再选中角色模型（眼球和牙齿除外），执行Skin（蒙皮）| Bind Skin（绑定蒙皮）| Smooth Bind（柔体蒙皮）命令。然后，移动角色上半身控制器以观察模型的绑定效果，如图13-191所示。

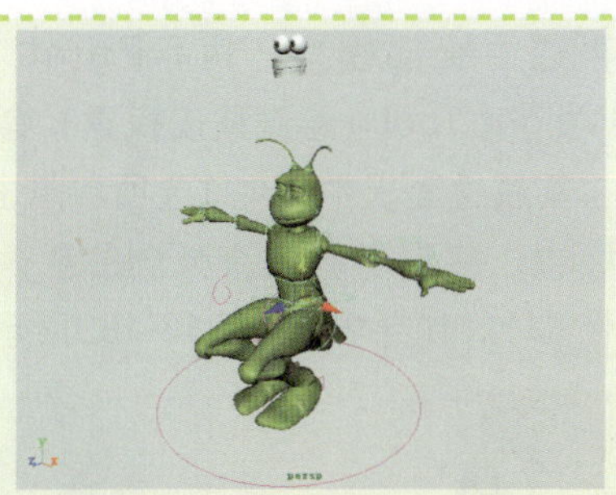
图13-191 执行Smooth Bind操作

2 撤销控制器的移动操作，将下方牙齿down_Teeth作为骨节teethdown的子物体，将眼球Left_eye作为骨节Left_eyeend的子物体。同样，也将上方牙齿和右眼球进行相应的骨节父子连接，如图13-192所示。

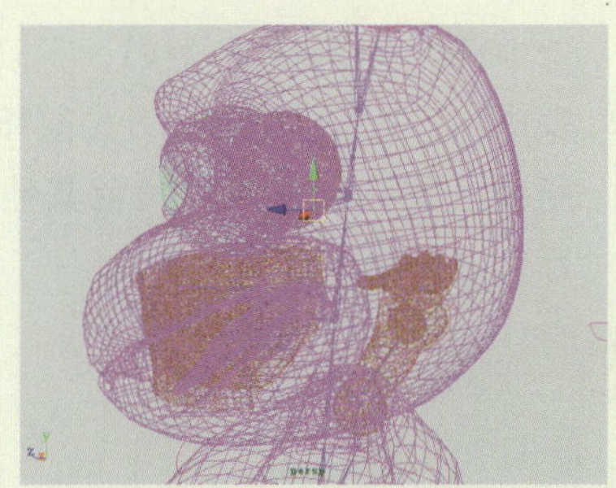
图13-192 建立父子从属关系

3 选中角色颈部的骨节并对其进行旋转，可以看到角色脸部的蒙皮发生撕裂现象，如图13-193所示。

图13-193 蒙皮的撕裂现象

4 选中脸部模型，执行Skin（蒙皮）| Edit Smooth Skin（编辑柔体蒙皮）| Paint Skin Weight Tool（绘制蒙皮权重）命令，在视图右侧的属性面板中选中Influence（影响物体）列表下的Head选项和Add（添加）单选按钮，如图13-194所示。

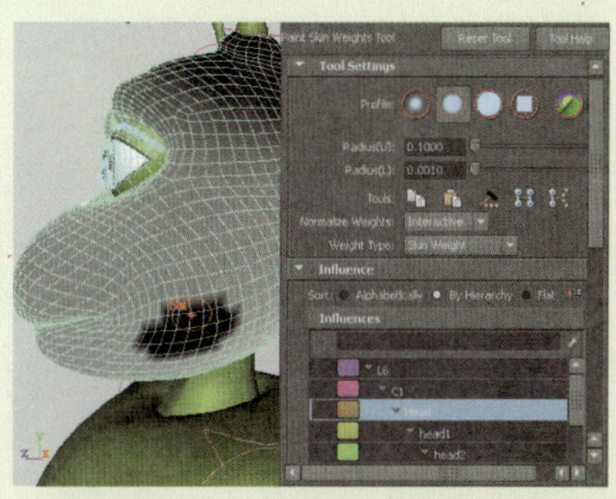
图13-194 骨节的权重影响

5 使用笔触涂绘的方法，以添加骨节Head对角色侧面脸部的权重影响范围。然后，再次旋转颈部骨节，脸部的撕裂状况消失，如图13-195所示。

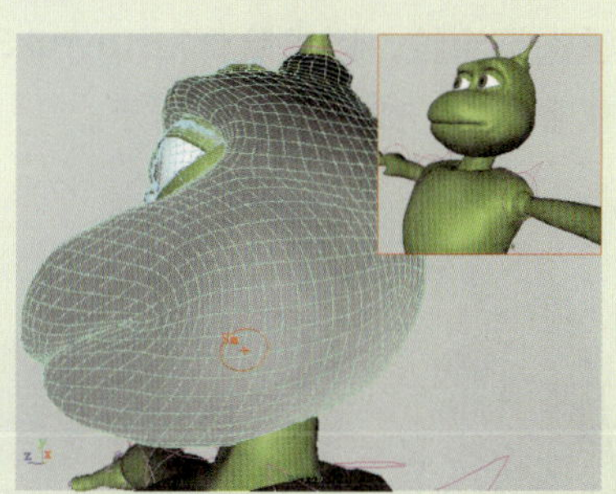
图13-195 修改脸部骨骼权重影响

6 旋转角色上半身的曲线控制器V1，角色臀部的蒙皮会受腿部和翅膀骨骼权重的影响，而产生不正常的拉伸效果，如图13-196所示。

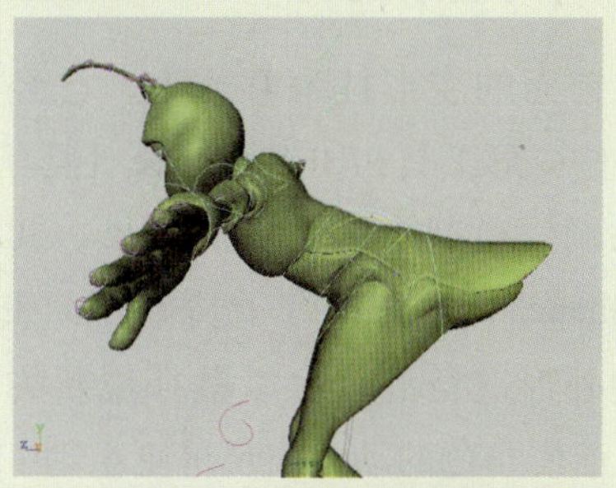
图13-196 蒙皮的拉伸效果

7 选中臀部模型，执行绘制蒙皮权重操作，在其属性面板中选中LeftLeg选项和单击Replace（替换）按钮，再将灰色的部位涂绘成全黑色以去除LeftLeg对臀部的权重影响，如图13-197所示。

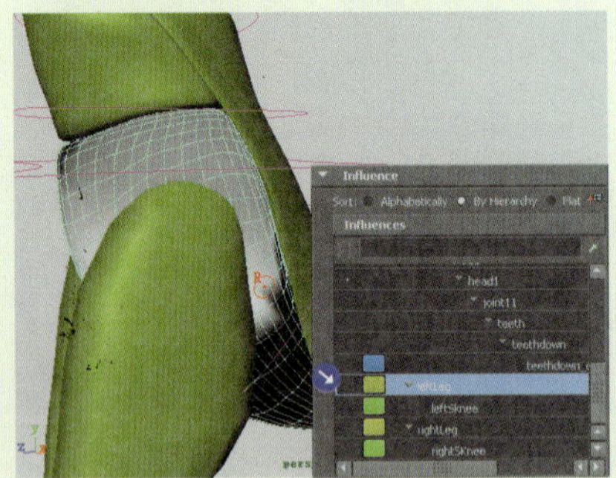

图13-197 编辑臀部权重

8 选中腿部模型，执行Paint Skin Weight Tool（绘制蒙皮权重）命令，在其属性面板中选中Kuyruk3选项，并对腿部权重进行涂绘，以去除骨节Kuyruk3对其权重影响，如图13-198所示。

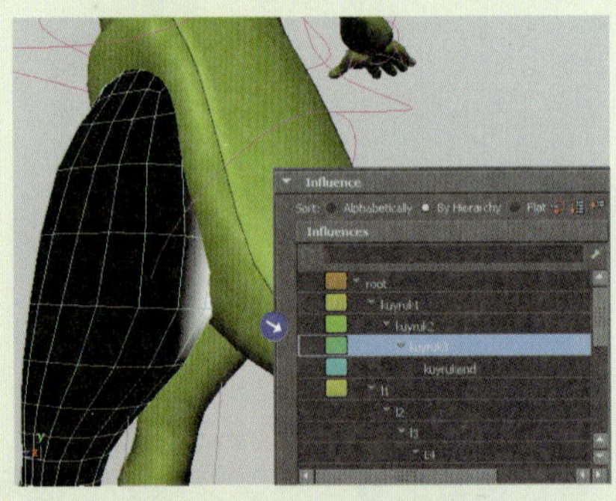

图13-198 编辑腿部权重

9 再选中臀部模型，执行Paint Skin Weight Tool（绘制蒙皮权重）命令，在其属性面板中选中l1选项和单击Add按钮，将腿部权重涂为全白色，以使骨节l1对其完全，如图13-199所示。

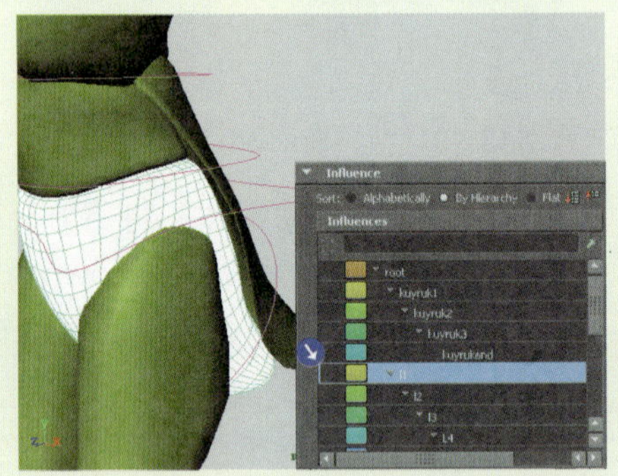

图13-199 增加臀部权重范围

10 选中角色上半身控制器v1，可以看到蒙皮间不再有拉伸影响，如图13-200所示。用户还可以对角色其他拉伸部位进行此种方法的调整。

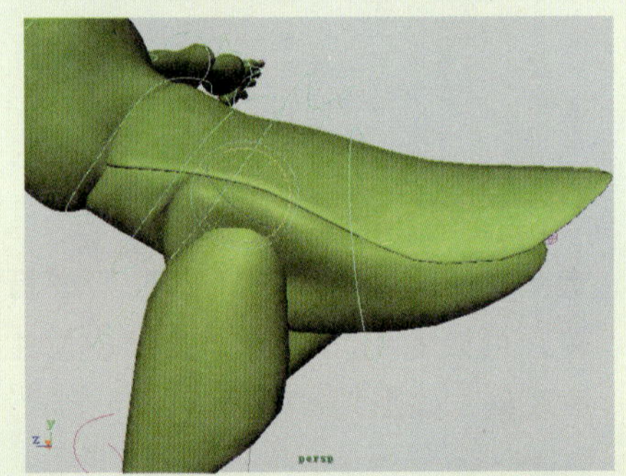

图13-200 模型腿部权重的调整效果

13.6.2 表情制作

在前面的变形技术章节中，已经介绍过使用一些变形工具和BlendShape（混合变形）命令来制作模型丰富的变形效果。其中使用BlendShape（混合变形）命令将不同表情的多个模型外形进行混合，以融合成新的表情变化，从而使角色的动画表现得更生动、逼真，如图13-201所示，表情动作的模拟。

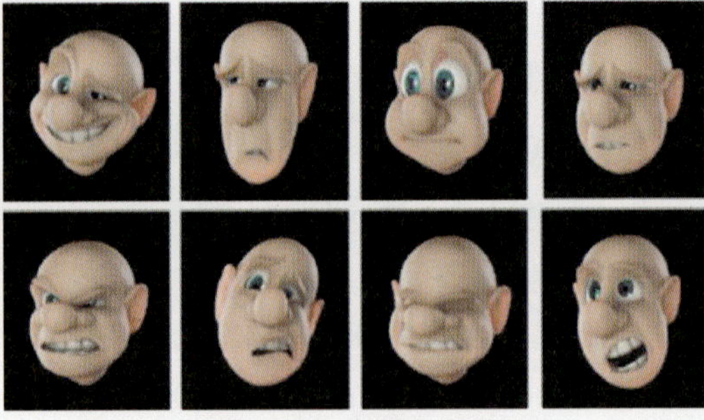

图13-201 表情的模拟

下面介绍表情变形的制作。

1.耳朵的控制

1 选择左侧的耳朵模型，执行Create Deformers（创建变形器）| Nonlinear（非线性变形）| Bend（弯曲变形）命令，添加一个弯曲变形控制器并对其进行命名。然后，调整其旋转角度和属性参数，如图13-202所示。

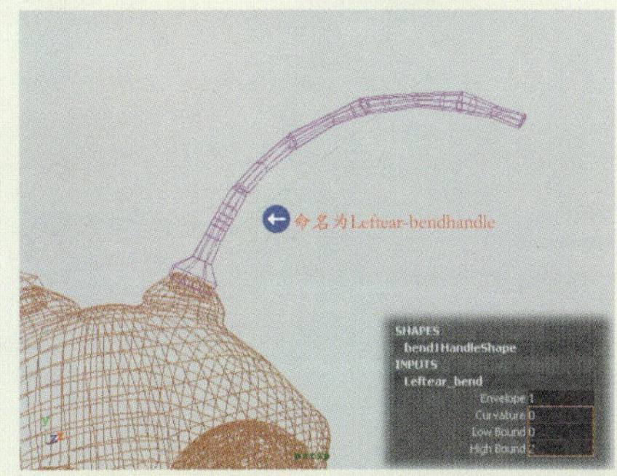

图13-202 添加弯曲变形控制器

2 创建两条圆环曲线，分别放置到左右两耳朵的根部，并且命名为Rightear-controller和Leftear-controller。然后，将它们设置为曲线V3的子物体，如图13-203所示。

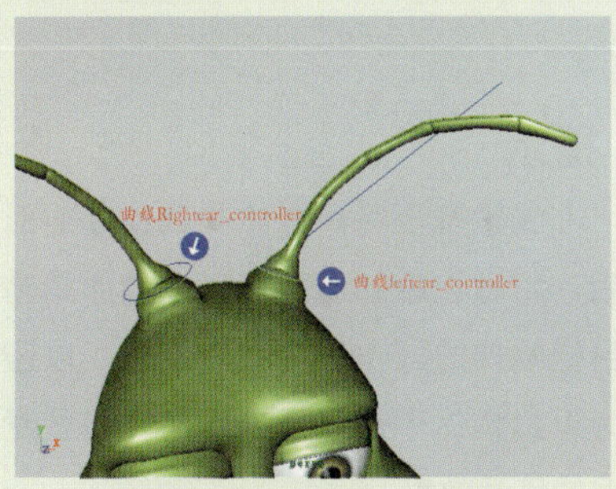

图13-203 创建曲线图形

3 选中曲线Leftear-controller，执行Add Attribute（添加属性）命令，在弹出的对话框中设置Long name（长文件名）为Leftear、Minimum（最小值）为-10、Maximum（最大值）为10、Default（默认值）为0，如图13-204所示。

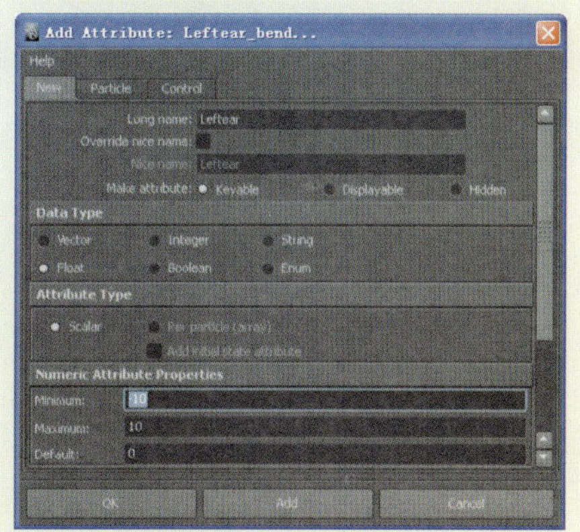

图13-204 设置选项参数

4 选择弯曲变形控制器并打开其通道栏，框选Leftear-bend属性下的子属性选项，如图13-205所示。

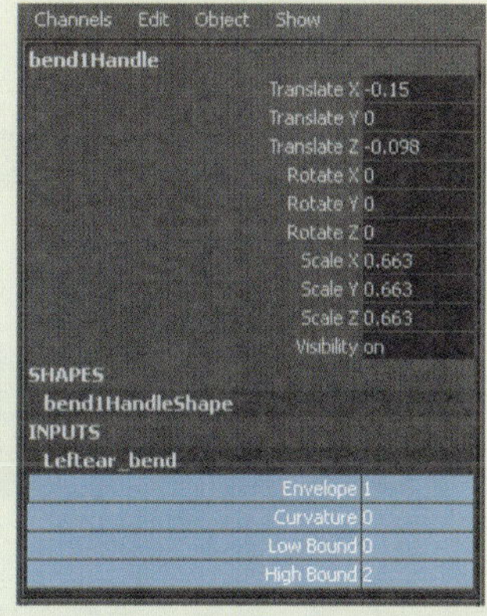

图13-205 选择属性

5 在Set Driven Key（设置驱动关键帧）对话框中，将选择的弯曲属性载入被驱动列表，将曲线Leftear-controller载入驱动列表并设置Leftear为0。然后，单击要驱动的物体名称和属性选项，单击Key（关键帧）按钮，如图13-206所示。

6 设置Leftear为10、Curvature（曲率）为1.5，单击要驱动的物体名称和属性选项，单击Key（关键帧）按钮。此时，修改Leftear值观察耳朵的弯曲变形，如图13-207所示。

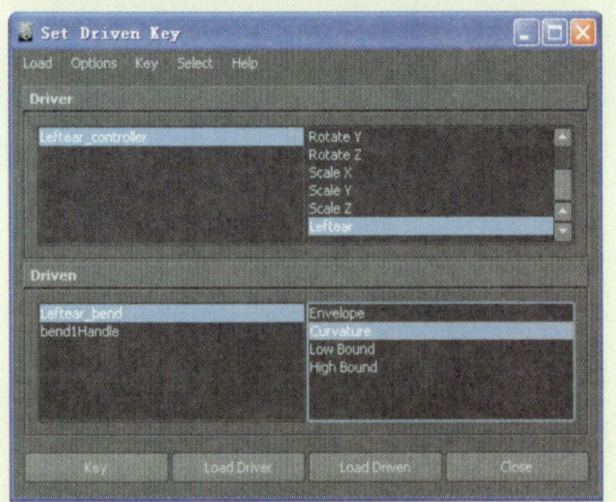

图13-206 连接驱动属性

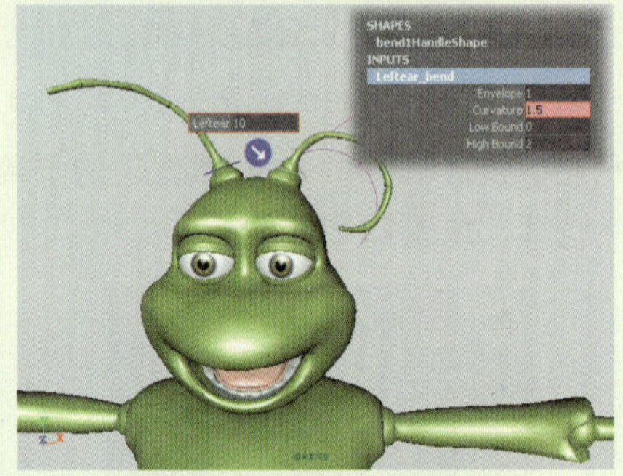

图13-207 设置最大值驱动

7 设置Leftear为-10、Curvature（曲率）为-2，单击要驱动的物体名称和属性选项，单击Key按钮。此时，修改Leftear值观察耳朵的弯曲变形，如图13-208所示。

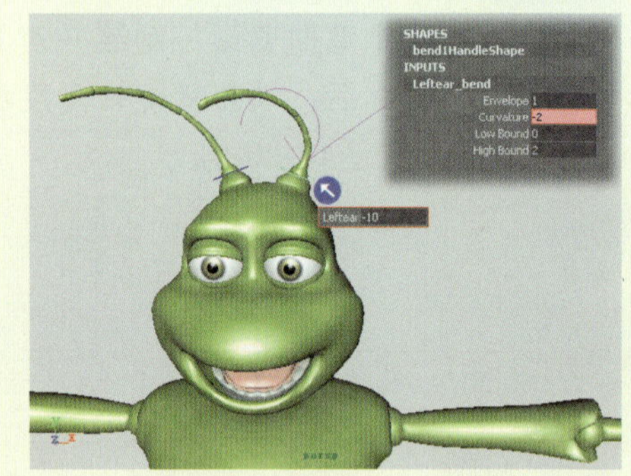

图13-208 设置最小值驱动

技巧

用户可以使用驱动动画的操作方法，将曲线控制器leftear_controller载入驱动列表，将左侧耳朵的骨骼链载入到被驱动列表，用它来驱动骨链的旋转。同角色手指弯曲的驱动控制方法相同。

2.脸部的控制

1 选中原始角色模型上的头部模型，按Ctrl+D键，复制多个目标模型副本并调整它们的位置，然后，对各个模型组的脸部模型进行命名，如图13-209所示。

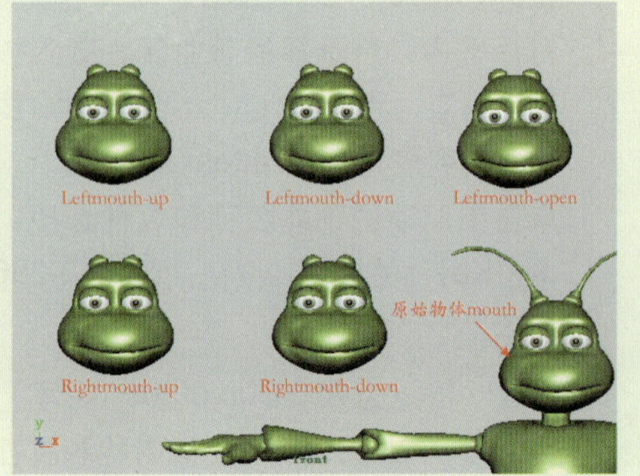

图13-209 复制原始模型

提示

创建多个目标物体并调整其变形效果后，切忌在添加混合变形之前原始物体和目标物体的操作历史不能删除，以避免在为原始物体添加混合变形时，模型发生错误的移动效果。

2 单击工具栏中的图标，在目标模型Leftmouth-up的嘴角上单击，以创建一个软选择控制器并对其进行移动，但对嘴角的影响范围较小，如图13-210所示。

3 单击软选择控制器上的蓝色图标，会出现一个圆形的红色圆环，中键向外拖动该圆环以扩大其影响范围，如图13-211所示。

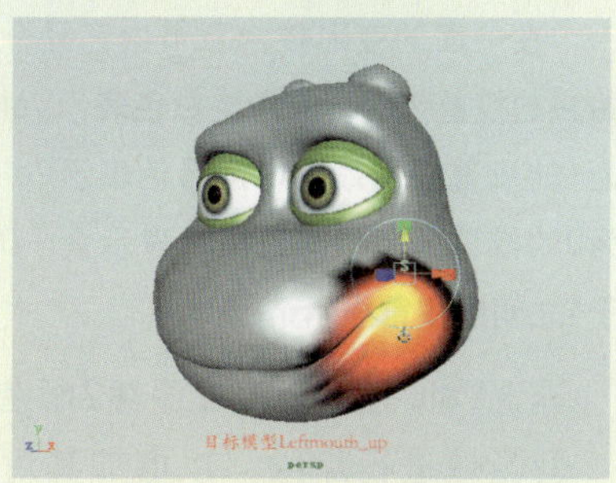

图13-210 创建软选择控制器

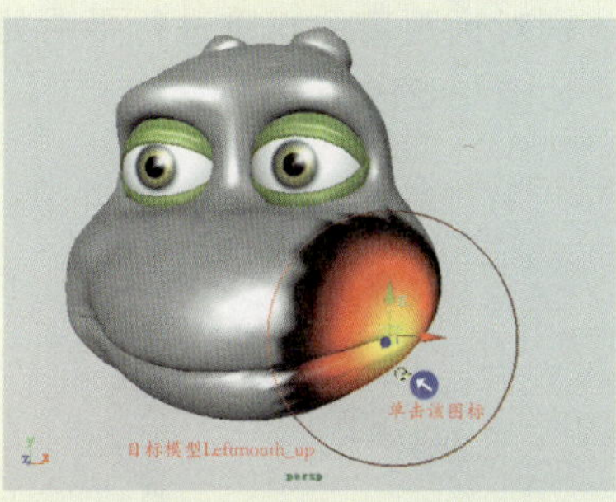

图13-211 调整软选择的影响范围

4 再单击该蓝色图标，切换到软选择工具的操作模式。然后，移动Y轴方向的箭头，使角色的嘴角上移，如图13-212所示。

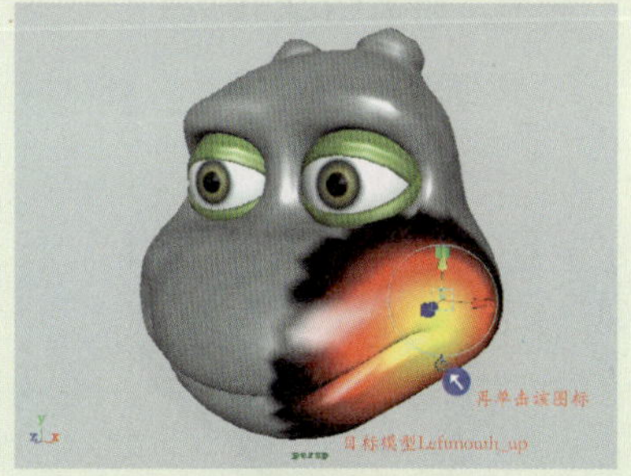

图13-212 调整模型Leftmouth-up的变形

5 单击图标，再在目标模型Leftmouth-down的左侧嘴角上单击。然后，拖动箭头，将创建的软选择控制器向下移动，如图13-213所示。

6 旋转视图角度，可看到在对模型进行软选择操作后，模型局部会产生褶皱效果。然后，执行Mesh（网格）| Sculpt Geometry Tool（几何体雕刻工具）命令，对该处的面进行平滑操作，如图13-214所示。

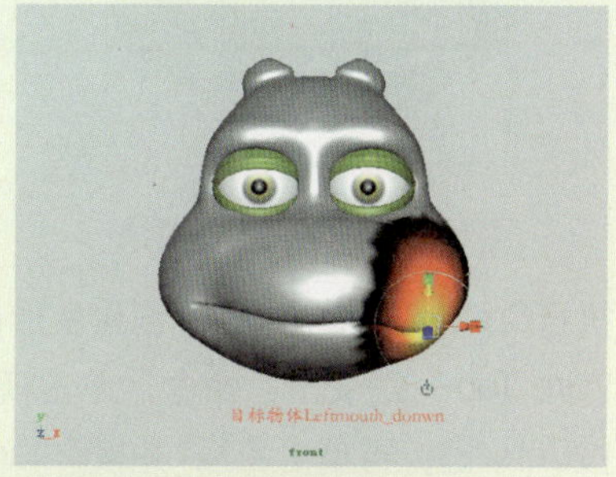

图13-213 调整Leftmouth-down的变形

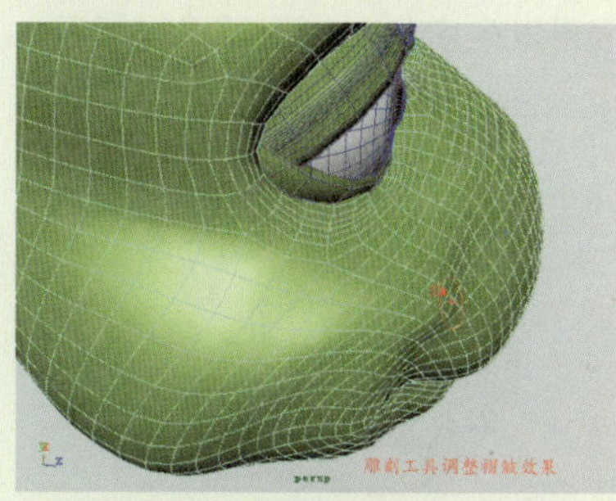

图13-214 平滑模型的褶皱效果

7 使用同样的方法，再对目标模型Rightmouth-up和Rightmouth-down的嘴角进行变形操作，如图13-215所示。

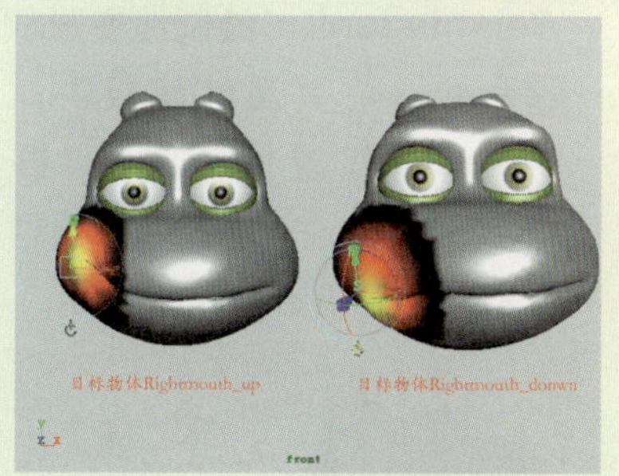

图13-215 调整角色右侧嘴角的变形

8 先选中目标模型mouth-open，再单击状态栏上的图标，激活物体的吸附模式。然后，在模型的上嘴角和下嘴角上创建两条曲线，如图13-216所示。

图13-216 创建两条曲线

9 执行Create Deformers（创建变形器）| Wire Tool（线变形）命令，单击模型并按Enter键，再单击曲线1并按Enter键，即可添加曲线变形。移动曲线点，模型局部发生变形，如图13-217所示。

图13-217 添加曲线变形

10 选中该模型，执行Edit Deformers（编辑变形器）| Paint Wire Weights tool（绘制线变形权重）□命令，在其属性面板中，设置Value（权重值）为0，再单击 Flood 按钮，将全白色的模型转变为全黑色，如图13-218所示。

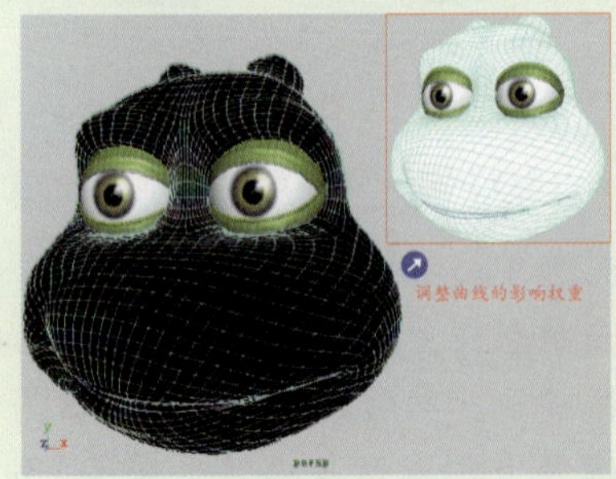

图13-218 转变模型的权重范围

提示

在前面的变形技术章节中已经介绍过曲线的权重范围，其中全白色表示Value值为1的权重显示效果；全黑色表示Value值为0的权重显示效果；灰色表示大于0、小于1之间的权重显示范围。

11 设置Value值为1，在曲线2所在的模型区域进行涂绘，以增加其对模型的影响权重。然后，再使用平滑笔刷对远距离的权重进行平滑处理，如图13-219所示。

图13-219 绘制曲线的影响权重

12 移动曲线2上的顶点，以将角色的下嘴巴张开，用于制作张开嘴的表情类型，如图13-220所示。

图13-220 移动曲线2的顶点

13 使用同样的方法，将曲线1添加模型，使其影响上嘴唇的变形。然后，在嘴巴局部变形不理想的部位，还可以使用软选择工具进行修改，如图13-221所示。

图13-221 模型的最终调整效果

14 使用软选择工具将模型Mouth-open的口腔内壁进行变形调整，以使其很好的贴合到模型的内壁，如图13-222所示。

图13-222 调整模型口腔内壁的变形

15 再对模型Mouth-open中的牙齿和舌头模型的旋转角度进行调整，以固定角度的表情，如图13-223所示。

图13-223 调整牙齿的旋转角度

16 选中模型Mouth-open中的口腔、舌头和牙齿模型，按Ctrl+D键，对它们进行复制并进行命名归类，用来作为牙齿、舌头和口腔变形的目标物体，如图13-224所示。

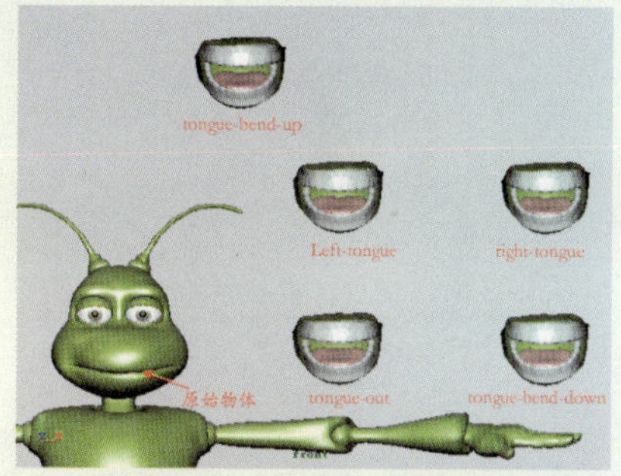

图13-224 复制口腔模型

17 再在原始模型上复制一组头部模型并命名为face-happy，使用软选择工具将角色眉心处的面向下移动，如图13-225所示。

图13-225 移动软选择控制器

18 再在眉毛的两侧创建两个软选择控制器并调整它们的位置，以使角色眉毛产生上翘的变形，如图13-226所示。

图13-226 模型face-happy的变形

19 再在原始模型上复制一组头部模型并命名为face-sad，使用软选择工具将角色眉毛外两侧的面向下移动，如图13-227所示。

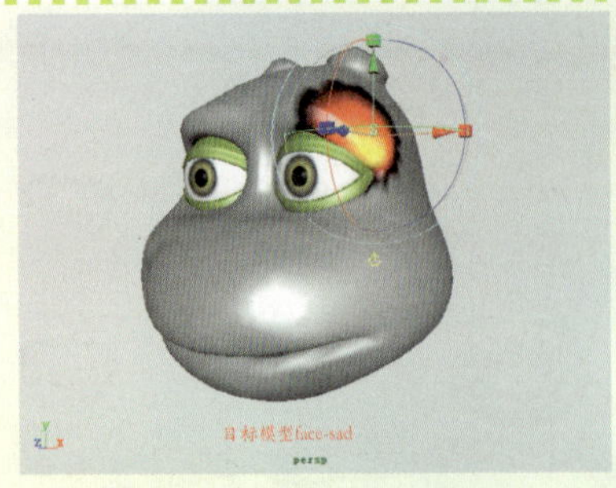

图13-227 调整软选择控制器

20 再在模型眉心处添加两个软选择控制器，移动两控制器，以使眉心处的面向上移动，从而产生悲伤或哀愁的表情，如图13-228所示。

图13-228 模型face-sad的变形

21 在原始模型上复制一组头部模型并命名为mouth-Middle，使用曲线变形工具和软选择工具对其嘴部进行调整，以制作一个轻微张开嘴的表情，如图13-229所示。

图13-229 物体mouth-Middle的变形

22 在目标模型mouth-Middle的口腔内壁模型上，使用软选择工具对齐外形进行调整，以使其很好的贴合目标模型mouth-Middle，如图13-230所示。

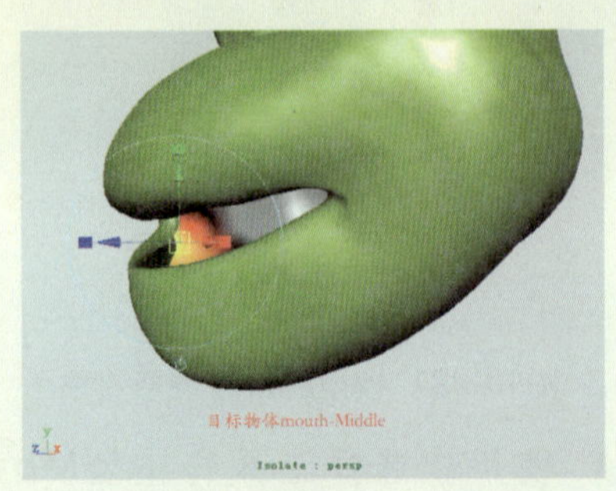

图13-230 调整口腔外形

23 然后，调整模型mouth-Middle中牙齿和舌头的旋转角度，以使其适合角色嘴巴的变形状态，如图13-231所示。

图13-231 调整牙齿的旋转角度

24 选择模型mouth-Middle中牙齿、舌头和口腔内壁模型，对其进行复制，再将此复制的模型副本替换Left-tongue和right-tongue模型，如图13-232所示。

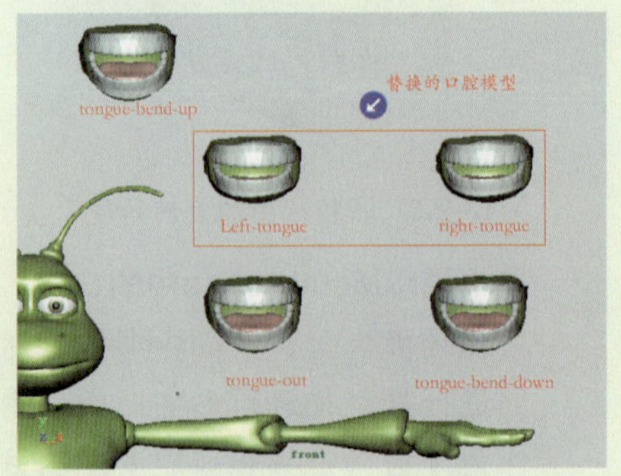

图13-232 替换变形的口腔模型组

25 观察前面制作的8个面部表情变形物体，并对它们的命名进行确定，以方便后面混合变形的制作，如图13-233所示。

图13-233 制作的头部变形物体

3.口腔变形的执行

1 选择目标模型Left-tongue中的舌头模型并命名为tongue1，执行Bend（弯曲变形）命令，创建一个弯曲变形控制器，如图13-234所示。

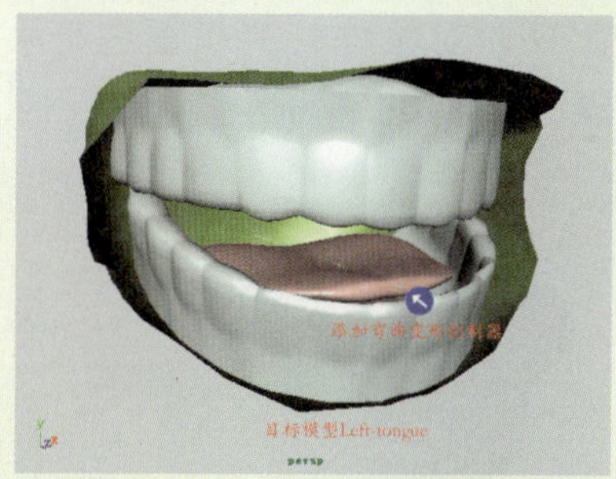

图13-234 创建弯曲变形控制器

2 选中创建的弯曲控制器，在其属性通道栏中，设置其属性名称为Left-tonguebend，并且修改其属性参数，如图13-235所示。

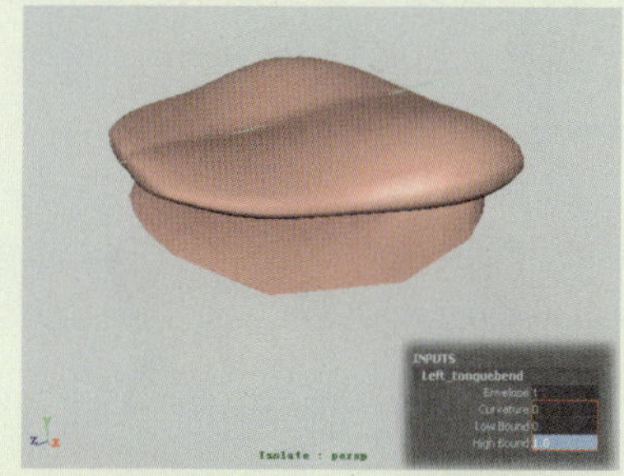

图13-235 设置弯曲属性参数

3 调整Curvature（曲率）参数值，舌头会发生弯曲变形，但是其下方的面也会跟随发生变形，如图13-236所示。

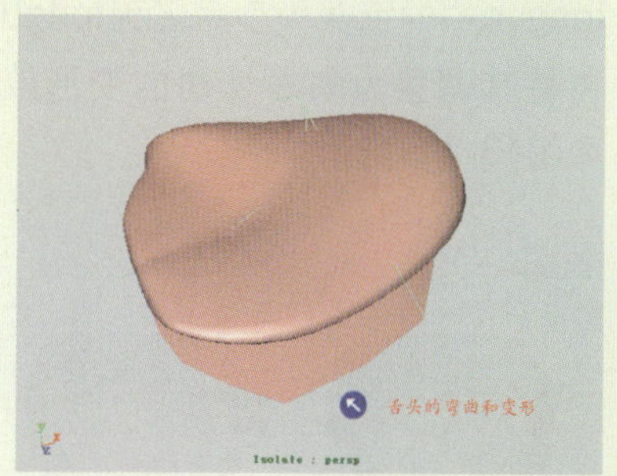

图13-236 舌头的弯曲效果

4 选中该舌头模型，执行Paint set Membership Tool（绘制弯曲变形选择范围）□命令，在弹出的属性面板中，单击Remove（去除）按钮和选中bend1Set选项，以对舌头的弯曲变形进行编辑，如图13-237所示。

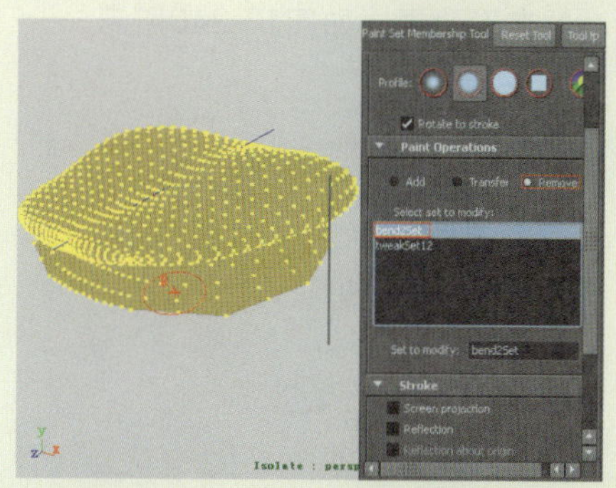

图13-237 选择要编辑的对象属性

5 然后，对不需要产生变形的部位进行涂绘，接着再调整弯曲变形控制器的

Curvature（曲率）值，此时只有舌头自身发生变形，如图13-238所示。

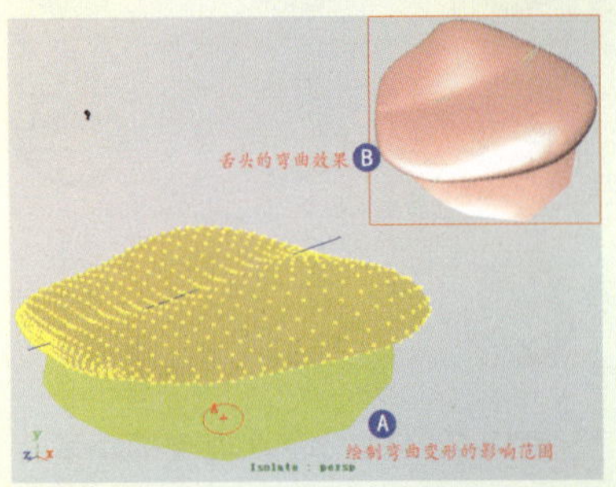

图13-238 弯曲变形范围的调整

6 使用同样的方法，将目标物体Right-tongue中的舌头模型命名为tongue2，再将其调整为向右摆动的变形效果，如图13-239所示。

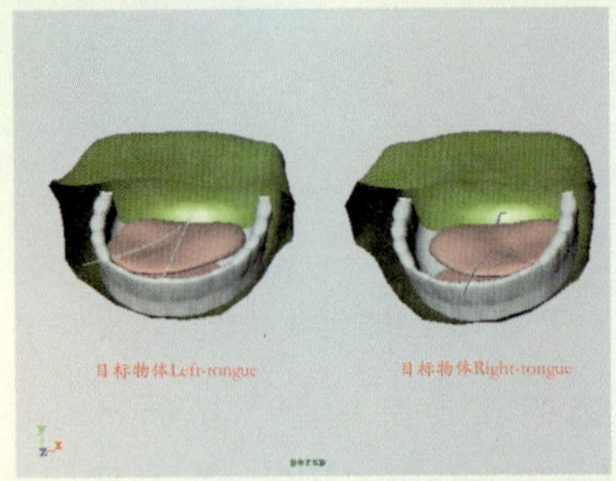

图13-239 制作舌头左右摆动的效果

7 选中目标模型tongue-bend-up中的舌头并命名为tongue3，执行Bend（弯曲变形）命令，将其调整为向上卷曲的变形效果，如图13-240所示。

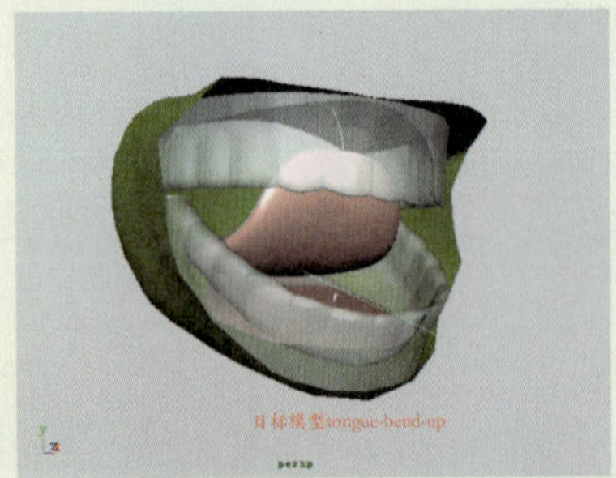

图13-240 调整模型向上卷曲

8 在目标模型tongue-out的舌尖部位创建一条曲线，并将该舌头模型命名为tongue4。然后，执行Wire Tool命令，为其添加曲线变形控制，如图13-241所示。

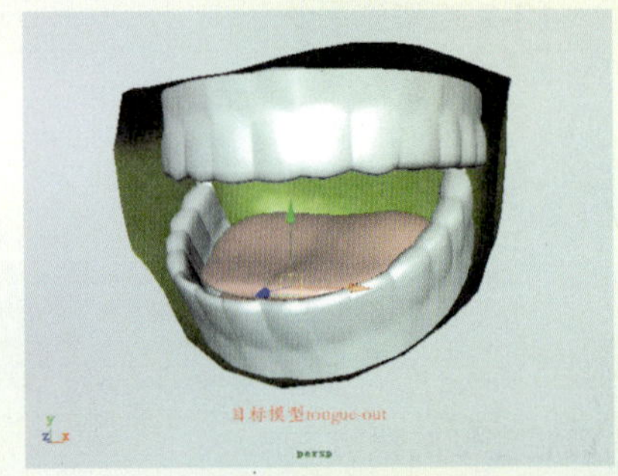

图13-241 添加曲线变形

9 移动曲线，舌头会发生严重的拉伸效果。可以选中该舌头模型，执行Paint Wire Weights Tool（绘制线性权重）命令，对拉伸处的权重进行平滑处理，如图13-242所示。

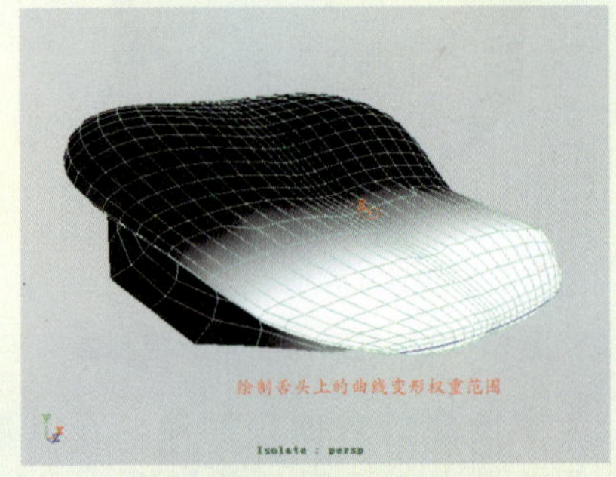

图13-242 调整曲线变形的权重

10 按W键，切换到物体的选择状态，使用曲线对舌头的长度进行延伸和调整，如图13-243所示。

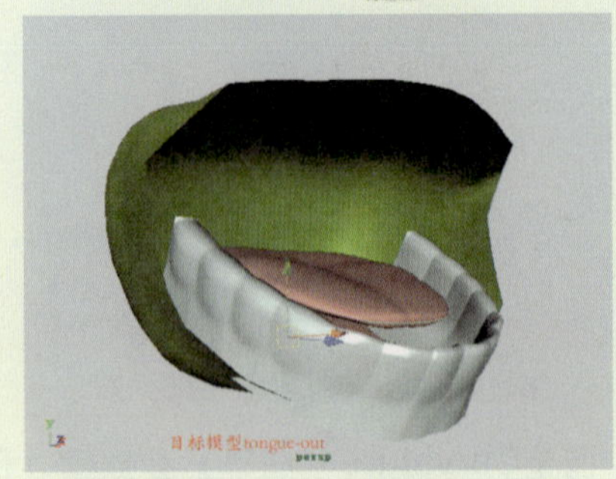

图13-243 舌头模型的外形调整

11 使用Bend（弯曲变形）工具对目标模型组Teeth-open中的舌头模型进行弯曲变形，并且将该舌头模型命名为tongue5，如图13-244所示。

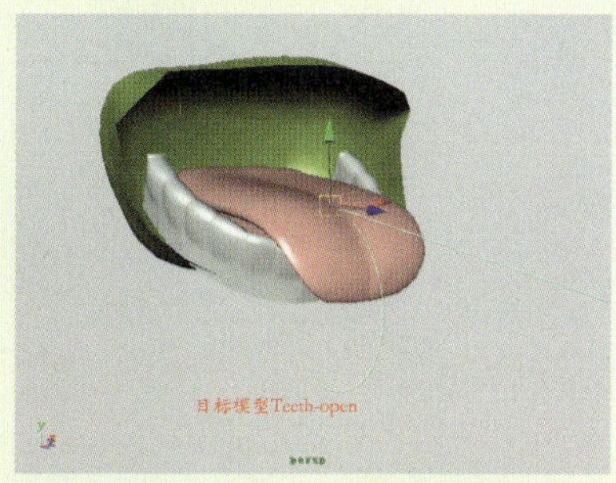

图13-244 舌头模型的弯曲变形

12 对角色口腔变形的5个模型组进行归类和确定，以便于后期口腔变形动画的制作，如图13-245所示。

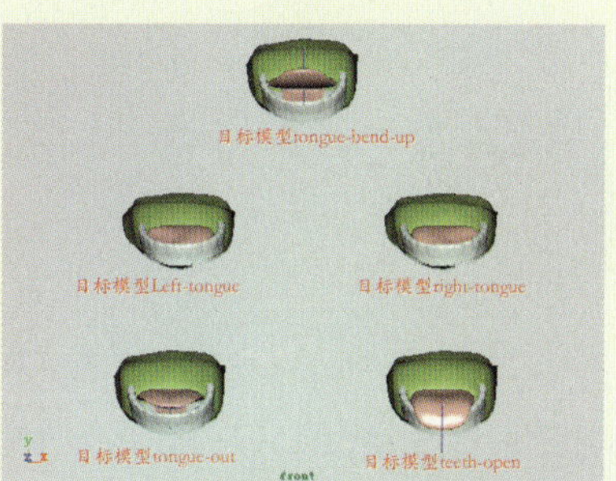

图13-245 口腔模型组的变形类型

13 从前面制作的舌头变形来看，共有5种变形状态，分别为tongue1、tongue2、tongue3、tongue4和tongue5，如图13-246所示。

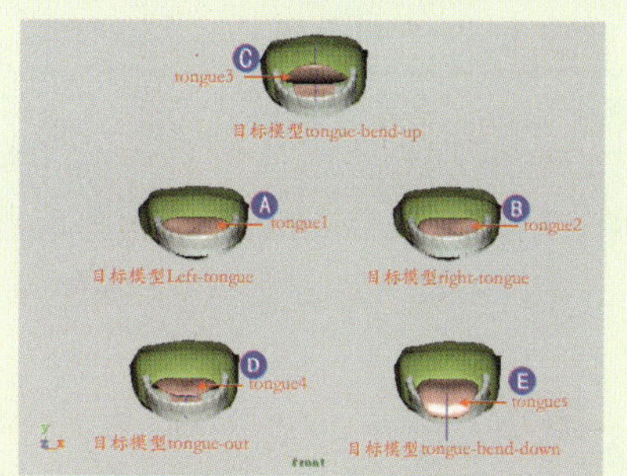

图13-246 舌头的变形类型图

14 在制作嘴巴张开的表情时，口腔内壁也有两种状态，一种是嘴巴微张时的状态oral01，另一种是嘴巴完全张开时的状态oral02，如图13-247所示。

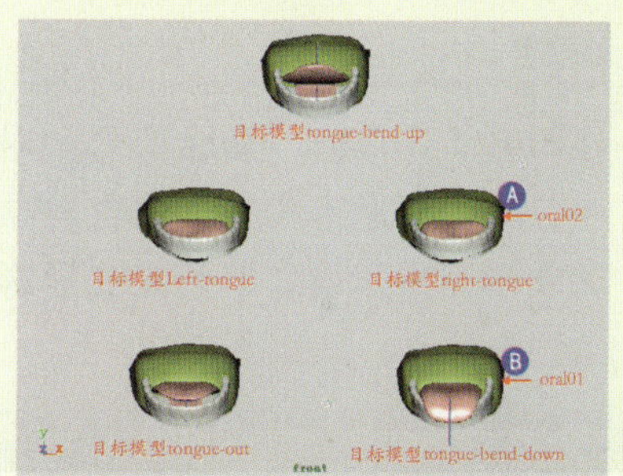

13-247 口腔内壁的变形

4.表情的混合变形

下面通过使用blend Shape（混合变形）命令，并且再结合使用前面制作的几个目标变形物体来练习表情混合变形的制作，以及局部表情变形的驱动动画的创建。

1 依次选中角色的几个目标变形物体，再选中原始模型，如图13-248所示。执行Blend Shape（混合变形）□命令，在弹出的对话框中设置BlendShape node（混合变形节点）为face-over。

2 单击Create（创建）按钮，再执行Window（窗口）| Animation Editors（动画编辑器）|Blend Shape（融合变形）命令，在弹出的属性对话框中，可看到被添加的face-over混合变形，如图13-249所示。

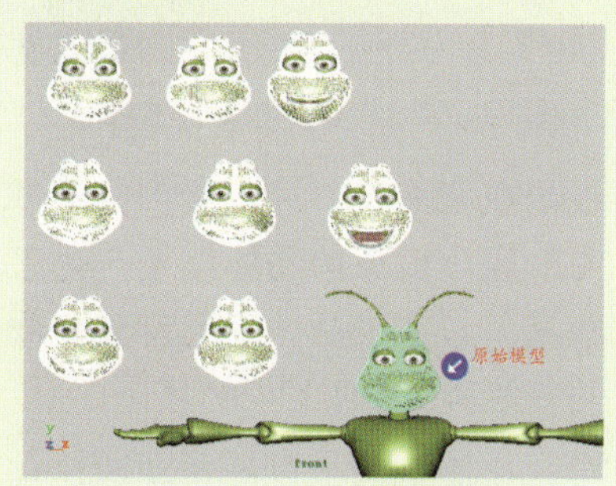

图13-248 选择目标变形物体

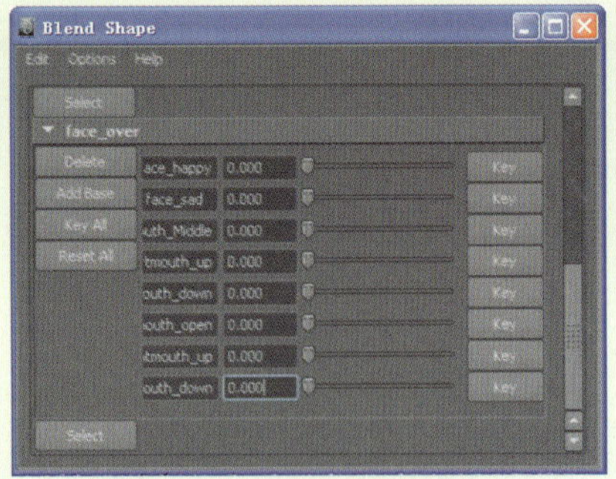

图13-249 添加的混合变形属性

提示

在将选择的目标变形物体和原始物体执行Create Deformers（创建变形器）|Blend Shape（混合变形）命令后，几个目标变形物体的属性选项都会被自动添加到Blend Shape中，用户可以通过调整这些变形属性选项的参数值来改变原始物体变形效果。

3 在Blend Shape（融合变形）对话框中，拖动任意几种变形属性选项右侧的变形范围滑块，以调整变形属性选项的参数值，如图13-250所示。

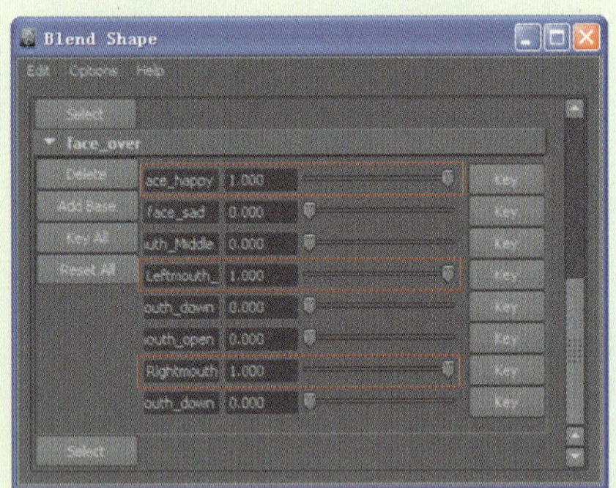

图13-250 调整变形属性参数值

4 在场景视图中，可以看到被添加混合变形操作的原始物体模型产生了变形效果，该变形融合了几种目标物体的变形效果，如图13-251所示。

5 先选中变形后的几个舌头目标模型，再选中舌头原始物体，如图13-252所示。再执行Blend Shape（混合变形）命令，在其属性对话框中设置BlendShape node（混合变形节点）为tongue-over。

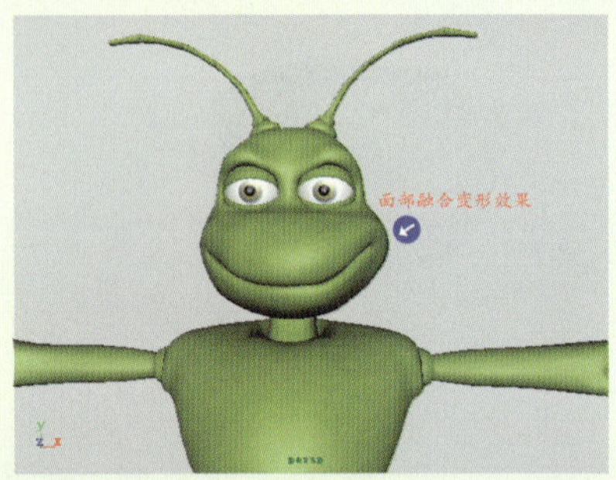

图13-251 原始模型的混合变形效果

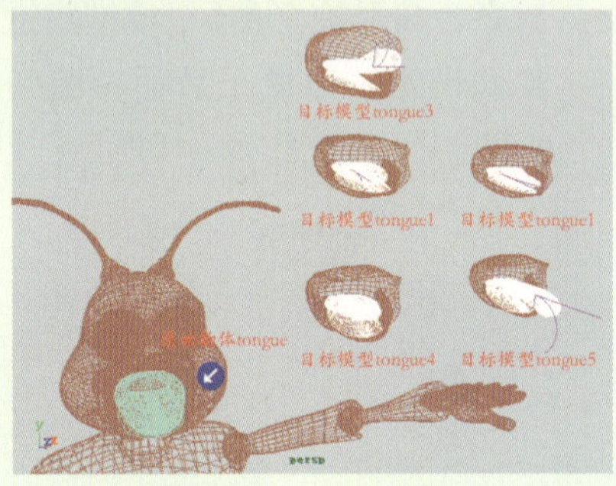

图13-252 添加tongue-over混合变形

6 在Blend Shape（混合变形）对话框中可以看到被添加的tongue-over变形，通过调整几个变形属性选项的参数值，原始舌头模型会发生变形，如图13-253所示。

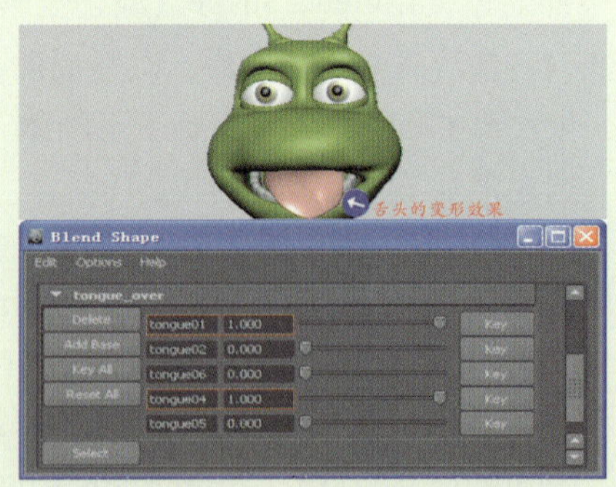

图13-253 舌头的混合变形效果

7 在调整原始模型面部的混合变形效果时，由于面部发生变形，而口腔不发生任何变形，随着面部的变形，口腔模型面会暴露在面部的外侧，如图13-254所示。

图13-254 口腔模型面的外露效果

8 选中制作角色嘴巴张开动作时的两个口腔内壁变形的目标模型Oral01和Oral02，再选中原始口腔内壁模型，执行Blend Shape（混合变形）操作。然后，再通过调整混合变形参数值，从而改变口腔的外露效果，如图13-255所示。

图13-255 口腔模型面的变形

9 选中角色模型上的眼皮模型，单击状态栏上的图标，以其选择状态进行激活。然后，沿其边缘创建一条曲线，如图13-256所示。

10 执行Wire Tool命令，将创建的曲线添加到眼皮模型上，并对该曲线变形的权重影响范围进行编辑，如图13-257所示。

11 调整曲线上的顶点，以将眼皮闭合。但是，由于眼皮的过渡拉伸，会使眼皮塌陷到眼球的内部，如图13-258所示。

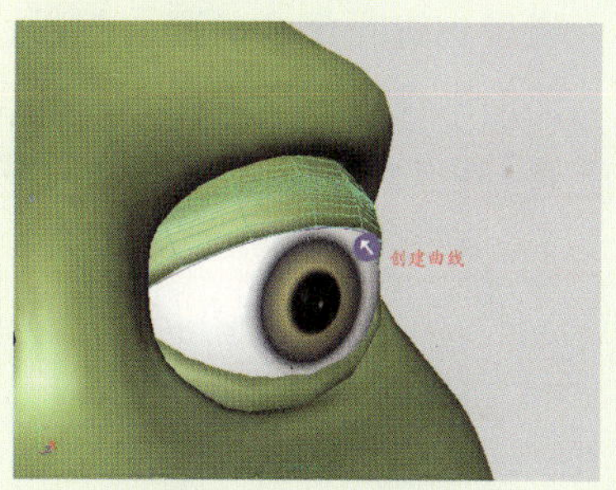

图13-256 创建曲线

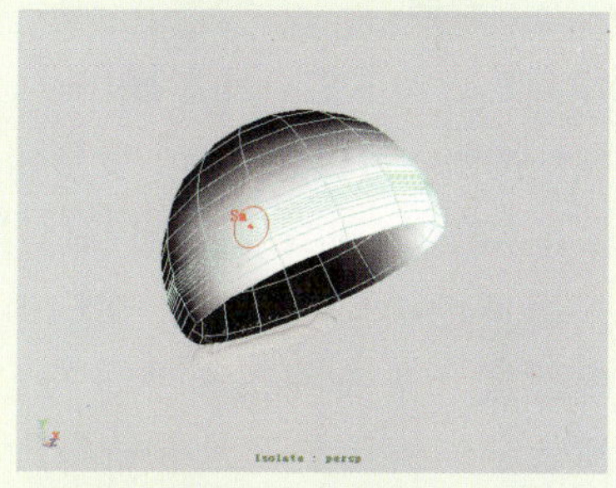

图13-257 执行Wire Tool命令

图13-258 调整曲线的顶点

12 执行Sculpt geometry Tool（几何体雕刻）命令，使塌陷的眼皮模型进行笔刷处理，以将其很好地包裹在眼球的外围，如图13-259所示。

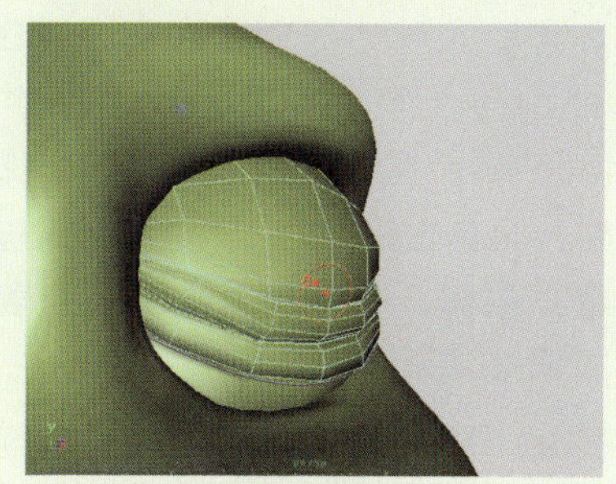

图13-259 调整眼皮的塌陷效果

13 使用同样的方法，将另一侧的眼皮模型也进行闭合处理。然后，将变形的眼皮模型和原始眼皮模型添加到Blend Shape（混合变形）对话框中，如图13-260所示。

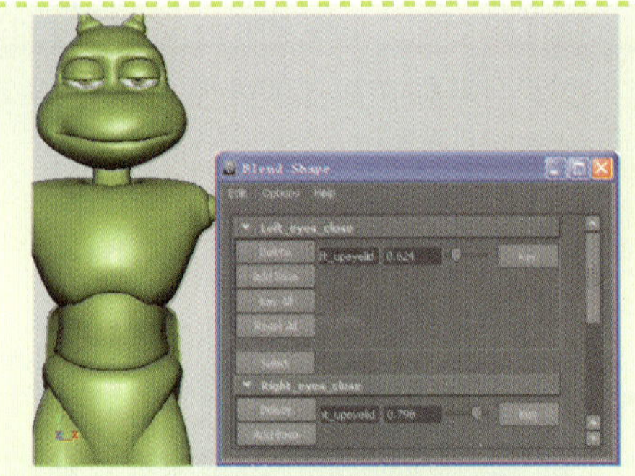

图13-260 眼皮的混合变形

5.面部控制器

制作角色表情的混合变形操作时，尽管在Blend Shape（混合变形）管理器中提供了Key（关键帧）按钮，可以为每一个变形幅度设置关键帧，从而制作出逼真的表情动画，但是使用这种方法非常麻烦。为此可以像控制骨骼那样，创建控制器来间接的控制面部变形。

1 根据角色头部的外形，在Font视图中创建几条曲线图形并进行命名，删除它们的历史记录并执行Freeze Transformations（冻结变换属性）操作。然后，再将它们作为曲线face-panel的子物体，如图13-261所示。

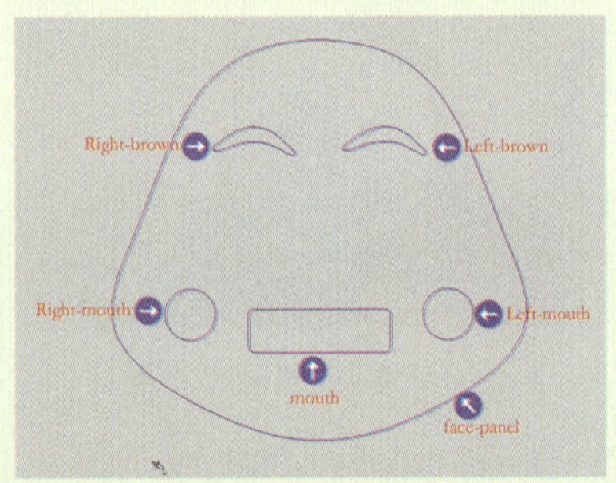

图13-261 制作面部控制器

2 选择mouth曲线控制器，在Set Driven Key（设置驱动关键帧）对话框中，将其载入驱动列表。然后，在Blend Shape（混合变形）对话框中单击face-over属性下的Select（选择）按钮，再单击Load Driven（载入被驱动者）按钮，将其载入被驱动列表，如图13-262所示。

3 在Set Driven Key（设置驱动关键帧）对话框中，单击要驱动的属性选项并单击Key（关键帧）按钮。但在Blend Shape（混合变形）对话框和通道栏中要保持驱动属性Mouth-open和Scale Y为默认参数，如图13-263所示。

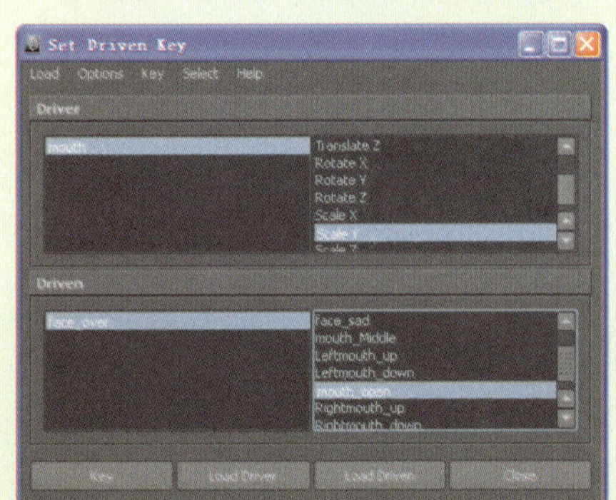

图13-262 载入驱动属性

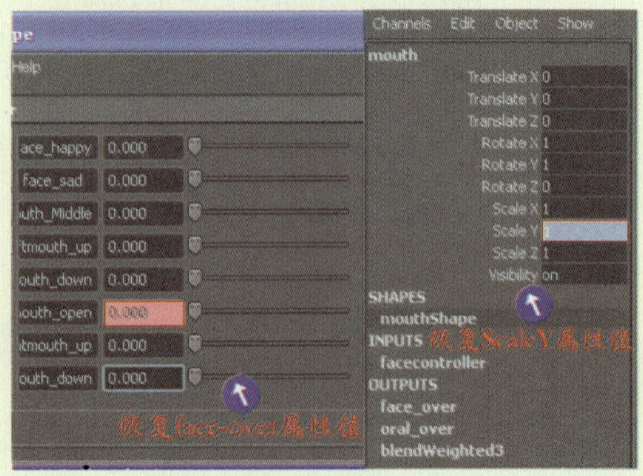

图13-263 设置驱动关键帧

4 设置Blend Shape（混合变形）对话框中的mouth-open值为1，通道栏中的Scale Y值为2，再在Set Driven Key（设置被驱动关键帧）对话框中单击Key（关键帧）按钮，以设置两属性的驱动动画，如图13-264所示。

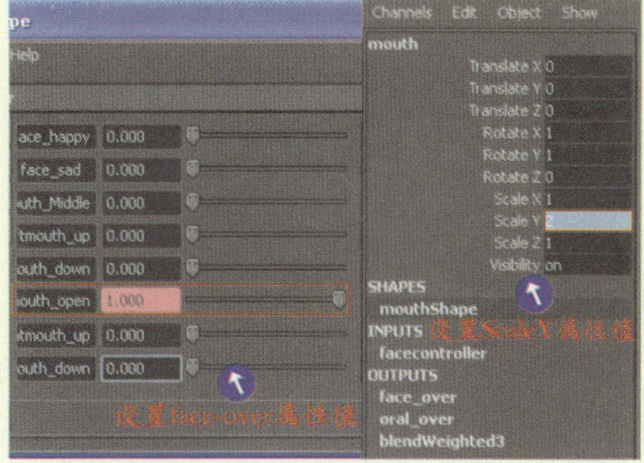

图13-264 设置驱动动画

5 在mouth曲线控制器的通道栏中，设置Scale为2，观察角色嘴部的变形和Mouth-open属性参数的变化，如图13-265所示。

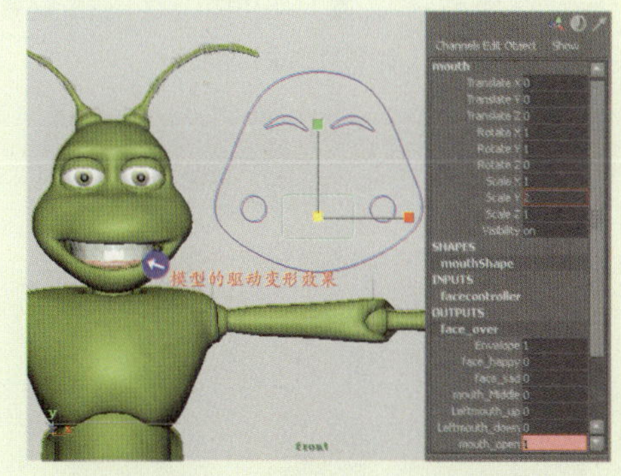

图13-265 mouth-open的驱动效果

6 恢复Scale Y属性的默认参数为1。然后，在Set Driven Key（设置被驱动关键帧）对话框中，分别选择驱动列表中的Scale X和mouth-Middle选项，单击Key按钮，如图13-266所示。

7 在通道栏中设置mouth的Scale X为1.5，再在Blend Shape窗口中设置mouth-Middle值为1，单击Key（关键帧）按钮，以创建驱动动画，如图13-267所示。

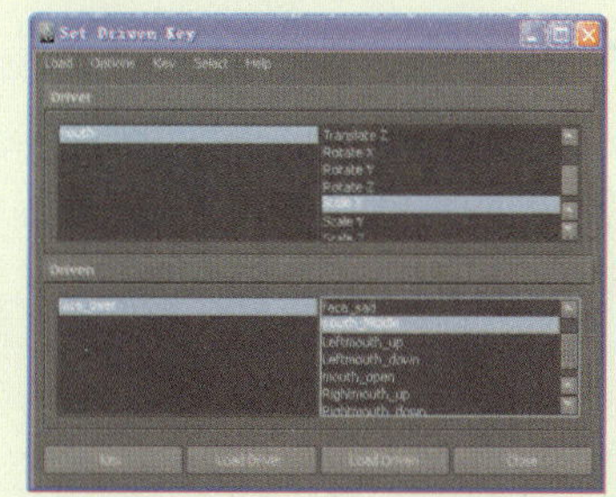

图13-266 选择驱动属性

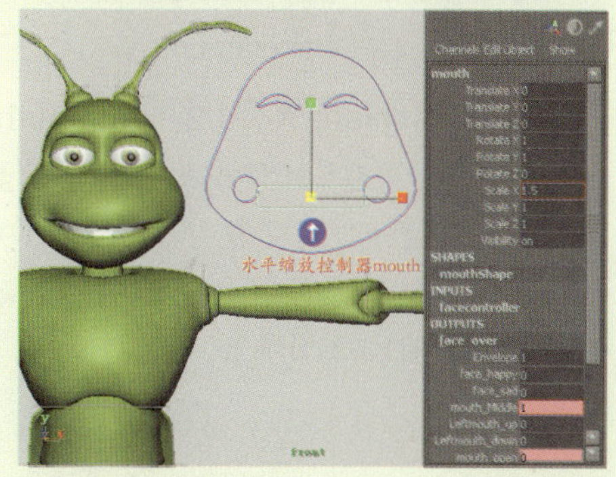

图13-267 mouth-middle的驱动效果

8 选中mouth曲线控制器，在其属性设置面板中，展开Limit Information（权限信息）属性下的Scale（缩放）属性卷展栏并设置缩放属性参数的锁定范围，以便模型的变形操作，如图13-268所示。

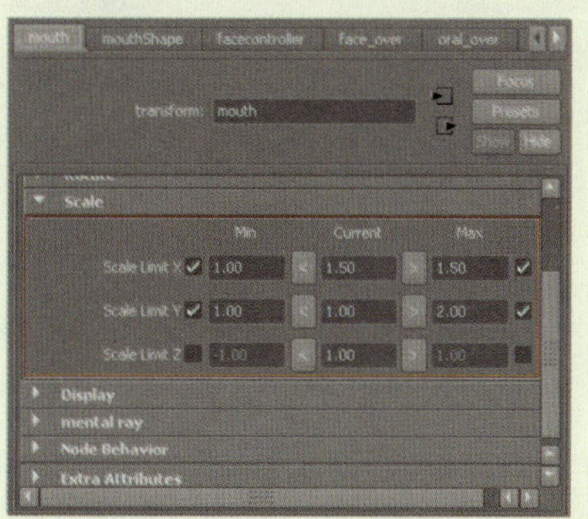

图13-268 锁定控制器的缩放范围

9 选中曲线Left-mouth并将其载入驱动列表，再将Leftmouth-up载入被驱动列表。然后，单击选中要驱动的属性选项，在其默认属性下单击Key（关键帧）按钮，如图13-269所示。

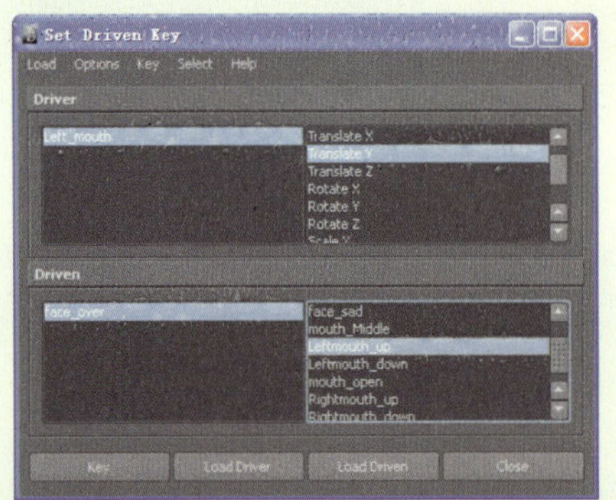

图13-269 设置Leftmouth-up的驱动

10 设置Translate X为0.2、leftmouth-up为1，再在Set Driven Key（设置驱动关键帧）对话框中单击Key（关键帧）按钮，以设置它们的驱动动画，如图13-270所示。

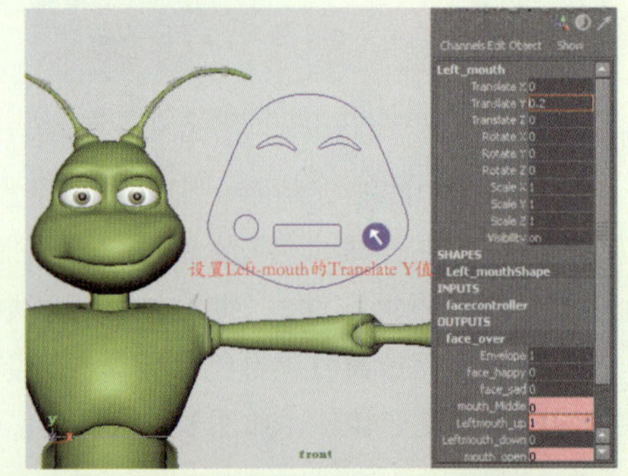

图13-270 设置Leftmouth-up的驱动动画

11 恢复Left-mouth的默认参数，再在驱动列表中选择Translate Y选项，在被驱动列表中选择Leftmouth-down选项，单击Key（关键帧）按钮，将设置两者的驱动，如图13-271所示。

12 设置Translate Y为-0.2、Leftmouth-down为1，再在Set Driven Key（设置被驱动关键帧）对话框中单击Key（关键帧）按钮，以设置两属性选项的驱动动画，如图13-272所示。

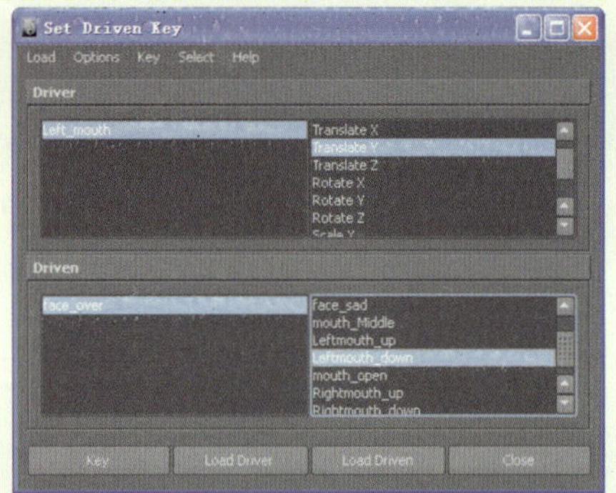

图13-271 设置Leftmouth-down的驱动

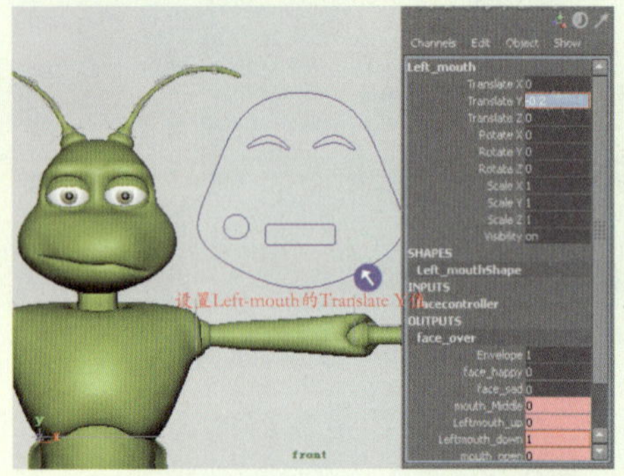

图13-272 设置的驱动动画效果

13 选中曲线控制器Left-mouth，在其属性面板中设置Translate Y的参数锁定范围，如图13-273所示。

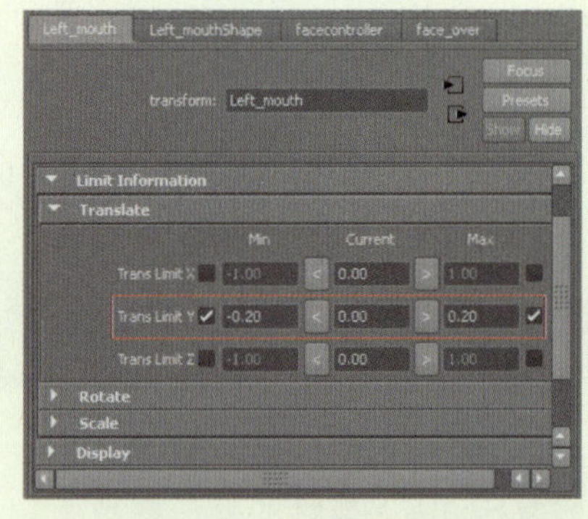

图13-273 锁定Translate Y的参数范围

14 将曲线控制器Right-brown载入驱动列表，并且选择Translate Y选项和被驱动列表中的face-happy选项，单击Key按钮，将它们设为驱动关系，如图13-274所示。

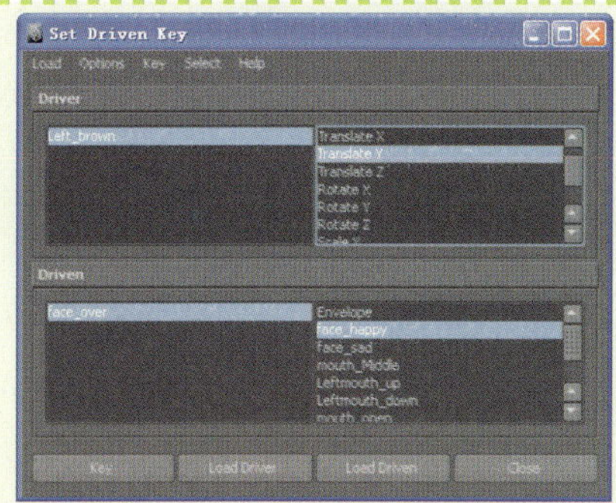

图13-274 设置face-happy的驱动

15 设置曲线Right-brown的Translate Y为0.15、face-happy为1，并且在Set Driven Key（设置被驱动关键帧）对话框中单击Key（关键帧）按钮，以设置两者的驱动动画，如图13-275所示。

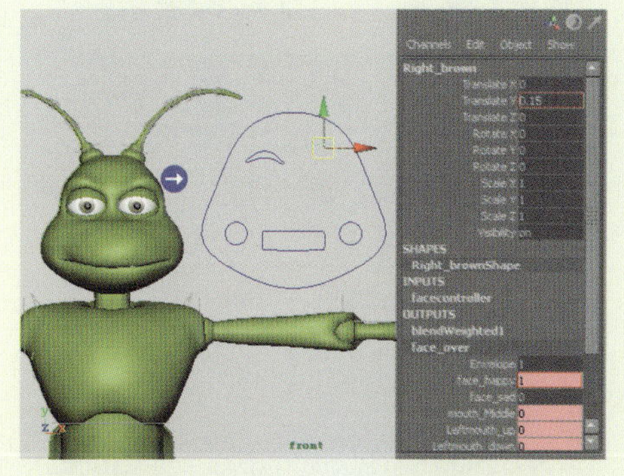

图13-275 设置face-happy驱动动画

16 恢复曲线Right-Brown的默认属性参数，选择Translate X选项和face-over的face-sad选项，单击Key按钮，如图13-276所示。

17 设置Right-Brown的Translate X为0.15、face-sad为1，并且在Set Driven Key（设置被驱动关键帧）对话框中单击Key（关键帧）按钮，以设置两者的驱动动画，如图13-277所示。

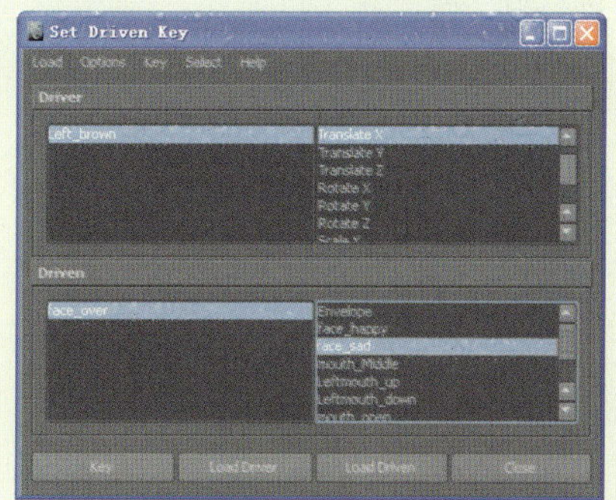

图13-276 设置face-sad的驱动

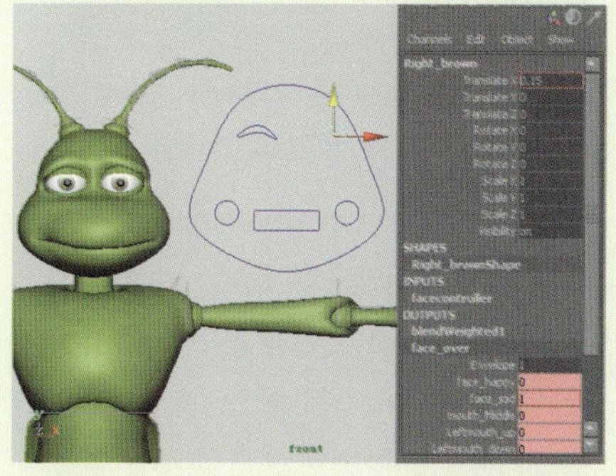

图13-277 设置face-sad的驱动动画

18 限定所有面部曲线控制器的取值范围。然后，再设定任意面部曲线控制器的参数值，即可制作出角色表情的综合变形效果，如图13-278所示。

图13-278 角色面部的综合变形效果

6. 眼睛和口腔的控制

由于角色的眼睛和口腔内部模型都与角色的面部各自独立，为使它们能够跟随角色面部的变形而产生相对适合的变形，就需要进行相关的控制操作和驱动操作。下面介绍如何进行眼睛和口腔的控制。

1 在角色眼睛的前方创建两条曲线和两个Locator（定位器），将它们执行Freeze Transformations（冻结变换信息）操作并且删除其历史记录。然后，分别对它们进行重命名，如图13-279所示。

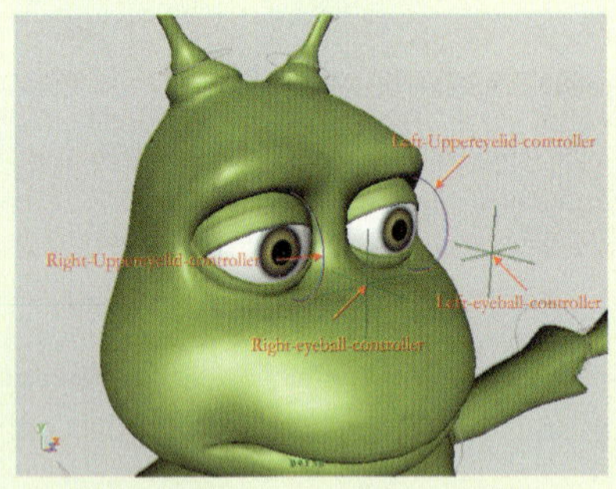

图13-279 创建控制物体

2 先选中控制器Left-eyeball-Controller，再选中左侧眼球Left_eyeball，执行Constraint（约束）| Aim（目标约束）命令，在弹出的窗口中启用Maintain Offset（保持偏移）复选框，如图13-280所示。

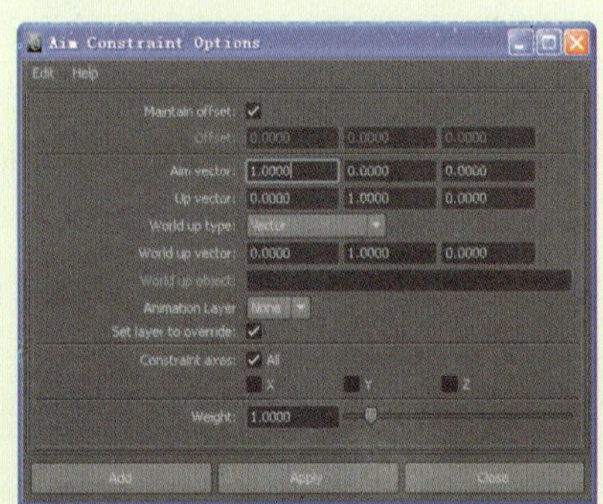

图13-280 设置选项

技巧

眼睛约束动画控制和面部表情驱动动画控制分开来做的优点是，在制作角色各种姿势的动作时，可以及时调整眼睛的旋转和闭眼睛的动作，当然也可以将眼球和眼皮的控制全部放在面部控制面板中。

3 单击Apply（应用）按钮，执行目标约束操作。然后，移动控制Left-eyeball-controller，以观察角色眼球的旋转约束效果，如图13-281所示。

图13-281 左侧眼球的旋转约束效果

4 选中Left-eyeball-controller，在其属性设置面板中设置要限制的Translate属性参数范围，如图13-282所示。

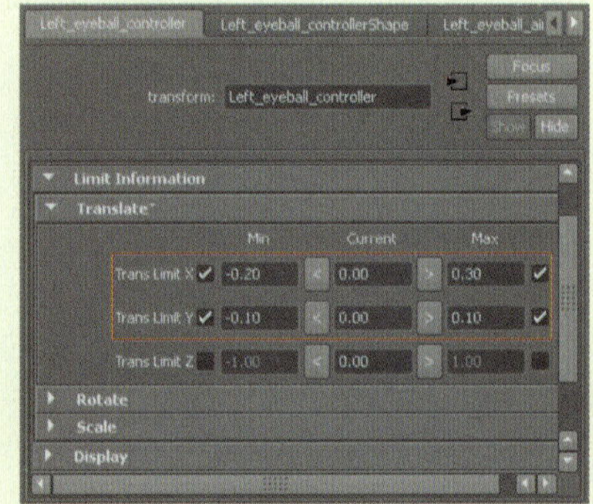

图13-282 限制Translate属性参数范围

5 同理，先选中控制器Right_eyeball_controller，再选中右侧眼球Right_eyeball，执行Aim（目标约束）操作。然后，调整两控制其观察眼球的旋转约束效果，如图13-283所示。

6 将Right-uppereyelid-Controller载入驱动列表，再在Blend Shape（融合变形）对话框中单击Right-eyes-Close下的Select（选择）按钮，再将其载入被驱动列表，并且选中要驱动的属性选项，如图13-284所示。

图13-283 左侧眼球的旋转约束效果

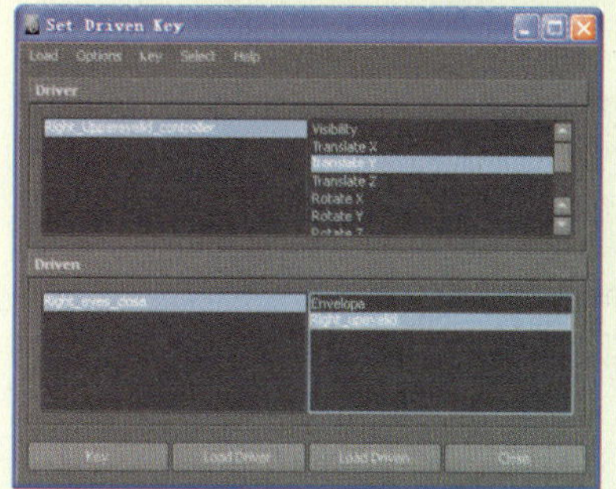
图13-284 载入驱动属性

7 设置Right-uppereyelid-Controller的Translate Y为-0.1、Right-upeyelid为1，再在Set Driven Key（设置被驱动关键帧）对话框中单击Key（关键帧）按钮以设置两属性的驱动动画，如图13-285所示。

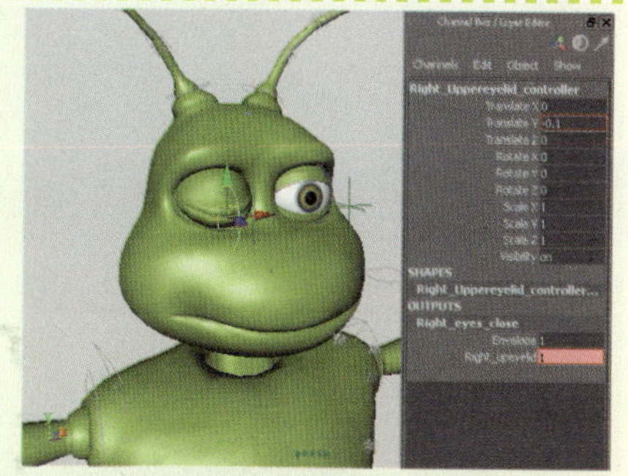
图13-285 设置驱动属性参数

8 同样的方法，设置Left-uppereyelid-Controller和Right-eyeball-Controller的驱动动画。然后，调整眼球和眼皮的控制器，以观察眼部的变化，如图13-286所示。

图13-286 眼皮的驱动控制效果

7.口腔的控制

1 恢复角色的默认状态，分别将Blend Shape（混合变形）对话框中的face-over和Oral-Over载入驱动列表和被驱动列表，再选中要驱动的属性选项并单击Key（关键帧）按钮，如图13-287所示。

2 在驱动对话框中，设置mouth-open和Oral01均为1，单击Key按钮，以使角色嘴巴的张开驱动口腔的最大变形，如图13-288所示。

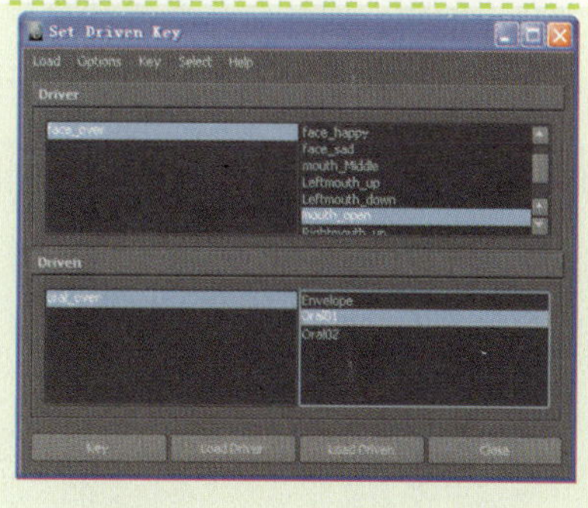
图13-287 载入Oral01驱动属性

提示

若要使角色嘴巴的变形驱动口腔的变形，用户只需在Set Driven Key对话框中将嘴巴的变形载入驱动列表，再将口腔的变形载入被驱动列表，单击Key按钮，设置驱动。然后，设置两驱动选项的参数值，再单击Key按钮，设置驱动动画。

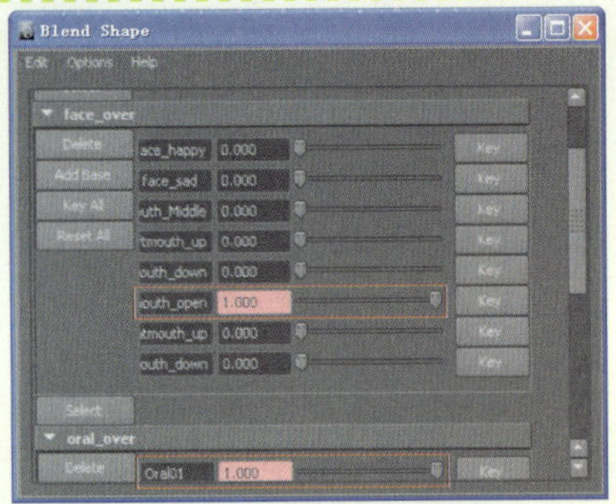
图13-288 设置驱动参数

3 接着，再分别选中驱动列表中的mouth-middle选项和被驱动列表中的Oral02选项，并单击Key（关键帧）按钮，如图13-289所示。

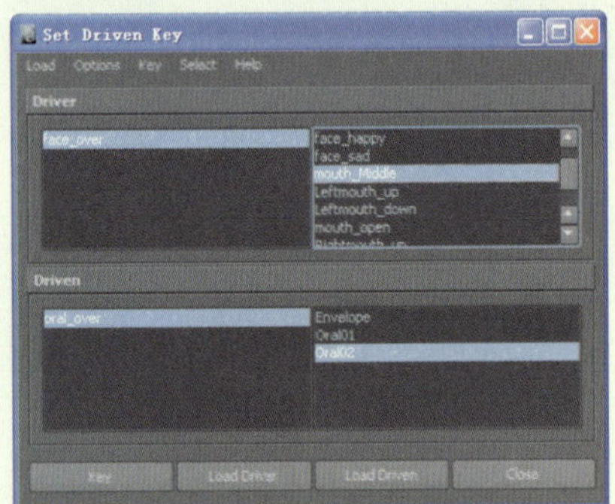
图13-289 载入Oral02驱动属性

4 设置mouth-middle和oral02的值为1并单击Key按钮，以使角色嘴巴的微张开驱动口腔的最小变形，如图13-290所示。

图13-290 设置驱动参数

5 缩放控制器mouth的Scale Y值，以使角色嘴巴自动张开，口腔内壁也会跟随着自动张开，从而避免了嘴巴张开了而口腔内部没有发生任何变形，如图13-291所示。

图13-291 角色嘴巴和口腔的驱动效果

技巧

为使角色的牙齿与嘴巴的张开动作产生同步，简单地为它添加驱动约束。但是若想要避免角色骨骼运动会对面部表情产生不可预料的错误，可以使用另外一种方法来控制嘴巴的张开和闭合与牙齿之间的约束关系，即可以使用控制器mouth与牙齿进行目标约束，以使mouth的移动来约束牙齿的旋转角度。也就不需要驱动约束操作来控制牙齿的旋转角度。

6 将牙齿down_Teeth导入被驱动列表，将变形face_over导入驱动列表，然后选择要驱动的属性，恢复它们的默认值并单击Key（关键帧）按钮，以设置驱动关键帧，如图13-292所示。

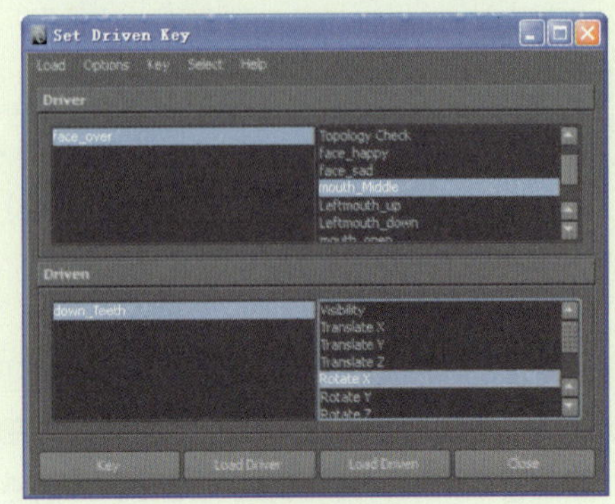
图13-292 选择要驱动的属性

7 在通道栏中设置牙齿的Rotate X值为17、Mouth_Middle为1，再在驱动对话框中单击Key（关键帧）按钮，为其设置旋转驱动关键帧，如图13-293所示。

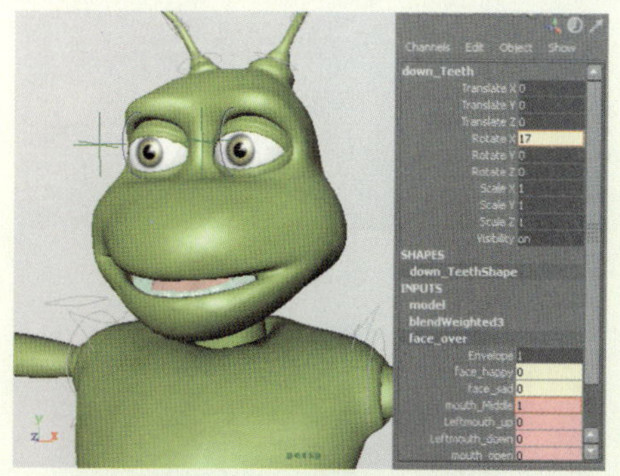

图13-293 设置驱动参数

8 在驱动属性列表中选择mouth_open选项，这里使用驱动属性的默认参数设置，单击Key（关键帧）按钮，为它们设置驱动关键帧，如图13-294所示。

9 在通道栏中设置牙齿的Rotate X为27、Mouth_open为1，再在驱动对话框中单击Key（关键帧）按钮，为其设置旋转驱动关键帧，如图13-295所示。

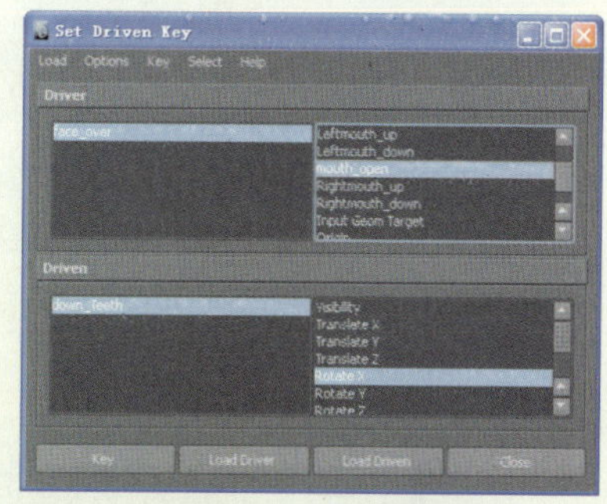

图13-294 选择驱动属性

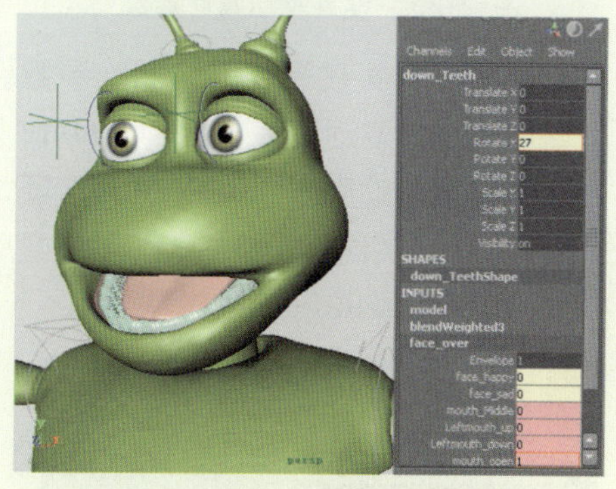

图13-295 设置选择驱动关键帧

8．舌头的控制

1 创建两条曲线图形并重命名，再将tongue-controller作为tongue-panel的子物体。然后，将两曲线执行Freeze Transformations（冻结变换信息）操作并删除其历史记录，如图13-296所示。

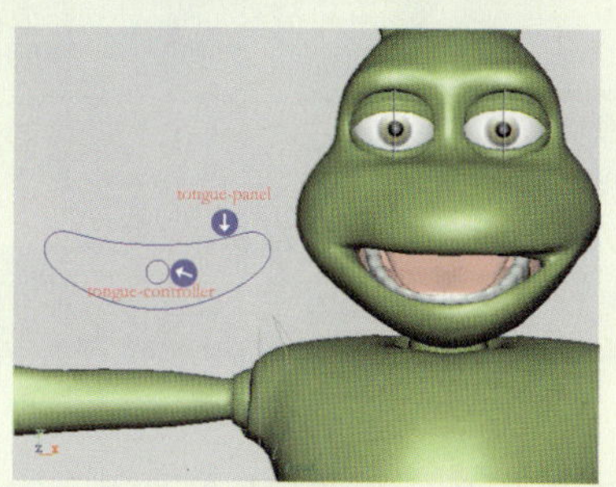

图13-296 创建曲线控制器

2 选中tongue-controller并将其载入驱动列表，再将Blend Shape对话框中的tongue-Over变形载入被驱动列表。然后，选中要驱动的属性并单击Key按钮，如图13-297所示。

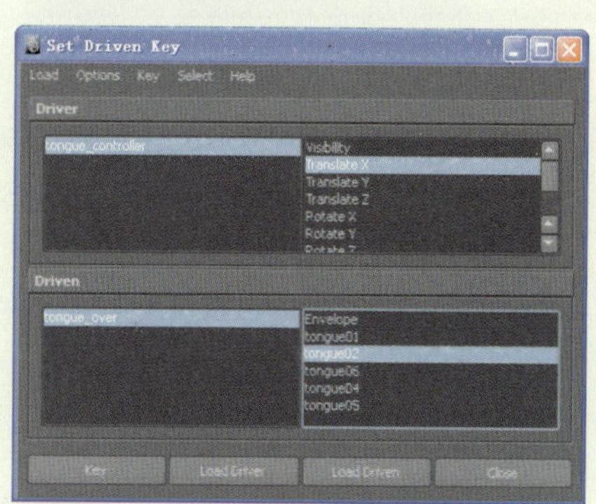

图13-297 载入驱动属性

3 设置tongue-controller的Translate X为0.3、tongue02为1，再在Set Driven Key（设置驱动关键帧）对话框中单击

Key（关键帧）按钮，以为两属性设置驱动动画，如图13-298所示。

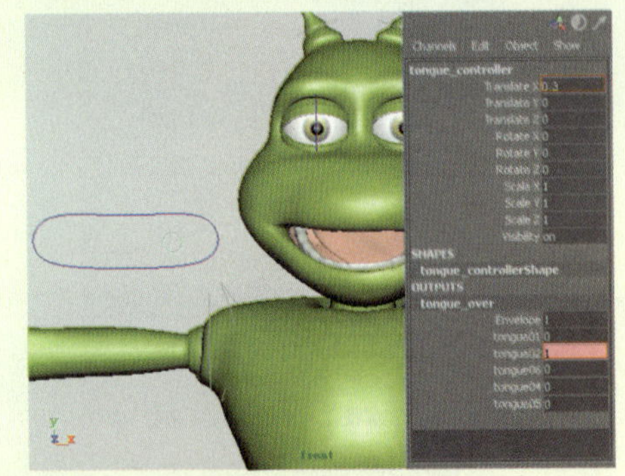

图13-298 设置驱动属性参数

4 恢复角色舌头模型的默认属性参数。然后，选择驱动列表中的Translate X选项和被驱动列表中tongue01选项，单击Key（关键帧）按钮，为其设置驱动，如图13-299所示。

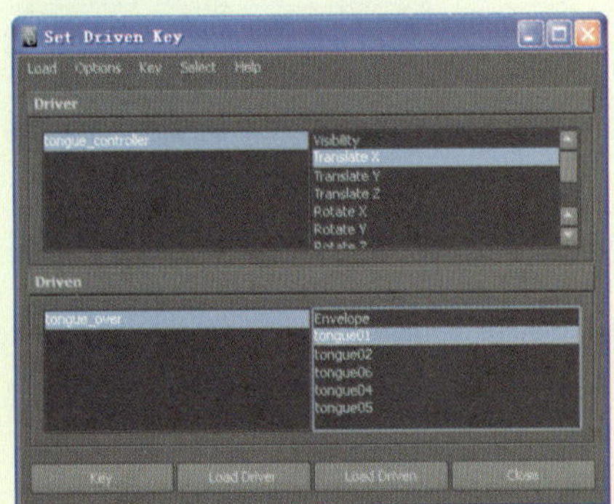

图13-299 载入驱动属性

5 设置tongue-controller的Translate X为-0.3、tongue01为1，再在Set Driven Key（设置驱动关键帧）对话框中单击Key（关键帧）按钮，以为两属性设置驱动动画，如图13-300所示。

6 恢复角色舌头模型的默认属性参数。然后，选择驱动列表中的Translate Y选项和被驱动列表中tongue06选项，单击Key按钮，为其设置驱动，如图13-301所示。

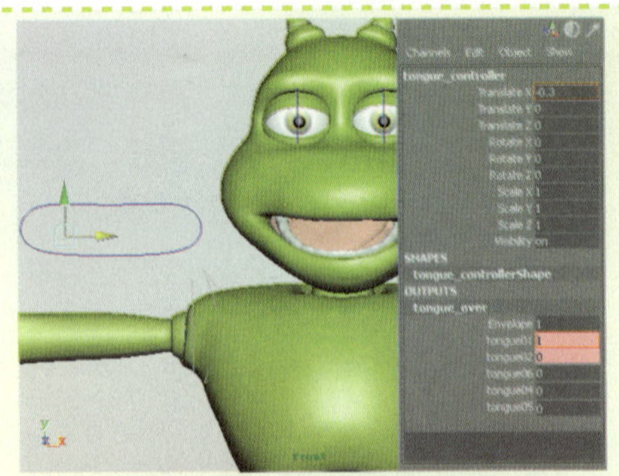

图13-300 设置驱动属性参数

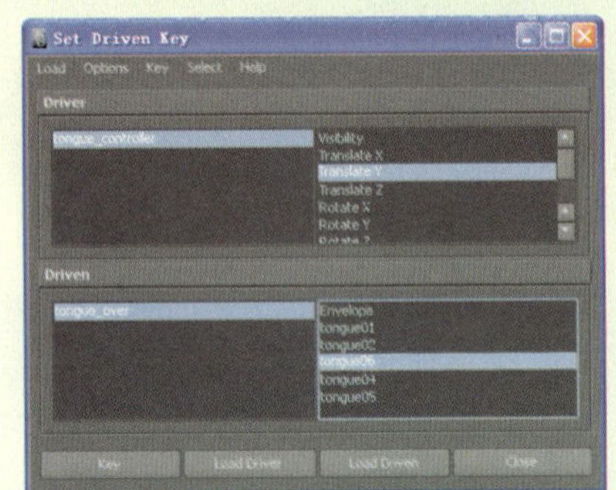

图13-301 载入驱动属性

7 设置tongue-controller的Translate Y为0.1、tongue06为1，再在Set Driven Key（设置驱动关键帧）对话框中单击Key（关键帧）按钮，以为两属性设置驱动动画，如图13-302所示。

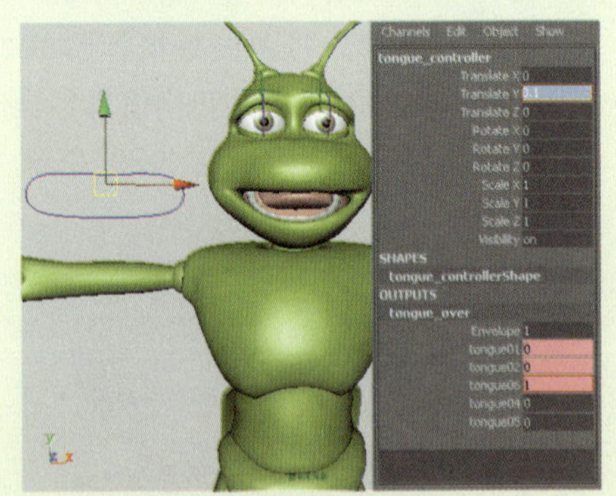

图13-302 设置驱动属性参数

8 恢复角色舌头模型的默认属性参数。然后，选择驱动列表中的Translate Y选项和被驱动列表中tongue05选项，单击Key（关键帧）按钮，为其设置驱动，如图13-303所示。

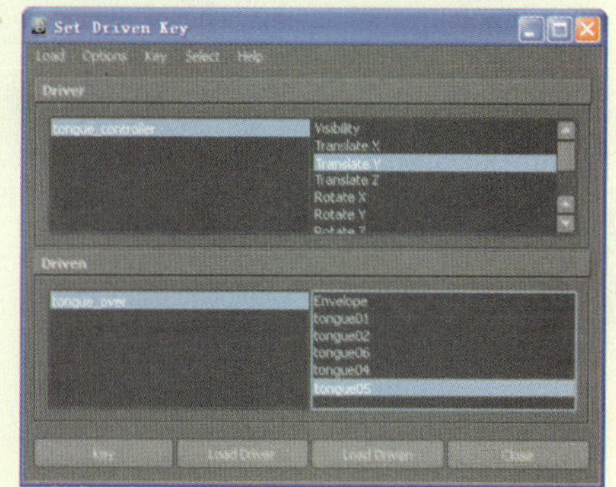

图13-303 载入驱动属性

9 设置tongue-controller的Translate Y为-0.1、tongue05为1，再在Set Driven Key（设置驱动关键帧）对话框中单击Key（关键帧）按钮，以为两属性设置驱动动画，如图13-304所示。

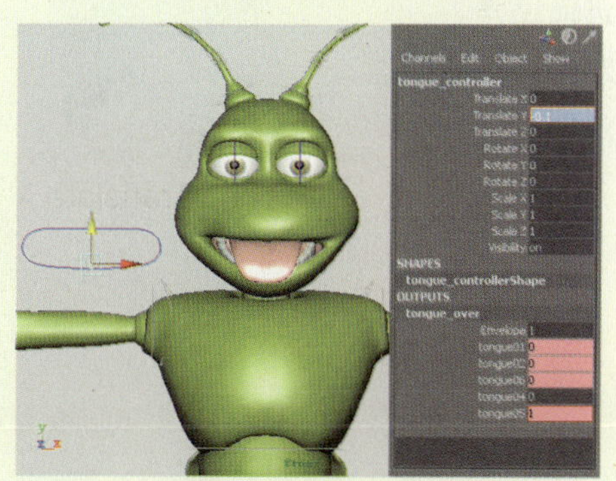

图13-304 设置驱动属性参数

10 恢复角色舌头模型的默认属性参数。然后，选择驱动列表中的Scale Y选项和被驱动列表中tongue04选项，单击Key按钮，为其设置驱动，如图13-305所示。

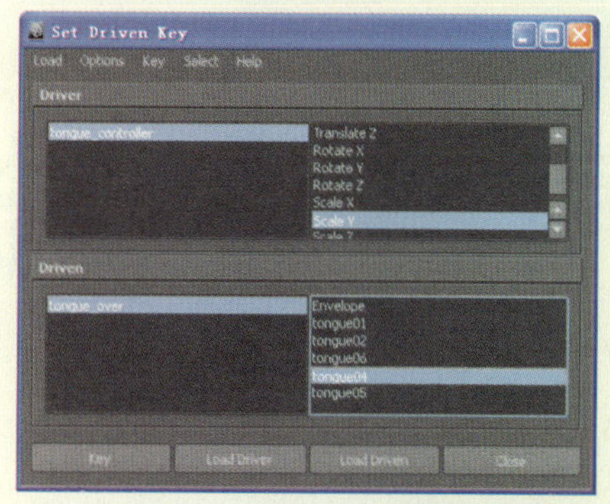

图13-305 载入驱动属性

11 设置tongue-controller的Scale Y为0.5、tongue04为1，再在Set Driven Key（设置驱动关键帧）对话框中单击Key（关键帧）按钮，以为两属性设置驱动动画，如图13-306所示。至此，完成表情的制作。

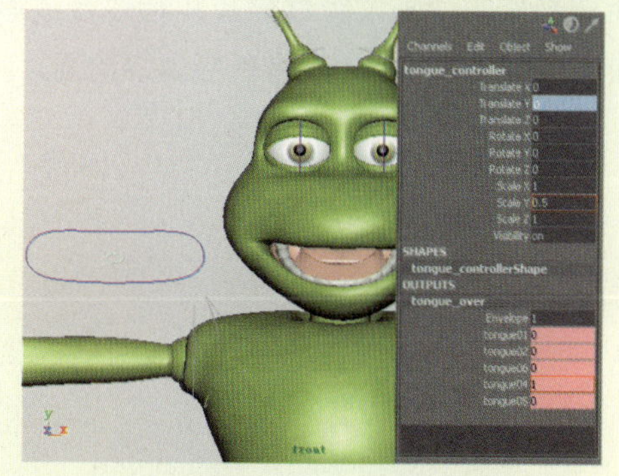

图13-306 设置驱动属性参数

技巧

- 一般来说，复制表情变形的目标物体时是复制头的，因为通常情况下把头和身体是要分开的，主要是可以节省计算机的计算，至于从哪里分开就要根据角色而决定。若模型的头和身体是连着的，可以把它们分开，只要在分开的地方点的权重值相同，就不会出错。
- 至于先骨骼蒙皮还是表情动画是没有什么关系的，若用于避免错误操作也可以先蒙皮再添加表情变形动画。
- 在添加融合变形时，原始物体和目标物体的历史记录不能被删除。

第14章

角色动画技术

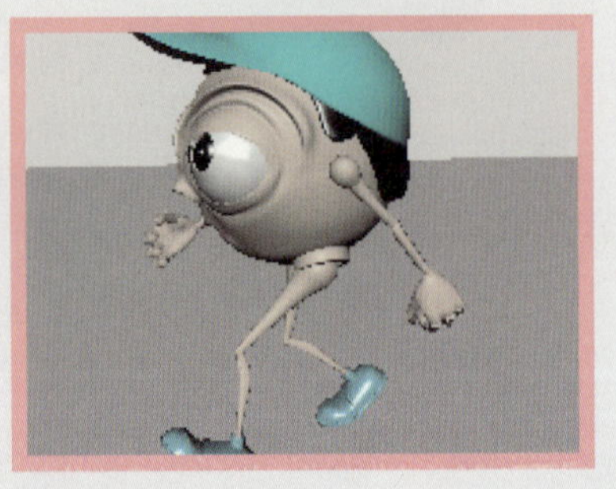

角色动画是一门艺术，也是一门科学。为角色创建骨骼并进行蒙皮绑定之后，还需要再为角色的姿态添加关键帧设置，以形成运动的动画影片效果，从而增强角色的表达力度和吸引力。本节主要介绍如何观察现实中的运动现象，以及如何从艺术角度分析角色的运动特征，进而使角色运动起来，鲜活起来，甚至能够进行更精彩的动作。后期将制作的动画再经过配音和特效合成等技术手段，从而模拟出更有征服力，更有说服力的动画片段。

14.1 角色动画的分析

将一个模型的控制装备完成以后，要为其添加一段流畅的动画要建立在一系列的关键帧基础之上，每个关键帧上的角色姿态，被称为关键姿态，正是这一帧的关键姿态决定了最终动画中的动作品质。因此，在进行角色的动画之前，首先要细致分析如何有效正确的控制角色，从而为动作摆出恰当的关键姿态。如图14-1所示，所调整的每个动作的当前姿态都需要设置相应的关键帧。

图14-1 关键姿态的设置

14.1.1 时间性

运动是动画环节中最基本、最重要的部分，而在运动环节中最重要时间、节奏是否正确合理。

时间可以描述角色或物体的运动、重量、尺寸和个性特征。时间还可以用来创造独特的运动模式，从迅捷的到缓慢的。时间包含的不仅仅是角色的运动，还有角色的情感。例如角色处于沮丧、疲惫、紧张或高兴、悠闲的状态时，它会慢慢的行走，但这会占用很长的时间段；而当角色较快的行走时，它将以较短的时间完成动作，表现出角色处于兴奋、欢快或着急的状态。如图14-2所示，就反应了动画的时间段由长变短的过渡。

图14-2 动画的时间性

14.1.2 顺序性

当用户在开始创建一个动画之前，先大致勾列出几个典型的姿态。然后，在实际的动画制作中，将这些姿态按照一定的顺序设置关键帧，从而制作成一个连贯的动画片段。

如图14-3所示，表达的角色在愉快并慢慢的吃食物，但是突然停止吃的动作，可能食物有什么问题，导致角色迅速将口中的食物吐掉；接着轻松了一下神经再喝水，但又惊讶的停止喝水，又迅速的吐掉等一系列连贯的动作被有序的排列起来。

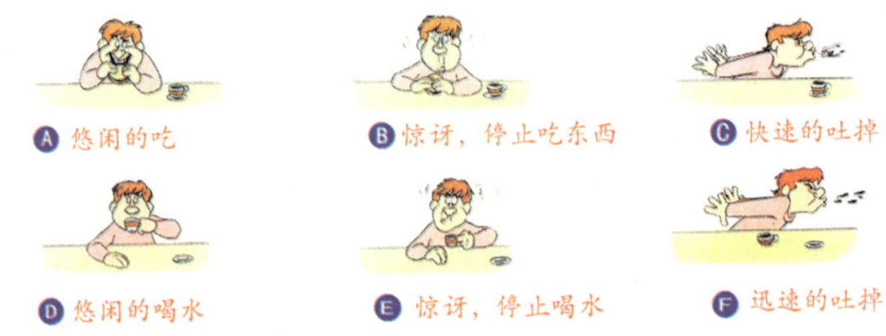

图14-3 动画的顺序性

14.1.3 重心的稳定和偏移

如果把角色比作木偶，那么在制作动画时，一个最基本的要求就是木偶必须能够稳定的站立在舞台上。但是要注意在调整角色的各种动作时，同时要兼顾其重心位置是否正确，尽管在三维软件的场景中角色不会动、不会跌倒，但是它经过后期输出后给观众的感觉确是真实的。

同真实生活中的角色一样，三维角色的身体也由多个部位构成，每个部位都可能有各自不同的旋转、位移，以摆出特定的姿态。但是无论如何，所有部件最终呈现出的集体重心应该在角色的双足之间，也就是说角色的重心不应超过双脚与地面之间的受力范围，如图14-4中A所示。一旦违反这个规律，给观众的感觉就是角色失去了平衡，将要跌倒，如图14-4中B所示。

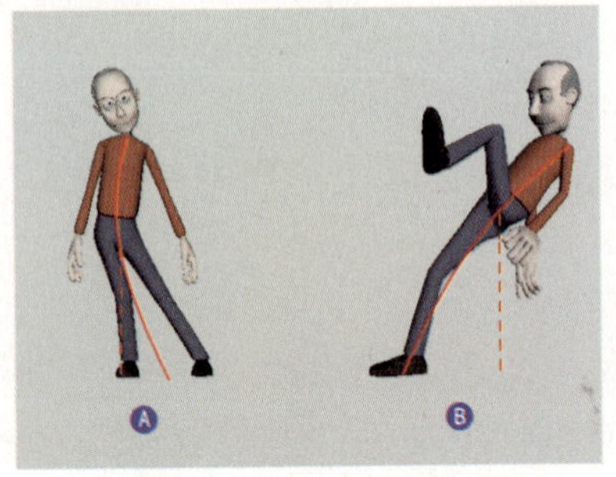

图14-4 动画中的重心

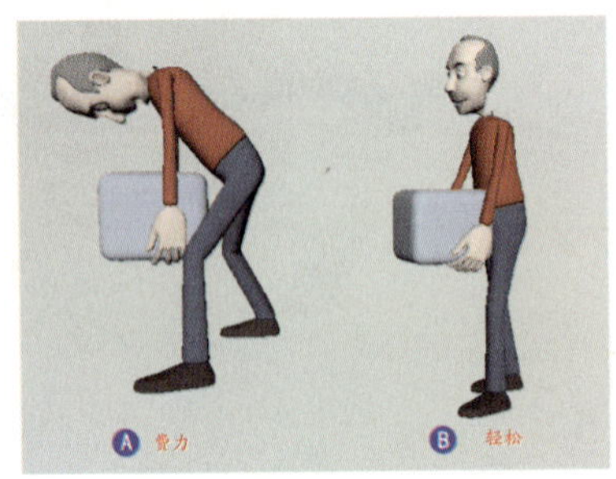

图14-5 动画中的重量感

14.1.4 重量感

在力学角度来看，重量和重心的含义不同，重心用于保持角色的姿态平衡，而重量则重在表现角色动作的力度大小。体积大的物体，它的重量就表现的大一些，动作就会显得笨重、缓慢；体积小的物体，重量就表现的小一些，就会显得快速灵活。

同重心的原理相同，在三维场景中的物体体现不出重量，对于观众而言，物体的轻重依赖于角色动作姿态的判断，如果物体重，角色应该显得吃力、缓慢，身体的各个关节被压缩，如图14-5中A所示；反之，角色动作则会显得很轻松随意，如图14-5中B所示。

14.1.5 动作弧线

为了得到流畅、悦目的动作，一个动作应当沿着一根弧线展开，没有了这根弧线，手臂将会在到达终点的过程中上下跳动。这根弧线被当作一个路线来使用，从而使诸如踢和扔之类的动作流畅起来。如图14-6所示为角色的手臂动作弧线效果。

图14-6 角色的动作弧线

14.1.6 动作的循环

角色的动作循环表示角色同一个动作的循环摆动，举一个鲜明的例子就是角色的手臂和腿的往复循环动作。如图14-7所示的是角色手臂和腿的一个循环动作的姿态模拟。

图14-7 角色手臂和脚的循环

从图14-7中可以看出，着地、缩身、向后滑、推进、升高、循环和重复是一只脚在行走过程中的基本步骤，这就叫做行走的循环动作。在表现角色行走的动画时，有些事情必须牢记在心，手臂和腿总是在运动之中，不论何时它们总是在向前向后移动。

14.1.7 夸张性

在动画中，“夸张”的表现也很常见，如图14-8所示，所表现的角色由温和变为中等，再由中等变为极端的动作和表情变化，更能增强动画的感染力。

通过使用这种夸张性的动作更有助于角色的感情流露和戏剧化姿态。通常动画是想使角色表现得更加愤怒、沮丧、快乐等，以尽可能清楚地向观众表达角色的动作和情感。夸张还可以用来定义动画的风格和角色的个性。

图14-8 角色动作的夸张性

14.1.8 吸引力

在创造角色或动画时，首先要考虑的问题是，这个角色或动画是否有吸引力，是否够清楚、简明，角色所表现出来的动作是否具有感染力，只有这样才能创建出具有吸引力的动画。你所从事的，无论是设计还是动画，都必须先取悦你自己，并且能够使观众乐于观看，吸引力不单单等于“可爱”或者“逗人喜爱”，而是要强度设计和表达的艺术感。如果角色或动画没有吸引力，那观众会觉得它很乏味。

如图14-9所示，使用三维软件制作的几部很成功的三维影视动画作品。

图14-9 具有吸引力的作品

通过了解上述这些基本技术理论，动画师才能够创造出一段极具感染力的表演，使角色富有生命力。一部优秀的动画，依赖的是创意、情感和风格，只有掌握这些，才是迈向成功的基础。

14.2 制作动画

在创建动画影片之前，动画师首先要从导演哪里获得这个镜头中的大致动作，然后分析提炼出几个关键姿态，以为每个关节姿态定义好时间，以先大致的制作出动画的预览，然后，再一层一层的添加关键帧，以细化角色的动作。如图14-10所示，动画师事先模拟的几个关键姿态，从而大致的预览整体动画的运动过程。

图14-10 动画的关键姿态

在为角色添加动画操作时，难免需要添加很大重复性的循环动作，例如角色的行走循环动作，在具体的动画制作中，需要确定这些关键姿态的状态和帧数，根据人体走路的过程，一个走路循环最少要有5个基本姿态构成，如图14-11所示。

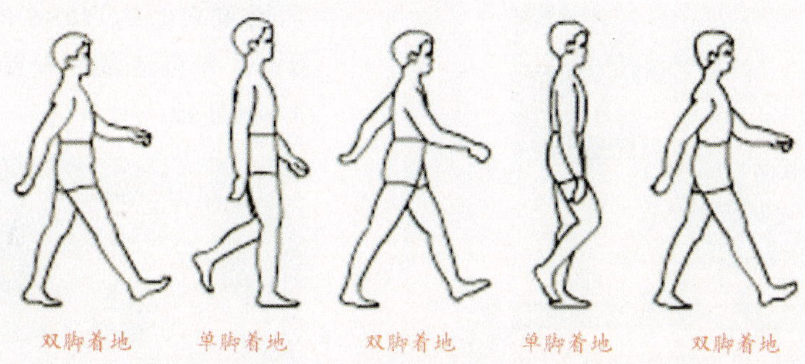

图14-11 行走动作的几个关键姿态

从图14-11中可以看到，在一个行走循环中角色共走了两步，每一步都有3个关键姿态分别是角色的双脚着地、单脚着地和双脚再次同时着地，这是走路循环动画中最精简的走路关键帧设置。

此外，还要注意头部和臀部的起伏变化，整个循环中，双脚着地时的姿态重心要低，单脚着地时的姿态重心要高，这样角色在走路时就要适当的高低起伏变化。同时，需要注意的是在一个循环当中不至于出现跳帧，循环过程中首尾两端的关键姿态要尽量保持一致，这样播放起来动作才能循环流畅。

14.2.1 创建关键帧动画

为了便于学习，首先创建两个小球，将它们沿X正向开始同时弹跳。

动手实践270——添加关键帧动画

1 导入一组装备好的角色模型，执行Edit（编辑） | Duplicate Special （智能复制）□命令，在弹出的窗口中选择World选项并启用Duplicate Input Graph（复制输入连接）复选框。然后，单击Apply按钮，对模型和控制器进行控制，如图14-12所示。

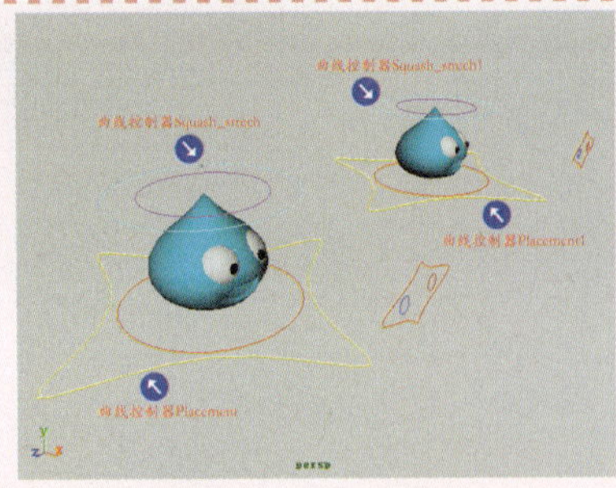

图14-12 导入角色模型

2 拖动时间滑块到第1帧处，同时选中控制所有对象的曲线控制器Placement和Placement1，并且为两控制器的移动属性设置关键帧，如图14-13所示。

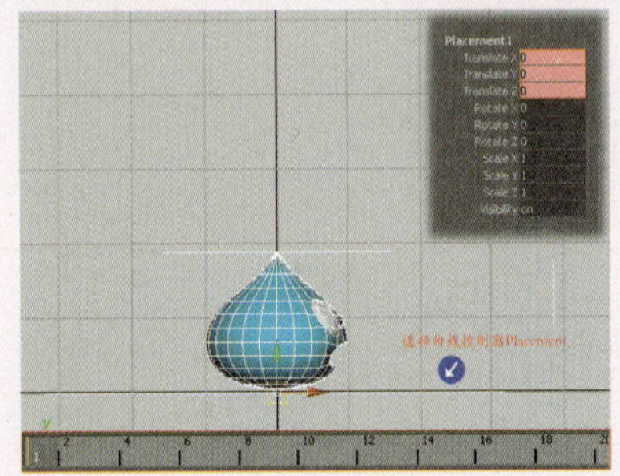

图14-13 设置第1帧动画

3 同时选中角色顶部的两曲线控制器Squash_strech和Squash_strech1，再设置它们的Translate Y属性值为-0.5，并为该属性设置关键帧，如图14-14所示。

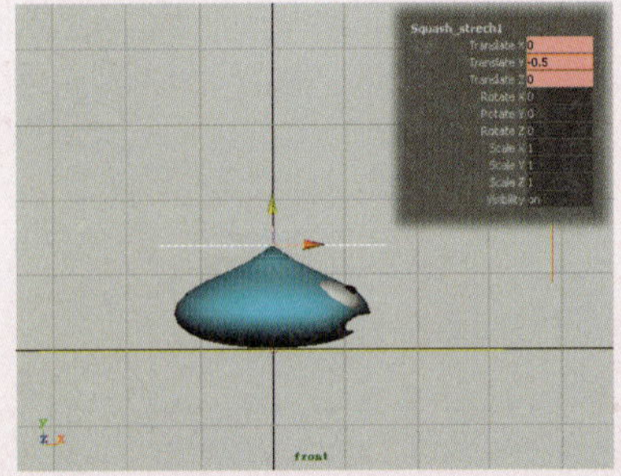

图14-14 设置Squash_strech的关键帧

4 拖动时间滑块到第10帧，同时选中曲线控制器Placement和Placement1，设置它们的Translate X为5、Translate Y为3，并为两属性设置关键帧，如图14-15所示。

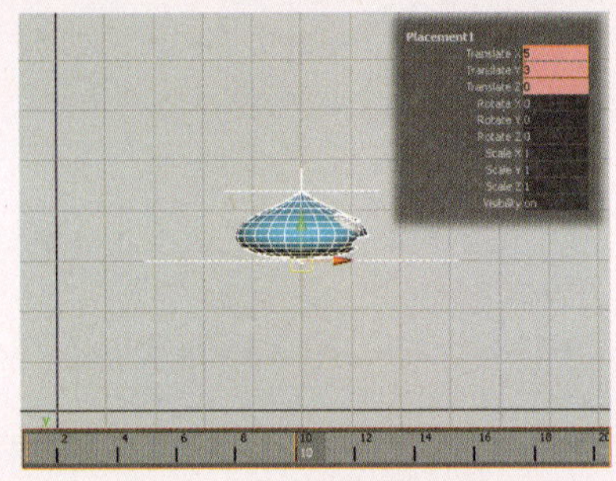

图14-15 设置第10帧动画

5 同时选中角色上的两曲线控制器Squash_strech和Squash_strech1，再设置它们的Translate Y属性值为0.5，并为该属性设置关键帧，如图14-16所示。

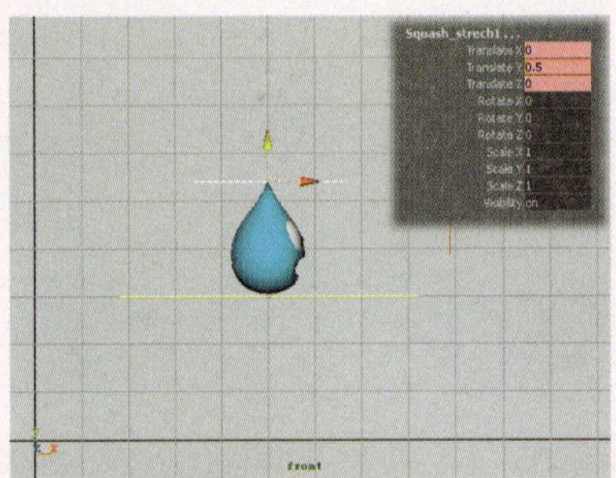

图14-16 设置Squash_strech的关键帧

6 拖动时间滑块到第20帧，同时选中曲线控制器Placement和Placement1，设置它们的Translate X为10、Translate Y为0，并为两属性设置关键帧，如图14-17所示。

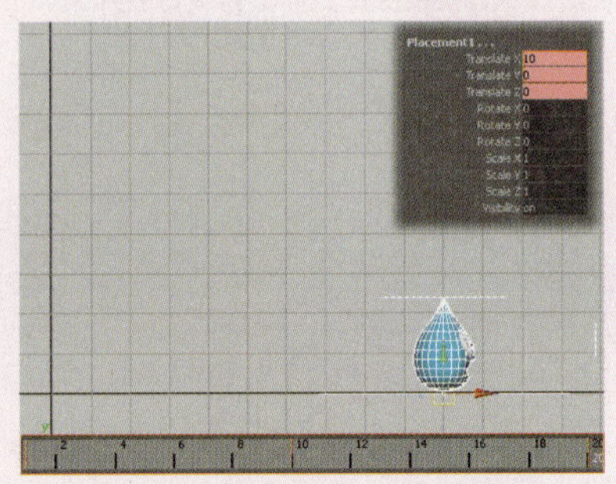

图14-17 设置第20帧动画

7 同时选中角色上的两曲线控制器Squash_strech和Squash_strech1，再设置它们的Translate Y属性值为-0.5，并为该属性设置关键帧，如图14-18所示。

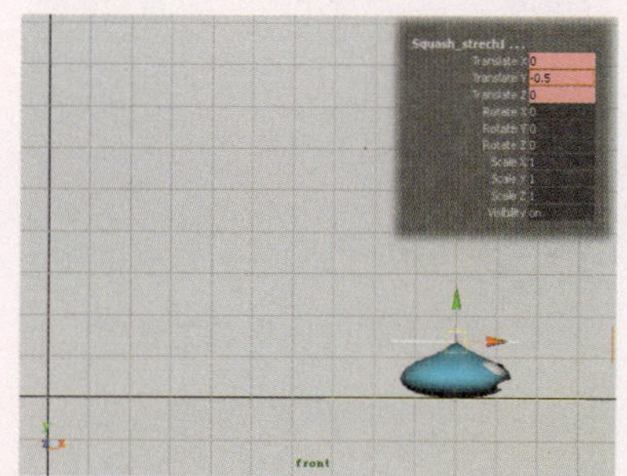

图14-18 设置Squash_strech的关键帧

8 单击动画控制区的▶按钮，将当前制作的动画进行播放，以观察角色在第1~10帧之间的弹跳效果，如图14-19所示。

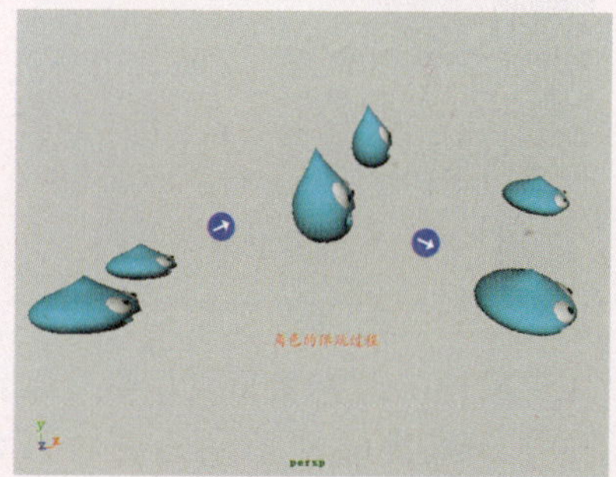

图14-19 角色的弹跳过程

注意

为使角色在以后的循环当中不至于出现跳帧，其首尾两端的关键姿态要尽量保持一致，用户可以将两角色首端的关键帧复制到末端帧处，但在前进方向上所设置的关键帧不能被复制到末端帧，这样会使角色移动一个循环距离后突然回到第1帧处。

14.2.2 编辑动画关键帧序列

在小球弹跳过程中使用Dope Sheet（摄影表）工具将它们的弹跳时间错开，也可以延长或缩小序列动画的播放时间，从而达成小球的交替弹跳动作，以用来简单模拟角色双脚交替行走的动画理念。

动手实践271——编辑关键帧序列

1 选中上节小球动画中添加了关键帧的4个曲线控制器，执行Window（窗口）| Animation Editors（动画编辑器）| Dope Sheet（摄影表）命令，即可显示其动画序列帧，如图14-20所示。

2 框选所有关键帧序列并按R键，再拖动左侧边缘的线框，将动画序列的时间范围缩小到第12帧处，如图14-21所示。

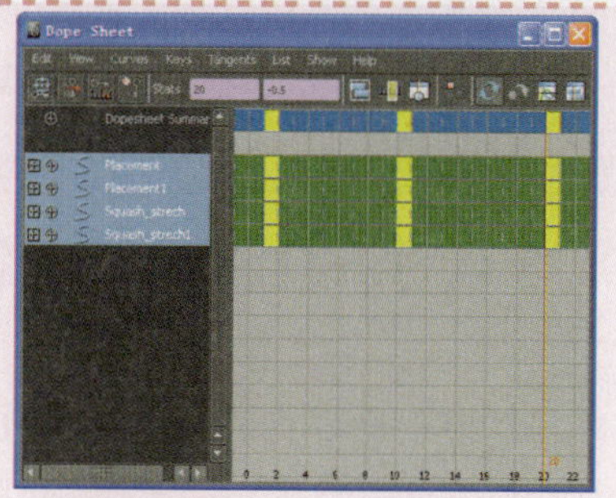

图14-20 显示动画序列帧

提示

在观察动画播放结果时，如果感觉小球弹跳过快，则可以将序列帧延长；如果弹跳过慢，则可以将序列帧缩短。

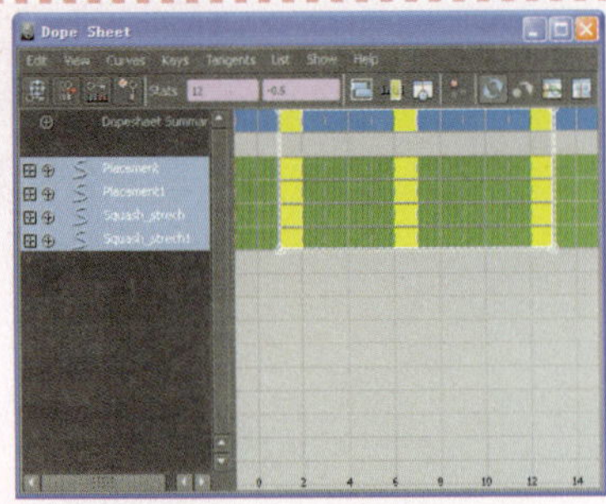

图14-21 缩短动画播放时间

3 动画序列的时间范围被缩放后，会导致中间帧的时间值出现小数，从而扰乱了动画关键帧的均匀分布，如图14-22所示。

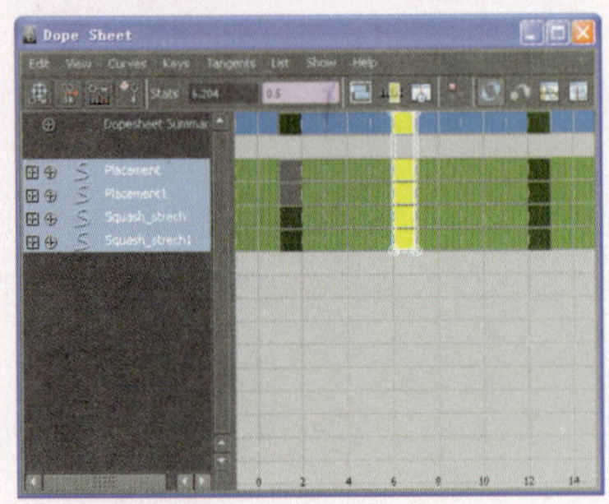

图14-22 中间帧时间值的变化

4 在Dope Sheet对话框中，选中处于中间帧的帧序列，执行Edit（编辑）| Snap（捕捉）命令，即可将其时间值设置为整数，如图14-23所示。

5 在左侧对象列表中选择Placement1和Squash-strech1选项，以显示其序列帧。然后，框选两选项的序列帧向后移动12帧，即23帧处，如图14-24所示。

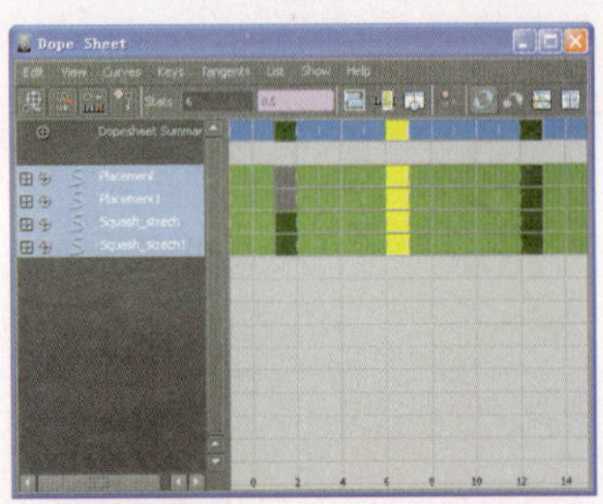

图14-23 将时间值调为整数

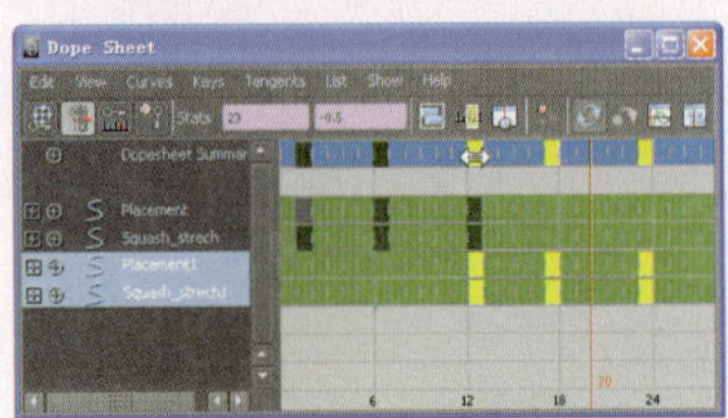

图14-24 移动序列帧

6 播放动画，即可看到两对象会自动交替弹跳，并且时间轴上的关键帧也会被自动错开到第23帧处，如图14-25所示。

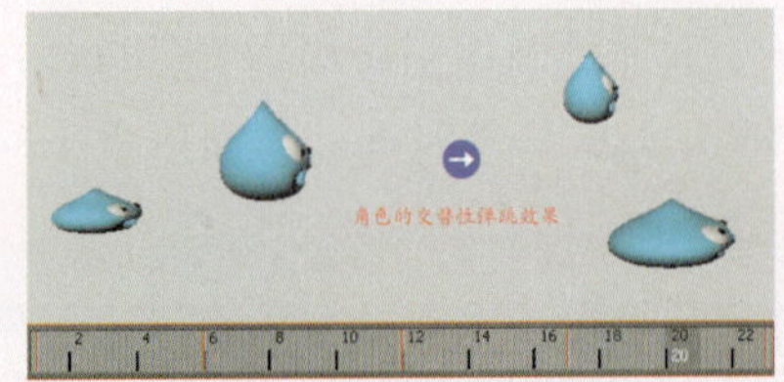

图14-25 交替弹跳效果

14.3 Trax Editor（编辑非线性动画）

通过播放前面制作的关键帧动画，这样的动画播放方式就像播放一段记录有影像的胶片，其动画效果完全基于关键帧的顺序播放，用户可以将这一段动画序列组装成一个动画影片剪辑，角色的各段动画都可以被组装在动画影片剪辑中。然后，再对动画影片剪辑进行分层、剪切、合并、延伸等操作，由此对动画的处理转换成了对动画影片剪辑的操作。这种动画的处理方式，非常类似于影视后期处理中的非线性剪辑，因此被称为非线性动画。

然后，对转化的影片剪辑进行快速编辑，即可实现动作的延展、循环，甚至不同动作之间的叠加混合，大大提高动画的制作效率。为此Maya提供了专门的非线性编辑器——Trax Editor，下面对非线性动画的编辑进行详细地介绍。

14.3.1 非线性动画编辑环境

用户可以打开一个已经创建了非线性动画的场景文件，执行Window（窗口）| Animation Editors（动画编辑器）| Trax Editor（非线性编辑器）命令，即可打开非线性编辑器，如图14-26所示。

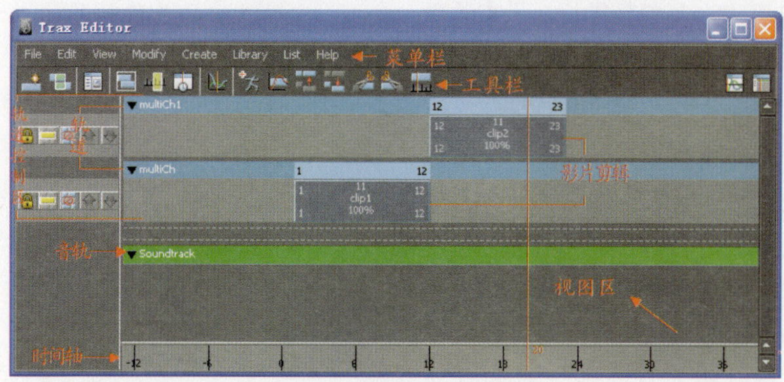

图14-26 非线性动画编辑器

从非线性动画编辑器的布局可以看出，该编辑器主要有4分区组成，分别为菜单栏、工具栏、轨道控制区和视图区。下面对这几个视图区进行详细说明。

1.菜单栏

在File菜单栏中，包含了所有有关影片剪辑的操作命令，如影片剪辑的创建、合并、剪切等，为了便于操作一些常用的操作命令，以快捷图标的形式被排列在工具栏上。

2.工具栏

工具栏上的图标都与File菜单下的命令一一对应，单击相应的图标即可执行该图标所对应的命令操作。下面简要介绍每个工具的名称和用处。

- Create Clip（创建剪辑）：单击该按钮，即可将所选物体的关键帧动画设置为影片剪辑。
- Create Blend（创建混合连接）：单击该按钮，即可将所选的两个影片剪辑建立混合连接。
- Get Clip（获取剪辑）：单击该按钮，以快速启动Visor对话框，可以在库中获取已自动存储的影片剪辑。
- Frame All（显示所有剪辑）：单击该按钮，可以放大显示所选影片剪辑。
- Frame Playback range（最大显示当前选中剪辑）：单击该按钮，可以将选中的影片剪辑居中显示。
- Center The view Current time（以播放头为显示中心）：表示在视图中放大以播放头为显示中心的这部分影片剪辑。
- Graph Anim Curves（动画曲线窗口）：单击该按钮，可以切换到曲线编辑器，以显示当前所选影片剪辑的关键帧动画曲线。

- Load Selected Characters：用于载入所选择的角色影片剪辑。
- Graph Weight Curves（显示权重曲线）：用于在曲线编辑器中显示所选影片剪辑的权重曲线。
- Group（群组）：用于将多个影片剪辑打组，以便于进行同时操作。
- ungroup（打散群组）：用于将组中的影片剪辑拆散。
- Trim Clip Before Current Time（在播放头前剪切）：用于将所选影片剪辑播放头之前的部分影片剪切掉。
- Trim Clip After Current Time（在播放头后剪切）：用于将所选影片剪辑播放头之前的部分影片剪切掉。
- Key into Clip（设置剪辑关键帧）：单击该按钮，表示在当前选中的影片剪辑上的播放头位置设置关键帧，并将其添加到影片剪辑中。
- Open the Graph Editor：单击该按钮，打开剪辑曲线编辑窗口。
- Open the Dope Sheet：单击该按钮，切换到帧序列窗口。

3.视图区

视图区占据了整个非线性动画编辑器的绝大部分空间。在视图区中包含有轨道、影片剪辑片段、时间线，时间区以及音轨。用户可以在视图区中按Alt+鼠标右键以缩放视图，按Alt+鼠标中键平移视图的操作依然适应。

- 轨道：在视图区，每一个含有非线性动画片段的物体或者角色都会被自动创建为一个轨道。如果同时选中多个含有非线性动画片段的物体，就会显示出多层轨道。
- 影片剪辑片段：在每一层轨道下面，都显示了该物体所包含的所有非线性动画片段。每一个角色或物体可以同时拥有多段非线性动画片段，也可以手动拖曳动画片段以自由安排在哪一层。
- 音轨：当制作口型发音动画或者制作一些跟随音乐节拍的动画，如舞蹈等动作时，就需要导入音乐文件。当音乐文件导入后，就会在Sound Track（音轨）下显示音乐的长度以及波形。
- 时间轴：同Dope Sheet（摄影表）和Graph Editor（曲线编辑器）一样，这里的横轴对应的也是时间轴，以帧为播放时间单位。

在Trax Editor（非线性编辑器）中，先单击剪辑Clip1，再单击工具栏上的按钮以将其最大化显示，如图14-27所示。

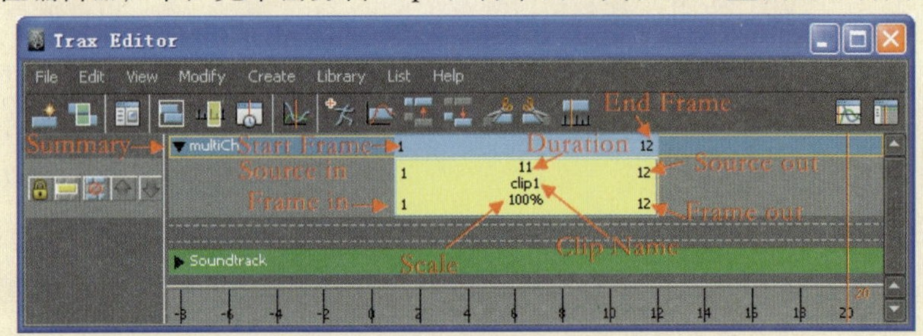

图14-27 完全显示影片剪辑属性

下面对TrAX Editor中的选项进行说明。

- Summary（概要）：用来显示影片剪辑的每一个逻辑层级上该层的总体信息。它包含该层影片剪辑的角色对象名称。同时也会显示该剪辑的起始帧和结束帧，如当前显示为第1帧和第12帧。

- Source in/source out（片源）：当鼠标指针放置在Source in和Source out处时，就可以看到鼠标变成样式，可以动态拖动以缩短影片的播放长度。
- Frame in/Frame out（关键帧）：用来显示和修改影片剪辑的长度，它与Source in/Source out不同，它可以增加或减少动画的播放速率。
- Duration（长度）：用于显示影片剪辑的帧长度。
- Clip Name（剪辑名称）：用于定义影片剪辑的名称，该名称可以在创建时命名，也可以在名称处双击对其进行修改。
- Scale（缩放比例）：用于显示影片剪辑的缩放百分比，百分之百表示按正常速度播放。如果缩小百分比，即影片整体播放时间被压缩，动画播放快。反之，则变慢。

14.3.2 创建影片剪辑动画

非线性动画的优势显而易见，当做好关键帧动画后，执行相应的操作即可将其转化为影片剪辑，然后对影片剪辑进行快速的编辑。

动手实践272——创建影片剪辑动画

1 在场景中导入前面制作的1~12帧小球弹跳动画。然后，执行Window（窗口）| Animation Editors（动画编辑器）| Trax Editor（非线性编辑器）命令，打开非线性编辑器，如图14-28所示。

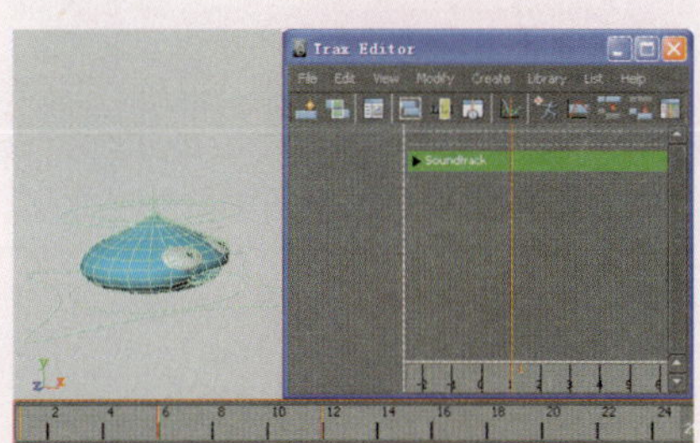

图14-28 打开非线性编辑器

2 选中角色的曲线控制器Placement，在Trax Editor（非线性编辑器）中执行Create（创建）|Create Clip（创建剪辑）命令，并且在Name（名称）属性栏输入balljump-01，单击Apply（应用）按钮，如图14-29所示。

3 在Trax Editor（非线性编辑器）中，会自动剪辑balljump-01并且其帧数范围也为1~12帧。然后，将鼠标指针放到影片剪辑的Source out上，指针变为样式，如图14-30所示。

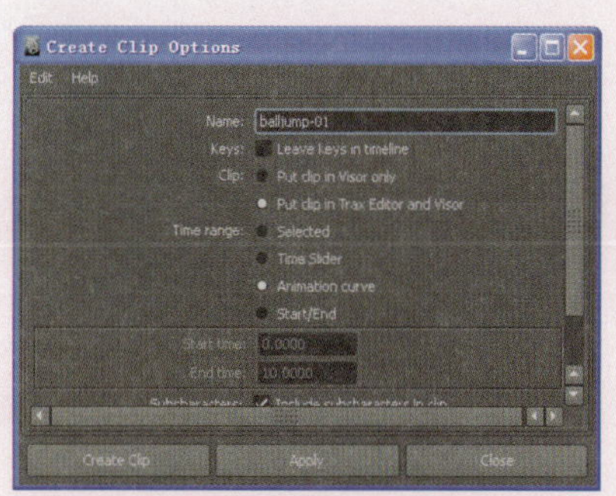

图14-29 设置选项

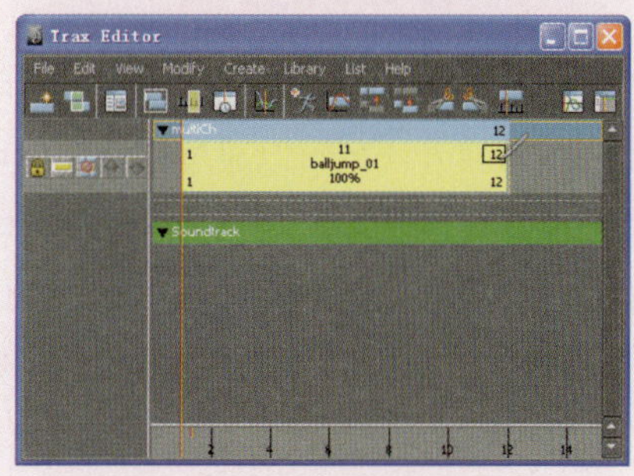

图14-30 创建的剪辑片段

4 此时，双击图标，即可在方体中输入动画结束的时间值，如图14-31所示。然后，再播放动画，小球会运动到第6帧处停止。

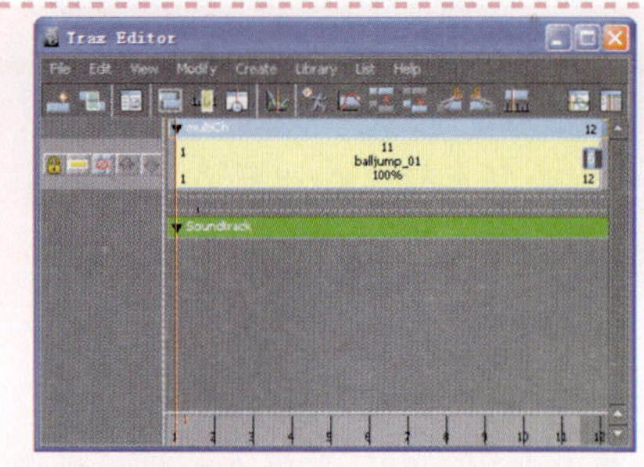

图14-31 调整影片剪辑的长度

14.3.3 复制和粘贴影片剪辑

在非线性动画中，允许一个物体或角色具有多段非线性动画影片剪辑。下面学习如何复制、创建和编辑多段非线性动画。

动手实践273——复制和粘贴影片剪辑

1 选中创建的剪辑片段，然后在其上面右键单击，在弹出的快捷菜单中选择Copy Clip（复制剪辑）命令或按Ctrl+C键，对其进行复制，如图14-32所示。

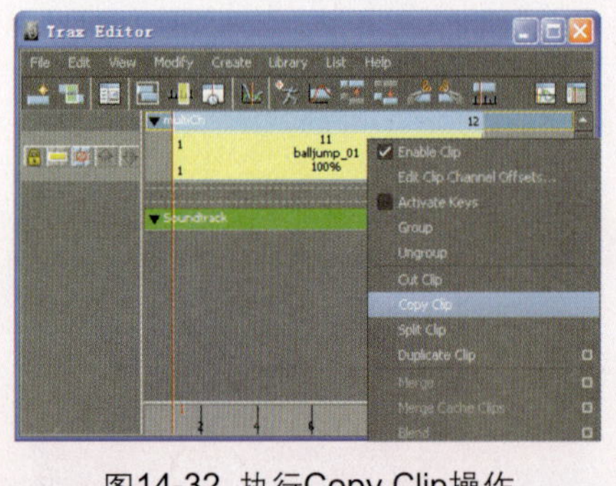

图14-32 执行Copy Clip操作

2 然后，按Ctrl+V键，会自动在第2个轨道上复制出一个影片剪辑balljump-02，如图14-33所示。

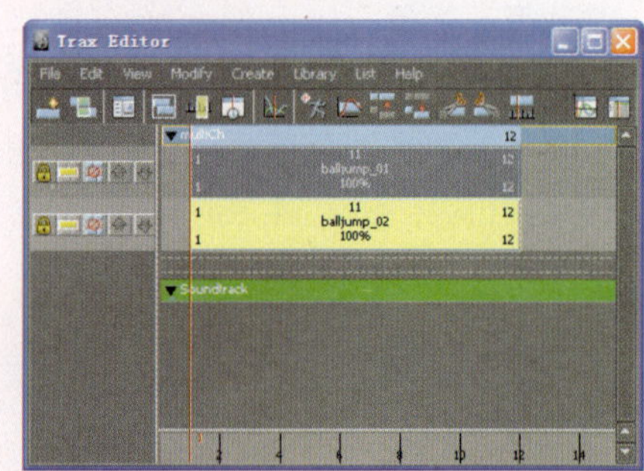

图14-33 复制的影片剪辑

14.3.4 剪切影片剪辑

在介绍多边形建模时，介绍到多边形的剪切工具，它可以对多边形进行随意剪切，那么非线性动画的剪辑片段也可以通过相应的剪切工具进行裁切。下面介绍如何剪切剪辑片段。

动手实践274——剪切影片剪辑

1 按Ctrl+Z键，撤销上节中剪辑的粘贴操作。然后，选中剪辑并拖动播放头到第6帧处，如图14-34所示。

2 单击工具栏上的图标，即可将第6帧之前的动画效果剪切掉，从而将第6帧作为动画的起始帧，如图14-35所示。

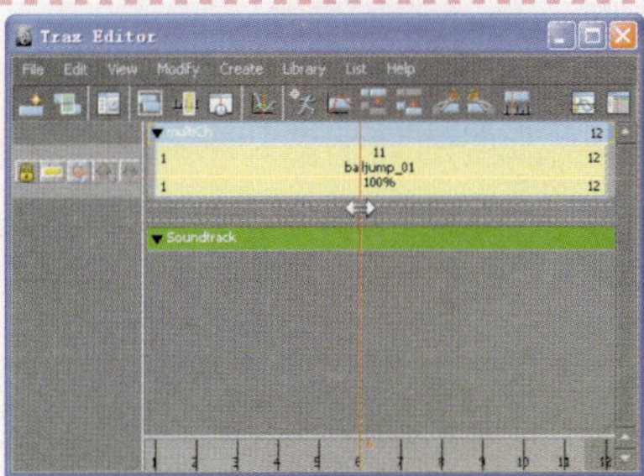

图14-34 调整播放头位置

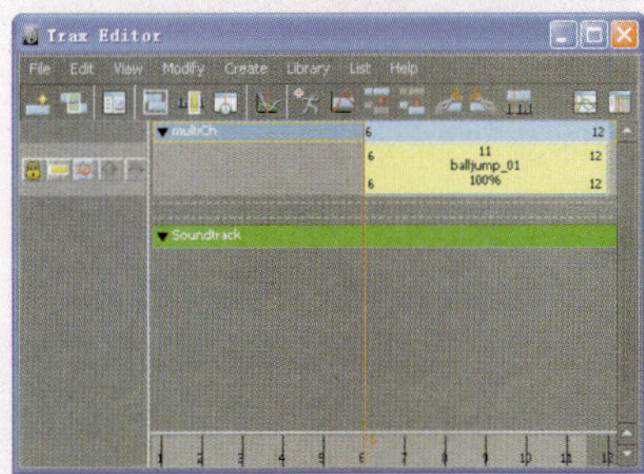

图14-35 剪切帧之前的动画

3 再拖动播放头到第10帧，单击工具栏上的图标，即可将第10帧之后的动画效果剪切掉，从而将第10帧作为动画的末端帧，如图14-36所示。

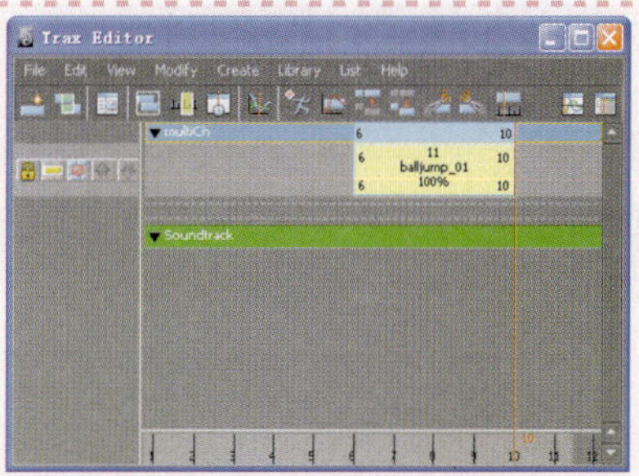

图14-36 剪切帧之后的动画

4 若想恢复原来的动画片段，可以从Source out处输入参数值12，即可将剪辑片段缩放至原始的第12帧处，如图14-37所示。

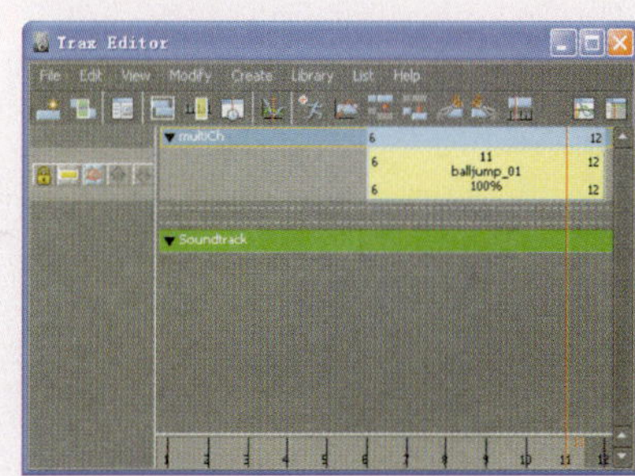

图14-37 复原剪辑片段

14.3.5 移动影片剪辑

用户可以选中所创建的一个或多个影片剪辑，对它们进行整体的移动操作，从而更便于用户修改非线性动画的起始播放时间。

动手实践275——移动影片剪辑

1 在剪辑片段上单击以将其选中，当鼠标指针变为十字形状时，按住该剪辑不放，如图14-38所示。

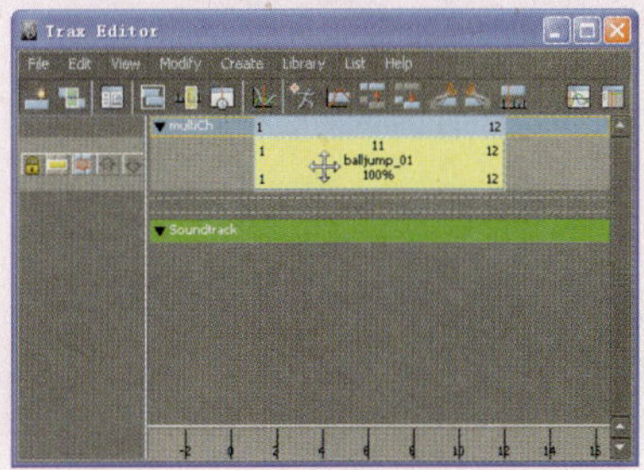

图14-38 选择剪辑片段

2 将该剪辑移动到第4帧处，释放鼠标，可以看到动画的播放范围仍然为1~12帧，但动画播放的起始时间由原来的第1帧变为第4帧，如图14-39所示。

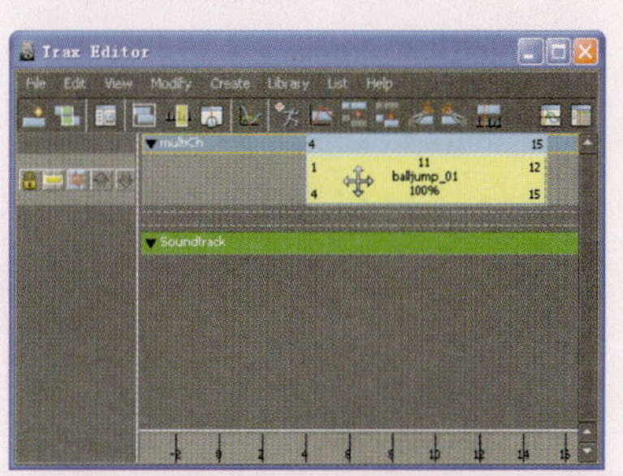

图14-39 移动所选剪辑片段

14.3.6 缩放影片剪辑

在前面的Source in/Source out处拖动影片剪辑，实际上改变的只是影片剪辑的显示播放范围，而对动画的播放速率没有任何影响。下面通过在Frame in/Frame out处拖动影片剪辑，来改变非线性动画的播放速率。

动手实践276——缩放影片剪辑

1 选中创建的12帧影片剪辑，将鼠标指针放置在Frame out处并观察光标的变化。然后，单击并拖动鼠标左键，以将其延伸到第14帧处，如图14-40所示。

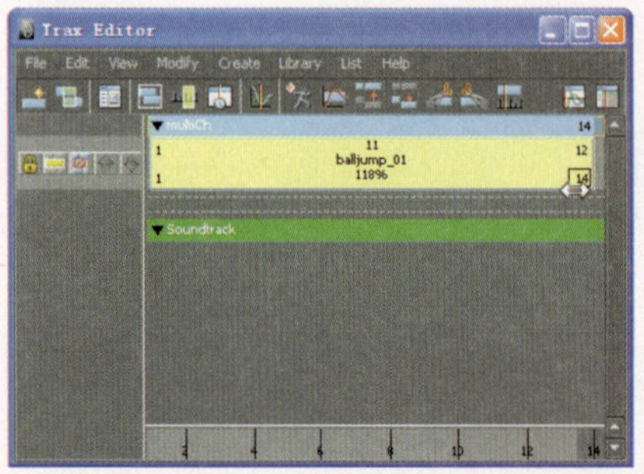

图14-40 延伸剪辑动画的结束时间

2 将鼠标指针放置在Frame in处，单击并拖动鼠标左键，以将其缩短到第4帧处，如图14-41所示。此时，整段动画的播放时间被明显减少，动画的播放速度加快。

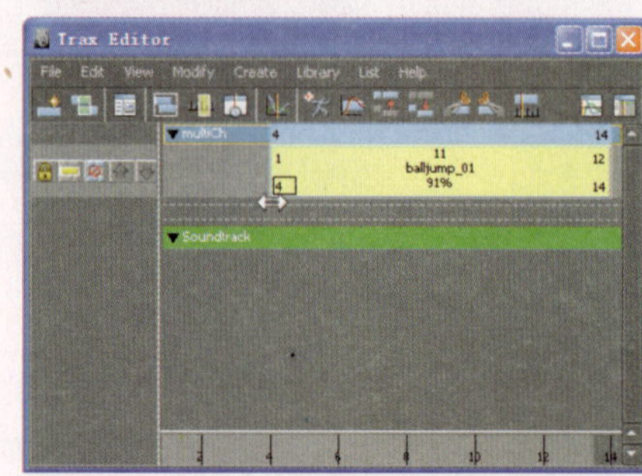

图14-41 缩短剪辑动画的起始时间

14.3.7 循环影片剪辑

在前面介绍基础动画时，介绍了两种使动画循环播放的方式，一种是通过无限延伸曲线；另一种是通过复制粘贴动画曲线来实现。那么在非线性编辑器里，也可以非常轻松的实现这一效果。

动手实践277——循环影片剪辑

1 选中创建的剪辑片段，对其进行复制、粘贴并排列复制剪辑的位置，即可为所选剪辑创建一个循环剪辑动画，如图11-42所示。

2 将鼠标指针放置在Frame out处，按住Shift键并观察光标的变化。然后，按住鼠标左键并向右拖动，如图14-43所示。

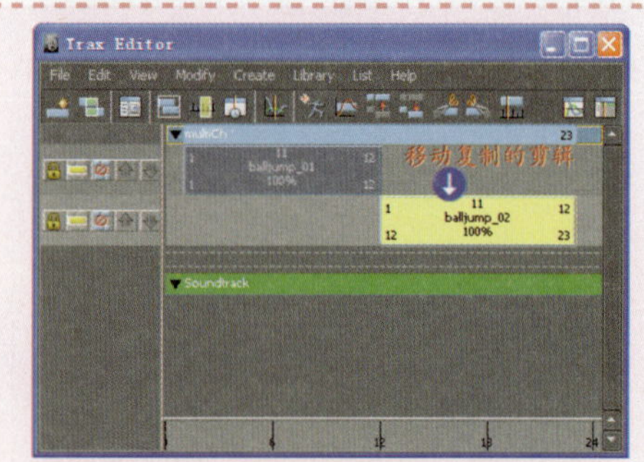

图14-42 复制剪辑片段

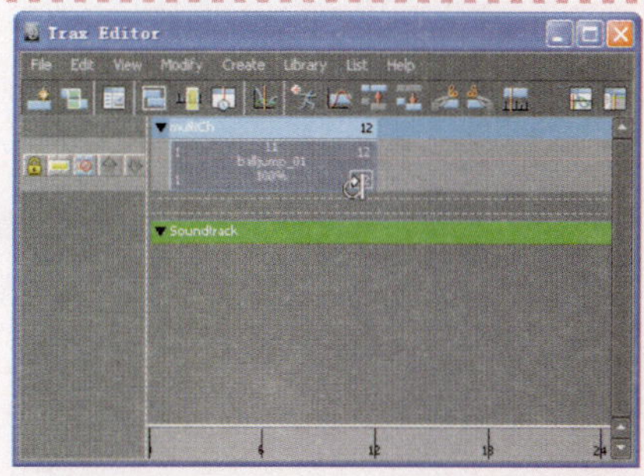

图14-43 延伸Frame out处的时间范围

3 拖动鼠标左键到第23帧处，释放鼠标左键，即可为角色添加动画循环，并且没有时间范围限制，如图14-44所示。

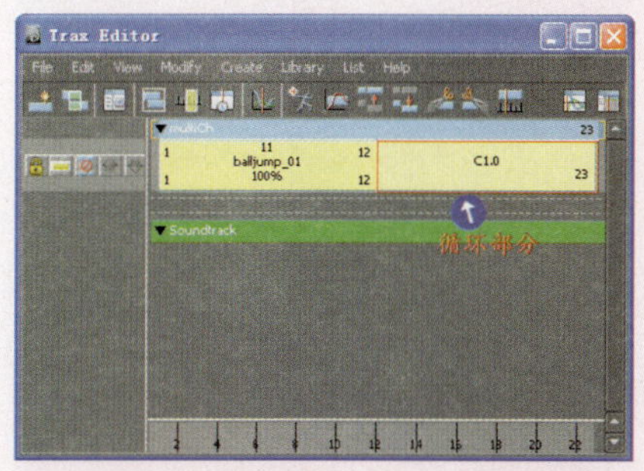

图14-44 添加的剪辑循环动画

提示

延伸出的循环剪辑片段名称为C1.0，表示延伸后的剪辑片段总共循环了1.0次，即代表Cylce1.0的缩写。

4 相应的，也可按住Shift键来修改Frame in值，使动画向前循环。如果将动画的循环取消或继续向后延伸，只需按住Shift键并左右拖动剪辑的Frame out值即可，如图14-45所示。

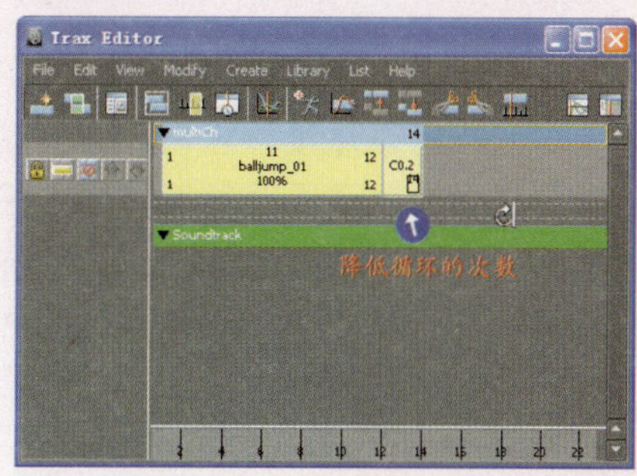

图14-45 取消循环动画

14.3.8 保持影片动作姿态

在介绍延伸动画曲线时，在动画曲线的延伸类型中有一项为Constant（恒定），延伸曲线的两端为直线，以保持动画曲线前后的姿态。在非线性动画中也提到了该功能。

动手实践278——保持影片剪辑

1 恢复剪辑片段的默认状态，在Source out处按住Shift键并向右拖曳鼠标左键，以延伸影片剪辑，如图14-46所示。

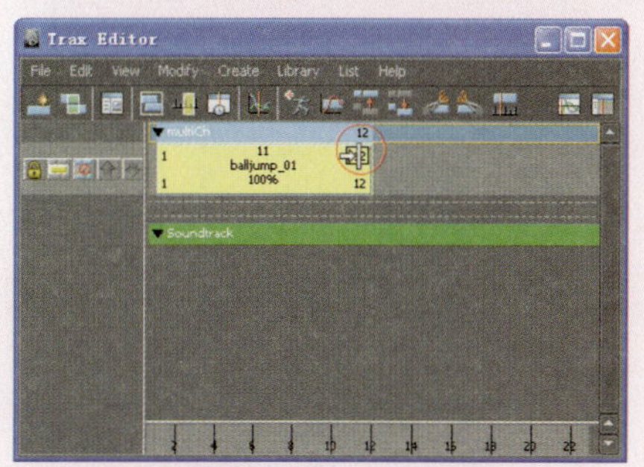

图14-46 延伸影片剪辑

2 到23帧处释放鼠标左键，如图14-47所示。然后，播放动画，可以看到角色在运动到第12帧处停止运动。

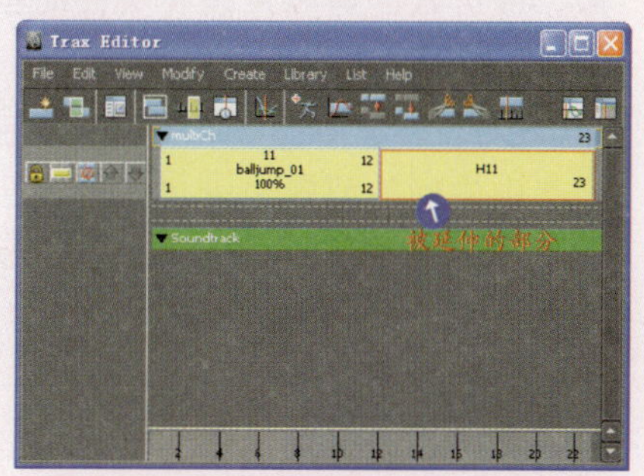

图14-47 剪辑的延伸效果

注意

步骤2的操作，虽然12帧以后的效果与之前完全一样。但实际上角色在12帧处的姿态被延伸到了23帧，新延伸的动画部分被称为H11，即Hold延伸了11帧。这一功能在后面的混合动画中非常实用，例如有多段影片叠加时，若原始剪辑只有12帧，那么在12帧后角色的姿态会受其他剪辑影响。而延伸Hold动画，即可在自定义范围内始终保持角色在第12帧时的固定姿态。

14.3.9 控制剪辑轨道

同Maya软件的图层功能类似，在非线性编辑器中，每一层轨道都可以进行相应的操作控制，以便用户快速操作剪辑片段。

动手实践279——控制剪辑轨道

1 复制两个剪辑片段，它们会被自动放置到不同的轨道层。然后，选中中间层的剪辑，单击该层左侧的按钮，将其锁定，从而不能对其进行任何操作，如图14-48所示。

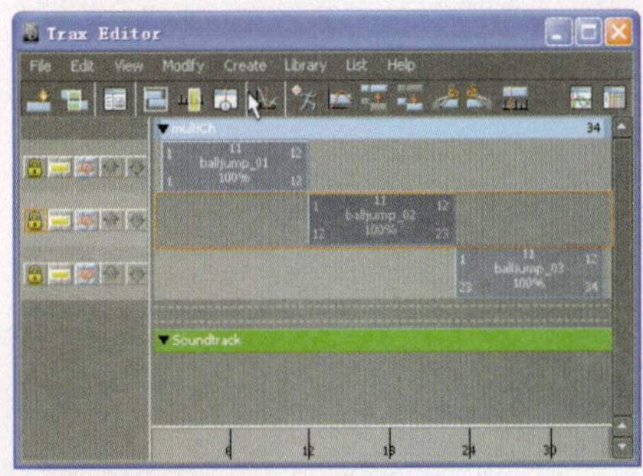

图14-48 锁定轨道层

2 取消步骤1轨道层的锁定操作，再选中中间的片段并单击该层左侧的按钮，即可将其他轨道层的剪辑进行屏蔽，被屏蔽的剪辑片段将失去动画效果，如图14-49所示。

3 取消步骤2轨道层的屏蔽操作。然后，再选中中间的剪辑片段，单击该层左侧的按钮，即可将其进行屏蔽操作，如图14-50所示。

4 取消所有轨道层的屏蔽操作，用户还可以将不同轨道层的影片剪辑拖动的同一个轨道层，如图14-51所示。

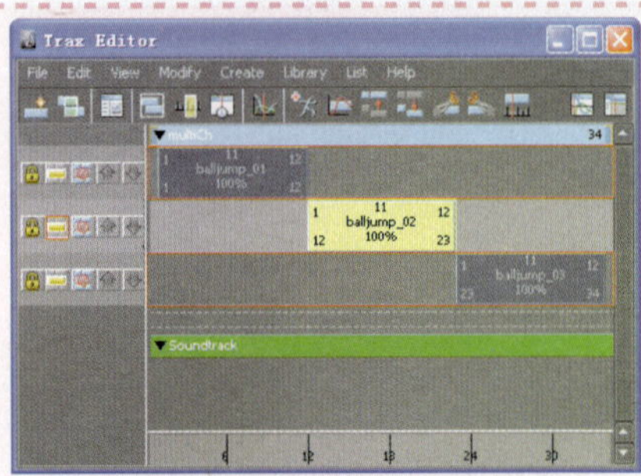

图14-49 屏蔽其他轨道层

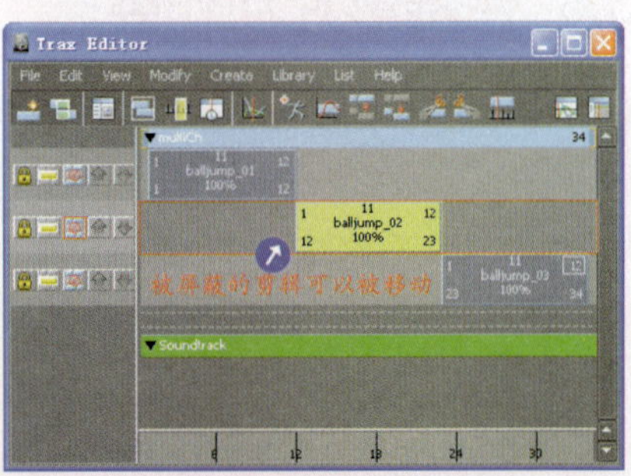

图14-50 屏蔽当前轨道层

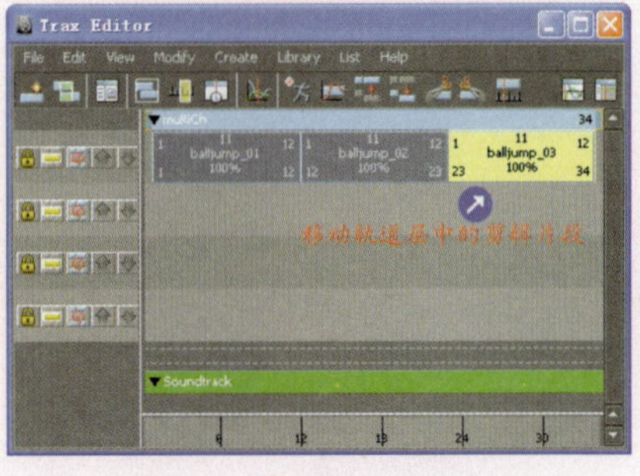

图14-51 轨道层之间的操作

14.3.10 创建多段影片剪辑

前面介绍了复制影片剪辑的方式，可以创建出多段影片剪辑，但是这些影片剪辑的动画内容都是相同的。本节学习为动画角色创建出多段具有不同动画效果的影片剪辑。

动手实践280——创建多段影片剪辑

1 恢复角色弹跳动画剪辑的默认状态，选中创建的剪辑片段并单击按钮，即可将当前的动画效果进行屏蔽，如图14-52所示。

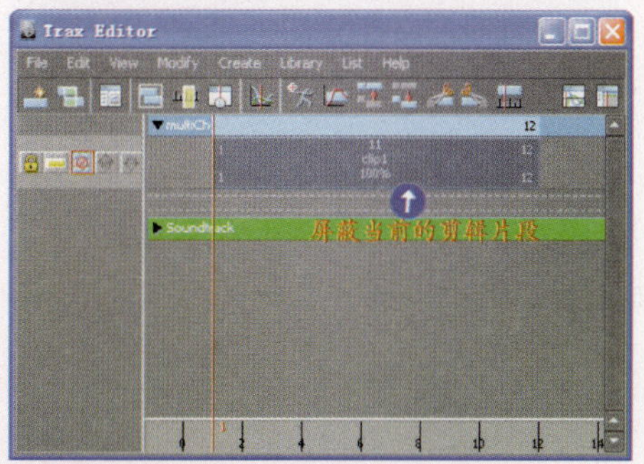

图14-52 屏蔽动画的剪辑片段

2 选中角色的控制器Placement，在第1帧、第6帧和第12帧处，创建一个沿Y轴旋转360度的旋转动画，如图14-53所示。

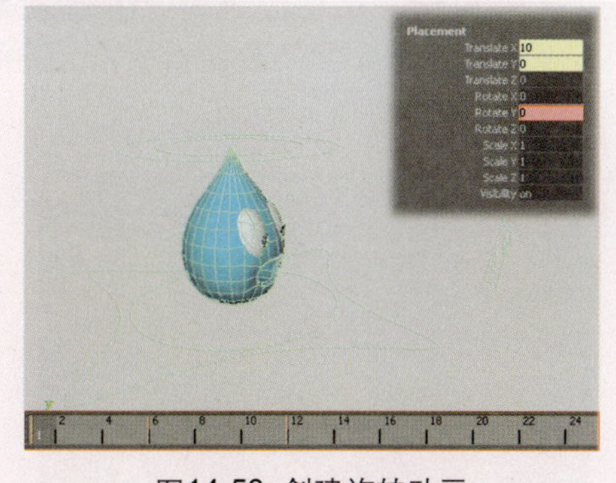

图14-53 创建旋转动画

3 选中控制器Placement并执行Create（创建）| Animation Clip（动画剪辑）命令。然后，在Name（名称）属性栏中输入ball-rotate，单击Apply按钮，将当前的旋转动画转换为剪辑，如图14-54所示。

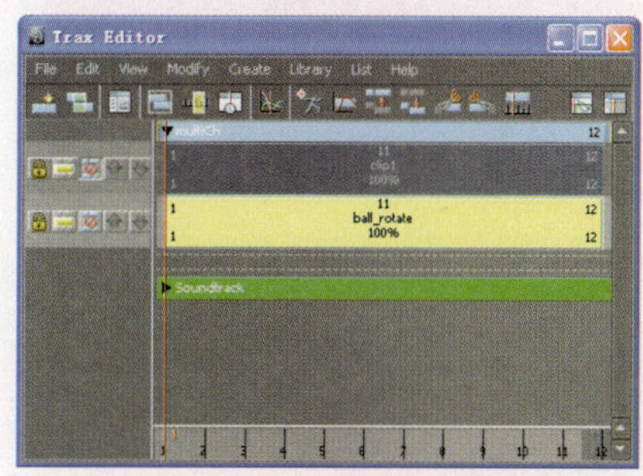

图14-54 创建影片剪辑

4 使用同样的方法可以为该角色再添加多个关键帧序列动画，并且将它们转换为多段剪辑片段，如图14-55所示。

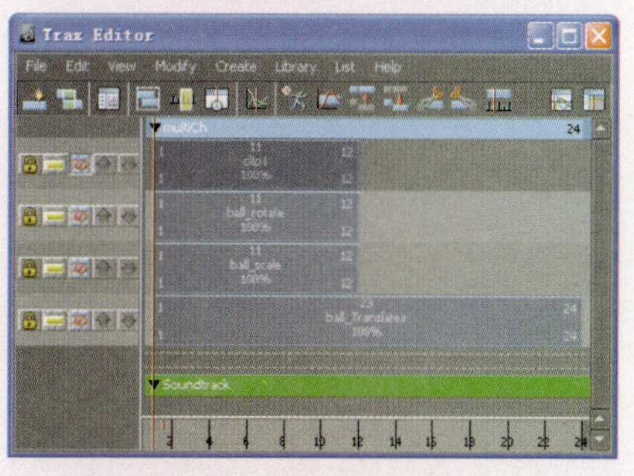

图14-55 创建多段影片剪辑

14.3.11 叠加影片剪辑

说到Maya影片剪辑的叠加，它非常类似于Photoshop中图层的叠加效果，可以将多个图层的效果叠加在一起，以形成一个新的图层样式。同样，剪辑动画片段的叠加可以将多种动画效果叠加或混合在一起。

动手实践281——叠加影片剪辑

1 在角色的弹跳动画中添加旋转动画，在将其转换为剪辑后，会与弹跳动画剪辑水平叠加在一起。拖动播放头，角色的弹跳动画中会含有旋转动画，如图14-56所示。

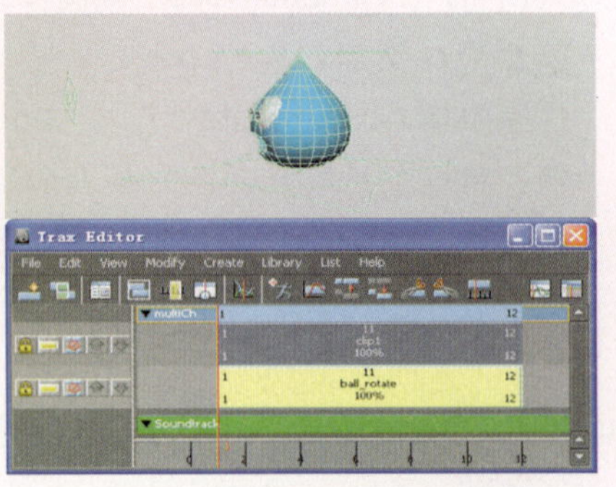

图14-56 叠加的影片剪辑

2 然后，将剪辑Ball-rotate由第1帧移动到第11帧，以错开两剪辑片段叠加的时间值，如图11-57所示。

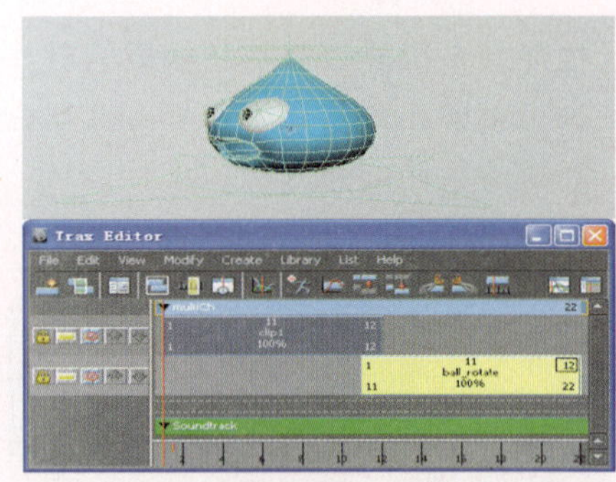

图14-57 调整剪辑的叠加效果

14.3.12 群组影片剪辑

同大纲列表中的选项层群组功能类似，对于多段剪辑，可以将其设为同一个群组，以方便统一管理。

动手实践282——群组影片剪辑

1 在Trax Editor（非线性编辑器）中，框选两个或两个以上的影片剪辑，如图14-58所示。

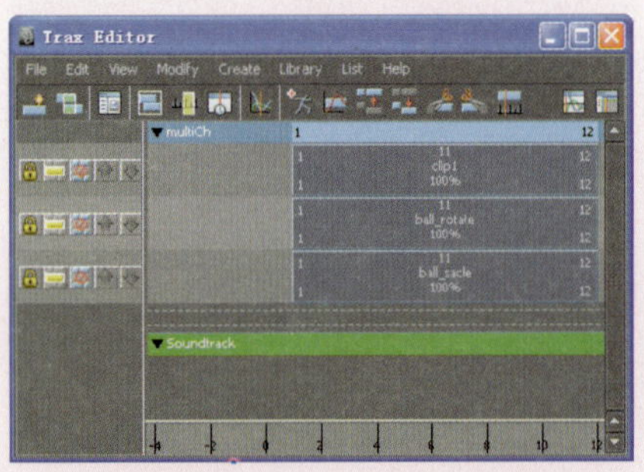

图14-58 选择多个剪辑片段

2 单击Trax Editor（非线性编辑器）工具栏上的按钮，即可将所选影片剪辑添加到一个群组之内，并且在新建轨道上产生一个群组层级multich-Group，如图14-59所示。

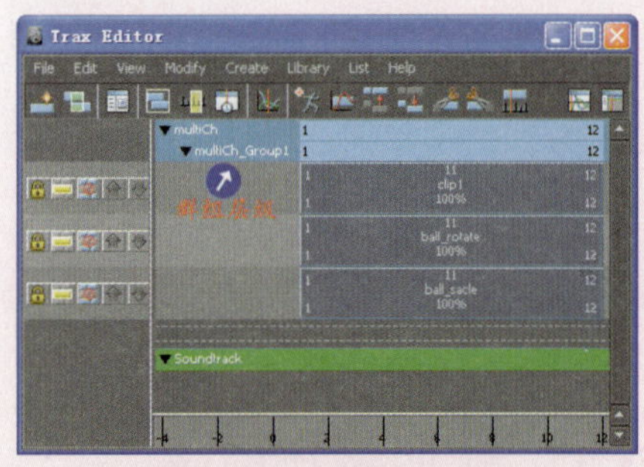

图14-59 剪辑的群组效果

14.3.13 同时缩放多个影片剪辑

前面介绍了缩放单个剪辑片段的方法，但若在非线性编辑器中含有多个剪辑片段时，再对它们进行单个缩放会影响工作的进行，用户可以将它们同时选中，进行整体缩放。

动手实践283——同时缩放多个影片剪辑

1 在Trax Editor（非线性编辑器）中，框选所有的剪辑片段，会在所选剪辑的边缘显示一个白色的缩放控制器，如图14-60所示。

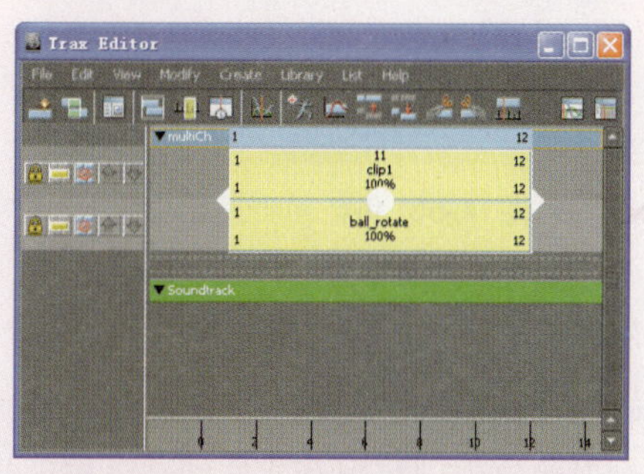

图14-60 选中要缩放的剪辑片段

2 单击并拖动剪辑左侧或右侧边缘的三角符号，即可对所选的多个剪辑进行缩放操作，如图14-61所示。

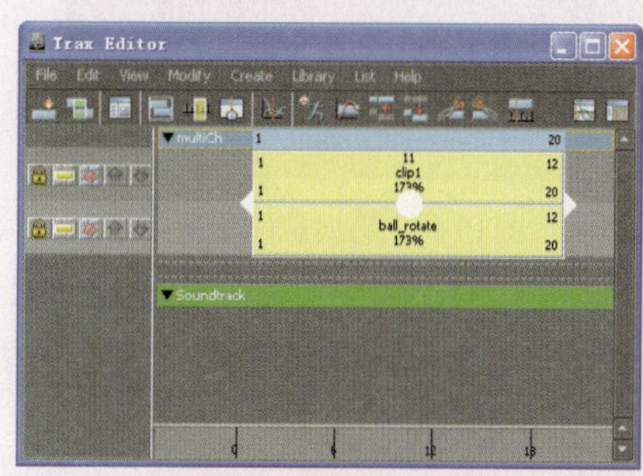

图14-61 剪辑的缩放效果

14.3.14 影片剪辑的关联性

在Trax Editor（非线性编辑器）中，复制出的剪辑与源剪辑之间有一定的关联性，从而使复制的剪辑沿着源剪辑动画继续运动下去。

动手实践284——影片剪辑的关联性

1 选中创建的影片剪辑，对其进行两次复制和粘贴操作，并且将复制出的剪辑排列到不同的轨道层，播放动画，各剪辑之间都有动画参数上的递增性，如图14-62所示。

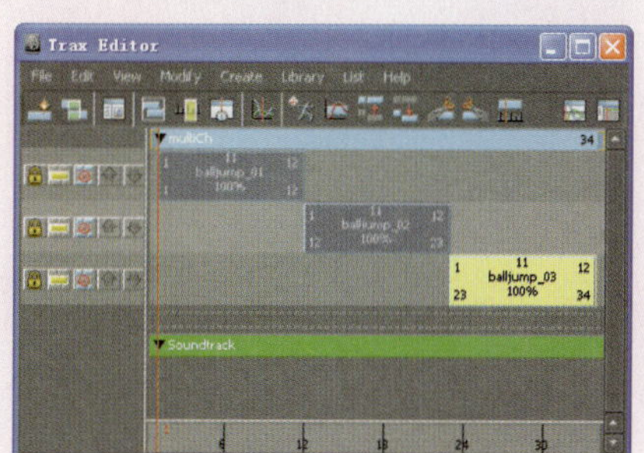

图14-62 复制多个剪辑片段

2 选中剪辑balljump-02并按Ctrl+A键，打开其属性设置面板。然后，单击Channel Offsets（偏移通道）属性卷展栏，即可看到剪辑的All Absolute（独立）和All Relative（关联）属性，如图14-63所示。

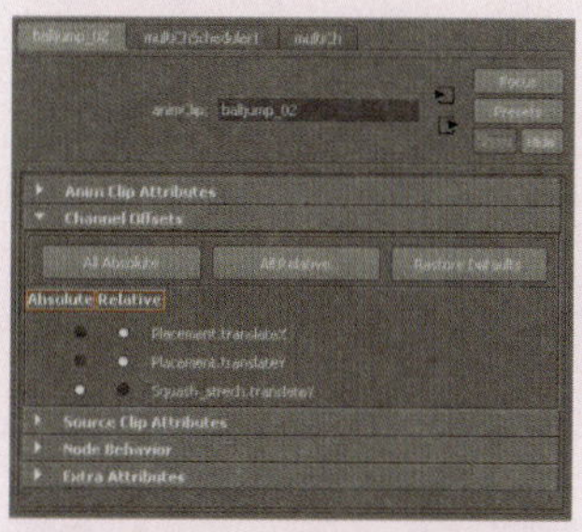

图14-63 打开剪辑的属性面板

3 分别在Placement TranslateX和Placement TranslateY右侧选中Absolute（独立）下方的单选按钮，如图14-64所示。

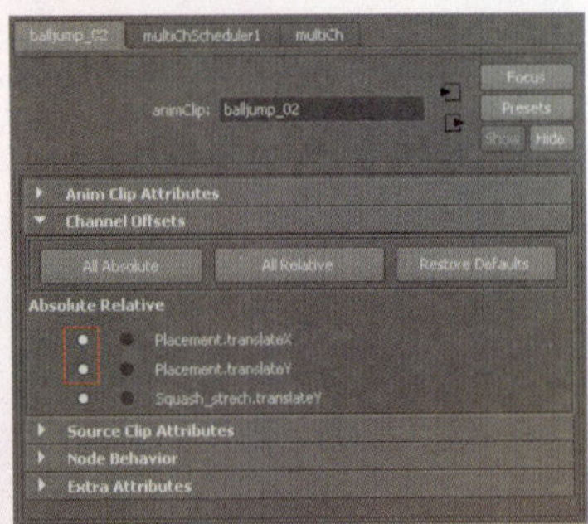

图14-64 切换剪辑的关系

4 播放动画，角色由视图中心位置运动到第12帧后，又自动返回到中心点位置再重新开始运动，这是因为剪辑balljump-02没有继承源剪辑的参数值，如图14-65所示。

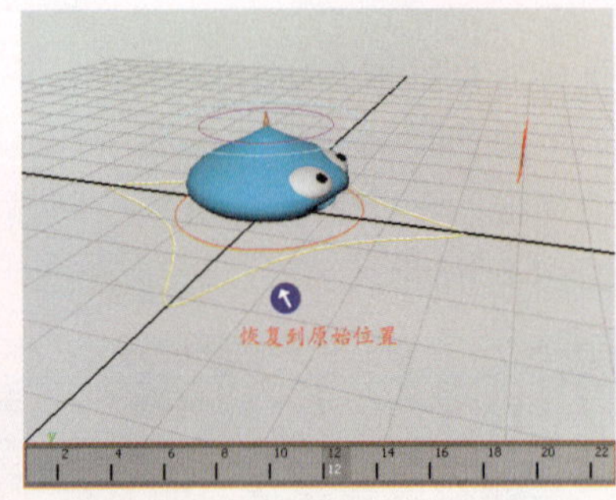

图14-65 角色回到原始位置

14.3.15 编辑影片剪辑的动画曲线

在将角色的关键帧序列动画转换为非线性动画后，因操作的需要对某个影片剪辑进行重新编辑，这就需要对剪辑的动画曲线进行编辑。但是，当角色被创建出非线性动画以后，其关键帧序列就会自动从时间轴上删除，在Graph Editor（曲线编辑器）中也看不到小球的任何运动曲线。

动手实践285——编辑动画曲线

1 选中要编辑的剪辑片段，单击Trax Editor（非线性编辑器）工具栏上的图标，即可将该剪辑的动画曲线在Graph Editor（曲线编辑器）中显示出来，如图14-66所示。

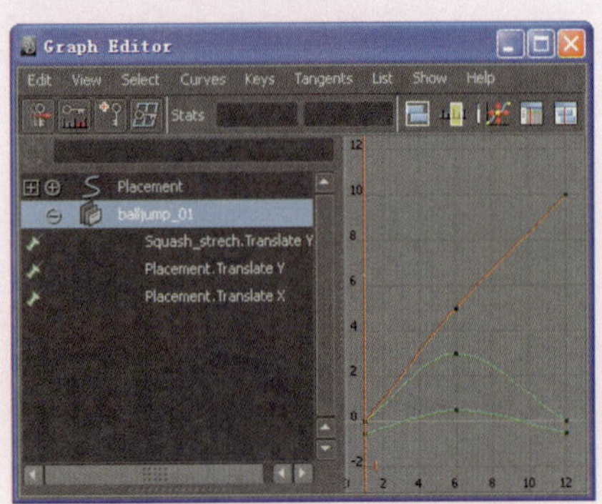

图14-66 显示剪辑的动画曲线

2 在Graph Editor（曲线编辑器）的左侧列表中单击任意动画属性选项即可显示其动画曲线，用户可以对该曲线进行编辑，如图14-67所示。

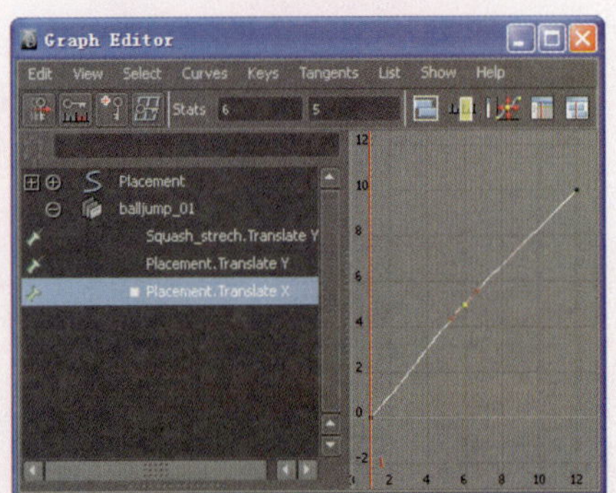

图14-67 编辑剪辑的单个动画曲线

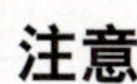

注意

从Graph Editor（曲线编辑器）中显示的动画曲线可以看出，当前显示的动画曲线仅是所选的某一段影片剪辑中的动画曲线，而非整个角色的所有动画曲线，同一个动画角色上的不同影片剪辑之间的动画曲线互不干扰显示。

14.3.16 为影片剪辑添加关键帧

若要为影片剪辑中的动画做大幅度的修改，比如添加关键帧，单纯依靠修改动画曲线并不是高效率的方法。在非线性编辑器中，Maya允许将影片剪辑中的关键帧序列再次激活，然后对关键帧序列进行编辑。

动手实践286——添加关键帧

1 在Trax Editor（非线性编辑器）中的剪辑balljump-01上右键单击，在弹出的快捷菜单中选择Activate Keys（激活关键帧）命令，剪辑变为紫色，并且时间轴上的关键帧再次被显示出来，如图14-68所示。

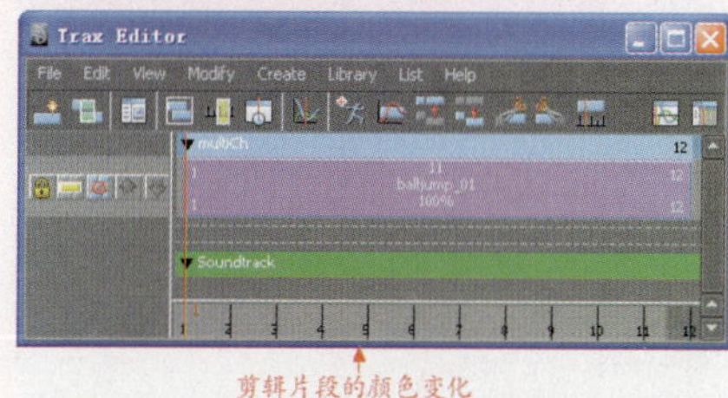

图14-68 激活关键帧序列

2 在第6帧处，将角色控制器Placement的Translate Y值由原来的3设置为5，再在该属性上右击，选择Key Selected（设置关键帧）命令，为其设置关键帧，如图14-69所示。

3 再在剪辑balljump-01上右键单击，在弹出的快捷菜单中选择Activate Keys（激活关键帧）命令，从而隐藏时间轴上的关键帧序列，如图14-70所示。

提示

当将所选剪辑执行Activate Keys命令后，角色就会失去动画效果，这是因为当关键帧序列被激活后，非线性动画剪辑会自动被屏蔽。当用户添加关键帧后，可以再选中该剪辑片段并执行Activate Keys命令，即可将影片剪辑恢复到正常状态，但时间轴上的帧序列会再次被删除。

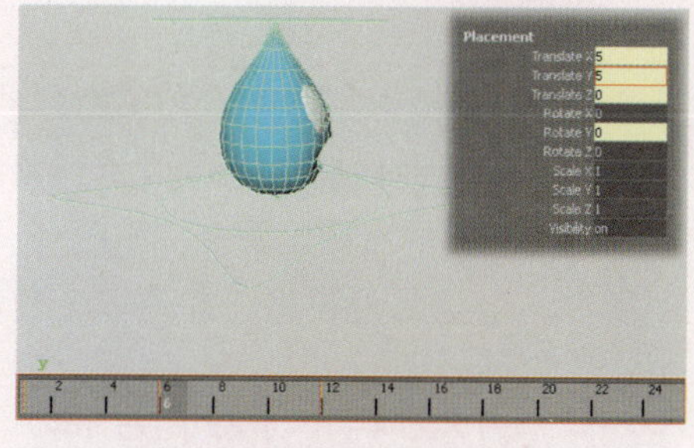

图14-69 修改关键帧参数

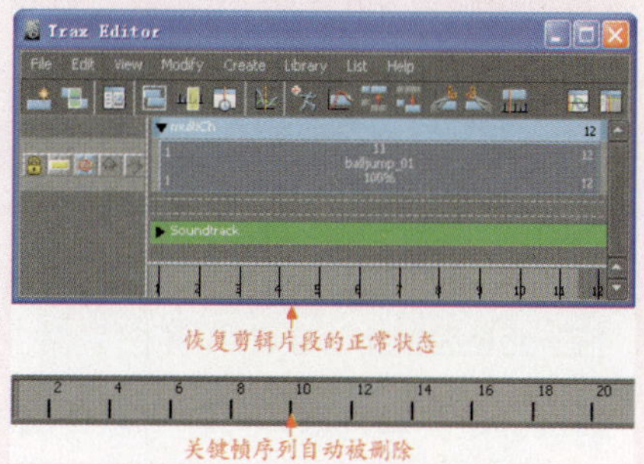

图14-70 屏蔽关键帧序列

14.3.17 合并影片剪辑

当将某个角色的多段影片分别编辑完成后，就可以将这些独立的影片剪辑合并为一个完整的剪辑，这样更加有利于整体动画的编辑和控制。

动手实践287——合并影片剪辑

1 在Trax Editor（非线性编辑器）中，框选两个剪辑片段并右键单击，在弹出的快捷菜单中选择Merge（融合）命令，如图14-71所示。

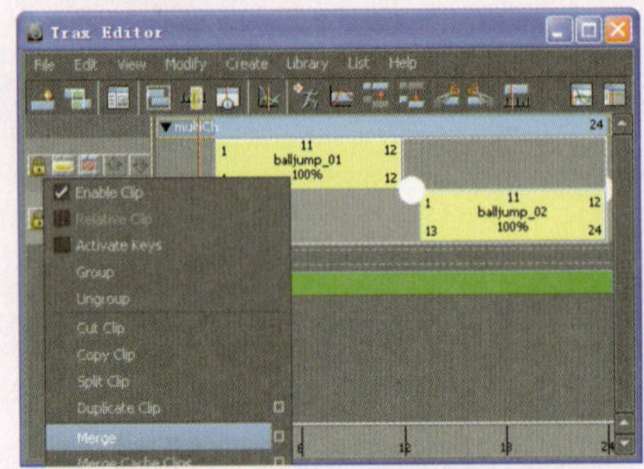

图14-71 执行Merge操作

2 释放鼠标右键，即可将两剪辑合并为一个整体的剪辑片段mergedclip1，用户还可以在合并命令属性对话框中定义新剪辑的名称，如图14-72所示。

3 选中该合并的影片剪辑，单击按钮，打开其动画曲线窗口，可以看到角色动画曲线上的点明显增多，如图14-73所示。这是因为在将选择的多个剪辑进行合并时，Maya将分散的影片剪辑上的动画曲线重新烘焙了一次，将原本分散的曲线烘焙合成了一个整体。

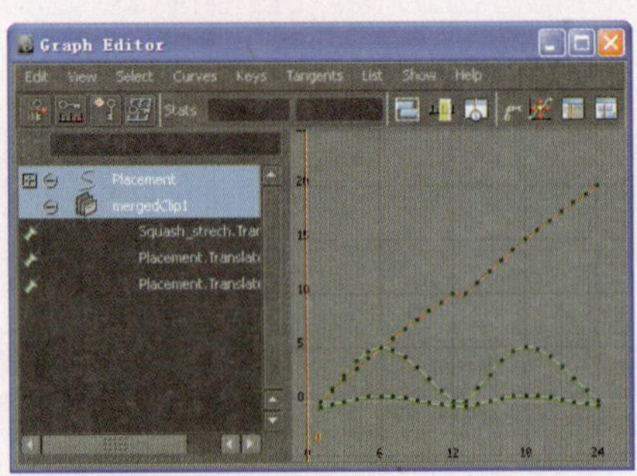

图14-73 合并剪辑后的动画曲线

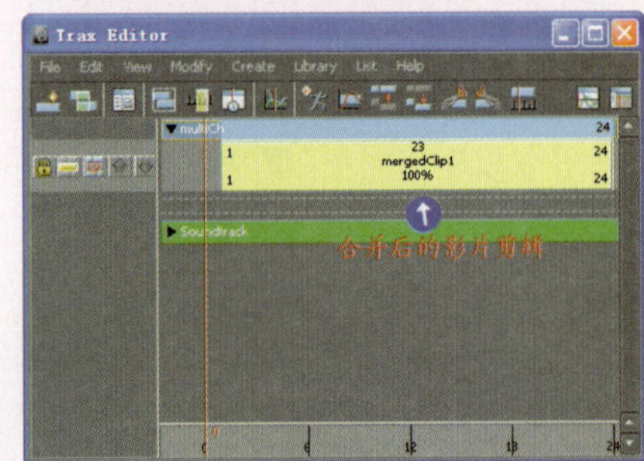

图14-72 剪辑的合并效果

14.3.18 屏蔽单个影片剪辑

前面介绍轨道层的控制操作时，讲过单击Trax Editor（非线性编辑器）中的按钮，可以将该层的所有影片剪辑动画进行屏蔽，那么用户也可以对单个剪辑进行灵活的控制。

动手实践288——屏蔽单个影片剪辑

1 在Trax Editor（非线性编辑器）中，单击选中要屏蔽的剪辑片段，执行Modify（修改）| Enable/Disable（启用/关闭）命令，如图14-74所示。

2 所选择的剪辑片段即可被屏蔽，播放动画，只能看到未被屏蔽的剪辑的动画效果，如图14-75所示。

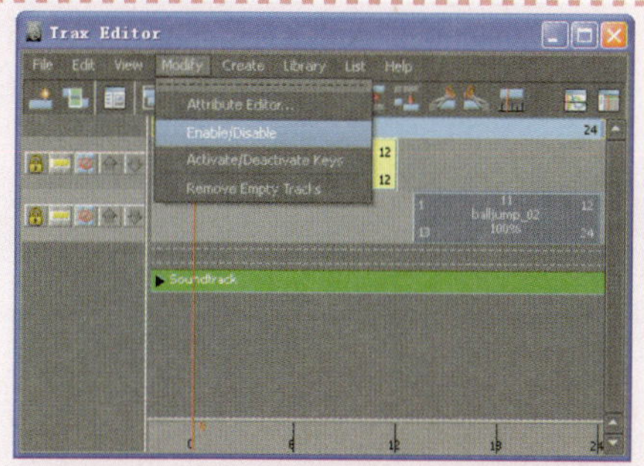
图14-74 执行Enable/Disable操作

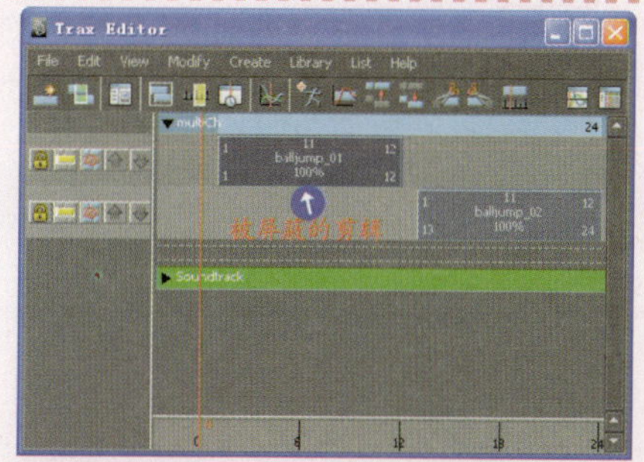
图14-75 剪辑的屏蔽效果

14.4 非线性动画的应用

上一节介绍了非线性动画的创建和编辑，但手动一一为角色添加关键帧设置是一项非常烦琐的工作，并且在后期需要修改非线性动画时关键帧序列不容易调整。因此，非线性动画还有一种非常重要的应用，那就是角色模型和其控制可以被转换为一个角色节点并为该角色节点添加关键帧序列，然后，再通过将该角色节点转换为角色剪辑片段，以进行统一的控制。

14.4.1 创建角色

这里所介绍的角色，即Character。它并不是普通意义上的角色对象，而是Maya对动画对象的一种管理方式，简称为角色化。Maya的非线性动画全部是建立在角色化的基础之上，也就是说必须先将动画目标技能型角色化，然后才能制作和编辑非线性动画。

动手实践289——创建角色

1 继续使用上节制作的角色弹跳的非线性动画，打开其Outliner（大纲栏）窗口，即可看到在添加非线性动画时自动生成的角色节点multich，如图14-76所示。

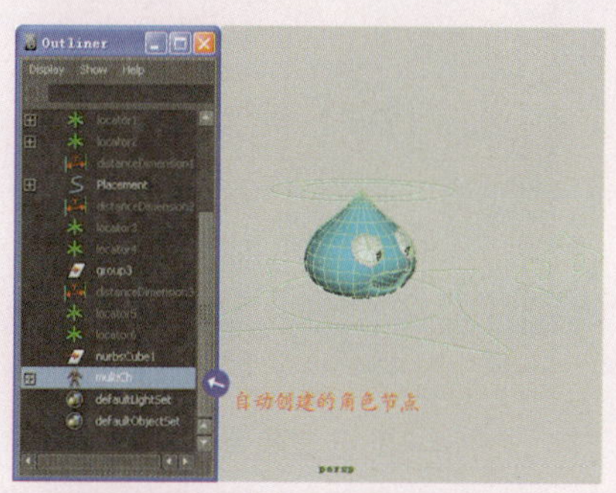

图14-76 自动生成的角色节点

2 在Outliner（大纲栏）窗口，单击并展开该角色节点multich，即可看到角色对象的所有关键属性都被包含在该角色节点下，如图14-77所示。

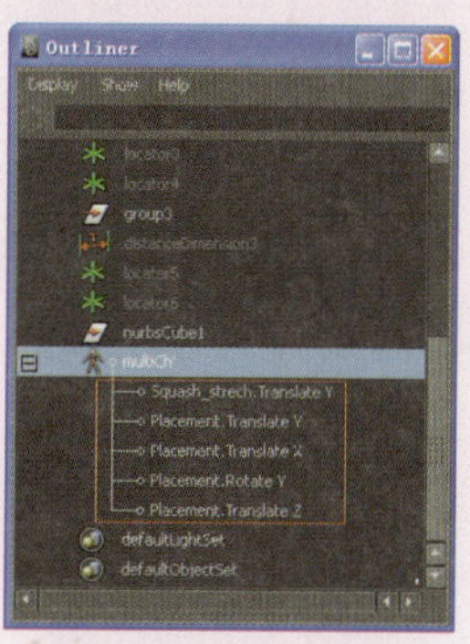
图14-77 关键属性

3 然后，在通道栏中展开角色对象的关键属性，即可看到被添加关键帧的属性选项由橘黄色变为绿色，表示这些属性被添加了角色，如图14-78所示。

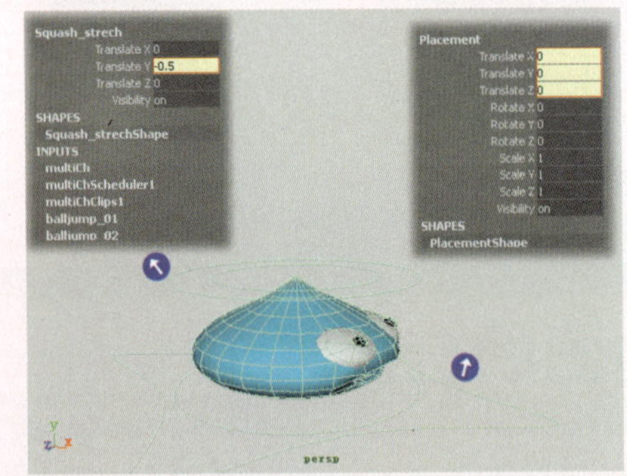

图14-78 执行角色操作后的关键属性

4 首先在Outliner（大纲栏）窗口中选中角色节点选项multich，再在通道栏中展开multich属性，即可看到该角色节点属性包含的关键属性，如图14-79所示。

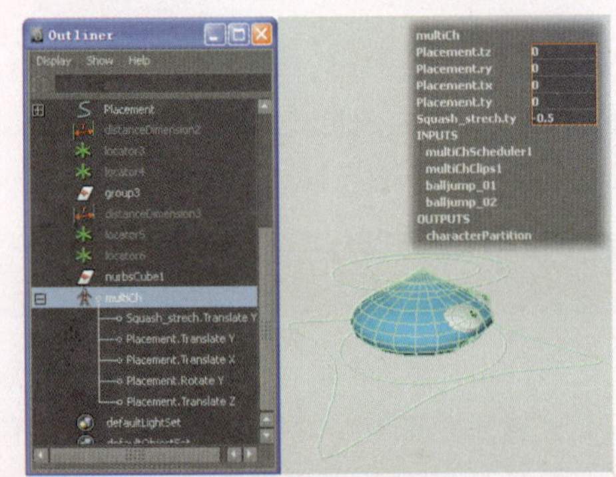

图14-79 展开角色节点属性

5 导入绑定好但并未添加动画的角色模型。然后，选中该角色整体控制器Placement，执行Character（角色）| Create Character Set（创建角色设置）□命令，打开其属性对话框，如图14-80所示。

6 然后，在Name（名称）栏中输入Character1，再单击Create Character Set（创建角色设置）按钮，即可在Outliner（大纲栏）窗口中创建一个名为Character1的角色节点，如图14-81所示。

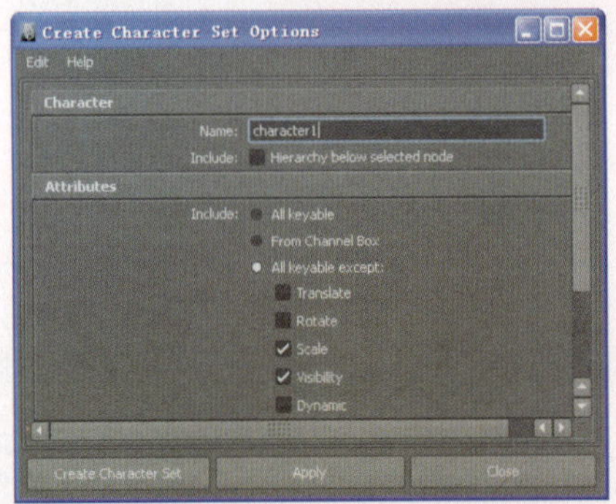

图14-80 Create Character Set Options对话框

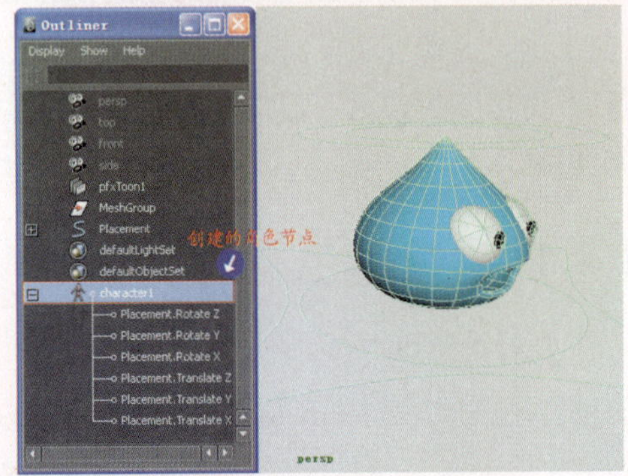

图14-81 为角色对象创建角色

7 同样，也可以在通道栏中看到创建的角色节点Character1，和被添加到角色节点下属性选项颜色的变化，如图14-82所示。

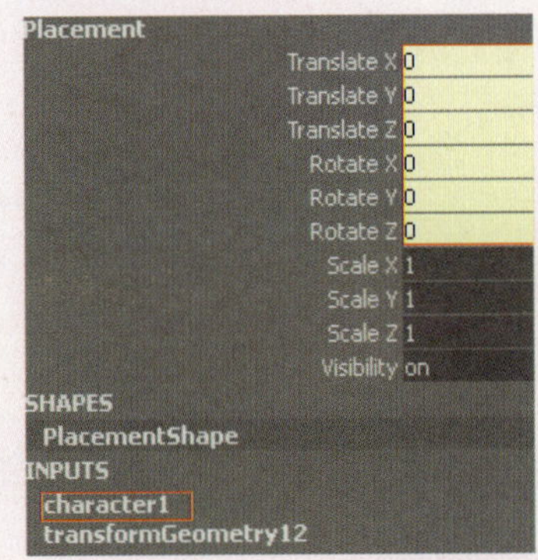

图14-82 创建的角色节点

8 然后，单击No Anim Layer右侧的▼按钮，在弹出的下拉菜单中选择Character1，如图14-83中A所示。再在Outliner（大纲栏）窗口中单击角色节点Character1，按S键为其设置关键帧。

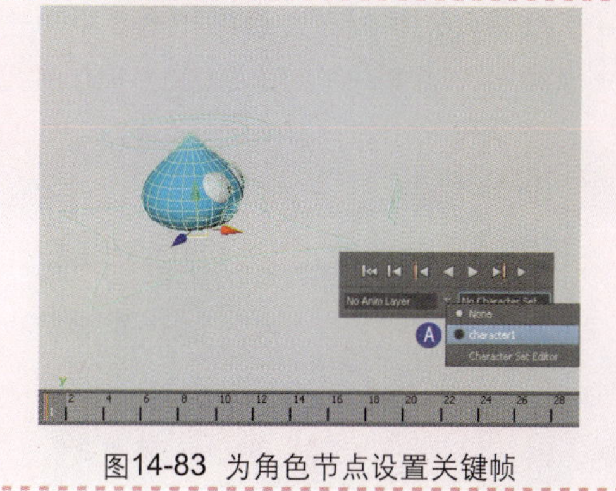

图14-83 为角色节点设置关键帧

14.4.2 创建子角色

在Maya 2011中，不单单可以对角色全部控制器添加角色节点，也可以为角色的部分控制器添加子角色节点，从而能够使用户灵活控制角色。

动手实践290——创建子角色

1 选中角色对象控制器Ojos-ctrl，执行Create Subcharacter Set（创建子角色设置）▣命令，在弹出的对话框的Name（名称）栏中输入eyes，单击Apply按钮，即可为其创建子角色节点，如图14-84所示。

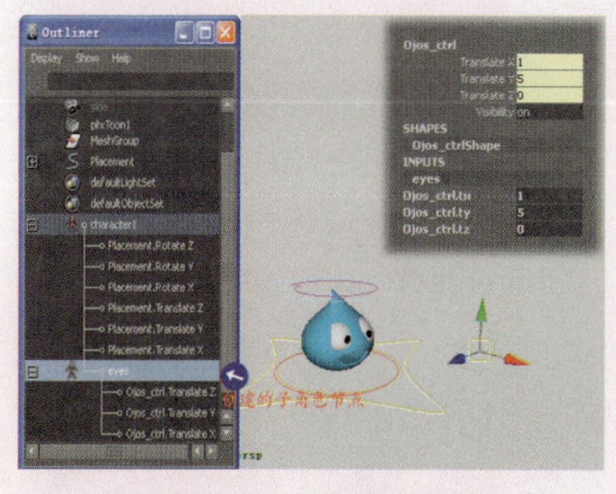

图14-84 创建的子角色节点

2 然后，单击No Anim Layer右侧的▼按钮，在弹出的下拉菜单中即可看到被添加的子角色节点eyes，如图14-85所示。

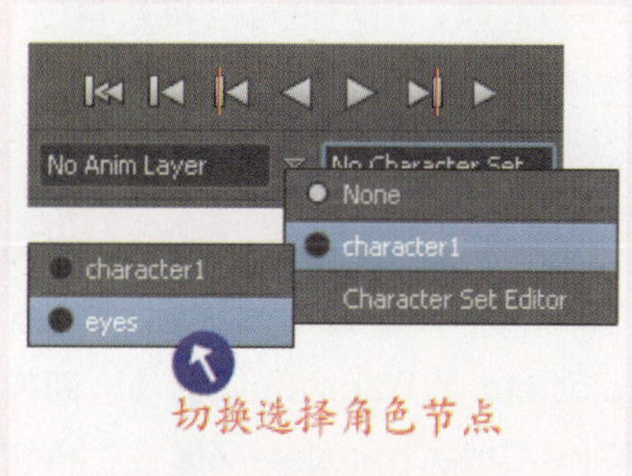

图14-85 切换角色节点层

14.4.3 删除角色属性

由于操作的需要，在角色节点创建完成以后，就需要将不做关键帧动画的属性从角色节点中删除。

动手实践291——删除角色属性

1 先在Outliner（大纲栏）窗口中单击角色节点eyes，在通道栏中选中控制Ojos-ctrl的Translate Z属性，如图14-86所示。

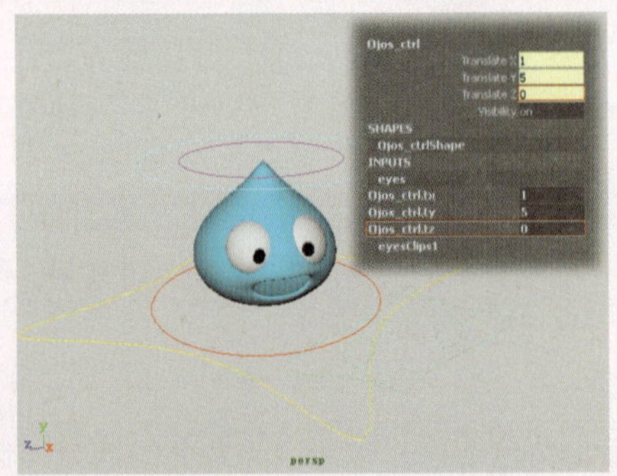

图14-86 选择要删除的属性

2 执行Character（角色）| Remove from Character Set（清除角色设置）命令，所选属性栏颜色变为正常显示，该属性也会从eyes角色节点下消失，如图14-87所示。

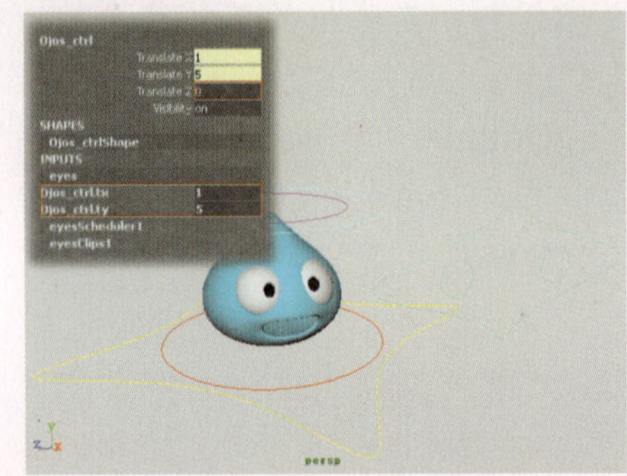

图14-87 从角色节点中删除

注意

若要从角色节点中删除的属性被设置了关键帧，则在执行Remove from Character Set命令后，该属性选项会从绿色变为橘黄色显示；若未添加关键帧，则为正常显示。

14.4.4 添加角色属性

同样的道理，用户也可以将从角色节点中删除的属性或其他新的属性添加到角色节点下。

动手实践292——添加角色属性

1 撤销节点属性的删除。然后，在Outliner（大纲栏）窗口中选择eyes节点下的ojos-ctrl 的Translate Z选项，即控制器Ojos-Ctrl的Translate Z属性，再切换到节点Character1，如图14-88所示。

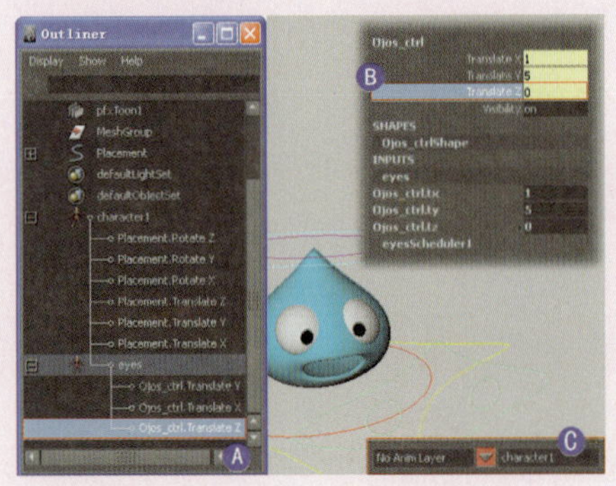

图14-88 选择要添加的属性

2 执行Add to Character Set（添加到角色设置）命令，即可将所选ojos-ctrl的Translate Z属性添加到角色节点Character1下，如图14-89所示。

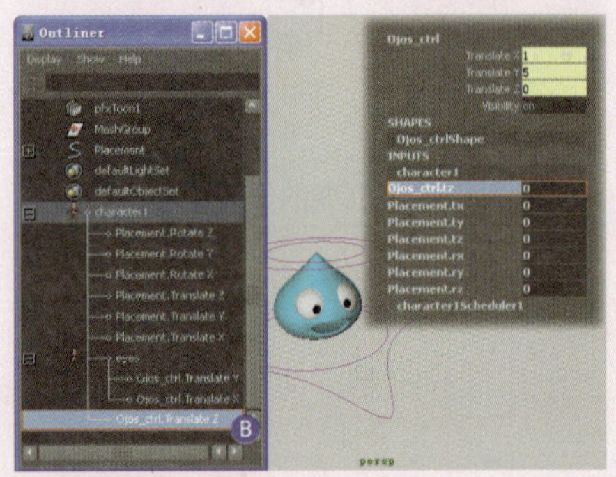

图14-89 节点属性的添加

14.4.5 创建角色非线性动画

前面介绍了为关键帧序列动画的角色物体创建非线性动画，那么还可以为角色节点创建非线性动画，快速提高动画的制作效率。

动手实践293——创建角色非线性动画

1 为角色节点Character1创建一个弹跳动画，再在Outliner（大纲栏）窗口中，单击该角色节点Character1并打开Trax Editor（非线性编辑器），如图14-90所示。

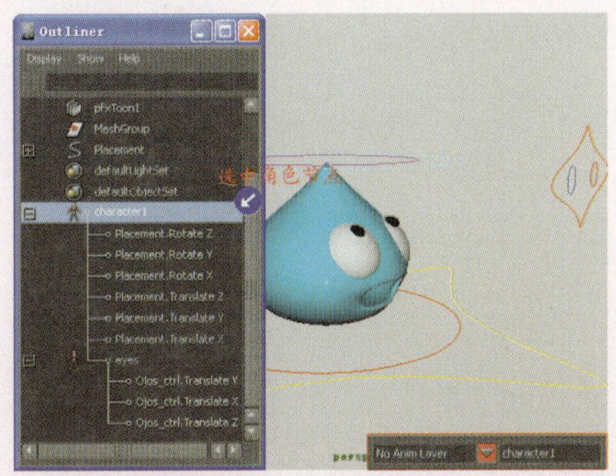

图14-90 选中要创建剪辑动画的角色

2 执行Animation Clip（动画剪辑）□命令，在其属性对话框的Name栏中输入Character1-jump。然后，单击Apply按钮，即可创建父角色剪辑片段和子角色剪辑片段，如图14-91所示。

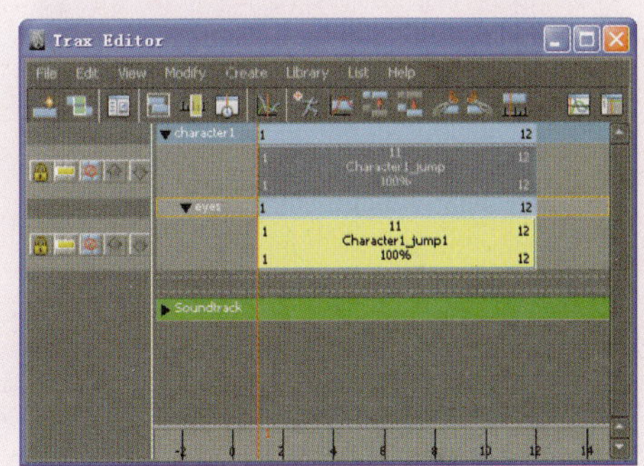

图14-91 创建角色剪辑片段

3 按住Shift键，在两剪辑片段的Frame out处单击并拖动当前剪辑片段，以对当前的角色剪辑动画进行循环操作，如图14-92所示。

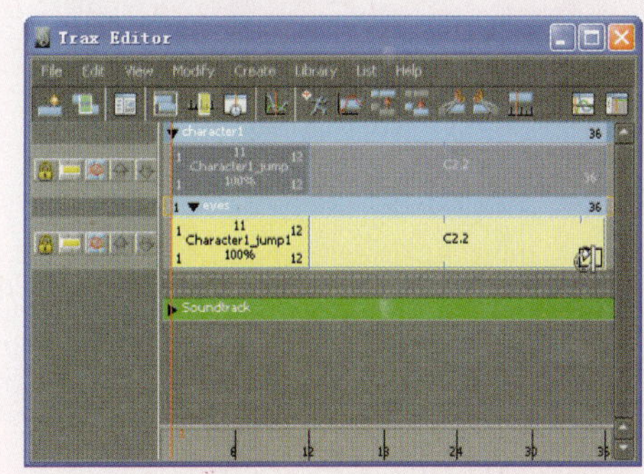

图14-92 循环角色剪辑片段

4 播放场景动画，可以看到角色对象在弹跳过程中，由于眼球循环动画的剪辑与源剪辑有数值上的递增性，而产生眼球继续向下摆动的效果，如图14-93所示。

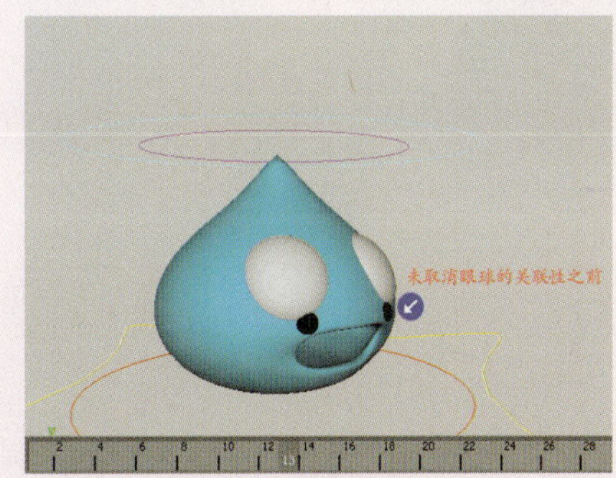

图14-93 剪辑间的递增性

5 选中剪辑片段Character1-jump1，再按Ctrl+A键以打开其属性设置面板，选中如图14-94所示的Absolute（独立）下的两个单选按钮。

6 再播放动画，角色对象在弹跳过程中，其眼球会进行循环性的上下旋转动作，如图14-95所示。

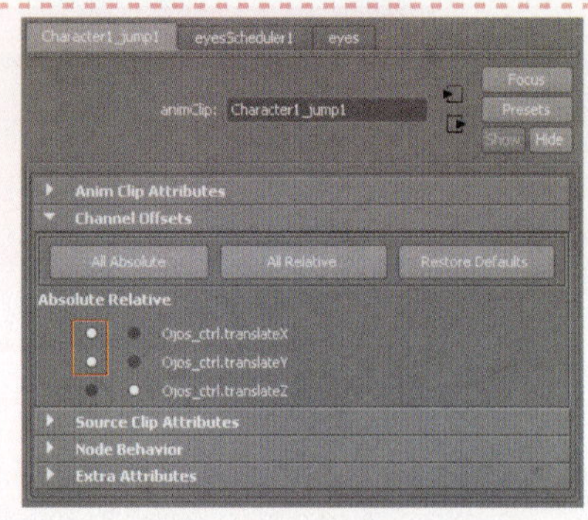

图14-94 取消剪辑的关联性

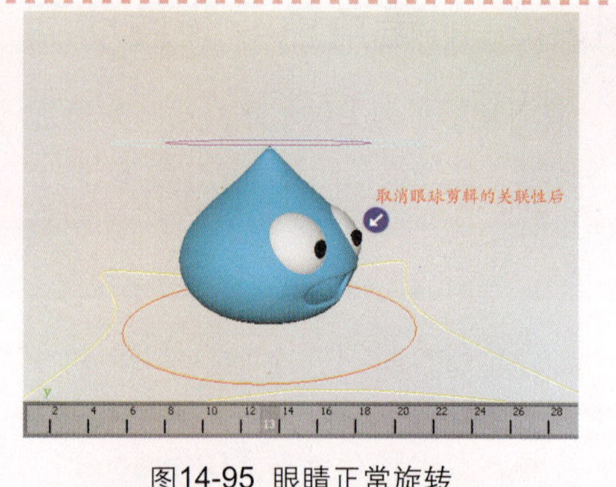

图14-95 眼睛正常旋转

14.4.6 融合动作

非线性动画有一个非常重要且实用的功能，是将各个剪辑动画叠加或融合在一起。

动手实践294——融合动作

1 调整曲线控制器ojos-ctrl的属性参数，为角色节点eyes在第1~12帧间创建一个左右摆动的关键帧动画，如图14-96所示。

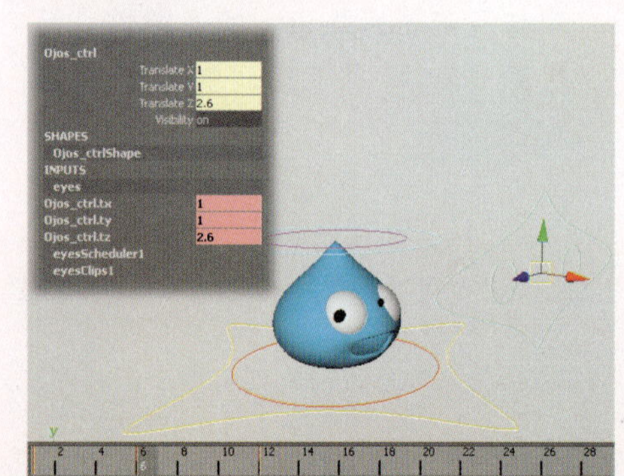

图14-96 角色节点eyes的摆动动画

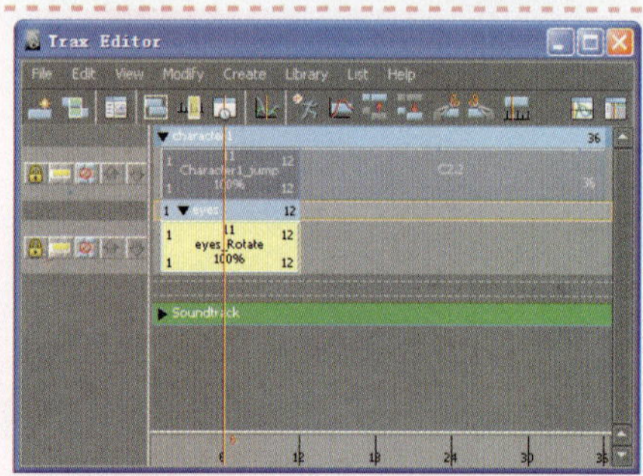

图14-97 角色节点eyes的剪辑片段

2 在Outliner（大纲栏）窗口中选中角色节点eyes，执行Create（创建）| Animation Clip（动画剪辑）命令，为其创建剪辑片段并命名为eyes-Rotate，如图14-97所示。

3 移动角色剪辑片段eyes-Rotate的起始帧位置，以在角色对象的弹跳过程中，延迟眼球旋转的动作，如图14-98所示。

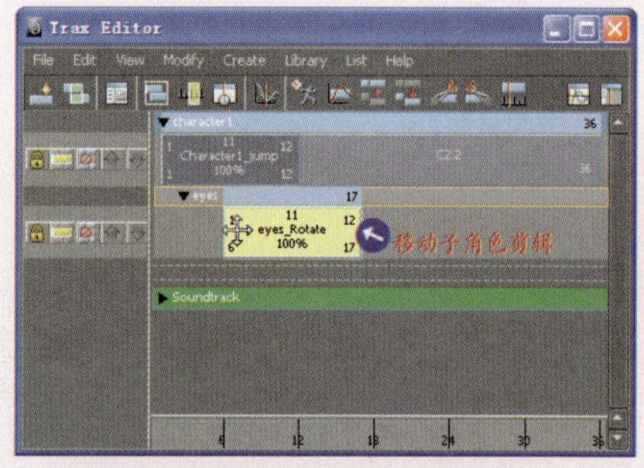

图14-98 移动角色剪辑片段

4 拖动播放头到第12帧处，选中角色剪辑eyes-Rotate并右键单击，在弹出的快捷菜单中选择Split Clip（分割剪辑）命令，即可将该剪辑分割为两部分并自动排列到两轨道层中，如图14-99所示。

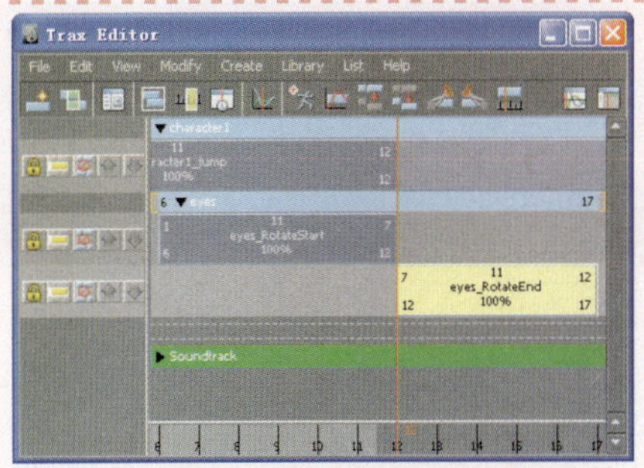
图14-99 分割角色剪辑片段

5 移动所分割剪辑的位置。然后，同时选中两分割的剪辑片段并右键单击，在弹出的快捷菜单中选择Blend（混合）命令，为它们创建混合过渡，如图14-100所示。

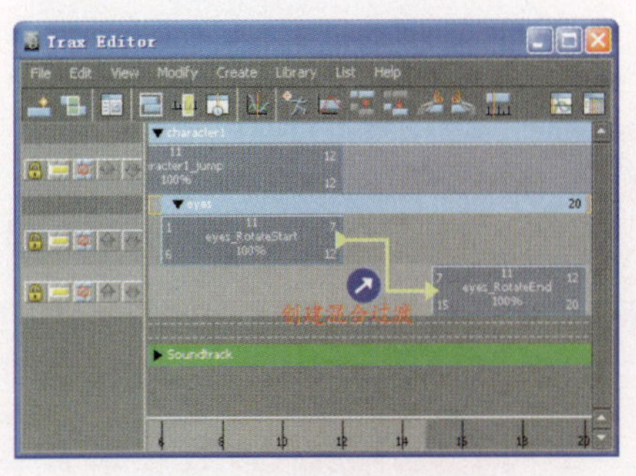
图14-100 创建混合过渡

技巧

在为剪辑创建混合过渡后，可以自由移动两剪辑中的任何一个影片剪辑，以延长或缩短剪辑动画的混合时间。

6 选中两剪辑间的绿色过渡曲线，单击Trax Editor（非线性编辑器）工具栏中的图标，以在曲线编辑窗口中显示混合过渡的权重，如图14-101所示。

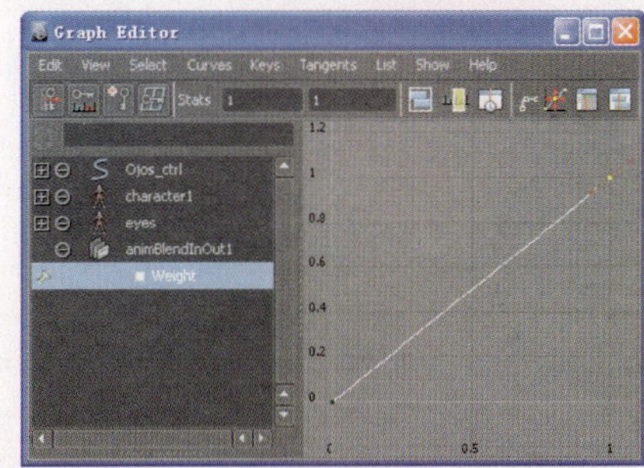
图14-101 剪辑的混合权重曲线

14.4.7 分离动作

继续使用前面制作的小球循环弹跳的角色剪辑片段。前面介绍了如何为角色添加第二动作，那么也可以将角色对象的部分动作分离成独立的非线性影片剪辑，以方便角色动作的调整。

动手实践295——分离动作

1 在动画控制区下方，单击No Anim Layer右侧的按钮，切换到父角色节点层character1。然后，选中控制器Squash_strech，执行Create Subcharacter Set命令，创建子角色节点head，如图14-102所示。

2 在视图中为角色head创建一个左右摆动的动画效果。

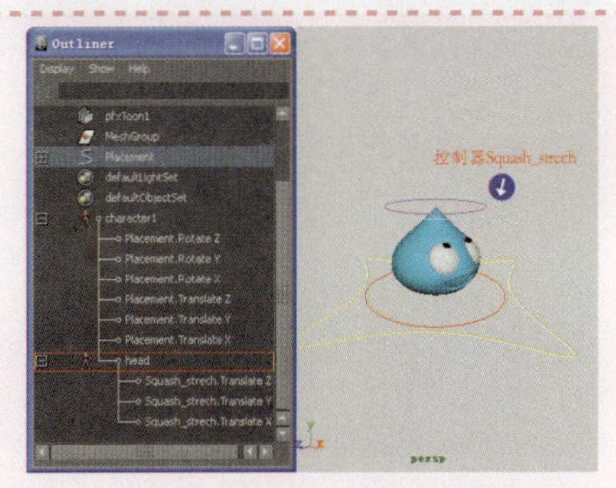
图14-102 创建子角色节点head

3 选中子角色节点head，执行Animation Clip（动画剪辑）命令，为其添加角色剪辑片段并命名为head-Rotate，如图14-103所示。

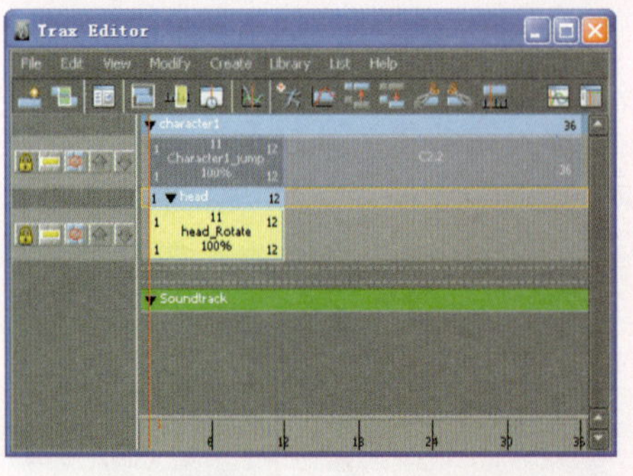

图14-103 创建子角色剪辑片段

4 添加角色剪辑的循环，播放动画，可看到角色在弹跳过程中头部也会发生摆动，如图14-104所示。

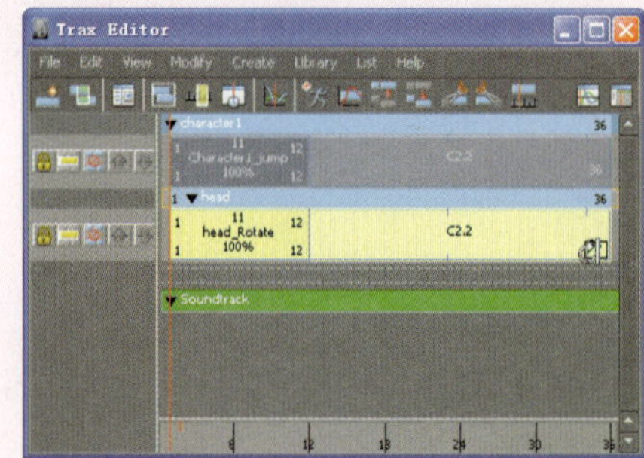

图14-104 设置子角色动画的循环

14.4.8 导出和导入影片剪辑

在将非线性动画创建并编辑完成后，还可以将实用的一段或多段非线性剪辑进行导出。然后，再导入到新的场景中，以应用于具有相同绑定设置的角色对象上，即表示导出的非线性动画可以被重复利用，从而可以提高动画的制作效率。

动手实践296——导出和导入影片剪辑

1 在将场景中的角色剪辑片段导出之前，首先执行File（文件）| Optimize Scene Size（优化场景尺寸）□命令，再在弹出的对话框中启用Unknown nodes（未知节点）复选框，如图14-105所示。

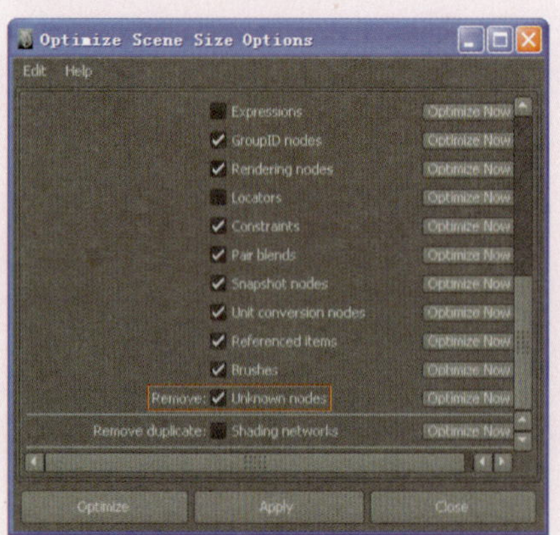

图14-105 设置场景优化

2 在Tax Editor（非线性编辑器）中，选中角色弹跳动画的角色剪辑Character1-jump，执行Export Animation Clip（导出动画剪辑）命令，将其导出，如图14-106所示。

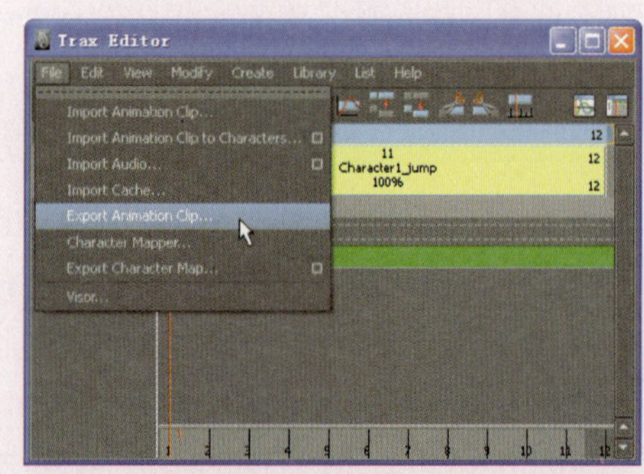

图14-106 导出角色剪辑片段

3 在新建场景中导入具有相同绑定设置的角色模型，选择该角色的控制器Placement，执行Create Character Set

（创建角色设置）命令，为其添加角色节点Character1，如图14-107所示。

注意

如果在Trax Editor（非线性编辑器）的视图区中看不到创建出的影片剪辑，用户可以执行Trax Editor（非线性编辑器）| List（列表）| Auto Load Selected Characters（自动导入角色）命令，再选中角色对象即可。

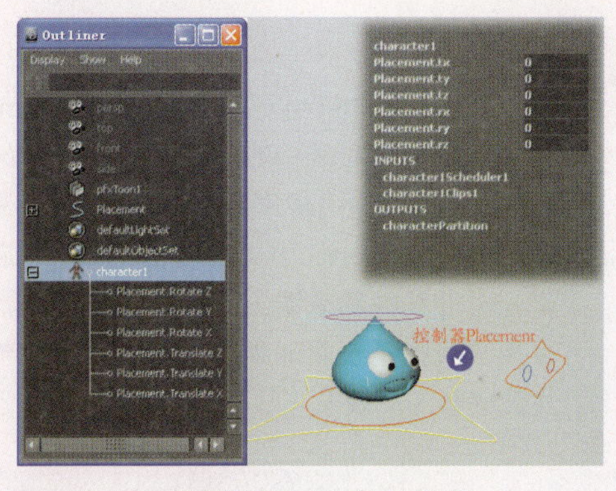

图14-107 导入角色模型

4 选择该角色节点Character1，在Trax Editor（非线性编辑器）中执行Import Animation Clip to Characters（导入动画剪辑到角色）命令，即可将之前导出的角色动画导入到Character1节点上，如图14-108所示。

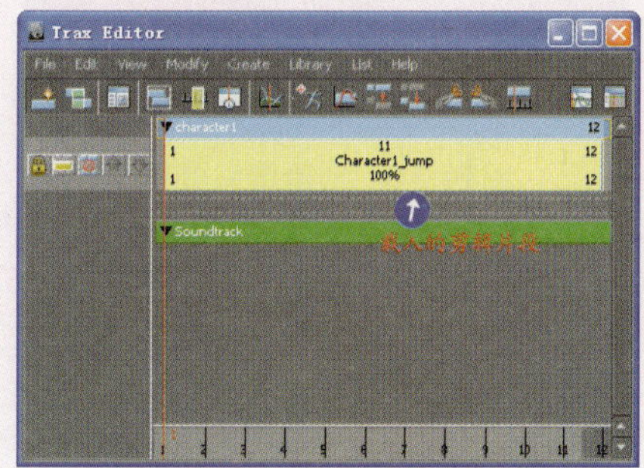

图14-108 角色剪辑片段的导入

注意

一定要注意，当前角色的控制器设置，名称都必须与之前导出动作剪辑的角色设置完全相同，否则可能会出现难以预料的操作。

14.4.9 约束动画剪辑

前面的章节中已经介绍过各种约束动画的创建，在Maya中非线性动画也可以应用到约束动画中。

动手实践297——约束动画剪辑

1 在场景中创建一个毛刷沿曲线运动的路径动画。然后，先选中毛刷模型，再选中瓶子模型，执行Constrain（约束）| Aim（目标）命令，将其建立约束，如图14-109所示。

2 同时选中瓶子和毛刷模型，在Trax Editor（非线性剪辑器）中执行Create（创建）| Constrain（约束）命令，创建出非线性影片剪辑，如图14-110所示。

图14-109 建立目标约束动画

3 然后，在该剪辑片段的Frame out处开始拖曳鼠标左键，以延长该剪辑动画的播放时间，如图14-111所示。

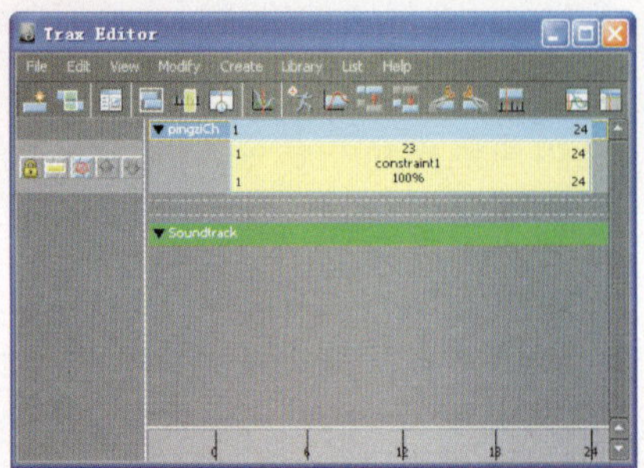

图14-110 创建约束剪辑

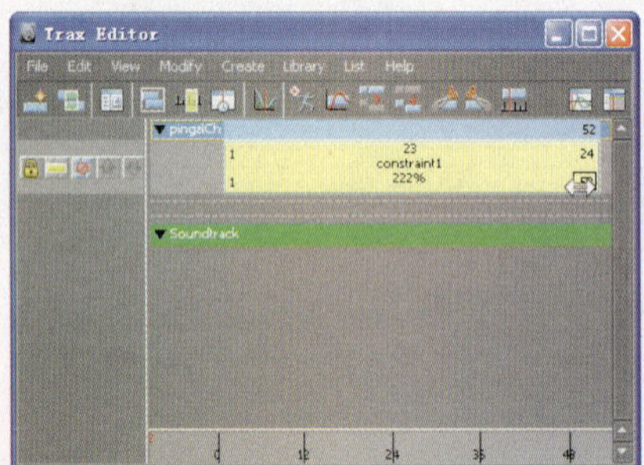

图14-111 延长剪辑动画的播放时间

4 播放动画，可以看到瓶子在跟随毛刷模型的移动进行旋转时，产生了明显的滞后感，如图14-112所示。

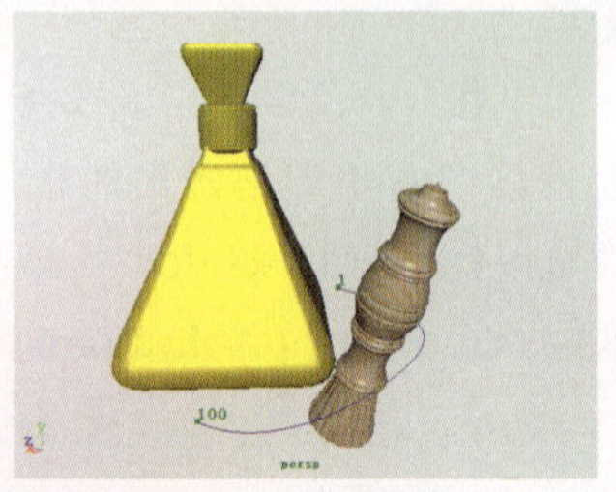

图14-112 帽子模型的滞后感

提示

在执行Animation Clip（动画剪辑）操作时，由于同时选中的是两个物体，所以创建出的角色节点被命名为capch，而创建出的影片剪辑名称为Constraint1，表明这是一个非线性约束动画。该类的约束功能多用于模拟角色眼球跟随物体的移动所产生的短暂滞后效果。

14.5 制作角色的表演动画

本节通过角色动画实例的操作来充分介绍如何为角色对象添加角色设置以及如何对该角色设置添加关键帧动画，最后通过使用非线性动画工具将创建的角色关键帧动画转换为角色剪辑片段，从而便于角色动画的编辑，更能够突出角色动画的吸引力。

综合实战13——制作角色的表情动画

操作时间	30分41秒
视　频	视频\第14章\014.avi

14.5.1 调整身体姿态

在创建角色动画影片之前，首先要调整角色的关键帧姿态，并为当前的关键姿态设置关键帧，由此通过创建多个关键帧姿态，再连续播放这些关键帧姿态序列帧，从而组成一个完整的动画片段。下面将向用户介绍如何设置角色的关键姿态。

1 在新建场景中导入绑定好的角色模型，并且创建一个多边形平面用来作为角色运动时的地面模型，如图14-113所示。

提示

在开始设置角色动画之前，一定要先将角色整体的骨骼进行隐藏，否则会在设置关键帧时，容易出现错乱状态。

图14-113 导入目标模型

2 切换到Animation（动画）模块，依次选中角色的所有控制器（不包括骨骼和IK控制），执行Create Character Set（创建角色设置）命令，以创建一个名为body的角色节点，如图14-114所示。

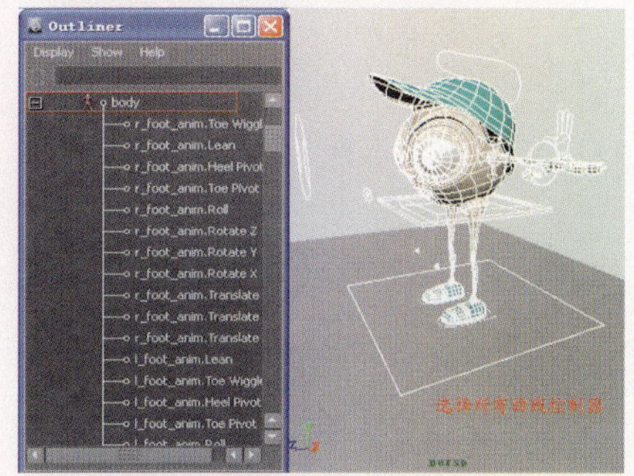
图14-114 创建角色节点

3 选中角色胳膊根部的控制器L-arm-orient-anim，沿Z轴旋转90，以使其自然下垂，如图14-115所示。

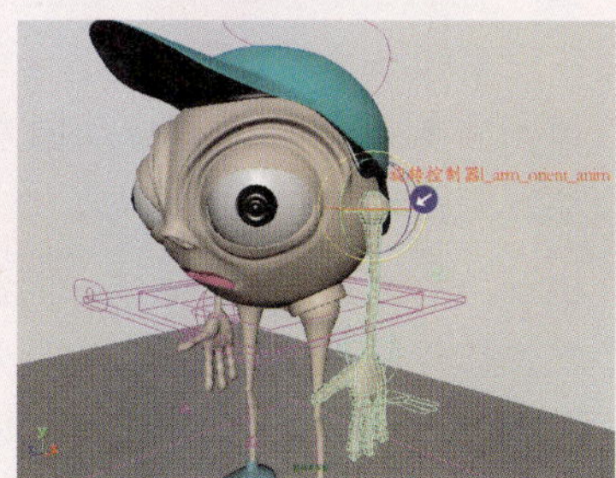
图14-115 调整胳膊的下垂幅度

4 选中所有手指的曲线控制器，按Ctrl+A键，打开其通道栏，设置其Curl为2.1，以改变手指的弯曲度，如图14-116所示。

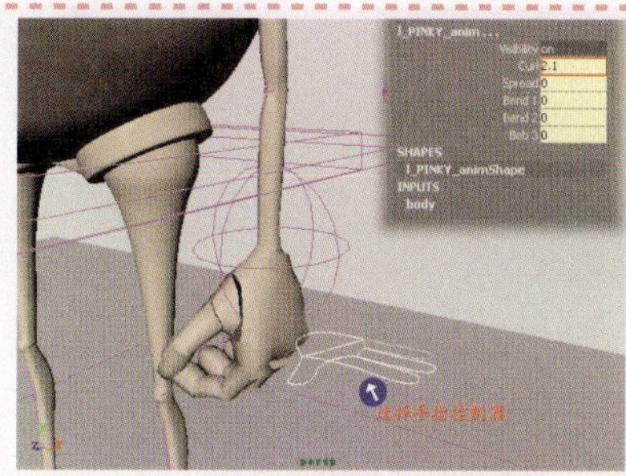
图14-116 设置手指的弯曲

5 选中控制器L-foot-anim，在其通道栏中设置Translate Z为3.5，以使角色左脚产生向前迈一步的效果，如图14-117所示。

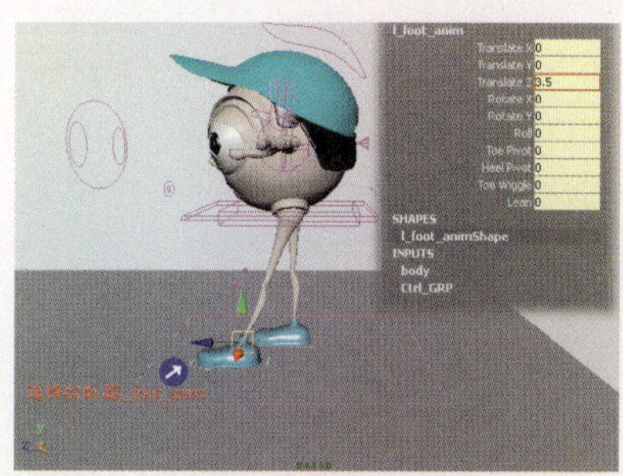
图14-117 设置左脚的Translate Z值

提示

精确设置角色脚迈的参数值，是为了使角色的控制器all_anim根据迈步的距离精确的向前移动，从而避免了角色身体的移动与脚迈步的幅度不一致，而造成动作的不自然。

6 再依次设置左脚控制器L-foot-anim的Translate Y为0.35、Rotate X为-30、Toe Wiggle为-3，以改变左脚的旋转和弯曲角度，如图14-118所示。

7 选中右脚控制器r-foot-anim，在通道栏中设置其Translate Z为-3.5、Roll为5，以使右脚弯曲并向后迈一步，如图14-119所示。

8 选中控制器Waist-anim，在通道栏中设置其Translate Y为-1，以适合角色在跨步时，自身会高低起伏的原理，如图14-120所示。

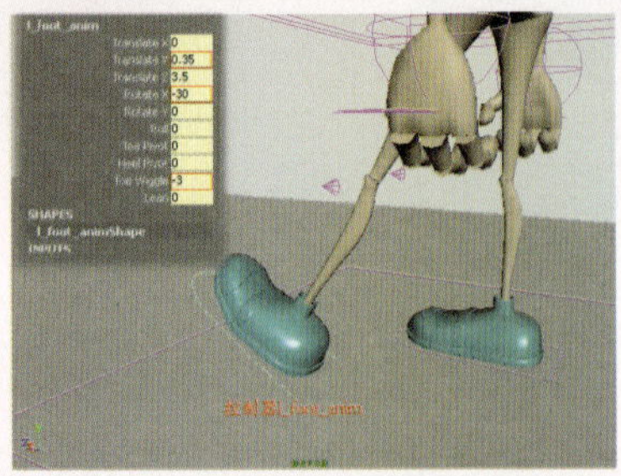

图14-118 设置左脚的旋转角度

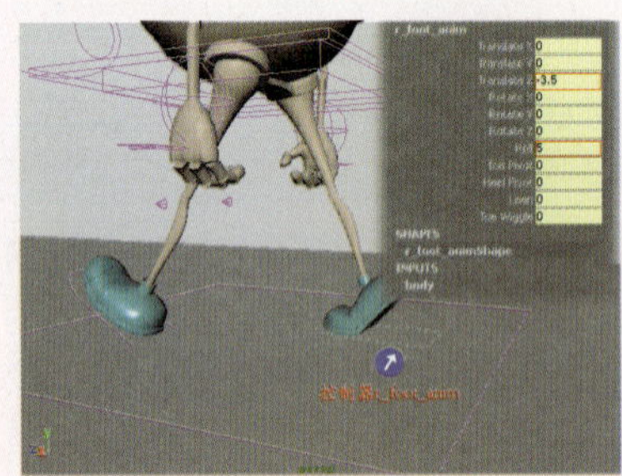

图14-119 设置右脚的属性值

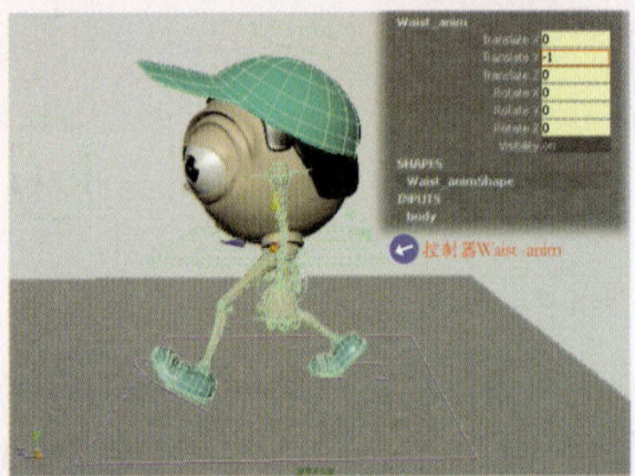

图14-120 设置角色站立的高度

9 选中控制器r-arm-anim，在通道栏中设置其Rotate Y为60，以使角色在跨出左脚时，右臂自动向前摆动，如图14-121所示。

10 选中控制器r-hand-anim，并且在通道栏中设置其Translate X为0.35、Translate Z为0.35、Rotate Y为30，以改变右手腕的弯曲效果，如图14-122所示。

11 选中控制器l-arm-orient-anim，设置其Rotate Y为50，以使角色在跨出右脚时，左臂自动向后摆动，如图14-123所示。

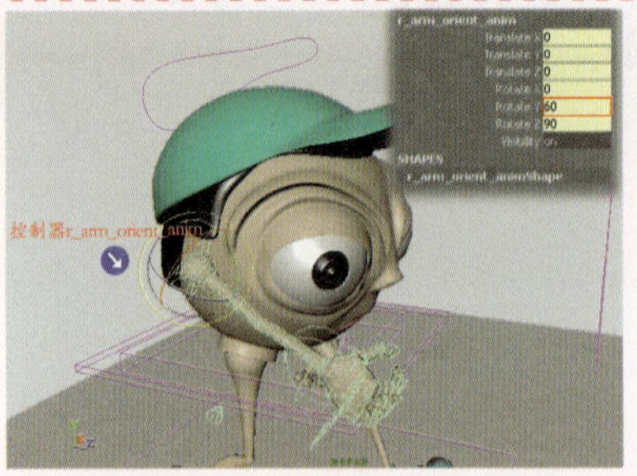

图14-121 设置右臂的摆动角度

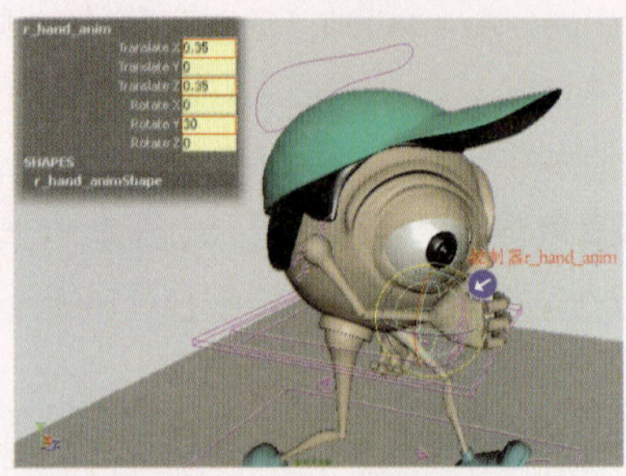

图14-122 设置右侧手腕的旋转

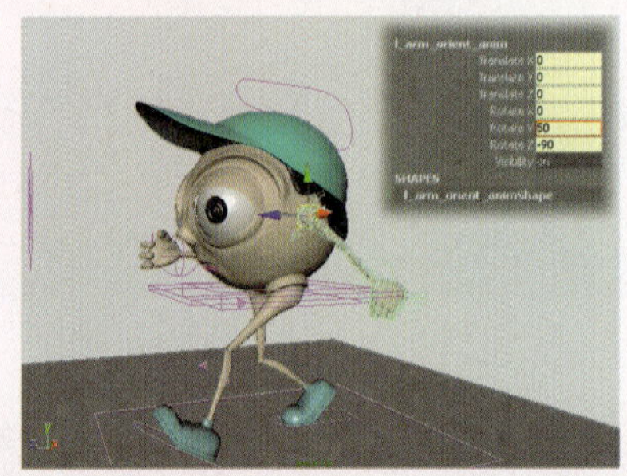

图14-123 设置左臂的旋转

12 选中控制器Leg-anim，在其通道栏中设置Rotate Y为-8，使适合角色在迈出右脚时，身体会自动向左侧扭动，如图14-124所示。

13 由于角色过渡的迈步动作，而使腿部发生严重的偏转，此时可以选中控制器L-Knee-anim并向前移动，以改变腿部的偏转，如图14-125所示。

14 然后，在第1帧处，并在Outliner（大纲栏）窗口中单击body角色节点，再单击动画控制区下的按钮，切换到Body角色节点层，为角色设置关键帧，如图14-126所示。

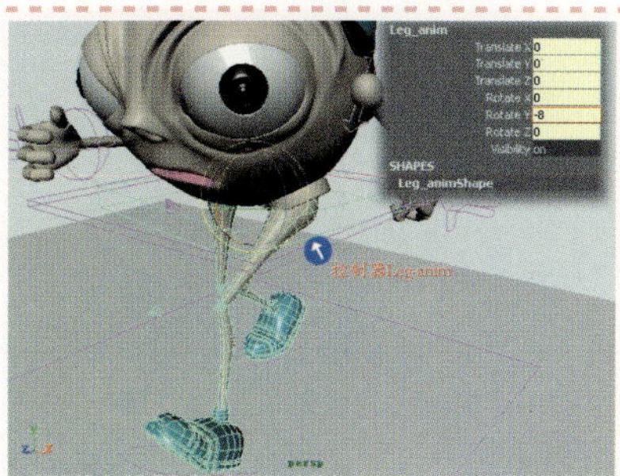
图14-124 设置腿根部的旋转

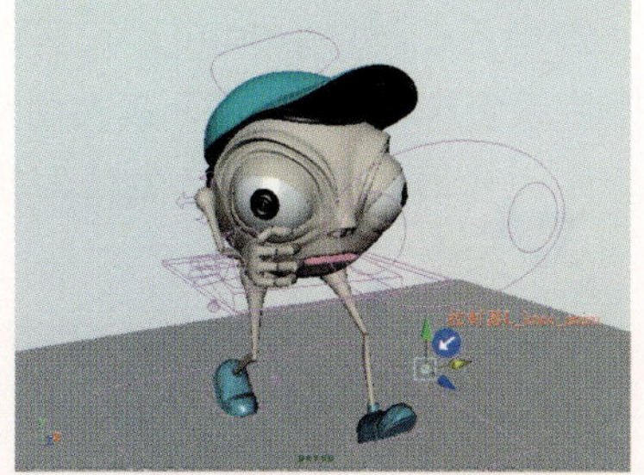
图14-125 选中控制器L-Knee-anim

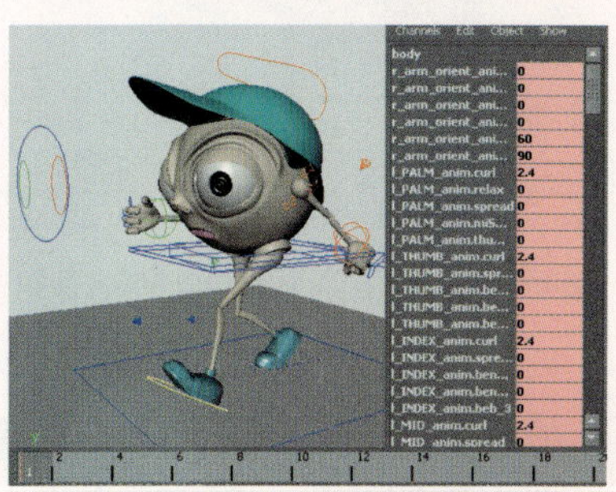
图14-126 为角色设置关键帧

15 再拖动时间滑块到第24帧处，设置右脚控制器r-foot-anim的Translate Y为0.35、Translate Z为3.5、Toe Wiggle为-3，如图14-127所示。

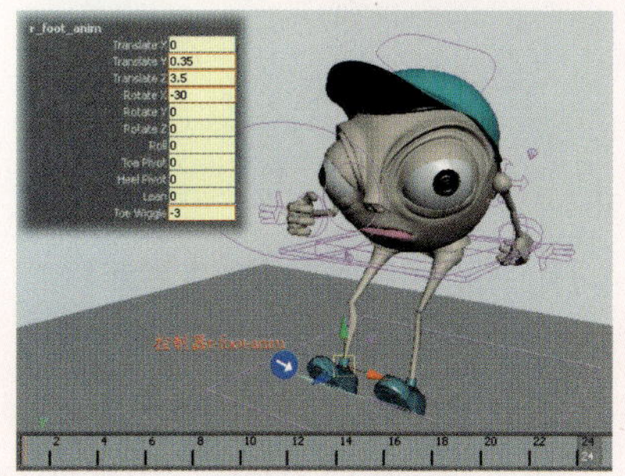
图14-127 设置控制器r-foot-anim参数

16 选中控制器l-foot-anim，在通道栏中设置其Translate Z为-3.5、Roll为5，如图14-128所示。

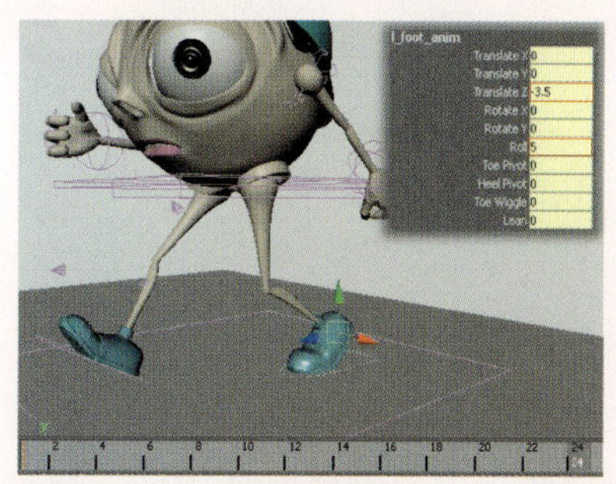
图14-128 设置控制器l-foot-anim参数

17 选中控制器r-knee-anim，并将其向前移动，以改变右侧腿部的偏转，如图14-129所示。

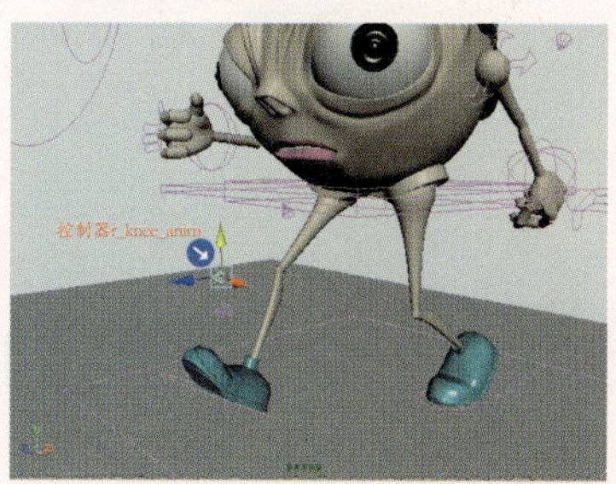
图14-129 移动控制器r-knee-anim

18 然后，再调整角色左右两侧肩膀的旋转角度，以适合角色两脚的摆动姿态，如图14-130所示。

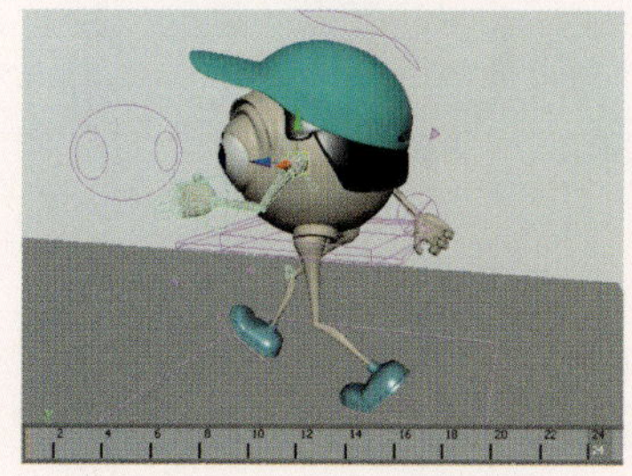
图14-130 调整肩膀的旋转

19 选择控制器Leg_anim，在其通道栏中设置Rotate Y为8。然后，再在Outliner窗口中单击角色节点body，按S键，为角色设置第24帧动画，如

图14-131所示。

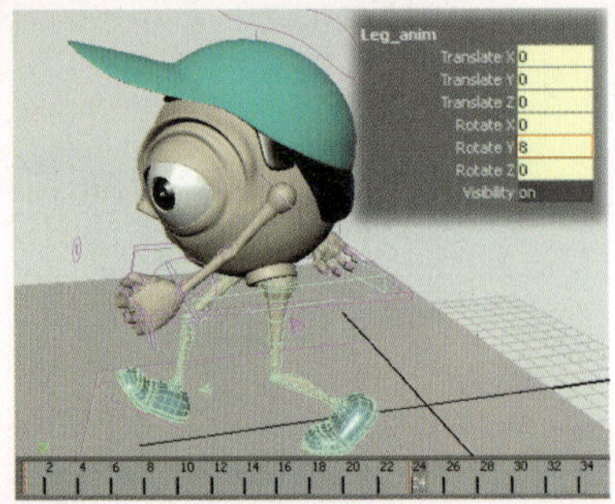

图14-131 设置控制器Leg_anim参数

20 拖动时间滑块到第12帧，设置控制Waist-ainm的Translate Y为0，以使角色身体伸直，如图14-132所示。

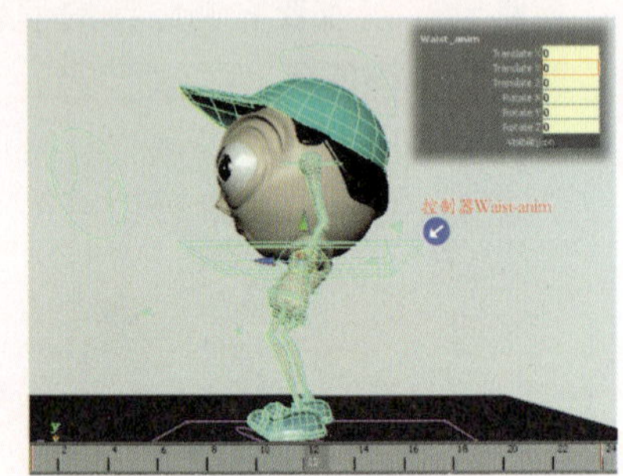

图14-132 设置角色的站立高度

21 选择左脚控制器l_foot_anim并设置其所有通道属性参数为0，以使角色左脚正常站立，如图14-133所示。

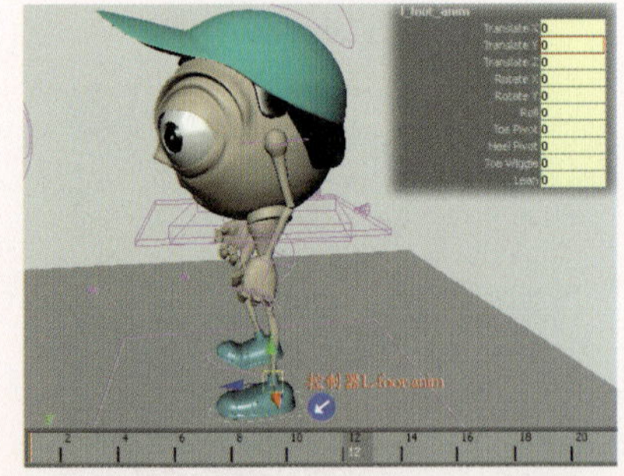

图14-133 设置控制器l_foot_anim参数

22 选中控制器r-foot-anim，在其通道栏中设置其Translate Y为2、Rotate X为50，以使角色左脚抬起并有一定的旋转，如图14-134所示。

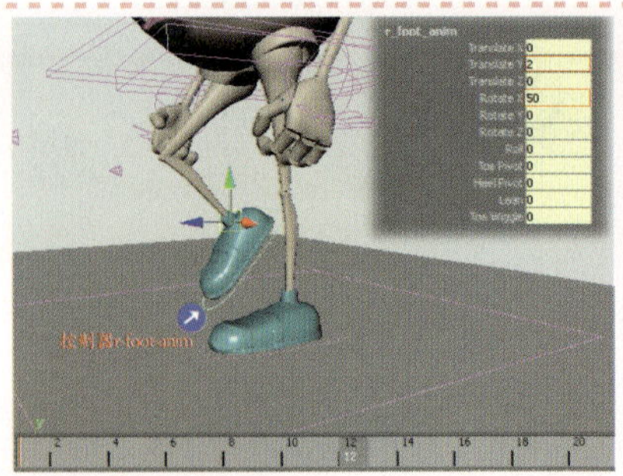

图14-134 设置控制器r-foot-anim参数

23 选中控制器leg-anim，在其通道栏中设置Rotate Y为0，以控制角色在未迈步时，身体不产生任何扭曲效果，如图14-135所示。

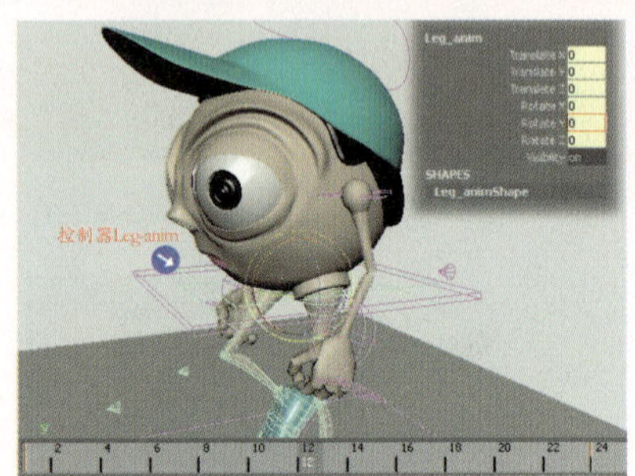

图14-135 设置控制器leg-anim参数

24 同样，设置控制器L-arm-orient-anim的Rotate Y为2，再在Outliner窗口中单击角色body，按S键，为角色设置关键帧，如图14-136所示。

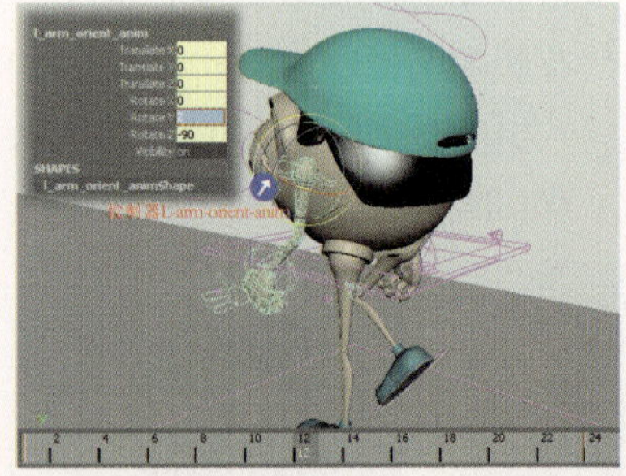

图14-136 调整左侧肩膀的旋转

25 同理，拖动时间滑块到第36帧，设置角色身体直立，左脚抬起，右脚着地和肩膀的摆动。然后，为角色body设置关键帧，如图14-137所示。

图14-137 设置第36帧动画

26 拖动时间滑块到第48帧，调整角色的姿态与第1帧的姿态完全相同并包括控制器的属性参数。然后，设置关键帧，从而完成一个动作的循环，如图14-138所示。

图14-138 设置第48帧动画

14.5.2 眼睛的控制

角色在运动时，难免需要配合一些表情动画，从而使角色的动画更具生命力和感染力。下面介绍如何控制角色在行走时眼睛的旋转变化。

1 选中眼部的所有控制器，执行Create Subcharacter Set（创建角色设置）命令，创建一个名为eye-anim的子角色。然后，拖动时间滑块到第30帧，为该子角色设置关键帧，如图14-139所示。

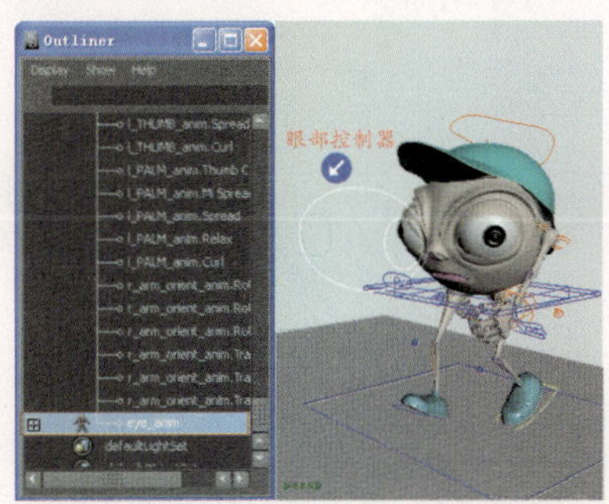

图14-139 创建子角色节点

2 拖动时间滑块到第42帧。然后，选中控制器eye-Main-anim，在其通道栏中设置Translate X为6，按S键，为子角色eye-anim设置关键帧，如图14-140所示。

3 拖动时间滑块到第50帧，设置控制器eye-main-anim的Translate X为-2、Translate Y为2.5。然后，按S键，为子角色eye-anim设置关键帧，如图14-141所示。

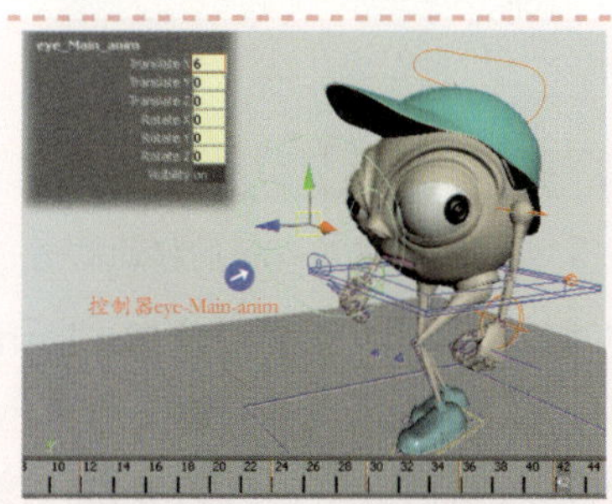

图14-140 创建第42帧动画

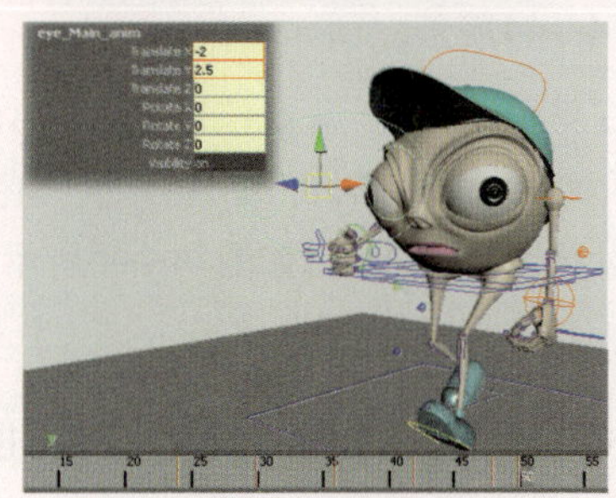

图14-141 设置第50帧动画

4 拖动时间滑块到第60帧，恢复控制器eye-main-anim的默认通道参数。然后，按S键，为子角色eye-anim设置关键帧，如图14-142所示。

5 拖动时间滑块到第12帧处，选择角色整体的控制器all-anim，设置其

Translate Z为3.5，再切换到body节点动画层，为角色设置第12帧的移动动画，如图14-143所示。

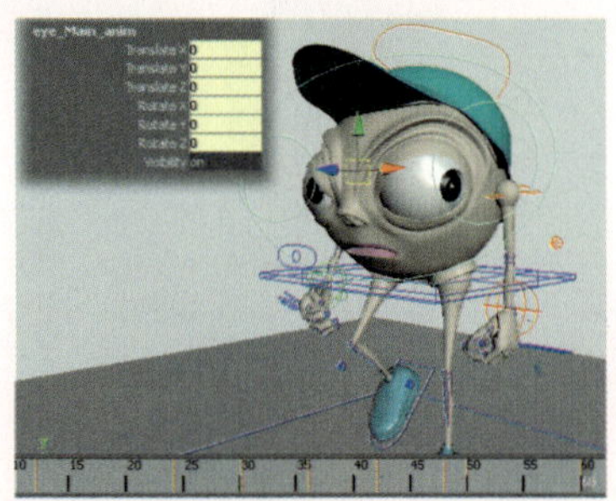

图14-142 设置第60帧动画

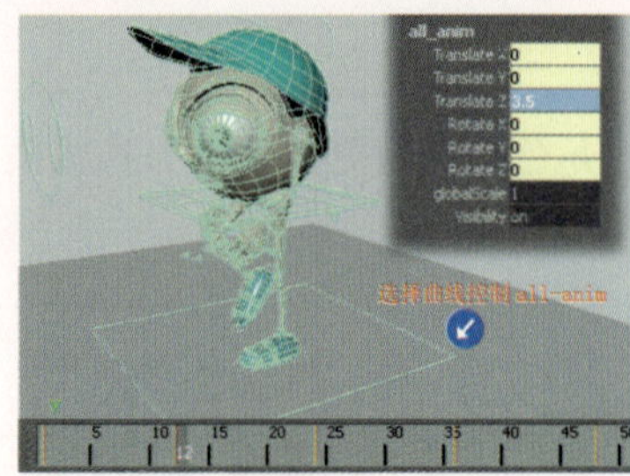

图14-143 设置第12帧的移动动画

6 在第24帧处，设置控制器all-anim的Translate Z为7，按S键，为角色body设置关键帧动画，以使角色在跨步的过程中身体也进行相应的移动，如图14-144所示。

7 在第36帧处，设置控制器all-anim的Translate Z为10.5，按S键，为角色body设置关键帧动画，如图14-145所示。

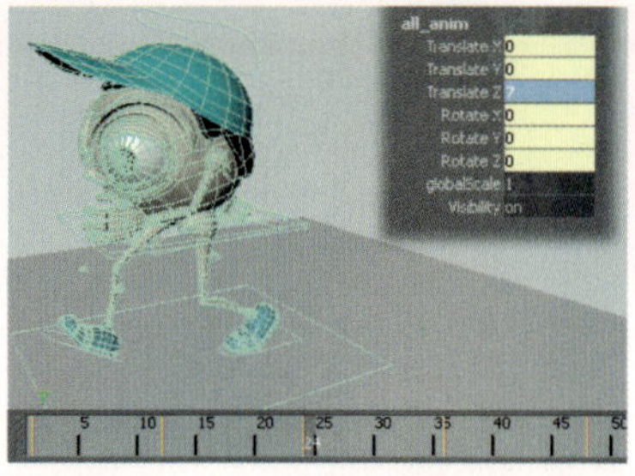

图14-144 设置第24帧移动动画

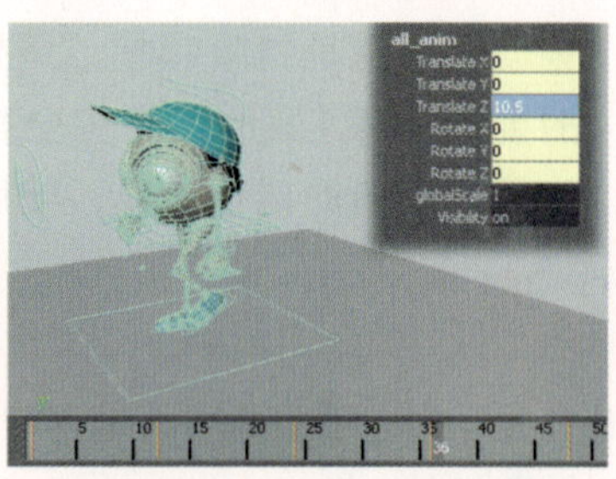

图14-145 设置第36帧移动动画

8 在第48帧处，设置控制器all-anim的Translate Z为14，按S键，为角色body设置关键帧动画，以创建完成角色一个走路循环的移动距离动画，如图14-146所示。

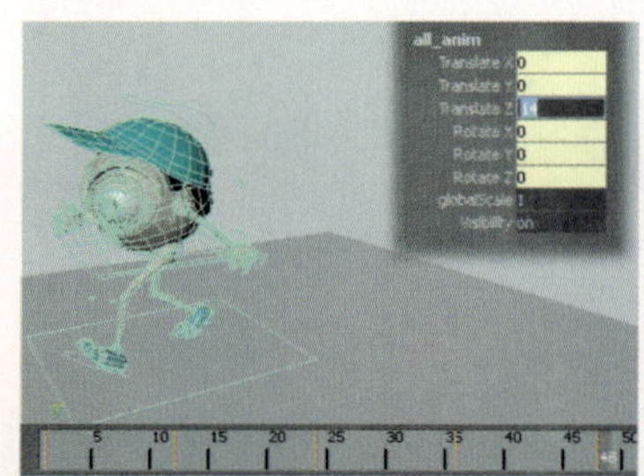

图14-146 设置第48帧移动动画

14.5.3 设置角色非线性动画

在角色的关键帧序列动画创建完成之后，就需要将该动画序列转换为非线性动画，以便于后期多个动画间的控制和编辑。下面介绍如何将关键帧序列动画转换为非线性动画。

1 在Outliner（大纲栏）窗口中，分别单击角色节点body和eye-anim，执行Eidt（编辑）| Delete by Type（按类型删除）| Static Channels（静帧通道）命令，以删除角色未添加任何动画效果的关键属性，如图14-147所示。

2 在Outliner（大纲栏）窗口中，单击角色节点body，在打开的Trax Editor（非线性编辑器）中，单击按钮，即可创建一个父剪辑片段Clip1和一个子剪辑片段Clip2，如

图14-148所示。

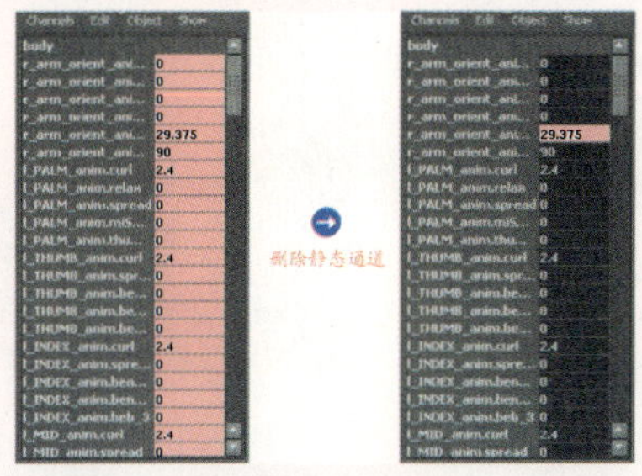

图14-147 删除未产生动画效果的关键属性

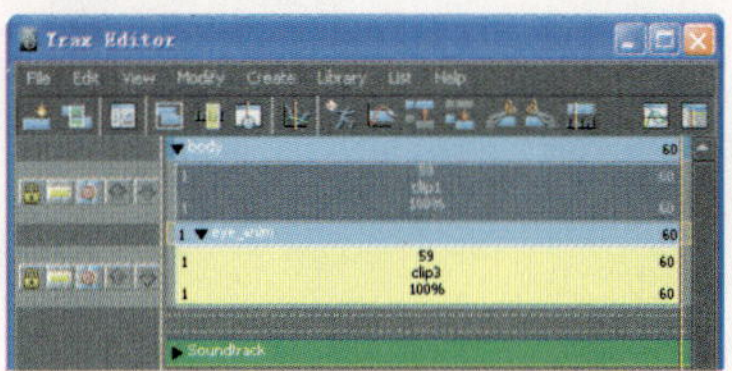

图14-148 创建的剪辑片段

3 选中子角色剪辑clip2，并拖动播放头到第42帧。然后，在该剪辑上右键单击，在弹出的快捷菜单中选择Split Clip（分割剪辑）命令，执行剪切剪辑操作，如图14-149所示。

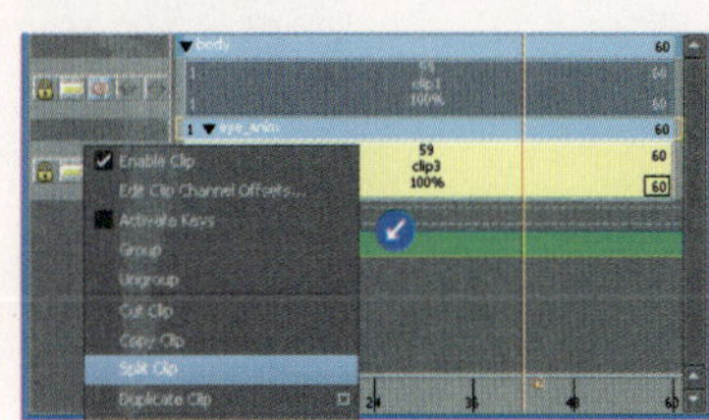

图14-149 执行Split Clip操作

4 移动剪切开的两剪辑片段，以使角色在运动过程中，眼球某瞬间的旋转动作在某段时间内停滞。然后，再右键单击，在弹出的下拉菜单中选择Blend命令，如图14-150所示。

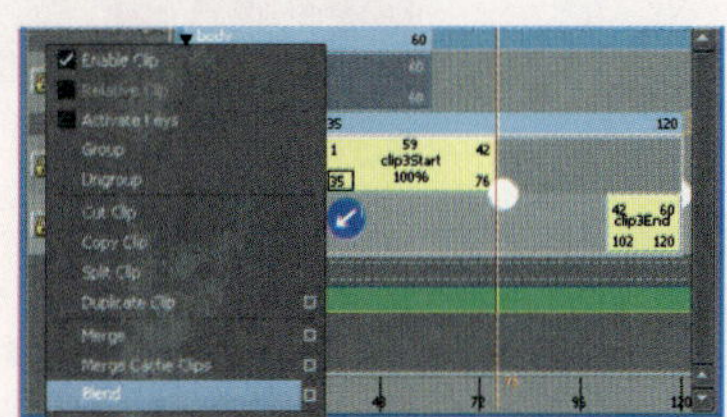

图14-150 执行Blend操作

5 此时，即可在两剪切的剪辑片段间生成一条过渡曲线。然后，在剪辑clip1的Frame out处并按住Shift键拖曳鼠标左键，以循环角色的走路动画到第220帧，如图14-151所示。

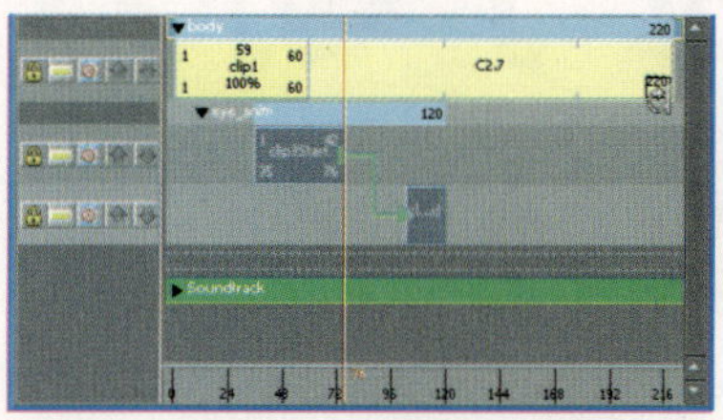

图14-151 循环角色的走路动画

6 选中被剪切的子角色剪辑Clip2End，并在该剪辑的Frame out处拖曳鼠标左键，以使角色眼睛的旋转时间延长到第208帧处，如图14-152所示。

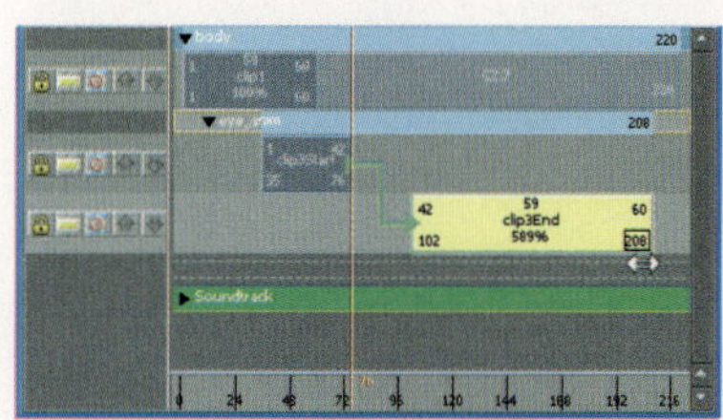

图14-152 延长眼睛的旋转时间

7 此时，一个简单的角色走路循环动画就制作完成了。单击动画控制区的播放按钮，观察角色在各个时间段的动画效果，如图14-153所示。

图14-153 角色在各时间段的动画效果

第15章

粒子动力学技术

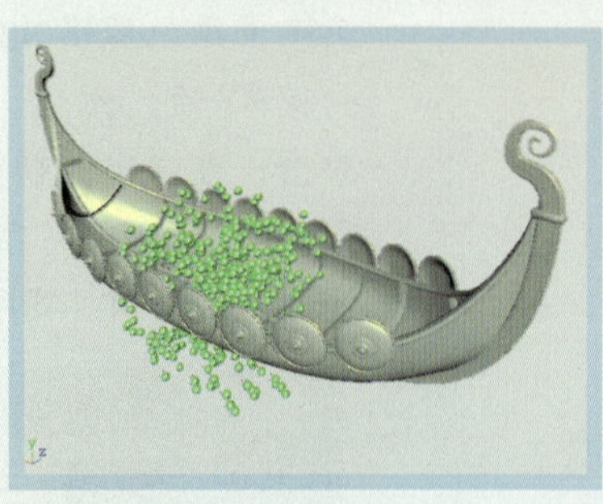

Maya的粒子动力学技术是一项使用建模和动画方面的技术不可能实现的工作，比如爆炸、旋风、水团的变形或者成群飞舞的昆虫等动画的制作。

如图15-1所示的是使用粒子动力学模拟的火焰和烟雾特效。

图15-1 粒子动力学的技术应用

Maya的粒子动力学系统相当强大，一方面它允许使用相对较少的输入来方便控制粒子的运动；另一方面可与各种不同的动画工具混合使用，也就是说可以与场、关键帧、Expressions等工具方便的结合使用。Maya粒子动力学系统让即使在控制大量粒子时的交互性作业成为可能。

切换到Dynamics（动力学）模块，即可在Maya窗口的菜单栏中显示所有有关动力学的命令工具，如图15-2所示。

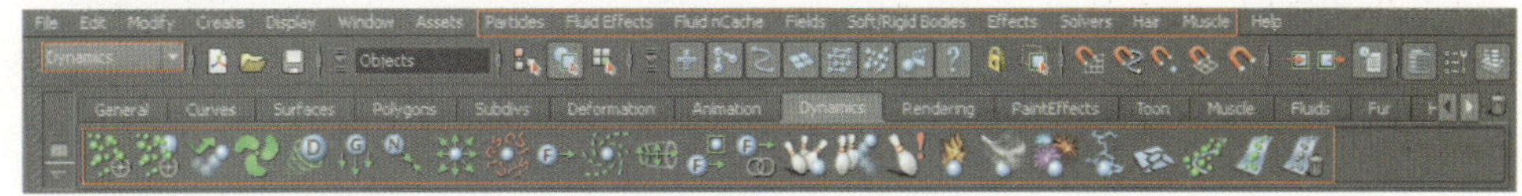

图15-2 动力学命令菜单

本章将对动力学中的Particles（粒子）、Soft/Rigid Bodies（刚体和肉体）、Fields（场）、Solvers（刚体解算）等命令进行详细的介绍和操作。

15.1 Fields（动力场）

Maya动力学中的动力场，可以模拟各种物体因受外力作用而产生不同运动的特性。动力场是个抽象的概念，并不可见，但是可以影响场景中所有能被看见的物体，如同物体学当中力的概念。使用动力场可以模拟出物体不同形式和方向的运动，但是不能够创建关键帧来改变动画效果，因此动力可以成为对动力学对象做动画的有力工具。本节将对Maya中动力场的使用和编辑进行介绍。

15.1.1 动力场的分类

按照现实自然界中的物理力学分类范畴，Maya中的动力场可以分为Air（空气场）、Drag（拖拽场）、Gravity（重力场）、Newton（牛顿场）、Radial（放射场）、Turbulence（扰乱场）、Uniform（统一场）、Vortex（漩涡场）和Volume Axis（体积场）。用户可以使用适合的力场工具来模拟真实的力学动画，例如可以使用重力场或统一场在一个方向上影响动力学对象；也可以使用漩涡场或放射场等中心、周围方向的力场来影响力学对象，如自然界中龙卷风效果的模拟。

切换到Dynamics（动力学）模块，展开Fields（场）菜单，即可看到力场中的几个动力场，如图15-3所示。

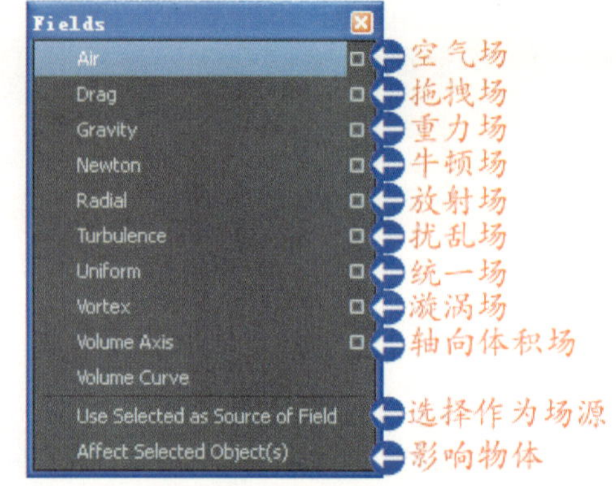

图15-3 动力场的命令菜单

15.1.2 Air（空气场）

空气场主要用于模拟空气运动的效果，被影响的物体将会产生加速或者减速运动，以模拟“风吹”的效果。另外，空气场可以作为某个物体的子物体，当这个物体运动时，就会影响周围的物体。

动手实践298——创建风场

1 在新建场景中，执行Fields（场）| Air（空气场）□命令，打开空气场属性对话框，如图15-4所示。

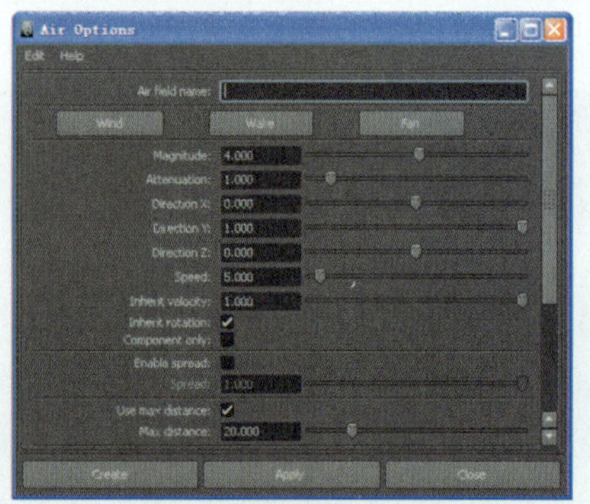

图15-4 空气场属性对话框

2 单击Apply按钮，即可在场景中创建一个空气场的控制图标。然后，在场景中导入一个模型，如图15-5所示。

3 先选中空气场图标，再按住Shift键加选模型，执行Fields（场）| Use Selected as Source of Field（为选定物体添加场）命令，将其添加到物体，如图15-6所示。

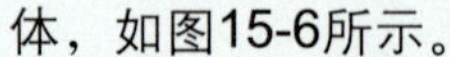

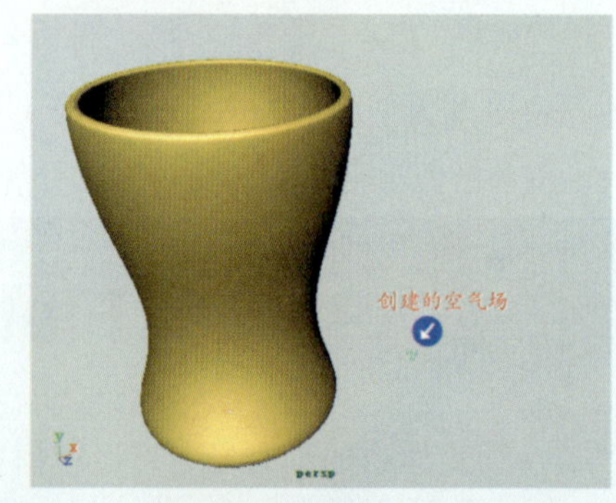

图15-5 创建的空气场

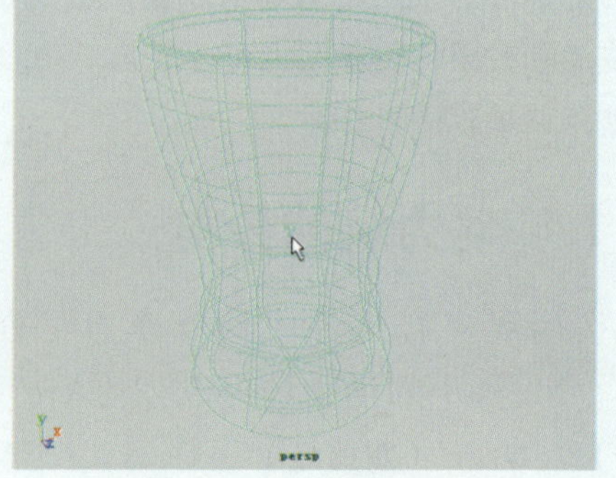

图15-6 将空气场添加到物体

4 同样，也可以选择场景中的物体，执行Fields（场）| Air（空气）命令，为场景物体添加空气场，如图15-7所示。

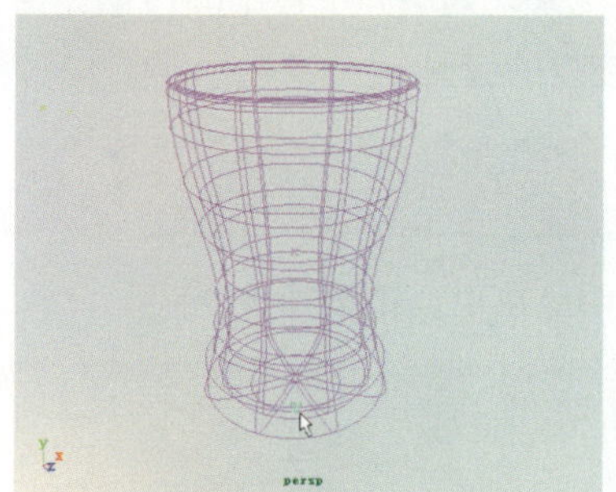

图15-7 选中物体添加空气场

5 拖动时间滑块，模型会从地面升起并产生一定的旋转，但在时间轴上并没有关键帧显示。若想改变力场的影响效果，可以在其通道栏中修改相应的属性参数，如图15-8所示。

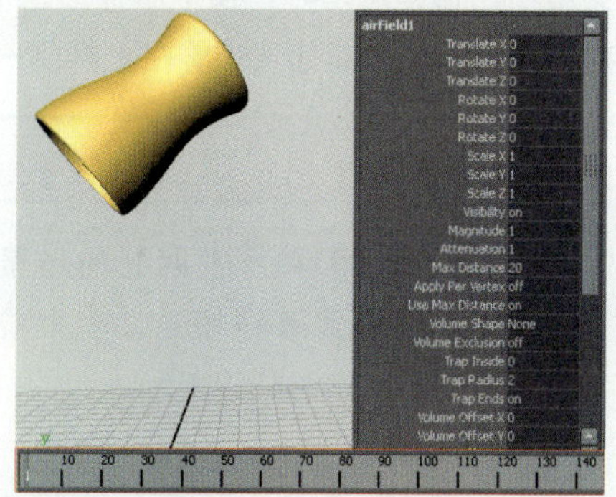

图15-8 空气场的控制效果

下面对Air Options对话框中的选项进行说明。

- Air fields name：用来设置空气场的名称。
- Wind（风）：表示系统默认的自然风设置，可以产生一种接近自然风的效果。可以使受影响的物体做加速运动。
- Wake（阵风）：表示系统默认的阵风设置，可以产生一种近似间歇风的效果。
- Fan（风扇）：表示系统的默认设置，可以产生一种柔风的效果。
- Magnitude（大小）：用来设置空气场的强度，即受影响物体的移动速度。
- Attenuation（衰减）：增加该参数值，力场将会相应减小强度。当Attenuation为0时，空气场的强度不变。
- Direction X/Y/Z（力场方向）：用来设置气体的吹动方向。
- Speed（速度）：用于控制被空气场影响的物体的运动速度。
- Inherit velocity（继承速度）：当空气场作为子物体跟随父物体一起运动时，空气场本身的运动会影响风的运动，Inherit Velocity可以设置这种影响力。
- Inherit rotation（继承旋转）：它和Inherit Velocity相类似，当空气场本身是旋转的，或者空气场是旋转物体的子物体时，空气场的旋转将会影响风的运动。
- Component only（仅有组件）：若禁用该复选框，空气场对被影响物体的所有元素的影响力是相同的；若启用该复选框，空气场仅仅对物体中的某些元素起作用。
- Enable spread（启用范围）：当启用该复选框时，空气场只对被影响物体在Spread文本框设置范围内的元素起作用。
- Spread（范围）：用来设置力场影响物体的范围值。
- Use max distance（使用最大距离）：用来设置力场影响物体的距离范围。若禁用该复选框时，空气场与被影响物体之间将不会受到距离的影响。
- Max distance（最大距离）：设置空气场影响大的最大范围值。

15.1.3 Drag（拖拽场）

物体在穿越不同密度的介质时，由于阻力的改变，因此物体的运动速度会发生改变。拖拽场主要用于在物体运动时，模拟摩擦力或者阻力的运动现象，如烟筒中冒出的白烟，由于在上升过程中密度的变化而导致烟雾在上升到一段距离后速度变的缓慢。

动手实践299——创建拖拽场

1 打开带有模型和粒子发射器的场景，拖动时间滑块到第44帧处，观察粒子的发射状态，如图15-9所示。

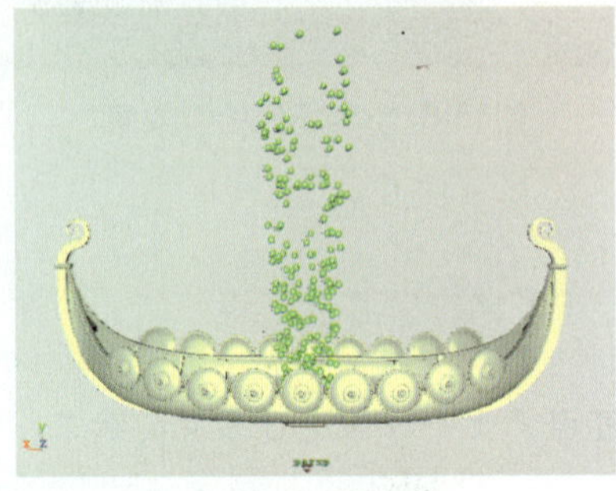

图15-9 导入场景模型

2 选中绿色的球体粒子，执行Drag（拖拽场）□命令，在打开的对话框中设置Attention（衰减）为0，如图15-10所示。

3 然后，播放动画到第44帧，粒子的发射速度只有轻微的变化。选中拖拽图标，在其通道栏中设置Magnitude（强度）为5，此时44帧时的粒子发射速度明显减小，如图15-11所示。

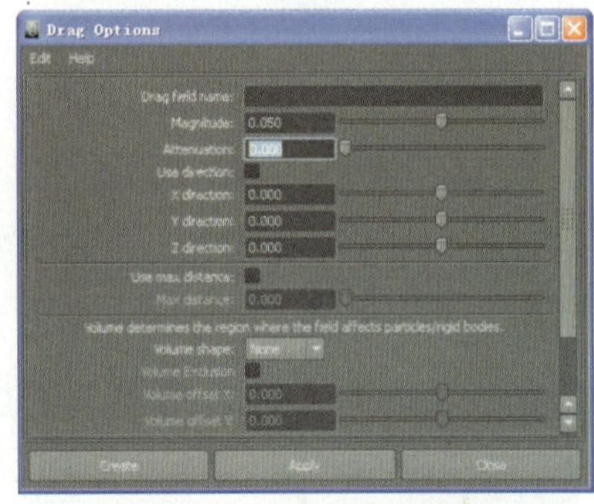

图15-10 拖拽场属性对话框

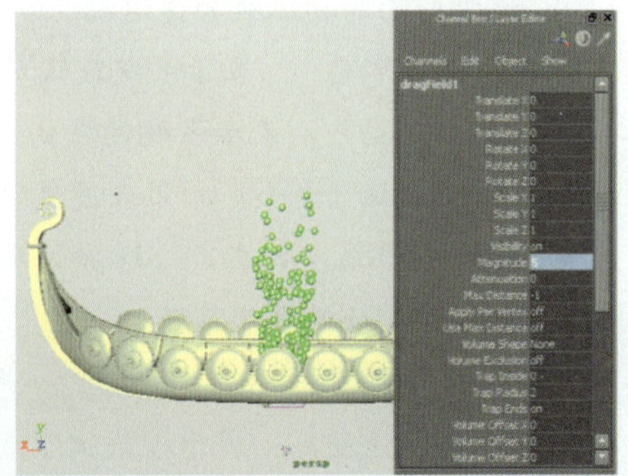

图15-11 拖拽场的阻力效果

15.1.4 Gravity（重力场）

重力场主要用于模拟由于地球的引力而使物体向某一个方向加速运动的动画效果，同样可以通过修改重力场相应的参数设置，使物体产生自由落体运动。重力场适用于多边形模型、NURBS模型、细分模型、粒子物体等。

动手实践300——创建重力场

1 在场景中打开带有小船和发射球体粒子的文件，为该粒子添加重力场，以改变粒子的四周发射状态，如图15-12所示。

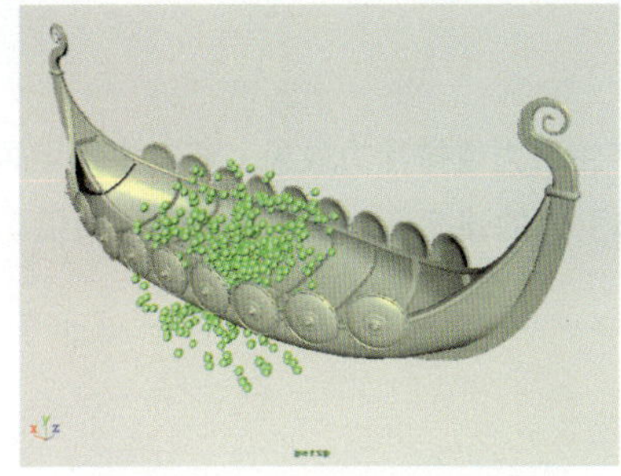

图15-12 未添加重力场的效果

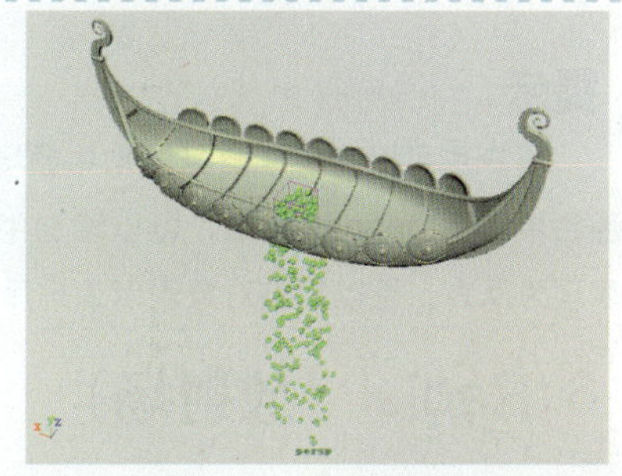

图15-13 添加重力场

2 选中场景中的粒子，执行Fields（场）| Gravity（重力场）命令，为粒子添加重力场。然后，拖动时间滑块，粒子会由向四周发射改为向下发射，如图15-13所示。

3 选中场景中创建的重力场图标，打开其通道栏，设置其Direction X/Y值均为1，再播放动画观察粒子的方向变化，如图15-14所示。

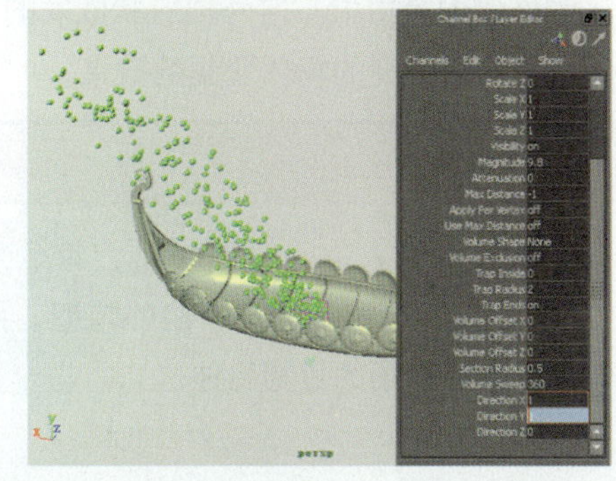

图15-14 修改重力场方向参数

15.1.5 Newton（牛顿场）

牛顿场主要用于模拟万有引力定律，根据万有引力定律，具有牛顿场的物体可以吸引另一个物体，迫使这个物体朝向它运动。可以利用牛顿场来模拟碰撞球等物理现象。

动手实践301——创建牛顿场

1 先选中粒子，再选择物体，执行Fields（场）| Newton（牛顿场）命令，为两物体添加牛顿场控制，如图15-15所示。

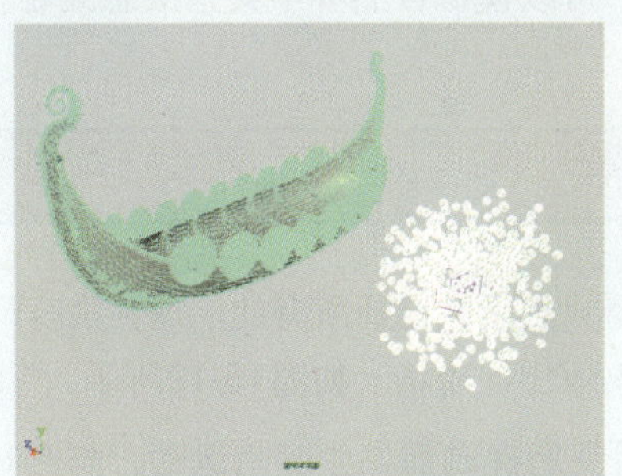

图15-15 添加牛顿场控制

2 然后，拖动时间滑块，粒子球体会被逐渐吸附到物体的表面，如图15-16所示。

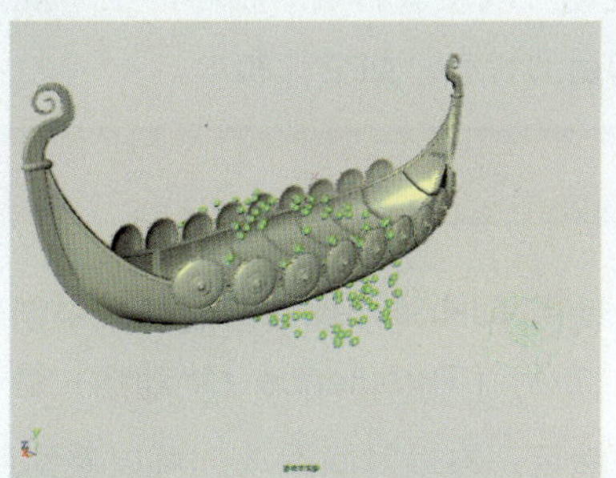

图15-16 粒子的吸附效果

提示

用户也可以为粒子自身添加牛顿场，使粒子自身产生引力或排斥力效果。若在牛顿场属性通道栏中增大Magnitude值，可以增加牛顿场对影响物体引力的强度值。若设置该值为负值，引力表现为斥力，可以影响对象表示为排斥。

15.1.6 Radial（放射场）

放射场可以用来模拟磁铁的物理现象，它可以呈放射状的排斥或者吸引被影响的物体。可以用于制作爆炸等由中心向外辐射状散发的各种现象。同样也可以设置其Magnitude值为负值，可以模拟把四周散开的物体聚集的效果。

动手实践302——创建放射场

1 在场景中导入一个花船模型，再依次选中图15-17所示的几个组件模型，用来作为放射场的目标物体。

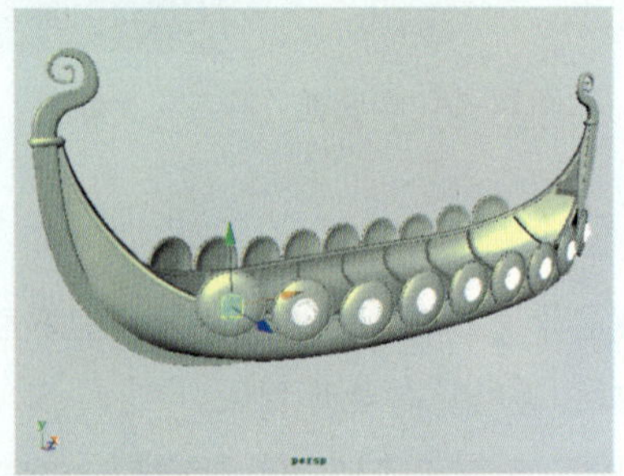

图15-17 选择目标物体

2 执行Fields（场）| Radial（放射场）命令，为所选物体添加放射场。然后，拖动时间滑块，被添加放射场的物体会均匀的向外飞出，如图15-18所示。

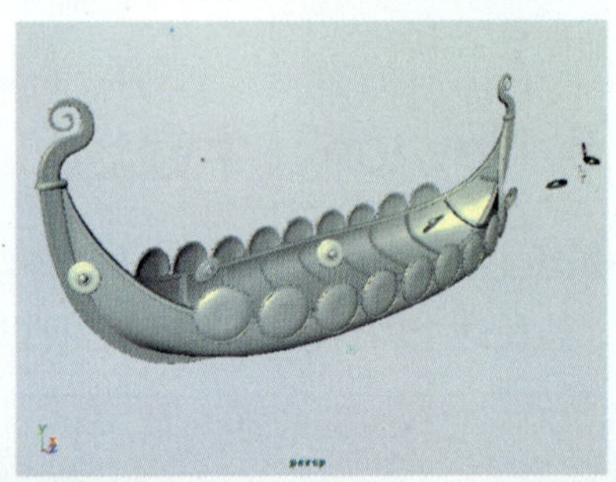

图15-18 模型向外飞出

15.1.7 Turbulence（扰动场）

扰动可以使被影响的物体产生不规则的噪波效果，可以模拟自然界中某些液态或者气态无规则的运动状态，如空气和水。

动手实践303——创建扰动场

1 使用NURBS小球在新建场景中创建一个阵列平面。然后，选择所有的小球并执行Fields（场）| Turbulence（扰动场）命令，为所选对象添加扰动场，如图15-19所示。

2 然后，拖动时间滑块，可以看到所有的球体都因受到扰动而发生随机运动，如图15-20所示。

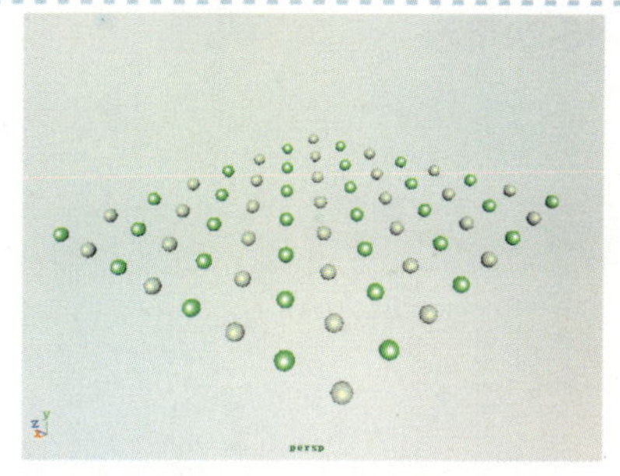
图15-19 添加扰动场

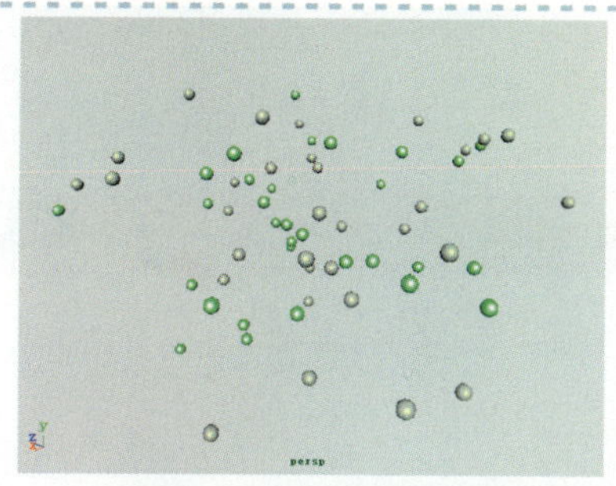
图15-20 球体的扰动效果

15.1.8 Uniform（均化场）

均化场可以使所有被场影响的物体向同一个方向进行拖拽的动力场，靠近均化场中心的物体将受到更大程度的影响。

动手实践304——创建均化场

1 选中场景中的所有球体，执行Fields（场）| Uniform（均化场）命令，即可在所选对象的中心位置生成一个均化场图标，如图15-21所示。

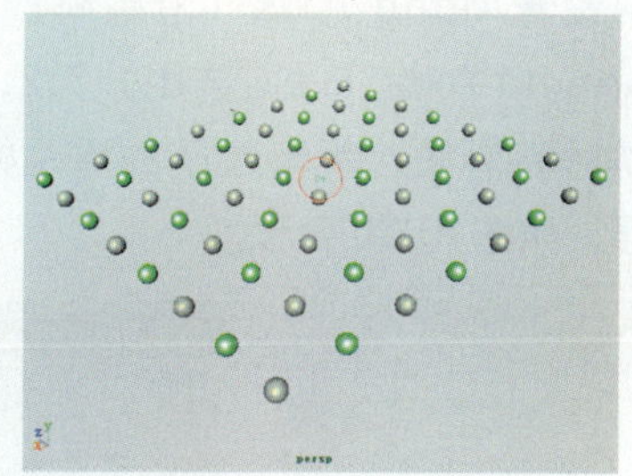
图15-21 生成均化场图标

2 选中该均化场图标，在其通道栏中设置Direction X为0、Direction Y为1。然后，拖动播放头，可以看到球体平面中靠近均化场中心的球体变形幅度最强，如图15-22所示。

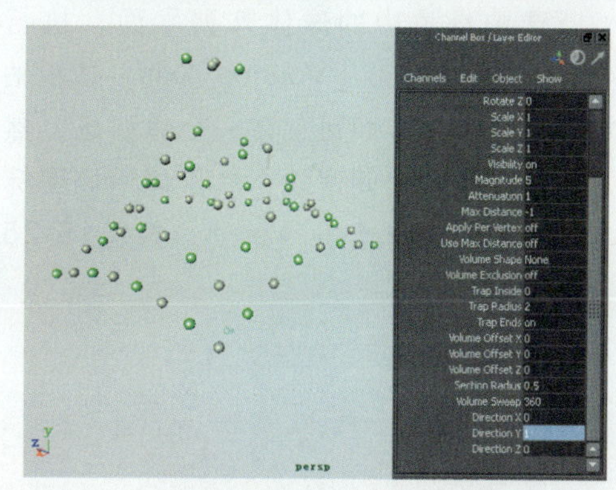
图15-22 均化场的影响效果

15.1.9 Vortex（漩涡场）

漩涡场可以使被影响的物体做圆环或者螺旋状的抛射运动，漩涡场作用于粒子，可以产生螺旋或者旋风的效果。

动手实践305——创建漩涡场

1 在新建场景中创建一个等距离的球体阵列平面。然后，选中所有的球体，执行Fields（场）| Vortex（漩涡场）命令，在球体平面的中心生成一个漩涡场图标，如图15-23所示。

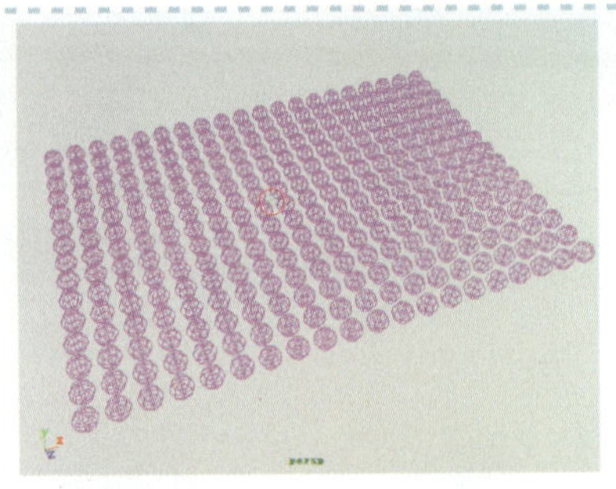

图15-23 生成旋涡场图标

2 然后，拖动时间滑块，球体会围绕旋涡场中心进行螺旋形的转动，如图15-24所示。

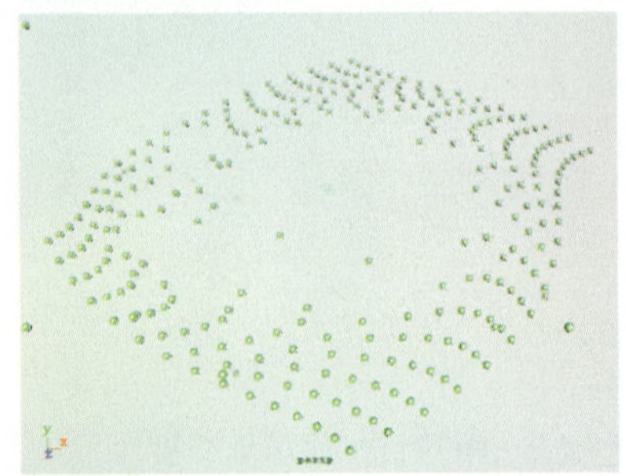

图15-24 添加旋涡场后的效果

15.1.10 Volume Axis（体积轴场）

与前几种力场有所不同的是，Volume Axis（体积轴场）是一种局部作用的范围场，只有在选定范围内的对象才能受到体积轴场的影响，其属性参数与旋涡场、均化场以及扰动场的属性基本相同。

动手实践306——创建体积轴场

1 选中场景中的球体阵列平面，执行Fields（场）| Volume Axis（体积轴场）命令，即可创建一个体积场。然后，拖动时间滑块，处于体积场图标内部的球体会发生跳动，如图15-25所示。

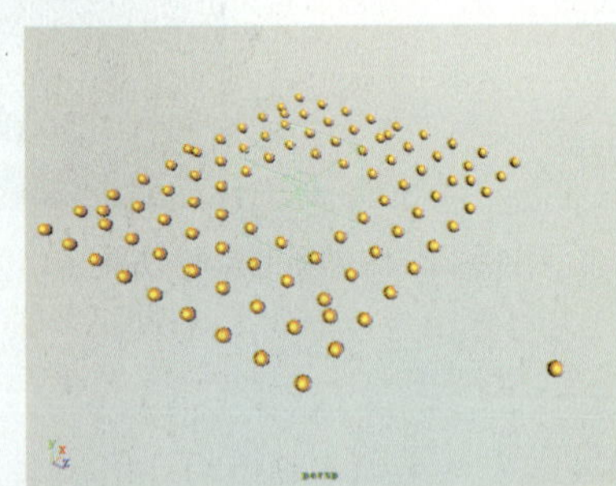

图15-25 添加体积场

2 然后，选中体积场图标，在其通道栏中设置Along Axis（沿轴向）为2、Around Axis（轴向范围）为2，再拖动时间滑块，观察粒子的弹跳幅度增强，如图15-26所示。

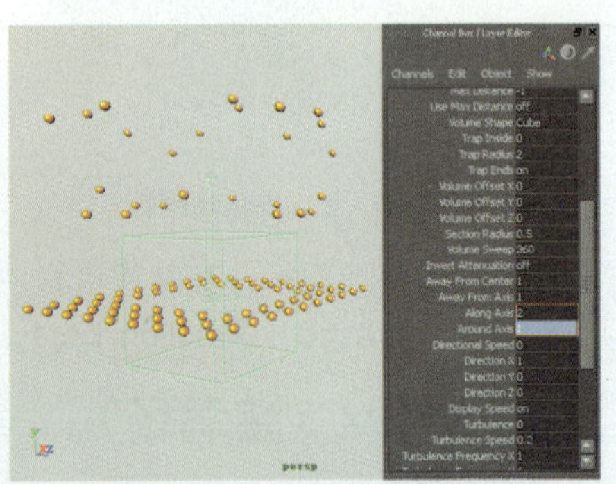

图15-26 修改体积场属性参数

15.2 粒子系统

“粒子特效”是Maya动力学特效的一部分，同时也是用户使用Maya创建特效时最常用到的一部分，粒子系统的核心是使用最基本的单位“点”来代替一个物体，通过对一束或一群点的运动来模拟现实世界中很多微观世界整体形成的物质形态。例如，粒子系统通常用来模拟现实生活中的沙尘暴、烟雾、火焰、雨雪、爆炸等自然现象，以及拥有上千士兵的军队等这样的不稳定性、随机性和流动性的群组动画。如图15-27所示的是使用粒子系统模拟的火焰和烟雾效果。

图15-27 粒子技术应用

15.2.1 粒子基础属性

在选择场景中的粒子物体后，按Ctrl+A键，打开其属性设置面板，可以看到Maya在创建粒子的同时，也自动创建了5个属性节点，分别是Particle1、ParticleShape1、Lambert1、Time1和initialParticleSE，如图15-28所示。

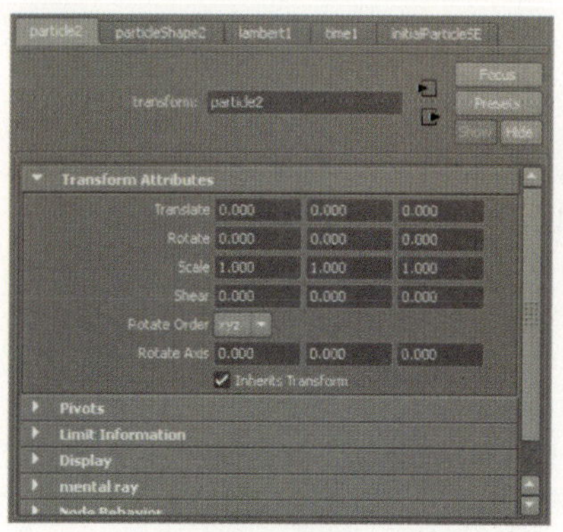

图15-28 粒子的节点属性

其中，Particle1代表粒子的位移节点，它的作用相当于几何面片的位移节点；ParticleShape1代理粒子的形状节点，该节点是粒子系统中最重要的节点，包括每粒子属性Per-Particle Attribute在内的许多属性都包含在该节点属性下。

切换到ParticleShape1选项卡，可以看到该节点属性下包括许多有关粒子编辑的子节点属性，如图15-29所示。

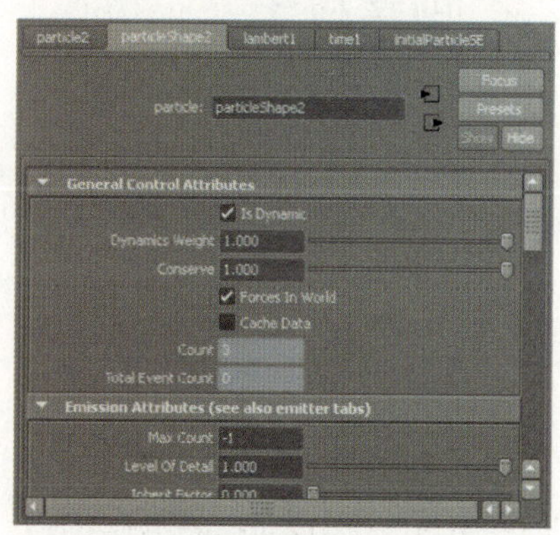

图15-29 粒子形状节点属性

下面对这些子节点属性进行简单的介绍，具体的参数属性设置将在后面的操作中进行介绍。

- General Control Attributes（全局控制属性）：该属性主要用来控制粒子群的一些总体属性，如粒子的数量、权重等。

- Emission Attributes（发射属性）：主要用于控制发射器。当用户使用发射器的方式创建粒子时，可以通过该属性来控制粒子群的发射。
- Lifespan Attributes（生命周期）：用来控制粒子诞生和灭亡的时间。例如，在模拟一些特殊自然现象时，根据操作需要，可以通过该属性来控制粒子在一段时间内灭亡。
- Time Attributes（时间属性）：用来设置粒子运动的起始时间和当前时间。
- Collision Attributes（碰撞属性）：用于设置粒子间的碰撞效果。
- Soft Body Attributes（柔体属性）：用来控制柔体节点下的粒子属性参数。
- Goal Weights and Objects（目标体权重属性）：用来控制目标化粒子的属性参数。
- Instancer（关联属性）：主要用来设置关联粒子对象的属性参数。
- Emission Random Stream Seeds（随机发射）：用于控制粒子群发射的随机性。
- Render Attributes（渲染属性）：用于控制粒子显示时的显示方式和大小。
- Per Particle（Array）Attributes（每粒子属性）：用来控制粒子群中的每个粒子的属性参数，包括粒子的半径、颜色、位置、质量、密度以及速度等。
- Add Dynamic Attributes（添加动力学属性）：主要用来添加和编辑粒子群的动力学属性。

15.2.2 创建粒子

实质一个粒子就是三维空间中的一个点，它具有位置、速度、加速度、颜色、寿命等属性，多个同样的粒子组合在一起就构成了粒子物体，这些粒子通过粒子发射器显示于场景中，一个粒子物体可以包含一个粒子，也可以包括无数个粒子。

动手实践307——创建粒子

1 执行Particle Tool命令，然后，在场景视图平面上单击一次即可创建一个红色的十字符号，代表一个粒子，连续多次单击可以创建多个粒子，如图15-30所示。

2 然后，按Enter键，确定完成粒子的创建，此时即可创建出一个带有矩形边界的粒子平面，如图15-31所示。

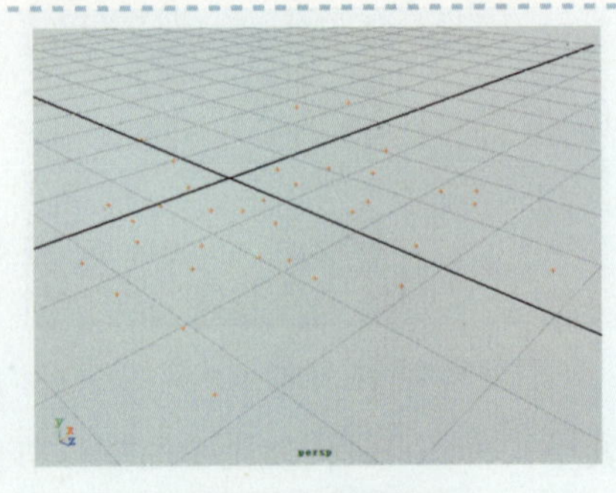

图15-30 创建粒子

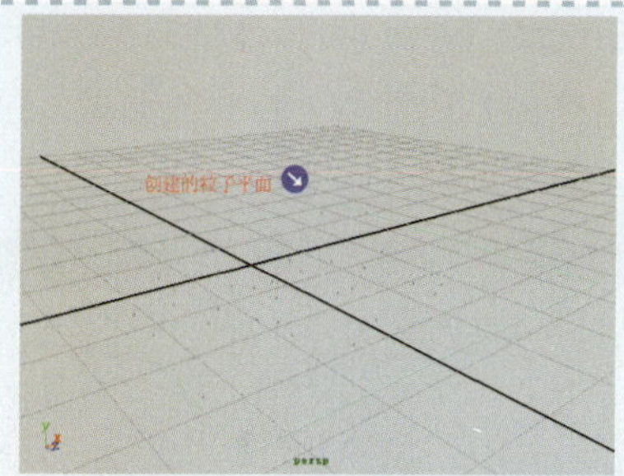

图15-31 创建的粒子平面

3 选中粒子并按Ctrl+A键，打开其属性设置面板。切换到ParticleShape1选项卡，在Render Attributes（渲染属性）卷展栏下设置Render Type（渲染类型）为Spheres（球体），并单击Current Render Type（当前渲染类型）按钮，在展开的Radius（半径）属性栏中输入0.2，以改变粒子的外形和半径，如图15-32所示。

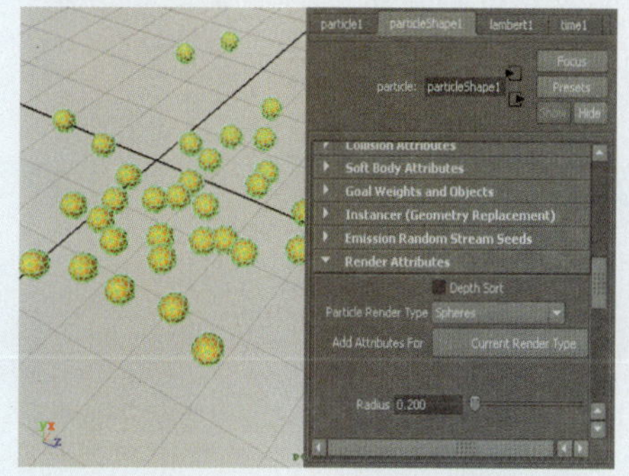

图15-32 设置粒子的显示外形和半径

4 切换到Top视图并执行Particle Tool ◻命令，先在视图右侧的属性设置面板中设置相应的参数，再在视图中创建两个点。然后，按Enter键，即可创建一个粒子平面阵列，如图15-33所示。

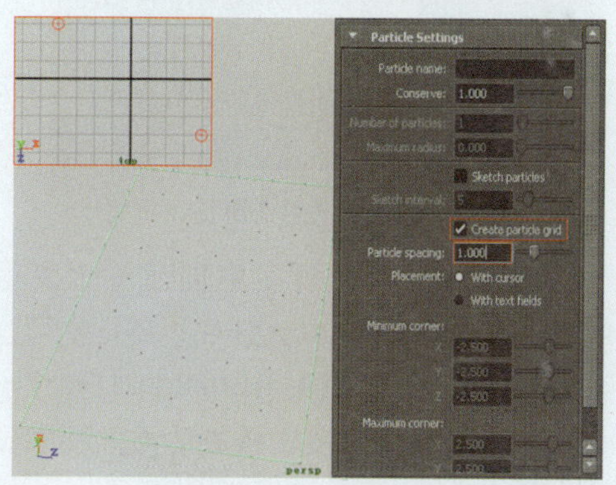

图15-33 创建的粒子阵列

提示

若想创建具有一定体积的粒子阵列，那么用户可以在其中一个视图窗口中创建第一个粒子时，再在第二个视图窗口中创建第二个对角粒子。并且两粒子不在同一条水平线上，然后，按Enter键，即可创建具有一定体积的粒子阵列。

15.2.3 创建粒子发射器

除了使用Particle Tool来创建粒子群之外，另一个方法是通过发射器创建粒子。通过发射器可以准确确定粒子发射的位置、方向、属性以及起始速度等。粒子发射器是不能被渲染的，在Maya中共有两种粒子发射器：一种是独立存在的；另一种是发射器与物体一起存在的。

动手实践308——创建粒子发射器

1 在新建场景中，执行Particles（粒子）| Create Emitter（创建发射器）◻命令，在打开的粒子发射器属性对话框中的Emitter name（发射器名称）栏中输入Emitter01，单击Create（创建）按钮，如图15-34所示。

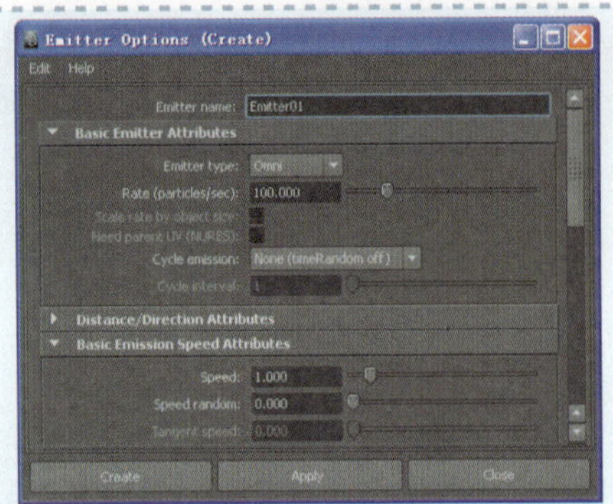

图15-34 粒子发射器属性对话框

2 此时，即可在视图中创建一个发射器。在Outliner（大纲栏）窗口中可以看到创建出的发射器Emitter011和粒子Particle1两选项。播放动画，观察粒子的发射效果，如图15-35所示。

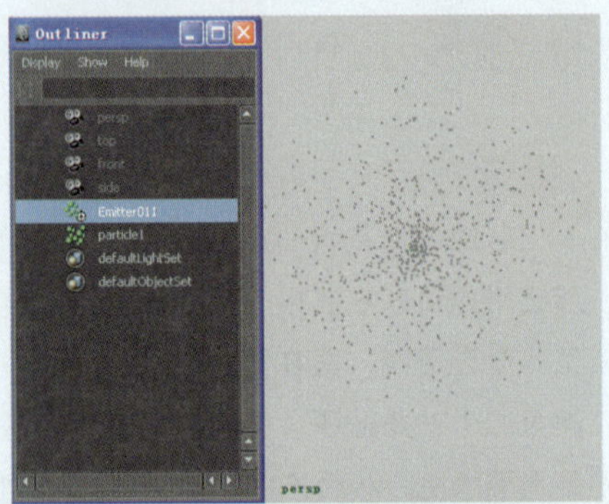

图15-35 创建的粒子发射器

3 选中发射出的粒子，在其属性设置面板中切换到Emitter011选项卡，设置Emitter Type（发射类型）为Directional（方向）。然后，再播放动画，粒子会沿直线发射，如图15-36所示。

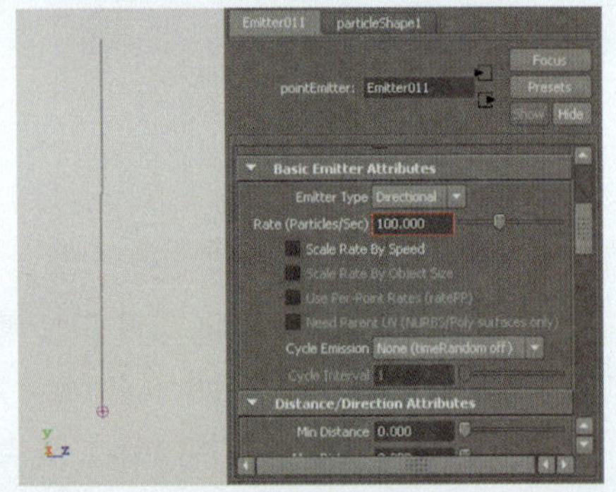

图15-36 设置粒子的发射类型

4 然后，修改粒子的Rate（发射率）为800、Spread（扩散）为0.1，再播放动画，可以看到粒子沿直线发射的范围和数量都明显增加，如图15-37所示。

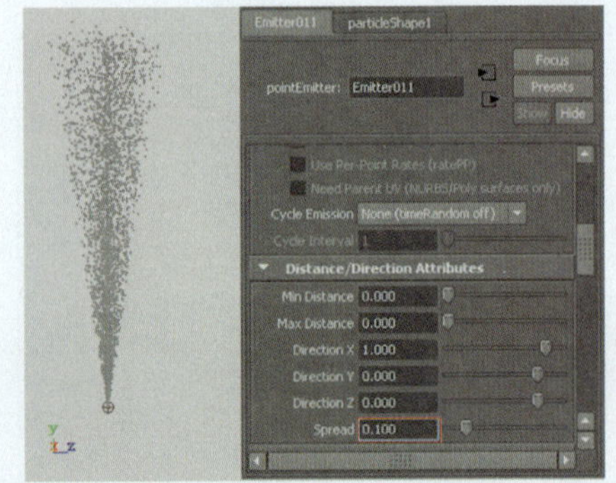

图15-37 粒子发射的范围和速率

技巧

Maya允许用户使用不同的发射器来发射相同的粒子。用户可以在创建两个粒子发射器后，拖动时间滑块使其发射粒子，将其中一个发射器发射的粒子删除。然后，先选中另外一个发射器的粒子，再选中被删除粒子的发射器，执行Use Selected Emitter命令，即可使该粒子共用两个发射器，修改其中任何一个发射器，都会影响该粒子群。

下面对Emitter Options（Create）对话框中的选项进行说明。

- Emitter name（发射器名称）：用来设置所创建的发射器名称，如果不填，系统将会自动为粒子发射器命名为Emitter1。
- Emitter type（发射器类型）：发射器类型包括Omni（泛）、Directional（方向）、Volume（体积）以及Surface（曲面）和Curve（曲线）5种，如图15-38所示。若在

Emitter Type下拉列表中选择Directional选项，Emission Directional区域中的参数会被激活，这些参数主要用于设置粒子的发射方向。

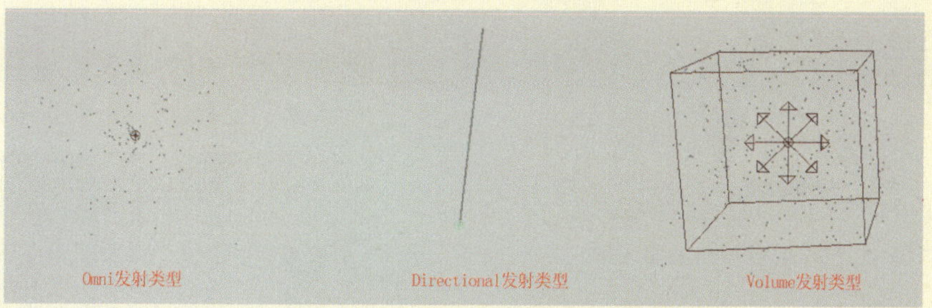

图15-38 粒子的发射类型

- Rate（速率）：设置粒子的发射速度。
- Max Distance（最大距离）：设置最远的粒子到发射器之间的距离。
- Min Distance（最小距离）：设置最近的粒子到发射器之间的距离。被发射的粒子以随机的状态分布在最小距离和最大距离之间。
- Direction X/Y/Z（方向）：用于控制粒子群的发射方向。
- Spread（扩展）：当在Emitter type下拉列表中选择Directional选项，被发射粒子将随机地分布在一个圆锥内，Spread主要用于控制圆锥的大小。
- Normal Speed/Tangent Speed：当在Emitter type下拉列表中选择Surface选项时，此选项被激活，它和Speed参数一样是控制粒子的发射速度。
- Speed（发射速度）：用于设置粒子发射器的发射速度。
- Spread random（扩散程度）：用于控制粒子扩散范围的大小。
- Tangent/Normal Speed（切线/法线速度）：设置Emitter type为Surface选项时，Tangent/Normal Speed属性被激活，主要用于控制粒子的发射速度。

15.2.4 利用物体发射粒子

有些情况粒子并不是仅仅靠粒子喷射器发射就可以满足设计要求的。例如，需要制作一只小鸟在飞行过程中羽毛脱落的动画，就需要将小鸟作为发射器发射羽毛。

动手实践309——在物体表面发射粒子

1 在场景中导入一组瓶子模型，选中瓶盖并执行Particles（粒子）| Emit from Object（物体表面发射）命令，即可在瓶盖的中心添加一个发射器，如图15-39所示。

2 播放动画，粒子会从瓶盖表面开始并逐渐向四周发射，如图15-40所示。

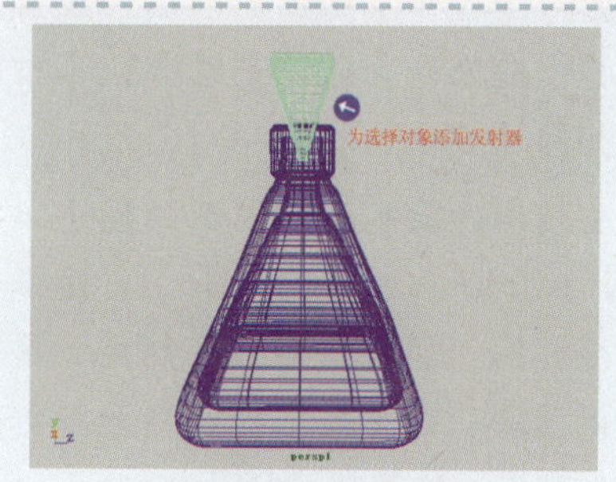

图15-39 添加发射器

图15-40 粒子从瓶盖的表面发射

3 选中发射的粒子，在其属性设置面板中使用默认的属性参数，拖动时间滑动到第50帧处，观察粒子的发射速度和数量，如图15-41所示。

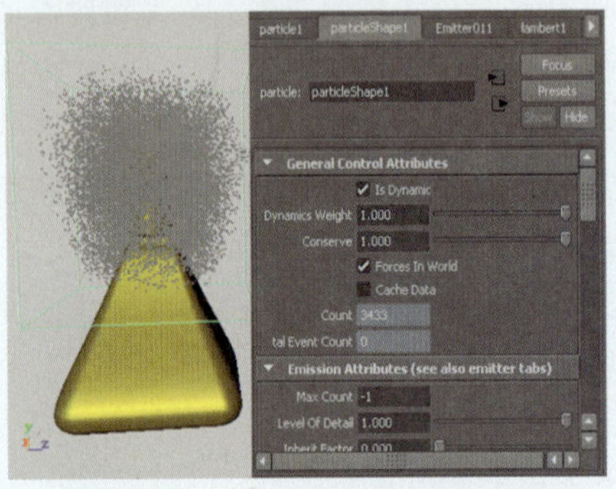

图15-41 默认属性粒子的发射效果

4 然后，设置Conserve（粒子守恒）为0.8、Max Count（最大数量）为1000，再拖动时间滑动到第50帧处，此时粒子的发射速度会极具减慢，粒子数量明显减少，如图15-42所示。

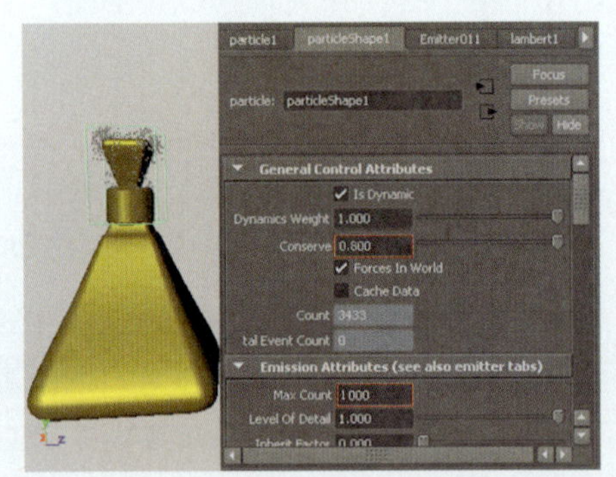

图15-42 设置粒子发射的属性参数

技巧

用户可以选择NURBS的控制点或多边形上模型的边、顶点、面，然后，执行Use Selected Emitter命令，即可创建出从表面发射的粒子群。

15.2.5 Goal（目标化粒子）

目标化粒子就是使用粒子能够被某个物体所吸引，从而使粒子受到该物体的控制。例如，影视电影中，无数个昆虫趴伏在一个面包上觅食的动画特效制作。

动手实践310——创建目标化粒子

1 在场景中导入一个瓶体模型，并且创建一个粒子发射器。然后，设置发射粒子的外形为球体并赋予粒子材质，如图15-43所示。

2 先选中球体粒子，再选中瓶子，执行Particle（粒子）| Goal（目标）命令，执行目标化操作。然后，拖动时间滑块，球体粒子会逐渐吸附到瓶子的表面，如图15-44所示。

图15-43 创建目标对象

图15-44 粒子的目标化效果

3 选择粒子，在其属性设置面板中展开Lifespan Attributes（生命属性）卷展栏，设置Lifespan Mode（生命模式）为Constant（自定义）。然后，播放动画，粒子只吸附到模型的一半，如图15-45所示。

4 设置Constant（自定义）模式的Lifespan（生命周期）为1.5，再播放动画到第116帧，粒子吸附到模型表面的区域增加，表明粒子的生命周期发生了变化，如图15-46所示。

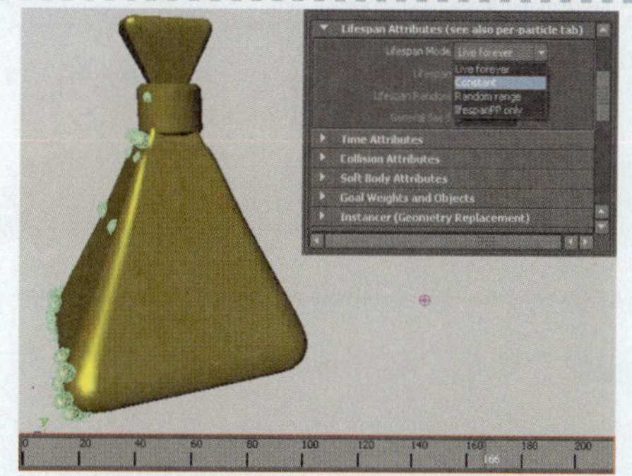

图15-45 设置粒子的生命模式

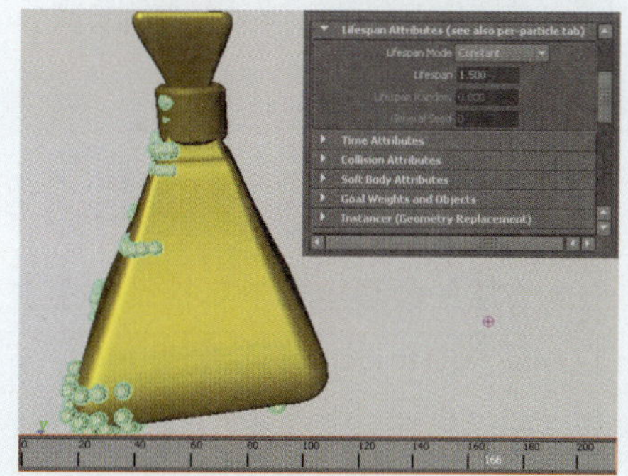

图15-46 设置粒子的生命值

下面对Lifespan Attributes（see also Per-particle tab）属性卷展栏中的选项进行说明。

- Lifespan Mode（生命模式）：Lifespan Mode包括4种模式，分别为Live forever（永远存活）、Constant（自定义）、Random Range（随机）和lifespanPP Only（每粒子生命周期）。
  - ◎ Live forever：在该模式下的粒子生命周期为无限长。
  - ◎ Constant：若使用该种模式，即可在其下方的第一个属性选项，设置粒子的生命周期值。
  - ◎ Random Range：使用该模式，可以在其下方的属性选项中设置粒子存活的时间范围。
  - ◎ lifespanPP Only：表示使用粒子群的每粒子属性来控制粒子的生命周期。
- Lifespan（生命周期）：设置粒子的消亡时间，以帧为单位，比如设置为20，则粒子在诞生20帧后消亡。
- Lifespan Random（生命周期的随机性）：配合粒子生命周期的Random Range模式，用来设置粒子的生命周期。
- General Seed（常规种子）：用来设置随机种子。

15.3 粒子的每粒子属性

前面介绍了粒子的基础属性，下面将向用户介绍一个全新的概念——粒子的每粒子属性。它是一种基于每个粒子元素的属性，即每个粒子的属性。选中场景中的粒子群，按Ctrl+A键，在打开的属性设置面板中切换到ParticleShape1，即可看到Maya粒子的Per Particle（Array）Attributes属性以及子属性选项，这些都表示粒子的每粒子属性，如图15-47所示。

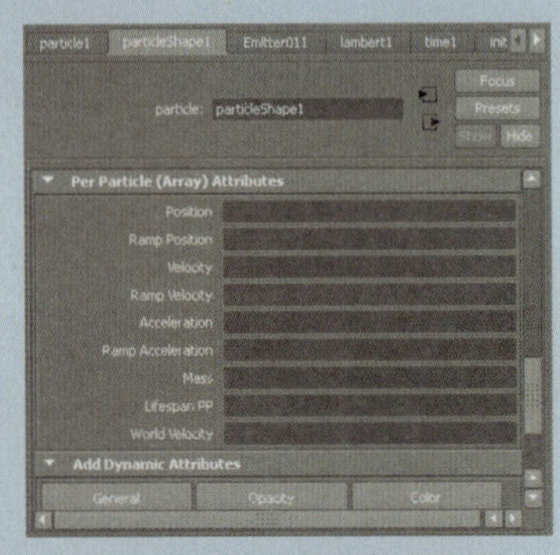

图15-47 粒子的每粒子属性

15.3.1 粒子的每粒子属性介绍

想要为粒子添加动力学属性，需要先单击Add Dynamic Attributes（添加动力学）下的General（常规属性）、Opacity（不透明度）或Color（颜色）按钮，再在弹出的窗口中定义要添加的属性。

1.General（常规属性）

可以为该属性选项添加一些Maya内置的粒子属性和粒子控制属性，还可以自定义需要的粒子属性，但同样也需要和其他的粒子属性结合使用。单击General图标即可打开属性添加窗口，这里添加的粒子属性分为New（新建）、Particle（粒子）和Control（属性控制），如图15-48所示。

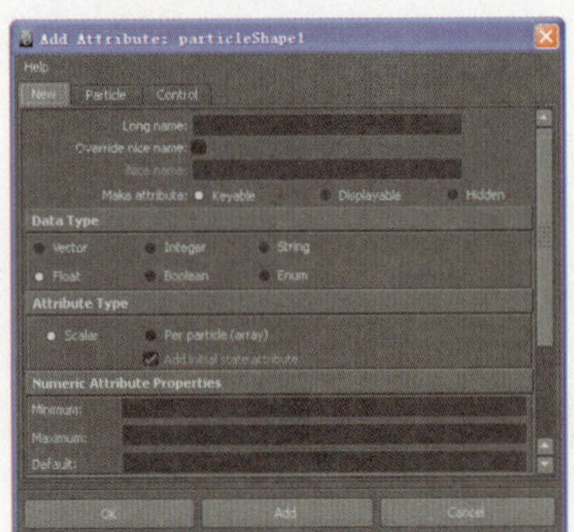

图15-48 粒子属性添加窗口

在Add Attributes（添加属性）窗口中，切换到Particle选项卡，即可看到有关粒子所有的属性选项，如图15-49所示。

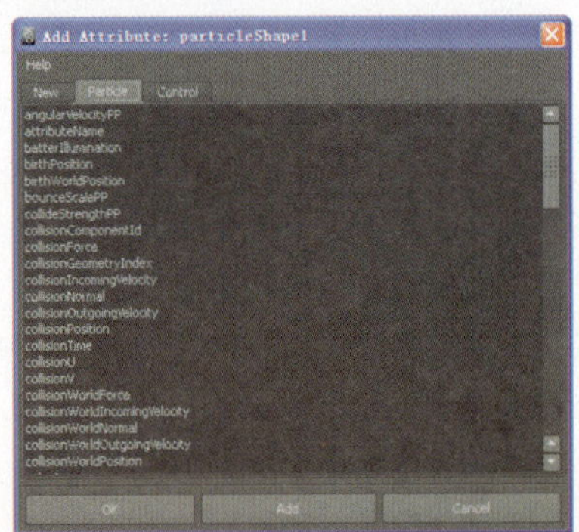

图15-49 粒子的基本属性

在Add Attributes窗口中，切换到Control选项卡，即可看到有关粒子所有的控制属性选项，如图15-50所示。

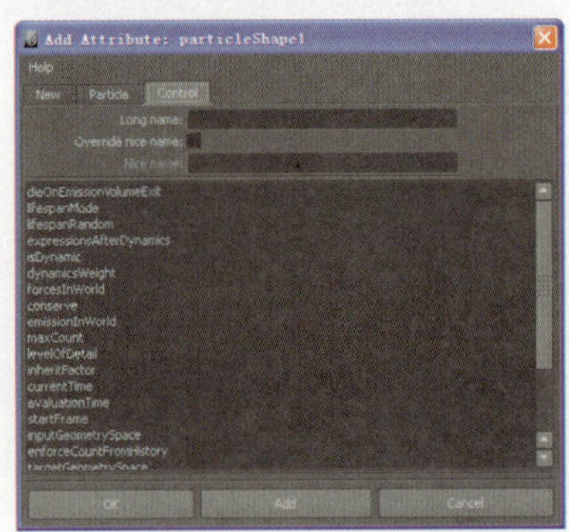

图15-50 粒子的控制属性

2.Color（颜色属性）

通过该选项，用户可以为粒子添加粒子的RGB颜色属性。单击该图标，打开粒子的颜色属性添加对话框，如图15-51所示。

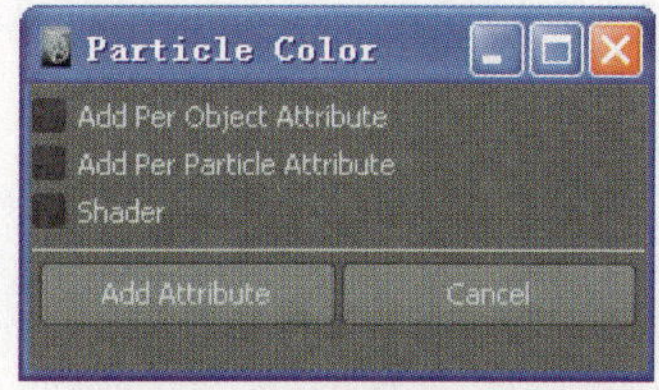

图15-51 颜色属性对话框

在图15-51中可以看到它的选项与前面的Opacity几乎一样，只是在下面多加了一个Shader复选框，如果用户选择添加Shader，则会直接弹出材质编辑器，以使用户直接修改粒子的材质属性。

3.Opacity（透明属性）

通过该选项可以为粒子添加粒子的透明度属性。单击该图标，即可打开粒子属性添加对话框，如图15-52所示。

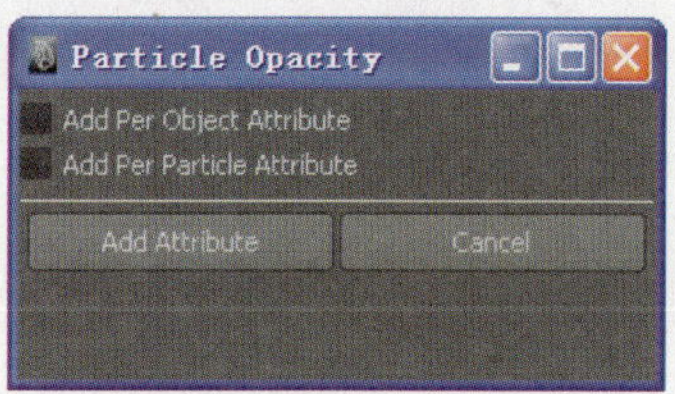

图15-52 透明属性对话框

在图15-52中用户可以选择Add Per Object Attributes或是Add per Particle Attributes。若Add Per Object Attributes被添加后，会在粒子属性设置面板的Render Attributes生成一个Opacity属性，它会对整体粒子群的透明度起作用；若Add Per Particle Attributes被添加后，会在Per Particle（Array）Attributes属性生成一个Opacity PP属性，它将对每个单独粒子起作用，即可以使每个粒子拥有不同的透明度，如图15-53所示。

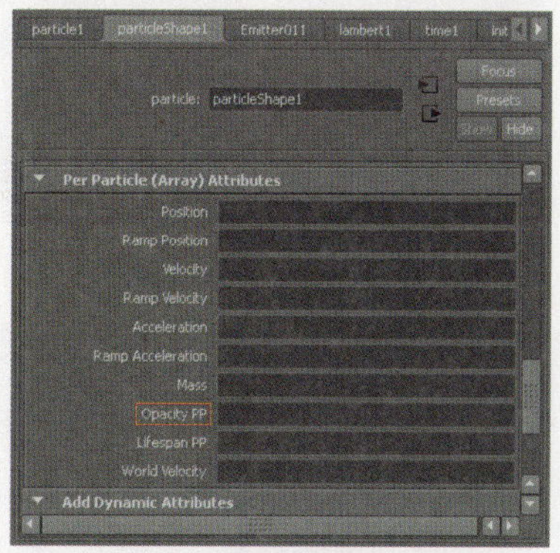

图15-53 添加的透明属性

15.3.2 添加每粒子属性

通过前面对Maya中每粒子属性的详细介绍，本节将学习如何添加粒子的每粒子属性。

动手实践311——添加每粒子属性

1 选中发射器发射出的粒子，在其属性设置面板中切换到ParticleShape1选项卡，展开Per Particle（Array）Attributes卷展栏，依照默认选项，并单击General（常规属性）按钮，如图15-54所示。

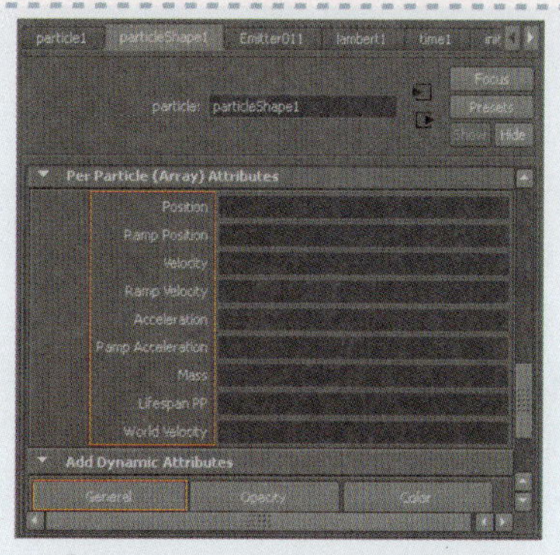

图15-54 每粒子属性的默认选项

2 在打开的Add Attribute（添加属性）窗口中，切换到Particle（粒子）选项卡，选中每粒子的半径属性radiusPP，单击Add（添加）按钮，如图15-55所示。

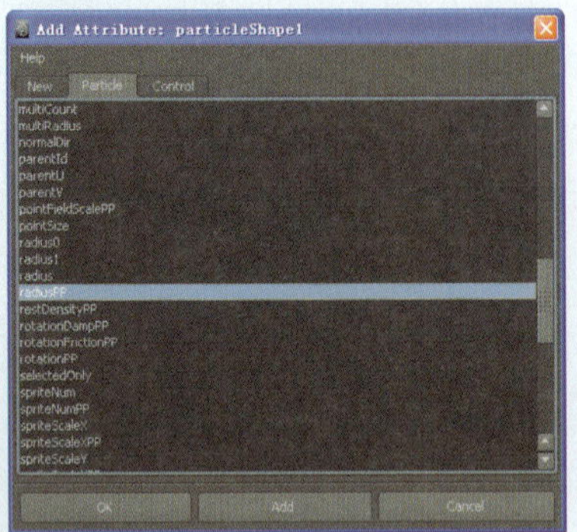

图15-55 选择要添加的粒子属性

3 此时，即可在Per Particle（Array）Attributes卷展栏下方显示被添加的每粒子半径属性Radius PP，如图15-56所示。

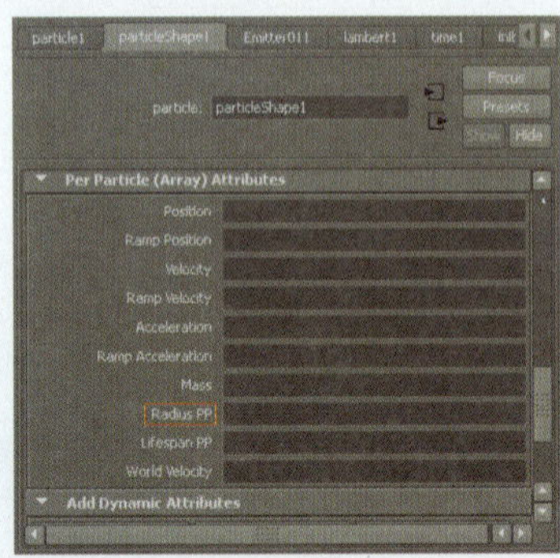

图15-56 添加的每粒子半径属性

15.4 粒 子 碰 撞

利用Maya的粒子碰撞功能，可以模拟许多物理现象，最典型的例子就是利用粒子碰撞模拟水滴相撞的效果。由于碰撞，粒子可能会进行再分裂、产生新的粒子或者导致粒子的死亡，这些效果都可通过粒子系统来完成。

15.4.1 创建粒子碰撞

粒子的碰撞不但可以在粒子与粒子之间完成，而且还可以在粒子与物体之间完成。如果要创建粒子碰撞，必须首先创建一个粒子碰撞物体，这个物体将作为粒子与粒子或者粒子与物体之间的介质物体，它会为粒子与物体之间建立联系，这样才能形成最终的粒子碰撞效果。

动手实践312——添加粒子碰撞

1 选中发射器发射的粒子并切换到Emitter选项卡，设置Rate（发射率）为10。再切换到Particleshape1选项卡，设置粒子显示类型为Spheres（球体）、Radius（半径）为0.2，如图15-57所示。

图15-57 创建粒子群

2 为粒子添加重力场。然后，先选中粒子，再选中物体nurbsPlaneShape1，执行Particles（粒子）| Make Collide（建立碰撞）命令，使两者建立碰撞连接，如图15-58所示。

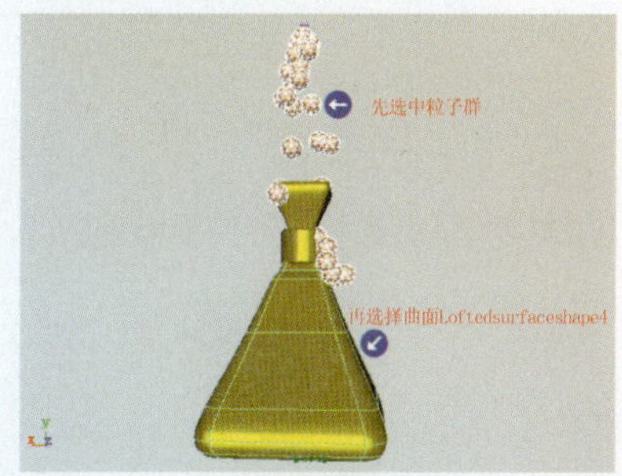

图15-58 建立碰撞连接

3 执行Window（窗口）| Relationship Editors（关联编辑器）| Dynamic Relationships（动力学关联）命令，在弹出对话框的左侧单击Particle1选项，右侧单击Collisions（碰撞）单选按钮并单击nurbsPlaneShape1，播放动画观察粒子的碰撞效果，如图15-59所示。

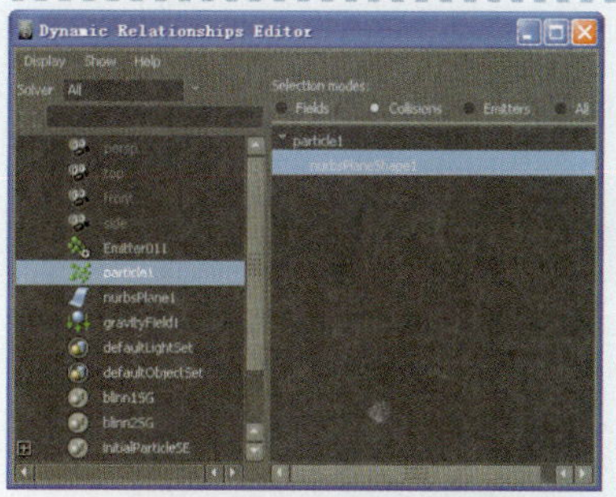

图15-59 粒子的碰撞效果

4 然后，选择球体粒子，在其属性设置面板中切换到geoConnector1选项卡，再在Geo Connector Attributes（几何体碰撞属性）卷展栏下修改相应的参数，以减小碰撞幅度，如图15-60所示。

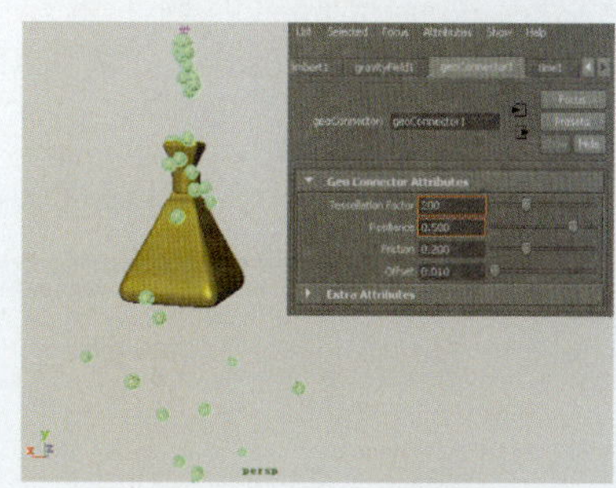

图15-60 减小碰撞幅度

15.4.2 使用碰撞事件

所谓的粒子碰撞事件，是指粒子在发生碰撞接触的瞬间所要发生的事情。

动手实践313——使用碰撞事件

1 继续使用上节的粒子碰撞例子。选中粒子并执行Particles（粒子）| Particle Collision Event Editor（粒子碰撞事件编辑器）命令，在弹出的属性对话框中设置相应的参数，如图15-61所示。

2 单击Create Event（创建事件）按钮，播放动画，可以看到粒子的碰撞效果消失，并且生成了新的粒子群，如图15-62所示。

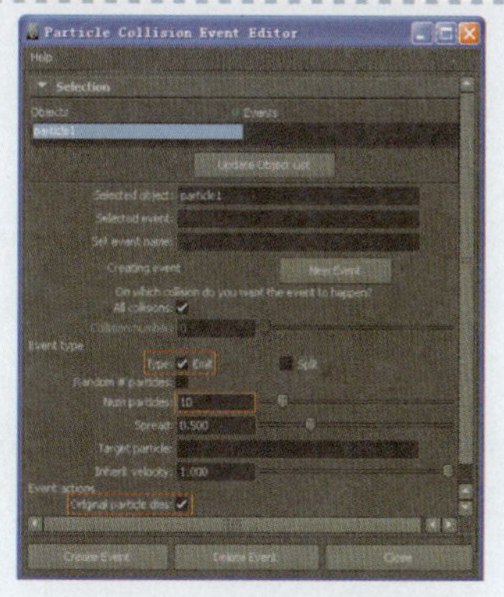

图15-61 使用碰撞事件

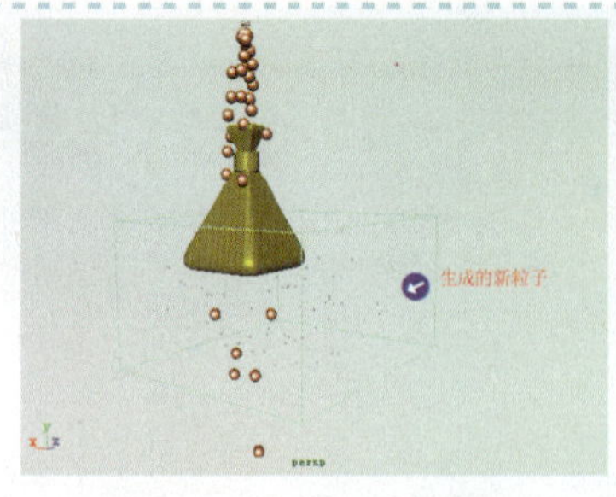

图15-62 生成的新粒子

3 选中新生的粒子，在其属性设置面板中切换到particleShape2选项卡，设置该粒子的模式为MultiStreak（多重轨迹）。然后，播放动画，观察新生粒子的外形变化，如图15-63所示。

4 同理，先选择新生的粒子群，再选中模型Loftedsurface4，执行Make Collide（建立碰撞）命令。然后，播放动画，观察新生粒子与模型的碰撞效果，如图15-64所示。

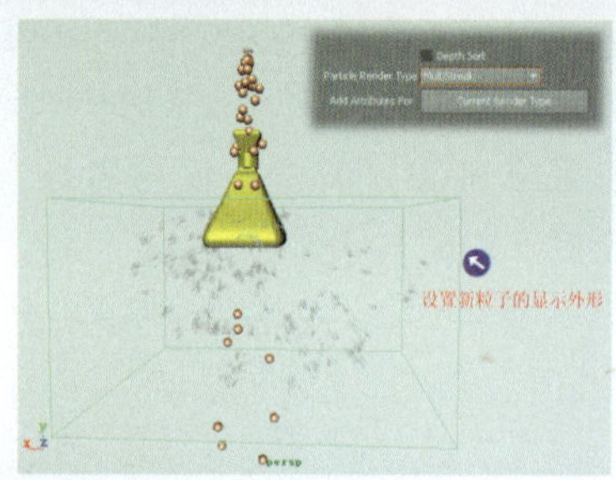

图15-63 设置新粒子的显示外形

图15-64 执行新粒子的碰撞操作

15.5 粒子关联

如果只使用Maya自动的几种粒子的显示类型来模拟千变万化的环境显然是不够的，这就需要在某些时候将粒子替换成真实的物体，借助于粒子关联工具的使用。粒子关联也可以被理解为粒子的替换，即使用一个场景物体来替换场景中发射的粒子。

动手实践314——添加粒子关联

1 在新建场景中导入一组模型，并创建一个粒子发射器。将场景中的模型mode1来替换发射的粒子，如图15-65所示。

2 先选模型model1，再选中粒子，执行Particles（粒子）| Instancer（Replacement）（替代）命令，在弹出的对话框中即可看到所选的两个对象的名称，如图15-66所示。

3 然后，单击Create（创建）按钮，执行粒子替换操作。此时，场景中的粒子被替换为多个物体模型，如图15-67所示。

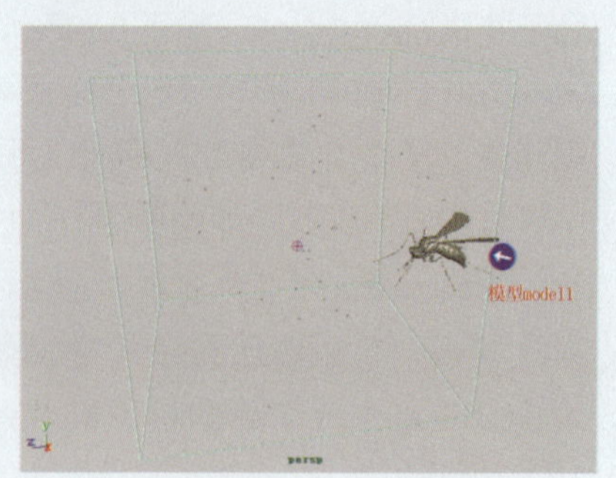

图15-65 导入目标模型

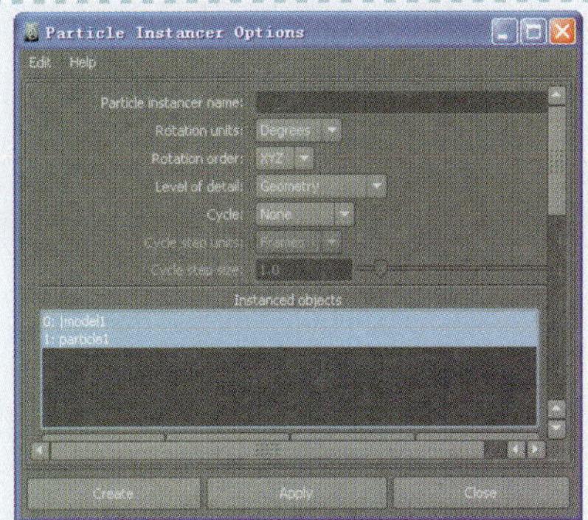

图15-66 显示所选的对象名称

图15-67 粒子的替换效果

4 在Outliner（大纲栏）窗口中，选择粒子Particle1并在其属性设置面板中设置其发射速率Rate（发射率）为10。然后，播放动画，替换物体的发射数量明显减少，如图15-68所示。

图15-68 设置粒子发射的速率

15.6 粒子的渲染

在创建好千变万化的粒子特效动画以后，只凭在场景视图窗口中的显示状态，远远达不到理想的表现效果，这就需要适当的渲染器将其输出成适合荧屏播放的绚丽效果，从而充分体现该特效的完美性，例如可以渲染出透明或不透明的粒子效果，如水、烟雾等，如图15-69所示。

图15-69 粒子特效的渲染效果

Maya中渲染粒子的方法可以分为SoftwareParticles（软件渲染）和HardwareParticles（硬件渲染）两大类。但是，这并不是说所有的粒子都可以使用硬件渲染或软件渲染。

选择创建中的粒子，在其属性设置面板中切换到particleShape1选项卡，展开Render

Attributes（渲染属性）卷展栏，可以看到Particle Render Type（粒子渲染类型）属性下的几种渲染类型，如图15-70所示。

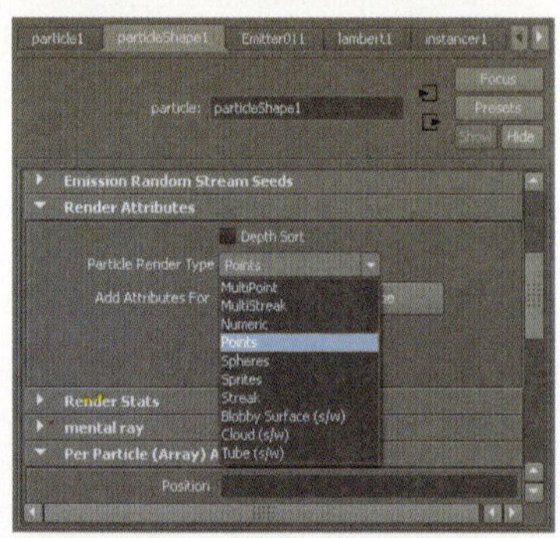

图15-70 粒子的渲染类型

其中，Streak以前的粒子称为硬件渲染，它们是采用显卡进行渲染计算的。从Blobby Surface之后的粒子并带（S/W）标记，称为软件渲染，它们采用软件的方法进行渲染。下面分别对粒子的软件渲染和硬件渲染的种类进行介绍，具体的渲染操作将在后面的实例中进行详细说明。

15.6.1 硬件渲染的粒子种类

这里所说的硬件渲染，指的并不是渲染窗口RenderView中的HarderWare渲染方式，而是Hardware Render Buffer（硬件渲染缓冲），它除了可以渲染粒子特效外，还常用于渲染模型线框。用户只需在粒子动画的场景中，执行Window（窗口）| Rendering Editors（渲染编辑器）| Hardware Render Buffer（硬件渲染缓冲器）命令，即可将当前帧的粒子状态渲染出来。

1.Points（点）类型

当在视图中创建一个粒子发射器后，按Ctrl+A键，打开其通道栏，在Render Attribute卷展栏下的Particle Render Type（粒子渲染类型）选项区域中选择Point（点），就可以将粒子的形状设置为点模式。点的数目和粒子的数目是对应的，如图15-71所示。

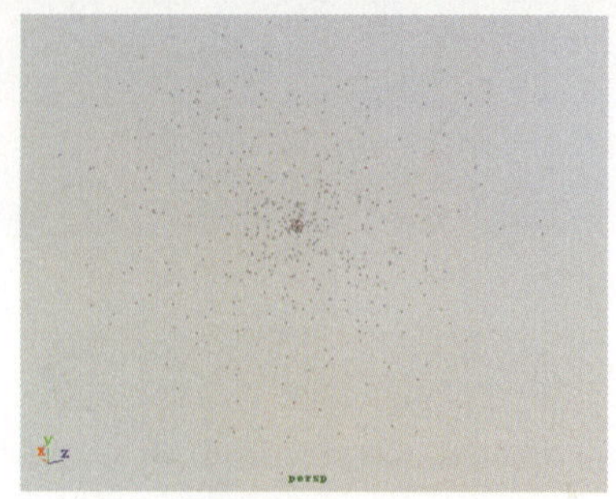

图15-71 Points（点）类型

然后，单击其下方的Current Render Type（当前渲染类型）按钮，则会增加几个关于Point粒子的属性，如图15-72所示。下面对这些属性选项进行介绍。

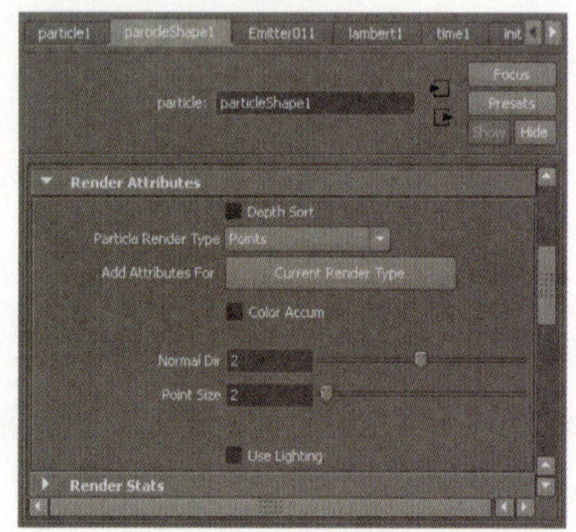

图15-72 展开Point粒子的属性

- Normal Dir：可以使用灯光调整运动粒子的亮度。
- Point Size：可以设置粒子点的大小。如果启用Use Lighting复选框，则可以将灯光作用于粒子，从而使其能够控制粒子的运动。

2.MultiPoint（多重点）类型

MultiPoint是Point（点）类型的增强版，其形状相同，不同的是粒子系统的每个粒子数目对应多个点物体，通过单击其下面的Current Render Type（当前渲染类型）按钮，也可以打开用于控制Multipoint粒子的参数设置，如图15-73所示。

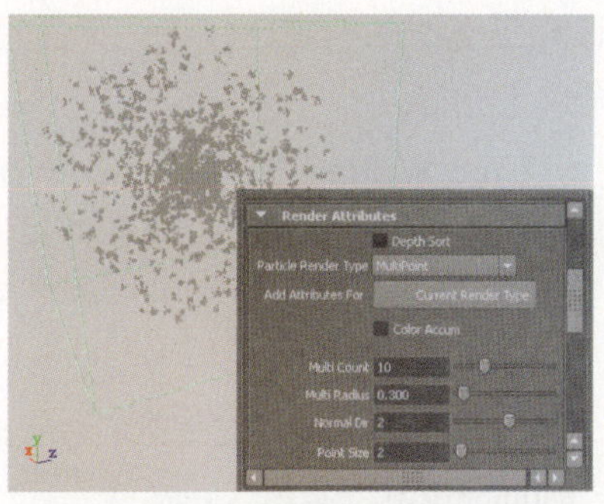

图15-73 MultiPoint（多重点）类型

下面对其属性选项进行介绍。

- Multi Count：用于设置每个粒子对应点的数量，若将该值设置为0，则与Point的数目是相同的。
- Multi Radius：用于设置粒子的分布半径。

3.Numeric（数字类型）

这种粒子类型将粒子的ID数值直接显示在对应的点上。所谓粒子的ID就是指每个粒子所特有的标签，它记录了粒子诞生的先后顺序，如图15-74所示。

图15-74 Numeric（数字）类型

Numeric粒子类型也有自己的选项控制，下面对其部分选项进行介绍。

- Attribute Name：用于输入用户想要显示的粒子属性名称，默认的名称为Particle ID。
- Point Size：用于控制显示点的大小。
- Selected Only：若启用该复选框则仅仅显示选择的粒子属性，效果如图15-75所示。

图15-75 选择部分粒子的效果

4.Sphere（球体）类型

Sphere粒子类型用于将粒子的形状设置为球体。在做粒子测试时，经常会使用到这种显示类型。如果单击Current Render Type（当前渲染类型）按钮，展开Radius（半径）属性，还可以更改球体的半径，创建效果如图15-76所示。

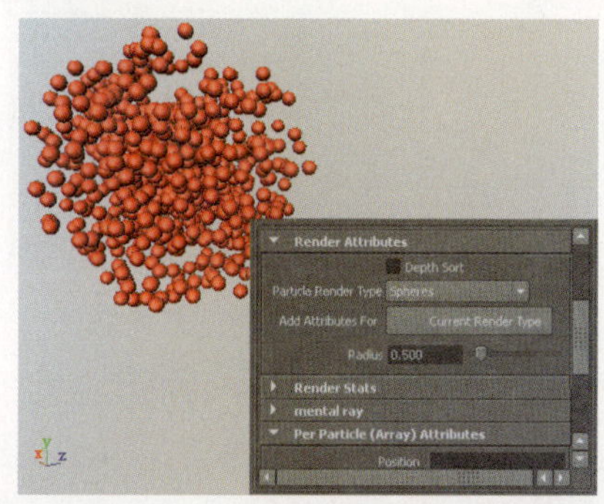

图15-76 Spheres（球体）类型

5.Sprites（精灵）类型

这种粒子类型将粒子替换为一张面片贴图，用户可以在图像上显示一张纹理图像或图像序列，以此替换粒子显示，如图15-77所示。

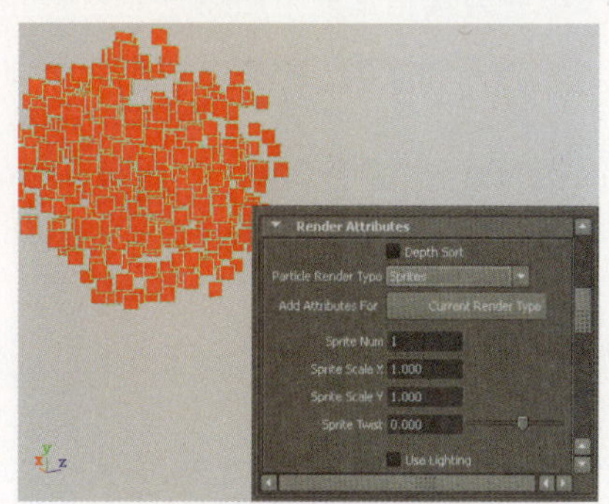

图15-77 Sprites类型

关于这种粒子渲染类型的参数较多，下面对其部分选项进行介绍。

- Sprite Num：用于设置显示图像序列部分贴图文件的扩展名数量。
- Sprite Scale X/Y：用于控制贴图在X/Y轴上的缩放。
- Sprite Twist：用于设置贴图在场景中的旋转角度。

6.Streak（射线）类型

如果选择该选项，则粒子的形状将变为长形的射线状，如图15-78所示。

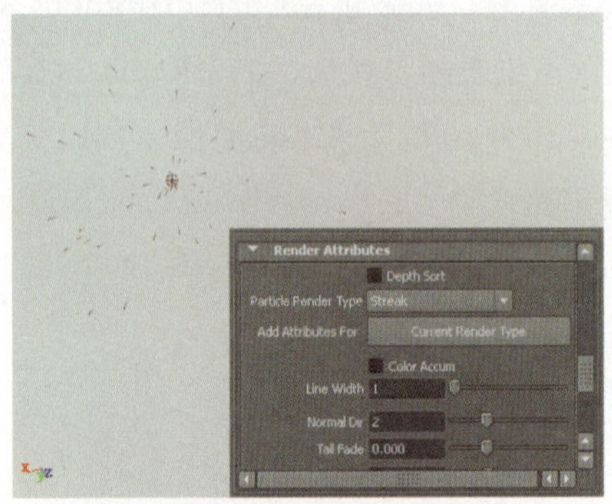

图15-78 Streak（射线）类型

该粒子类型的选项比较多，下面对其部分选项进行介绍。

- Line Width：用于设置粒子线条的宽度。
- Tail Fade：用于设置线条的尾部衰减的不透明度。
- Tail Size：用于设置线条尾部的长度。

7.MultiStreak（多射线）类型

与Point和MuliPoint的关系相似，MultiStreak为Streak的增强版本，它与Streak的最大区别就在于它可以使一个粒子对应多条射线，如图15-79所示。

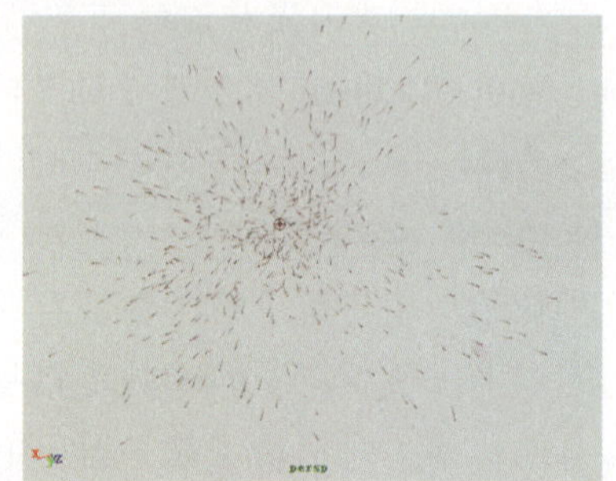

图15-79 Multi Streak（多射线）类型

动手实践315——添加Sprites粒子贴图

1 在场景中创建Sprites粒子并将其选中，执行Particles（粒子）| Sprite Wizard（精灵向导）□命令，打开如图15-80所示的对话框。然后，单击Browse（浏览）按钮，在弹出的对话框中为其指定一个贴图。

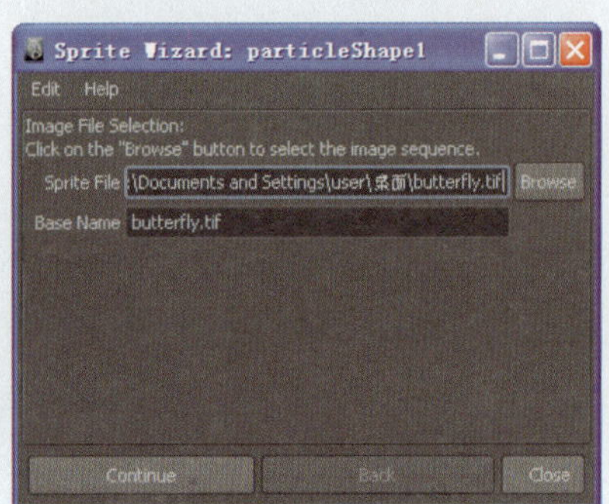

图15-80 导入贴图

2 然后，单击Continue（继续）按钮，再在打开的对话框中单击Apply按钮，完成贴图的设定，如图15-81所示。

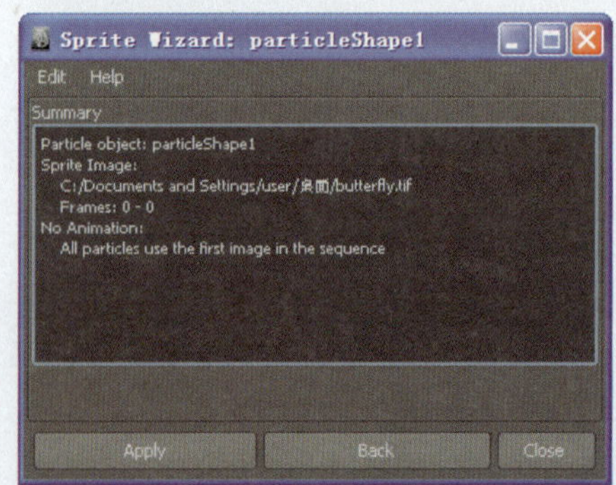

图15-81 贴图路径

3 此时，场景中的粒子平面上就显示了贴图效果，但因贴图不带Apha通道，

Sprite粒子还是会显示出方形边框，如图15-82所示。

带Apha通道

不带Apha通道

图15-82 是否带有Alpha通道对贴图的影响

15.6.2 软件渲染的粒子种类

软件渲染的粒子是一种非实时显示的粒子，它只有通过软件渲染后才能够看到它们。Maya中的软件渲染粒子包括Blobby Surfaces（斑点表面）、Cloud（粒子云）和Tube（管状）类型。

1.Blobby Surfaces（s/w）

它可以将粒子的形状设置为斑点形状的圆片，是一种可融合的粒子。单击其下面的Current Render Type按钮，展开其选项，其中Radius选项用于设置粒子的半径；Threshold用于设置粒子的融合度，数值越大，则粒子的融合能力就越强，如图15-83所示。

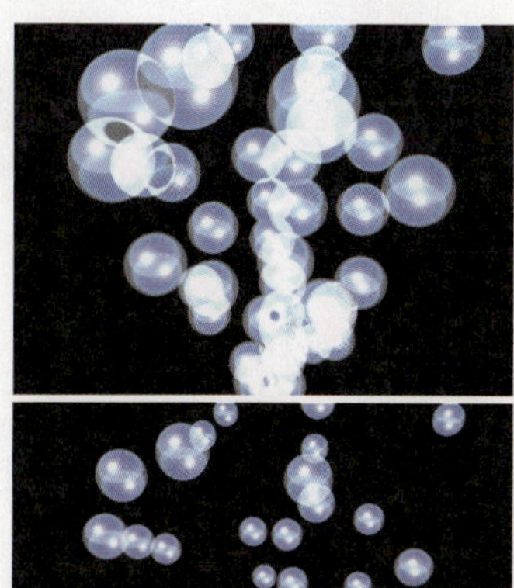

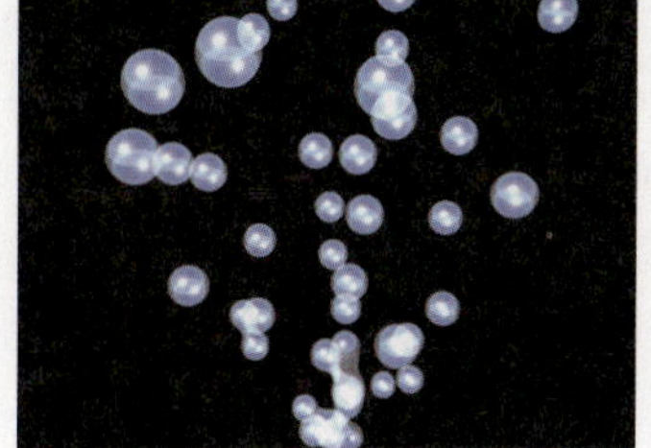

图15-83 Threshold对粒子的影响

2.Cloud（粒子云）类型

这种粒子可以用来制作云彩、烟雾等效果。这种粒子类型的融合能力很大，非常适合制作体积较大的粒子群。如图15-84所示的是该粒子的参数设置面板。

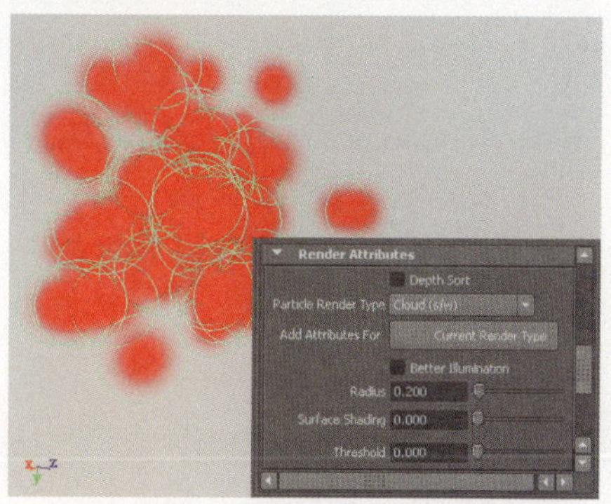

图15-84 Cloud（粒子云）类型

下面对Cloud（粒子云）类型的属性选项进行介绍。

- Radius：用于设置粒子半径。
- Surface Shading：用于设置Cloud渲染后的清晰程度，其输入范围为0~1，当其参数越趋近1，粒子云的显示就越清晰；反之越模糊。
- Threshold：用于设置粒子云的融合度。

3.Tube（管状）类型

Tube是一种以管状形状渲染的粒子，如图15-85所示。它和Cloud具有一个共同的特性，就是都需要使用Particle材质进行渲染。

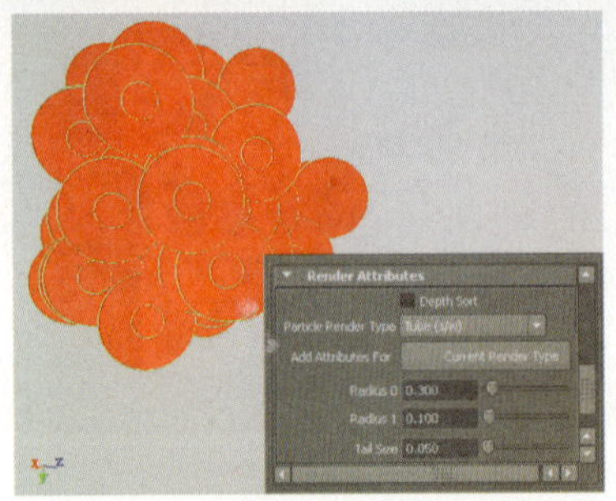

图15-85 Tube（管状）类型

下面对Tube（管状）类型的属性选项进行介绍。

- Radius0：用于设置粒子头部半径大小。
- Radius1：用于设置粒子尾部半径大小。
- Tail Size：用于设置管状的长度。该选项数值将会乘以粒子的运动速度值，最后得出渲染出管的实际长度。因此，当粒子移动速度很快时，会拉长圆管的长度。

15.7 Soft/Rigid（刚体和柔体）

在动画的制作当中难免有时会需要模拟一段硬性物体间的碰撞动画，或者制作一个粒子水转化一个精致的瓶子模型，就分别利用到Maya动力学模块中的柔体和刚体命令。

切换到Dynamics（动力学）模块，展开Soft / Rigid Bodies（柔体/刚体）命令列表，可以看到有关刚体和柔体的相关命令，如图15-86所示。

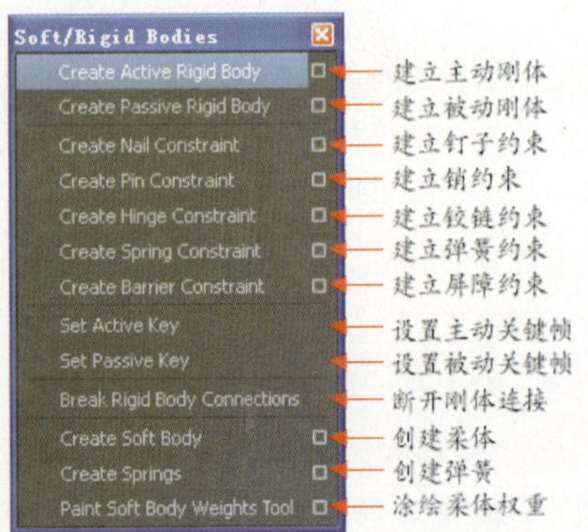

图15-86 刚体和柔体的命令菜单

15.7.1 刚体的概念和分类

在Maya中刚体可以使几何体转化为坚硬的多边形物体表面来进行动力学减算的一种方法。它可以用来模拟物理学中的碰撞效果，如两个不同重量的物体在碰撞后会各自改变运动方向，如图15-87所示，汽车的碰撞效果。

图15-87 刚体的技术应用

在Maya中，刚体可以分为两大类：主动刚体和被动刚体。主动刚体拥有一定的质量，可以受动力场、碰撞和非关键化的弹簧影响从而改变运动状态；被动刚体则相当于无限大质量的对象，它的运动状态不会受到任何改变，只能用来影响主动刚体的运动，同时它可以被设置关键帧。在动力学动画中用来做地面、墙壁、障碍物等固定物体。

15.7.2 创建主动刚体和被动刚体

通过前面对主动刚体和被动刚体的介绍，用户已经对刚体的概念和作用有了充分的了解，下面介绍如何创建主动刚体和被动刚体。

动手实践316——创建主动刚体和被动刚体

1 在新建场景中创建一个小球、3个漏斗和一个平面模型，并且执行冻结操作。其中，小球用来作为主导刚体，漏斗和平面作为被动刚体，如图15-88所示。

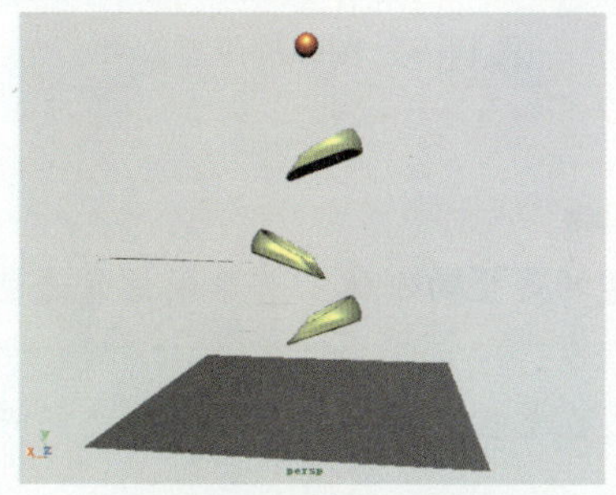

图15-88 导入目标模型

2 选择球体，执行Soft/Rigid Bodies（柔体/刚体）| Create Active Rigid Body（创建主动刚体）▣命令，在弹出对话框的Rigid body name（刚体名称）栏中输入Sphere1-Collision，并设置Stand in（替代）模式为Sphere，如图15-89所示。

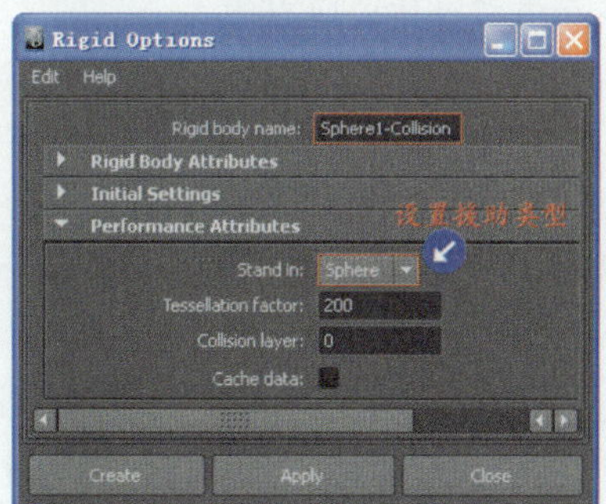

图15-89 设置主动刚体属性参数

3 单击Create（创建）按钮，此时小球的通道栏属性变为绿色，并在属性SHAPES的下方显示创建的Sphere1-Collision1节点和生成一个rigidSolver（刚体解算）节点，如图15-90所示。

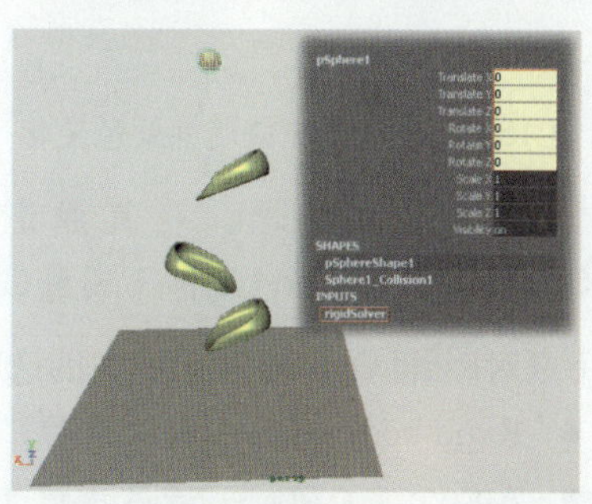

图15-90 小球被添加刚体后的属性变化

4 然后，同时选中3个漏斗和平面模型，执行Create Passive Rigid Body（创建被动刚体）▣命令，在弹出的对话框中设置刚体名称和Stand in模式，如图15-91所示。

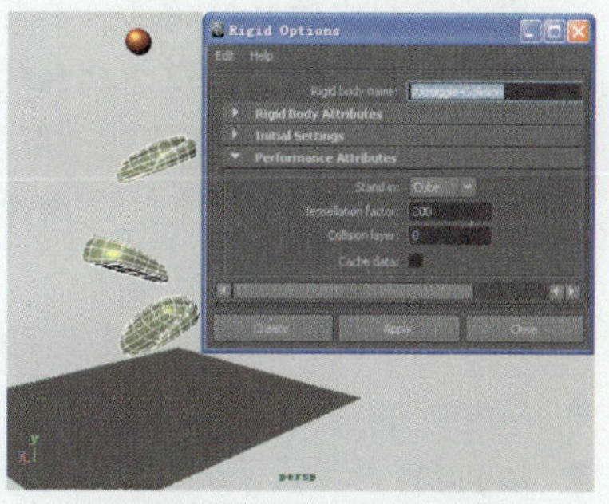

图15-91 添加被动刚体

提示

用户可以直接选中刚体对象，执行Editor（编辑）| Delete by Type（按类型删除）| Rigid Bodies（被动刚体）命令，将其刚体属性删除。

5 同样，在视图窗口中也会产生一个“X”型的刚体图标，被动刚体的通道属性也变为绿色，如图15-92所示。

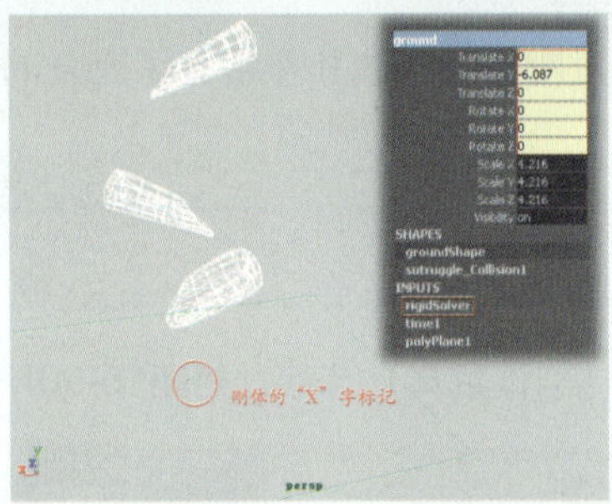

图15-92 被动刚体的属性颜色变化

6 然后，选择小球，在其通道栏的Sphere-Collision1属性下设置Center of Mass Y为98、Bounciness（弹性）为0.4，播放动画，观察小球的碰撞效果，如图15-93所示。

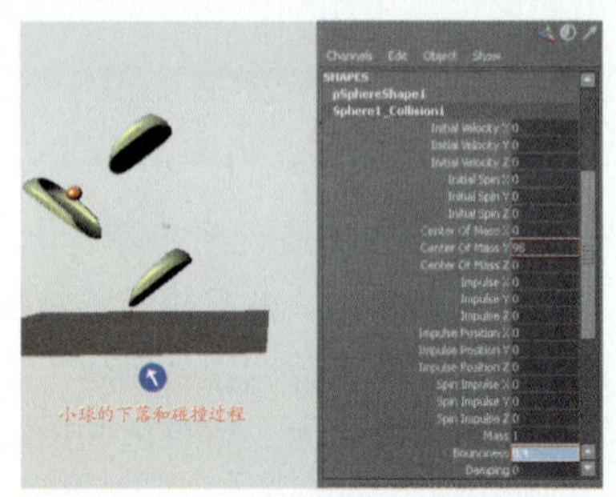

图15-93 刚体的碰撞效果

下面对Rigid Options对话框中的选项进行介绍。

- Rigid body name（刚体名称）：设置刚体的名称。
- Active（主动）：若启用该复选框，表示创建的是主动刚体；若禁用该复选框时，则创建被动刚体。
- Particle collision（粒子碰撞）：如果选中此复选框，粒子与主动刚体之间产生碰撞，碰撞的力量会使刚体产生运动。
- Mass（质量）：设置主体刚体的质量，刚体的质量决定了碰撞时的程度。刚体的质量越大，则碰撞的效果越强烈；刚体的质量越小，则碰撞的效果越弱。
- Set center of mass（设置质量中心）：用来设置刚体的质量中心，即物体的中心，它影响着刚体的碰撞效果，尤其是反弹效果。
- Center of mass X /Y/Z（刚体的重心位置）：用来设置刚体的重心位置。
- Static friction（静摩擦）：用于设置主动刚体的摩擦力。当主动刚体的物体运动时，必须有一个外力来克服这个摩擦力。
- Dynamic friction（动态摩擦）：设置主动刚体在运动时所受阻力的大小。
- Bounciness（弹性）：设置主动刚体反弹力的大小。
- Damping（阻尼）：用于设置阻力的大小。
- Impulse X/Y/Z（冲力）：用来设置推动力的大小和方向，推动力可以模拟一个巨大的外力在短时间内作用于物体之上的效果。默认状态下，推动力的作用点位于刚体的重心。
- Stand in：它包括None、Sphere和Cube方式。用户可以在播放动画的过程中使用立方体或球体来代理复杂的刚体，以提高系统的性能。这些物体只是虚拟物体，并不影响刚体的实际效果。
- Tessellation factor（镶嵌系数）：在为刚体动力学制作动画时，NURBS物体首先要转换为多边形物体。该文本框决定了所转换多边形的面数，较低的值虽然转换出较粗糙的几何体，但可以提高刚体动画的播放速度。
- Collision layer（碰撞层）：碰撞层可以容纳两个或者多个碰撞刚体，处于同一层中的两个刚体才能发生碰撞，不互相碰撞的刚体会被放置在不同的层中。

15.7.3 柔体概念

在Maya中，柔体可以把几何体表面的CV点或顶点转化成柔体粒子，然后通过对不同部位的粒子给予不同权重值控制的方法来模拟自然界中的柔软物体或可以变形物体的一种动力学减算的方法。如图15-94所示，将粒子水团转化为瓶子的动画过程。

图15-94 柔体的技术应用

在创建柔体时，系统会自动创建一个粒子物体，所以从某一方面来讲，柔体只是粒子的集合体，然而标准粒子和柔体粒子有些不同。一方面，柔体粒子被连接起来有一形状；另一方面，它们以固态形状而不是点的集合体出现在屏幕上及最终渲染中。因为这两种属性，所以柔体是特殊的，它们可以以固态几何体出现，几何体中的点和粒子物体中的粒子一一对应。当粒子运动时，几何体中的点也会随之运动。

15.7.4 创建柔体

在创建柔体变形时，柔体变形的目标对象有一定的要求，这里用户可以为多边形表面、NURBS曲线、NURBS表面、IK样条曲线或晶格等物体创建柔体。下面具体介绍柔体的创建方法。

动手实践317——创建柔体

1 在新建场景中，创建两块布料并放置到制作好的架子模型上，如图15-95所示。

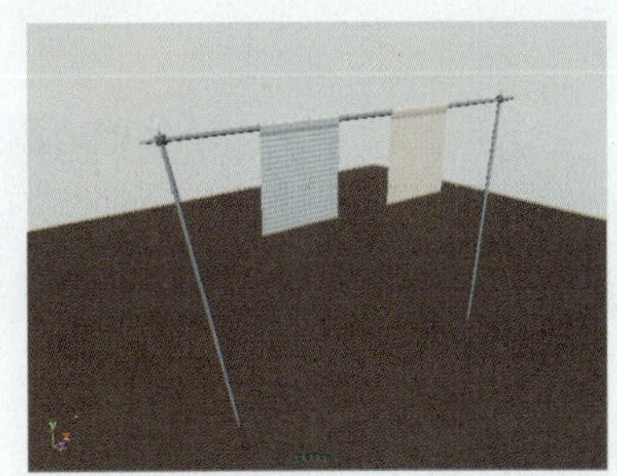

图15-95 导入场景模型

2 选中布料pPlanel，执行Create Soft Body（创建柔体）◻命令，在打开的对话框中选择Creation Options属性下的“Duplicate，make copy soft”选项，单击Create（创建）按钮，如图15-96所示。

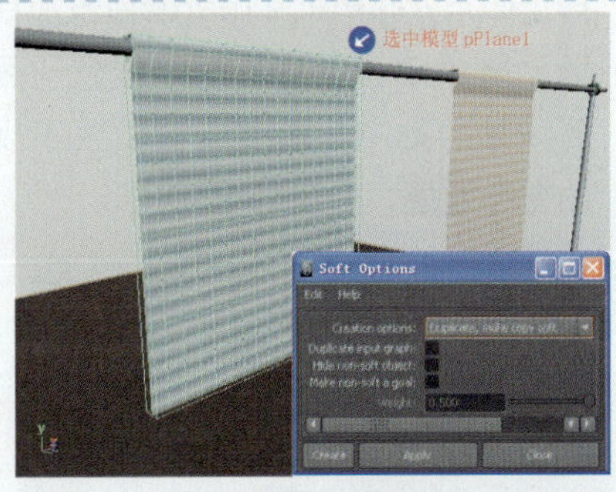

图15-96 创建柔体

3 打开Outliner（大纲栏）窗口，可以看到自动生成的柔体副本copyofpPlane1和柔体粒子CopyofpPlane1particle，单击该柔体粒子选项，如图15-97所示。

4 执行Air（空气）◻命令，在弹出的对话框中单击Wind（风）按钮，设置Magnitude（强度）为40、Direction Y/Z分别为0和-1、Inherit velocity（继承速度）为0，并禁用Use max distance

复选框，如图15-98所示。

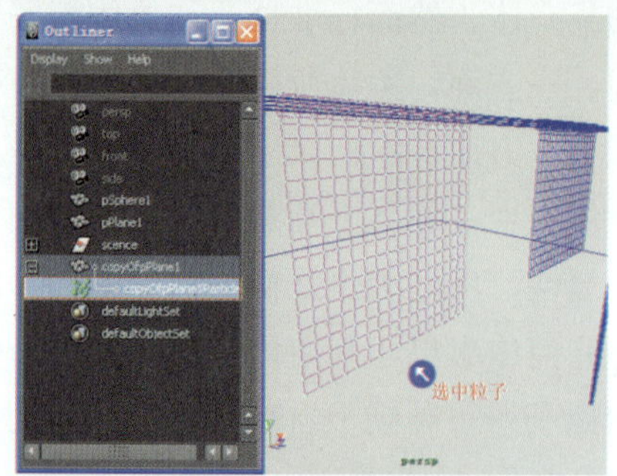

图15-97 选择柔体粒子

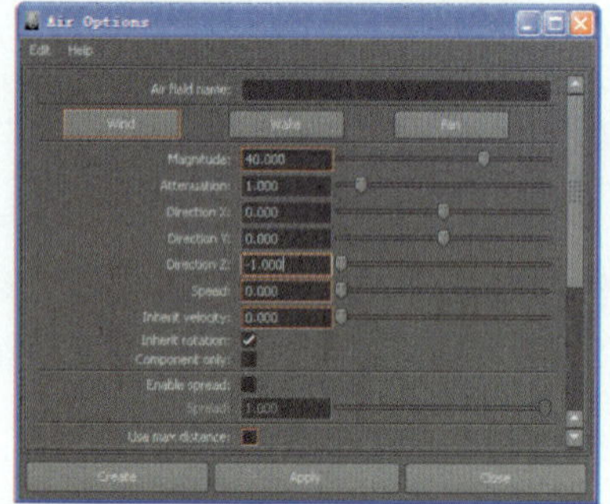

图15-98 设置选项参数

5 再为CopyofpPlane1particle添加扰动场，播放动画，可看到柔体粒子因受到风场的影响，而使布料发生不规则的变形效果，如图15-99所示。

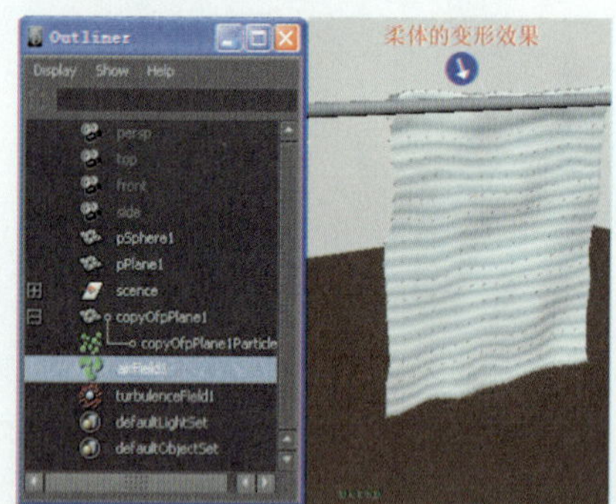

图15-99 布料的变形

提示

在为物体创建柔体变形后不要再添加或提取模型的段和面，否则会得到不可控制的柔体变形效果。

6 要使布料因受到风的影响而发生摆动效果。首先选中柔体副本copyofpPlane1并执行Paint Soft Body Weights Tool（绘制柔体权重）命令，打开柔体权重绘制面板，如图15-100所示。

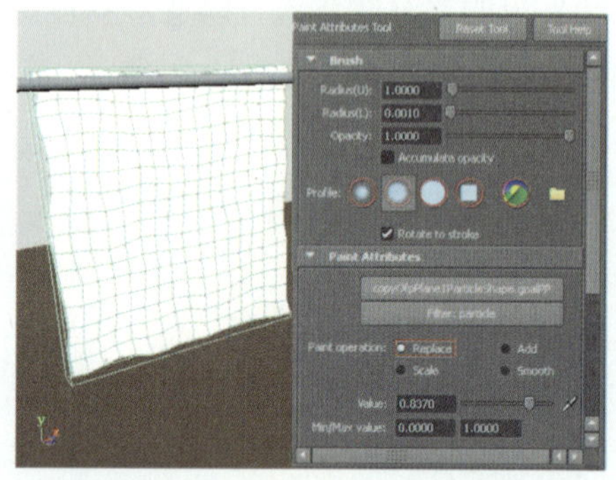

图15-100 打开柔体权重绘制面板

7 接着选中Replace（替换）单选按钮，并单击 Flood 按钮，以使柔体权重统一设置为0。然后，再设置不同的Value（权重值），对柔体权重进行涂绘，如图15-101所示。

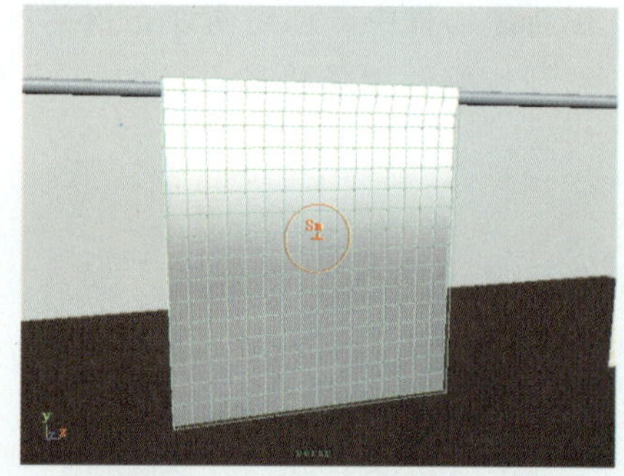

图15-101 绘制柔体的权重

8 播放动画，观察修改柔体权重后布料的随机变化效果。但是，由于受到风场float1的影响过大，布料脱离了架子，如图15-102所示。

9 选中场景中的风场图标，按Ctrl+A键，在打开的通道栏中设置Magnitude（强度）为20，再次播放动画，观察柔体的变形效果，如图15-103所示。

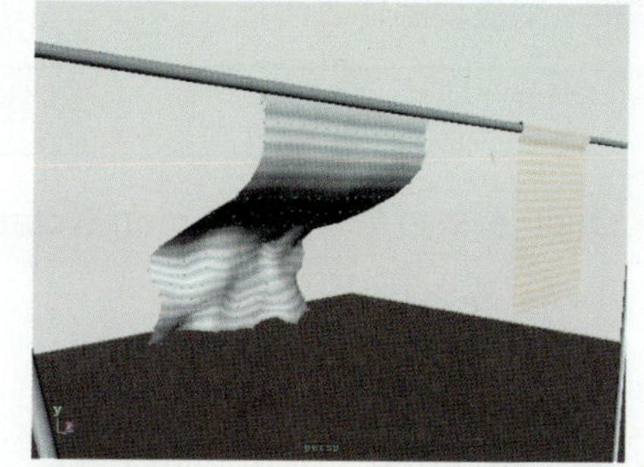

图15-102 柔体权重的修改效果

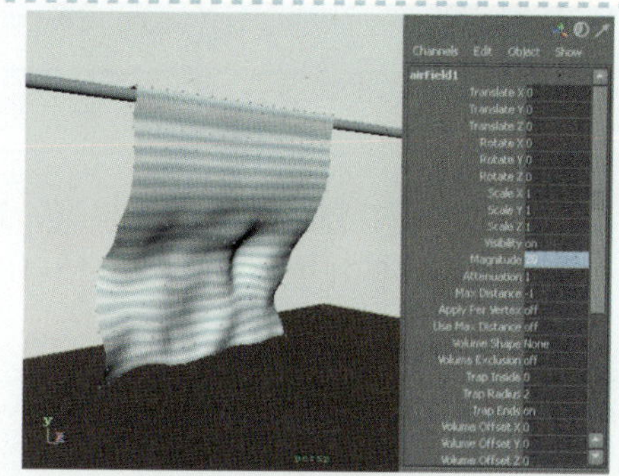

图15-103 修改风场权重值

问题：Maya动力学模块中，柔体碰撞和刚体碰撞的区别？

柔体碰撞与刚体碰撞是不同的。就刚体而言，其中一个刚体将会自动与另一刚体碰撞；而柔体则必须定义碰撞。

下面对Soft Options对话框中的选项进行说明。

- Creation options（创建选项）：用于控制柔体的创建方式。
  - ◎ Make Soft：用来控制将选中的物体转换成柔体。
  - ◎ Duplicate，make copy soft：在不改变原物体的情况下，将复制出的副本作为柔体。
  - ◎ Duplicate，make original soft：使用该选项可以直接将物体转换成柔体，并且另外复制一份原始物体。
- Duplicate input graph（复制输入图形）：当启用该复选框时，系统会自动复制原始几何体，并且把复制的几何体转换为柔体。
- Hide non-soft object（隐藏非柔体对象）：若启用该复选框，系统可以自动将原始的几何体隐藏起来，以节省有限的工作空间。
- Hide non-soft a goal：如果禁用该复选框，则当创建柔体时必须为粒子创建目标。
- Weight（权重）：用于设置目标物体的权重，当该值为0时，柔体可以自由变形；当该值为1时，柔体将尽量匹配原始物体的形状。

15.8 刚体约束

刚体约束用于限制刚体于场景中某个位置或者另外一个刚体上，限制刚体的运动状态。当对场景中的一个物体使用约束时，系统会自动把它转换成刚体。Maya中的刚体约束分为Nail（钉子约束）、Pin（销约束）、Hinge（铰链约束）、Spring（弹簧约束）和Barrier（墙壁约束）。下面对这几种刚体的约束进行简单的操作。

15.8.1 Hinge Constraint（铰链约束）

Hinge约束可以通过铰链沿着某个轴限制刚体的运动，例如可以创建门绕门轴旋转或钟表的摆动等物理现象。用户可以在以下3个范围内创建Hinge约束：一个主动刚体或者被动刚体与场景中的某一位置、两个主动刚体之间或者一个主动刚体和一个被动刚体之间。

动手实践318——创建铰链约束

1 在新建场景中导入一组场景模型，选择车门并调整其中心点到如图15-104所示位置，以便于车门的旋转。

图15-104 导入目标模型

2 选中车门并执行Air（空气场）命令，为其添加一个X轴方向的风场，以模拟一个外力作用于车门。然后，播放动画，车门沿X轴方向飞离了车身，如图15-105所示。

图15-105 添加风场

3 要使车门围绕轴向旋转着打开，就需要为其添加铰链约束。选中车门并执行Create Hinge Constraint（创建铰链约束）□命令，在打开的属性对话框中设置约束名称和参数，如图15-106所示。

4 单击Create（创建）按钮，即可创建一个铰链约束控制手柄，并会在Outliner窗口中产生一个men-Rotate1节点，如图15-107所示。

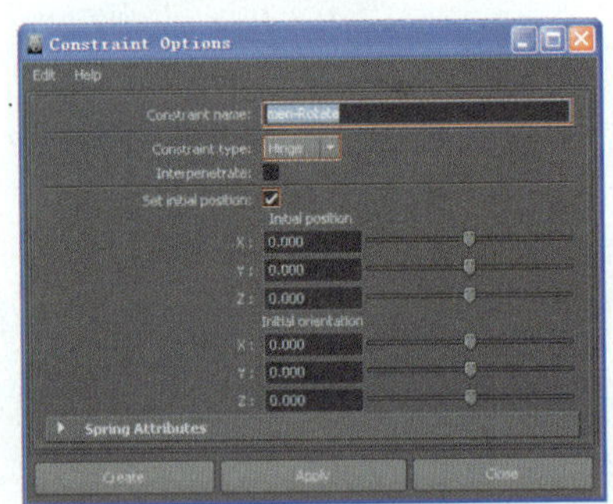

图15-106 设置铰链约束属性

提示

若没有启用Set Initial Position（设置初始位置）复选框，当为一个刚体创建约束时，Hinge约束将在场景中的坐标原点。当为两个刚体创建约束时，Maya会在两个刚体的中间点创建Hinge约束。

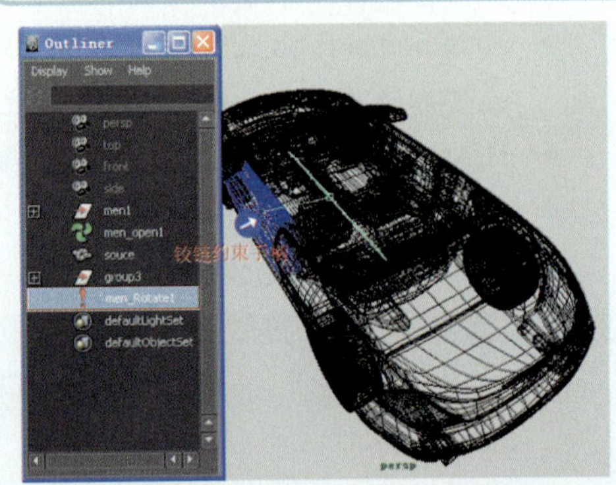

图15-107 创建的铰链控制器

5 播放动画，虽然车门没有飞离车身，但是也同样发生了不正常的旋转，这是由于铰链约束的轴向不正确导致的，如图15-108所示。

6 然后，选中铰链控制手柄，调整其旋转角度和位置到如图15-109所示状态，再次播放动画，车门被自然打开。

图15-108 铰链的约束效果

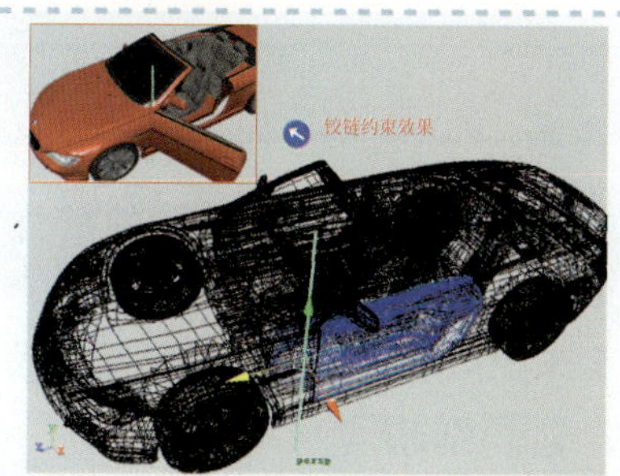

图15-109 铰链约束的最终控制效果

提示

Hinge Constrain（铰链约束）工具分别适用于两个主动刚体间、一个主动刚体和一个被动刚体间或一个主动刚体和固定点间。

15.8.2 Barrier Constraint（墙壁约束）

Barrier约束用于创建墙或地板等静止物体的效果，用户只能为一个主动刚体创建Barrier约束，主动刚体碰撞到墙壁约束时不会反弹，即表示不会越过屏墙壁约束控制器。

动手实践319——创建墙壁约束

1 旋转上节中添加了铰链约束的车门模型，执行Barrier Constraint（墙壁约束）命令，即可创建一个矩形的控制器，如图15-110所示。

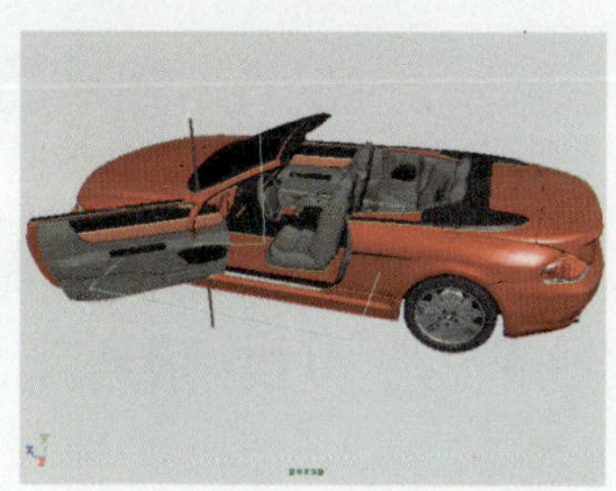

图15-110 创建矩形控制器

2 然后，选中该约束控制，在其通道栏中设置Rotate Z为90、Rotate X为-20，以限制车门的旋转角度为-20，播放动画，车门在旋转一定角度后自动停止，如图15-111所示。

图15-111 墙壁约束的最终效果

15.8.3 Nail Constraint（钉子约束）

Nail约束可以把刚体固定在场景中的某一个位置，它只对主动刚体起作用，而对被动刚体不起任何作用。运用刚体约束可以创建出吊起物体的效果。

动手实践320——创建钉子约束

1 在场景中导入带有吊坠的配饰模型fox，如图15-112所示。下面使用该模型来模拟跟随着车体的移动，吊坠会产生规律的摆动动画。

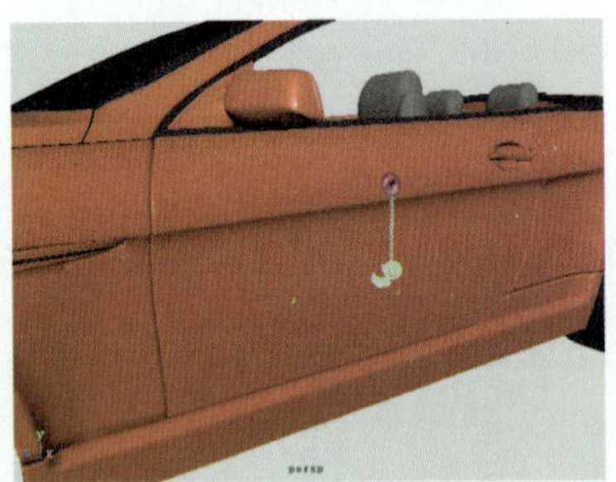

图15-112 导入目标模型

2 执行Gravity（重力场）命令，为所选吊坠模型fox添加重量场，播放动画，观察吊坠受重力场的影响效果，如图15-113所示。

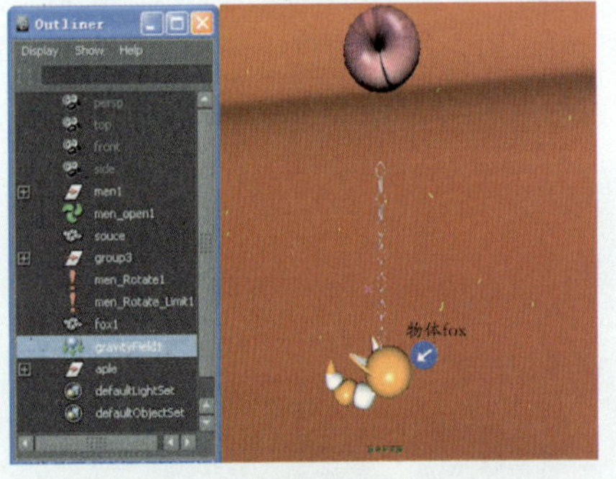

图15-113 为吊坠添加重力场

3 选中该吊坠模型，执行Create Nail Constraint（创建钉子约束）命令，即可在场景中创建一个钉子约束控制手柄，并调整该手柄的控制点，如图15-114所示。

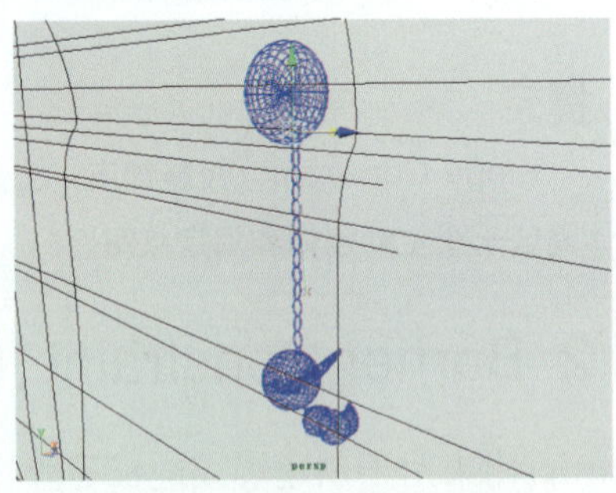

图15-114 创建的钉子约束控制手柄

4 然后，播放动画，吊坠模型会在钉子约束控制点的位置开始左右摆动，如图15-115所示。

图15-115 钉子约束效果

15.8.4 Spring Constraint（弹簧约束）

Spring约束主要用于模拟弹性绳索，可以创建为弹簧约束的对象比较广泛，主要包括以下3种：一个主动刚体或者被动刚体与场景中的某一位置、两个主动刚体或者一个主动刚体和一个被动刚体。

动手实践321——创建弹簧约束

1 在场景中导入一个水果模型并为其添加一个向下的重力场。下面使用该模型来模拟刚体命令中的弹簧约束，如图15-116所示。

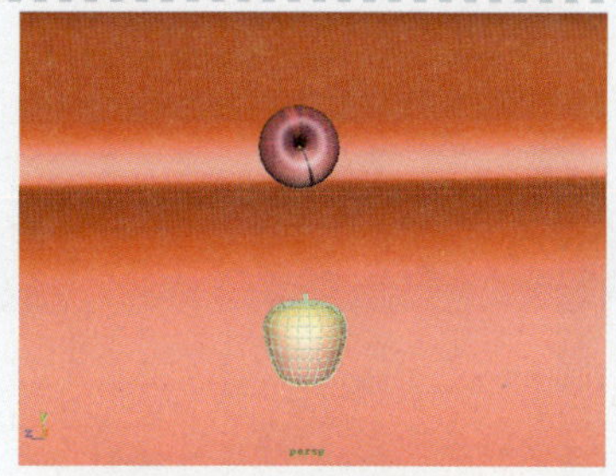
图15-116 导入目标物体

2 执行Spring Constraint（弹簧约束）▣命令，在弹出的对话框中选择Constraint type（约束类型）属性下的Spring（弹簧）选项，设置Stiffness（硬度）为300、Damping（阻尼）为3，如图15-117所示。

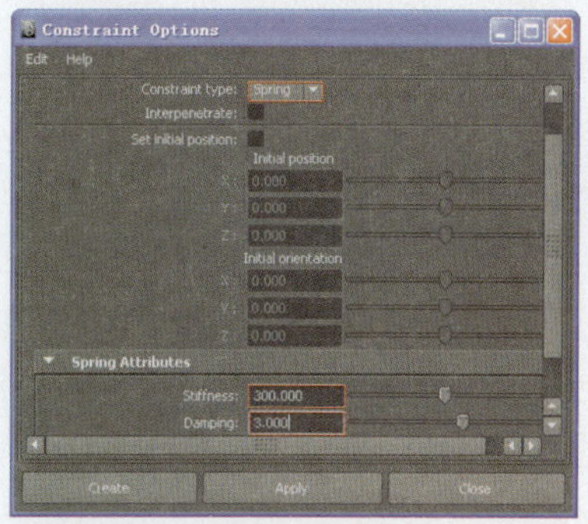

图15-117 执行Spring Constraint命令

3 然后，先选中水果模型，再选中红色的固定物体，单击Create（创建）按钮。播放动画，固定物体会跟随水果模型一同下落，如图15-118所示。

图15-118 物体间的弹簧约束效果

4 恢复两物体的默认状态，选中红色的固定物体并为其添加Nail（钉约束）。然后，再次播放动画，水果模型会自行上下跳动，如图15-119所示。

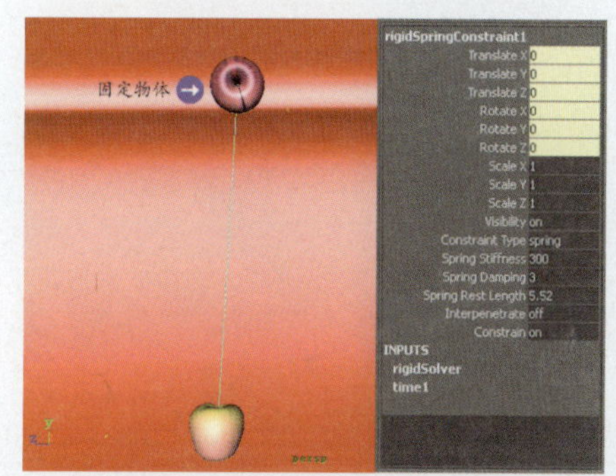

图15-119 最终的弹簧约束效果

15.8.5 Pin Constraint（销约束）

Pin约束可以在某一确定的位置上将两个刚体连接在一起，连接的物体可以是两个主动刚体，也可以是一个主动刚体和一个被动刚体。

动手实践322——创建销约束

1 选中场景中的吊坠模型组foxzu，并为其添加Z轴方向的风场，播放动画，观察吊坠沿Z轴移动的效果，如图15-120所示。

2 然后，选中如图15-121所示的第1节和第2节锁链，执行Pin Constraint（销约束）命令，即可在两者之间创建一个销约束控制器。

3 移动该销约束控制器的中心位置到环形物体的端部，以设定两节锁链受约束的位置，如图15-122所示。

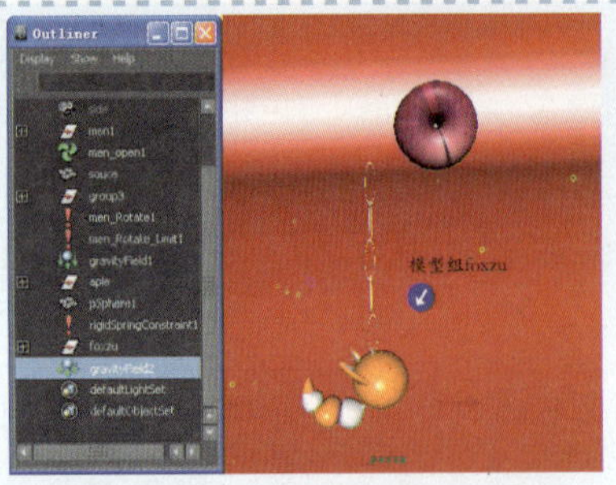

图15-120 为吊坠模型添加风场

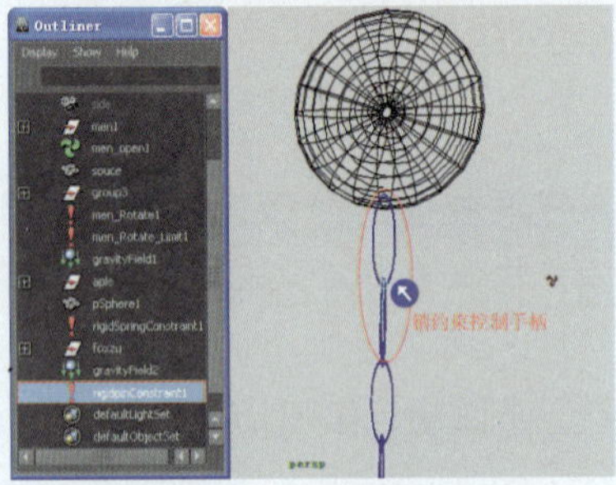

图15-121 创建销约束控制器

图15-122 移动销约束控制器位置

4 同样的方法，选中第2节和第3节锁链，在两者之间创建销约束，依次向下为每个两相临物体间添加销约束，如图15-123所示。

5 播放动画，吊坠和锁链会发生摆动，但脱离了红色固定物体的位置，如图15-124所示。

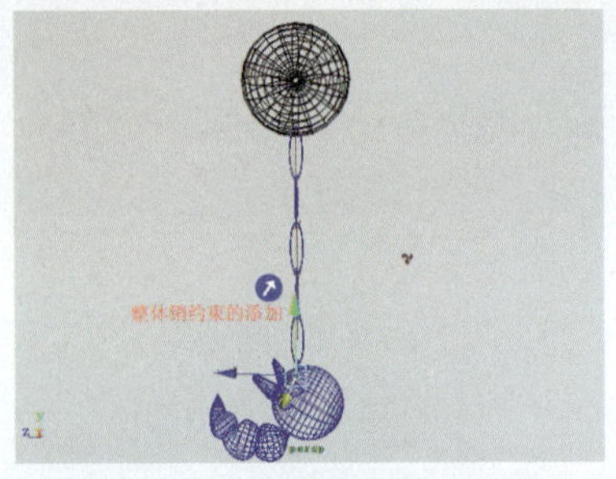

图15-123 整体销约束的添加

图15-124 未添加钉子约束的销约束效果

6 为吊坠的锁链添加Nail约束。然后，播放动画，吊坠模型和其锁链会在固定物体处产生链接式的摆动效果，如图15-125所示。

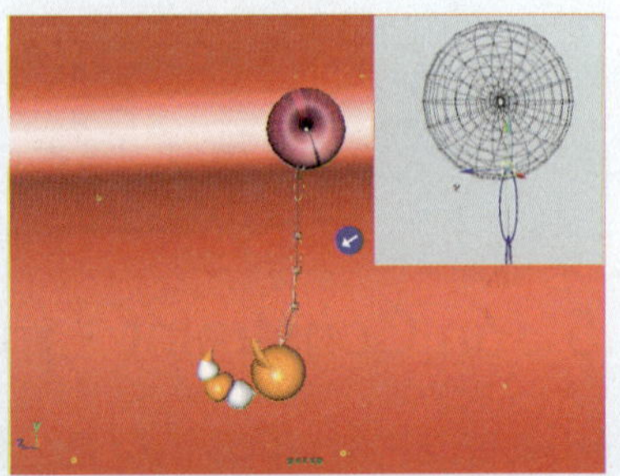

图15-125 吊坠发生正常摆动

15.9 刚体的解算

在Maya中，刚体的动力学动画和刚体约束动画是有刚体解算器控制的，若能够熟练使用刚体解算功能，即可很大的简化刚体和约束的动画难度和操作速度。切换到Dynamics模块，展开Solvers命令菜单，即可看到有关刚体介绍的命令，如图15-126所示。

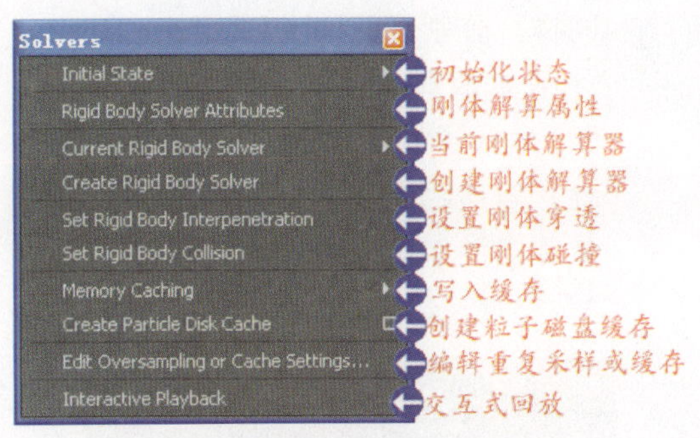

图15-126 刚体解算命令菜单

下面对刚体解算器的创建和基本操作进行详细的介绍。

15.9.1 创建刚体结算器

在为创建场景对象添加刚体动画或刚体约束动画后，根据动画的需要设置该刚体控制，但这样单一的调整刚体控制是一项很烦琐的工作，若为其添加一个刚体解算器，就能更快捷的编辑当前刚体动画。

动手实践323——创建刚体解算器

1 在前面制作的小球碰撞漏斗和地面的场景中，执行Solvers（解算）| Create Rigid Body Solver（创建刚体解算）命令，即可添加一个刚体解算器rigidsolver1，在信息栏中会有相关提示，如图15-127所示。

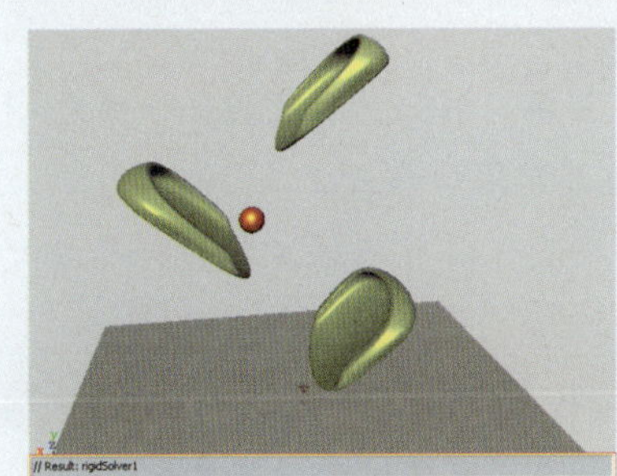

图15-127 创建刚体解算器

2 然后，执行Solvers（解算）| Current Rigid Body Solver（当前刚体解算）命令，再在其右侧的列表中单击rigidSolver1选项，即可切换到当前创建的解算器状态，如图15-128所示。

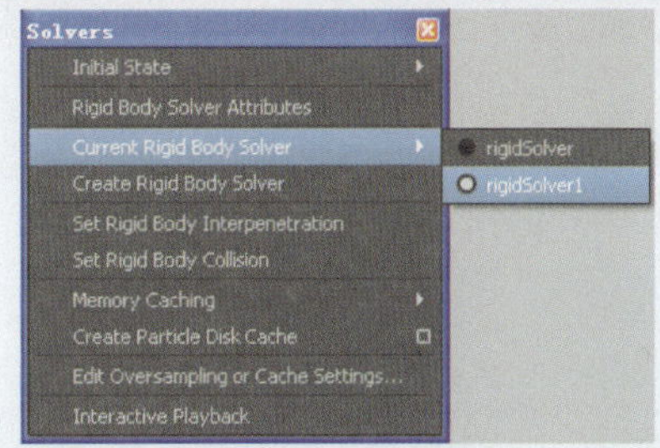

图15-128 显示当前创建的刚体解算器

3 同样的方法，用户还可以为当前的刚体碰撞动画创建多个刚体解算器，如图15-129所示。

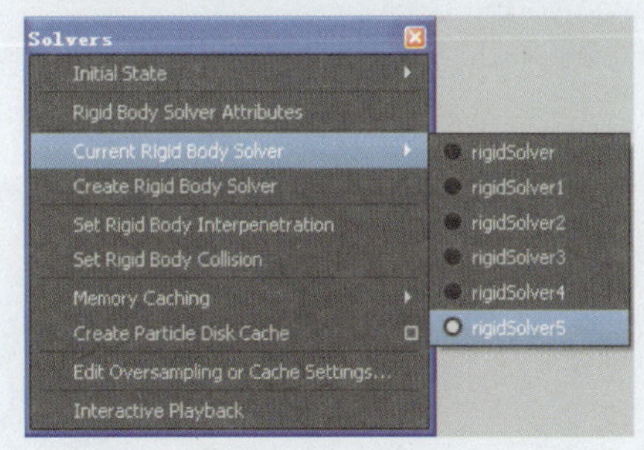

图15-129 创建多个刚体解算器

15.9.2 编辑刚体解算

动力学动画灵活性非常强大，在动画的编辑过程中，难免需要对添加过的刚体解算器属性进行修改和编辑，下面简要的解算如何编辑刚体解算。

动手实践324——编辑刚体解算

1 切换到上节中创建的刚体解算器rigidSolver1，在其属性设置面板中展开Rigid Sover Methods（刚体解算方式）卷展栏，在Solver Method（解算方式）属性中选中相应的解算模式，如图15-130所示。

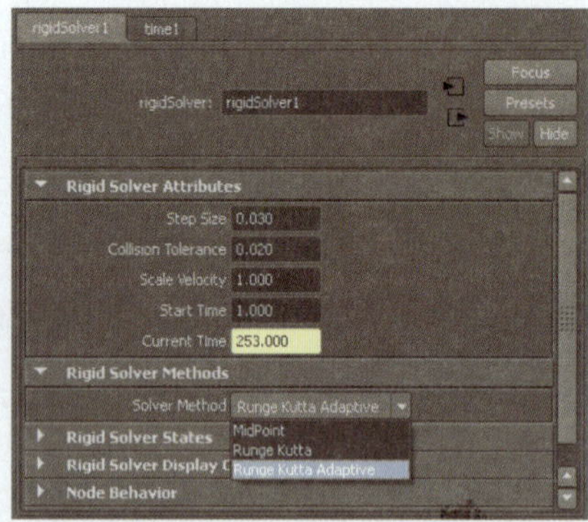

图15-130 切换解算模式

2 同样，分别展开Rigid Solver States（刚体解算状态）和Rigid Solver Display Options（显示刚体解算属性）卷展栏，在它们的下方可以设置解算器的解算状态和显示模式，如图15-131所示。

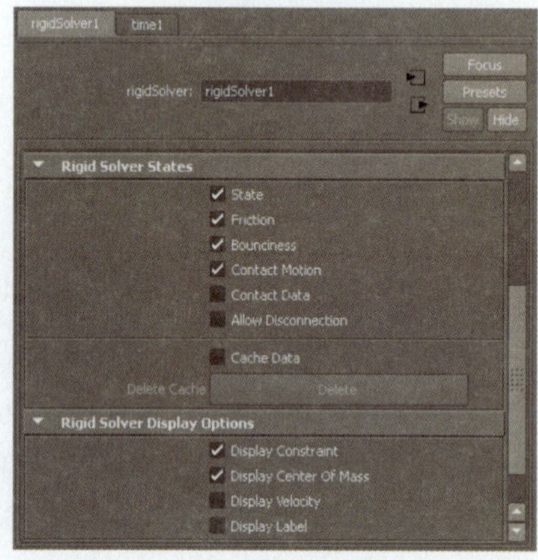

图15-131 设置解算器的状态和显示模式

下面对刚体解算器属性面板中的选项进行说明。

- Step Size（步长）：设置每帧刚体发生计算的频率。例如，动画的每一帧为0.1秒，而步长设置为0.033秒，解算器将会在一帧内计算刚体动画三次。
- Collision Tolerance（碰撞容差）：设置当一个刚体解算器检测碰撞时的精度和速度。
- Scale Velocity（缩放速度）：它与Display Velocity属性一起使用。当开启该选项，移动中的刚体将显示出一个速度箭头图标，该图标表示刚体运动的强度和方向。
- Start Time（起始时间）：设置解算器开始对刚体运算动力学动画时的时间滑块上的帧数。
- Current Time（当前时间）：可以对连接到解算器的所有刚体的动力学动画进行加速或减慢。当前时间对刚体的作用效果与其对粒子物体的作用是相同的。
- Solver Method（解算方式）：决定刚体运算的精度和速度。其中Midpoint以低精度进行较快速的计算；Runge-Kutta以适中的速度和精度计算；Runge-Kutta Adaptive以高精度进行较慢的计算。
- Rigid Solver States（刚直解算器状态）：用于控制是否开启或关闭动力场、碰撞或刚体约束等。
- Rigid Solver Display Options：用于控制刚体解算器控制属性的显示。

15.9.3 刚体动画转换为关键帧

由于直接使用动力学创建的刚体动画，在时间轴上并不显示任何关键帧，若想要修改刚体动画效果，就需要修改相应的刚体解算属性，但同时可以将刚体动画的属性显示出来，以对关键帧序列进行修改。下面来介绍如何显示刚体动画的关键帧。

动手实践325——刚体动画转化为关键帧

1 使用上节中的小球刚体动画，选中主动刚体小球，执行Edit（编辑）| Keys（关键帧）| Bake simulation（烘焙模拟）▣命令，在弹出的对话框中选中Start/End（开始/结束）单选按钮并在其下方设置关键帧的时间范围，如图15-132所示。

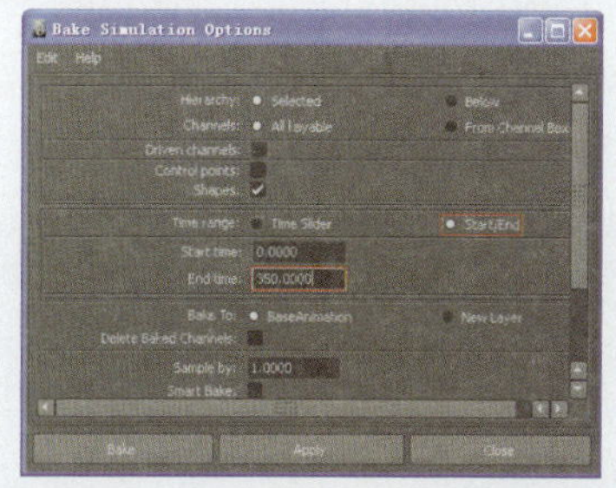

图15-132 设置显示关键帧的时间范围

2 然后，单击Bake（烘焙）按钮，即可将主动刚体小球动画的关键帧序列显示出来，并且原来的主动刚体变为关键帧化的被动刚体，如图15-133所示。

图15-133 显示刚体动画的关键帧

技巧

如果刚体属于一个组，则选中Hierarchy后面的Below单选按钮，否则选中Selected单选按钮。在Channels属性选项右侧，若选中From Channel Box单选按钮，则只会关键帧化From Channel Box特有的属性，否则将全部属性关键帧化。Sample by用于设置每隔多少帧烘焙一次。

15.10 制作模拟爆炸效果

通过前面的介绍和练习，用户已经对动力学和粒子技术知识有了充分的了解。下面通过一个简单的粒子爆炸特效实例，将所学的知识进行归纳和总结。

综合实战14——制作模拟爆炸效果

操作时间	24分32秒
视　频	视频\第15章\015-1.avi~015-3.avi

1.创建场景模型和粒子

1 分别在场景中创建一个多边形球体和多边形平面，并将它们重命名为Sphere和Plane，用来作为爆炸物体和地面，如图15-134所示。

2 再创建一个多边形球体，然后使用Sculpt Polygons Tool（几何体雕刻工具）对其进行编辑，并将其选中执行复制操作，编辑结果如图15-135所示。

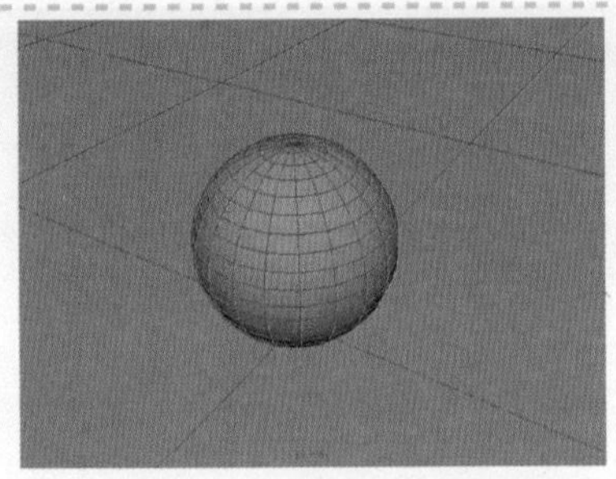

图15-134 创建场景模型

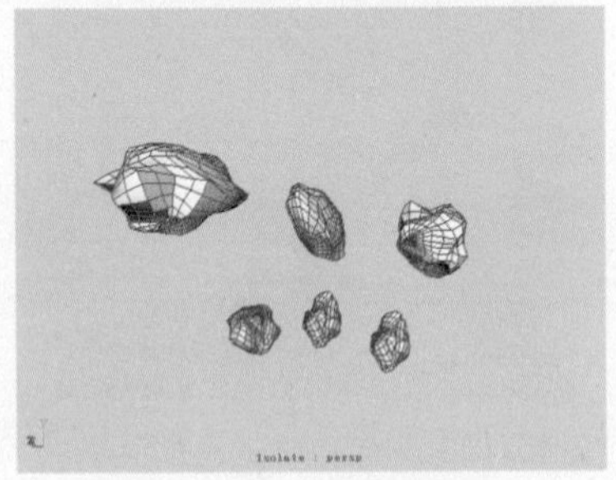

图15-135 创建石块模型

3 切换到Dynamics（动力学）模块，执行Create Emitter（创建发射器）命令，创建粒子发射器Emitter1。将Emitter1移动到球体的中心，设置时间轴的时间范围为0~200帧，如图15-136所示。

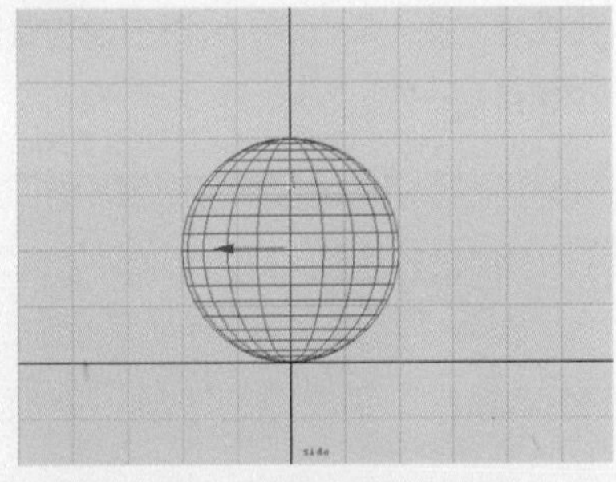

图15-136 创建发射器Emitter1

4 在粒子的属性面板中，切换到Emitter1选项卡，设置Emitter Type（发射类型）为Directional（方向型）、Rate（发射率）为500、Direction Y为1、Spread（扩散）为0.92、Speed（速度）为20、Speed Random（速度随机）为10，如图15-137所示。

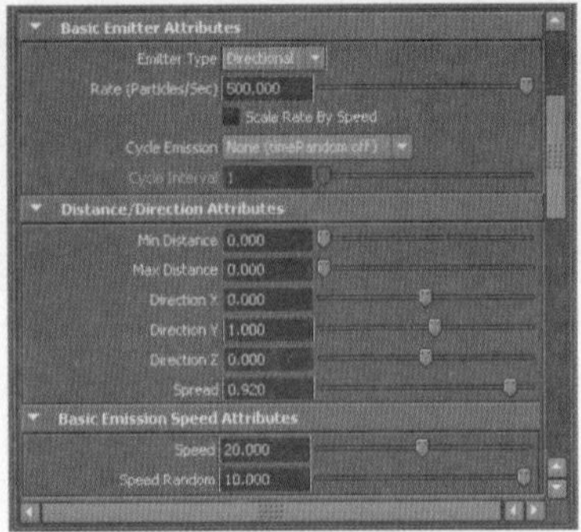

图15-137 设置发射器属性参数

5 再切换到ParticleShape1选项卡，设置粒子的寿命模式为Constant（自定义）、Lifespan（生命周期）为10、Particle Render Type（粒子渲染类型）为Points（点）、Normal Dir（法线方向）为2、Points Size（点尺寸）为5，如图15-138所示。

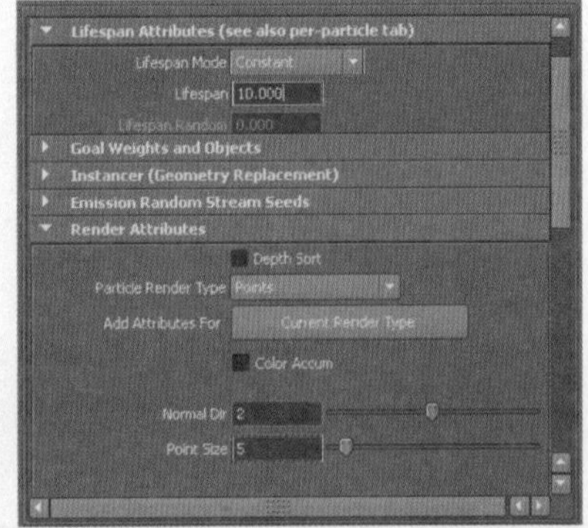

图15-138 ParticleShape1属性设置

6 在场景中选中所有石头，按住Shift键加选Particle1。执行Particles（粒子）|Instancer(Replacement)（替代）命令，创建粒子替换操作。然后，播放动画，观察粒子的替换效果，如图15-139所示。

7 然后，切换到particleShape1选项卡，选中Add Dynamics Attributes（添加动力学属性）下的General（常规属性）选项，在弹出的对话框中设置要添加的每粒子属性，如图15-140所示。

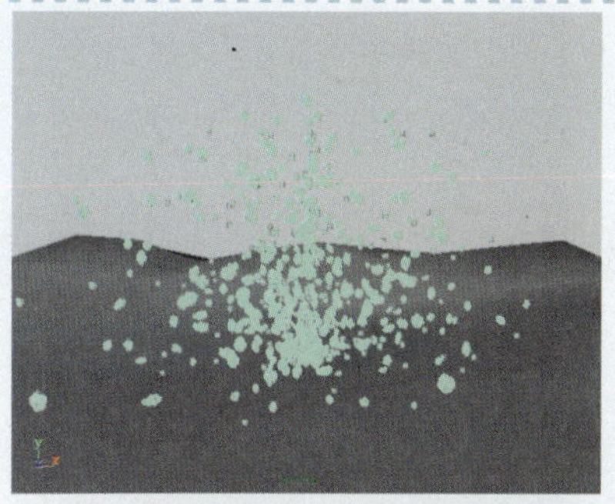

图15-139 粒子的替换效果

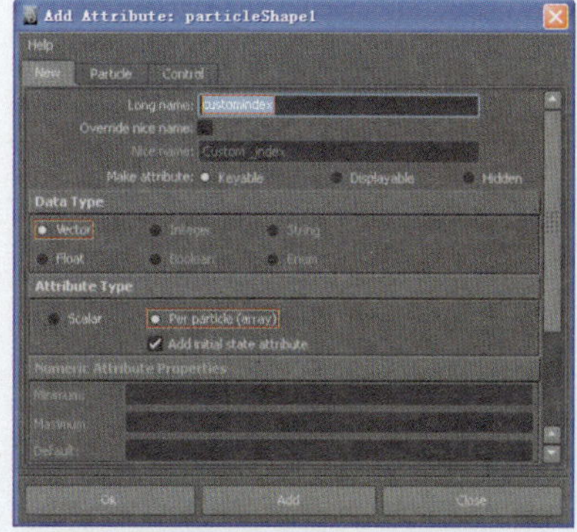

图15-140 添加custom index

8 使用同样的方法，分别为粒子添加customrotation、customscale、randrotation和Speed等每粒子属性，如图15-141所示。

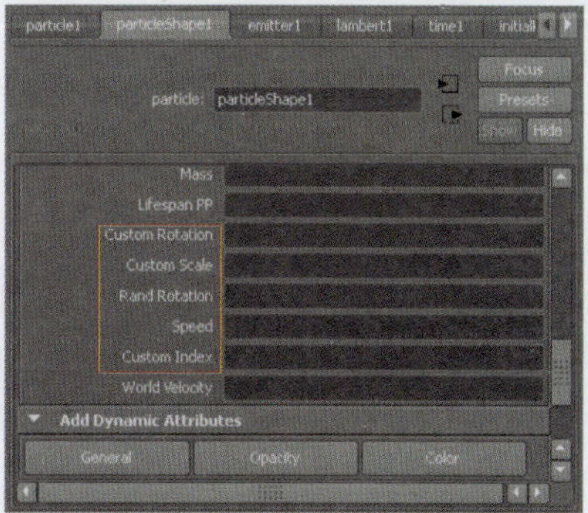

图15-141 添加多个节点属性

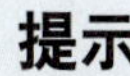

提示

之所以要为Particle1 Shape1添加自定义属性，就是要使用这些属性来模拟场景中石块的大小、方向、受力大小的差异。

9 展开Per Particle（Array）Attributes卷展栏，在Custom Index属性右侧的选框区域内单击右键，在弹出的快捷菜单中选择Creation Expression命令，如图15-142所示。

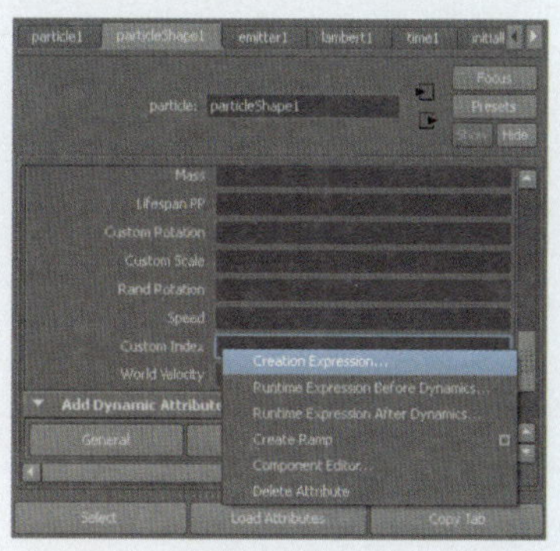

图15-142 执行Creation Expression命令

10 在弹出的Expression Editor（表达式编辑器）中选择要约束的属性，并且在Expression（表达式）下方的空白列表中，输入相应的表达式。然后，再单击Create（创建）按钮即可创建表达式，如图15-143所示。

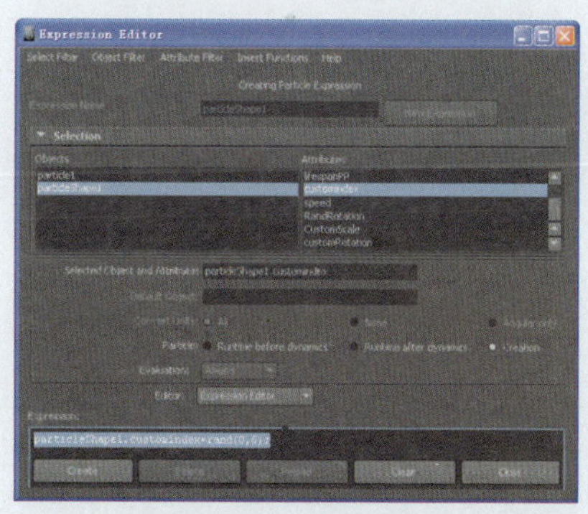

图15-143 输入表达式

11 使用同样的方法，为所添加的其他几个每粒子属性创建表达式，在Expression属性的下方为相关的约束属性创建如下的表达式：

```
particleShape1.customindex=rand(0,6);
particleShape1.customscale=rand(0.2,1);
particleShape1.customrotation=rand(360);
```

particleShape1.randrotation=rand(-0.001, 0.001)；

单击Edit按钮，完成表达式的编辑，如图15-144所示。

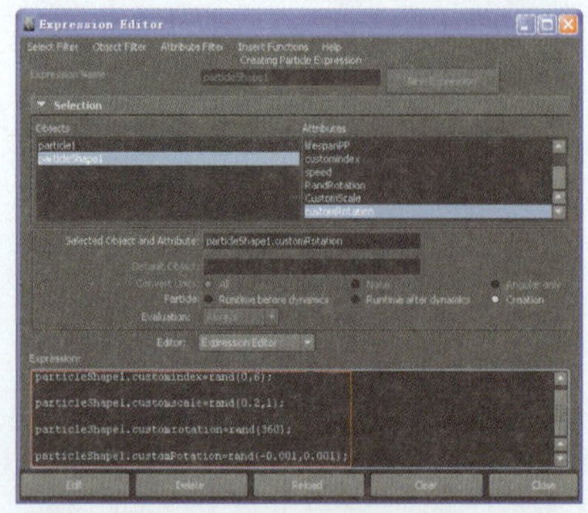

图15-144 添加表达式

12 在表达式编辑器中，选择Runtime before dynamics（动力学前过程）选项，编写表达式如下：

particleShape1.speed = mag(particleShape1.velocity)；

particleShape1.customrotation+=particleShape1.randrotation*(particleShape1.speed/2)；

单击Create按钮，完成表达式的编辑，如图15-145所示。

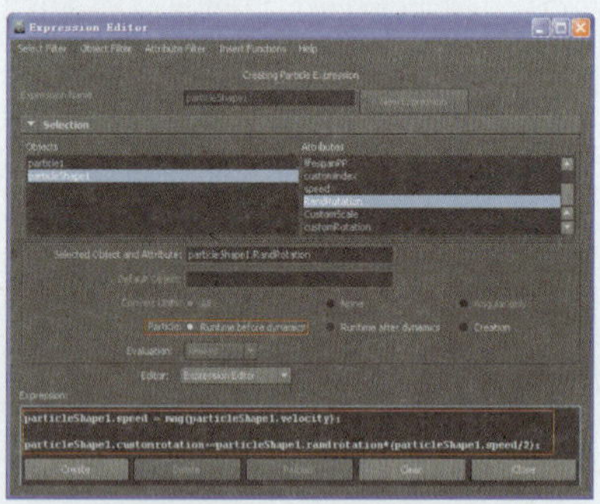

图15-145 添加表达式

13 切换到ParticleShape1选项卡，选择Instancer(Geometry Replacement)选项，设置Instancer Nodes（替代节点）为instancer1、Scale（缩放）为customscale、Rotation（旋转）为customrotation，如图15-146所示。

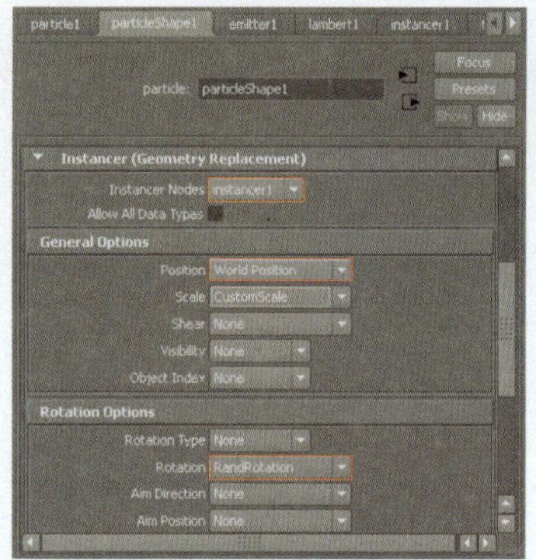

图15-146 设置Instancer属性

14 播放动画，可以看到在编辑表达式后，石块自身的大小、旋转方向和速度上都更加合理，如图15-147所示。

图15-147 石块效果

15 下面为爆炸场景添加烟雾和火光效果。在Outline（大纲栏）窗口中，选择Particle1，执行Particles（粒子）|Emit From Object（物体表面发射）命令，创建Particle2。

16 在粒子的属性面板中，切换到Emitter2选项卡，设置Emitter Type（粒子类型）为Omni（点）、Rate（发射率）为100、Speed（速度）为20、Speed Random（速度随机）值为1，如图15-148所示。

17 切换到particleShape2选项卡。设置Lifespan Mode（生命周期）为Random range、Lifespan（随机范围）为4、Lifespan Random（生命

周期范围）为1.0、Particle Render Type（粒子渲染类型）为Cloud（s/w），单击Current Render Type（当前渲染类型）选项，设置Radius（半径）为4，如图15-149所示。

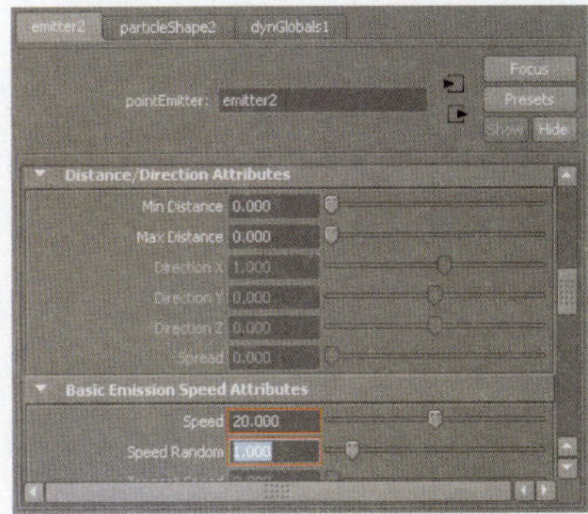

图15-148 Emitter2属性设置

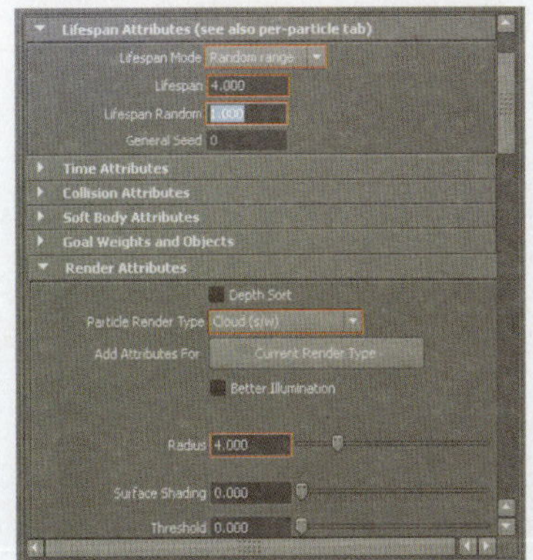

图15-149 设置粒子的显示状态

18 然后，选中Add Dynamics Attributes（添加动力学属性）下的General（常规属性）选项，打开Add Attributes（添加属性）对话框，如图15-150所示。

19 然后，切换到Particle选项卡，分别选择Radius PP和Incandescence PP属性，单击Add按钮，即可将两者添加到每粒子属性组中，如图15-151所示。

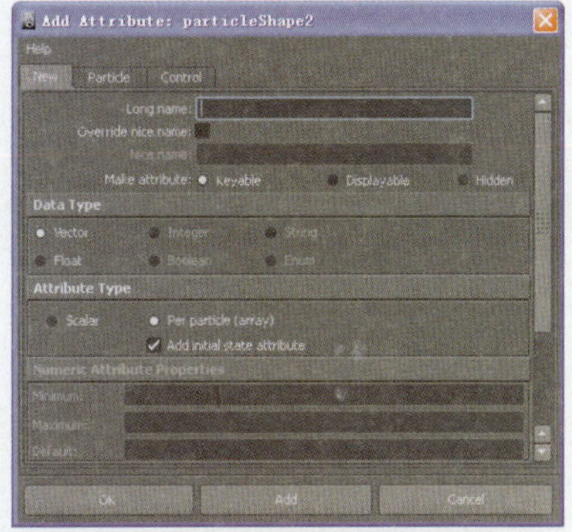

图15-150 Add Attributes对话框

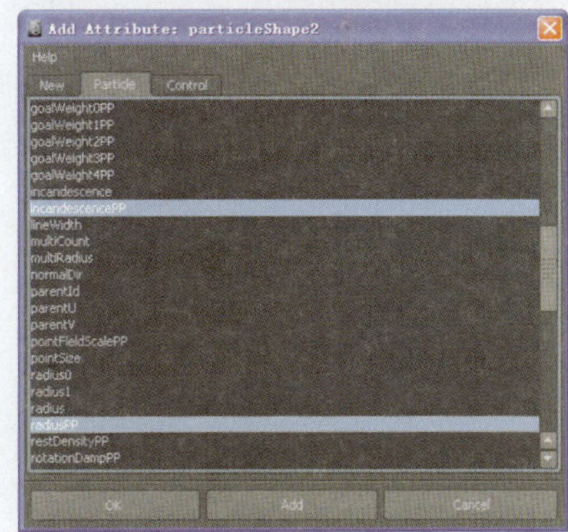

图15-151 选中相关属性

20 再在Add Dynamics Attributes（添加动力学属性）卷展栏中单击Opacity（不透明度）按钮，在打开的对话框中启用Add Per Particle Attributes（添加每粒子属性）复选框，如图15-152所示。

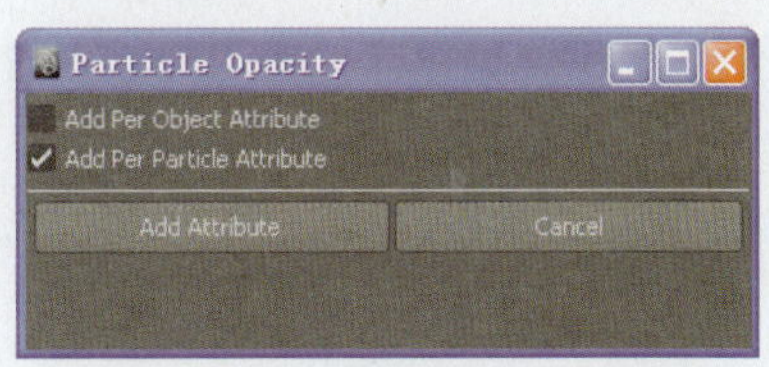

图15-152 添加Opacity PP属性

21 再单击Add Attribute（添加属性）按钮，为粒子添加每粒子透明属性。此时，在PerParticle（Array）Attributes卷展栏下可以看到新添加的Opacity PP属性，如图15-153所示。

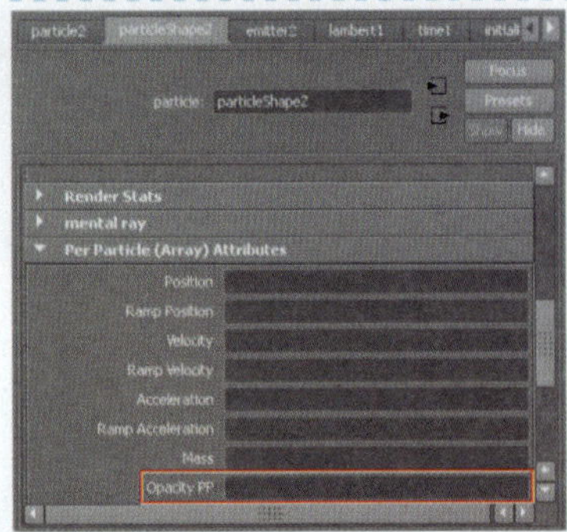
图15-153 添加的透明属性

> **注意**
> 为Particle1 Shape2添加Particle Opacity、Radius PP和Incandescence PP来分别控制烟雾和光效的透明度、半径大小和自发光。

2.添加粒子颜色

1 在Incandescence PP属性右侧的框中单击右键，在弹出的快捷菜单中选择Create Ramp（创建渐变）命令，如图15-154所示。

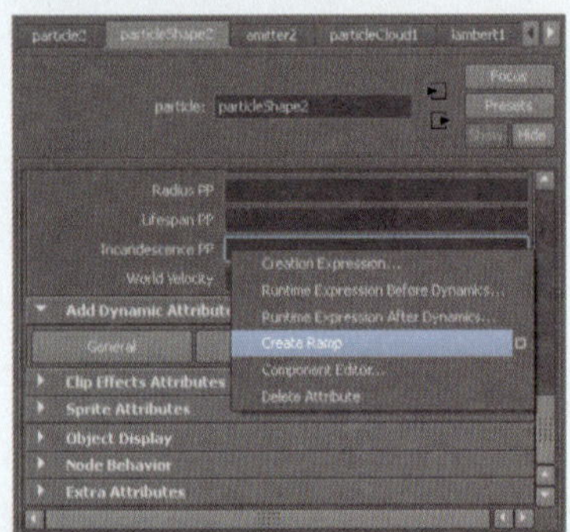
图15-154 添加渐变节点

2 再右键单击选择arrayMapper1.outColorPP | Editor Ramp命令，打开Ramp1渐变编辑器，如图15-155所示。

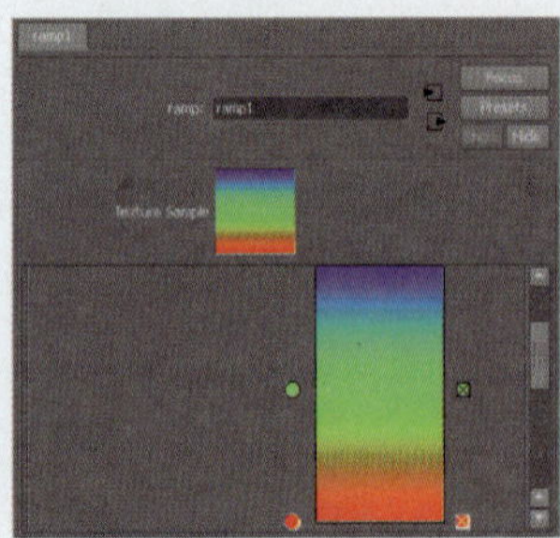
图15-155 创建Ramp1

3 设置Color1的Position（位置）为0.215，HSV为（0、0、0），Color2的Position（位置）为0.085、HSV为（30.1、1.0、0.96），Color3的Position（位置）为0.0、HSV为（48.35、0.496、1.0），如图15-156所示。

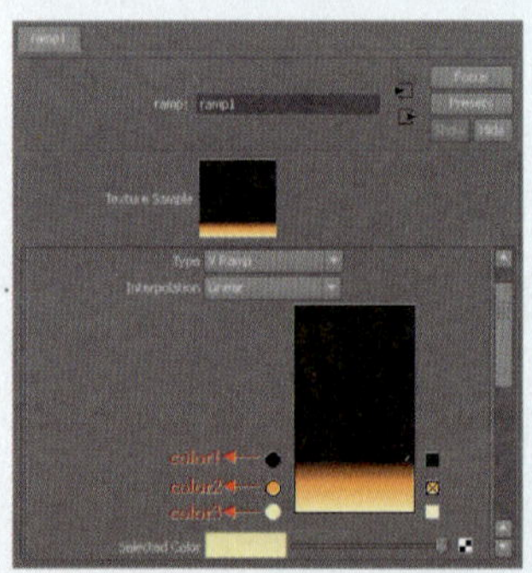
图15-156 Ramp1属性设置

4 同样，再在Opacity PP属性右侧的框中单击右键，执行Create Ramp| "-arrayMapper2.outColorPP" |Editor Ramp命令，打开Ramp2渐变编辑器，如图15-157所示。

5 设置Color1的Position（位置）为1.0、HSV为（61.39、0.046、0.489），Color2的Position（位置）为0.045、HSV为（40.53、0.047、0.315），Color3的Position（位置）为0.0、HSV为（40.35、0.047、0.0），如图15-158所示。

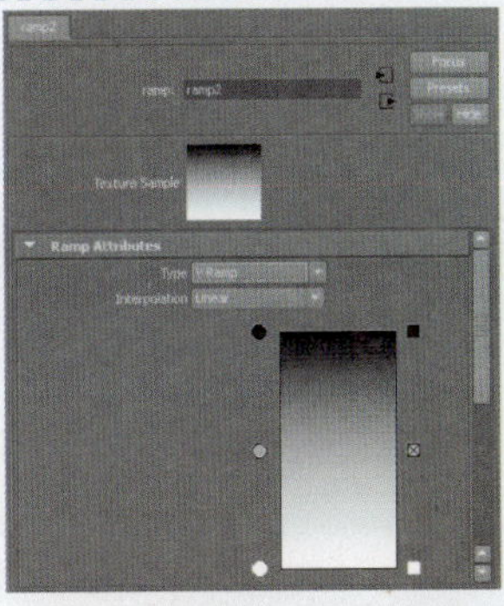
图15-157 创建Ramp2

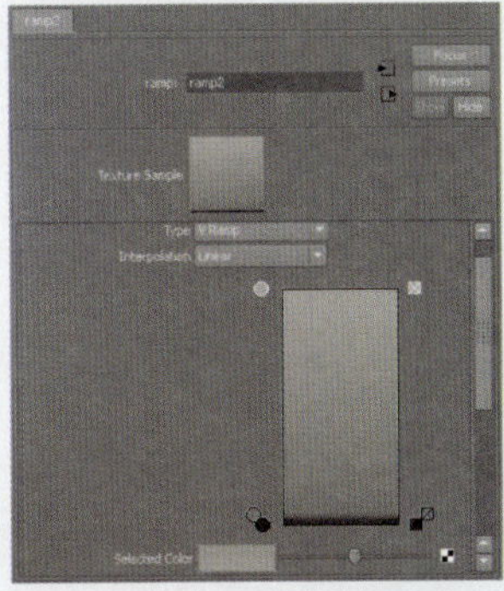
图15-158 Ramp22属性设置

6 再在Radius PP属性右侧的框中单击右键，执行Create Ramp|arrayMapper3.outColorPP |Editor Ramp命令，打开Ramp3渐变编辑器，如图15-159所示。

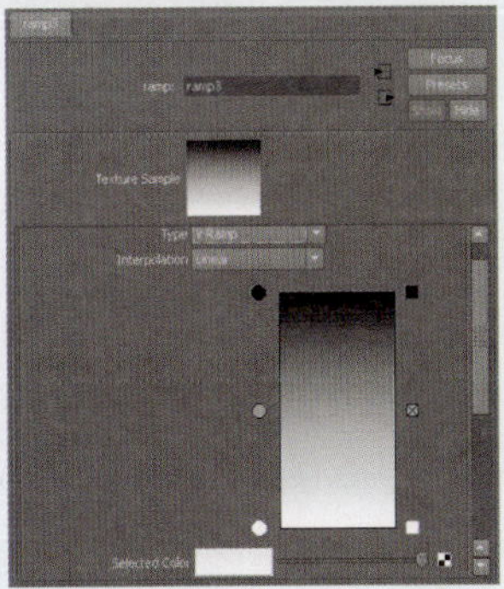
图15-159 创建Ramp3

7 设置Color1的Position（位置）为1.0、HSV为（40.53、0.0、1.0），Color2的Position（位置）为0.0、HSV为（40.53、0.0、0.174），如图15-160所示。

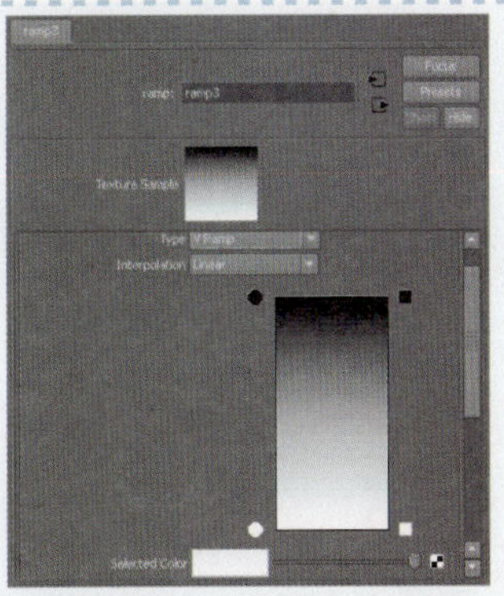
图15-160 设置Ramp3属性

8 切换到粒子1的Particle Shape1选项卡，为它添加Emitter2 Rate PP属性。在Emitter2 Rate PP右侧的框中单击右键，执行Create Ramp|“-arrayMapper4.outColorPP”|Editor Ramp命令，打开Ramp4渐变编辑器，如图15-161所示。

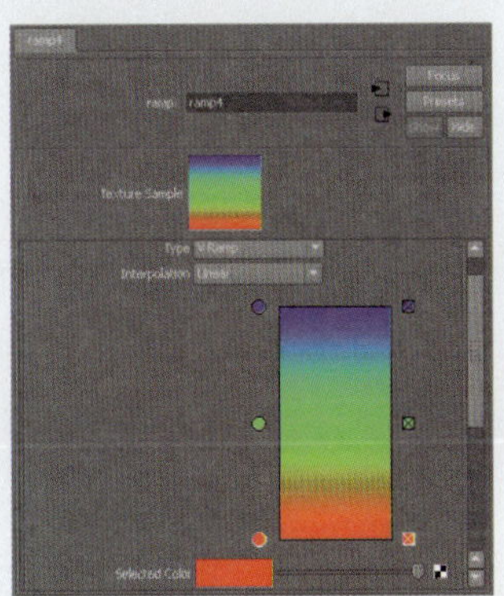
图15-161 创建Ramp4

9 设置Color1的Position（位置）为0.4、HSV为（40.53、0.0、0.0），Color2的Position（位置）为0.185、HSV为（40.53、0.0、1.0），如图15-162所示。

10 切换到Particle Shape1选项卡，选择arraymapper4选项，在Array Mapper Attributes（贴图阵列属性）卷展栏中设置Max Value（最大值）为50，如图15-163所示。

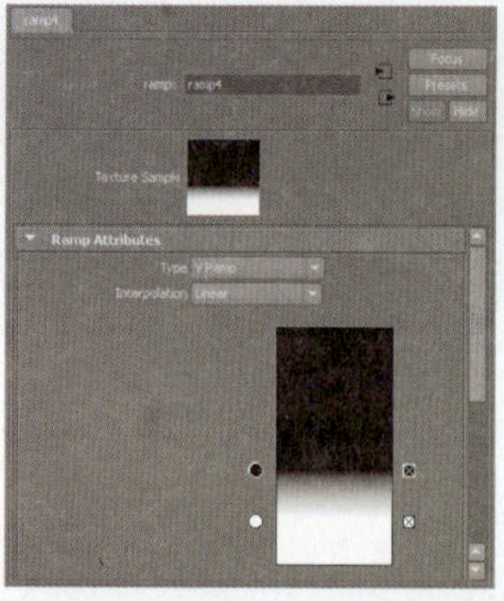

图15-162 Ramp4属性编辑

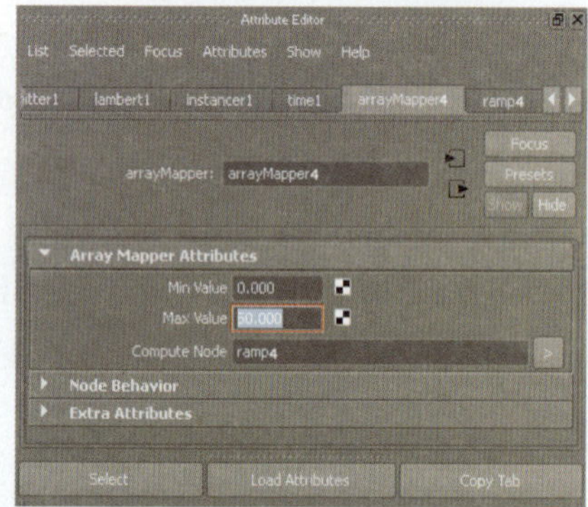

图15-163 设置arraymapper4

11 打开Hypershade材质编辑器，在左侧的节点列表框中选择Volumetrimc选项，再在其右侧选择Particle Cloud（粒子云）节点选项，创建一个新粒子云材质，如图15-164所示。

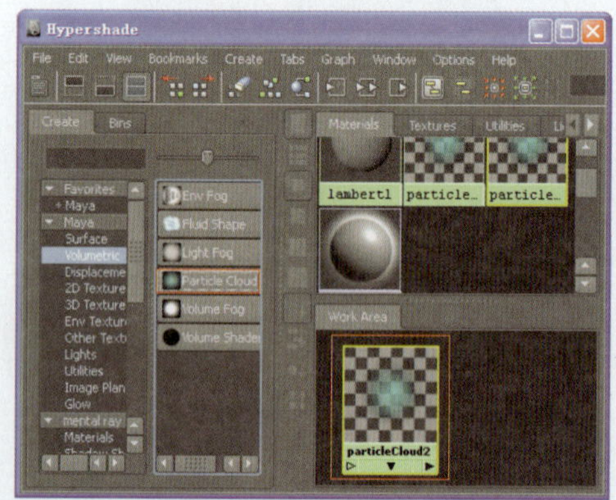

图15-164 创建粒子云材质节点

12 在节点列表框中分别选择Reverse（反转）节点和Particle Sampler（粒子采样）节点，创建两节点，如图15-165所示。

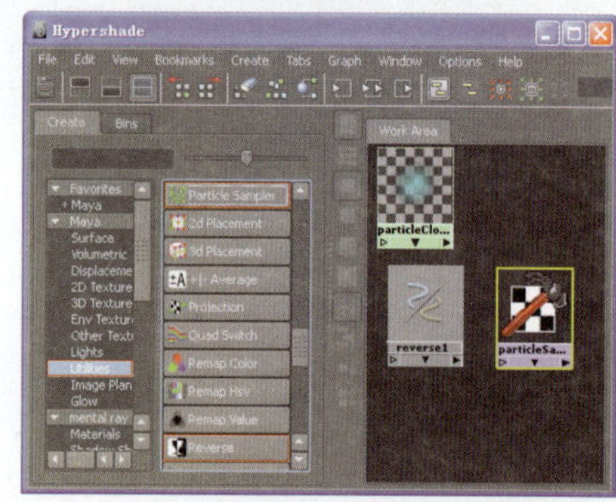

图15-165 创建节点

13 按鼠标中键将particle Sampler1节点拖曳到reverse1上，在弹出的下拉菜单中选择other命令，如图15-166所示。

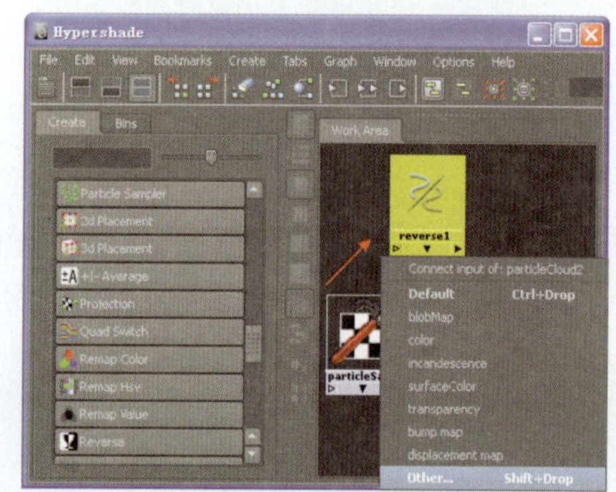

图15-166 连接节点

14 在弹出的Connection Editor（关联编辑器）中，在左侧列表框中选择opacityPP属性，再在右侧列表框中选择inputx属性，如图15-167所示。

15 使用同样的方法，将reverse1节点连接到particle cloud2节点上，并观察两者的连接属性，如图15-168所示。

16 按鼠标中键将particle Sampler1节点拖曳到particle cloud2节点上，在弹出的下拉菜单中选择incandesence命令，如图15-169所示。

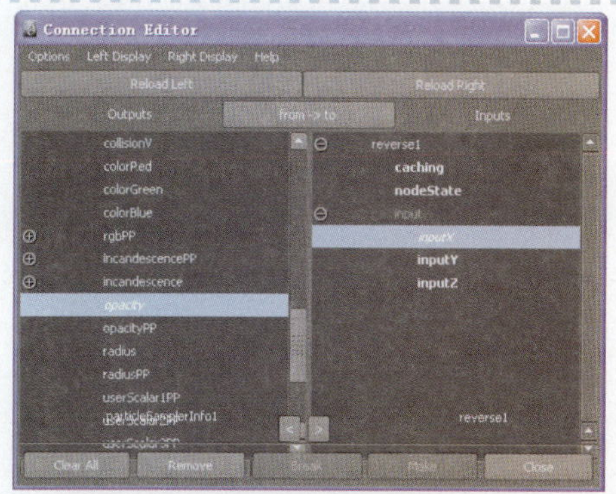

图15-167 连接选项

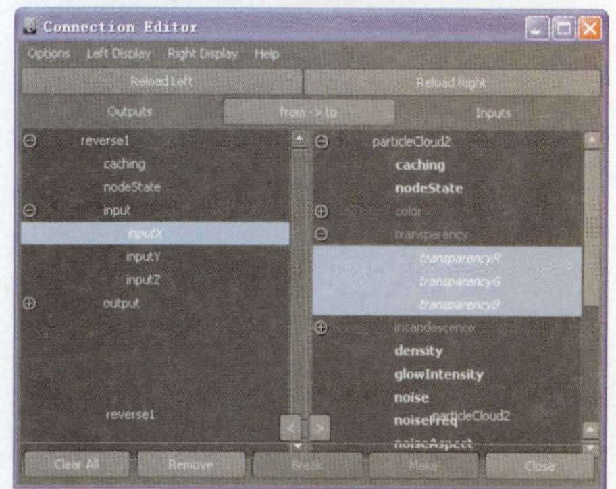

图15-168 连接属性参数

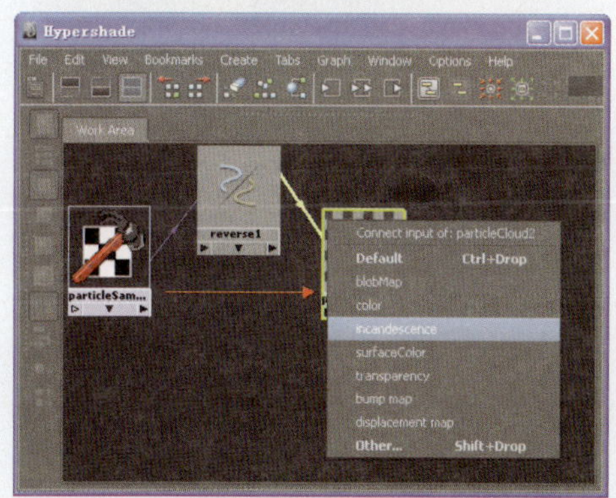

图15-169 节点连接

17 双击particle cloud2材质节点，切换到particle cloud2属性面板，设置Color为（H：30.1、S：0.438、V：0.714），如图15-170所示。

18 将设置好的粒子云节点particle cloud2赋予场景中的新粒子particle2，如图15-171所示。

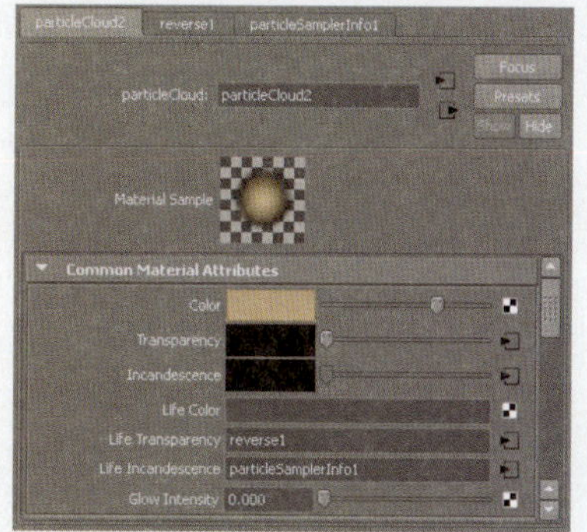

图15-170 属性设置

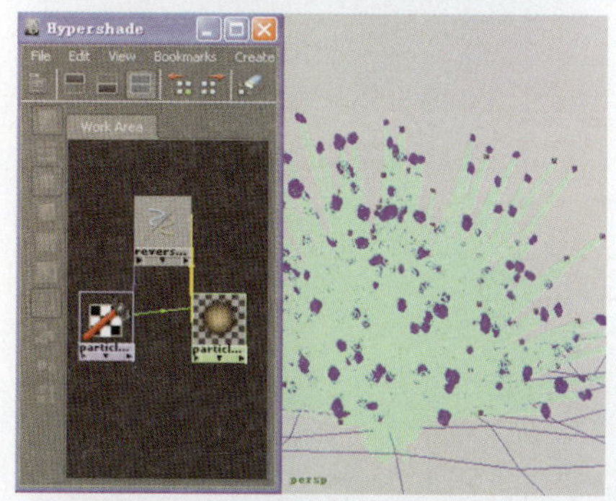

图15-171 赋予particle2材质节点

19 选中粒子云节点particle cloud2，单击Hypershade材质编辑器中的按钮，观察节点最终的连接效果，如图15-172所示。

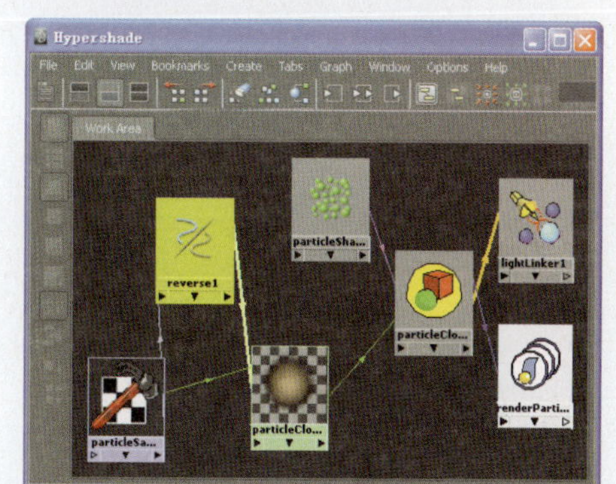

图15-172 连接的节点

20 播放动画，观察场景中粒子的颜色变化，如图15-173所示。

21 选择Particle1，切换到Dynamics（动力学）模块，执行Fields

（场）|Gravity（重力场）□命令，在打开的对话框中设置相应的参数，单击Apply按钮，为其添加重力场，如图15-174所示。

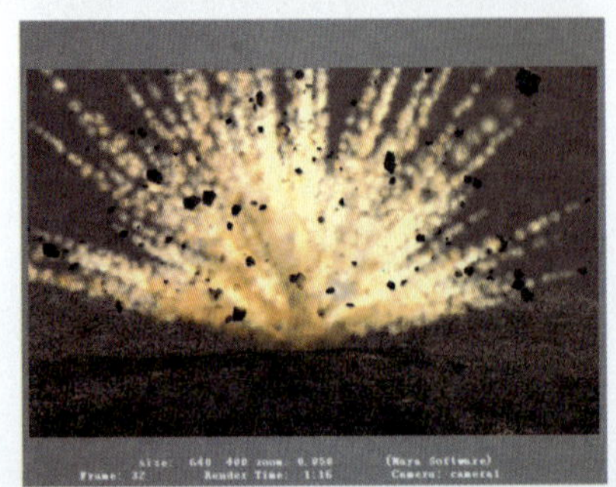

图15-173 石块运动效果

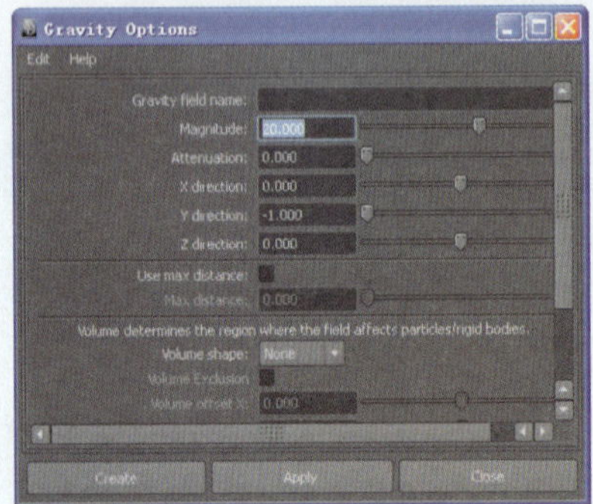

图15-174 添加重量场

22 然后，播放动画，观察粒子添加重力场后的发射效果，如图15-175所示。

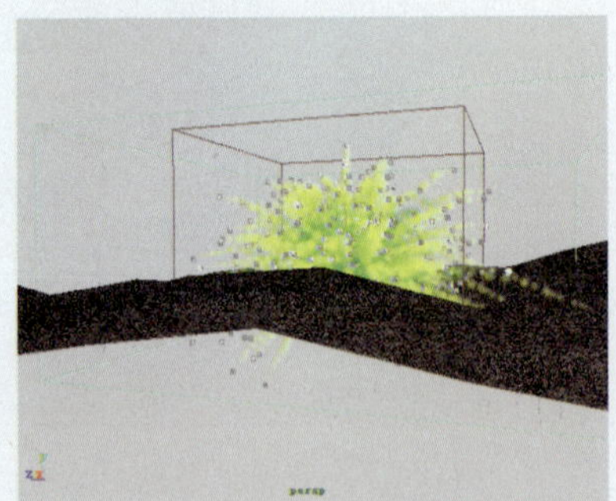

图15-175 添加重力场

23 在Outline窗口中选择Particle1和Plane（地面），执行Particles（粒子）| Make Collide （建立碰撞）□命令，在打开的对话框中设置相应的参数，单击Create（创建）按钮，为其添加碰撞，如图15-176所示。

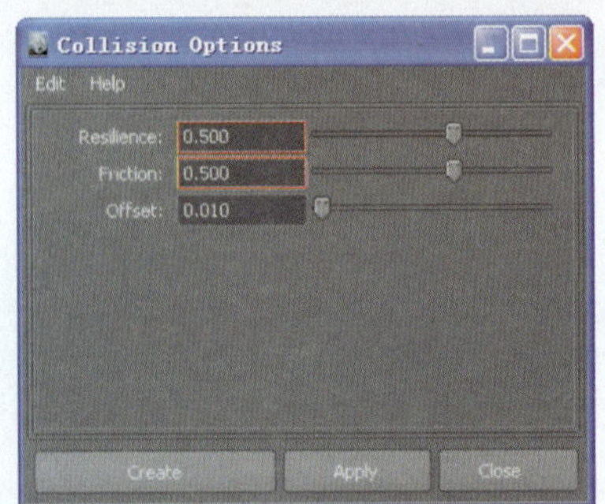

图15-176 碰撞属性对话框

24 然后，播放动画，观察场景中粒子与地面之间的碰撞效果，如图15-177所示。

图15-177 碰撞效果

25 选择Particle1，执行Fields（场）| Turbulence（扰乱场）□命令，在弹出的对话框中设置相应的参数，单击Apply（应用）按钮，为Particle1添加扰乱场，如图15-178所示。

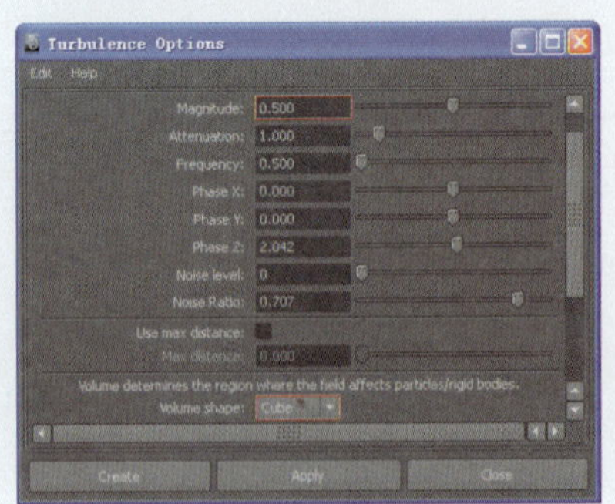

图15-178 扰动场属性对话框

26 然后，播放动画，观察场景物体在设置了重力场、扰动场和碰撞后的效果，如图15-179所示。

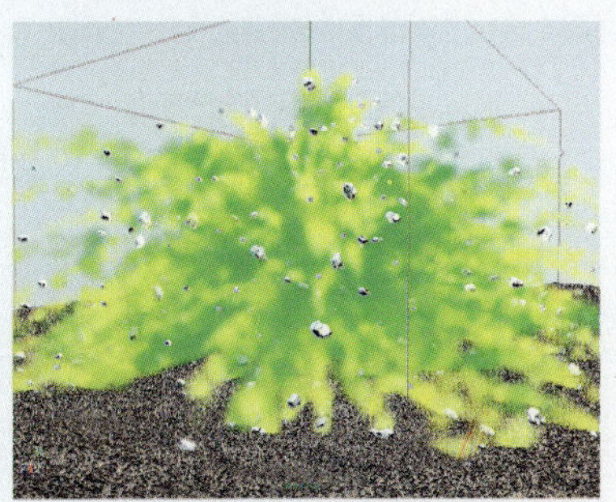

图15-179 粒子爆炸效果

27 使用同样的方法，为新粒子Particle2添加扰动场，并且设置扰动场的属性参数，如图15-180所示。

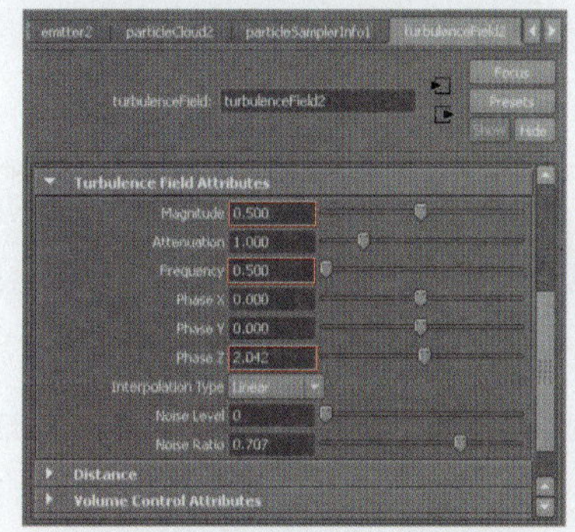

图15-180 设置扰动场属性参数

注意

在为Particle1添加扰乱场时，设置Volume Shape（体积形状）为Cube（立方体），是为了控制石块在Cube立方体范围内运动。Volume Shape（体积形状）的选项有None（雾）、Sphere（球体）、Cylinder（圆柱体）、Cone（圆锥体）等。

3.布置场景

1 创建一盏点光源Point1，将其放置在球体的顶部，设置Color为（H：32.57、S：0.437、V：1.0）、Intensity（强度）为0.25，如图15-181所示。

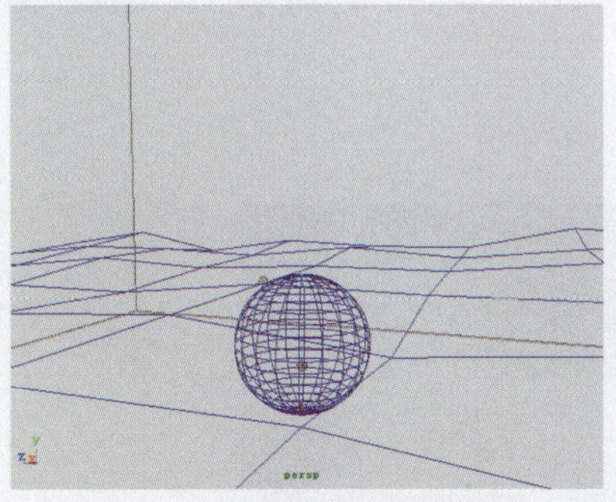

图15-181 创建点光源Point1

2 创建一盏点光源Point2，将其放置在球体的上方，设置Color为（H：32.57、S：0.437、V：1.0）、Intensity（强度）为1，如图15-182所示。

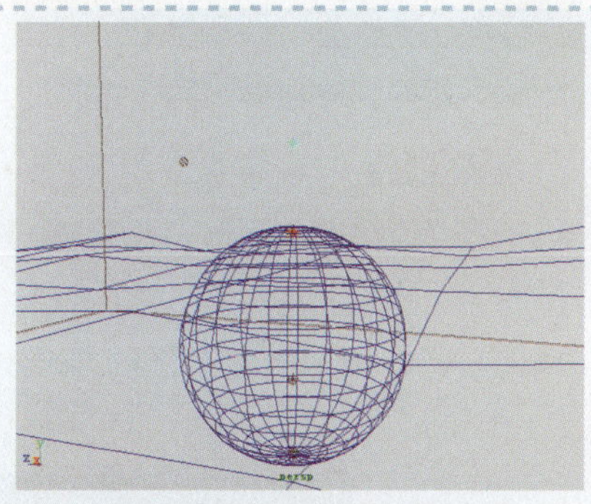

图15-182 创建点光源Point2

3 创建一盏聚光灯并放置在场景的上方，设置Color为（H：30.51、S：0.359、V：0.931）、Intensity（强度）为10、Decay Rate（衰减率）为Linear（线性）、Cone Angle（圆锥角度）为150、Penumbra Angle（半影角度）为-10、Dropoff（衰减）为6，如图15-183所示。

图15-183 创建聚光灯

4 创建一盏Directional Light1，将其放置在地面的上方，这里使用灯光的默认属性，如图15-184所示。

图15-184 创建Directional Light1

5 为场景创建一盏摄像机，设置摄像机的角度及照射范围，如图15-185所示。

6 单击状态栏中的按钮，打开Render Settings（渲染设置）对话框，设置Renderable Camera（渲染摄像机）为camera1，Quality（质量）为Contrast sensitive production（产品级），如图15-186所示。

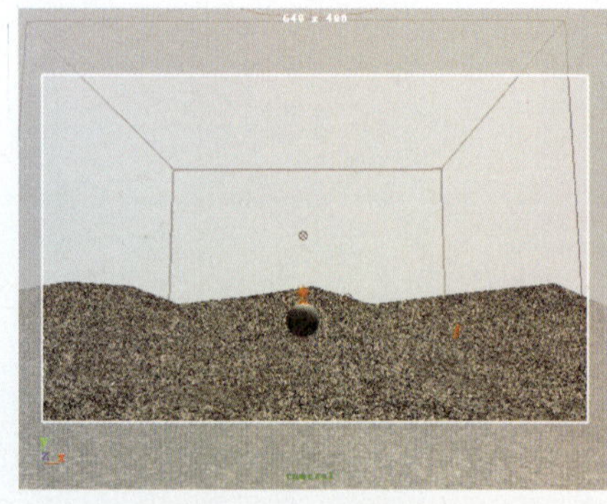

图15-185 创建摄像机

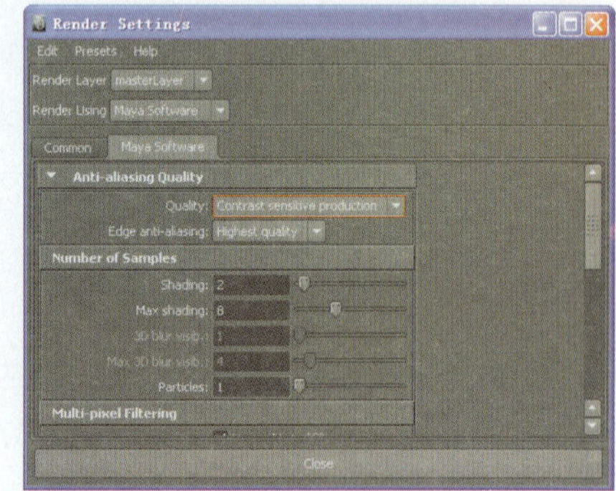

图15-186 设置渲染属性选项

7 打开Render View窗口，单击按钮，对场景进行最终渲染，效果如图15-187所示。

图15-187 最终渲染效果